Periodic Table of the Elements

- Metals (main-group)
- Metals (transition)
- Metals (inner transition)
- Metalloids
- Nonmetals

MAIN–GROUP ELEMENTS — TRANSITION ELEMENTS — MAIN–GROUP ELEMENTS

Period	IA (1)	IIA (2)	IIIB (3)	IVB (4)	VB (5)	VIB (6)	VIIB (7)	VIIIB (8)	VIIIB (9)	VIIIB (10)	IB (11)	IIB (12)	IIIA (13)	IVA (14)	VA (15)	VIA (16)	VIIA (17)	VIIIA (18)
1	1 **H** 1.008																	2 **He** 4.003
2	3 **Li** 6.941	4 **Be** 9.012											5 **B** 10.81	6 **C** 12.01	7 **N** 14.01	8 **O** 16.00	9 **F** 19.00	10 **Ne** 20.18
3	11 **Na** 22.99	12 **Mg** 24.31											13 **Al** 26.98	14 **Si** 28.09	15 **P** 30.97	16 **S** 32.07	17 **Cl** 35.45	18 **Ar** 39.95
4	19 **K** 39.10	20 **Ca** 40.08	21 **Sc** 44.96	22 **Ti** 47.88	23 **V** 50.94	24 **Cr** 52.00	25 **Mn** 54.94	26 **Fe** 55.85	27 **Co** 58.93	28 **Ni** 58.69	29 **Cu** 63.55	30 **Zn** 65.39	31 **Ga** 69.72	32 **Ge** 72.61	33 **As** 74.92	34 **Se** 78.96	35 **Br** 79.90	36 **Kr** 83.80
5	37 **Rb** 85.47	38 **Sr** 87.62	39 **Y** 88.91	40 **Zr** 91.22	41 **Nb** 92.91	42 **Mo** 95.94	43 **Tc** (98)	44 **Ru** 101.1	45 **Rh** 102.9	46 **Pd** 106.4	47 **Ag** 107.9	48 **Cd** 112.4	49 **In** 114.8	50 **Sn** 118.7	51 **Sb** 121.8	52 **Te** 127.6	53 **I** 126.9	54 **Xe** 131.3
6	55 **Cs** 132.9	56 **Ba** 137.3	57 **La** 138.9	72 **Hf** 178.5	73 **Ta** 180.9	74 **W** 183.9	75 **Re** 186.2	76 **Os** 190.2	77 **Ir** 192.2	78 **Pt** 195.1	79 **Au** 197.0	80 **Hg** 200.6	81 **Tl** 204.4	82 **Pb** 207.2	83 **Bi** 209.0	84 **Po** (209)	85 **At** (210)	86 **Rn** (222)
7	87 **Fr** (223)	88 **Ra** (226)	89 **Ac** (227)	104 **Rf** (261)	105 **Db** (262)	106 **Sg** (266)	107 **Bh** (262)	108 **Hs** (265)	109 **Mt** (266)	110 **Uun** (269)	111 **Uuu** (272)	112 **Uub** (277)	113	114 **Uug** (285)	115	116 **Uuh** (289)	117	118 **Uuo**

INNER TRANSITION ELEMENTS

Period															
6	Lanthanides	58 **Ce** 140.1	59 **Pr** 140.9	60 **Nd** 144.2	61 **Pm** (145)	62 **Sm** 150.4	63 **Eu** 152.0	64 **Gd** 157.3	65 **Tb** 158.9	66 **Dy** 162.5	67 **Ho** 164.9	68 **Er** 167.3	69 **Tm** 168.9	70 **Yb** 173.0	71 **Lu** 175.0
7	Actinides	90 **Th** 232.0	91 **Pa** (231)	92 **U** 238.0	93 **Np** (237)	94 **Pu** (242)	95 **Am** (243)	96 **Cm** (247)	97 **Bk** (247)	98 **Cf** (251)	99 **Es** (252)	100 **Fm** (257)	101 **Md** (258)	102 **No** (259)	103 **Lr** (260)

Organic Chemistry

Atkins의 핵심 유기화학

Organic Chemistry

Atkins의 핵심 유기화학

Robert C. Atkins · Francis A. Carey · Chi Wi Ong 공저

고광윤 · 경기성 · 임흥빈
장혜영 · 전철호 · 정낙철 공역

McGraw Hill Education

ORGANIC CHEMISTRY: A Brief Course

1 2 3 4 5 6 7 8 9 10 MHE-KOREA 20 14

Original: Organic Chemistry, A Brief Course
By Robert C. Atkins, Francis A. Carey, Chi Wi Ong
ISBN 978-0-07-131117-5

Korean ISBN: 979-11-321-0068-3 93570

Printed in Korea

Atkins의 핵심 유기화학

발 행 일 2014년 11월 27일 초판 발행
저 자 Robert C. Atkins, Francis A. Carey, Chi Wi Ong
역 자 고광윤, 경기성, 임흥빈, 장혜영, 전철호, 정낙철
발 행 인 신디존스(CINDY JONES)
발 행 처 맥그로힐에듀케이션코리아 유한회사
주 소 서울시 마포구 동교로 18길 38, 2-3층(서교동, 지우빌딩)
전 화 (02)325 - 2351
등록번호 제 2013-000122호(2012.12.28)

I S B N 979-11-321-0068-3

판 매 처 사이플러스
문 의 (02)332 - 6171
정 가 38,000원

저자에 관하여

Robert C. Atkins는 미국의 Massachusetts에서 태어났으며, New Jersey에서 초등, 중등, 고등학교를 마쳤다. 1966년에 Massachusetts Institute of Technology에서 이학 학사를 받았으며, 1970년에 University of Wisconsin at Madison에서 유기화학에서 박사 학위를 받았다. Columbia University에서 일 년 동안 박사 후 과정을 거친 다음 James Madison University의 교수로 부임하였으며, 현재 화학과 정교수이다. 그는 *Study Guide to Accompany Chemistry; Principles and Applications*(McGraw-Hill, 1979)의 저자이며, *Study Guide and Solutions Manual to Accompany Organic Chemistry*(McGraw-Hill, 2000)의 공동 저자이다(Carey 교수와 함께).

Atkins 교수는 열분해 반응 메커니즘의 분야에서 연구를 수행하였다. 또한 실험실 안전에 대하여 적극적인 관심을 가지고 있으며, 화학과의 안전 코디네이터로서 25년 이상 일하였다. 1985년부터 Atkins 교수는 현지 및 지역의 위험 물질 팀의 기술 고문으로서 자원 봉사를 하였다.

Bob과 가족 임상 간호사인 그의 아내 Mary는 성장한 자식이 두 명 있는데, Denver에서 이벤트 기획자로 일하는 Maureen과 한국에서 불교 스님으로 살고 있는 David가 그들이다. Bob은 여유 시간에 수영, 서프 피싱 그리고 오페라 관람을 즐긴다.

Francis A. Carey는 Pennsylvania가 고향이며, Philadelphia의 공립학교, Drexel University(1959년, 화학에서 이학 학사), Penn State(1963년, 이학 박사)에서 공부하였다. Harvard에서의 박사 후 과정과 군 복무를 마친 후 1966년에 University of Virginia의 화학과 교수로 부임하였다. 2000년에 은퇴하기 전에는 일반화학과 유기화학의 두 학기 강의를 자주 가르쳤다.

Carey 교수는 합성 및 물리유기화학 분야에서 40편이 넘는 연구 논문을 학생들과 함께 발표하였다. 본 교재 이외에도 그는 *Organic Chemistry*라는 제목으로 두 학기용 교과서를 저술하였으며(Richard J. Sundberg와 함께), 대학원생과 상급 학부생을 위하여 쓴 두 권짜리 책인 *Advanced Organic Chemistry*의 공동 저자이다. 그는 1993년에서 2000년까지 Graduate Record Examination의 시험관 위원회의 위원이었다.

Frank와 교회 오르간 연주자이자 교사이며 유치원 원장인 그의 아내 Jill은 장성한 아들 세 명을 두고 있으며, Riyad와 Ava의 조부모이다.

Chi Wi Ong은 말레이시아 사람으로, 1979년에 영국의 University of Liverpool에서 이학 학사를, 1982년에는 University of Cambridge에서 이학 박사 학위를 받았다. 캐나다의 University of Alberta에서 일 년 동안 박사 후 과정을 거친 다음 대만의 National Sun Yat Sen University의 화학과 교수로 부임하였으며, 현재 화학과 정교수이다. 그는 거의 30년 동안 유기 및 고급 유기화학을 가르쳤다. 그의 가르침은 학생과 대학교에 의하여 높은 평가를 받고 있으며, 젊은 교수들의 "멘토"로 선출되었다.

Ong 교수는 또한 연구에도 활동적이어서 합성, 의약, 재료화학에서 거의 백 편의 논문을 발표하였다. 그는 또한 대만의 산업체에도 이바지하고 있으며, 2010년부터 Royal Society of Chemistry의 회원이다.

Chi Wi와 같은 학교의 체육 강사인 그의 아내 Jen Mei는 Woei Jye, Ren Jye, Bao Shiuan의 장성한 자녀 세 명을 두고 있다.

저자서문

이 과목을 수강하는 학생들은 다양하고 의욕이 넘치는 부류로서 생물학, 영양학, 공학, 농학, 환경과학, 보건과학 등의 여러 종류의 전공에서 신청을 한다. 이러한 과학 분야의 학제 간 성격 때문에 학생들이 그들의 전공 분야를 더 잘 이해하고, 나아가서는 더 많이 흥미를 느끼도록 유기 화합물, 구조, 성질, 명명법, 반응성과 반응 메커니즘, 입체화학 및 응용에 관하여 배울 필요가 있다. 이들 학생들은 화학과 학생들과 똑같은 논리적 사고력을 배울 필요가 있으며, 또한 가르침도 마찬가지이다. 유기화학의 논리를 이 교과서의 구성, 교수법, 문제 풀이, 삽화를 통하여 선택적으로 보임으로써 그러한 가르침을 제공하고자 한다.

이 "유기화학: 개요" 교과서를 저술하는 우리의 목적은 보기에 현대적이고 또한 선택적으로 주제를 다룬 교과서를 만드는 것이다. 이번 개정은 이와 같은 정신으로 이루어졌다. 이러한 목적을 추진하기 위하여 이 개정판은 다음과 같은 점이 강조되었음을 알 수 있을 것이다.

- 원자 오비탈과 분자 오비탈을 통하여 **유기화학의 개념을 시각화**하여 학생들이 유기 반응을 더 잘 이해하도록 하였다.
- 처음부터 반응 메커니즘을 강조하는 **구성**을 사용하여 학생들이 개념을 외우는 것이 아니라 배울 수 있도록 도와주었다.
- **주제를 선별**함으로써 학생들이 공부하는 데 도움이 되는 내용을 더 많이 포함하였다. 주제를 줄이면 도움이 더 필요하고, 공부가 집중된다.
- **삽화를 분명하게** 사용함으로써 입체생성 탄소에서의 치환기의 교환을 가장 단순한 방법으로 보여 주었다. 그러면 학생들이 입체생성 중심에서의 입체화학을 더 잘 알 수 있다.
- 배우기 쉽도록 고차원의 **교수법**을 개발하였다.
- 시험을 보기 전에 빠르게 복습할 수 있도록 **장 복습**을 만들었다.

- 교재에 **수많은 문제**를 실었으며, 그중 대략 삼분의 일은 여러 부분 문제이며, 학생들이 유기화학 문제를 푸는 데 도움이 되도록 부분 (a)에 대해서는 자세한 풀이를 실었다. 모든 문제는 저자가 만든 "문제 풀이집"에 완전한 풀이가 나와 있다.
- **완전 4색상 도안**을 사용함으로써 화학 반응식에서 원자들의 색상-코딩을 알 수 있게 해 주며, 학생들의 관심을 무기 분자의 반응성 자리에 집중하도록 하였다.
- **Spartan으로 만든 분자 모형**을 사용하여 분자 구조와 정전기 전위 지도를 정확하게 묘사하였다.

이 판의 교재는 다음 내용을 소개함으로써 더 가치를 높였다.

- 화학 결합과 반응의 시각적 이해를 강조하는 **분자 오비탈 이론**
- 산-염기 반응에서 전자의 이동으로서 반응 메커니즘을 설명하는 **굽은 화살 표기법**
- 학생들이 유기 화합물의 개념과 반응을 삼차원 구조로 더 잘 파악할 수 있도록 교재의 초반에 다룬 **입체화학**의 주제
- 시험을 보기 전에 학생들의 복습을 도울 목적으로 작용기에서 일어나는 모든 유기 반응을 요약한 장 미리보기

체제

목차에 나와 있듯이, 이 교재는 유기 화합물의 족과 작용기에 따라 조직화되어 있다. 원자 오비탈과 분자 오비탈 이론은 유기 반응 메커니즘(1장, 2장)과 같이 다음에 나오는 장에서 자주 언급될 유기화학의 기본 원리를 소개한다.

입체화학의 공부는 분자의 공간적 구조 및 한 화합물에서 원자 혹은 원자단의 공간에서의 상대적 위치가 그 화합물의 물리적·화학적 성질에 미치는 영향을 다룬다. 유기 반응에서는 새로운 입체생성 중심이 생성되기 때문에 우리는 다음 장의 내용을 더 잘 이해하기 위해서는 학생들이 입체화학이 무엇인지를 먼저 아는 것(3장)이 가장 최선이라고 생각하였다.

4장에서 다루는 알케인과 사이클로알케인은 유기 구조, 결합 및 명명법의 원리에 대한 가장 단순한 소개를 제공한다. 5장과 6장에서는 알켄과 알카인을 다룬다. 알켄은 메커니즘의 관점에서 유익하고, 실제로도 유용한 반응에 의하여 알코올과 알킬 할라이드로부터 얻어진다(8장 참조). 이 교재에서의 반응은 그 자체가 끝인 경우는 거의 없다. 대신에 이 반응들은 유기화학의 연결성의 예로서 그리고 메커니즘의 아이디어를 발전시킬 목적으로 사용된다.

방향족 화합물인 7장과 알킬 할라이드의 구조 및 알코올과 알케인으로부터의 합성인 8장에서는 탄화수소의 주요한 부류를 모두 다룬다. 그런 다음에 관심은 메커니즘을 다루는 장으로 이동한다(친핵성 치환 반응, 9장).

10장~13장은 산소-함유 작용기의 주 가족, 특히 카보닐 화합물을 다룬다. 작용기

화학은 14장의 아민에서 끝난다.

15장~18장은 생물화학의 중심에 놓여 있는 유기 물질(탄수화물, 지방, 아미노산, 펩타이드, 단백질, 핵산)을 다룬다. 이들 장에서는 구조 및 생물학적 반응과 유기화학의 기본적 반응과의 유사성을 강조한다.

19장은 분광학을 다룬다. 초기 판의 60 MHz NMR 스펙트라 대신에 200 MHz에서 기록한 스펙트라를 수록하였다. 분광학을 이용하여 구조와 결합의 개념을 강조하고 싶은 강사는 7장 혹은 8장이 끝나고 나서 즉시 19장의 내용을 다루고 싶어할지도 모른다. 다른 분들은 유기 화합물의 모든 가족의 소개가 끝난 14장 이후에 이 장을 가르치기를 원할지도 모른다. 많은 과정에서는 분광학을 실험실에서 "직접 해 보는" 관점으로부터 가르친다. 19장은 그러한 방법에 대한 주요한 읽을거리가 될 것이다.

교수법

- 장 개요—이 빠른 개요는 요약된 형식으로 장의 주요한 개념을 보여 준다. 이 요약은 학생들이 장의 개념에 집중하고, 공부에 투자할 시간을 관리하고, 개념을 복습하도록 도와준다.
- 요약 표—주석을 단 이 개요 표는 반응의 목적 이상이다. 이 표는 학생들에게 각 반응의 중요한 특징을 상기할 수 있는 말을 담고 있다.
- 학습목표—학습목표의 목록에 관한 우리의 경험에 의하면, 학생들은 이 목록이 제공하는 지침을 환영하였으나 배울 것에 대한 소개로서가 아니라 배울 것을 안 후에야 학생들이 학습목표를 가장 쓸모 있다고 생각한다는 것이다. 따라서 우리는 각 장의 끝에 학습목표의 목록을 실었다.
- 장 끝의 요약—이 요약은 각 장의 중요한 주제를 복습하며, 종종 쉽게 찾아볼 수 있도록 표도 같이 실었다.
- 상자 속 에세이—이 교재 전반에 걸쳐 나오는 에세이는 유기화학이 현대에 미치는 관련성에 대한 안목을 추가로 제공한다. 이 에세이는 생유기 연구, 산업에서의 응용 및 환경 문제 같은 분야에 유기화학을 관련시킨다.

문제 풀이

교재 내의 문제 풀이 예에서는 학생들이 추론 과정을 거치도록 안내되며, 그 응용에 관하여 훈련을 받는다. 많은 문제들이 다중 부분으로 이루어져 있으며, 문제 중의 하나에 대해서는 단계별 풀이가 제공되어 다른 문제를 푸는 데 지침의 역할을 한다. 모든 교재 내에 있는 문제의 답은 이 책의 뒤에 나와 있다.

장 끝의 문제는 학생들이 문제를 풀어봄으로써 기술을 연마할 기회를 제공하는 종합 문제 은행이다.

그림과 디자인

모든 그림은 시각적 개념을 분명하고 강력하게 전달하도록 다시 그렸다. 아울러, 저자들은 Spartan 분자 모델링 소프트웨어를 사용하여 수많은 새로운 이미지를 만들었다. 이제 학생들은 정전기 전위 지도를 보고서 분자의 전하 분포를 생생한 색상으로 알 수 있다. 이러한 눈에 띄는 이미지를 이용하면 강사가 학생들이 유기 분자를 더 잘 이해하도록 이끌 수 있을 것이다.

새로운 디자인은 명료함을 강조한다. 색상을 주의 깊게 사용하여 흥미로운 곳을 강조하였으며, 주요한 정보에 대한 시각적 암시를 제공하였다.

추가 자료

학생들을 위해서

문제 풀이집—이 교재의 모든 문제에 대한 자세한 풀이를 담았으며, 저자들이 작성하였다.

웹사이트(www.mheducation.asia/olc/atkins)—각 장에 대하여 학생들은 개요, 장 요약, 학습목표와 용어를 찾아볼 수 있다.

강사를 위해서

문제 은행—수백 개의 선다형 문제를 모은 것으로, 인쇄할 수 있다.

웹사이트(www.mheducation.asia/olc/atkins)—파워포인트 슬라이드, 교재 이미지, 문제 풀이집 및 다른 자료를 찾아볼 수 있다.

감사의 글

McGraw-Hill Edacation의 편집부 직원인 Kent Peterson, Shirley Oberbroeckling, Peggy Selle에게 특별한 감사의 말씀을 전한다. 교열 담당자인 Linda Davoli는 귀중한 동료였으며, 유용한 제안을 많이 해 주었다.

이 교재는 이번 판과 전 판의 여러 단계에서 귀중한 조언을 해 준 많은 검토자가 제공해 준 지적 사항의 도움을 받았다. 우리는 그들의 도움에 감사한다. 이 판의 원고를 검토해 준 분들은 다음과 같다.

Jeff Albert, *South Dakota State University*
Ardeshir Azadina, *Michigan State University*
William F. Berkowitz, *City University of New York— Queens*
Richard Blatchly, *Keene State College*
Lance Crist, *Georgetown University*
Alvan Hengge, *Utah State University*
Robert H. Higgins, *Fayetteville State College*
Steven Holmgren, *Montana State University*
Richard P. Johnson, *University of New Hampshire*
Brenda Kesler, *San Jose State University*
Thomas Lectka, *Johns Hopkins University*
Rita S. Majerle, *South Dakota State University*
William A. Meena, *Rock Valley College*

Nicholas Natale, *University of Idaho*
Jung Oh, *Kansas State University—Salina*
Claire R. Olander, *Appalachian State University*
Robert H. Paine, *Rochester Institute of Technology*
Dilip K. Paul, *Pittsburg State University*
Michael Rathke, *Michigan State University*
Carey S. Reed, *Penn State—Altoona*
Michael Sady, *Western Nevada Community College*
Ralph Shaw, *Southeastern Louisiana University*
Cynthia Somers, *Red Rocks Community College*
Denise Tridle, *Highland Community College*
Siew Chin Ong, *Yishun Junior College*

지적 사항, 제안이나 질문은 환영하며, 우리의 이메일 주소는 다음과 같다.

Robert C. Atkins (atkinsrc@jmu.edu)
Francis A. Carey (fac6q@virginia.edu)
Chi Wi Ong (cong@mail.nsysu.edu.tw)

본 교재를 사용하는 안내서

통합적인 본문과 그림

저자는 Spartan 소프트웨어를 이용하여 원색 그림을 만들었다. 시각화는 이해를 하는 데 중요하기 때문에, 이러한 그림은 본문과 협동하여 정보를 전달한다.

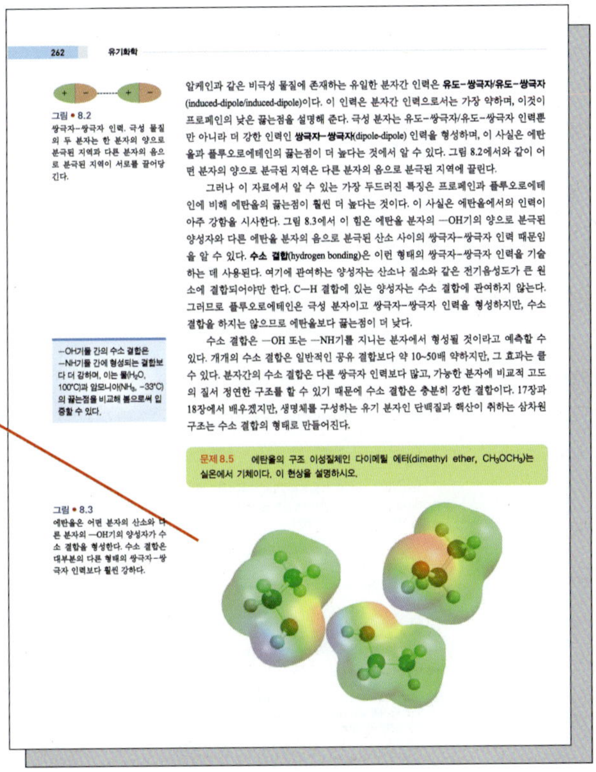

262 유기화학

그림 • 8.2
쌍극자-쌍극자 인력. 극성 물질의 두 분자는 한 분자의 양으로 분극된 지역과 다른 분자의 음으로 분극된 지역이 서로를 끌어당긴다.

알케인과 같은 비극성 물질에 존재하는 유일한 분자간 인력은 **유도-쌍극자/유도-쌍극자**(induced-dipole/induced-dipole)이다. 이 인력은 분자간 인력으로서는 가장 약하며, 이것이 프로페인의 낮은 끓는점을 설명해 준다. 극성 분자는 유도-쌍극자/유도-쌍극자 인력뿐만 아니라 더 강한 인력인 **쌍극자-쌍극자**(dipole-dipole) 인력을 형성하며, 이 사실은 에탄올과 플루오로에테인의 끓는점이 더 높다는 것에서 알 수 있다. 그림 8.2에서와 같이 어떤 분자의 양으로 분극된 지역은 다른 분자의 음으로 분극된 지역에 끌린다.

그러나 이 자료에서 알 수 있는 가장 두드러진 특징은 프로페인과 플루오로에테인에 비해 에탄올의 끓는점이 훨씬 더 높다는 것이다. 이 사실은 에탄올에서의 인력이 아주 강함을 시사한다. 그림 8.3에서 이 힘은 에탄올 분자의 —OH기의 양으로 분극된 양성자와 다른 에탄올 분자의 음으로 분극된 산소 사이의 쌍극자-쌍극자 인력 때문임을 알 수 있다. **수소 결합**(hydrogen bonding)은 이런 형태의 쌍극자-쌍극자 인력을 기술하는 데 사용된다. 여기에 관여하는 양성자는 산소나 질소와 같은 전기음성도가 큰 원소에 결합되어야만 한다. C—H 결합에 있는 양성자는 수소 결합에 관여하지 않는다. 그러므로 플루오로에테인은 극성 분자이고 쌍극자-쌍극자 인력을 형성하지만, 수소 결합을 하지는 않으므로 에탄올보다 끓는점이 더 낮다.

—OH기들 간의 수소 결합은 —NH기들 간에 형성되는 결합보다 더 강하며, 이는 물(H_2O, 100°C)과 암모니아(NH_3, −33°C)의 끓는점을 비교해 봄으로써 입증할 수 있다.

수소 결합은 —OH 또는 —NH기를 지니는 분자에서 형성될 것이라고 예측할 수 있다. 개개의 수소 결합은 일반적인 공유 결합보다 약 10~50배 약하지만, 그 효과는 클 수 있다. 분자간의 수소 결합은 다른 쌍극자 인력보다 많고, 가능한 분자에 비교적 고도의 질서 정연한 구조를 할 수 있기 때문에 수소 결합은 충분히 강한 결합이다. 17장과 18장에서 배우겠지만, 생명체를 구성하는 유기 분자인 단백질과 핵산이 취하는 삼차원 구조는 수소 결합의 형태로 만들어진다.

문제 8.5 에탄올의 구조 이성질체인 다이메틸 에터(dimethyl ether, CH_3OCH_3)는 실온에서 기체이다. 이 현상을 설명하시오.

그림 • 8.3
에탄올은 어떤 분자의 산소와 다른 분자의 —OH기의 양성자가 수소 결합을 형성한다. 수소 결합은 대부분의 다른 형태의 쌍극자-쌍극자 인력보다 훨씬 강하다.

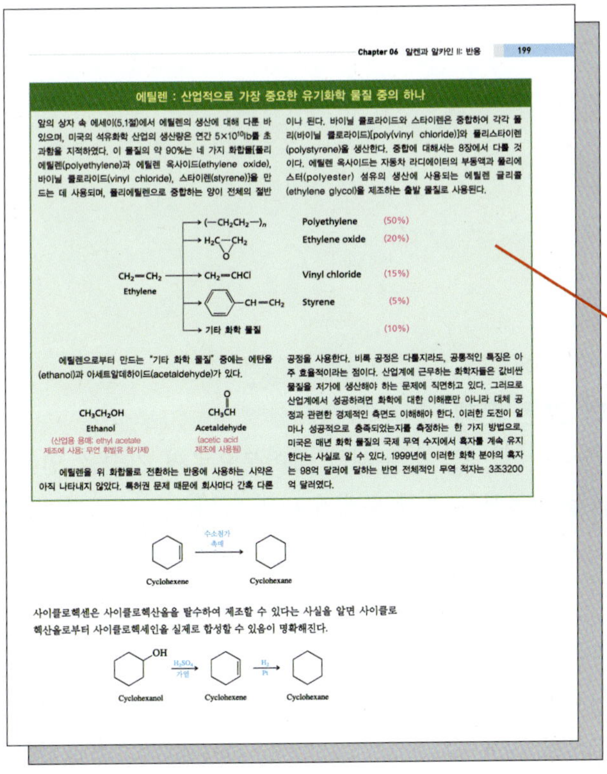

Chapter 06 알켄과 알카인 II: 반응 199

에틸렌 : 산업적으로 가장 중요한 유기화학 물질 중의 하나

앞의 상자 속 에세이(5.1절)에서 에틸렌의 생산에 대해 다룬 바 있으며, 미국의 석유화학 산업의 생산량은 연간 5×10^{10}lb를 초과함을 지적하였다. 이 물질의 약 90%는 네 가지 화합물[폴리에틸렌(polyethylene)과 에틸렌 옥사이드(ethylene oxide), 바이닐 클로라이드(vinyl chloride), 스타이렌(styrene)]을 만드는 데 사용되며, 폴리에틸렌으로 중합하는 양이 전체의 절반이나 된다. 바이닐 클로라이드와 스타이렌은 중합하여 각각 폴리(바이닐 클로라이드)[poly(vinyl chloride)]와 폴리스타이렌(polystyrene)을 생산한다. 중합에 대해서는 8장에서 다룰 것이다. 에틸렌 옥사이드는 자동차 라디에이터의 부동액과 폴리에스터(polyester) 섬유의 생산에 사용되는 에틸렌 글리콜(ethylene glycol)을 제조하는 출발 물질로 사용된다.

에틸렌으로부터 만드는 "기타 화학 물질" 중에는 에탄올(ethanol)과 아세트알데하이드(acetaldehyde)가 있다.

에틸렌을 위 화합물로 전환하는 반응에 사용하는 시약은 아직 나타내지 않았다. 특허권 문제 때문에 회사마다 간혹 다른 공정을 사용한다. 비록 공정은 다를지라도, 공통적인 특징은 아주 효율적이라는 점이다. 산업계에 근무하는 화학자들은 값비싼 물질을 저가에 생산해야 하는 문제에 직면하고 있다. 그러므로 산업계에서 성공하려면 화학에 대한 이해뿐만 아니라 대체 공정과 관련한 경제적인 측면도 이해해야 한다. 이러한 도전이 얼마나 성공적으로 충족되었는지를 측정하는 한 가지 방법으로, 미국은 매년 화학 물질의 국제 무역 수지에서 흑자를 계속 유지한다는 사실로 알 수 있다. 1999년에 이러한 화학 분야의 흑자는 98억 달러에 달하는 반면 전체적인 무역 적자는 3조3200억 달러였다.

사이클로헥센은 사이클로헥산올을 탈수하여 제조할 수 있다는 사실을 알면 사이클로헥산올로부터 사이클로헥세인을 실제로 합성할 수 있음이 명확해진다.

유익한 상자 속 에세이

본 교재에 나오는 에세이는 화학 개념을 생물, 환경 및 기타 다른 실제 세계에서의 응용과 연관시킴으로써 학생들이 생각하고 배우도록 도와준다. 예에는 메테인과 생물계, 자연에서 얻은 또는 인위적으로 "고안된" 엔다이아인 항생제, 에틸렌: 산업적으로 가장 중요한 유기화학 물질 중의 하나 등이 있다.

문제 풀이

문제를 푸는 전략과 기술은 전체에 걸쳐서 강조하였다. 주제를 이해하도록, 주제 단락 안에 나오는 문제로 끊임없이 재강조하였다. 많은 문제의 경우, 풀이 예가 나와 있다.

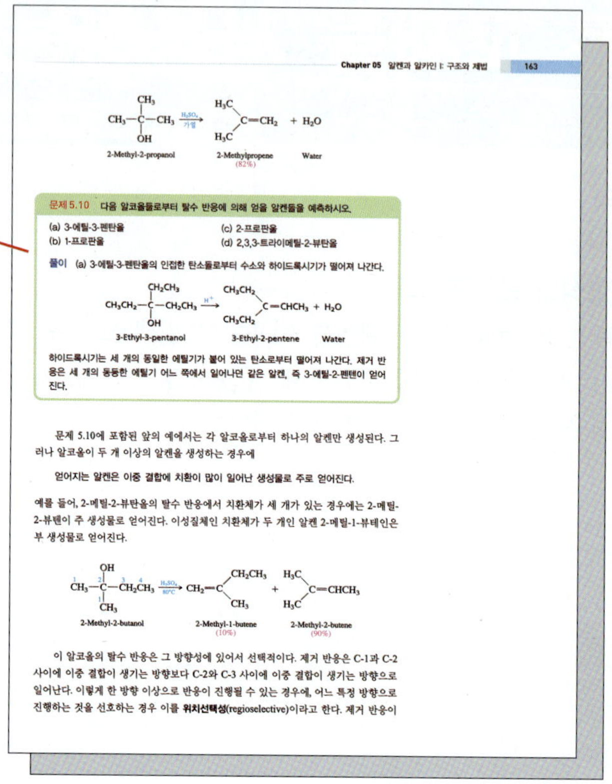

Chapter 05 알켄과 알카인 I: 구조와 제법 163

2-Methyl-2-propanol → (H_2SO_4, 가열) 2-Methylpropene (82%) + Water

문제 5.10 다음 알코올들로부터 탈수 반응에 의해 얻을 알켄들을 예측하시오.

(a) 3-에틸-3-펜탄올
(b) 1-프로판올
(c) 2-프로판올
(d) 2,3,3-트라이메틸-2-뷰탄올

풀이 (a) 3-에틸-3-펜탄올의 인접한 탄소들로부터 수소와 하이드록시기가 떨어져 나간다.

3-Ethyl-3-pentanol → (H^+) 3-Ethyl-2-pentene + Water

하이드록시기는 세 개의 동일한 에틸기가 붙어 있는 탄소로부터 떨어져 나간다. 제거 반응은 세 개의 동등한 에틸기 어느 쪽에서 일어나던 같은 알켄, 즉 3-에틸-2-펜텐이 얻어진다.

문제 5.10에 포함된 앞의 예에서는 각 알코올로부터 하나의 알켄만 생성된다. 그러나 알코올이 두 개 이상의 알켄을 생성하는 경우에

얻어지는 알켄은 이중 결합에 치환이 많이 일어난 생성물로 주로 얻어진다.

예를 들어, 2-메틸-2-뷰탄올의 탈수 반응에서 치환체가 세 개가 있는 경우에는 2-메틸-2-뷰텐이 주 생성물로 얻어진다. 이성질체인 치환체가 두 개인 알켄 2-메틸-1-뷰테인은 부 생성물로 얻어진다.

2-Methyl-2-butanol → (H_2SO_4, 80°C) 2-Methyl-1-butene (10%) + 2-Methyl-2-butene (90%)

이 알코올의 탈수 반응은 그 방향성에 있어서 선택적이다. 제거 반응은 C-1과 C-2 사이에 이중 결합이 생기는 방향보다 C-2와 C-3 사이에 이중 결합이 생기는 방향으로 일어난다. 이렇게 한 방향 이상으로 반응이 진행될 수 있는 경우에, 어느 특정 방향으로 진행하는 것을 선호하는 경우 이를 **위치선택성**(regioselective)이라고 한다. 제거 반응이

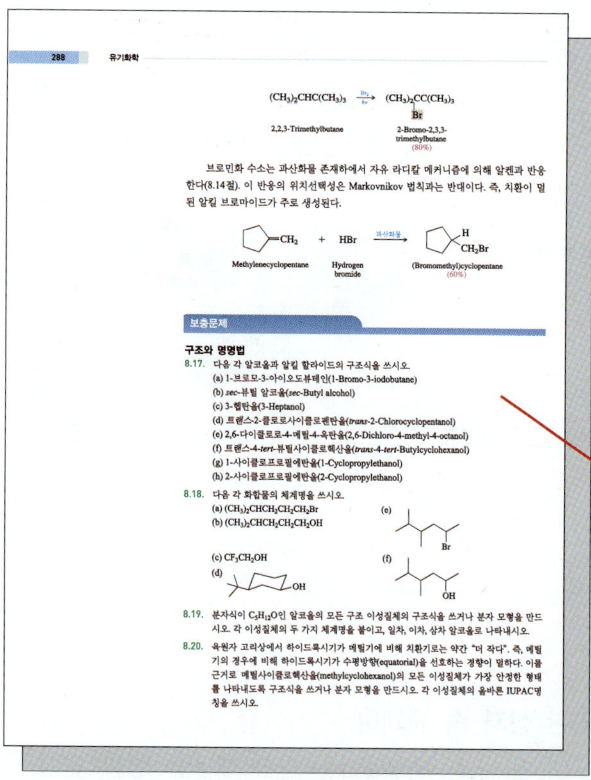

288 유기화학

$(CH_3)_2CHC(CH_3)_3$ → (Br_2, $h\nu$) $(CH_3)_2CC(CH_3)_3$ (Br)

2,2,3-Trimethylbutane → 2-Bromo-2,3,3-trimethylbutane (80%)

브로민화 수소는 과산화물 존재하에서 자유 라디칼 메커니즘에 의해 알켄과 반응한다(8.14절). 이 반응의 위치선택성은 Markovnikov 법칙과는 반대이다. 즉, 치환이 덜 된 알킬 브로마이드가 주로 생성된다.

Methylenecyclopentane + Hydrogen bromide → (과산화물) (Bromomethyl)cyclopentane (60%)

보충문제

구조와 명명법

8.17. 다음 각 알코올과 알킬 할라이드의 구조식을 쓰시오.
(a) 1-브로모-3-아이오도뷰테인(1-Bromo-3-iodobutane)
(b) *sec*-뷰틸 알코올(*sec*-Butyl alcohol)
(c) 3-헵탄올(3-Heptanol)
(d) 트랜스-2-클로로사이클로펜탄올(*trans*-2-Chlorocyclopentanol)
(e) 2,6-다이클로로-4-메틸-4-옥탄올(2,6-Dichloro-4-methyl-4-octanol)
(f) 트랜스-4-*tert*-뷰틸사이클로헥산올(*trans*-4-*tert*-Butylcyclohexanol)
(g) 1-사이클로프로필에탄올(1-Cyclopropylethanol)
(h) 2-사이클로프로필에탄올(2-Cyclopropylethanol)

8.18. 다음 각 화합물의 체계명을 쓰시오.
(a) $(CH_3)_2CHCH_2CH_2CH_2Br$
(b) $(CH_3)_2CHCH_2CH_2CH_2OH$
(c) CF_3CH_2OH
(d)
(e)
(f)

8.19. 분자식이 $C_5H_{12}O$인 알코올의 모든 구조 이성질체의 구조식을 쓰거나 분자 모형을 만드시오. 각 이성질체의 두 가지 체계명을 붙이고, 일차, 이차, 삼차 알코올로 나타내시오.

8.20. 육원자 고리상에서 하이드록시기가 메틸기에 비해 치환기로는 약간 "더 작다". 즉, 메틸기의 경우에 비해 하이드록시기가 수평방향(equatorial)을 선호하는 경향이 덜하다. 이를 근거로 메틸사이클로헥산올(methylcyclohexanol)의 모든 이성질체가 가장 안정한 형태를 나타내도록 구조식을 쓰거나 분자 모형을 만드시오. 각 이성질체의 올바른 IUPAC명칭을 쓰시오.

그리고 더 많은 문제

각 장의 끝에는 학생들이 문제를 풀어봄으로써 기술을 연마할 기회를 제공하는 종합 문제가 나와 있다.

요약

각 장의 끝에 나오는 요약은 학생들이 본인들의 지식을 체크하고 학습-친화적인 형식으로 장의 내용을 복습할 수 있도록 만들었다. 간결한 서술과 학생들이 유용하다고 생각하는 요약 표를 통하여 배울 내용을 재강조하였다.

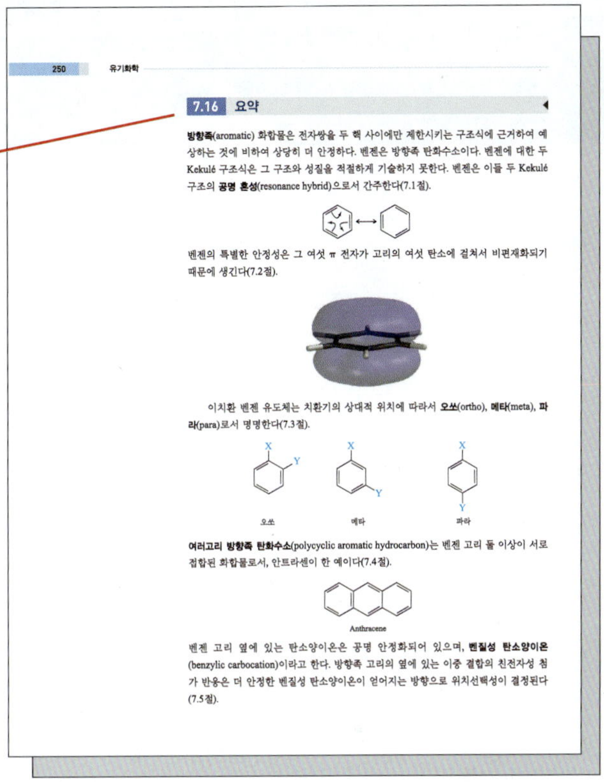
250 유기화학

7.16 요약

방향족(aromatic) 화합물은 전자쌍을 두 핵 사이에만 제한시키는 구조식에 근거하여 예상하는 것에 비하여 상당히 더 안정하다. 벤젠은 방향족 탄화수소이다. 벤젠에 대한 두 Kekulé 구조식은 그 구조와 성질을 적절하게 기술하지 못한다. 벤젠은 이들 두 Kekulé 구조의 **공명 혼성**(resonance hybrid)으로서 간주한다(7.1절).

벤젠의 특별한 안정성은 그 여섯 π 전자가 고리의 여섯 탄소에 걸쳐서 비편재화되기 때문에 생긴다(7.2절).

이치환 벤젠 유도체는 치환기의 상대적 위치에 따라서 **오쏘**(ortho), **메타**(meta), **파라**(para)로서 명명한다(7.3절).

여러고리 방향족 탄화수소(polycyclic aromatic hydrocarbon)는 벤젠 고리 둘 이상이 서로 접합된 화합물로서, 안트라센이 한 예이다(7.4절).

Anthracene

벤젠 고리 옆에 있는 탄소양이온은 공명 안정화되어 있으며, **벤질성 탄소양이온**(benzylic carbocation)이라고 한다. 방향족 고리의 옆에 있는 이중 결합의 친전자성 첨가 반응은 더 안정한 벤질성 탄소양이온이 얻어지는 방향으로 위치선택성이 결정된다(7.5절).

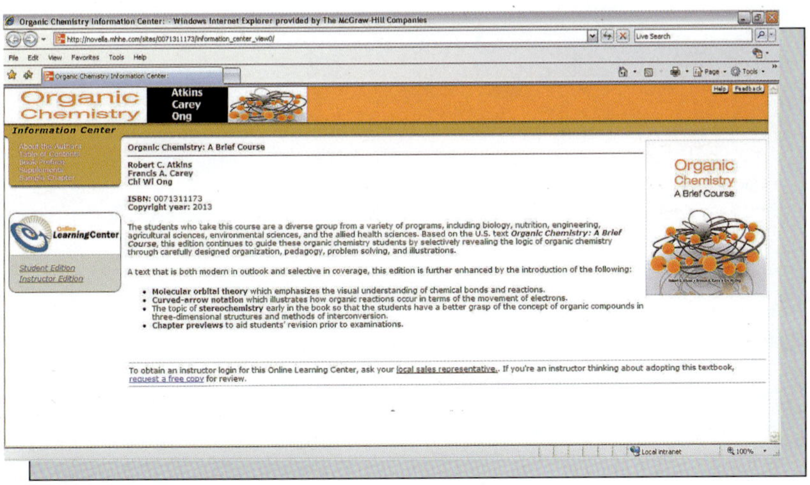

웹사이트

웹사이트(www.mheducation.asia/olc/atkins)에서는 학생과 강사 모두에게 추가적으로 도움이 될 수 있는 “유기화학: 개요”에 관련한 자료를 찾아 볼 수 있다.

역자소개

고광윤 아주대학교 화학과 교수

경기성 충북대학교 환경생명화학과 교수

임흥빈 충북대학교 특용식물학과 교수

장혜영 아주대학교 화학과 교수

전철호 연세대학교 화학과 교수

정낙철 고려대학교 화학과 교수

역자서문

이 책은 Atkins, Carey, Ong의 「Organic Chemistry, A Brief Course」를 우리말로 옮긴 것이다. 저자 중의 한 분인 Carey는 학부 상급 학년과 대학원 과정에서 많이 사용되는 교재인 「Advanced Organic Chemistry」의 저자이기도 하다. Brief Course라는 교재의 제목에서 짐작할 수 있듯이 이 책은 한 학기용 유기화학 교재로서 의학, 생명과학, 화학공학, 식품공학 같은 분야를 전공하는 학생들에게 유기화학의 핵심을 소개하고 있다. 사실, 시중에 한 학기용 유기화학 교재들이 다수 나와 있다. 하지만 이 책을 번역하면서 놀란 점은 두 학기 유기화학 교재에서 다루면 좋겠다고 바랐던 내용이 한 학기 교재에서, 그것도 첫 장부터 언급된다는 점이었다. 예를 들면, 화학 결합과 화학 반응의 분자 오비탈 이론이라든지 유기 반응을 굳고 무른 산-염기(HSAB) 이론으로 설명한다는 점이다. 처음으로 유기화학을 접하는 학생들에게는 이런 내용들이 좀 생소하고 어렵게 느껴질 수도 있으나 이러한 내용을 먼저 이해하면 유기 반응들을 더 쉽게 이해할 수 있다고 생각한다. 또 하나 다른 한 학기 교재와 다른 점은 입체화학(예: Fischer 투영도)을 유기 반응을 다루기 전에 먼저 소개한다는 점이다. 이렇게 하면 다음에 배울 유기 반응들의 입체화학적 면을 더 쉽게 표현하고 이해할 수 있을 것이다. 한 학기 교재라서 그런지 Diels Alder 반응이라든지 Wittig 반응, Claisen 축합 반응 등을 다루지 않는 것이 좀 아쉽기는 하다.

유기 화합물의 이름은 대한화학회에서 발간한 유기 화합물 명명법 I과 II(2000년)를 참조하였으나 어떤 이름은 영어 발음으로 표시하기도 하였다. 학술 용어는 자유아카데미에서 출간한 화학 술어집 개정5판(2007년)에 따라 옮기는 것을 원칙으로 하였다.

번역상 오류가 있거나 번역이 매끄럽지 않은 부분에 대해서는 독자들이 많은 지적을 해 주시기를 부탁드리며, 이 책이 나오기까지 애를 쓰신 맥그로힐에듀케이션코리아 및 편집부 여러분께 심심한 감사의 말씀을 드린다.

마지막으로, 아무쪼록 독자들이 이 책을 발판으로 유기화학을 알차고 재미있게 공부하기를 바란다.

2014년 11월

역자 대표 고광윤

차례

CHAPTER 01 화학 결합

개요

유**기화학**(organic chemistry)은 탄소 화합물에 대한 학문이다. 이 학문은 매우 방대한 분야로서, 엄청나게 많은 정보를 다루며, 동시에 본질적으로 유용한 분야이다. 유기화학의 연구는 지금도 계속하여 우리의 생활을 풍부하게 해 주는 새로운 재료, 생명을 연장시켜 주는 새로운 의약품, 생명 그 자체를 화학적으로 설명하는 새로운 지식을 제공해 준다. 유기화학을 이해하려면 먼저 분자 구조를 알아야 한다. **구조**(structure)는 화학에서 모든 것에 대한 열쇠이다. 한 물질의 성질은 그 물질에 들어 있는 원자와 이것들이 연결된 방법에 달려 있다. 처음에는 분명하게 와 닿지는 않겠지만, 사실 매우 유용한 것은, 화학 분야에서 훈련을 받은 사람이면 한 물질의 구조식을 보고 나서 그 성질을 예측할 수 있다는 점이다. 이 장에서는 유기 화합물의 구조와 성질 사이의 관계를 여러분들이 이해할 수 있도록 도와주고자 한다. 먼저 분자 구조와 화학 **결합**(bonding)의 몇 가지 기본 원리를 다룬다. 이러한 원리를 응용하면 어느 구조가 다른 것보다도 더 안정할 지를 알아내는 법을 배우게 되고, 여러분이 유기화학을 공부하는 동안 계속 사용할 구조식을 사용하여 화학 정보를 교환하는 기술을 발전시킬 수 있을 것이다.

중요한 용어를 모은 사전이 이 책의 뒤에 있는 색인 바로 앞에 나와 있다.

1.1 원자, 전자, 오비탈

결합의 원리를 논의하기 전에, 먼저 원자와 전자 사이의 몇 가지 기본적인 관계를 복습하기로 하자. 각 원소는 원소마다 고유한 값인 **원자 번호**(atomic number) Z가 있으며, 이 값은 원자핵에 있는 양성자의 수와 같다. 중성 원자는 양전하를 띤 양성자와 음전하를 띤 전자의 수가 똑같다. 프랑스의 물리학자인 Louis de Broglie는 1924년에 박사 학위 논문에서 전자는 식 $\lambda = h/mv$(λ = 전자 파동의 파장; m = 전자의 질량; v = 전자의 속도)로 나타낼 수 있는 파동 성질을 가지고 있다고 제안하였다. 오스트리아의 물리학자인 Erwin Schrödinger는 이 가설을 원자 구조에 적용하여 정수인 양자 수(n = 1, 2, 3, 4, ⋯)에 따라서 "**껍질**(shell)"이라고 하는 불연속적인 에너지 준위로 **전자를 양자화**(quantized the electron)시켰다. 가장 간단한 그림은 전자를 "**주껍질**(major shell)"에 나누어 배치하는 것이며, 이때 주양자 수만 고려하고 기타 다른 요인은 모두 무시한다. 양전하를 띤 핵은 껍질의 전자를 당기므로 껍질이 핵에 가까울수록 인력이 더 강해져서 전자를 제거하기가 더 어려워진다. 각 껍질이 수용할 수 있는 전자의 최대 수는 $2n^2$이며, n은 주양자 수이다. 각 껍질에서 찾을 수 있는 전자의 최대 수는 다음과 같다. 즉, 첫 번째 주껍질 = 2전자, 두 번째 주껍질 = 8전자, 세 번째 주껍질 = 18전자 등이다. 미국의 화학자인 G. N. Lewis는 원자 사이에 화학 결합이 생성되면 최외각 주껍질이 완전히 채워져서 분자의 Lewis 구조가 얻어진다고 제안하였다.

사실, 전자에는 주양자 수(n은 1, 2, 3, ⋯), 전체 각운동량 양자 수[l은 0, 1, 2, 3, ⋯, $(l-1)$], 특정한 축에 대한 각운동량 양자 수[m은 $-l$, $(-l+1)$, ⋯, $(l-1)$, l]와 같이 세 가지 양자 수가 있다. 세 양자 수를 조합하면 에너지 준위가 다른 "**부껍질**(subshell)"이 생성되며, 아래에서 설명하듯이 주껍질 안에서 부구조를 이룬다.

에너지가 다른 부껍질의 수 = 주껍질의 주양자 수

따라서 첫 번째 주껍질에는 s 부껍질, 두 번째 주껍질에는 s, p 부껍질, 세 번째 주껍질

주껍질	세 양자 수 n	l	m	에너지	부껍질
1	1	0	0	E_1	1s
2	2	0	0	E_2	2s
	2	1	0	E_3	2p_x
	2	1	−1	E_3	2p_y
	2	1	+1	E_3	2p_z

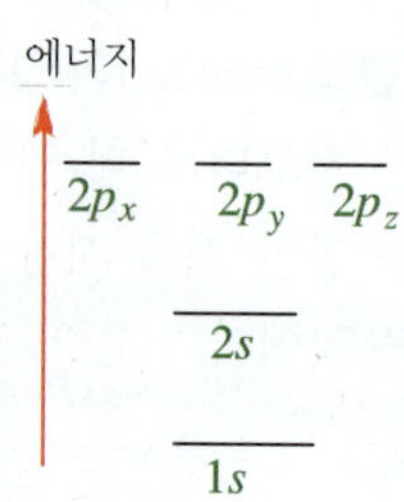

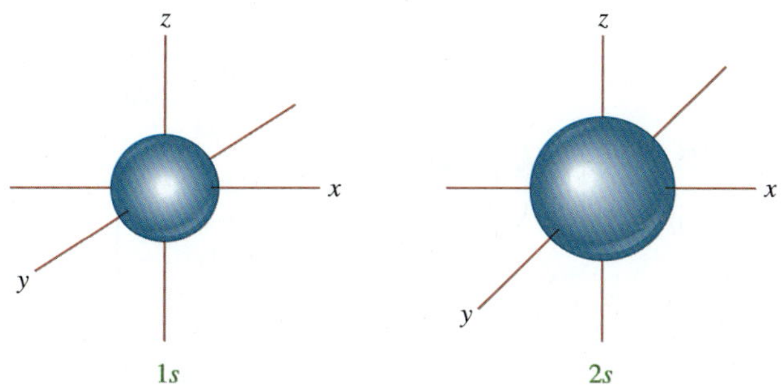

그림 • 1.1
1s 오비탈과 2s 오비탈의 경계면. 경계면은 전자를 찾을 확률이 90%~95%인 부피를 포함하고 있다.

에는 s, p, d 부껍질, 네 번째 주껍질에는 s, p, d, f 부껍질이 있다. Madelung 규칙에 의하면 에너지가 증가하는 순서대로 이러한 오비탈이 채워지는 순서는 다음과 같다. 1s, 2s, 2p, 3s, 3p, 4s, 3d, 4p, 5s, 6s, 4f, 5d, 6p, 7s, 5f, 6d, ⋯. 전자는 한 껍질의 모든 오비탈을 단순하게 채우고 나서 다음 껍질로 이동하지 않는다. 에너지가 더 낮은 전자 배치가 먼저 채워진 후에야 에너지가 더 높은 오비탈이 채워질 수 있다(축조 원리). 그러므로 전자 배치는 원소의 성질을 이해하는 데 그리고 화학 결합을 설명하는 데 유용하다.

각 부껍질의 파동 함수를 더 풀면 "**원자 오비탈**(atomic orbital)"이라고 하는 부구조의 조합이 추가로 얻어진다. 오비탈은 전자를 찾을 확률이 90%~95%인 공간의 어떤 지역을 의미한다. 각 오비탈은 모양과 에너지 준위가 특이하다.

오비탈(orbital)은 크기, 모양, 방향성을 지정함으로써 나타낼 수 있다. 그림 1.1에 있는 것과 같이, 구형으로 대칭인 것을 s 오비탈이라고 한다. 문자 s 앞에는 **껍질**(shell)을 가리키며, 오비탈의 에너지와 관련이 있는 **주양자 수**(principal quantum number) n(n = 1, 2, 3 등)을 적는다. 1s 오비탈의 전자는 2s 오비탈의 전자보다 핵에 더 가까이 있어서 에너지가 더 낮으며, 더 강하게 붙들려 있다.

수소 원자($Z = 1$)는 전자가 하나이고, 헬륨 원자($Z = 2$)는 둘이다. 수소의 전자 하나는 1s 오비탈을 차지하며, 헬륨의 두 전자들도 그렇다. 각각의 전자 배치를 다음과 같이 쓸 수 있다.

수소: $1s^1$ 헬륨: $1s^2$

전자는 음으로 하전되어 있으면서 **스핀**(spin)이라는 성질을 가지고 있다. 전자의 **스핀 양자 수**(spin quantum number)는 +1/2 혹은 −1/2의 값을 가질 수 있다. **Pauli 배타 원리**(Pauli exclusion principle)에 따르면 두 전자는 스핀이 반대, 즉 "쌍"을 이룰 때에만 같은 오비탈을 차지할 수 있다. 이러한 이유로 오비탈은 절대로 세 개 이상의 전자를 가질 수 없다. 리튬($Z = 3$)에서 두 전자는 1s 오비탈을 채우기 때문에 세 번째 전자는 에너지가 더 높은 오비탈을 차지해야 한다. 1s 다음에 나오는 더 높은 에너지의 오비탈은 2s이다. 그러므로 리튬의 세 번째 전자는 2s 오비탈을 채워야 하며, 따라서 리튬의 전자 배치는 다음과 같다.

리튬: $1s^22s^1$

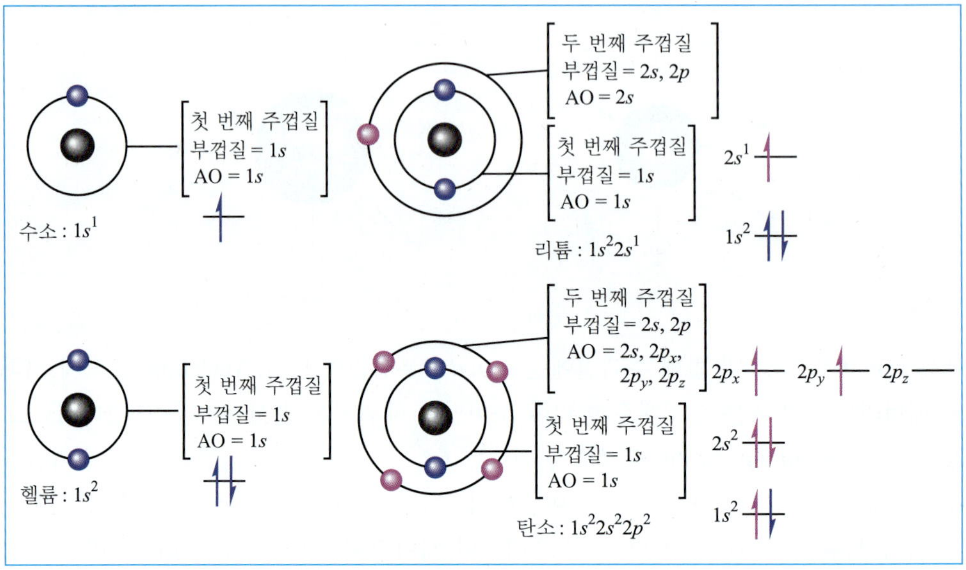

그림 • 1.2
$2p$ 오비탈의 경계면

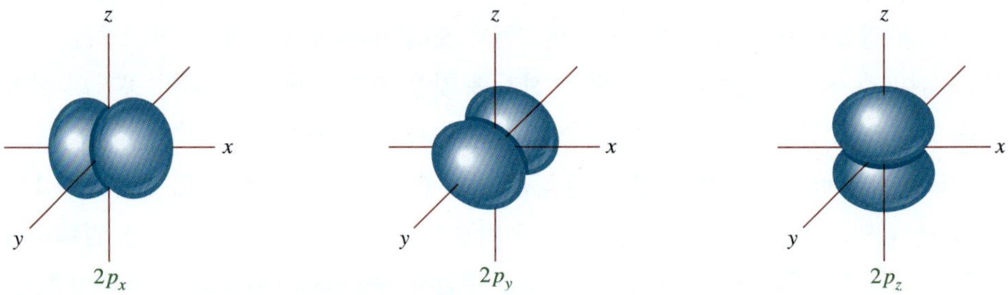

원소의 완전한 주기율표가 앞 표지 안쪽에 있다.

주기율표에서 원소의 **주기**(period 또는 row)는 채워진 오비탈 중에서 가장 에너지가 높은 오비탈의 주양자 수와 같다(수소와 헬륨의 경우는 $n = 1$). 수소와 헬륨은 1주기 원소이며, 리튬($n = 2$)은 2주기 원소이다.

베릴륨($Z = 4$)의 경우에는 $2s$ 준위가 채워지며 나머지 2주기 원소에서 채워질 그 다음 오비탈은 $2p_x$, $2p_y$, $2p_z$이다. 그림 1.2에 묘사된 이 오비탈은 흔히 "아령 모양"이라고 하는 경계면을 하나 가지고 있다. 각 오비탈에는 핵 사이를 지나가는 마디면을 따라서 서로 맞닿아 있는 "로브(lobe)"가 두 개 있다. $2p_x$, $2p_y$, $2p_z$ 오비탈은 에너지가 같고, 서로 수직이다.

수소에서 시작하여 마그네슘까지의 첫 번째 12개 원소들의 전자 배치가 표 1.1에 나와 있다. $2p$ 오비탈을 채울 때 각 오비탈에 전자가 하나씩 채워진 후에야 아무 오비탈에 전자 두 개가 채워진다는 점을 주목하기 바란다. 이는 **Hund 규칙**(Hund's rule)이라고 알려진, 에너지가 같은 오비탈에 적용되는 일반적인 원리이다.

표 1.1에서 특히 중요한 것은 수소, 탄소, 질소, 산소이다.

수없이 많은 유기 화합물은 유기화학의 필수적 원소인 탄소 이외에도 질소, 산소 혹은 둘 다를 가지고 있다. 대부분은 또한 수소를 가지고 있다.

표 1.1 주기율표에서 처음 12개 원소들의 전자 배치

		오비탈에 있는 전자 수					
원소	원자 번호 Z	$1s$	$2s$	$2p_x$	$2p_y$	$2p_z$	$3s$
수소	1	1					
헬륨	2	2					
리튬	3	2	1				
베릴륨	4	2	2				
붕소	5	2	2	1			
탄소	6	2	2	1	1		
질소	7	2	2	1	1	1	
산소	8	2	2	2	1	1	
플루오린	9	2	2	2	2	1	
네온	10	2	2	2	2	2	
소듐	11	2	2	2	2	2	1
마그네슘	12	2	2	2	2	2	2

종종 한 원자의 **원자가 전자**(valence electron)에 대하여 말하는 것이 편리하다. 이 전자는 화학 결합과 반응에 가장 잘 참여하기 쉬운 전자인 최외각 전자를 말한다. 2주기 원소의 경우 이 전자는 $2s$와 $2p$ 전자이다. 오비탈 네 개($2s$, $2p_x$, $2p_y$, $2p_z$)가 관여하므로 2주기 원소의 **원자가 껍질**(valence shell)에 있을 수 있는 전자의 최대 수는 여덟이다. $2s$와 $2p$ 오비탈이 전부 전자가 두 개씩 채워진 네온은 원자가 전자가 여덟 개이며, 주기율표의 2주기를 완성하고 있다.

장의 본문에 나와 있는 모든 문제에 대한 답은 부록에서 찾을 수 있다. 문제에 대한 간단한 설명과 같은 유형의 문제를 푸는 방법에 대한 힌트는 문제 풀이집(Solution Manual)에 나와 있다.

문제 1.1 탄소에는 몇 개의 원자가 전자가 있는가?

$2s$와 $2p$ 오비탈이 모두 채워지면 다음 준위는 $3s$이고, 그 다음은 $3p_x$, $3p_y$, $3p_z$ 오비탈이다. 이들 오비탈의 전자는 $2s$와 $2p$ 오비탈의 전자보다 핵으로부터 더 멀리 있고, 따라서 에너지가 더 높다.

문제 1.2 필요하면 주기율표를 참고하여 3주기에 있는 모든 원소들의 전자 배치를 쓰시오.

풀이 3주기는 소듐에서 시작하여 아르곤에서 끝난다. 소듐의 원자 번호 Z는 11이므로 소듐 원자는 11개의 전자를 가지고 있다. $1s$, $2s$, $2p$ 오비탈에 있을 수 있는 전자의 최대 수는 열 개이므로 소듐의 열한 번째 전자는 $3s$ 오비탈을 채운다. 소듐의 전자 배치는 $1s^2 2s^2 2p_x^2 2p_y^2 2p_z^2 3s^1$이다.

몇 부분으로 이루어진 장에 있는 문제에는 부분 (a)에 대한 풀이 예가 따른다. 다른 부분의 문제에 대한 답은 부록에 나와 있고, 자세한 풀이는 문제 풀이집에 수록되어 있다.

2주기의 네온과 3주기의 아르곤은 원자가 껍질에 여덟 개의 전자를 가지고 있다.

이들 원자에서는 전자가 완전하게 **팔전자계**(octet)을 이루었다고 말한다. 헬륨, 네온, 아르곤은 **불활성 기체**(noble gas) 혹은 **희유 기체**(rare gas)로 알려진 원소의 부류에 속한다. 불활성 기체는 매우 안정한 "닫힌 껍질(closed-shell)" 전자 배치를 가진다는 점이 특징이며, 반응성이 매우 작다.

1.2 이온 결합

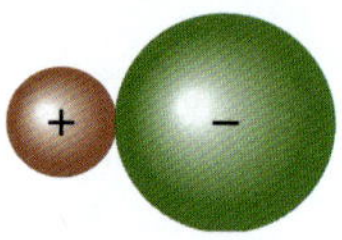

그림 • 1.3
이온 결합은 반대로 하전된 이온, 이 경우에는 Na^+(붉은색)과 Cl^-(초록색)으로 나타낸 이온 사이의 정전기 인력이다. 염화 소듐 고체에서는 각 소듐 이온은 결정 격자에서 여섯 개의 클로라이드 이온 그리고 반대로도 똑같이 둘러싸여 있다.

원자들이 서로 결합하면 구성 원자와는 성질이 사뭇 다른 **화합물**(compound)이 생성된다. 한 화합물에서 원자 사이의 인력이 바로 **화학 결합**(chemical bond)이다. **이온 결합**(ionic bond)이라고 하는, 어떤 종류의 화학 결합은 반대로 하전된 화학종[**이온**(ion)] 사이의 인력이다(그림 1.3). 양전하를 띤 이온을 **양이온**(cation), 음전하를 띤 이온을 **음이온**(anion)이라고 한다.

어떤 원소가 이온 결합에서 양이온으로 아니면 음이온으로 작용할지는 몇 가지 요인에 달려 있는데, 이때 주기율표가 한 가지 지침을 줄 수 있다. 이온 결합을 형성할 때, 주기율표의 왼쪽에 있는 원소는 예외 없이 전자를 잃고 가장 가까운 불활성 기체와 전자 배치가 같은 양이온을 형성한다. 예를 들면, 소듐에서 전자 하나가 빠지면 네온과 전자 배치가 같은 Na^+ 이온이 생성된다.

기호 Na· 의 점은 소듐 원자의 한 개의 원자가 전자를 나타낸다.

$$\text{Na}\cdot \longrightarrow \text{Na}^+ + e^-$$

Sodium 원자	Sodium 이온	전자
$1s^22s^22p^63s^1$	$1s^22s^22p^6$	

주기율표의 오른쪽에 있는 원소는 전자를 얻어서 그 다음에 나오는 불활성 기체의 전자 배치를 가지려는 경향이 있다. 예를 들면, 염소에 전자 하나를 추가하면 닫힌 껍질 전자 배치가 불활성 기체인 아르곤과 같은 Cl^- 이온이 생성된다.

기호 :C̤̈l· 의 점은 염소 원자의 일곱 개의 원자가 전자를 나타낸다.

$$:\ddot{\underset{\cdot\cdot}{\text{Cl}}}\cdot + e^- \longrightarrow :\ddot{\underset{\cdot\cdot}{\text{Cl}}}:^-$$

Chlorine 원자	전자	Chloride 이온
$1s^22s^22p^63s^23p^5$		$1s^22s^22p^63s^23p^6$

문제 1.3 다음 이온 중에서 어느 것이 불활성 기체 전자 배치를 가지는가?

(a) K^+ (b) H^- (c) O^- (d) F^- (e) Ca^{2+}

풀이 (a) 포타슘은 원자 번호가 19이므로 포타슘 원자는 전자가 19개이다. 따라서 K^+ 이온은 불활성 기체 아르곤과 같은 18개의 전자가 있다. K^+과 Ar의 전자 배치는 같다: $1s^22s^22p^63s^23p^6$.

소듐 원자에서 염소 원자로 전자 하나가 이동하면 소듐 양이온과 클로라이드 음이온이 생성되며, 둘 다 불활성 기체의 전자 배치를 가진다.

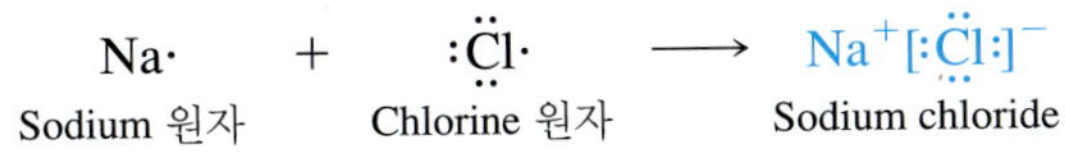

두 원자 사이의 **이온 결합**(ionic bond)은 반대로 하전된 입자 사이의 인력이다.

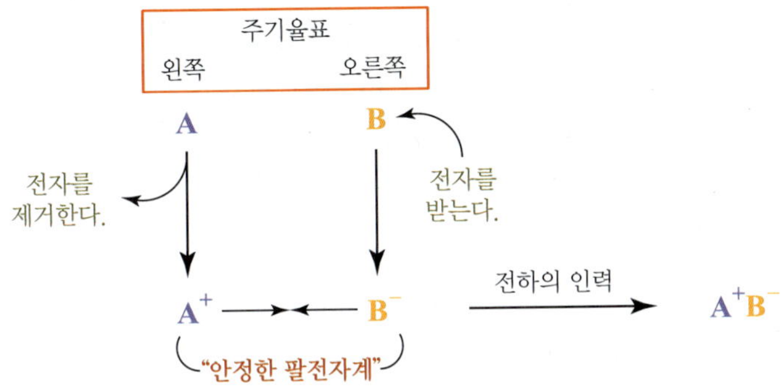

순수한 이온 결합에서는 결합하는 원자들의 원자 오비탈의 에너지가 너무 차이가 크므로 전자를 공유하는 겹침은 일어나지 않는다. 공유 성격을 주기에는 그 오비탈 사이의 상호작용이 거의 없다는 점은 전기음성도의 차이가 1.7 이상인 점에서 알 수 있다.

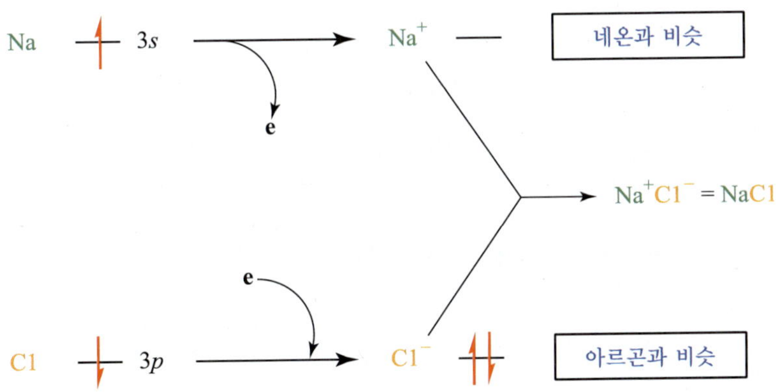

이온 결합은 **무기**(inorganic) 화합물에서는 매우 흔하지만 **유기**(organic) 화합물에서는 드물다. 그렇다면 어떤 종류의 결합이 수백만 개의 유기 화합물에서 탄소를 다른 원소와 결합시킬까? 전자를 잃거나 얻거나 하지 않고, 탄소는 다른 원소(다른 탄소 원자를 포함하여)와 전자를 **공유**하여 공유 결합이라고 하는 결합을 만든다.

1.3 공유 결합

> Gilbert Newton Lewis(1875년, 미국 Massachusetts, Weymouth에서 출생; 1946년 California, Berkeley에서 사망)는 가장 위대한 미국 화학자라고 불린다.

화학 결합의 **공유**(covalent) 혹은 **공유 전자쌍**(shared electron pair) 모형은 1916년에 University of California의 G. N. Lewis에 의하여 최초로 제안되었다. Lewis는 두 수소 원자가 두 전자를 공유하면 각 수소 원자가 헬륨과 유사한 닫힌 껍질 전자 배치를 가질 수 있다고 제안하였다.

전자를 점으로 나타내는 이러한 종류의 구조를 **Lewis 구조**(Lewis structure)라고 한다.

F_2가 공유 결합을 이루면 각 플루오린은 그 원자가 껍질에 여덟 개의 전자를 가지게 되어 불활성 기체인 네온과 같은 안정한 전자 배치를 이룬다.

문제 1.4 플루오린화 수소에서는 수소가 플루오린과 공유 결합을 하고 있다. 플루오린화 수소의 Lewis 식을 쓰시오.

Lewis 모형을 따르면 2주기 원소(Li, Be, B, C, N, O, F, Ne)는 그 원자가 껍질에 총 여덟 개의 전자(공유 + 비공유)까지만 가질 수 있다. 수소는 두 개까지만 허용된다. 이 교재에서 다룰 대부분의 원소는 **팔전자 규칙**(octet rule)을 따른다.

> 화합물이 생성될 때 원자들은 전자를 잃거나, 얻거나, 공유함으로써 불활성 기체에서처럼 여덟 개의 원자가 전자를 가지는 안정한 전자 배치를 이룬다.

탄소, 질소, 산소, 플루오린이 팔전자 규칙을 만족할 경우에는 불활성 기체인 네온과 같은 전자 배치를 가진다.

이제 Lewis 모형을 유기 화합물인 메테인과 테트라플루오린화 탄소에 적용해 보자.

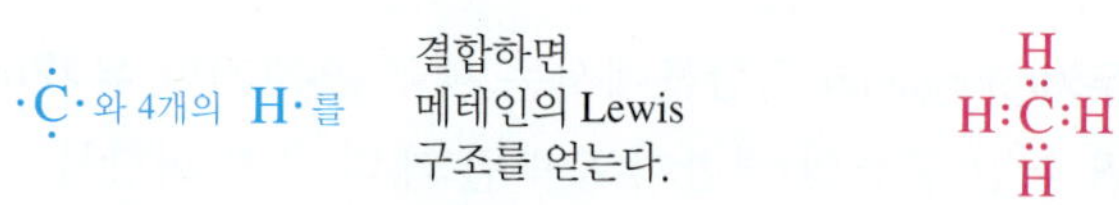

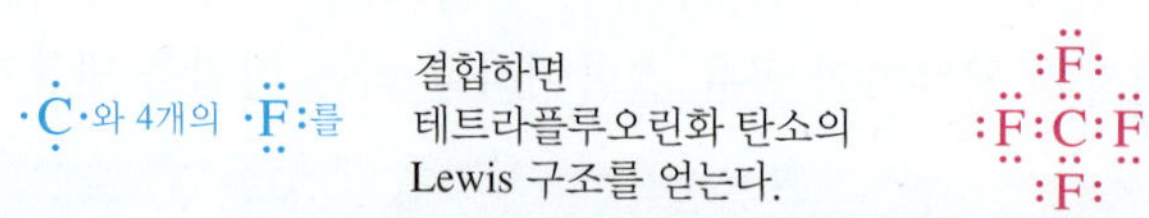

탄소는 메테인과 테트라플루오린화 탄소 둘 다에서 그 원자가 껍질에 여덟 개의 전자를 가지고 있다. 탄소는 네 개의 다른 원자와 공유 결합을 이룸으로써 네온과 같은 안정한 전자 배치를 이룬다. 메테인과 테트라플루오린화 탄소에서의 각 공유 결합은 매우 강하며, 그 결합 해리 에너지는 H_2에서 수소 사이의 결합과 비슷하다.

공유 결합의 더 실제적인 표현 방법은 결합이 형성될 때 원자가 껍질의 원자 오비탈,

즉 가장 바깥쪽에 있는 채워지지 않은 오비탈의 참여를 나타내는 것이다. 결합의 **원자가 결합 이론**(valence bond theory, VB)에 따르면 결합에 참여하는 두 원자의 원자 오비탈(AO)이 겹쳐지며, 그럼으로써 공유 전자는 결합에 편재화된다. 또한 오비탈 사이의 겹침의 정도는 결합 세기를 결정하며, 겹침이 클수록 결합도 더 강해진다. 따라서 서로 접근하는 AO의 궤적은 겹침이 최대로 이루어지는 방향이어야 한다. 이 점은 유기 반응을 고려할 때 매우 중요하다. **먼저 AO의 파동 함수를 무시하자.** 수소 분자는 수소 원자의 두 1*s* AO 사이의 상호작용에 의하여 시그마(σ) 결합이 생성되는 것으로 볼 수 있다.

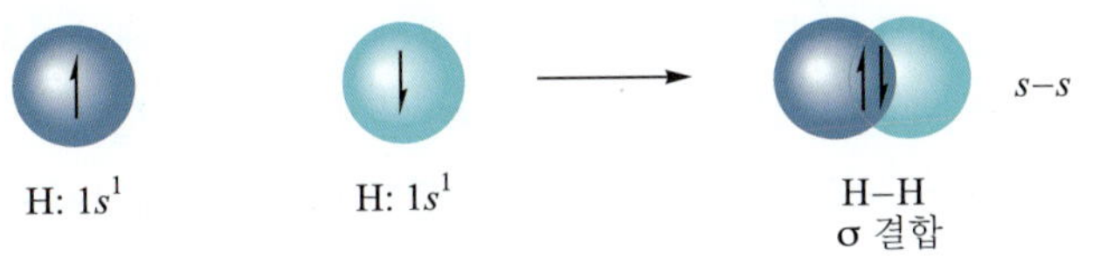

플루오린 분자의 경우에는 결합 상황이 약간 더 복잡하다. 이 경우에는 플루오린 원자의 두 AO가 겹쳐져서 결합이 생성된다. 이 두 2*p* AO는 두 가지 방법으로 서로 접근할 수 있다. (a) "정면" 방향. 겹침이 더 잘 되어 강한 σ 결합을 형성하기 때문에 선호된다. (b) "측면" 방향. 파이(π) 결합을 만들 겹침이 더 저조하므로 일어나지 않는다. 또한 같은 위상의 두 *p* 오비탈이 겹쳐져야 겹침이 최대인 점을 강조하고자 한다. 선택할 수 있으면 가능한 가장 강한 결합이 생성된다.

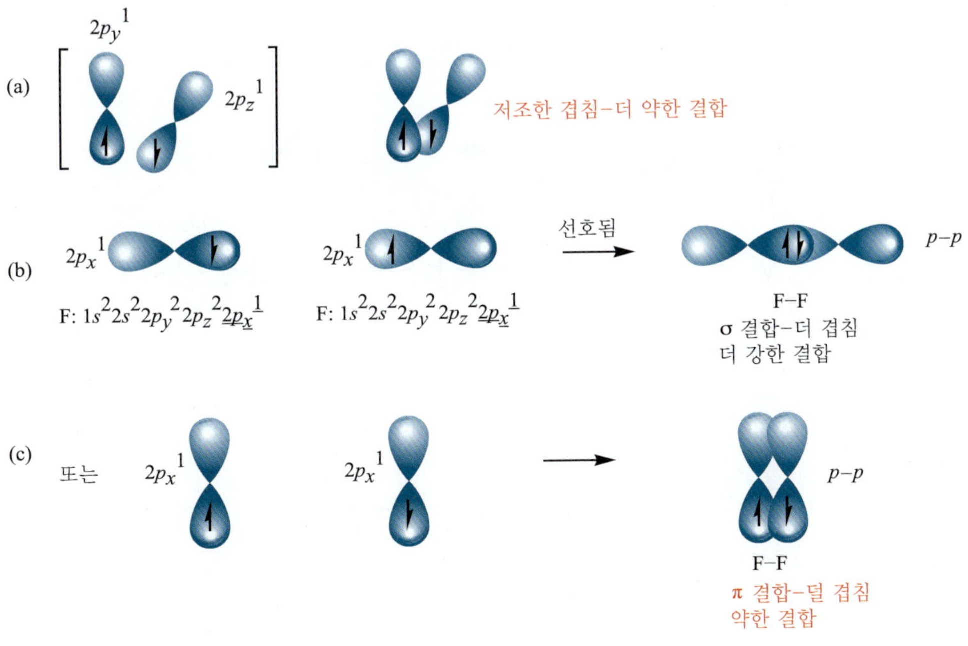

플루오린화 수소의 결합은 수소의 1*s* AO가 플루오린의 2*p* AO와 상호작용하여 σ 결합이 생성되는 것으로 볼 수 있다.

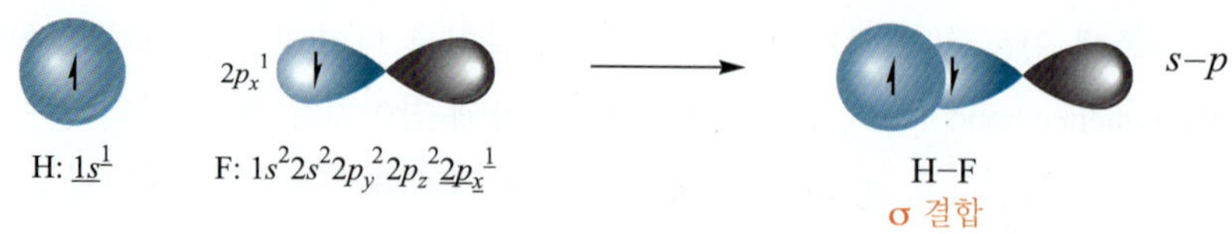

결합의 원자가 결합 이론에서는 공유 결합을 원자 오비탈의 겹침으로 간주하며, 분자 내의 결합 세기와 결합 길이를 분명하게 구별한다.

원자가 결합 이론에서는 원자 오비탈이 겹침으로써 공유 결합이 형성된다고 본다. *VB* 이론은 분자 내의 결합 세기와 결합 길이를 분명하게 구별한다.

더 복잡한 방법은 **분자 오비탈**(molecular orbital, MO) 이론으로서, 두 원자의 두 AO가 결합을 이루어서 새로운 분자 오비탈을 형성하는 과정의 에너지론을 고려한다. 여기서는 AO가 sinθ와 관련이 있기 때문에 양(●)이거나 음(○)일 수 있다. 비슷한 부호의 두 AO가 합쳐지면 보강적인 상호작용이 생기며, 결국 에너지가 더 낮은 **결합성**(bonding) **MO**가 형성된다. 부호가 다른 두 AO를 합치면 상쇄 간섭이 일어나서 에너지가 더 높은 **반결합성**(antibonding) **MO**가 형성된다. 그러므로 *MO* 이론에 의하면 두 *AO*가 중첩하면 에너지가 더 낮은 새로운 결합성 MO와 에너지가 더 높은 반결합성 *MO*가 동시에 형성된다.

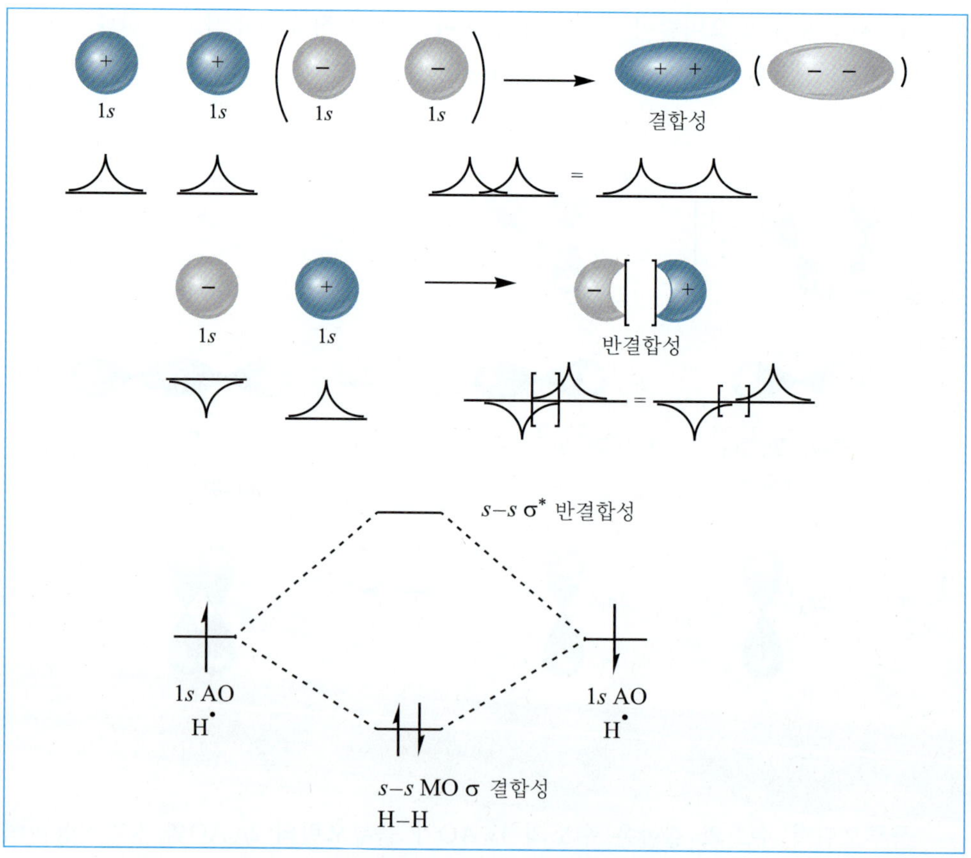

수소 분자가 형성될 때 생기는 분자 오비탈을 앞 페이지에 명료하게 그렸다. 부호가 비슷한 AO가 겹쳐지면 에너지가 더 낮은 MO가 생기면서 결합이 이루어진다. 두 수소 원자가 결합하여 수소 분자의 결합이 형성되는 동안에는 전체적으로 안정성이 증가한다(에너지가 더 낮아진다). 이 경우 반결합성 MO는 채워지지 않는다. 생성되는 MO의 수는 결합하는 AO의 수와 같음을 분명히 알 수 있는데, 이 규칙은 예외 없이 철저하게 지켜진다.

앞의 MO 그림은 왜 두 헬륨이 반응하여 헬륨 분자(He_2)를 형성하지 않거나 다른 원소와 반응하지 않는 이유를 분명하게 보여 준다. 두 헬륨 원자가 반응하면 결합성 및 반결합성 분자 오비탈이 모두 채워진 헬륨 분자가 형성될 것이다. 일반적으로 상대론적 효과 때문에 반결합성 분자 오비탈이 결합성 MO보다 에너지가 더 높다. 따라서 헬륨 분자가 형성될 때는 결합 에너지가 안정화되는 효과가 없어지고 대신 더 불안정해진다.

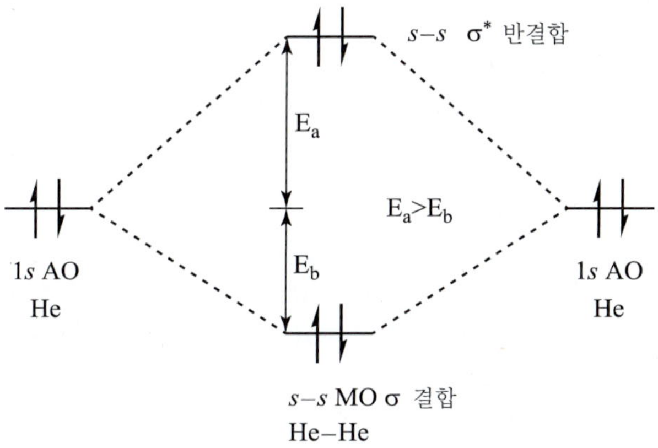

HF 분자의 경우에는 수소 원자의 1*s* 오비탈과 플루오린의 2*p* 오비탈 사이에 결합이 이루어진다. 이 경우에도 σ 결합이 형성되며, MO 그림을 아래에 그렸다. 일반적으로 더 전기음성적인 원소의 AO(전기음성도는 주기율표에서 오른쪽으로 갈수록 증가한다)는 에너지가 더 낮다.

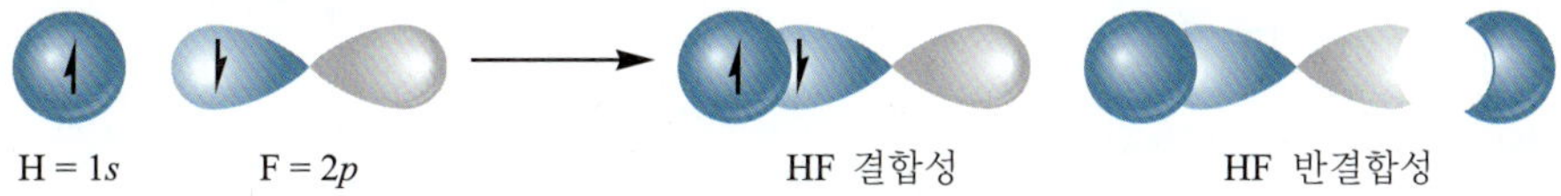

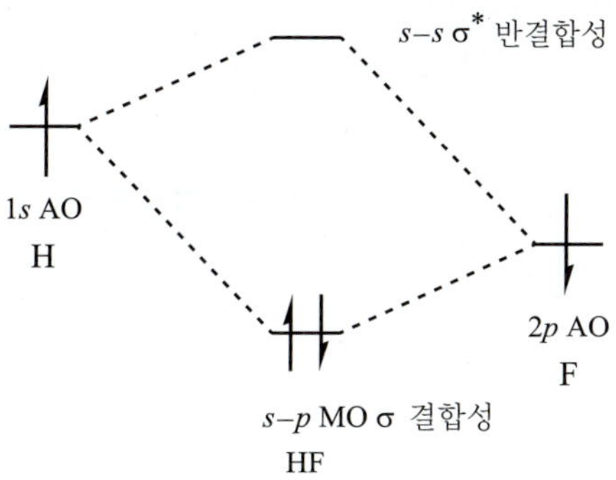

> 순수한 공유 결합이 생길 때 상호작용하는 두 AO는 에너지가 서로 가까워야 한다. 즉, 결합성 MO에서 전자를 똑같이 공유하려면 전기음성도가 비슷해야 한다.

전기음성도의 차이가 있으면 결합에서 전자가 균등하게 공유되지 못하며, 더 전기음성적인 원자의 AO가 MO에 더 가까우므로 전자는 이 원자에 더 많이 존재하게 된다. 이 점은 극성 공유 결합과 전기음성도에 관한 단락에서 더 다룰 것이다.

탄소의 Lewis 구조를 보면 원자가 전자가 네 개이므로 네 개의 결합을 만들 수 있음을 알 수 있지만, VB와 MO 이론은 $1s^22s^22p^2$의 전자 배치를 가지는 탄소는 $2s$ 오비탈이 완전히 채워져 있기 때문에 두 $2p$ 오비탈로부터 두 결합만이 형성될 수 있다는 잘못된 믿음을 줄지도 모른다. 탄소의 사가(tetravalent) 성질을 설명하려고 화학자는 $2s$와 $2p$ 오비탈을 혼성하여 네 개의 오비탈을 얻는다는 개념을 이용한다. 혼성화에 대한 주제는 조금 후에 다룰 것이다.

문제 1.5 C 원자의 전자 배치는 $1s^22s^22p^2$이다.

(a) 원자가 전자를 나타내시오.
(b) 탄소 원자의 전자 배치에 맞는 MO 그림을 그리시오.

풀이 (a) 결합을 만들 수 있는 두 번째 껍질에 네 전자가 있으므로 원자가 전자는 $2s^22p^2$이며, 총 네 개의 전자이다. (b) Lewis 이론에 따르면 원자가 전자가 네 개뿐이므로 두 번째 껍질은 또 다른 네 개의 전자를 수용할 수 있고, 그러면 탄소가 네 결합을 할 수 있다. MO 이론에서는 $2s$ 오비탈은 완전히 채워져서 결합에 참여하지 않는다. Lewis 모형에 의하면 $2s$ 오비탈과의 결합은 반결합성 MO를 채워야 하기 때문에 선호되지 않는다. 각 $2p$ 오비탈은 반결합성 MO가 개입하지 않고서 결합성 MO를 만든다.

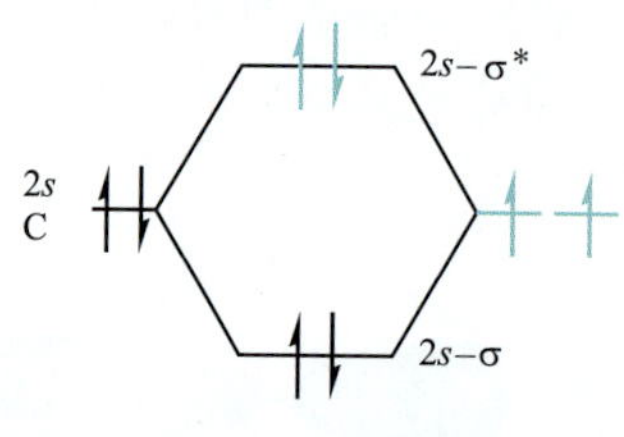

(a) $2s$ 오비탈은 두 결합을 만든다.

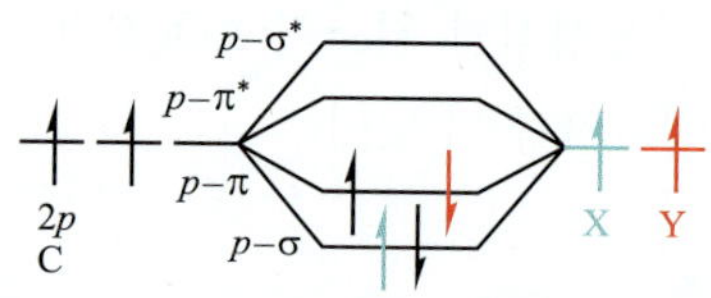

(b) 각 $2p$ 오비탈은 새로운 결합을 하나씩 만든다.

여기서 $2p$ 오비탈 하나는 σ 결합을 하나 만들고, 다른 것은 π 결합을 하나 만든다. 이러한 이유는 p 오비탈은 서로 직각이므로 두 개 이상의 σ 결합을 만들 수 없기 때문이다.

문제 1.6 결합이 생길 때 두 p 오비탈의 조합을 그리시오.
(a) σ 결합과 σ 반결합 (b) π 결합과 π 반결합

공유 결합을 대시(—)로 표현하면, 플루오린화 수소, 플루오린, 메테인, 테트라플루오린화 탄소의 Lewis 구조는 다음과 같다.

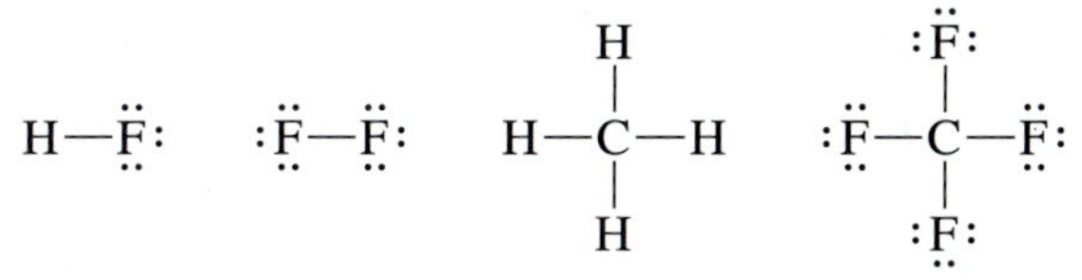

Hydrogen fluoride　Fluorine　Methane　Carbon tetrafluoride

1.4 이중 결합과 삼중 결합

공유 전자쌍 결합이라는 Lewis 개념을 사용하면 4-전자 **이중 결합**(double bond)과 6-전자 **삼중 결합**(triple bond)이 생성될 수 있다. 이산화 탄소(CO_2)는 탄소-산소 이중 결합이 두 개이고, 탄소와 산소 둘 다 팔전자 규칙을 만족한다. 비슷하게 사이안화 수소(HCN)의 가장 안정한 Lewis 구조는 탄소-질소 삼중 결합을 한 개 가지고 있다.

이산화 탄소:　:O::C::O:　또는　:O=C=O:

사이안화 수소:　H:C:::N:　또는　H—C≡N:

유기화학에서 다중 결합은 매우 흔하다. 에틸렌(C_2H_4)의 가장 안정한 Lewis 구조에는 탄소-탄소 이중 결합이 하나 있고, 각 탄소는 완전한 팔전자계이다. 아세틸렌(C_2H_2)의 가장 안정한 Lewis 구조는 탄소-탄소 삼중 결합이 한 개이다. 여기서도 팔전자 규칙이 만족된다.

에틸렌:

아세틸렌:　H:C:::C:H　또는　H—C≡C—H

문제 1.7 다음 각 화합물의 가장 안정한 Lewis 구조를 그리시오.

(a) 폼알데하이드(formaldehyde), CH_2O. 모든 수소는 탄소와 결합하고 있다(예전에는 폼알데하이드의 수용액을 생물학적 시료를 보관하는 데 사용하였다).
(b) 테트라플루오로에틸렌(tetrafluoroethylene), C_2F_4. (테플론의 제조에 사용되는 출발 물질)
(c) 아크릴로나이트릴(acrylonitrile), C_3H_3N. 원자들은 CCCN의 순서로 연결되어 있고, 수소는 모두 탄소와 결합하고 있다[올론(Orlon)과 아크릴란(Acrilan) 같은 아크릴 섬유의 제조에 사용되는 출발 물질].

풀이 (a) 원자가 전자를, 각 수소는 하나, 탄소는 네 개, 산소는 여섯 개를 내놓기 때문에 원자가 전자의 총수는 12이다. 수소는 둘 다 탄소에 붙어 있다고 하였다. 탄소는 안정한 화합물에서는 결합을 네 개 만들기 때문에 탄소와 산소를 이중 결합 하나로 묶는다. 이렇게 하여 생성된 부분 구조를 보면 12개 전자 중에서 8개가 들어 있다. 나머지 전자 4개를 산소에 비공유쌍으로 더하면 폼알데하이드의 완전한 구조가 얻어진다.

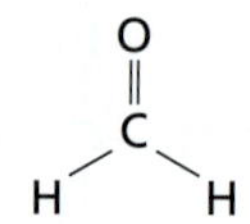

공유 결합을 나타내는
부분 구조

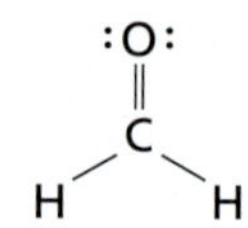

폼알데하이드의
완전한 구조

탄소 원자로 이루어진 이중 및 삼중 결합의 VB와 MO 그림을, 혼성화 방법의 세부 사항은 언급하지 말고 여기서 논의하기로 하자. 에틸렌의 이중 결합은 네 개의 전자를 공유함으로써만 가능하다. VB 이론에서는 두 원자 사이에 일어나는 두 종류의 상호작용에 근거하여 σ 결합과 π 결합으로 각각 구분한다. 즉, (a) 두 sp^2-혼성 오비탈, (b) 두 $2p$ 오비탈이다. $2p$ 오비탈 두 개는 C—C σ 오비탈과 직각이고, 최대로 겹쳐지기 위해서는 서로 평행해야 하기 때문에 π 결합 하나만 만들 수 있다. 따라서 VB 이론에 따르면 σ 결합이 더 강하다. $2p$ AO가 $2s$ AO보다 에너지가 더 높으므로, MO 이론에서 이들이 조합되어 새로운 MO을 만들 때 σ-결합성 MO가 π-결합성 MO보다 에너지가 더 낮게 되며, 이는 π 결합이 에너지가 더 높고 덜 안정하다는 점을 설명해 준다.

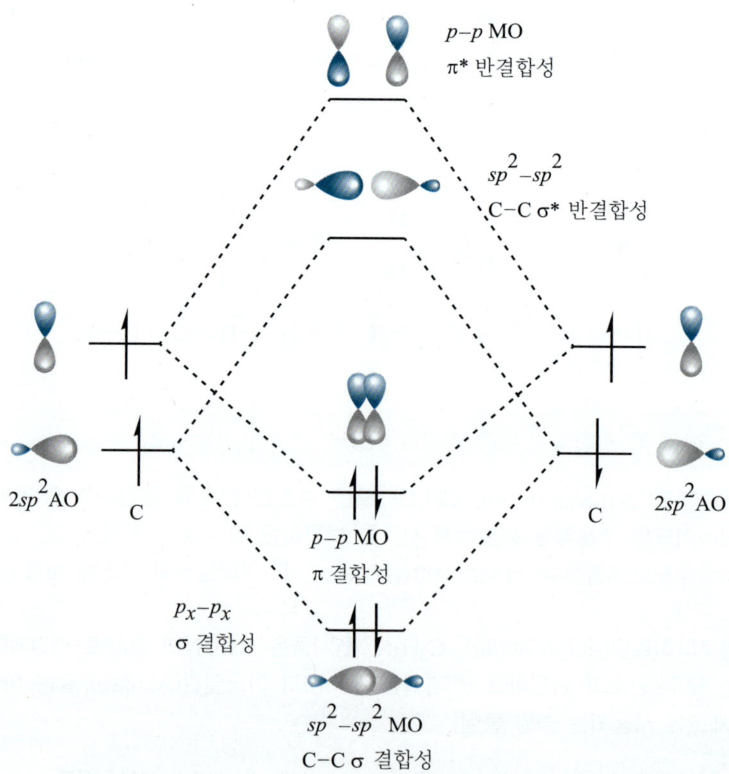

1.5 극성 공유 결합과 전기음성도

공유 결합의 전자는 결합으로 연결된 두 원자가 항상 똑같이 공유하는 것은 아니다. 한 원자가 다른 것보다 자기 쪽으로 전자를 당기는 경향이 더 크면 전자 분포는 **편극**(polarized, 분극)되어 있으며, 그러한 결합을 **극성 공유 결합**(polar covalent bond)이라고 한다. 예를 들면, 플루오린화 수소는 극성 공유 결합이 있다. 플루오린은 수소보다 전자를 더 강하게 당기므로 H—F 결합의 전자는 플루오린 쪽으로 당겨지고 부분 음전하가 생성되며, 수소로부터는 전자가 멀어지므로 부분 양전하가 생성된다. 이러한 전하의 분리를 **쌍극자**(dipole)라고 한다. 이러한 전자 밀도의 편극화는 다양한 방법으로 나타낼 수 있다.

Linus Pauling(사진 제공: *Linus Pauling Institute of Science and Technology, Palo Alto, CA.*)

$^{\delta+}$H—F$^{\delta-}$

(기호 $\delta+$와 $\delta-$는 각각 부분 양전하와 부분 음전하를 나타낸다.)

$\overset{\longleftrightarrow}{\text{H—F}}$

(기호 ⟷는 H—F 결합에서 전자의 편극 방향을 나타낸다.)

> Linus Pauling(1901~1994)은 미국 Oregon 주 Portland에서 출생하였고, Oregon 주립대학교와 California Institute Of Technology에서 수학하였으며, 1925년에 이 학교에서 화학 박사 학위를 취득하였다. Pauling은 결합 이론에 관한 연구만이 아니라 단백질의 구조에 대해서도 연구하였으며, 1954년에 이 분야의 연구로 노벨 화학상을 수상하였다. Pauling은 핵무기의 시험을 제한하는 노력으로 두 번째 노벨상(평화상, 1962년)을 수상하였다. 그는 노벨상을 두 번 수상한 네 명의 과학자 중 한 명이다. 최초로 두 번의 노벨상을 받은 사람은 여성이었다. 이 사람의 이름은 무엇일까?

공유 결합에서 한 원자가 전자를 자기 쪽으로 끄는 경향을 **전기음성도**(electronegativity)라고 한다. **전기음성**(electronegative) 원소는 전자를 당기고, **전기양성**(electropositive) 원소는 전자를 준다. 전기음성도는 주기율표에서 오른쪽으로 갈수록 증가한다. 2주기 원소 중에서 가장 전기음성인 것은 플루오린이고, 가장 전기양성인 것은 리튬이다. 전기음성도는 족 아래로 내려갈수록 감소한다. 플루오린은 염소보다 더 전기음성이다. 가장 흔하게 인용되는 전기음성도 척도는 Linus Pauling이 고안한 것으로, 표 1.2에 나와 있다.

전기음성도 규칙과 결합의 종류는 다음과 같다:

공유 결합 ⇦ **0.3** —(극성 결합 / 이온성 증가)⇨ **1.7** ⇨ 이온 결합

MO 이론을 사용하면 극성 공유 결합을 아주 간결하게 설명할 수 있다. 일반적으로 원자가 더 전기음성일수록 AO 에너지가 더 낮다. MO 이론에 의하면 분자 내의 전자들은 특정한 AO에 편재되어 있지 않으며, 새로운 결합성 MO을 만들 때 원자들의 두 AO 사이에 에너지 차이가 있다면 MO 내의 전자는 더 전기음성 원자의 AO에 더 가까이 있게 된다. 이는 전자가 분자 전체에 걸쳐서 균일하게 분포되어 있지 않다는 것을 분명하게 의미한다. 따라서 전반적으로 전자는 분자의 더 전기음성적인 원자에 퍼져 있게 되어 극성 공유 결합을 형성하게 된다.[주: 겹침이 일어나려면 두 AO는 너무 멀리 떨어져 있으면 안 된다. 전기음성도 차이가 1.7보다 크면 AO가 겹쳐지지 않고 이온 결합이 만들어진다.]

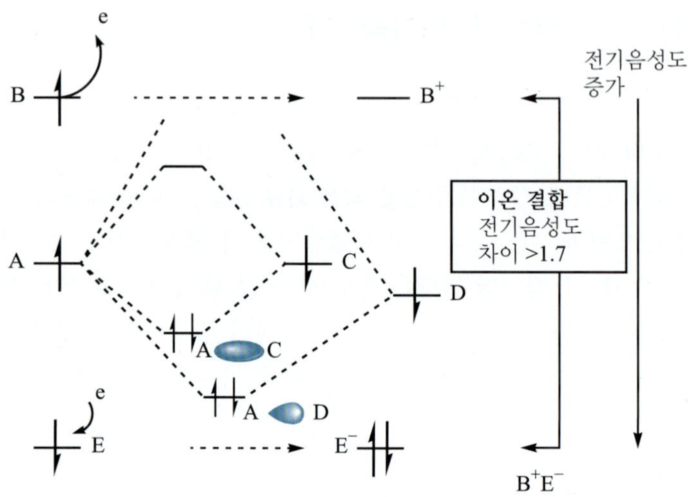

문제 1.8 탄소가 들어 있는 화합물의 예에는 메테인(methane, CH_4), 클로로메테인(chloromethane, CH_3Cl), 메틸리튬(methyllithium, CH_3Li)이 있다. 어느 것이 부분 양전하가 가장 큰 탄소를 가지고 있는가? 가장 큰 부분 음전하를 가지고 있는 것은 어느 것인가?

1.6 형식 전하

Lewis 구조는 종종 양이나 음전하를 띤 원자를 가지고 있다. 분자가 전체로서 중성이면 그 양전하의 합은 음전하의 합과 같아야 한다. 한 가지 예를 들면, 질산(nitric acid, HNO_3)이다.

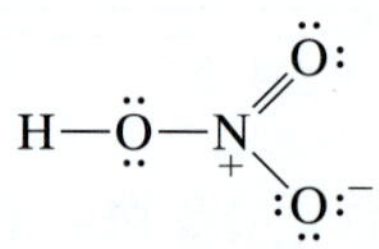

쓰여진 대로 보면, 질산의 구조식에서 세 산소 원자는 모두 서로 다른 모양으로 결합하고 있음을 알 수 있다. 산소 하나는 질소와 이중 결합을 하고 있고, 다른 하나는 질소와 수소 모두와 단일 결합을 하며, 세 번째는 질소와 단일 결합을 하고 음전하를 가지고 있다. 질소는 양으로 하전되어 있다. 이러한 양전하와 음전하를 **형식 전하**(formal charge)라고 하며, 질산의 Lewis 구조를 완전하게 표현하려면 이 형식 전하를 적어야 한다.

Lewis 구조에서 각 원자가 "소유"하고 있는 전자 수를 센 후 이 **전자 총수**(electron count)를 중성 원자의 그것과 비교하면 형식 전하를 계산할 수 있다. 그림 1.4에 질산의 각 원자에 대하여 어떻게 전자를 세는지가 나와 있다. 형식 전하를 계산하기 위하여 전자를 세는 것은 팔전자 규칙이 만족되었는지를 알기 위하여 전자를 세는 것과는 다르다. 2주기 원소는 공유 및 비공유 전자를 모두 포함하여 합이 여덟이면 채워진 원자가

질소와 같은 주족 원소의 원자가 가지고 있는 원자가 전자의 수는 그 족 번호와 같다. 질소의 경우는 5이다.

표 1.2 Pauling 전기음성도 척도의 몇 가지 값

	족 번호						
주기	I	II	III	IV	V	VI	VII
1	H 2.1						
2	Li 1.0	Be 1.5	B 2.0	C 2.5	N 3.0	O 3.5	F 4.0
3	Na 0.9	Mg 1.2	Al 1.5	Si 1.8	P 2.1	S 2.5	Cl 3.0
4	K 0.8	Ca 1.0					Br 2.8
5							I 2.5

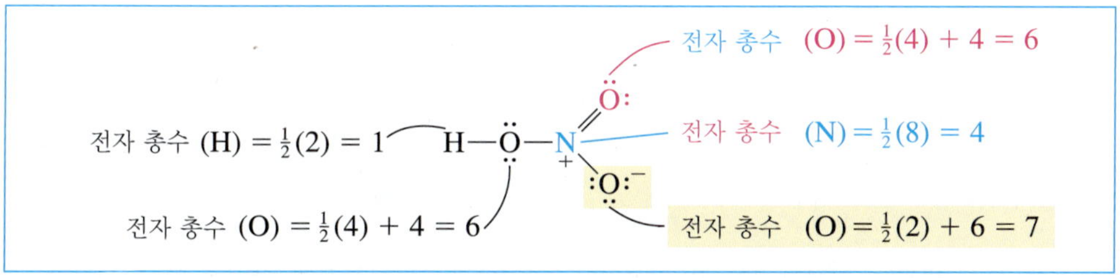

그림 • 1.4
질산에서 전자 수 세기. 각 원자의 전자 총수는 (공유 결합에서 공유하는 전자 수의 절반)+(자기가 가지고 있는 비공유 전자쌍의 전자 수)이다.

껍질을 갖는다. 공유 결합으로 두 원자를 연결시킨 전자를 셀 때는 두 원자 모두의 원자가 껍질을 채우는 쪽으로 센다. 하지만 형식 전하를 계산할 경우는 공유 결합 내의 전자 수의 절반만이 한 원자가 "소유"한 것으로 간주한다.

예를 들어, 질산의 수소부터 시작해 보자. 그림 1.4에 나온 것처럼 수소는 전자 두 개(산소와의 공유 결합의 전자)하고만 연관되어 있다. 수소는 이들 두 전자를 산소와 공유하고 있으므로 수소의 전자 총수는 $\frac{1}{2}(2) = 1$이다. 이 수는 중성 수소 원자에서의 전자 수와 같기 때문에 질산의 수소는 형식 전하가 없다.

> 공유 결합을 하는 수소는 형식 전하가 없다(형식 전하 = 0)는 점은 항상 참이다.

이제 질소로 넘어가면, 공유 결합이 네 개(단일 결합 둘 + 이중 결합 하나)임을 알 수 있고, 따라서 전자 총수는 $\frac{1}{2}(8) = 4$이다. 중성 질소는 원자가 껍질에 전자가 다섯 개 있다. 질산에서 질소의 전자 총수는 중성 질소 원자의 수보다 하나 작고, 따라서 형식 전하는 +1이다.

> 공유 결합을 네 개 가지고 있는 질소는 형식 전하가 +1이라는 점은 항상 참이다(팔전자 규칙 때문에 공유 결합이 네 개인 질소는 비공유쌍을 가질 수 없다).

공유 결합의 전자는 마치 연결된 원자 사이에 똑같이 공유된 것처럼 세지만, 비공유 전자는 원자 하나에만 속한다. 따라서 질소와 이중 결합을 하는 산소는 전자 총수가 여섯(두 비공유 전자쌍으로서 네 전자 + 이중 결합으로부터 두 전자)이다. 이 값은 중성 산소 원자의 경우와 같기 때문에 형식 전하는 0이다. 비슷하게 OH 산소는 결합이 둘이고 비공유 전자쌍이 둘이므로 전자 총수가 여섯이고, 형식 전하는 없다.

> 두 공유 결합과 두 비공유쌍을 가지고 있는 산소는 형식 전하가 없다는 점은 항상 참이다.

그림 1.4에서 노란색으로 강조한 산소는 비공유쌍 세 개(여섯 전자)를 소유하고 있으며, 질소와는 전자 두 개를 공유하고 있어서 전자 총수는 일곱이다. 이 값은 산소 원자의 원자가 껍질에 있는 전자의 수보다 하나 많으므로 형식 전하는 −1이다.

> 공유 결합 한 개와 세 비공유쌍을 가지고 있는 산소는 형식 전하가 −1인 점은 항상 참이다.

형식 전하를 계산할 때 기술된 방법은 일련의 논리적 단계를 따른 추론에 의한 것이다. 이 방법을 다음 식으로 요약할 수 있다:

$$\text{형식 전하} = \text{주기율표의 족 번호} - \text{결합의 수} - \text{비공유 전자의 수}$$

문제 1.9 다음 각 화학종의 모든 원자의 형식 전하와 전체적으로 화학종의 알짜 전하를 구하시오.

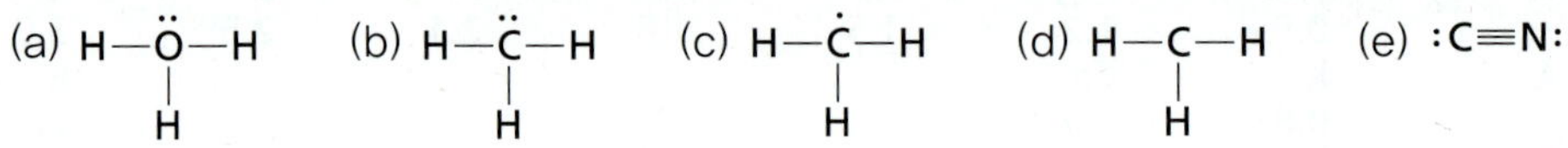

풀이 (a) 수소가 치환기 하나와 공유 결합을 할 경우에는 항상 그렇듯이 각 수소는 형식 전하가 0이다. 산소는 전자 총수가 다섯이다.

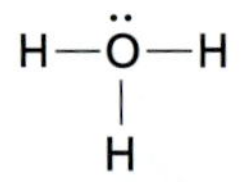

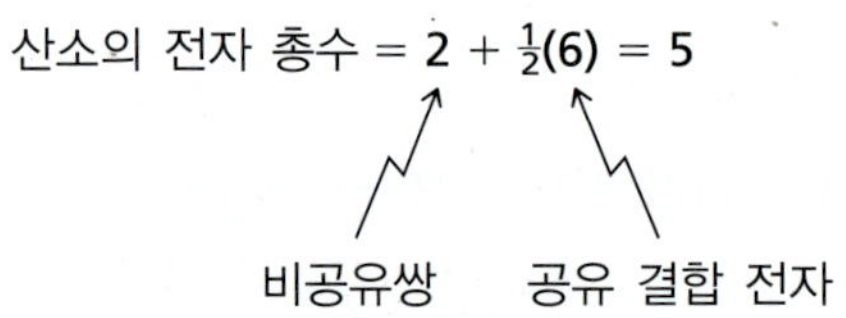

중성 산소 원자는 원자가 전자가 여섯이다. 그러므로 이 화학종의 산소는 형식 전하가 +1이다. 전체적으로 이 화학종은 한 단위의 양전하를 가지고 있다. 이 물질은 하이드로늄 이온(hydronium ion, H_3O^+)이다.

Lewis 구조의 각 원자의 형식 전하를 구하는 일은 좋은 "전자 부기"의 중요한 요소이다. 전자의 기록을 남기면 유기화학의 상당히 많은 부분을 이해할 수 있게 되므로 유기화학을 배우기 시작할 때, 겉으로 보기에는 간단하게 보이지만, 전자를 세는 일에 능숙하도록 시간을 낼 가치가 있다.

1.7 유기 분자의 구조식

표 1.3에 Lewis 구조를 그리는 체계적인 과정이 요약되어 있다. 이 과정에서는 분자식만이 아니라 원자들이 서로 연결된 순서를 아는 것도 필요하다. 이러한 연결 순서를 분자의 **구성**(constitution) 혹은 **연결도**(connectivity)라고 하며, 실험에 의하여 결정된다. 분자식만을 보고 분자의 구성을 추론하는 것이 가능한 경우는 매우 드물다.

유기 화학자는 구조식을 빠르게 그리기 위한 방법을 고안하였다. 가끔씩 비공유 전자쌍을 그리지 않는데, 이 경우에는 이들의 존재 여부를 알기 위하여 전자를 세는 우리의 능력을 확신하기 때문이다. 공유 결합을 대시로 나타낸다는 점은 앞에서 언급한 바 있다. **축약 구조식**(condensed structural formula)에서는 몇 개 혹은 모든 공유 결합을 그리지 않고 아래첨자를 이용하여 각 원자에 연결되어 있는 같은 기의 수를 나타낸다. 이렇게 점차적으로 더 간단하게 그리는 예를 아이소프로필 알코올(isopropyl alcohol, "소독용 알코올")의 경우에 나타내었다.

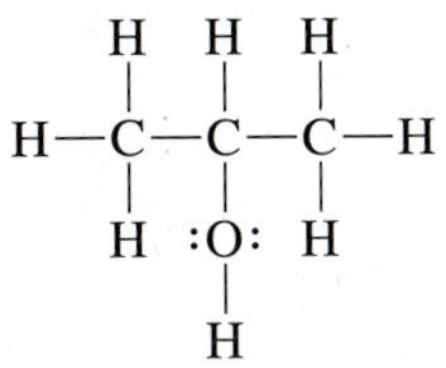 은 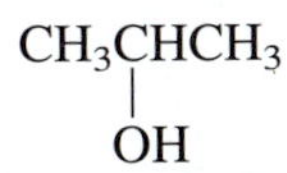 로 적는다. 또는 $(CH_3)_2CHOH$ 로 더 축약한다.

문제 1.10 다음 축약 구조를 확장하여 모든 결합과 비공유 전자쌍을 보이시오.

(a) $HOCH_2CH_2NH_2$
(b) $(CH_3)_3CH$
(c) $ClCH_2CH_2Cl$
(d) CH_3CHCl_2
(e) $CH_3NHCH_2CH_3$
(f) $(CH_3)_2CHCH{=}O$

풀이 (a) 이 분자는 탄소 원자가 둘이고, 이 원자는 서로 결합되어 있다. 두 탄소는 둘 다 수소가 둘이다. 한 탄소에는 HO—가 있고, 다른 것은 $—NH_2$에 연결되어 있다.

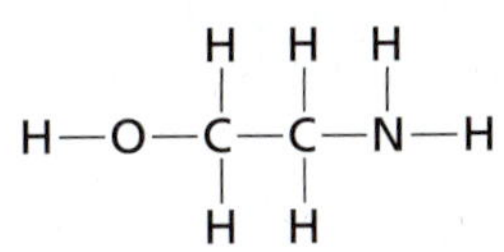

분자의 구성을 그릴 때 원자의 공간적 배향에 대하여 걱정할 필요는 없다. 위 구조를 표현할 수 있는 다른 올바른 방법이 많이 있다. 중요한 점은 순서 OCCN(혹은 이와 동일한 NCCO)과 각 원자에 존재하는 수소의 수를 올바르게 나타내는 것이다.

비공유 전자쌍의 위치를 알려면 우선 분자를 이루는 원자들의 총 원자가 전자의 수를 계산한다. 각 수소는 1, 탄소는 4, 질소는 5, 산소는 6을 기여하므로 합은 26이다. 열 개의 결합은 20개의 전자에 해당하므로 비공유 전자쌍에는 전자가 6개 있어야 한다. 전자쌍을 산소에 둘, 질소에 하나를 더하면 팔전자계가 만족된다.

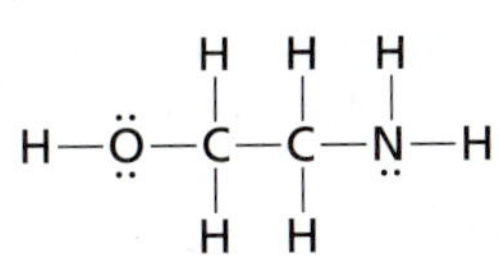

문제를 풀다 보면 전자 분포의 패턴을 기억하기 시작할 것이다. 결합이 둘인 중성 산소는 비공유 전자쌍이 둘이다. 결합이 셋인 중성 질소는 비공유 전자쌍이 하나이다.

익숙해지면 유기 분자의 구조식을 쓰는 것은 곧 일상적인 일이 되어 버릴 것이고, 심지어는 더 간단히 적을 수도 있다. 예를 들어, 각각의 탄소를 그리지 않고 C—C 결합을 모두 그려서 탄소 원자의 사슬을 표현할 수 있다. 이렇게 하여 그린 구조식에서 수소를 빼놓고 그리면 더 간단하게 할 수 있다.

표 1.3 Lewis 구조식을 쓰는 방법

단계	설명
1. 분자식과 연결도는 실험적으로 결정하며, 문제의 서술에 주어진 정보에 포함된다.	메틸 나이트라이트는 분자식이 CH_3NO_2이다. 수소는 모두 탄소와 결합하고 있고, 원자의 연결 순서는 CONO이다.
2. 사용 가능한 원자가 전자의 수를 구한다. 중성 분자의 경우 이 값은 구성 원소의 원자가 전자의 합이다.	각 수소는 1 원자가 전자, 탄소는 4, 질소는 5, 각 산소는 6을 기여하므로 CH_3NO_2에서 원자가 전자의 총합은 24이다.
3. 공유 전자쌍으로 결합되어 있는 원자를 대시(—)로 연결한다.	메틸 나이트라이트(methyl nitrite)의 부분 구조는 다음과 같다. 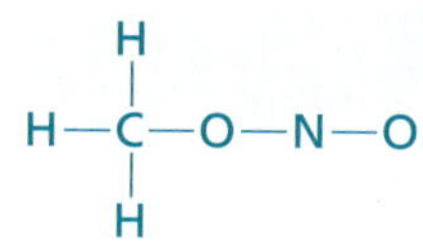
4. 공유 전자쌍 결합의 전자 수(결합의 수의 두 배)를 구하고, 이 값을 전자의 총수에서 빼서 구조를 완성하는 데 첨가할 전자의 수를 구한다.	단계 3의 부분 구조는 12개 전자에 해당하는 여섯 결합을 가지고 있다. CH_3NO_2는 전자 수가 24이므로 12개의 전자를 더 첨가할 필요가 있다.
5. 전자를 쌍으로 넣어서 가능한 많은 수의 원자가 여덟 개의 전자를 가지도록 한다(수소는 전자 두 개로 제한된다). 전자 수가 모든 원자가 팔전자계가 되기에는 부족할 경우에는 전기음성도가 감소하는 순서로 전자를 원자에 할당한다.	결합이 네 개이므로 탄소는 이미 8개의 전자를 가지고 있다. 나머지 12개의 전자를 다음 구조에서처럼 넣는다. 산소는 둘 다 전자가 8개이지만 질소(산소보다 덜 전기음성)는 6개뿐이다. 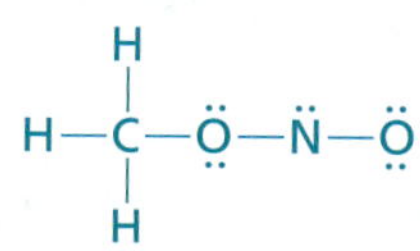
6. 하나 혹은 둘 이상의 원자가 여덟보다 작은 수의 전자를 가진다면 인접 원자의 비공유쌍을 이용하여 이중(혹은 삼중) 결합을 만들어서 팔전자계를 완성시킨다.	말단 산소의 전자쌍이 질소와 공유하면 이중 결합이 생긴다. 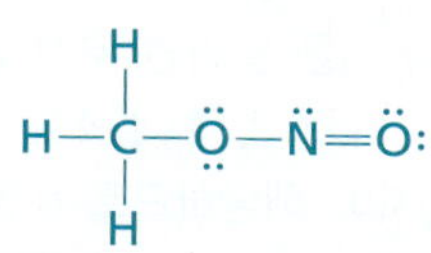 위 구조가 메틸 나이트라이트에 대한 최선(가장 안정)의 Lewis 구조이다. 수소 이외의 모든 원자는 여덟 개의 전자(공유 + 비공유)를 원자가 껍질에 가지고 있다.
7. 형식 전하를 계산한다.	단계 6에서 나온 Lewis 구조의 원자는 전부 형식 전하가 없다. 메틸 나이트라이트의 다른 Lewis 구조는 팔전자계를 만족하지만 단계 6에서 나온 것보다 불안정하다. 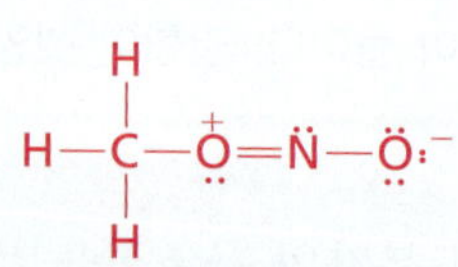 그 이유는 양전하와 음전하가 분리되어 있기 때문이다.

$CH_3CH_2CH_2CH_3$ 은 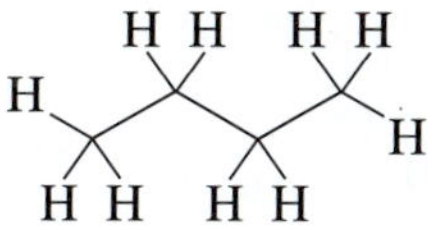 가 되고, 단순화하면  가 된다.

결합-선 식(bond-line formula) 혹은 **탄소 골격 구조**(carbon skeleton diagram)라고 하는 단순화된 표현에서는 탄소나 탄소와 결합하고 있는 수소는 일부러 표시하지 않는다. 하지만 **헤테로원자**(heteroatom)에 결합된 수소는 나타낸다.

$CH_3CH_2CH_2CH_2OH$ 은  가 된다.

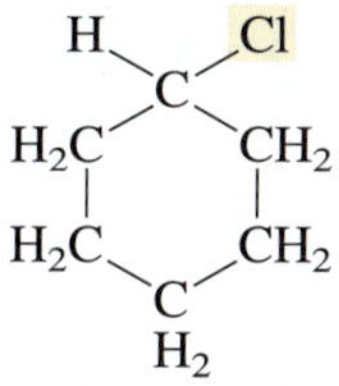 은 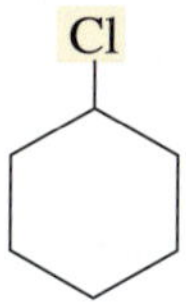 가 된다.

문제 1.11 다음 결합-선 구조를 확장하여 탄소와 수소를 포함하는 모든 원자를 나타내시오.

(a) 

(c) 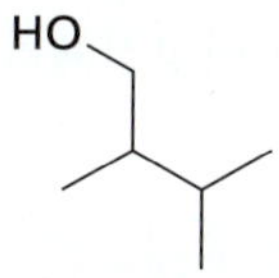

(b) 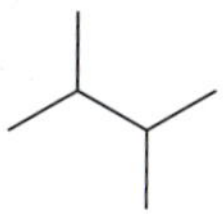

(d) 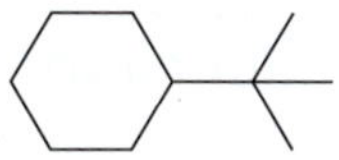

풀이 (a) 사슬의 각 굽이(bend)와 사슬의 두 말단에는 탄소가 하나씩 있다. 여섯 개의 탄소 원자는 결합이 네 개가 되도록 각각 적당한 수의 수소 치환기를 가지고 있다.

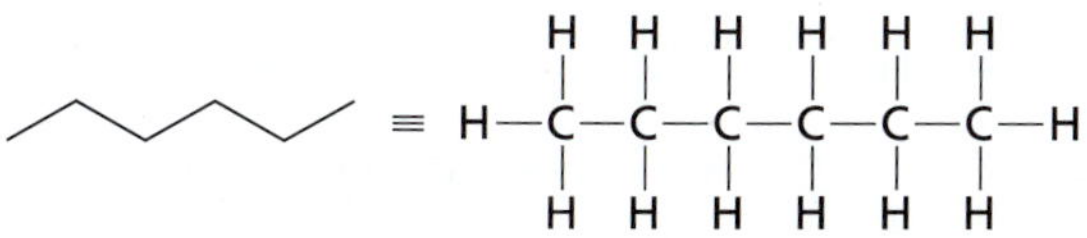

다른 방식으로는, 구조식을 $CH_3CH_2CH_2CH_2CH_2CH_3$ 또는 축약 구조로서 $CH_3(CH_2)_4CH_3$처럼 쓸 수도 있다.

1.8 이성질체와 이성질현상

문제 1.11a와 1.11b의 화합물들은 분자식(C_6H_{14})이 같다는 점을 알아차렸을 것이다. 분자식은 같지만 서로 다른 화합물을 **이성질체**(isomer)라고 한다. 이 장과 앞으로 나올 장에서 보겠지만, 이성질현상은 유기화학에서 매우 흔하다.

> 접미사 *-mer*는 "부분"을 의미하는 그리스 단어 *meros*에서 유래한 것이다. 접두사 *iso-*도 그리스어(*isos*, "같은 것"을 의미)에서 왔다. 따라서 isomer는 부분은 같으나(원소 조성) 다른 화합물이다.

분자식(CH_3NO_2)은 둘 다 같으나 서로 다른 화합물인 **나이트로메테인**(*nitromethane*)과 **메틸 나이트라이트**(*methyl nitrite*)를 예를 들어 이성질현상을 설명하기로 하자.

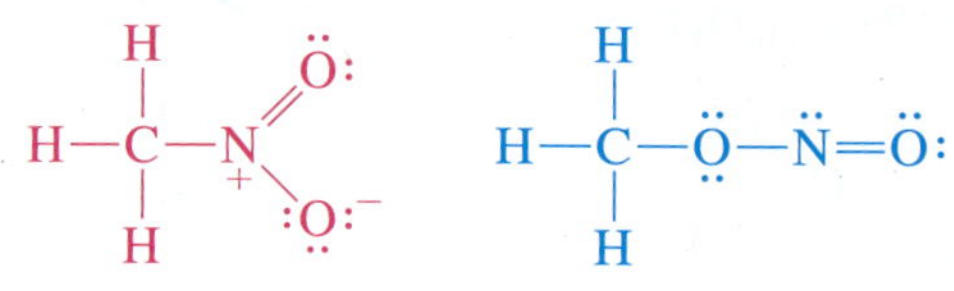

Nitromethane   Methyl nitrite

경주용 차의 연료에 쓰이는 나이트로메테인은 끓는점이 101℃인 액체이다. 메틸 나이트라이트는 −12℃에서 끓는 기체로, 흡입을 하면 혈관이 팽창된다. 원자들이 결합한 순서가 서로 다른 이성질체를 종종 **구조 이성질체**(structural isomer)라고 하지만, 더 현대적 용어는 **구성 이성질체**(constitutional isomer)이다. 앞 절에서 언급한 바와 같이, 분자에서 원자의 연결 순서를 **구성**(constitution)이라고 하므로 분자식은 같으나 원자의 연결 순서가 다른 두 화합물은 구성 이성질체라고 말할 수 있다.

문제 1.12 다음 분자식을 가지면서 구성 이성질체인 화합물의 구조식을 모두 쓰시오.

(a) C_2H_6O (b) C_3H_8O (c) $C_4H_{10}O$

풀이 (a) 두 탄소와 한 산소가 연결되는 방법을 먼저 고려해 보자. 여기에는 두 가지 방법이 있다. 즉, C—C—O와 C—O—C이다. 각 탄소의 결합이 네 개이고 각 산소는 두 개가 되도록 수소 여섯 개를 넣는다. 그러면 구성 이성질체 두 가지가 생성된다. 즉, 에틸 알코올과 다이메틸 에터이다.

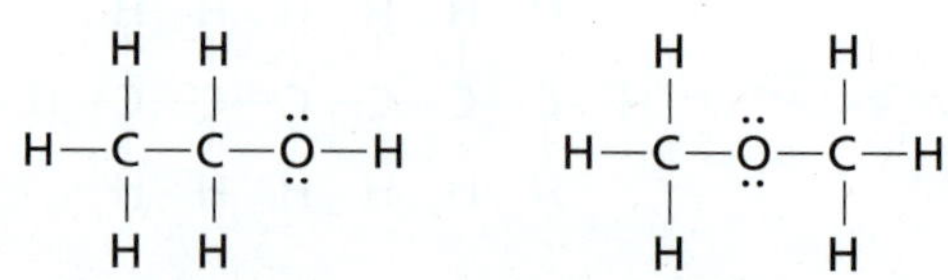

Ethyl alcohol   Dimethyl ether

이성질현상은 유기화학이 과학으로서 발전된 과정과 매우 연관되어 있다. 예전에는 유기 화합물은 어떤 "생기(vital force)"의 작용으로서만 생길 수 있다고 믿었었다. 이러한 관점에 따르면 유기화학은 엄밀히 말하면 생명계의 화학이었다. 다른 한편으로 무기화학은 물, 금속, 광물과 같은 별개의 영역에서 존재하였다. 실험실에서 무기 화합물로부터 유기 화합물을 얻는 일은 생명체와 비생명체 사이의 관계를 형성하는 어떤 생기가 없는 한 불가능하다고 믿었었다.

"생기론(vitalism)"이라는 교리의 붕괴를 가져온 실험은 1828년에 Friedrlich Wöhler가 암모늄 사이아네이트의 수용액을 증발시켰을 때 요소 결정이 얻어진다는 것을 발견한 실험이었다.

$$NH_4{}^{+}\,{}^{-}OCN \longrightarrow O{=}C(NH_2)_2$$

Ammonium cyanate (무기 화합물) → Urea (유기 화합물)

Wöhler가 관찰한 것은 한 화합물이 다른 이성질체로 변환하는 반응이었다. 암모늄 사이아네이트와 요소는 분자식이 CH_4N_2O이다. 이 반응에 주목해야 하는 이유는 암모늄 사이아네이트는 무기 물질로 분류하였었고, 요소는 오줌에서 분리되었기 때문에 유기 물질이라고 간주하였기 때문이다. 생기의 도움이 없어도 무기 물질이 유기 물질로 변했던 것이다. Wöhler 시대의 화학자는 물질이 정해진 구조를 가지고 있다는 생각을 아직 못하고 있었기 때문에 Wöhler는 이 변환의 성질을 구조적 용어로 서술할 수는 없었다. 하지만 그의 연구는 생기론이라는 교리의 기본적인 결점을 보여 주었으며, 그 후 30년 동안 유기화학에서는 생기론이 점점 사라졌다.

대략 1858년부터 시작하여 현재 우리가 **유기화학의 구조론**(structural theory of organic chemistry)으로 알고 있는 사실들이 August Kekulé(독일), Archibald Couper(스코틀랜드), Alexander Butlerov(러시아)에 의하여 독립적으로 제안되었다. 그 기본적인 주장은, 탄소는 안정한 화합물에서 네 결합을 이루며, 다른 탄소와 결합하여 긴 사슬을 만들 수 있는 능력이 있다는 점이다. 구성 이성질체가 가능한 이유는 원소 조성이 같더라도 두 가지 이상의 원자와 결합의 패턴이 생길 수 있기 때문이다.

1.9 공명

Lewis 구조를 쓸 때, 우리는 두 원자를 연결하는 공유 결합이든지 아니면 한 원자의 비공유 전자에서처럼 분자의 전자를 특정한 위치에만 제한적으로 존재하는 것으로 간주한다. 하지만 가끔씩, 특히 다중 결합이 있는 분자의 경우에는 한 분자에 대하여 두 가지 이상의 Lewis 구조를 쓸 수 있다. 일반화학에서 자주 인용되는 한 가지 예는 오존(ozone, O_3)이다. 오존은 자연적으로 성층권에 많이 존재하며, 태양의 자외선이 지구의 표면에 오는 것을 막아준다. 오존층이 없다면 지구의 표면에서 살고 있는 대부분의 생명체는 자외선의 피해를 입었거나 심지어는 멸종되었을 것이다. 오존의 Lewis 구조는 팔전자 규칙을 만족한다. 세 산소는 모두 그 원자가 껍질에 전자가 여덟이다.

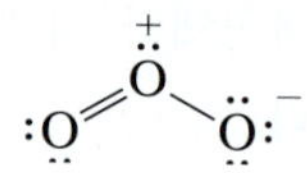

하지만 두 말단 산소는 중심 산소와 다르게 결합하고 있기 때문에 이 Lewis 구조는 오존의 결합을 정확하게 묘사하지 못하고 있다. 중심 산소는 한 산소와는 이중 결합, 다른 산소와는 단일 결합을 한다고 그려졌다. 일반적으로 이중 결합은 단일 결합보다 짧기 때문에 오존에서 두 O—O 결합은 길이가 다를 것이며, 둘 중 하나는 O—O 단일 결합 길이[과산화 수소(H—O—O—H)에서 147pm]을 가지고, 다른 하나는 O=O 이중 결합 길이(O_2에서 121pm)를 가질 것이다. 실제적으로 오존에서 두 결합 길이는 같다(128pm) — 단일 결합 길이보다는 약간 짧고 이중 결합 길이보다는 약간 긴 거리이다.

유기 화합물에서 결합 길이는 흔히 1~2Å(1 Å = 10^{-10}m)이다. 옹스트롬(Å)은 SI 단위가 아니기 때문에 결합 길이를 피코미터(1pm = 10^{-12}m)로 나타낼 것이다. 따라서 128pm = 1.28 Å이다.

중심 산소 원자가 똑같이 결합하기 위해서는 양전하와 음전하가 결합하여 중심 산소 원자가 사가(tetravalent)가 되어야 한다. 산소 원자들은 중성일까? 형식 전하를 계산해 보면 그렇다고 잘못 믿게 만들 것이다(중심 산소의 형식 전하 = 6 − 4 − 2 = 0). 하지만 산소의 전자 배치 $1s^22s^22p_x^{\,2}2p_y^{\,1}2p_z^{\,1}$를 잘 살펴보면 불활성 기체 구조를 가지려면 전자를 두 개만 더 수용할 수 있고, 따라서 두 결합만을 만들 수 있음을 알 수 있다.

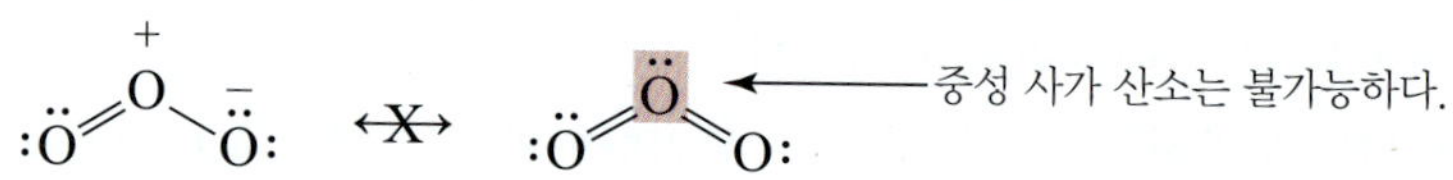

오존의 구조에서는 중심 산소가 말단 산소 둘과 똑같이 결합되어야 한다.

오존의 결합과 같은 상황을 다루기 위하여 Lewis 구조 사이의 **공명**(resonance)이라는 개념이 개발되었다. 공명 개념에 의하면, 한 분자에 대하여 두 개 이상의 Lewis 구조를 그릴 수 있을 때 하나의 구조만으로는 충분히 분자를 기술할 수 없다. 대신에 참 구조는 그 분자에 대하여 그릴 수 있는 모든 Lewis 구조의 "혼성(hybrid)"인 전자 배치를 가지고 있다. 오존의 경우에는 동일한 Lewis 구조를 두 개 쓸 수 있다. 쌍촉 화살을 이용하여 두 Lewis 구조 사이의 공명을 나타낸다.

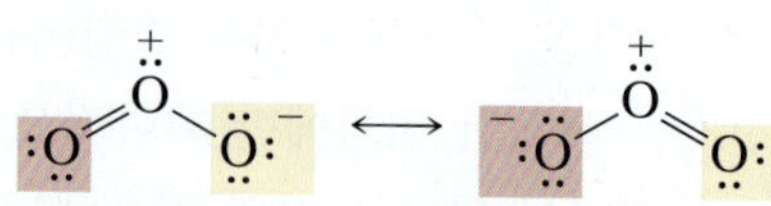

쌍촉 공명 화살은 두 Lewis 구조가 상호변환하는 과정(*process*)을 나타내지 않는다는 점을 기억하는 것이 중요하다. 예를 들어, 오존은 그 구조가 단 하나뿐이다. 오존은 두 Lewis 구조 사이를 왔다갔다 하지 않으며, 그 참 구조는 Lewis 구조 하나만으로는 적절하게 표현되지 않는다.

이들 두 구조 사이의 상호변환을 어떻게 볼 수 있을까? 가장 간단한 방법은 이중 결합의 하나를 두 가지 다른 방법(a와 b)으로 양전하와 음전하로 쪼개서 전하를 매우 많이 띤 중간체를 만드는 것이다. 그 다음에 양전하와 음전하를 재결합하면 새로운 구조가 얻어지며, 이 구조에서는 원자가가 맞아야 한다.

중성 이가(두 개의 결합) 양이온 삼가(산소 원자가 고립쌍을 하나 주기 때문에 결합이 하나 더 많음) 음이온 일가(전기음성 산소가 전자쌍을 추가로 하나 더 받아들임)

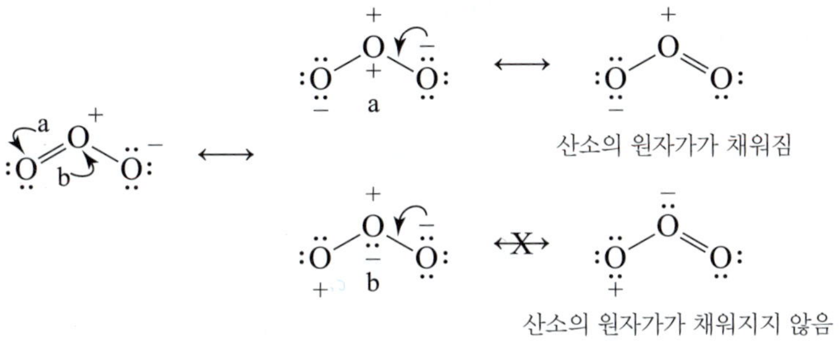

공명이라는 개념은 Lewis 구조식의 기본적인 결점을 수정하는 한 가지 시도라고 볼 수 있다. Lewis 구조식에서는 전자가 **편재화**(localized)되어 있다. 이 전자는 공유 결합에서 두 원자 사이에 공유되어 있거나 아니면 원자 하나에만 속한 비공유 전자들이다. 사실, 전자는 가장 안정한 배열이 얻어지는 방식으로 스스로 분포한다. 이 점은 때때로 전자쌍이 **비편재화**(delocalized)되어 있다는, 즉 서너 개의 핵에 의하여 공유되어 있다는 점을 의미한다. 오존의 공명 구조에서 보이고자 하는 것은 한 원자의 고립쌍 전자와 이중 결합의 전자가 분자의 세 원자에 걸쳐 비편재화되어 있다는 점이다. 유기 화학자는 종종 굽은 화살표를 사용하여 이러한 전자의 비편재화를 나타낸다. 다른 방식으로는, 두 Lewis 구조의 평균을 "부분" 결합을 나타내는 점선을 사용하여 그리기도 한다. 점선 표기법에서는 중심 산소는 단일 결합과 이중 결합의 중간인 결합으로 다른 두 개와 연결되어 있고, 말단 산소는 각각 단위 음전하의 절반을 가지고 있다.

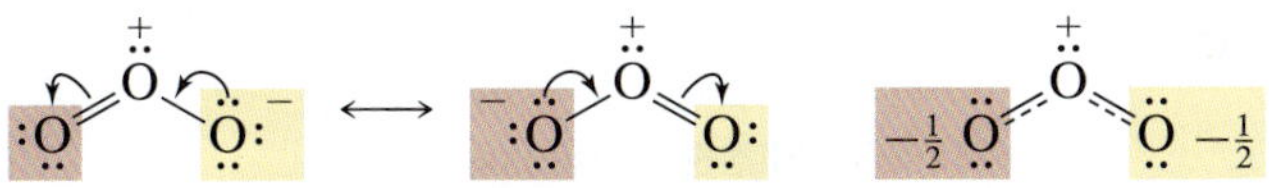

굽은 화살 표기법　　　　점선 표기법

(오존에서 전자의 비편재화)

공명 구조를 그릴 때 따라야 할 규칙을 표 1.4에 요약하였다.

MO 이론에서는 VB 이론의 공명 개념과 비슷하게, 비편재화라고 하는 원자 사이의 광범위한 상호작용이 있다고 본다. 다른 말로 하면, 구조 사이에서 공명이 일어나려면 전자는 비편재화되어야 한다. 오존(O_3)의 경우에는 이중 결합이 O−1과 O−2 사이, O−2와 O−3 사이에 똑같이 공유되어 있다. 산소의 음전하는 이중 결합의 π 오비탈로 비편재화되며, 이는 세 산소 원자가 네 전자를 공유한다는 의미이다. 더군다나 분자 내에서 전자가 비편재화되어도 새로운 화합물이 형성되지 않는다. 공명 구조에서 모든 원자는 각각에 해당하는 원자가 규칙을 따라야 한다는 점은 더 중요하다. 전자의 비편재화는 인접한 이웃 결합에서만 일어날 수 있다. 전자의 비편재화가 허용되지 않으면 공명 구조가 생길 수 없다.

(a) 전자의 비편재화가 일어나면 공명 구조가 얻어진다.

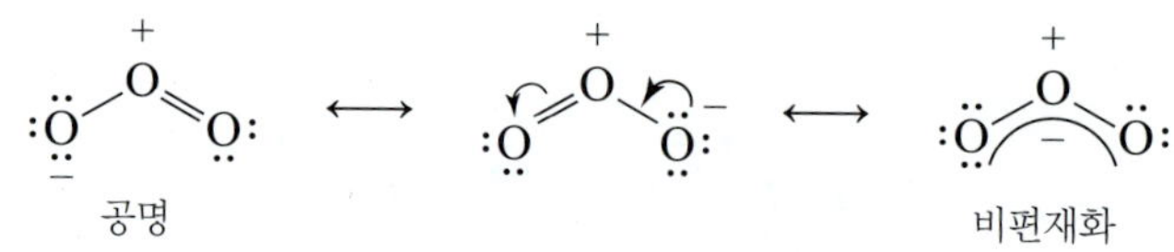

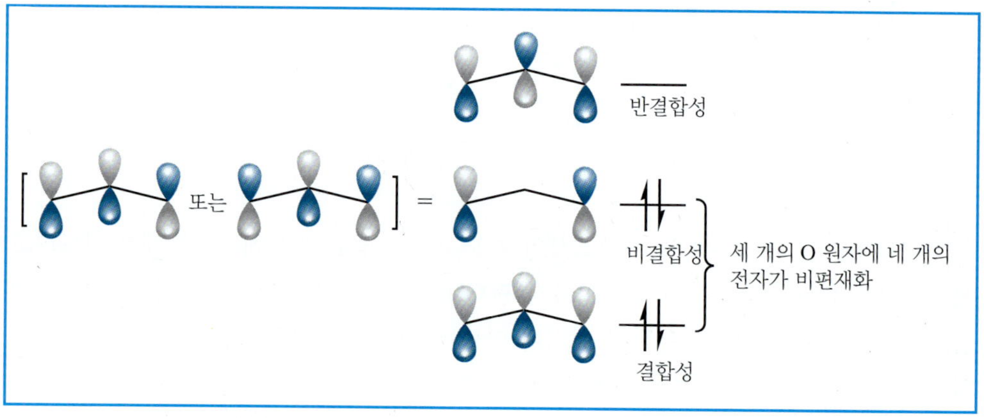

(b) 전자의 비편재화가 일어날 수 없으면 전자의 재배치는 토막내기 혹은 생성물 형성을 가져 온다. 비편재화가 없으면 공명 구조가 형성될 수 없다.

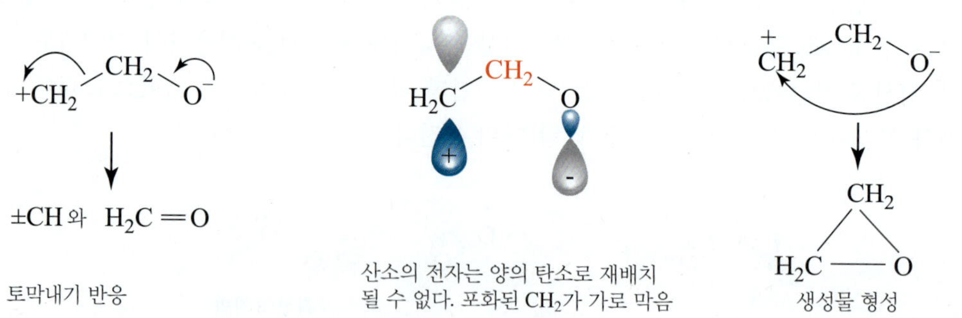

공명 구조는 분자의 상대적 안정성과 관계가 있다. 즉, 공명 구조가 더 많을수록 그 분자는 더 안정하다. 공명 구조 중에서 어느 것이 더 안정할 지를 알 수는 없을까? 가장 중요한 요구 사항은 분자의 모든 원자가 완전한 원자가 껍질(팔전자계)을 가져야 한다는 점이다. 이 요구 사항이 만족될 때 더 전기음성적인 원자는 음전하를 선호할 것이며, 반대로 양전하는 선호하지 않을 것이다.

(a) 각 원자의 팔전자계는 채워져 있으므로 더 전기음성적인 O 원자는 음전하를 가장 잘 안정화시킨다.

(b) 양으로 하전된 탄소 원자의 팔전자계는 채워져 있지 않으므로 덜 안정하다.

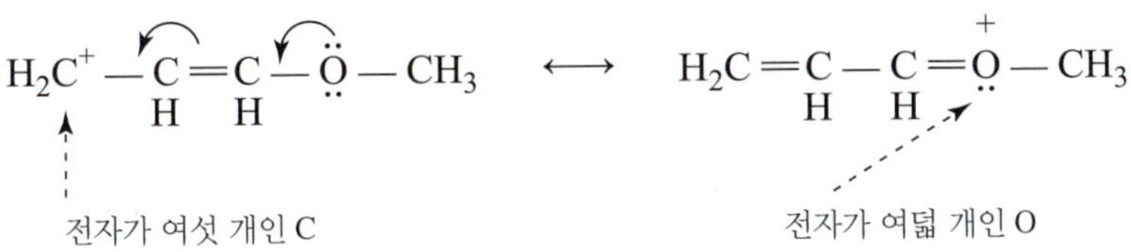

공명을 할 때 분자가 둘 이상의 다른 분자로 토막나는 일이 일어나면 안 된다. 모든 결합이 편재화되고(단일 결합) 중성인 유기 화합물은 아무 결합에서나 전자를 이동시키면 분자를 두 파편으로 쪼개기 때문에 공명 구조를 만들 수 없다. 또한 다중 결합이나 전하를 띤 원자가 있는 화합물의 경우에는 다음 예가 보여 주듯이 전자가 이동하면 공명 구조가 나오는 대신에 분자가 쪼개지는 일이 발생한다.

토막내기 반응

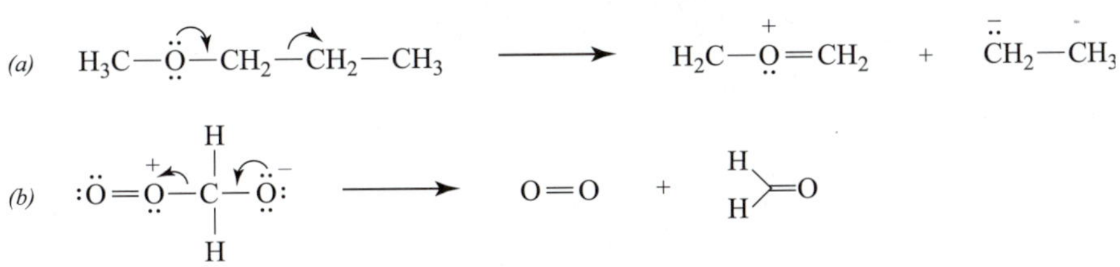

공명 형태

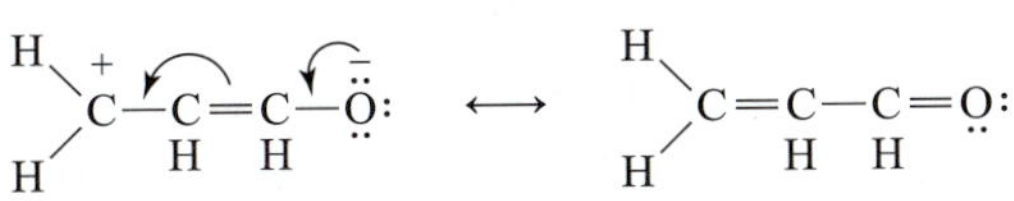

문제 1.13 전자의 비편재화는 중성 분자에서만이 아니라 이온에서도 중요하다. 굽은 화살표를 이용하여 다음 각 음이온에 대하여 똑같이 안정한 공명 구조가 어떻게 생길 수 있는지를 보이시오.

(a)

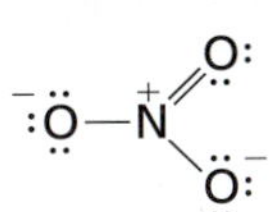

(b)

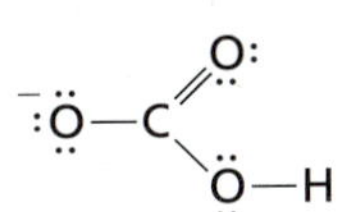

(c) 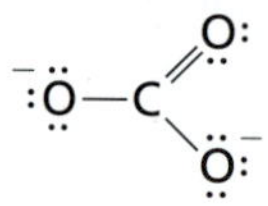

(d) 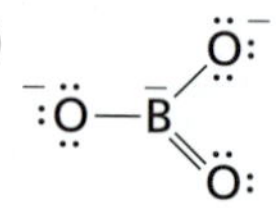

풀이 (a) 굽은 화살표를 사용하여 전자의 재조직화를 나타낼 때에는 먼저 전자의 밀도가 높은 장소, 가급적이면 음전하를 띠고 있는 원자에서 시작한다. 적절한 Lewis 구조가 나올 때까지 전자쌍을 이동한다. 나이트라이트(nitrate) 이온의 경우 이는 두 방법으로 할 수 있다.

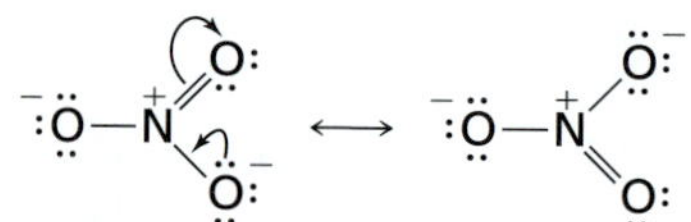

나이트라이트 이온은 안정성이 동일한 Lewis 구조를 세 가지 가질 수 있다. 나이트라이트 이온의 음전하는 세 산소가 모두 똑같이 공유한다.

분자를 가장 안정한 Lewis 구조로 나타내는 것은 화학에서 좋은 관습이다. 하지만 다른 공명 구조를 쓰고 상대적 안정성을 비교하는 능력은 분자 구조와 화학적 성질에 관한 통찰력을 길러준다. 이러한 점은 공명 개념이 자주 사용될 본 교재의 마지막 삼분의 이에서 특히 분명해질 것이다.

표 1.4 공명 규칙에 대한 소개*

규칙	설명
1. 모든 공명 구조에서는 원자의 위치(연결도)는 같아야 한다. 여러 가지 기여 구조는 전자의 위치만이 변할 수 있다.	구조식 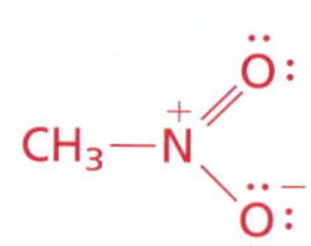 A 와  B 는 같은 화합물의 다른 공명 구조가 아니라 다른 화합물을 나타낸다. A는 *나이트로메테인*의 Lewis 구조이이고, B는 *메틸 나이트라이트*이다.
2. 2주기 원소가 여덟 개보다 더 많은 수의 원자가 전자를 소유하거나 공유하는 Lewis 구조는 특히 불안정하고, 참 구조에 기여를 하지 않는다(3주기 원소부터는 팔전자 규칙을 초과할 수 있다).	구조식 C 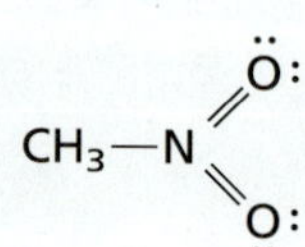 C 는 질소 둘레에 전자가 열 개이다. 이 구조는 나이트로메테인의 허용된 Lewis 구조가 아니므로 유효한 공명 구조는 아니다.

(계속)

표 1.4 공명 규칙에 대한 소개*(계속)

규칙	설명
3. 둘 이상의 Lewis 구조가 팔전자 규칙을 만족하는 경우 반대로 하전된 원자의 분리가 가장 적은 구조가 가장 안정하다.	메틸 나이트라이트의 두 Lewis 구조 D와 E는 팔전자 규칙을 만족한다.  D E 구조 D는 전하의 분리가 없으므로 E보다 더 안정하다. 메틸 나이트라이트의 참 구조는 E보다 D에 더 근사할 것이다.
4. 음전하가 둘 이상의 원자에 의하여 공유되는 공명 구조 중에서 가장 안정한 공명 구조는 음전하가 가장 전기음성인 원자에 있는 구조이다.	사이아네이트 이온의 가장 안정한 Lewis 구조는 음전하가 산소에 있는 F이다. 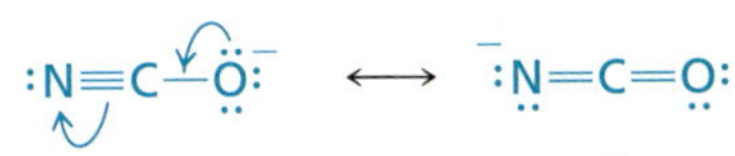 F G G에서는 음전하가 질소에 있다. 산소는 질소보다 더 전기음성이므로 음전하를 더 잘 수용할 수 있다.
5. 기여하는 각 Lewis 구조는 전자의 수가 모두 같고 또한 여러 가지 Lewis 구조 중에서 각 원자의 형식 전하는 변할지라도 알짜 전하는 같아야 한다.	Lewis 구조 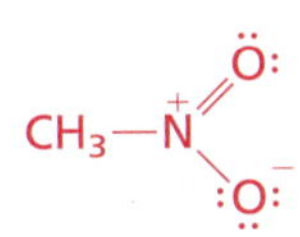 와 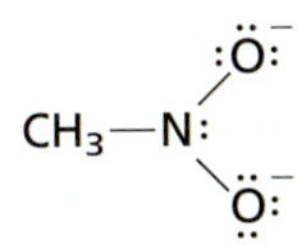 H I 는 서로의 공명 구조는 *아니다*. 구조 H에서 원자가 전자는 24개이고, 알짜 전하는 0이다. I는 원자가 전자가 24개이고, 알짜 전하는 −2이다.
6. 전자가 비편재화되면 분자는 안정해진다. 전자기 비편재화된 분자는 분자에 대하여 쓸 수 있는 어느 Lewis 구조보다 더 안정하다. 기여하는 Lewis 구조의 안정성이 같은 경우에 안정화도가 가장 크다.	나이트로메테인은 메틸 나이트라이트보다도 전자의 비편재화에 의하여 더 잘 안정화되어 있다. 나이트로메테인의 가장 안정한 공명 구조는 둘 다 서로 동일하다. 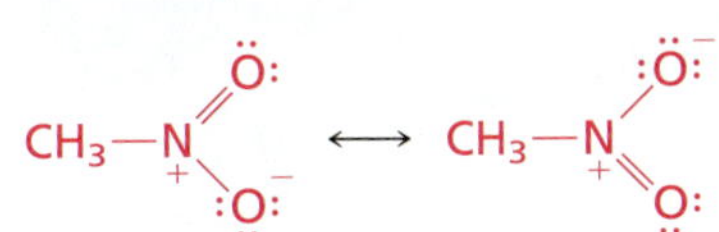 메틸 나이트라이트의 가장 안정한 두 공명 구조는 *동일하지 않다*. 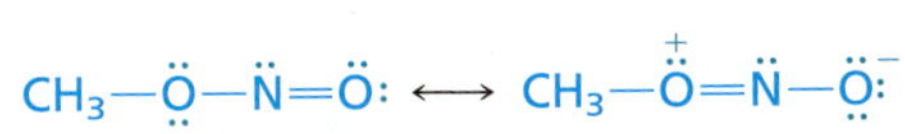

* 이들은 지금 우리가 관심을 가져야 할 가장 중요한 규칙이다. 공명 구조로서 전자의 비편재화를 표현하는 추가적인 규칙뿐만 아니라 전자 배치의 추가적인 면은 앞으로 나올 장에서 필요할 때마다 나올 것이다.

1.10 몇 가지 간단한 분자의 모양

지금까지 우리의 관심은 "전자 부기"를 강조하였다. 이제 우리의 관심을 분자의 모양으로 돌리기로 하자.

분자 모형

벌써 19세기 초에도 화학자들은 축척 모형을 만들어서 분자 구조를 더 잘 이해하고자 하였다. 분자의 삼차원 모양을 보면 구조와 반응에 미치는 특징에 관하여 더 분명한 아이디어를 얻을 수 있다. 그림 1.5에 메테인에 대한 서너 가지의 분자 모형이 나와 있다. 아마도 가장 익숙한 것은 공-막대 모형(그림 1.5*b*)으로서 원자와 이들을 연결하는 결합에 대략 같은 정도의 관심을 가지게끔 한다. 뼈대 구조(그림 1.5*a*)와 공간-채움 모형(그림 1.5*c*)은 반대편의 극단을 나타낸다. 뼈대 구조는 원자의 크기를 무시한 채로 분자의 결합 패턴을 나타낸다. 공간-채움 모형은 결합을 분명하게 묘사하는 대신에 각 원자가 차지하는 부피를 강조하는데, 이 모형은 분자의 전체적 모양을 보고 싶거나 두 비결합 원자가 얼마나 가까이 접근하는지를 보려고 할 때 가장 유용하다.

가장 최초의 공-막대 모형은 정확히 공과 막대로 만들었다. 즉, 나무로 만든 공에 구멍을 뚫어 원자를 연결할 맞춤못(dowel)을 만들었었다. 1960년대에는 상대적으로 저렴한 학생용 세트를 포함하여 플라스틱 모형이 나왔으며, 귀중한 학습 도구로 사용되었다. 대부분의 실험실에서는 상대적으로는 비싸지만 정밀하게 조정된 스테인리스 강으로 만든 뼈대 구조 및 플라스틱 공간-채움 모형이 표준 도구였다.

컴퓨터 그래픽에 근거한 표현법이 고전적 분자 모형을 빠르게 대체하고 있다. 실제로 유기화학에서 현재 사용되는 "분자 모델링"이라는 용어는 컴퓨터가 만든 모형을 의미한다. 그림 1.5에 나타낸 메테인의 모형은 모두 분자를 뼈대, 공-막대, 공간-채움 방식으로 보여 주고 인쇄하는 특징을 가지고 있는 소프트웨어를 사용하여 개인용 컴퓨터에서 그린 것이다. 가장 간단한 소프트웨어라도 모형을 빠르게 조립할 수 있게 해 주고, 또한 모형을 돌려서 여러 관점에서 볼 수 있도록 해 준다.

더 정교한 프로그램은 분자 모형을 그릴뿐만 아니라 전자의 분포에 관하여 유용한 통찰력을 주는 계산 도구도 포함하고 있다. 그림 1.5*d*는 공간-채움 모형에 의하여 정의된 경계 안에서 전자의 전하 분포를 보여 주기 위한 목적으로 색깔을 사용하는, 분자 모델링에 대한 고차원적 방법을 보여 주고 있다. 1.5*d*와 같은 그림을 **정전기 전위 지도**(electrostatic potential map)라고 한다. 이 지도는 무지개의 색에 따라서 전자 밀도가 가장 높은 지역부터 가장 낮은 지역 사이의 변이를 묘사한다. 가장 전자가 풍부한 지역은 붉은색이고, 가장 전자가 부족한 지역은 푸른색이다. 메테인의 경우 정전기 전위 지도의 전체적인 모양은 공간-채움 모형이 차지하는 부피와 비슷하다. 가장 전자가 풍부한 지역은 탄소 근처이고, 가장 전자가 부족한 지역은 수소 원자와 더 가깝다.

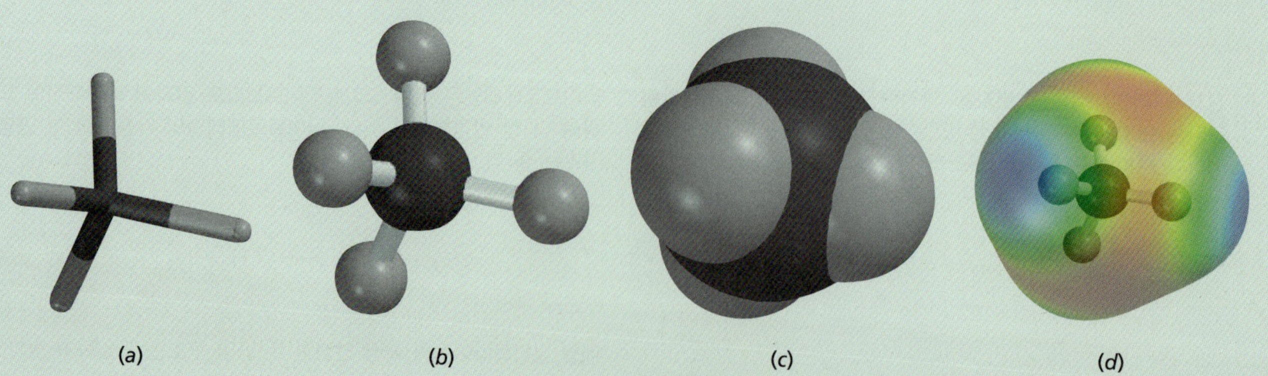

(*a*) (*b*) (*c*) (*d*)

그림 • 1.5

(*a*) 메테인(CH_4)의 뼈대(관) 분자 모형. 뼈대 모형은 원자 그 자체가 아니라 분자의 원자를 연결하는 결합을 보여 준다. (*b*) 메테인의 공-막대 모형. (*c*) 메테인의 공간-채움 모형. (*d*) 메테인의 공간-채움 모형에 겹쳐진 정전기 전위 지도. 정전기 전위 지도는 공간-채움 모형에 대응하지만 한 가지 특징이 더 있다. 색은 전하에 따라서 지역을 표시하며, 붉은색은 가장 음의 지역, 푸른색은 가장 양의 지역을 의미한다.

예를 들어, 메테인은 그림 1.5의 여러 가지 메테인의 모형에서 보듯이 그 중심에 탄소가 있고 정사면체의 모서리에 네 수소가 있기 때문에 정사면체 분자로 묘사된다. 종종 삼차원 구조는 종이에서 여러분 쪽으로 향하는 결합을 속이 꽉 찬 쐐기(▬), 종이 뒤쪽으로 멀어지는 결합을 점선 형의 쐐기(ıııııı)를 사용하여 묘사한다. 간단한 선(—)은 종이면에 놓인 결합을 의미한다(그림 1.6).

메테인의 정사면체 기하구조는 종종 **원자가 껍질 전자쌍 반발**(valence shell electron-pair repulsion, VSEPR) **모형**으로 설명하기도 한다. VSEPR 모형의 기본적인 생각은 결합쌍이든지 아니면 비결합쌍이든지 특정 원자의 전자쌍은 원자의 다른 전자쌍으로부터 가능한 한 멀리 떨어져 있을 것이라는 것이다. 따라서 사면체 기하구조는 메테인의 네 결합을 최대로 멀리 떨어져 있도록 만들며, **정사면체 각도**(tetrahedral angle)라고 부르는 값인 109.5°의 H—C—H 각도를 가진다는 것이 특징이다.

물, 암모니아, 메테인은 네 전자쌍이 대략 사면체 배열을 하고 있다는 공통점이 있다. 하지만 분자의 모양은 전자쌍의 위치가 아니라 원자의 위치에 따라서 정하기 때문에 물은 **굽은형**(bent), 암모니아는 **삼각 피라미드형**(trigonal pyramidal)이라고 말한다(그림 1.7). 물에서 H—O—H 각도(105°)와 암모니아에서 H—N—H 각도(107°)는 사면체 각도보다 약간 작다.

트라이플루오린화 붕소(boron trifluoride, BF_3; 그림 1.8*a*)는 **삼각 평면**(trigonal planar) 분자이다. 붕소의 원자가 껍질에 관련하여 각 B—F 결합당 두 개씩, 전부 여섯 개의 전자가 있다. 이들 세 결합쌍은 같은 평면에 있을 때 가장 멀리 떨어져 있게 되어 F—B—F의 각도는 120°이다.

문제 1.14 염인 수소화붕소 소듐(sodium borohydride, $NaBH_4$; 소듐 보로하이드라이드)은 Na^+과 음이온 BH_4^- 사이에 이온 결합을 가지고 있다. 수소화붕소 음이온에서 H—B—H의 각도는 얼마인가?

VSEPR 모형에서는 다중 결합은 하나의 단위로 취급한다. 폼알데하이드(그림 1.8*b*)는 이중 결합의 전자와 두 단일 결합의 전자가 최대로 떨어져 있는 삼각 평면 분자이다. 이산화 탄소에서 원자의 선형 배열(그림 1.9)은 한 이중 결합의 전자가 다른 이중 결합의 전자로부터 가능한 한 멀리 떨어져 있도록 만든다.

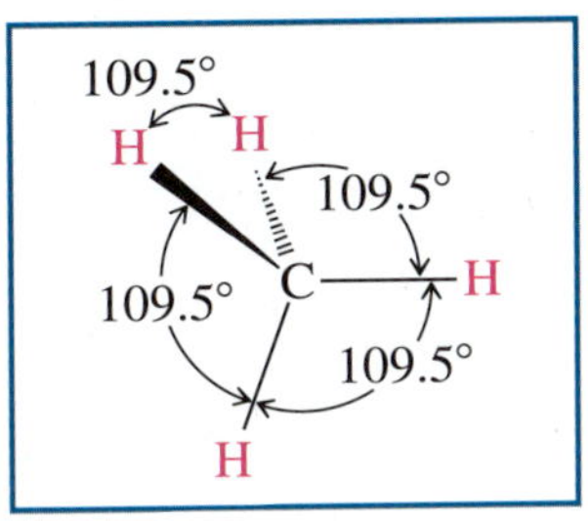

그림 • 1.6
메테인 구조의 쐐기와 점선 그림. 꽉 찬 쐐기는 종이면에서 여러분 쪽으로 향하고 있고, 점선 쐐기는 여러분으로부터 멀어진다. 종래의 방법으로 그린 선으로 나타낸 결합은 종이면에 있다.

그림 • 1.7
(*a*) 물, (*b*) 암모니아에 대한 공-막대 모형, 공간-채움 모형과 쐐기-점선 그림. 분자의 모양은 그 원자의 위치로 결정된다. 전자쌍이 대략 사면체 배열이므로 물은 굽은형, 암모니아는 삼각 피라미드형이 된다.

(*a*) 물 (H_2O)은 굽은 구조이다.

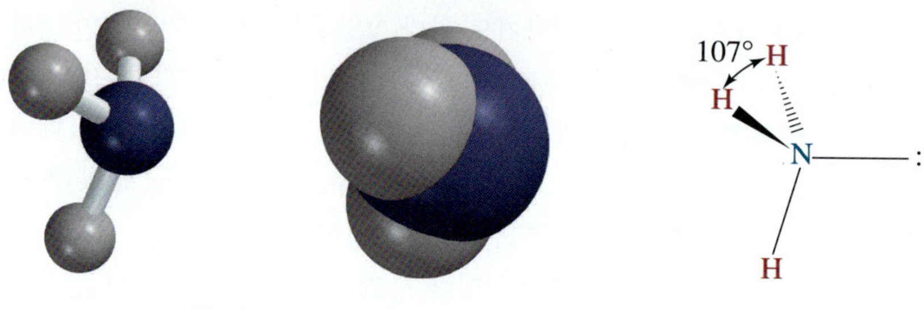

(*b*) 암모니아 (NH_3)는 삼각 피라미드 구조이다.

그림 • 1.8
(*a*) 트라이플루오린화 붕소(BF_3)의 삼각 평면 구조를 쉽게 볼 수 있다. 플루오린과의 각 공유 결합에 한 쌍씩, 붕소의 원자가 껍질에 여섯 개의 전자가 있다. F—B—F 각도가 120°일 때 세 쌍의 전자가 가장 멀리 떨어져 있다. (*b*) 탄소와의 결합이 삼각 평면임을 보여 주는 폼알데하이드($H_2C{=}O$)의 모형. 이곳에서 보여지는 것을 포함하여 많은 분자 모형은 단일, 이중, 삼중 결합을 구분하지 않고 원자 사이의 연결만을 보여 준다.

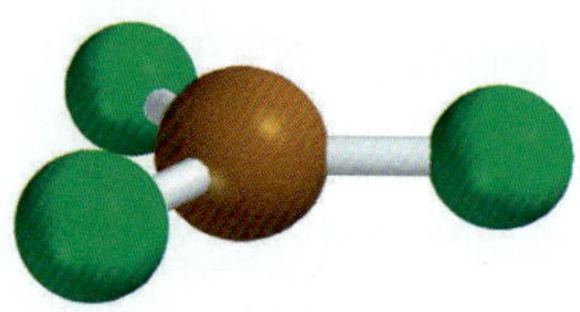

(*a*) BF_3

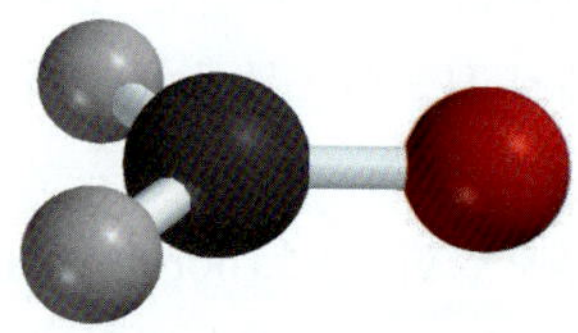

(*b*) $H_2C{=}O$

그림 • 1.9
이산화 탄소(O═C═O)의 선형 기하구조를 보여 주는 공-막대 모형

문제 1.15 다음의 모양을 말하시오.

(a) H—C≡N: 사이안화 수소(hydrogen cyanide)
(b) H_4N^+ 암모늄 이온(ammonium ion)
(c) $:\overset{-}{\ddot{N}}{=}\overset{+}{N}{=}\overset{-}{\ddot{N}}:$ 아자이드 이온(azide ion)
(d) CO_3^{2-} 탄산 이온(carbonate ion)

풀이 (a) 보여진 구조는 사이안화 수소의 전자 모두를 설명한다. 탄소에는 비공유 전자쌍이 없으므로 수소와의 단일 결합과 질소와의 삼중 결합 사이의 분리를 최대한 벌림으로써 구조가 결정된다. 사이안화 수소는 선형 분자이다.

1.11 분자 극성

분자의 기하구조에 대한 지식을 화학 결합의 극성에 대한 느낌과 합치면 분자가 극성인지를 예측할 수 있다. 예를 들어, 폼알데하이드($H_2C{=}O$, 그림 1.8*b*)는 극성이다. 작은 H—C 쌍극자는 더 큰 C═O 결합 쌍극자와 같은 방향이다. 다른 한편으로 이산화 탄소는 비극성이다. 비록 극성 결합이 있지만, 각 C═O 결합 쌍극자는 서로를 상쇄한다.

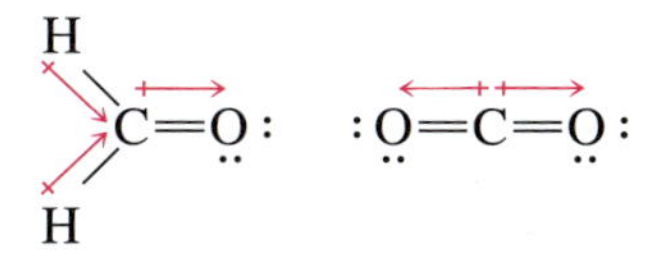

극성 C—Cl 결합이 네 개이고 사면체 모양인 사염화 탄소(carbon tetrachloride)는 그림 1.10에서처럼 네 결합 쌍극자가 서로를 상쇄하기 때문에 비극성이다. CH_2Cl_2에서는 C—Cl 및 C—H 결합 쌍극자가 상쇄되지 않아서 다이클로로메테인(dichloromethane)은 극성이다.

문제 1.16 다음 화합물 중에서 어느 것이 쌍극자 모멘트가 있다고 생각하는가? 쌍극자 모멘트가 있다면 그 방향을 그리시오.

(a) BF_3 (b) H_2O (c) CH_4 (d) CH_3Cl (e) HCN

풀이 (a) 트라이플루오린화 붕소는 결합각이 120°인 평면 구조이다. 각 붕소-플루오린 결합은 극성이지만, 합쳐진 효과가 없어지므로 분자는 쌍극자 모멘트가 없다.

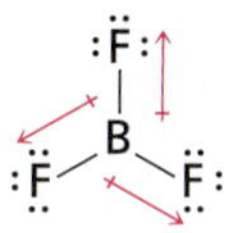

1.12 sp^3 혼성화와 메테인의 결합

메테인(CH_4)의 결합에 관한 이론이 개발되는 초창기에는 골치 아픈 수수께끼가 있었다. 공유 결합을 이루려면 결합하는 원자의 절반 채워진 오비탈의 겹침이 필요한데, 전자 배치가 $1s^22s^22p_x^{\ 1}2p_y^{\ 1}$인 탄소는 절반 채워진 오비탈이 두 개밖에 없다(그림 1.11*a*). 그렇다면 탄소는 어떻게 네 수소와 결합을 할 수 있을까?

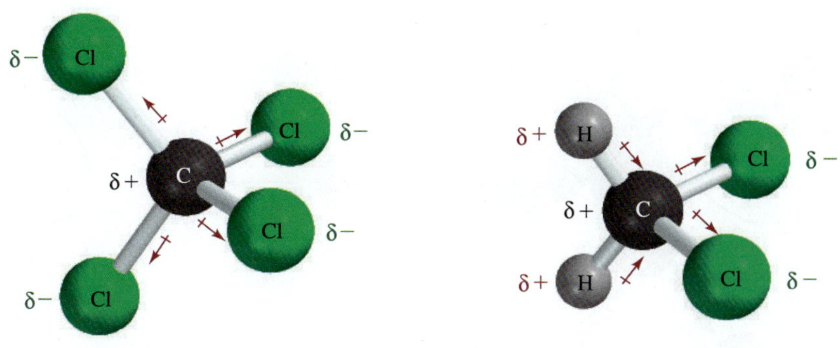

(*a*) CCl_4; 비극성 (*b*) CH_2Cl_2; 극성

그림 • 1.10
(*a*) 사염화 탄소(CCl_4)는 각 결합 쌍극자가 서로를 상쇄하기 때문에 비극성이다. (*b*) 이염화메테인(CH_2Cl_2)에서는 H—C 결합 쌍극자가 C—Cl 결합 쌍극자를 보강한다. 이 분자는 극성이다.

그림 • 1.11
(*a*) 가장 안정한 상태에서 탄소의 전자 배치. (*b*) 전자 하나를 2*s* 오비탈에서 비어 있는 2*p* 오비탈로 올린다. (*c*) 2*s* 오비탈과 세 2*p* 오비탈을 합쳐서 각각 전자 하나를 수용하고 있는, 같은 에너지의 sp^3-혼성 오비탈 네 개의 조합을 만든다.

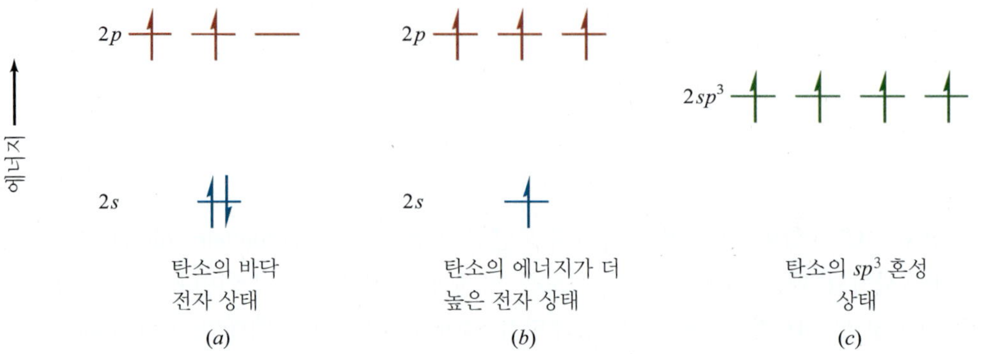

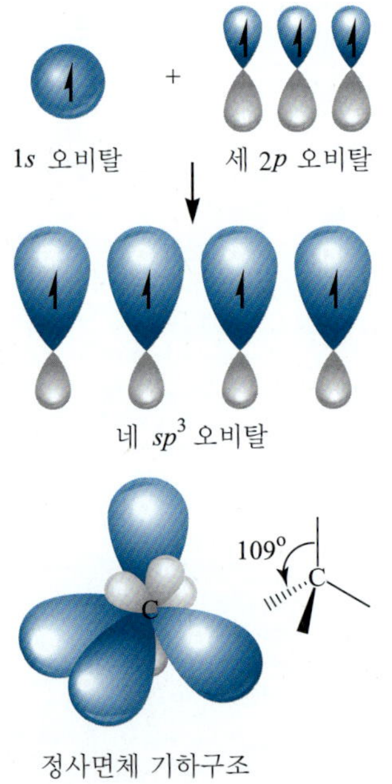

그림 • 1.12
각 sp^3 혼성 오비탈은 두 로브의 크기가 다르다. 전자 밀도는 핵의 한 쪽이 다른 쪽보다 더 크다.

1930년대에 Linus Pauling은 이 수수께끼에 대한 독창적인 해결법을 제시하였다. 그의 모형은 간단한 아이디어로 시작하였다. 2*s* 전자를 비어 있는 2*p* 오비탈로 "올리면(promote)" 절반 채워진 오비탈이 네 개 생성되고, 따라서 네 개의 C—H 결합이 가능하다(그림 1.11*b*). 하지만 이렇게 하여 생성된 전자 배치($1s^22s^12p_x^{\ 1}2p_y^{\ 1}2p_z^{\ 1}$)는 모든 결합이 같고 사면체의 모서리 쪽으로 향한다는 사실과 부합하지 않는다. Pauling의 두 번째 아이디어는 새로운 것이었다. 탄소의 네 개 원자가 오비탈($2s$, $2p_x$, $2p_y$, $2p_z$)을 서로 섞어[**혼성화**(hybridize)] 에너지가 같은 절반 채워진 오비탈을 네 개 만든다(그림 1.11*c*). Pauling의 방법으로 생성되는 네 개의 새로운 오비탈을, *s* 오비탈 한 개와 *p* 오비탈 세 개에서 왔기 때문에, **sp^3 혼성 오비탈**(sp^3 hybrid orbital)이라고 한다.

각 sp^3 혼성 오비탈은 두 로브의 크기가 다르기 때문에(그림 1.12), 전자 밀도는 핵의 한 쪽에서가 다른 쪽에서보다 더 크다. 수소와 결합을 할 때, 수소의 1*s* 오비탈과 겹치는 것은 탄소의 sp^3 오비탈의 더 큰 로브이다. 그림 1.13에 메테인의 네 C—H 결합에 대응하는 오비탈의 겹침을 그렸다. 핵간 축을 따라서 오비탈이 겹치면 **시그마(σ) 결합**(sigma bond)이라고 하는 회전 대칭성이 있는 결합이 얻어진다. 이 경우에는 이 결합이 $C(2sp^3)$—$H(1s)$ σ 결합이다.

네 σ 결합의 정사면체 배열은 sp^3-혼성 탄소의 특징이다.

sp^3 혼성 오비탈의 특이한 모양은 중요한 결과를 가져온다. sp^3 혼성 오비탈에서

그림 • 1.13
sp^3 혼성 오비탈은 탄소 주위에 정사면체 모양으로 배열되어 있다. 각 오비탈에는 전자 하나가 있으며, 수소 원자와 결합하면 정사면체형 메테인 분자가 생긴다.(주: 각 sp^3의 주 로브만 그렸다. 그림 1.12에서 보인 대로 각 오비탈에는 더 작은 로브가 뒤쪽에 있으나 그림을 분명하게 그릴 목적으로 생략하였다.)

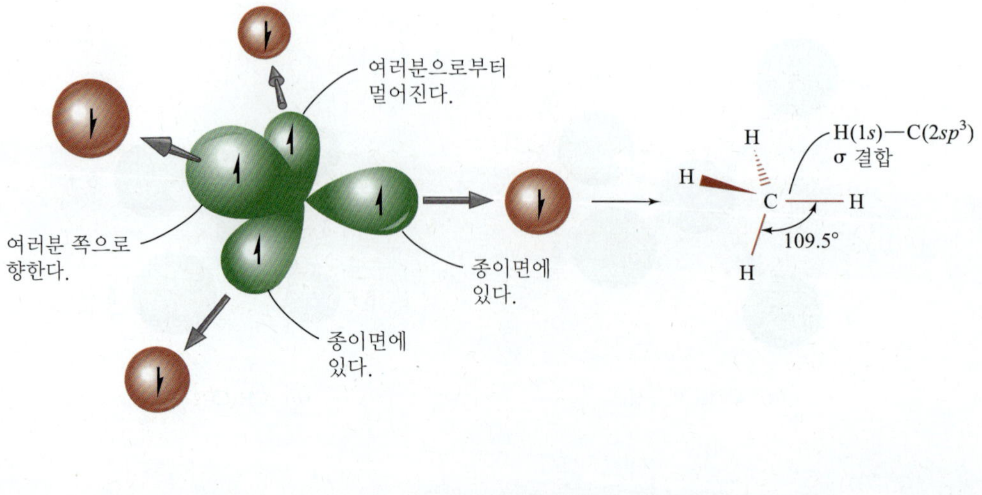

대부분의 전자 밀도가 탄소 원자의 한 쪽에 있기 때문에, 예를 들어 수소의 절반 채워진 1*s* 오비탈이 그 쪽에서 겹치면 그렇지 않은 경우보다 더 강한 결합이 형성된다. *p* 오비탈에서처럼 전자 확률이 핵의 양쪽에서 모두 같다면 전자가 절반의 시간 동안은 결합된 원자 사이의 공간에서 떨어져 있게 되고, 그러면 결합은 더 약해질 것이다. 따라서 Pauling의 오비탈 혼성화 개념은 탄소가 두 결합이 아니고 네 결합을 생성하는지를 설명할 뿐만 아니라 이들 결합은 그렇지 않았을 경우보다 더 강하다.

1.13 에테인의 결합

공유 결합의 오비탈 혼성화 개념은 쉽게 탄소–탄소 결합으로 확장할 수 있다. 그림 1.14에서처럼, 에테인(ethane)은 두 CH_3[**메틸**(methyl)]기를 연결하는 탄소–탄소 σ 결합으로 기술할 수 있다. 각 메틸기는 sp^3–1*s* σ 결합에 의하여 세 수소와 연결된 sp^3-혼성 탄소로 이루어져 있다. 한 탄소의 남아 있는 절반 채워진 오비탈이 다른 것과 겹치면 이들 사이에 σ 결합이 형성된다. 여기서 두 sp^3-혼성 오비탈의 겹침에 근거한 세 번째 종류의 σ 결합을 볼 수 있다.

> 일반적으로 탄소가 네 원자와 직접 결합을 이루는 경우에는 탄소가 sp^3-혼성화 되었다고 볼 수 있다.

결합의 오비탈 혼성화 개념은 결합이 단일인 화합물에만 국한되지 않으며, 다음에 나오는 두 절에서 기술하듯이 이중 및 삼중 결합이 있는 화합물에도 적용될 수 있다.

에테인의 결합 형성에 관한 MO 설명에는 C—C 결합과 C—H 결합이 참여한다. 탄소 원자의 두 sp^3 AO가 겹치면 C—C 결합이 형성되며, 탄소의 sp^3 AO가 수소의 *s* AO와 겹치면 C—H 결합이 형성된다.

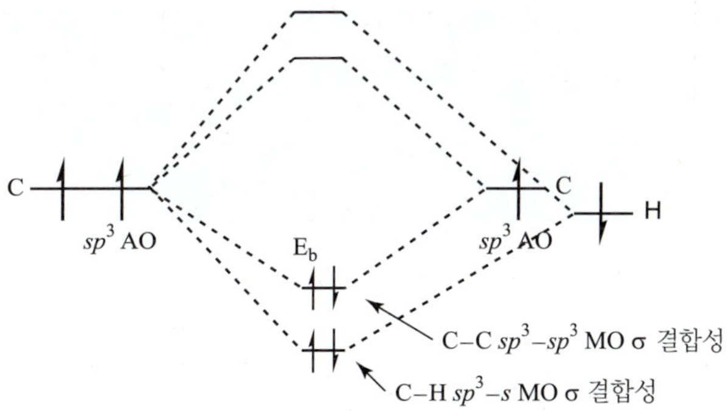

그림 • 1.14
에테인의 두 탄소 원자 사이의 sp^3–sp^3 σ 결합에 대한 오비탈 겹침 그림

1.14 sp^2 혼성화와 에틸렌의 결합

> 에틸렌의 다른 이름은 **에텐**(ethene)이다.

에틸렌은 그림 1.15의 구조 표현식이 나타내듯이 평면 분자이다. sp^3 혼성화는 탄소의 정사면체 기하구조와 연관되어 있기 때문에 두 탄소가 삼각 평면 구조인 에틸렌에는 적합하지 않다. 어떠한 종류의 혼성화를 할 것인지는 탄소가 직접 결합하고 있는 원자의 수에 의하여 결정된다. 에테인에서는 σ 결합에 의하여 네 원자가 탄소와 결합하고 있으므로 네 개의 동일한 sp^3 혼성 오비탈이 필요하다. 에틸렌에서는 각 탄소에 세 원자가 연결되어 있으므로 세 개의 동일한 혼성 오비탈이 필요하다. 이들 세 오비탈은 탄소의 $2s$ 오비탈을 두 $2p$ 오비탈과 섞어서 만들며, **sp^2 혼성 오비탈**(sp^2 hybrid orbital)이라고 한다. $2p$ 오비탈 중에서 하나는 혼성화되지 않고 남아 있다(그림 1.16).

에틸렌의 각 탄소는 sp^2 혼성 오비탈 중에서 두 개를 사용하여 그림 1.17의 첫 부분에 나와 있듯이 두 수소 원자와 σ 결합을 이룬다. 각 탄소에 하나씩 남아 있는 sp^2 오비탈이 핵간 축을 따라서 겹치면 두 탄소를 연결하는 σ 결합이 얻어진다.

그림 1.17에서처럼 각 탄소 원자는 아직도 결합을 할 수 있는 비혼성화 $2p$ 오비탈을 가지고 있다. 두 절반 채워진 $2p$ 오비탈의 축은 분자의 σ 결합의 골격에 수직으로 놓여 있으며, 이들이 나란히 옆으로 겹치면 **파이(π) 결합**(pi bond)이라고 하는 결합이 생긴다. 이 분석에 따르면 에틸렌의 탄소–탄소 이중 결합은 σ 결합과 π 결합의 조합으로 간주할 수 있다. 탄소–탄소 이중 결합은 탄소–탄소 단일 결합보다 결합이 더 많으므로 더 강하고 더 짧다.

π 결합에 있는 전자를 **π 전자**(π electron)라고 한다. π 전자를 찾을 확률은 분자면의

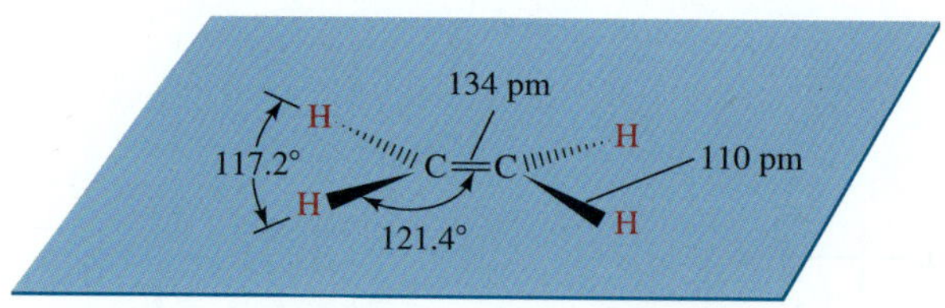

(a)

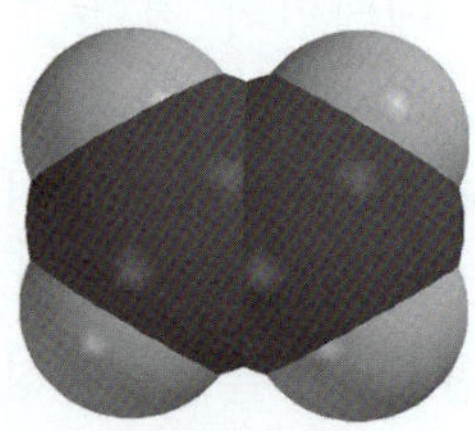

(b)

그림 • 1.15
(a) 에틸렌의 모든 원자는 같은 평면에 있다. 결합 각도는 모두 120°에 가까우며, 탄소–탄소 결합 길이는 에테인의 그것보다 상당히 짧다. (b) 에틸렌의 공간-채움 모형.

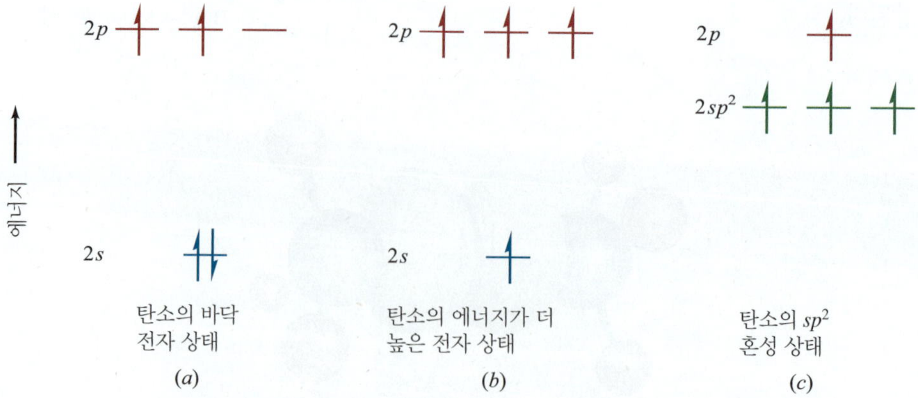

그림 • 1.16
(a) 가장 안정한 상태에서 탄소의 전자 배치. (b) 전자 하나를 $2s$ 오비탈에서 비어 있는 $2p$ 오비탈로 올린다. (c) $2s$ 오비탈과 세 $2p$ 오비탈 중에서 두 개를 합쳐서 같은 에너지의 sp^2-혼성 오비탈 세 개의 조합을 만든다. $2p$ 오비탈 하나는 변하지 않고 남아 있다.

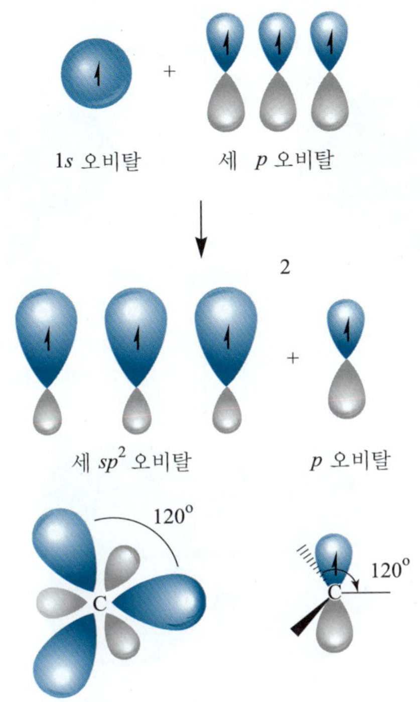

위와 아래인 지역에서 가장 크다. 분자면이 π 전자를 찾을 확률이 영인 마디면에 해당한다.

> 일반적으로 탄소가 세 원자와 직접 결합을 이루는 경우에는 탄소가 sp^2-혼성화 되었다고 기대할 수 있다.

VB 이론에서는 sp^2−sp^2 오비탈이 직접 겹치면 탄소−탄소 결합이 형성된다. 그러면 p−p 오비탈이 옆으로 겹쳐져서 형성되는 π 결합보다 더 효과적으로 겹쳐지고, 결합도 더 세진다. 그러면 π 결합은 더 약한 결합이라고 결론지을 수 있다. 따라서 화학 반응에서는 π 결합이 반응성이 더 크다. MO 그림을 보면 π 결합이 σ 결합보다 에너지가 더 높다는 점을 분명하게 알 수 있다.

σ 결합과 π 결합 사이에는 또 다른 차이점이 없을까? 보여지듯이, sp^3−sp^3, sp^2−sp^2, sp−sp σ 결합은 결합에 대하여 아무런 영향도 주지 않고서 그 축을 중심으로 거의 자유롭게 돌 수 있다. 회전하는 동안에는 각 시그마 결합이 깨지지 않고 그대로 결합되어 있다. 이러한 상황은 회전이 일어나면 결합이 깨지고 결합을 180° 회전시키면 반결합이 형성되는 π 결합의 경우와 다르다. 이 점은 이중 결합은 π 결합 때문에 단단하고 결합 축을 중심으로 돌 수 없다는 점을 분명히 보여 준다. 따라서 이중 결합의 이성질체화 반응은 광화학적으로 아니면 산 촉매(또한 아이오딘 촉매화) 존재에서만 일어날 수 있으며, 이 경우 이중 결합이 먼저 깨진다.

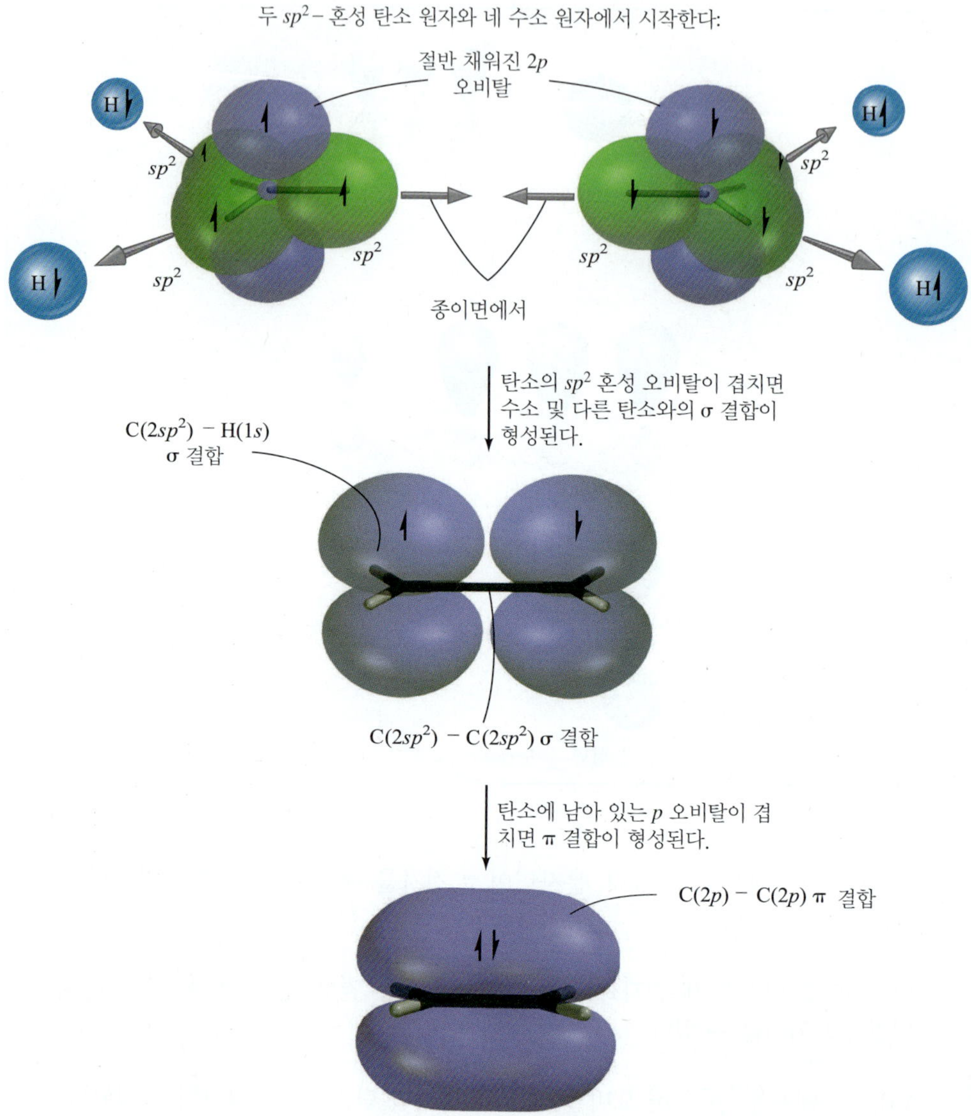

그림 • 1.17
에틸렌의 탄소−탄소 이중 결합은 σ 성분과 π 성분이 있다. σ 성분은 핵간 축을 따라 sp^2-혼성 오비탈이 겹쳐져서 형성된다. π 성분은 2*p* 오비탈이 옆으로 나란히 겹쳐져서 형성된다.

1.15 *sp* 혼성화와 아세틸렌의 결합

한 가지 혼성화 개념이 더 유기화학에서 중요하다. 이것을 ***sp* 혼성화**(*sp* hybridization)라고 하며, 아세틸렌에서처럼 탄소가 직접 두 원자와 결합할 때 적용된다. 그림 1.18에 아세틸렌의 구조가 결합 길이, 결합 각도와 같이 나와 있다.

아세틸렌의 다른 이름은 **에타인**(ethyne)이다.

아세틸렌의 각 탄소는 두 다른 원자와 결합하고 있으므로 오비탈 혼성화 개념에 따르면 그림 1.19에 나오듯이 각 탄소가 σ 결합을 하기 위해서는 동일한 오비탈이 두 개 필요하다. 이 모형에 의하면 탄소의 2*s* 오비탈과 2*p* 오비탈 중의 하나가 결합하면 한 쌍의 두 동일한 *sp* 혼성 오비탈이 나온다. 이 두 *sp* 오비탈은 축은 같으나 큰 로브는 서로 180°의 각도로 배향하고 있다. 원래의 2*p* 오비탈 중에서 둘은 혼성화하지 않은 채로 남아

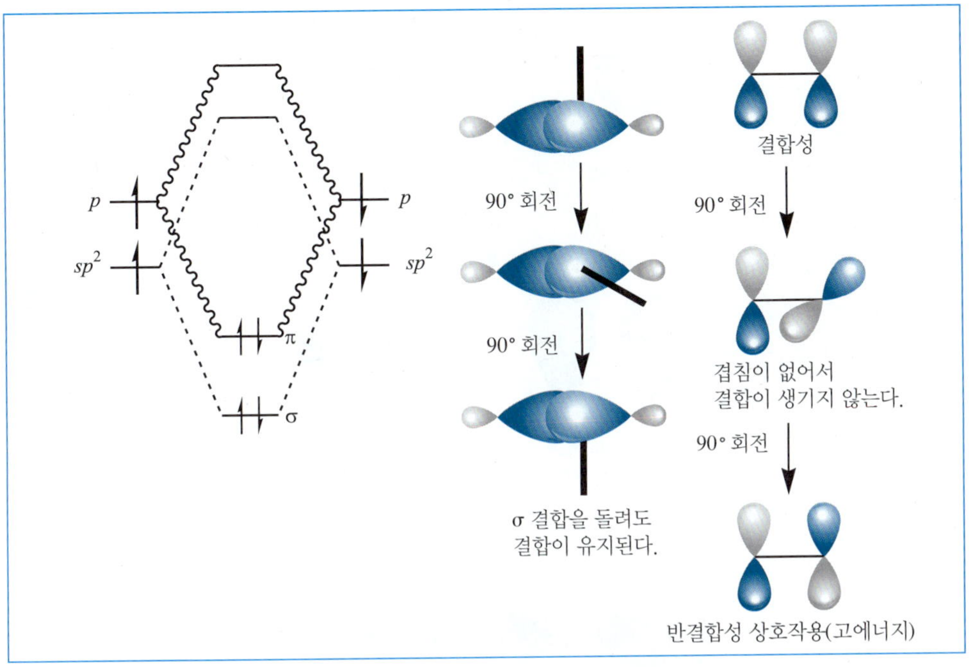

(a) (b)

그림 • 1.18
아세틸렌은 (a) 구조식과 (b) 공간-채움 모형에서 보듯이 선형 분자이다.

있고, 그 축은 서로 그리고 두 *sp* 혼성 오비탈의 공통 축에 대하여 수직으로 놓인다.

그림 1.20에 나타낸 바와 같이, 아세틸렌의 두 탄소는 서로 $2sp$–$2sp$ σ 결합에 의하여 연결되어 있고, 각각은 $2sp$–$1s$ σ 결합에 의하여 수소 치환기와 연결되어 있다. 한 탄소의 비혼성화 $2p$ 오비탈이 다른 탄소의 상대방과 겹치면 두 π 결합이 생긴다. 아세틸렌에서 탄소–탄소 삼중 결합은 σ + π + π 형태의 다중 결합으로 볼 수 있다.

일반적으로 탄소가 두 원자와 직접 결합을 이루는 경우에는 탄소가 *sp*-혼성화되었다고 기대할 수 있다.

문제 1.17 다음 화합물에서 각 탄소의 혼성 상태는 무엇인가?

(a) 이산화 탄소(carbon dioxide, O=C=O)
(b) 폼알데하이드(formaldehyde, $H_2C=O$)
(c) 케텐(ketene, $H_2C=C=O$)
(d) 프로펜(propene, $CH_3CH=CH_2$)
(e) 아세톤 [acetone, $(CH_3)_2C=O$]
(f) 아크릴로나이트릴 (acrylonitrile, $CH_2=CHC\equiv N$)

풀이 (a) CO_2의 탄소는 두 다른 원자와 직접 결합하고 있으므로 *sp*-혼성이다.

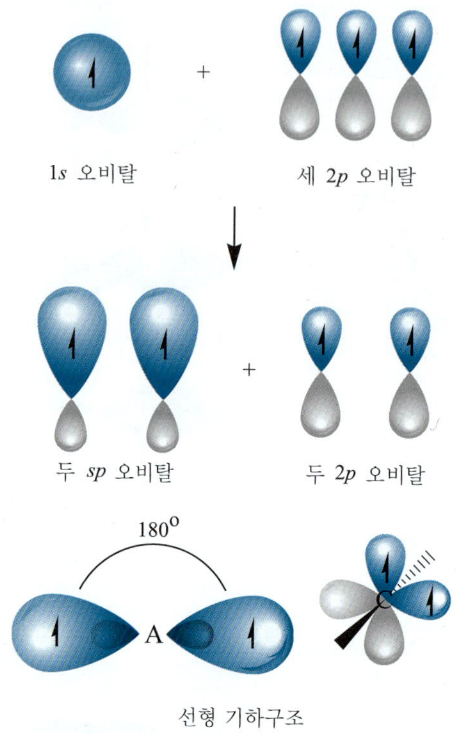

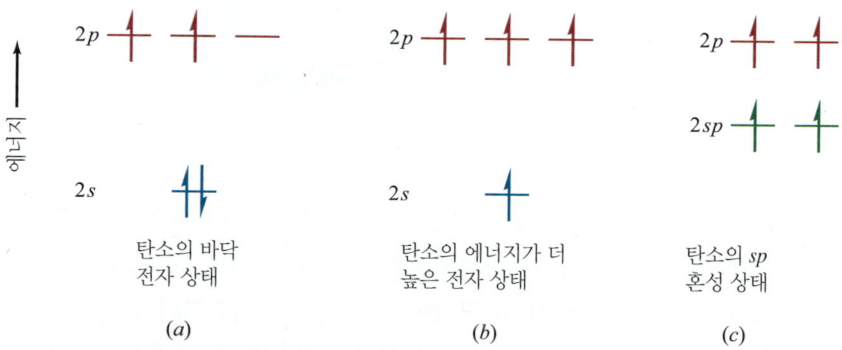

그림 • 1.19
(*a*) 가장 안정한 상태에서 탄소의 전자 배치. (*b*) 전자 하나를 2*s* 오비탈에서 비어 있는 2*p* 오비탈로 올린다. (*c*) 2*s* 오비탈과 세 2*p* 오비탈 중에서 하나를 합쳐서 같은 에너지의 *sp*-혼성 오비탈 두 개의 조합을 만든다. 2*p* 오비탈 중에서 둘은 변하지 않고 남아 있다.

학습목표

이 장은 탄소 화합물의 화학에 관하여 배울 때 유용할 구조와 결합의 원리를 다루었다. 또한 화학 결합과 전자 "부기"를 강조하였다. 이 장의 주요한 목표는 적절한 구조식을 쓰는 데 필요한 기술을 제공하는 것이었다. 이 장에서 배운 기술로 여러분은 다음과 같은 것을 할 수 있다.

- 주기율표에서 수소와 아르곤 사이의 원소의 원자 번호를 알 때 중성 원자나 여기서 얻어지는 이온의 전자 배치를 쓸 수 있다.
- 이온과 공유 결합 사이의 차이를 기술할 수 있다.
- 팔전자 규칙을 말하고, 그 의미를 논의할 수 있다.
- 공유 결합의 극성화 방향을 결합이 연결하는 원자의 전기음성도 차이에 근거하여 결정

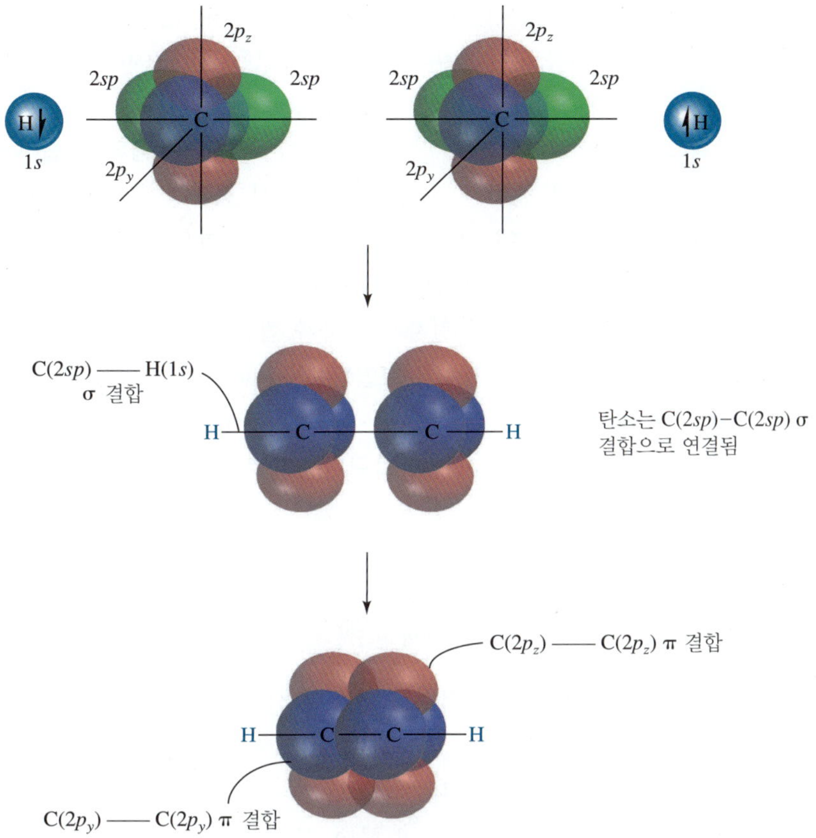

그림 • 1.20
탄소의 *sp* 혼성화에 근거하여 아세틸렌의 결합을 나타내는 그림. 탄소-탄소 삼중 결합은 σ 결합 하나와 π 결합 둘로 이루어져 있다고 볼 수 있다.

할 수 있다.

- Lewis 구조에서 원자의 형식 전하를 계산할 수 있다.
- 축약 구조식과 결합-선 식을 이용하여 유기 분자의 구조를 쓸 수 있다.
- 구성 이성질체의 Lewis 구조를 쓸 수 있다.
- 공명과 이성질현상 사이의 차이를 이해하고, 공명 개념을 이용하여 분자와 이온의 전자 비편재화를 기술할 수 있다.
- 원자가 껍질 전자쌍 반발 모형을 이용하여 간단한 분자의 모양을 예측할 수 있다.
- 모양을 아는 분자의 극성을 예측할 수 있다.
- sp^3, sp^2, sp 오비탈 혼성화 결합 개념을 이해할 수 있다.

1.16 요약

원자의 **전자 배치**(electron configuration)는 **오비탈**(orbital)이라고 하는 공간의 영역에서 전자의 배열을 기술한다(1.1절). 최외각 전자, 즉 **원자가 전자**(valence electron)가 결합에 참여한다. 화학 결합은 이온성 혹은 공유성으로 분류한다. **이온 결합**(ionic bond, 1.2절)은

요약을 읽을 때 이 절의 바로 앞에 나오는 상자 속의 학습목표를 참조하면 도움이 될 것이다.

반대로 하전된 두 이온 사이의 정전기 인력으로서, 염화 소듐과 같은 물질에서 생성된다. 전기음성 원소인 염소는 전자 하나를 얻어 음으로 하전된 **음이온**(anion)을 생성한다. 금속인 소듐은 전자 하나를 잃고 양으로 하전된 **양이온**(cation)이 된다.

탄소는 정상적으로는 이온 결합에 참여하지 않는다. 대신 **공유 결합**(covalent bonding, 1.3절)이 관측된다. 공유 결합은 두 원자 사이에서 전자쌍이 공유되어 일어난다. 이중 결합은 네 개 전자의 공유에 해당하고, 삼중 결합은 여섯 개의 공유에 해당한다(1.4절). **팔전자 규칙**(octet rule)을 적용하면 공유 결합 분자의 Lewis 구조를 그릴 수 있다. 가장 안정한 구조는 2주기 원소의 원자가 원자가 껍질에 여덟 개의 전자(공유 + 비공유)를 가지는 구조이다. 비공유 전자쌍을 **고립쌍**(lone pair)이라고도 한다.

전기음성도가 다른 원자 사이의 공유 결합은 **편극화**(polarized)되어 있으며, 이는 결합에서 전자가 더 전기음성 원자에 더 가까이 끌린다는 의미이다(1.5절).

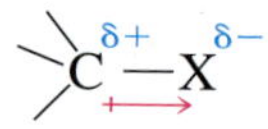

X가 탄소보다 더 전기음성일 때
C—X 결합의 편극화

이중 결합의 이성질체화 반응은 광화학적으로 아니면 산 촉매(또한 아이오딘 촉매화) 존재하에서만 일어날 수 있으며, 이 경우 이중 결합이 먼저 깨진다. Lewis 구조에서 한 특정한 원자는 중성이거나 양으로 하전 혹은 음으로 하전될 수 있다. Lewis 구조에서 한 원자의 전하를 **형식 전하**(formal charge)라고 하며, 분자에서 한 원자의 전자 수를 중성 원자 자신의 전자 수와 비교하여 형식 전하를 구할 수 있다. 이 과정은 1.6절에 기술되어 있다.

구조식은 분자의 **구성**(constitution)을 기술한다. 표 1.3(1.7절)은 유기 화합물의 Lewis 구조를 적는 과정을 요약하고 있다. **이성질체**(isomer, 1.8절)는 분자식은 같으나 다른 화합물을 말한다. 이들이 다른 이유는 구조가 다르기 때문이다. 원자 연결의 순서가 다른 이성질체를 **구성 이성질체**(constitutional isomer)라고 한다.

Lewis 구조 사이의 **공명**(resonance)은 분자에서 전자의 비편재화를 기술하는 데 사용되는 도구이다(1.9절). Lewis 구조는 전자를 단지 두 핵 사이의 지역에만 제한시키기 때문에 많은 분자를 Lewis 구조 하나만으로는 충분히 표현할 수 없다. 이러한 경우에는 참 구조는 원자의 위치는 같으나 전자의 분포가 다른 가능한 모든 구조의 혼성으로서 더 잘 이해할 수 있다. 공명에 관하여 가장 기본적인 규칙을 표 1.4에 요약하였다.

원자가 껍질 전자쌍 반발(valence shell electron-pair repulsion, VSEPR) 방법(1.10절)을 이용하면 중심 원자를 감싸는 전자쌍 사이의 반발에 근거하여 분자의 기하구조를 예측할 수 있다. 전자쌍 네 개가 최대로 멀리 떨어져 있으면 정사면체 배열이 얻어지며, 삼각 평면 구조는 세 전자쌍의 경우 최적이다. 전자쌍이 두 개이면 선형 배열이 최선이다.

분자의 모양과 개별 결합의 극성을 알면 분자가 **극성**(polar)인지 **비극성**(nonpolar)인지를 알 수 있다(1.11절).

유기 화합물의 결합은 종종 **오비탈 혼성화 모형**(orbital hybridization model, 1.12절)으로 기술된다. 탄소의 **sp^3 혼성화**(sp^3 hybridization)는 2*s*와 세 2*p* 오비탈을 섞어서 정사면체의 모서리로 향하는 축을 가진 동등한 오비탈 네 개의 조합을 얻어 만든다. 메테인에서의 네 결합은 탄소의 sp^3 오비탈과 수소의 1*s* 오비탈이 겹쳐서 생기는 C—H σ 결합이다.

에테인(CH_3CH_3)에서의 탄소-탄소 결합은 한 탄소의 sp^3 오비탈이 다른 탄소의 sp^3 오비탈과 겹쳐져서 생기는 σ 결합이다(1.13절).

에틸렌에서 탄소는 **sp^2 혼성화**(sp^2 hybridization)이며, 이중 결합은 σ 성분과 π 성분이 있다고 간주할 수 있다. sp^2 혼성화 상태는 탄소의 2*s*와 세 2*p* 오비탈 중에서 둘을 조합하여 얻는다. 그러면 세 개의 동일한 sp^2 오비탈을 얻을 수 있으며, 이 오비탈의 축은 같은 면에 놓여 있다. 한 탄소의 sp^2 오비탈이 다른 탄소의 sp^2 오비탈과 겹쳐지면 그들 사이에 σ 결합이 형성된다. 각 탄소에는 아직도 결합에 참여할 수 있는 혼성화되지 않은 *p* 오비탈이 하나 있고, 인접 탄소의 *p* 오비탈과 옆으로 겹쳐지면 그들 사이에 π 결합이 형성된다(1.14절).

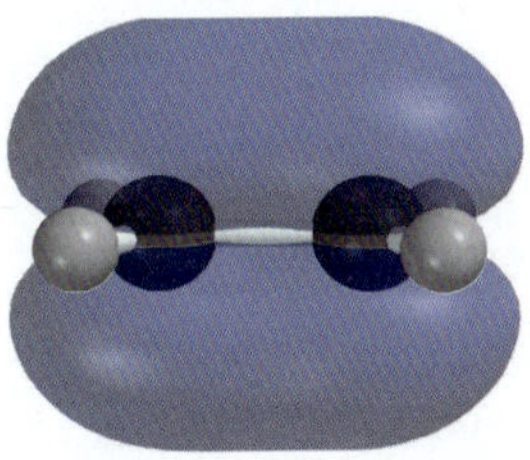

에틸렌에서 인접 탄소의 *p* 오비탈이
겹쳐져서 생기는 π 결합

아세틸렌에서 탄소는 ***sp* 혼성화**(*sp* hybridization)이며, 삼중 결합은 σ + π + π 형식이다. 2*s* 오비탈과 2*p* 오비탈의 하나를 조합하면 동일한 *sp* 오비탈이 두 개 얻어지며, 이들의 축은 선형이다. 두 탄소 사이의 σ 결합에 혼성화되지 않은 *p* 오비탈 둘 사이의 겹침에 의한 두 π 결합이 더해진다(1.15절).

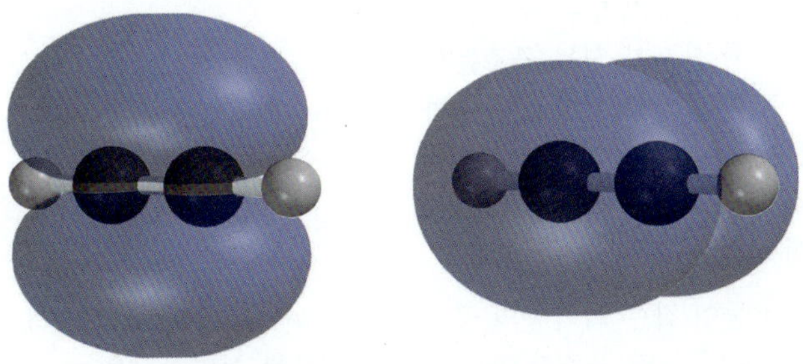

아세틸렌의 삼중 결합은 σ 결합 성분 하나와 π 결합 둘을 가지고 있다.
두 π 결합은 위 그림에서 볼 수 있으며, 서로 수직이다.

보충문제

전자 배치, Lewis 구조, 형식 전하, 공명

1.18 다음 각 이온의 전자 배치를 쓰시오. 어느 것이 불활성 기체 전자 배치를 가지고 있는가?

(a) Li^+ (b) Mg^+ (c) Mg^{2+} (d) S^{2-}

1.19 원소의 원자 번호 Z와 이 원소에서 유래하는 이온의 전자 배치는 다음과 같다. 각 경우에 이온은 무엇인가?

(a) $(Z = 9)$: $1s^22s^22p^6$
(b) $(Z = 12)$: $1s^22s^22p^63s^1$
(c) $(Z = 12)$: $1s^22s^22p^6$
(d) $(Z = 13)$: $1s^22s^22p^63s^1$
(e) $(Z = 13)$: $1s^22s^22p^6$
(f) $(Z = 16)$: $1s^22s^22p^63s^23p^6$

1.20 다음 각 그룹에서 이온 결합을 가질 것으로 가장 많이 예측되는 화합물은 무엇인가?

(a) CO, NO, O_2, CaO
(b) LiF, BF_3, CF_4, F_2
(c) CCl_4, $MgCl_2$, Cl_2O, Cl_2
(d) PBr_3, $AlBr_3$, KBr, BrCl

1.21 다음 각 화학종은 이 교재에서 앞으로 만나게 될 것이다. 이들은 모두 원자와 전자의 수가 같으며, 또한 결합의 배열이 같다. 이들은 등전자(isoelectronic)이다. 주어진 Lewis 구조에서 형식 전하가 있다면 어느 원자에 있는지를 밝히시오. 각 화학종의 알짜 전하는 얼마인가?

(a) :N≡N:
(b) :C≡N:
(c) :C≡C:
(d) :N≡O:
(e) :C≡O:

1.22 이 교재에서 다음 등전자 화학종을 만나게 될 것이다. 이 세 구조에 대하여 앞 문제를 반복하시오.

(a) :Ö=C=Ö: (b) :N̈=N=N̈: (c) :Ö=N=Ö:

1.23 구조식 A, B, C, D를 고려해 보자.

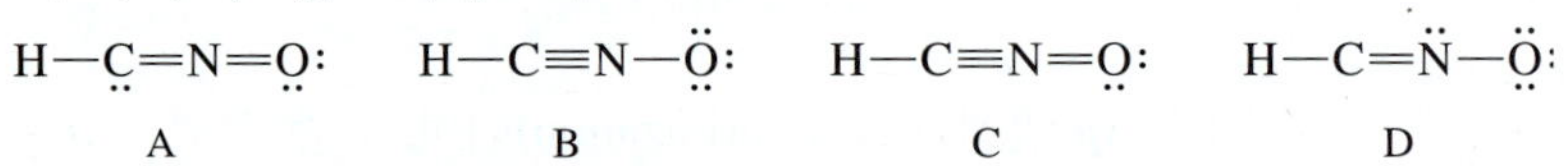

(a) 양으로 하전된 탄소가 있는 구조는?
(b) 양으로 하전된 질소가 있는 구조는?
(c) 양으로 하전된 산소가 있는 구조는?
(d) 음으로 하전된 탄소가 있는 구조는?
(e) 음으로 하전된 질소가 있는 구조는?
(f) 음으로 하전된 산소가 있는 구조는?
(g) 전기적으로 중성인 구조(양전하 수와 음전하 수가 같다)는? 양이온인 구조는? 음이온인 구조는?
(h) 가장 안정한 구조는?
(i) 가장 불안정한 구조는?

1.24 다음 각 쌍에서 둘이 같은 화학종의 공명 구조를 나타내는지 아니면 다른 물질인지를 결정하시오. 두 구조가 공명 구조가 아니라면 그 이유를 설명하시오.

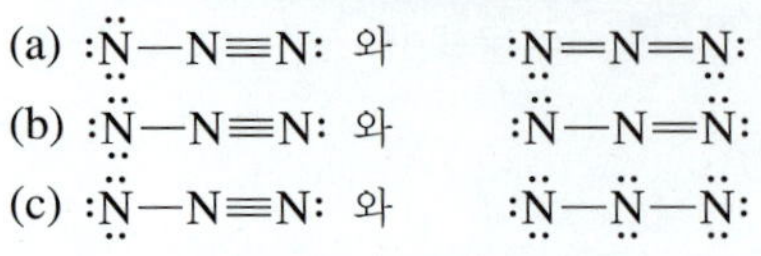

1.25 다음 네 구조 중에서 하나는 허용되는 공명 구조가 아니다. 잘못된 구조는 무엇인가?

왜 잘못되었는지를 밝히시오.

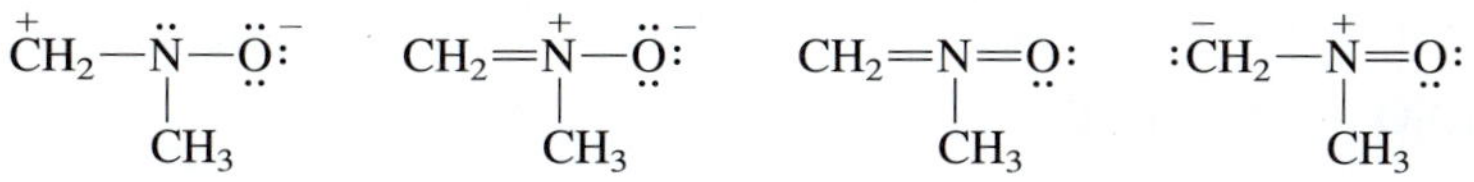

A B C D

1.26 원자의 연결은 유지하고 전자만 움직여서 다음 각각에 대하여 더 안정한 Lewis 구조를 그리시오. 새 구조에서 형식 전하가 있다면 형식 전하를 밝히시오.

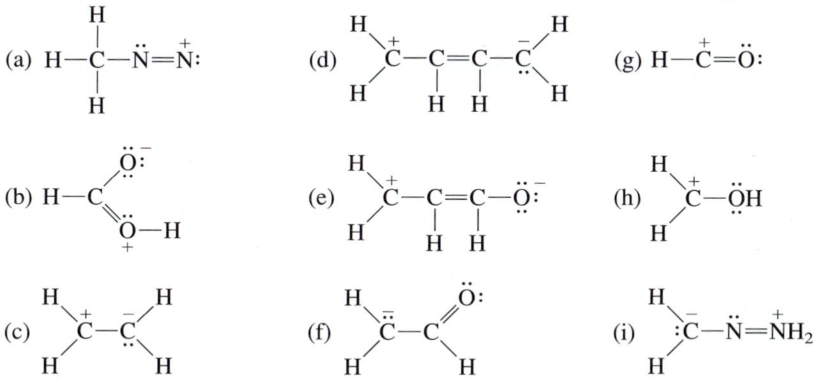

1.27 다음 각 화학종에서 모든 원자의 형식 전하와 전체적으로 화학종의 알짜 전하를 결정하시오.

1.28 다음 각 Lewis 구조에서 산소의 형식 전하는 무엇인가?

(a) $CH_3\ddot{O}:$ (b) $(CH_3)_2\ddot{O}:$ (c) $(CH_3)_3O:$

분자 구조, 이성질체, 극성

1.29 극성 공유 결합이 있는 다음 각 분자에서 기호 ⟷ 를 사용하여 쌍극자의 양과 음의 말단을 나타내시오. 필요하면 표 1.2를 참조하시오.

(a) HCl (c) HI (e) HOCl
(b) ICl (d) H_2O

1.30 다음 분자나 이온의 Lewis 구조를 쓰시오. 모든 전자쌍을 보이시오.

(a) PH_3
(b) AlH_4^-
(c) $COCl_2$ (모든 원자는 탄소에 결합)
(d) HCO_3^- (수소는 산소에 결합)
(e) $^+NO_2$ (원자의 순서는 ONO)
(f) NO_2^- (원자의 순서는 ONO)

1.31 VSEPR 방법을 분자 기하구조에 적용하여 문제 1.30의 각 화학종의 모양을 예측하시오.

1.32 다음 분자가 극성인지를 예측하시오.

(a) $(CH_3)_2O$ (b) CS_2

1.33 다음 각 유기 분자의 Lewis 구조를 쓰시오.

(a) C_2H_5Cl [에틸 클로라이드(ethyl chloride): 고통을 완화시키기 위하여 에어로솔 캔에서 피부로 뿌림]

(b) C_2H_3Cl [바이닐 클로라이드(vinyl chloride); 폴리(바이닐 클로라이드), PVC, 플라스틱 제조 출발 물질]

(c) $C_2HBrClF_3$ [할로테인(halothane): 불연성 흡입 마취제; 세 플루오린은 모두 같은 탄소와 결합함]

(d) $C_2Cl_2F_4$ [프레온(freon) 114: 냉매와 에어로솔 추진제로 사용된 적이 있음; 각 탄소는 염소 하나씩을 가짐]

1.34 다음 각 분자식은 두 구성 이성질체를 나타낸다. 각 경우에 이성질체 두 가지의 Lewis 구조를 그리시오.

(a) C_4H_{10} (b) C_3H_7Cl (c) C_2H_6O (d) C_2H_7N

1.35 다음을 포함하는 분자식이 C_3H_6O인 구성 이성질체의 구조식을 모두 그리시오.

(a) 단일 결합만 (b) 이중 결합 하나

1.36 다음 구조식을 확장하여 모든 원자 및 비공유 전자쌍을 더 분명하게 보이시오.

(a) 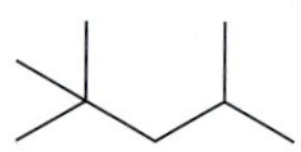 고급 휘발유의 성분

(b) 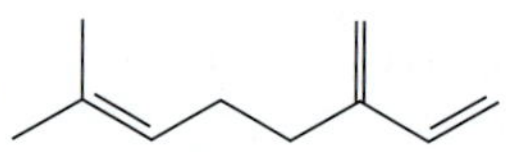 월계수와 마편초 기름에 존재

(c) 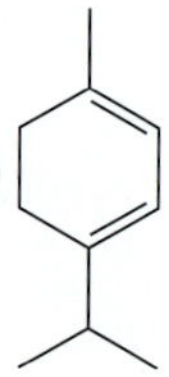 마저럼 기름에 들어 있는 향이 좋은 물질

(d) 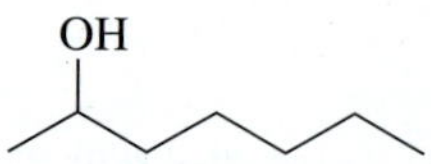

정향나무 기름에 존재

(e) 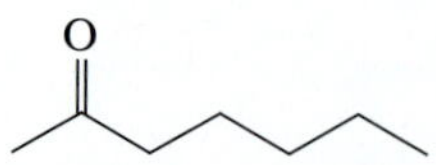

로크포르 치즈에 존재

(f)  벤젠: 큰 부류의 유기 물질의 어미 화합물

(g) 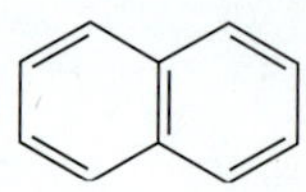 나프탈렌: 나방 퇴치제로 가끔씩 사용

(h) 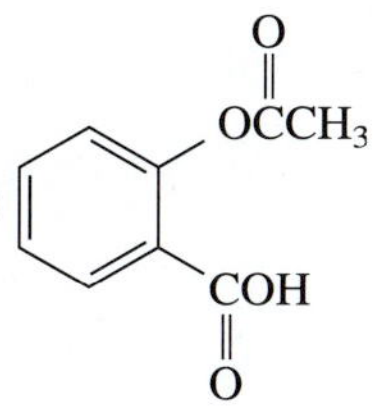 아스피린

(i) 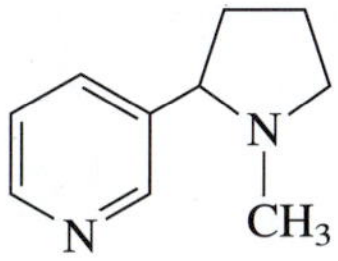 니코틴: 담배에 들어 있는 독성 물질

1.37 유기 화합물의 분자식은 관습적으로 $C_2H_5BrO_2$와 같은 방식으로 쓰며, 탄소와 수소 원자의 수를 먼저 쓴 후 다른 원자는 알파벳 순서로 적는다. 문제 1.36의 각 화합물에 대응하는 분자식을 쓰시오. 이들 중에서 이성질체가 있는가?

1.38 문제 1.36의 화합물 중에서 모든 탄소가 다음인 것을 고르시오.

(a) sp^3-혼성 (b) sp^2-혼성

문제 1.36의 화합물 중에서 sp-혼성화된 탄소가 있는 것은?

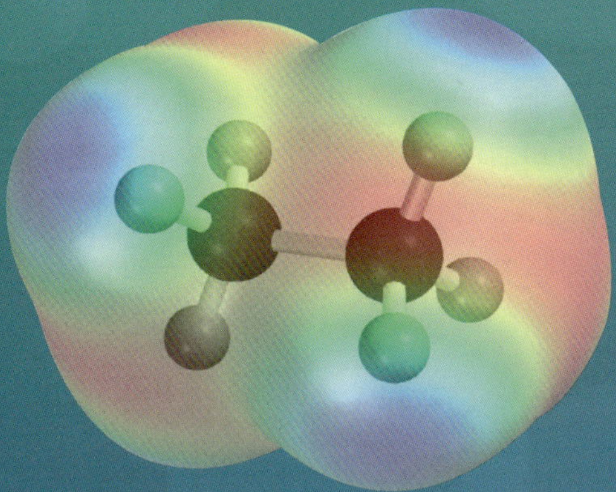

CHAPTER 02 화학 반응의 개념과 논리: 산과 염기에서 친전자체와 친핵체로

개요

Brønsted 산과 염기는 양성자와 관련이 있어서 산은 양성자를 주고 염기는 양성자를 받는다. 양성자의 제거나 첨가만 관여하는 유기 반응은 Brønsted 산-염기 화학과 밀접한 관계가 있다.

2.1 산과 염기: 일반 원리

산-염기 화학을 잘 이해하면 화학 반응성을 이해하는 데 큰 도움이 된다. 이 절에서는 산과 염기의 몇 가지 원리와 성질을 살펴 보기로 한다.

스웨덴 화학자이며 1903년 노벨 화학상 수상자인 Svante Arrhenius가 제안한 이론에 의하면 산은 수용액에서 이온화하여 양성자(H^+, 수소 이온)를 내놓고 반면에 염기는 이온화하여 하이드록사이드 이온(hydroxide ion, HO^-)을 내놓는다. Brønsted(덴마크)와 Lowry(영국)는 1923년에 독립적으로 산과 염기에 관한 더 일반적 이론을 제안하였다. Brønsted-Lowry 이론에 의하면, 산은 **양성자 주개**(proton donor)이고 염기는 **양성자 받개**(proton acceptor)이다.

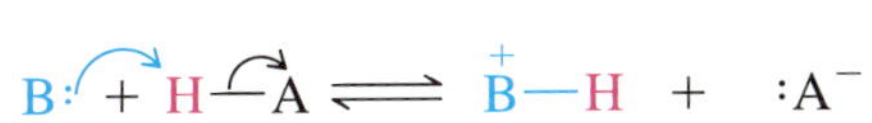

염기 산 짝산 짝염기

굽은 화살 표기법(curved-arrow notation)은 산에서 양성자를 염기가 떼어낼 때 전자쌍의 이동을 보이기 위해 사용된다.

H—A 결합의 전자쌍은 음이온 $^-$:A에서 비공유쌍이 된다. 굽은 화살표는 원자의 이동이 아니라 **전자 이동**(electron movement)을 추적한다.

산과 염기의 Brønsted-Lowry 이론은 유기화학에서 널리 사용된다. 앞 식에 나와 있듯이 한 물질의 **짝산**(conjugate acid)은 적당한 주개로부터 양성자를 받을 때 형성된다. 반대로, 양성자 주개는 그 **짝염기**(conjugate base)로 바뀐다. 짝산–짝염기 쌍은 항상 양성자 하나만 다르다.

수용액에서 산은 양성자를 물에 전달한다. 물은 Brønsted 염기로서 작용한다.

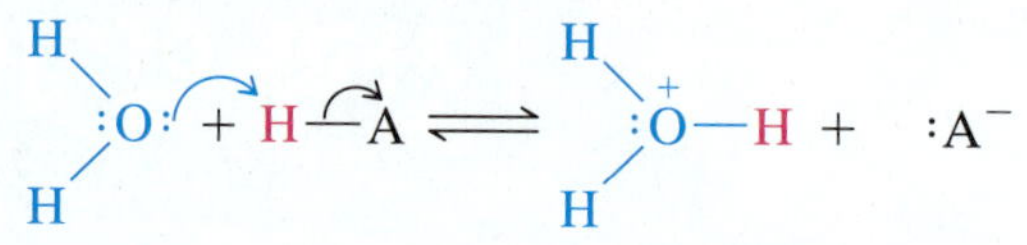

물 (염기) 산 물의 짝산 짝염기

문제 2.1 암모니아(:NH_3)와 염화 수소(HCl) 사이의 반응식을 쓰시오. 굽은 화살표로 전자의 이동을 추적하고, 무엇이 산, 염기, 짝산, 짝염기인지 밝히시오.

물의 짝산(H_3O^+)의 체계명은 **옥소늄 이온**(oxonium ion)이고, 관용명은 **하이드로늄 이온**(hydronium ion)이다.

산의 세기는 **산 해리 상수**(acid dissociation constant) 혹은 **이온화 상수**(ionization constant) K_a로 측정한다.

$$K_a = \frac{[H_3O^+][A^-]}{[HA]}$$

표 2.1에 몇 가지 Brønsted 산과 산 해리 상수가 나와 있다. 센 산의 K_a은 하이드로늄 이온(H_3O^+, $K_a = 55$)의 그것보다 더 크다. 센 산의 모든 분자는 본질적으로 묽은 수용액에서 양성자를 물에 준다. 약산은 K_a값이 H_3O^+의 그것보다 작다. 약산은 묽은 수용액에서 불완전하게 이온화한다.

산의 세기를 표현하는 편리한 방법은 다음처럼 정의되는 pK_a를 사용하는 것이다.

$$pK_a = -\log_{10}K_a$$

따라서 $K_a = 1.8 \times 10^{-16}$인 물은 pK_a가 15.7이고, $K_a \approx 10^{-36}$인 암모니아는 pK_a가 36이다. 산이 더 셀수록 K_a값은 더 크고, pK_a값은 더 작아진다. 물은 매우 약한 산이나 암모니아보다는 훨씬 더 센 산이다. 표 2.1에는 산의 K_a값만이 아니라 pK_a도 나와 있다. 두 값이 모두 널리 사용되기 때문에 K_a와 pK_a 사이의 상호 변환을 연습해야 한다.

문제 2.2 폼산(formic acid, 개미의 침에 존재)의 pK_a는 3.75이다. 옥살산(oxalic acid, 장군풀에 있는 독성 물질)은 pK_a가 1.19이다. 각 산의 K_a값은 얼마인가? 어느 산이 더 센가?

산과 염기의 Brønsted–Lowry 이론의 중요한 점은 산과 그 짝염기의 상대적 세기를 다룬다는 것이다.

표 2.1 몇 가지 Brønsted 산의 산 해리 상수 K_a 및 pK_a값*

산	화학식†	해리 상수, K_a	pK_a	짝염기
아이오딘화 수소	HI	$\approx 10^{10}$	≈ -10	I^-
브로민화 수소	HBr	$\approx 10^{9}$	≈ -9	Br^-
염화 수소	HCl	$\approx 10^{7}$	≈ -7	Cl^-
황산	$HOSO_2OH$	1.6×10^{5}	-4.8	$HOSO_2O^-$
하이드로늄 이온	$H-\overset{+}{O}H_2$	55	-1.7	H_2O
플루오린화 수소	HF	3.5×10^{-4}	3.5	F^-
아세트산	$CH_3\overset{O}{\overset{\|}{C}}OH$	1.8×10^{-5}	4.7	$CH_3\overset{O}{\overset{\|}{C}}O^-$
암모늄 이온	$H-\overset{+}{N}H_3$	5.6×10^{-10}	9.2	NH_3
물	HOH	1.8×10^{-16}‡	15.7	HO^-
메탄올	CH_3OH	$\approx 10^{-16}$	≈ 16	CH_3O^-
에탄올	CH_3CH_2OH	$\approx 10^{-16}$	≈ 16	$CH_3CH_2O^-$
아이소프로필 알코올	$(CH_3)_2CHOH$	$\approx 10^{-17}$	≈ 17	$(CH_3)_2CHO^-$
tert-뷰틸 알코올	$(CH_3)_3COH$	$\approx 10^{-18}$	≈ 18	$(CH_3)_3CO^-$
암모니아	H_2NH	$\approx 10^{-36}$	≈ 36	H_2N^-

* 산의 세기는 표의 위에서 아래로 갈수록 감소한다. 짝염기의 세기는 표의 위에서 아래로 갈수록 증가한다.

† 가장 산성인 양성자(이온화 과정에서 빠져 나오는 것)를 강조하였다.

‡ 물의 "참" K_a는 1×10^{-14}이다. 이 값을 55.5(물 1L에 들어 있는 물의 몰수)로 나누어 주면 1.8×10^{-16}의 K_a가 얻어지고, 그러면 이 표에 나오는 다른 물질처럼 같은 농도에 근거하여 물의 세기를 표현할 수 있다.

산이 더 셀수록 그 짝염기는 더 약하고, 그 역도 성립한다.

표 2.1에서 암모니아(NH_3)는 가장 약한 산이다. 따라서 그 짝염기인 아마이드 이온(H_2N^-)은 가장 센 염기이다. 하이드록사이드 이온(HO^-)은 매우 약한 염기인 할라이드 이온 F^-, Cl^-, Br^-, I^-보다 훨씬 더 센 염기이다. 플루오라이드 이온은 할라이드 이온 중에서 가장 센 염기이나, 하이드록사이드 이온보다는 10^{12}배만큼 덜 염기성이다.

문제 2.3 문제 2.2에 나온 산의 짝염기를 비교해 보면 포메이트 이온(formate, 폼산의 짝염기)과 옥살레이트 이온(oxalate, 옥살산의 짝염기) 중에서 어느 것이 더 센 염기인가?

모든 양성자-이동 과정에서 평형의 위치는 더 약한 산과 더 약한 염기의 생성을 선호한다.

이 식은 화학에서 가장 중요한 식 중의 하나이다.

$$\text{더 센 산} + \text{더 센 염기} \xrightleftharpoons{K > 1} \text{더 약한 산} + \text{더 약한 염기}$$

표 2.1은 가장 센 산이 산이 나오는 행의 위에 그리고 가장 센 염기가 짝염기가 나오는 행의 아래에 놓이도록 만들었다. 산은 표에서 이것보다 아래에 나오는 산이기만 하면 양성자를 그 짝염기에 전달할 것이며, 그러면 이 반응의 평형 상수는 1보다 클 것이다.

표 2.1에는 무기 및 유기 화합물이 모두 나와 있다. 산-염기 성질을 나타내는 작용

기가 유기 화합물과 무기 화합물에서 둘 다 같다면, 둘은 비슷하다. 따라서 알코올(ROH)은 물(HOH)과 Brønsted 산성도(양성자를 산소로부터 **주는** 능력)와 Brønsted 염기도(양성자를 산소에 **받아들이는** 능력)가 비슷하다. 양성자가 물로 이동하면 옥소늄 이온(하이드로늄 이온, H_3O^+)이 나오듯이, 알코올로 양성자가 이동하면 **알킬옥소늄 이온**(alkyloxonium ion, ROH_2^+)이 얻어진다.

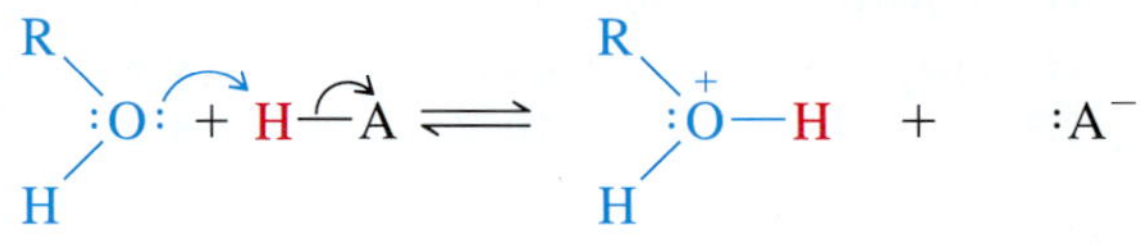

몇 가지 중요한 알코올의 반응에서 센 산이 시약 혹은 반응 속도를 증가시키는 촉매로서 관여한다는 점을 배울 것이다. 이러한 반응은 모두 그 첫 단계가 산으로부터 알코올의 산소로 양성자가 이동하여 알킬옥소늄 이온이 형성되는 과정이다.

문제 2.4 염화 수소로부터 양성자가 *tert*-뷰틸 알코올로 이동하는 반응식을 쓰시오. 굽은 화살표로 전자의 이동을 추적하고, 무엇이 산, 염기, 짝산, 짝염기인지를 밝히시오.

2.2 산–염기 반응: 양성자 이동의 메커니즘

화학 반응에서 반응물이 생성물로 변할 때 위치 에너지가 변하는 그림을 이용하면 반응 메커니즘에 대하여 더 잘 이해할 수 있다. 화학 반응이 일어나려면 분자는 에너지를 가져야 한다. 분자가 운동(열적) 에너지를 다른 분자와의 충돌을 거쳐서 흡수하면 이 에너지는 위치 에너지로 전환된다. 모든 화학 반응은 **활성화 에너지**(activation energy, E_{act})라고 하는, 반응이 일어나기에 필요한 최소한의 위치 에너지가 필요하다. 반응물이 생성물로 변하는 과정에서 위치 에너지가 최대인 점을 **전이 상태**(transition state)라고 한다.

전이 상태의 구조를 활성화물(activated complex)이라고도 한다.

브로민화 수소의 양성자가 물로 이동하는 반응을 살펴보자.

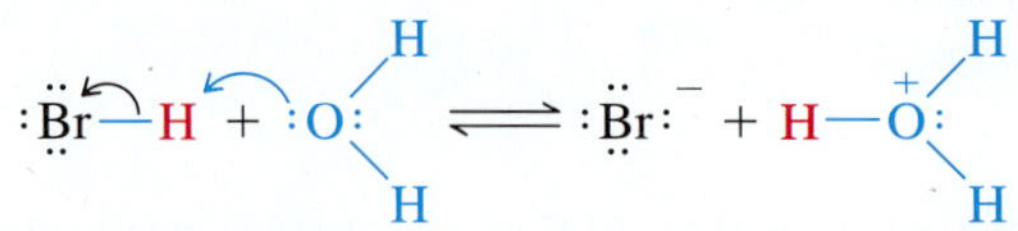

그림 2.1은 이 반응의 위치 에너지 도표를 보여 준다. 브로민화 수소에서 물로 양성자가 이동하는 반응은 발열이므로, 생성물은 반응물보다 에너지가 다 낮다. 이 그림은 반응이 하나의 단일 단계로 일어남을 보여 준다. **단일 단계**(elementary step)란 전이 상태가 하나뿐인 반응을 말한다. 어떤 반응은 하나의 단일 단계를 거쳐서 일어날 수 있는데, 이러한 경우에는 이 반응을 **협동**(concerted) 반응이라고 하며, 또한 반응이 일련의 단일 단계를 거쳐서도 일어날 수 있다. 브로민화 수소의 양성자가 물로 이동하는 반응에서, H—Br 결합의 깨짐과 $H_2\overset{+}{O}$—H 결합의 생성은 서로 "협동하여(in concert)" 일어

난다. 전이 상태에서 존재하는 화학종은 안정한 구조가 아니며, 분리할 수도 없고, 직접 관찰할 수도 없다. 하지만 그 구조는 이동하는 양성자가 브로민과 산소에 같은 정도로 반드시 결합할 필요는 없지만, 동시에 부분적으로 결합하고 있는 구조일 것이라고 가정할 수 있다.

전이 상태 구조에서 점선은 **부분**(partial) 결합, 즉 생성되고 깨지는 과정의 결합을 나타낸다.

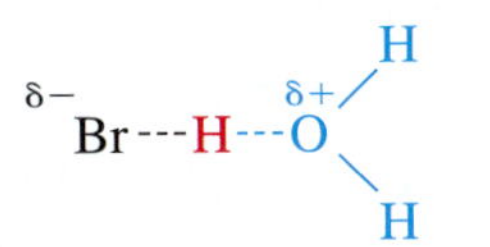

단일 단계의 **분자도**(molecularity)는 그 단계에서 반응에 참여하는 화학종의 수이다. 단일 단계

$$HBr + H_2O \rightleftharpoons Br^- + H_3O^+$$

에서는 브로민화 수소 한 분자와 물 한 분자가 참여하므로 **이분자성**(bimolecular)이다.

문제 2.5 염화 수소로부터 *tert*-뷰틸 알코올로 양성자가 이동하는 반응에서 전이 상태의 구조를 그리시오.

브로민화 수소의 양성자가 물로 이동하는 반응은 가장 빠른 화학 반응 중의 하나로, 거의 분자가 서로 충돌하는 속도만큼 빠르게 일어난다. 따라서 반응물과 생성물을 분리하는 에너지 장벽, 즉 양성자 이동의 활성화 에너지의 높이는 아주 낮을 것이다.

양성자 이동이 빠른 이유는 이 반응이 협동 반응이라는 데 있다. H—Br이 깨질 때 필요한 에너지 비용은 $H_2\overset{+}{O}$—H 결합을 만들 때 방출되는 에너지로, 부분적으로 상쇄된다. 따라서 활성화 에너지는, 먼저 도움을 받지 않고 H—Br 결합이 깨진 후 이때 나오는 H^+가 물과 만나는 가상적인 단계적 반응에 비하여 훨씬 작을 것이다.

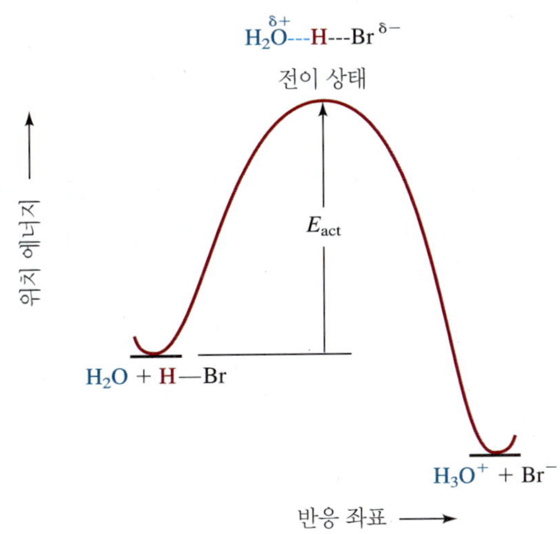

그림 • 2.1
브로민화 수소의 양성자가 물로 이동하는 협동 이분자성 반응의 에너지 도표

2.3 Lewis 산과 Lewis 염기의 반응

이 교재에서는 결합이 형성되고 깨지는 과정에서 원자가 껍질의 최대 전자 수가 최종 생성물에서도 항상 유지되도록 전자가 새롭게 배치되는 수많은 반응을 다룰 것이다. 화학 반응이 일어나는 동안에 전자의 이동을 이해하는 가장 쉬운 방법은 반응을 Lewis 산과 Lewis 염기의 화학과 연관시키는 것이다. Lewis 산은 양성자 이동 반응을 초월하여 산을 정의한다. Lewis 산은 Lewis 염기로부터 전자쌍을 받아들여 불활성 기체의 전자 배치를 하려고 하는 모든 종류의 화학종을 말한다.

Lewis 이론에 의하면 Lewis 산(**A**)은 전자쌍 받개이고, Lewis 염기(**B**)는 전자쌍 주개이다. **가장 중요한 점은 *Lewis* 산이 *Lewis* 염기에서 전자쌍을 받기 위해서는 팔전자계가 반드시 불완전해야 한다는 것이다.** A와 B 사이의 반응에서는 그 사이에 결합이 생겨 분자 A–B가 나올 것이다. 새로운 결합을 이루는 두 전자는 분명히 Lewis 염기에서 나온다는 것을 알 수 있다.

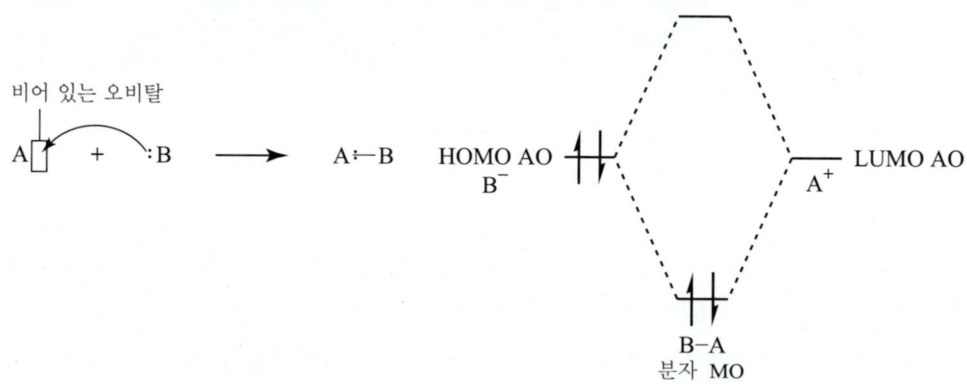

Lewis 산과 Lewis 염기 사이의 반응을 결합 생성에 관한 분자 오비탈 이론의 관점에서 볼 수도 있다. Lewis 산에서 반응하는 오비탈은 비어 있고, Lewis 염기의 그것에는 전자가 두 개 있다. 이 두 오비탈 사이에 상호작용이 일어나면 새로운 결합성 MO가 형성된다. 이 점은 결합 형성에 필요한 전자가 Lewis 염기에서 왔음을 분명하게 보여준다. 결합에 관여하는 두 오비탈을 반응하는 화학종의 **경계 분자 오비탈**(frontier molecular orbital, FMO)이라고 하며, Lewis 산의 경우 **최저 비점유 MO**(lowest unoccupied MO, LUMO) 그리고 Lewis 염기의 경우에는 **최고 점유 MO**(highest occupied MO, HOMO)가 이 오비탈이 된다. HOMO와 LUMO 사이의 상호작용을 나타내는 에너지 도표는 반응과 결합 생성의 종류를 예측하는 데 매우 유용하다. HOMO와 LUMO의 에너지가 비슷한 경우에는 상호작용의 결과로 공유 결합이 생긴다. 여기서는 Lewis 염기(HOMO)와 Lewis 산(LUMO)의 오비탈이 반응에 참여하며, 결합이 생기도록 겹칠 때까지 서로 접근한다.

2.4 굽은 화살표를 이용하여 결합 형성과 결합 분해에서 전자 이동 보이기

유기 화학자는 “굽은 화살표”를 사용하여 결합이 생기고 깨지는 과정에서 전자의 이동을 추적하며, 이 방법은 유기 반응의 메커니즘을 그리는 기본이 된다. 굽은 화살표의 방향은 전자 흐름의 방향과 관련이 있다. **“꼬리**(tail)”는 전자의 **출발지**(origin, source)를, **“머리**(head)”는 전자의 **도착지**(destination)를 나타낸다. 머리가 하나인 화살은 전자 하나의 이동을, 머리가 두 개인 화살은 전자 두 개의 이동을 보여 준다.

화학 결합은 다음 과정을 거쳐서 생기거나 깨질 수 있다.

(a) 각각 단전자 점유(singularly occupied) 분자 오비탈(SOMO)에 전자 하나를 가지고 있는 두 라디칼이 결합하면 새로운 결합이 생긴다. 이 과정의 반대인 결합 균등 절단에 의하여 결합이 깨지면 두 라디칼이 생긴다.

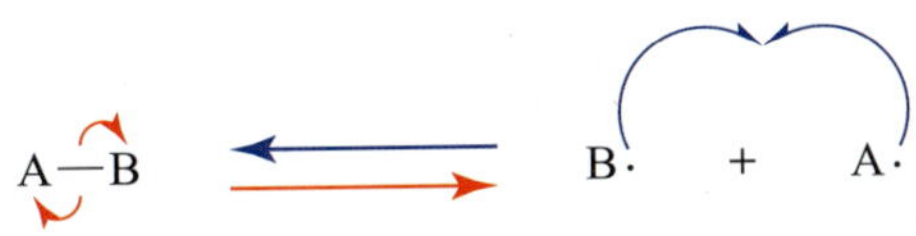

(b) Lewis 산–염기 반응에서처럼 한 화학종으로 두 전자(HOMO)가 다른 종의 비어 있는 오비탈(LUMO)로 이동하면 새로운 결합이 생긴다. 이 과정의 반대인 결합 비균등 절단에 의하여 결합이 깨지면 반대로 하전된 두 이온이 생긴다.

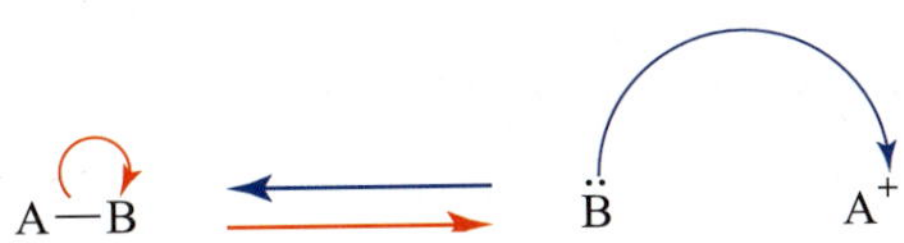

Lewis 산–염기 반응에서는 반응에 두 전자가 관여하므로 이때에 단일 결합 하나는 두 전자만을 받아들일 수 있다. 전자의 이동을 나타내기 위하여 굽은 화살표를 그릴 때는 다음 규칙을 반드시 따라야 한다.

1. 굽은 화살표는 결합이 생길 때 전자가 풍부한 출발지 혹은 주개(고립쌍, 음이온, π 결합, 즉 채워진 오비탈 혹은 HOMO)로부터 전자가 부족한 지역이나 받개(양 혹은 부분적으로 양으로 하전된 것, 즉 비어 있는 오비탈 혹은 LUMO)로의 전자의 이동을 나타낸다. 굽은 화살표는 전자가 풍부한 중심에서 전자가 풍부한 다른 곳으로의 이동을 나타낼 수 없으며, 그 이유는 이렇게 그리면 단일 결합에 네 개의 전자가 관여함을 의미하고, 이는 허용될 수 없기 때문이다.

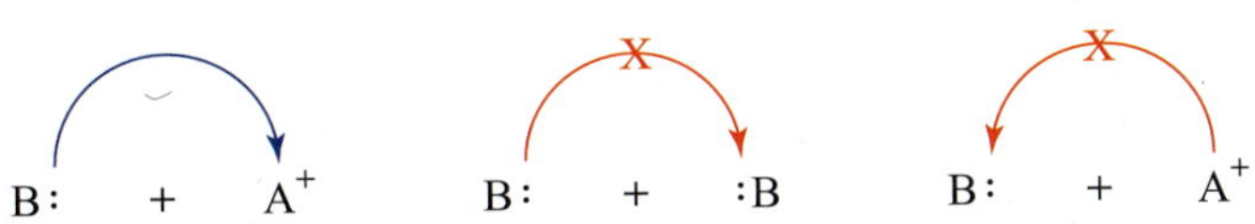

2. 굽은 화살표는 항상 전자 출발지(친핵체)로부터 시작하여 같은 방향으로 이동한다.

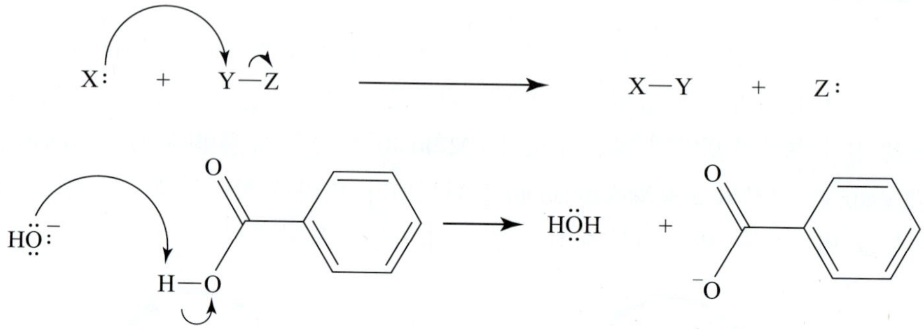

굽은 화살표는 분자로부터 직접 원자의 이동을 나타내는 데 사용할 수 없다. 다만 위에서 보인 것처럼 결합 깨짐 그리고/혹은 결합 생성 과정 동안에 간접적으로 전자의 이동을 나타낼 수는 있다.

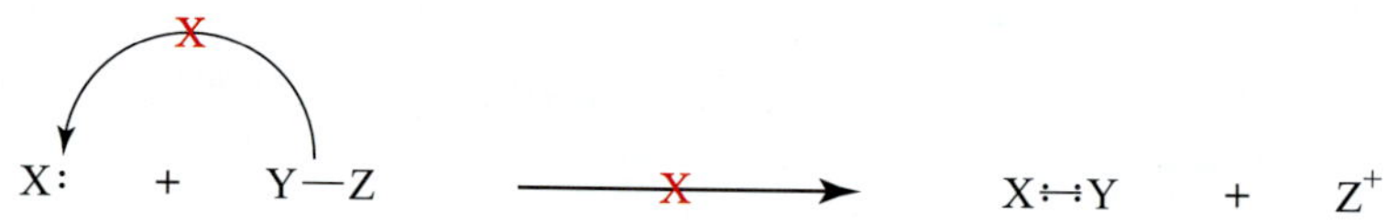

단일 결합의 네 개의 전자는 허용되지 않는다.

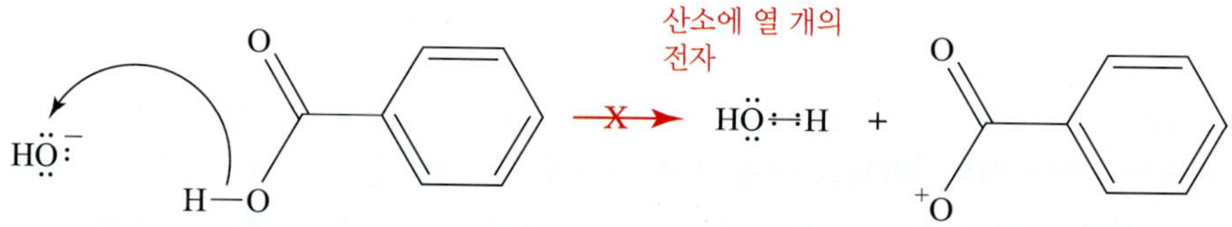

Lewis 산-염기 반응에서는, 굽은 화살표는 화살의 꼬리에 있는 전자가 풍부한 중심(HOMO)으로부터 화살의 머리에 있는 전자가 부족한 장소(LUMO)로의 전자 이동을 나타낸다.

3. 팔전자 규칙을 위반하는 굽은 화살표는 피한다. 전자가 이동하는 동안에는 최종 생성물이 "팔전자 규칙"을 따라야 한다. 따라서 양으로 하전된 이온이라고 항상 전자를 받을 수 있는 것은 아니며, 그렇게 되려면 결합이 깨져서 전자가 과하게 채워지지 않아야 한다.

문제 2.6 아래 그림에서 반응의 굽은 화살표를 잘못 그렸다.

(a) 잘못된 이유를 설명하시오.
(b) 반응의 올바른 굽은 화살표를 그리시오.

(a)

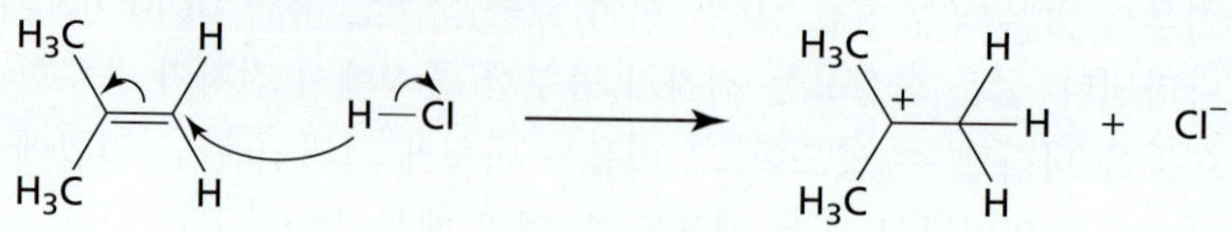

(b)

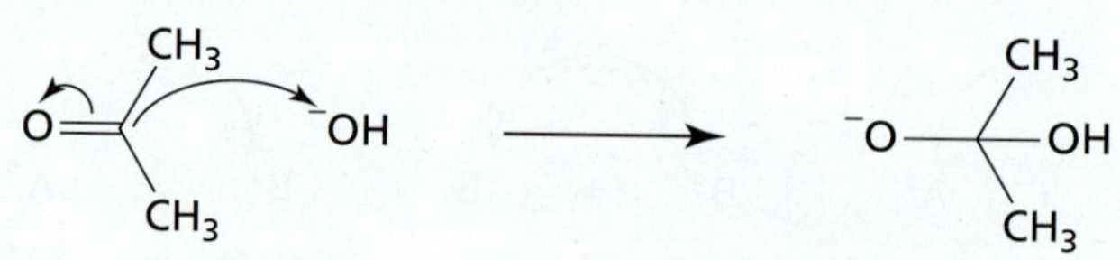

풀이 (a) 굽은 화살표는 전자(고립쌍, 음이온 혹은 전자의 출발지일 수 있는 결합만)가 아니라 수소 원자의 이동을 표시하였다. 화살은 염소 음이온의 생성은 올바르게 그렸지만, C—C π 결합이 깨지면 양전하가 아닌 음전하를 띤 전자쌍이 생겨야 한다.

(a) 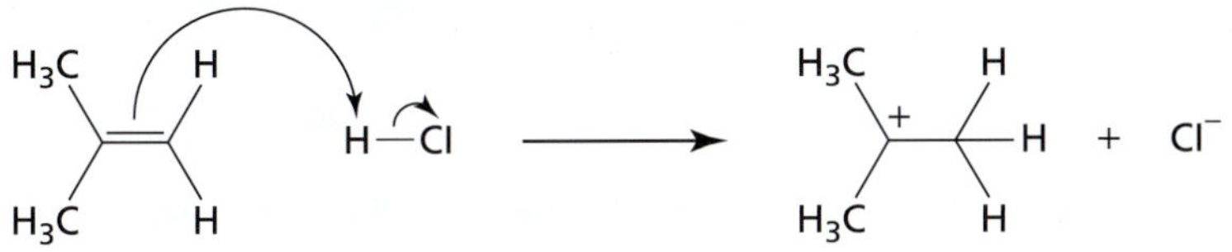

2.5 유기 반응 — 친핵체와 친전자체

Lewis 산-염기 개념을 이용하여 유기 반응의 모델로 삼았지만, 아직도 몇 가지 제약이 남아 있다. Lewis 반응성은 반응의 상대적 평형 상수로 측정되므로 반응은 열역학적 제어하에 있게 된다. 다른 한편으론, 유기 반응성은 일반적으로 속도론적 제어 조건하에서 상대적 반응 속도 상수로 결정된다. 이러한 차이점을 구별하기 위하여 유기 화학자는 Lewis 산 대신에 친전자체(electrophile, "전자를 좋아함"을 의미하는 그리스어에서 유래), Lewis 염기 대신에 친핵체(nucleophile, "핵을 좋아함"을 의미하는 그리스어)라는 용어를 도입하였다.

이제부터는 유기 반응을 친전자체와 친핵체 사이의 결합 형성으로 볼 수 있다. 반응에서 친전자체와 친핵체가 어떤 것인지를 아는 것은 매우 중요하다.

2.6 친전자체

친전자체는 전자쌍을 그 LUMO에 받아들일 수 있는 전자 부족 장소(탄소)를 말한다. Lewis 산처럼 친전자체도 양전하가 있는 장소(양이온 혹은 탄소의 경우에는 탄소양이온)나 팔전자계가 불완전한 원자일 수 있다. 유기화학은 주로 탄소-탄소 및 탄소-헤테로원자 결합(주로 N, O, S) 형성을 다루며, 불완전한 원자가 껍질에 전자가 여섯 개인 탄소는 매우 불안정하다. 가장 강한 친전자체는 C—X 극성 결합이 불균일하게 깨져서 유기 반응에서 흔하지는 않는 불완전한 원자가 껍질(탄소양이온)이 생기는 과정에서 나온다. 진짜 탄소 친전자체는 비어 있는 오비탈(LUMO)을 사용하여 친전자체(HOMO)로부터 전자쌍을 받아들이고, 결국 여덟 개의 전자가 있는 완전한 원자가 껍질을 이룬다.

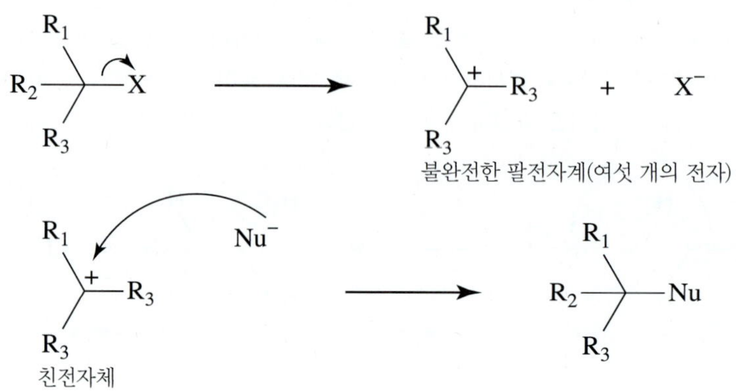

C—X 결합이 있는 극성 공유 결합에서 탄소 중심에 있는 부분 양전하(δ+)를 **친전자성 중심**(electrophilic center)이라고 한다. 여기서 친전자성 중심의 LUMO는 C—X의 σ* 반결합 오비탈이다. LUMO가 친핵체(Lewis 염기)로부터 전자쌍을 받으면 탄소의 원자가 껍질은 전자가 열 개가 되어 가능하지 않다. 친전자성 탄소 중심에서 일어나는 유기 반응은 결합이 깨지고 생기는 과정이 동시에 일어나서 원자가 껍질에 허용되는 최대 수의 전자를 유지해야 한다.

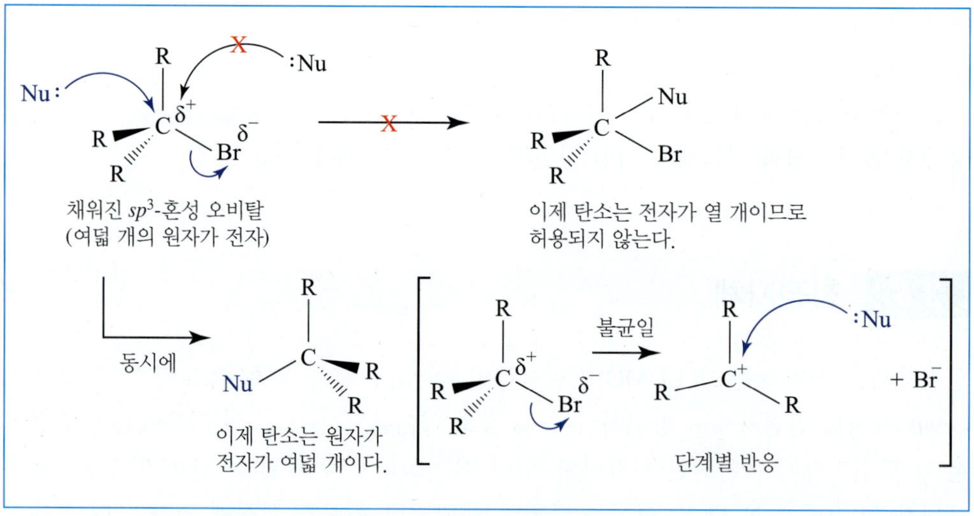

비슷하게 극성 공유 다중 결합에서 동시에 더 약한 π 결합이 깨지고 σ 결합이 생기면 원자가 전자의 완전한 껍질이 유지된다.

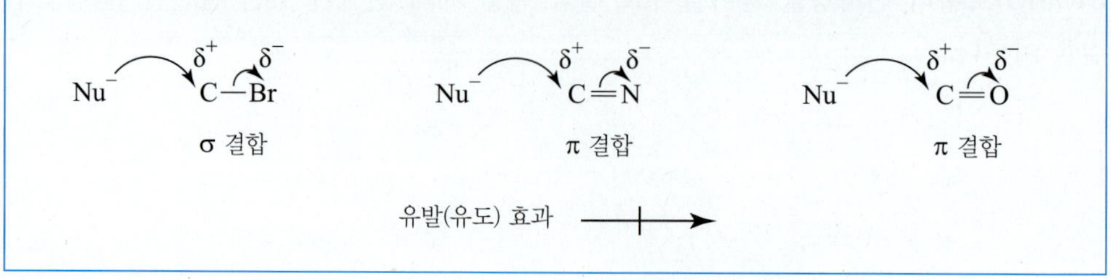

문제 2.7 다음 결합의 반결합 오비탈을 그리시오.

(a) 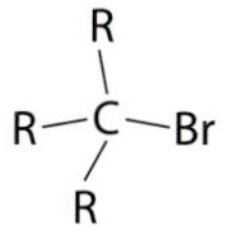 에서 σ* C — Br

(b) 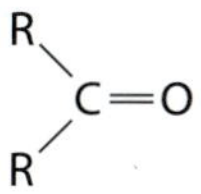 에서 π* C — O

풀이

(a) 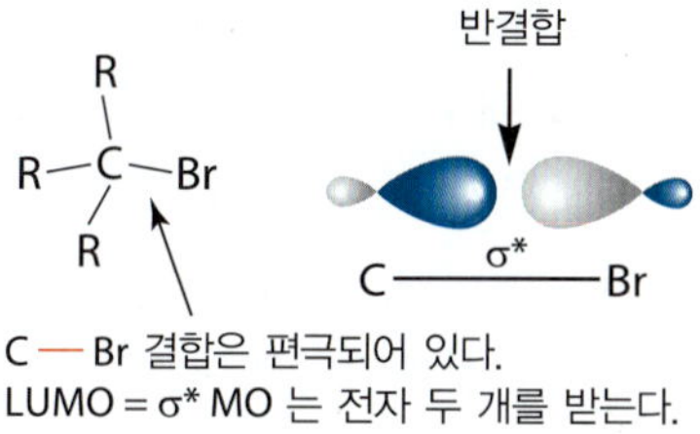

2.7 친전자성 성질

가장 쉽게 알아볼 수 있는 친전자체는 오비탈이 비어 있어서 전자를 받아들일 수 있는 양으로 하전된 화학종(LUMO)이다. *s* 오비탈이 비어 있는 양성자(H^+), *p* 오비탈이 비어 있는 탄소양이온(R_3C^+), *p* 오비탈이 비어 있는 붕소 같은 Lewis 산은 핵으로부터 두 개의 전자를 받아서 새로운 결합을 만든다. 이 경우에 양으로 하전되어 있거나 중성인 친전자체가 친핵체와 반응하면 원자가 껍질에서 허용되는 최대 수의 전자가 얻어진다.

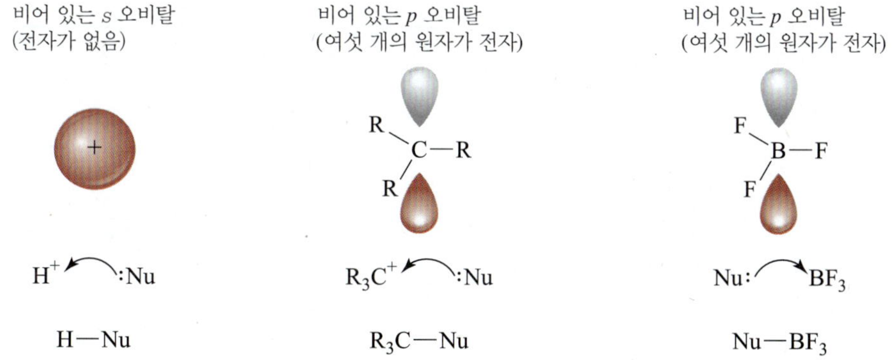

양으로 하전된 화학종이 이미 그 원자가 껍질에서 허용되는 최대 수의 전자를 가지고 있을 때는 원자가 껍질에 더 이상 전자를 받아들일 수 없기 때문에 친전자체의 역할을 할 수 없다는 점을 알아야 한다.[예외는 정상 원자가를 초과하는 원자가 있는 초원자가 분자(hypervalent molecule) 그리고 3*d* AO가 비어 있는 3주기 이상의 원자가 있는 초원자가 분자이다.]

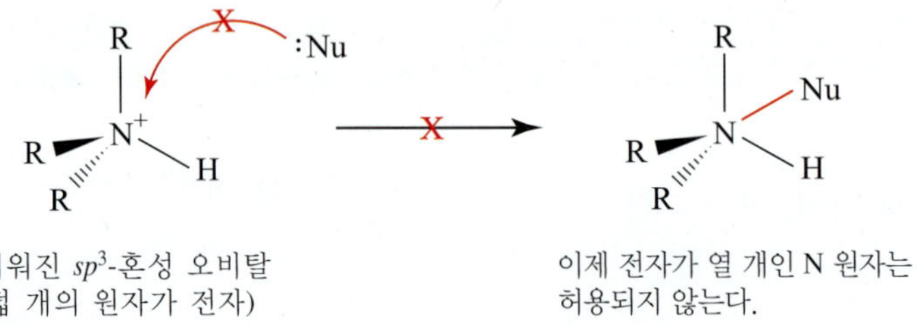

양으로 하전된 탄소 원자는 에너지가 높고 너무 불안정하여 분리할 수 없으며, 일반적으로 반응에서 잠시 나타나는 중간체이다. 따라서 대부분의 친전자성 탄소 중심은 "숨겨져" 있다. 이러한 중심은 중성이며, 부분 양전하를 가지고 있다. 결합을 만들 때 참여하는 여러 가지 원자의 전기음성도가 다르기 때문에 전자는 원자 사이에서 균일하게 배분되어 있지 않음을 본 적이 있다. 이렇게 전자의 분배가 균일하지 않으면 극성 공유 결합이 발생한다. 한 결합의 전자는 항상 더 전기음성 원소 쪽으로 편극되어 있다. 극성 공유 결합을 만드는 데 참여하는 두 원자에서 더 전기양성 원자는 부분 양전하를, 더 전기음성 원자는 부분 음전하를 가질 것이다. 결합이 불균일하게 깨지면, 이 과정에서 탄소양이온과 음이온이 생길 것이다. 여기서 결합 해리 에너지가 친핵체와의 반응의 용이성을 결정하는 데 중요한 역할을 한다. 그래서 극성 공유 C—X 결합의 경우 친전자성은 원자 X의 전기음성도와 C—X 결합의 해리 용이성을 모두 고려해야 한다. 단일 결합이나 다중 결합이 불균일하게 결합이 깨지면 극성 결합에서 친전자성 탄소가 형성된다. 따라서 가장 약한 결합이 불균일하게 깨기가 가장 쉬우며, 단일 결합의 경우에는 σ 결합, 다중 결합의 경우에는 더 약한 π 결합이 그렇다. 결합이 깨지면 새로운 결합이 다음에 만들어진다.

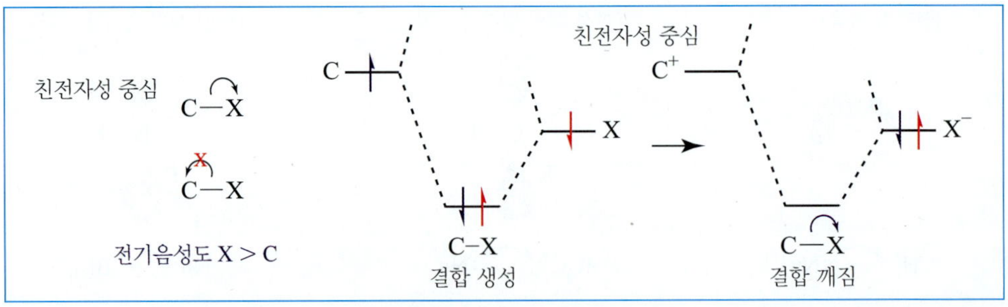

중성 분자(흔히 극성 결합)에서 이러한 친전자성 탄소는 오비탈이 비어 있지 않기 때문에 결합이 생성되는 동안 결합 중의 하나가 깨져야만 탄소 원자에서 원자가를 유지할 수 있다. 오비탈 상호작용은 깨질 결합의 반결합성 오비탈이 관여하여 일어난다. 요약하면, 한 결합이 접근하는 친핵체와 반응하여 새로운 결합이 생기려면 먼저 그 결합은 불균일하게 깨져야 하고, 친전자성 탄소의 세기는 결합이 깨질 기의 성질에 영향을 받는다. 결합이 깨지는 과정에서 전자쌍을 가지고 있는 파편을 **이탈기**(leaving group)라고 한다. 이탈기는 일반적으로 더 전기음성 원자(분자)이고, 중성이거나 혹은 전하를 띨 수 있다.

부분 양전하를 가진 친전자성 탄소 중심은 쉽게 해리하는 전기음성 원자(기) 쪽으로 편극된 결합에 연결되어야 한다(여기서는 논의를 간단하게 하기 위하여 용매의 영향은 무시한다). 친전자체의 반응성은 편극의 정도와 이탈기의 해리 용이성에 좌우된다.

1. 더 전기음성인 이탈 원자는 전자를 더 단단히 붙잡아서 이 원자를 더 안정한 음이온으로 만들기 때문에 친전자성은 주기율표의 한 주기에서 오른쪽으로 갈수록 증가한다. 그렇다 하더라도 이 극성 결합(아래에 나오는)의 탄소 원자는 친핵체와 반응하는 친전자성 중심으로 거의 반응하지 않으며, 그 이유는 σ 결합이 강하여 해리 에너지가 매우 크기 때문이다. 사실, C—F 결합은 너무 강해서 대부분의 경우 반응성이 없다.

   C–F , C–OH , C–NHR

   일반적으로 탄소보다 더 전기음성인 2주기 원소의 원자는 이탈기로서 거의 반응하지 않는다. σ 결합과는 다르게, 더 약한 π 결합이 있는 다중 결합은 결합의 해리가 더 쉽게 일어난다.
2. 2주기 원소의 경우 이탈기를 약염기로 바꾸면 친핵체와의 반응이 쉽게 일어난다. 이렇게 하는 방법 중의 하나는 음이온을 더 약한 염기, 그래서 더 좋은 이탈기로 만드는 공명 안정화를 통해서이다. 다른 방법은 이탈기를 중성으로 만드는 것이다. 암모늄과 하이드로늄 이온과 같은 중성 이탈기는 양성자를 가지고 있기 때문에 또한 산성이다. 비슷하게 할로젠이 그 고립쌍을 Lewis 산에 주면 더 좋은 이탈기가 된다.

공명 안정화

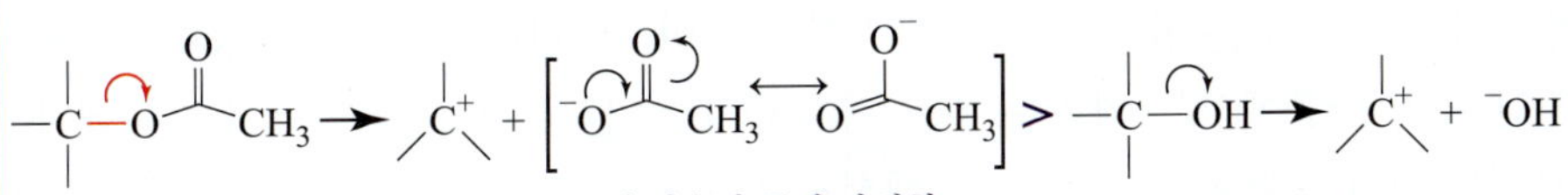

중성 이탈기

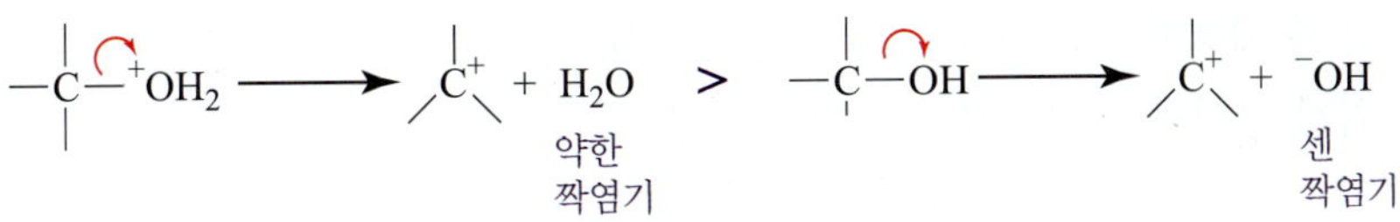

고립쌍의 Lewis 산과의 배위

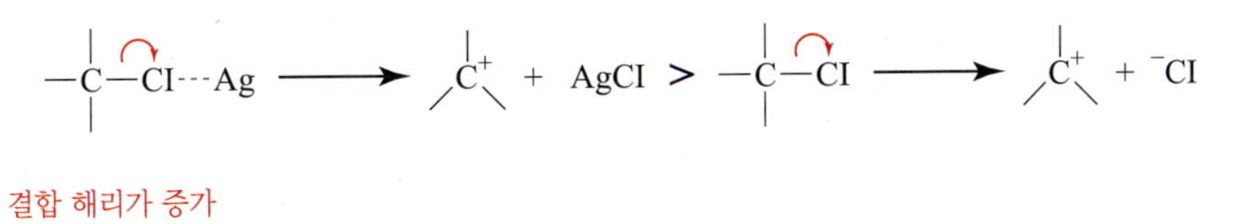

3. 주기율표의 같은 족에서 아래로 내려갈수록 극성 결합의 결합 해리 에너지가 반응에 유리해지고, 친전자성 중심에서의 반응이 더 쉽게 일어난다.

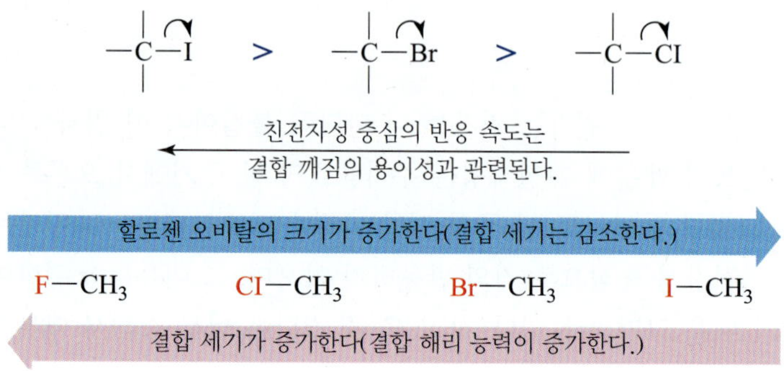

2.8 친핵체

친핵체(핵을 좋아함)는 Lewis 염기와 흡사하다. 친핵성 자리는 그 HOMO에 전자쌍이 있고, 이 전자쌍이 친전자체의 LUMO와 공유되면 화학 결합이 생긴다. 친핵체의 전자쌍은 고립쌍, 음전하(음이온, 탄소 원자의 경우에는 탄소음이온) 혹은 π 결합일 수 있다.

1. 비결합 오비탈의 고립쌍(N:, O:, S:)
2. 음이온 화학종(음으로 하전, ^{-}OH, $^{-}N_3$, ^{-}I, $R^{-}Mg^{2+}Br^{-}$)
3. 채워진 π 결합 오비탈(—C=C—)

유기화학에서, 친핵체는 친전자체(혹은 친전자성 중심)와 반응하여 새로운 결합이 생긴다. 친핵성도는 반응 속도와 관련이 있으며, 더 친핵성일수록 반응이 더 빠르다. 하지만 유기 반응에서는 염기는 주로 양성자(또는 산성 수소 원자)와의 반응에만 국한되고, 산-염기 평형에 관여한다. 친핵성도과 염기도를 분간하는 것은 때때로 어렵기 때문에 경쟁 반응이 일어나서 생성물이 혼합물로 얻어지기도 한다. 이러한 경쟁으로 일어나는 반응 경로는 적당한 반대 이온(Li^+, Na^+, K^+, Mg^{2+}, Cu^+ 등)과 여기서 논의하지 않을 용매계를 이용하여 미세하게 조절할 수는 있다. 일반적으로 좋은 친핵체는 결합에 쉽게 참여하는 전자쌍이 있어야 한다.

친핵성도: $\text{Nu:} + \text{R-X} \xrightarrow{k} \overset{+}{\text{Nu}}\text{-R} + \text{X}^-$

K는 속도 상수(속도론적)

염기도: $\text{A}^- + \text{H-O-H} \overset{K}{\rightleftharpoons} \text{AH} + \text{HO}^-$

K는 평형 상수(열역학적)

염기는 전자쌍을 양성자에 주며, 염기도는 열역학적 성질이다(평형).

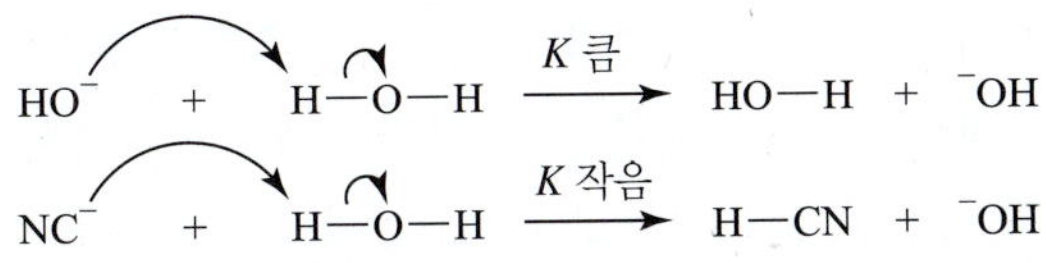

친핵체는 친전자체와 반응하고, 친핵성도는 속도론적 성질이다(반응 속도 측정).

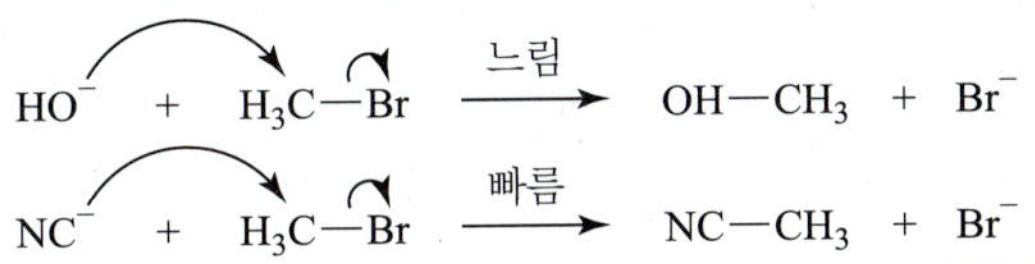

따라서 위의 예를 보면, 하이드록사이드 이온은 사이아나이드 이온보다는 더 센 염기이나, 사이아나이드 이온이 더 센 친핵체이다(용매 효과 무시).

문제 2.8 에톡사이드(ethoxide, EtO^-)는 염기와 친핵체 둘 다로서 반응할 수 있다. 에톡사이드가 3-브로모프로페인(3-bromopropane, $CH_3CH_2CH_2Br$)과 반응할 때 다음 경우에 대한 반응을 보이시오.

(a) 에톡사이드가 염기로서 (b) 에톡사이드가 친핵체로서

풀이 (a) 에톡사이드가 염기로서 반응한다면 양성자와 반응할 것이다. C–Br 결합은 불균일하게 깨질 수 있고, 그러면 β-수소가 산성이 된다.

염기로서 반응(양성자와):

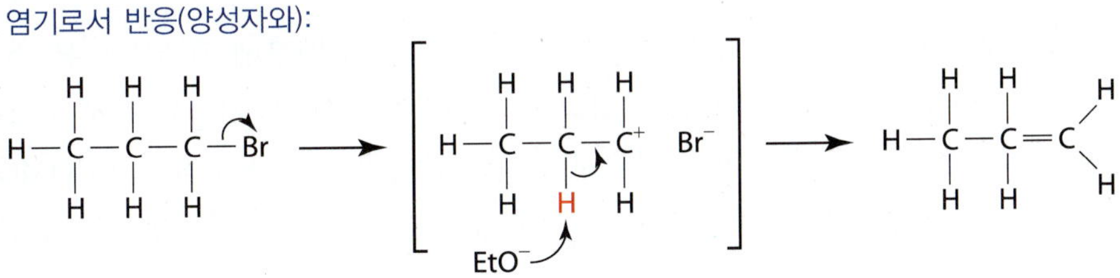

반응의 단계별 표현

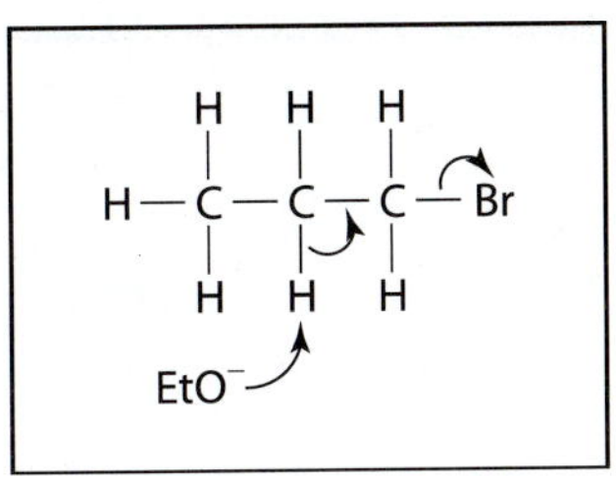

2.9 친핵성 성질

친핵성도는 한 화학종이 전자를 반응에서 얼마나 잘 주는지에 달려 있다. 따라서 전기음성도는 친핵성도에 영향을 주는 요인 중의 하나가 된다. 여기서는 용매의 효과를 무시하고, 일반적 전체적 경향만 논의하기로 한다.

친핵성도 경향은 다음과 같이 일반화할 수 있다.

1. 더 전기음성 원자는 전자를 더 단단히 붙잡아서 양성자와 결합을 만들 때 필요한 전자쌍을 덜 쉽게 내주므로 친핵성도는 주기율표에서 오른쪽으로 갈수록 감소한다. 사실, 플루오린은 매우 전기음성이며, 대부분의 경우 반응성이 없다. 비슷하게, 염기성은 주기에 따라서 같은 경향을 보인다.

   친핵성도(nucleophilicity): 고립쌍: [N: > O: > F:]; 음이온: [C^- > N^- > O^- > F^-]

2. 친핵성도는 주기율표의 같은 족에서는 아래로 내려갈수록 증가한다. 이 경우에는, 주기율표 아래로 갈수록 더 커지는 원자의 HOMO 전자는 핵에서 더 멀리 떨어져 있으므로 더 큰 전자 구름은 더 빠르게 결합할 수 있고, 전이 상태에서 효과적인 겹침이 가능해진다. 대조적으로 염기도는 주기율표 아래로 갈수록 감소한다.

   친핵성도: I^->Br^-> Cl^-; HSH > H−O−H; HS^-> HO^-

   염기도: Cl^->Br^-> I^-; H−O−H > HSH; HO^-> HS^-

3. 원소가 같은 경우에는, 음이온의 전자쌍은 중성 원자의 고립쌍보다 더 좋은 친핵체이고, 반응성이 더 크다. 하지만 동시에 음이온은 염기성도 더 크다.

   H−O^-> H−O−H; HS^-> H−S−H

중성 전자-풍부 π 결합은 또한 결합 전자를 줄 수 있기 때문에 친핵체로 볼 수 있다. *p* 오비탈의 π 전자는 더 느슨하게 붙잡혀 있기 때문에 HOMO 전자는 전자 부족 화학종(친전자체)과 더 쉽게 반응한다. 따라서 알켄과 알카인의 약한 π 결합의 HOMO도 친핵성이다. 이 반응에서는 에너지가 투입되어야 π 결합이 깨지기 때문에 매우 반응성이 큰 친전자체만이 알켄 및 알카인과 반응한다. 이 반응에서 새로 생기는 σ 결합은 결합이 깨질 때 처음에 필요한 에너지를 보상하고도 남는다.

2.10 유기 반응의 굳고 무른 산-염기 이론

유기 반응은 친핵체가 친전자체와 결합할 때 일어난다. 앞 절에서 여러 가지 종류의 친핵체와 친전자체의 종류를 기술하였다. 친핵체와 친전자체의 조합에는 몇 가지 종류가 있다.

1. 채워진 비결합성 오비탈(친핵체)과 비어 있는 비결합성 오비탈, 중성 또는 양이온(친전자체)

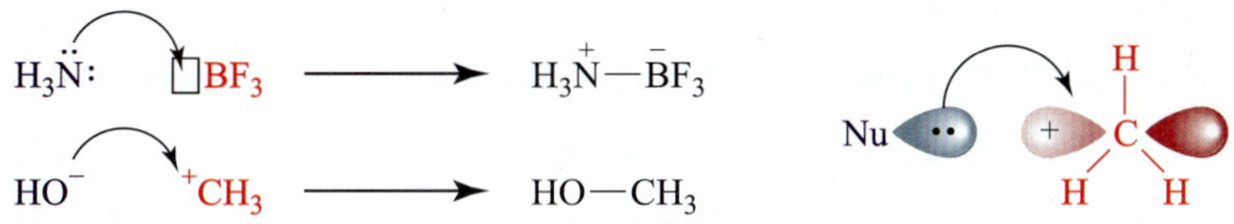

2. 채워진 비결합성 오비탈과 시그마 반결합성 오비탈

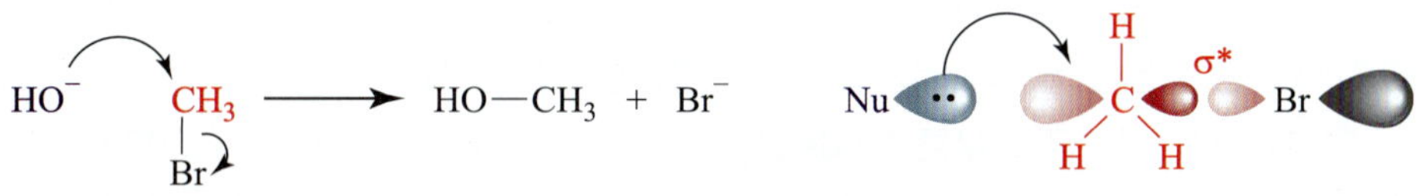

3. 채워진 비결합성 오비탈과 파이 반결합성 오비탈

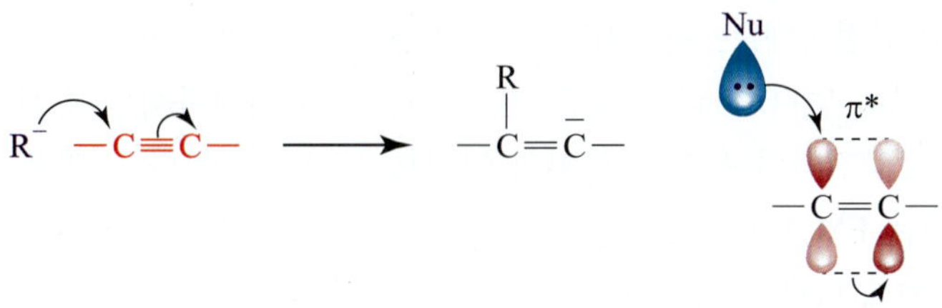

4. 파이 결합에서 비어 있는 비결합성 오비탈(양이온)

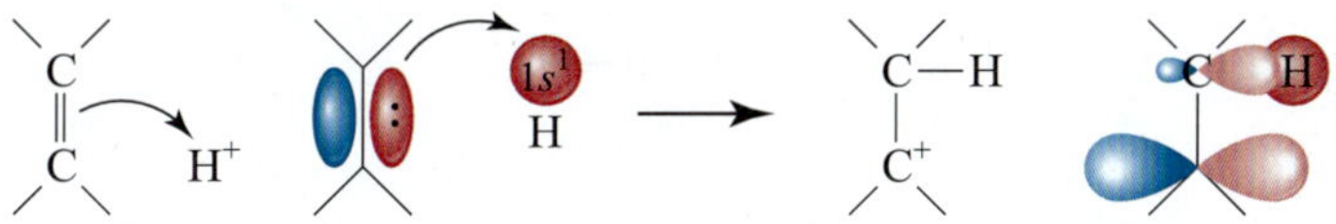

5. 파이 결합 오비탈과 시그마 반결합성 오비탈

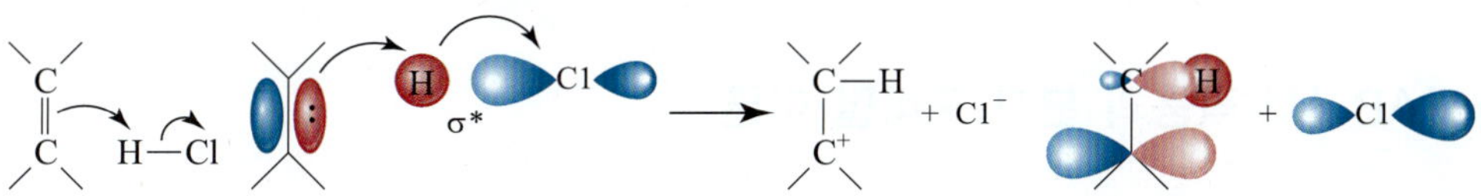

물리유기 화학자인 Ralph Pearson은 1967년에 Lewis 산과 Lewis 염기를 **굳은**(hard), **경계선**(borderline), **무른**(soft)으로 세분하였다(**주**: 굳은과 무른이라는 용어는 센과 약한 것을 의미하지 않는다. 굳은과 무른은 반응하는 화학종의 분극성과 본질적으로 연관된다). **굳은 Lewis 산 혹은 친전자체**(hard Lewis acid or electrophile, H^+, CH_3^+, BF_3)는 다음과 같은 특성이 있다. (a) 작은 이온 반지름과 알짜 양전하를 가진다. (b) 분극성이 거의 없다. (c) 원자가 껍질이 불완전하여 두 전자가 필요하다. (d) LUMO 에너지가 높다. 다른 한편으로, **무른 Lewis 산 혹은 친전자체**(soft Lewis acid or electrophile, Br_2,

$-CH{=}CH-CH_2^+$, 공명 안정화 양이온)는 다음과 같은 성질을 가진다. (a) 원자가 크고 양전하가 작거나 부분 양전하(δ^+)를 가진다. (b) 원자가 껍질의 전자쌍이 이탈기로 이동한다. (c) LUMO 에너지가 낮다.

비슷하게 **굳은 Lewis 염기 혹은 친핵체**(hard Lewis base or nucleophile, HO^-, F^-, RO^-, $:NH_3$)는 다음과 같은 특성이 있다. (a) 알짜 음전하를 가지면서 작은 전기음성 원자(전기음성도 3.0~4.0)이다. (b) HOMO 에너지가 낮다. (c) 편극성이 거의 없고 상당히 센 염기성인 원자가 있다. **무른 Lewis 염기 혹은 친핵체**(soft Lewis base or nucleophile, RS^-, I^-, $R_3P:$)는 원자가 크고 쉽게 편극되거나 산화되며 전기음성도가 2.5~3.0 근처이다. HOMO의 에너지는 높으나 반응 자리에서 HOMO 계수의 크기가 크다. 또한 일반적으로 상대적으로 약염기이다. 이러한 점에서 굳고 무른 Lewis 산-염기(HSAB) 원리가 나왔으며, 이 원리는 굳은 *Lewis* 산은 굳은 *Lewis* 염기와 더 잘 반응하고, 비슷하게 무른 *Lewis* 산은 무른 *Lewis* 염기와 더 잘 반응한다는 것이다.

유기 화학자는 **굳고 무른 Lewis 산-염기**(hard and soft acids and bases, HSAB) 사이의 관계를 이용하여 화학 반응에서의 다른 패턴을 설명한다. HSAB 이론의 개념은 MO 상호작용으로부터 시각화할 수 있다. 굳은-굳은 상호작용의 경우 HOMO(Lewis 염기/친핵체)와 LUMO(Lewis 산/친전자체)는 에너지가 너무 멀리 떨어져 있기 때문에 그 사이에 겹침이 거의 없거나 전혀 없다. 따라서 굳은 친핵체와 굳은 친전자체는 정전기 힘 또는 쿨롱 힘이라고 하는, 양전하와 음전하 사이의 인력으로 서로 끌린다. 반면에, 무른 친핵체와 무른 친전자체는 FMO의 상호작용에 의하여 반응하여 새로운 공유 결합이 형성되며, 이를 오비탈-지배 반응이라고 한다.

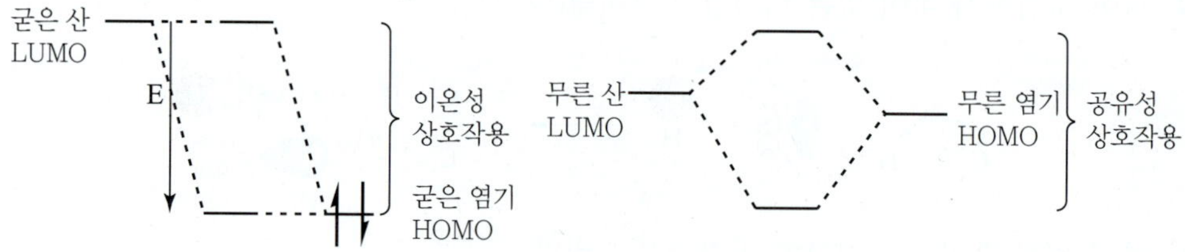

HSAB 상호작용의 분자 오비탈 이론

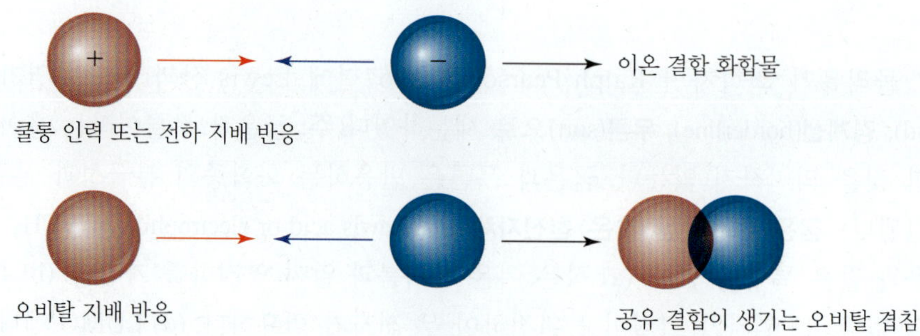

굳은 친핵체와 무른 친전자체 사이의 반응 및 그 반대의 반응에서는 오비탈이 잘 겹쳐지지 않기 때문에 반응이 겹침이 많이 일어나는 무른-무른 상호작용에 비하여 잘 일어나지 않는다.

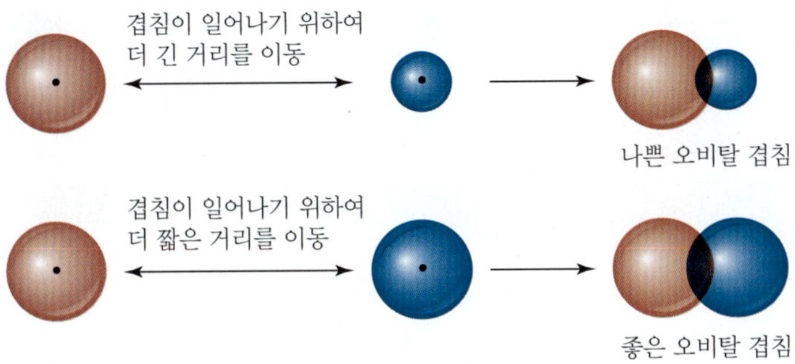

친핵체와 친전자체 사이의 서로 다른 반응성은 HSAB 이론을 이용하면 쉽게 설명할 수 있다. 굳은 친핵체인 $^-$OH(O는 작고 매우 전기음성이다)은 브로민(무른 친전자체)보다 H_3O^+(굳은 친전자체)의 양성자와 더 빠르게 반응한다. 반대로, 알켄은 높은 HOMO를 가진 매우 무르고 전하가 없는 친핵체로서 Br_2과 매우 쉽게 반응한다. Br_2은 굳은 친전자체인 H_3O^+에 비하여 낮은 에너지의 LUMO를 가진 무른 친전자체이다.

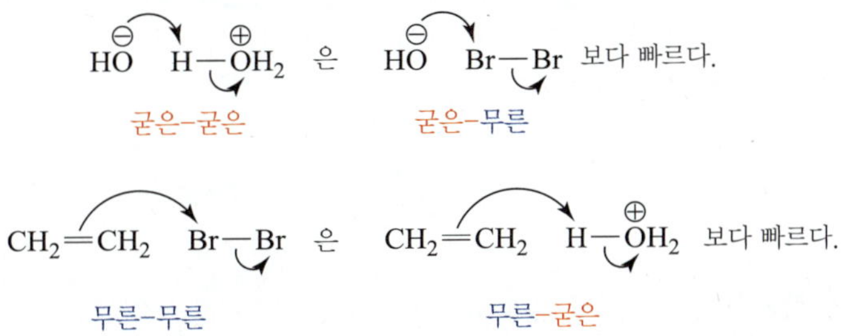

친전자체와 친핵체의 굳기(hardness)를 미세 조정하여야 반응을 조절할 수 있다. C–I 결합의 굳기는 전자 밀도를 아이오다이드 쪽으로 더 편극시키는 Lewis 산(Ag^+, Zn^{2+})을 가하면 증가시킬 수 있다. 그러면 탄소 원자는 더 양으로 하전된다. 사이아나이드 음이온의 경우 탄소나 질소 원자에 비공유 전자쌍이 모두 있으므로 두 원자가 모두 반응할 수 있다. 사이아나이드 이온처럼 음전하가 두 다른 원자에 비편재화되어 있어서 반응에서 두 다른 생성물이 생길 수 있는 친핵체를 **양쪽자리성 친핵체**(ambident nucleophile)라고 한다. 분명히 사이아나이드 이온에서는 더 전기음성인 질소 원자가 탄소에 비하여 더 굳은 친핵체이다. 따라서 사이아나이드 음이온은 무른 친핵체인 알킬 아이오다이드(alkyl iodide)와는 탄소 원자에서 반응한다. 알킬 아이오다이드에 은 이온을 가하면 친전자성 원자의 굳기가 증가한다. 그러면 사이아나이드 음이온은 똑같이 굳은 성질인 질소 원자와 반응한다.

요약하면, HSAB 이론은 반응의 경로를 예측하는 데 지침으로써 사용할 수 있다. 더 나아가서 굳기 혹은 무른기(softness)를 미세 조정하면 원하는 생성물을 구할 수 있다.

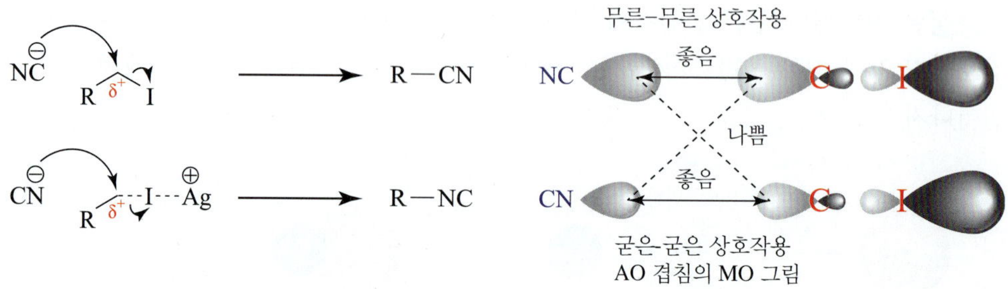

문제 2.9 음전하는 탄소나 산소에 있을 수 있다. 어느 원자가 더 굳은 친핵체인가?

(a) CH_3I (b) AgCl과 같이 CH_3I

풀이 (a) 같은 음이온성 화학종에서는 탄소보다 더 전기음성인 산소가 더 굳은 친핵체이다. 따라서 무른 친전자체인 CH_3Br은 주로 탄소와 반응할 것이다.

(a) 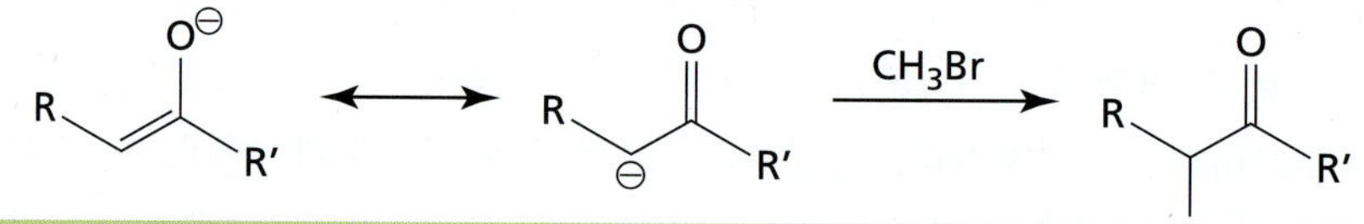

문제 2.10 아래 유기 분자(락톤)는 극성 C−O 결합이 있는데, 하나는 σ 결합에 그리고 다른 하나는 C−O π 결합에 속한다. 두 C−O 결합 중에서 어느 C−O 결합이 더 굳은 친전자성 중심인지를 결정하시오.

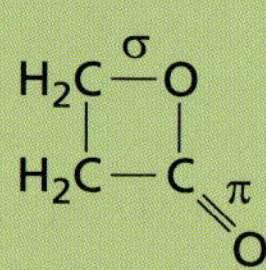

또한 아래의 친핵체가 친전자성 중심과 어떻게 반응할 것인지를 보이시오.

(a) CH_3O^-, 굳은 친핵체 (b) CH_3S^-, 무른 친핵체

풀이 π 결합은 σ 결합보다 약하며 더 편극되어 있으므로 불균일하게 깨기가 더 쉽다. 따라서 C−O π 결합은 C−O σ 결합보다 더 굳다. HSAB 이론에 따르면 친전자체와 친핵체 사이에서 굳은-굳은 및 무른-무른 상호작용이 가장 유리하다. 그러므로 CH_3O^-은 주로 C−O 파이 결합 자리와 반응하고, 반면에 CH_3S^-는 C−O 시그마 자리에서 반응한다.

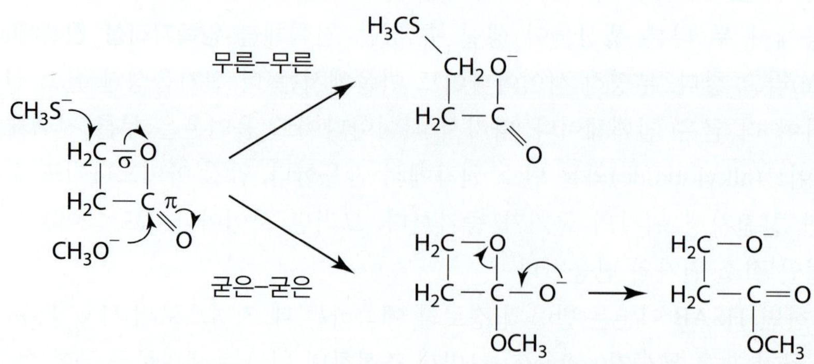

2.11 유기 반응의 선택성

친전자성 중심이 하나이고 친핵성 중심이 하나인 간단한 화합물은 다른 방향 혹은 면에서 서로 접근할 수 있다는 점을 제외하면 반응의 경로에 대하여 선택할 여지가 거의 없이 반응하여 생성물을 형성할 것이다. 유기 합성에서 만나는 분자는 다중 친전자성 그리고/혹은 친핵성 자리가 있으므로 특정한 자리(분자에 존재하는 작용기)에서 반응을 조정하는 능력은 이제 유기 화학자의 주요한 관심이 되었다. 유기 반응의 전체적 기초는 이러한 선택성을 성취하는 능력에 달려 있다.

화학선택성

복잡한 분자는 작용기가 둘 이상이므로 시약은 작용기 모두와 반응할 수도 있고 아니면 원하는 작용기와 더 잘 반응할 수도 있다. 간단히 설명하면, 화학선택성(chemoselectivity)이란 다른 비슷한 작용기들이 있을 때 한 작용기하고만 시약이 선택적으로 반응하는 것을 말한다. 일반적으로 친전자성/친핵성 중심에서 반응성을 차별함으로써 화학선택성을 조절할 수 있다.

화학 반응성은 물질이 화학 반응을 수행하는 경향의 척도이며, 화학선택성은 그 상대적인 차이에서 나온다. 한 반응이 실제로 유용하려면 다른 작용기가 있어도 특정한 작용기가 선택적으로 반응이 가게끔 해야 하고, 또한 반응이 빨리 일어나서 합리적인 시간 안에서 생성물을 만들어야 한다. 다음의 일반적 규칙을 사용하여 이러한 점이 반드시 고려되어야 한다.

1. 반응성이 큰 것끼리 반응한다(매우 빠른 반응).
2. 반응성이 큰 것이 반응성이 덜한 것과 반응한다(그런대로 빠른 반응).
3. 반응성이 덜한 것이 반응성이 덜한 것과 반응한다(매우 느린 반응).

알데하이드의 카보닐기(C=O)는 에스터의 그것보다 더 친전자성이라서 더 반응성이라는 점이 알려져 있다. 다시 말해서 알데하이드는 에스터보다 반응성이 더 크다. 따라서 수소화 알루미늄 리튬(lithium aluminum hydride) 같은 반응성이 큰 시약은 알데하이드와 에스터 둘 다하고 반응하기 때문에 화학선택성이 전혀 없다. 따라서 수소

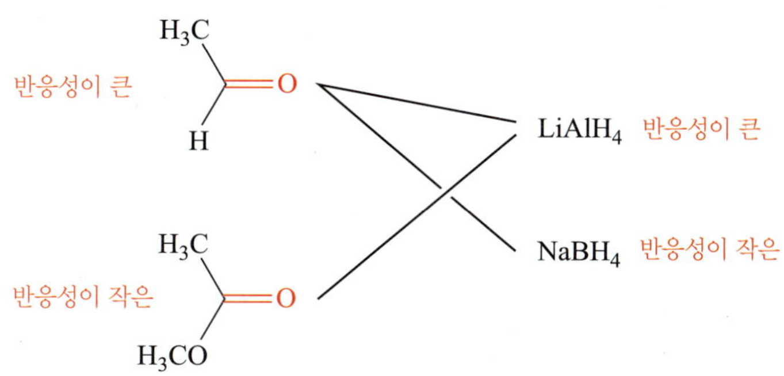

화붕소 소듐(sodium borohydride) 같은 반응성이 작은 시약은 반응성이 작은 에스터 대신에 반응성이 더 큰 알데하이드와 선택적으로 반응할 것이다.

위치선택성

한 작용기의 화학 결합은 두 가지 이상의 방향으로 접근하는 시약과 반응하여 결합이 생기거나 깨질 수 있다. 그러한 경우에는 방향에 대한 조절이 원하는 생성물을 얻는 데 필요하다. 결합 생성이나 깨짐이 다른 모든 방향보다 어떤 한 방향에서 더 잘 일어나는 것을 **위치선택성**(regioselectivity)이라고 한다. 한 반응의 위치선택성은 입체 및 전자적 요인에 의하여 조절되며, 시약을 조심스럽게 선택하여 이룰 수 있다.

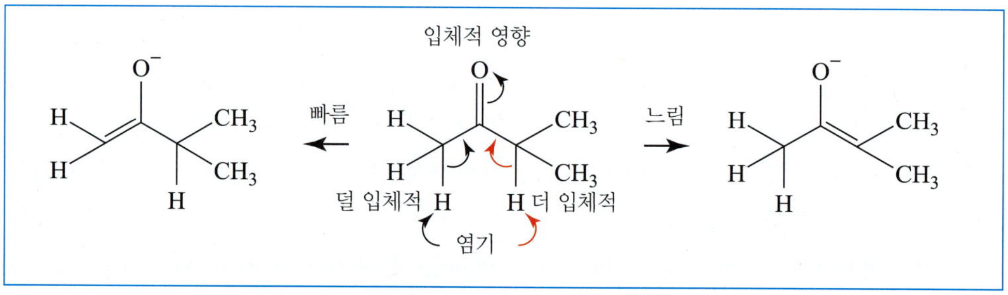

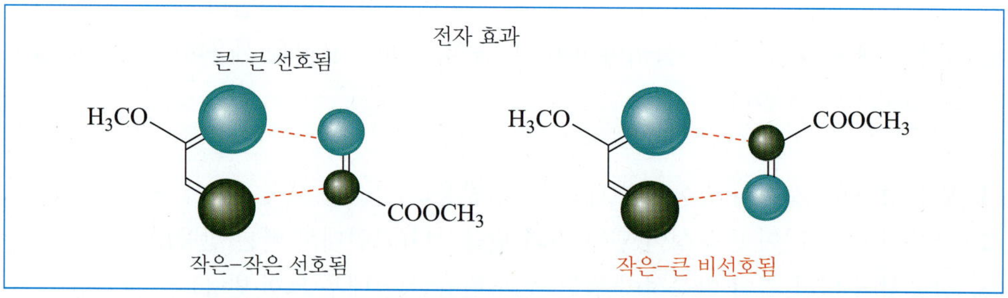

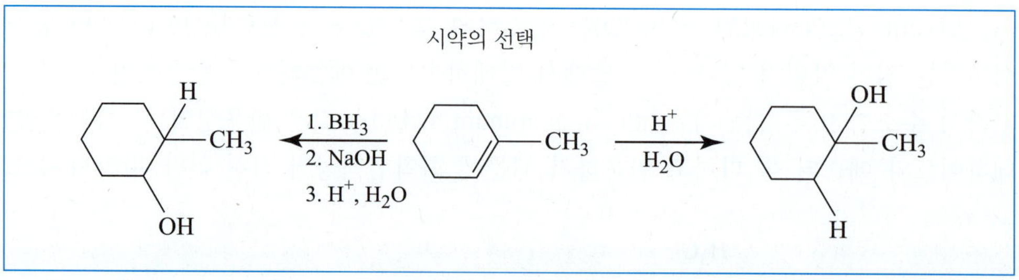

입체선택성

sp^3-혼성 탄소는 그 탄소 원자에 결합된 네 기가 다를 때 입체생성 중심이 된다. 이들 네 다른 기는 다른 공간적 배열이 정사면체 구조 때문에 서로 **겹쳐질** 수 없다. **입체선택성**(stereoselectivity)은 새로운 특정한 입체생성 중심이 다른 것에 우선하여 만드는 반응과 관련이 있다. 이 경우에는 반응이 다른 가능한 모든 방향/면에 우선하여 특정한 방

향/면에서 일어나서 하나의 생성물이 주로 나오게 된다.

이중 결합의 경우에는 시약 X−Y를 첨가하면 신(syn) 혹은 안티(anti)로 반응이 일어나서 서로 다른 생성물이 얻어질 수 있다. 입체선택적 반응의 경우 시약을 잘 선택하면 입체이성질체 생성물 하나만 나올 수 있다.

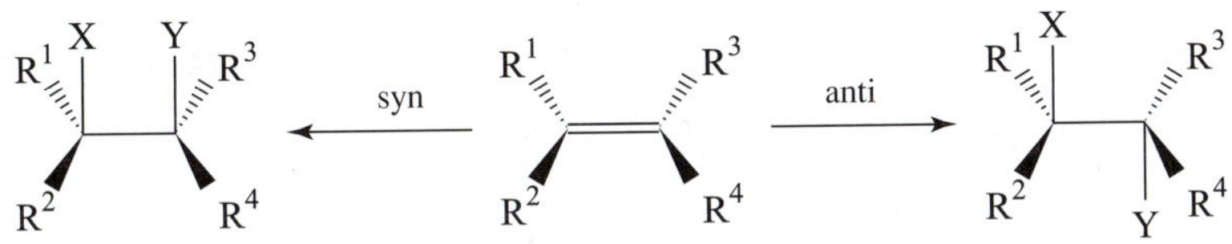

학습목표

이 장에서는 반응 메커니즘을 그리는 데 지침으로 사용될 수 있는 유기 반응의 중요한 개념을 논의하였다. 기본적으로, 유기 반응은 친핵체(염기)가 친전자체(산)를 공격하는 반응이다. 이러한 반응은 산−염기 반응과 비슷하다. 유기화학에서 새로운 결합은 친핵체의 최고 점유 분자 오비탈(HOMO)이 친전자체의 최저 비점유 분자 오비탈(LUMO)과 겹칠 때 형성된다. 반응 메커니즘을 쓸 때 전자는 항상 전자가 풍부한(친핵성) 자리에서 전자가 부족한(친전자성) 자리로 흐른다는 것을 명심하기 바란다. 굽은 화살 표기법은 채워진 HOMO를 가진 친핵체로부터 채워지지 않은 LUMO를 가진 친전자체로의 전자 흐름을 항상 보여 준다. 양쪽자리성 친핵체는 화학 반응에서 두 다른 자리에서 결합할 수 있는 전자쌍이 있다.

이 장에서는 또한 유기 반응 메커니즘을 그릴 때 자주하는 실수를 강조하였다. 또한 이 장에서는 HSAB 이론을 사용하여 어떻게 반응성의 선호를 예측하는 지를 보였다.

이 장에서 배운 기술로 여러분은 다음과 같은 것을 할 수 있다.

- 산과 염의 Brønsted-Lowry 정의를 쓸 수 있다.
- 산성도, K_a, pK_a의 관계를 기술할 수 있다.
- 왜 유기 반응이 위치이성질체와 입체이성질체를 주는지를 이해할 수 있다.

2.12 요약

Brønsted 산(Brønsted acid)은 양성자 주개이다. **Brønsted 염기**(Brønsted base)는 양성자 받개이다(2.1절). 산−염기 반응에서는 한 물질(염기)이 적당한 주개로부터 양성자를 받으면 **짝산**(conjugate acid)이 생긴다. 반대로, 양성자 주개(산)가 양성자를 잃으면 **짝염기**(conjugate base)가 된다.

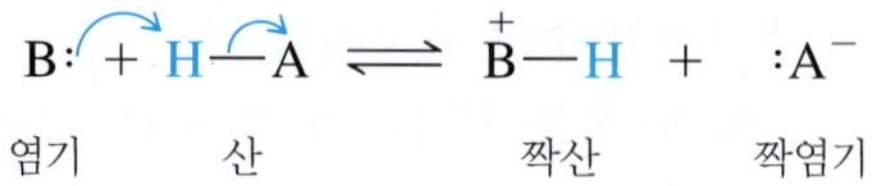

산 해리 상수는 다음 식으로 주어지며,

$$K_a = \frac{[H_3O^+][A^-]}{[HA]}$$

다음과 같이 손쉽게 나타낸다.

$$pK_a = -\log_{10}K_a$$

산이 더 셀수록 K_a의 값은 더 커지고, 따라서 pK_a값은 더 작아진다. 산이 약할수록 K_a값은 더 작아지고, pK_a값은 커진다. 산과 염기에 대한 Brønsted 개념의 당연한 귀결은 산이 더 셀수록 그 짝염기는 더 약하고, 산이 약할수록 그 짝염기는 더 세다는 점이다.

Brønsted 산에서 물의 산소로의 양성자 이동은 빠른 한 단계, 이분자성, 협동 반응이다(2.2절).

메커니즘과 생성물을 쓰기 전에 모든 화학 반응에서 Lewis 산/친전자체와 Lewis 염기/친핵체를 확인하는 것이 반드시 필요하다. Lewis 염기/친핵체는 비공유 전자쌍(고립쌍, 음이온 또는 π 결합)이 있고, Lewis 산/친전자체는 전자쌍 받개인 점을 기억하라.

경계 분자 오비탈(FMO) 이론에서는 Lewis 염기의 HOMO는 Lewis 산의 LUMO와 상호작용한다.

반응 메커니즘을 그릴 때 굽은 화살표를 사용하는 목적은 전자의 이동을 보이는 것이다. 전자는 항상 친핵체(Lewis 염기)로부터 친전자체(Lewis 산)로 흐른다. 형성되는 결합마다 전자가 두 개 들어 있다. 결합이 생기거나 깨진 후에 분자의 모든 원자는 "팔전자계" 규칙을 만족해야 한다.

Lewis 산과 Lewis 염기는 굳은, 무른 및 경계선으로 분류된다.

친전자체/친핵체(산/염기) 반응은 굳기가 맞을 때 더 좋다.

굳은 Lewis 염기를 선호하는 굳은 Lewis 산이 전하(쿨롱) 인력을 사용하면 생성물이 얻어지고, 이 생성물의 결합은 이온성 성격이 더 많다. 따라서 그들의 LUMO와 HOMO는 에너지가 멀리 떨어져 있다.

무른 Lewis 산과 무른 Lewis 염기가 반응하면 공유 결합 생생물 혹은 FMO-조절 복합체가 얻어진다. 그들의 LUMO와 HOMO는 에너지가 비슷하므로 오비탈 상호작용이 일어난다.

생물학적으로 활성이 있는 화합물은 다양한 **작용기**(functional group)와 **입체생성 중심**(stereogenic center)이 있다. 원하는 생성물을 얻으려면 유기 반응을 조절할 수 있어야 한다. **화학선택성**(chemoselectivity)은 화학 시약이 특정한 작용기와 우선적으로 반응하는 것을 말한다. **위치선택성**(regioselectivity)은 한 자리/방향에서 우세한 반응이고, **입체선택성**(stereoselectivity)은 한 입체이성질체가 다른 입체이성질체보다 더 많이 생성되는 반응을 말한다.

보충문제

2.11 짝산과 짝염기의 구조를 그리시오.

(a) 물

(b) 메탄올

(c) 암모니아

2.12 이온의 다음 쌍에 대하여 더 센 염기를 확인하시오.

(a) HO^- 또는 NH_2^-

(b) F^- 또는 Cl^-

(c) $CH_3CH_2O^-$ 또는 $CH_3\overset{\overset{\Large O}{\|}}{C}O^-$

2.13 다음 각각의 두 화합물은 평형 상수가 1보다 큰 Brønsted 산-염기 반응이 일어난다. 각 반응 생성물을 그리고, 산, 염기, 짝산, 짝염기를 확인하시오. 표 2.1의 산 해리 상수를 지침으로 사용하시오.

(a) $HI + H_2O \rightleftharpoons$

(b) $CH_3CH_2O^- + CH_3\overset{\overset{\Large O}{\|}}{C}OH \rightleftharpoons$

(c) $HF + H_2N^- \rightleftharpoons$

(d) $CH_3\overset{\overset{\Large O}{\|}}{C}O^- + HCl \rightleftharpoons$

2.14 다음 각각의 산-염기 반응에 대하여 생성물이 선호될 지($K > 1$) 아니면 반응물이 선호될 지를($K < 1$) 나타내시오. 관련된 산 해리 상수는 표 2.1을 참조하시오.

(a) $(CH_3)_3CO^- + H_2O \rightleftharpoons$

(b) $NH_3 + (CH_3)_2CHO^- \rightleftharpoons$

(c) $HF + HO^- \rightleftharpoons$

2.15 (a) 벤조산(benzoic acid; 카복실산)의 산 해리 상수는 6.3×10^{-5}이다. pK_a는 얼마인가?

(b) 클로로아세트산(chloroacetic acid)의 pK_a는 2.9이다. 이 산과 벤조산 중에서 어느 것이 더 센 산인가?

(c) 클로로아세트산의 짝염기는 클로로아세테이트 이온이다. 벤조산의 짝염기는 벤조에이트 이온이다. 두 이온 중에서 어느 것이 더 센 염기인가?

2.16 메탄올(methanol, CH_3OH)과 메테인싸이올(methanethiol, CH_3SH)의 pK_a는 각각 16과 11이다.

(a) 다음 반응식에서 더 센 그리고 더 약한 산과 염기를 나타내시오.

$$CH_3OH + CH_3S \rightleftharpoons CH_3O^- + CH_3SH$$

(b) 평형 상수 K의 값은 1보다 클까 아니면 작을까?

2.17 사이안화 수소(HCN)는 pK_a가 9.1이다. K_a는 얼마인가? 사이아나이드 이온(CN^-)은 하이드록사이드 이온(HO^-)보다 더 센 아니면 더 약한 염기일까?

2.18 아래 반응물에서 어느 원자가 Lewis 염기이고 Lewis 산인지를 결정하시오.

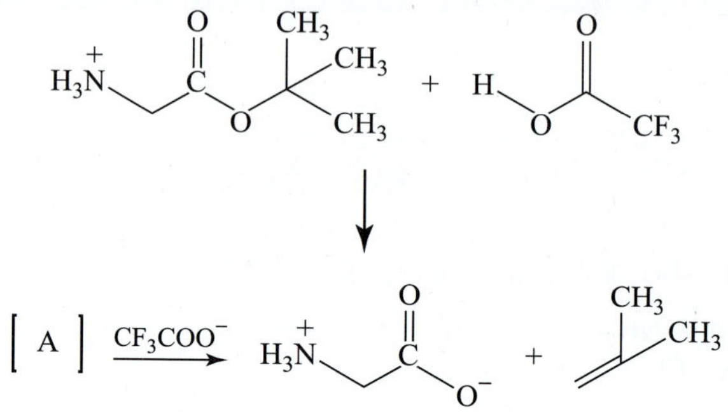

(a) 굽은 화살표를 사용하여 Lewis 염기와 Lewis 산이 반응하여 A가 생기는 반응의 메커니즘을 그리시오.

(b) 굽은 화살표를 사용하여 초기 생성물 [A]가 깨져서 최종 생성물이 생기는 반응의 메커니즘을 그리시오.

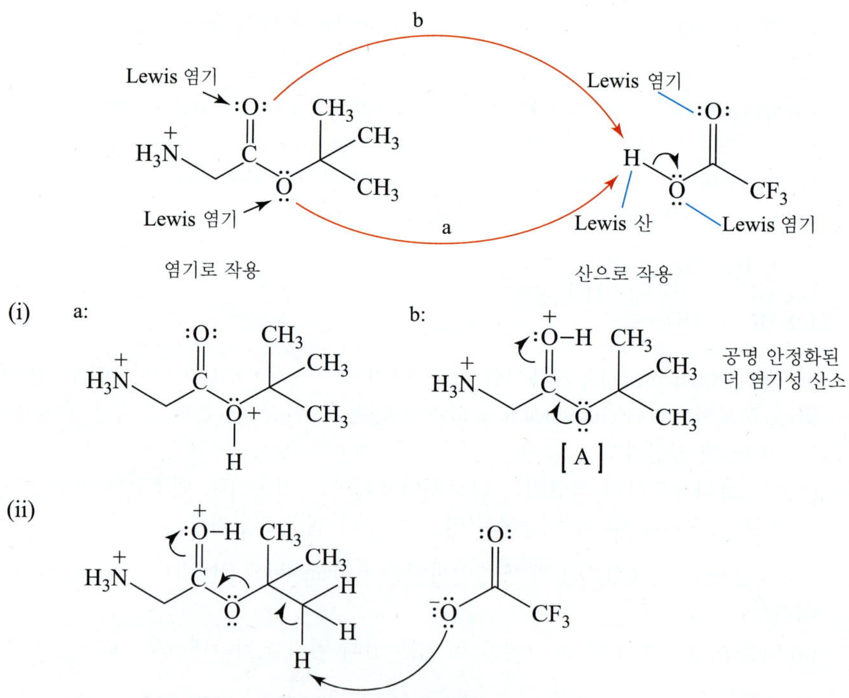

2.19 다음 이온이나 분자를 친전자체 혹은 친핵체로 분류하시오.

(a) CH_4
(b) Br—Br
(c) $H_2C{=}CH_2$
(d) Br^-
(e) H_2O
(f) BF_3

2.20 아래 화합물에는 친전자성 중심이 둘 이상이다.

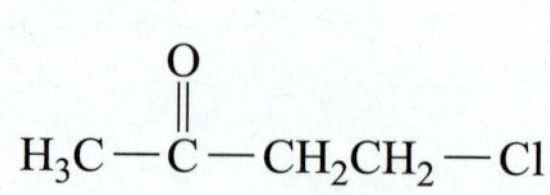

(a) 분자에서 굳은 그리고 무른 친전자성 중심을 결정하시오.

(b) 친전자체에서 친전자성 중심을 결정하시오. 이 화합물이 다음 친핵체와 반응했을 때 가장 잘 형성될 것이라고 예상되는 생성물의 구조를 그리시오. (a) 아이오다이드 음이온(I^-), (b) 하이드록사이드 이온(HO^-).

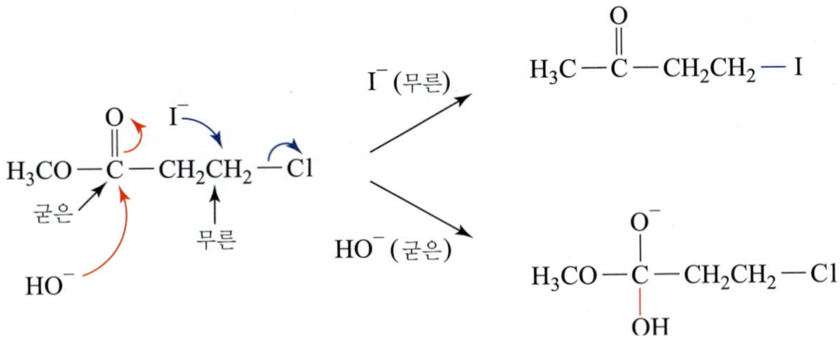

CHAPTER 03 입체화학

개요

우리는 삼차원 세계에서 살고 있다. 사실, 삼차원의 사전 정의는 “실물 같은”이다. 1장에서 결합과 분자 모양을 논의했을 때 보았듯이 분자는 삼차원이다. 우리 주위에서 일어나고 있는 화학적 변화, 특히 살아 있는 유기체에서 일어나는 것은 분자 사이의 삼차원적 관계에 의하여 영향을 받는다. 원자 및 분자의 공간에서의 배열에 관한 학문을 **입체화학**(stereochemistry)이라고 한다. 조성은 같으나 원자가 공간에서의 배열이 서로 다른 이성질체를 **입체이성질체**(stereoisomer)라고 한다. 우리는 알켄과 사이클로알케인의 시스(cis) 및 트랜스(trans) 치환 패턴을 포함하여 입체이성질체의 몇 가지 종류에 대해서는 이미 상당한 경험을 한 바 있다.

이 장의 주 목표는 분자를 삼차원 물체로서 느끼는 감각을 키우고 입체화학 원리, 용어, 및 표기법에 익숙해지는 것이다. 유기화학 및 생물화학을 완전히 이해하려면 분자 사이에 반응이 일어나기 위한 삼차원적 요구 조건에 대하여 알고 있어야 한다. 이 장에서는 이러한 점을 이해하는 데 필요한 기초를 제공하고자 한다.

3.1 분자 카이랄성: 거울상이성질체

모든 사물은 거울상이 있으나 그렇다고 모든 사물이 자기 거울상과 겹쳐지지는 않는다. 거울-상 겹쳐짐은 우리가 일상 사용하는 많은 물건의 특징이다. 컵과 접시, 포크와

Williamson Thomson은 Kelvin 경으로 더 잘 알려져 있으며, 열역학 분야에 기여한 점으로 기억되고 있다.

숟가락, 의자와 침대는 모두 자기의 거울상과 동일하다. 하지만 다른 많은 물체는 그렇지 않으며, 이 점이 더 흥미로운 경우이다. 예를 들어, 여러분의 왼손과 오른손은 서로의 거울상이지만 삼차원에서 점 대 점으로 일치하도록 만들 수 없다. 1894년에, William Thomson은 이러한 성질에 관한 용어를 만들었다. 그는 한 물체가 자기 거울상과 겹쳐지지 않을 때 그 물체를 **카이랄**(chiral)하다고 정의하였다. Thomson의 용어를 화학에 적용하면 다음과 같다고 말할 수 있다.

한 분자가 그 두 거울-상 모습이 삼차원에서 겹쳐지지 않으면 카이랄하다.

sp^3-혼성 탄소 원자는 정사면체(즉, 평평한 분자는 아니다)이다. 정사면체 탄소 원자의 네 결합은 다음 경우의 하나일 것이다. 즉, (a) 네 개의 비슷한 치환기, (b) 하나의 다른 치환기, (c) 두 개의 서로 다른 치환기, (d) 네 개의 서로 다른 치환기이다.

카이랄(*chiral*)이라는 말은 "손"을 의미하는 그리스 말인 *cheir*에서 유래하였으며, 따라서 분자의 "손대칭성(handedness)"에 대하여 말하는 것은 전적으로 적합하다. 카이랄의 반대는 **비카이랄**(achiral)이다. 자기의 거울상에 겹쳐질 수 있는 분자는 비카이랄하다.

유기화학에서는 서로 다른 네 기에 연결된 탄소가 있는 분자에서 가장 흔히 카이랄성을 볼 수 있다. 한 예로 브로모클로로플루오로메테인(bromochlorofluoromethane, BrClFCH)을 들 수 있다.

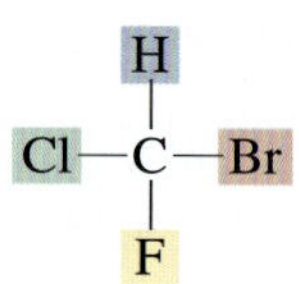

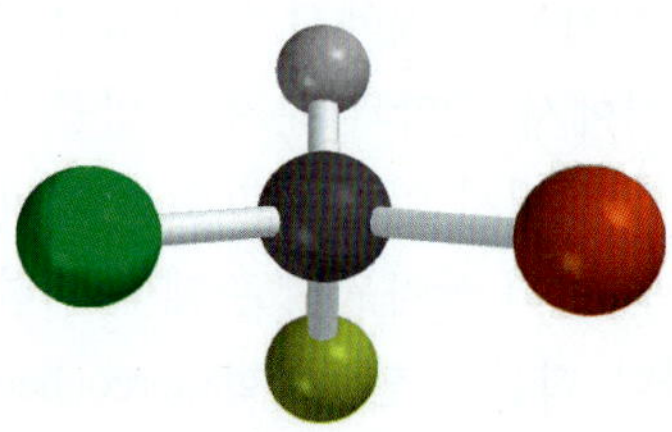

Bromochlorofluoromethane

그림 3.1에서 보는 것처럼 브로모클로로플루오로메테인의 두 거울상은 서로 겹쳐지지 않는다.

브로모클로로플루오로메테인의 두 거울상은 겹쳐지지 않기 때문에 BrClFCH는 카이랄하다.

브로모클로로플루오로메테인의 두 거울상은 동일한 구성을 가지고 있지만 공간에서 이들 원자의 배열은 다르다. 즉, **입체이성질체**(stereoisomer)이다. 한 물체와 이것과 겹쳐지지 않는 거울상의 관계가 있는 입체이성질체를 **거울상이성질체**(enantiomer)로 분류한다. 한 물체에는 유일하게 하나의 거울상만이 있듯이, 카이랄 분자도 하나만의 거울상이성질체를 가진다.

다음에는 탄소에 결합된 원자 중에서 둘이 같은 클로로다이플루오로메테인

(chlorodifluoromethane, ClF_2CH)과 같은 분자를 보자. 그림 3.2는 거울상으로 그린 ClF_2CH의 두 분자 모형을 보여 주고 있다. 이 그림에서 분명히 알 수 있듯이, 원자들이 모두 일치하도록 두 모형을 합치는 것은 간단한 일이다.

> 클로로다이플루오로메테인의 거울-상 그림은 서로 겹쳐지기 때문에 ClF_2CH는 비카이랄하다.

ClF_2CH의 두 거울-상 그림은 같으며, 거울상이성질체가 아니다.

카이랄성에 대한 가장 확실한 검사는 거울-상 모습이 겹쳐지는지를 조심스럽게 조사하는 것이다. 분자의 모형을 만들어 보는 것이 분자를 삼차원 물체로 다루는 최고의 연습이 되며, 강력히 추천한다. 아래 그림은 탄소의 이러한 여러 가지 구조의 거울상을 보여 준다. 네 치환기가 서로 다른 sp^3 탄소만이 거울상이 겹쳐지지 않음을 알 수 있다.

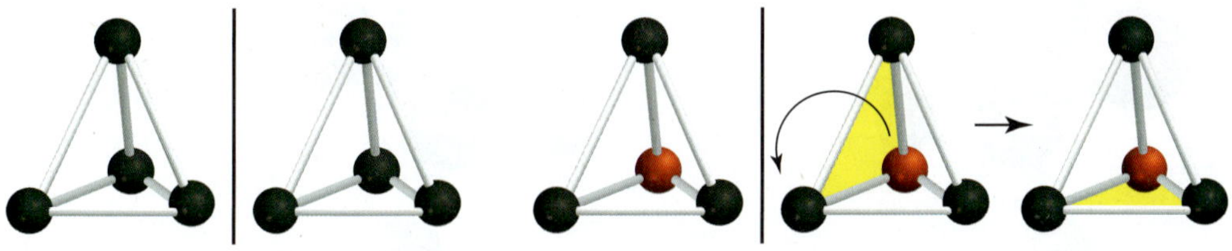

거울상 = 겹쳐짐

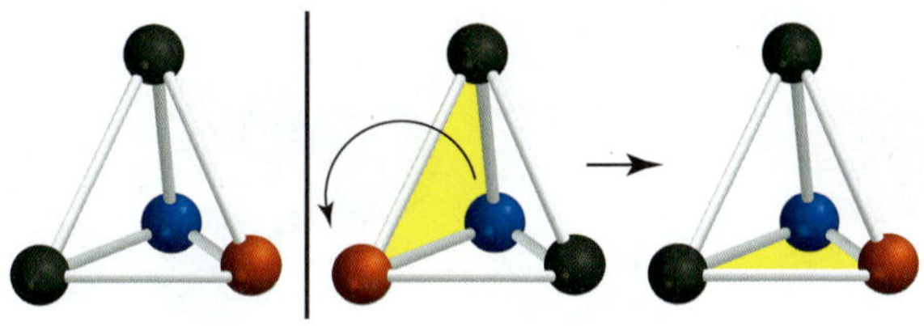

거울상 = 겹쳐짐

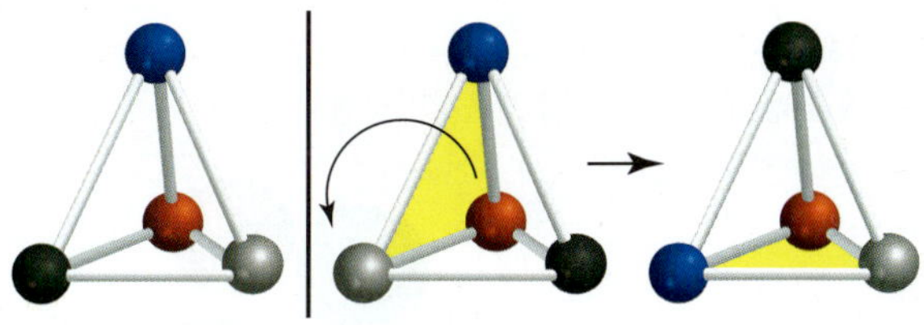

거울상 = 겹쳐지지 않음

3.2 입체생성 중심

입체생성 중심을 예전에는 **카이랄 탄소 원자**(chiral carbon atom), **비대칭 탄소 원자**(asymmetric carbon atom)라고 불렀다. 더 새로운 이름이나 아직까지는 널리 사용되고 있지 않은 이름은 **카이랄성 중심**(chirality center)이다.

방금 보았듯이, 다음과 같은 일반적 구조에서

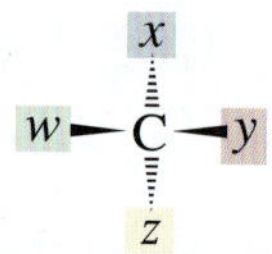

w, x, y, z가 다른 치환기이면 그 분자는 카이랄하다. 서로 다른 치환기가 네 개인 정사면체 탄소 원자를 **입체생성 중심**(stereogenic center)이라고 한다.

그림 • 3.1
네 개의 서로 다른 기가 하나의 탄소에 결합한 분자는 카이랄하다. 그 두 거울-상 구조는 겹쳐지지 않는다.

(*a*) 구조 A와 B는 브로모클로로플루오로메테인(BrClFCH)의 거울-상을 나타낸 것이다.

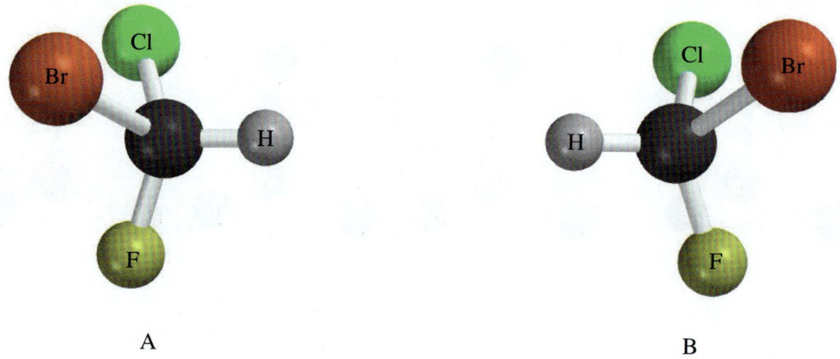

(*b*) 겹치는지를 알아보기 위하여 B를 180° 돌린다.

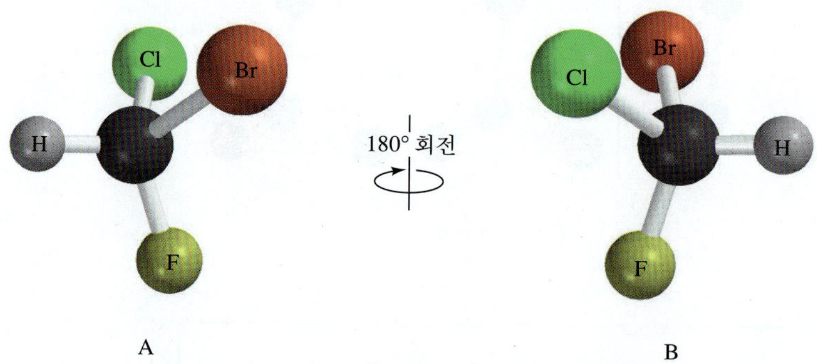

(*c*) A와 B를 비교하면 일치하지 않는다. A와 B는 서로 겹쳐질 수 없다. 따라서 브로모클로로플루오로메테인은 카이랄 분자이다. 두 거울-상 구조는 서로의 거울상이성질체이다.

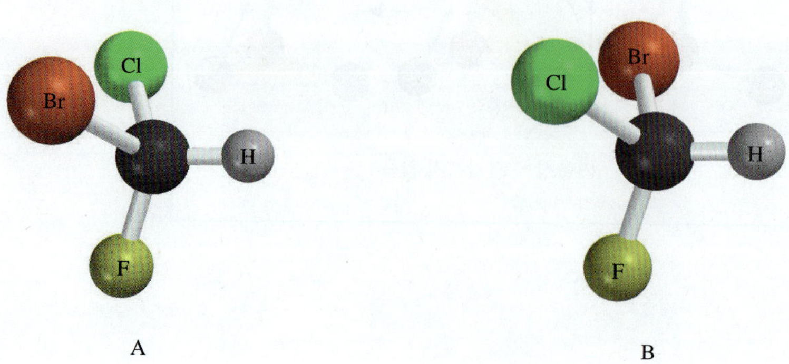

분자에 입체생성 중심이 하나만 있는 것을 알면 이 분자가 카이랄하다는 것을 간단하고 빠르게 알 수 있다. 예를 들면, C-2는 네 개의 서로 다른 치환기로서 수소 원자 및 메틸, 에틸, 하이드록시기가 있기 때문에 이 탄소는 2-뷰탄올(2-butanol)의 입체생성 중심이다. 반면에, 비카이랄 2-프로판올(2-propanol)에서는 네 개의 서로 다른 기가 있는 탄소 원자는 하나도 없다.

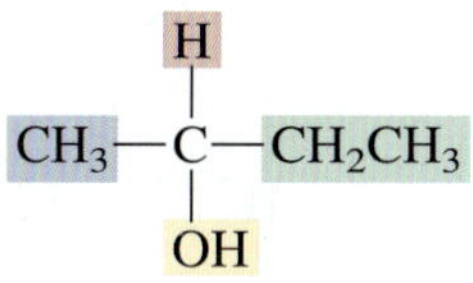

2-Butanol
카이랄: C-2에 네 개의 서로 다른 치환기

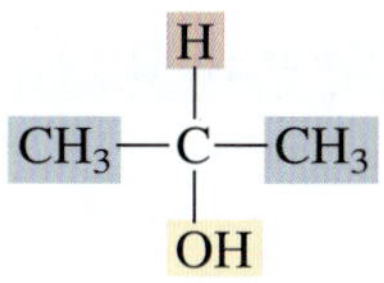

2-Propanol
비카이랄: C-2의 치환기 중에서 둘이 같다.

문제 3.1 다음 분자에 입체생성 중심이 있는지를 검사하시오.

(a) 2-브로모펜테인(2-bromopentane)
(b) 3-브로모펜테인(3-bromopentane)
(c) 1-브로모-2-메틸뷰테인(1-bromo-2-methylbutane)
(d) 2-브로모-2-메틸뷰테인(2-bromo-2-methylbutane)

풀이 입체생성 중심에는 네 개의 서로 다른 기가 있다. (a) 2-브로모펜테인에는 C-2가 이 조건을 만족한다. (b) 3-브로모펜테인의 아무 탄소에도 네 개의 서로 다른 치환기가 없으므로 입체생성 중심인 탄소는 하나도 없다.

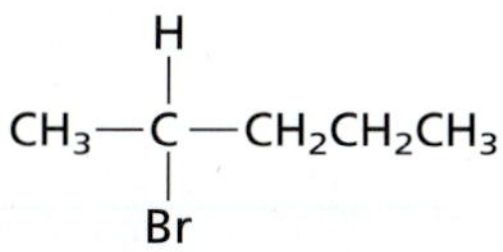

2-Bromopentane

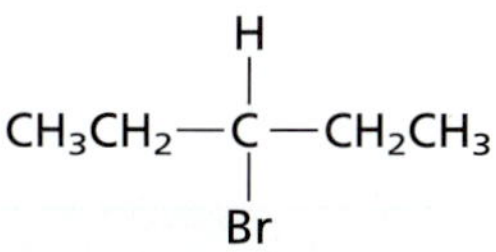

3-Bromopentane

입체생성 중심이 하나인 분자는 매우 흔하며, 많은 천연물이 그런 예이다. 다음 식에 나오는 리날놀(linalool)과 리모넨(limonene)은 두 예이다. 서너 개의 예가 표 3.1에

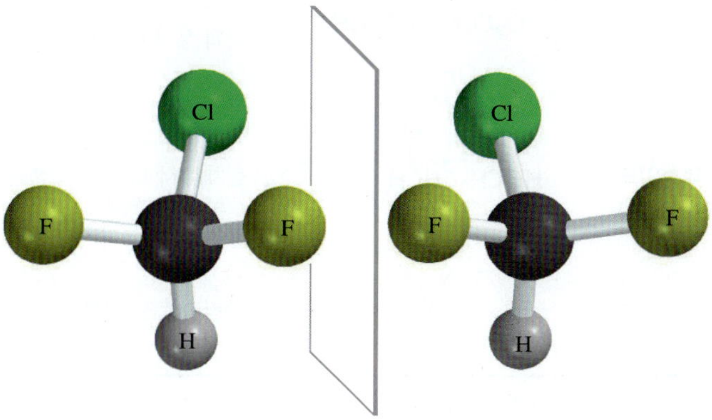

그림 • 3.2
클로로다이플루오로메테인의 거울-상 형태는 서로 겹쳐져 있다. 클로로다이플루오로메테인은 비카이랄하다.

더 나와 있다. 이중 결합이나 삼중 결합의 한 부분인 탄소는 입체생성 중심이 될 수 없다. 고리에 두 개의 서로 다른 치환기가 붙어 있고 한 탄소에서 시작하여 한 방향으로 고리를 도는 경로가 다른 방향으로 도는 경로와 다르면 그 탄소는 입체생성 중심일 수 있다. 리날놀에서 C-3가 입체생성 중심이고, 리모넨의 C-4도 그렇다.

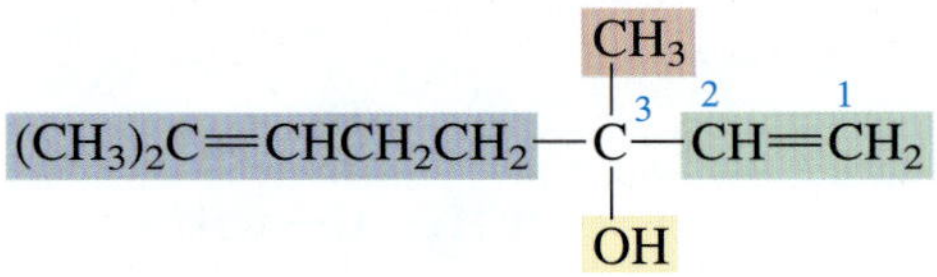

Linalool
(오렌지꽃에서 얻은 쾌적한 냄새의 오일)

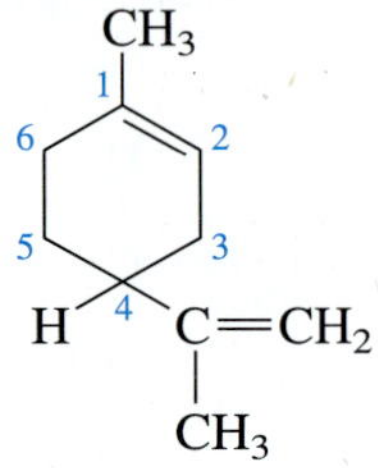

Limonene
(레몬 오일의 성분)

3.3 비카이랄 구조의 대칭성

대칭면이 있는지를 보면 한 분자가 카이랄인지 아니면 비카이랄인지를 알 수 있다.

대칭면(plane of symmetry)이 분자를 절반으로 자르면 한쪽이 다른 쪽의 거울상이 된다. 예를 들어, 비카이랄 분자인 클로로다이플루오로메테인(그림 3.2)은 그림 3.3에서처럼 대칭면이 있다. 분자가 대칭면이 있으면 모두 비카이랄하다. 카이랄 분자는 대칭면이 없다.

표 3.1 입체생성 중심이 하나인 몇 가지 천연물

화합물 이름	구조식*	있는 곳
락트산 (Lactic acid)	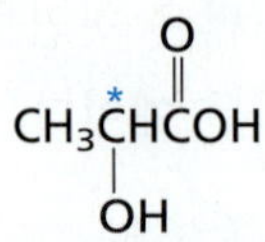	근육; 우유에서 얻을 수도 있다
말산 (Malic acid)	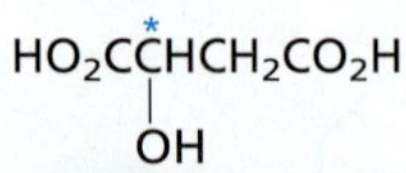	사과 및 다른 과일
글리세르알데하이드 (Glyceraldehyde)	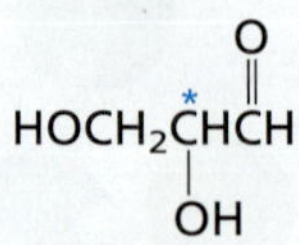	신체에서 에너지를 생성하는 탄수화물의 분해 과정에서 생기는 탄수화물
α-펠란드렌 (α-phellandrene)	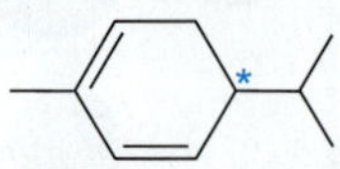	유칼립투스 기름의 성분; 향료로 사용

* 별표(*)는 입체생성 중심의 위치를 나타낸다.

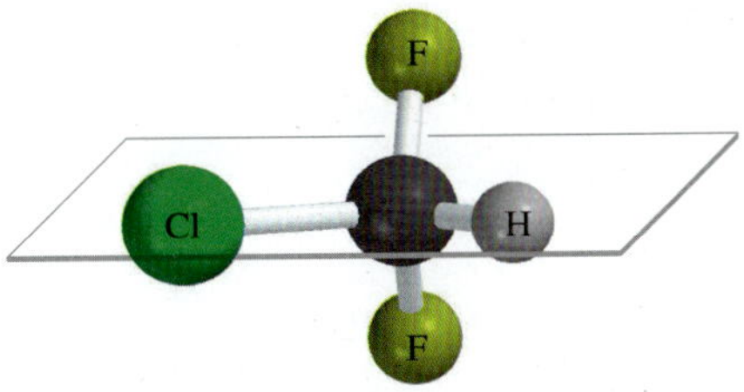

그림 • 3.3
원자 H—C—Cl에 의하여 정의되는 대칭면은 클로로다이플루오로메테인을 두 거울-상 반쪽으로 나눈다. 탄소, 염소, 수소는 그 평면에 놓여 있다.

분자에서 입체생성 중심을 쉽게 찾을 경우에도 왜 대칭면이 있는지를 신경 써야 할까? 3.10절과 3.11절에서 볼 수 있듯이 입체생성 중심이 둘 이상인 분자는 카이랄할 수도 있고, 비카이랄할 수도 있으며, 대칭면이 있는지를 찾아보면 이 두 가능성을 쉽게 구별할 수 있다.

3.4 카이랄 분자의 성질: 광학 활성

유기입체화학의 기초는 1874년에 Jacobus Henricus van't Hoff와 Joseph Le Bel이 독립적으로 확립하였다. van't Hoff와 Le Bel로 하여금 구성은 같더라도 분자는 공간에서 원자의 배열이 다를 수 있다는 제안을 하도록 이끈 실험적 사실은 광학 활성이라는 물리적 성질과 관련이 있다. **광학 활성**(optical activity)은 카이랄 분자가 **평면 편광**(plane-polarized light)의 면을 회전시키는 능력이며, **편광계**(polarimeter)라고 하는 장비를 이용하여 측정한다(그림 3.4).

광학 활성 현상은 1815년에 프랑스 물리학자인 Jean-Baptiste Biot가 발견하였다.

광학 활성을 측정하는 데 사용하는 빛은 두 가지 성질이 있다. 이 빛은 파장이 하나이며, 평면 편광이다. 가장 자주 사용되는 파장은 소듐 증기 램프가 방출하는 노란색(**D선**이라고 함)이다. 그림 3.4에서처럼 광원에서 나오는 편광이 아닌 빛은 편광 필터를 통과하면서 평면 편광으로 변한다. 이 평면 편광을 순수한 액체 혹은 고체를 물, 에탄올, 클로로폼과 같은 적당한 용매에 녹인 용액 시료에 통과시킨다. 시료가 평면 편광을 회전시켰을 때 그 시료를 "광학적으로 활성이 있다."라고 한다. 회전의 방향과 크기는 두 번째 편광 필터("분석기")로 측정하고, 이를 관찰된 회전 α라고 한다.

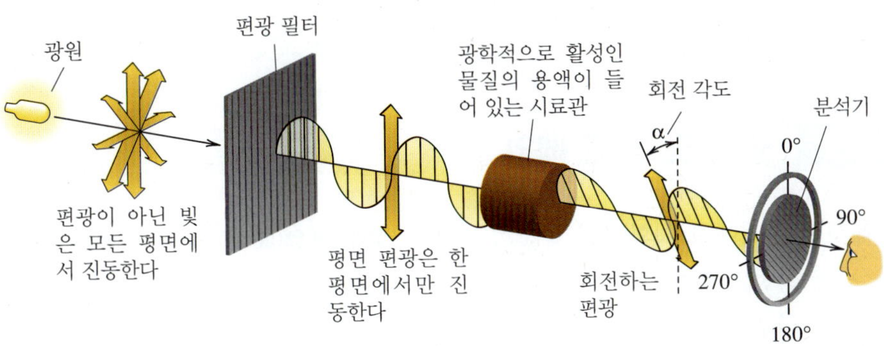

그림 • 3.4
편광계의 계통도
(Adapted, with permission, from M. Silberberg, *Chemistry*, 2nd ed., McGraw-Hill, New York, 2000, p. 616.)

광학적으로 활성이 있으려면 시료는 카이랄 물질이 들어 있어야 하며, 한 거울상 이성질체가 다른 것보다 더 많이 있어야 한다.

평면 편광을 회전시키지 않는 물질을 광학적으로 비활성이라고 한다.

비카이랄 물질은 모두 광학적으로 비활성이다.

양과 음의 광학 회전의 옛 이름은 각각 라틴 접두사 dex- ("오른쪽으로")와 levo- ("왼쪽으로")에서 **유래한 우회전성**(dextrorotatory, d)과 **좌회전성**(levorotatory, l)이다.

광학 활성은 녹는점, 끓는점, 밀도처럼 물리적 성질이다. 편광의 면을 오른쪽(시계 방향)으로 회전시키면 플러스(+), 왼쪽(시계 반대 방향)이면 마이너스(−)로 간주한다. 관찰된 회전의 크기 α는 빛이 마주치는 분자의 수에 달려 있다. 경로 길이와 농도에 대한 효과를 고려하여 화학자는 기호가 [α]인 **고유 광회전도**(specific rotation)를 다음과 같이 정의하였다.

$$[\alpha] = \frac{100\,\alpha}{cl}$$

여기서 c는 용액 100mL당 그램으로 표시한 시료의 농도이며, l은 데시미터로, 편광계 관의 길이이다(1데시미터는 10cm이다). 섭씨 온도와 빛의 파장(흔히 소듐 D선)을 위첨자와 아래첨자로 각각 표시한다. 따라서 고유 광회전도는 $[\alpha]_D^{25} = +15$[역주: 원서에는 도(°) 단위를 썼지만 고유 광회전도의 단위는 도가 아니다.]처럼 표시한다.

문제 3.2 천연물에서 콜레스테롤을 한 가지 거울상이성질체로 분리하여 얻었다. 클로로폼 15mL에 0.3g의 콜레스테롤이 10cm 편광계 관에서 녹아 있는 용액의 관찰된 회전도 α는 −0.78°이다. 콜레스테롤의 고유 회전도를 계산하시오.

지금까지는 카이랄 물질의 한 가지 거울상이성질체의 광학 회전에만 논의하였다. 다른 거울상이성질체, 즉 그 물질의 거울상인 분자의 광학 회전도를 측정한다면 어떻게 될까? 회전 각도는 같으나 그 방향은 반대일 것이다. 예를 들면, 카이랄 물질의 한 거울상이성질체의 고유 광회전도 [α]가 +37이면 다른 거울상이성질체는 [α]가 −37일 것이다.

한 카이랄 물질의 두 거울상이성질체가 같은 양으로 섞여 있는 혼합물은 각 거울상이성질체의 플러스와 마이너스 회전이 상쇄되므로 광학 회전이 없다(α = 0). 한 카이랄 물질의 두 거울상이성질체가 같은 양만큼 섞여 있는 혼합물을 **라세미 혼합물**(racemic mixture)이라고 하며, 광학적으로 비활성이다.

3.5 절대 및 상대 배열

입체생성 중심에서 치환기의 공간적 배열을 **절대 배열**(absolute configuration)이라고 한다. 광학 회전의 부호나 크기만 가지고는 한 물질의 절대 배열을 전혀 알 수 없다. 그래서 다음 구조의 하나는 (+)-2-뷰탄올이고 다른 하나는 (−)-2-뷰탄올이지만, 추가적인 정보가 없다면 어느 것이 어느 구조인지를 알 수는 없다.

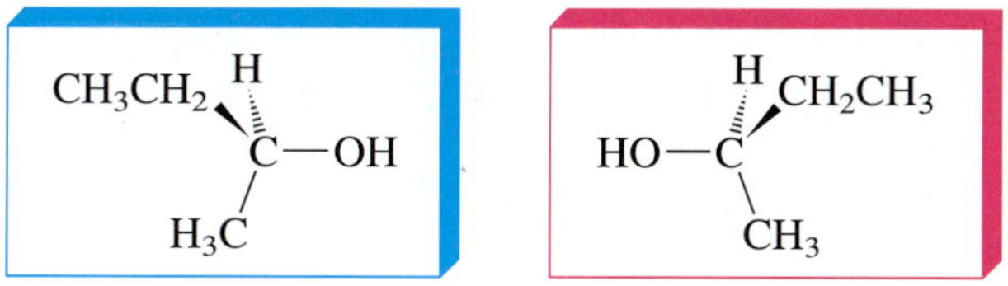

이 장 몇 군데에서 붉은색과 푸른색의 프레임을 사용하여 거울상이성질체인 구조에 관심을 가지도록 할 것이다.

1951년 이전까지는 물질의 절대 배열을 아무 것도 알지 못하였으나 유기 화학자는 화학적 상호변환을 통하여 서로서로에 대하여 상대적인 수천 개의 화합물의 배열 **[상대 배열**(relative configuration)]을 실험적으로 결정하였다. 1951년에 (+)-타타르산[(+)-tartaric acid]의 절대 배열이 결정되었을 때, (+)-타타르산과 배열이 관련이 있는 모든 화합물의 절대 배열도 밝혀졌다. 따라서 이 절 앞에 나온 2-뷰탄올의 거울상이성질체를 되돌아보면, 그 절대 배열은 아래에 보여진 것과 같다.

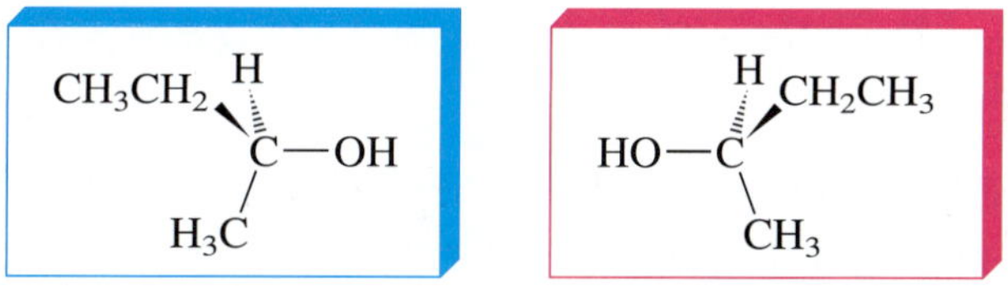

(+)-2-Butanol (−)-2-Butanol

문제 3.3 다음 분자 모형은 (+)-2-뷰탄올 혹은 (−)-2-뷰탄올을 나타내는가?

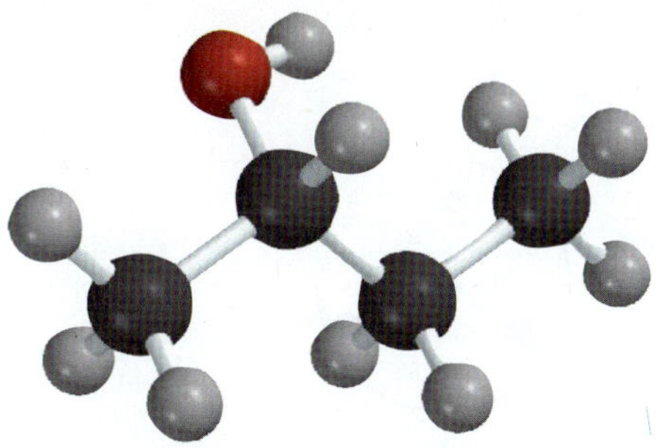

3.6 Cahn-Ingold-Prelog *R*–*S* 표기법

합성유기 화학자는 올바른 최종 생성물을 얻기 위하여 각각의 카이랄한 탄소 원자의 정확한 배열을 알 필요가 있다. 한 화합물의 고유 광회전도를 안다고 해서 각 입체생성 탄소 중심에서 네 개의 서로 다른 치환기의 공간적 배열에 관한 정보는 알 수 없다. 그림 대신에 단어로서 한 분자의 구성을 나타내는 명명법을 가지는 것이 의미가 있듯이 입체화학을 기술할 수 있도록 하는 체계가 있으면 도움이 될 것이다. 유기 화학자는 입체생성 탄소 원자에 결합된 네 개의 서로 다른 치환기의 정확한 공간적 배열을 나타내기 위하여 *R*과 *S* 분류 체계를 사용한다. 그러므로 각 입체생성 탄소 원자는 *R* 혹은 *S* 배열을 가질 수 있다. 입체생성 중심에 대한 *R*과 *S* 명명은 한 화합물의 고유 광회전도와는 아무 관련이 없다.

각 입체생성 중심에 어떻게 *R* 혹은 *S* 배열을 부여할까? 입체생성 탄소 원자의 네 개의 서로 다른 치환기에 먼저 우선순위가 주어진다. Cahn, Ingold, Prelog는 우선순위를 치환기에 부여하는 순위 체계를 개발하였으며, 이때 우선순위는 원자 번호로 결정된다. 그 다음에 이렇게 정한 우선순위는 탄소 원자에서 네 개의 서로 다른 치환기의 공간에서의 배열을 정확히 정하는 데 응용할 수 있다. 각 입체생성 탄소 원자에 연결된 기에 우선순위를 부여하는 순위 규칙은 아래와 같이 요약할 수 있다.

1. 원자 번호에 따라서: 바로 붙어 있는 치환기 원자의 원자 번호가 높을수록, 우선순위가 높다(H− < C− < N− < O− < Cl−; 동위원소의 경우에는 질량수에 따라 우선순위를 매긴다).

2. 비슷한 우선순위: 입체생성 중심에 바로 붙어 있는 두 치환기의 우선순위가 같다면 차이가 나타날 때까지 입체생성 중심에서 점점 더 멀리 진행하면서 원자를 검토한다. 인접 원자에서 가장 큰 우선순위만 비교한다. 예를 들면, CH_3- < C_2H_5- < $ClCH_2-$ < $BrCH_2-$ < CH_3O-이다.

3. 다중 결합: 치환기가 이중 혹은 삼중 결합이면 이들을 단일 결합을 하고 있는 원자처럼 똑같이 취급한다. 예를 들어, $CH_2{=}CH-$는 $H_2C(C)-CH(C)-$이고 $HC{\equiv}C-$는 $HC(C_2)-CC_2$이다.

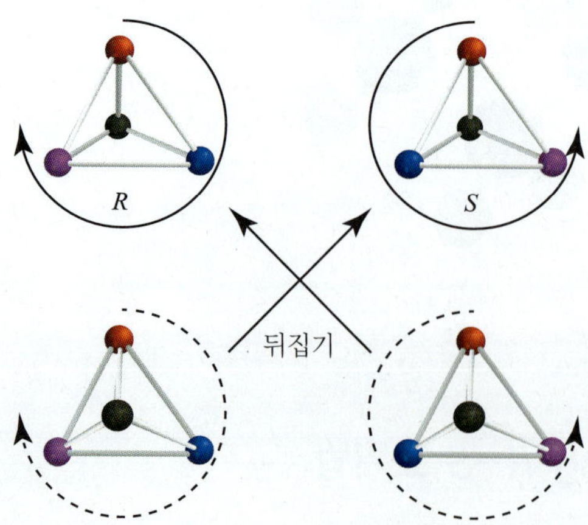

우선순위가 가장 낮은 치환기는 입체생성 중심 뒤에 있다(앞에서 보았을 때).

우선순위가 가장 낮은 치환기는 입체생성 중심 앞에 있다(뒤에서 혹은 오른쪽에서 왼쪽으로 뒤집어 보았을 때).

다음에는 Cahn-Ingold-Prelog 순위 규칙에 따라서 정한 치환기 중에서 우선순위가 가장 낮은 치환기 원자를 관찰자로부터 멀어지는 방향으로 놓고 *R*과 *S* 배열을 정한다. 다른 말로 하면, 항상 우선순위가 가장 낮은 기의 반대편으로부터 보는 방향에서 입체생성 중심의 배열을 정한다. 보는 위치를 이렇게 정한 다음에 이제 입체생성 중심에 붙어 있는, 우리 쪽으로 향하고 있는, 다른 세 기에 대하여 우선순위를 정한다. 그 다음에는 우선순위가 높은 기에서 시작하여 다음 두 번째 기로 그리고 마지막으로는 세 번째 기로 둥근 화살표를 그린다. 이러한 둥근 방향이 시계 방향이면 이 입체생성 중심의 배열에 *R*(오른쪽을 의미하는 라틴어인 "rectus"에서 유래)을 부여한다. 만일 이 방향이 시계 반대 방향이면 입체생성 중심을 *S*(왼쪽을 의미하는 "sinister")라고 한다.

표 3.2는 입체생성 중심의 절대 배열을 정할 때 어떻게 Cahn-Ingold-Prelog 순위 규칙이 사용되는지를 보여 주고 있다.

언급해야 할 다른 중요한 점은 배열을 정할 때 우선순위가 가장 낮은 기를 입체생

표 3.2 Cahn-Ingold-Prelog 표기법에 따른 절대 배열

단계 수	예
(+)-2-뷰탄올의 절대 배열이	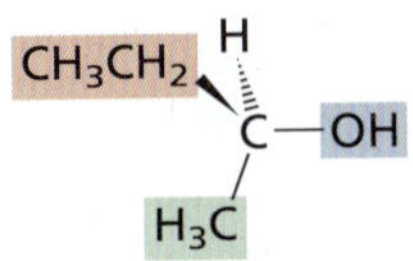 로 주어졌을 때 (+)-2-Butanol
1. 입체생성 중심의 치환기를 확인하고 3.6절에서 기술한 체계에 따라서 우선순위가 감소하는 순서로 순위를 매긴다. 우선순위는 입체생성 중심의 부착점으로부터 바깥 방향으로 가면서 원자 번호로 결정한다.	2-뷰탄올의 입체생성 중심에 붙어 있는 네 치환기의 우선순위가 감소하는 순서는 HO— > CH_3CH_2— > CH_3— > H— 가장 높음 … 가장 낮음
2. 우선순위가 가장 낮은 치환기가 여러분으로부터 멀어지는 방향으로 분자를 배향한다.	이 표의 꼭대기에서 쐐기-점선 그림으로 표시된 것처럼, 이 분자는 이미 적절하게 배향되어 있다. 수소는 입체생성 중심에 붙어 있는 우선순위가 가장 낮은 치환기이며, 우리 쪽으로부터 멀어지는 방향으로 향하고 있다.
3. 가장 우선순위가 낮은 기가 여러분으로부터 멀어지도록 분자를 그렸을 때 여러분 쪽으로 향하는 세 개의 치환기의 우선순위를 정한다.	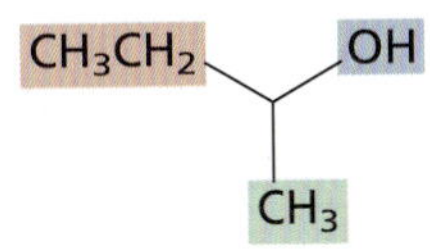
4. 이 세 개의 치환기의 우선순위가 감소하는 방향이 시계 방향이면 절대 배열은 *R*(라틴 rectus, "오른쪽")이다. 우선순위가 감소하는 순서가 시계 반대 방향이면 절대 배열은 *S*(라틴 sinister, "왼쪽")이다.	감소하는 우선순위가 시계 반대 방향이다. 입체생성 중심이 배열은 *S*이다. 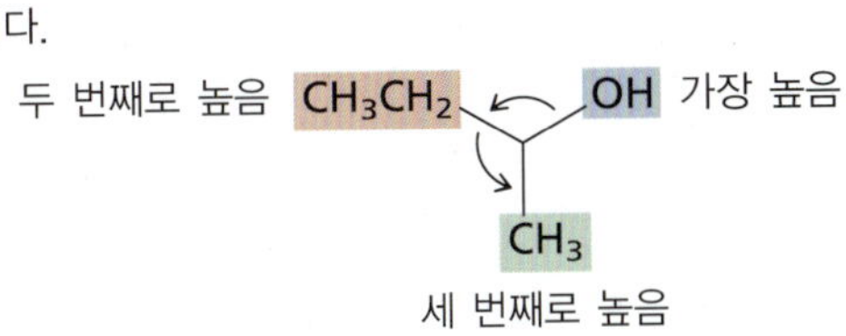

성 중심 앞에서 보면 배열이 반대가 될 것이다. 올바르게 정하려면 배열을 반대로 해야 한다.

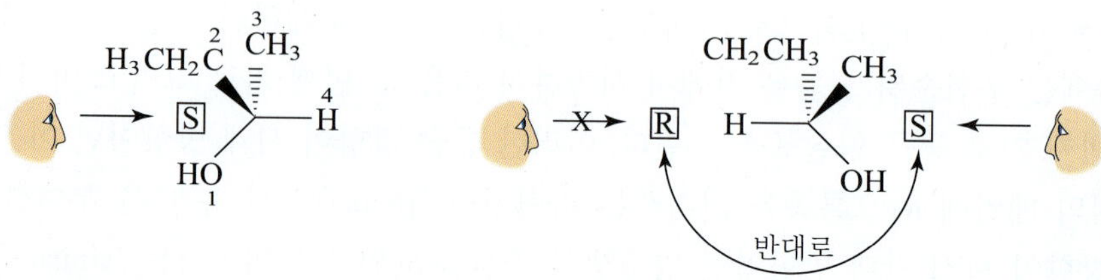

입체생성 중심에서 네 개의 서로 다른 치환기의 위치를 교환하면 어떻게 될까? 한 묶음의 서로 다른 치환기를 교환하면 배열이 반대가 된다. 다른 한편으로 두 묶음의 서로 다른 치환기를 교환하면 배열이 유지된다.

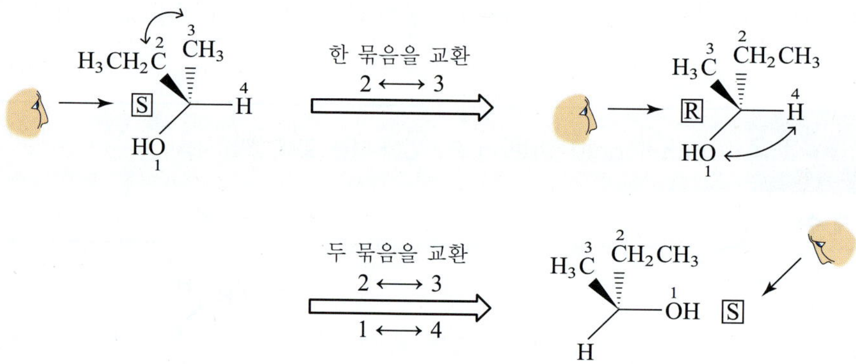

문제 3.4 다음 화합물에 *R* 혹은 *S*로 절대 배열을 정하시오.

(a)

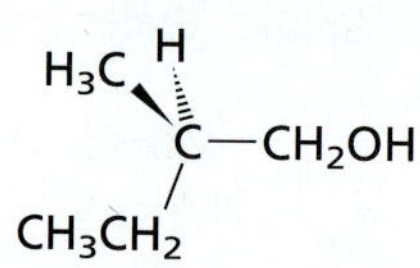

(+)-2-메틸-1-뷰탄올
[(+)-2-Methyl-1-butanol]

(c)

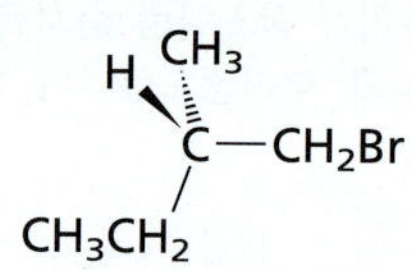

(+)-1-브로모-2-메틸뷰테인
[(+)-1-Bromo-2-methylbutane]

(b)

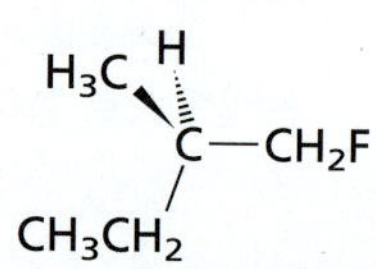

(+)-1-플루오로-2-메틸뷰테인
[(+)-1-Fluoro-2-methylbutane]

(d)

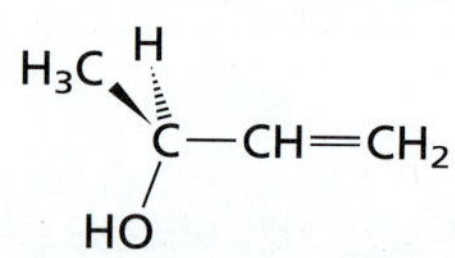

(+)-3-뷰텐-2-올
[(+)-3-Buten-2-ol]

풀이 예 (a) (+)-2-메틸-1-뷰탄올의 입체생성 중심에서 우선순위가 가장 높은 치환기는 CH_2OH이고, 가장 낮은 것은 H이다. 나머지 둘 중에서 에틸이 메틸보다 앞선다.

우선순위의 순서: $CH_2OH > CH_3CH_2 > CH_3 > H$

이 그림에서 우선순위가 가장 낮은 치환기(수소)는 여러분의 반대편을 보고 있다. 나머지 세 기는 $CH_2OH \longrightarrow CH_3CH_2 \longrightarrow CH_3$을 시계 방향으로 돌기 때문에 이 화합물의 배열은 *R*이다.

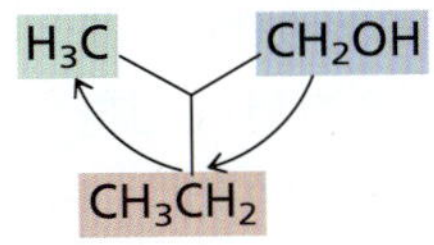

이 화합물의 이름은 (*R*)-(+)-2-메틸-1-뷰탄올이다.

3.7 Fischer 투영도

입체화학은 분자의 원자들의 삼차원 배열을 다루며, 우리는 입체화학을 쐐기-점선 그림과 컴퓨터로 그린 모형으로 보이려고 노력하였다. 하지만 독일의 화학자인 Emil Fischer가 고안한 방법을 이용하면 입체화학적 정보를 축약된 형식으로 나타낼 수 있다.

카이랄 분자의 간단한 예로서 브로모클로로플루오로메테인을 다시 보자. 그림 3.5에 BrClFCH의 두 거울상이성질체를 공-막대 모형, 쐐기-점선 그림 및 **Fischer 투영도**(Fischer projection)로 그렸다. Fischer 투영도는 항상 같은 방법으로 그린다. 즉, 입체생성 중심에 있는 수직 결합은 여러분으로부터 멀어지고 수평 결합은 여러분 쪽으로 향하게끔 분자를 배향한다. 결합을 페이지에 투영하면 십자가가 나온다. 입체생성 탄소가 십자가의 가운데에 있으나 겉으로는 나타나지 않는다.

Fischer는 19세기 후반부의 가장 중요한 유기 화학자이었다. 그는 탄수화물과 단백질화학에 관한 선구적 연구로 1902년도 노벨 화학상을 수상하였다.

관습적으로 탄소 사슬을 수직으로 그리고 위치 번호가 가장 낮은 탄소가 위에 나타나도록 분자를 배향시키며, 이 점은 (*R*)-2-뷰탄올의 Fischer 투영도에서 알 수 있다. 비슷하게 Fischer 투영도의 바닥에 우선순위가 가장 낮은 기가 오도록 탄소 사슬을 수직으로 그린다.

Fischer 투영도 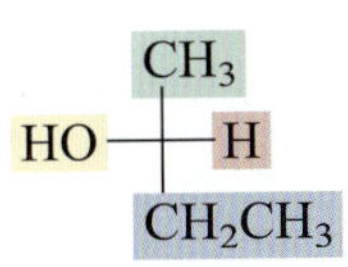 는 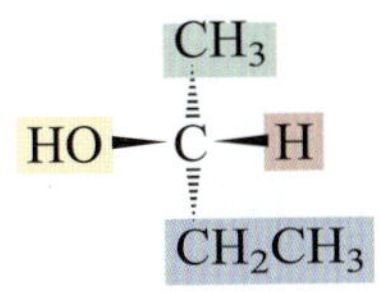 에 해당한다.

(*R*)-2-Butanol

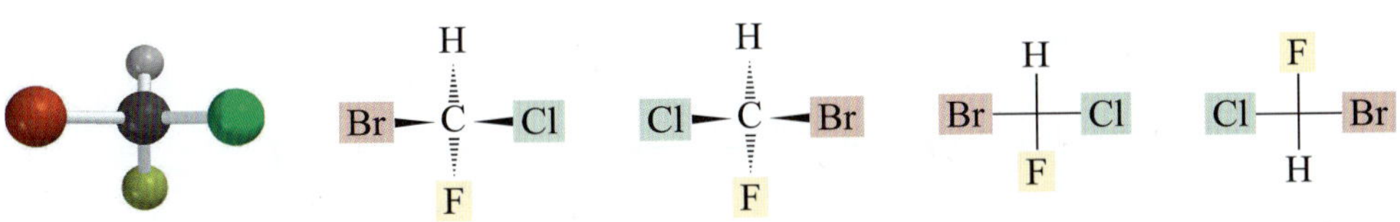

(*R*)-Bromochlorofluoromethane

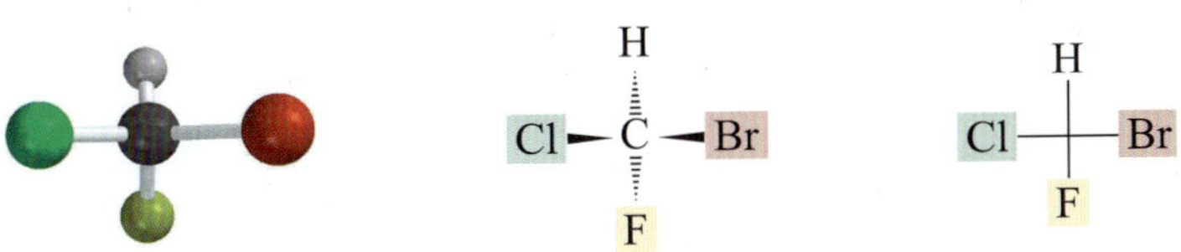

(*S*)-Bromochlorofluoromethane

그림 • 3.5
브로모클로로플루오로메테인의 *R*과 *S* 거울상이성질체의 공-막대 모형(왼쪽), 쐐기-점선 그림(가운데), Fischer 투영도(오른쪽)

Fischer 투영도의 배열을 *R* 또는 *S*로 나타낼 때 가장 안전한 방법은, 수평 결합은 여러분 쪽으로 향하고 있다는 점을 기억하면서 삼차원 구조로 나타내는 것이다.

우선순위가 가장 낮은 기가 밑에 나오는 Fischer 투영도에서 입체생성 중심의 배열을 정하는 방법은 다른 세 개의 기의 우선순위가 시계 방향(*R*) 혹은 시계 반대 방향(*S*)으로 감소하는지를 결정하는 것이다.

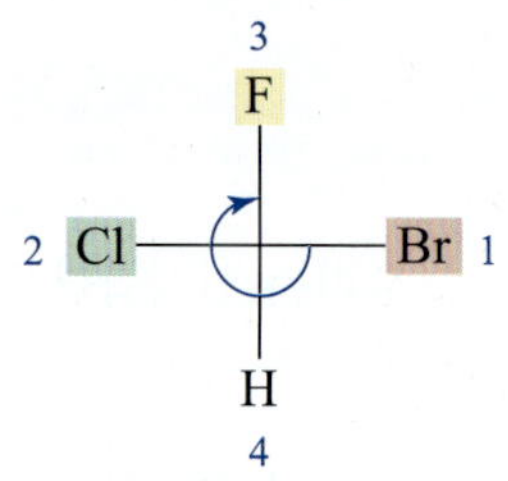

R (시계 방향) *S* (시계 반대 방향)

가장 낮은 우선순위가 Fischer 투영도의 아래에 있지 않는 경우에는 어떻게 할까? 네 개의 기를 교환하더라도 입체생성 중심의 배열을 유지하는 방법은 다음과 같다. (1) 임의의 두 기를 골라서 묶음 하나를 만든다(그러면 두 묶음이 나올 것이다). (2) 각 묶음의 두 기를 연속적으로 교환한다. 최선의 선택은 먼저 우선순위가 가장 낮은 기를 Fischer 투영도의 꼭대기에 놓고 가장 높은 것을 바닥에 놓는 것이다.

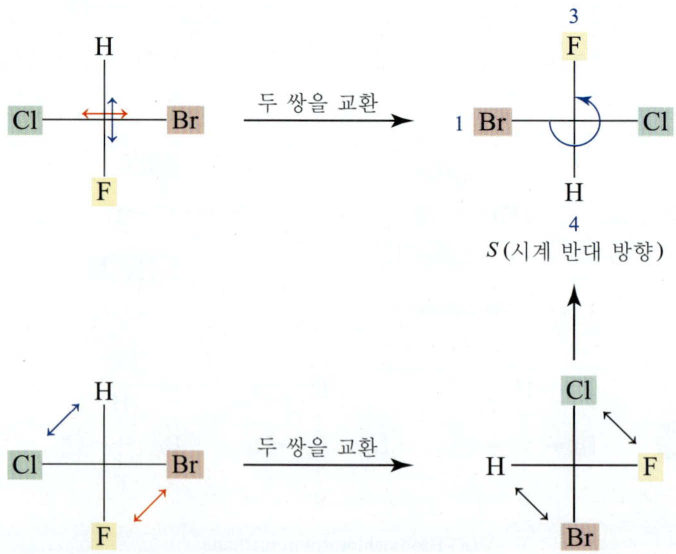

거울상이성질체의 다른 입체생성 중심의 배열을 얻으려면 한 묶음에서 임의의 기 두 개만 교환하면 된다.

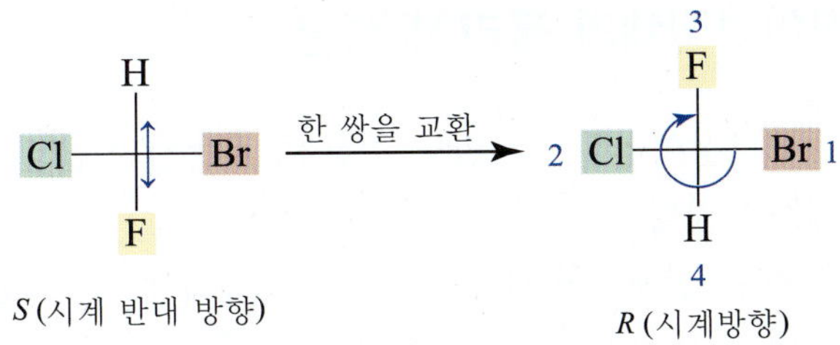

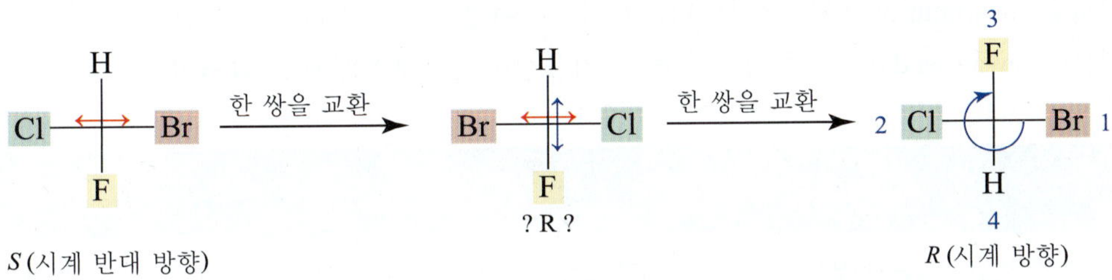

같은 작업을 입체생성 중심의 쐐기-점선 구조에서도 할 수 있으며, 이 경우 우선순위가 가장 낮은 기를 관찰자로부터 멀리 향하도록 놓는다(앞에서 언급한 바와 같이 점선이 뒤쪽을 향하도록 놓고 앞에서 바라본다).

문제 3.5 문제 3.4의 각 화합물에 대하여 Fischer 투영도를 그리시오.

풀이 (a) (*R*)-(+)-2-메틸-1-뷰탄올의 구조가 아래 왼쪽에 나와 있다. $HOCH_2-C-CH_2CH_3$ 부분이 수직으로 정렬되고 수평 결합이 여러분에게서 멀어지는 방향이 되도록 구조식을 본다. 쐐기-점선 결합을 선으로 바꾸면 오른쪽에 나오는 Fischer 투영도가 얻어진다.

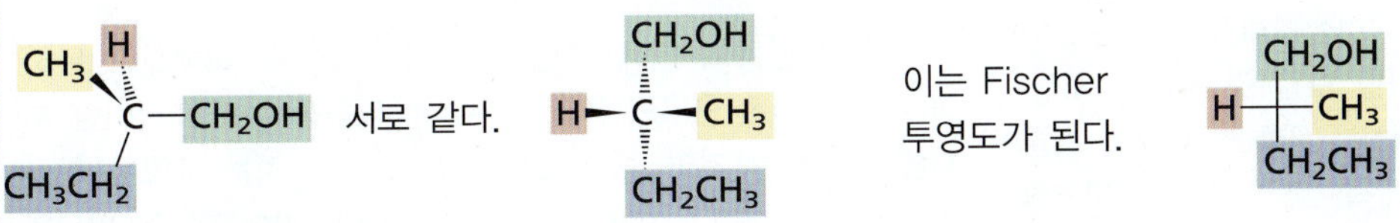

문제를 푸는 다른 방법은 쐐기-점선 그림의 입체화학을 먼저 결정하고, 이를 우선순위가 가장 낮은 기가 밑으로 오도록 Fischer 투영도로 변환하는 것이다.

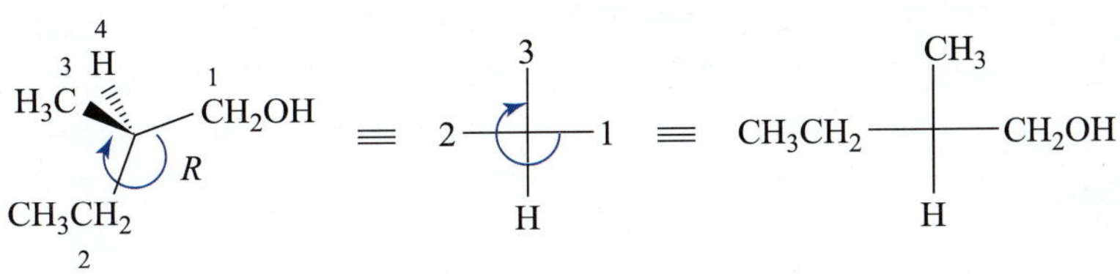

3.8 거울상이성질체의 물리적 성질

카이랄 화합물의 두 거울상이성질체는 밀도, 녹는점, 끓는점과 같은 보통의 물리적 성질이 실험 오차 내에서는 같다.

하지만 두 거울상이성질체는 공간에서의 원자의 배열에 의존하는 성질이 크게 다를 수 있다. 예를 들어, 카본(carvone)의 거울상이성질체 구조를 보자. (*R*)-(−)-카본은 박하유(spearmint oil)의 주성분이다. 그 거울상이성질체인 (*S*)-(+)-카본은 캐러웨이 씨기름(caraway seed oil)의 주성분이다. 두 거울상이성질체의 냄새는 확연히 다르다.

카이랄 의약품

최근의 추정에 의하면 전 세계적으로 처방되는 의약품과 일반 의약품의 수는 약 2,000개라고 한다. 약의 삼분의 일 가량이 천연물 자체이거나 천연물을 화학적으로 구조를 바꾸어 만들어진다. 천연물에서 유래하는 대부분의 의약품은 카이랄하고 라세미 혼합물로서가 아니라 한 가지 거울상이성질체로 거의 항상 얻어진다. 합성유기화학의 생성물인 1,300개 이상의 약 중에서 500개 이상의 카이랄 물질은 그렇지 않다. 최근까지 원하는 치료 활성이 한 가지 거울상이성질체에만 있더라도 그러한 의약품은, 몇 가지 예외를 제외하면, 라세미 혼합물로서 제조, 판매 처방되었다. 안정과 효능에서부터 합성 방법론과 경제학에 이르는 많은 요인에 의하여 자극을 받아서, 더 많은 카이랄 합성 의약품이 순수거울상 구조로 얻어짐에 따라 이러한 관행은 빠르게 변화하고 있다.

대부분의 생물학적 과정(3.8절)이 보이는 고수준의 카이랄 인식 때문에 카이랄 의약품의 두 거울상이성질체가 같은 수준의 효과 혹은 심지어는 같은 종류의 효과를 보일 것 같지는 않다. 극단적으로는 한 거울상이성질체는 원하는 약효가 있으나 다른 것은 전혀 효과가 없을 수도 있다. 상대적으로 드물지만, 이러한 경우에는 라세미 의약품은 순도가 50%이고 "무해한 성분"이 50%인 약일 뿐이다. 실제의 경우는 더 복잡하다. 예를 들면, 흔히 라세미 혼합물로서 판매되고 있는 이부프로펜(ibuprofen)의 진통 효과는 *S* 거울상이성질체에 있다. 하지만 우리 신체의 효소 촉매화 반응이 *R* 거울상이성질체의 대부분을 (*S*)−이부프로펜으로 바꾸기 때문에 라세미 이부프로펜의 절반을 차지하는 *R* 거울상이성질체는 완전히 버려지는 것은 아니다.

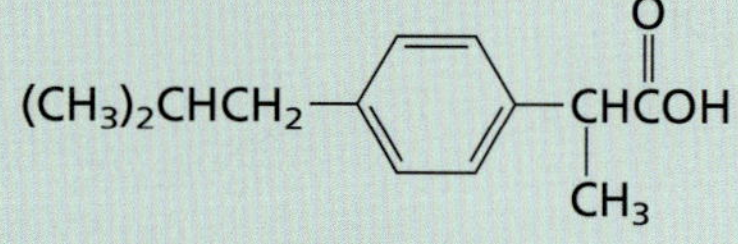

Ibuprofen

라세미 혼합물로서 카이랄 의약품을 사용하는 훨씬 더 심각한 결점은 탈리도마이드(thalidomide)에서 볼 수 있다. 이 약은 1959~1962년 사이에 유럽과 영국에서 수면제와 항구토제로서 잠깐 사용된 바가 있다. 원하는 약효는 (*R*)−탈리도마이드에 있다. 하지만 (*S*)−탈리도마이드는 매우 다른 생물학적 활성을 가지고 있으며, 임신 중에 이 약을 복용한 여성이 출산한 신생아에서 2,000건이 넘는 심각한 선천적 결핍증을 가져 왔음이 밝혀졌다.

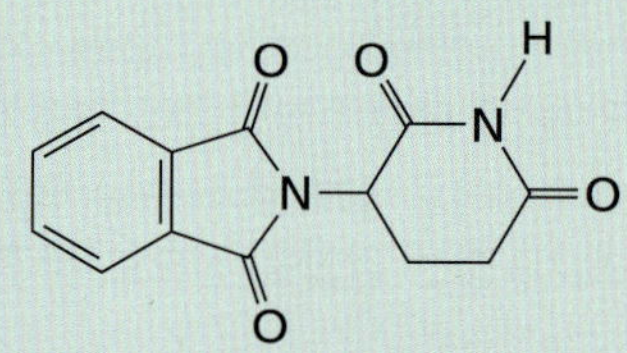

Thalidomide

화학 반응의 입체화학을 조절하는 요인을 이해하기 위하여 수행된 기초 연구의 결과로 순수한 거울상 형으로 카이랄 분자를 합성하는 것이 실제적으로 가능하도록 하는 새로운 합성 방법이 개발되었다. 이러한 점을 인식하여 대부분의 주요한 제약회사는 현재 사용되는 의약품 중에서 어느 것이 한 가지의 거울상이성질체로 만들기에 가장 좋은 후보인지를 찾고 있으며, 새로운 의약품을 제조할 때 원하는 거울상이성질체만 얻어지도록 합성법을 고안한다. 1992년에 미국식품의약청(FDA)은 그러한 방법을 권장하는 지침서를 발행하였으나, 특별한 경우에는 신의약품이 라세미 혼합물로 허용될 수 있는 가능성도 열어 놓았다. 현존하는 의약품을 거울상이성질상으로 순수한 약으로 개발하고자 하는 한 가지 동기는 합성에 필요한 새로운 제조법 덕택에 기존 약과는 별도로 특허의 보호를 받을 수도 있는 가능성 때문이다. 따라서 카이랄하지만 라세미 약을 순수한 거울상이성질상 구조로 바꾸면 특허법이 보기에 혁신을 일으키는 데 중요한 독점적 지위를 연장할 수 있다.

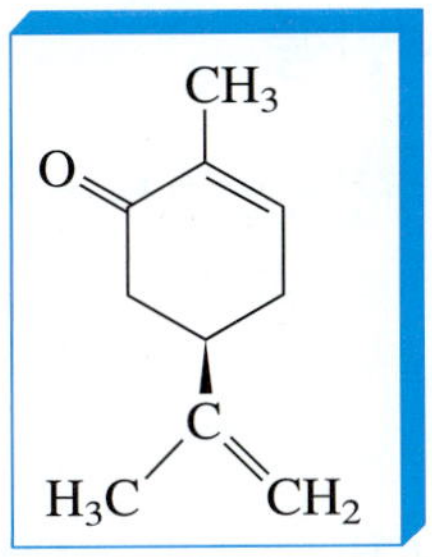

(*R*)-(−)-Carvone
(박하유)

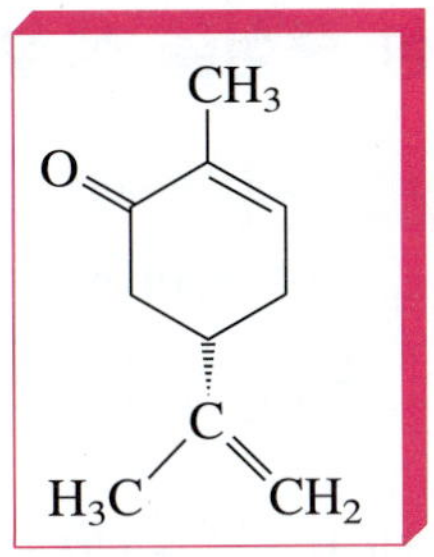

(*S*)-(+)-Carvone
(캐러웨이 씨 기름)

(*R*)−카본과 (*S*)−카본의 냄새 차이는 코에 있는 수용체에 대한 행동이 다른 점에 기인한다. 냄새 수용체는 휘발성 분자를 수용하기에 딱 맞는 모양을 가지고 있다고 생각된다. 수용체 자리도 자신은 카이랄하기 때문에 한 거울상이성질체는 한 가지 수용체에 맞으나 다른 거울상이성질체는 다른 종류에 맞을 것이다. 유사한 예로서 손과 장갑의 관계를 들 수 있다. 여러분의 왼손과 오른손은 거울상이성질체이다. 여러분의 왼손을 왼손용 장갑 속으로 넣을 수는 있지만 오른손용 장갑으로는 그렇게 할 수 없다. 수용체(장갑)는 카이랄 물체(여러분의 손)의 한 거울상이성질체를 수용할 수는 있지만 다른 것은 할 수 없다.

카이랄 인식(chiral recognition)이라는 용어는 카이랄 수용체나 시약이 카이랄 분자의 한 가지 거울상이성질체와 선택적으로 상호작용하는 과정을 말한다. 생물학적 과정에는 매우 높은 수준의 카이랄 인식이 흔하다. 예를 들면, (−)-니코틴은 (+)-니코틴보다 독성이 더 크고 (+)-아드레날린은 (−)-아드레날린보다 혈관의 수축을 더 잘 일으킨다. (−)-타이록신은 갑상선의 아미노산으로서 대사작용을 촉진하고, 신경과민과 체중의 감량을 일으킨다. 이 약은 모든 처방약 중에서 널리 사용되는 약의 하나이며, 미국에서는 약 천만 명의 사람이 (−)-타이록신을 매일 복용한다. 이 약의 거울상이성질체인 (+)-타이록신은 신진대사를 조절하는 효과가 없으며, 대신 콜레스테롤 수치를 낮추는 목적으로 심장병 환자에게 처방되기도 한다.

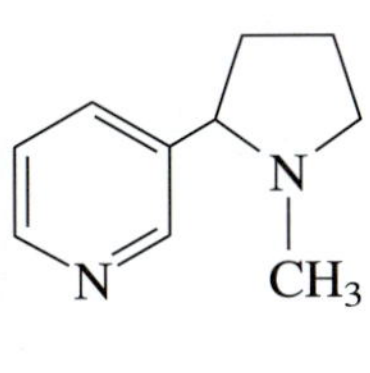

Nicotine

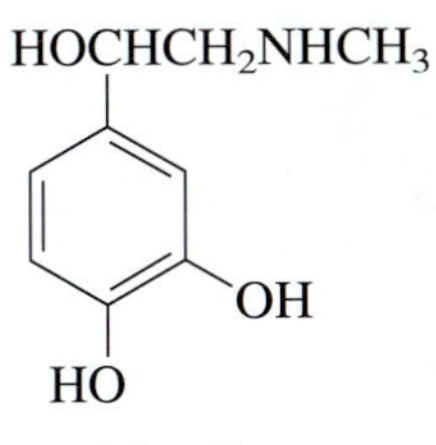

Adrenaline

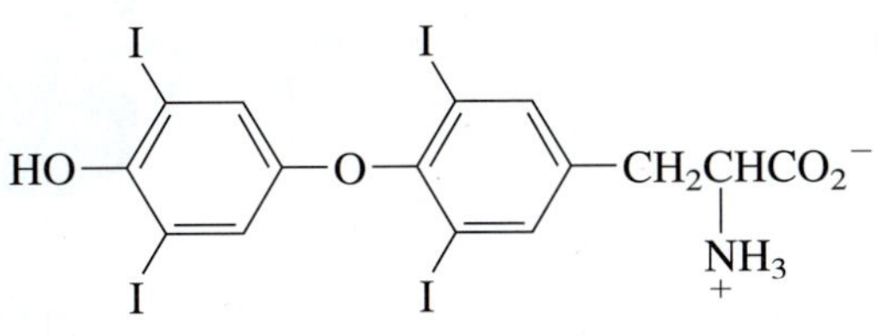

Thyroxine

(각 경우에 입체생성 중심을 찾을 수 있을까?)

3.9 입체생성 중심을 생성하는 반응

많은 반응이 비카이랄 출발 물질에서 카이랄 생성물을 만들 수 있다. 알켄의 많은 반응들이 이 범주에 속한다. 예를 들면, 2-뷰텐과 브로민화 수소 사이의 반응은 비카이랄 알켄을 입체생성 중심이 하나인 생성물로 바꾼다.

$$CH_3CH{=}CHCH_3 \xrightarrow{HBr} CH_3\underset{\displaystyle Br}{\underset{|}{C}}HCH_2CH_3 \text{ 를 거쳐 } CH_3\overset{+}{C}HCH_2CH_3$$

(*E*)- 또는 (*Z*)-2-butene (비카이랄) | 2-Bromobutane (카이랄) | Carbocation (비카이랄)

그림 3.6은 왜 (*R*)- 그리고 (*S*)-2-브로모뷰테인(bromobutane)이 이 반응에서 같은 양으로 생겨서 광학적으로 비활성인 라세미 혼합물을 주는지를 보여 준다. 알켄에 대한 친전자성 첨가 반응(6.2절)은 탄소양이온을 거쳐 일어난다. 양으로 하전된 탄소에 연결된 결합은 같은 면에 있고, 이 평면이 탄소양이온의 대칭면이므로 탄소양이온은 비카이랄하다. 브로마이드 이온(bromide ion)이 탄소양이온(carbocation)을 두 거울-상 면에서 공격하는 속도는 같고 생성물인 2-브로모뷰테인은 카이랄하지만 라세미 혼합물로 얻어지므로 광학적으로 비활성이다.

이것은 일반적 원리이다. 즉,

> 광학적으로 비활성인 기질이 광학적으로 비활성인 시약과 반응할 때 광학적으로 활성인 생성물은 생성될 수 없다.

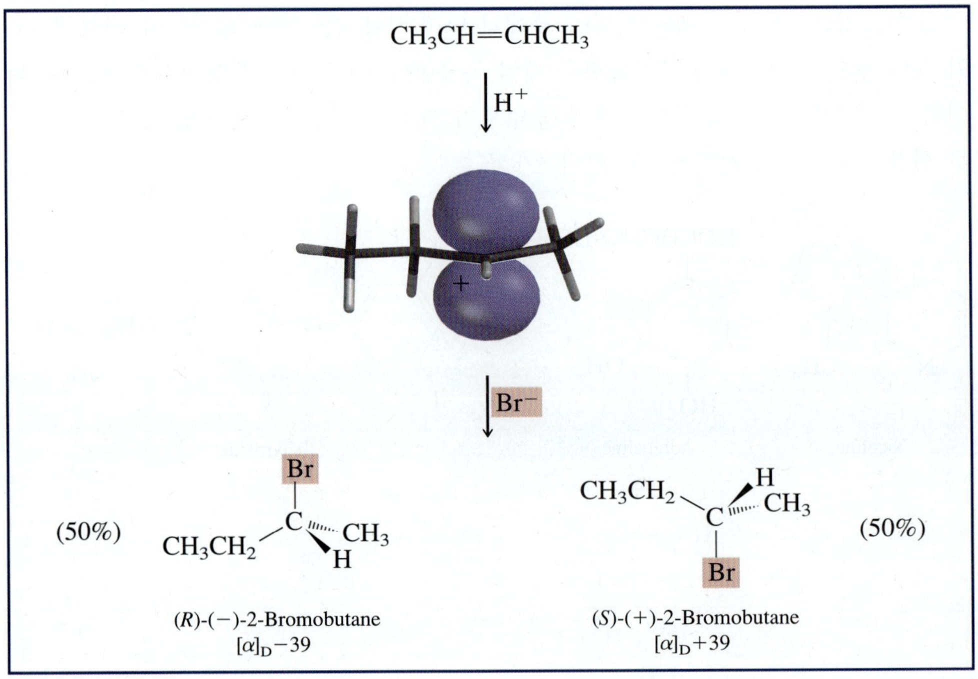

그림 • 3.6
(*E*)- 및 (*Z*)-2-뷰텐에 대한 브로민화 수소의 친전자성 첨가 반응은 비카이랄 탄소양이온을 거쳐 일어나서 (*R*)- 그리고 (*S*)-2-브로모뷰테인이 같은 양만큼 얻어진다.

이 원리는 출발 물질이 비카이랄인지 혹은 카이랄 물질의 라세미 혼합물인지에 상관없이 항상 성립한다.

광학적으로 비활성인 출발 물질은 광학 활성인 시약과 반응하거나 광학 활성인 물질에 의하여 반응이 촉매화되는 경우에만 광학 활성인 생성물을 줄 수 있다. 가장 좋은 예를 자연에서 찾을 수 있다. 대부분의 생화학적 반응은 효소에 의하여 촉매화된다. **효소**(enzyme)는 카이랄하고, 한 가지 거울상이성질체로 존재한다. 즉, 효소는 화학 반응이 일어나는 비대칭적 환경을 제공한다. 따라서 대부분의 효소-촉매화 반응에서는 한 가지 거울상이성질체만 생긴다. 예를 들어, 효소 퓨마레이스(fumarase, 퓨마르산분해효소)는 비카이랄 퓨마르산(fumaric acid)의 수화 반응을 촉매화하여 사과나 다른 과일에 들어 있는 말산(malic acid)을 만든다. 이 반응에서는 말산의 *S* 거울상이성질체만 생긴다.

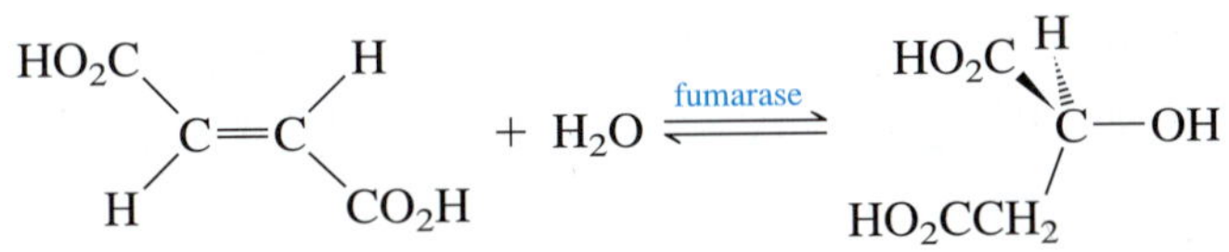

Fumaric acid (*S*)-(−)-Malic acid

문제 3.6 효소 락테이트 탈수소효소(lactate dehydrogenase)에 의하여 촉매화되는 피루브산의 생물학적 환원은 아래 Fischer 투영도에서처럼 (+)-락트산을 준다. Cahn-Ingold-Prelog의 *R-S* 표기법에 따르면 (+)-락트산의 배열은 무엇인가? Fischer 투영도의 분자 모형을 만들어보면 도움이 될 것이다.

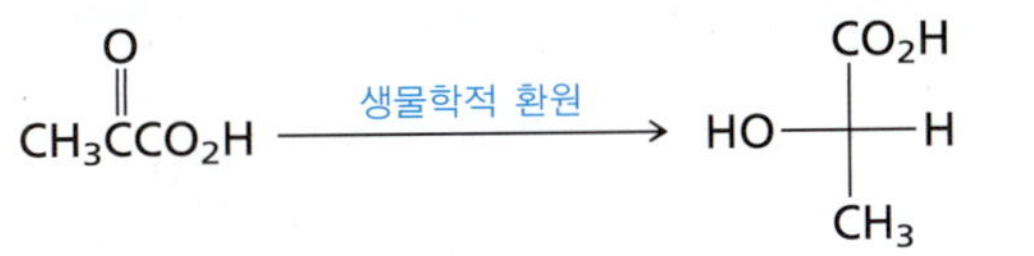

Pyruvic acid (+)-Lactic acid

광학 활성의 존재 여부는 아마도 생명의 유일한 기준이라고 Louise Pasteur는 생각하였다. 1860년에 그는 생명과 죽은 물체의 화학에서의 차이는 "유기 천연물의 분자 대칭성"이라고 언급하였다.

3.10 입체생성 중심이 둘인 카이랄 분자

한 분자가 2,3-다이하이드록시뷰탄산(2,3-dihydroxybutanoic acid)에서처럼 입체생성 중심이 둘이면 몇 개의 거울상이성질체가 가능할까?

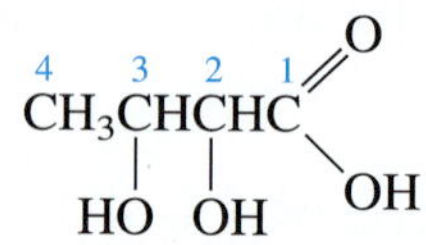

2,3-Dihydroxybutanoic acid

간단한 추리를 이용하면 답을 얻을 수 있다. C-2의 절대 배열은 *R* 아니면 *S*이고, 비슷하게 C-3도 절대 배열이 *R* 아니면 *S*이다. 이 두 입체생성 중심의 가능한 네 가지 조합은 다음과 같다.

(2*R*,3*R*)	(입체이성질체 I)	(2*S*,3*S*)	(입체이성질체 II)
(2*R*,3*S*)	(입체이성질체 III)	(2*S*,3*R*)	(입체이성질체 IV)

입체이성질체 I과 II는 서로 거울상이성질체이다. 즉, (*R*,*R*)의 거울상이성질체는 (*S*,*S*)이다. 비슷하게 입체이성질체 III과 IV는 서로 거울상이성질체로서 (*R*,*S*)의 거울상이성질체는 (*S*,*R*)이다.

입체이성질체 I은 III이나 IV의 거울상이 아니므로 서로의 거울상이성질체는 아니다. 물체와 그 거울상의 관계가 아닌 입체이성질체를 **부분입체이성질체**(diastereomer)라고 한다.

부분입체이성질체는 거울상이성질체가 아닌 입체이성질체이다.

따라서 입체이성질체 I은 III의 부분입체이성질체이고, IV의 부분입체이성질체이다.

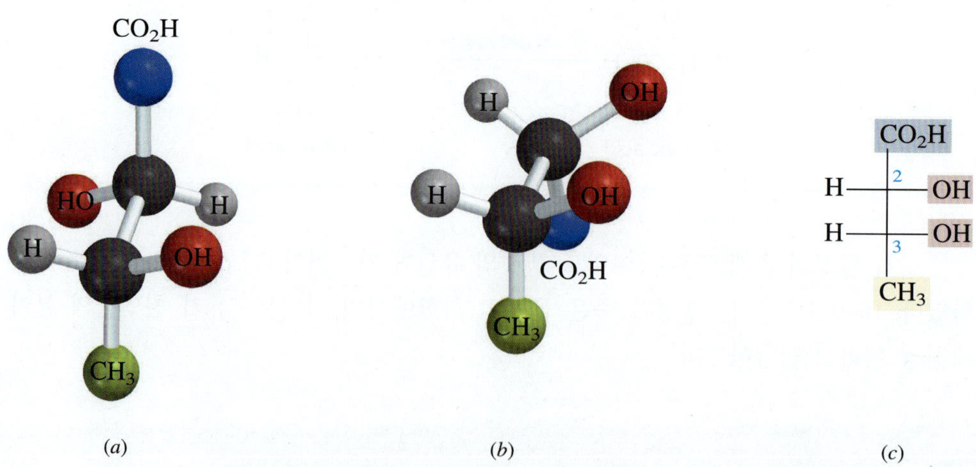

그림 • 3.7
(2*R*,3*R*)-다이하이드록시뷰탄산의 표현. (*a*) 엇갈린 형태는 가장 안정하지만 Fischer 투영법에 따라서 입체화학을 보이도록 적절하게 배열되어 있지 않다. (*b*) C-2-C-3 결합을 회전하면 가려진 형태가 얻어지고, 이 가려진 형태를 종이에 투사하면 (*c*) 올바른 Fischer 투영도가 나온다.

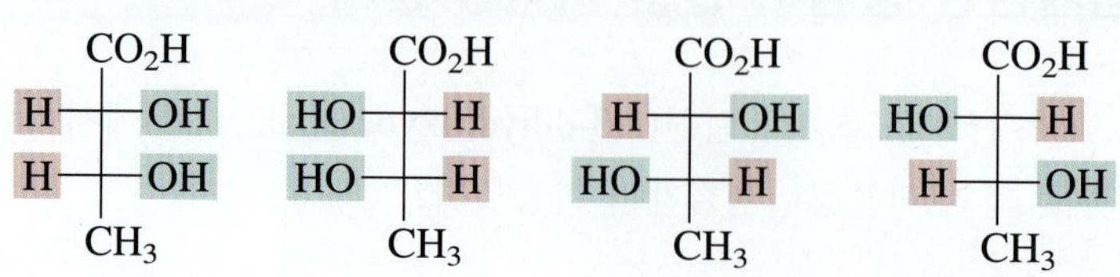

I (2*R*,3*R*) II (2*S*,3*S*) III (2*R*,3*S*) IV (2*S*,3*R*)

비슷하게 II는 III과 IV의 부분입체이성질체이다.

입체생성 중심이 둘인 분자를 그 거울상이성질체로 바꾸려면 두 중심에서의 배열을 교환해야 한다. 입체생성 중심 하나에서만 배열을 바꾸면 부분입체이성질체가 얻어진다.

입체생성 중심이 둘 이상인 분자의 입체이성질체를 Fischer 투영도로 표시할 수 있다. 그림 3.7이 보이듯이, 분자를 **가려진**(*eclipsed*) 형태로 배열하여 종이에 투사한다. 모든 Fischer 투영도에서처럼 수평선은 여러분 쪽으로 향한 결합을 나타낸다. 즉, 수직한 결합은 멀어지는 방향이다.

부분입체이성질체는 서로의 거울상이 아니므로 물리적 그리고 화학적 성질이 아주 다를 수 있다. 예를 들면, 3-아미노-2-뷰탄올(3-amino-2-butanol)의 (2*R*,3*R*) 거울상이성질체는 액체이지만 (2*R*,3*S*) 부분입체이성질체는 결정형 고체이다.

알켄의 입체이성질체는 부분입체이성질체의 또 다른 예이다. (*E*)- 그리고 (*Z*)-2-뷰텐은 입체이성질체이나 거울상은 아니다; 이들은 부분입체이성질체이다.

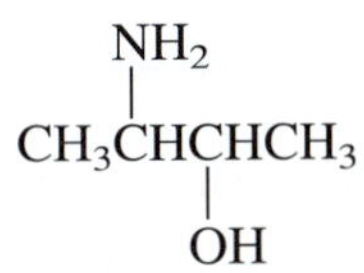

3-Amino-2-butanol

문제 3.7 아래에 나오는 Fischer 투영도의 배열을 정하시오.

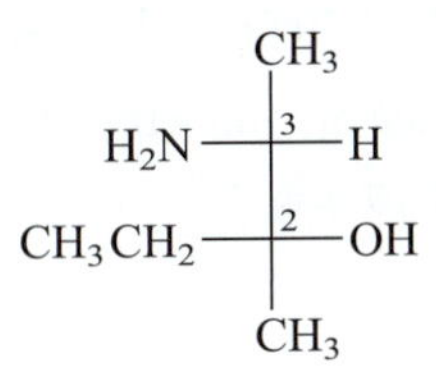

풀이

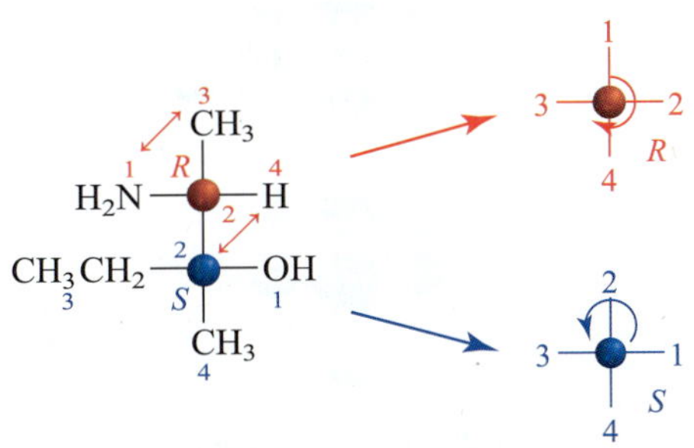

문제 3.8 입체이성질체인 네 가지 3-아미노-2-뷰탄올의 Fischer 투영도를 그리거나 분자 모형을 만들고, 각 입체생성 중심을 *R* 또는 *S*로 표시하시오.

문제 3.9 3-아미노-2-뷰탄올의 어떤 입체이성질체는 액체이고 다른 어떤 것은 고체라고 한다. 2*R*, 2*S*가 액체이면 고체인 입체이성질체를 나타내시오. 여러분의 답을 분명하게 설명하시오.

3.11 입체생성 중심이 둘인 비카이랄 분자

이제, 입체생성 중심이 둘이면서 똑같이 치환된 2,3-뷰테인다이올(2,3-butanediol)과 같은 분자를 보자.

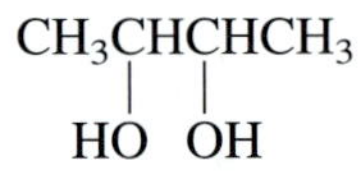

2,3-Butanediol

2,3-뷰테인다이올의 입체이성질체는 네 개가 아니라 세 개만 가능하다. 그림 3.8에 이러한 세 구조가 나와 있다. (2*R*,3*R*) 및 (2*S*,3*S*)는 서로의 거울상이성질체이고, 광학 회전도는 같으나 부호만 반대이다. 하지만 입체생성 중심의 세 번째 조합인 (2*R*,3*S*)는 그 (2*S*,3*R*) 거울상에 겹쳐질 수 있는 **비카이랄** 구조를 준다. 이 화합물은 비카이랄하기 때문에 이 세 번째 입체이성질체는 **광학적으로 비활성**이다. 입체생성 중심이 있지만 비카이랄한 분자를 **메조형**(meso form)이라고 한다. 그림 3.8의 메조형을 *meso*-2,3-뷰테인다이올이라고 한다. 메조형은 **대칭면**(plane of symmetry)이 있고, 비카이랄하다.

Fischer 투영 구조식을 사용하면 메조형을 쉽게 알 수 있다. 2,3-뷰테인다이올의 세

그림 • 3.8
2,3-뷰테인다이올의 입체이성질체를 편리상 가려진 형태로 보였다. 입체이성질체 (*a*)와 (*b*)는 서로의 거울상이성질체이다. 구조 (*c*)는 (*a*)와 (*b*)의 부분입체이성질체이고 비카이랄하다. 이 화합물을 *meso*-2,3-뷰테인다이올이라고 부른다.

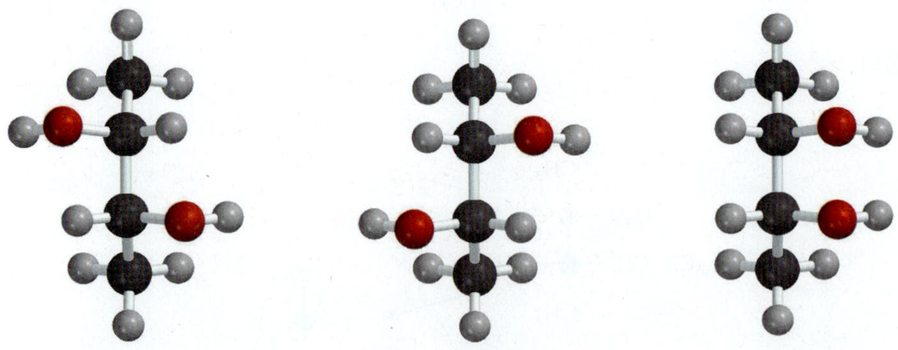

(2*R*,3*R*)-2,3-Butanediol (*a*) | (2*S*,3*S*)-2,3-Butanediol (*b*) | *meso*-2,3-Butanediol (*c*)

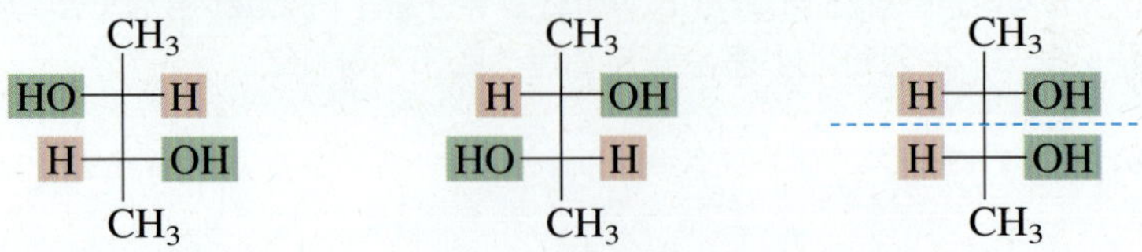

(2*R*,3*R*)-2,3-Butanediol | (2*S*,3*S*)-2,3-Butanediol | *meso*-2,3-Butanediol

입체이성질체 중에서 메조 입체이성질체에서만 Fischer 투영도의 중심을 통과하는 점선에 의하여 분자가 두 거울상 반쪽으로 갈라진다는 점을 알 수 있다.

하지만 이러한 목적으로 Fischer 투영도를 사용하는 경우에는 이 투영도가 어떤 삼차원 구조를 나타내는지를 기억해야 한다. 예를 들어, 어떠한 단계에서도 Fischer 투영도의 어떠한 부분이라도 종이면 바깥으로 이동시켜 두 카이랄 입체이성질체가 겹치는지를 알아보면 안 된다.

3.12 입체생성 중심이 다수인 분자

많은 천연물은 입체생성 중심이 서너 개이다. 입체생성 중심이 둘인 경우에 서술한 분석과 비슷한 방법을 사용하면 한 특정한 구성을 가진 입체이성질체의 최대 수는 2^n임을 알 수 있으며, n은 입체생성 중심의 수이다.

문제 3.10 *R*과 *S* 기술자를 사용하여 입체생성 중심이 새 개인 한 분자의 모든 가능한 조합을 쓰시오.

분자의 입체생성 중심이 두 개 이상 똑같이 치환되어 있으면 메조형이 가능하고, 그러면 입체이성질체의 수는 2^n보다 작을 것이다. 따라서 2^n은 입체생성 중심이 n개인 분자가 가질 수 있는 입체이성질체의 최대 수를 나타낸다.

입체생성 중심이 다수인 물질의 가장 좋은 예는 탄수화물(15장)이다. 헥소스(hexose)라고 하는 탄수화물의 한 부류는 다음과 같은 구조이다.

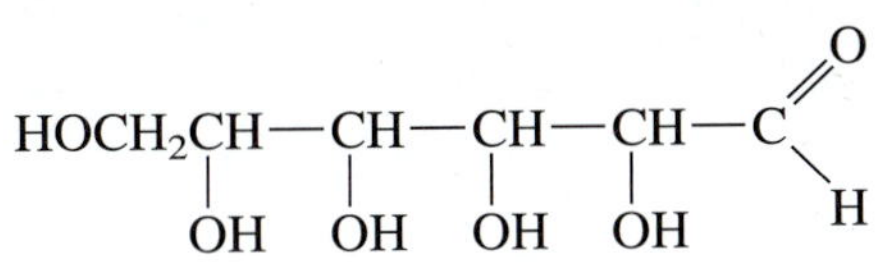

A hexose

입체생성 중심이 네 개이고 메조형은 가능하지 않기 때문에 헥소스의 입체이성질체의 수는 2^4, 즉 16이다. 모든 16개는 천연물에서 분리되었거나 아니면 화학 합성의 생성물로서 알려져 있다.

3.13 거울상이성질체의 분할

라세미 혼합물을 그 거울상이성질체 성분으로 분리하는 작업을 **분할**(resolution)이라고 한다. 최초의 분할은 타타르산(tartaric acid, 주석산)의 분할로서, 1848년에 Louis Pasteur에 의하여 수행되었다. 타타르산은 포도주 제조의 부산물로서 거의 항상 2*R*,3*R*

입체이성질체로 발견되며, 이 구조가 아래에 투시도와 Fischer 투영도로 나와 있다.

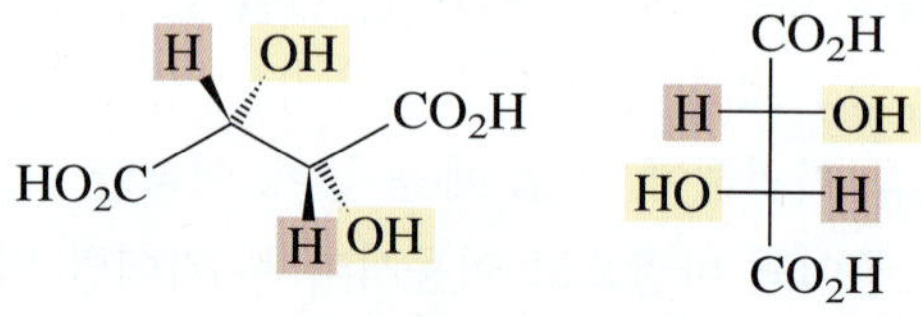

(2*R*,3*R*)-Tartaric acid
(녹는점 170°C, $[\alpha]_D$ +12)

문제 3.11 다른 타타르산 이성질체가 두 개 더 있다. Fischer 투영도를 그리고 입체생성 중심의 배열을 나타내시오.

가끔씩 타타르산의 광학적으로 비활성인 시료가 얻어지기도 하였다. Pasteur는 광학적으로 비활성인 타타르산의 소듐 암모늄 염은 두 거울-상 결정형의 혼합물임을 알아내었다. 현미경과 집게로 Pasteur는 조심스럽게 둘을 분리하였다. 그는 결정(수용액에서)의 한 종류는 우회전성이고 거울-상 결정은 평면 편광의 면을 같은 정도로 회전시키나 좌회전성임을 발견하였다.

Pasteur는 구조를 이용하여 설명을 할 수는 없었으나(25년 뒤에 van't Hoff와 Le Bel이 나올 때까지 기다려야 했다), 그는 결정이 서로 거울상인 점은 분자도 거울상이기 때문이라고 올바르게 추론하였다. 타타르산의 이 드문 형은 (+)-타타르산과 (−)-타타르산이 같은 양만큼 들어 있기 때문에 광학적으로 비활성이었다. 일찍이 이 형을 라세미산(라틴 racemus, "포도송이"에서 유래)이라고 불렀는데, 이 이름에서 현재 거울상이성질체의 동일한 혼합물에 대한 이름인 라세미 혼합물이라는 이름이 나왔다.

문제 3.12 Pasteur가 연구하였던 타타르산의 흔하지 않은, 광학적으로 비활성인 형이 *meso*-타타르산일 수 있을까?

Pasteur가 거울상이성질체를 분리하는 데 사용한 방법은 힘이 많이 들며, 거울상이성질체의 결정형이 구별되어야 한다는 점이 요구된다. 하지만 이러한 경우는 매우 드물다. 따라서 거울상이성질체를 분할하는 더 일반적인 방법이 개발되었다. 대부분은 임시로 라세미 혼합물의 거울상이성질체를 부분입체이성질체인 유도체로 바꾼 후 이 부분입체이성질체를 분리하고 다시 원래의 출발 물질인 거울상이성질체를 얻는 전략을 이용한다.

가능하면, 부분입체이성질체의 생성과 여기서 거울상이성질체로 바꾸는 변환에 관여하는 화학 반응으로 간단한 산-염기 반응을 사용하면 좋다. 예를 들어, 천연물인 (*S*)-(−)-말산은 아민을 분할하는 데 종종 사용된다. 이 방법으로 분할된 아민의 한 가지는 1-페닐에틸아민(1-phenylethylamine)이다. 아민은 염기이고, 말산은 산이다. (*S*)-말산에서 양성자가 (*R*)-과 (*S*)-1-페닐에틸아민으로 이동하면 부분입체이성질체인 염이 혼합물로 얻어진다.

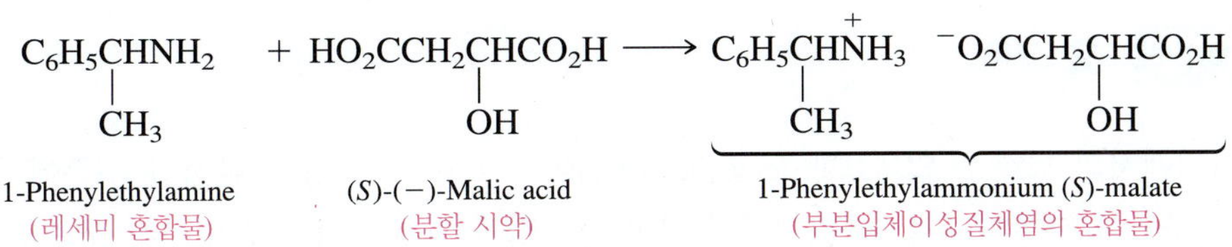

부분입체이성질체인 염을 분리하고 염기로 처리하면 아민의 두 거울상이성질체가 다시 나온다.

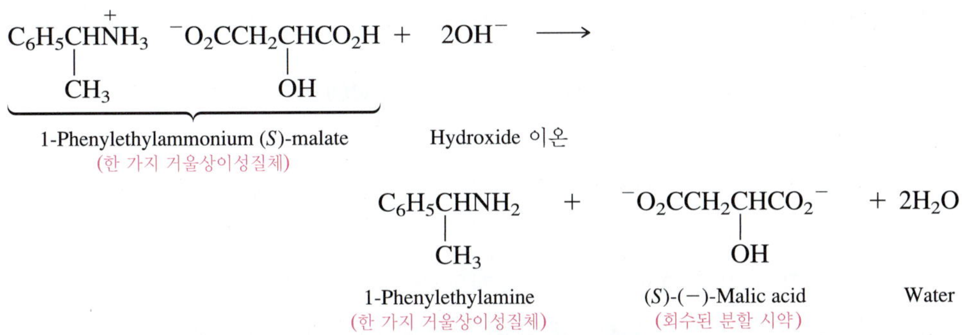

이 방법은 카이랄 아민과 카복실산의 분할에 널리 이용된다. 다른 작용기에 대해서도 부분입체이성질체의 생성과 분리에 근거를 둔 유사한 방법이 개발되었다. 정밀한 방법은 분자 내에 존재하는 작용기에 관련된 화학 반응성의 종류에 달려 있다.

의약 산업에서 순수한 거울상인 출발 물질과 중간체에 관한 수요가 재빠르게 증가하기 때문에(이 장에 나오는 '카이랄 의약품'이라고 제목을 붙인 상자 속 에세이 참조) 라세미 혼합물을 분할하는 방법의 개발에 대한 흥미가 증가하고 있다.

학습목표

이 장은 원자와 분자의 입체적 관계에 초점을 맞추었다. 이 장에서 배운 기술로 여러분은 다음과 같은 것을 할 수 있다.

- 입체생성 중심의 위치를 알아내어 카이랄 분자를 알아 볼 수 있다.
- 거울상이성질체와 부분입체이성질체라는 용어가 무엇을 의미하는지를 설명할 수 있다.
- 카이랄 분자의 투시도(쐐기-점선)를 그릴 수 있다.
- 대칭면이 한 분자가 카이랄한지 아닌지와 어떻게 관련이 있는지를 기술할 수 있다.
- 카이랄 분자의 성질로서 광학 활성을 설명할 수 있다.
- 분자의 절대 배열을 *R-S* 표기법으로 정할 수 있다.
- 카이랄 분자의 Fischer 투영도를 그릴 수 있다.
- 비카이랄 알켄에 대한 첨가 반응이 생성물을 라세미 혼합물로서 주는 이유를 설명할 수 있다.
- 메조형이라는 용어의 의미를 설명할 수 있다.
- 입체생성 중심이 둘 이상인 분자에서 가능한 입체이성질체의 수를 구할 수 있다.
- 라세미 혼합물을 각각의 거울상이성질체로 분할하는 방법을 기술할 수 있다.

3.14 요약

삼차원에서의 화학을 **입체화학**(stereochemistry)이라고 한다. 가장 기본적인 수준에서는 분자 구조를 다루며, 다른 수준에서는 화학 반응성을 다룬다. 표 3.3에 분자 구조와 입체화학과 관련된 몇 가지 기본적인 정의를 요약하였다.

한 분자가 자기의 거울상과 겹쳐지지 않을 때 그 분자는 **카이랄**(chiral)하다. 겹쳐지지 않는 거울상은 서로의 **거울상이성질체**(enantiomer)이다. 거울상이 겹치는 분자는 비카이랄하다(3.1절)

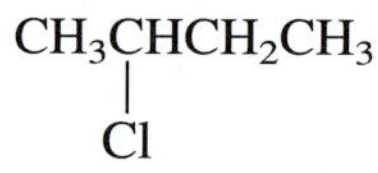

2- Chlorobutane
(카이랄)

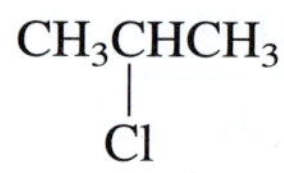

2- Choropropane
(비카이랄)

카이랄 분자의 가장 흔한 종류는 네 개의 서로 다른 원자단이 있는 탄소 원자를 가지고 있다. 그러한 원자를 **입체생성 중심**(stereogenic center)이라고 한다(3.2절). 표 3.3

표 3.3 이성질체의 분류*

정의	예
1. **구성이성질체**(constitutional isomer)는 원자가 연결된 순서가 다르다.	세 가지 구성 이성질체는 분자식이 C_3H_8O이다. $CH_3CH_2CH_2OH$ 1-Propanol 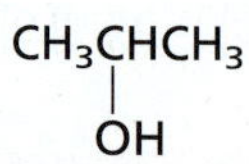 2-Propanol $CH_3CH_2OCH_3$ Ethyl methyl ether
2. **입체이성질체**(stereoisomer)는 구성은 같으나 원자의 공간에서의 배열이 다르다.	
(a) **거울상이성질체**(enantiomer)는 한 물체와 이것과 겹치지 않는 거울상의 관계인 입체이성질체이다.	2-클로로뷰테인의 두 거울상이성질체는 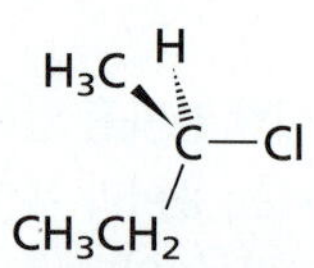 과 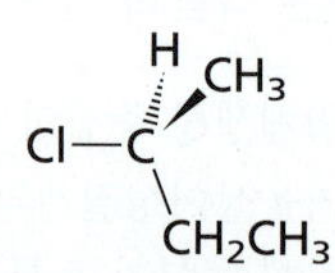 (*R*)-(−)-2-Chlorobutane (*S*)-(+)-2-Chlorobutane
(b) **부분입체이성질체**(diastereomer)는 거울상이성질체가 아닌 입체이성질체이다.	4-메틸사이클로헥산올의 시스 및 트랜스 이성질체는 입체이성질체이나 한 물체와 그 거울상의 관계는 아니다; 이것들은 부분입체이성질체이다. 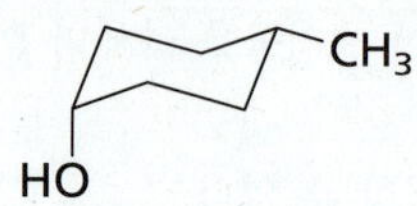 *cis*-4-Methylcyclohexanol 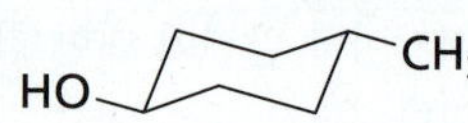 *trans*-4-Methylcyclohexanol

* 이성질체는 분자식은 같으나 다른 화합물이다. 이성질체는 구성 이성질체가 아니면 입체이성질체이다.

에 2-클로로뷰테인의 거울상이성질체가 나와 있다. C-2는 2-클로로뷰테인의 입체생성 중심이다. 대칭면이 있는 분자는 카이랄할 수 없다(3.3절)

광학 활성도(optical activity), 즉 한 물질이 편광의 면을 회전시키는 각도는 카이랄 물질의 확인에 사용되는 물리적 성질이다(3.4절). 거울상이성질체는 **광학 회전**(optical rotation)의 크기는 같으나 반대이다. 광학적으로 활성이기 위해서는 카이랄해야 하고, 한 거울상이성질체가 다른 것보다 더 많이 존재해야 한다. **라세미 혼합물**(racemic mixture)은 광학적으로 비활성이고, 거울상이성질체가 같은 양으로 들어 있다.

절대 배열(absolute configuration)은 공간에서 원자들의 배열의 정확한 기술이다(3.5절). 카이랄 분자의 절대 배열은 Cahn-Ingold-Prelog 표기법의 접두사 *R*과 *S*를 사용하여 나타낸다(3.6절). 입체생성 중심의 치환기를 우선순위가 감소하는 순서대로 순위를 정한다. 순위가 가장 낮은 치환기를 여러분에게서 멀어지는 방향으로 놓은 후, 나머지 세 치환기의 우선순위가 시계 방향이면(가장 높음 → 두 번째로 높음 → 세 번째로 높음) 그 배열은 *R*이다. 경로가 시계 반대 방향이면 그 배열은 *S*이다. 표 3.3에는 2-클로로뷰테인의 *R*과 *S* 거울상이성질체가 나와 있다.

Fischer 투영도(Fischer projection)는 결합을 편평한 표면에 투영했을 때 분자가 어떻게 보일 지를 나타낸다(3.7절). 수평선은 여러분 쪽으로 향한 결합이며, 수직 결합은 여러분에게서 멀어지는 결합이다. 흔히 투영도는 탄소 사슬이 수직이고 위치 번호가 가장 작은 탄소가 꼭대기에 나오도록 그린다.

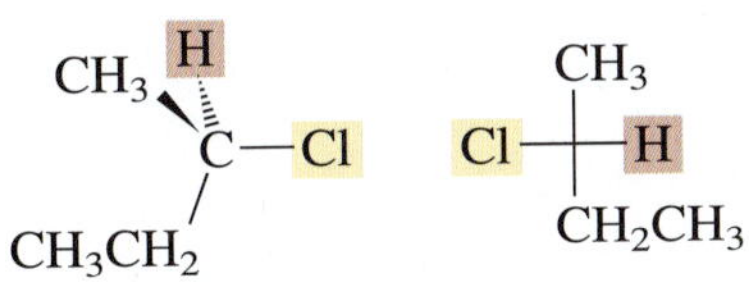

(*R*)-2- Chlorobutane

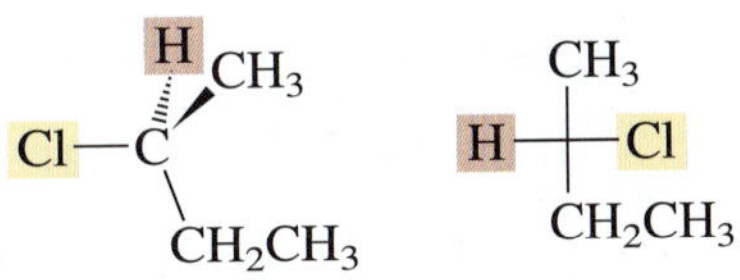

(*S*)-2- Chlorobutane

같은 물질의 두 거울상이성질체는 대부분의 물리적 성질이 같다(3.8절). 가장 눈에 띄는 차이는 맛이나 냄새처럼, 물질이 생명계의 카이랄 수용체 자리와 상호작용하는 생물학적인 것이다. 거울상이성질체는 또한 의약에서 중요하며, 한 의약품의 두 거울상이성질체가 환자에 대하여 매우 다른 효과를 줄 수 있다.

화학 반응은 비카이랄 물질을 카이랄 물질로 바꿀 수 있다. 생성물에 입체생성 중심이 하나라면 라세미 혼합물로서 생길 수 있다. 광학 활성인 시약이 있을 경우에만 광학 활성이 있는 생성물이 광학적으로 비활성인 출발 물질로부터 생길 수 있다(3.9절).

분자가 똑같이 치환되지 않은 두 입체생성 중심이 있다면 네 입체이성질체가 가능하다(3.10절). 거울상이성질체가 아닌 입체이성질체를 **부분입체이성질체**(diastereomer)라고 한다. 입체생성 중심은 있으나 비카이랄 분자를 **메조형**(meso form)이라고 한다(3.11절). 한 특정한 구성에 대하여 입체이성질체의 최대 수는 2^n이며, n은 입체화학적 변화를 줄 수 있는 구조적 단위의 수—흔히 입체생성 중심의 수이다(3.12절).

분할(resolution)은 라세미 혼합물을 그 거울상이성질체로 분리하는 작업이다(3.13절).

이 작업은 흔히 거울상이성질체의 혼합물을 부분입체이성질체의 혼합물로 바꾸고, 부분입체이성질체를 분리하고, 다음에 거울상이성질체를 재생함으로써 수행된다.

보충문제

3.13 분자식이 $C_5H_{11}Br$인 할라이드의 이성질체 중에서 어느 것이 카이랄한가? 어느 것이 비카이랄한가?

3.14 문제 3.13에서 확인한 각 카이랄 입체이성질체의 두 거울상이성질체를 투영도(쐐기-점선)로 그리시오.

3.15 Fischer 투영도를 이용하여 문제 3.13을 다시 푸시오.

3.16 다음 각 쌍의 화합물에서 하나는 카이랄하고 다른 것은 비카이랄하다. 각 화합물을 카이랄 또는 비카이랄로서 적절하게 확인하시오.

(a) 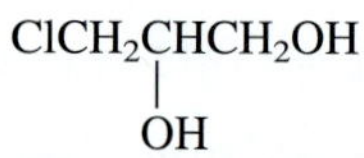 와 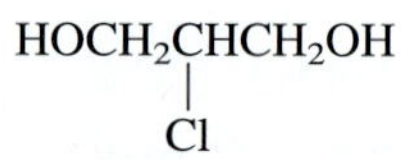

(b) $CH_3CH=CHCH_2Br$ 와 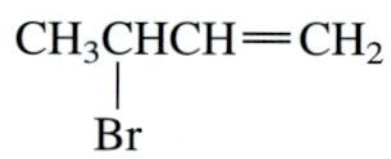

(c) 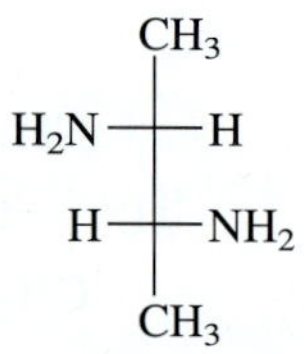 와 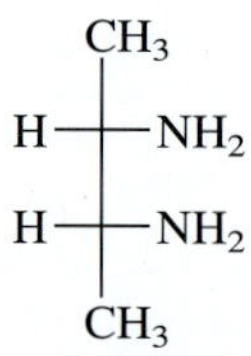

3.17 다음 각 쌍의 관계를 확인하시오. 그림은 구성 이성질체 혹은 입체이성질체를 나타내는가? 아니면 같은 화합물을 그냥 다르게 그린 것인가? 입체이성질체이면 거울상이성질체인가 아니면 부분입체이성질체인가? (분자 모형은 이 문제를 풀 때 도움이 될 것이다.)

(a) 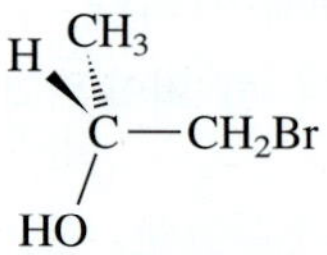 와 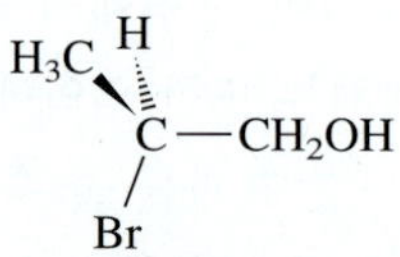

(b) 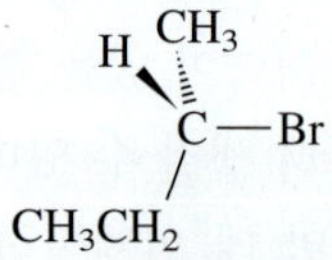 와 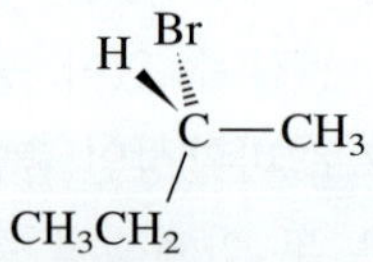

(c) 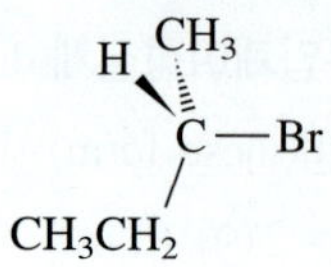 와 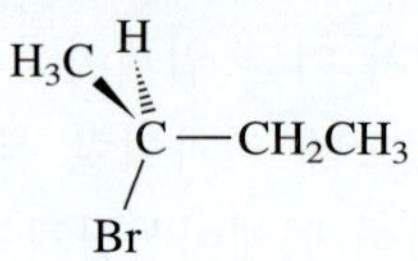

(d) 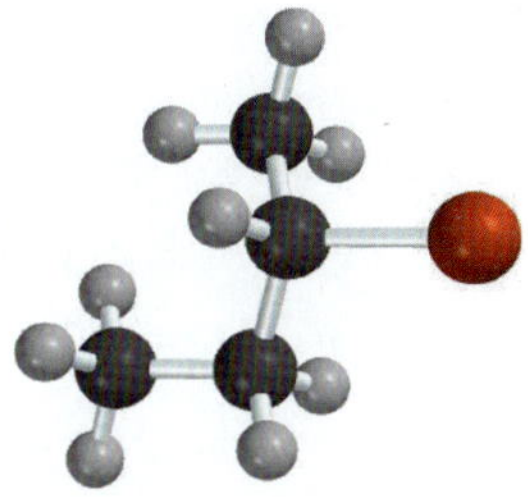 와 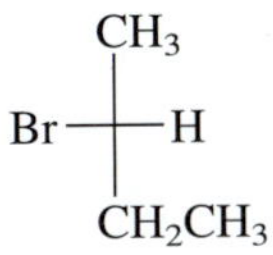

(e) 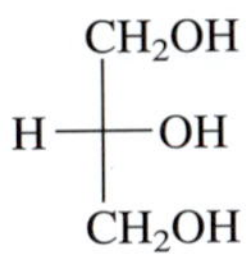 와 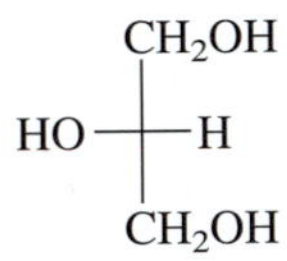

3.18 문제 3.16 (a)에서 (c)까지의 각 분자를 Fischer 투영도를 사용하여 그리시오. 이때 입체생성 중심에 연결된 메틸기를 꼭대기에 놓고 탄소 사슬을 수직으로 그리시오.

입체생성 중심이 둘 이상인 분자

3.19 다음 각 화합물에서 대칭면이 있는지를 확인하시오. 어느 화합물이 카이랄한가? 어느 것이 비카이랄한가?

(a) *시스*-1,2-다이클로로사이클로프로페인(*cis*-1,2-dichlorocyclopropane)

(b) *트랜스*-1,2-다이클로로사이클로프로페인(*trans*-1,2-dichlorocyclopropane)

3.20 입체이성질체를 포함하여 트라이클로로사이클로프로페인(trichlorocyclopropane)의 모든 이성질체의 구조를 그리시오. 이들 중에서 어느 것이 카이랄한가?

3.21 Fischer 투영도를 사용하여 2,3-다이브로모펜테인(2,3-dibromopentane)의 모든 입체이성질체의 구조를 그리시오. 화합물의 쌍 사이의 관계가 거울상이성질체인지 부분입체이성질체인지를 밝히시오.

3.22 2,4-다이브로모펜테인은 2,3-다이브로모펜테인보다 입체이성질체의 수가 작다. 설명하시오.

3.23 1,3-다이메틸사이클로헥세인(1,3-dimethylcyclohexane)의 입체이성질체 중의 하나는 메조 이성질체이다. 어느 것 (시스 혹은 트랜스)인지를 밝히시오.

3.24 콜레스테롤(cholesterol)은 우리 몸에서 스테로이드 호르몬의 생성에 중요한 분자이나 혈중에 과다하게 있으면 심장 질환을 일으킨다고 생각되고 있다. 콜레스테롤은 입체생성 중심이 여덟 개이다. 메조 이성질체가 없다고 가정하면 콜레스테롤과 같은 구성을 가지는 입체이성질체가 몇 개나 가능할까?

3.25 다음 각 천연물에서 입체생성 중심을 확인하시오.

(a)

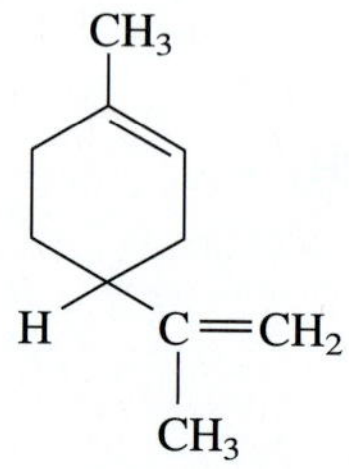

리모넨(Limonene)
(레몬 기름의 한 성분)

(b)

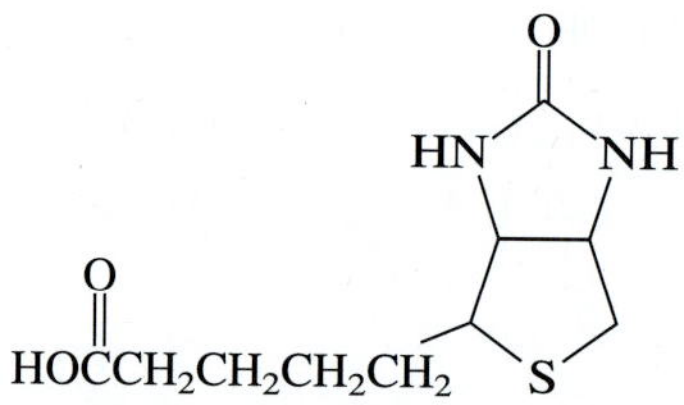

비오틴(Biotin)
(정상적인 성장에 필요한 영양소)

(c)

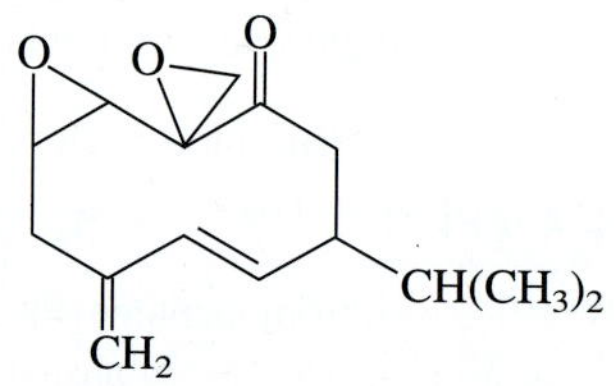

페리플라논(Periplanone) B
(미국 바퀴벌레의 성 유인제 B)

(d)

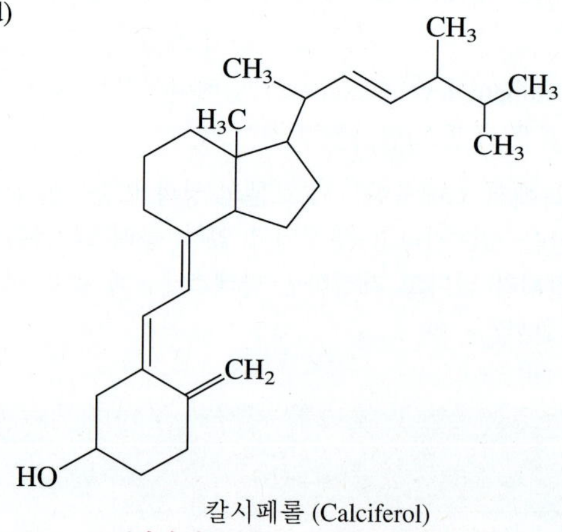

칼시페롤(Calciferol)
(비타민 D_2라고도 부르는 호르몬, 뼈에서 칼슘 축적에 관여)

3.26 탄소가 넷이고 알데하이드기가 있는 탄수화물을 알도테트로스(aldotetrose)라고 하며, 일반식은 다음과 같다.

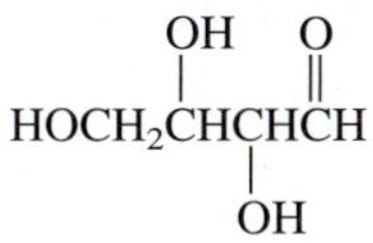

Fischer 투영도를 사용하여 알도테트로스의 모든 입체이성질체의 구조를 그리시오. 메조형은 있는가?

카이랄 분자의 절대 배열

3.27 문제 3.13의 거울상이성질체의 절대 배열을 *R* 혹은 *S*로 나타내시오.

3.28 문제 3.16의 (a) ~ (c)에서 각 입체생성 중심의 절대 배열을 *R*–*S* 표기법으로 나타내시오.

3.29 문제 3.20에서 각 입체생성 중심의 절대 배열을 *R*–*S* 표기법으로 나타내시오.

3.30 다음 각 화합물을 투시도와 Fischer 투영도로 그리시오.

(a) (*S*)-펜탄올[(*S*)-pentanol]

(b) (*R*)-3-클로로-2-메틸펜테인[(*R*)-3-chloro-2-methylpentane]

(c) (2*S*,3*S*)-2-브로모-3-펜탄올[(2*S*,3*S*)-2-bromo-3-pentanol]

(d) (*R*)-3-브로모-1-펜텐[(*R*)-bromo-1-pentene]

3.31 분자식이 C_6H_{12}인 카이랄 알켄의 *R*과 *S* 거울상이성질체를 그리시오.

3.32 1996년에 (−)-브로모클로로플루오로메테인의 절대 배열은 *R*임이 밝혀졌다. 다음 중에서 어느 것이 (−)-BrClFCH인가?

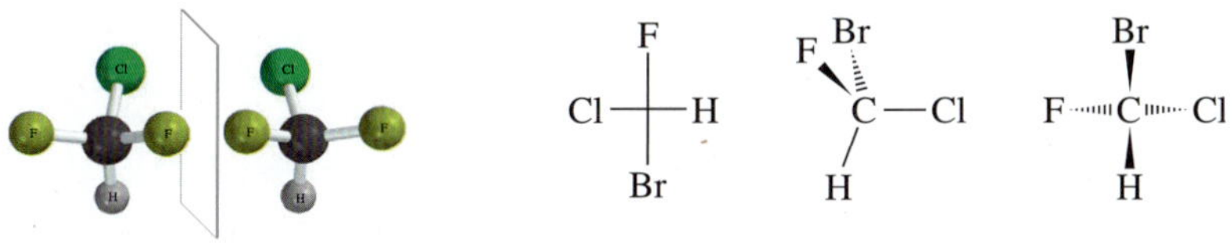

3.33 다음 각각에서 *R* 혹은 *S* 배열을 밝히시오.

(a) (−)-2-옥탄올[(−)-2-octanol]

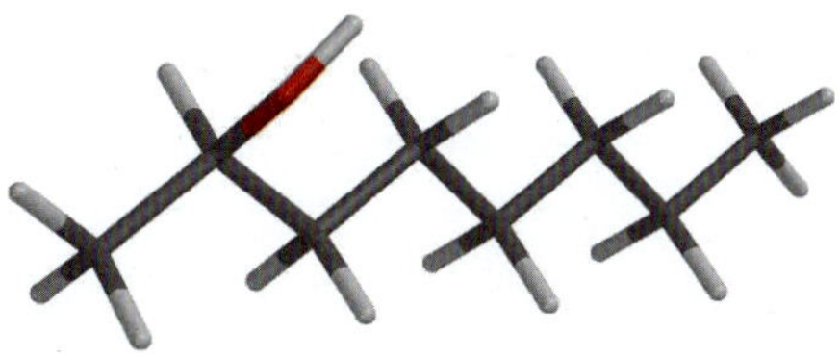

(b) L-글루탐산 모노소듐(monosodium L-glutamate, 이 입체이성질체만이 향미 증진제로 사용된다.)

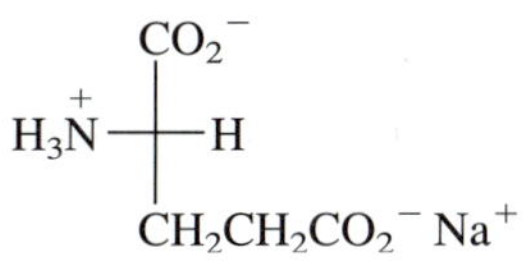

기타 문제

3.34 프럭토스(fructose, 과당; 캔디와 다른 음식을 달게 만들기 위하여 사용하는 설탕) 10g의 수용액을 물로 500mL로 묽힌 다음에 길이가 20cm인 편광계 관에 넣었다. 측정한 광학 회전도는 −5.20°이었다. 프럭토스의 고유 광회전도를 구하시오.

3.35 $[\alpha]_D$ +40.3인 어떤 천연물을 분리하였다. 이 화합물에 대하여 두 구조가 제안되었다. 어느 것이 올바른 구조일까? 그 이유는 무엇인가?

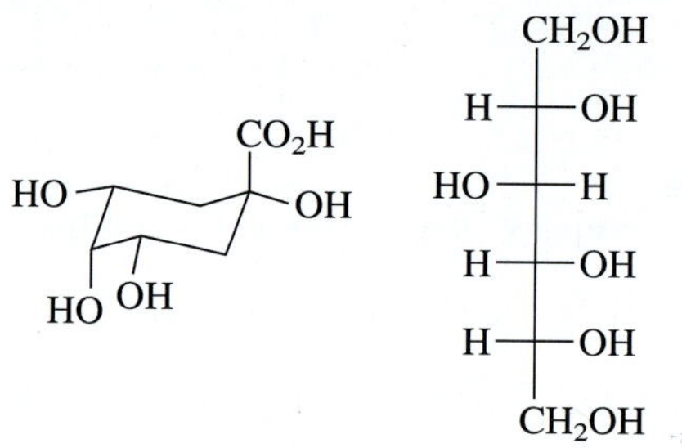

3.36 1-뷰텐의 산-촉매화 수화 반응의 메커니즘을 그려서 생성물이 라세미 혼합물로 얻어지는 이유를 설명하시오.

3.37 (*S*)-3-클로로-1-뷰텐이 HCl과 Markovonikov 첨가를 할 때 얻어지는 생성물은 입체이성질체의 수가 몇 개인가? 이들 생성물은 서로의 거울상이성질체인가 아니면 부분입체이성질체인가?

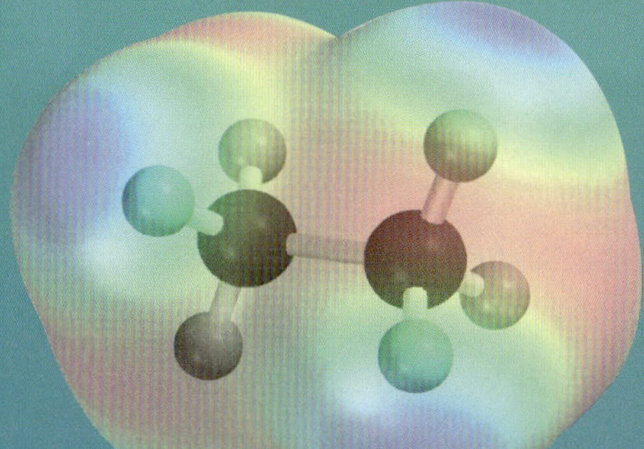

CHAPTER 04 알케인과 사이클로알케인

개요

다양한 결합 모형에 대해 공부하였으며, 이제 유기 화합물의 구조와 반응 및 물성과 그 응용에 대해 공부할 준비가 되었다. 이에 대해 공부하기 위해 8백만 개가 넘는 유기 화합물 하나하나의 물리적 성질과 화학적 성질을 열거할 필요는 없다. 이런 일을 하는 데에는 강력한 컴퓨터 용량도 부족할지 모른다. 유기화학을 잘 배운 사람은 화합물의 구조를 보기만 하면 그 물질의 성질을 충분한 근거를 가지고 합리적으로 예측할 수 있다. 또 어떤 식으로 반응할지도 알 수 있다.

유기화학자들은 반응의 특징적 유형에 따라, 특정 구조 단위로 **작용기**(functional group)라고 하는, 화합물 그룹을 지어 구분한다. 그리고 커다란 유기 화합물은 반응이 일어나지 않는 골격에 달려 있는 작용기들의 총체적인 합으로 생각할 수 있다. "작용기에 따라 구분하는 접근법"은 화합물들의 반응성을 예측하는 능력을 제공하는 것만이 아니라, 유기화학을 처음 배우는 사람들에게 유기화학을 가르칠 효율적인 방법을 제공한다.

이번 장은 다양한 탄화수소(hydrocarbon)에 대해서 간략한 소개로 시작한다. 탄화수소 화합물이란 탄소와 수소로만 이루어진 화합물을 말한다. 먼저 몇 가지 작용기를 소개하고 탄화수소 중 알케인을 좀 더 자세히 설명하고자 한다. 알케인 내 화합물들의 이름들은 처음에는 익숙하지 않으나, 여기에 적용된 방식이 가장 널리 적용되는 유기 화합물 명명법의 근거가 된다. 소위 **IUPAC 규칙**(IUPAC rule)이라고 하는 명명 체계의 기본 사항들이 이 장의 주된 주제를 이룬다.

4.1 탄화수소의 분류

탄화수소(hydrocarbon)는 탄소와 수소로만 이루어진 화합물로, 이들은 두 가지의 주된 분류로 나눌 수 있다. 즉, **지방족**(aliphatic) 탄화수소와 **방향족**(aromatic) 탄화수소로 나누어진다. 이런 분류법의 기원은 19세기까지 올라간다. 그 당시의 유기화학은 자연에서 얻어지는 물질들을 전적으로 연구하고 있었다. 그래서 이름들은 그 물질이 얻어진 근원을 나타내었다. 두 가지 주요 원천들은 지방과 기름인데, 지방족이라는 말은 그리스어로 지방을 지칭하는 **aleiphar**("fat")에서 기원한다. 방향족 탄화수소는, 화합물 자체의 냄새와는 무관하고, 기분 좋은 냄새를 갖는 식물 추출물을 화학적으로 처리하여 얻었다.

지방족 탄화수소는 세 가지 그룹의 화합물로 나누어진다. 즉, 알케인, 알켄, 알카인이다. **알케인**(alkane)은 화합물 내 모든 결합이 단일 결합인 탄화수소이고, **알켄**(alkene)은 하나 이상의 탄소-탄소 이중 결합을 가진 화합물을 뜻한다. **알카인**(alkyne)은 하나 이상의 탄소-탄소 삼중 결합을 가진 화합물을 말한다. 지방족 탄화수소의 세 가지 예로는, 두 개의 탄소를 가진 화합물인 에테인(*ethane*), 에틸렌(*ethylene*), 아세틸렌(*acetylene*)이 있다.

에테인, 에틸렌, 아세틸렌의 결합은 1.13~1.15절에서 다루었다.

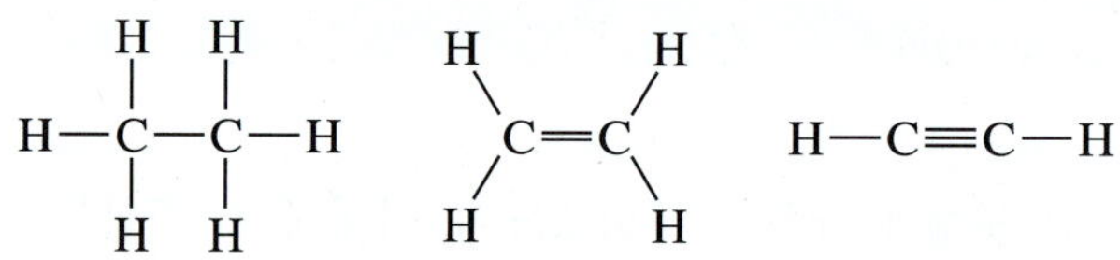

Ethane (알케인) Ethylene (알켄) Acetylene (알카인)

방향족 탄화수소는 **아렌**(arene)이라고도 한다. 아렌 화합물들은 알케인, 알켄, 알카인과 많이 다르다. 가장 중요한 방향족 탄화수소는 벤젠(*benzene*)이다.

벤젠 내 결합은 7.1절에서 다룰 것이다.

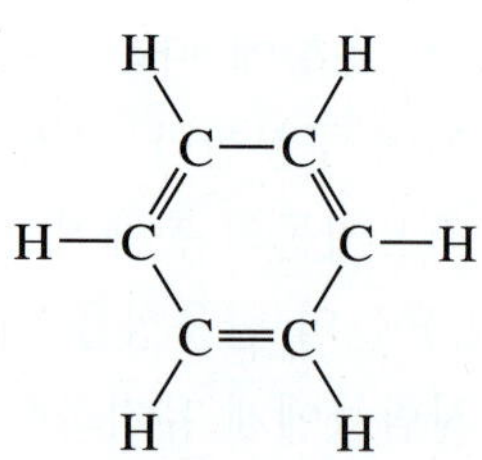

Benzene
(아렌)

유기화학의 기본적인 원리들 중 많은 것을 알케인, 알켄, 알카인, 아렌 화합물을 순서대로 살펴보면서 공부하고자 한다. 알케인은 이 장에서 다루고, 알켄과 알카인은 5장, 6장에서, 아렌은 7장에서 다룬다.

4.2 탄화수소에서 반응이 일어나는 자리

작용기(functional group)는 어떤 반응 조건이 주어질때, 한 분자 내에서 반응성을 나타내는 부분을 말한다. 작용기는 수소 원자 하나 처럼 작은 것일 수 있고, 몇 개의 원자들로 이루어진 부분이 될 수도 있다. 탄화수소에서의 작용기는 분자 내의 임의의 수소 원자가 될 수 있다. 8장에서 다룰 반응 중 하나는 탄화수소의 염소 분자와의 반응이다. 예를 들면, 다음과 같다.

$$\underset{\text{Ethane}}{CH_3CH_3} + \underset{\text{Chlorine}}{Cl_2} \longrightarrow \underset{\text{Chloroethane}}{CH_3CH_2Cl} + \underset{\text{Hydrogen chloride}}{HCl}$$

에테인의 수소 중 하나가 염소에 의해 치환된다. 수소 원자가 염소로 치환된 이 반응은 모든 알케인에서 일어나는 전형적인 반응에 한 예이고, 다음과 같이 일반화시켜 표현한다.

$$\underset{\text{Alkane}}{R{-}H} + \underset{\text{Chlorine}}{Cl_2} \longrightarrow \underset{\text{Alkyl chloride}}{R{-}Cl} + \underset{\text{Hydrogen chloride}}{HCl}$$

일반화시킨 반응식에서 작용기(—H)는 분명하게 표현되어 있고, 알케인 분자의 나머지 부분은 R로 표시하였다. 이런 표기법은 반응에 영향을 받지 않는 부분을 그대로 두고 작용기의 변화에만 집중하기 위해 자주 사용하는 표기법이다. 한 알케인 내의 수소 원자는 염소에 대한 반응성의 관점에서 보면 알케인 내 다른 수소 원자와 기본적으로 같다. 위에서 보여 준 바와 같은 일반화된 반응식을 사용하는 것은 작용기를 이용하는 방식이 유기화학에서 왜 그렇게 중요한지 잘 보여 준다.

수소 원자는 알케인뿐만 아니라 알켄이나 알카인에서도 하나의 작용기 단위이다. 그러나 이들 화합물에는 다른 작용기도 있다. 알켄에서는 탄소-탄소 이중 결합이 있고, 알카인에는 탄소-탄소 삼중 결합이 또 다른 작용기로 존재한다.

수소 원자는 방향족 탄화수소에서도 작용기이다. 그래서 방향족 화합물은 이를 분명히 하기 위해 ArH로 표기한다. 방향족 탄화수소를 다룰 때 분명한 것은 이 화합물들의 경우 알케인보다 훨씬 다양한 화학이 있다는 것이다. 그래서 고리 자체도 또 다른 작용기로 간주할 수 있다.

4.3 주요 작용기

분류에 따르면, 알케인은 특별히 반응성이 좋은 화합물은 아니다. 그리고 RH 내의 H는 특별히 반응성이 좋은 작용기가 아니다. 실제로 알케인 골격 내에 수소 외의 다른 기가 있으면 대개의 경우 그 부분이 작용기가 된다. 표 4.1에 이런 형태의 화합물 예가 열거되어 있다. 열거된 작용기들은 이후의 장들에서 설명할 것이다.

유기 화합물 중 가장 중요한 부류인 카보닐기(C=O)를 가진 화합물들은 표 4.2에

카보닐 화합물의 화학은 11장~13장에 걸쳐 기술되어 있다.

표 4.1 유기 화합물에서 발견되는 중요한 작용기들

부류	일반화된 약어	대표적인 예	예의 이름*
알코올(Alcohol)	ROH	CH_3CH_2OH	에탄올(Ethanol)
알킬 할라이드(Alkyl halide)	RCl	CH_3CH_2Cl	클로로에테인(Chloroethane)
아민(Amine)†	RNH_2	$CH_3CH_2NH_2$	에탄아민(Ethanamine)
에폭사이드(Epoxide)	$\underset{\diagdown\,O\,\diagup}{R_2C{-}CR_2}$	$\underset{\diagdown\,O\,\diagup}{H_2C{-}CH_2}$	옥시레인(Oxirane)
에터(Ether)	ROR	$CH_3CH_2OCH_2CH_3$	다이에틸 에터(Diethyl ether)
나이트릴(Nitrile)	$RC{\equiv}N$	$CH_3CH_2C{\equiv}N$	프로페인나이트릴(Propanenitrile)
나이트로알케인(Nitroalkane)	RNO_2	$CH_3CH_2NO_2$	나이트로에테인(Nitroethane)
싸이올(Thiol)	RSH	CH_3CH_2SH	에테인싸이올(Ethanethiol)

* 대부분의 화합물은 통용되는 이름이 하나 이상 있다.
† 주어진 예는 일차 아민(RNH_2)이다. 이차아민은 일반식으로 R_2NH, 삼차아민은 R_3N으로 표시한다.

표 4.2 카보닐기를 포함하고 있는 화합물의 종류

부류	일반화된 약어	대표적인 예	예의 이름
알데하이드(Aldehyde)	$R\overset{\overset{O}{\|}}{C}H$	$CH_3\overset{\overset{O}{\|}}{C}H$	에탄알(Ethanal)
케톤(Ketone)	$R\overset{\overset{O}{\|}}{C}R$	$CH_3\overset{\overset{O}{\|}}{C}CH_3$	2-프로판온(2-Propanone)
카복실산(Carboxylic acid)	$R\overset{\overset{O}{\|}}{C}OH$	$CH_3\overset{\overset{O}{\|}}{C}OH$	에탄산(Ethanoic acid)
카복실산 유도체:			
아실 할라이드(Acyl halide)	$R\overset{\overset{O}{\|}}{C}X$	$CH_3\overset{\overset{O}{\|}}{C}Cl$	에탄오일 클로라이드(Ethanoyl chloride)
산 무수물(Acid anhydride)	$R\overset{\overset{O}{\|}}{C}O\overset{\overset{O}{\|}}{C}R$	$CH_3\overset{\overset{O}{\|}}{C}O\overset{\overset{O}{\|}}{C}CH_3$	에탄산 무수물(Ethanoic anhydride)
에스터(Ester)	$R\overset{\overset{O}{\|}}{C}OR$	$CH_3\overset{\overset{O}{\|}}{C}OCH_2CH_3$	에틸 에타노에이트(Ethyl ethanoate)
아마이드(Amide)	$R\overset{\overset{O}{\|}}{C}NR_2$	$CH_3\overset{\overset{O}{\|}}{C}NH_2$	에탄아마이드(Ethanamide)

따로 기술해 놓았다. 카보닐기를 가진 화합물들은 별도로 기술할 정도로 자연계에서 가장 흔하게 나타나는 물질들이고, 생리적으로 의미 있는 화합물 무리에 속한다.

카보닐기의 반응은 **유기 합성**(*organic synthesis*, 주어진 구조의 화합물의 합성을 고안하고 수행하는 유기화학의 한 분야)에서 백미에 속한다.

문제 4.1 대부분의 화합물들은 하나 이상의 작용기를 가지고 있다. 평활근의 이완을 조절하는 호르몬인 프로스타를란딘(prostaglandin) E_1의 구조는 두 종류의 카보닐기를 가지고 있다. 각각을 분류하시오(알데하이드, 케톤, 카복실산, 에스터, 아마이드, 아실 클로라이드, 카복실산 무수물 등).

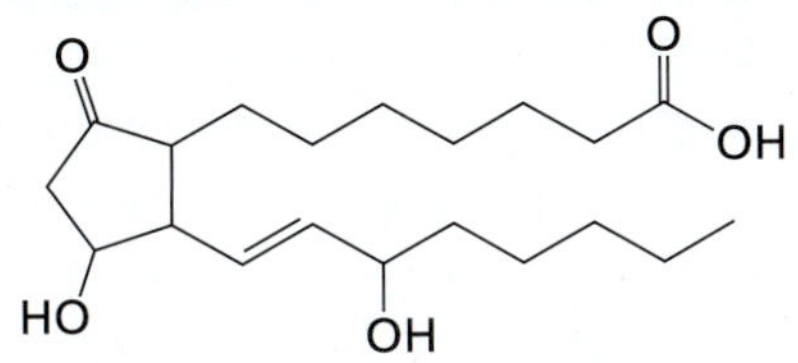

프로스타글란딘 E_1(Prostaglandin E_1)

4.4 알케인 소개: 메테인, 에테인, 프로페인

알케인은 C_nH_{2n+2}인 일반식을 가진다. 가장 간단한 탄화수소는 **메테인**(methane, CH_4)이고, 가장 흔한 화합물이다. 우리 대기권에서 지표면이나 대양 등에 많은 양이 존재한다. 메테인은 목성, 토성, 천왕성, 해왕성, 명왕성뿐만 아니라 심지어 헬리혜성에서도 발견된다.

이 절에 이어 나오는 상자 속 에세이 참조: 메테인과 생물계

에테인(ethane, C_2H_6, CH_3CH_3)과 **프로페인**(propane, C_3H_8, $CH_3CH_2CH_3$)은 여러 면에서 메테인에 이은 두 번째와 세 번째가 된다. 에테인은 메테인에 이어 두 번째로 간단한 구조를 가지고, 프로페인이 그 다음이다. 에테인(≈10%)과 프로페인(≈5%)은 천연 가스에서 ≈75%인 메테인에 이어 두 번째와 세 번째로 많은 성분이다. 집안의 난방이나 요리를 위해 사용하는 천연 가스의 독특한 냄새는 에테인싸이올(표 4.1 참조)과 같이 황을 포함하여 약간 불쾌한 냄새를 내는 화합물을 소량 섞어서 나는 것이다. 이 물질들은 기체가 새어 나올 때 알아차리도록 일부로 첨가한 것이다. 메테인, 에테인, 프로페인만 있는 천연 가스는 무색이고, 냄새도 거의 없다.

메테인은 가장 낮은 끓는점을 가지며, 그리고 에테인, 프로페인 순으로 끓는점이 높아진다.

	CH_4	CH_3CH_3	$CH_3CH_2CH_3$
	Methane	Ethane	Propane
끓는점:	−160°C	−89°C	−42°C

이 교재에 실린 끓는점은 특별한 언급이 없는 한 1기압(760mm)에서 측정한 값이다.

다른 알케인들을 살펴 보면 이런 경향(탄소 원자의 숫자가 늘어나면 끓는점이 올라가는)이 일반적이란 것을 알 수 있다. 탄소 수가 네 개 이하인 탄화수소는 모두 상온에서 기체이다. 처음 세 화합물 중 끓는점이 가장 높은 프로페인의 경우는 쉽게 액체화된다. "프로페인 탱크"를 잘 알고 있을 것이다. 이 통에 들어 있는 것은 고압에서 액체 상태로 저장된, 액화 석유 가스(LPG)라고 하는, 프로페인이 풍부한 탄화수소 혼합물이다.

메테인과 생물계*

환경 과학자들이 하는 일 중 하나는 생물계에 중요한 요인들을 추적해 보는 것이다. 이 요소들이 어떤 형태로 있으며, 무엇으로 변해가고, 다시 제자리로 돌아오는 일이 어떻게 진행되는지 등을 알아본다. 비록 복잡하기는 하지만, 자세한 연구를 통해 "질소 순환계", "황 순환계", "인 순환계" 등에 대해 분명한 개념도를 가지게 되었다. "탄소 순환계"는 대기 중 이산화 탄소로부터 시작하고, 거기서 끝난다. 이는 다음의 개략적인 식으로 표현할 수 있다.

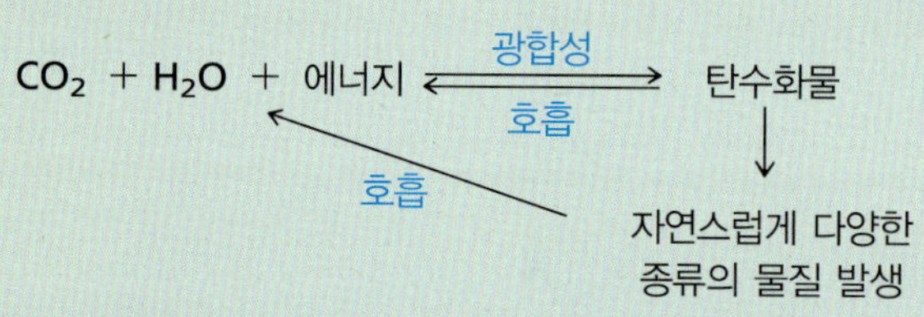

메테인은 탄소 순환계에 있는 수백만 개의 화합물 중 하나이다. 그러나 가장 흔한 화합물이기도 하다. 이는 탄소를 포함한 화합물을 공기가 존재하지 않는 조건에서 분해하여 얻을 수 있다[**혐기성**(anaerobic) 조건]. 이런 과정을 수행하는 생명체를 **메테인을 생산하는 고세균류**(methanoarchae)라고 한다. 세포는 **고세균류**(archaea), **박테리아**(bacteria), **원형세포**(Eukarya)의 세 가지 형태로 나눌 수 있다. 메테인을 생산하는 고세균류는 고세균류의 일종으로, 지구 상에서 가장 오래된 생명체 중 하나이다. 이들은 탄소를 포함한 이산화 탄소와 아세트산을 포함한 수많은 화합물을 메테인으로 변환시킨다.

기본적으로 산소가 없는 조건에서 물이 유기 화합물과 접촉하는 어느 곳(연못 바닥이나 논 등)이든 메테인을 생산하는 고세균류가 살아가기 좋은 곳이다. 늪지 가스는 거의 다 메테인이다. 메테인을 생산하는 고세균류는 흰개미 안이나 초식동물에 서식한다. 큰 소 한 마리가 생산하는 메테인의 양은 10L/일이다. 메테인을 생산하는 고세균류가 만들어 내는 메테인의 양은 10^{11}~10^{12}파운드/년이다. 이 중 10% 가량이 대기로 들어가고, 나머지는 탄소 순환계에서 사라진다. 이들은 원래 생성되었던 혐기성 조건에 그냥 머무르며 여러 다양한 과정을 거쳐 결국은 이산화 탄소로 변환되는 호기성 세상으로 나오게 된다. 우리가 메테인의 원천을 고려할 때는 수백만 년 전에 생성되어 지표면에 갇혀 있는 "오래된" 메테인과 앞에서 언급한 "새로 생긴" 메테인을 더해야만 한다. 광부들을 위협하는 갱 내 폭발을 일으키는 광산의 폭발성 가스는 석탄층에 모여 있는데, 이들은 모두 메테인이다. 혐기성 조건에서 식물들의 분해에 의해 생성된 석유가 고인 곳은 모두 메테인이 주성분인 천연 가스 포켓과 함께 나타난다.

심해의 한 부분에서 메테인이 유출되면 흥미로운 일이 일어난다. 압력이 충분히 높고(50기압) 물의 온도가 충분히 낮으면(4°C) 메테인은 쉽게 표면으로 새 나오지 않는다. 메테인 분자 하나는 물분자 6~18개로 둘러싸여 있어 **메테인 클라쓰랜드 착물**(methane clathrate) 또는 **메테인 수화물**(methane hydrate)을 형성한다. 이렇게 포집된 화합물 뭉치들이 지저분한 얼음덩이처럼 보이는 상태로 바다 바닥에 머무른다. 단순한 호기심거리 이상으로, 메테인이 포집된 화합물은 미래의 에너지원으로 사용할 수 있다. 이 매장량은 지금까지 알려진 원유량보다 많은 양이다. 현재 상황에서 이를 채굴하는 비용은 경제적이지 않다.

메테인이 포집된 화합물은 과학의 여러 분야에서 관심을 받고 있다. 1997년 멕시코 Gulf 만에서 잠수하며 연구했던 생물학자들은 메테인 수화물에 기생하고 있는 새로운 종의 벌레를 발견하고 놀랐다. 이 벌레들은 무엇을 먹을까? 메테인? 메테인을 먹고 자라는 박테리아? 심해 환경군에 대한 질문들이 막 제기되기 시작하였다. 결과를 기다려 보자.

*생물계는 생명체가 있는 지구의 일정 부분을 말한다. 여기에는 지표면, 대양, 낮은 대기권이 포함된다.

이는 청정 연료로 사용된다.

메테인, 에테인, 프로페인의 구조적인 특징은 그림 4.1에 요약되어 있다. 모든 탄소 원자들은 sp^3-혼성 오비탈을 가지고, 모든 결합은 σ 결합이며, 탄소에서 결합각은 사면체에 가깝다.

문제 4.2 프로페인에는 몇 개의 sp^3-혼성 오비탈을 가진 탄소가 있는가? σ 결합을 몇 개나 가지는가? 각 σ 결합을 형성하는 오비탈 중첩을 자세하게 그리시오.

4.5 에테인과 프로페인의 회전배열(형태)

에테인의 구성에 덧붙여 중요한 구조적 특성 중 하나는 **회전배열**(conformation, **형태**)이다.

> 회전배열은 어떤 주어진 분자에서 단일 결합을 중심으로 회전시켜 얻어지는 서로 다른 공간 내 배열을 말한다.

이 시점에서 에테인의 분자 모형을 만들어보는 것은 큰 도움이 될 것이다. 두 형태를 여러 관점에서 비교해 보자.

에테인의 여러 회전배열(형태) 중 가장 대표적인 것 두 개는 그림 4.2에 보여 준 것과 같은 **엇갈린 형태**(staggered conformation)와 **가려진 형태**(eclipsed conformation)이다. 엇갈린 형태에서 C—H 결합들은 이웃한 탄소의 두 C—H 결합이 형성하는 각도 사이의 가운데로 들어가도록 위치한다. 엇갈린 형태에서는 각각의 C—H 결합은 옆 탄소의 C—H 결합과 일직선상에 놓인다. 두 형태들은 C—C 결합 중심으로 회전시키면 서로 변환이 가능하다.

엇갈린 형태와 가려진 형태를 나타내는 여러 방식 중 쐐기-선, 톱질대, Newman 투시법이 유용하다. 그림 4.3에 엇갈린 형태에 대한 각각의 그림을 표시하였고, 그림 4.4에는 가려진 형태가 그려져 있다.

앞(1.10절)에서 **쐐기-선**(wedge-and-dash) 그림은 이미 사용해 보아서 그림 4.3*a*와 그림 4.4*a*는 익숙할 것이다. **톱질대 그림**(sawhorse drawing, 그림 4.3*b*와 4.4*b*)은 결합을

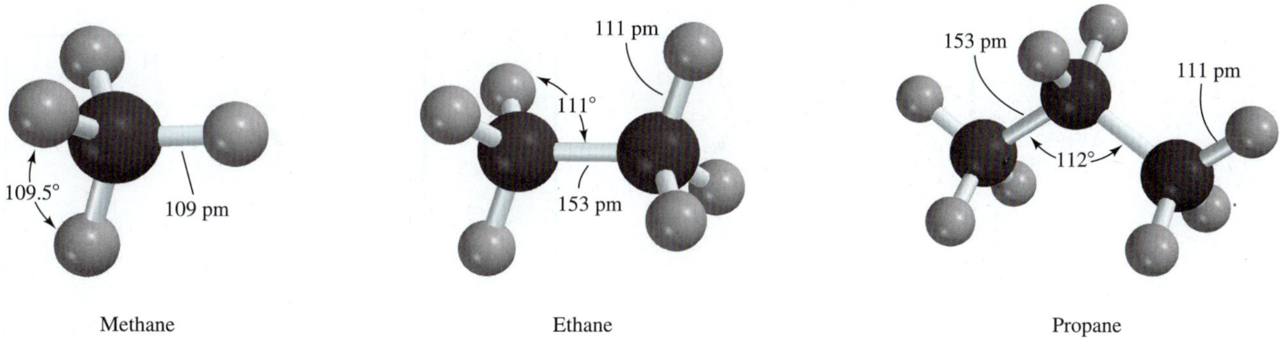

그림 • 4.1
결합 길이와 결합각을 포함하고 있는 메테인, 에테인, 프로페인의 구조

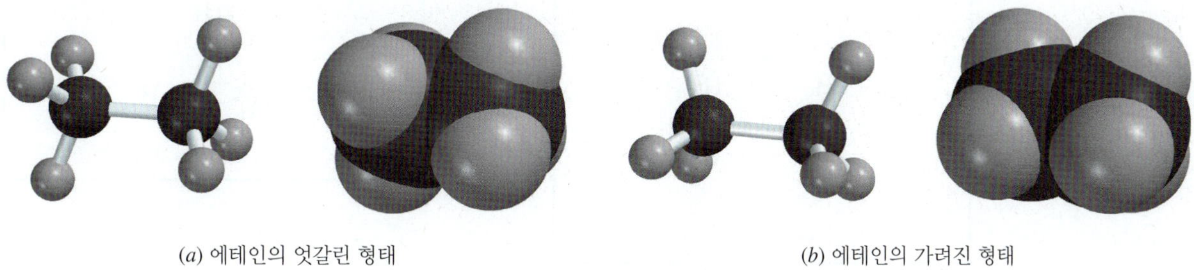

그림 • 4.2
공-막대 모형과 공간채움 모형으로 그린 에테인의 엇갈린 형태와 가려진 형태

Newman 투시법은 1950년대에 Ohio 주립대학의 Melvin S. Newman 교수가 고안하였다.

구분하여 표시하지 않고 단지 회전배열만 나타낸다(1.10절). **Newman 투시법**(Newman projection, 그림 4.3*c*와 4.4*c*)에서는 C—C 결합에 참여한 앞에 놓인 탄소는 가운데 놓인 점으로 표시하고, 뒤에 놓인 탄소는 원에 가려진 형태로 표시한다. 각 탄소는 원을 중심으로 대칭이 되도록 세 개의 치환체를 배치한다.

에테인은 무한 개의 회전배열을 가질 것이라는 사실을 알고 있을 것이다. 탄소-탄소 결합을 아주 조금씩 돌려 가면 각기 다른 형태들이 얻어진다. 이런 모든 형태가 가능할까? 그리고 앞 탄소와 뒷 탄소를 잇는 탄소-탄소 결합을 중심으로 회전하는 속도는 얼마나 빠르게 일어날까? 또한 어떤 형태가 가장 불안정할까? 이런 종류의 질문은 모든 화학 물질(유기 분자에 국한되지 않고, 또 알케인에만 국한되는 것이 아니라)에 적용할 수 있다. 이러한 질문에 대한 연구를 **형태 분석**(conformational analysis)이라고 한다. 에테인의 경우 **엇갈린 형태가 가장 안정**하고, 가려진 형태가 가장 불안정하다. 앞 탄소와 뒤 탄소를 잇는 탄소-탄소 결합을 중심으로 회전하는 속도는 매우 빠르고 형태들 간의 상호변환이 일어난다(상온에서 초당 수백만 번 일어난다). 어느 순간에 보든, 에테인은 거의 모두 엇갈린 형태로 존재한다. 왜냐하면 엇갈린 형태에서는 이웃한 원자들에 있는 전자쌍이 가장 멀리 떨어지게 되기 때문이다. VSEPR 모형(1.10절)에 따르면 분자 모양은 한 원자 상에 있는 전자쌍들이 가장 멀리 떨어지도록 자리를 잡는다. 에테인의 경우 엇갈린 형태에서 한 탄소에 붙어 있는 C—H 결합의 전자쌍은 옆 탄소에 붙어 있는 C—H 결합 전자쌍과 가장 멀리 떨어지게 된다.

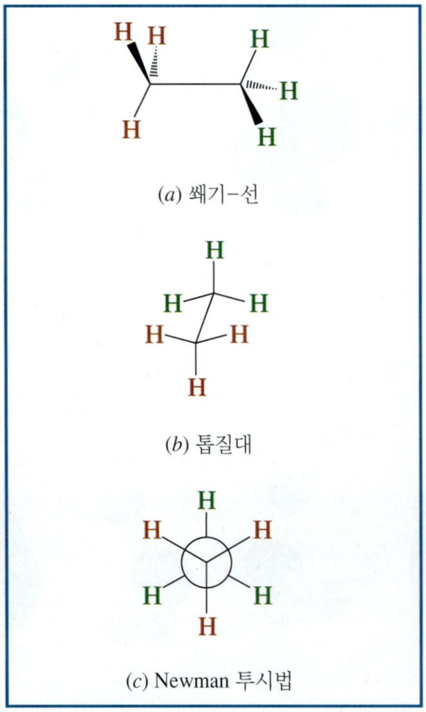

그림 • 4.3
에테인의 엇갈린 형태의 여러 가지 표현 방식

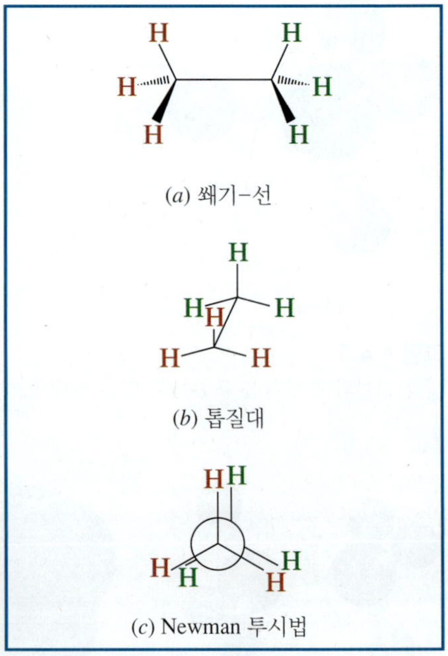

그림 • 4.4
에테인의 가려진 형태의 여러 가지 표현 방식

가려진 형태는 엇갈린 형태에 비해 불안정하여 **구조적 긴장상태**(strain)에 걸려 있다고 하고, 이것은 옆 원자의 결합들이 일직선상에 놓여 있기 때문이다. 이런 형태의 구조적 긴장을 **비틀림 무리**(torsional strain)라고 한다. 다음 절에서 원자 개수가 더 많은 탄화수소의 경우 이 비틀림 무리 외에 중요한 다른 종류의 구조적 긴장상태(strain)에 대해 배울 것이다.

> 문제 4.3 프로페인의 분자 모형을 만들고, 이를 이용하여 프로페인의 엇갈린 형태와 가려진 형태를 Newman 투시법으로 그리시오. 에테인의 경우와 무엇이 다른가?

4.6 이성질체를 가진 알케인: 뷰테인

CH_4라는 분자식을 가진 알케인은 메테인 밖에 없고, C_2H_6의 경우는 에테인 하나이며, C_3H_8은 프로페인 하나이다. 그러나 C_4H_{10}부터는 구성 이성질체(1.8절)가 가능하다. 즉, 두 개 이상의 알케인이 존재할 수 있다. ***n*-뷰테인**(*n*-butane)이라고 하는 하나는 네 개 탄소가 일렬로 연결되어 있다. 여기서 *n*-알케인의 *n*은 "노말(normal)"을 뜻하며, 그 의미는 탄소 골격에 곁가지가 없다는 의미이다. 다른 이성질체는 탄소 주사슬에 탄소 곁가지를 가진다. 이것의 이름은 **아이소뷰테인**(isobutane)이다.

> C_4H_{10}의 두 이성질체의 분자 모형을 만들어라.

	$CH_3CH_2CH_2CH_3$	CH_3CHCH_3 (CH 아래 CH_3) 또는 $(CH_3)_3CH$
	n-Butane	Isobutane
끓는점:	−0.4°C	−10.2°C
녹는점:	−139°C	−160.9°C

앞에서 언급한 대로(1.13절) CH_3는 **메틸기**라고 한다. *n*-뷰테인은 사슬 끝에 두 개의 CH_3를 가지고 있는 것 외에 가운데에 CH_2 두 개를 가진다. 이 그룹은 **메틸렌기**(methylene group)라고 한다. 아이소뷰테인에서는 세 메틸기가 CH기에 붙어 있는데, 이 CH기는 **메틴기**(methine group)라고 한다. *n*-뷰테인과 아이소뷰테인은 분자식은 같지만 원자들이 연결되어 있는 순서에서 차이가 있다. 이런 화합물들을 서로 **구성 이성질체**(constitutional isomer, 1.8절)라고 한다. 이들은 구조가 다르기 때문에 물성도 다르다. 둘 다 상온에서는 기체이지만, *n*-뷰테인은 아이소뷰테인보다 끓는점이 10℃ 정도 높고, 녹는점은 20℃ 정도 높다.

> "뷰테인" 라이터는 밀폐된 용기 안에 5%의 *n*-뷰테인과 95%의 아이소뷰테인이 들어 있다. 두 화합물이 만드는 압력은 약 3기압이다. 그 압력하에서는 두 화합물이 액체로 존재하다. 작은 밸브를 통해 용기를 열어주면 액체가 기화되어 분출된다. 이 기체에 불을 붙일 수 있다.

n-뷰테인과 아이소뷰테인 내의 결합은 기본적으로 메테인, 에테인, 프로페인에서와 같다. 탄소는 모두 sp^3-혼성 오비탈을 가지고, 모든 결합은 σ 결합이다. 탄소의 결합각은 사면체에 가깝다. 이런 일반화된 특징은 탄소 개수와 무관하게 모든 알케인에서 동일하다.

n-뷰테인에서 가장 안정한 형태는 그림 4.5*a*에 있다. 탄소 사슬이 지그재그형으로

그림 • 4.5
(*a*) 안티, (*b*) 고우시 형태를 Newman 투시법으로 나타낸 모습(오른쪽)과 공-막대 모형으로 나타낸 모습(왼쪽). 고우시 형태는 두 메틸기 간의 간섭 때문에 안티 형태보다 불안정하다.

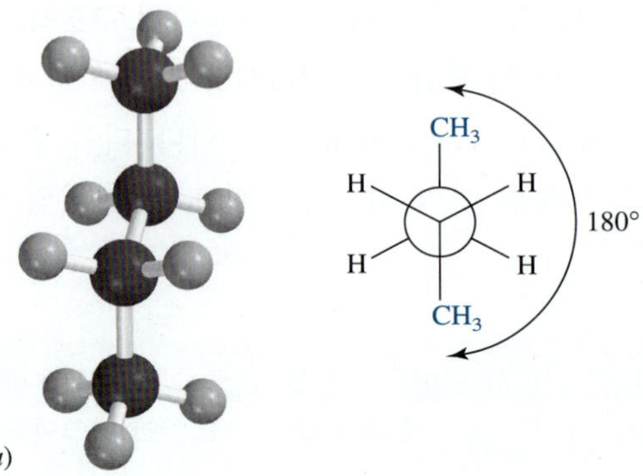

(*a*)

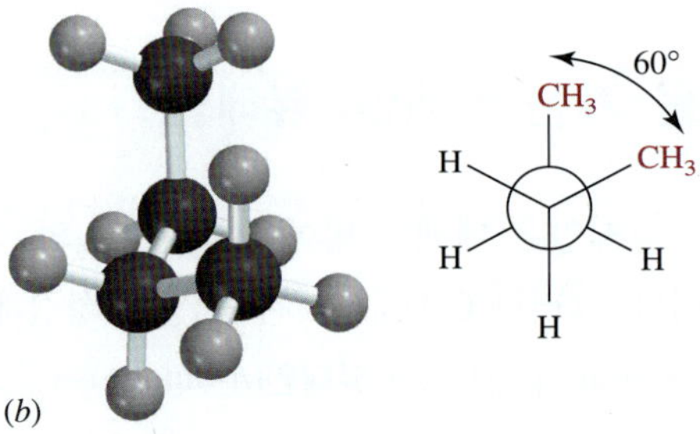

(*b*)

놓여 있고, 그 결과 모든 결합들은 엇갈린 상태이다. 이 형태의 Newman 투시법(C-2에서 C-3로 바라 본)은 그림의 오른쪽에 있다. Newman 투시법에서 알 수 있는 사실은 모든 결합이 엇갈린 상태라는 것 외에 메틸기들은 180° 의 각도를 가지고 놓여 있다는 것이다. 이런 형태를 **안티**(anti) 형태라고 한다.

n-뷰테인에서 다음으로 안정한 형태는 그림 4.5*b*에 있다. 메틸기들 간의 각도가 많이 좁혀져 있고(60°), 이런 배열을 **고우시**(gauche) 형태라고 한다. 분자 내의 원자들이 가깝게 위치하여 생기는 분자 내 불안정화는 **van der Waals 무리**(van der Waals strain) 또는 **입체 장애**(steric hindrance)라고 한다. 안티와 고우시 형태는 둘 다 엇갈린 형태이기 때문에 비틀림 무리는 없다. 이 둘은 상온에서 상호변환이 빠르게 일어나며 어느 순간에 분포를 보아도 *n*-뷰테인의 65% 정도는 안티로 35% 정도는 고우시 형태로 존재한다.

문제 4.4 아이소뷰테인의 가장 안정한 형태를 Newman 투시법으로 그리시오.

4.7 그 이상의 알케인

n-알케인은 가지가 없는 탄소 사슬들이다. ***n*-펜테인**(*n*-pentane)과 ***n*-헥세인**(*n*-hexane)은 탄소 수가 각각 5, 6개인 *n*-알케인들이다.

$CH_3CH_2CH_2CH_2CH_3$ — *n*-Pentane

$CH_3CH_2CH_2CH_2CH_2CH_3$ — *n*-Hexane

위 구조를 축약하여 표현할 때, 가운데에 반복되는 메틸렌기는 괄호로 묶어 그 개수를 숫자로 표시한다. *n*-펜테인의 경우 $CH_3(CH_2)_3CH_3$로, *n*-헥세인의 경우 $CH_3(CH_2)_4CH_3$와 같이 쓰기도 한다. 이렇게 축약된 표기법은 긴 사슬 알케인을 기술하는데 특히 편리하다. 실험실에서 합성한 알케인 중 가장 긴 것은 1985년에 합성된 $CH_3(CH_2)_{388}CH_3$이다. 이 화합물을 축약된 표기법을 쓰지 않고 제대로 다 그린다면 어떻게 될지 한 번 상상해 보라.

문제 4.5 $C_{28}H_{58}$이라는 분자식을 가진 *n*-알케인 분자가 화석화된 식물에서 분리되었다. 이 알케인의 축약된 구조를 그리시오.

일반식 $CH_3(CH_2)_xCH_3$를 갖는 일련의 *n*-알케인기는 **동족 계열**(homologous series)이라고 한다. 이 계열은 단지 $-CH_2-$기가 하나씩 늘어나면서 이루어진 기를 뜻한다.

가지 없는 알케인은 "곧은 사슬 알케인(straight-chain alkane)"이라고도 한다. 4.5절에서 이미 본 것과 같이 *n*-뷰테인은 그냥 직선이 아니라 "지그재그"형으로 그린다.

n-Pentane의 결합-선 식

n-Hexane의 결합-선 식

문제 4.6 곤충들 간의 소통은 **페르몬**(pheromone)이라고 하는 화학적 전달자를 사용한다. 바퀴벌레는 아랫턱샘에서 하나의 물질을 분출하여 옆에 있는 바퀴벌레에게 자신의 존재를 알리고 함께 모이도록 유도한다. 이 군집을 유도하는 **페르몬**의 가장 중요한 성분은 아래 그림에 그려져 있는 알케인이다. 축약된 분자식으로 표현하시오.

C_5H_{12} 분자는 세 개의 이성질체를 갖는다. 가지가 없는 이성질체는 살펴본 바와 같이 *n*-펜테인이다. 메틸기 곁가지 하나를 가지는 이성질체는 **아이소펜테인**(isopentane)이라고 한다. 두 개의 메틸 치환기를 가진 탄소 세 개짜리 사슬 구조는 **네오펜테인**(neopentane)이라고 한다.

C_5H_{12}의 세 이성질체에 대해 분자 모형을 만들어보라.

n-Pentane: $CH_3CH_2CH_2CH_2CH_3$ 또는 $CH_3(CH_2)_3CH_3$ 또는 

Isopentane: $CH_3CHCH_2CH_3$ (CH 아래에 CH_3) 또는 $(CH_3)_2CHCH_2CH_3$ 또는 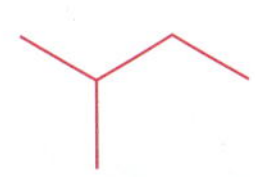

Neopentane: CH_3CCH_3 (C 위와 아래에 각각 CH_3) 또는 $(CH_3)_4C$ 또는 

표 4.3 특정한 분자식에 해당하는 가능한 구성 이성질체의 수

분자식	구성 이성질체의 수
CH_4	1
C_2H_6	1
C_3H_8	1
C_4H_{10}	2
C_5H_{12}	3
C_6H_{14}	5
C_7H_{16}	9
C_8H_{18}	18
C_9H_{20}	35
$C_{10}H_{22}$	75
$C_{15}H_{32}$	4,347
$C_{20}H_{42}$	366,319
$C_{40}H_{82}$	62,491,178,805,831

이 외에 C_5H_{12}의 다른 구조가 가능한가? 이 경우에 대한 답은 간단하다(없다). 그러나 더 많은 탄소를 가진 알케인에서는 그렇게 간단하지 않다. 표 4.3에 극적으로 보여 주듯이, 탄소 수가 늘어나면서 이성질체의 수도 급격히 늘어난다.

어떤 주어진 알케인에 대해 가능한 이성질체를 빠짐없이 그렸는지 확인하는 가장 좋은 방법은 이성질체를 체계적으로 그려가는 것이다. 먼저 가지 없는 곧은 사슬에서 시작하여 가지를 하나하나씩 더해가며 탄소 수를 줄여나간다. 실제로는 같은 분자인데 다르게 보이는 구조식을 주의하도록 하라. 가장 중요한 점은 탄소 사슬의 **연결성**(*connectivity*)이다. 예를 들어, 다음 그림에 주어진 구조들은 다 같은 화합물이다. 아이소펜테인을 그린 여러 가지의 다른 모습일 뿐이다. 각각의 그림에서 연속적으로 연결된 탄소는 가장 긴 것이 4개이다. 그리고 메틸기 하나가 한쪽 끝에서 시작해 다음에 있는 탄소에 달려 있다.

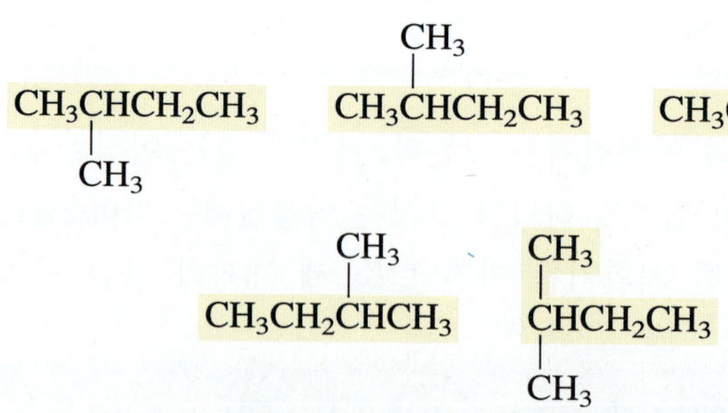

문제 4.7 C_6H_{14}인 알케인의 이성질체 5개의 결합을 선으로 표현한 축약된 구조식으로 그리시오.

풀이 알케인 이성질체들을 그릴 때는 가지 없는 사슬을 가진 이성질체를 먼저 그린다.

$CH_3CH_2CH_2CH_2CH_2CH_3$ 또는 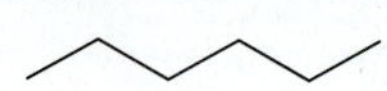

다음에 사슬에서 탄소 하나를 떼어내고, 이를 사슬 내에 있는 탄소 중 제일 끝에 있는 것 옆의 탄소에 메틸기로 붙인다.

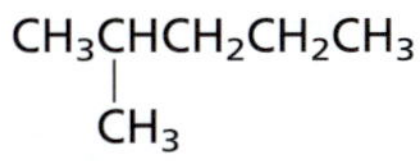

또는

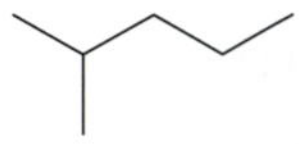

나머지 세 개의 이성질체를 마저 그린다. 각각이 고유한 구조이고, 먼저 그려 놓은 것과는 다른 것임을 매번 확인한다.

다음 의문은 알케인들을 고유한 이름으로 구별할 수 있는가 하는 것이다. C_5H_{12}의 경우에는 이성질체가 세 개 밖에 없어서 그렇게 어려운 문제는 아니다. 그러나 탄소 수가 더 늘어난 알케인의 경우는 그렇지 않다. 구조를 그리는 것과 마찬가지로 체계적으로 알케인의 이름을 짓는 것 또한 중요하다. 다음 절에서 기술할 일련의 규칙을 따르면 주어진 화합물에 대해 이름을 체계적으로 얻을 수 있다. 서로 다른 두 화합물은 항상 다른 이름이 주어진다.

4.8 가지 없는 알케인의 IUPAC 명명법

유기화학에서 명명법은 크게 두 가지로 나누어진다. 즉, **관습적**(common, 또는 "통상적")인 방법과 **체계적**(systematic)인 방법이다. 관습적인 명명법은 유기화학이 화학의 한 분야로 정립되기 한참 전부터 존재한다. 메테인, 에테인, 프로페인, *n*-뷰테인, 아이소뷰테인, *n*-펜테인, 아이소펜테인, 네오펜테인은 관용명이다. 이런 경우 우리가 사람의 얼굴을 보고 이름을 기억해 내듯이 화합물에 대응하여 그 이름을 기억하게 된다. 화합물의 숫자나 이름의 숫자가 적을 때에는 이런 방식이 가능하다. 그러나 이미 알고 있는 유기 분자가 수만~수백만 개이다. 또한 그 숫자는 계속 증가하고 있다. 관용명으로 명명하는 방식은 구조적인 정보를 교환하는 데 적절하지 않게 되었다. 1892년에 시작하여 화합물 구조에 근거하여 체계적으로 명명하는 일련의 규칙이 개발되었다. 이를 **IUPAC 규칙**(IUPAC rule)이라고 한다. *IUPAC*은 "국제 순수 및 응용화학자 연합(International Union of Pure and Applied Chemistry)"의 약어이다.

IUPAC 규칙에서 가지 없는 알케인들은 표 4.4에 있는 것처럼 이름을 짓는다. 메테인, 에테인, 프로페인, 뷰테인 등은 각각 CH_4, CH_3CH_3, $CH_3CH_2CH_3$, $CH_3CH_2CH_2CH_3$를 말한다. 이후에는 사슬 내 탄소 수를 라틴어나 그리스어로 접두어를 만들고, 이어서 -에인(*-ane*)이라는 접미어를 연결한다. -에인이라는 접미어는 화합물이 알케인 족에 속한다는 것을 말해 준다. 접두어 *n*-은 IUPAC 체계에는 들어 있지 않다. $CH_3CH_2CH_2CH_3$는 IUPAC명으로 뷰테인이지 *n*-뷰테인이 아니다.

표 4.4 가지 없는 알케인의 IUPAC명

탄소 원자의 수	이름	탄소 원자의 수	이름
1	메테인(Methane)	11	운데케인(Undecane)
2	에테인(Ethane)	12	도데케인(Dodecane)
3	프로페인(Propane)	13	트라이데케인(Tridecane)
4	뷰테인(Butane)	14	테트라데케인(Tetradecane)
5	펜테인(Pentane)	15	펜타데케인(Pentadecane)
6	헥세인(Hexane)	16	헥사데케인(Hexadecane)
7	헵테인(Heptane)	17	헵타데케인(Heptadecane)
8	옥테인(Octane)	18	옥타데케인(Octadecane)
9	노네인(Nonane)	19	노나데케인(Nonadecane)
10	데케인(Decane)	20	아이코세인(Icosane)*

*1979년도 이전의 IUPAC 규칙에는 "eicosane"이라 적었다.

문제 4.8 바퀴벌레들이 모여들게 하는 페로몬의 구성 성분 중 하나인 문제 4.6에 있는 알케인의 IUPAC명은 무엇인가?

문제 4.7에서 C_6H_{14}의 다섯 개 알케인 이성질체의 구조식을 그려보라는 질문을 받았다. 다음 절에서는 이들 이성질체들에 고유한 이름을 어떻게 짓는지 알아보자.

4.9 IUPAC 규칙의 적용: C_6H_{14} 이성질체들의 명명법

C_6H_{14}의 모든 이성질체에 대해 분자 모형을 만들어보면 도움이 될 것이다.

C_6H_{14} 이성질체들의 이름을 지어보면서 알케인 명명법에 관한 IUPAC 규칙에서 중요한 점을 알아 보기로 하자.

$$CH_3CH_2CH_2CH_2CH_2CH_3$$

IUPAC 명 : **hexane**
(관용명 : *n*-hexane)

IUPAC 명명법에서 가지 달린 알케인은 표 4.4에 있는 가지 없는 알케인의 치환된 유도체로 간주한다. 다음 구조를 갖는 C_6H_{14} 이성질체를 생각해 보자.

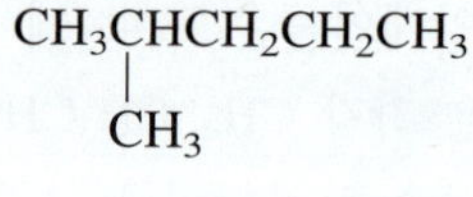

1단계

구조 중에서 가장 길게 연속적으로 이어져 있는 탄소 사슬을 분별해 내어라. 그리고 이에 맞는 가지 없는 알케인의 이름을 표 4.4.에서 확인하라. 이 이름이 모체가 되어 이 특정 화합물의 이름을 명명하게 될 것이다.

이 경우, 가장 길게 연속적으로 연결되어 있는 탄소 수는 **다섯** 개이다. 즉, 이 화합물은 펜테인의 유도체이다. 이 방법에서 가장 열쇠가 되는 말은 **"연속으로"**라는 말이다. 즉, 그림처럼 한 직선으로 늘어져 있든 아니면 중간에 꺽인 모습을 가지든 그것은 문제가 아니라는 의미이다. 가장 중요한 것은 다른 것이 끼어들지 않은 상태로 연결되어 있는 탄소 수가 몇 개인가 하는 것이다.

2단계

모체가 되는 사슬에 붙어 있는 치환기를 확인하라.

이 경우 모체가 되는 펜테인 사슬에 메틸(CH_3)기가 치환체로 붙어 있다.

3단계

가장 길게 연결되어 있는 사슬의 탄소들에게 번호를 붙여 주는데, 가지가 붙어 있는 첫 번째 탄소 자리에 가장 낮은 번호를 부여한다.

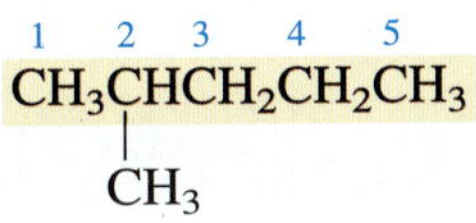 은 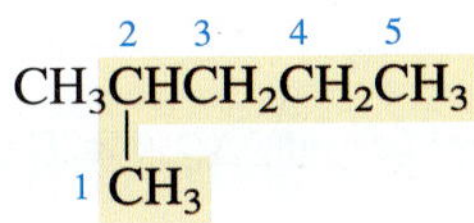 과 같다.

두 경우 모두 가장 길게 연속적으로 이어진 사슬 내에 탄소가 다섯 개 있고, 치환체는 두 번째 탄소에 붙어 있다. 또 다른 가능성은 반대쪽 탄소부터 번호를 매기는 것인데, 이것은 틀린 방식이다.

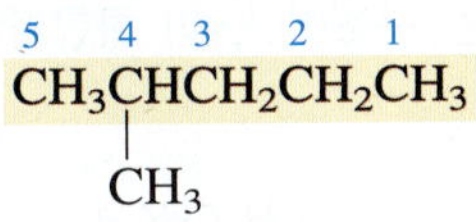 (메틸기가 C-4에 붙어 있다.)

4단계

화합물의 이름을 다음 방식으로 쓴다. 모체가 되는 알케인의 이름은 제일 마지막에 온다. 치환체들이 그 앞에 붙어 있는 **자리 번호[번호매김**(locant)]와 함께 온다. 자리 번호와 단어 사이에는 하이픈을 사용한다.

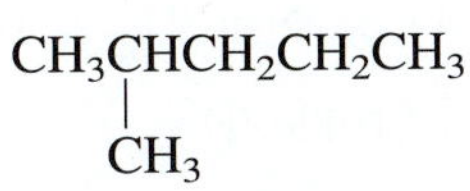

IUPAC명 : **2-methylpentane**

메틸기가 가운데 탄소에 있는 이성질체의 경우에도 같은 방식으로 명명하면 다음과 같다.

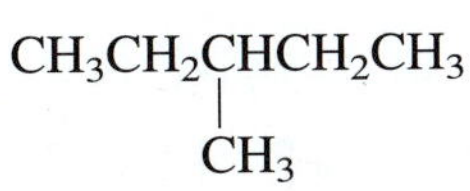

IUPAC명 : **3-methylpentane**

C_6H_{14}의 나머지 이성질체들은 치환기로 두 개의 메틸기를 가진다. 따라서 모체가 되는 사슬은 뷰테인이다. 같은 치환체가 한 번 이상 나타나면 복수를 나타내는 접두어인 다이-(*di*-), 트라이-(*tri*-), 테트라-(*tetra*-) 등을 사용한다. 각 치환체에 대해서 자리 번호는 각각 사용한다. 그리고 자리 번호들은 콤마를 사용하여 구분하고, 단어로부터는 하이픈으로 구별한다.

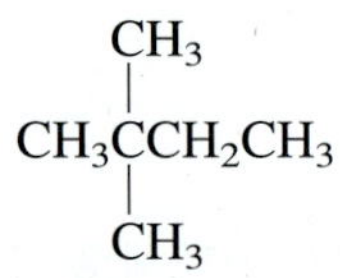

IUPAC명 : **2,2-dimethylbutane**

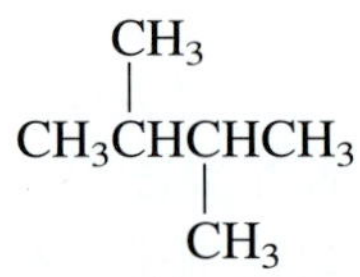

IUPAC명 : **2,3-dimethylbutane**

문제 4.9 파이테인(phytane)은 자연계에서 얻어지는 알케인이다. 이는 해조류의 해감에서 얻으며, 석유의 한 성분이다. 이 화합물의 IUPAC명은 2,6,10,14-테트라메틸헥사데케인(2,6,10,14-tetramethylhexadecane)이다. 이 화합물의 구조식을 그리시오.

문제 4.10 다음 화합물의 IUPAC명을 유도하시오.

(a) C_4H_{10}의 이성질체들
(b) C_5H_{12}의 이성질체들
(c) $(CH_3)_3CCH_2CH(CH_3)_2$
(d) $(CH_3)_3CC(CH_3)_3$

풀이 C_4H_{10}은 두 개의 이성질체를 가진다. 뷰테인(표 4.4 참조)은 가지 없는 탄소 사슬을 가지는 이성질체에 대한 IUPAC명이다. 다른 이성질체는 세 개의 탄소로 이어진 사슬의 가운데 탄소에 메틸 가지가 하나 붙어 있는 구조이다. 이 화합물의 IUPAC명은 2-메틸프로페인(2-methylpropane)이다.

$CH_3CH_2CH_2CH_3$

IUPAC명 : **butane**
(관용명 : *n*-butane)

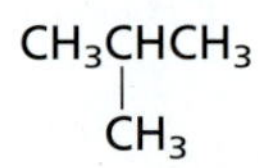

IUPAC명 : **2-methylpropane**
(관용명 : isobutane)

이제까지는 치환체가 메틸기인 경우에 대해서만 언급하였다. 치환체가 메틸(CH_3—)기가 아니라면 어떻게 될까? 이 치환기들을 무엇이라 부르고, 이들을 포함한 화합물의 이름을 어떻게 명명하는지 알아보자.

4.10 알킬기

알킬기는 알케인에서 수소가 하나 빠진 것이다. 메틸기(CH_3—)는 메테인(CH_4)에서 유래한다. 가지 없는 알킬기의 이름은, 이것은 사슬의 끝에 연결이 되는 경우, 표 4.4에 있는 IUPAC명에서 어미를 에인(*-ane*)에서 일(*-yl*)로 대체하면 된다.

$CH_3CH_2—$ **Ethyl**기 $CH_3(CH_2)_5CH_2—$ **Heptyl**기 $CH_3(CH_2)_{16}CH_2—$ **Octadesyl**기

분자식 끝에 붙어 있는 대시(—)는 다른 원자나 기가 와서 붙을 수 있는 자리임을 뜻한다.

탄소 원자들은 그 탄소에 다른 탄소가 얼마나 붙어 있는가에 따라 분류한다. **일차 탄소**(primary carbon)는 다른 탄소 하나가 직접 붙어 있는 경우이고, **이차 탄소**(secondary carbon)는 두 개, **삼차 탄소**(tertiary carbon)는 세 개, **사차 탄소**(quaternary carbon)는 네 개가 붙어 있다.

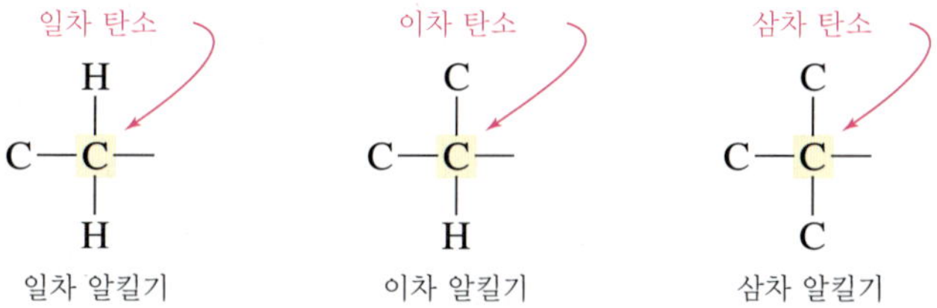

에틸(ethyl, $CH_3CH_2—$), 헵틸[heptyl, ($CH_3(CH_2)_5CH_2—$], 옥타데실기([octadesyl, $CH_3(CH_2)_{16}CH_2—$]는 일차 탄소이다.

가지 달린 알킬기의 경우 다른 기가 와서 붙는 자리로부터 시작하여 연속적으로 가장 길게 늘어진 사슬을 기본명으로 한다. 두 개의 C_3H_7 알킬기는 다음과 같이 명명한다. 따라서 두 C_3H_7 알킬기의 체계명은 프로필(propyl)기와 1-메틸에틸(1-methylethyl)기이다. *n*-프로필(*n*-propyl)기와 아이소프로필(isopropyl)기라는 관용명이 더 널리 사용된다.

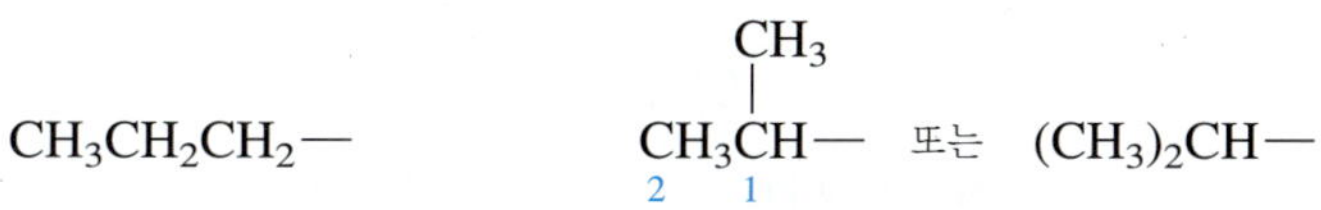

Propyl 기
(관용명 : *n*-propyl)

1-Methylethyl 기
(관용명 : isopropyl)

아이소프로필기는 이차 알킬기이다. 이 분자에서 다음으로 연결되는 점은 이차 탄소이다. 이 탄소는 다른 탄소 두 개에 직접 연결되어 있다.

C_4H_9 알킬기는 가지 없는 뷰테인에서 얻어지거나 아이소뷰테인 구조로부터 얻어진다. 뷰테인에서 얻어지는 알킬기는 뷰틸[butyl, *n*-뷰틸(*n*-bytyl)]기와 1-메틸프로필[1-methylpropyl, *sec*-뷰틸(*sec*-butyl)]기가 있다.

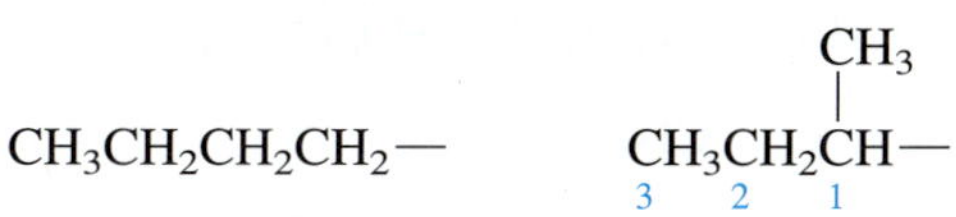

Butyl 기
(관용명 : *n*-butyl)

1-Methylpropyl 기
(관용명 : *sec*-butyl)

아이소뷰테인에서 유래하는 알킬기는 2-메틸프로필[2-methylpropyl, 아이소뷰틸(isobutyl)]기와 1,1-다이메틸에틸[1,1-dimethylethyl, *tert*-뷰틸(*tert*-butyl)]기가 있다. 아이소뷰틸기는 다른 기와 연결될 탄소가 일차 탄소로, 일차 알킬기이다. *tert*-뷰틸기는 연결 부위가 삼차 탄소이기 때문에 삼차 알킬기이다.

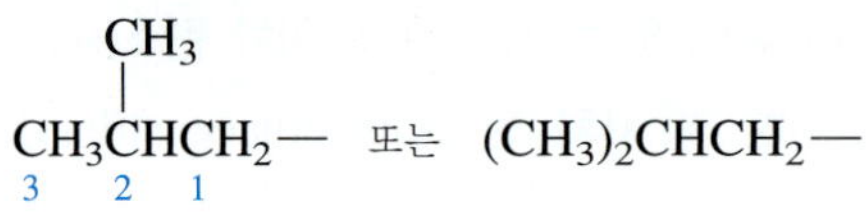

2-Methylpropyl 기
(관용명 : isobutyl)

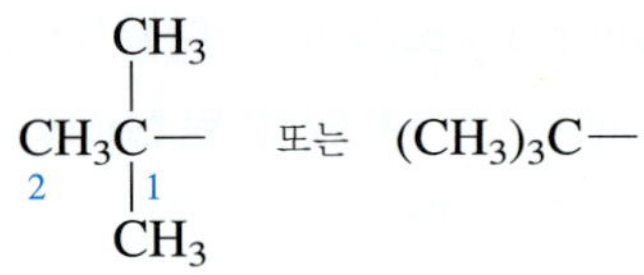

1,1-Dimethylethyl 기
(관용명 : *tert*-butyl)

가장 자주 사용하는 알킬기의 이름과 구조는 책의 뒤표지 안쪽에 정리되어 있다.

메틸기, 에틸기 이외에도 *n*-프로필, 아이소프로필, *n*-뷰틸, *sec*-뷰틸, 아이소뷰틸, *tert*-뷰틸기 등이 이 교재의 전반에 걸쳐 나타날 것이다. 이들은 관용명이지만, 이들은 IUPAC명에 통합되어 있고, 체계적 명명법과 조화롭게 사용한다. 이런 기들을 보면 빨리 알아차리고 필요할 때 구조를 그릴 수 있어야 한다.

4.11 가지가 많은 알케인에 대한 IUPAC 명명법

다양한 알킬기의 이름으로 IUPAC 표기법을 만드는 기본적인 원리에 따라 가지가 많은 알케인의 경우에도 체계적인 명명을 할 수 있다. 다음 알케인을 가지고 이름을 지어보고, 여러 위치에 메틸기를 하나씩 더해 가면서 복잡한 경우에 대해서도 명명해 보도록 하자.

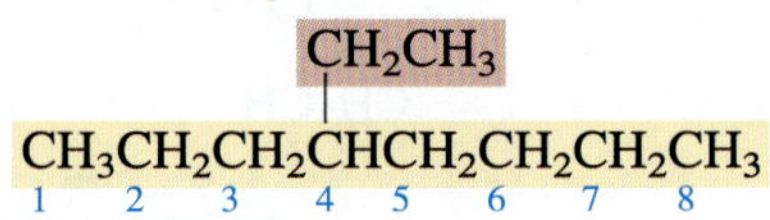

구조식에 번호를 매겨보면 연속적으로 이어진 가장 긴 사슬은 여덟 개의 탄소로 이루어져 있다. 따라서 이 분자는 옥테인의 유도체로 이름을 지으면 된다. 번호는 치환이 일어난 곳에서 가장 가까운 끝에 있는 탄소로부터 시작한다. 그러면 에틸기가 붙어 있는 탄소는 C-4가 된다. 즉, 이 분자는 **4-에틸옥테인**(4-ethyloctane)이다.

이제 C-3의 수소를 메틸기로 치환하면 IUPAC명은 어떻게 될까?

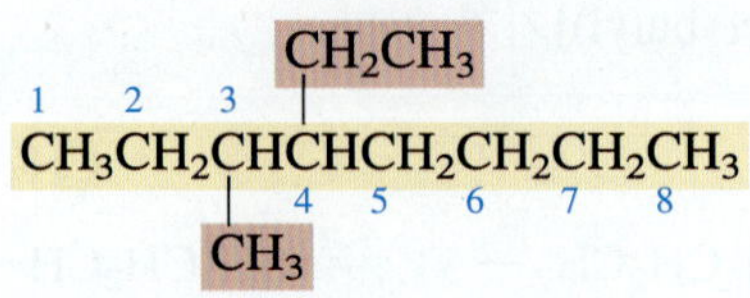

이 분자는 C-3 메틸기와 C-4 에틸기를 가진 분자이다.

두 개 이상의 치환체가 있는 경우 각 기의 기술 순서는 알파벳 순서를 따른다.

이 화합물의 IUPAC명은 **4-에틸-3-메틸옥테인**(4-ethyl-3-methyloctane)이다.

다이-(*di*-), 트라이-(*tri*-), 테트라-(*tetra*-)와 같은 접두어(4-9절 참조)는 필요에 따라 사용한다. 그러나 이 접두어들은 알파벳 순서를 정하는 데에서는 무시한다. 만약 C-5에 메틸기를 하나 더 도입하였다면 그 이름은 **4-에틸-3,5-다이메틸옥테인**(4-ethyl-3,5-dimethyloctane)이 된다.

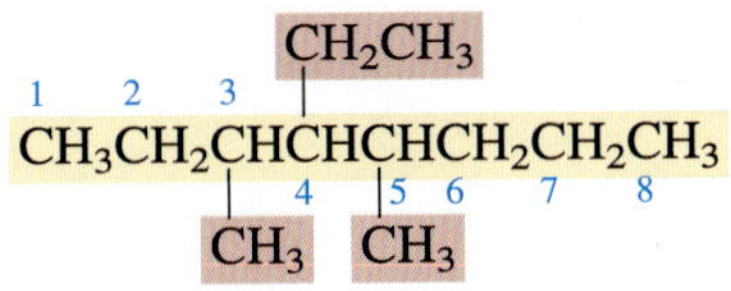

sec-나 *tert*-와 같은 접두어는 이탤릭체로 표기한다. 그리고 알파벳 순서를 정하는 데에서는 무시한다. 그러나 그 자체끼리 비교할 때는 고려하는데, 예를 들면 *tert*-뷰틸은 아이소뷰틸보다 앞에 나오지만, *sec*-뷰틸은 *tert*-뷰틸보다 앞에 나온다.

문제 4.11 다음 알케인 화합물의 타당한 IUPAC명을 제시하시오.

(a)

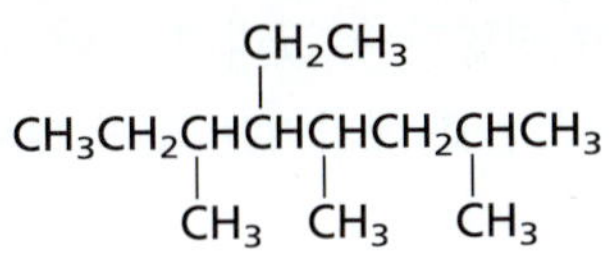

(c)

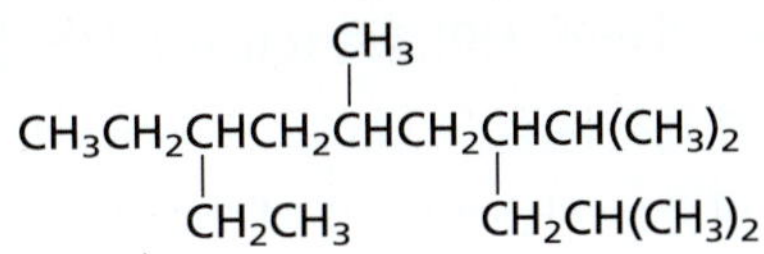

(b) $(CH_3CH_2)_2CHCH_2CH(CH_3)_2$

풀이 (a) 이 문제는 앞에서 언급한 예인 4-에틸-3,5-다이메틸옥테인에 제 삼의 메틸을 더한 것이다. 그러므로 이것은 **에틸트라이메틸옥테인**(ethyltrimethyloctane)이다. 그런데 주의할 점 하나는 번호를 붙이는 순서에 변화가 있어야 한다. 왜냐하면 첫 번째 가지가 붙어 있는 탄소의 번호가 가장 낮아지게 번호를 매기는데, 이번에는 메틸이 C-2에 붙어 있기 때문이다. 따라서 번호를 반대로 매겨야 하고, 이 화합물의 이름은 5-에틸-2,4,6-트라이메틸옥테인(5-ethyl-2,4,6-trimethyloctane)이다.

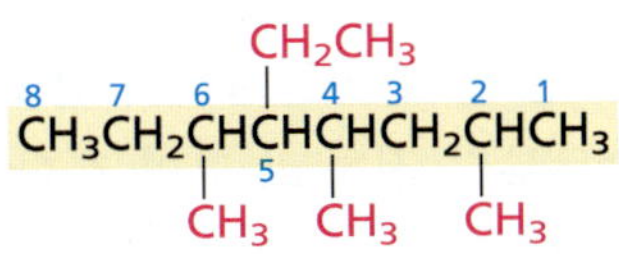

5-Ethyl-2,4,6-trimethyloctane

마지막으로, 번호를 붙이는 방향 두 가지 모두 번호가 같아진다면 치환체 중 영어 이름으로 먼저 나오는 치환체의 번호가 낮아지게 정한다(치환체는 알파벳순으로 열거함을 기억하라).

IUPAC 명명 체계는 기본적으로 논리적이며, 그 규칙 안에 상식적인 요인이 들어 있다. 그렇지만, 일부는 이름이 길고 우스꽝스럽기도 하며, 발음하기 어려운 것들도 생긴다. 일단 코드(문법의 규칙)를 알고 나면 그러한 긴 이름도 그에 맞는 구조식으로 바꾸는 것이 어렵지 않다.

알케인에 대한 IUPAC 규칙을 표로 정리한 요약은 뒷부분에 나올 표 4.5에 주어져 있다.

4.12 사이클로알케인의 명명법

> 사이클로알케인은 **지방족 고리**(alicyclic, aliphatic cyclic) 탄화수소의 한 예이다.

사이클로알케인(cycloalkane)은 세 개 이상의 탄소로 이루어진 고리를 가지고 있는 알케인들이다. 유기화학에서 자주 나타나며, 분자식은 C_nH_{2n}의 일반식을 따른다. 몇 가지 예가 다음에 주어져 있다.

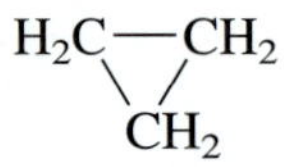 은 보통  으로 표현

Cyclopropane

> 사이클로헥세인의 분자 모형을 만들어보면, 이 구조가 평면 육각형과는 매우 다르다는 사실을 알게 될 것이다. 여기에 대해서는 4.14절에서 다룬다.

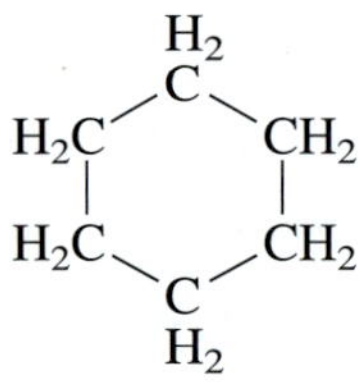 은 보통 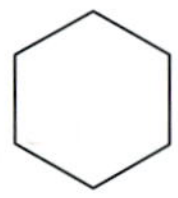 으로 표현

Cyclohexane

이미 보았듯이, 사이클로알케인은 IUPAC 체계에서 같은 탄소 수의 가지 없는 알케인 이름에 **사이클로**-(*cyclo*-)라는 접두어를 사용하여 명명한다. 고리에 붙어 있는 기에 대해서는 같은 방식으로 기술한다. 그 치환체의 자리 번호 매기기는 첫 번째로 차이를 만드는 탄소 위치가 가장 낮은 번호를 가지도록 정한다.

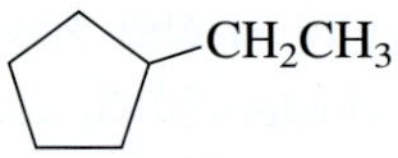

Ethylcyclopentane

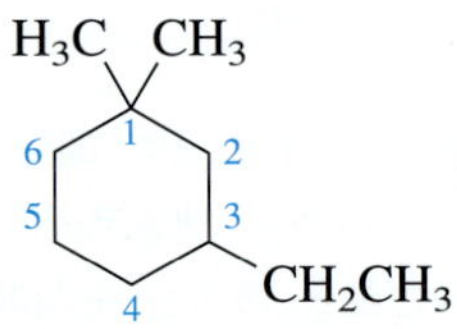

3-Ethyl-1,1-dimethylcyclohexane

(1-ethyl-3,3-dimethylcyclohexane이 아님, 차이를 나타내는 첫 번째 탄소의 번호가 낮아야 된다는 규칙에 어긋남, 그래서 1,1,3 치환 패턴이 1,3,3보다 좋음)

만약 고리 내 탄소 수가 가지로 붙어 있는 알킬기의 탄소 수보다 적으면 이름을 지을 때 기본 이름은 사슬 알케인으로부터 정하고, 고리 화합물을 사이클로알킬 치환체로 간주한다.

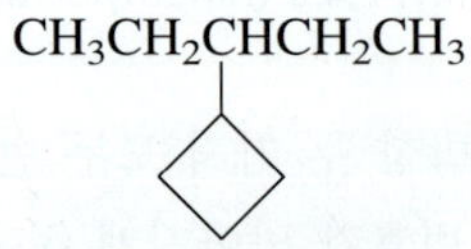

3-Cyclobutylpentane

문제 4.12 다음 화합물들을 명명하시오.

(a) 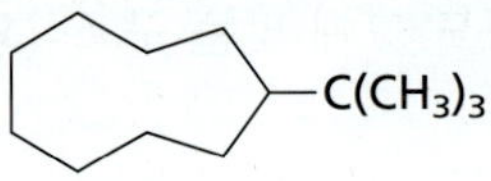

(b) 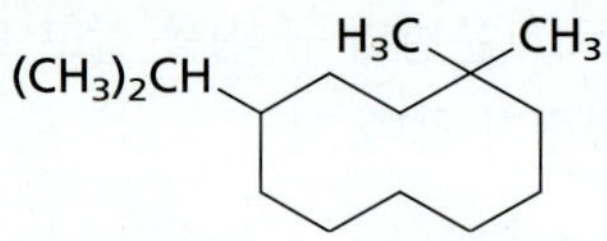

(c)

풀이 (a) 이 분자는 구각형 고리 화합물에 *tert*-뷰틸기를 가지고 있다. 그래서 이름은 *tert*-뷰틸사이클로노네인(*tert*-butylcyclononane)이다. 다른 방식으로는, *tert*-뷰틸기를 체계적인 방법에 따라 1,1-다이메틸에틸기로 명명할 수 있고, 그 경우에 이 화합물의 이름은 {(1,1-다이메틸에틸)사이클로노네인[(1,1-dimethylethyl)cyclononane)]}이 된다(괄호는 혼란을 막기 위해 필요하다. 이 경우 괄호는 독자들에게 1,1의 번호 매김이 알킬기의 치환체에 대한 것이지 고리 내의 위치를 나타내는 번호가 아니라는 점을 확실하게 해 준다).

4.13 사이클로알케인의 회전배열(형태)

사이클로프로페인에서 형태 분석은 다른 사이클로알케인에 비해 훨씬 간단하다. 사이클로프로페인 내에 있는 세 개의 탄소는 기하학적 구속 때문에 한 평면에 있게 된다.

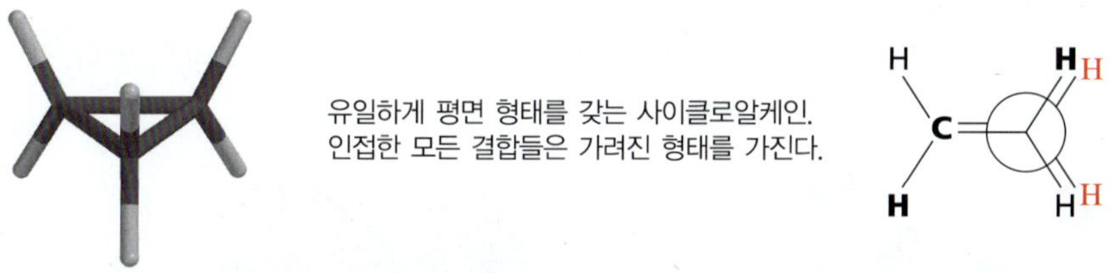

유일하게 평면 형태를 갖는 사이클로알케인. 인접한 모든 결합들은 가려진 형태를 가진다.

사이클로프로페인의 그림에서 보듯이, 세 개의 C—H 결합은 고리 위에 놓이고, 서로 가려진 상태이며, 다른 세 결합은 고리 평면 아래에 같은 식으로 놓인다. 그래서 사이클로프로페인에는 **비틀림 무리**(torsional strain, 4.5절)가 나타난다. 보다 더 심각한 변형(strain)이 삼각형 구조에 있다. 정삼각형은 내각이 60°이다. 그러나 탄소에 부착된 네 개의 원자 또는 기의 결합각은 109.5°가 이상적이다. 이렇게 사면체 구조에서 가질 값보다 훨씬 작은 각도를 가지면서 생기는 뒤틀림(distortion)을 **각무리**(angle strain)라 하고, 이 현상이 사이클로프로페인을 알케인과 사이클로알케인 분류에 속한 다른 분자들보다 불안정하게 만드는 요인이 된다.

평면 형태를 가지는 사이클로펜테인은 비틀림 무리가 있다는 것은 분자 모형을 만들어보면 바로 알 수 있다.

사이클로프로페인은 평면 형태를 가지는 유일한 고리 화합물이다. 사이클로뷰테인은 사이클로프로페인에 비해 각무리가 훨씬 작다. 이는 평면을 벗어나 그림 4.6*a*에

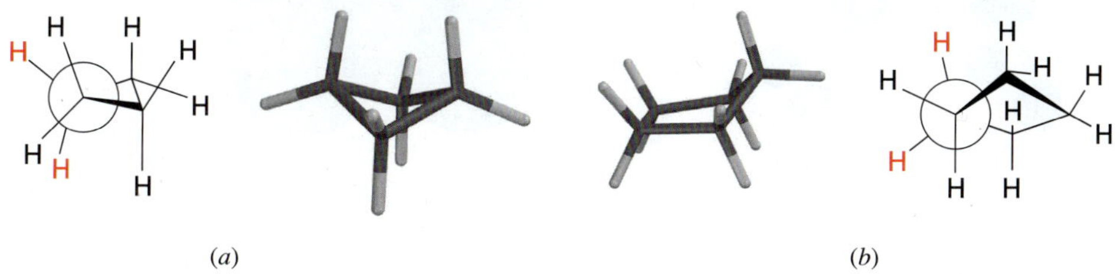

그림 • 4.6
(*a*) 사이클로뷰테인의 비평면('주름 잡힌') 형태, (*b*) 사이클로펜테인의 '편지봉투' 형태

있는 것처럼 "주름 잡힌(puckered)" 구조 형태를 가짐으로써 각무리를 일부 해소시키기 때문이다. 사이클로펜테인은 비평면 형태를 가짐으로써 비틀림 무리를 완전히 해소시킨다. 각무리는 상대적으로 아주 작은데, 정오각형의 내각인 108° 가 sp^3-혼성 오비탈을 가진 탄소의 결합각 109.5° 에 가깝기 때문이다. 비평면 형태를 갖는 사이클로펜테인의 한 형태인 "편지봉투" 형태가 그림 4.6*b*에 주어져 있다.

4.14 사이클로헥세인의 회전배열(형태)

유기화학에서 육각형 고리 화합물은 다른 고리 화합물에 비해 많이 볼 수 있다. 그 결과 육각형 고리 화합물에 대해서는 연구가 매우 광범위하게 이루어졌고, 이것의 형태에 대해서도 잘 알려져 있다. 사이클로헥세인이 평면 형태라면 정육각형의 내각이 120° 이므로 각무리가 있을 것이다. 그리고 심각한 비틀림 무리도 예상된다. 가장 안정한 사이클로헥세인의 형태는 **의자 형태**(chair conformation, 그림 4.7)로 알려진 비평면 형태이다. 그 다음으로, 훨씬 불안정하지만, **보트 형태**(boat conformation, 그림 4.8)인 비평면 형태가 있다.

두 경우 모두 각무리는 없고, 의자 형태의 경우에는 비틀림 무리도 없다.

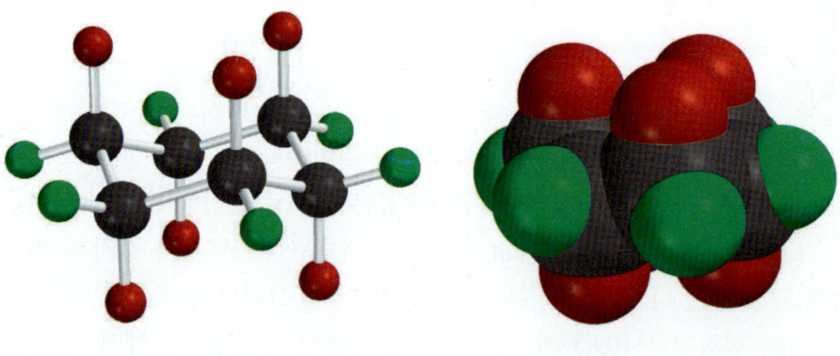

(*a*) (*b*)

그림 • 4.7
사이클로헥세인의 의자 형태의 (*a*) 공-막대 모형과 (*b*) 공간채움 모형

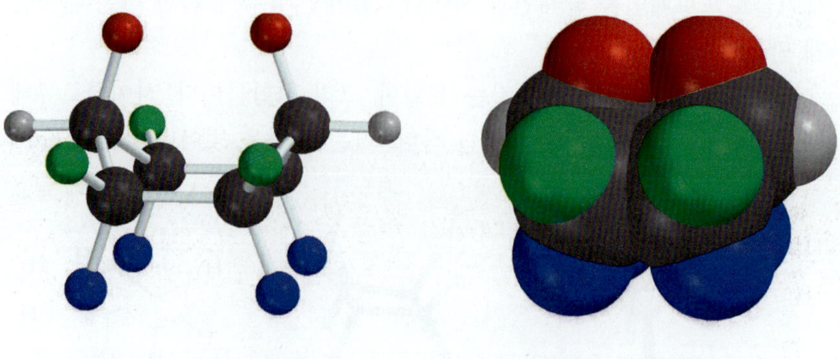

(*a*) (*b*)

그림 • 4.8
사이클로헥세인에 대한 보트 형태의 (*a*) 공-막대 모형과 (*b*) 공간채움 모형. 위쪽을 향한 수소 두 개가 가까이 접근된 것을 공간채움 모형으로 보면 분명히 알 수 있다.

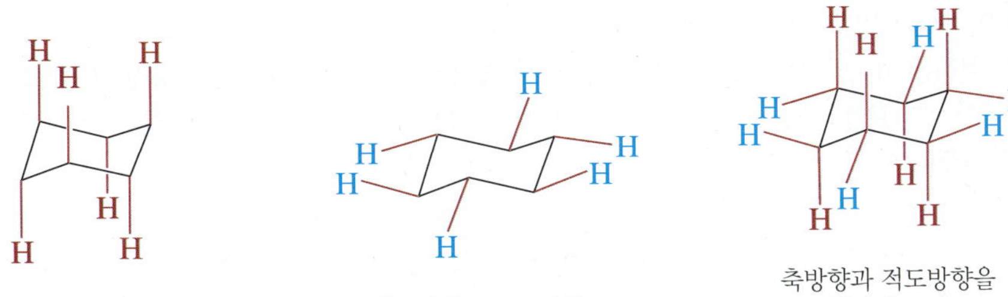

그림 • 4.9
사이클로헥세인 내 축방향 결합과 적도방향 결합

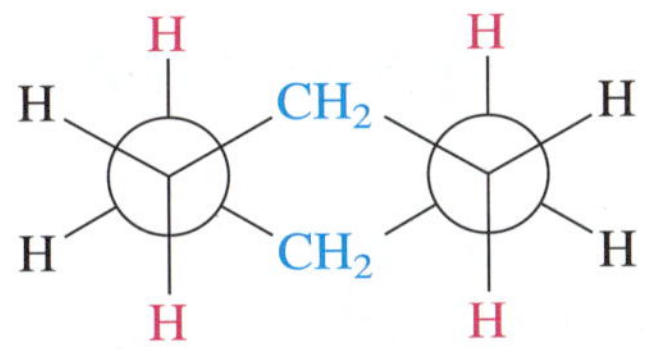

사이클로헥세인의 의자 형태 내에서 결합들의 엇갈린 배열 모습

사이클로헥세인의 의자 형태를 조금 더 자세히 살펴보면 놀라운 특징이 발견된다. 그림 4.9에서 알 수 있듯이 12개의 수소들이 모두 같지는 않고, 두 그룹으로 나누어질 수 있다. 그 중 여섯 개의 수소는 '**축방향**(axial)' 의 수소라고 부르는 그룹으로, 고리 중앙을 관통하는 수직축에 평행하게 놓여 있다. 이 축방향의 수소들은 번갈아가며 윗방향과 아랫방향을 향해 있다. 다음으로 두 번째 세트에 속한 여섯 개의 수소들은 **적도방향**(equatorial, 수평방향)의 수소라고 부르는, 분자의 근사적인 수평방향을 따라 놓여 있다. 각 탄소에 붙어 있는 네 개의 결합들은 사면체 형태를 유지하고, 이는 sp^3 혼성화 오비탈을 갖는 탄소의 특징과 일치한다.

육각형 고리의 형태적 특징은 유기화학의 근간을 이룬다. 그래서 축방향과 적도방향 결합의 방향성의 특징을 잘 이해하는 것과 그것들을 정확히 그릴 수 있는 능력을 갖추는 것이 매우 중요하다. 그림 4.10을 보면 의자 형태의 사이클로헥세인을 그리는 요령을 가르쳐 준다. 다음 문제를 시도하기 전에 그림에 대한 공부를 확실히 해 두어야 한다.

문제 4.13 주어진 사이클로헥세인의 의자 형태에 다음에 기술한 탄소-수소의 결합을 표시하시오.

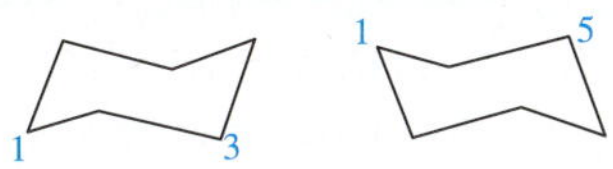

A B

(a) A의 C-1상 축방향 C—H
(b) A의 C-3상 적도방향 C—H
(c) B의 C-1상 적도방향 C—H
(d) B의 C-5상 축방향 C—H

풀이 (a) 1번 위치의 탄소는 가장 인접한 탄소보다 밑에 놓여 있다; "아래(down)" 축방향 결합은 바로 위로 향하는 것과 밑으로 향하는 것이 번갈아가며 나타난다. 그리고 그 방향은 그 결합이 붙어 있는 탄소 원자에서 정한다. C-1에 축방향 결합은 직선으로 밑으로 향한다.

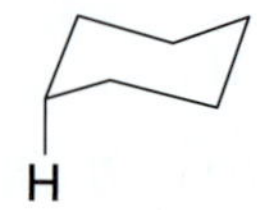

4.15 사이클로헥세인의 형태 반전(고리 뒤집힘)

알케인은 한 형태로 고정되어 있지 않음을 보았다. 뷰테인에서 가운데 있는 C—C 결합이 자유롭게 회전하며, 안티와 고우시 간에 상호변환이 일어나는 것을 배웠다. 사이클로헥세인도 형태적으로 유연하다. **고리 반전**(ring inversion), **의자-의자 형태 간 상호변환**(chair-chair interconversion), **고리 뒤집힘**(ring flipping)이라는 과정을 따라 한 의자 형태에서 다른 의자 형태로 변환될 수 있다.

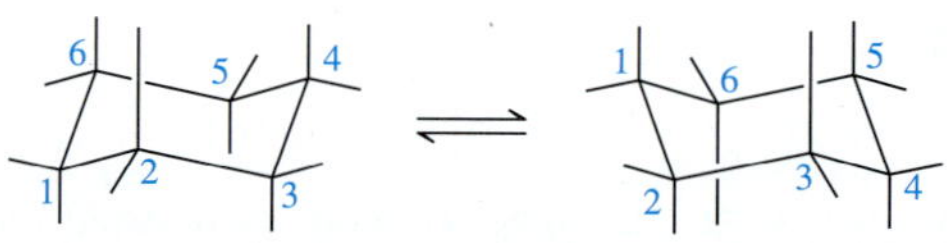

이 반전이 일어날 때 가장 두드러진 특징은 원래 의자 형태에서 축방향이었던 치환체들이 다른 의자 형태에서는 모두 적도방향이 된다는 것이다.

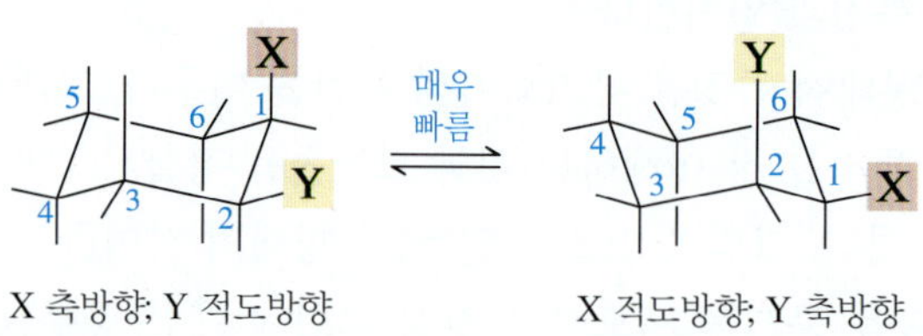

다음 절에서는 이러한 현상의 결과들에 대해서 단일치환된 여러 사이클로헥세인, 메틸사이클로헥세인에 대해 살펴볼 예정이다.

4.16 단일 치환체를 가진 사이클로헥세인의 형태 분석

메틸사이클로헥세인의 고리 뒤집힘은 사이클로헥세인의 경우와는 다르다. 이 경우에 두 개의 의자 형태는 서로 다르다. 한 의자 형태에서는 메틸기가 축방향이 되고, 다른 형태에서는 적도방향이 된다. 상온에서는 분자의 95%가 메틸기가 적도방향으로 있는 의자 형태로 존재한다. 반면에 5%의 분자들에서 메틸기는 축방향으로 있다.

(1) 사이클로헥세인의 의자 형태로 시작.

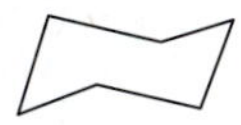

(2) 먼저 축방향 결합을 그린다. 인접한 원자들에서는 방향을 바꾸어가며 모두 그려 넣는다. 항상 축방향 결합을 가장 위에 있는 탄소 원자에서 "위" 방향으로 또는 가장 낮은 곳의 탄소로부터 "아래" 방향으로 그려 넣는다.

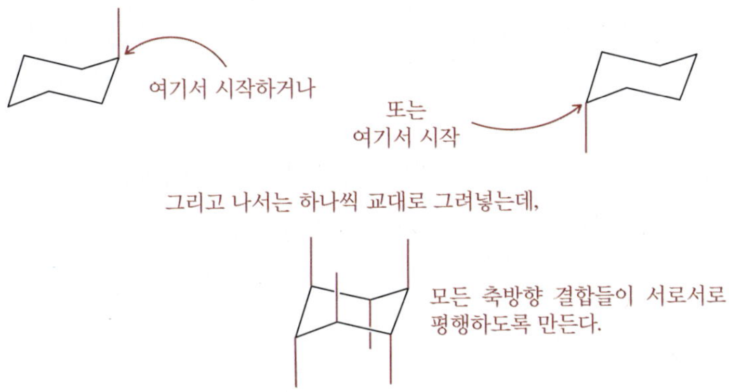

(3) 적도방향 결합을 각 탄소에 결합들이 사면체 배열을 가지도록 그려 넣는다. 적도방향 결합들은 고리에 대해서 평행해야 하고, 인접한 탄소에 있는 같은 결합에 대해 평행해야 한다.

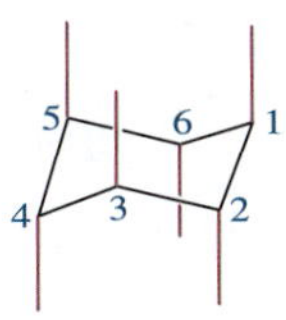

C-1에서 적도방향 결합은 C-2와 C-3 간 결합이나 C-5와 C-6 결합과 평행하게 그린다.

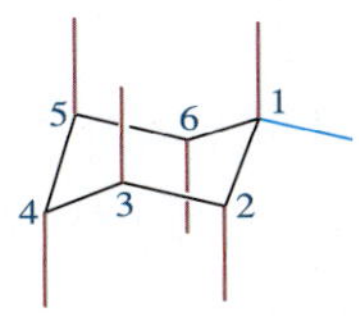

이와 같은 방법에 따라 모든 적도방향 결합을 그린다.

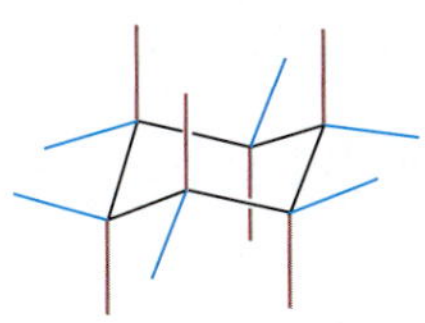

(4) 사이클로헥세인의 의자 형태를 양방향에 대해 모두 그린다.

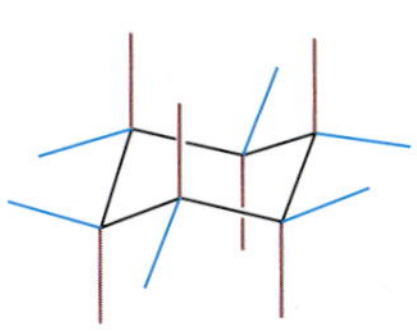

와

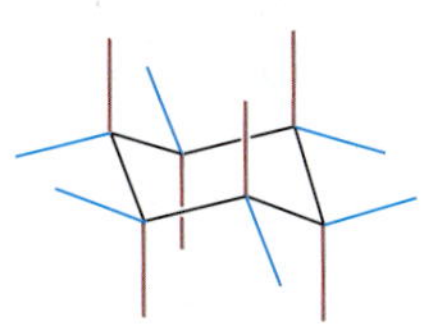

그림 • 4.10
사이클로헥세인의 의자 형태 내에 결합의 배향을 표시하는 방식의 안내도

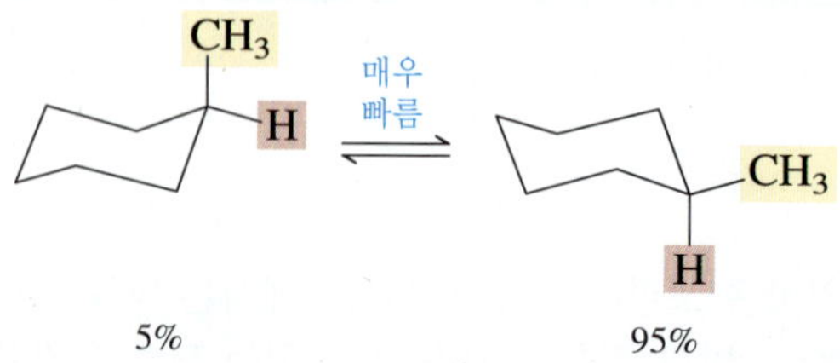

두 분자가 평형을 이루고 있을 때 더 낮은 자유 에너지를 가지는 것이 더 많이 존재한다. 그러면 왜 메틸기가 적도방향에 있는 것이 축방향에 있는 것보다 더 안정할까?

메틸기는 적도방향으로 놓일 때 축방향으로 놓인 것보다 밀집도가 낮다. 축방향으로 놓인 메틸기 중 하나의 수소는 C-3와 C-5에 축방향으로 놓여 있는 수소와 190~200pm 범위 내에 놓인다. 이 거리는 두 수소 원자의 van der Waals 반지름의 합(240pm)보다 작은 값이다. 그래서 축방향 형태에서는 van der Waals 무리(strain)가 생긴다. 메틸기가 적도방향으로 놓이면 이 밀집도는 사라진다.

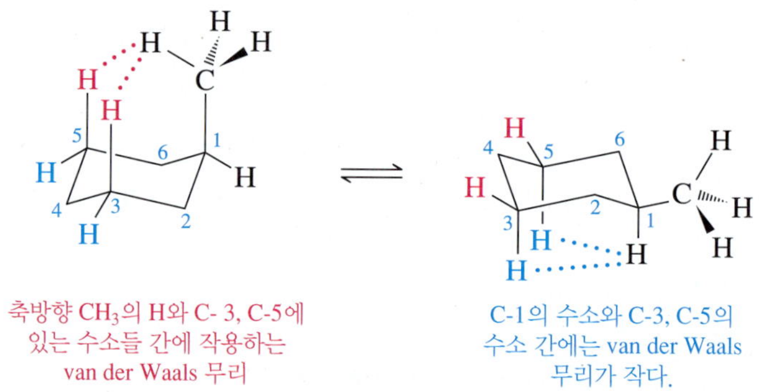

적도방향 메틸기의 안정도가 축방향 메틸기보다 더 크다는 점은 **입체 효과**(steric effect)의 또 다른 예이다. 축방향으로 놓인 치환체는 그 자신과 고리에서 같은 면의 축방향에 놓인 두 치환체가 좁은 공간에 빽빽히 쌓이기 때문에 **1,3-이축방향 반발**(1,3-diaxial repulsion)이 일어난다.

다른 치환체가 있는 경우에도 같은 논리로 설명할 수 있다. 치환체의 크기가 더 커지면 커질수록 적도방향을 선호하게 된다. 치환체의 부피가 더 커지면 이와 같은 경향이 더 잘 일어난다. 메틸 치환체의 경우 적도방향과 축방향의 비가 95:5이지만, *tert*-뷰틸사이클로헥세인(*tert*-butylcyclohexane)의 경우는 그 비가 999:1로 증가한다.

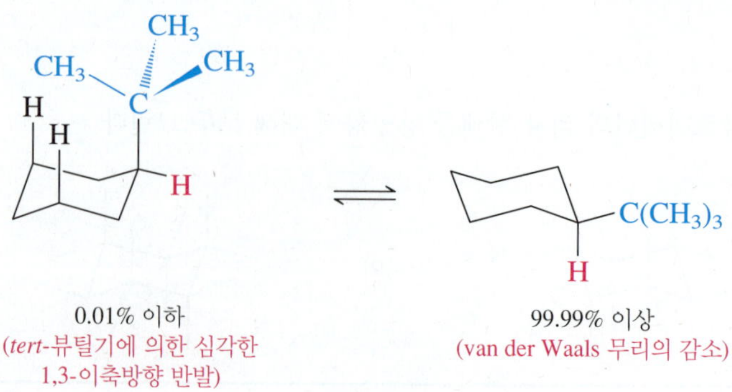

문제 4.14 1-*tert*-뷰틸-1-메틸사이클로헥세인(1-*tert*-butyl-1-methylcyclohexane)의 가장 안정한 형태를 그리시오.

tert-뷰틸처럼 치환이 많이 되어 있는 기를 이야기할 때 "부피가 크다(bulky)" 고 말한다.

일반적으로, 가지가 많은 기들은 "부피가 큰" 기로 통한다. 단순히 길이가 긴 탄소 사슬은 짧은 것에 비해 부피가 크지 않지만, 가지가 많이 달린 알킬기는 가지가 없는 경우보다 부피가 크다.

4.17 두 개의 치환체를 가진 사이클로알케인: 입체이성질체

사이클로알케인 내에 두 개의 다른 탄소에 치환기가 있을 때(예를 들어, 메틸기들) 이 두 치환체는 고리의 같은 면에 놓이든지 서로 다른 면에 놓이게 된다. 두 치환체가 같은 면에 놓이면 이들은 서로 **시스**(cis) 관계이고, 서로 다른 면에 놓이면 **트랜스**(trans) 관계에 있다고 한다. 두 용어 다 라틴어에서 유래했는데, 시스는 "같은면", 트랜스는 "건너편"이라는 의미이다.

cis-1,2-Dimethylcyclopropane *trans*-1,2-Dimethylcyclopropane

문제 4.15 이중 결합을 가진 화합물은 제외하고, *시스*(*cis*-)- 와 *트랜스*-1,2-다이메틸사이클로프로페인(*trans*-1,2-dimethylcyclopropane)의 구성 이성질체로 네 개의 탄화수소가 있다. 이들을 찾아보시오.

1,2-다이메틸사이클로프로페인의 시스형과 트랜스형은 서로 **입체이성질체**(stereoisomer)이다. 입체이성질체란 분자 내 원자들이 같은 순서로 연결되어 있지만, 즉 구성상 동일하지만, 공간상의 배치만 다른 이성질체들을 말한다. 시스와 트랜스 같은 이성질체는 때로는 **기하 이성질체**(geometric isomer)라고도 한다.

접두어 **입체**-(stereo-)는 그리스어 stereos[의미는 "고체(solid)"]에서 유래하였다. **입체화학**(stereochemistry)은 그 용어를 분자 구조와 반응성의 삼차원적인 특성에 적용한다.

두 개의 치환체를 가진 사이클로헥세인의 경우 입체이성질체는 사이클로헥세인 고리가 평면 형태가 아니기 때문에 사이클로프로페인보다 복잡하다. 먼저 *시스*-1,2-다이메틸사이클로헥세인(*cis*-1,2-dimethylcyclohexane)을 살펴보자. 시스 입체이성질체에서 두 메틸기는 같은 면에 존재한다. 그림에서 보듯이 둘 다 윗면에, 즉 같은 탄소에 붙어 있는 수소 위에 놓여 있다. '고리 뒤집힘' 이 일어나면 축방향과 적도방향이 서로 바뀐다는 점을 기억하라. 그리고 분자는 두 개의 동일한 의자 형태를 가진다. 각각에서 한 메틸기는 축방향으로 다른 메틸기는 적도방향으로 놓인다.

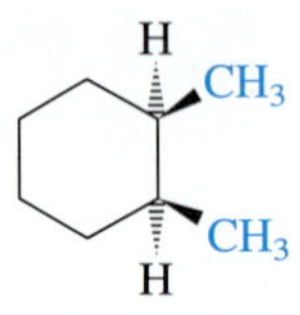

cis-1,2-Dimethylcyclohexane

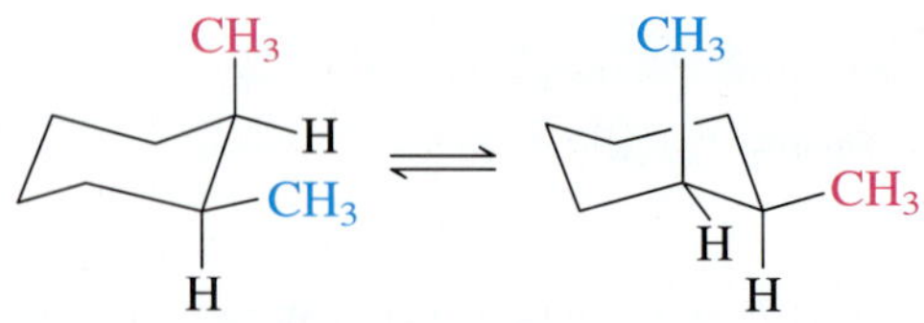

cis-1,2-Dimethylcyclohexane

그러나 상황은 *트랜스*-1,2-다이메틸사이클로헥세인(*trans*-1,2-dimethylcyclo-hexane)에서 달라진다. 즉, 두 개의 의자 형태가 달라진다. 한 구조에서는 두 메틸기가 모두 축방향을 향하고, 다른 하나에서는 모두 적도방향을 향한다.

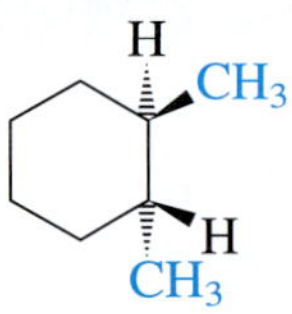

trans-1,2-Dimethylcyclohexane

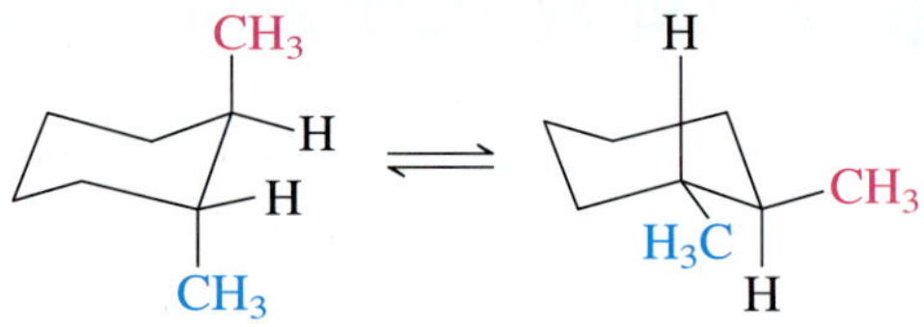

(두 메틸기는 축방향: 약간 불안정한 의자 형태) (두 메틸기는 적도방향: 더 안정한 의자 형태)

trans-1,2-Dimethylcyclohexane

두 메틸기가 모두 적도방향으로 있는 구조가 모두 축방향으로 놓인 구조보다 더 안정하고, 평형에서 주로 관찰된다. 적도방향으로 놓인 형태가 축방향으로 놓인 형태보다 덜 붐비기 때문이라는 사실을 상기하면 쉽게 이해할 수 있다.

두 치환기가 다르면 더 안정한 형태는 부피가 더 큰 치환체가 적도방향에 놓이는 것을 선호한다. *시스*-1-*tert*-뷰틸-2-메틸사이클로헥세인(*cis*-1-*tert*-butyl-2-methylcyclohexane)은 *tert*-뷰틸기가 적도방향에, 메틸기가 축방향으로 놓이게 배치된다.

문제 4.16 *시스*-와 *트랜스*-1-*tert*-뷰틸-2-메틸사이클로헥세인의 가장 안정한 형태를 그리시오.

한 분자의 물리적 성질은 그 구조와 관련이 있다. 원자 구성과 연결 방식이 분자 구조의 가장 중요한 요소이다. 그리고 그 원자들의 공간 내 배치, 즉 **입체화학**(stereochemistry)도 역시 중요하다. 많은 유기화학 반응이나 생화학 과정에서 한 기질의 특정 입체이성질체는 빠르게 반응하지만, 다른 형태는 같은 조건에서라도 전혀 반응하지 않는 경우가 있다.

4.18 여러고리 화합물

유기 화합물들은 고리를 하나만 가지고 있는 것은 아니다. 많은 화합물이 두 개 이상의 고리를 가지고 있다. 고리가 두 개이면 **두고리 화합물**(bicyclic compound)이라고 하고, 고리가 세 개이면 **세고리 화합물**(tricyclic compound)이라고 한다. 켐펜(camphene)은 자연계(솔잎 기름)에서 얻어진 두고리 탄화수소이다. 코티손(cortisone)은 부신 외피층에서 얻어지는 **스테로이드**(steroid)이고, 소염제로 사용된다. 스테로이드들은 네고리 지방의 주요 성분들이고, 이들에 대해서는 16장에서 더 살펴볼 것이다.

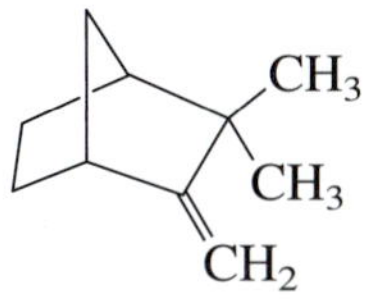

Camphene

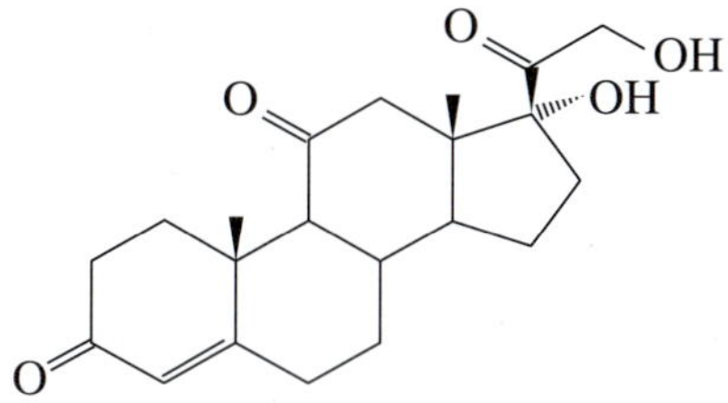

Cortisone

이들은 고리를 두 개 이상 가지고 있는 다양한 화합물들 중 두 예에 불과하다.

4.19 알케인과 사이클로알케인의 물리적 성질

끓는점 이 장의 앞에서 살펴보았듯이, 메테인, 에테인, 프로페인, 뷰테인은 기체이다. 가지 없는 알케인인 펜테인(C_5H_{12})부터 헵타데케인($C_{17}H_{36}$)은 액체이다. 반면에 이보다 더 큰 동족체들은 고체이다. 그림 4.11에서 보는 바와 같이, 가지 없는 알케인들의 끓는점은 탄소 수가 증가함에 따라 증가한다. 또 이 그림에서 2-메틸 가지를 가진 알케인의 끓는점이 가지 없는 이성질체보다 낮음을 알 수 있다. 가지가 생기며 나타나는 효과는 다음 세 가지 C_5H_{12} 이성질체들의 예에서 바로 알 수 있다.

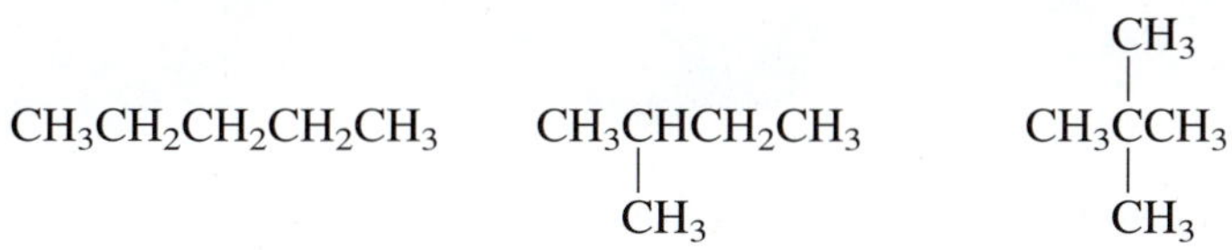

Pentane (끓는점 36°C) 2-Methylbutane (끓는점 28°C) 2,2-Dimethylpropane (끓는점 9°C)

끓는점과 분자 구조 간의 관계를 생각할 때 효과적인 방식은 왜 어떤 화합물, 예를 들어 펜테인은 기체가 아니라 액체인가를 자문해 보는 것이다. 펜테인은 상온, 상압하에서 액체이다. 이는 분자간의 인력이 증기 상태보다 액체 상태에서 더 크기 때문이다. 펜테인이 증기가 되려면 이 **분자간 인력**(intermolecular attractive force)을 넘어서야 한다.

분자간 인력의 세기는 분자의 표면적과 직접적인 관계가 있다. 가지 달린 알케인의 경우 가지 없는 경우보다 압축되어 있고, 표면적이 더 작다. 따라서 끓는점이 더 낮아진다. 이 이성질체들의 모양은 그림 4.12에 있는 공간채움 모형을 보면 분명히 알 수 있다.

문제 4.17 다음 끓는점 자료와 주어진 알케인 화합물들을 적절히 짝을 지어보시오.
알케인: 옥테인, 2-메탈헵테인, 2,2,3,3-테트라메틸뷰테인
끓는점(°C, 1atm): 106, 116, 126

그림 • 4.11
가지 없는 알케인과 2-메틸 알케인의 끓는점

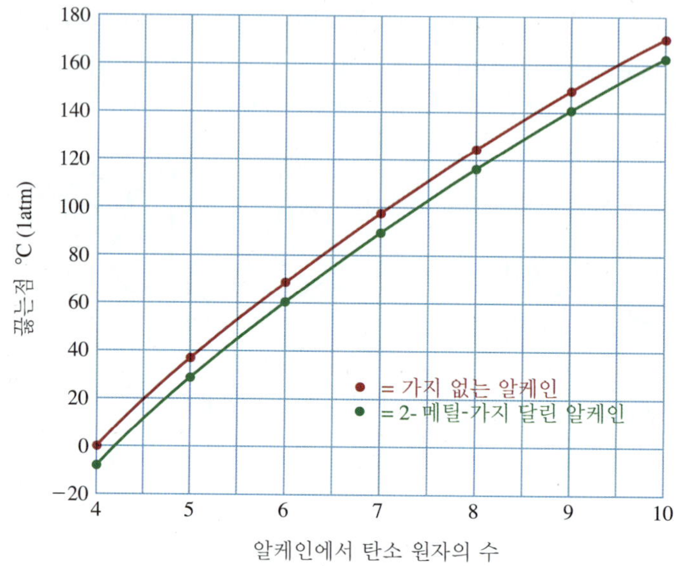

그림 • 4.12
(*a*) 펜테인, (*b*) 2-메틸뷰테인, (*c*) 2,2-다이메틸프로페인의 공간 채움 모형. 가지가 가장 많이 달린 2,2-다이메틸프로페인이 가장 압축된 구조이고, 공 모양에 가까운 삼차원 구조를 가지고 있다.

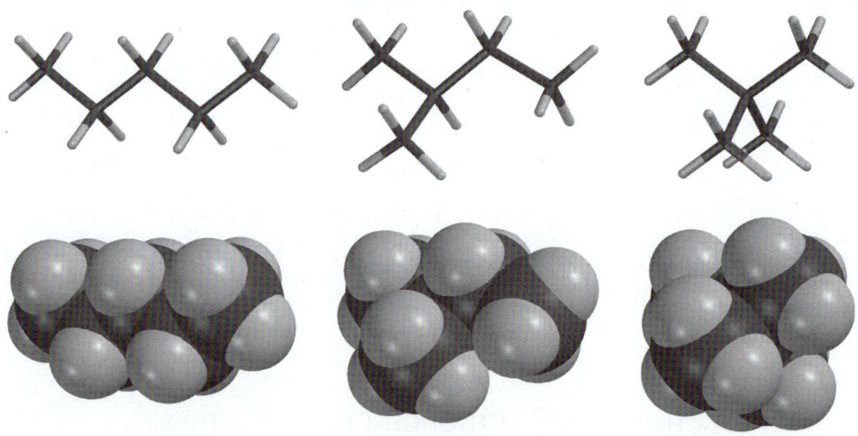

(*a*) Pentane: $CH_3CH_2CH_2CH_2CH_3$ (*b*) 2-Methylbutane: $(CH_3)_2CHCH_2CH_3$ (*c*) 2,2-Dimethylpropane: $(CH_3)_4C$

앞에서 살펴본 끓는점의 경향성은 알케인 내의 분자간 인력이 존재함을 분명히 보여 주지만, A와 B가 서로 가까이 있다고 해도 알케인과 같은 비극성 물질이라면 서로 영향을 미치지 않을 것처럼 보인다.

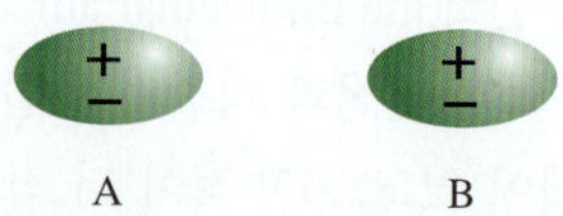

이웃하고 있는 분자들의 전자 구름들은 서로 그 존재를 느낀다. 그래서 전자 구름에 일시적인 일그러짐이 일어나는데, 이 결과로 **유도 쌍극자/유도 쌍극자**(induced-dipole/induced-dipole) 인력을 야기한다.

이러한 약한 인력은 **van der Waals 힘**(van der Waals force)의 한 예이다. 유도 쌍극자 간 인력에 의한 van der Waals 힘은 알케인의 액체 상태에서 작용하는 가장 중요한 분자간 힘이다.

물에 대한 용해도 알케인의 물리적 성질을 나타내는 가장 흔한 표현은 "기름과 물은 섞이지 않는다."라는 말이다. 알케인(엄밀하게는 탄화수소들)은 물에 녹지 않는다. 용해도에 대한 보다 더 일반화된 표현은 "유사한 것들끼리 섞인다."는 말이다. 즉, 극성을 띠고 있는 용질은 극성 용매에 녹고, 비극성 용질은 비극성 용매에 녹는다는 사실이다.

알케인과 같은 비극성 물질들은 왜 자기들끼리는 녹고 물에는 녹지 않는 것일까? 비극성 용매에서의 분자간 인력은 비극성 용질 간의 인력과 같다. 즉, 유도 쌍극자/유도 쌍극자 인력이다. 따라서 예를 들면, 헥세인은 데케인을 잘 녹인다. 용액 내에서 용질–용매 간의 인력은 각 구성 성분 간의 인력과 비슷한 수준이기 때문이다.

그러나 알케인이 물에 녹기 위해서는 알케인과 물 간의 인력이 물분자간의 인력인 쌍극자–쌍극자 인력을 대체할 만큼 강해야 한다. 그러나 이들은 그렇지 않다. 비극성인 알케인은 물분자와 아주 약한 인력을 가진다. 알케인은 밀도가 물보다 작다. 즉, 0.6~0.8mg/L 범위에 있다. 그래서 기름 유출이 환경에 유해를 끼치는 데서 알 수 있듯이 이들은 물 위에 뜨게 된다. 알케인과 같은 물질이 물에서 밀려나는 현상을 **소수성 효과**(hydrophobic effect)라고 한다.

4.20 화학적 성질: 알케인의 연소

알케인기에 속하는 화합물들에서는 반응이 잘 일어나지 않는다. 대신 공기 중에서 연소 반응이 일어난다. 이 화합물들과 산소의 결합을 **연소**(combustion)라고 한다. 공기 중 연소 과정에서 알케인들은 물과 이산화 탄소로 변한다.

$$\underset{\text{Propane}}{CH_3CH_2CH_3} + \underset{\text{Oxygen}}{5O_2} \longrightarrow \underset{\text{Carbon dioxide}}{3CO_2} + \underset{\text{Water}}{4H_2O}$$

알케인의 연소 반응은 **발열**(exothermic) 반응이다. 이는 이 반응으로부터 열이 나온다는 의미이고, 실제로 이 연소 반응이 우리 생활에 가장 중요한 에너지의 원천이다. 우리가 잘 알다시피, 천연 기체는 기본적으로 메테인이고, 일부 에테인이나 프로페인, 뷰테인을 포함하고 있다. 석유[petroleum, **원유**(crude oil)라고 하는]는 라틴어의 *petra*(rock, 바위)와 *oieum*(oil, 기름)으로부터 유래한 단어로, 일상생활에서 사용하는 연료의 원천이다. 석유 내에 포함된 여러 물질의 복잡한 혼합물은 증류에 의해 보다 간단한 구성을 갖는 혼합물로 분리해 낼 수 있다. 30~150℃에서 얻어지는 분액은 **직류 가솔린**(straight-run gasoline)이라 하고, 주로 탄소 5~10개를 가진 알케인이 일부 다른 물질과 함께 섞여 있다. 175~325℃에서 얻어지는 분획은 케로센(kerosene)이라고 하는데, 이들은 C_8에서 C_{14}까지의 탄화수소를 포함하고 있으며, 디젤 연료로 사용된다. 끓는점이 더 높은 분획은 윤활유나 그리스 또는 아스팔트 등에 사용된다.

직류 가솔린은 자동차의 엔진의 만족스러운 연료는 아니다. 이들의 "옥탄가"는 매우 낮다. 연료의 설익은 점화는 엔진에 "녹킹"이 일어나게 하고, 고압축 엔진의 능력을 반감시킨다. **개질**(reforming)이라고 알려진 정유 과정은 가솔린 분획에 옥탄가를 높이는 방법 중 하나이다.

석유는 단순히 가솔린의 원료만으로 사용되는 것이 아니라, 정유를 하여 얻은 물질들은 자동차 연료 이상의 많은 쓰임새가 있다. 이들은 **석유화학제품**(petrochemical)의 원료로 그 가치가 매우 높다. 석유 분획들은 "크래킹"에 의해 에틸렌이나 다른 탄화수소를 제공한다. 이들은 우리의 일상생활에 필요한 다양한 제품의 원료가 된다. 에틸렌과 다른 석유화학제품은 다음 장에서 설명할 것이다.

학습목표

이 장은 알케인이라고 알려진 탄화수소 화합물의 구조적인 개념과 유기화학에서 사용하는 명명법을 소개하는 데 할애하였다. 이 장에서 배운 기술로 여러분은 다음과 같은 것을 할 수 있다.

- 탄화수소계 화합물, 작용기가 도입된 알케인, 카보닐기를 가진 화합물 등을 구분할 수 있다.
- 가지 없는 알케인을 탄소 20개짜리까지 IUPAC명으로 명명할 수 있다.
- 주어진 알케인이나 사이클로알케인의 IUPAC명을 명명할 수 있다.
- IUPAC명이 주어진 화합물의 구조식을 그릴 수 있다.
- 탄소 원자를 네 개까지 갖는 알킬기들의 관용명과 구조를 인지할 수 있다.
- 특정 화합물의 회전배열을 쐐기-선, Newman 투시법, 톱질대 그림으로 인지하고 그릴 수 있다.
- 사이클로헥세인 유도체의 의자 형태에 대하여 치환체들을 적절히 축방향이나 적도방향에 배치하고 그릴 수 있다.
- 가려진 형태, 엇갈린 형태, 안티 형태, 고우시 형태 등의 용어에 대한 의미를 이해할 수 있다.
- 각무리, 비틀림 무리, *van der Waals* 무리 등의 용어에 대한 의미를 숙지할 수 있다.
- 주어진 사이클로헥세인 유도체의 의자 형태의 고리 뒤집힘에 의해 얻은 구조식을 그릴 수 있다.
- 구성 이성질체와 입체이성질체의 차이를 이해할 수 있다.
- 알케인에 가지들이 붙을 때 끓는점이 어떻게 변하는지 이해할 수 있다.

4.21 요약

탄화수소의 종류로 **알케인**(alkane), **알켄**(alkene), **알카인**(alkyne), **아렌**(arene) 등이 있다(4.1절). 알케인은 분자 내의 모든 결합이 단일 결합이고, 분자식 C_nH_{2n+2}로 나타내어지는 탄화수소들을 말한다.

작용기(functional group)는 분자 내에서 특정적인 반응이 일어나는 구조적 단위체를 말한다. 알케인 화합물에서 작용기는 분자 내 수소들이다(4.2절). 다른 유기 분자들은 보다 반응성이 큰 작용기들을 가진다. 이 작용기들은 표 4.1에 열거되어 있다. 이 작용기들이 붙어 있는 탄화수소 사슬은 반응성을 가진 작용기들의 지지체로 작용한다(4.3절). 유기 분자 중 일부 종류는 **카보닐기**(carbonyl group) $\rangle C{=}O$ 를 작용기로 가지고 있다(표 4.2).

가장 간단한 알케인은 **메테인**(methane, CH_4)이다(4.4절). **에테인**(ethane)은 C_2H_6, **프로페인**(propane)은 C_3H_8이다. 탄소 수가 네 개 이상이 되는 탄화수소는 구성 이성질체가 가능하다(4.6절). 하나의 알케인 분자도 여러 가지 다른 이름을 가질 수 있다. 하나는 **관용명**(common name)이고, 다른 것은 잘 정의된 규칙에 따라 붙인 **체계명**(systematic name)이다. 가장 널리 사용되는 명명법 체계는 IUPAC 명명법이다(4.8절부터 4.12절까지). **IUPAC 명명법**(IUPAC nomenclature)에 따르면, 알케인의 이름은 가지 없는 모체의 이름에서 유도한다. 가장 길게 연속적으로 이어진 사슬에 어떤 치환체가 어느 자리(각 탄소에 번호를 부여하여)에 붙어 있는지를 나타내도록 이름을 짓는다. IUPAC 규칙에 의해 이름 짓는 방법을 표 4.5에 예를 들어 보여 주었다.

회전배열(형태)들은 단일 결합을 중심으로 회전시켜 얻을 수 있는 분자의 다양한 공간 내 배치에 의해 얻어진다. 에테인에서 가장 안정한 회전배열과 가장 불안정한 회전배열은 각각 **엇갈린**(staggered) 형태와 **가려진**(eclipsed) 형태이다(4.5절).

Ethane의 엇갈린 형태
(가장 안정한 형태)

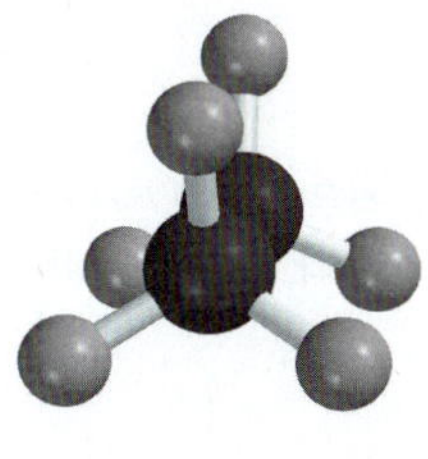

Ethane의 가려진 형태
(가장 덜 안정한 형태)

비틀림 무리(torsional strain)는 결합들이 가려진 형태를 가질 때 생기는 불안정 요인을 말한다. 엇갈린 형태가 가려진 형태보다 더 안정한 것은 이 비틀림 무리가 없기 때문이다.

뷰테인에는 엇갈린 형태가 두 가지 가능하고, 이들끼리는 서로 다르다. **안티**(anti) 형태가 **고우시**(gauche) 형태보다 더 안정하다(4.6절).

표 4.5 알케인에 대한 IUPAC 명명법 요약

규칙	예
1. 탄소 수가 연속적으로 가장 길게 이어진 사슬을 찾는다. 그리고 그 탄소 수에 해당하는 가지 없는 알케인에 대해 IUPAC명은 찾아 명명한다.	아래 그림에 있는 알케인의 가장 긴 사슬은 여섯 개의 탄소로 이루어져 있다. 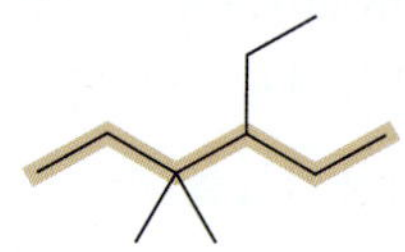 이 알케인은 **헥세인**(hexane)의 유도체이다.
2. 가장 긴 사슬에 붙어 잇는 치환체들을 알파벳순으로 열거한다. 같은 치환체가 하나 이상 있으면 접두어 *다이-*(*di-*), *트라이-*(*trir-*), *테트라-*(*tetra-*) 등을 적절히 사용한다. 알파벳 순서로 결정하는 데는 이 접두어들은 무시한다.	이 알케인은 두 개의 메틸기와 하나의 에틸기를 가지고 있다. 이 화합물은 **에틸다이메틸헥세인**(ethyldimethylhexane)이다. 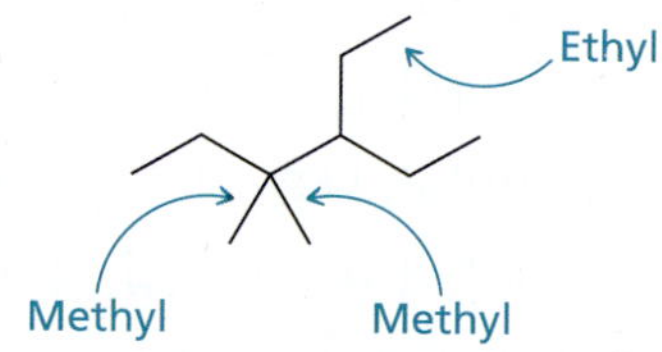
3. 치환체의 자리를 지정하는 번호 매김은 첫 번째 차이를 만드는 탄소의 번호가 가장 낮아지는 방향으로 정한다.	번호를 왼쪽부터 오른쪽으로 매기면 치환체는 3,3,4에서 나타난다. 반대로 오른쪽에서 왼쪽으로 매기면 번호는 3,4,4가 된다. 그러므로 번호는 왼쪽에서 오른쪽으로 매긴다. 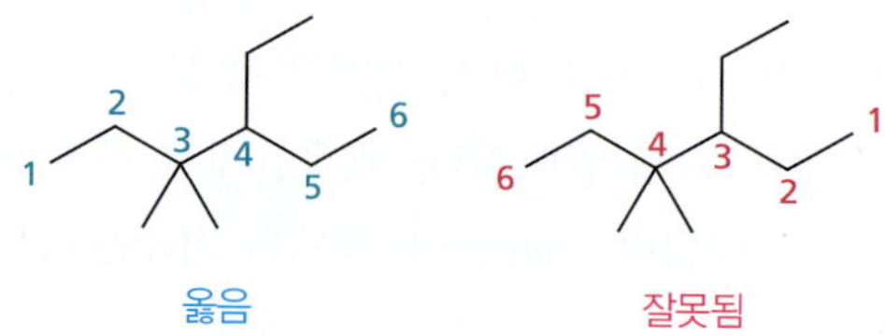 바른 이름은 **4-에틸-3,3-다이메틸헥세인**(4-ethyl-3,3-dimethyl-hexane)이다.
4. 두 가지 다른 번호 매김 방향이 동일한 결과를 주는 경우에는 알파벳 이름에서 먼저 나오는 것이 낮은 번호를 갖게 정한다.	다음 예에서는 번호 매김 방향과 무관하게 치환체는 3과 4에서 나타난다. 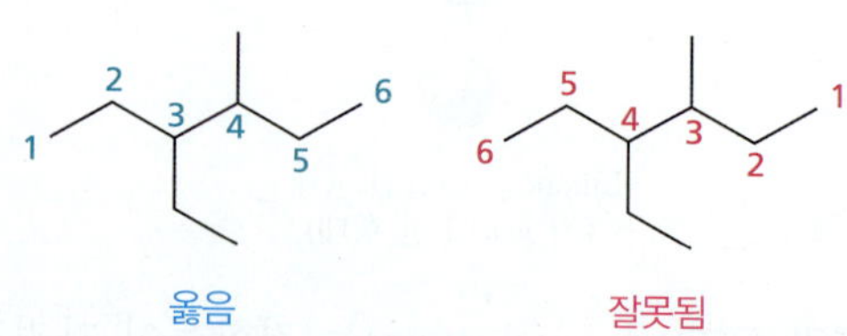 에틸이 메틸보다 이름에서 먼저 나오므로 **3-에틸-4-메틸헥세인**(3-ethyl-4-methylhexane)이 바른 이름이다.

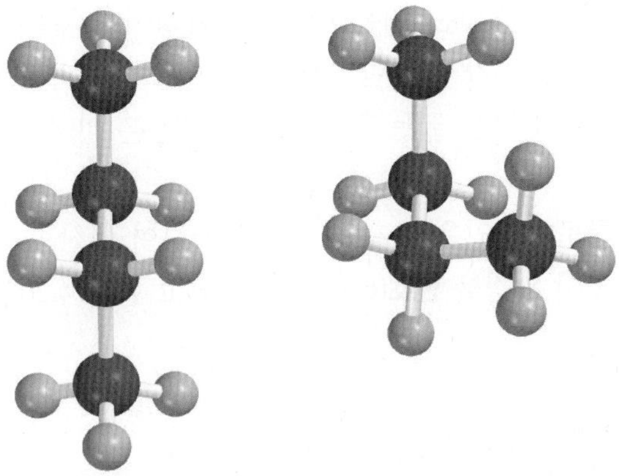

Butane의 안티 형태 Butane의 고우시 형태

어떤 엇갈린 형태이든 비틀림 무리는 없다. 고우시 형태가 안티 형태보다 조금 덜 안정한데, 이는 메틸기 간에 생기는 van der Waals 무리가 있기 때문이다.

사이클로프로페인은 평면 형태를 갖고, 구조상 무리가 있는 구조이다(각무리와 비틀림 무리). 사이클로뷰테인은 비평면 형태이고, 사이클로프로페인보다 무리가 작다. 사이클로펜테인은 두 가지 비평면 형태를 가지는데, 그 중 하나는 편지봉투 형태이다(4.13절).

사이클로헥세인에서는 의자 형태가 가장 안정한 회전배열이다(4.10절부터 4.17절까지). 의자 형태에는 각무리, 비틀림 무리, van der Waals 무리가 없다. 사이클로헥세인에 있는 C—H 결합은 모두 같은 것은 아니다. 이들은 여섯 개씩 두 개의 부류로 나누어지는데, 이를 **축방향**(axial)과 **적도방향**(equatorial)이라고 한다. 사이클로헥세인은 **고리 반전**(ring inversion) 또는 **고리 뒤집힘**(ring flipping)이라고 하는 형태 간의 빠른 상호변환이 일어난다. 고리 반전이 일어나면 모든 축방향 결합들은 적도방향 결합으로 된다. 물론 그 역도 마찬가지이다.

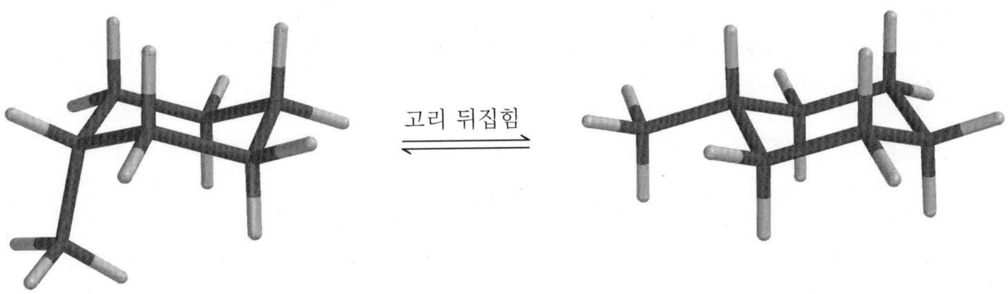

축방향 methyl기
(덜 안정)

적도방향 methyl기
(더 안정)

사이클로헥세인 내의 치환체는 적도방향에 놓일 때가 축방향에 놓이는 것보다 더 안정하다. 가지를 가진 치환체, 특별히 *tert*-뷰틸의 경우 거의 대부분의 화합물이 적도방향에 자리한 형태로 얻어진다. 입체이성질체가 가능한 이치환된 사이클로헥세인(또는 그 이상으로 치환된)의 경우 상대적 안정도는 의자 형태의 축방향에 놓인 치환체들의 van der Waals 무리를 계산해 보면 알 수 있다.

알케인과 사이클로알케인은 기본적으로 비극성이다. 분자간 인력은 상대적으로 약한 van der Waals 힘이다. 가지 달린 알케인은 가지 없는 알케인에 비해 상대적으로 표면적이 작아(4.19절) 더 낮은 끓는점을 가진다. 이들은 비극성이기 때문에 물에 녹지 않는다.

알케인과 사이클로알케인은 공기 중에서 연소하여 이산화 탄소와 물로 변하며 많은 열량을 내 놓는다. 이 과정을 **연소**(combustion)라고 한다(4.20절).

보충문제

작용기

4.18 소염진통제 코티손(cortison)의 구조는 4.18절에 주어져 있다. 이 화합물 내에 존재하는 작용기들을 있는 대로 쓰시오.

4.19 (a) 진통제 이부프로펜(inuprofen)의 구조를 다음 힌트에 따라 완성하시오. 이 화합물은 분자식이 $C_{13}H_{18}O_2$인 카복실산이다. X는 아이소뷰틸기이고, Y는 메틸기이다.

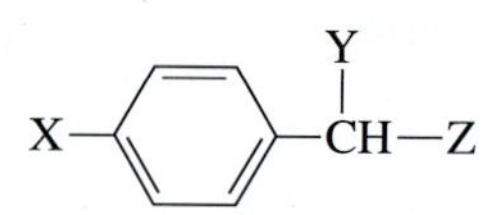

(b) 만델로나이트릴(mandelonitrile)은 배꽃에서 얻는다. (a)에 주어진 기본 틀에 다음을 적절히 도입해 구조를 그리시오. X는 수소, Y는 알코올, Z는 나이트릴이다.

4.20 아이소아밀 아세테이트(isoamyl acetate)는 바나나의 독특한 향을 나타내는 화합물의 관용명이다. 아이소아밀의 구조를 그리시오. 이 화합물은 에스터인데, 이는 메틸기를 가지고 있는 카보닐기와 산소 원자 중 하나에는 3-메틸뷰틸(3-methylbutyl)기를 가지고 있다.

4.21 *n*-뷰틸머캅탄(*n*-butyl mercaptan)은 스컹크가 내뿜는 액체의 고약한 냄새 성분의 관용명이다. 이는 RX라는 일반식을 가지는 싸이올이다. 여기서 R은 *n*-뷰틸기이고, X는 싸이올이라는 작용기이다. 이 화합물의 구조식을 쓰시오.

4.22 생화학에서 중요한 화합물 중 하나는 다음 일반식으로 나타내는 **α-아미노산**(α-amino acids)이다.

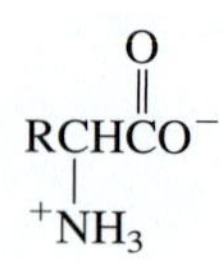

다음 아미노산의 구조식을 쓰시오.

(a) 알라닌(Alanine, R=메틸)
(b) 발린(Valine, R=아이소프로필)
(c) 루신(Leucine, R=아이소뷰틸)
(d) 아이소루신(Isoleucine, R=*sec*-뷰틸)
(e) 세린(Serine, R=XCH_2, 여기서 X는 알코올을 나타내는 작용기)
(f) 시스테인(Cysteine, R=XCH_2, 여기서 X는 싸이올을 나타내는 작용기)
(g) 아스파트산(Aspartic acid, R=XCH_2, 여기서 X는 카복실산을 나타내는 작용기)

구조와 명명법

4.23 분자식 C_7H_{16}을 가지고 있는 알케인의 다음 이성질체들의 구조식과 IUPAC명을 쓰시오.
(a) 헥세인의 메틸기가 치환된 유도체
(b) 펜테인의 다이메틸 유도체
(c) 펜테인의 에틸이 치환된 유도체

4.24 다음 화합물의 분자식과 IUPAC명을 쓰시오.

(a) 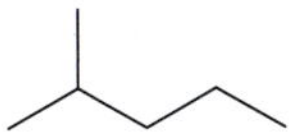

(b) 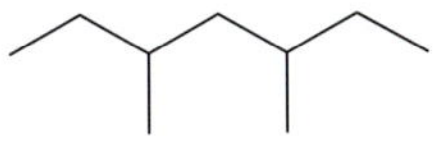

(c) 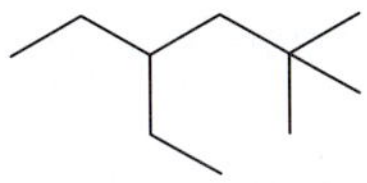

(d) 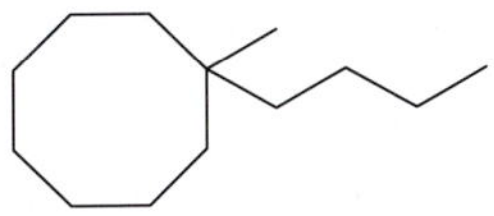

4.25 다음을 탄소-골격(결합-선)으로 축약된 구조식으로 다시 쓰고, IUPAC명을 쓰시오.

(a) $(CH_3)_3CCH_2CH_2CH_3$

(b) $CH_3CH_2CH_2CH(CH_2CH_3)_2$

(c) $CH_3CH_2\underset{\displaystyle CH_3}{\underset{|}{C}}HCH_2\underset{\displaystyle CH_2CH_3}{\underset{|}{C}}HCH_2CH_2CH_3$

(d) $CH_3CH_2\underset{\displaystyle CH_2CH(CH_3)_2}{\underset{|}{C}}HCH_2C(CH_3)_3$

4.26 다음 화합물의 구조식을 쓰시오.
(a) 3-에틸옥테인(3-Ethyloctane)
(b) 6-아이소프로필-2,3-다이메틸노네인(6-Isopropyl-2,3-dimethylnonane)
(c) 4-*tert*-뷰틸-3-메틸헵테인(4-*tert*-Butyl-3-methylheptane)
(d) 4-아이소뷰틸-1,1-다이메틸사이클로헥세인(4-Isobutyl-1,1-dimethylcyclohexane)
(e) *sec*-뷰틸사이클로헵테인(*sec*-Butylcycloheptane)
(f) 사이클로뷰틸사이클로펜테인(Cyclobutylcyclopentane)

4.27 다음 화합물 그룹에서 어느 화합물들이 이성질체인가?
(a) 뷰테인(Butane), 사이클로뷰테인(cyclobutane), 아이소뷰테인(isobutane), 2-메틸뷰테인(2-methylbutane)
(b) 사이클로헥세인(Cyclohexane), 헥세인(hexane), 메틸사이클로펜테인(methylcyclopentane), 1,1,2-트라이메틸사이클로프로페인(1,1,2-trimethylcyclopropane)
(c) 에틸사이클로프로페인(Ethylcyclopropane), 1,1-다이메틸사이클로프로페인(1,1-dimethylcyclopropane), 1-사이클로프로필프로페인(1-cyclopropylpropane), 사이클로펜테인(cyclopentane)
(d) 4-메틸테트라데케인(4-Methyltetradecane), 2,3,4,5-테트라메틸데케인(2,3,4,5-tetramethyldecane), 펜타데케인(pentadecane), 4-사이클로뷰틸데케인(4-cyclobytyldecane)

4.28 분자식이 $C_4H_8Cl_2$인 화합물로 다음 특징을 가지는 화합물의 구조식을 쓰시오.
(a) 모든 탄소가 메틸렌기에 속한다.
(b) 어느 탄소도 메틸렌기에 속하지 않는다.

4.29 암컷 호랑나방은 수컷에게 성 유인자를 내뿜어 자신의 존재를 알린다. 그 성 유인자(페로몬)를 분리하고 구조를 확인하였다. 이 화합물은 분자량이 254이고, 2-메틸-가지 달린 알케인이다. 이 물질은 무엇인가?

4.30 펜테인 내에 몇 개의 σ 결합이 존재하는가? 사이클로펜테인에는?

4.31 헥테인(hectane)은 100개의 탄소를 가진 가지 없는 알케인이다.

(a) 헥테인의 분자식을 쓰시오.

(b) 헥테인의 분자식을 $CH_3(CH_2)_nCH_3$로 나타내는 축약된 구조식을 쓰시오.

(c) 헥테인에는 몇 개의 σ 결합이 있는가?

(d) X-메틸헥테인으로 부를 수 있는 알케인의 개수가 몇 개인가? (예를 들면, 2-메틸헥테인, 3-메틸헥테인과 같이)

(e) 2,X-다이메틸헥테인으로 부를 수 있는 알케인의 수는 몇 개인가?

알케인의 회전배열(형태)과 사이클로알케인

4.32 사이클로프로페인 또는 사이클로뷰테인의 평면 형태 중에서 비틀림 무리가 더 큰 화합물은 무엇인가? 어느 경우에 각무리가 더 큰가?

4.33 2,2-다이메틸프로페인의 가장 안정한 형태에 대해 Newman 투시법 구조(C-1에서 C-2 결합을 바라보면서)를 그리시오.

4.34 2,3-다이메틸뷰테인의 두 개의 엇갈린 형태에 대해 Newman 투시법 구조(C-2에서 C-3 결합을 바라보면서)를 그리시오.

4.35 2-메틸뷰테인의 세 개의 가장 안정한 형태에 대해 Newman 투시법 구조(C-2에서 C-3 결합을 바라보면서)를 그리시오. 이 중 하나는 다른 두 형태에 비해 덜 안정하다. 어느 것인지 고르고, 이유를 설명하시오.

4.36 다음 한 쌍의 그림을 보고, 그 관계가 **구성 이성질체**(constitutional isomer)인지, 같은 화합물의 다른 **회전배열**(conformation, **형태**)인지, 또는 단일 결합 주위로 회전이 불가능한 **입체이성질체**(stereoisomer)인지 구별하시오.

(a)
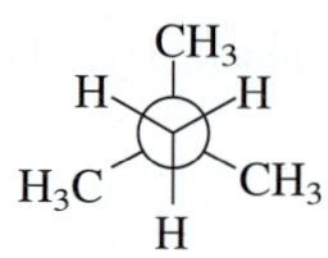

와
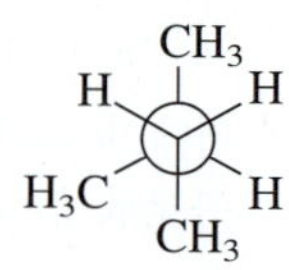

(b)
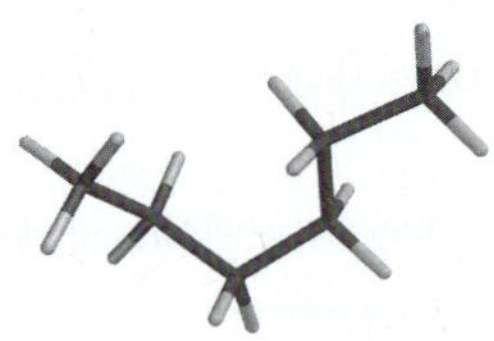
와

(c)
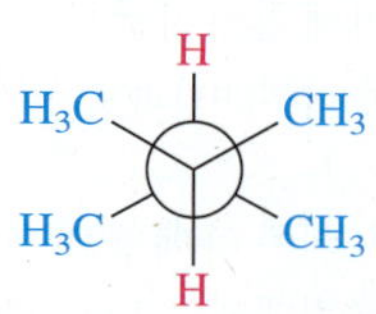

와
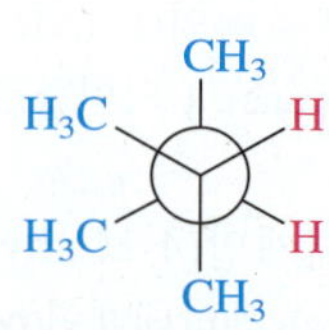

(d) *시스*-1,2-다이메틸사이클로펜테인(*cis*-1,2-Dimethylcyclopentane)과 *트랜스*-1,3-다이메틸사이클로프로페인(*trans*-1,3-Dimethylcyclopentane)

(e)
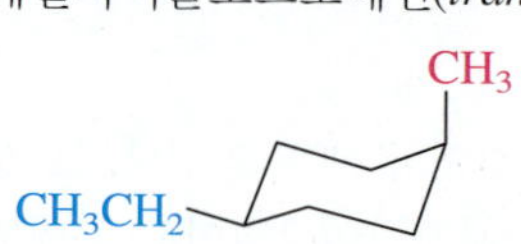

와
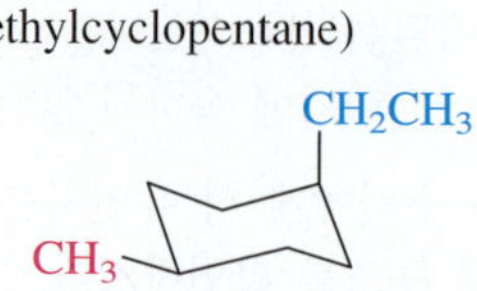

(f) 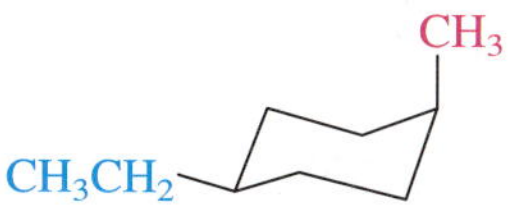 와 

사이클로헥세인의 회전배열(형태)과 입체화학

4.37 다음 화합물의 가장 안정한 형태를 분명하게 그리시오.

(a) 1,1,3-트라이메틸사이클로헥세인(1,1,3-Trimethylcyclohexane)

(b) 1,1,4-트라이메틸사이클로헥세인(1,1,4-Trimethylcyclohexane)

4.38 문제 4.37의 형태보다 덜 안정한 1,1,3-트라이메틸사이클로헥세인과 1,1,4-트라이메틸사이클로헥세인의 형태를 그리시오.

4.39 다음 화합물 하나하나에 대해 가능한 의자 형태를 각 치환체가 축방향인지 적도방향인지를 분명하게 나타내며 그리시오. 그리고 어느 형태가 더 안정한지 지적하시오.

(a) 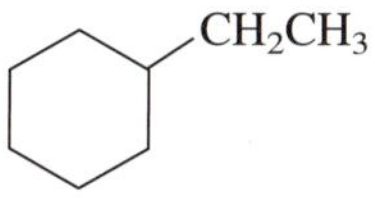

(c) 

(b) 

(d) 

4.40 (a) 1,3-다이메틸사이클로헥세인의 어느 입체이성질체가 두 개의 동일한 의자 형태를 가지는가?

(b) 이 입체이성질체의 의자 형태를 그리시오.

(c) 서로 다른 두 개의 의자 형태를 가지는 1,3-다이메틸사이클로헥세인의 입체이성질체를 그리시오. 두 형태 중 어느 것이 더 안정한가?

4.41 다음 화합물의 가장 안정한 형태를 가지는 구조식을 쓰시오.

(a) *시스*-1-아이소프로필-3-메틸사이클로헥세인(*cis*-1-Isopropyl-3-methylcyclohexane)

(b) *트랜스*-1-아이소프로필-3-메틸사이클로헥세인(*trans*-1-Isopropyl-3-methylcyclohexane)

(c) *시스*-1-*tert*-뷰틸-4-에틸사이클로헥세인(*cis*-1-*tetr*-Butyl-4-ethylcyclohexane)

4.42 다음 화합물 쌍에서 더 안정한 입체이성질체를 고르고, 근거를 같이 제시하시오.

(a) *시스*- 또는 *트랜스*-1-아이소프로필-2-메틸사이클로헥세인 (*cis*- os *thrans*-1-Isopropyl-2-methylcyclohexane)

(b) *시스*- 또는 *트랜스*-1-아이소프로필-3-메틸사이클로헥세인 (*cis*- os *thrans*-1-Isopropyl-3-methylcyclohexane)

(c) *시스*- 또는 *트랜스*-1-아이소프로필-4-메틸사이클로헥세인 (*cis*- os *thrans*-1-Isopropyl-4-methylcyclohexane)

(d) 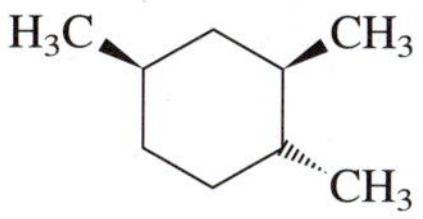 또는 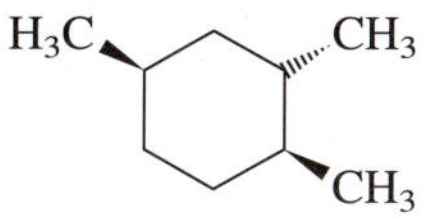

4.43 다음은 글루코스의 두 가지 형태를 나타낸 것이다. 육각형 고리는 각 경우에 의자 형태를 가진다. 각각에 대해 가장 안정한 형태를 그리시오. 이 둘의 관계는 동일한 분자의 두 개의 다른 형태인가 아니면 입체이성질체인가? 어느 치환체(만약 있다면)가 축방향으로 놓여 있는가?

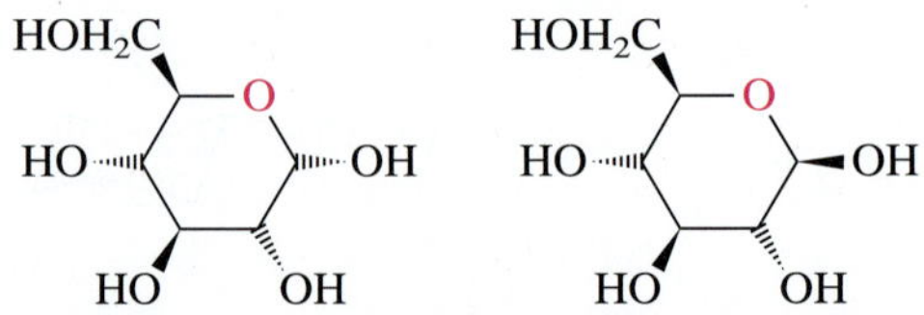

4.44 전형적인 스테로이드 골격이 이 화합물들에 일반적으로 적용되는 번호 붙이기와 함께 아래에 주어져 있다. 다음 지정된 치환체들이 축방향으로 놓였는지 적도방향으로 놓였는지 지적하시오.

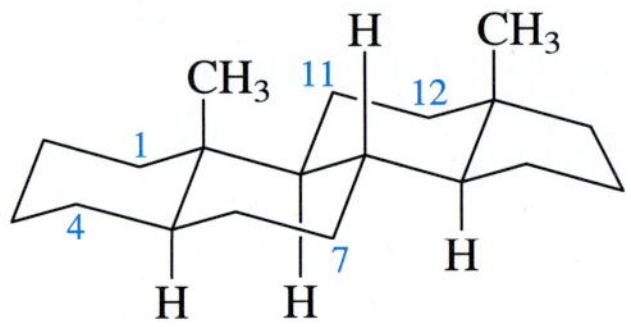

(a) C-1 메틸기들에 대해 시스로 놓인 치환체
(b) C-4 메틸기들에 대해 시스로 놓인 치환체
(c) C-7 메틸기들에 대해 트랜스로 놓인 치환체
(d) C-11 메틸기들에 대해 트랜스로 놓인 치환체
(e) C-12 메틸기들에 대해 시스로 놓인 치환체

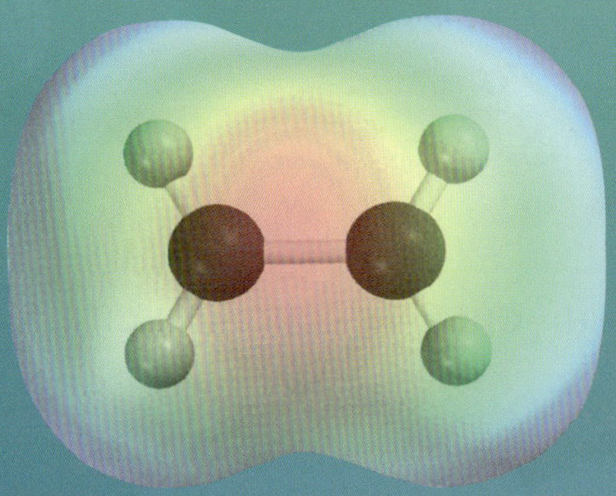

CHAPTER 05
알켄과 알카인 I: 구조와 제법

개요

알켄(alkene)은 탄소–탄소 이중 결합을 가지고 있는 탄화수소이다. 이중 결합은 중요한 구조적 단위체일 뿐 아니라 유기화학에서 중요한 작용기이다. 유기 분자의 모양은 이 결합의 존재에 의해 큰 영향을 받는다. 그리고 이 이중 결합에서 알켄이 수행하는 모든 반응이 일어난다. 대표적인 알켄으로 아이소뷰틸렌(isobutylene, 공업용 화학제품), α-피넨(α-pinene, 소나무에서 얻는 향료 액체), 파네센(farnesene, 이중 결합을 세 개 가지고 있는 자연계에서 얻는 화합물)이 있다.

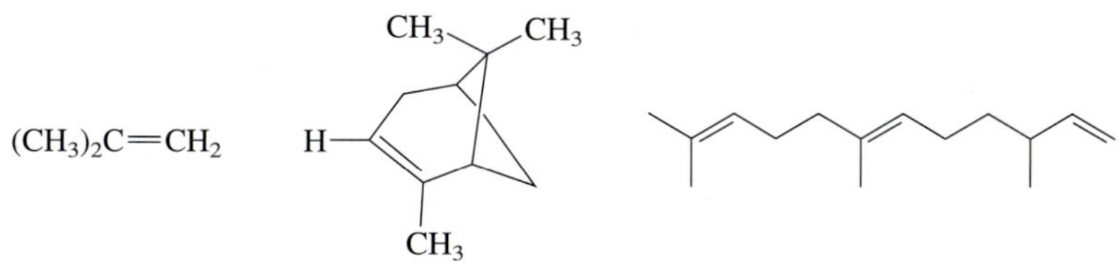

Isobutylene (합성 고무 생산에 사용) α-Pinene (Turpentine의 주성분) Farnesene (사과 껍질에서 발견되는 왁스 코팅에 존재)

탄소–탄소 삼중 결합을 가지고 있는 탄화수소는 **알카인**(alkyne)이라고 한다. 삼중 결합을 포함하고 있는 천연물의 예로, 과테말라의 식물 씨앗에서 얻은 타리르산(tariric acid)과 북아메리카 솔송나무에서 추출한 독성 물질인 씨쿠톡신(cicutoxin) 등을 들 수 있다.

$$CH_3(CH_2)_{10}C{\equiv}C(CH_2)_4\overset{\overset{\displaystyle O}{\|}}{C}OH$$

Tariric acid

$$HOCH_2CH_2CH_2C{\equiv}C{-}C{\equiv}CCH{=}CHCH{=}CHCH{=}CH\underset{\underset{\displaystyle OH}{|}}{C}HCH_2CH_2CH_3$$

Cicutoxin

다이아세틸렌(Diacetylene, $HC{\equiv}C{-}C{\equiv}CH$)은 천왕성, 해왕성, 명왕성 등의 탄소를 많이 포함하고 있는 대기권에서 있는 화합물로 알려져 있다. 이는 또한 타이탄(토성의 위성)과 트리톤(해왕성의 위성) 등의 대기권에서도 발견된다.

이 장에서는 알켄과 알카인의 구조와 제법을 다룰 것이다. 그리고 제6장에서는 이들의 반응에 대해 다룬다.

5.1 알켄 명명법

알켄의 IUPAC명은 그에 해당하는 알케인의 에인(*-ane*)을 엔(*-ene*)으로 대치하면 된다. 가장 간단한 알켄 두 개는 **에텐**(ethene)과 **프로펜**(propene)이다. 이 두 화합물은 관습적으로 에틸렌(*ethylene*)과 프로필렌(*propylene*)으로 불리기도 한다.

$CH_2{=}CH_2$
IUPAC명: **ethene**
(관용명: ethylene)

$CH_3CH{=}CH_2$
IUPAC명: **propene**
(관용명: propylene)

프로필렌이나 아이소뷰틸렌 같이 **일렌**(-ylene)으로 끝나는 관용명은 IUPAC명으로 인정되지 않는다.

에틸렌은 IUPAC 명명법에서도 에텐과 동일하게 사용된다.

이중 결합을 포함하면서 가장 길게 연속적으로 늘어진 사슬로 알케인의 기본 이름을 정하고, 그리고 사슬에 번호를 매기는 방식은 이중 결합이 시작되는 탄소의 번호가 가장 낮아지는 방향으로 정한다. 그리고 번호는 이중 결합을 이루는 탄소 중 첫 번째 탄소의 번호를 그 자리 번호로 정한다. 당연히 이중 결합을 이루는 두 개의 탄소 중 뒤에 나타나는 것은 특별히 언급할 필요가 없다.

$\overset{1}{C}H_2{=}\overset{2}{C}H\overset{3}{C}H_2\overset{4}{C}H_3$
1-Butene
(1,2-Butene이 아님)

$\overset{6}{C}H_3\overset{5}{C}H_2\overset{4}{C}H_2\overset{3}{C}H{=}\overset{2}{C}H\overset{1}{C}H_3$
2-Hexene
(4-Hexene이 아님)

탄소-탄소 이중 결합의 번호 매기는 것이 알킬기나 할로젠 같은 치환체의 번호 매기는 것에 우선한다.

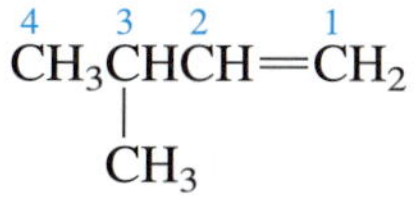

3-Methyl-1-butene
(2-Methyl-3-butene이 아님)

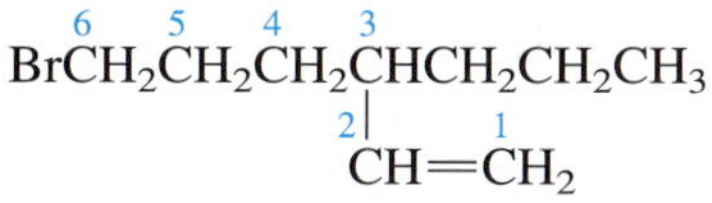

6-Bromo-3-propyl-1-hexene
(이중 결합이 포함된 가장 긴 사슬은 여섯 개의 탄소를 가지고 있다.)

그러나 하이드록시기는 이중 결합에 우선한다. 그래서 이중 결합과 하이드록시기를 모두 가지고 있는 화합물의 경우에는 접미어를 엔(*-en*)+올(*-ol*)로 표현한다.

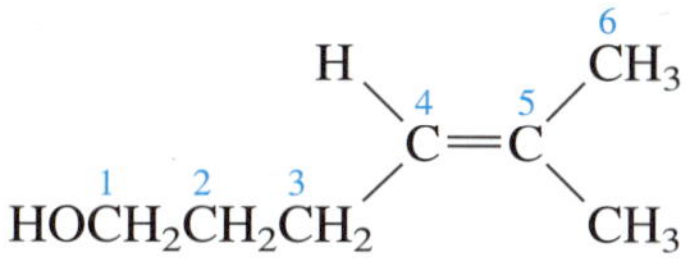

5-Methyl-4-hexen-1-ol
(2-Methyl-2-hexen-6-ol이 아님)

에틸렌

에틸렌(ethylene)은 18세기에 화학자들에게 알려졌고, 1794년에 순수한 형태로 정제되었다. 에틸렌의 초기 이름은 *gaz oléfiant*(프랑스어로 "기름을 만드는 기체"라는 뜻)이고, 이는 에틸렌 기체가 염소 기체와 반응하여 기름 성질을 가지는 화합물을 만들기 때문에 붙여진 것이다.

$$CH_2{=}CH_2 + Cl_2 \longrightarrow ClCH_2CH_2Cl$$

Ethylene (끓는점: −104°C), Chlorine (끓는점: −34°C), 1,2-Dichloroethane (끓는점: 83°C)

*Gaz oléfiant*가 *olefin*이라는 이름의 기원이다. 이 이름은 현재 알켄이라고 하는 부류에 속하는 화합물들을 부르던 이전의 일반적인 이름이다.

에틸렌은 식물 호르몬으로, 자연계에서 소량 생성된다. 호르몬이란 생체 내 여러 과정에서 신호 전달자이거나 조절자의 역할을 하는 물질들을 말한다. 에틸렌은 많은 과일들을 숙성시키는 데 관여한다. 그리고 이 에틸렌들은 사이클로프로페인 고리를 가진 화합물에서 여러 단계의 반응을 거쳐 얻어진다.

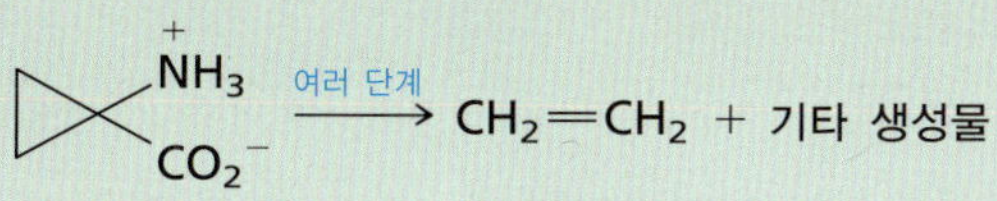

1-Amino-cyclopropane-carboxylic acid → Ethylene

아주 소량의 에틸렌이라도 숙성을 촉진하고, 에틸렌의 양이 증가하면 숙성 속도도 증가한다. 예를 들어 이런 특성은, 바나나 사업에 유용하게 이용된다. 열대지방에서 바나나는 푸른 상태의 설익은 상태로 딴 후 에틸렌의 양을 잘 조절할 수 있도록 통풍이 잘 되어 있는 곳에 보관한다. 그러면 바나나는 목적지로 이동하는 동안 에틸렌에 의해 숙성된다.

에틸렌은 세계적으로 거대한 석유 산업의 가장 중요한 초석으로, 연간 엄청난 양이 생산된다. 미국에서만 매년 5×10^{15} lb가 생산되는데, 이는 미국인 전체 몸무게의 합보다 큰 수치이다. 한 가지 공정은 천연 기체에서 얻은 에테인을 에틸렌과 수소로 분해시키도록 가열하여 얻는다.

$$CH_3CH_3 \xrightarrow{750°C} CH_2{=}CH_2 + H_2$$

Ethane → Ethylene + Hydrogen

이 반응은 **탈수소화 반응**(dehydrogenation)으로 알려져 있다. 이는 에틸렌 제조뿐 아니라 공업적 스케일로 수소를 제조하는 방법 중 하나이다. 이렇게 얻어진 수소는 질소로부터 비료로 사용되는 암모니아를 만드는 데 사용된다.

에틸렌의 다른 용도는 6장에서 다루겠다.

문제 5.1 다음 화합물들의 IUPAC명을 명명하시오.

(a) $(CH_3)_2C{=}C(CH_3)_2$

(b) $(CH_3)_3CCH{=}CH_2$

(c) $(CH_3)_2C{=}CHCH_2CH_2CH_3$

(d) $CH_2{=}CHCH_2\underset{\displaystyle Cl}{\underset{|}{C}}HCH_3$

(e) $CH_2{=}CHCH_2\underset{\displaystyle OH}{\underset{|}{C}}HCH_3$

풀이 (a) 이 알켄의 가장 긴 연속적인 사슬은 탄소 네 개로 이루어져 있다. 이중 결합은 C-2와 C-3 사이에 있다. 따라서 이 화합물의 이름은 2-뷰텐(2-butene)이다.

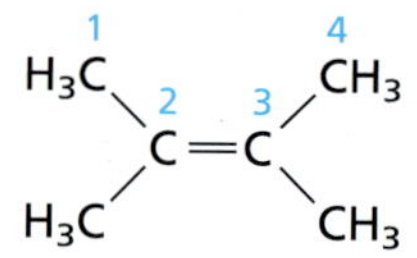

2,3-Dimethyl-2-butene

그런 후 2-뷰텐의 유도체로서 메틸기 두 개가 주사슬에 치환체로 달려 있는 것을 알 수 있다. 그러므로 이 알켄은 2,3-다이메틸-2-뷰텐(2,3-dimethyl-2-butene)이다.

사이클로알켄(cycloalkene)과 그 유도체들은 사이클로알케인 명명에 사용했던 방식에 알켄 명명법의 원리를 받아들여 이름을 짓는다.

Cyclopentene

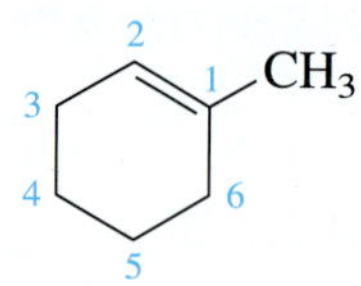

1-Methylcyclohexene

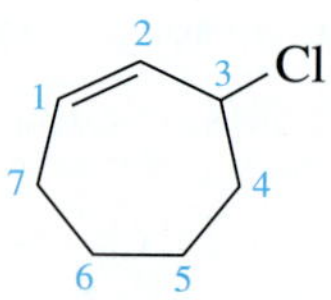

3-Chlorocycloheptene
(1-Chloro-2-cycloheptene이 아님)

치환체가 없으면 번호를 붙일 필요가 없다. 이는 이중 결합이 있는 자리가 C-1과 C-2가 되기 때문이다. 치환체를 가진 사이클로 알켄의 경우 이중 결합에서부터 번호를 매긴다. 번호를 붙여가는 방향은 치환체가 붙어 있는 탄소의 번호가 작은 값을 갖도록 결정한다.

문제 5.2 사이클로펜텐(cyclopentene)의 일염화로 치환된(monochloro-substituted) 유도체 모두를 그리고, IUPAC명을 붙이시오.

탄소-탄소 이중 결합을 두 개 가진 탄화수소는 **알카다이엔**(alkadiene)이라고 한다. 또는 보다 간단하게 **다이엔**(diene)이라고 한다. 1,3-펜타다이엔(1,3-pentadiene)처럼 이중 결합이 단일 결합으로 연결되어 있는 경우는 **짝지은**(conjugated) 다이엔이라고 하며, 1,4-펜타다이엔에서처럼 이중 결합이 하나 이상의 sp^3-혼성 탄소에 의해 분리되어 있으면 **격리된**(isolated) 다이엔이라고 한다. 1,2-펜타다이엔처럼 한 탄소에 이중 결합이 두 개

연이은 이중 결합은 흔하지 않다.

붙어 있는 경우는 **연이은**(cumulated) 다이엔이라고 한다.

$CH_2{=}CH{-}CH{=}CHCH_3$	$CH_2{=}CHCH_2CH{=}CH_2$	$CH_2{=}C{=}CHCH_2CH_3$
1,3-Pentadiene	1,4-Pentadiene	1,2-Pentadiene
(짝지은)	(격리된)	(연이은)

5.2 알켄의 구조와 결합

에틸렌 구조와 이중 결합을 이루기 위한 오비탈 혼성화에 대해서는 1.14절에 언급되어 있다. 다시 살펴보면, 그림 5.1에 에틸렌의 평면 구조와 결합 길이, 결합각이 그려져 있다. 이중 결합에 참여하는 각각의 탄소는 sp^2-혼성 오비탈을 가지고 있다. 이 결합은 σ 결합 성분과 π 결합 성분을 가지고 있다. σ 결합 성분은 이중 결합 형성에 참여하는 한 탄소의 sp^2 오비탈과 다른 탄소의 sp^2 오비탈이 두 원자를 잇는 축상에서 중첩이 일어나 얻어진다. 각 sp^2 오비탈은 하나의 전자를 가지고 있다. 그래서 이중 결합 내 네 개의 전자 중 두 개는 이 σ 결합에 속해 있다. π 결합 성분은 나머지 두 개의 전자로 이루어져 있는데, 각 탄소에 전자를 하나씩 가지고 있는 *p* 오비탈들이 접근해 옆면이 겹쳐지며 생긴다.

프로펜은($CH_3CH{=}CH_2$) 두 종류의 탄소–탄소 결합을 가진다. 이중 결합은 σ + π 형태이고, 메틸기에 연결된 σ 결합은 sp^3-sp^2 겹침에 의한 단일 결합이다.

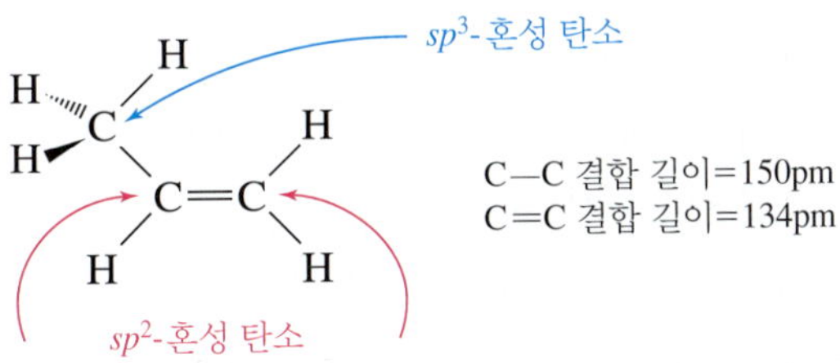

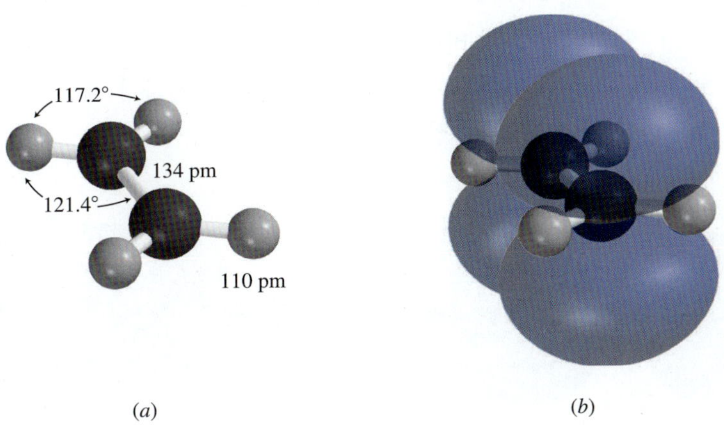

그림 • 5.1
(*a*) 에틸렌 내의 σ 결합 골격을 결합 길이(pm)와 결합각(°)으로 표시. 여섯 개의 탄소는 한 평면상에 있다. 이중 결합을 형성하는 탄소-탄소 결합 중 σ 결합 성분만 여기에 표시하였고, π 결합 성분은 (*b*)에 표시해 놓았다. (*b*) 두 sp^2-혼성 탄소의 *p* 오비탈 두 개가 겹쳐져서 π 결합을 만든다. π 결합 내의 전자쌍은 두 탄소가 공유한다.

문제 5.3 알켄에 대해서도 알케인에서처럼 결합-선을 이용한 구조를 같은 방식으로 그릴 수 있다. 다음 알켄을 살펴보자.

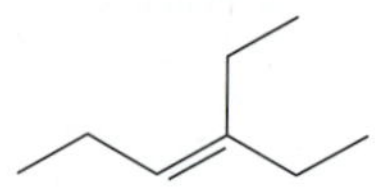

(a) 이 알켄의 분자식은 무엇인가?
(b) IUPAC명은 무엇인가?
(c) 이 알켄에서 몇 개의 탄소 원자가 sp^2-혼성화되었는가? sp^3-혼성화된 것은 몇 개인가?
(d) sp^2-sp^3 형태의 σ 결합은 몇 개인가? sp^3-sp^3 형태는 몇 개인가?

풀이 (a) 탄화수소의 결합-선 그림을 그릴 때 선의 양끝과 꺽이는 점에 탄소가 하나씩 있음을 기억하라. 수소의 개수는 각 탄소가 네 개의 결합을 가지는 데 필요한 수만큼 있다. 그래서 화합물의 구조는 다음과 같고,

$$CH_3CH_2CH{=}C(CH_2CH_3)_2$$

이 알켄의 분자식은 C_nH_{2n}이다. 에틸렌의 경우 C_2H_4, 프로펜의 경우 C_3H_6이다. 탄소와 수소의 개수를 세어보면 이 화합물의 경우는 (C_8H_{16})으로 이 역시 C_nH_{2n}을 만족시킨다.

거의 예외 없이, 격리된 다이엔은 알켄의 성질과 비슷하다. 이런 이중 결합은 각각을 별개의 구조로 생각하면 된다. 반면에, 짝지은 다이엔의 경우 두 이중 결합 간에 긴밀한 상호작용을 나타내는 성질을 보여 준다. 예를 들어 이들은, 격리된 이중 결합을 가지는 이성질체보다 안정하다. 6장에서 짝지은 다이엔의 경우 격리된 다이엔과는 다르게 반응이 진행되는 것을 살펴보게 될 것이다.

짝지은 다이엔의 경우 더 안정해지는 것의 가장 중요한 요인은 π 전자들의 보다 많은 비편재화 때문이다. 그림 5.2*a*에서 보여 주는 것처럼, 격리된 이중 결합의 경우는 두 개의 별도의 알켄처럼 간주하면 된다. sp^3-혼성 탄소는 두 π 전자계 간의 교류를 가로막는다. 그러나 짝지은 다이엔계에서는 두 π 전자계 간에 겹침이 일어나, 그림 5.2*b*에서 보여 주는 바와 같이, 네 개의 인접한 탄소에 걸쳐 π 전자계가 형성된다. 이 경우 네 개의 π 전자가 네 개의 탄소에 **비편재되어**(delocalized, 골고루 퍼져 있다) 있다고 말한다. 전자들이 여러 개의 탄소 원자에 비편재되어 있으면 전자가 제한된 수의 핵에서 인력을 느낄 때보다 전체 계가 더 안정화된다.

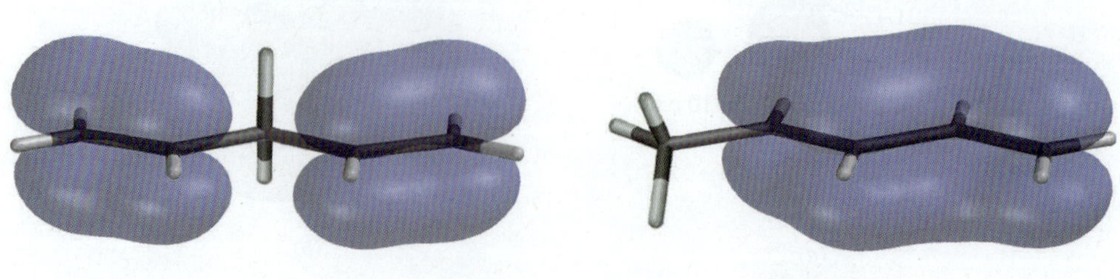

(*a*) 1,4-Pentadiene
(격리된 이중 결합)

(*b*) 1,3-Pentadiene
(짝지은 이중 결합)

그림 • 5.2
(*a*) 두 개의 격리된 이중 결합은 하나 이상의 sp^3-혼성 탄소에 의해 떨어져 있고 이로 말미암아 π 오비탈 간 겹침이 불가능하다. (*b*) 짝지은 이중 결합에서는 두 π 오비탈 간의 겹침이 일어나 네 개의 탄소가 포함된 확장된 π 전자계가 얻어진다.

5.3 알켄의 이성질현상

에틸렌은 단 두 개의 탄소만 가지고 있고, 프로펜은 세 개의 탄소만 가지고 있는 반면, 분자식이 C_4H_8인 알켄은 이성질체가 네 개나 된다.

시스-와 *트랜스*-2-뷰텐의 분자 모형을 만들어보고, 그 둘이 서로 다름을 확인하여라.

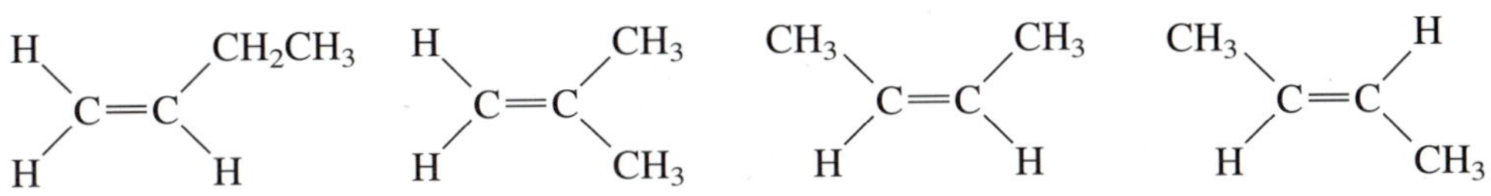

1-Butene 2-Methylpropene *cis*-2-Butene *trans*-2-Butene

1-뷰텐(1-butene)은 이중 결합이 C-1과 C-2 사이에 있고, 곁가지를 가지고 있지 않다. 이 화합물은 다른 세 개와는 다른 구성 이성질체이다. 비슷하게, 2-메틸프로펜(2-methylpropene)도, 가지를 하나 가지고 있지만, 다른 세 개와는 다른 구성 이성질체이다.

시스-와 *트랜스*-2-뷰텐으로 이름지어진 한 쌍의 이성질체들의 구성은 C-2와 C-3에 이중 결합이 있고 가지가 없다는 점에서 동일하다. 그러나 시스 이성질체에서는 메틸기가 이중 결합의 같은 방향에 위치하고, 트랜스 이성질체에서는 서로 반대 방향에 위치하고 있다. 4.17절에서 배운 내용인, 구성은 같고 공간 내 배치만 다른 이성질체들은 입체이성질체로 분류된다는 점을 상기하라. *시스*-2-뷰텐과 *트랜스*-2-뷰텐은 **입체이성질체**(stereoisomer)들이다. 여기서 *시스*-(*cis*-)와 *트랜스*-(*trans*-)는 이중 결합의 **위치배열**(*configuration*)을 규정하는 용어이다.

알켄의 입체이성질체는 간혹 **기하 이성질체**(geometric isomer)라는 용어로 표현하기도 한다.

알켄에서의 시스–트랜스 입체이성질현상은 이중 결합에 참여한 어느 한 탄소라도 두 개의 동일한 치환체를 가지고 있으면 가능하지 않다. 그래서 1-뷰텐이나 2-뷰텐은 입체이성질체를 갖지 않는다.

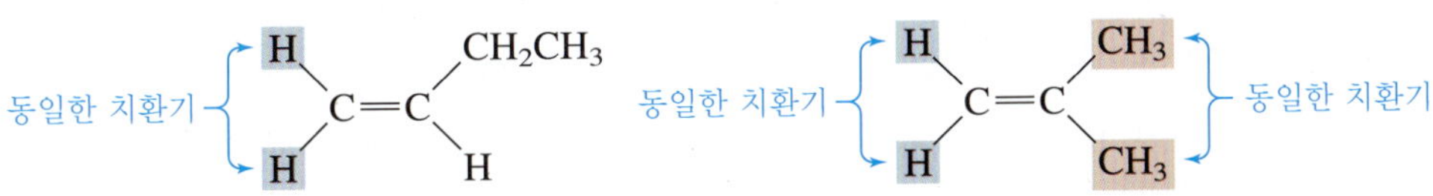

1-Butene (입체이성질체가 불가능) 2-Methylpropene (입체이성질체가 불가능)

문제 5.4 C_5H_{10}이라는 분자식을 가지는 알켄은 몇 개나 되는가? 구조를 그리고, 각각에 대하여 IUPAC명을 명명하시오. 각 시스와 트랜스를 적절히 사용하여 입체이성질체들의 위치배열을 지정하시오.

원리적으로 *시스*-2-뷰텐과 *트랜스*-2-뷰텐은 C-2=C-3 이중 결합을 중심으로 회전시키면 얻을 수 있다. 그러나 뷰테인의 C-2—C-3 단일 결합의 회전과는 다르게, 이는 매우 빠르게 일어나는 반면, 2-뷰텐의 입체이성질체 간의 상호변환은 정상 조건에서 일어나지 않는다. 그래서 이중 결합을 중심으로 한 회전은 제한되어 있다고 말한다. 그러

그림 • 5.3
시스-와 *트랜스*-2-뷰텐의 상호 변환은 이중 결합의 π 결합 성분이 끊어져야 한다. 빨간 공은 두 개의 메틸기를 표시한다.

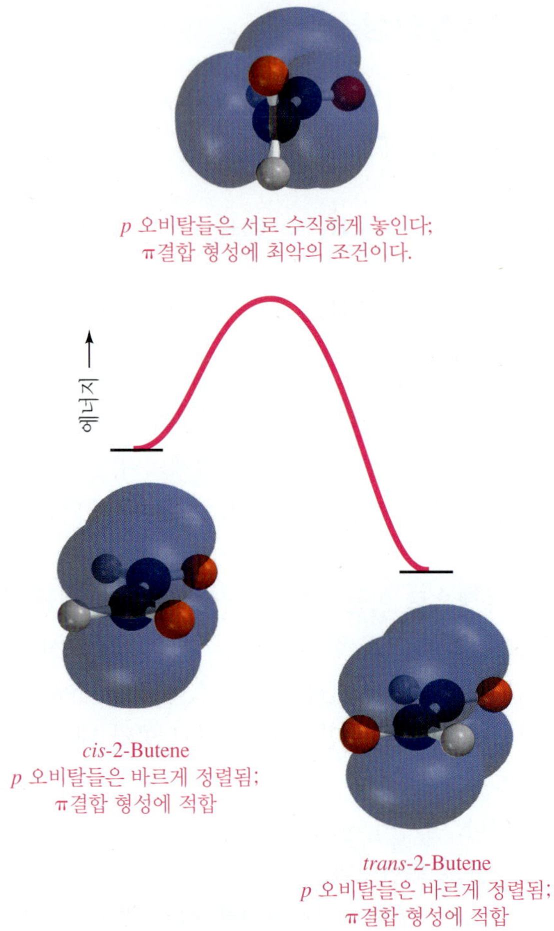

나 이는 본질을 잘 설명하는 말은 아니다. 보통 실험실에서 사용하는 가열장비로는 알켄 내 이중 결합에 회전이 일어날 충분한 에너지를 제공하지 못한다. 그림 5.3에 보여준 대로, 회전이 일어나기 위해서는 C-2와 C-3의 *p* 오비탈이 평행하게 배열된 안정한 형태에서 뒤틀려져야 한다. 즉, 이 말은 전이 상태에서 이중 결합의 π 결합 성분이 끊어져야 함을 뜻한다.

5.4 알켄 이성질체의 *E-Z* 기호를 사용한 명명법

이중 결합의 한 쪽 끝 탄소에 붙어 있는 기가 다른 쪽 탄소에 붙어 있는 기와 같은 경우 이중 결합의 위치배열은 시스와 트랜스로 표현할 수 있다. 예를 들어, 올리브유에서 얻을 수 있는, 올레산(oleic acid)의 경우 시스 이중 결합을 가진다. 계피의 독특한 냄새를 내는 성분인 신남알데하이드(cinnamaldehyde)의 경우 트랜스 이중 결합을 가진다.

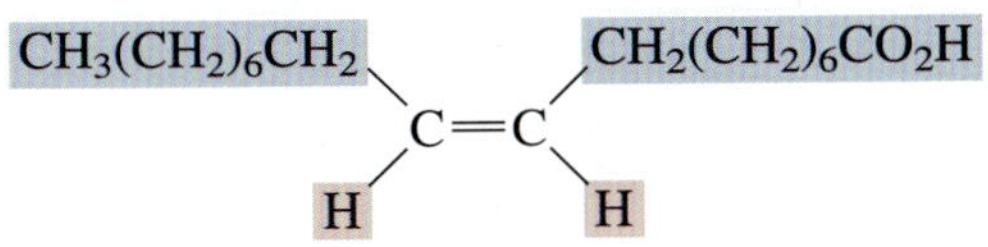

Oleic acid

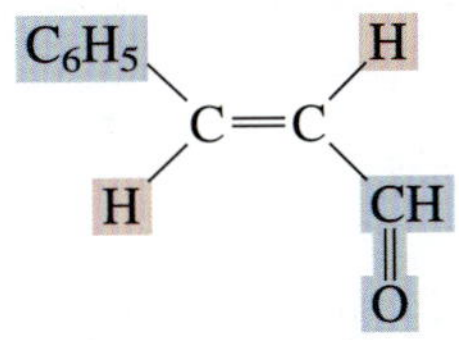

Cinnamaldehyde

> **문제 5.5** 암컷 집시나방은 수컷을 **페로몬**(pheromone)이라는 화학 물질을 내 보내 유인한다. 암컷 집시나방에서 분사되는 물질은 디스팔루어(dispalure)라고 하는 에폭사이드 물질이다(10.8절 참조). 실험실에서 이 물질을 합성하는 데 필요한 에폭사이드 바로 전 물질은 *시스*-2-메틸-7-옥타데센(*cis*-2-methyl-7-octadecene)이다. 이 물질의 구조식을 입체화학을 고려하여 그리시오.

그러나 **시스**와 **트랜스**라는 용어는 모호한 데가 있다. 한 탄소에 연결된 치환체가 다른 탄소의 기준이 되는 치환체가 "유사"하다거나 "같은 부류"라고 할 근거가 모호한 경우가 있다. 다행히, 이러한 모호성을 제거할 방안이 원자 번호에 기인하여 우선순위를 정하는 방식으로 개발되어 있다. 원자 번호가 더 큰 원자들이 한 방향에 놓여 있으면 이중 결합이 *Z* 배열을 갖는다고 말한다. 여기서 *Z*는 독일어의 "*zusammen*", 즉 "같이 있다"라는 의미를 갖는다. 더 큰 원자 번호를 가진 기들이 서로 반대 방향으로 배열되어 있으면 이 위치배열은 *E*라고 한다. 기호 *E*는 독일어의 "*entgegen*", 즉 "반대편"에 있다는 뜻이다.

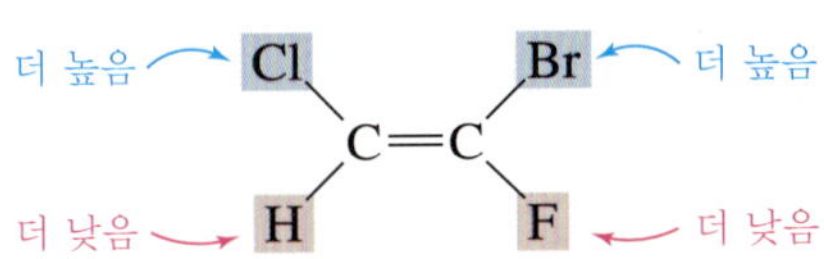

Z 배열
우선순위가 높은 기(Cl과 Br)들이
이중 결합의 한 쪽에 몰려 있다.

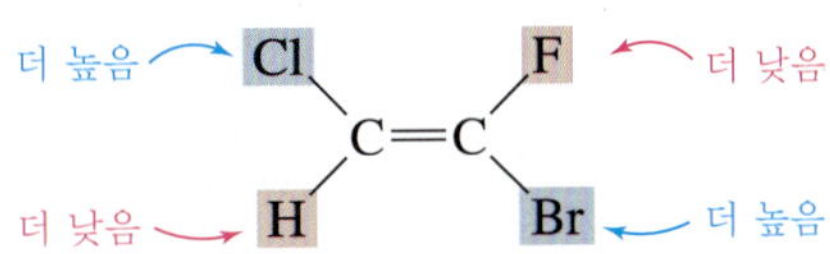

E 배열
우선순위가 높은 기(Cl과 Br)들이
이중 결합의 반대 쪽에 자리잡고 있다.

알켄의 이중 결합에 붙어 있는 대부분의 치환체들은 물론 여기에 주어진 예보다 훨씬 복잡하다. 치환체의 우선순위를 정하는 방식이(특히 알킬기에 대해) 표 5.1에 기술되어 있다.

우선순위 규칙은 유기 입체화학의 다른 응용을 위해 개발된 방식을 원용한다(3장 참조). 이는 R. S. Cahn, Christopher Ingold 경(영국), Vladimir Prelog(스위스)가 개발하였다.

> **문제 5.6** 다음 알켄을 *Z*와 *E*로 그 위치배열을 결정하시오.

(a)

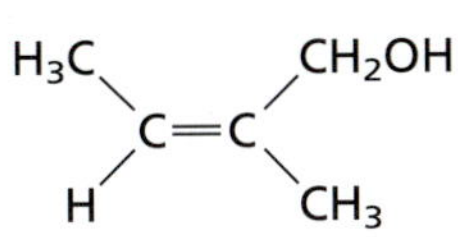

(c)

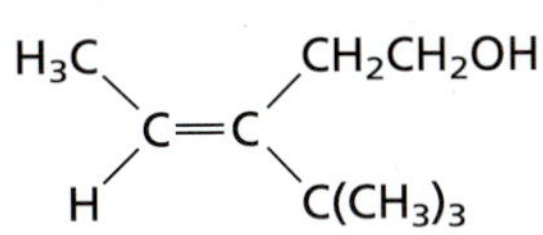

(b)

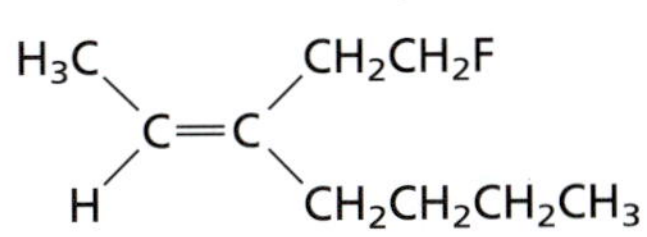

(d)

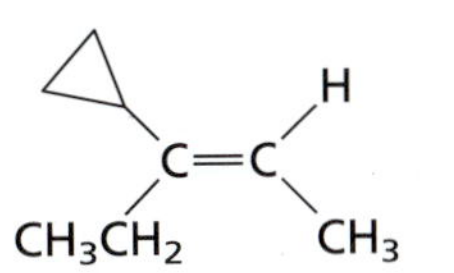

표 5.1 Cahn–Ingold–Prelog 우선순위 규칙

규칙	예
1. 원자 번호가 큰 원자가 우선순위를 가진다. 브로민 원자(원자 번호 35)는 염소 원자(원자 번호 17)보다 우선순위가 높다. 메틸(C, 원자 번호 6)은 수소 원자(원자 번호 1)보다 우선순위가 높다.	화합물 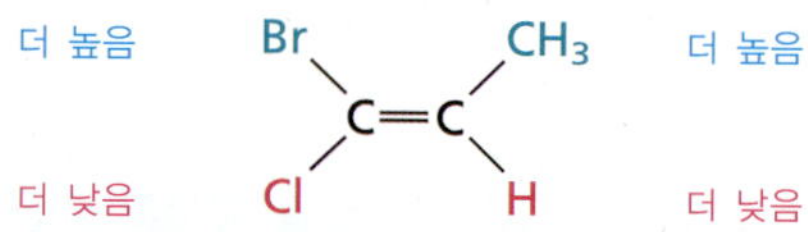 는 *Z* 배열을 가진다. 보다 우선순위가 높은 기들(Br과 CH_3의 C)이 이중 결합의 같은 면에 위치한다.
2. 이중 결합에 직접 붙어 있는 두 원자가 같을 경우에는 이 두 원자에 붙어 있는 다음 원자의 원자 번호에 따라 결정한다. 에틸[—C(C,H,H)]이 메틸[—C(H,H,H)]에 우선한다. 같은 방식으로 *tert*-뷰틸은 아이소프로필에 우선하고, 아이소프로필은 에틸에 우선한다. $-C(CH_3)_3 > -CH(CH_3)_2 > -CH_2CH_3$ $-C(C,C,C) > -C(C,C,H) > -C(C,H,H)$	화합물 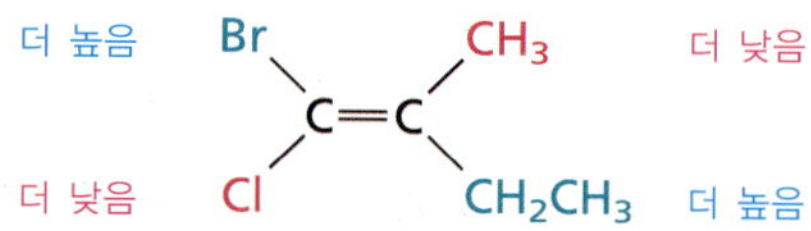 은 *E* 배열을 가진다.
3. 가지가 붙어 있는 자리에서 바깥 방향으로 나아가면서 비교한다. 특정 원자에 붙어 있는 모든 원자를 먼저 비교한다. 그래서 $-CH(CH_3)_2$ [—C(C,C,H)]이 $-CH_2CH_2OH$ [—C(C,H,H)]에 우선한다.	화합물 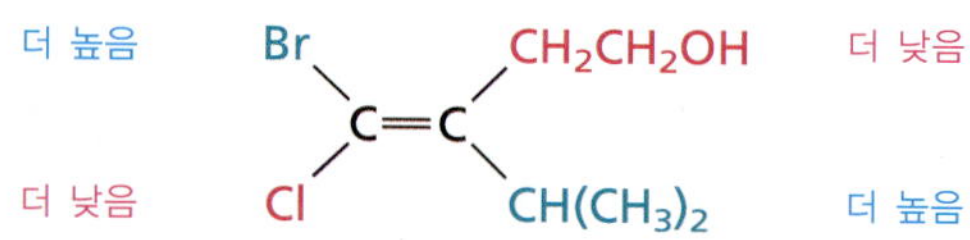 은 *E* 배열을 가진다.
4. 가지가 붙어 있는 자리에서 바깥 방향으로 나아가면서 비교한다. 치환체는 원자 하나하나를 비교한다. 원자 묶음(그룹)으로 비교하면 안 된다. 산소 원자는 탄소 원자보다 원자 번호가 크기 때문에 $-CH_2OH$ [—C(O,H,H)]이 $-C(CH_3)_3$ [—C(C,C,C)]에 우선한다.	화합물 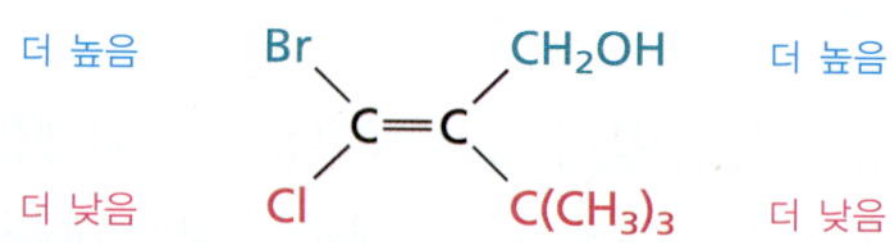 는 *Z* 배열을 가진다.
5. 어떤 원자가 다른 원자와 다중 결합을 만들 때 이는 치환체가 반복적으로 연결되어 있는 것으로 간주한다. $-\overset{\overset{\displaystyle O}{\Vert}}{C}H$는 —C(O,O,H)와 같이 취급한다. 그래서 —CH=O [—C(O,O,H)]는 $-CH_2OH$ [—C(O,H,H)]에 우선한다.	화합물 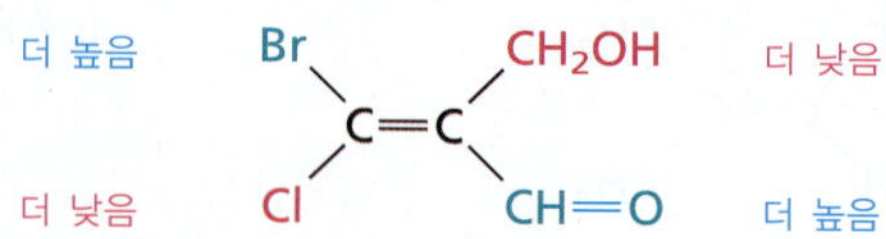 은 *E* 배열을 가진다.

풀이 (a) 이중 결합에 참여한 탄소 중 하나에는 메틸기와 수소 원자가 있다. 표 5.1의 규칙에 따르면 메틸기의 우선순위가 수소보다 높다. 다른 쪽 탄소에는 메틸기와 $-CH_2OH$기가 있다. 여기서는 $-CH_2OH$기의 우선순위가 메틸보다 높다.

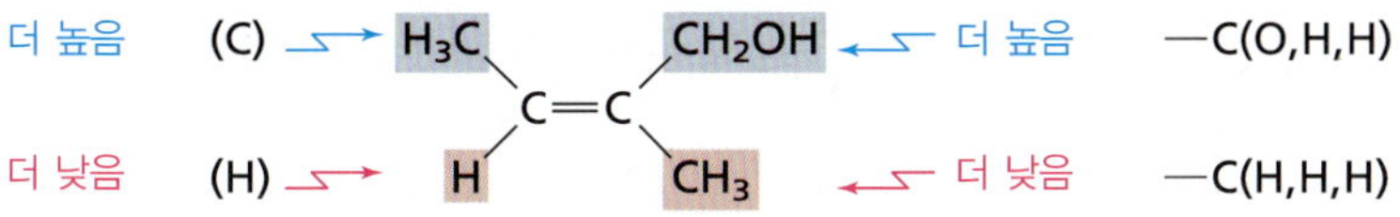

우선순위가 높은 기들이 이중 결합의 같은 쪽에 위치해 있으므로 이 경우 *Z* 배열을 갖는다.

뒷표지 안쪽을 보면 자주 사용되는 원자와 그룹들에 대한 리스트가 순위가 올라가는 순서대로 열거해 놓았다. 이 표를 외울 필요는 없다. 그러나 한 그룹과 다른 그룹의 상대적인 위치를 결정하는 방식을 숙지할 필요는 있다.

5.5 알켄의 상대적 안정도

알켄의 안정도는 다음 두 가지 요인에 의해 결정된다.

1. 치환된 정도(알킬 치환체는 이중 결합을 안정화시킨다)
2. Van der Waals 무리(알킬기들이 시스 위치에 있을 때 불안정하게 만드는 요인)

치환 정도. 이중 결합은 C=C 결합에 직접 붙어 있는 탄소 원자의 수에 따라 **단일치환**(monosubstituted), **이치환**(disubstituted), **삼치환**(trisubstituted), **사치환**(tetrasubstituted)되었다고 말한다.

단일치환된 알켄:

$RCH{=}CH_2$ 은 $CH_3CH_2CH{=}CH_2$ 와 같다.
1-Butene

이치환된 알켄:
(R과 R′은 같을 수도 있고 다를 수도 있다.)

$RCH{=}CHR'$ 은 $CH_3CH{=}CHCH_3$ 와 같다.
cis- 또는 *trans*-2-Butene

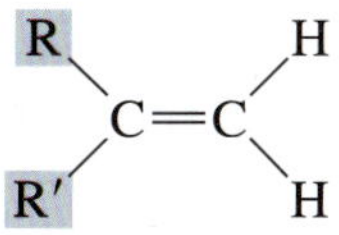

은 $(CH_3)_2C{=}CH_2$ 와 같다.
2-Methylpropene

삼치환된 알켄:
(R, R′, R″은 같을 수도 있고 다를 수도 있다)

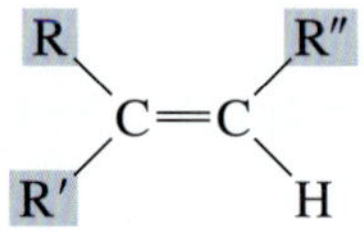

은

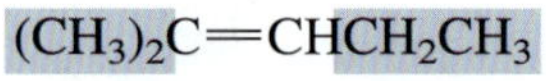

와 같다.

2-Methyl-2-pentene

사치환된 알켄:
(R, R′, R″, R‴은 같을 수도 있고 다를 수도 있다)

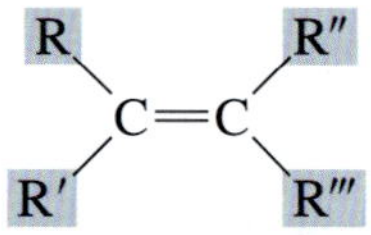

은

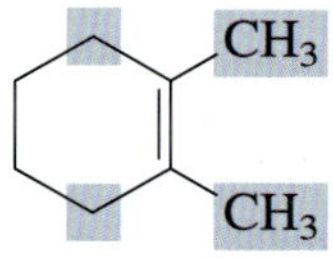

와 같다.

1,2-Dimethylcyclohexene

앞에서 본 예에서, 회색으로 특별히 표시한 부분은 각각 독립적인 치환체로 간주한다.

문제 5.7 분자식 C_6H_{12}를 가지는 알켄 중에서 삼치환된 알켄의 구조식을 쓰고, 분자 모형을 만드시오. 동시에 IUPAC명도 명명하시오(입체이성질체를 포함하는 것도 잊지 말 것).

일반적으로 치환이 많이 되어 있는 알켄이 치환이 덜 되어 있는 알켄보다 안정하다.

문제 5.8 분자식 C_6H_{12}를 가지는 알켄 중에서 가장 안정한 이성질체의 구조식과 분자 모형을 만드시오.

탄소양이온의 sp^2-혼성 탄소처럼 이중 결합의 sp^2-혼성 탄소를 갖는 탄소들은 전자를 끌어당기는 기이다. 그래서 알켄은 전자를 내주는 기가 치환체로 있으면 안정화된다. 알킬기는 수소 원자보다 전자를 더 잘 내주는 기이며, 이중 결합의 안정도를 증진시킨다.

둘 또는 그 이상의 원자들이나 그룹들이 상호작용하여 주어진 계 내의 전자 분포를 변화시켜 나타나는 결과를 **전자 효과**(electronic effect)라고 한다. 치환체가 늘어나면서 알켄이 더 안정해지는 현상은 이 전자 효과의 한 예이다.

Van der Waals 무리.

알켄은 크기가 큰 치환체들이 시스보다 트랜스로 위치할 때 안정도가 증가한다.

예를 들어, *트랜스*-2-뷰텐은 *시스*-2-뷰텐보다 3kJ/mol(0.7kcal/mol)만큼 안정하다. 이러한 안정화 효과는 그림 5.4에 제시하였다. *시스*-2-뷰텐에서는 메틸기들이 서로 너무 가까이 위치한다. 이와 같은 무리는 *트랜스*-2-뷰텐에는 없다. 둘 이상의 원자들이 공간적으로 너무 가까워지면 둘 사이에 반발력이 작용하는데, 이를 **입체 효과**(steric effect)라고 한다. 트랜스 알켄의 안정도가 시스 알켄에 비해 더 큰 것은 이 입체 효과의 한 예이다.

문제 5.9 다음 알켄들을 안정도가 감소하는 순서로 배열하시오. 1-펜텐(1-pentene); (*E*)-2-뷰텐[(*E*)-2-butene)]; (*Z*)-2-뷰텐[(*Z*)-2-butene)]; 2-메틸-2-뷰텐(2-methyl-2-butene)

입체이성질체인 알켄 간의 안정도의 차이는 이중 결합에 붙은 알킬기의 크기가 커지면 더욱 명확해진다. *시스*-와 *트랜스*-2,2,5,5-테트라메틸-3-헥센(*trans*-2,2,5,5-tetramethyl-3-hexene) 같은 두드러진 예에서 보면, 시스 이성질체에서는 *tert*-뷰틸 같이 부피가 큰 치환체가 이중 결합의 한쪽 면에 놓이면 큰 van der Waals 무리에 의해 불안정해지게 된다.

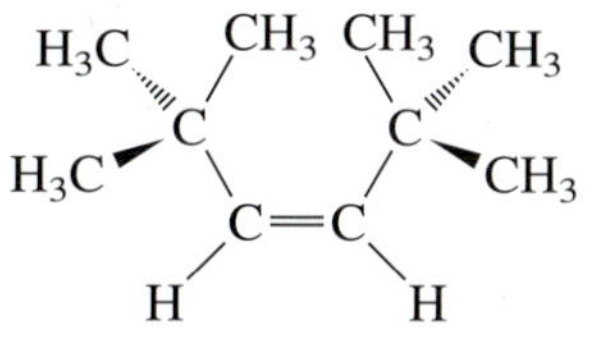

cis-2,2,5,5-Tetramethyl-3-hexene
(덜 안정)

가

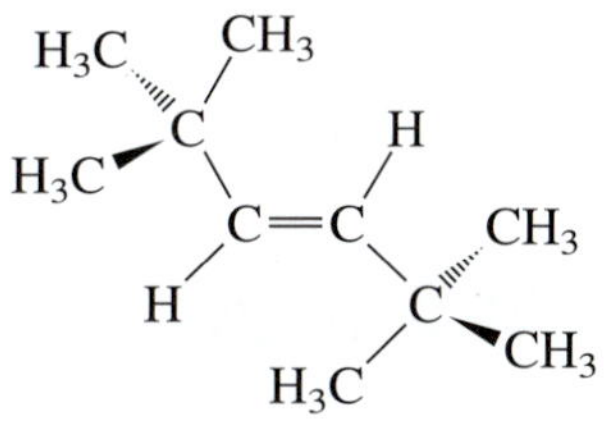

trans-2,2,5,5-Tetramethyl-3-hexene
(더 안정)

보다 더 무리한 구조

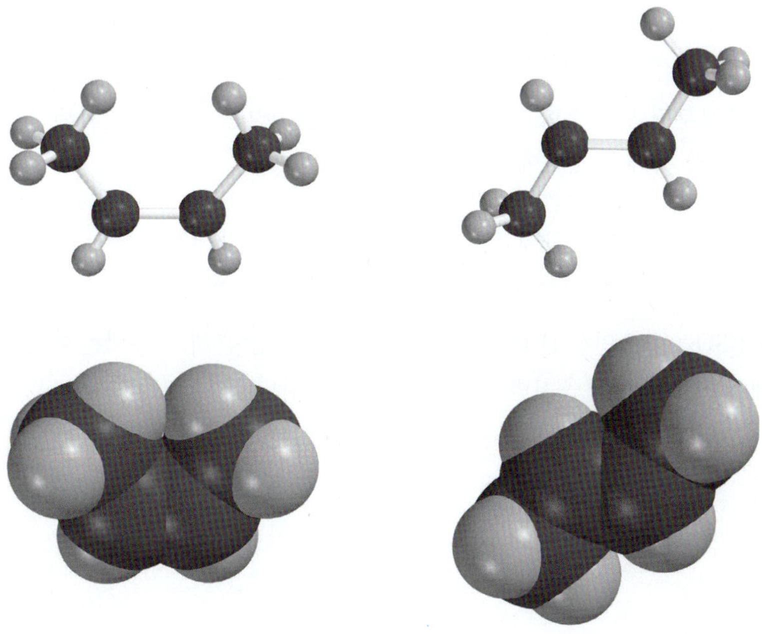

cis-2-Butene *trans*-2-Butene

그림 • 5.4
시스-와 *트랜스*-2-뷰텐의 공-막대 및 공간채움 모형. 공간채움 모형에서 *시스*-2-뷰텐에서 수소들 간에 심각한 van der Waals 무리가 있음을 알수 있다. 실제 분자에서는 이 밀집된 원자들 간의 거리를 조금 더 벌리도록 결합각을 늘려 이 문제를 해결한다. 결합각 무리와 van der Waals 무리가 합해져서 *시스*-2-뷰텐을 *트랜스*-2-뷰텐보다 더 불안정하게 만든다.

5.6 알켄의 제법: 제거 반응

공업적인 스케일에서 에틸렌을 제조하는 방법은(에틸렌에 대한 상자 속 에세이 151페이지 참조) 실험실에서 에틸렌을 제조하는 데는 사용하기 어렵다. 실험실에서는 통상적으로 소위 **제거 반응**(elimination reaction)이라고 하는 반응 형태를 이용한다.

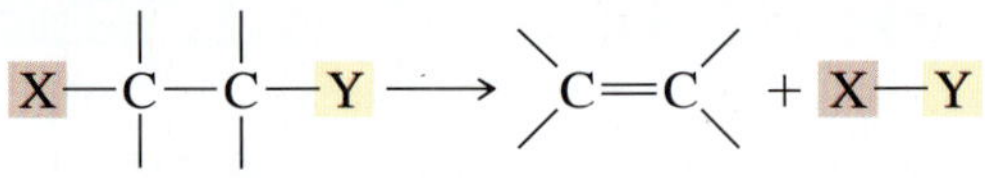

알켄 형성을 위해서는 인접한 탄소 원자에 X와 Y라는 치환체가 필요하다.

알켄 제법으로 가장 흔한 방법은 **알코올의 탈수 반응**(dehydration of alcohol, X=H; Y=OH)과 **알킬 할라이드의 할로젠화수소이탈 반응**(dehydrohalogenation of alkyl halide, X=H; Y=Cl, Br, I)이다. 제거 반응은 유기화학에서 가장 기본적인 반응 중 하나이다. 그러므로 알켄 생성을 주제로 이 반응에 대해 자세히 공부하겠다.

5.7 알코올의 탈수 반응

알코올의 탈수 반응에서 인접한 탄소들로부터 H와 OH를 잃는다. 이때 산-촉매가 필요하다.

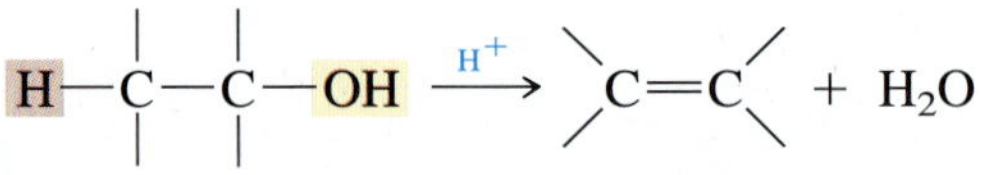

Alcohol Alkene Water

에테인으로부터 탈수소화 반응을 통해 에틸렌을 얻는 것이 보편화되기 전에는 에틸 알코올을 황산 촉매 존재하에서 가열하여 얻었다.

$$CH_3CH_2OH \xrightarrow[160°C]{H_2SO_4} CH_2{=}CH_2 + H_2O$$

Ethyl alcohol Ethylene Water

진한 황산(H_2SO_4)이나 인산(H_3PO_4)이 탈수 반응에 가장 흔히 사용되는 촉매이다. 다른 알코올들에서도 에틸 알코올처럼 탈수 반응이 일어난다.

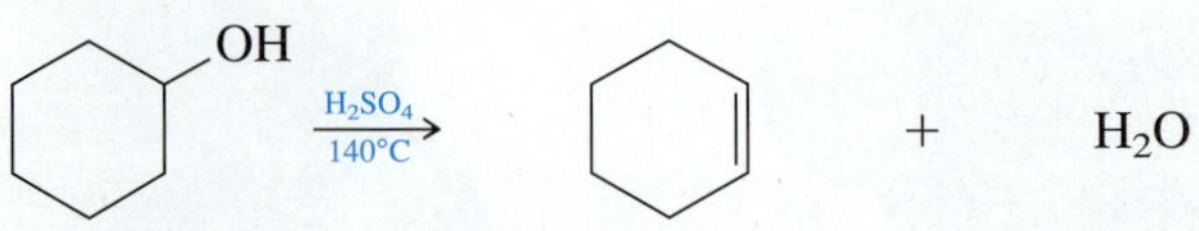

Cyclohexanol Cyclohexene (79~87%) Water

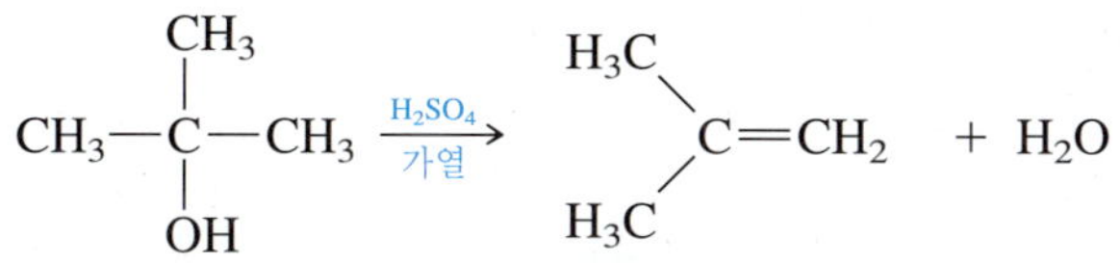

2-Methyl-2-propanol　　2-Methylpropene (82%)　　Water

문제 5.10 다음 알코올들로부터 탈수 반응에 의해 얻을 알켄들을 예측하시오.

(a) 3-에틸-3-펜탄올(3-Ethyl-3-pentanol)
(b) 1-프로판올(1-Propanol)
(c) 2-프로판올(2-Propanol)
(d) 2,3,3-트라이메틸-2-뷰탄올(2,3,3-Trimethyl-2-butanol)

풀이 (a) 3-에틸-3-펜탄올의 인접한 탄소들로부터 수소와 하이드록시기가 떨어져 나간다.

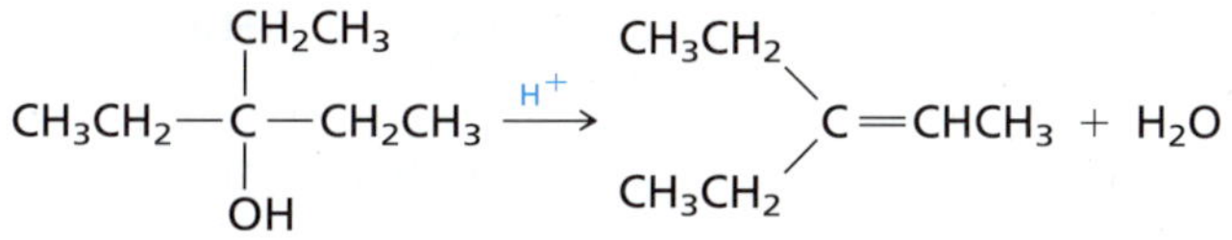

3-Ethyl-3-pentanol　　3-Ethyl-2-pentene　　Water

하이드록시기는 세 개의 동일한 에틸기가 붙어 있는 탄소로부터 떨어져 나간다. 제거 반응은 세 개의 동등한 에틸기 어느 쪽에서 일어나던 같은 알켄, 즉 3-에틸-2-펜텐이 얻어진다.

문제 5.10에 포함된 앞의 예에서는 각 알코올로부터 하나의 알켄만 생성된다. 그러나 알코올이 두 개 이상의 알켄을 생성하는 경우에

얻어지는 알켄은 이중 결합에 치환이 많이 일어난 생성물로 주로 얻어진다.

예를 들어, 2-메틸-2-뷰탄올의 탈수 반응에서 치환체가 세 개가 있는 경우에는 2-메틸-2-뷰텐이 주 생성물로 얻어진다. 이성질체인 치환체가 두 개인 알켄 2-메틸-1-뷰테인은 부 생성물로 얻어진다.

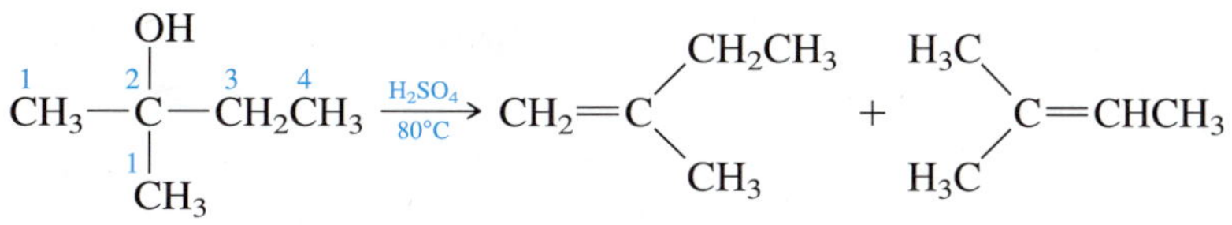

2-Methyl-2-butanol　　2-Methyl-1-butene (10%)　　2-Methyl-2-butene (90%)

이 알코올의 탈수 반응은 그 방향성에 있어서 선택적이다. 제거 반응은 C-1과 C-2 사이에 이중 결합이 생기는 방향보다 C-2와 C-3 사이에 이중 결합이 생기는 방향으로 일어난다. 이렇게 한 방향 이상으로 반응이 진행될 수 있는 경우에, 어느 특정 방향으로 진행하는 것을 선호하는 경우 이를 **위치선택성**(regioselective)이라고 한다. 제거 반응이

Zaitsev 규칙은 이 선택성을 일반화시킨 공적을 기리려고 19세기의 러시아 화학자 Alexander Zaitsev의 이름을 따라 명칭을 지었다.

치환체가 많은 이중 결합을 주는 방향으로 위치선택성으로 진행될 때 이는 **Zaitsev 규칙**(Zaitsev rule)을 따른다고 말한다.

문제 5.11 다음 알코올들을 산-촉매하에서 탈수 반응을 수행하면 두 알켄 이성질체들이 얻어진다. 각 경우에 두 알켄이 무엇인지 알아내고, Zaitsev 규칙에 따라 어느 이성질체가 주 생성물인지 예측하시오.

(a) 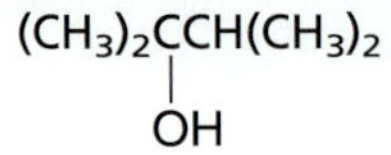

(b) 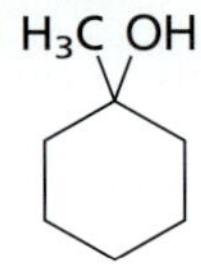

(c) 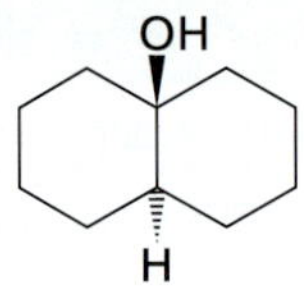

풀이 (a) 2,3-다이메틸-2-뷰탄올은 C-1 수소가 떨어져서 2,3-다이메틸-1-뷰텐이 얻어지거나 C-3 수소가 떨어져서 2,3-다이메틸-2-뷰텐이 얻어진다.

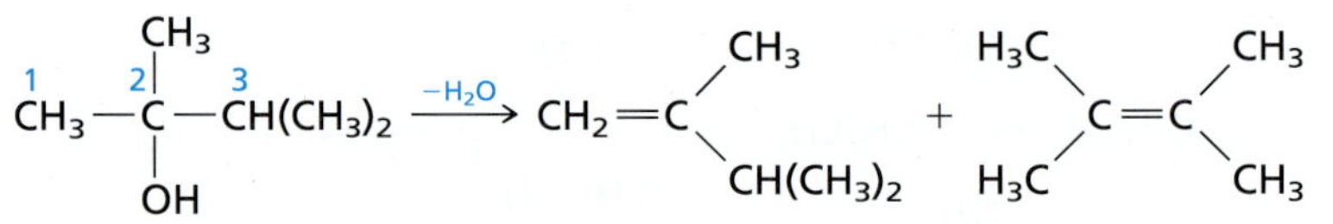

2,3-Dimethyl-2-butanol　2,3-Dimethyl-1-butene (부 생성물)　2,3-Dimethyl-2-butene (주 생성물)

주 생성물은 2,3-다이메틸-2-뷰텐이다. 이 화합물은 이중 결합의 치환체가 네 개가 되어 치환체가 두 개인 2,3-다이메틸-1-뷰텐보다 안정하다. 주 생성물은 인접한 탄소 중 수소의 개수가 더 많은 탄소(C-1)에서가 아니라 더 적은 탄소(C-3)에서 수소를 떼어 내었다.

위치선택성이라는 사실에 덧붙여, 알코올의 탈수 반응은 **입체선택성**(stereoselective)이다. 입체선택성 반응이란 한 가지 출발 물질에서 두 가지 이상의 입체이성질체가 생길 수 있는 반응에서 한 입체이성질체를 다른 이성질체보다 더 많이 생성할 때를 말한다. 알코올 탈수 반응은 더 안정한 알켄 이성질체를 생성한다. 예를 들어, 3-펜탄올의 탈수 반응에서 *트랜스*-2-펜텐과 *시스*-2-펜텐이 혼합물로 생길 수 있으나 더 안정한 트랜스 입체이성질체가 주 생성물로 얻어진다.

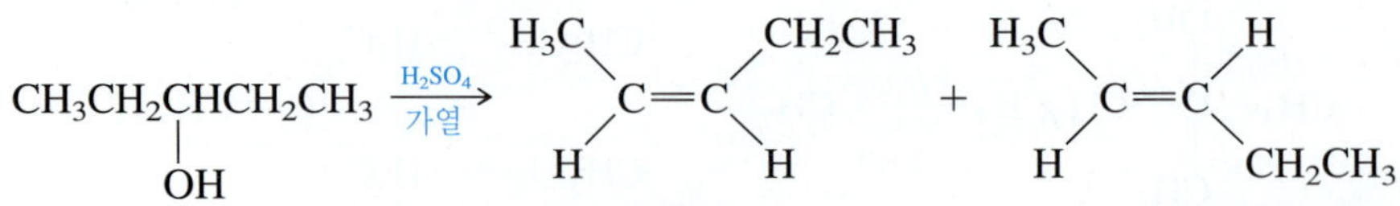

3-Pentanol　*cis*-2-Pentene (25%) (부 생성물)　*trans*-2-Pentene (75%) (주 생성물)

5.8 산-촉매에 의한 알코올 탈수 반응의 메커니즘

알코올의 탈수 반응과 알코올을 할로젠화 수소로 처리하여 알킬 할라이드를 얻는 반응(8.5절)은 두 가지 중요한 점에서 유사하다.

1. 두 반응 모두 산에 의해 촉진된다.
2. 알코올의 상대적인 반응성은 삼차 > 이차 > 일차 순으로 느려진다.

이런 공통점은 탄소양이온이, 알코올을 알킬 할라이드로 변환시키는 반응처럼, 알코올 탈수 반응의 중요 중간체임을 말해 준다. 그림 5.5에 *tert*-뷰틸 알코올의 황산-촉매하에서 탈수 반응의 세 단계 메커니즘을 그려 놓았다. 1단계와 2단계는 *tert*-뷰틸 양이온의 생성을 보여 준다. 이 과정은 *tert*-뷰틸 알코올과 염화 수소의 반응에서 같은 중간체를 생성하는 과정과 유사하다. 그림 5.5의 3단계에서 차이가 나는데, 여기서는 이중 결합이 생긴다.

3단계는 산-염기 반응의 일종으로, 여기서는 탄소양이온이 Brønsted 산으로 작용하여 Brønsted 염기인 물에 양성자를 전달해 준다. 이것이 제거 반응에서 가장 중요한 특징을 보여 주는 탄소양이온의 성질이다. 탄소양이온은 매우 강한 산이다. 이들은 알켄

> 그림 5.5의 3단계에서 물이 탄소양이온에서 양성자를 떼어 내는 염기로 작용하였다. 이 반응에서 *tert*-뷰틸 알코올이나 수소화 황산 이온 등도 이와 같이 Brønsted 염기로 작용할 수 있다.

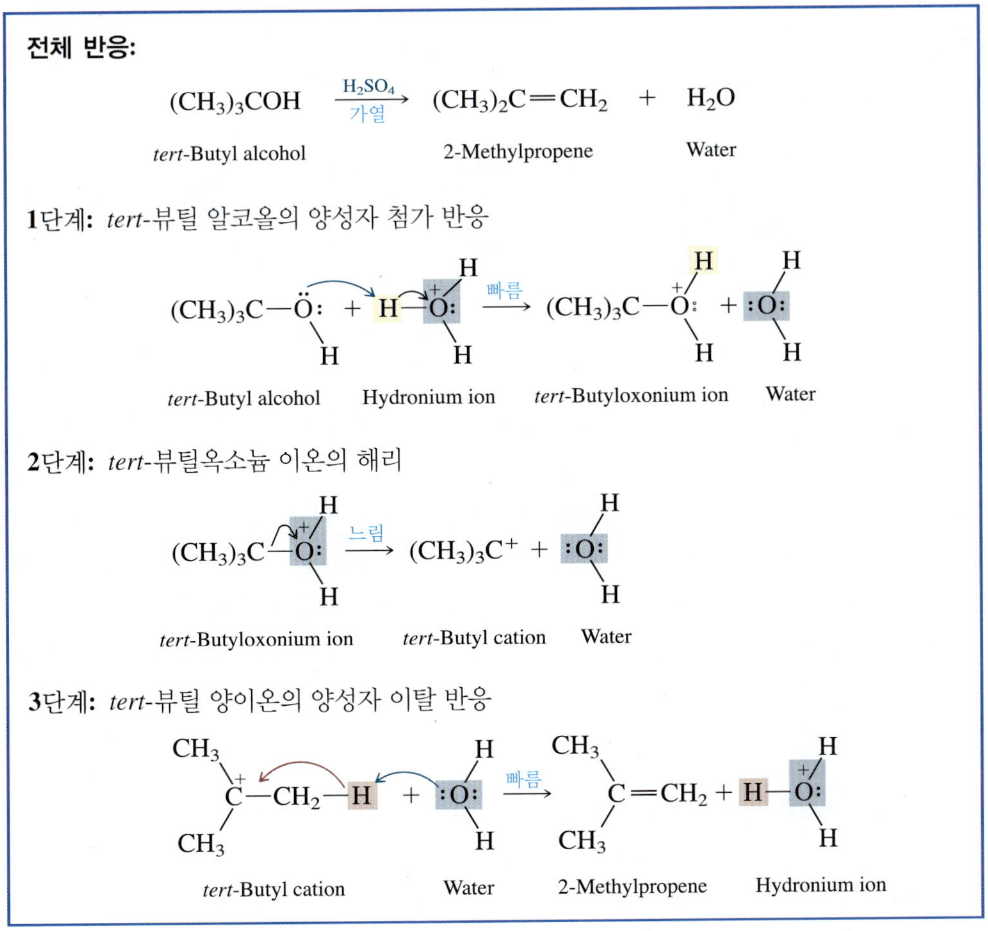

그림 • 5.5
tert-뷰틸 알코올의 산-촉매하에서의 탈수 반응 메커니즘

의 짝산이고, 쉽게 양성자를 잃고 알켄을 생성하려고 한다. 약한 염기인 물조차도 탄소양이온에서 양성자를 떼어 내기에 충분하다.

문제 5.12 문제 5.11(5.7절)에 있는 각 알코올들에서 탈수 반응에 의해 얻어질 탄소양이온의 구조식을 그리시오. 굽은 화살표를 이용하여 탄소양이온에서 어떻게 물이 양성자를 떼어 내어 알켄 혼합물을 생성하는지 보이시오.

풀이 (a) 출발 알코올에 하이드록시기가 붙어 있는 탄소가 탄소양이온이 되었을 때 양전하를 띠는 곳이 된다.

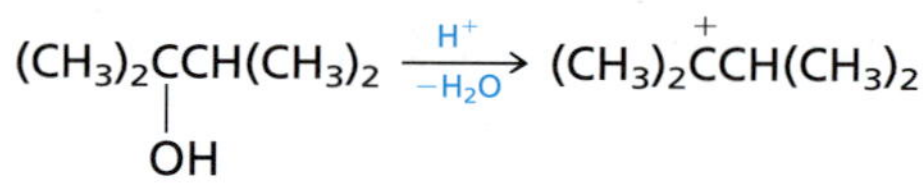

물은 염기로 작용하여 탄소양이온의 C-1이나 C-3에서 양성자를 떼어 내게 된다. C-1에서 양성성자를 떼어 내면 부 생성물인 2,3-다이메틸-1-뷰텐(2,3-dimethyl-1-butene)이 얻어진다(이 알켄은 이치환된 알켄이다).

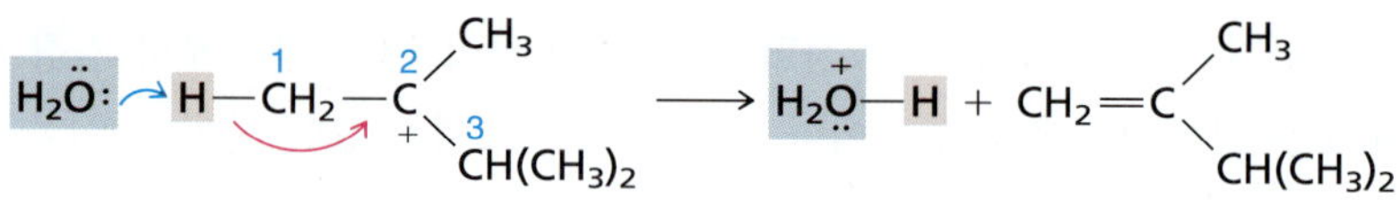

2,3-Dimethyl-1-butene

C−3로부터 양성자가 떨어지면 주 생성물인 2,3-다이메틸-2-뷰텐이 얻어진다(이 알켄은 사치환된 이중 결합이다).

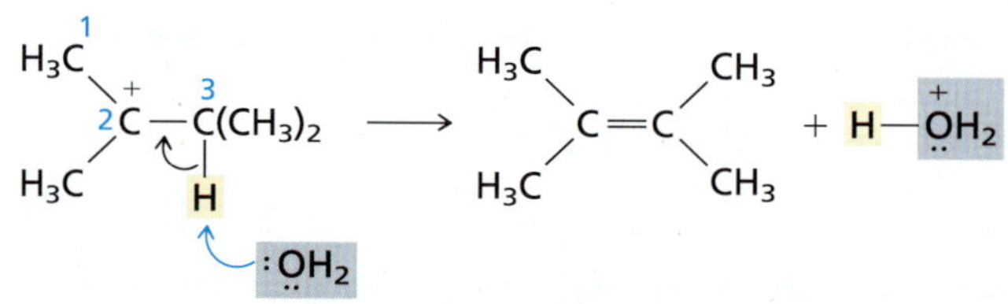

2,3-Dimethyl-2-butene

삼차 알코올 같이 이차 알코올도 탄소양이온 중간체를 통해 탈수 반응이 일어난다.

일차 알코올은 대부분의 반응에서 탄소양이온 중간체의 에너지가 너무 높다(8.7절). 그래서 일차 알코올에서는 탄소양이온이 얻어지지 않는다. 그렇다면 이 경우에는 어떤 식으로 반응이 일어날까? 알코올 탈수 반응의 일반적인 메커니즘에 수정을 가해 합리적인 설명을 얻는다. 일차 알코올의 경우에는 알킬옥소늄 이온에서 양성자가 떨어질 때 탄소−산소 결합도 동시에 떨어져 나간다. 예를 들어, 황산에 의해 진행되는 에탄올의 탈수 반응은 다음 그림처럼 진행된다.

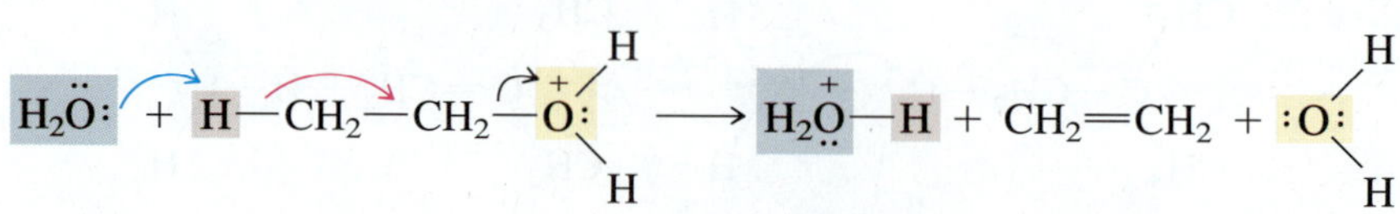

Water — Ethyloxonium ion — Hydronium ion — Ethylene — Water

5.9 알킬 할라이드의 할로젠화수소이탈 반응

할로젠화수소이탈 반응(dehydrohalogenation)은 알킬 할라이드로부터 수소와 할로젠이 제거되는 반응이다. 이 반응은 용매로 에틸 알코올에 에톡시화 소듐(sodium ethoxide, $NaOCH_2CH_3$) 같은 강한 염기 존재하에서 수행한다.

알코올(예를 들어, 에틸 알코올)은 약한 산이다(pK_a≈16). 그리고 그 짝염기(에톡사이드 이온)는 강한 염기이다(2.1절).

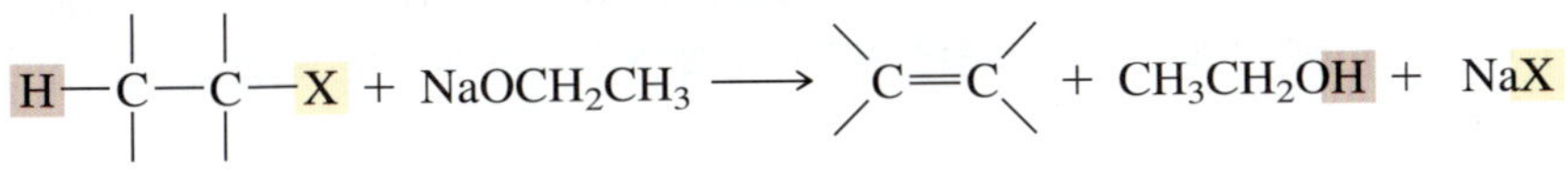

Alkyl halide · Sodium ethoxide · Alkene · Ethyl alcohol · Sodium halide

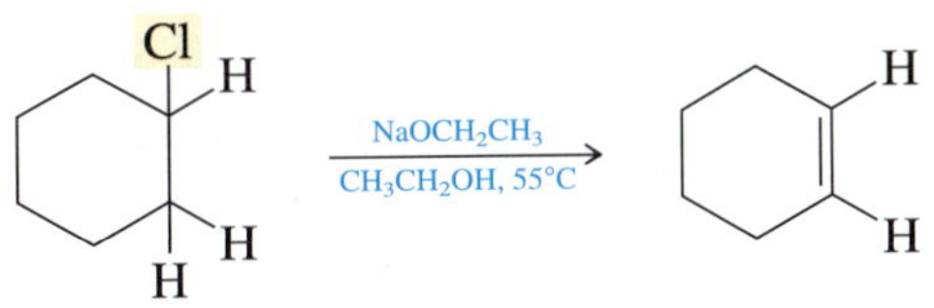

Cyclohexyl chloride → Cyclohexene (100%)

알킬 할라이드의 할로젠화수소이탈 반응의 위치선택성은 Zeitsev 규칙을 따른다. 즉, 치환이 더 많이 되어 있는 알켄이 주로 얻어진다.

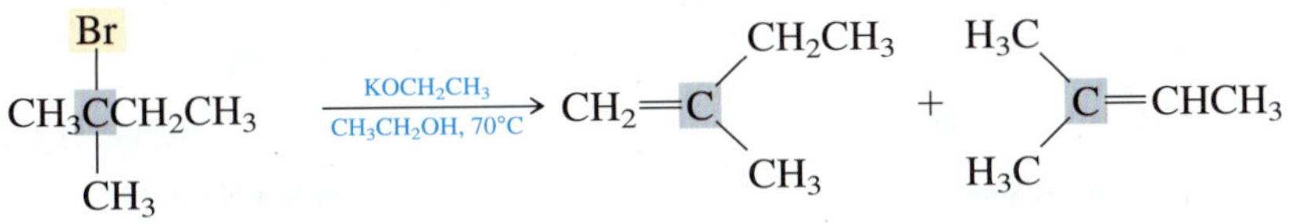

2-Bromo-2-methylbutane → 2-Methyl-1-butene (29%) + 2-Methyl-2-butene (71%)

문제 5.13 다음 알킬 할라이드로부터 할로젠화수소이탈 반응에 의해 얻을 수 있는 알켄을 모두 열거하시오. Zeitsev 규칙을 응용하여 각 경우에 가장 많이 얻어질 알켄을 예측하시오.

(a) 2-브로모-2,3-다이메틸뷰테인(2-Bromo-2,3-dimethylbutane)
(b) *tert*-뷰틸 클로라이드(*tert*-Butyl chloride)
(c) 3-브로모-3-에틸펜테인(3-Bromo-3-ethylpentane)
(d) 2-브로모-3-메틸뷰테인(2-Bromo-3-methylbutane)

풀이 먼저 2-브로모-2,3-다이메틸뷰테인의 구조를 살펴보고, 제거 반응이 일어날 가능한 경로의 수를 찾아본다.

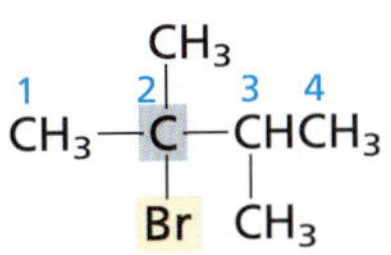

브로민 원자는 C-2로부터 떨어져 나오고,
수소 원자는 C-1이나 C-3에서 잃게 된다.

두 개의 알켄이 생길 수 있다.

2,3-Dimethyl-1-butene (부 생성물)　　2,3-Dimethyl-2-butene (주 생성물)

Zeitsev 규칙에 따라 주 생성물은 2,3-다이메틸-2-뷰텐이다. 이 화합물은 이중 결합에 네 개의 치환체가 붙어 있다. 부 생성물은 이중 결합에 치환체가 두 개인 화합물이다.

알킬 할라이드의 할로젠화수소이탈 반응 역시 위치선택성뿐 아니라 더 안정한 입체이성질체를 더 많이 생성하는 입체선택성도 있다. 통상적으로, 5-브로모노네인(5-bromononane)에서 보듯이, 트랜스(또는 *E*) 알켄이 시스(또는 *Z*) 알켄보다 훨씬 더 많이 얻어진다.

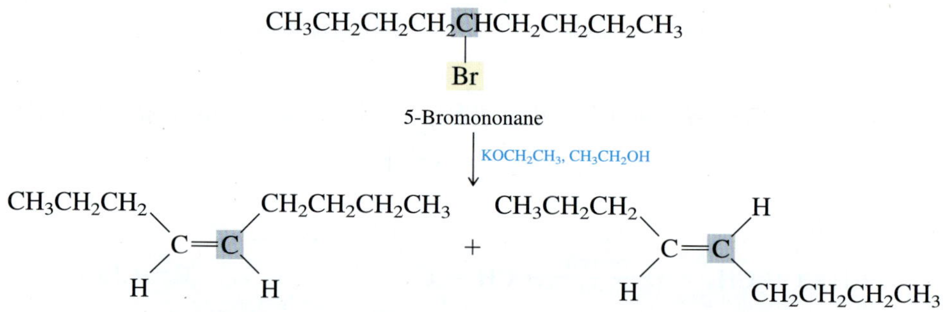

cis-4-Nonene (23%)　　*trans*-4-Nonene (77%)

문제 5.14 2-브로모뷰테인(2-bromobutane)을 에톡시화 포타슘으로 처리한 반응에서 생길 알켄들의 구조식을 모두 그리시오.

5.10 할로젠화수소이탈 반응의 E2 메커니즘

할로젠화수소이탈 반응의 메커니즘은 1920년대에 제안된 것이 지금도 이 반응이 어떻게 일어나는지에 대한 타당한 설명으로 받아들여지고 있다. 타당한 메커니즘은 다음 사실들을 설명해 주어야 한다.

1. 이 반응은 이차 반응이다. 알킬 할라이드에 대해 일차 반응이고, 염기에 대해 일차 반응이다.

$$\text{반응 속도} = k[\text{알킬 할라이드}][\text{염기}]$$

알킬 할라이드나 염기를 두 배로 늘리면 반응 속도도 두 배 빨라진다. 두 시약을 동시에 두 배로 늘리면 반응 속도는 네 배가 된다.

2. 제거 반응 속도는 할로젠의 종류에 달라진다. 알킬 할라이드의 반응 속도는 탄소–할로젠 결합의 세기가 약해지는 데 따라 빨라진다.

할로젠화수소이탈 반응의 속도 증가

RF < RCl < RBr < RI

Alkyl fluoride (탄소–할로젠 결합이 가장 강하여 속도가 가장 느리다.)

Alkyl iodide (탄소–할로젠 결합이 가장 약하여 속도가 가장 빠르다.)

아이오딘화물(iodide)이 할로젠화수소이탈 반응의 가장 좋은 **이탈기**(leaving group)이고, 플루오린화물(fluoride)이 가장 좋지 않은 이탈기이다.

이 관찰이 내포하고 있는 의미는 무엇인가? 이차 반응이라는 의미는 이 반응이 이분자 속도 결정 단계를 가진다는 말이다. 즉, 전이 상태에서 알킬 할라이드와 염기가 동시에 작용한다는 의미이다. 아이오딘 같이 가장 약한 탄소–할로젠 결합을 가진 할로젠이 가장 빠르게 반응하고, 이로부터 속도 결정 단계에서 탄소–할로젠 결합이 끊어진다고 결론내릴 수 있다.

이 관찰들에 근거하여, 할로젠화수소이탈 반응은 한 단계 협동 과정 메커니즘으로 진행된다고 제안하고, 이런 메커니즘을 E2로 표시한다. **E2**의 의미는 **이분자 제거 반응**(elimination bimolecular)을 뜻한다.

양성자 이동의 메커니즘은 이분자 반응이고, 동시에 일어나는 반응이다(2.2절).

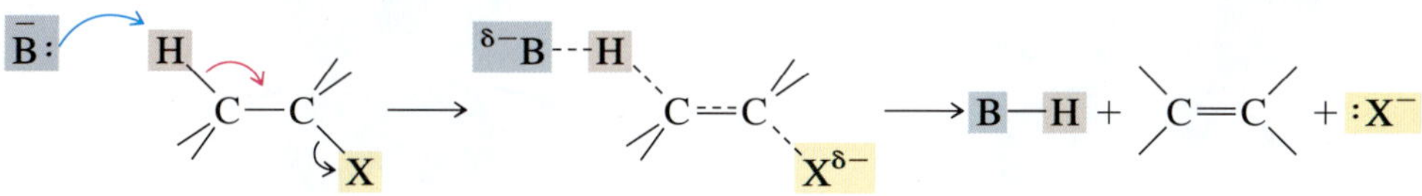

이분자 제거 반응의 전이 상태

E2 반응에서 세 가지 중요 사항은 다음과 같다.

1. C—H 결합이 끊어진다.
2. C=C π 결합이 생긴다.
3. C—X 결합이 끊어진다.

이들 모두 전이 상태에서 동시에 일어난다. 탄소–수소 결합과 탄소–할로젠 결합은 동시에 끊어진다. 염기는 수소와 결합하고, π 결합은 새로 생기고, 이 두 탄소의 혼성화는 sp^3에서 sp^2로 변환된다. E2 제거 반응의 에너지 좌표는 그림 5.6에 주어져 있다.

문제 5.15 메톡시화 소듐(sodium methoxide)을 이용한 *tert*–뷰틸 클로라이드의 E2 메커니즘에 의한 할로젠화수소이탈 반응에서 전자의 흐름을 굽은 화살을 이용하여 그리시오.

그림 • 5.6
알킬 할라이드의 협동 과정인 E2 제거 반응의 위치 에너지 도표

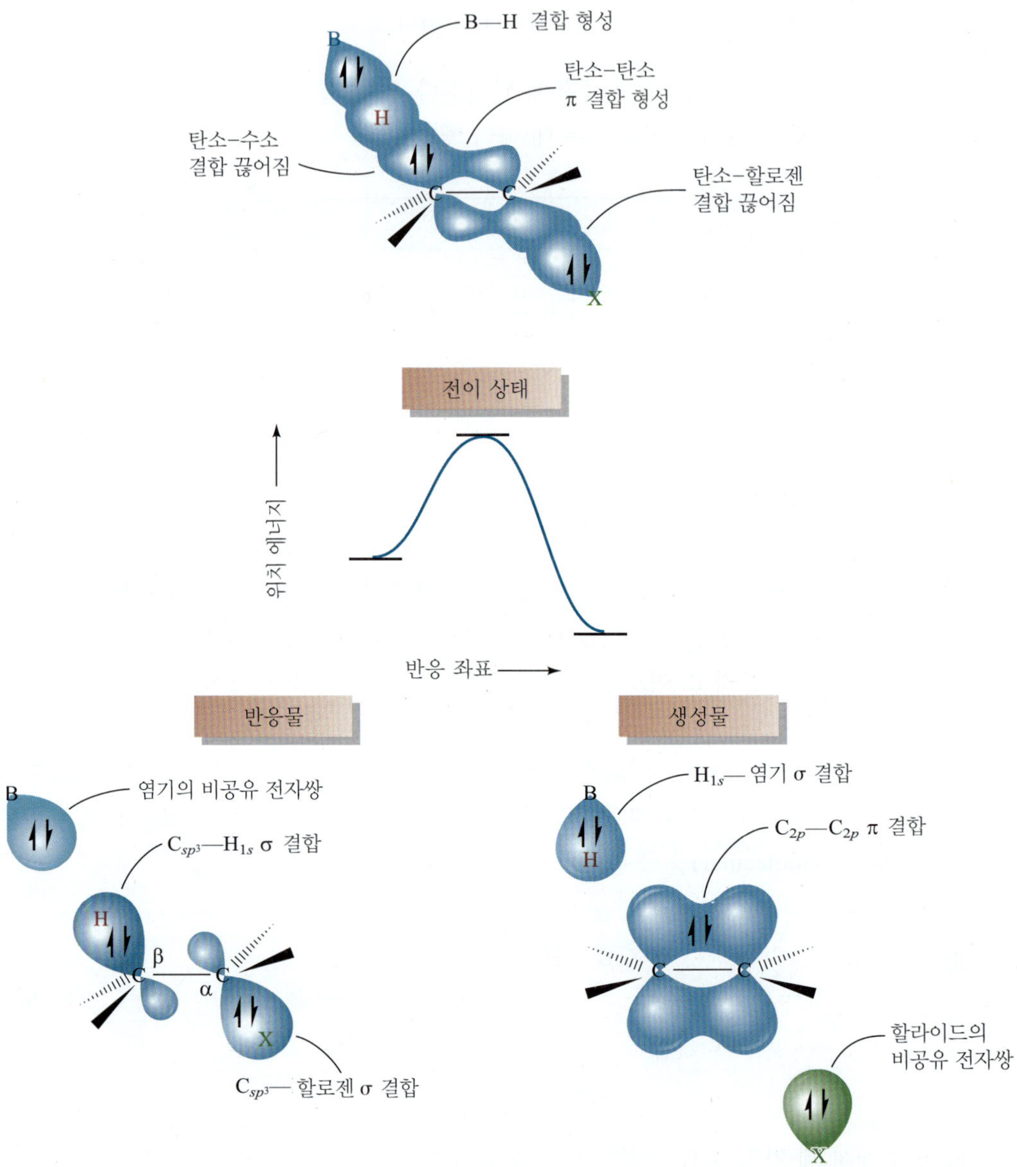

E2 메커니즘에 따른 제거 반응의 위치 선택성은 메커니즘 내에 내재되어 있는데, 이는 전이 상태에서 이중 결합이 부분적으로 생기기 시작하기 때문이다. 알킬기는 이중 결합을 안정하게 만들기 때문에 전이 상태의 부분적인 이중 결합도 안정화시킨다. 그러므로 더 안정한 알켄이 얻어지는 이유는 반응이 더 낮은 활성화 에너지가 필요한 경로를 택해 진행하므로 더 안정한 알켄이 다른 것들에 비해 더 빨리 생성되어 주 생성물이 되는 것이다.

5.11 알킬 할라이드 제거 반응의 또 다른 메커니즘: E1 메커니즘

E2 메커니즘은 탄소–수소 결합과 탄소–할로젠 결합이 끊어지는 과정이 한 단계 반응

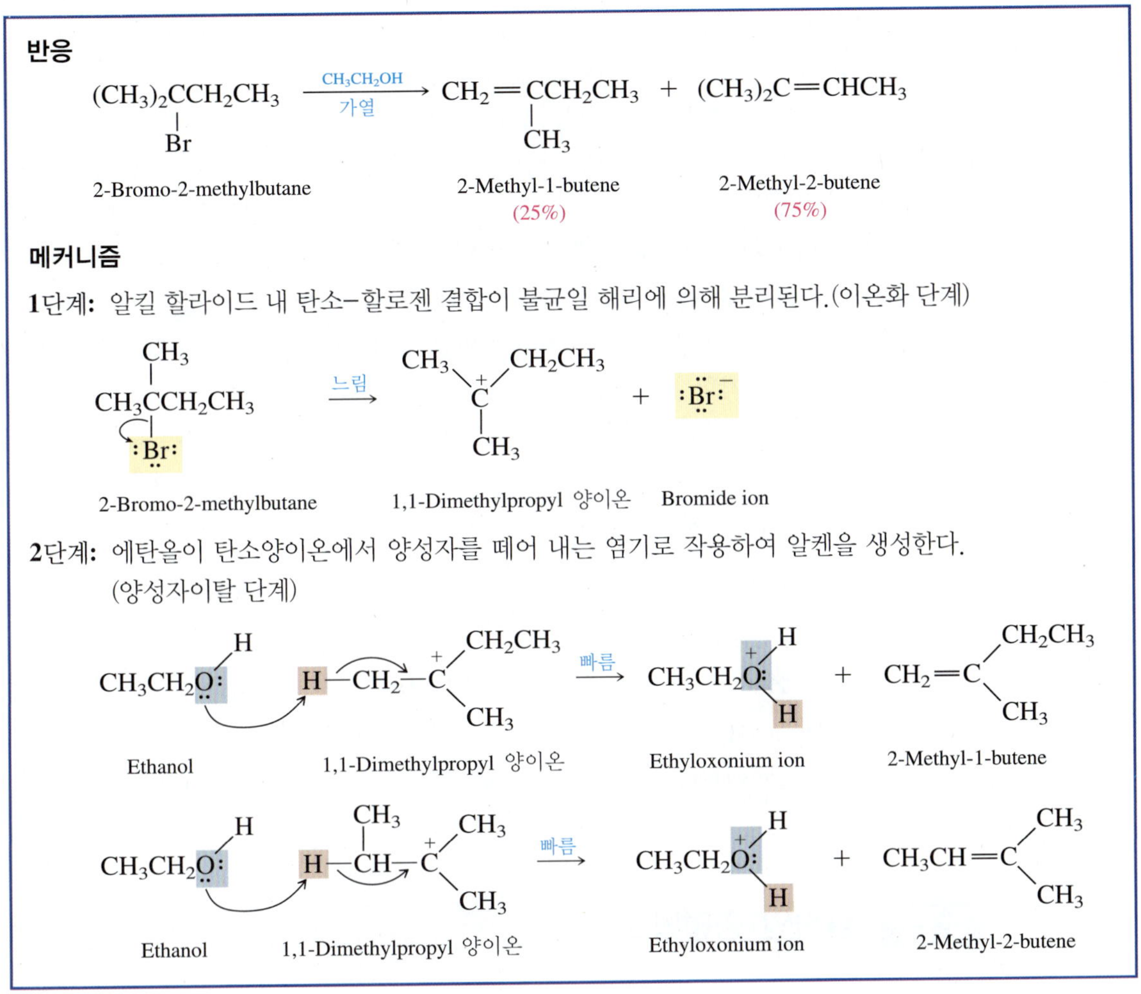

그림 • 5.7
에탄올에서 2-브로모-2-메틸뷰테인의 할로젠화수소이탈 반응에 대한 E1 메커니즘

에서 동시에 일어나는 협동 과정이다. 만약 이 결합이 끊어지는 일이 따로따로 일어난다면 어떠할까?

한 가지 가능성은 그림 5.7에 보여 준 두 단계 메커니즘이다. 여기서는 탄소-할로젠 결합이 먼저 끊어져 탄소양이온 중간체를 만들고 이후 두 번째 단계에서 양성자가 탄소양이온으로 떨어져 나가는 것이다.

2-브로모-2메틸뷰테인(2-bromo-2-methylbutane)의 경우, 알킬 할라이드는 탄소-할로젠 결합이 불균일하게 끊어지며, 탄소양이온과 할라이드 이온으로 이온화된다. 알킬옥소늄 이온이 해리되어 탄소양이온을 만들듯이, 이 단계가 속도 결정 단계이다. 속도 결정 단계가 일분자 반응이므로(즉, 알킬 할라이드만 관여하고 염기는 무관하다) 이 메커니즘을 **단분자 제거 반응**(elimination unimolecular)이라 하고, **E1**으로 표시한다. 이 반응은 일차 반응식으로 표현된다.

$$\text{반응 속도} = k[\text{알킬 할라이드}]$$

반응성은 탄소양이온 생성의 용이도에 비례한다. 그러므로 E1 메커니즘에 의한 제거 반응은 삼차와 이차 알킬 할라이드에 국한된다. E1 제거 반응의 가장 확실한 예는 염기를 넣지 않고 수행하는 반응이다. 그림 5.7에 인용한 예에서, 탄소양이온에서 수소를 떼어 내는 데 필요한 염기는 매우 약한 염기이다. 즉, 용매 분자, 에틸 알코올이 염기로 작용한다. 적당히 강한 염기를 사용하면 농도가 진하지 않더라도 E2 메커니즘에 의한 제거 반응이 E1 제거 반응보다 훨씬 빨리 일어난다.

그림 5.7에 보여 준 메커니즘과 그림 5.5에서 보여 준 알코올의 탈수 반응 메커니즘 간에는 유사성이 많다. 실제로, 산-촉매에 의한 알코올의 탈수 반응은 알코올 짝산의 E1 제거 반응으로 생각할 수 있다. 2-메틸-2-뷰탄올의 탈수 반응과 2-브로모-2-메틸뷰테인의 할로젠화수소이탈 반응의 가장 큰 차이는 탄소양이온을 제공하는 물질이다. 알코올이 반응물인 경우, 이것의 짝산인 알킬옥소늄 이온이 양이온으로 해리되고, 알킬 할라이드의 경우에는 그 자체가 바로 해리되어 탄소양이온을 만든다.

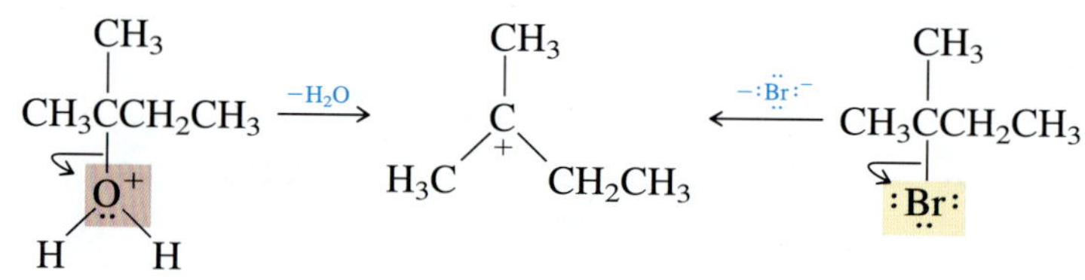

5.12 알카인 명명법

탄소-탄소 삼중 결합을 가지고 있는 탄화수소는 **알카인**(alkyne)이라고 한다. 고리가 없는 알카인의 경우 분자식은 C_nH_{2n-2}이다. 아세틸렌($HC{\equiv}CH$)은 가장 간단한 알카인이다. 삼중 결합의 분자의 한쪽 끝에 있는($RC{\equiv}CH$)의 경우 이는 **단일치환 알카인**(monosubstituted alkyne) 또는 **말단 알카인**(terminal alkyne)이라고 한다. 이치환 알카인($RC{\equiv}CR'$)은 삼중 결합이 분자 **내부**(internal)에 있는 경우이다.

알카인을 명명하는 데 있어, 기본적으로 탄화수소에 적용된 IUPAC 규칙을 따른다. 대신 접미어로 에인(*-ane*) 대신 아인(*-yne*)으로 대치한다. $HC{\equiv}CH$의 이름으로 아세틸렌과 에타인은 모두 다 IUPAC 명명법에서 인정한다. 사슬 내 삼중 결합의 위치는 알켄 명명법에서 번호 매기는 것과 동일하게 정한다.

$HC{\equiv}CCH_3$	$HC{\equiv}CCH_2CH_3$	$CH_3C{\equiv}CCH_3$	$(CH_3)_3CC{\equiv}CCH_3$
Propyne	1-Butyne	2-Butyne	4,4-Dimethyl-2-pentyne

문제 5.16 C_5H_8의 가능한 모든 알카인의 구조와 IUPAC명을 명명하시오.

5.13 알카인의 구조와 결합: *sp* 혼성화

탄소-탄소 삼중 결합을 위한 *sp* 혼성화 결합 모형을 만드는 방법은 1.15절에서 언급하였다. 그리고 아세틸렌에 대한 적용은 그림 5.8에 주어져 있다. 직선 구조가 말단 삼중 결합과 분자 내 삼중 결합 $-C{\equiv}C-C$와 $C-C{\equiv}C-C$ 단위체의 특징이다. 이 직선 구조를 갖는 특징은 알려진 사이클로알카인(cycloalkyne)의 수가 적은 것의 원인이 된다. 자연에서 얻어진 사이클로알카인은 거의 없지만, 일부 알려진 화합물들이 가능성이 높은 항암 작용을 나타내는 것으로 알려져 많은 관심을 끌고 있다(다음 페이지 상자 속 에세이 자연에서 얻은 또는 인위적으로 "고안된" 엔다이아인 항생제 참조).

5.14 제거 반응에 의한 알카인 제법

알킬 할라이드에서 할로젠화수소이탈 반응에 의해 알켄을 얻듯이 다이할로알케인에서 **할로젠화수소이탈 반응을 두 번 연속으로** 수행하면 알카인을 얻을 수 있을 것이다. 다이할라이드 화합물은 두 할로젠이 한 탄소에 붙어 있는 **같은자리 이할로젠화물**(geminal dihalide)이거나 할로젠이 인접한 두 탄소에 하나씩 붙어 있는 **이웃자리 이할로젠화물**(vicinal dihalide)이 될 수 있다.

Vicinal이라는 단어는 라틴어의 vicinalis에서 유래하는데, 그 뜻은 "이웃하고 있다"는 말이다.

같은자리 이할로젠화물로부터 두 번의 할로젠화수소이탈 반응:

$$(CH_3)_3CCH_2CHCl_2 \xrightarrow[NH_3]{3NaNH_2} (CH_3)_3CC{\equiv}CNa \xrightarrow{H_2O} (CH_3)_3CC{\equiv}CH$$

1,1-Dichloro-3,3-dimethylbutane → Alkyne 생성물의 소듐염 (따로 얻어내지 못함) → 3,3-Dimethyl-1-butyne (56~60%)

이웃자리 이할로젠화물로부터 두 번의 할로젠화수소이탈 반응:

$$CH_3(CH_2)_7CHCH_2Br\ (\text{C2에 }Br) \xrightarrow[NH_3]{3NaNH_2} CH_3(CH_2)_7C{\equiv}CNa \xrightarrow{H_2O} CH_3(CH_2)_7C{\equiv}CH$$

1,2-Dibromodecane → Alkyne 생성물의 소듐염 (따로 얻어내지 못함) → 1-Decyne (54%)

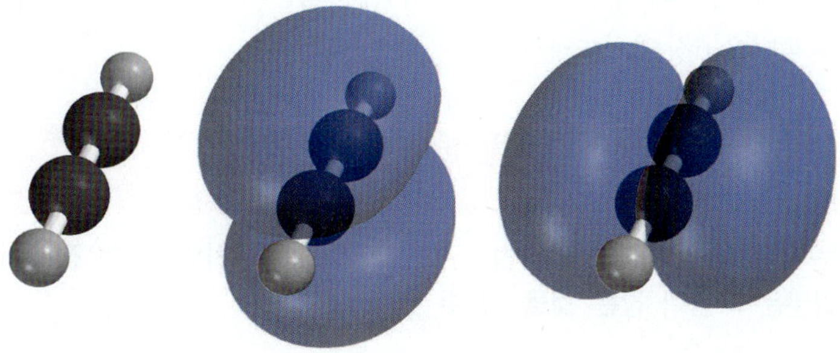

(*a*) (*b*) (*c*)

그림 • 5.8
아세틸렌에 있는 탄소들은 $\sigma + \pi + \pi$ 삼중 결합에 의해 연결되어 있다. 두 탄소 모두 *sp* 혼성화를 가진다. 각각의 탄소들은 수소와 *sp*-1*s* σ 결합을 이룬다. 그리고 *sp*-*sp* 탄소-탄소 간 겹침은 삼중 결합의 σ 결합 성분을 이룬다. 각 탄소는 그 외에 두 개의 *p* 오비탈을 가지고 있고, 이들은 서로 수직 방향을 이루는 축상에 있다. 그중 한 π 결합은 그림 (*b*)에서 처럼 얻고, 그리고 다른 하나는 그림 (*c*)처럼 겹쳐져서 π 결합을 이룬다. 각 π 결합에는 전자가 두 개씩 있다.

자연에서 얻은 또는 인위적으로 "고안된" 엔다이아인 항생제

1980년대 초기에, 천연물로부터 새로운 의약품을 추출해 내려는 연구에서 9각형 또는 10각형 고리 내에 C≡C—C=C—C≡C 단위체를 가지며 종양 억제 효과를 가진 항생제들이 발견되었다. 하나의 이중 결합과 두 개의 삼중 결합을 가지고 있어 (*-ene* + *di-* + *-yne*) 이 화합물들은 **엔다인아인**(enediyne) 항생제로 불리게 되었다. 이 계열 화합물들 중 가장 간단한 분자는 *dynemicin A*이다. 대부분의 다른 엔다인아인 화합물은 구조가 보다 복잡하다.

엔다인아인 화합물들은 그들의 약효나 선택성 때문에 항암 치료제로 가장 기대를 모았다. 이들은 세포의 증식을 저해할 뿐 아니라 정상 세포보다 암세포만 죽이는 경향이 매우 높았다. C≡C—C=C—C≡C 단위체에만 나타나는 특징적인 화학에 의거한 메커니즘은 DNA를 잘라내어 종양의 증식을 중단시킨다.

의약 개발은 옛날부터 자연에서 얻어진 물질에 근거해서 발전해 왔다. 그러나 자주 식물체나 미생물로부터 얻은 효능이 뛰어난 약이 될 화합물들은 자연으로부터는 극소량 얻어져 실용적이지 않다. 구조가 비교적 간단하다면 화학적인 합성이 의약 생산의 대안이 될 수 있다. 한편 합성이나 구조 변경은 모두 의약 물질의 효능을 증진시킬 수도 있다. 예를 들어, 다이네미신 A(dynemicin A)의 핵심 구조를 합성하는 과정에서, Scripps 연구소의 Kyriacos C. Nicolaou 교수와 그 동료들은 다이네미신보다 효능이 더 높고 더 선택적으로 작용하는 보다 간단한 유도체를 합성하였다. 이러한 물질은 인위적으로 "고안된 엔다이아인"의 일종이다. 이는 생화학적 작용이 일어나도록 화학적인 사고를 통해 얻어진 구조이다. 이러한 고안된 엔다이아인들은 대량 생산에 적합한 부수적인 이점도 가지고 있다.

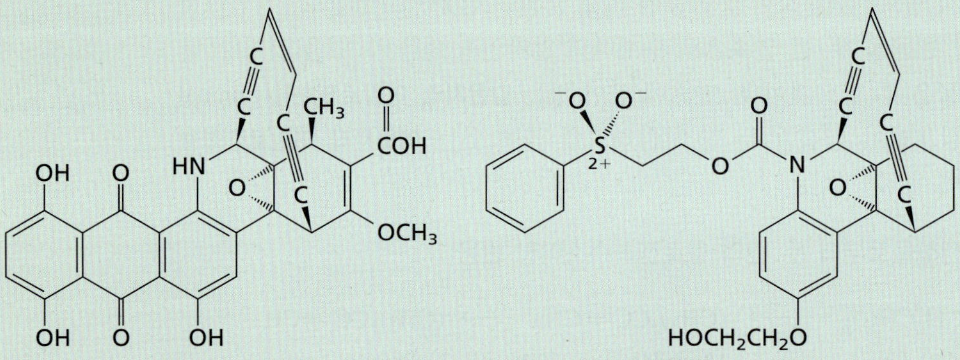

문제 5.17 3,3-다이메틸-1-뷰타인(3,3-dimethyl-1-butyne)을 만드는 데 사용할 수 있는 다이브로마이드(dibromide)의 이성질체 세 개의 구조를 그리시오.

같은자리 이할로젠화물이나 이웃자리 이할로젠화물의 두 번에 걸친 할로젠화수소 이탈 반응은 말단 알카인의 제법에 가장 흔히 사용되는 방법이다. 분자 내 삼중 결합을 가진 알카인의 제법은 6장에서 다룬다.

학습목표

이 장에서는 알켄과 알카인의 명명법, 구조, 제법을 소개하였다. 이 장에서 배운 지식으로 여러분은 다음과 같은 것을 할 수 있다.

- IUPAC명을 보고 알켄이나 알카인의 구조식을 그릴 수 있다.

- 주어진 구조식을 보고 바른 IUPAC명을 명명할 수 있다.
- 알켄은 입체이성질체가 있음을 인지하고, 이들을 시스, 트랜스, *E* 또는 *Z* 표기로 적절히 표현할 수 있다.
- 이성질체들의 상대적인 안정도를 이중 결합에 붙어 있는 치환기 수와 입체화학에 따라 비교할 수 있다.
- 짝지은 다이엔, 연이은 다이엔, 격리된 다이엔의 구조적 차이점을 설명할 수 있다.
- 알코올의 탈수 반응에 의한 이중 결합 생성 반응을 그려 보고, 그 반응의 메커니즘을 기술할 수 있다.
- 알킬 할라이드로부터 할로젠화수소이탈 반응에 의한 알켄 생성 반응을 그려 보고, 그 반응의 메커니즘을 기술할 수 있다.
- Zeitsev 규칙을 설명하고 예를 들어 볼 수 있다.
- 할로젠화수소이탈 반응의 E2 메커니즘에서 염기의 역할을 말하고, 전이 상태에서 결합들에 어떤 변화가 생기는지 기술할 수 있다.
- 할로젠화수소이탈 반응의 E1 메커니즘을 기술할 수 있다.
- 같은자리 이할로젠화물이나 이웃자리 이할로젠화물의 할로젠화수소이탈 반응에 의한 알카인 생성의 화학식을 쓸 수 있다.

5.15 요약

알켄과 사이클로알켄은 이중 결합을 가지고 있는 화합물들이다. **IUPAC 명명법**(IUPAC nomenclature)에 따르면, 알켄은 이중 결합이 포함된 탄소가 연속적으로 이어진 가장 긴 사슬의 탄소 수와 같은 알케인의 이름에서 접미어 -에인(*-ane*)을 -엔(*-ene*)으로 대체하여 명명한다(5.1절). 사슬에 번호 매기기는 처음 나타나는 이중 결합의 번호가 가장 낮게 매겨지는 방향으로 진행한다. 알킬기나 할로젠보다 이중 결합 번호를 우선적으로 정한다. 그러나 하이드록시기의 경우는 이 작용기의 번호가 이중 결합보다 우선한다.

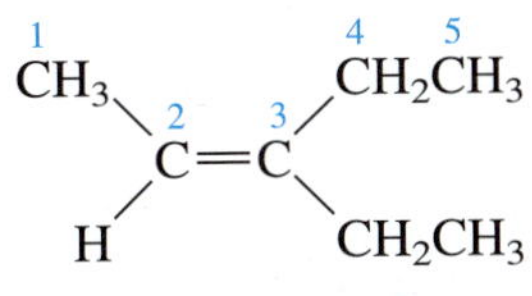

3-Ethyl-2-pentene

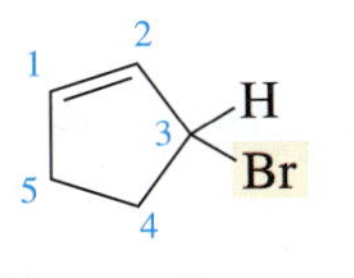

3-Bromocyclopentene

3-Buten-1-ol

두 개의 이중 결합을 가진 알켄은 **알카다이엔**(alkadiene)이라고 한다. 다이엔 내의 이중 결합은 서로의 연결 관계에 따른 **연이은**(cumulated), **짝지은**(conjugated), **격리된**(isolated) 다이엔으로 구분한다(5.1절). 짝지은 다이엔은 두 개의 이중 결합이 하나의 단일 결합으로 바로 이어진 경우를 말한다. 격리된 다이엔은 이중 결합들이 하나 이상의 sp^3 탄소에 의해 분리되어 있는 경우를 말한다.

알켄 내 결합은 sp^2 오비탈 혼성화 모형으로 기술한다. 이중 결합은 두 sp^2-혼성 탄소 원자 간에 σ 결합 성분과 π 결합 성분으로 이루어진다(5.2절). σ 결합은 sp^2 혼성 오비탈 간의 겹침에 의해 형성된다. π 결합은 p 오비탈들이 평행하게 놓여 형성된다.

격리된 다이엔에서의 이중 결합은 기본적으로 알켄 내 이중 결합이 독립적으로 두 개 있다고 생각하면 된다(5.2절). 짝지은 다이엔의 경우는 π 전자들이 C=C—C=C 단위체 내 네 개의 모든 탄소에 골고루 **비편재화**되어 안정화되어 있다.

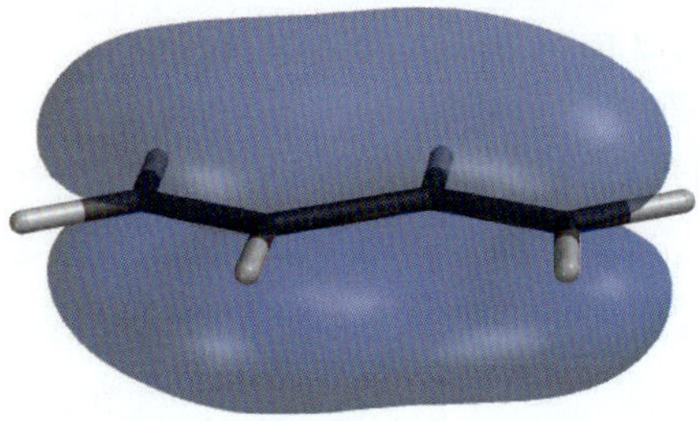

이중 결합 주위로 회전은 일어나지 않는다. 그래서 **입체이성질체**(stereoisomer)가 생긴다(5.3절). 입체이성질체인 알켄의 **위치배열**(configuration)은 두 가지 표기법에 의해 표현한다. 한 가지 체계는 같은 치환체가 이중 결합을 중심으로 한 쪽 면에 있으면 접두어 *시스*-로 서로 다른 면에 위치하면 *트랜스*-로 명명한다. 다른 방법은 치환체의 우선순위를 원자 번호에 기반한 체계에 따라 순위를 정하는 것이다(5.4절). 접두어 Z는 각각의 탄소에 붙어 있는 치환체들의 우선순위를 비교하여 우선순위가 높은 것들이 같은 면에 위치하는 경우에 사용한다. 반대로, 우선순위가 높은 두 치환체가 반대 면에 놓이면 E를 사용하여 표기한다.

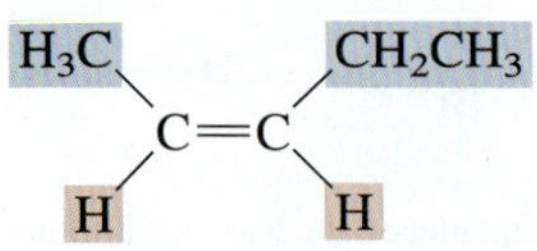

cis-2-Pentene
[(Z)-2-pentene]

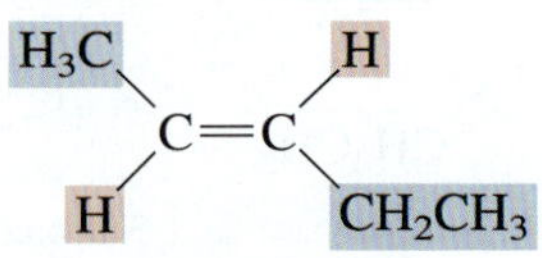

trans-2-Pentene
[(E)-2-pentene]

알켄의 입체이성질체들을 비교해 보면 트랜스 알켄이 시스 알켄보다 일반적으로 더 안정하다. 알킬 치환체는 이중 결합의 안정도를 증진시킨다(5.5절). 알켄의 안정도에 대한 일반적인 순서는 다음과 같다.

$$R_2C{=}CR_2 > R_2C{=}CHR > RCH{=}CHR > RCH{=}CH_2$$

가장 안정함 … 덜 안정함

표 5.2 알코올과 알킬 할라이드의 제거 반응에 의한 알켄의 제법

반응(절)과 해설	일반적 반응식과 구체적인 예
알코올의 탈수 반응(5.7절과 5.8절) 탈수 반응에는 산-촉매가 필요하다. 알코올의 반응성은 삼차 > 이차 > 일차로 작아진다. 제거 반응은 위치선택성이고, 이중 결합에 치환체가 더 많은 알켄을 생성하는 쪽으로 진행한다. 입체이성질체 알켄이 생길 수 있을 때는 더 안정한 알켄이 주로 생긴다. 탄소양이온이 반응 중간체이다.	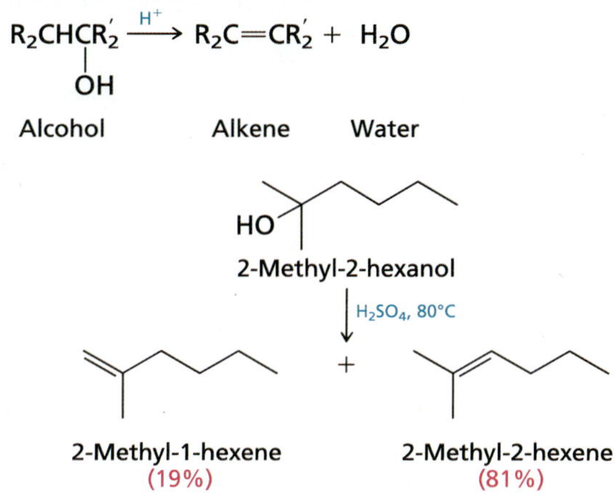
알킬 할라이드의 할로젠화수소이탈 반응(5.9절과 5.10절) 강염기가 인접한 탄소 원자에 붙어 있는 양성자와 할라이드 이온을 떼어 내 알켄을 생성한다. 위치선택성은 "Zaitsev 규칙"을 따른다. 할로젠화물의 반응성은 다음과 같다. I > Br > Cl > F. 이 반응은 E2 반응 경로를 따른다.	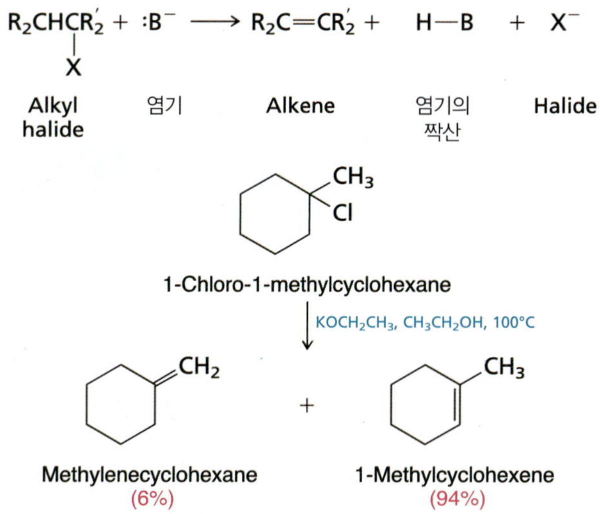

알켄은 알코올과 알킬 할라이드의 **제거 반응**(elimination)에 의해 얻는다(5.6절). 이 반응들은 표 5.2에 예와 함께 정리해 놓았다. 두 경우 모두 제거 반응은 치환이 더 많이 된 알켄 이성질체를 생성하는 방향으로 진행된다(**Zaitsev 규칙**).

탄소양이온은 산-촉매에 의한 알코올의 탈수 반응의 중간체이다. 이는 알킬옥소늄 이온(ROH_2^+)의 해리에 의해 얻어진다. 일단 탄소양이온이 생성되면 이는 양성자를 잃고 알켄을 형성한다(5.8절).

알킬 할라이드를 에톡시화 소듐과 같은 강한 염기로 처리하면 **E2(이분자 제거 반응) 메커니즘**[E2(elimination bimolecular) mechanism]에 의해 할로젠화수소이탈 반응이 일어난다(5.10절). E2 메커니즘에 따르면, 제거 반응에 세 가지 요소인 (1) 염기에 의해 탄소로부터 양성자 제거, (2) π 결합 생성, (3) 탄소로부터 할라이드 이온의 이탈 등 동일

한 전이 상태에서 모두 동시에 일어난다.

강염기가 없을 때는 알킬 할라이드의 제거 반응은 **E1(일분자 제거 반응) 메커니즘** [E1(elimination unimolecular) mechanism]에 의해 일어난다(5.11절). E1 메커니즘에서 속도 결정 단계는 알킬 할라이드가 탄소양이온을 생성하는 과정이다. 이는 이후 양성자를 잃는다.

탄소-탄소 삼중 결합을 가지고 있는 탄화수소는 **알카인**(alkyne)이라고 한다. IUPAC 명명법에 따른 알카인 명명은 알켄의 경우와 비슷하다. 다만 접미어 -에인(*-ane*)을 -아인(*-yne*)으로 대체하는 차이가 있다(5.12절).

탄소-탄소 삼중 결합은 하나의 σ 결합 성분과 두 개의 π 결합 성분으로 이루어져 있다(5.13절). σ 결합은 *sp*-혼성 오비탈을 가진 두 인접한 탄소 간의 겹침에 의해 생긴 분자 오비탈에 전자 두 개를 공유함으로써 얻어진다. 인접한 두 탄소는 두 개의 *p* 오비탈도 가지고 있어, 이들 간에 겹침이 일어나 두 개의 π 결합을 만들게 된다. —C≡C— 결합 단위에 있는 결합은 직선 구조를 가지고 있다.

알카인은 **같은자리**(geminal) 이할로젠화물이나 **이웃자리**(vicinal) 이할로젠화물로부터 두 번의 할로젠화수소이탈 반응을 진행하여 얻는다(5.14절).

보충문제

알켄 명명법과 구조

5.18 다음 이름을 가진 화합물의 구조식을 그리시오.
(a) 1-헵테인(1-Heptene)
(b) 3-에틸-2-펜텐(3-Ethyl-2-pentene)
(c) *시스*-3-옥텐(*cis*-3-Octene)
(d) *트랜스*-1,4-다이클로로-2-뷰텐(*trans*-1,4-Dichloro-2-butene)
(e) (*Z*)-3-메틸-2-헥센[(*Z*)-3-Methyl-2-hexene]
(f) (*E*)-3-클로로-2-헥센[((*E*)-3-Chloro-2-hexene]
(g) 1-브로모-3-메틸사이클로헥센(1-Bromo-3-methylcyclohexene)
(h) 1-브로모-6-메틸사이클로헥센(1-Bromo-6-methylcyclohexene)
(i) 4-메틸-4-펜텐-2-올(4-Methyl-4-pentene-2-ol)

5.19 이중 결합 네 곳에 치환체를 가지고(사치환) 분자식 C_7H_{14}를 가지는 알켄에 대해 구조식을 그리고, 분자 모형을 만들어 본 후 IUPAC명을 지어보시오.

5.20 다음 화합물의 IUPAC명을 지어보시오.
(a) $(CH_3CH_2)_2C{=}CHCH_3$
(b) $(CH_3CH_2)_2C{=}C(CH_2CH_3)_2$
(c) $(CH_3)_3CCH{=}CCl_2$
(d)

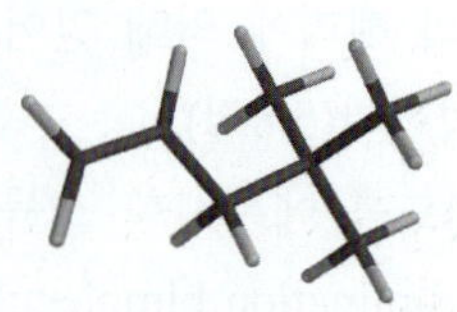

5.21 다음에 열거한 화합물들은 자연계에서 얻어진다. 각각에 대해 각 이중 결합의 입체화학을 분명히 나타내도록 구조식를 쓰고, 분자 모형을 만드시오.

(a) 지중해 과일 파리의 성 유인자인 (*E*)-6-노넨-1-올[(*E*)-6-nonen-1-ol]

(b) 자연에서 얻어진 많은 식물의 향료 오일에 존재하는 제라니올(geraniol)은 장미향 같은 좋은 냄새를 가진다. 제라니올은 다음 화합물의 *E* 이성질체이다.

$$(CH_3)_2C{=}CHCH_2CH_2\underset{\displaystyle CH_3}{\underset{|}{C}}{=}CHCH_2OH$$

(c) 네롤(nerol), 제라니올의 입체이성질체로 자연에서 얻어지는 화합물

(d) 다음 코들링 나방의 성 유인자는 2*Z*, 6*E* 입체이성질체이다.

$$CH_3CH_2CH_2\underset{\displaystyle CH_3}{\underset{|}{C}}{=}CHCH_2CH_2\underset{\displaystyle CH_2CH_3}{\underset{|}{C}}{=}CHCH_2OH$$

5.22 다음 분자들에 있는 각 탄소 원자의 혼성화를 지정하시오. 탄소–탄소 σ 결합과 탄소–탄소 π 결합은 각각 몇 개인가?

(a) $(CH_3)_2C{=}C(CH_3)_2$

(b) $CH_2{=}CHCH_2CH_2CH{=}CH_2$

(c) 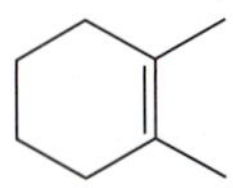

5.23 다음 알켄 중 입체이성질체가 가능한 것을 고르시오.

(a) 1-클로로프로펜(1-Chloropropene)

(b) 2-클로로프로펜(2-Chloropropene)

(c) 1,2-다이클로로프로펜(1,2-Dichloropropene)

5.24 다음 알켄들을 안정도가 감소하는 순으로 배열하시오.
1-펜텐(1-pentene), *시스*-2-펜텐(*cis*-2-pentene), *트랜스*-2-펜텐(*trans*-2-pentene), 2-메틸-2-뷰텐(2-methyl-2-butene)

알켄의 제법

5.25 2-펜탄올의 산-촉매하에서 탈수 반응이 일어날 때 생길 알켄 세 개는 무엇인가?

5.26 (a) 분자식 $C_5H_{12}O$를 갖는 모든 알코올 이성질체의 구조를 쓰고, 분자 모형을 만드시오.

(b) 이 중 어느 이성질체가 산-촉매하에서 탈수 반응이 가장 잘 일어나는가?

(c) 가장 안정한 C_5H_{11} 탄소양이온을 쓰시오.

(d) (c)에서 얻을 수 있는 알켄들을 쓰시오. 이들 중 어느 것이 주 생성물인가?

(e) (a)에서 탈수 반응이 일어나 입체이성질체 쌍을 만들 수 있는 알코올은 무엇인가?

5.27 2-뷰탄올의 산-촉매하에서 탈수 반응의 메커니즘을 기술하는 일련의 단계 반응을 쓰시오. 각 단계에서 전자 이동을 굽은 화살 표기법을 사용하시오.

5.28 다음 알킬 할라이드의 할로젠화수소이탈 반응 결과 몇 개의 알켄이 생길 것인가? 각 경우에 알켄들을 말하시오.

(a) 1-브로모헥세인(1-Bromohexane)

(b) 2-브로모헥세인(2-Bromohexane)

(c) 3-브로모-3-메틸펜테인(3-Bromo-3-methylpentane)

(d) 3-브로모-2,2-다이메틸뷰테인(3-Bromo-2,2-dimethylbutane)

5.29 분자식 $C_7H_{13}Br$을 가진 분자로, E2 제거 반응에 의해 다음 화합물을 유일한 생성물로 줄 분자를 유추하시오.

(a) 

(b) 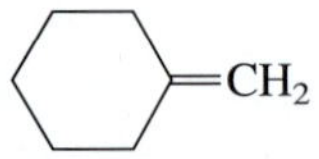

(c) 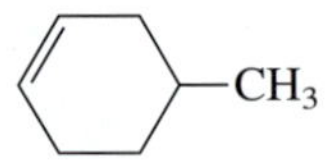

(d) 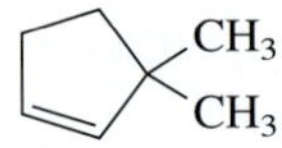

5.30 E2 제거 반응에 의해 다음 알켄만 생성시키는 두 개의 다른 알킬 브로마이드의 구조를 제시하시오.

(a) $CH_3CH{=}CH_2$
(b) $(CH_3)_2C{=}CH_2$
(c) 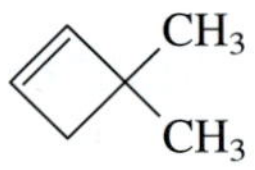

5.31 (a) 분자식 $C_5H_{11}Br$인 알킬브로마이드 이성질체 모두의 구조를 그리고 분자모형을 만들어 보시오.
(b) 이 중 어느 이성질체에서 E1 제거 반응이 가장 빠르게 일어나는가?
(c) E2 제거반응이 일어나지 않을 이성질체는 무엇인가?
(d) E2 제거반응이 일어날때 한가지 알켄만 생성할 이성질체는 무엇인가?
(e) E2 제거반응이 일어날때 구성 이성질체가 아닌 알켄 두개를 생성할 이성질체는 무엇인가?
(f) E2 반응이 일어날때, 가장 복잡한 알켄 혼합물을 만들어낼 이성질체는 무엇인가?

5.32 다음 반응식

$$(CH_3)_3CCl + NaSCH_2CH_3 \longrightarrow (CH_3)_2C{=}CH_2 + CH_3CH_2SH + NaCl$$

의 반응 속도는 $(CH_3)_3CCl$에 대해 일차 반응이고, $NaSCH_2CH_3$에 대해 일차 반응이다. 가장 합리적인 메커니즘을 E1과 E2의 표기법으로 나타내고, 각 단계에서 전자 이동을 나타내기 위해 굽은 화살 표기법을 사용하시오.

5.33 이분자 제거 반응(E2 메커니즘)은 168쪽(5.10절)에 일반식으로 보여 준 것처럼 양성자 H와 할로젠 X가 안티 배열을 하고 있어야 한다. 이것을 염두에 두고, 다음과 같은 구조를 가진 멘틸 클로라이드(menthyl chloride)와 네오멘틸 클로라이드(neomenthyl chloride)를 살펴보자. 이 입체이성질체 중 하나는 에탄올 내에서 에톡시화 소듐 존재하에서 다른 이성질체보다 더 잘 일어난다. 멘틸 클로라이드와 네오멘틸 클로라이드 중 어느 것이 더 반응이 빨리 일어나는가? 그 이유는? (분자 모형이 도움이 될 것이다)

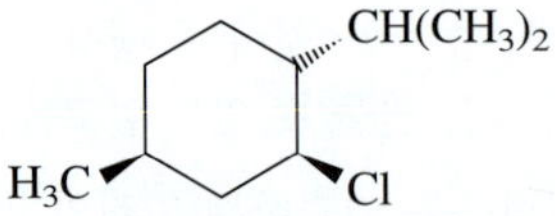

Menthyl chloride

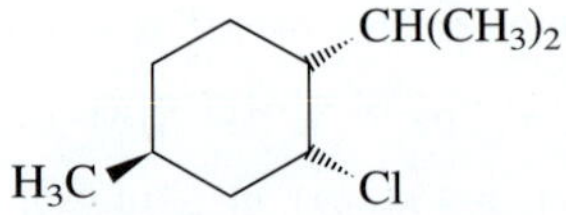

Neomenthyl chloride

알카다이엔

5.34 천연에서 얻은 많은 물질들은 여러 개의 탄소-탄소 이중 결합을 가진다. 그중 일부는 격리되어 있거나, 짝지었거나 아니면 연이어져 있다. 다음에 열거한 화합물들에 있는 이중 결합들을 이 기준으로 구별하시오.

(a) β-스프린젠(β-springene), 아프리카산 영양(springbok)의 등쪽동맥(dosal gland)에서 나는 냄새나는 물질

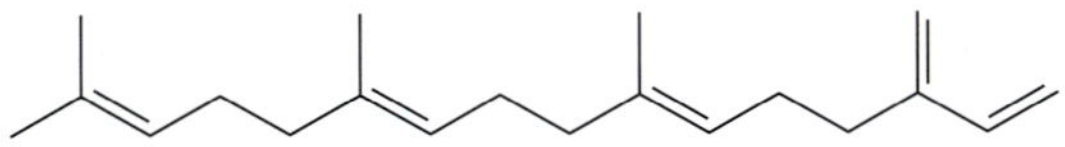

(b) 휴물렌[humulene, 홉(hop)이나 클로버유에서 발견됨]

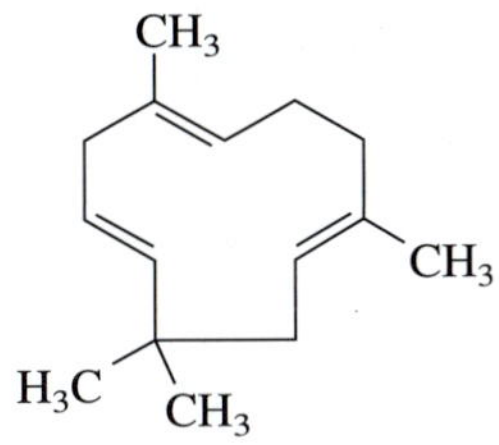

(c) 셈브렌(cembrene, 송진에서 얻음)

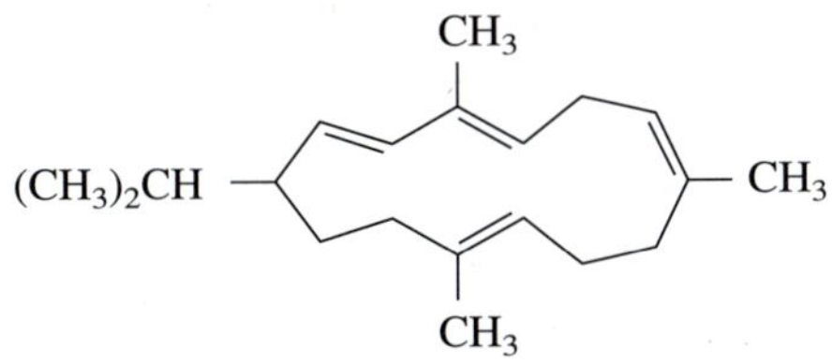

(d) 수컷 건두(dried-bean) 딱정벌레의 성 유인자

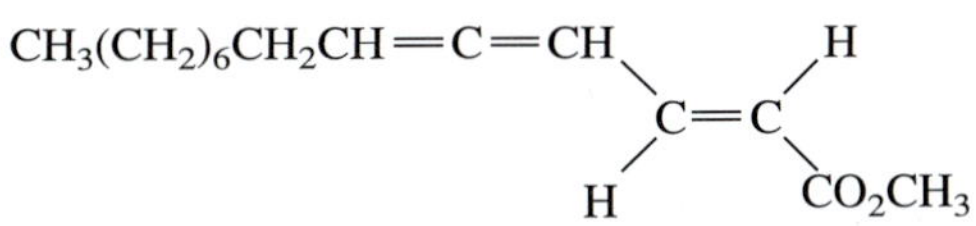

5.35 메뚜기의 한 종류는 분자식 $C_{13}H_{20}O_3$로 연결된 다이엔이 포함된 물질을 개미 퇴치제로 분비한다. 이 물질의 탄소 골격과 여러 치환체의 위치는 그림에 주어진 부분 구조에 표시되어 있다. 이중 결합을 적절히 도입하여 구조를 완성시키시오.

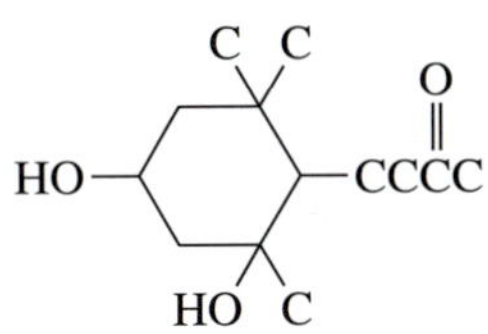

5.36 분자식 C_6H_{10}을 가진 모든 알카인의 구조식과 IUPAC명을 쓰시오.

5.37 다음 알카인 화합물들의 IUPAC명을 쓰시오.

(a) $CH_3CH_2CH_2C{\equiv}CH$
(b) $CH_3CH_2C{\equiv}CCH_3$
(c) $CH_3C{\equiv}CCHCH(CH_3)_2$ (가운데 CH에 CH_3가 결합)

5.38 다음 화합물들의 구조식을 쓰고, 분자 모형을 만들어 보시오.

(a) 1-옥타인(1-Octyne)
(b) 2-옥타인(2-Octyne)
(c) 3-옥타인(3-Octyne)
(d) 4-옥타인(4-Octyne)
(e) 2,5-다이메틸-3-헥사인(2,5-Dimethyl-3-hexyne)
(f) 4-에틸-1-헥사인(4-Ethyl-1-hexyne)

5.39 문제 5.38에 있는 화합물을 내부 알카인과 말단 알카인으로 구분하시오.

5.40 화학 반응식을 사용하여 분자식 $C_6H_{12}Cl_2$를 갖는 두 이성질체가 어떻게 모두 같이 1-헥사인으로 전환되는 것을 보이시오.

반응

5.41 다음 열거한 반응의 유기 생성물 구조를 제시하시오. 두 개 이상의 알켄 이성질체가 생기면 모두 그리고, 어느 것이 주 생성물일지 제시하시오.

(a)

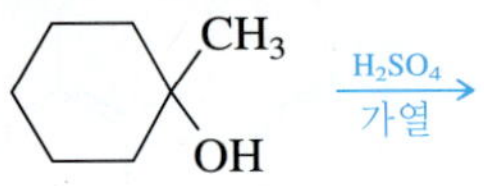

(b)

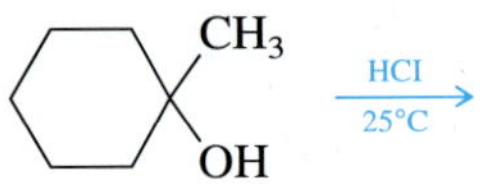

(c) (b)의 생성물 + $NaOCH_2CH_3 \xrightarrow{\text{가열 또는 따뜻함}}$

(d)

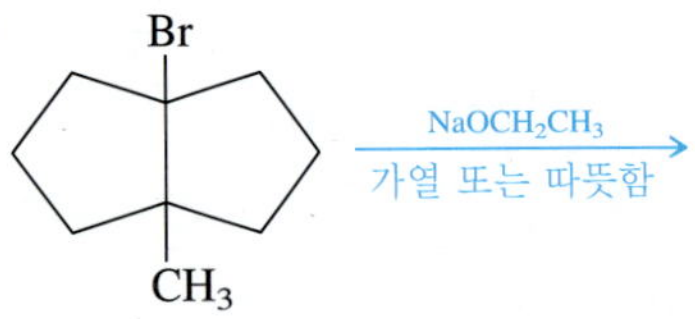

(e) $(CH_3)_3CCH_2CHCl$ (CH에 Br 결합) $\xrightarrow[\text{2. } H_2O]{\text{1. } NaNH_2,\ NH_3}$

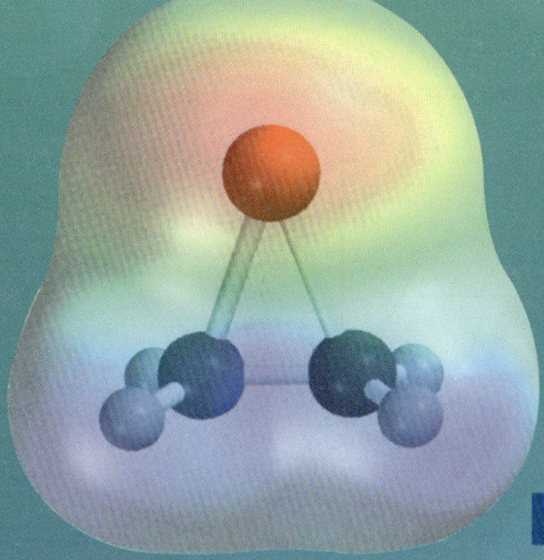

CHAPTER 06

알켄과 알카인 II: 반응

개요

알켄의 미리보기

친핵체로서의 알켄 = 친전자성 첨가 반응

전자 주는기
–양전하를 안정화함
–위치선택적 반응을 통하여 가장 안정한 양이온을 생성함(Markovnikov 법칙)
알킬—하이퍼콘쥬게이션
N, O, S—고립 전자쌍

친핵체는 빈 p 오비탈을 가지고 있는 평면 구조인 sp^2 탄소양이온 중간체의 위 또는 아래를 공격할 수 있다.
–반응 단계는 입체선택적이 아니다.

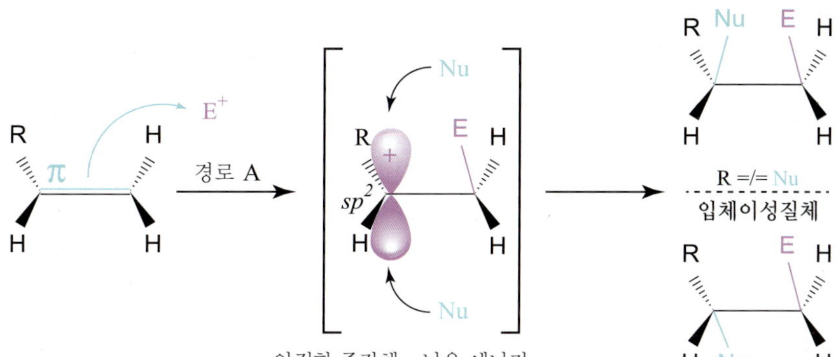

안정한 중간체—낮은 에너지

탄소양이온의 안정도: $sp^3 > sp^2 > sp$

친전자체로서의 알켄 = 친핵성 첨가 반응이 일어나지 않는다.

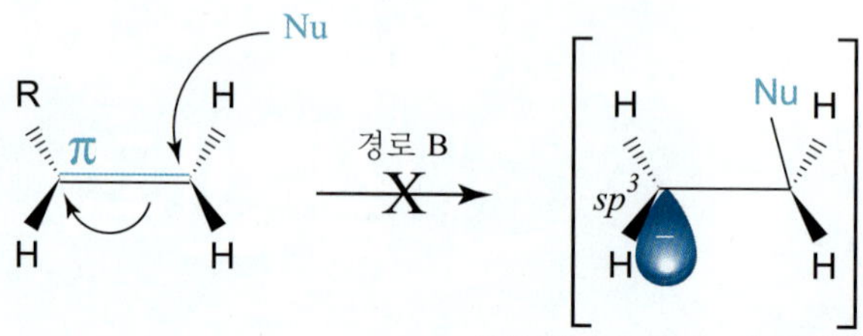

불안정한 중간체—음전하를 띠는
sp^3(탄소음이온)의 높은 에너지
탄소음이온의 안정도 : $sp > sp^2 > sp^3$

요약:

탄소양이온의 더 안정한 전이 상태로 인하여 경로 A가 선호된다. 평범한 알켄은 친전자성 첨가 반응을 통하여 탄소양이온 중간체를 생성하는데, 이것은 친핵성 첨가 반응을 한다.

예외—친전자체로서의 엔온(enone, 전자 끄는기가 알파 위치에 붙은 알켄)

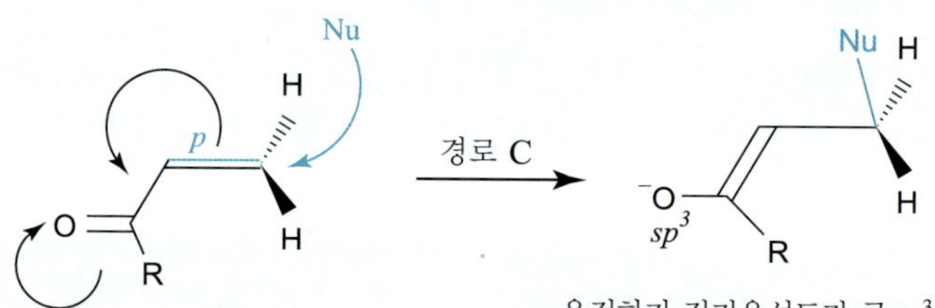

음전하가 전기음성도가 큰 sp^3
산소 원자(−O⁻)에 있으면 안정하다.
선호되는 반응

알켄(alkene)과 알카인(alkyne)의 구조와 제법에 대해서는 어느 정도 알고 있으므로 이제부터 화학 반응에 대해 알아보자. 알켄과 알카인의 특징적인 반응은 이중 결합 또는 삼중 결합에 대한 **첨가 반응**(addition)이다. 알켄에 대한 첨가 반응의 일반적인 형태는 다음과 같다.

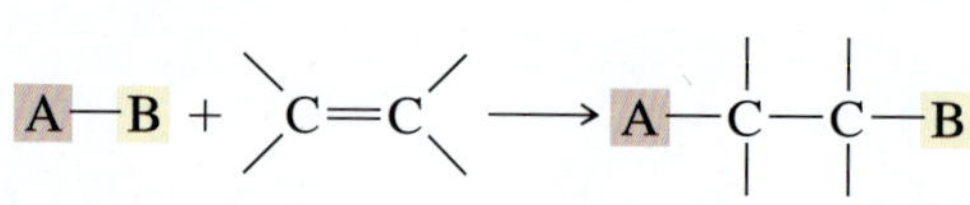

이 반응식에서 A—B로 나타낸 화합물은 아주 광범위하며, 이런 다양성 때문에 알켄과 알카인을 다른 많은 작용기 형태로 전환시킬 수 있는 기회가 많다.

알켄과 알카인은 다른 물질과 반응하여 첨가되는 능력이 크기 때문에 흔히 **불포화 탄화수소**(unsaturated hydrocarbon)라고도 한다. 이와는 달리 알케인은 **포화 탄화수소**(saturated hydrocarbon)라고 하며, 첨가 반응을 하지 않는다.

6.1 알켄의 수소첨가 반응

첨가 반응에서 반응물과 생성물 간의 관계는 알켄의 수소첨가 반응을 통하여 알케인을 생성하는 것이라고 설명할 수 있다. **수소첨가 반응**(hydrogenation)은 H_2가 다중 결합에 첨가되는 것이다. 한 예로서 수소는 에틸렌과 반응하여 에테인을 형성한다.

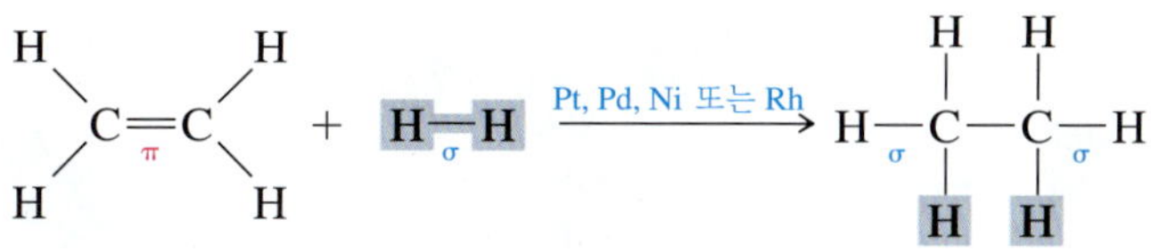

생성물의 결합은 반응물의 결합보다 더 강하다. 즉, H—H σ 결합과 알켄 이중 결합의 π 결합이 없어지고 알케인의 두 C—H σ 결합이 생성되는 것이다. 결과적으로 전체 반응은 발열 반응이다.

수소가 알켄에 촉매 없이 첨가되는 반응은 발열 반응임에도 불구하고 아주 느리다. 그러나 수소첨가 반응의 속도는 특정 미세 분말 금속이 촉매로 존재하면 급격하게 증가한다. 팔라듐, 니켈, 로듐도 효과적이기는 하지만 백금은 수소첨가 반응에서 가장 널리 사용되는 촉매이다. 금속 촉매를 통한 수소첨가 반응은 실온에서 신속하게 일어나며, 일반적으로 유일한 생성물인 알케인을 높은 수율로 얻을 수 있다.

프랑스의 화학자인 Paul Sabatier는 미세 분말 니켈이 수소첨가 반응의 촉매로 효과가 있음을 발견한 공로로 1912년에 노벨 화학상을 수상하였다.

$$(CH_3)_2C{=}CHCH_3 + H_2 \xrightarrow{Pt} (CH_3)_2CHCH_2CH_3$$

2-Methyl-2-butene / Hydrogen / 2-Methylbutane (100%)

문제 6.1 촉매에 의한 수소첨가 반응을 통하여 2-메틸뷰테인을 얻을 수 있는 세 가지 알켄은 무엇인가?

알켄의 촉매에 의한 수소첨가 반응은 그림 6.1에서와 같이 일련의 단계를 거쳐 진행된다고 알려져 있다. 이러한 알켄의 수소첨가 반응 모형에서 수소 원자는 촉매로부터 알켄으로 전달된다. 비록 두 수소가 동시에 전달되지는 않지만 다음의 예에서와 같이 이중 결합의 같은 방향에 첨가된다.

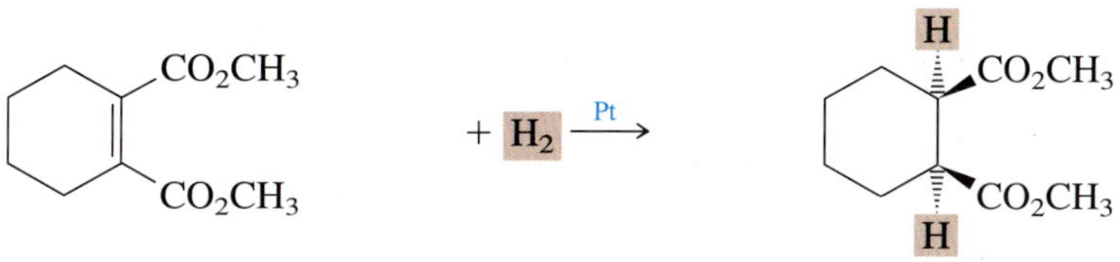

Dimethyl cyclohexene-1,2-dicarboxylate

Dimethyl cyclohexane-*cis*-1,2-dicarboxylate (100%)

신 첨가(syn addition)라는 용어는 촉매에 의한 수소첨가 반응과 같이 두 개의 원자 또는 원자단이 이중 결합의 **같은 면**(*same face*)에 첨가되는 반응의 입체화학을 나타내는 데 사용된다. 원자 또는 원자단이 이중 결합의 **반대 면**(*opposite face*)에 첨가될 때는 **안티 첨가**(anti addition)라고 한다.

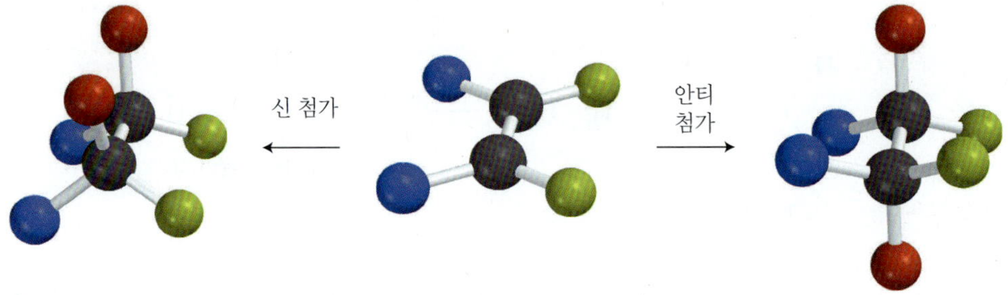

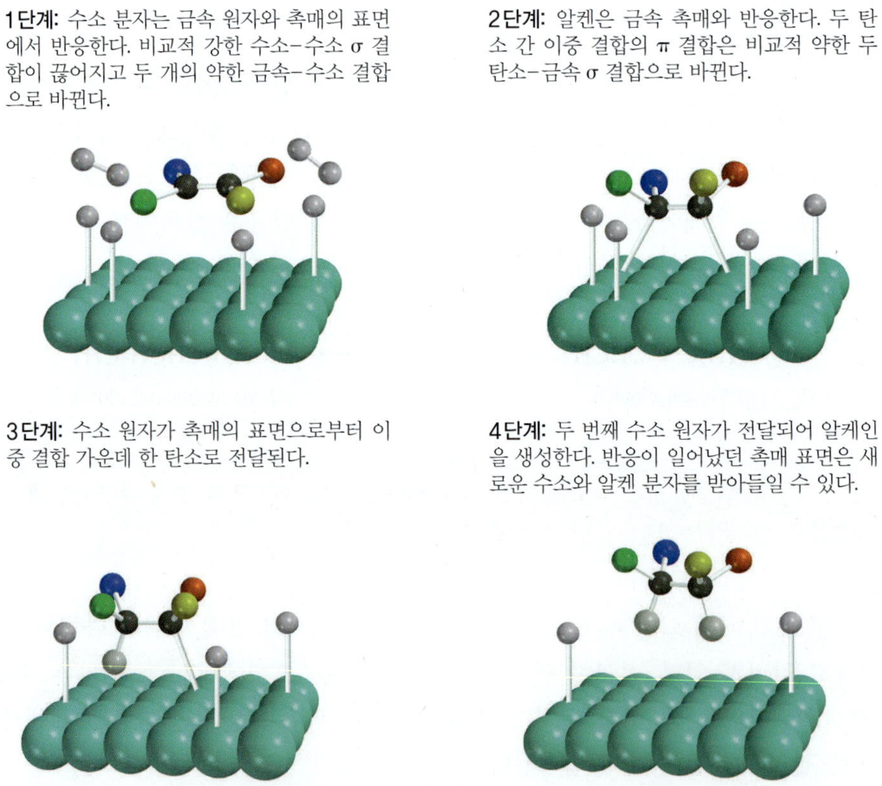

그림 • 6.1
알켄의 수소첨가 반응에서의 불균일 촉매 반응 메커니즘.

탄소-탄소 이중 결합의 수소첨가 반응을 상업적으로 이용한 예로는 식물성 기름을 마가린으로 전환시키는 것이 있으며, 16장에서 다룰 것이다.

6.2 알켄에 대한 할로젠화 수소의 친전자성 첨가 반응

H_2와는 달리 많은 첨가 반응에서 공격하는 시약은 극성 분자이다. 할로젠화 수소(hydrogen halide)는 알켄에 첨가되는 가장 간단한 극성 물질의 예 가운데 하나이다.

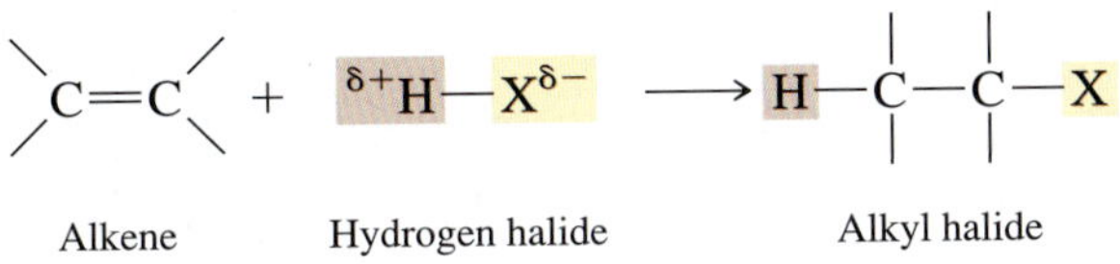

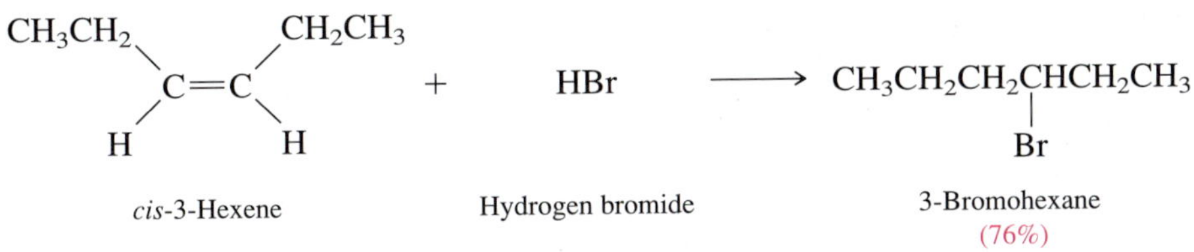

알켄에 대한 할로젠화 수소의 첨가 반응을 설명하는 데 사용하는 메커니즘을 **친전자성 첨가 반응**(electrophilic addition)이라고 한다. 친전자체는 전자가 부족하므로 "전자를 찾아다니는" 것이다(6.6절). 할로젠화 수소에서 양으로 분극화된 수소와 같이, 양전하를 띠는 화학종은 친전자체이다.

친전자체는 전자를 공급해 줄 수 있는 물질과 반응한다. 그림 6.2와 같이 알켄의 π 전자는 σ 전자보다 더 약하게 결합되어 있어서 할로젠화 수소와 같은 친전자체의 공격을 받는다.

굽은 화살표를 사용하여 알켄과 할로젠화 수소가 어떻게 반응하는지 나타낼 수 있다. 5.8절에서 탄소양이온은 알켄의 짝산임을 알았다. 산-염기 반응은 가역 반응이다. 그러므로 알켄은 할로젠화 수소로부터 양성자를 받아 탄소양이온을 형성한다.

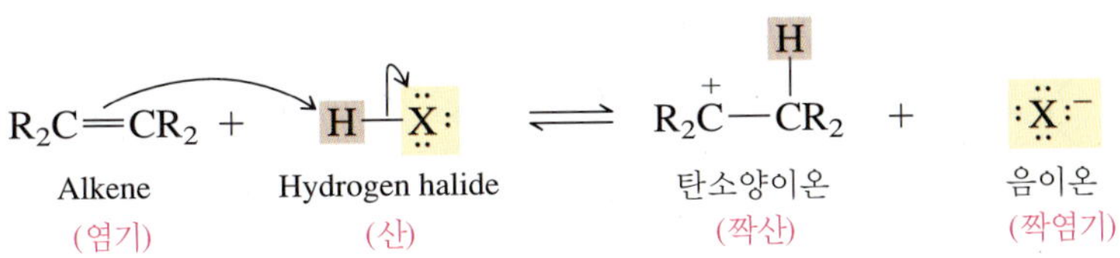

할라이드 음이온의 존재하에서 탄소양이온이 생성되면 탄소양이온은 할라이드 이온과 반응하여 알킬 할라이드(alkyl halide)를 생성한다(6.6절).

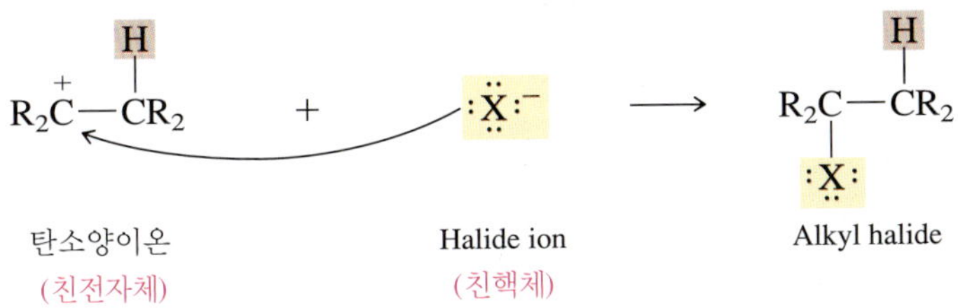

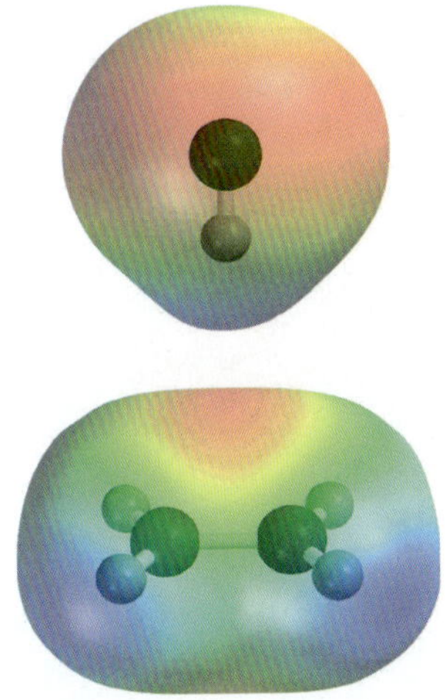

그림 • 6.2
HCl과 에틸렌의 정전기 전위 지도. 두 분자가 반응할 때 상호작용이 에틸렌의 전자 밀도가 높은 부위(붉은색)와 전자 밀도가 낮은 부위(푸른색) 사이에서 일어난다. 에틸렌의 전자 밀도가 높은 부위는 이중 결합의 π 결합이며, 전자 밀도가 낮은 부위는 HCl의 수소이다.

6.3 할로젠화 수소 첨가의 위치선택성: Markovnikov 법칙

원칙적으로 할로젠화 수소는 비대칭 알켄(이중 결합의 두 탄소가 다르게 치환된 알켄)에 두 가지 방향으로 첨가될 수 있다. 실제로 첨가 반응은 위치선택성(regioselectivity)이 아주 커서 한 가지 방향으로 일어난다.

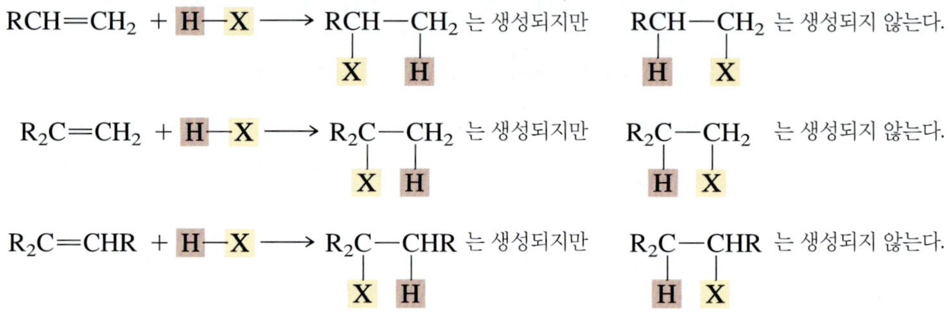

> Markovnikov 법칙은 19세기 러시아 Kazan 대학에 근무하던 Alexander Zaitsev(5.7절)의 동료 화학자인 Vladimir Markovnikov의 이름을 따서 명명하였다.

알켄에 대한 할로젠화 수소의 위치선택적 첨가 반응을 **Markovnikov 법칙**(Markovnikov's rule)이라고 한다.

> 비대칭으로 치환된 알켄이 할로젠화 수소와 반응할 때 수소는 수소 원자가 더 많이 있는 탄소 원자에 첨가되며, 할로젠은 수소가 적은 탄소에 첨가된다.

다음 반응식은 Markovnikov 법칙에 따라 일어나는 몇 가지 첨가 반응의 예를 보여 준다.

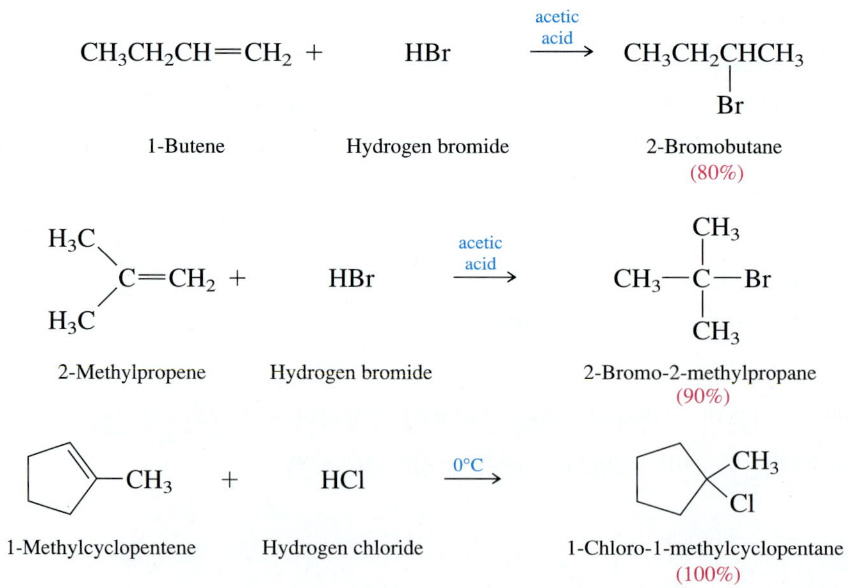

Zaitsev 법칙과 마찬가지로 Markovnikov 법칙은 반응에서 주 생성물을 예측할 수 있도록 경험적인 관찰 결과를 체계화한 것이다. 이 법칙이 작동하는 이유는 친전자성 첨가 반응 메커니즘을 좀 더 자세하게 살펴보면 알 수 있다.

문제 6.2 다음 각 화합물과 염화 수소의 반응에서 생성되는 주요 유기 생성물의 구조를 쓰시오.

(a) 2-메틸-2-뷰텐(2-Methyl-2-butene)

(b) 2-메틸-1-뷰텐(2-Methyl-1-butene)

(c) *시스*-2-뷰텐(*cis*-2-Butene)

(d) 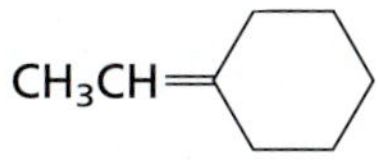

풀이 (a) 염화 수소는 Markovnikov 법칙에 따라 2-메틸-2-뷰텐의 이중 결합에 첨가된다. 양성자는 수소가 한 개 결합된 탄소에 첨가되며, 염소는 수소가 없는 탄소에 첨가된다.

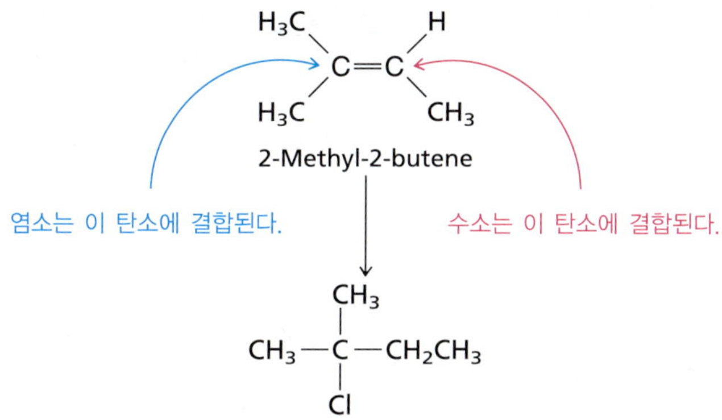

2-Chloro-2-methylbutane

염화 수소가 2-메틸-2-뷰텐에 Markovnikov 첨가 반응을 하여 생기는 주 생성물

6.4 Markovnikov 법칙의 메커니즘적 원리

할로젠화 수소(HX)가 $RCH{=}CH_2$ 형태의 비대칭 알켄에 첨가될 때 (a) Markovnikov 법칙을 따르는 경우에 생성되는 탄소양이온 중간체와 (b) 이 법칙을 따르지 않을 때 생성되는 탄소양이온 중간체를 비교해 보자.

(a) Markovnikov 법칙을 따르는 첨가 반응:

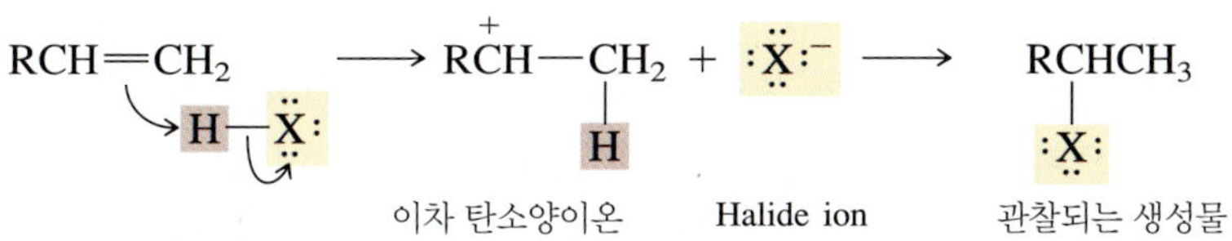

(b) Markovnikov 법칙을 따르지 않는 첨가 반응:

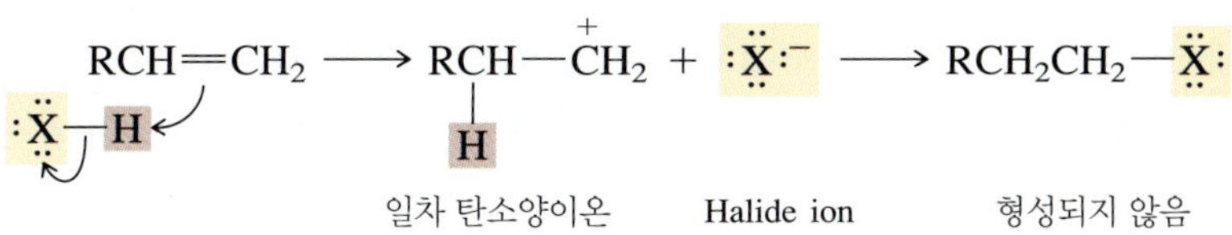

이차 탄소양이온은 일차 탄소양이온보다 더 안정하다. 할로젠화 수소의 첨가 반응에서 관찰되는 생성물은 두 가지 가능한 탄소양이온 중간체 가운데 **더 안정한** 중간체로부터 만들어진다. 이차 탄소양이온은 일차 탄소양이온보다 더 안정하고 더 신속하게 생성되기 때문에 관찰되는 생성물은 이차 알킬 할라이드이다. 그러므로 Markovnikov 법칙과 같은 위치선택성이 나타나는 이유는 양성자가 수소의 수가 더 많은 탄소에 첨가됨으로써 두 개의 가능한 탄소양이온 가운데 더 안정한 탄소양이온을 생성하며, 이 중간체로부터 생성물이 만들어지기 때문이다.

문제 6.3 문제 6.2의 각 반응에서 주 생성물을 만드는 탄소양이온 중간체의 구조식을 나타내시오(6.3절).

풀이 (a) 2-메틸-2-뷰텐의 이중 결합에 양성자첨가가 일어나면 삼차 또는 이차 탄소양이온이 생성될 수 있다.

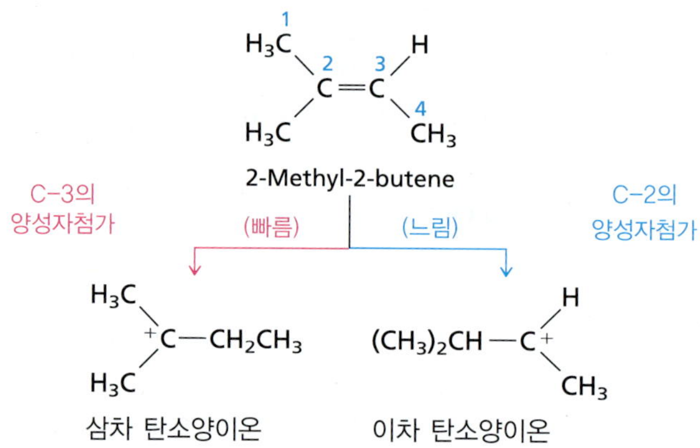

반응 생성물은 더 안정한 탄소양이온으로부터 만들어질 것이다. 이 경우에 삼차 탄소양이온이 이차 탄소양이온보다 더 빠르게 생성된다.

6.5 탄소양이온의 구조와 결합 및 안정성

그림 • 6.3
메틸 양이온(CH_3^+)의 구조. 탄소는 sp^2 혼성화이며, 수소의 1*s* 오비탈과 탄소의 sp^2 혼성 오비탈이 중첩함으로써 형성되는 σ 결합에 의해 각 수소는 탄소와 연결된다. 네 개의 원소는 모두 동일 평면에 있다. 탄소의 혼성되지 않은 2*p* 오비탈은 비어 있으며, 그 축은 원자들이 속한 평면에 수직을 이룬다.

탄소양이온은 양으로 하전된 탄소를 갖고 있는 화학종이다. 탄소양이온의 구조는 가장 간단한 메틸 양이온(CH_3^+)을 예로 들어 설명할 수 있다. 양전하를 띤 탄소에는 3개의 원자가 전자가 있으며, 각 수소에는 1개씩의 전자가 들어 있어 전자는 모두 6개이며, 이 전자들은 세 개의 C—H σ 결합을 형성하는 데 사용된다. 1.14절에서 배운 바와 같이 탄소가 세 개의 원자 또는 기에 결합되면 sp^2 혼성화이다. 그러므로 그림 6.3에 sp^2 혼성화 결합 모형을 선택하여 나타내었다. 탄소양이온은 자신의 sp^2 오비탈이 수소의 1*s* 오비탈과 중첩되어 세 개의 수소에 σ 결합을 형성한다. 세 개의 σ 결합은 동일 평면상에 존재한다. 탄소에는 혼성되지 않은 2*p* 오비탈이 남아 있으며, 이 오비탈은 전자를 지니고 있지 않다. 이 비어 있는 *p* 오비탈의 축은 세 개의 σ 결합이 나타내는 평면에 수직이다.

탄소양이온은 양전하를 띠는 탄소에 직접 연결된 탄소의 수에 따라 일차, 이차, 삼차로 구분한다.

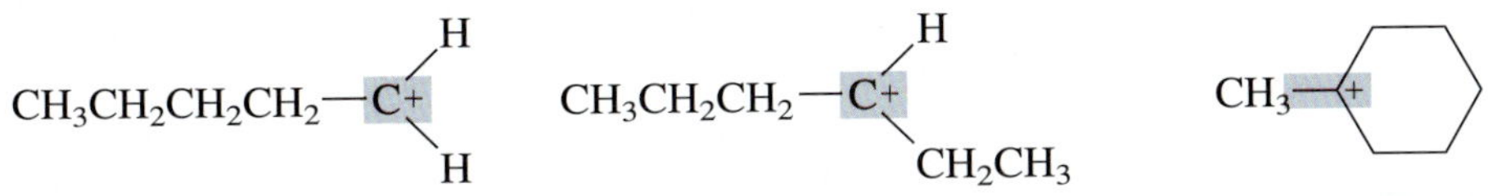

일차 탄소양이온 이차 탄소양이온 삼차 탄소양이온

문제 6.4 구조식이 $C_4H_9^+$인 탄소양이온의 모든 이성질체의 구조식을 쓰시오. 그중 어느 것이 일차 탄소양이온인가? 이차 탄소양이온인 것은? 삼차 탄소양이온인 것은?

많은 연구 결과 탄소양이온은 더 안정할수록 형성되는 속도가 빠름이 밝혀졌다.

양전하를 띠는 탄소에 직접 연결된 알킬기는 탄소양이온을 안정화시킨다.

그러므로 탄소양이온의 안정성은 다음의 순이다.

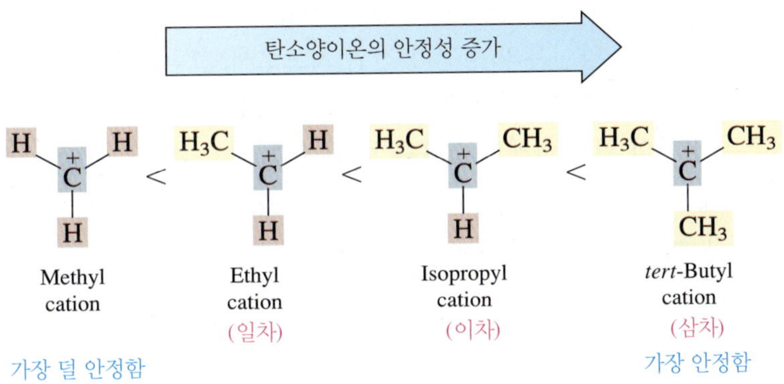

탄소양이온은 전자 밀도를 양전하를 띠는 탄소에 제공하는, 즉 주는 치환기가 있으면 안정화된다. 알킬기는 수소보다 전자 밀도를 더 잘 방출하므로 양전하를 띠는 탄소에 알킬기가 더 많을수록 탄소양이온은 더 안정해진다. 치환기가 σ 결합을 통해 전자를 주거나 끌어당기는 효과를 **유도 효과**(inductive effect)라고 한다.

문제 6.5 탄소양이온인 $C_5H_{11}^+$의 이성질체 중에서 어느 것이 가장 안정한가?

삼차 탄소양이온이 이차와 일차 탄소양이온보다 더 안정하다는 것은 상대적인 개념이다. 삼차 탄소양이온도 반응성이 큰 화학종이므로 일반적으로 분리할 수 없다. 탄소양이온의 안정성은 여러 알코올이 할로젠화 수소와 반응하는 상대적인 속도로 알 수 있다. 삼차 알코올은 이차 알코올보다 더 빠르게 반응한다. 그 이유는 삼차 탄소양이온은 이차 탄소양이온보다 더 안정하므로 더 빠르게 생성되며, 반응 속도는 탄소양이온의 생성 속도에 의해 결정되기 때문이다.

중간체는 더 안정할수록 더 신속하게 생성된다.

문제 6.6 알코올 $C_5H_{12}O$의 이성질체 중 염화 수소와 가장 빠르게 반응하는 것은 무엇인가?

6.6 친전자체와 친핵체

탄소의 양전하와 빈 *p* 오비탈이 결합하여 **친전자성**(electrophilic, "전자를 좋아하는", 즉 "전자를 찾아다는")이 강한 탄소양이온이 생성된다. **친핵체**(nucleophile)는 정반대의 의미를 지니며, "핵을 찾아다니는" 것이다. 친핵체는 비공유 전자쌍을 지니고 있으며, 이 비공유 전자쌍은 공유 결합을 형성하는 데 사용된다. *tert*-뷰틸 알코올(*tert*-butyl alcohol)과 염화 수소가 반응하는 메커니즘 3단계는 친전자체와 친핵체 간의 반응을 나타내는 예이며, 그림 6.4에 원근법적 구조를 사용하여 나타내었다. 친핵체인 클로라이드 음이온(chloride anion)의 비공유 전자쌍과 친전자체인 탄소양이온의 빈 2*p* 오비탈 사이에서 중요한 전자 상호작용이 일어나고 있다.

그림 6.5는 메틸 양이온의 정전기 전위 지도로서, 그림에서 양전하를 띠는 부위는 빈 2*p* 오비탈이 있을 것으로 예상되는 부위와 일치하며, 이것은 탄소 한 가운데와 원자들이 이루는 평면의 위와 아래에 있음을 보여 준다.

오래전에 G. N. Lewis는 산-염기의 개념을 확장시켜 양성자 전이 이외의 반응을 포함시켰다. Lewis의 개념은 다음과 같다.

그림 • 6.4
탄소양이온과 할라이드 음이온이 결합하여 알킬 할라이드를 생성한다.

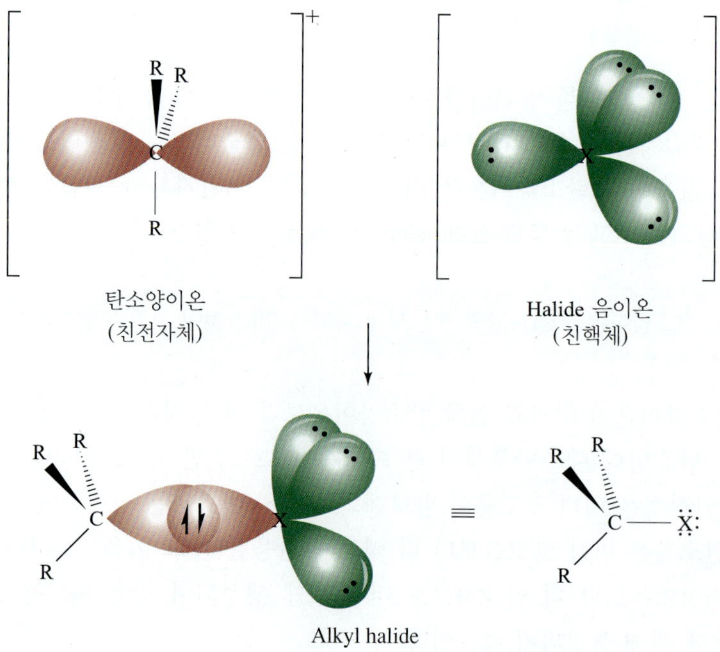

산은 전자쌍 받개(electron-pair acceptor)이며, 염기는 전자쌍 주개(electron-pair donor)이다.

그러므로 탄소양이온은 전자쌍 받개이므로 **Lewis 산**(Lewis acid)이다. 할라이드 음이온은 전자쌍 주개이므로 **Lewis 염기**(Lewis base)이다. 일반적으로 친전자체는 Lewis산이며, 친핵체는 Lewis 염기이다.

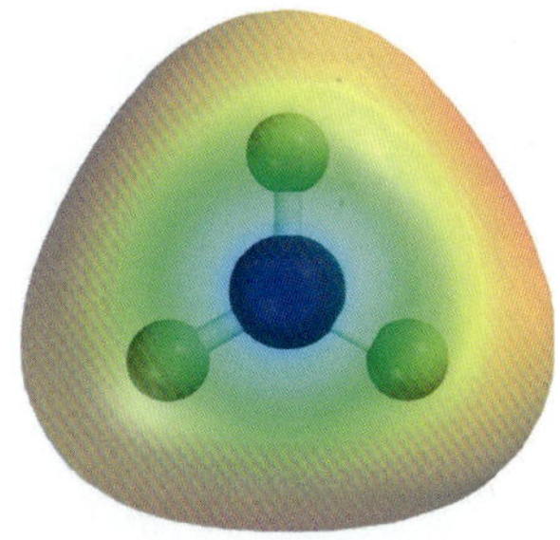

그림 • 6.5
메틸 양이온(CH_3^+)의 정전기 전위 지도. 전자 밀도가 가장 낮은 지역은 푸른색을 띠고 탄소에 집중되어 있는데, 네 개의 원자가 이루는 평면의 위와 아래에 존재한다.

6.7 알켄의 산-촉매 수화 반응

알켄은 산-촉매가 있을 때 탄소-탄소 이중 결합에 물 분자가 첨가되어 알코올로 전환된다.

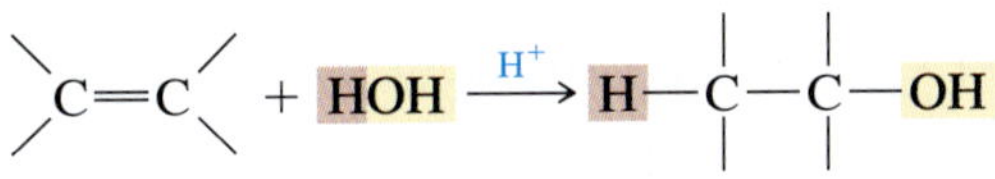

Alkene Water Alcohol

반응은 Markonikov 법칙을 따라 일어난다.

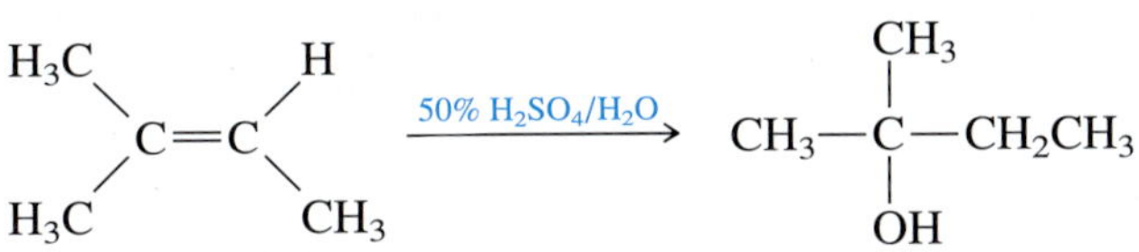

2-Methyl-2-butene 2-Methyl-2-butanol (90%)

산-촉매 수화 반응에도 친전자성 첨가 반응의 일반적인 원리를 적용할 수 있다. 그림 6.6에 나타낸 메커니즘의 첫 단계에서 2-메틸프로펜에 양성자가 전달되면 *tert*-뷰틸 양이온이 생성된다. 그 다음 2단계에서는 탄소양이온이 친핵체인 물 분자와 반응한다. 이 과정에서 생성된 알킬옥소늄 이온은 *tert*-뷰틸 알코올의 짝산에 불과하다. 3단계에서 알킬옥소늄 이온이 양성자를 잃으면 알코올이 생성되고 산-촉매는 재생된다.

문제 6.7 그림 6.6의 3단계 메커니즘 대신에 다음의 2단계 메커니즘을 생각해 볼 수 있다.

1. $(CH_3)_2C{=}CH_2 + H_3O^+ \xrightarrow{\text{느림}} (CH_3)_3C^+ + H_2O$

2. $(CH_3)_3C^+ + HO^- \xrightarrow{\text{빠름}} (CH_3)_3COH$

이 메커니즘은 옳지 않다. 근본적으로 무엇이 잘못되었는가?

알켄의 산-촉매에 의한 수화 반응과 알코올의 산-촉매에 의한 탈수 반응은 서로 역반응임을 알고 있을 것이다.

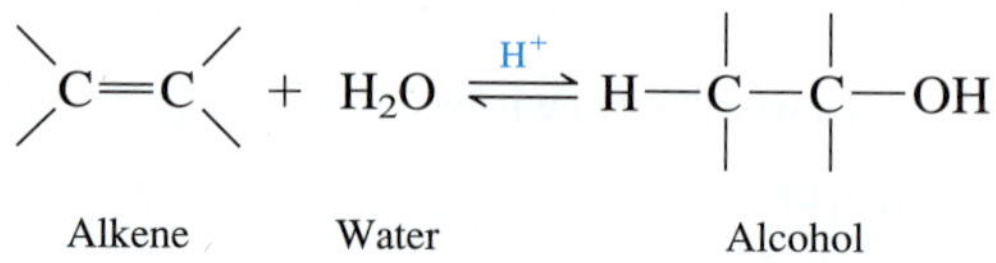

Le Châtelier 법칙(Le châtelier's principle)에 따르면

> 평형 상태의 계는 그 계에 변화를 주면 평형은 변화를 최소화하려는 방향으로 이동한다.

물의 농도를 증가시키면 그 계는 물을 소비하는 쪽으로 대응한다. 이 사실은 물의 증가량에 비례하여 알켄은 알코올로 전환됨을 의미한다. 즉, 평형은 오른쪽으로 이동한다. 그러므로 알켄으로부터 알코올을 제조하고자 할 때는, 물의 몰 농도가 높은 반응 용매(예를 들어, 묽은 황산)를 선택해야 한다.

반면 알켄의 형성은 물의 농도가 낮으면 촉진된다. 이 계는 물이 없으면 더 많은

그림 • 6.6 메틸프로펜의 산-촉매 수화 반응의 메커니즘

전체 반응

$$(CH_3)_2C{=}CH_2 + H_2O \xrightarrow{H_3O^+} (CH_3)_3COH$$

2-Methylpropene, Water, *tert*-Butyl alcohol

메커니즘

1단계: 탄소-탄소 이중 결합이 양성자 첨가되어 더 안정한 탄소양이온이 생성된다.

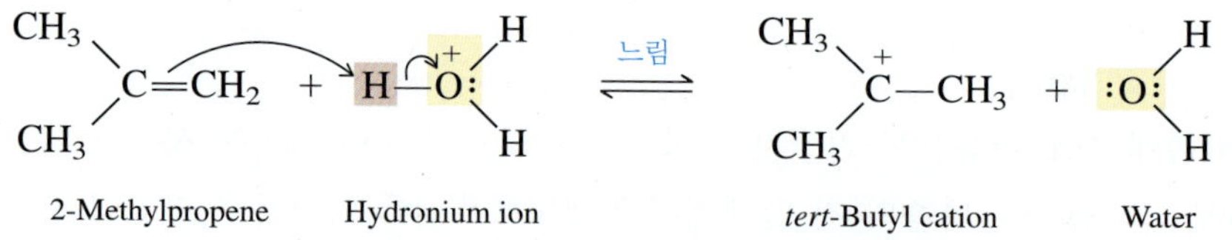

2단계: 물은 친핵체로 작용하여 *tert*-뷰틸 양이온과 결합한다.

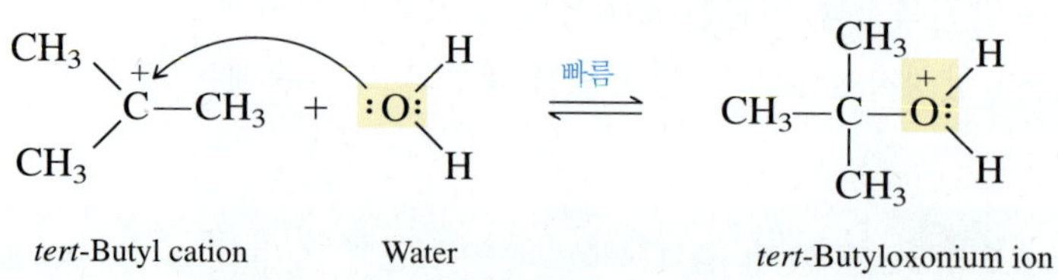

3단계: 삼차-뷰틸옥소늄 이온의 탈양성자화. 물은 Brønsted 염기로 작용한다.

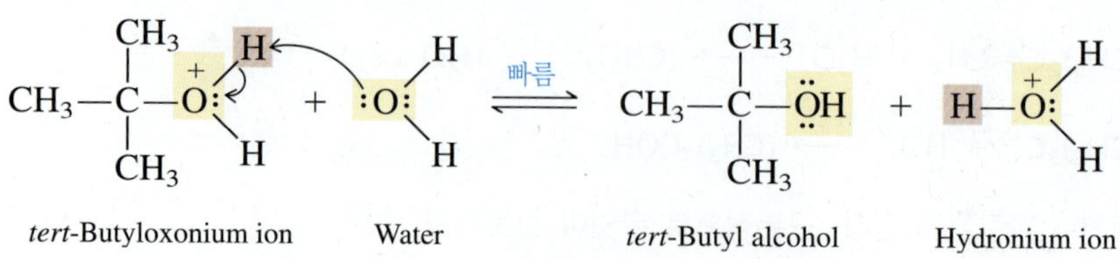

알코올 분자가 탈수되는 쪽으로 반응이 일어나며, 알코올 분자가 탈수되면 알켄을 더 많이 생성한다. 반응 혼합물에서 물의 양은 촉매로 진한 황산을 사용함으로써 낮게 유지할 수 있다. 반응 혼합물을 증류하면 생성되는 물을 효과적으로 제거할 수 있으므로 평형을 생성물 쪽으로 이동시킬 수 있다. 만약 알켄의 끓는점이 낮다면 알켄도 증류에 의해 제거할 수 있다.

6.8 알켄에 대한 할로젠의 첨가 반응

할로젠은 친전자성 첨가에 의해 알켄과 반응하여 **이웃자리(vicinal)** 이할로젠화물(dihalide)을 생성한다.

이웃자리 이할로젠화물은 5.14절에 처음 소개되었다.

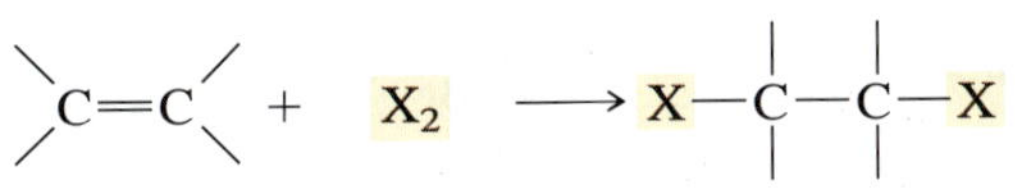

Alkene Halogen 이웃자리 이할로젠화물

두 치환기(여기서는 할로젠)가 인접하는 탄소에 결합되어 있을때 이것을 이웃자리(vicinal)라고 한다. 할로젠은 염소(Cl_2) 또는 브로민(Br_2)이며, 첨가 반응이 다양한 용매와 실온 또는 그 이하의 온도에서 신속하게 일어난다. 예를 들면,

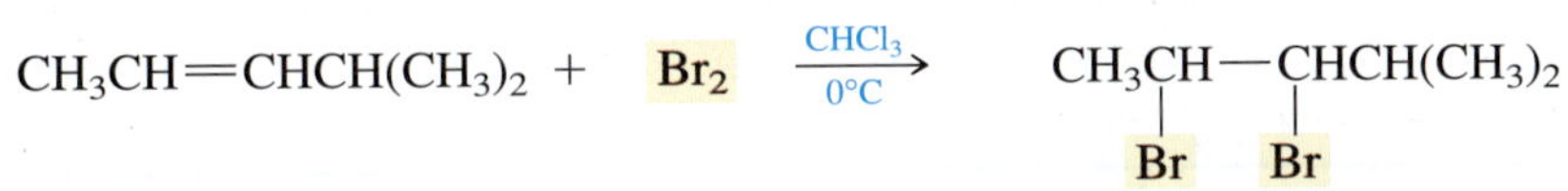

4-Methyl-2-pentene Bromine 2,3-Dibromo-4-methylpentane (100%)

문제 6.8 2-메틸-프로펜(2-methyl-propene)과 염소(Cl_2)의 반응으로부터 얻을 수 있는 생성물의 구조를 그리시오.

염소와 브로민이 사이클로알켄(cycloalkene)에 첨가되는 반응을 잘 살펴보면 이들 반응의 중요한 입체화학적인 특징을 알 수 있다. 생성물의 할로젠 치환기가 서로 트랜스 형태로 되어 있다.

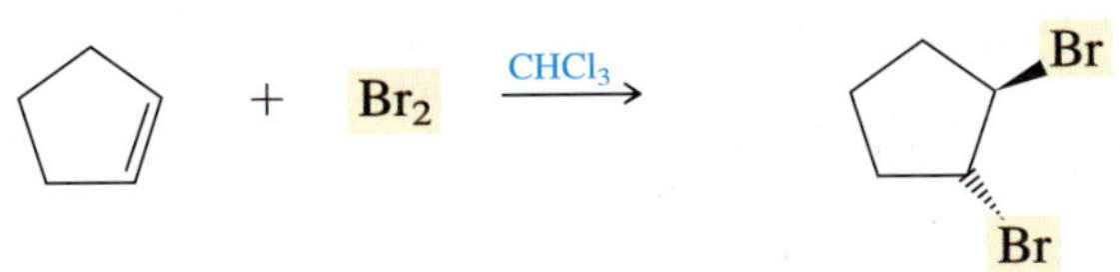

Cyclopentene Bromine *trans*-1,2-Dibromocyclopentane (80% 수율; 시스 이성질체는 생성되지 않는다.)

첨가 반응이 전적으로 안티 형태로 일어난다. 즉, 두 개의 할로젠은 이중 결합의 반대면에 첨가된다.

알켄에 할로젠이 첨가될 때 일반적으로 인정되는 메커니즘을 그림 6.7에 에틸렌과 브로민의 반응을 예로 들어 설명하였다.

$$\underset{\text{Ethylene}}{CH_2{=}CH_2} + \underset{\text{Bromine}}{Br_2} \longrightarrow \underset{\text{1,2-Dibromoethane}}{BrCH_2CH_2Br}$$

이 메커니즘의 1단계에서 형성되는 주된 중간체는 다리걸친(bridged) 할로늄 이온[halonium ion, 이 경우에는 다리걸친 **브로모늄 이온**(bromonium ion)]이다. 브로모늄 이온의 세 원자 고리를 이루는 브로민과 두 탄소 원자에는 모두 8개씩 전자가 있다. 이 때문에 브로모늄 이온은 반응에서 생성될 수 있는 어떤 탄소양이온 중간체보다 더 안정하다. 2단계에서는 브로모늄 이온이 탄소-브로민 결합의 반대 면에서 브로마이드 이온(Br^-)과 반응하여 1,2-다이브로모에테인으로 전환된다. 사이클로펜텐으로부터 형성된 이웃자리 이브로민화물은 완전히 트랜스형의 입체이성질체임을 기억하면 브로모늄 이온 중간체의 C—Br 결합의 반대 면으로부터 Br^-이 공격함을 알 수 있다.

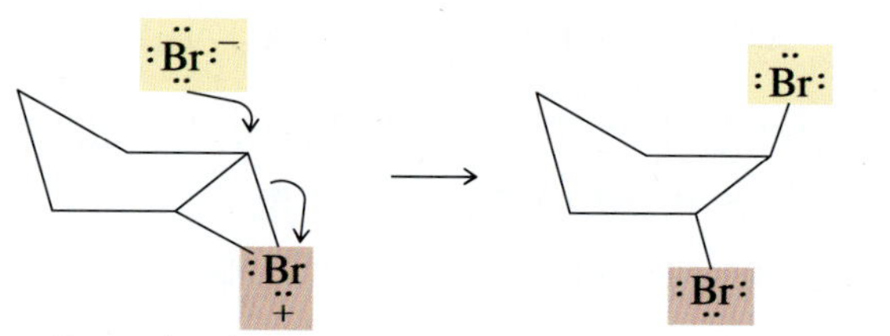

Bromonium ion 중간체 → *trans*-1,2-Dibromocyclopentane

그림 • 6.7
브로민이 에틸렌에 친전자성 첨가되는 반응 메커니즘

전체 반응

$$\underset{\text{Ethylene}}{CH_2{=}CH_2} + \underset{\text{Bromine}}{Br_2} \longrightarrow \underset{\text{1,2-Dibromoethane}}{BrCH_2CH_2Br}$$

메커니즘

1단계: 에틸렌과 브로민이 반응하여 브로모늄 이온 중간체를 형성한다.

Ethylene　Bromine　Ethylenebromonium ion　Bromide ion

2단계: 브로마이드 이온이 브로모늄 이온에 친핵성 공격을 한다.

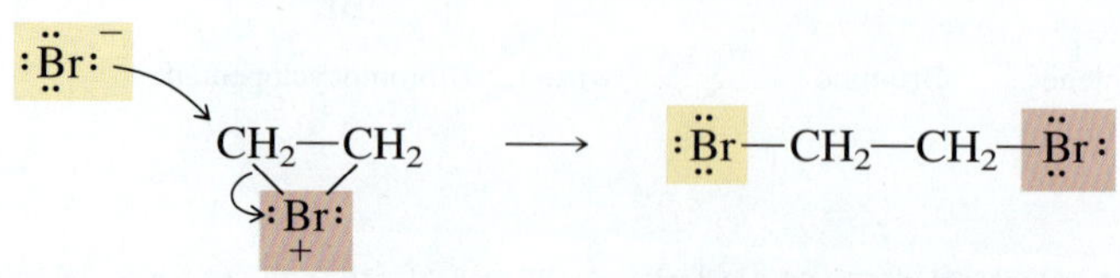

Bromide ion　Ethylenebromonium ion　1,2-Dibromoethane

수용액 상태에서 염소와 브로민이 알켄과 반응할 때는 다른 반응이 일어난다. 이때의 생성물은 인접한 탄소에 할로젠과 하이드록시기를 갖고 있는 **이웃자리 할로하이드린** (vicinal halohydrin)이다.

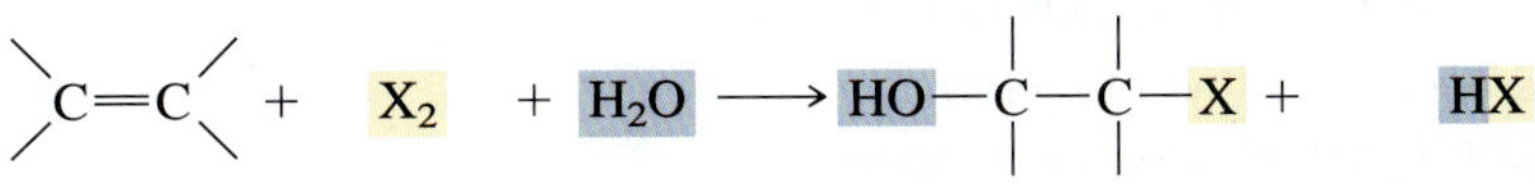

Alkene Halogen Water Halohydrin Hydrogen halide

$$CH_2{=}CH_2 + Br_2 \xrightarrow{H_2O} HOCH_2CH_2Br$$

Ethylene Bromine 2-Bromoethanol (70%)

반응은 안티 첨가 반응이다. 할로젠과 하이드록시기는 이중 결합의 서로 반대 면에 첨가된다.

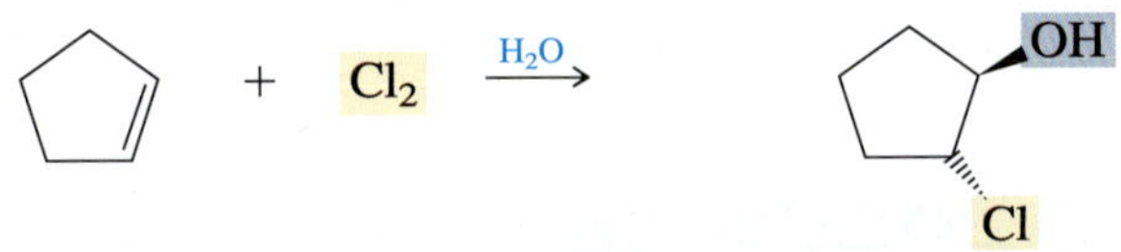

Cyclopentene Chlorine *trans*-2-Chlorocyclopentanol

(52~56%의 수율; 시스 이성질체는 생성되지 않는다.)

할로하이드린이 형성되는 메커니즘은 알켄에 할로젠이 첨가될 때와 비슷하다. 할로늄 이온 중간체가 형성되고, 할로늄 이온은 수용액상에서 물의 공격을 받는다.

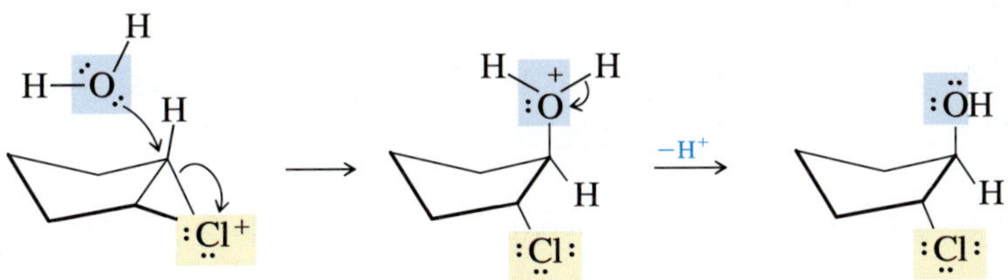

Chloronium ion 중간체 *trans*-2-Chlorocyclopentanol

물 존재하에서의 할로젠 첨가 반응은 위치선택적인데, 첨가 반응이 Markovnikov 법칙을 따라 일어난다. 즉, 친전자체(Cl 또는 Br)는 이중 결합의 치환이 적은 말단에 첨가되고, 친핵체(H_2O)는 치환기가 더 많은 쪽에 첨가된다.

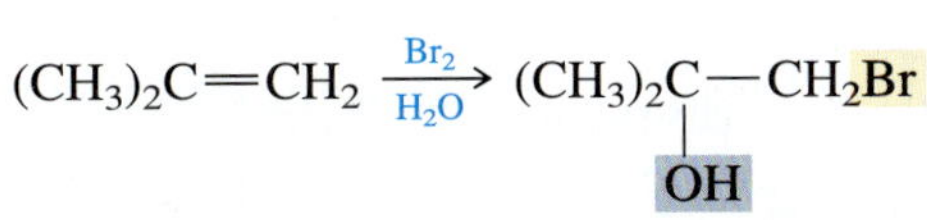

2-Methylpropene 1-Bromo-2-methyl-2-propanol (77%)

문제 6.9 다음 각 알켄이 수용액상에서 브로민과 반응할 때 만들어지는 생성물의 구조를 나타내시오.

(a) 2-메틸-1-뷰텐(2-Methyl-1-butene)
(b) 2-메틸-2-뷰텐(2-Methyl-2-butene)
(c) 3-메틸-1-뷰텐(3-Methyl-1-butene)
(d) 1-메틸사이클로펜텐(1-Methylcyclopentene)

풀이 (a) 하이드록시기는 치환기가 더 많은 이중 결합의 탄소에 결합되며, 브로민은 치환기가 더 적은 탄소에 결합된다.

2-Methyl-1-butene　Bromine　1-Bromo-2-methyl-2-butanol

6.9 유기화학 합성으로의 입문

화학자에게 중요한 관심사는 경제적인 방법으로 특정 화합물을 만들고, 선택한 방법으로 원하는 구조의 화합물을 제조하는 도전적인 분야인 **합성**(synthesis)이다. 이 절에서는 합성이라는 주제를 소개하며, 특정 출발 물질을 원하는 생성물[**과녁 분자**(target molecule)]로 전환하기 위해서 어떤 단계의 순서가 가장 좋은지에 대한 체계적인 계획이 필요함을 강조하고자 한다.

> 합성을 계획할 때 중요한 점은 역으로 과녁 물질로부터 출발 물질로 추론해 나가는 것이다. 두 번째는 항상 알고 있는 반응을 이용하는 것이다.

간단한 예를 들어 보자. 사이클로헥산올(cyclohexanol)을 출발 물질로 사용하여 사이클로헥세인(cyclohexane)을 제조한다고 가정해 보자. 지금까지는 이러한 변환 과정을 한 단계로 끝내는 반응을 보지 못했다.

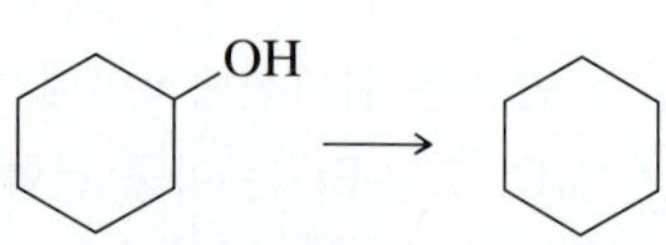

Cyclohexanol　Cyclohexane

그러나 역으로 추론해 보면 사이클로헥센(cyclohexene)에 수소첨가 반응을 일으키면 사이클로헥세인을 제조할 수 있음을 알고 있다. 그러므로 합성 계획의 마지막 단계로 이 반응을 사용할 수 있다.

에틸렌: 산업적으로 가장 중요한 유기화학 물질 중의 하나

앞의 상자 속 에세이(5.1절)에서 에틸렌의 생산에 대해 다룬 바 있으며, 미국의 석유화학 산업의 생산량은 연간 5×10^{10}lb를 초과함을 지적하였다. 이 물질의 약 90%는 네 가지 화합물[폴리에틸렌(polyethylene)과 에틸렌 옥사이드(ethylene oxide), 바이닐 클로라이드(vinyl chloride), 스타이렌(styrene)]을 만드는 데 사용되며, 폴리에틸렌으로 중합하는 양이 전체의 절반이나 된다. 바이닐 클로라이드와 스타이렌은 중합하여 각각 폴리(바이닐 클로라이드)[poly(vinyl chloride)]와 폴리스타이렌(polystyrene)을 생산한다. 중합에 대해서는 8장에서 다룰 것이다. 에틸렌 옥사이드는 자동차 라디에이터의 부동액과 폴리에스터(polyester) 섬유의 생산에 사용되는 에틸렌 글리콜(ethylene glycol)을 제조하는 출발 물질로 사용된다.

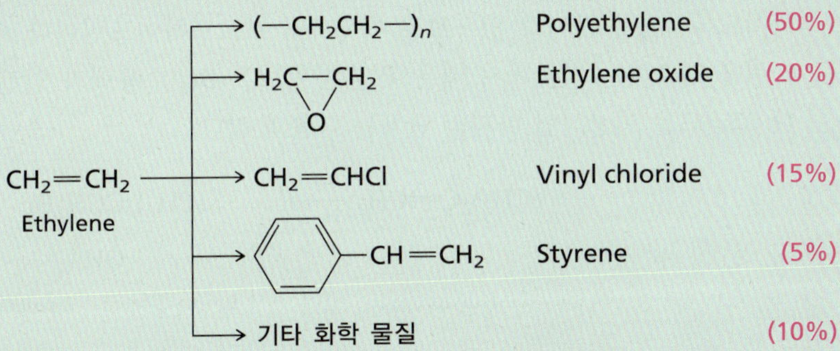

에틸렌으로부터 만드는 "기타 화학 물질" 중에는 에탄올(ethanol)과 아세트알데하이드(acetaldehyde)가 있다.

(산업용 용매; ethyl acetate 제조에 사용; 무연 휘발유 첨가제)

(acetic acid 제조에 사용됨)

에틸렌을 위 화합물로 전환하는 반응에 사용하는 시약은 아직 나타내지 않았다. 특허권 문제 때문에 회사마다 간혹 다른 공정을 사용한다. 비록 공정은 다를지라도, 공통적인 특징은 아주 효율적이라는 점이다. 산업계에 근무하는 화학자들은 값비싼 물질을 저가에 생산해야 하는 문제에 직면하고 있다. 그러므로 산업계에서 성공하려면 화학에 대한 이해뿐만 아니라 대체 공정과 관련한 경제적인 측면도 이해해야 한다. 이러한 도전이 얼마나 성공적으로 충족되었는지를 측정하는 한 가지 방법으로, 미국은 매년 화학 물질의 국제 무역 수지에서 흑자를 계속 유지한다는 사실로 알 수 있다. 1999년에 이러한 화학 분야의 흑자는 98억 달러에 달하는 반면 전체적인 무역 적자는 3조3,200억 달러였다.

사이클로헥센은 사이클로헥산올을 탈수하여 제조할 수 있다는 사실을 알면 사이클로헥산올로부터 사이클로헥세인을 실제로 합성할 수 있음이 명확해진다.

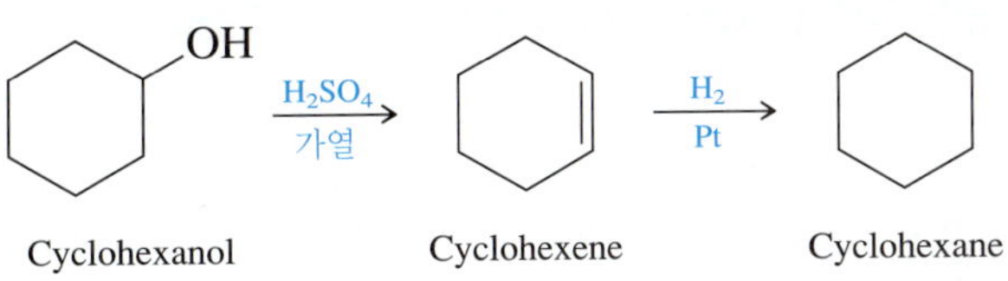

두 번째 예로서 *tert*-뷰틸 알코올로부터 1-브로모-2-메틸-2-프로판올의 제조법을 생각해 보자.

$$(CH_3)_3COH \longrightarrow (CH_3)_2\underset{\underset{\textstyle OH}{|}}{C}CH_2Br$$

tert-Butyl alcohol　　　1-Bromo-2-methyl-2-propanol

먼저 "과녁 분자는 어떤 종류의 화합물이며, 그 화합물을 합성하려면 어떤 방법을 사용해야 하는가?"라는 의문을 가져보자. 목적하는 생성물에는 인접하는 탄소에 브로민과 하이드록시기를 가지고 있으므로 이웃자리 브로모하이드린이다. 이웃자리 브로모하이드린을 제조하는 지금까지 배운 유일한 방법은 Br_2 수용액과 알켄을 반응시키는 것이다. 그러므로 이상적인 마지막 단계는 다음과 같다.

$$(CH_3)_2C{=}CH_2 \xrightarrow[H_2O]{Br_2} (CH_3)_2\underset{\underset{\textstyle OH}{|}}{C}CH_2Br$$

2-Methylpropene　　　1-Bromo-2-methyl-2-propanol

이제 새로운 문제에 봉착하게 된다. 필요한 알켄은 어디에서 오는가? 알켄은 산-촉매 탈수 반응에 의해 알코올로부터 제조하거나(5.7절) E2 제거 반응을 통해 알킬 할라이드로부터 제조한다(5.9절). 우리가 정한 출발 물질은 *tert*-뷰틸 알코올이므로 먼저 탈수시키고 브로모하이드린을 형성시키면 올바른 일련의 합성 단계가 완성된다.

$$(CH_3)_3COH \xrightarrow[\text{가열}]{H_2SO_4} (CH_3)_2C{=}CH_2 \xrightarrow[H_2O]{Br_2} (CH_3)_2\underset{\underset{\textstyle OH}{|}}{C}CH_2Br$$

tert-Butyl alcohol　　　2-Methylpropene　　　1-Bromo-2-methyl-2-propanol

문제 6.10 *tert*-뷰틸 알코올로부터 1-브로모-2-메틸-2-프로판올을 합성하는 과정을 나타내는 일련의 반응식을 쓰시오.

간혹 한 가지 이상의 합성 경로를 사용하여 특정 화합물을 만들 수 있다. 실제로 화학 문헌에서 동일한 화합물이 여러 가지 다른 방법으로 합성되는 것을 흔히 발견할 수 있다. 학습 진도를 나가면서 작용기의 변환에 대한 지식이 쌓여지면 다른 합성 계획을 검토해 볼 수 있는 능력도 발달한다. 대부분의 경우 가장 좋은 합성 계획은 단계가 가장 적은 방법이다.

6.10 짝지은 다이엔의 친전자성 첨가 반응

여기서 다루는 알카다이엔(alkadiene)의 화학 반응은 짝지은 다이엔에만 한정한다. 격리된 다이엔의 반응은 개개 알켄의 반응과 기본적으로 같다. 연이은 다이엔의 반응은 제법에서와 마찬가지로 너무 전문적이어서 고급 유기화학에서 다루는 것이 적절하다.

친전자성 첨가 반응은 알켄이 나타내는 특징적인 화학 반응이며, 짝지은 다이엔은 알켄과 반응하는 동일한 친전자체와 동일한 메커니즘에 의해 첨가 반응을 한다. 그러나 1,3-뷰타다이엔(1,3-butadiene)과 염화 수소의 반응을 나타낼 때 짝지은 다이엔은 간단한 알켄의 경우에 비해 더 광범위한 반응성을 나타낸다.

$$CH_2{=}CHCH{=}CH_2 \xrightarrow{HCl} CH_3\underset{\displaystyle Cl}{\underset{|}{C}}HCH{=}CH_2 + CH_3CH{=}CHCH_2Cl$$

1,3-Butadiene　　3-Chloro-1-butene　　1-Chloro-2-butene

두 가지 생성물이 형성된다. 그중 하나인 3-클로로-1-뷰텐(3-chloro-1-butene)은 **직접 첨가**(direct addition) 또는 **1,2 첨가**(1,2 addition) 생성물이라고 하며, 다른 생성물인 1-클로로-2-뷰텐(1-chloro-2-butene)은 **짝지은 첨가**(conjugate addition) 또는 **1,4 첨가**(1,4 addition) 생성물이라고 한다. 두 가지 모두 짝지은 다이엔의 끝에 양성자를 첨가하는 것은 같지만, 할로젠의 결합 위치와 이중 결합의 위치가 다르다. 양성자와 염소가 인접한 원자에 첨가되면 1,2-첨가 생성물을 얻을 수 있지만, 다이엔 단위의 양 끝에 첨가되면 1,4-첨가 생성물을 얻을 수 있다.

1,2 첨가의 숫자 1과 2 및 1,4 첨가의 1과 4는 그 화합물의 IUPAC 명칭에서 나타내는 번호를 의미하는 것이 아니라 짝지은 다이엔 구조 단위 내의 탄소 원자의 상대적인 위치를 나타낸다.

문제 6.11 다음 각 알카다이엔이 브로민화 수소와 반응하여 형성되는 1,2- 및 1,4-첨가 생성물에 해당하는 구조식을 쓰시오.

(a) 2,4-헥사다이엔(2,4-Hexadiene)
(b) 2,3-다이메틸-1,3-뷰타다이엔(2,3-Dimethyl-1,3-butadiene)
(c) 1,3-사이클로펜타다이엔(1,3-Cyclopentadiene)

풀이 수소와 브로민은 1,2 첨가에서 인접한 탄소에 첨가되며, 1,4 첨가에서는 짝지은 다이엔 계의 양 끝에 첨가된다.

1,2 Addition

$$\underset{1\ \ \ \ 2}{CH_3CH{=}CH}{-}CH{=}CHCH_3 \xrightarrow{HBr} CH_3CH_2{-}\underset{\displaystyle Br}{\underset{|}{C}}H{-}CH{=}CHCH_3$$

2,4-Hexadiene　　4-Bromo-2-Hexene

1,4 Addition

$$\underset{1}{CH_3CH}{=}CH{-}CH{=}\underset{4}{CHCH_3} \xrightarrow{HBr} CH_3CH_2{-}CH{=}CH{-}\underset{\displaystyle Br}{\underset{|}{C}}HCH_3$$

2,4-Hexadiene　　2-Bromo-3-Hexene

일단 1,3-뷰타다이엔이 양성자첨가되어 형성되는 탄소양이온 중간체의 독특한 특성을 알면 두 생성물이 형성되는 것을 알켄에 할로젠화 수소 첨가 반응 메커니즘을 근거로 설명할 수 있다.

그림 • 6.8
알릴성 탄소양이온의 전자 비편재화. (*a*) 이중 결합의 π 오비탈과 양전하를 띠는 탄소의 채워지지 않은 2*p* 오비탈. (*b*) π 오비탈과 2*p* 오비탈이 중첩되면 세 탄소 모두에 걸쳐 π 오비탈이 확장된다. π 결합의 두 전자는 (*a*)에서는 두 탄소에 걸쳐 있고 (*b*)에서는 세 탄소에 걸쳐 비편재화되어 있다.

$$H^+ + CH_2{=}CHCH{=}CH_2 \longrightarrow CH_3\overset{+}{C}HCH{=}CH_2$$

이 유형의 탄소양이온을 **알릴성 탄소양이온**(allylic carbocation)이라고 한다. 알릴성 탄소양이온의 양전하는 두 탄소에 나누어져 있다. 양전하의 이러한 비편재화는 그림 6.8에 나타낸 오비탈 중첩이나 공명 구조로 설명할 수 있다.

$$CH_3\overset{+}{C}H{-}CH{=}CH_2 \longleftrightarrow CH_3CH{=}CH{-}\overset{+}{C}H_2$$

음전하를 띠는 클로라이드 이온은 공명으로 안정화된 탄소양이온의 양전하를 나누어 가지는 두 탄소 중 한 부위에서 반응할 수 있다. 클로라이드 이온이 이차 탄소에 형성된 탄소양이온을 공격하면 3-클로로-1-뷰텐이 생성되며, 일차 탄소에 형성된 탄소양이온을 공격하면 1-클로로-2-뷰텐이 생성된다.

$$\left[CH_3\overset{+}{C}HCH{=}CH_2 \longleftrightarrow CH_3CH{=}CH\overset{+}{C}H_2\right] \xrightarrow{Cl^-} CH_3CH(Cl)CH{=}CH_2 + CH_3CH{=}CHCH_2Cl$$

3-Chloro-1-butene　　1-Chloro-2-butene

알릴성 탄소양이온은 간단한 알킬 탄소양이온보다 더 안정하며, 더 쉽게 형성된다. 그러므로 알릴성 탄소양이온 중간체를 거쳐 진행되는 반응은 비교적 빠르게 일어난다.

1,2와 1,4 첨가 반응의 혼합물은 염소와 브로민을 짝지은 다이엔에 첨가해도 얻을 수 있다.

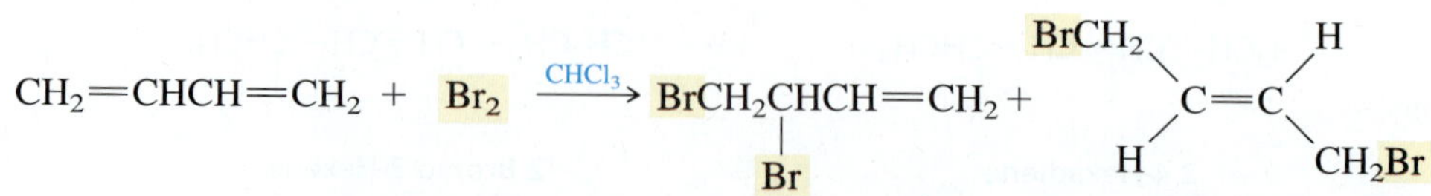

1,3-Butadiene　　Bromine　　3,4-Dibromo-1-butene (37%)　　(*E*)-1,4-Dibromo-2-butene (63%)

문제 6.12 입체이성질체를 제외하고 1몰의 브로민을 2-메틸-1,3-뷰타다이엔(2-methyl-1,3-butadiene)에 친전자성 첨가할 때 얻을 수 있는 생성물은 몇 개인지 쓰시오.

6.11 아세틸렌과 말단 알카인의 산성도

알카인의 첨가 반응을 다루기 전에 먼저 다른 탄화수소(hydrocarbon)와 다른 특징을 보이는 말단 알카인의 성질인 산성도부터 살펴보자.

산해리 상수 K_a(2.1절)로 측정한 바와 같이 탄화수소는 아주 약한 산이다. 탄소-수소 결합은 다음 반응식과 같이 거의 이온화되지 않는다.

$$\underset{\text{Hydrocarbon}}{R{-}H} \rightleftharpoons \underset{\text{탄소음이온}}{R{:}^-} + \underset{\text{양성자}}{H^+}$$

탄화수소로부터 양성자가 이탈되면 음전하를 지니는 탄소가 남게 된다. 이런 화학종을 **탄소음이온**(cabanion)이라고 한다. 탄소는 전기음성도가 크지 않으며, C—H 결합이 이온화되어 탄소음이온이 형성될 때의 특징은 K_a값이 아주 작다는 것이다. 그러나 탄화수소가 나타내는 K_a값의 **범위**는 대표적인 알케인, 알켄, 알카인인 에테인, 에틸렌, 아세틸렌을 비교해 볼 때 아주 넓다는 것을 알 수 있다. K_a로 측정할 때 아세틸렌의 산성도는 에틸렌보다 10^{19}배 이상, 에테인보다는 10^{36}배 이상 크다.

$HC{\equiv}CH$	>	$CH_2{=}CH_2$	>	CH_3CH_3
Acetylene		Ethylene		Ethane
$K_a = 10^{-26}$		$\sim 10^{-45}$		$\sim 10^{-62}$
$pK_a = 26$		~ 45		~ 62
(가장 강한 산)				(가장 약한 산)

아세틸렌의 산도가 큰 것은 혼성 효과 때문이다. 탄소의 전기음성도는 *sp*-혼성일 때가 sp^2- 또는 sp^3-혼성일 때보다 크다. 그러므로 아세틸렌이 이온화되어 생기는 탄소음이온은 에틸렌과 에테인에서 생성되는 탄소음이온보다 더 강하게 전자쌍과 결합하며, 더 안정하다. 따라서 탄소음이온의 형성은 아세틸렌의 큰 평형 상수와 관계가 있다.

말단 알카인($RC{\equiv}CH$)의 산도는 아세틸렌과 비슷하다.

$$\underset{\text{3,3-Dimethyl-1-butyne}}{(CH_3)_3CC{\equiv}CH} \qquad K_a = 3 \times 10^{-26}\ (pK_a = 25.5)$$

$RC{\equiv}CR'$형의 화합물인 내부 삼중 결합을 지니는 탄화수소는 *sp*-혼성 탄소에 결합된 양성자가 없기 때문에 산의 세기와 관련해서는 알케인에 더 가깝다.

다른 탄화수소에 비해 아세틸렌과 말단 알카인의 산도가 매우 강하기는 하지만 물과 알코올보다도 훨씬 약한 산임을 알아야 한다. 하이드록사이드 이온(hydroxide ion)은 너무 약한 염기이므로 아세틸렌을 음이온 형태로 의미가 있는 만큼 전환시키지 못한다. 다음 반응식에 나타낸 평형상수값을 보면 평형이 압도적으로 왼쪽인 것을 알 수 있다.

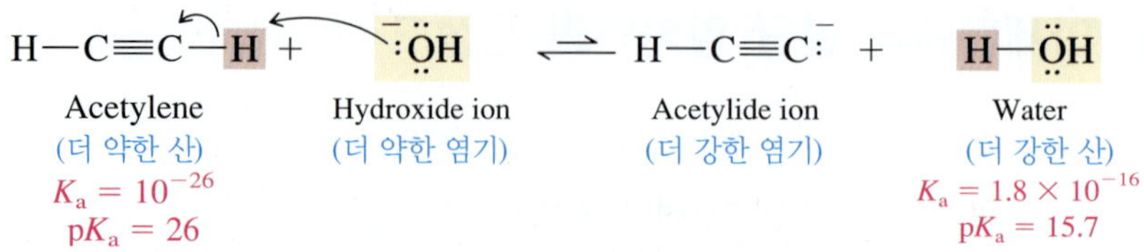

아세틸렌은 물과 알코올보다 훨씬 약한 산이므로, 이들은 아세틸라이드 이온(acetylide ion)이 관여하는 반응의 용매로는 적합하지 않다. 아세틸라이드 이온은 하이드록시기(hydroxyl group)를 지니는 화합물로부터 양성자 이동에 의해 즉시 아세틸렌으로 전환된다.

아마이드 이온(amide ion)은 아세틸라이드 이온보다 훨씬 강한 염기이며, 아세틸렌을 정량적으로 그 짝염기로 전환시킨다.

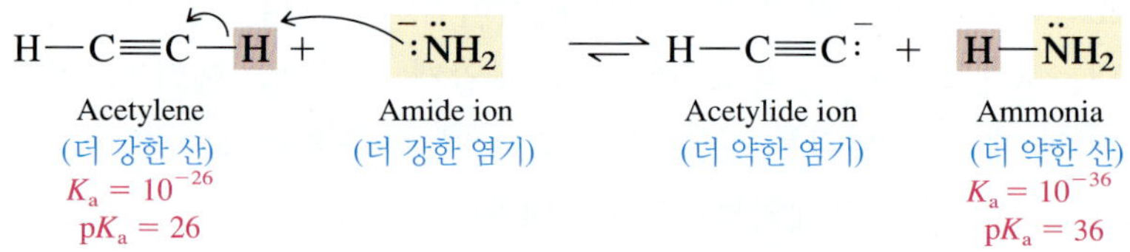

소듐 아세틸라이드(sodium acetylide, RC≡CNa) 용액은 소듐 아마이드(sodium amide, $NaNH_2$)를 액체 암모니아를 용매로 사용하여 아세틸렌에 첨가함으로써 만든다. 말단 알카인도 비슷하게 반응하여 RC≡CNa형의 화학종을 생성한다.

문제 6.13 다음 각 반응식을 완성하여 제시된 화학종 간의 양성자 이동에 의해 형성되는 짝산과 짝염기를 나타내시오. 굽은 화살표를 사용하여 전자의 흐름을 표시하고, 평형이 반응물과 생성물 가운데 어느 쪽으로 이동하는지 나타내시오.

(a) $CH_3C{\equiv}CH + {}^{-}\!:\ddot{O}CH_3 \rightleftharpoons$

(b) $HC{\equiv}CH + H_2\ddot{C}^{-}CH_3 \rightleftharpoons$

(c) $CH_3C{\equiv}CCH_2OH + {}^{-}\!:\ddot{N}H_2 \rightleftharpoons$

풀이 (a) 프로파인(propyne)과 메톡사이드 이온(methoxide ion) 간의 산-염기 반응을 나타내는 반응식은 다음과 같다.

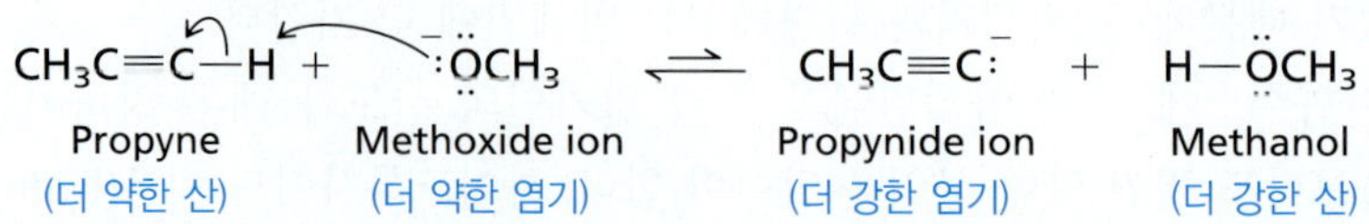

알코올은 아세틸렌보다 강한 산이므로 평형은 왼쪽으로 이동한다. 메톡사이드 이온은 충분히 강한 염기가 아니므로 아세틸렌으로부터 양성자를 떼어낼 수 없다.

6.12 알킬화에 의한 알카인의 제법

지금까지 알카인의 제법에 대해 다룬 반응은 같은자리 이할로젠화물 또는 이웃자리 이할로젠화물(5.14절)을 이중 할로젠화수소이탈 반응을 거쳐 기존 탄소 사슬에 삼중 결합을 도입하였다. 이 절에서는 탄소 사슬이 긴 알카인을 제조하는 방법에 대해 다룰 것이다. 아세틸렌에 알킬기를 붙여 주면 더 복잡한 알카인을 제조할 수 있다.

$$\mathrm{H{-}C{\equiv}C{-}H} \longrightarrow \mathrm{R{-}C{\equiv}C{-}H} \longrightarrow \mathrm{R{-}C{\equiv}C{-}R'}$$

Acetylene　　단일치환된 또는 말단 alkyne　　Acetylen의 이치환된 유도체

알킬기를 분자 한쪽에 붙여 주는 반응을 **알킬화 반응**(alkylation reaction)이라고 한다. 알카인을 제조하는 한 가지 방법은 아세틸렌을 알킬화하는 것이다.

아세틸렌의 알킬화 반응은 독립된 두 개의 단계를 거쳐야 한다. 첫 번째 단계에서는 아세틸렌을 소듐 아마이드로 처리하여 짝염기로 전환 시킨다.

$$\mathrm{HC{\equiv}CH} + \mathrm{NaNH_2} \longrightarrow \mathrm{HC{\equiv}CNa} + \mathrm{NH_3}$$

Acetylene　　Sodium amide　　Sodium acetylide　　Ammonia

다음 단계에서 **알킬 할라이드**(알킬화제, alkylating agent)를 소듐 아세틸라이드 용액에 첨가한다. 아세틸라이드 이온은 친핵체로 작용하여 탄소로부터 할라이드를 치환하여 새로운 탄소–탄소 결합을 생성한다.

$$\mathrm{HC{\equiv}CNa} + \mathrm{RX} \longrightarrow \mathrm{HC{\equiv}CR} + \mathrm{NaX} \quad \text{via} \quad \mathrm{HC{\equiv}C{:}^{-}} \;\; \mathrm{R{-}X}$$

Sodium acetylide　　Alkyl halide　　Alkyne　　Sodium halide

이러한 치환 반응에서 사용하는 알킬 할라이드는 메틸(CH_3X) 또는 일차(RCH_2X) 알킬 할라이드이어야 한다. 아세틸라이드 이온은 하이드록사이드 이온보다도 훨씬 더 강한 염기이기 때문에 이차와 삼차 알킬 할라이드와 제거 반응을 한다. 그 이유는 9장에서 설명한다. 합성은 일반적으로 액체 암모니아를 용매로 사용하여 수행한다. 또는 다이에틸 에터(diethyl ether)나 테트라하이드로퓨란(tetrahydrofuran)을 사용하기도 한다.

$$\mathrm{HC{\equiv}CNa} + \mathrm{CH_3CH_2CH_2CH_2Br} \xrightarrow{\mathrm{NH_3}} \mathrm{CH_3CH_2CH_2CH_2C{\equiv}CH}$$

Sodium acetylide　　1-Bromobutane　　1-Hexyne (70~77%)

말단 알카인을 출발 물질로 사용하여 동일하게 반응시키면 $RC{\equiv}CR'$형의 알카인을 얻을 수 있다.

$$\mathrm{(CH_3)_2CHCH_2C{\equiv}CH} \xrightarrow[\mathrm{NH_3}]{\mathrm{NaNH_2}} \mathrm{(CH_3)_2CHCH_2C{\equiv}CNa} \xrightarrow{\mathrm{CH_3Br}} \mathrm{(CH_3)_2CHCH_2C{\equiv}CCH_3}$$

4-Methyl-1-pentyne　　5-Methyl-2-hexyne (81%)

앞의 반응을 두 번 반복하면 아세틸렌에 이중 알킬화 반응을 수행할 수 있다.

$$\underset{\text{Acetylene}}{HC{\equiv}CH} \xrightarrow[\text{2. } CH_3CH_2Br]{\text{1. } NaNH_2,\ NH_3} \underset{\text{1-Butyne}}{HC{\equiv}CCH_2CH_3} \xrightarrow[\text{2. } CH_3Br]{\text{1. } NaNH_2,\ NH_3} \underset{\substack{\text{2-Pentyne}\\(81\%)}}{CH_3C{\equiv}CCH_2CH_3}$$

문제 6.14 아세틸렌과 기타 필요한 유기 및 무기 시약을 사용하여 다음 각 알카인을 효율적으로 합성하는 방법을 설명하시오.

(a) 1-헵타인(1-heptyne) (b) 2-헵타인(2-heptyne) (c) 3-헵타인(3-heptyne)

풀이 1-헵타인의 구조식을 살펴보면 아세틸렌 단위에 펜틸기가 결합되어 있음을 알 수 있다. 아세틸렌의 음이온을 만든 후 펜틸 할라이드(pentyl halide)로 알킬화하면 1-헵타인을 합성할 수 있다.

$$\underset{\text{Acetylene}}{HC{\equiv}CH} \xrightarrow[NH_3]{NaNH_2} \underset{\text{Sodium acetylide}}{HC{\equiv}CNa} \xrightarrow{CH_3CH_2CH_2CH_2CH_2Br} \underset{\text{1-Heptyne}}{HC{\equiv}CCH_2CH_2CH_2CH_2CH_3}$$

6.13 알카인의 첨가 반응

앞에서 알카인의 중요한 화학적 성질인 아세틸렌과 말단 알카인의 산성도에 대해 알아보았다. 이 절에서는 알카인의 여러 가지 다른 반응에 대해 알아보고자 한다. 알켄과 마찬가지로 알카인도 첨가 반응을 한다.

수소첨가 반응

알카인의 수소첨가 반응 조건은 알켄의 반응조건과 비슷하다. 백금이나 팔라듐, 니켈, 로듐의 미세 분말하에서 2몰의 수소가 알카인의 삼중 결합에 첨가되어 알케인을 생성한다.

$$\underset{\text{Alkyne}}{RC{\equiv}CR'} + \underset{\text{Hydrogen}}{2H_2} \xrightarrow{\text{Pt, Pd, Ni 또는 Rh}} \underset{\text{Alkane}}{RCH_2CH_2R'}$$

$$\underset{\text{4-Methyl-1-hexyne}}{CH_3CH_2CH(CH_3)CH_2C{\equiv}CH} + \underset{\text{Hydrogen}}{2H_2} \xrightarrow{Ni} \underset{\substack{\text{3-Methylhexane}\\(77\%)}}{CH_3CH_2CH(CH_3)CH_2CH_2CH_3}$$

알켄은 알카인이 알케인으로 수소첨가 반응이 일어나는 동안 생성되는 중간체이며, 이 사실을 이용하여 알카인을 출발 물질로 사용하여 알켄을 제조하는 방법이 개발되었다. **Lindlar 팔라듐**(Lindlar palladium)이라는 특수하게 제조된 팔라듐 촉매를 사용하면 알카인 1몰당 1몰의 H_2가 소비된 후 알카인의 수소첨가를 분명하게 중단시킬 수 있다. 삼중 결합에 수소의 신 첨가가 금속의 표면에서 일어나며, 시스(또는 Z) 알켄이 생성된다.

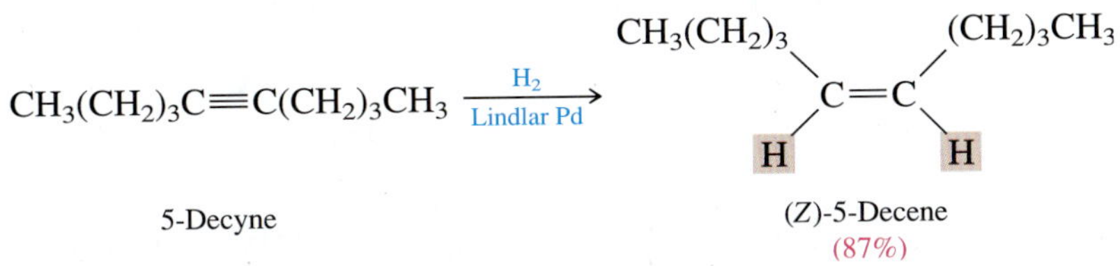

문제 6.15 1-뷰타인(1-butyne)으로부터 *시스*-2-펜텐(cis-2-pentene)을 제조하는 일련의 반응식을 쓰시오.

Lindlar 팔라듐은 “활성을 줄인 촉매(poisoned catalyst)”라고 한다. 팔라듐을 아세트산 납(lead acetate), 황산 바륨(barium sulfate), 퀴놀린(quinoline)이라고 하는 물질과 함께 처리하면 촉매 활성을 떨어뜨린다. 이것은 알카인을 알켄으로 수소첨가하는 반응에는 효과적인 촉매이지만, 알켄을 알케인으로 수소첨가하는 반응에는 효율적인 촉매가 아니다.

금속–암모니아 환원

알카인을 알켄으로 전환하기 위해 촉매를 사용하는 부분적인 수소첨가 반응의 또 다른 유용한 방법은 1족의 금속(리튬, 소듐, 포타슘)을 이용하여 액체 암모니아 존재하에서 환원시키는 방법이다. 금속–암모니아 환원법의 특징은 알카인을 트랜스(또는 *E*) 알켄으로 전환시키는 것이다. 그러나 촉매에 의한 수소첨가 반응은 시스(또는 *Z*) 알켄을 생성한다. 따라서 적당한 반응 조건을 선택함으로써 동일한 알카인으로부터 시스 또는 트랜스 알켄을 만들 수 있다.

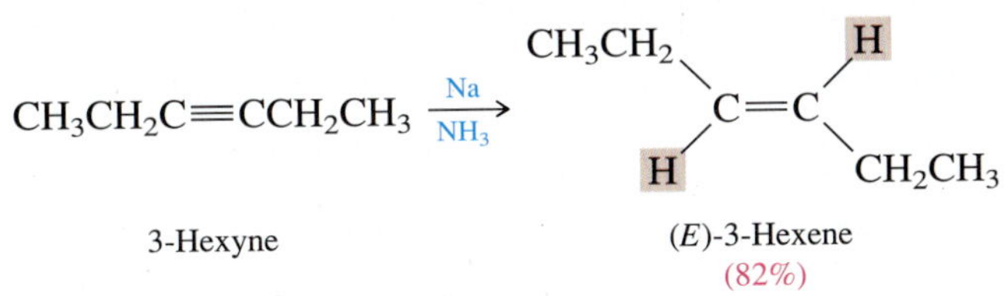

문제 6.16 프로파인(propyne)과 필요한 유기 또는 무기 시약을 사용하여 (*E*)- 및 (*Z*)-2-헵텐[(*Z*)-2-heptene]을 효율적으로 합성하는 방법을 제시하시오.

알카인을 금속–암모니아로 환원시키는 데에는 수소(H_2)가 전혀 필요하지 않음을 알아야 한다. 이것은 수소첨가 반응이 아닌 화학 반응이다. 소듐과 암모니아는 반응물이지 촉매가 아니다.

할로젠화 수소의 첨가

알카인은 알켄의 탄소–탄소 이중 결합에 첨가되는 것과 같이 많은 친전자성 시약과 반응한다. 할로젠화 수소는 알카인에 첨가되어 알켄일 할라이드(alkenyl halide)를 생성한다.

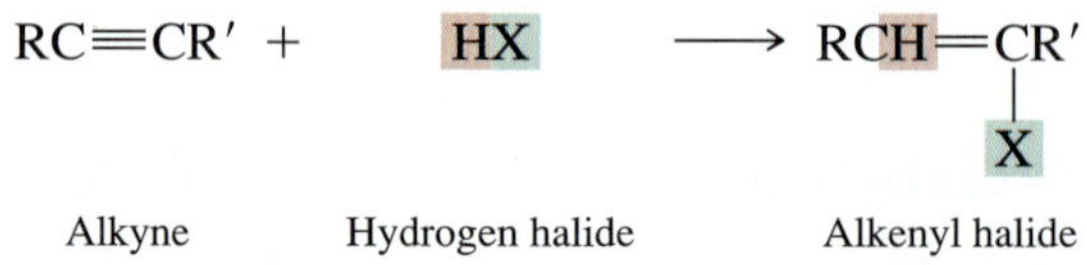

첨가 반응의 위치선택성은 Markovnikov 법칙을 따른다. 양성자는 수소의 수가 많은 탄소에 첨가되며, 할로젠은 수소의 수가 적은 탄소에 첨가된다.

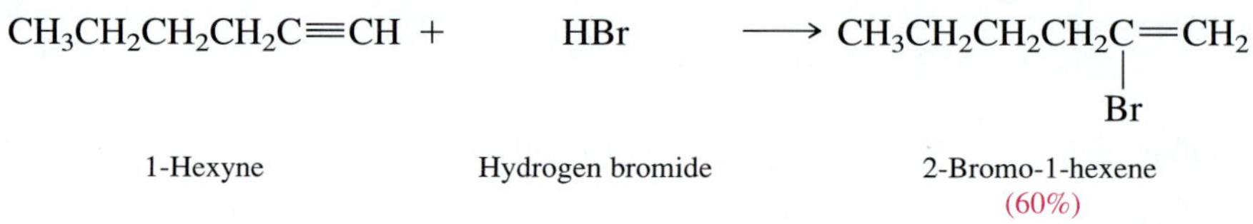

할로젠화 수소가 과량으로 존재하면 같은자리 이할로젠화물이 탄소-탄소 삼중 결합에 두 분자의 할로젠화 수소가 차례로 첨가되어 생성된다. 예를 들어, 산업용으로 사용되는 화학 물질인 1,1-다이플루오르에테인(1,1-difluoroethane)은 아세틸렌을 플루오린화 수소(hydrogen fluoride)와 반응시켜 제조한다.

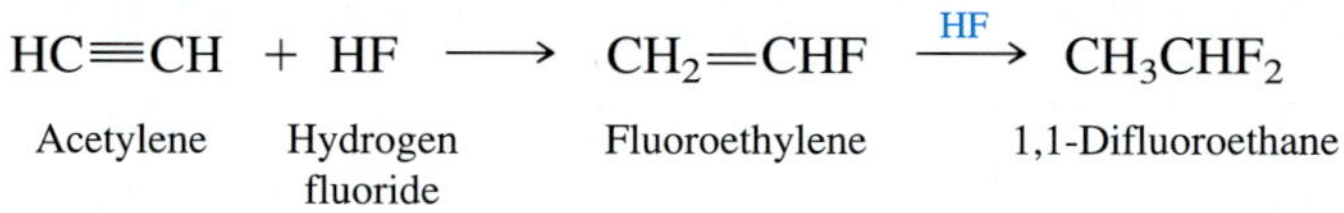

수화 반응

알켄의 수화 반응과 마찬가지로 알카인의 수화 반응에 의해서도 알코올을 생성할 것이라고 예측할 수 있다. 그러나 생성되는 알코올은 탄소-탄소 이중 결합에 하이드록시기가 붙어 있는 특별한 종류이다. 이런 형태의 알코올을 **엔올**[enol, 이중 결합의 어미 -엔(-*ene*)과 알코올의 어미 -올(-*ol*)의 합성어]이라고 한다. 엔올의 중요한 성질은 엔올이 생성되는 조건에서 알데하이드(aldehyde) 또는 케톤(ketone)으로 신속하게 이성질화된다는 점이다.

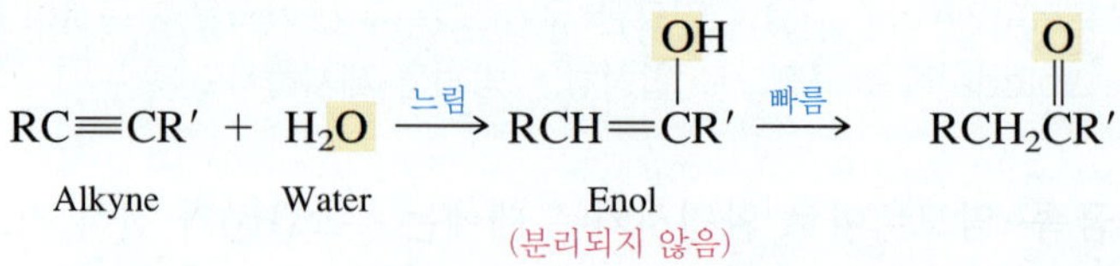

엔올이 알데하이드나 케톤으로 전환되는 과정을 **케토-엔올 이성질현상**(keto-enol isomerism) 또는 **케토-엔올 토토머화**(keto-enol tautomerism)라고 한다. 이 과정에 대한 설명은 알데하이드와 케톤에 대해 11장에서 상세히 다룰 때까지 미루기로 한다.

문제 6.17 2-뷰타인(2-butyne)의 수화에 의해 생성되는 케톤의 구조를 나타내시오. 엔올 중간체의 구조는 무엇인지 쓰시오.

전형적으로 황산(sulfuric acid)과 황산 수은(II)[mercury(II) sulfate]을 혼합하여 수화 반응의 촉매로 사용한다. 수화 반응은 Markovnikov의 법칙을 따라 일어나며, 말단 알카인은 메틸-치환된 케톤을 생성한다.

$$\underset{\text{1-Octyne}}{HC{\equiv}CCH_2CH_2CH_2CH_2CH_2CH_3} + H_2O \xrightarrow[HgSO_4]{H_2SO_4} \underset{\substack{\text{2-Octanone}\\(91\%)}}{CH_3\overset{\overset{O}{\|}}{C}CH_2CH_2CH_2CH_2CH_2CH_3}$$

문제 6.18 1-옥타인(1-octyne)의 수화 반응에서 엔올 중간체의 구조를 쓰시오.

알카인의 수화 반응은 위치선택적이기 때문에 아세틸렌은 이런 조건에서 알데하이드를 구조적으로 생성할 수 있는 유일한 알카인이다.

$$\underset{\text{Acetylene}}{HC{\equiv}CH} + \underset{\text{Water}}{H_2O} \longrightarrow \underset{\substack{\text{Vinyl alcohol}\\(\text{분리되지 않음})}}{CH_2{=}CHOH} \longrightarrow \underset{\text{Acetaldehyde}}{CH_3\overset{\overset{O}{\|}}{C}H}$$

한때 아세트알데하이드는 공업적으로 이 방법을 사용하여 생산하였다. 현재는 에틸렌을 직접 산화하는 방법을 사용하며, 이 방법이 경제적이다.

학습목표

이 장에서는 탄소-탄소 이중 결합과 삼중 결합의 반응과 관련한 풍부한 화학에 대해 소개하였다. 비록 많은 반응이 소개되었지만, 이들은 대부분 첨가(addition) 반응이며, 이들 첨가 반응 중 대부분은 친전자성(electrophilic) 첨가 반응임을 인식한다면 쉽게 배울 수 있다. 이 장에서 배운 기술로 여러분은 다음과 같은 것을 할 수 있다.

- 대표적인 알켄에 다음 각 시약을 첨가하는 화학 반응식을 쓸 수 있다.
  - 적당한 촉매가 있을 때 수소
  - 할로젠화[염화(chloride), 브로민화(bromide), 아이오딘화(iodide)] 수소
  - 미량의 산을 함유하는 물
  - 염소 또는 브로민 (물이 있을 때와 없을 때)
- Markovnikov 법칙을 설명하고, 예를 나타낼 수 있다.
- 알킬옥소늄 이온, 탄소양이온, 친핵체, 친전자체라는 용어를 설명할 수 있다.
- 혼성 오비탈 모형을 사용한 탄소양이온의 구조를 설명할 수 있다.

- 탄소양이온 그룹의 상대적인 안정도를 설명할 수 있다.
- 짝지은 다이엔에 대한 할로젠화 수소의 1,2 첨가와 1,4 첨가 반응을 비교할 수 있다.
- 아세틸렌 말단 알카인의 산성도를 다른 탄화수소와 비교하고, 아세틸렌과 말단 알카인을 탄소음이온으로 전환시키는 적당한 반응 조건을 기술할 수 있다.
- 아세틸렌 또는 말단 알카인이 탄소음이온을 거쳐 알킬화되는 화학 반응식을 쓸 수 있다.
- 알카인을 시스 알켄 또는 트랜스 알켄으로 전환하는 방법을 나타내는 적절한 화학 반응식을 쓸 수 있다.
- 다음 용어의 뜻을 설명할 수 있다.

  안티 첨가 / 위치선택성 반응
  할로늄 이온 / 신 첨가
  Lindlar 팔라듐

6.14 요약

알켄, 알카다이엔, 알카인은 **불포화 탄화수소**(unsaturated hydrocarbon)이며, 다중 결합에 첨가되는 물질과 반응한다. 알켄의 대표적인 첨가 반응을 표 6.1에 나타내었다. 촉매에 의한 수소첨가 반응을 제외하면 이 반응들은 시약이 이중 결합의 π 전자에 **친전자성**(electrophilic) 공격을 함으로써 일어난다. 표에 설명한 것처럼 알켄에 대한 할로젠화 수소의 첨가 반응과 알켄의 수화 반응의 **위치선택성**(regioselectivity)은 **Markovnikov 법칙**을 적용하면 예측할 수 있다.

짝지은 알카다이엔은 알켄과 반응하는 많은 시약들과 반응한다. 그러나 짝지은 다이엔이 알켄과 다른 점은 **1,2 첨가**(1,2 addition)와 **1,4 첨가**(1,4 addition)를 한다는 것이다(6.10절).

$$CH_2{=}CHCH{=}CH_2 \xrightarrow{HCl} CH_3\underset{\displaystyle Cl}{\underset{|}{C}}HCH{=}CH_2 + CH_3CH{=}CHCH_2Cl$$

1,3-Butadiene | 3-Chloro-1-butene (78%) | 1-Chloro-2-butene (22%)

그래서: $CH_3\overset{+}{C}H{-}CH{=}CH_2 \longleftrightarrow CH_3CH{=}CH{-}\overset{+}{C}H_2$

아세틸렌과 말단 알카인은 다른 탄화수소보다 산성도가 크다(6.11절). 이들의 이온화 상수 K_a는 알켄이 10^{-45}이며 알케인이 10^{-60}인 데 비해 약 10^{-26}이다. 소듐 아마이드는 강염기이기 때문에 아세틸렌 또는 말단 알카인으로부터 양성자를 충분히 제거할 수 있지만, 수산화 소듐은 그렇지 못하다.

$$\underset{\text{1-Butyne}}{CH_3CH_2C{\equiv}CH} + \underset{\text{Sodium amide}}{NaNH_2} \longrightarrow \underset{\text{Sodium 1-butynide}}{CH_3CH_2C{\equiv}CNa} + \underset{\text{Ammonia}}{NH_3}$$

표 6.2에 알카인의 반응에 대해 요약해 두었다.

표 6.1 알켄의 반응

반응(절)과 해설	일반적 반응식과 구체적인 예
촉매에 의한 수소첨가 반응(6.1절) 알켄은 백금 또는 팔라듐, 로듐, 니켈 촉매 존재하에서 수소와 반응하여 알케인을 형성한다.	$R_2C{=}CR_2 + H_2 \xrightarrow{\text{Pt, Pd, Rh 또는 Ni}} R_2CHCHR_2$ Alkene, Hydrogen, Alkane 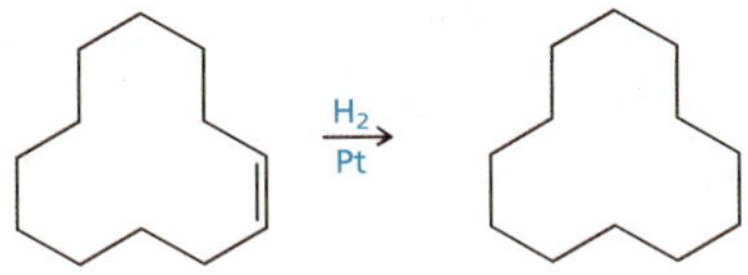 *cis*-Cyclododecene → Cyclododecane (100%)
할로젠화 수소의 첨가 반응(6.2절~6.4절) 양성자와 할로젠은 알켄의 이중 결합에 첨가되어 알킬 할라이드를 생성한다. 첨가 반응은 Markovnikov 법칙에 따라 일어난다. 즉, 수소는 수소의 수가 많은 탄소에 첨가되며, 할로젠은 수소의 수가 적은 탄소에 첨가된다.	$RCH{=}CR'_2 + HX \longrightarrow RCH_2{-}CXR'_2$ Alkene, Hydrogen halide, Alkyl halide 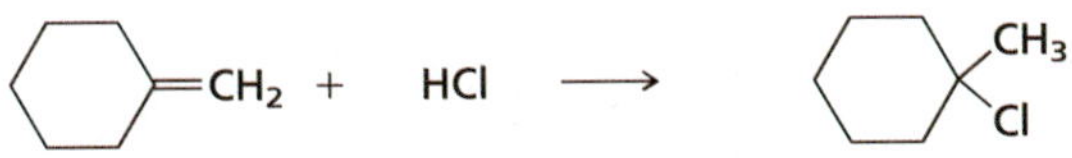 Methylenecyclohexane + Hydrogen chloride → 1-Chloro-1-methylcyclohexane (75~80%)
산-촉매 수화 반응(6.7절) 물은 알켄의 이중 결합에 수용액 상태에서 첨가된다. 첨가 반응은 Markovnikov 법칙에 따라 일어난다. 탄소양이온이 중간체이며, 친핵체로 작용하는 물 분자와 반응한다.	$RCH{=}CR'_2 + H_2O \xrightarrow{H^+} RCH_2C(OH)R'_2$ Alkene, Water, Alcohol $CH_2{=}C(CH_3)_2 \xrightarrow{50\%\ H_2SO_4/H_2O} (CH_3)_3COH$ 2-Methylpropene → *tert*-Butyl alcohol (55~58%)
할로젠 첨가(6.8절) 브로민과 염소는 알켄에 첨가되어 이웃자리 이할로젠화물을 형성한다. 고리형 할로늄 이온이 중간체이며, 안티 첨가가 일어난다.	$R_2C{=}CR_2 + X_2 \longrightarrow X{-}CR_2{-}CR_2{-}X$ Alkene, Halogen, 이웃자리 이할로젠화물 $CH_2{=}CHCH_2CH_2CH_2CH_3 + Br_2 \longrightarrow BrCH_2CH(Br)CH_2CH_2CH_2CH_3$ 1-Hexene, Bromine, 1,2-Dibromohexane (100%)
할로하이드린의 형성(6.8절) 알켄을 브로민 또는 염소와 수용액상에서 처리하면 이웃자리 할로하이드린으로 전환된다. 할로늄 이온이 중간체이다. 할로젠은 수소의 수가 더 많은 탄소에 첨가되며, 안티 첨가 반응이 일어난다.	$RCH{=}CR'_2 + X_2 + H_2O \longrightarrow X{-}CHR{-}CR'_2{-}OH + HX$ Alkene, Halogen, Water, 이웃자리 halohydrin, Hydrogen halide 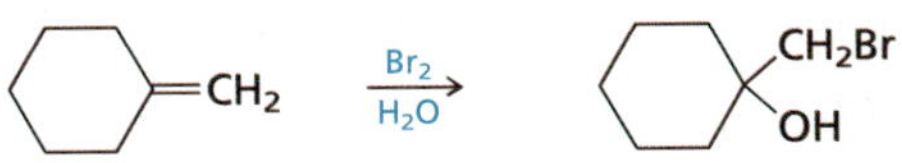 Methylenecyclohexane → (1-Bromomethyl)cyclohexanol (89%)

표 6.2 알카인의 반응

반응(절)과 해설	일반적 반응식과 구체적인 예

아세틸렌과 말단 알카인의 알킬화(6.12절)
아세틸렌과 말단 알카인은 산성도가 크기 때문에 소듐 아마이드로 처리하면 짝염기로 전환될 수 있다. 이들 음이온은 친핵체의 역할을 하며, 메틸과 일차 알킬 할라이드와 반응하여 탄소–탄소 결합을 생성한다. 이차와 삼차 알킬 할라이드는 이들 조건하에서 제거 반응 생성물만 형성하기 때문에 사용할 수 없다.

$$RC{\equiv}CH + NaNH_2 \longrightarrow RC{\equiv}CNa + NH_3$$
Alkyne, Sodium amide, Sodium alkynide, Ammonia

$$RC{\equiv}CNa + R'CH_2X \longrightarrow RC{\equiv}CCH_2R' + NaX$$
Sodium alkynide, 일차 alkyl halide, Alkyne, Sodium halide

$$(CH_3)_3CC{\equiv}CH \xrightarrow[2.\ CH_3I]{1.\ NaNH_2,\ NH_3} (CH_3)_3CC{\equiv}CCH_3$$
3,3-Dimethyl-1-butyne → 4,4-Dimethyl-2-pentyne (96%)

알카인의 수소첨가에 의한 알케인 형성(6.13절)
일반적으로 금속 수소첨가 반응에서 사용하는 촉매 존재하에서 알카인을 수소로 첨가 반응시키면 완전히 알케인으로 변환된다.

$$RC{\equiv}CR' + 2H_2 \xrightarrow{\text{금속 촉매}} RCH_2CH_2R'$$
Alkyne, Hydrogen, Alkane

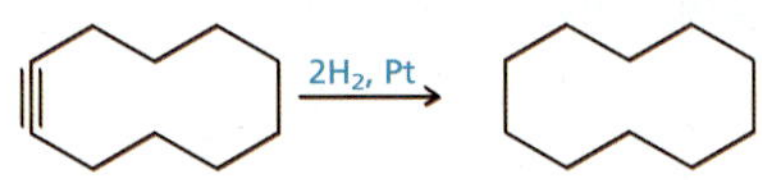

Cyclodecyne → Cyclodecane (71%)

알카인의 수소첨가에 의한 알켄 형성(6.13절)
알카인의 수소첨가 반응은 특수한 촉매를 사용하면 알켄 단계에서 중지시킬 수 있다. Lindlar 팔라듐은 이 범주에 속하는데, 가장 흔히 사용되는 금속 촉매이다. 수소첨가의 입체화학은 신 첨가이며, 시스 알켄이 생성된다.

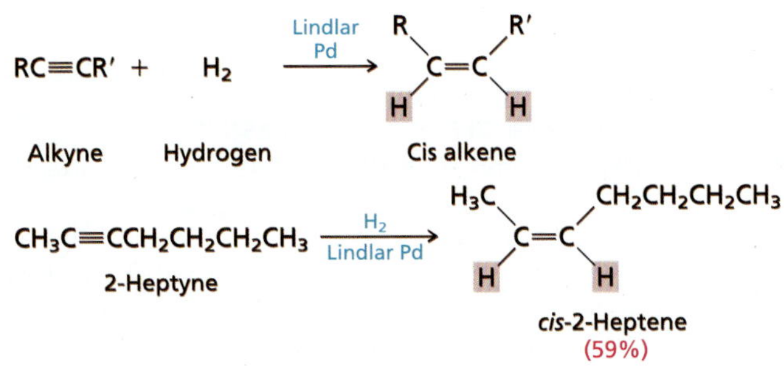

금속–암모니아 환원(6.13절)
1족 금속(소듐을 가장 많이 사용한다)을 액체 암모니아를 용매로 사용하여 처리하면 알카인이 트랜스 알켄으로 전환된다.

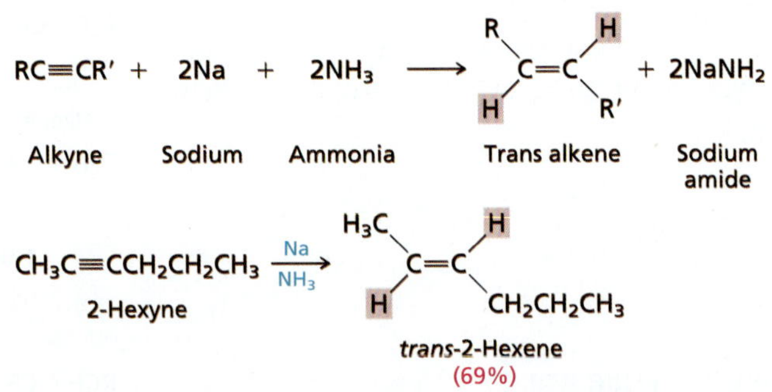

산-촉매에 의한 수화 반응(6.13절)
물이 알카인의 삼중 결합에 첨가되면 불안정한 엔올 중간체를 거쳐 케톤이 생성된다. 엔올은 알카인이 Markovnikov 법칙에 따라 수화되어 생성된다. 생성된 엔올은 신속하게 케톤으로 이성질화된다.

$$RC{\equiv}CR' + H_2O \xrightarrow[Hg^{2+}]{H_2SO_4} RCH_2C(=O)R'$$
Alkyne, Water, Ketone

$$HC{\equiv}CCH_2CH_2CH_2CH_3 + H_2O \xrightarrow[HgSO_4]{H_2SO_4} CH_3C(=O)CH_2CH_2CH_2CH_3$$
1-Hexyne, Water, 2-Hexanone (80%)

보충문제

알켄 반응

6.19 1-펜텐(1-pentene)을 다음 각 시약과 반응시켰을 때 생성되는 주요 유기 생성물의 이름 또는 생성물들의 구조를 그리시오.

(a) 염화 수소(Hydrogen chloride)
(b) 브로민화 수소(Hydrogen bromide)
(c) 묽은 황산(sulfuric acid)
(d) 브로민(Bromine)
(e) 브로민 수용액

6.20 2-메틸-2-뷰텐(2-methyl-2-butene)을 사용하여 문제 6.19를 반복하시오.

6.21 1-메틸사이클로헥센(1-methylcyclohexene)을 사용하여 문제 6.19를 반복하시오.

6.22 (a) 촉매 수소첨가 반응에 의해 2,2,3,4,4,-펜타메틸펜테인(2,2,3,4,4-pentamethylpentane)을 생성하는 알켄은 몇 가지인지 쓰시오.
(b) 2,3-다이메틸뷰테인(2,3-dimethylbutane)을 생성하는 알켄은 몇 가지인지 쓰시오.
(c) 메틸사이클로뷰테인(methylcyclobutane)을 생성하는 알켄은 몇 가지인지 쓰시오.

6.23 두 가지 알켄이 수소첨가 반응을 거쳐 *cis*- 및 *trans*-1,4-다이메틸사이클로헥세인(1,4-dimethylcyclohexane) 혼합물을 생성한다. 그러나 세 번째 알켄은 *cis*-1,4-다이메틸사이클로헥세인만을 생성한다. 이 화합물은 무엇인지 쓰시오.

6.24 두 가지의 다른 알켄으로부터 분자식이 $C_5H_{12}O$인 삼차 알코올을 제조하는 반응식을 기술하시오.

6.25 굽은 화살표를 사용하여 전자의 흐름을 나타내어 브로민화 수소가 2-메틸-2-뷰텐과 반응하는 메커니즘을 쓰시오.

6.26 염화 수소가 2-메틸프로펜에 친전자성 첨가되는 반응은 *tert*-뷰틸 클로라이드(*tert*-butyl chloride)의 E1 또는 E2 제거 반응의 역인지 나타내시오.

6.27 브로민의 질량이 82인 동위원소(^{82}Br)는 방사선 원소이며, 화학 반응과 생물학적 전환 과정에서 각 원자의 기원과 이동을 확인하는 추적자로 사용된다. 일반(비방사성) 1-브로모사이클로헥센(1-bromocyclohexene)에 ^{82}Br-^{82}Br을 첨가하여 1,1,2-트라이브로모사이클로헥세인(1,1,2-tribromocyclohexane)의 시료를 제조하였다. 생성된 1,1,2-트라이브로모사이클로헥세인에 존재하는 브로민 원자 중 방사성인 원자는 몇 개이며, 어느 것이 방사성인지 쓰시오.

짝지은 다이엔 반응

6.28 입체화학을 제외하고 다음 각 시약과 2,3-다이메틸-1,3-뷰타다이엔(2,3-dimethyl-1,3-butadiene)을 반응시켜 생성되는 주요 유기 생성물의 구조를 나타내시오.

(a) H_2(2몰), 백금 촉매
(b) 1몰 HCl(1,2 첨가 반응 생성물)
(c) 1몰 HCl(1,4 첨가 반응 생성물)
(d) 1몰 Br_2(1,2 첨가 반응 생성물)
(e) 1몰 Br_2(1,4 첨가 반응 생성물)
(f) 2몰 Br_2

6.29 1,3-사이클로헥사다이엔(1,3-cyclohexadiene)의 반응에 대해 문제 6.28을 반복하시오.

6.30 문제 6.28의 (b)와 (c)의 생성물은 동일한 탄소양이온 중간체로부터 만들어진다. 그 구조를 그리고, 두 생성물의 형성 과정을 설명하시오.

알카인 반응

6.31 1-헥사인을 다음의 시약과 반응시켜 얻을 수 있는 주 생성물의 구조를 쓰시오.

(a) 수소(2몰), 백금
(b) 수소(1몰), Lindlar 팔라듐
(c) 액체 암모니아 존재하의 소듐
(d) 액체 암모니아 존재하의 소듐 아마이드
(e) (d)의 생성물과 1-브로모뷰테인
(f) 염화 수소(1몰)
(g) 염화 수소(2몰)
(h) 황산 수용액, 황산 수은(II)

6.32 3-헥사인과 다음 시약을 반응시켜 얻을 수 있는 주 생성물의 구조를 쓰시오.

(a) 수소(2몰), 백금
(b) 수소(1몰), Lindlar 팔라듐
(c) 액체 암모니아 존재하의 소듐
(d) 염화 수소(1몰)
(e) 염화 수소(2몰)
(f) 황산 수용액, 황산 수은(II)

6.33 2-헵타인(2-heptyne)에 황산 수은(II)를 함유하는 황산 수용액으로 처리하면 분자식이 $C_7H_{14}O$인 두 생성물을 거의 같은 양으로 얻는다. 이들 두 화합물은 무엇인지 쓰시오.

6.34 문제 6.33에서 기술한 반응에서 생성되는 엔올 중간체의 구조를 쓰시오.

알켄과 알카인을 이용한 합성

6.35 제시한 출발 물질로부터 다음의 각 화합물을 제조하는 적합한 반응 과정을 제시하시오. 필요한 어떤 유기 또는 무기 시약을 사용해도 좋다.

(a) 2-메틸-2-헥산올(2-methyl-2-hexanol)로부터 2-메틸헥세인(2-methylhexane)
(b) 1-프로판올(1-propanol)로부터 2-프로판올(2-propanol)
(c) 2-브로모프로페인(2-bromopropane)으로부터 1,2-다이브로모프로페인(1,2-dibromopropane)
(d) 1,2-다이브로모프로페인(1,2-dibromopropane)으로부터 2,2-다이브로모프로페인(2,2-dibromopropane)
(e) 2-클로로-3-메틸뷰테인(2-chloro-3-methylbutane)으로부터 2-클로로-2-메틸뷰테인(2-chloro-2-methylbutane)
(f) 2-메틸-2펜탄올(2-methyl-2-pentanol)로부터 3-브로모-2-메틸-2-펜탄올(3-bromo-2-methyl-2-pentanol)
(g) 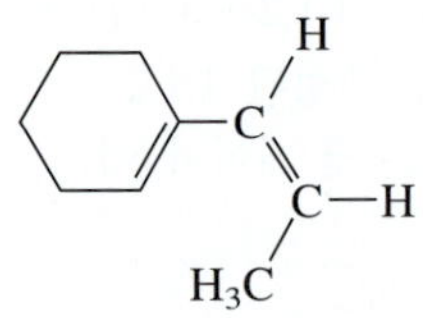 과 메틸 브로마이드(methyl bromide)로부터 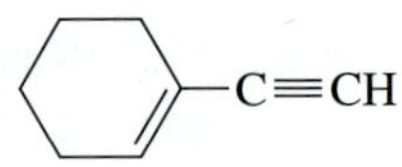

6.36 케톤 화합물인 2-헵탄온(2-heptanone)은 농축우유와 체다치즈를 포함한 많은 낙농 제품에서 나는 냄새의 원인 물질로 확인되었다. 아세틸렌과 필요한 유기 또는 무기 시약으로부터 2-헵탄온을 합성하는 방법을 기술하시오.

$$CH_3\overset{O}{\overset{\|}{C}}CH_2CH_2CH_2CH_2CH_3$$

2-Heptanone

6.37 (Z)-9-트라이코센[(Z)-9-Tricosene, (Z)-$CH_3(CH_2)_7CH{=}CH(CH_2)_{12}CH_3$]은 암컷 집파리의 성페로몬이다. 합성 (Z)-9-트라이코센을 미끼로 사용하여 수컷 파리를 살충제가 들어 있는 트랩으로 유인한다. 필요한 무기 시약과 함께 아세틸렌과 알코올을 출발 물질로 선택하여 (Z)-9-트라이코센을 제조할 수 있는 방법을 제시하시오.

6.38 화합물 A($C_7H_{15}Br$)는 일차 알킬 브로마이드가 아니며, 에탄올에서 에톡시화 소듐(sodium ethoxide)과 함께 가열하면 단일 알켄(화합물 B)을 생성한다. 화합물 B에 수소첨가 반응을 수행하면 2,4-다이메틸펜테인(2,4-dimethylpentane)이 생성된다. 화합물 A와 B의 구조를 나타내시오.

6.39 화합물 A와 B는 분자식이 $C_9H_{19}Br$인 이성질체이다. 두 화합물을 *tert*-뷰톡시화 포타슘(potassium *tert*-butoxide)으로 처리하면 제거 반응의 유일한 생성물인 동일한 알켄 화합물 C를 생성한다. 알켄 화합물 C를 수소첨가 반응시키면 2,3,3,4-테트라메틸펜테인(2,3,3,4-tetramethylpentane)이 생성된다. 화합물 A와 B, 알켄 화합물 C의 구조는 무엇인지 쓰시오.

6.40 화합물 A($C_{10}H_{19}O$)는 산 존재하에서 가열하면 알켄 B와 C의 혼합물로 전환되는 삼차 알코올이다. B와 C를 촉매 수소첨가 반응시키면 동일한 생성물이 생성된다. 알코올 A와 알켄 C의 구조를 추론하시오.

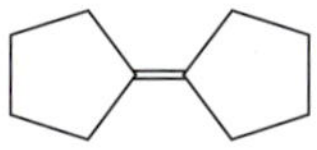

화합물 B

알코올의 반응: 탄소양이온

6.41 (a) 2-뷰탄올과 브로민화 수소의 반응을 나타내는 화학 반응식을 쓰시오.
(b) 이 반응의 단계적인 메커니즘을 쓰시오.

6.42 1-메틸사이클로헥산올(1-methylcyclohexanol)과 염화 수소의 반응을 문제 6.41처럼 풀어보시오.

6.43 다음 각 화합물 쌍 중에서 브로민화 수소를 처리할 때 더 신속하게 알킬 브로마이드로 전환되는 화합물을 고르시오.
(a) 1-뷰탄올 또는 2-뷰탄올
(b) 2-메틸-2-뷰탄올 또는 2-뷰탄올
(c) 2-메틸뷰테인 또는 2-뷰탄올
(d) 1-메틸사이클로펜탄올 또는 사이클로헥산올

6.44 다음 각 알코올이 염화 수소와 반응하여 형성되는 탄소양이온의 구조를 나타내고, 안정성이 감소하는 순으로 양이온을 배열하시오.

$(CH_3)_2CHCH_2CH_2OH$ $\quad$ $(CH_3)_2C(OH)CH_2CH_3$ $\quad$ $(CH_3)_2CHCH(OH)CH_3$

6.45 다음 탄소양이온 가운데 가장 안정한 것과 가장 덜 안정한 것은 무엇인지 쓰시오.

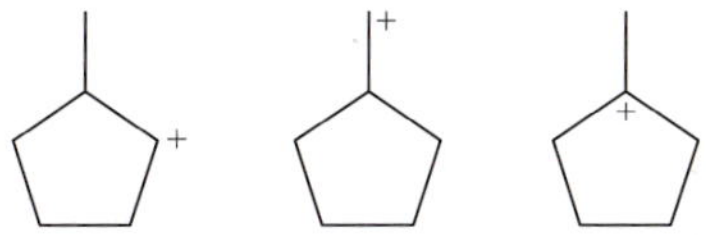

6.46 실험 결과 사이클로프로필(cyclopropyl) 양이온이 아이소프로필(isopropyl) 양이온보다 훨씬 더 안정하다는 것이 밝혀졌다. 그 이유를 무엇이라 생각하는지 설명하시오.

6.47 1-브로모-4-메틸사이클로헥세인(1-bromo-4-methylcyclohexane)의 두 입체이성질체는 *트랜스*-4-메틸사이클로헥산올(*trans*-4-methylcyclohexanol)을 브로민화 수소와 반응시킬

때 생성된다. 다음 화합물의 구조식을 쓰거나 분자 모형을 제시하시오.
(a) *trans*-4-메틸사이클로헥산올(*trans*-4-Methylcylohexanol)
(b) 이 반응에서 탄소양이온 중간체
(c) 1-브로모-4-메틸사이클로헥세인(1-bromo-4-methylcyclohexane)의 두 입체이성질체

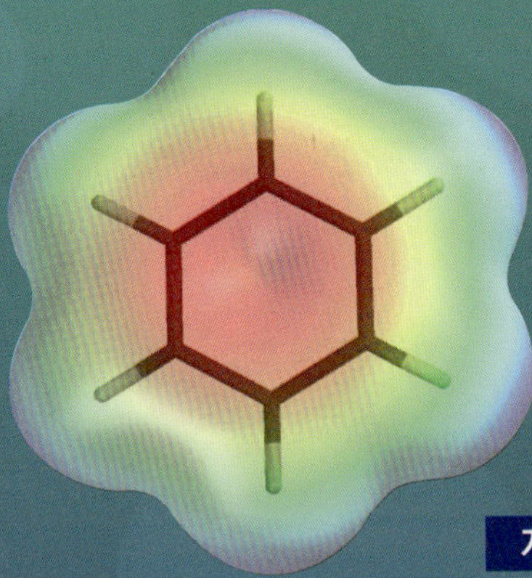

CHAPTER 07 방향족 화합물

개요

방향족 화합물 미리보기

반응성 법칙: 센염기는 센산 및 약산과 반응한다.
약염기는 센산과만 반응한다.

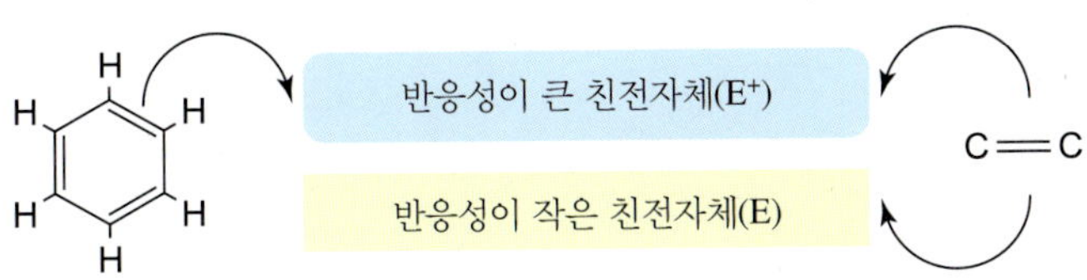

벤젠 = 반응성이 작음
반응성이 큰 친전자체와만 반응

알켄 = 반응성이 큼
두 친전자체와 모두 반응

예: Br−Br(반응성이 작음) $\quad Br{-}Br + FeBr_3 \longrightarrow [Br]^+[FeBr_4]^-$ (반응성이 큼)

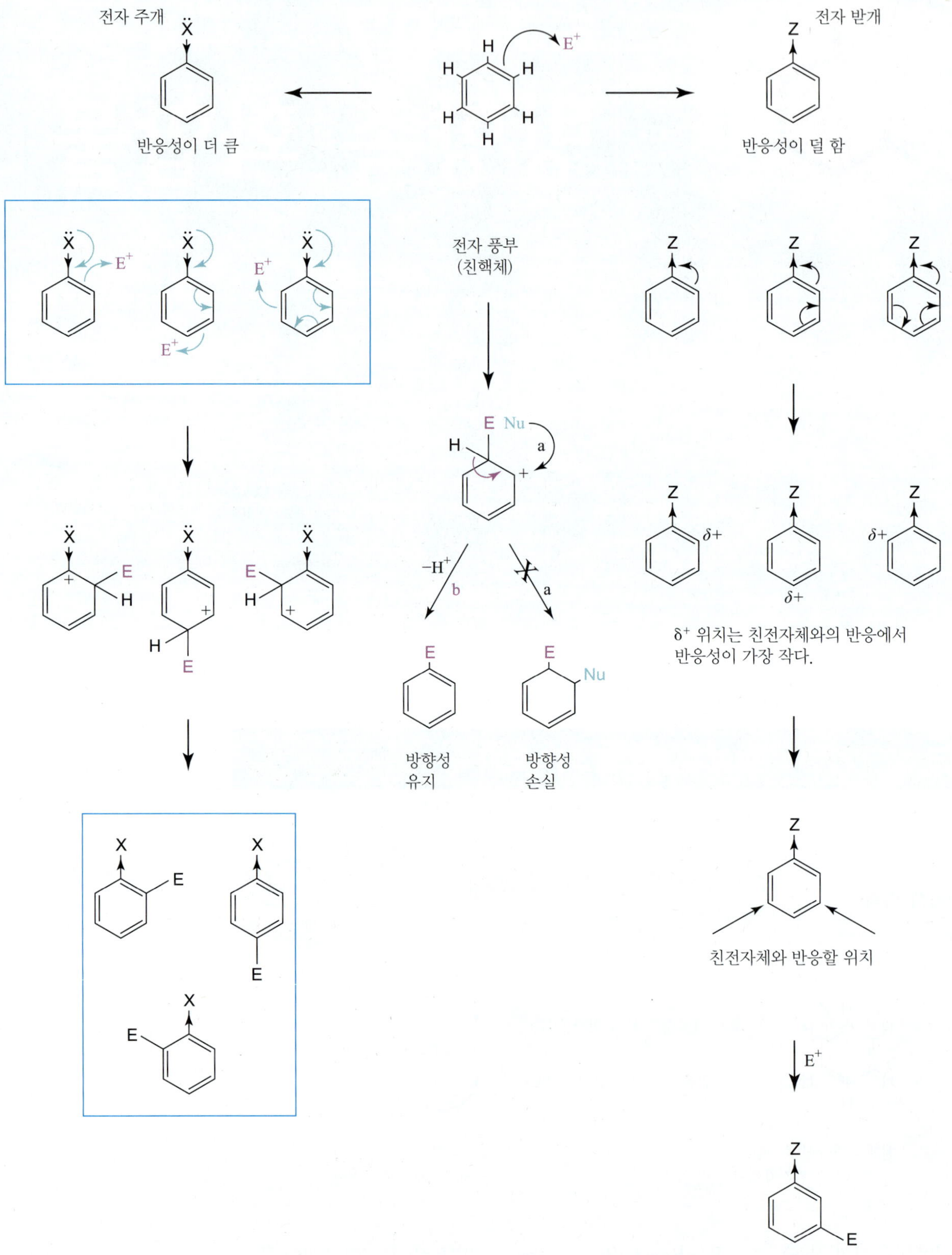
전자 주개
반응성이 더 큼
전자 받개
반응성이 덜 함
전자 풍부
(친핵체)
방향성
유지
방향성
손실
δ⁺ 위치는 친전자체와의 반응에서
반응성이 가장 작다.
친전자체와 반응할 위치

이 장에서는 방향족 화합물의 구조 및 주요한 반응을 소개하고자 한다. 시작하기에 좋은 장소는 **아렌**(arene)이라고도 하는 **방향족 탄화수소**(aromatic hydrocarbon)이다. 벤젠(benzene)과 톨루엔(toluene)은 가장 간단한 아렌의 두 예이다.

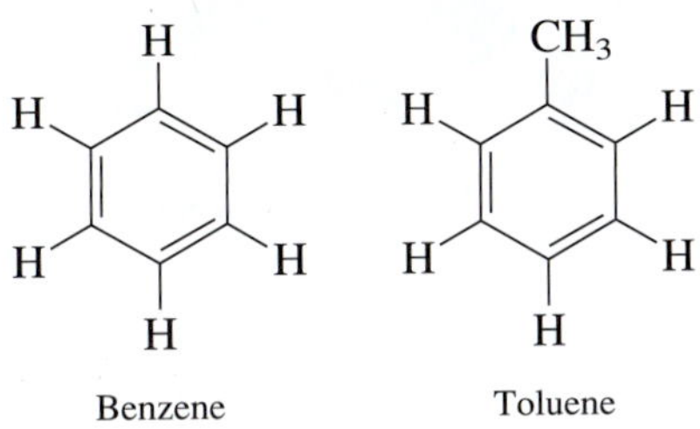

역사적으로 "방향성"이라는 말은 향기가 좋은 식물에 들어 있는 이러한 화합물의 출처를 의미하지만(다음에 나오는 상자 속 에세이 **방향족 화합물: 역사 및 응용** 참조), 벤젠의 구조와 안정성을 논의할 때 알게 되듯이 오늘날 이 용어는 매우 다른 의미를 가지고 있다.

방향족 화합물은 알켄이나 알카인 같은 불포화 지방족 화합물과는 그 화학적 성질이 매우 다르다. 알켄의 이중 결합에 첨가하는 많은 시약이 방향족 화합물과는 **친전자성 방향족 치환 반응**(electrophilic aromatic substitution)이라고 하는 반응을 수행한다. 이 반응이 이번 장의 주요한 주제의 하나이다.

7.1 벤젠의 구조와 결합

벤젠의 초기 구조식 중의 하나는 Kekulé가 1867년에 제안한 것이다. Kekulé는 여섯 탄소의 고리에서 단일 결합과 이중 결합이 번갈아 있으면서 각 탄소에 수소 하나가 결합되어 있는 구조를 제안하였다.

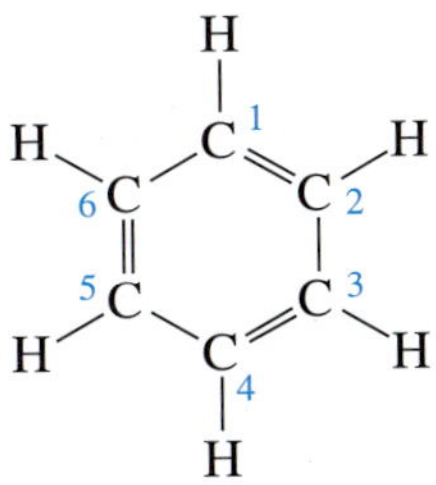

오늘날 우리는 Kekulé의 구조는 벤젠의 구조 및 반응성에 대한 모든 관찰을 설명하지 못한다는 것을 알고 있다. 그림 7.1에서 보듯이, 벤젠은 내부각이 120°인 정육각형이다. 즉, 여섯 탄소-탄소 결합 길이(140pm)는 단일 결합(146pm)과 이중 결합(134pm) 길이의 중간으로서 모두 **같다**. 이중 및 단일 결합이 번갈아 있는 Kekulé 구조로는 결합 길이가 모두 같다는 사실을 설명할 수 없다. 벤젠의 구조는 다음과 같이 두 동일한 **공명 구조**(resonance form)의 혼성체로 더 잘 나타낼 수 있다.

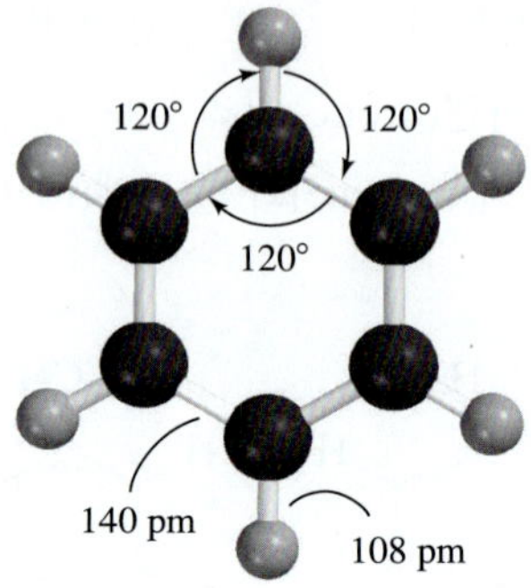

그림 • 7.1
벤젠의 결합 길이와 결합각

1861년에, 후에 Vienna 대학교의 교수가 된 바 있는 Johann Josef Loschmidt는 Kekulé가 오 년 후에야 제안한 벤젠의 구조와 비슷한 구조식을 소개한 저서를 개인적으로 발표하였다. Loschmidt의 책은 읽는 사람이 많지 않았기 때문에 그의 생각은 잘 알려지지 않았다.

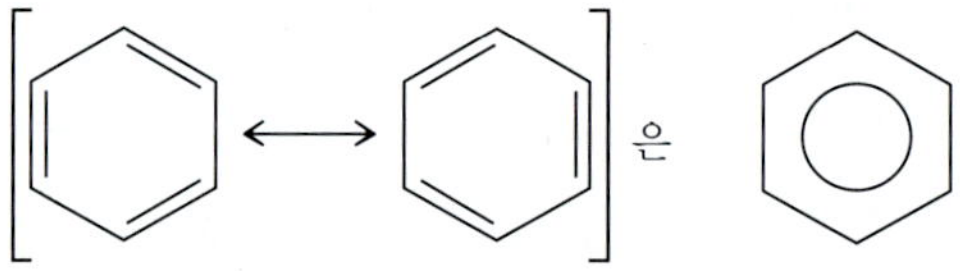

육각형의 안에 원을 그리는 것은 벤젠의 두 공명 구조를 나타내는 편리한 방법이다. 1.9절에 나온 것처럼 쌍촉 공명 화살은 평형 과정을 나타내지 **않는**다는 점을 기억하자. 이 화살은 **전자-비편재화**(electron-delocalized) 구조를 편재화 전자로 그린 Lewis 구조의 혼성으로 표현할 때 사용하는 방법일 뿐이다.

문제 7.1 톨루엔($C_6H_5CH_3$)과 벤조산($C_6H_5CO_2H$)의 구조식을 (a) 두 Kekulé 구조의 공명 혼성체로, (b) "고리 내 원" 기호로 그리시오.

벤젠은 그 쓰여진 구조식에 근거하여 예상되는 것보다 훨씬 반응성이 작다. 벤젠이 글자 그대로 "1,3,5-사이클로헥사트라이엔"이라고 하면 알켄과 비슷한 반응성을 보일 것이다. 사실, 벤젠은 알켄과 쉽게 반응하는 많은 시약들과 천천히 반응하거나 아니면 전혀 반응하지 않는다. 예를 들어, 벤젠 및 다른 아렌의 수소첨가 반응은 알켄이나 알카인의 수소첨가 반응보다 더 어렵다. 반응성이 낮다는 말은 더 안정하다는 의미이다. 단순히 폴리엔이었을 경우 기대되는 것보다 벤젠은 152kJ/mol(36kcal/mol)만큼 더 안정한 것으로 추측된다. 이러한 증가된 안정성을 **비편재화 에너지**(delocalization energy) 혹은 **공명 에너지**(resonance energy)라고 한다. 벤젠 및 그 유도체의 이러한 "특별한" 안정성이 **방향성**(aromaticity)이라는 용어의 현대적 정의이다.

7.2 벤젠의 결합에 대한 오비탈 혼성화 설명

벤젠은 평면이고, 결합각은 모두 120°이며, 각 탄소는 세 개의 다른 원자와 결합하고 있다는 사실로부터 탄소는 sp^2 혼성이고, 그림 7.2*a*에서 보는 σ 결합의 골격을 가질 것이라고 제안할 수 있다.

방향족 화합물: 역사 및 응용

벤젠은 1825년에 가로등을 밝히는 데 사용했던 기체에서 최초로 분리되었으며, 구 년 뒤에는 벤조산을 석회와 같이 가열하여 만들었다.

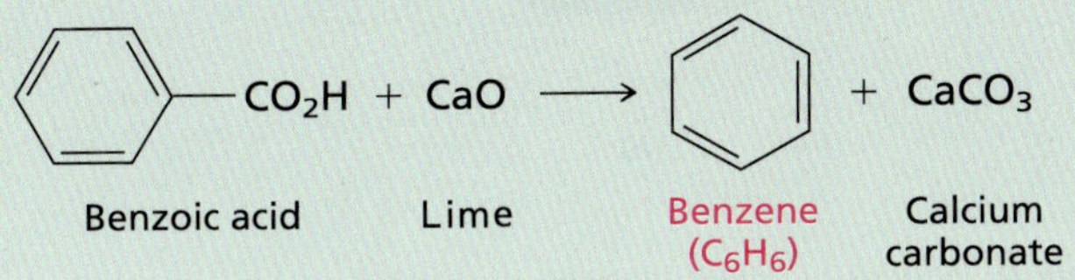

벤조산은 오랫동안 알려져 왔으며, 어떤 나무의 껍질에 들어 있는 수지성 물질로부터 분리할 수 있었다. 벤젠은 특별히 향이 좋은 화합물은 아니지만, 방향성 식물 추출액에서 발견되는 한 물질로부터 구할 수 있기 때문에 이 물질 및 관련된 화합물을 방향족 탄화수소(aromatic hydrocarbon)라고 부르게 되었다. 다음 세기 동안에는(약 1950년까지) 벤젠은 콜타르로부터 만들었다. 이 시기부터는 석유로부터 만들 수 있는 효과적인 방법이 개발되었다. 1999년에 미국에서의 벤젠 생산량은 약 9백만 톤이었다.

방향족 화합물인 물질들의 범위는 극히 다양하다. 가장 흔한 진통제(아스피린, 아세트아미노펜 및 이부프로펜)은 모두 벤젠 고리가 있다. 방향제로 사용하는 천연물에는 바닐린과 티몰과 같은 방향족 화합물이 있다. 다른 방향족 화합물에는 항생제(예를 들어, 설파벤즈) 및 식품 첨가제[뷰틸화 하이드록시톨루엔(butylated hydroxytoluene, BHT 같은]가 있다.

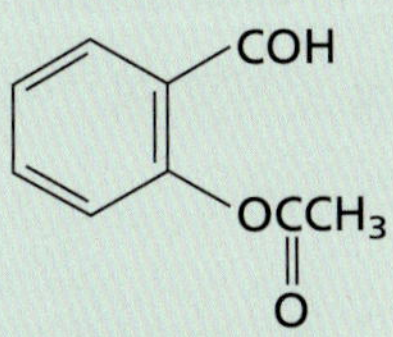

Acetylsalicylic acid
(아스피린)

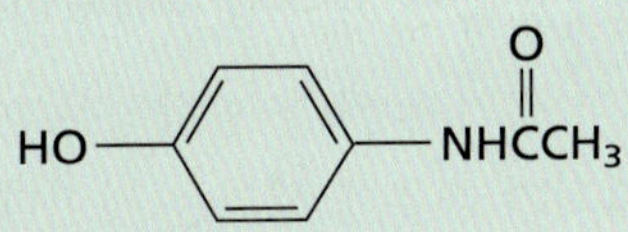

Acetaminophen
(타이레놀 진통제)

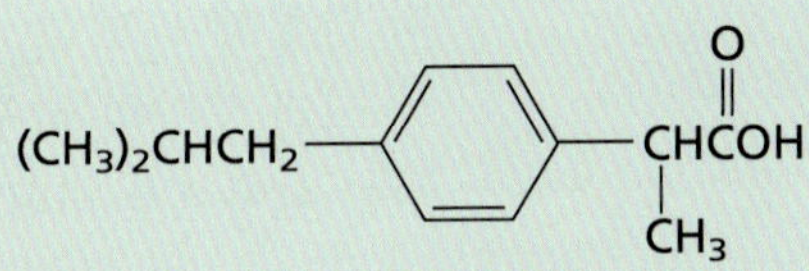

Ibuprofen
(모트린, 아드빌 진통제)

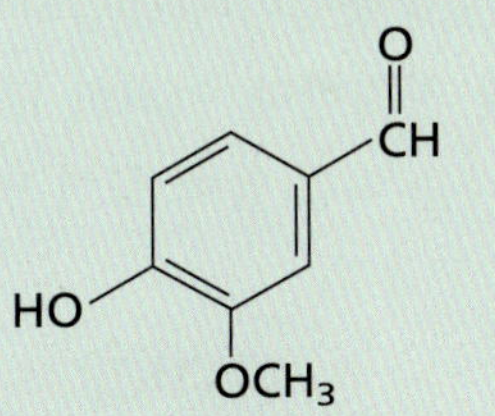

Vanillin
(바닐라의 주 향료 성분)

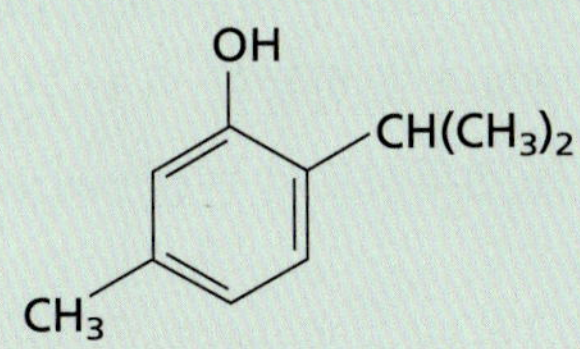

Thymol
(백리향 향초에서 발견)

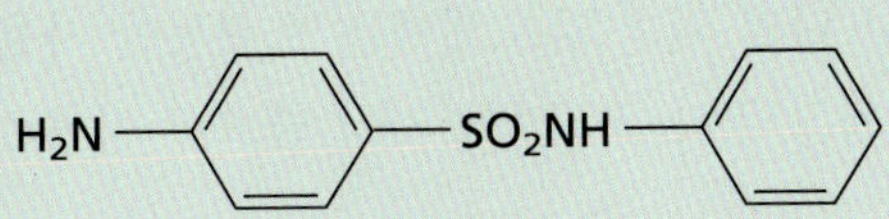

Sulfabenz
(설파 항생제)

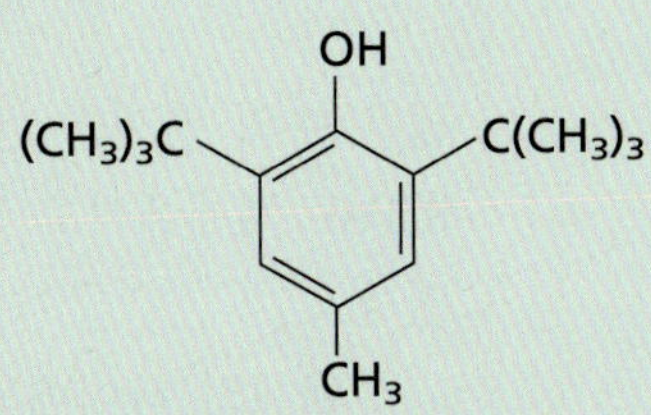

BHT
(식품 보전제로 사용되는 산화방지제)

그림 • 7.2
(*a*) 벤젠의 튜브 모형에서 볼 수 있는 결합의 골격은 σ 결합의 하나이다. (*b*) 각 탄소의 혼성은 sp^2이고, σ 골격에 수직인 2*p* 오비탈이 있다. 2*p* 오비탈이 겹치면 전체 고리를 아우르는 π계가 생긴다.

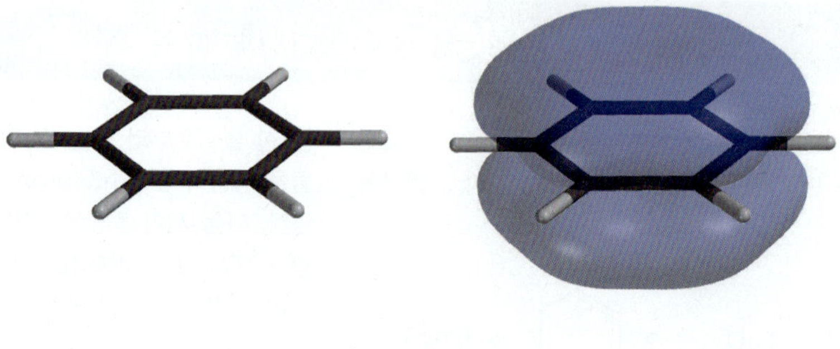

(*a*) (*b*)

각 탄소에는 세 개의 sp^2 혼성 오비탈 이외에 π 결합에 참여할 수 있는, 절반이 채워진 2*p* 오비탈이 있다. 그림 7.2*b*는 이러한 2*p* 오비탈의 겹침으로 생기는 연속적이고 모든 탄소를 아우르는 π계를 보여 주고 있다.

앞에서 보았듯이(1.9절 및 5.2절) π 전자가 여러 개의 탄소 원자에 걸쳐 비편재화되면, 이 분자는 이들 전자가 편재화되어 더 작은 수의 핵과의 인력을 느끼는 경우보다 더 안정하다. 벤젠 고리에서 π 전자가 비편재화되면 고리의 모든 여섯 탄소를 포함하는 고리 모양의 π 구름이 생기게 된다. 방향성은 여섯 π 전자로 이루어진 짝지은 계가 고리 모양으로 비편재화되기 때문에 생기는 것이다.

7.3 벤젠의 치환 유도체와 명명법

벤젠 고리가 있는 모든 화합물은 방향성이며(특별히 안정하다) 벤젠의 치환 유도체는 방향족 화합물의 가장 큰 부류를 차지한다. 이러한 많은 수의 화합물은 치환기의 이름을 접두사로서 **벤젠**(*benzene*)이라는 이름 앞에 붙여 명명한다.

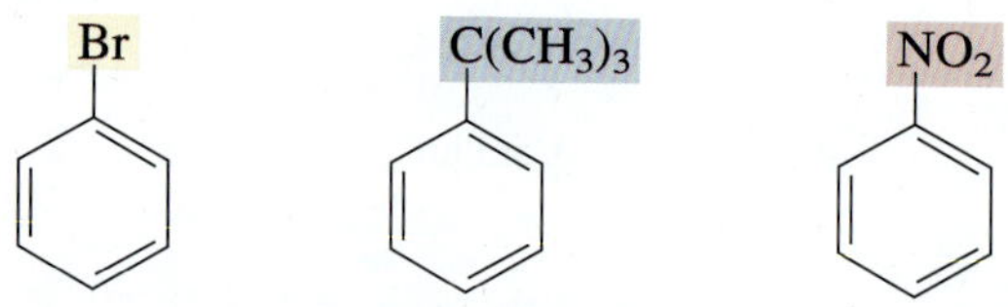

Bromobenzene *tert*-Butylbenzene Nitrobenzene

많은 수의 벤젠의 간단한 단일 치환 유도체에는 오랫동안 사용했던 관용명이 있으며, IUPAC 체계에서도 사용되고 있다. 표 7.1에 가장 중요한 이름과 상업적 용도를 수록하였다.

벤젠의 다이메틸 유도체를 **자일렌**(xylene)이라고 하며, 벤젠에는 세 가지 자일렌 이성질체가 있다. 즉, 오쏘(*ortho*)(*o*)-, 메타(*meta*)(*m*)-, 파라(*para*)(*p*)- 치환 유도체이다.

표 7.1	자주 접하는 벤젠의 유도체	
구조	관용명*	상업적 이용
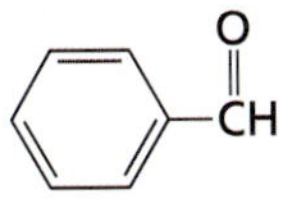	벤즈알데하이드 (Benzaldehyde)	화학 중간체 및 합성 향료의 성분으로 이용
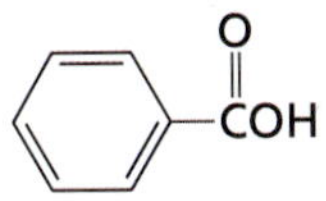	벤조산 (Benzoic acid)	소듐염은 음식 보존제로 사용된다
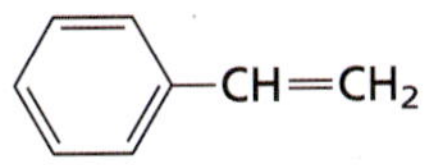	스타이렌 (Styrene)	폴리스타이렌과 스타이로폼 플라스틱의 기본 성분
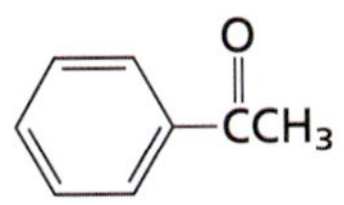	아세토페논 (Acetophenone)	오렌지꽃 향기와 비슷한 냄새를 주기 위하여 향료에서 사용
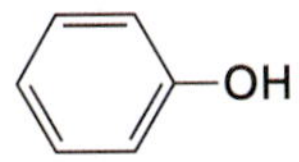	페놀 (Phenol)	살균제 및 일반적 소독약으로 사용; 또한 에폭시 수지의 한 성분
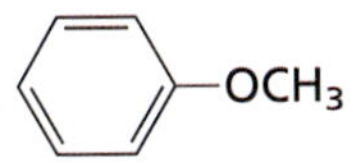	아니솔 (Anisole)	향료와 향신료 합성에서의 중간체
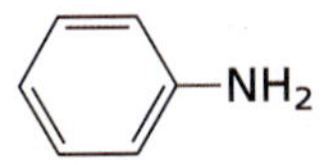	아닐린 (Aniline)	염료, 유레탄 폼 및 사진용 화학 물질의 합성에서의 중간체

* 이들 관용명은 IUPAC 명명에서 허용되며, 이 교재에서 사용될 이름이다.

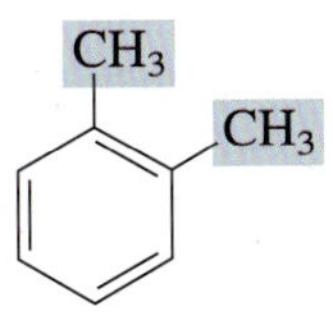

o-Xylene
(1,2-dimethylbenzene)

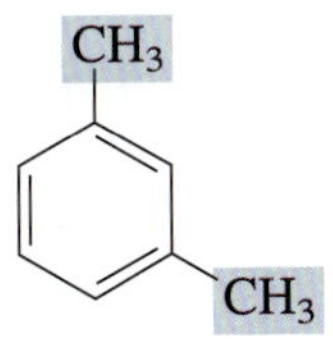

m-Xylene
(1,3-dimethylbenzene)

p-Xylene
(1,4-dimethylbenzene)

접두사 **오쏘**(*ortho*)는 1,2-이치환 벤젠 고리, **메타**(*meta*)는 1,3-이치환, **파라**(*para*)는 1,4-이치환을 나타낸다. 어떤 물질을 벤젠 유도체로서 명명할 때라든지 특정한 기초명(아세토페논 같은)을 사용하는 경우에는 약어 *o*, *m*, *p*를 쓸 수 있다. 예를 들면, 다음과 같다.

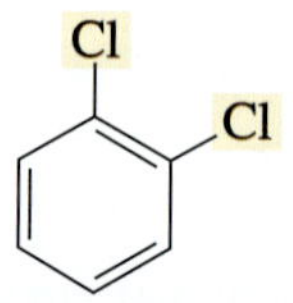

o-Dichlorobenzene
(1,2-dichlorobenzene)

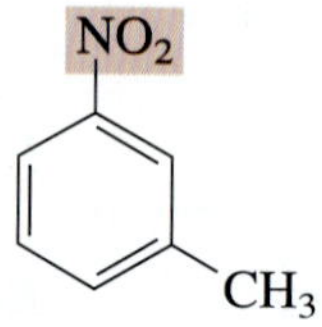

m-Nitrotoluene
(3-nitrotoluene)

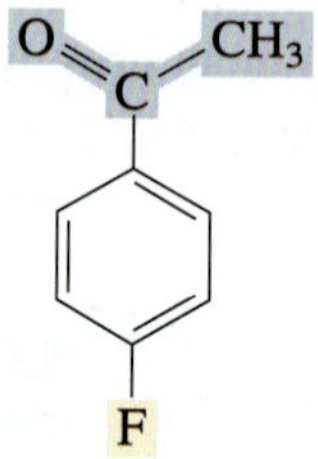

p-Fluoroacetophenone
(4-fluoroacetophenone)

문제 7.2 다음 각 화합물의 구조식을 쓰시오.

(a) *o*-에틸아니솔(*o*-Ethylanisole)
(b) *m*-클로로스타이렌(*m*-Chlorostyrene)
(c) *p*-나이트로아닐린(*p*-Nitroaniline)

풀이 (a) *o*-에틸아니솔의 어미 화합물은 아니솔이다. 표 7.1에서 보듯이 아니솔은 벤젠 고리에 메톡시(CH_3O—) 치환기가 있다. *o*-에틸아니솔의 에틸기는 메톡시 치환기가 있는 탄소 옆의 탄소에 연결되어 있다.

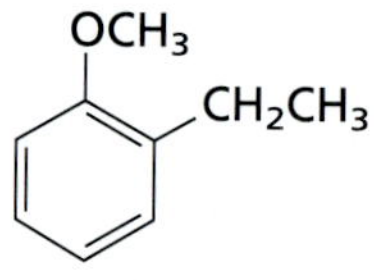

o-Ethylanisole

접두사 *o*, *m*, *p*는 벤젠에 세 개 이상의 치환기가 있을 경우에는 사용하지 **않는다**. 대신에 숫자 자리 번호를 써야 한다.

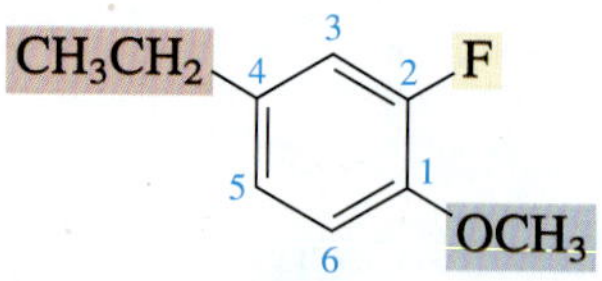

4-Ethyl-2-fluoroanisole

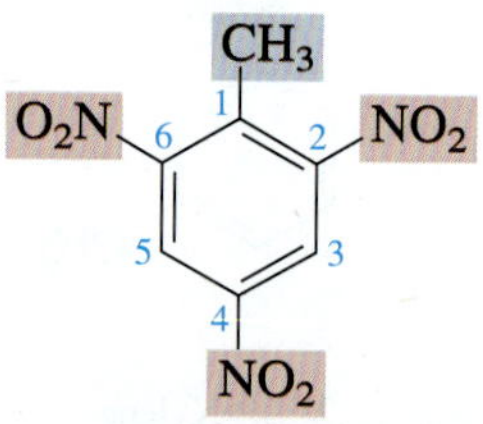

2,4,6-Trinitrotoluene

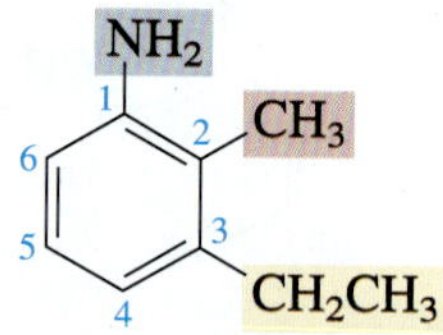

3-Ethyl-2-methylaniline

이들 예에서 벤젠 유도체의 기초명이 번호 매김을 시작하는 탄소를 결정한다. 즉, 아니솔은 C-1에 메톡시기가 있고, 톨루엔은 C-1에 메틸기, 아닐린은 C-1에 아미노기가 있다. 번호 매김의 방향은 치환기가 무엇인지는 상관 없이 다음 치환된 위치가 가장 낮은 번호를 가지도록 정한다.

이름에서 치환기가 나타나는 순서는 알파벳 순서이다.

벤젠 고리를 치환기로서 명명하는 경우에는 **페닐**(phenyl)이라는 글자가 C_6H_5—를 나타낸다. 비슷하게, 아렌의 치환기 이름은 **아릴**(aryl)기이다. **벤질**(benzyl)기는 $C_6H_5CH_2-$이다.

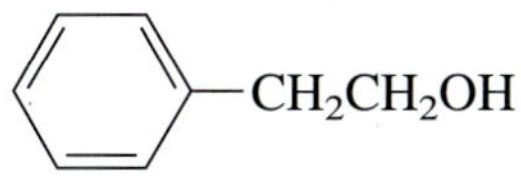

2-Phenylethanol

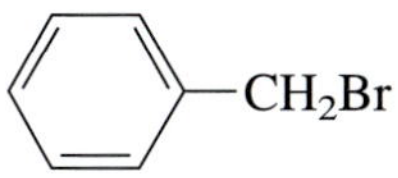

Benzyl bromide

7.4 여러고리 방향족 탄화수소

여러고리 방향족 탄화수소(polycyclic aromatic hydrocarbon)라고 하는 아렌의 한 부류에 속하는 화합물은 여러 벤젠 고리가 서로 접합되어 있기 때문에 공명 에너지가 상당히 크다.

나프탈렌, 안트라센, 페난트렌은 이 부류의 세 가지 가장 간단한 구성원이다. 이들은 모두 **콜타르**(coal tar)에 들어 있으며, 콜타르는 석탄을 공기 없이 고온(약 1,000°C)에서 가열하여 코크로 변환시킬 때 생기는 유기 물질의 혼합물이다. 나프탈렌은 **두고리**(bicyclic)이며, 그 두 벤젠 고리는 공통 면을 하나 공유하고 있다. 안트라센 및 페난트렌은 둘 다 **세고리**(tricyclic) 방향족 탄화수소이다. 안트라센은 세 고리가 "직선"형으로

나프탈렌은 80°C에서 녹으며, 쉽게 승화하는 흰색의 결정성 고체이다. 특이한 향이 있으며, 예전에는 나방 퇴치제로서 사용된 바 있다.

화학적 발암물질

발암물질(carcinogen)은 암을 일으킬 수 있는 물질이다. 최근에 암의 원인을 이해하고 암의 발생을 억제하는 방법을 찾기 위하여 많은 수의 화학적 발암물질이 상당한 연구의 대상이 되었다.

1775년에 영국의 외과 의사인 Percivall Pott는 굴뚝 청소부에서 발생하는 음낭암에 대하여 쓰면서 암이 생기는 원인을 검댕에 대한 노출이라고 탓하였다. 거의 150년 후에 검댕 추출액으로 칠한 생쥐에서 암이 발생한다는 실험들이 보고되었다. 1930년대에 이러한 실험 결과로 많은 수의 여러고리 방향족 탄화수소가 확인되었고, 첫 번째 화학적 발암물질로 규명된 벤조[*a*]파이렌이 분리되었다.

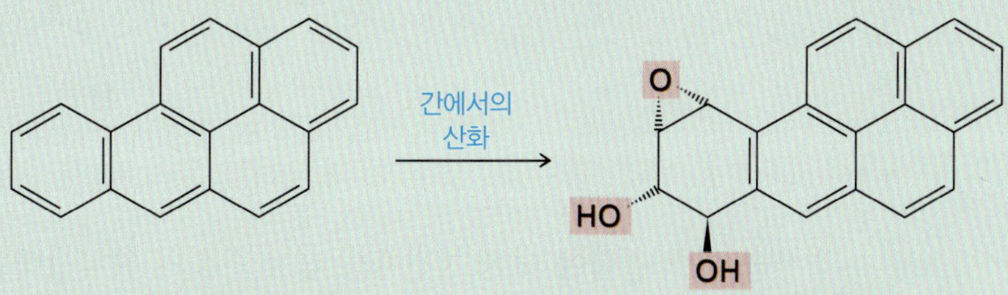

Benzo[*a*]pyrene　　A diol-epoxide

발암에 대한 최신의 이론에 의하면 벤조[*a*]파이렌 같은 화학 물질은 신체에서 산화되어 **대사물질**(metabolite)이라고 하는 다른 화합물로 변하며, 실제로 발암성 물질은 바로 이들 대사물질이다. 벤조[*a*]파이렌의 경우에는 간의 효소가 이를 세포 내의 DNA와 반응할 수 있는 다이올-에폭사이드로 변환시킨다. 이 반응이 세포 내에서 치명적인 아닌 변화인 **돌연변이**(mutation)를 일으키면 세포의 재생이 조절되지 못하여 결국에는 종양이 생기게 된다.

벤젠은 약한 발암물질임이 밝혀졌으며, 많은 양에 노출된 산업 근로자 사이에서 볼 수 있는 백혈병의 희귀한 형의 원인으로서 연루되고 있다. 벤조[*a*]파이렌과 비슷한 방법으로 벤젠도 에폭사이드 대사물질을 만든다. 이 반응은 10.12절에 나오는 상자 속 에세이에서 더 논의할 것이다.

접합되어 있고 "각이 진" 접합이 페난트렌의 특징이다. 나프탈렌, 안트라센, 페난트렌의 구조식과 치환 유도체를 명명할 때 사용하는 자리 번호가 다음에 나와 있다.

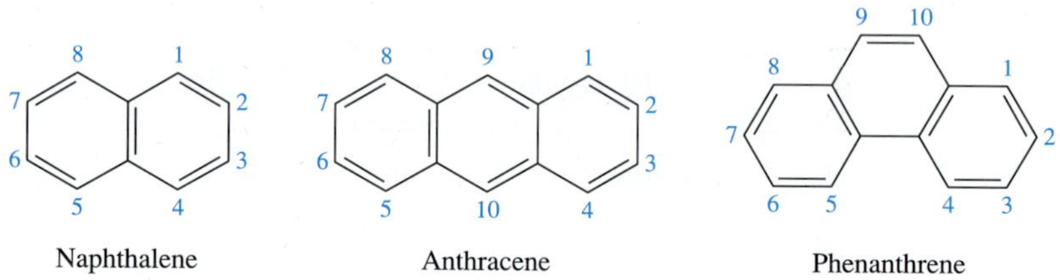

많은 수의 여러고리 방향족 탄화수소가 알려져 있다. 많은 것들이 실험실에서 합성되었으며, 몇몇은 산화 과정의 생성물이다. 예를 들어, 벤조[*a*]파이렌은 담배 연기, 숯불로 구운 음식 그리고 굴뚝의 검댕에 존재하며, 상자 속 에세이인 **화학적 발암물질** (*Chemical Carcinogen*)에서 논의하기로 한다.

7.5 방향족 결사슬 반응

벤젠 고리 자체에서 일어나는 반응을 살펴보기 전에 방향족 고리가 벤젠 고리의 곁사슬에서 일어나는 반응에 어떠한 영향을 주는지를 먼저 보기로 하자. 6장(6.8절)에서 짝지은 다이엔이 공명-안정화된 알릴성(알릴자리) 탄소양이온 중간체의 형성을 통하여 일어나는 첨가 반응을 어떻게 수행하는지를 보았다. 벤젠 고리에 인접한 탄소양이온도 공명-안정화되어 있으며, **벤질성(벤질자리) 탄소양이온**(benzylic carbocation)이라고 한다.

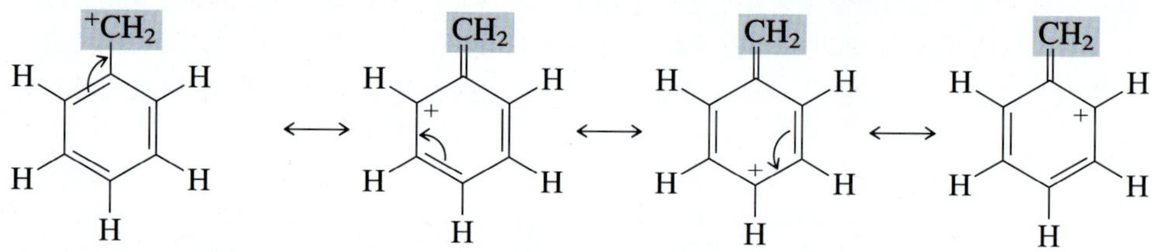

벤질 양이온의 가장 안정한 Lewis 구조

곁사슬 이중 결합에 대한 친전자성 첨가 반응의 위치선택성은 인접 탄소양이온을 안정화시키는 방향족 고리의 능력에 달려 있다. 이 점은 인덴(indene)에 대한 염화 수소의 첨가 반응에서 분명하게 볼 수 있다. 이 반응에서는 하나의 염화물만이 얻어진다.

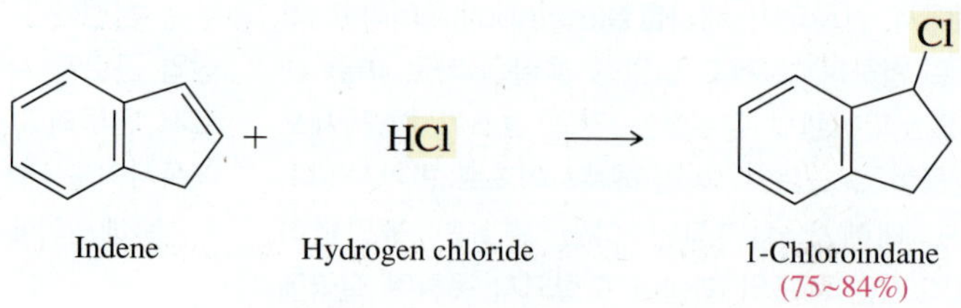

이중 결합에 대한 양성자 첨가 반응은 이차이면서 벤질성인 탄소양이온이 생기는 방향으로 일어나기 때문에 벤질성 염화물만이 생긴다.

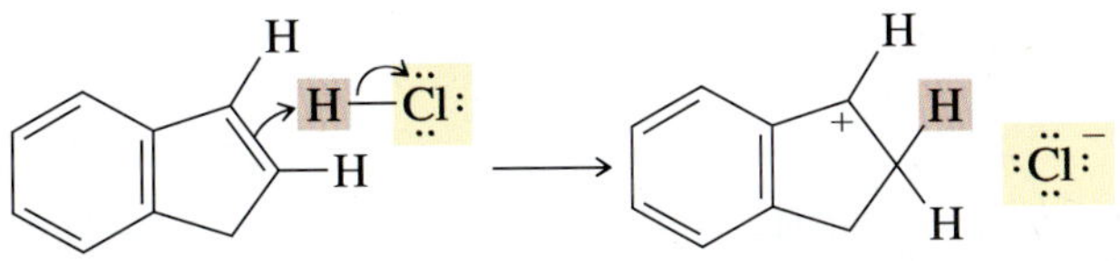

관찰된 생성물을 주는 탄소양이온

반대 방향으로 양성자가 첨가되어도 이차 탄소양이온은 생기지만, 벤질성은 아니다.

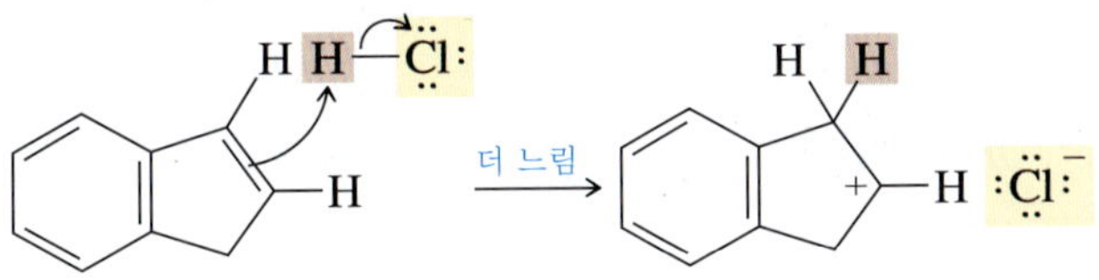

덜 안정한 탄소양이온

이 탄소양이온은 벤질성 이성질체가 가지고 있는 여분의 안정화를 받지 못하므로 더 천천히 생긴다. 첨가 반응의 위치는 탄소양이온 생성 속도에 의하여 조절된다. 즉, 더 안정한 벤질성 탄소양이온이 더 빠르게 생성되며, 이 이온에서 반응 생성물이 생기게 된다.

문제 7.3 2-페닐프로펜(2-phenylpropene)과 염화 수소(hydrogen chloride) 사이의 반응에서 얻어지는 생성물의 구조를 그리시오.

벤젠 고리가 벤질성 위치에서 일어나는 반응에 미치는 활성화 효과의 두드러진 예를 알킬벤젠과 산화제 사이의 반응에서 볼 수 있다. 예를 들어, 수용성 다이크로뮴산소듐(sodium dichromate)에 황산을 가하여 만드는 크로뮴산(chromic acid)은 강한 산화제이지만 벤젠이나 알켄과는 반응하지 않는다.

> 크로뮴산과 비슷하게 유기 화합물과 반응하는 다른 산화제는 과망가니즈산 포타슘(potassium permanganate, $KMnO_4$)이다.

$$RCH_2CH_2R' \xrightarrow[H_2O,\ H_2SO_4,\ \text{가열}]{Na_2Cr_2O_7} \text{반응이 없음}$$

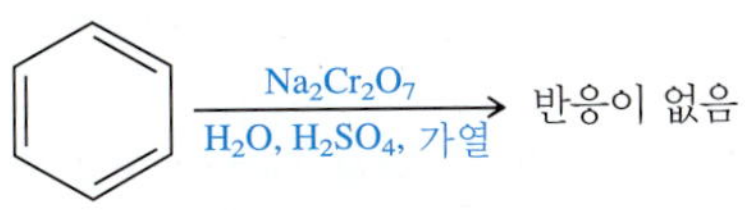

다른 한편으로, 벤젠 고리의 알킬 곁사슬은 크로뮴산과 같이 가열하면 산화된다. 생성물은 벤조산 혹은 벤조산의 치환 유도체이다.

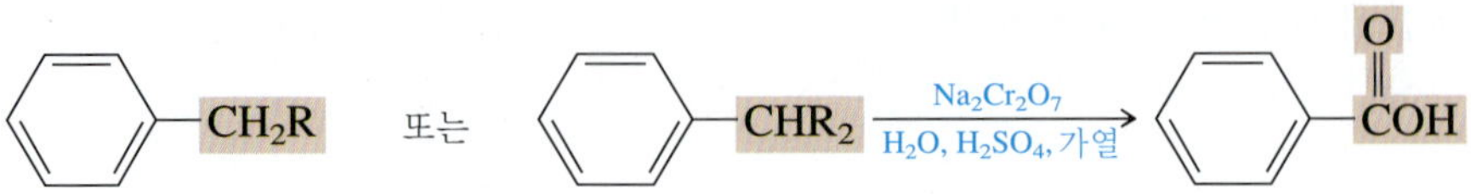

Alkylbenzene Benzoic acid

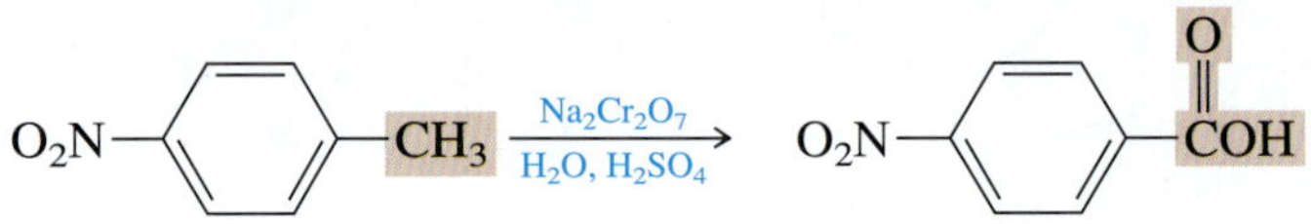

p-Nitrotoluene *p*-Nitrobenzoic acid (82~86%)

고리에 두 알킬 고리가 있다면 둘 다 산화된다.

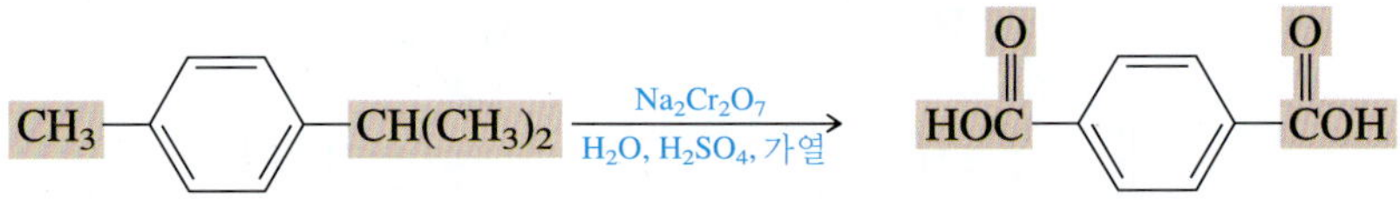

p-Isopropyltoluene *p*-Benzenedicarboxylic acid (45%)

알킬기는 사슬의 길이에 상관없이 고리에 직접 연결된 카복시기(—CO_2H)로 변환된다는 점에 유의하기 바란다. 한 가지 예외는 *tert*-알킬 치환기이다. 이 기에는 벤질성 수소가 없기 때문에 *tert*-알킬기는 이러한 조건에서 산화되지 않는다.

문제 7.4 4-*tert*-뷰틸-1,2-다이메틸벤젠을 크로뮴산으로 산화시키면 분자식이 $C_{12}H_{14}O_4$인 화합물만 얻어진다. 이 화합물은 무엇인가?

알킬 벤젠의 곁사슬 산화는 대사 과정에서 중요하다. 신체가 외부에서 들어오는 물질을 제거하는 방법 중의 하나는 간에서 소변으로 더 쉽게 배출되는 화합물로 이 물질을 산화시키는 것이다. 예를 들어, 톨루엔은 이러한 반응으로 벤조산으로 산화되며, 더 쉽게 신체에서 제거된다.

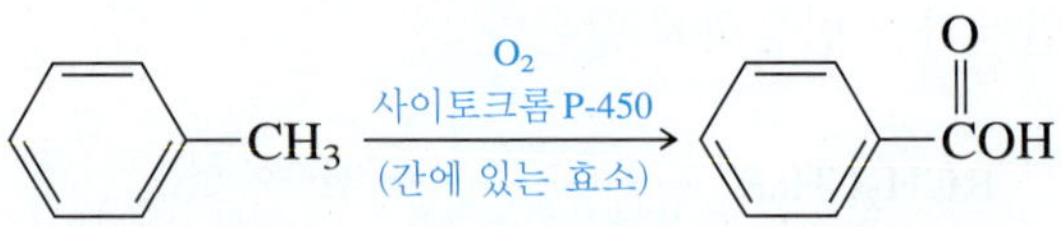

Toluene Benzoic acid

알킬 곁사슬이 없는 벤젠은 이러한 효소가 있을 때 DNA의 돌연변이를 유발할 수 있는 물질로 변환시키는 다른 반응이 일어난다(10장의 상자 속 에세이인 **에폭사이드와 화학적 발암물질** 참조). 벤젠은 발암성이나 톨루엔은 그렇지 않은 사실은 화학적 성질의 이러한 차이에서 유래하는 것처럼 보인다.

알켄일벤젠(alkenylbenzene)의 곁사슬 이중 결합을 촉매적 수소화 반응으로 환원시키는 반응은 방향족 고리의 수소화 반응보다 더 쉽게 일어나므로 고리를 건드리지 않으면서 높은 선택성으로 일어난다.

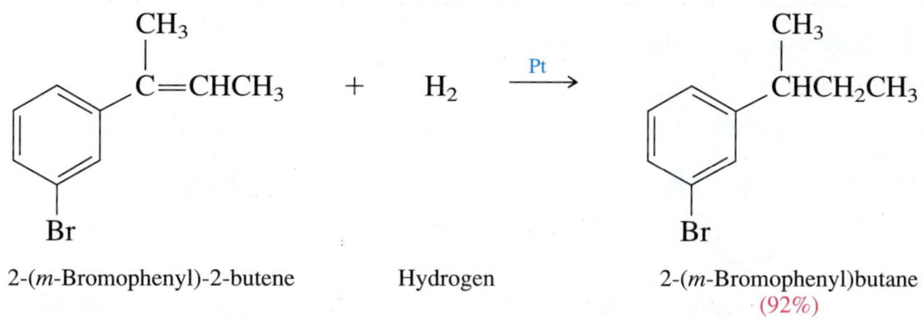

7.6 아렌의 반응: 친전자성 방향족 치환 반응

실험에 의하면 벤젠은 다른 불포화 화합물과는 다르게 반응한다고 밝혀졌다. 예를 들어, 알켄이 브로민 같은 시약과 **첨가**(*addition*) 반응을 수행하는 조건에서는 벤젠이 반응하지 않는다. 촉매가 있으면 반응이 일어나나 이 반응은 **치환**(*substitution*) 반응이다.

벤젠 및 그 유도체의 방향족 고리와 반응하는 시약은 **친전자체**(electrophile)라고 하는 전자-부족 화학종이다. 이미 친전자체가 알켄과 어떻게 반응하는지를 논의한 바 있다(6장). 친전자성 시약은 알켄에 **첨가**(*add*)한다.

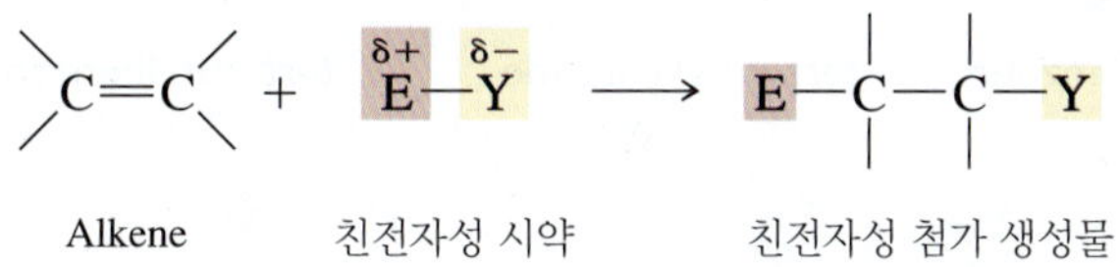

친전자체가 아렌과 반응할 때에는 다른 반응이 일어난다.

첨가 대신에 치환이 일어난다.

아렌을 일반식 ArH로 표현하면(Ar=아릴기) 시약의 친전자성 부분이 고리의 수소 하나를 치환한다.

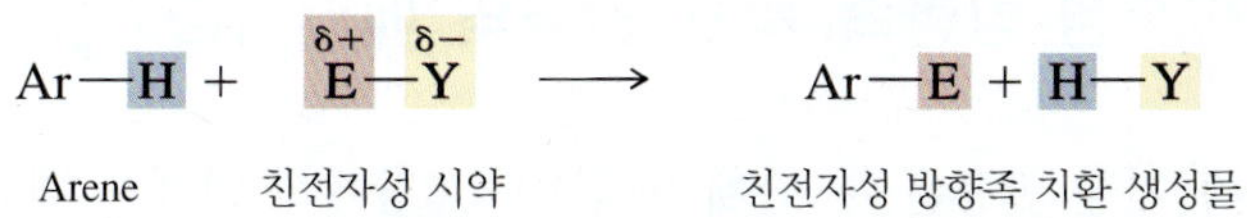

이러한 반응을 **친전자성 방향족 치환 반응**(electrophilic aromatic substitution)이라고 하며, 유기 화학의 기본 반응 중의 하나이다. 방향족 고리의 안정성 때문에 벤젠과 그 유도체들의 반응에서는 이 고리가 보존된다.

표 7.2에 자주 접하는 친전자성 방향족 치환 반응의 몇 가지 예가 나와 있다. 각 반응에서 기 하나가 벤젠의 수소 하나를 치환한다. 이들 각각의 반응은 이 장에서 앞으로 다룰 것이다.

표 7.2 벤젠의 대표적인 친전자성 방향족 치환 반응

반응과 설명	반응식
1. **나이트로화 반응** 벤젠을 질산과 황산의 혼합물과 함께 가열하면 나이트로벤젠이 생긴다. 나이트로기(—NO_2)는 고리 수소 하나를 치환한다.	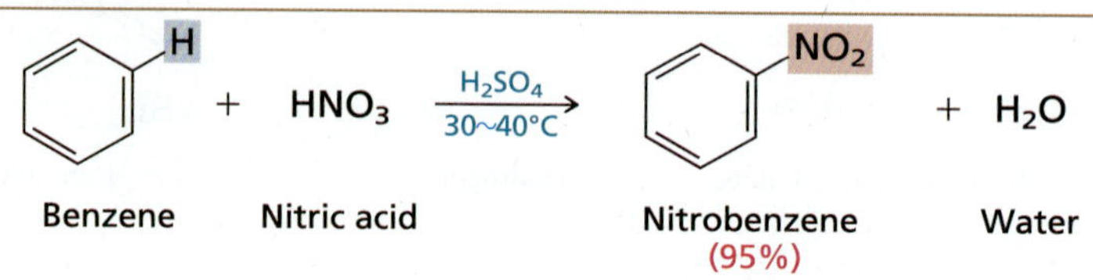
2. **설폰화 반응** 벤젠을 뜨거운 진한 황산과 함께 가열하면 벤젠설폰산이 생긴다. 설폰산 기(—SO_2OH)는 고리 수소 하나를 치환한다.	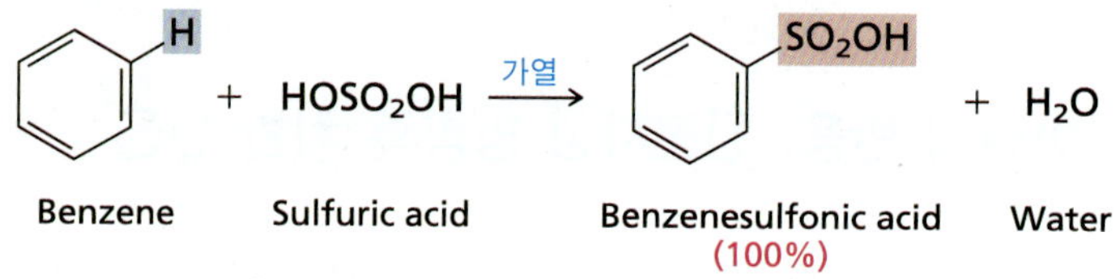
3. **할로젠화 반응** 벤젠이 브로민화 철(III) 촉매가 있으면 브로민과 반응하면 브로모벤젠이 생긴다. 염소도 염화 철(III)의 존재하에서 반응하면 클로로벤젠이 생긴다.	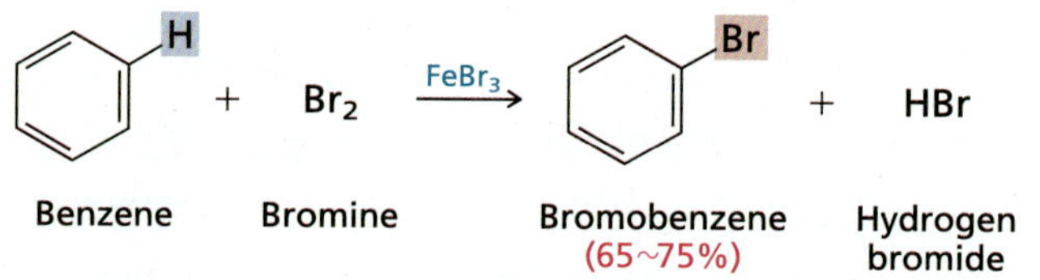
4. **Friedel-Crafts 알킬화 반응** 염화 알루미늄이 있을 때 알킬 할라이드가 벤젠과 반응하면 알킬벤젠이 생긴다.	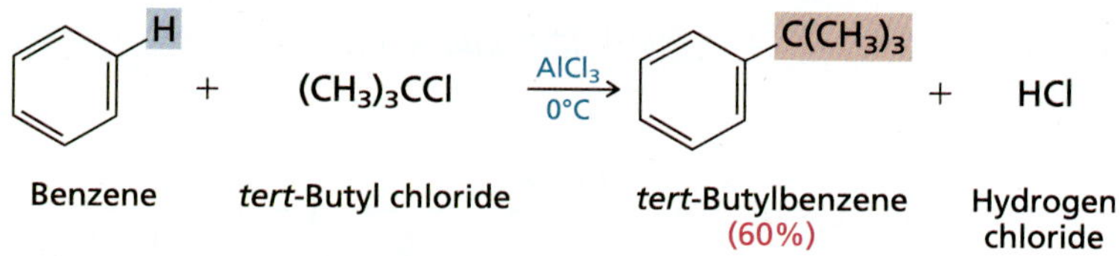
5. **Friedel-Crafts 아실화 반응** 아실 할라이드는 염화 알루미늄이 있다면 벤젠과 반응하며, 이 반응은 앞에 나온 반응과 비슷하다. 생성물은 아실벤젠이다.	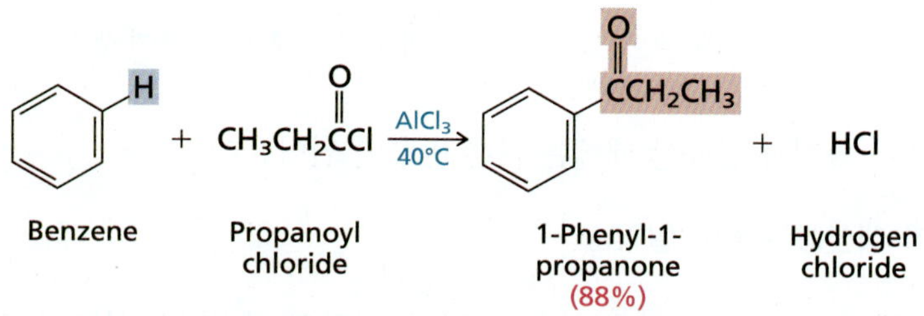

7.7 친전자성 방향족 치환 반응의 메커니즘

친전자성 방향족 치환 반응은 두 단계 반응이다. 6장에서 알켄에 대한 친전자성 첨가 반응의 첫 단계는 친전자체가 알켄의 π 결합에 첨가하여 생기는 탄소양이온의 생성인 점을 상기하기 바란다.

친전자성 시약과 벤젠과의 반응도 그 첫 단계는 비슷하다. 친전자체가 벤젠의 π계로부터 전자쌍을 받으면 탄소양이온이 생긴다.

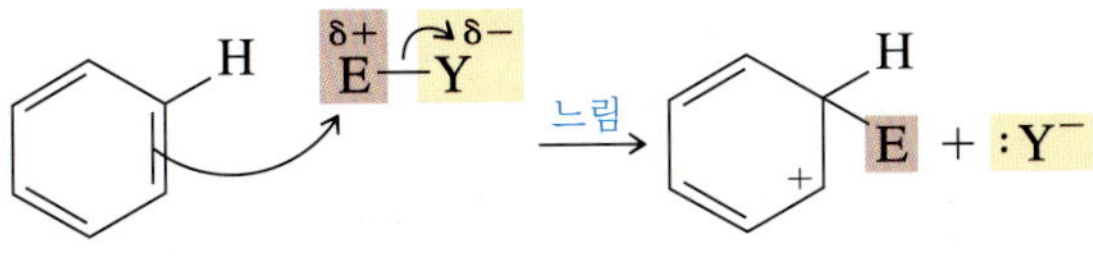

Benzene 및 친전자체 탄소양이온

이 특별한 탄소양이온은 알릴성 구조의 공명 안정화 이온이며, **사이클로헥사다이엔일 양이온**[cyclohexadienyl cation; 종종 **아레늄 이온**(arenium ion)이라고 부름]이다.

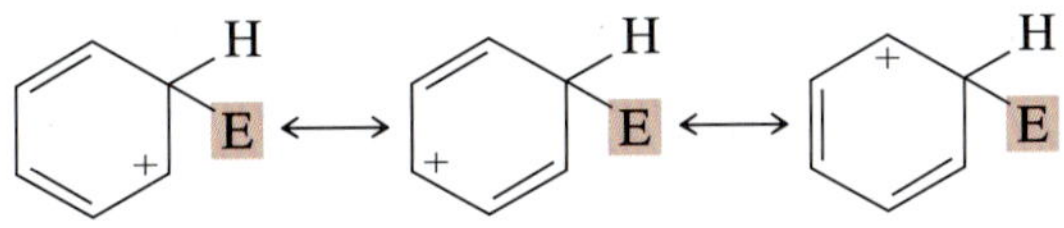

Cyclohexadienyl 양이온의 공명 구조

벤젠이 사이클로헥사다이엔일 양이온 중간체로 변환되면 벤젠의 대부분의 공명 안정화가 사라진다. 알릴성이지만 사이클로헥사다이엔일 양이온은 방향성이 아니며, 그 공명 안정화는 벤젠에 비해 훨씬 작다. 일단 생기면 이 양이온은 빠르게 양성자를 잃어버리면서 고리의 방향성을 회복하며, 결국에는 친전자성 방향족 치환 반응의 생성물이 얻어진다.

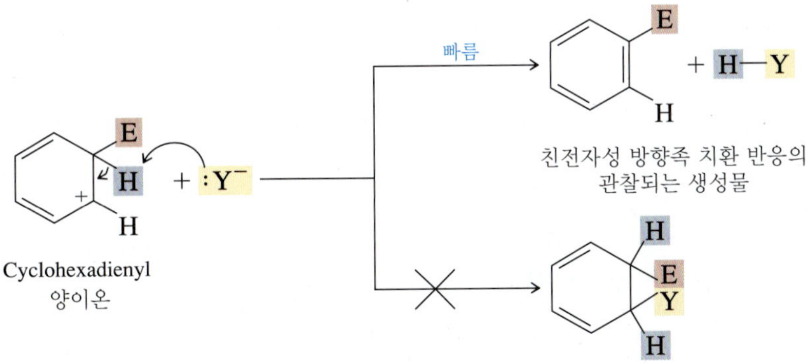

Lewis 염기(:Y⁻)가 친핵체로서 작용하여 탄소에 첨가되면 생성물은 비방향족 사이클로헥사다이엔 유도체일 것이다. 첨가 및 치환 생성물은 사이클로헥사다이엔일 양이온이 두 다른 반응 경로로 반응하여 생성되는 것이다. 첨가보다 치환이 더 잘 일어나는 이유는, 그래야지만 방향족 고리가 다시 생겨서 반응이 추진되기 때문이다.

그림 7.3에 친전자성 방향족 치환 반응의 일반적 메커니즘을 서술하는 위치 에너지 그림이 나와 있다. 2장(2.2절)에서 본 위치 에너지 그림과는 그 모양이 아주 다름에 유의하기 바란다. 이 절에서 기술하였듯이 친전자성 방향족 치환 반응은 두 단계로 일어난다. 첫 단계에서는 그림에서 두 최고점 사이의 에너지 최소점이 나타내는 사이클로헥사다이엔일 양이온 **중간체**(intermediate)가 생긴다. 각 반응 단계는 그 기본 단계의 **전이 상태**(transition state)인 에너지 최고점을 가지고 있다. 친전자성 방향족 치환 반응

의 첫 단계는 전체 반응에서 느린 단계이며, 그 활성화 에너지는 두 번째 단계보다 더 높다.

7.8 친전자성 방향족 치환 반응의 중간체

이제 표 7.2에서 소개한 친전자성 방향족 치환 반응을 벤젠을 공격하는 친전자성 시약을 더 자세히 살펴봄으로써 더 완전하게 논의하기로 하자.

나이트로화 반응

나이트로화 반응의 친전자성 시약은 **나이트로늄 이온**(nitronium ion)이라고 하는 NO_2^+이다.

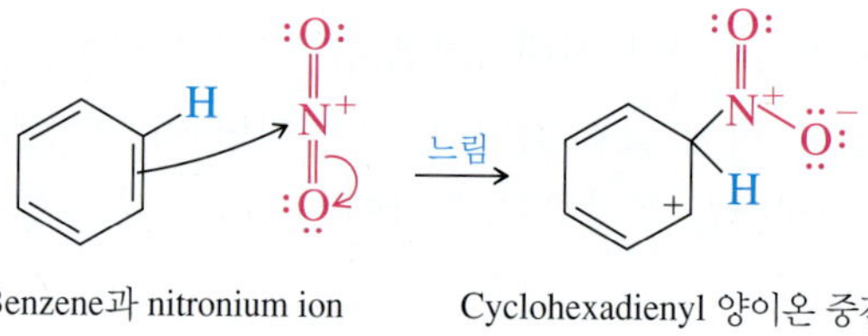

사이클로헥사다이엔일 양이온에서 양성자가 빠지면 나이트로벤젠이 생긴다.

그림 • 7.3
친전자성 방향족 치환 반응의 두 단계와 관련된 에너지 변화

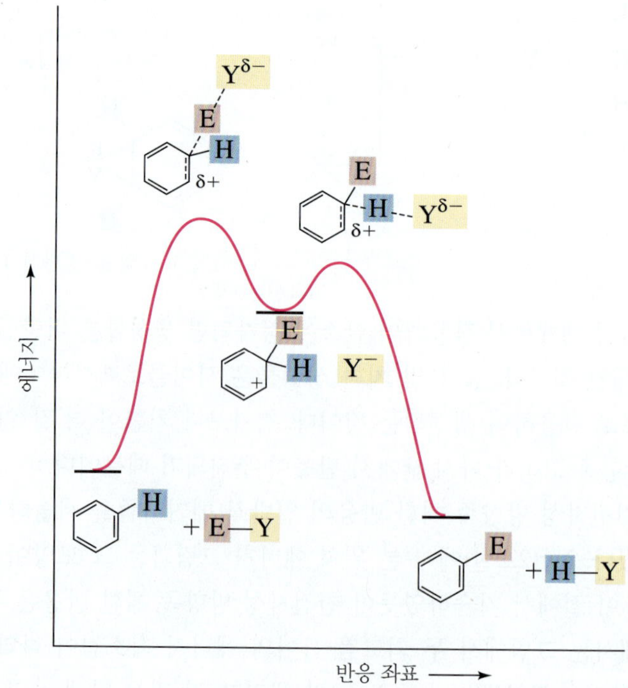

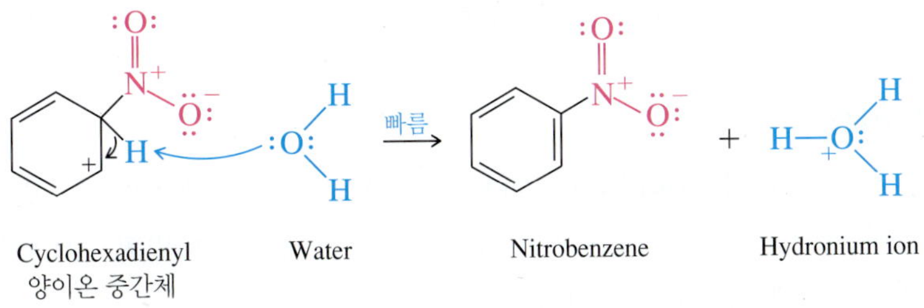

질산만으로는 벤젠의 나이트로화 반응이 상당한 속도로 일어나기에 충분히 높은 농도의 나이트로늄 이온이 생기지 않는다. 하지만 황산을 가하면 다음 반응식에서처럼 나이트로늄 이온이 생성된다.

$$HNO_3 + 2H_2SO_4 \longrightarrow NO_2^+ + H_3O^+ + 2HSO_4^-$$

문제 7.5 1,4-다이메틸벤젠(*p*-자일렌)[1,4-dimethylbenzene(*p*-xylene)]의 나이트로화 반응에서는 분자식이 $C_8H_9NO_2$인 생성물만 높은 수율로 얻어진다. 이 생성물은 무엇인가?

설폰화 반응

황산을 가열하면 삼산화 황(sulfur trioxide, SO_3)이 생기며, 이 물질이 방향족 고리를 공격하는 친전자체일 것이라고 생각된다.

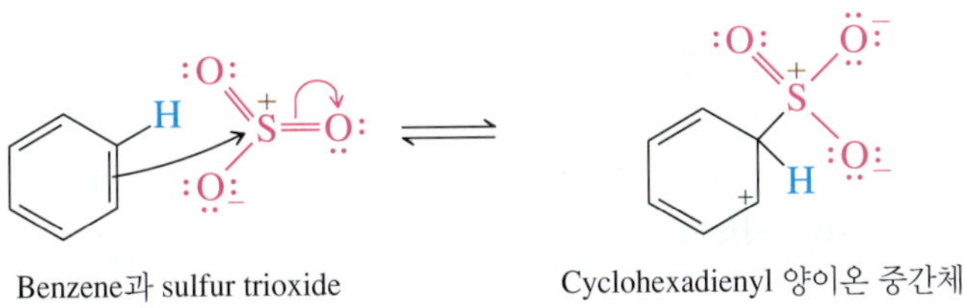

중간체의 sp^3-혼성 탄소에서 양성자가 떨어지면 고리의 방향성이 회복된다.

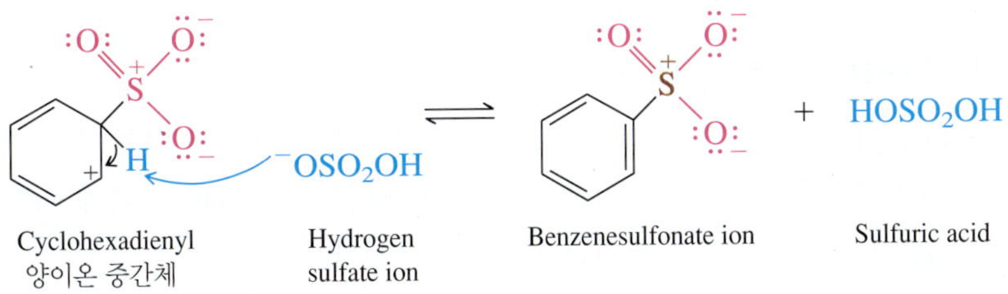

황산의 산소에서 양성자가 빠르게 벤젠설포네이트로 이동하면 반응이 완결된다.

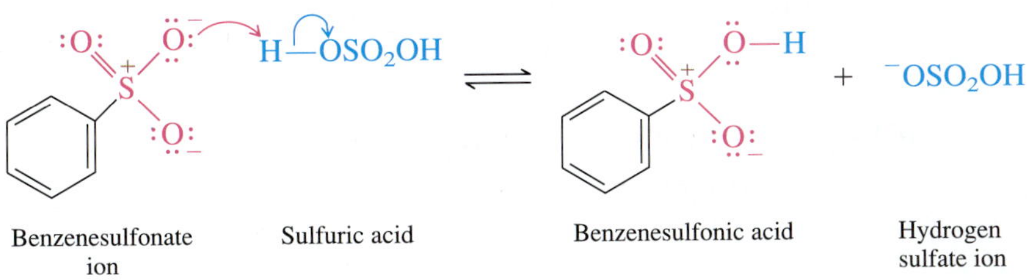

설폰화 반응은 세제의 제조에 사용되는 중요한 산업적 반응이다.

할로젠화 반응

할로젠화 반응은 **Lewis 산 촉매**(Lewis acid catalyst)가 있을 때 벤젠을 브로민이나 염소와 반응시키면 일어난다. 촉매로서 흔히 브로민화 반응에는 브로민화 철(III)($FeBr_3$), 염소화 반응에서는 염화 철(III)($FeCl_3$)이 쓰인다.

촉매가 필요한 이유는 할로젠 분자의 친전자성 성격을 증가시켜야 하기 때문이다. 브로민화 반응에 대하여 그린 것처럼 Lewis 산/Lewis 염기 착물이 생기면 이러한 일이 일어난다.

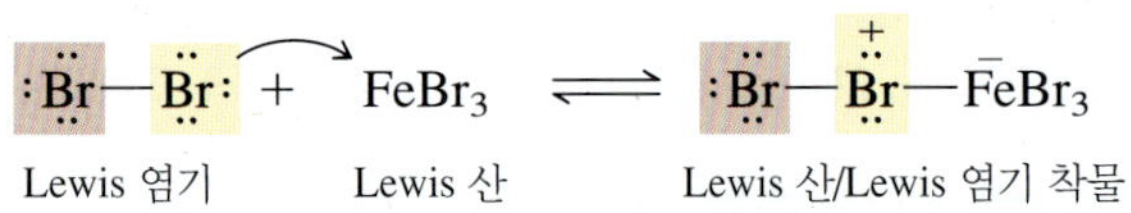

이 착물의 브로민–브로민 결합은 분극되어 있기 때문에 브로민이 더 좋은 친전자체가 된다.

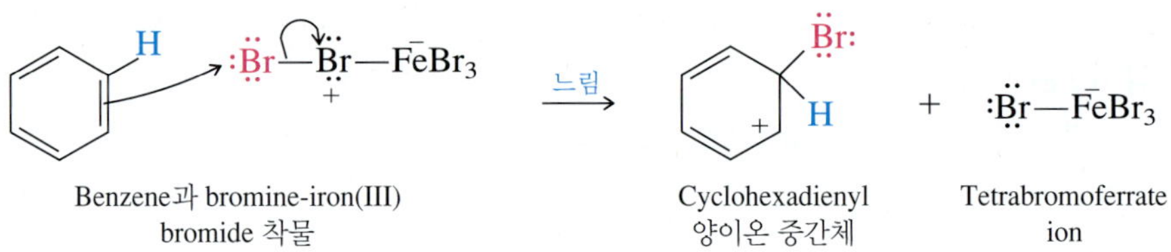

사이클로헥사다이엔일 양이온에서 양성자가 떨어지면 브로모벤젠이 생긴다.

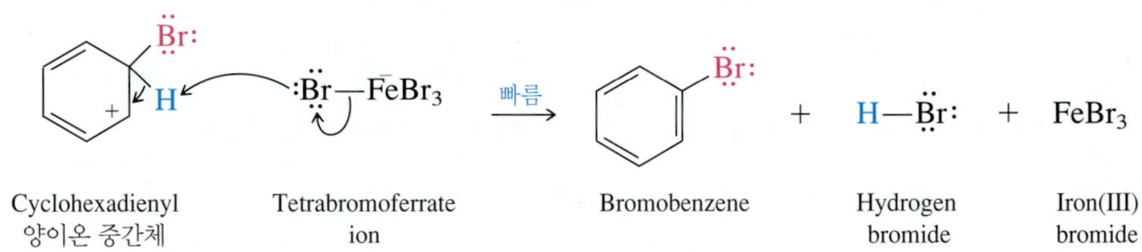

Friedel–Crafts 알킬화 반응

이 반응은 Friedel(프랑스)과 Crafts(Friedel의 실험실에서 연구하였던 미국 화학자)에 의하여 1877년에 발견되었다. 친전자체는 알킬 할라이드와 Lewis 산 촉매 역할을 하는 염화 알루미늄 사이의 반응에서 생기는 탄소양이온이다.

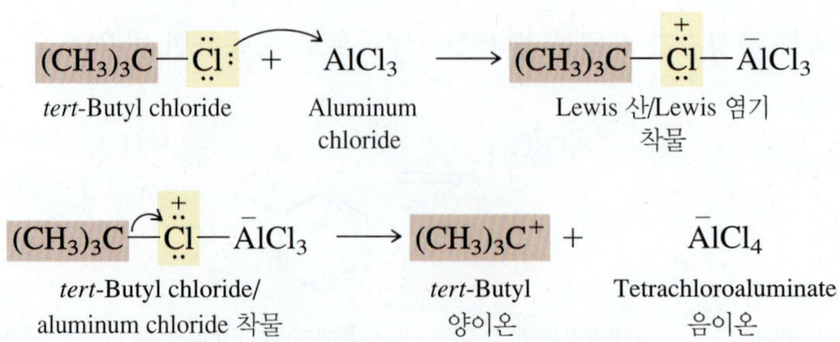

일단 생기면, 탄소양이온은 다른 친전자체와 비슷한 방식으로 벤젠과 반응한다.

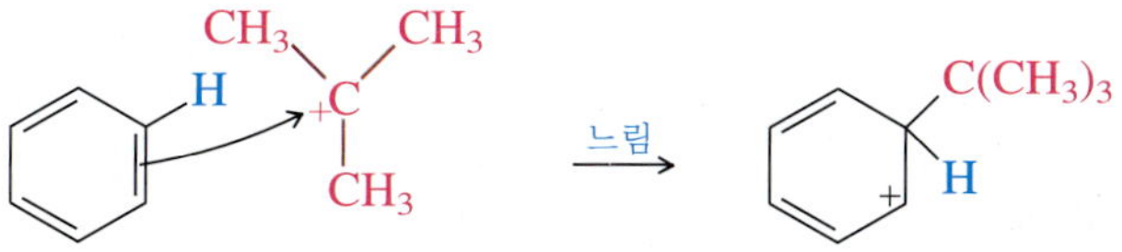

Benzene과 *tert*-butyl 양이온 Cyclohexadienyl 양이온 중간체

사이클로헥사다이엔일 양이온 중간체에서 양성자가 떨어지면 *tert*-뷰틸벤젠이 생긴다.

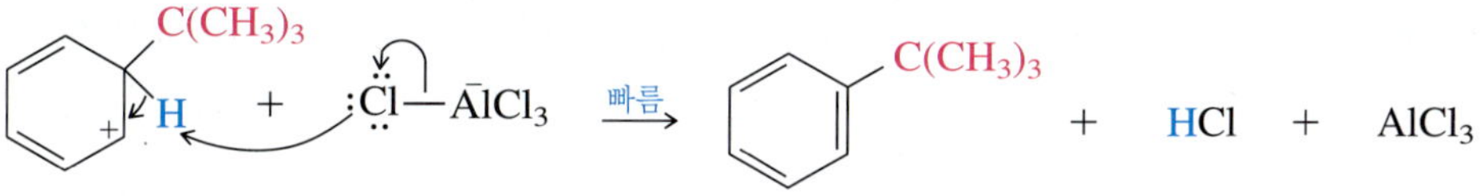

Cyclohexadienyl 양이온 중간체 · Tetrachloroaluminate ion · *tert*-Butylbenzene · Hydrogen chloride · Aluminum chloride

Friedel–Crafts 아실화 반응

Friedel-Crafts 알킬 반응과 약간 다른 반응에서는 **아실 클로라이드**(acyl chloride)를 사용하며, 생성물로서 케톤이 생긴다. 친전자체는 **아실륨 이온**(acylium ion)이라고도 하는 **아실 양이온**(acyl cation)이며, 아실 할라이드가 염화 알루미늄과 반응하여 생성된다.

> 아실 기의 일반식은 $\mathrm{R\overset{\overset{O}{\|}}{C}-}$이며, 여기서 R은 알킬 혹은 아릴기이다.

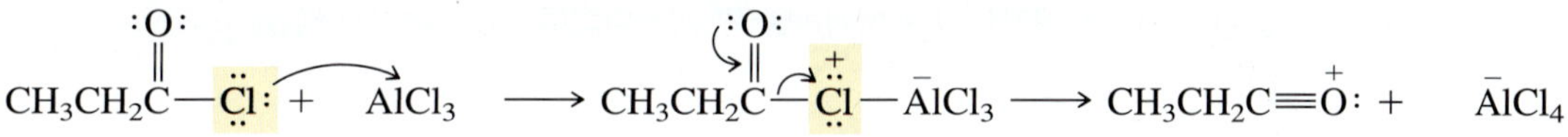

Propanoyl chloride · Aluminum chloride · Lewis 산/Lewis 염기 착물 · Propanoyl 양이온 · Tetrachloro aluminate ion

아실 양이온은 두 공명 구조로 표현할 수 있다.

더 안정한 공명 구조;
산소 및 탄소는 전자가 팔중항을 이룬다

아실 양이온의 친전자성 장소는 아실 탄소이다.

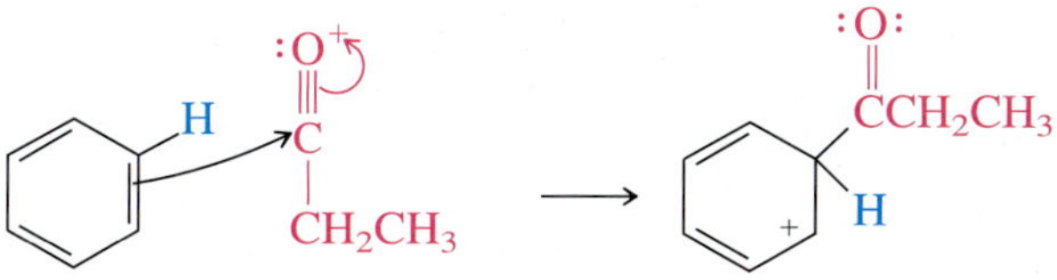

Benzene과 propanoyl 양이온 · Cyclohexadienyl 양이온 중간체

중간체가 양성자를 잃고 아실벤젠이 생기면 고리의 방향성이 회복된다.

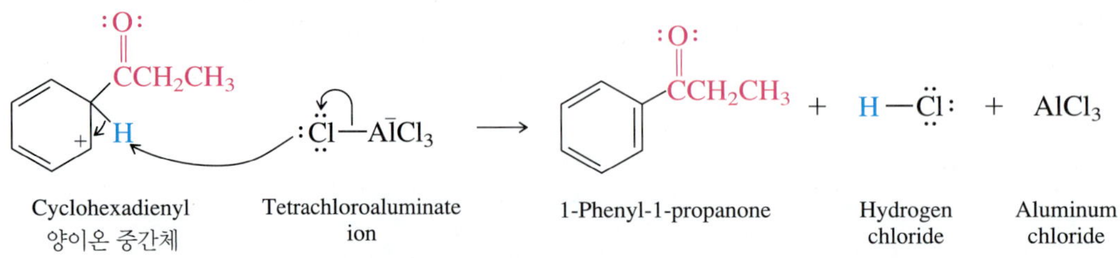

$RCOCR$ (O O) 형식의 화합물인 카복실산 무수물도 아실 양이온을 줄 수 있으며, 염화 알루미늄의 존재하에서 벤젠을 아실화시킨다. 산 무수물의 아실 단위 하나는 벤젠에 결합되며, 다른 하나는 카복실산의 부분이 된다.

아세토페논은 표 7.1에 나와 있듯이 흔히 접하는 벤젠 유도체의 하나이다.

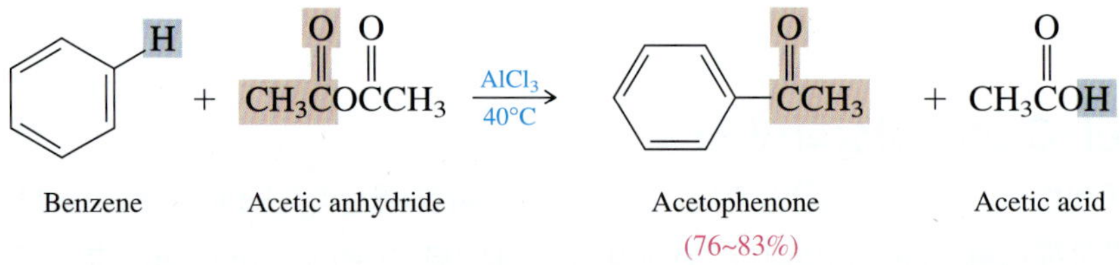

문제 7.6 앞에 나온 반응식은 아세토페논을 만드는 한 방법을 보여 주고 있다. 아실 할라이드를 사용하여 벤젠에서 아세토페논을 만드는 방법을 기술하는 반응식을 쓰시오.

7.9 친전자성 방향족 치환 반응의 속도 및 위치선택성

지금까지는 벤젠의 친전자성 방향족 치환 반응만 다루었다. 이미 고리에 적어도 치환기 하나를 가지고 있는 고리의 비슷한 치환 반응을 다룰 때에는 두 가지 중요한 질문이 대두된다.

1. 치환기는 친전자성 방향족 치환 반응의 **속도**(*rate*)에 무슨 효과를 미칠까?
2. 치환기는 친전자성 방향족 치환 반응의 **위치선택성**(*regioselectivity*)에 어떤 효과를 미칠까?

속도에 대한 치환기 효과를 보기 위하여 벤젠, 톨루엔, (트라이플루오로메틸)벤젠의 나이트로화 반응을 보자.

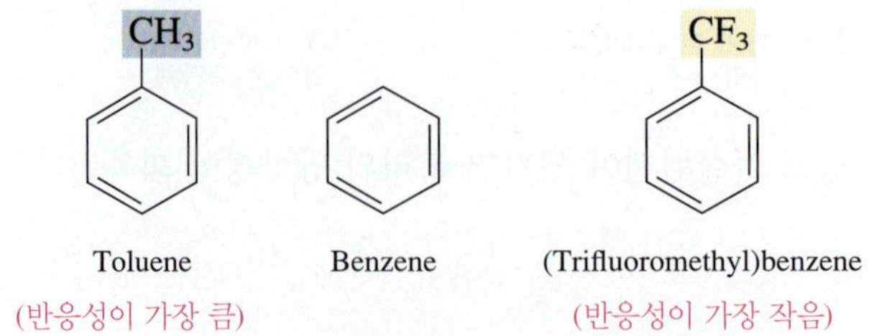

톨루엔은 벤젠보다 20~25배 가량 더 빠르게 나이트로화 반응이 일어난다. 톨루엔은 벤젠보다 반응성이 더 크기 때문에 메틸기는 친전자성 방향족 치환 반응에 대하여 고리를 **활성화시킨다**(*activate*)라고 말한다. 다른 한편으로, (트라이플루우오로메틸)벤젠은 벤젠보다 약 40,000배 느리게 나이트로화 반응이 일어난다. 트라이플루우오로메틸기는 친전자성 방향족 치환 반응에 대하여 고리를 **비활성화시킨다**(*deactivate*)라고 말한다.

메틸기와 트라이플루우오로메틸기가 친전자성 방향족 치환 반응의 속도에 미치는 영향이 매우 다른 것처럼, 치환기가 위치선택성에 미치는 효과도 아주 크게 다르다.

톨루엔의 나이트로화 반응에서는 세 생성물이 얻어진다. 즉, *o*-나이트로톨루엔, *m*-나이트로톨루엔, *p*-나이트로톨루엔이 그것이다. 모두 생기지만 같은 양은 아니다. 합치면 오쏘- 및 파라-치환 이성질체가 생성물 혼합물의 97%를 차지한다. 메타는 겨우 3%이다.

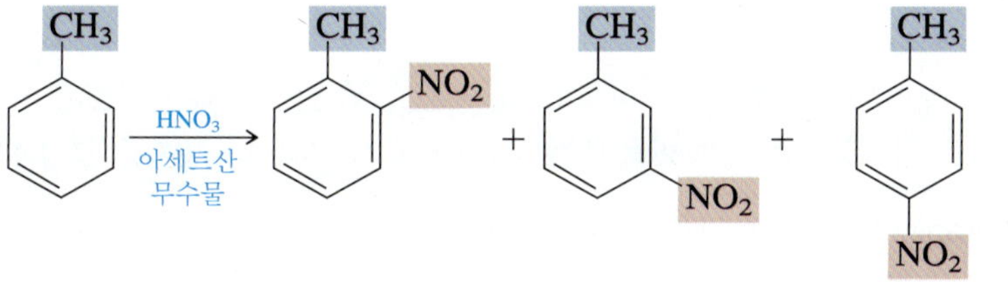

Toluene　*o*-Nitrotoluene (63%)　*m*-Nitrotoluene (3%)　*p*-Nitrotoluene (34%)

톨루엔의 치환 반응이 메틸에 대하여 오쏘와 파라 위치에서 주로 일어나기 때문에

메틸 치환기는 **오쏘, 파라 지향성기**(ortho, para director)이다.

라고 말한다.

다른 한편으로, (트라이플루우오로메틸)벤젠의 나이트로화 반응에서는 거의 전적으로 *m*-나이트로(트라이플루우오로메틸)벤젠(91%)이 얻어진다. 오쏘- 및 파라-치환 이성질체는 반응 혼합물에 조금만 들어 있다.

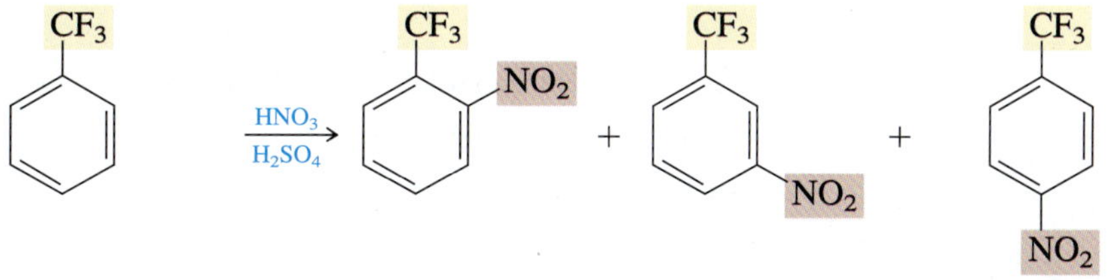

(Trifluoromethyl)benzene　*o*-Nitro(trifluoro-methyl)benzene (6%)　*m*-Nitro(trifluoro-methyl)benzene (91%)　*p*-Nitro(trifluoro-methyl)benzene (3%)

(트라이플루우오로메틸)벤젠의 치환 반응이 치환기에 대하여 메타 위치에서 주로 일어나기 때문에

트라이플루우오로메틸 치환기는 **메타 지향성기**(meta director)이다.

라고 말한다.

속도처럼 치환의 위치선택성도 치환기에 의하여 강하게 영향을 받는다. 다음 몇 절에서는 치환기의 구조와 친전자성 방향족 치환 반응의 속도 및 위치선택성 사이의 관계를 살펴보려고 한다.

표 7.3에 자주 접하는 치환기가 친전자성 방향족 치환 반응의 지향 및 속도에 미치는 영향을 요약하였다. 치환기는 활성화 능력이 감소하는 순서대로 배열하였다. 즉, 활성화 효과가 가장 큰 치환기가 위에 있고, 가장 강하게 비활성화시키는 치환기가 아래에 나와 있다. 이 표의 주요한 특징은 다음과 같이 요약할 수 있다.

1. 활성화기는 모두 오쏘, 파라 지향성기이다.
2. 할로젠 치환기는 약한 비활성화기이지만 오쏘, 파라 지향성기이다.
3. 센 비활성화기는 메타 지향성기이다.

문제 7.7 다음 반응의 주 생성물이 메타 이성질체일지 아니면 오쏘와 파라 이성질체의 혼합물일지를 결정하시오. 또한 반응이 벤젠보다 빠르지 아니면 느릴지를 결정하시오.

(a) 아니솔(anisole, $C_6H_5OCH_3$)의 나이트로화 반응

(b) 벤조산(benzoic acid, $C_6H_5\overset{\overset{\displaystyle O}{\|}}{C}OH$)의 나이트로화 반응

(c) 클로로벤젠(chlorobenzene)의 브로민화 반응

풀이 (a) 표 7.3을 보면 메톡시(—OCH_3)와 같은 알콕시기는 활성화기이며, 오쏘, 파라 지향성기임을 알 수 있다. 아니솔의 나이트로화 반응은 벤젠의 경우보다 더 빠르게 일어나며, 주 생성물은 *오쏘*-나이트로아니솔과 *파라*-나이트로아니솔의 혼합물이다.

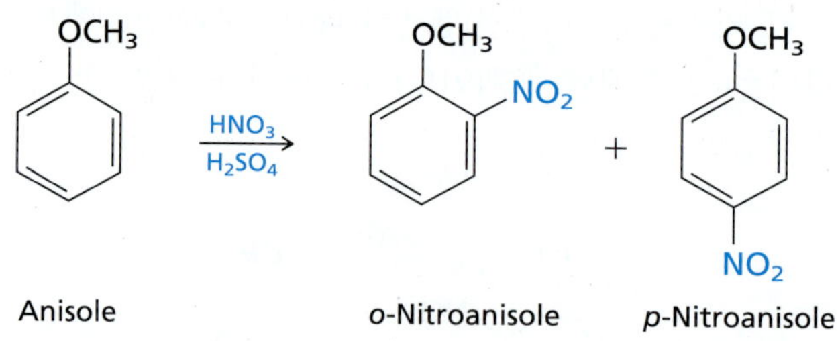

7.10 치환기 효과: 활성화기

7.7절에서 보았듯이 친전자성 방향족 치환 반응은 사이클로헥사다이엔일 양이온 중간체의 생성을 거쳐서 일어난다. 치환기가 치환의 반응 속도와 위치선택성 둘 다에 미치는 영향을 이해하려면 중간체의 구조와 안정성을 좀 더 살펴보아야 한다. 기본적 원리는 다음과 같다.

표 7.3 친전자성 방향족 치환 반응에서의 치환기 분류

속도에 대한 영향	치환기		지향에 대한 영향
매우 강하게 활성화시킴	$-\ddot{N}H_2$	(아미노)	오쏘, 파라-지향성
	$-\ddot{N}HR$	(알킬아미노)	
	$-\ddot{N}R_2$	(다이알킬아미노)	
	$-\ddot{\underset{..}{O}}H$	(하이드록실)	
강하게 활성화시킴	$-\ddot{N}H\overset{\overset{O}{\|}}{C}R$	(아실아미노)	오쏘, 파라-지향성
	$-\ddot{\underset{..}{O}}R$	(알콕시)	
	$-\ddot{\underset{..}{O}}\overset{\overset{O}{\|}}{C}R$	(아실옥시)	
활성화시킴	$-R$	(알킬)	오쏘, 파라-지향성
	$-Ar$	(아릴)	
	$-CH{=}CR_2$	(알켄일)	
비교의 표준	$-H$	(수소)	
비활성화시킴	$-X$ (X = F, Cl, Br, I)	(할로젠)	오쏘, 파라-지향성
	$-CH_2X$	(할로메틸)	
강하게 비활성화시킴	$-\overset{\overset{O}{\|}}{C}H$	(폼일)	메타-지향성
	$-\overset{\overset{O}{\|}}{C}R$	(아실)	
	$-\overset{\overset{O}{\|}}{C}OH$	(카복실산)	
	$-\overset{\overset{O}{\|}}{C}OR$	(에스터)	
	$-\overset{\overset{O}{\|}}{C}Cl$	(아실 클로라이드)	
	$-C{\equiv}N$	(사이아노)	
	$-SO_3H$	(설폰산)	
매우 강하게 비활성화시킴	$-CF_3$	(트라이플루오로메틸)	메타-지향성
	$-NO_2$	(나이트로)	

더 안정한 양이온이 덜 안정한 것보다 더 빨리 생성된다.

앞 절에서 언급한 것처럼, 활성화기는 모두 오쏘, 파라 지향성기이다. 그 이유는 활성화기는 모두 전자 주는기이므로 사이클로헥사다이엔일 양이온 중간체를 안정화시키기 때문이다. 더군다나, 오쏘와 파라 공격에서 생기는 중간체는 메타 공격으로 생기는 중간체보다 더 안정화된다.

예를 들어, 톨루엔의 나이트로화 반응을 보자. 알킬기는 양으로 하전된 탄소에 전자 밀도를 줌으로써 탄소양이온을 안정화시킨다는 점을 6장(6.5절)에서 배운 바 있다.

더 나아가서, 각 사이클로헥사다이엔일 양이온 중간체에 기여하는 공명 구조를 살펴보면 *o*-와 *p*-나이트로톨루엔을 주는 양이온은 삼차 탄소양이온 성격이 있음을 볼 수 있다. 각 양이온에는 메틸기가 있는 탄소에 양전하가 머물고 있는 공명 구조가 있다.

오쏘 공격

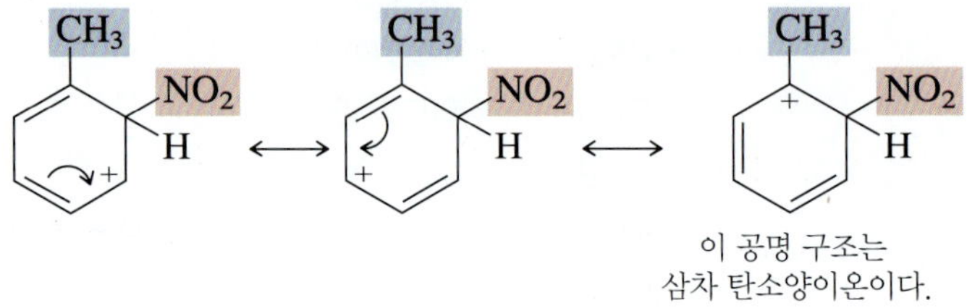

파라 공격

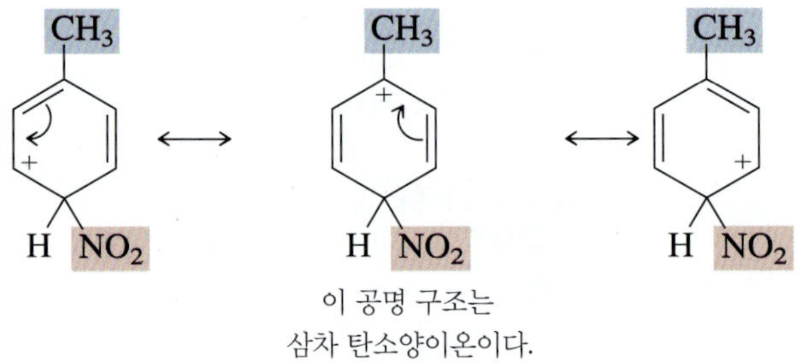

메타 치환으로 이끄는 중간체의 세 공명 구조는 모두 이차 탄소양이온이다.

메타 공격

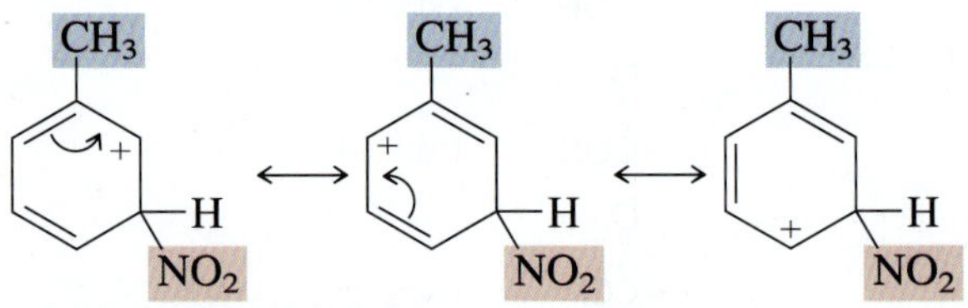

오쏘와 파라 치환을 주는 중간체는 삼차 양이온이므로 메타 치환을 주는 것보다 더 안정하고, 더 빠르게 생성된다. 또한 이들 중간체는 벤젠의 나이트로화 반응 중에 생기는 이차 사이클로헥사다이엔일 양이온 중간체보다 더 안정하다. 메틸기는 수소보다도 속도 결정 단계에서 생기는 탄소양이온 중간체를 더 잘 안정화시키기 때문에 활성화 치환기이다. 이 기는 메타 위치에서의 공격으로 생기는 중간체보다도 오쏘, 파라 위치에서의 친전자성 공격으로 생기는 탄소양이온을 더 잘 안정화시키므로 오쏘, 파라 지향성기이다.

메틸기만이 아니라 모든 알킬기는 활성화 치환기이며, 오쏘, 파라 지향성기이다. 알킬기이기만 하면 메틸, 에틸, 아이소프로필, *tert*-뷰틸, 혹은 다른 어떠한 기인지 상관없이 모든 알킬기는 여기에 직접 연결된 탄소양이온을 안정화시키기 때문이다. R=알킬이면

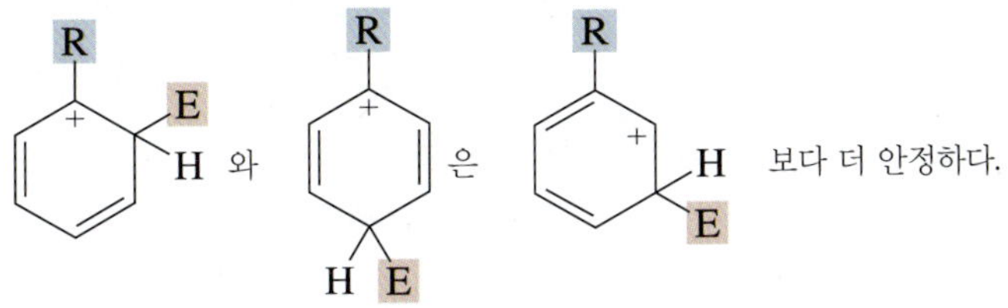

여기서 E는 친전자체이다. 세 구조는 모두 R=H인 경우보다 R=알킬인 경우가 더 안정하며, 더 빨리 생긴다.

표 7.3에 나오는 활성화기를 보면 많은 기들에서 산소 혹은 질소 원자가 벤젠 고리에 결합되어 있다. 고리에 결합하고 있는 원자는 **비공유 전자쌍을 적어도 하나** 가지고 있기 때문에 모든 기는 전자 주는기임을 알 수 있다. 치환기 —$\ddot{Z}$(예를 들어, —$\ddot{O}$— 혹은 —$\ddot{N}$—)가 붙어 있는 탄소의 오쏘 및 파라 위치에서 공격이 일어나면 비공유 전자쌍의 비편재화에 의하여 안정화되는 양이온이 생긴다. 이러한 효과는 알콕시기(—$\ddot{O}$R)가 있는 벤젠 고리의 오쏘 공격으로 생기는 중간체를 살펴보면 알 수 있다.

오쏘 공격

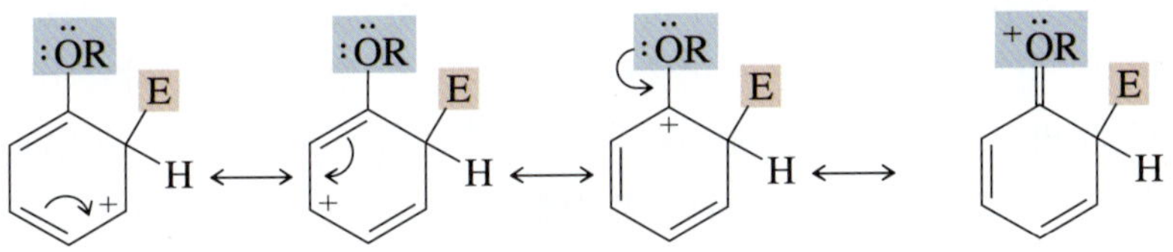

가장 안정한 공명 구조; 산소 및 모든 탄소는 전자가 팔중항을 이룬다.

이러한 구조를 가진 산소-안정화 탄소양이온과 파라 공격으로 생기는 양이온은 삼차 탄소양이온보다 훨씬 더 안정하다. 이들 구조는 양전하가 산소에 놓인 구조로서 더 잘 표현할 수 있는데, 그 이유는 이러한 구조에서 모든 원자는 전자가 팔중항을 이루기 때문이다. 이 구조는 안정하기 때문에 빠르게 생기며, 따라서 친전자성 방향족 치환 반응의 속도는 벤젠에서보다도 훨씬 더 빠르다. 치환기의 메타 위치에서 공격이 일어나는 경우에는 산소의 고립쌍이 탄소양이온의 안정화에 직접 참여할 수 없다.

문제 7.8 알콕시-치환 벤젠 유도체에 친전자체가 (a) 메타, (b) 파라 공격을 하여 생기는 공명 구조를 그려서 여러분이 비공유 전자쌍이 사이클로헥사다이엔일 양이온 중간체를 안정화시키는 역할을 이해하고 있는지를 보이시오.

풀이 (a) 메타 공격으로 생기는 중간체에 기여하는 공명 구조를 세 개 그릴 수 있다. 알콕시기의 비공유 전자쌍은 탄소양이온의 안정화에 직접 관여하지 않는다.

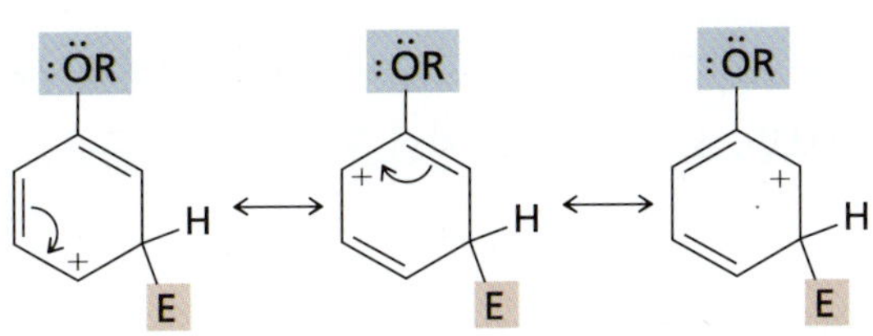

질소가 고리에 직접 결합하고 있는 치환체는 대응하는 산소-함유 치환기보다 더 센 활성화기이다. 질소의 비공유 전자쌍이 사이클로헥사다이엔일 양이온 중간체를 안정화시킬 때 하는 역할은 산소에 대하여 방금 기술한 것과 비슷하다. 질소는 산소보다 덜 전기음성적이므로 더 좋은 전자쌍 주개이며, 중간체를 더 잘 안정화시킨다.

7.11 치환기 효과: 센 비활성화기

표 7.3의 아래 절반에 나와 있는 치환기를 보면 다음을 알 수 있다.

센 비활성화기는 모두 메타 지향성기이다.

활성화기를 설명하는 데 사용하였던 같은 원리가 이 경우에도 작용하며, 다만 이 원리를 다음과 같이 반대로 적을 수 있다.

덜 안정한 탄소양이온은 다 안정한 것보다 더 느리게 생성된다.

메타 지향성기는 모두 전자 끄는기이다. 다음 예에서 알 수 있듯이, 이들 치환기에서 벤젠 고리에 직접 연결된 원자는 부분적인 혹은 완전한 양전하($-\overset{\delta+}{Z}$ 혹은 $-\overset{+}{Z}$)를 가지고 있다. 이 양전하의 역할은 사이클로헥사다이엔일 양이온 중간체를 비안정화시키는 것이다. 따라서 중간체는 벤젠의 같은 반응에 비하여 더 느리게 생긴다. 덧붙여, 비안정화 효과는 치환기의 오쏘와 파라 위치에서 가장 크기 때문에 메타 치환을 선호하게 된다.

6.5절에서 σ 결합의 편극화에 의하여 전달되는 효과를 **유도 효과**(inductive effect)라고 부른다는 점을 기억하기 바란다.

예를 들어, 트라이플루오로메틸기(CF_3)를 보자. 전기음성도가 크기 때문에 세 플루오린 원자는 탄소와의 σ 결합에서 전자 분포를 분극시키며, 결국 탄소는 부분 양전하를 띠게 된다.

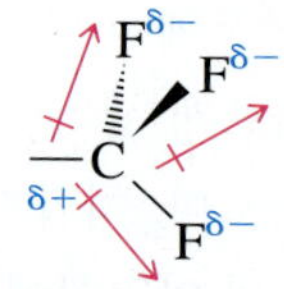

전자 주는기인 메틸기와는 다르게 트라이플루오로메틸기는 강력한 전자 끄는기이다. 따라서 CF_3기는 이 기가 결합된 탄소양이온을 비안정화시킨다.

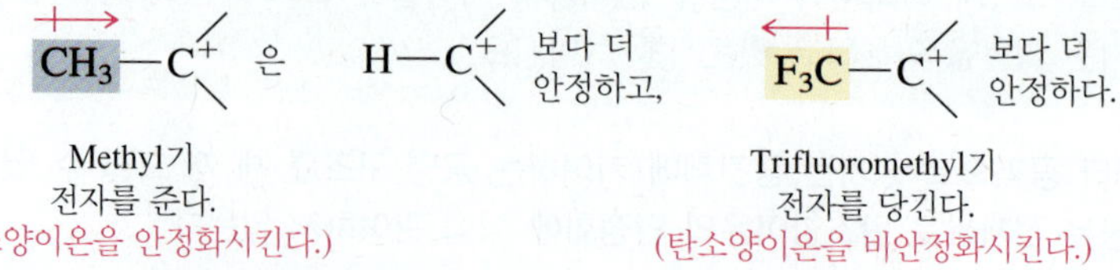

(트라이플루오로메틸)벤젠의 나이트로화 반응에 관여하는 사이클로헥사다이엔일 양이온 중간체를 살펴보면, 오쏘와 파라 치환을 주는 양이온은 강하게 비안정화됨을 알 수 있다.

오쏘 공격

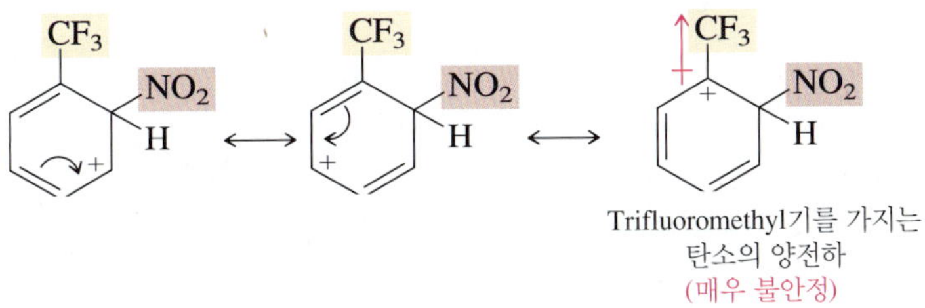

파라 공격

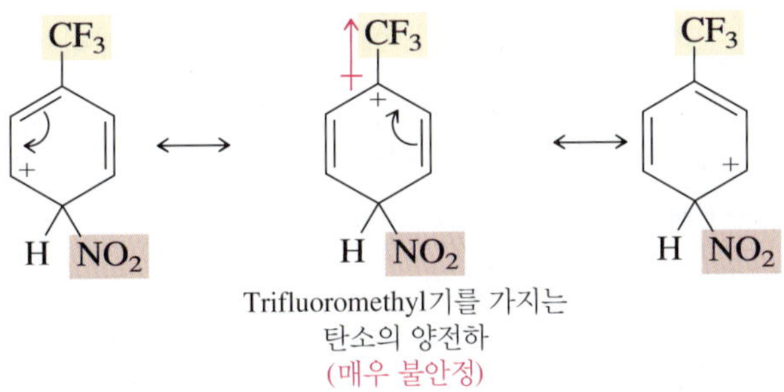

메타 위치에서 공격이 일어나서 생기는 중간체의 세 중요한 공명 구조는 아무 것도 트라이플루우오로메틸기를 가지는 탄소에 양전하가 없다.

메타 공격

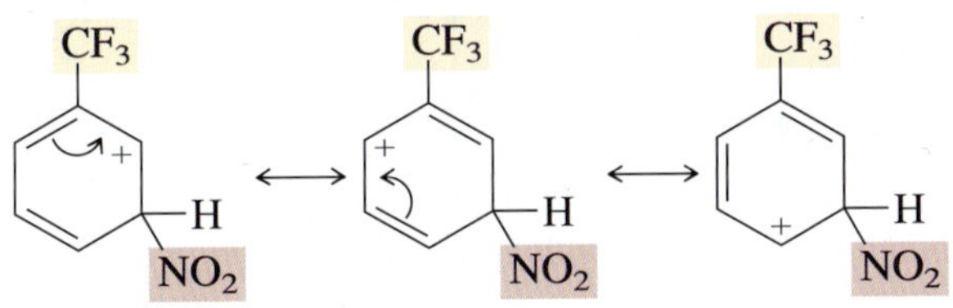

메타 위치에서의 공격에서는 오쏘나 파라 위치에서의 공격에서보다 더 안정한 중간체가 얻어지므로 메타 치환이 우세하게 된다.

다른 센 비활성화 치환기 중에서 여러 개는 방향족 고리에 직접 연결된 카보닐기가 있다.

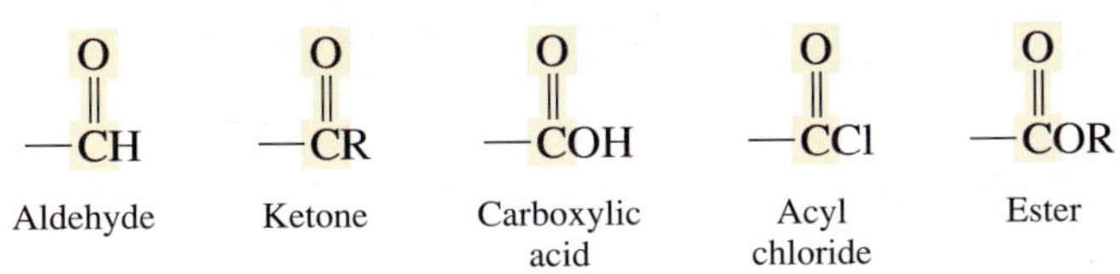

방향족 알데하이드의 반응이 전형적이다. 벤즈알데하이드의 나이트로화 반응은 벤젠에 비하여 수천 배 느리게 일어나며, 주 생성물은 m-나이트로벤즈알데하이드이다.

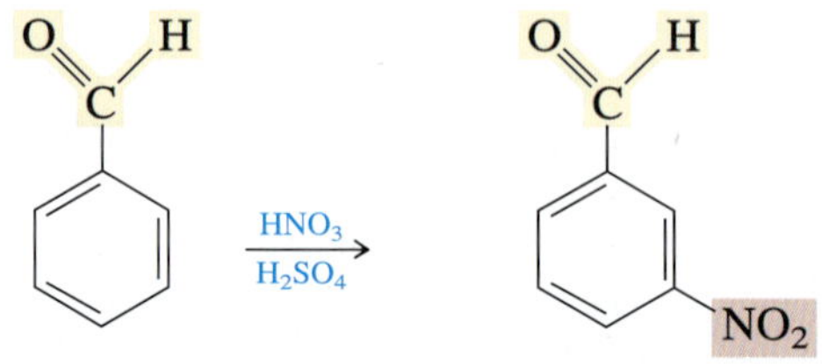

Benzaldehyde

m-Nitrobenzaldehyde (75~84%)

고리에 직접 연결된 카보닐기의 효과를 이해하려면 이 기의 분극을 살펴보자. 탄소-산소 이중 결합의 전자는 산소 쪽으로 쏠려 있고 탄소로부터 멀어져 있으므로 고리에 연결된 탄소는 부분 양전하를 띠게 된다. 예를 들어, 벤즈알데하이드를 보자.

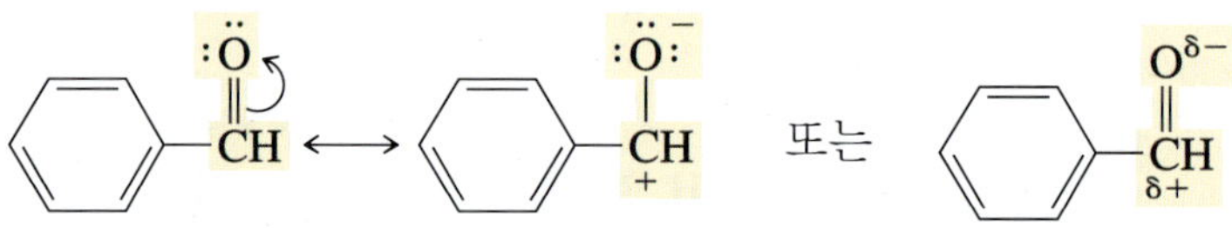

고리에 연결된 탄소 원자는 양으로 분극되어 있기 때문에 카보닐기는 트라이플루오로메틸기와 똑같은 방식으로 행동하며, 친전자성 방향족 치환 반응에서 사이클로헥사다이엔일 양이온 중간체를 비안정화시킨다. 벤즈알데하이드의 나이트로화 반응에서 생기는 사이클로헥사다이엔일 양이온 중간체의 구조는 다음과 같다.

오쏘 공격 메타 공격 파라 공격

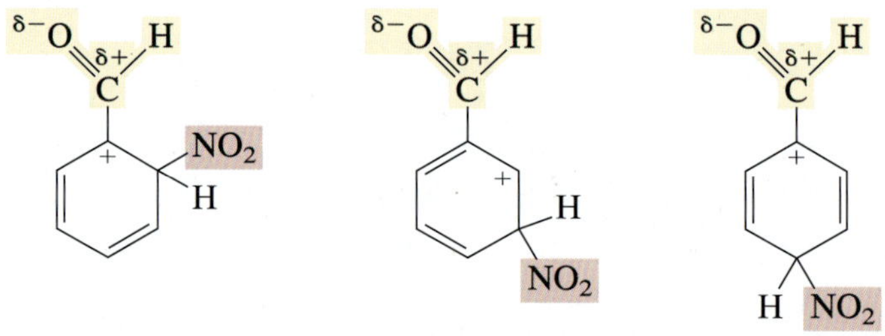

인접한 양으로 분극된 원자 때문에 불안정

양으로 분극된 원자가 인접하지 않음; 가장 안정한 중간체

인접한 양으로 분극된 원자 때문에 불안정

문제 7.9 다음 각 반응은 화학 문헌에 보고되었으며, 주 유기 생성물은 좋은 수율로 분리되었다. 각 반응에서 분리한 생성물의 구조식을 그리시오.

(a) 벤조일 클로라이드(benzoyl chloride, $C_6H_5\overset{\mathrm{O}}{\overset{\|}{\mathrm{C}}}\mathrm{Cl}$)를 염소와 염화 철(III)로 처리

(b) 메틸 벤조에이트(methyl benzoate, $C_6H_5\overset{\mathrm{O}}{\overset{\|}{\mathrm{C}}}\mathrm{OCH_3}$)를 질산과 황산으로 처리

(c) 1-페닐-1-프로판온(1-phenyl-1-propanone, $C_6H_5\overset{\mathrm{O}}{\overset{\|}{\mathrm{C}}}\mathrm{CH_2CH_3}$)의 나이트로화 반응

풀이 (a) 벤조일 클로라이드는 고리에 직접 연결된 카보닐기가 있다. A —CCl(=O) 치환기는 메타 지향성기이다. 염소와 염화 철(III)을 같이 사용하면 염소를 고리에 도입할 수 있다. 생성물은 *m*-클로로벤조일 클로라이드이다.

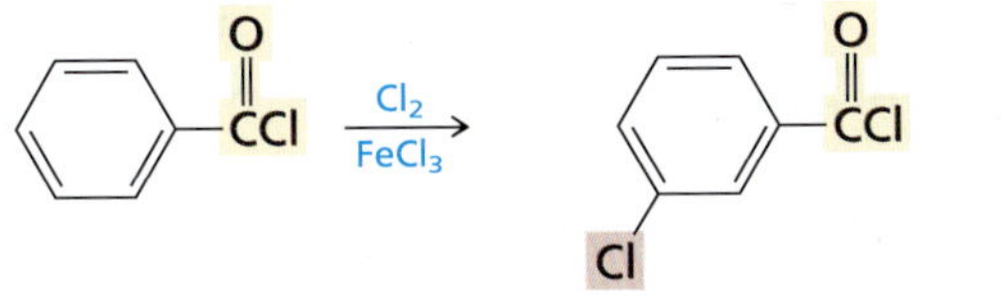

Benzoyl chloride → *m*-Chlorobenzoyl chloride (62% 수율로 분리)

나이트로기의 질소 원자에는 두 가장 안정한 Lewis 구조에서 완전한 양전하가 있다.

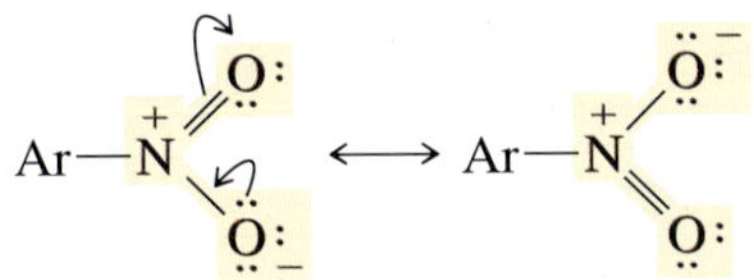

따라서 나이트로기는 강력한 전자 끄는기, 비활성화기, 메타 지향성기이다.

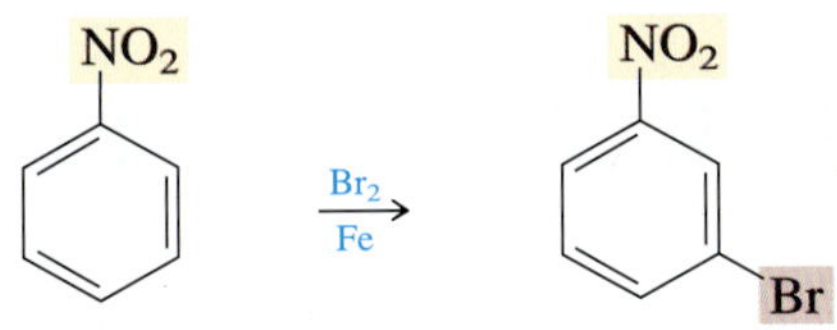

Nitrobenzene → *m*-Bromonitrobenzene (60~75%)

문제 7.10 친전자성 방향족 치환 반응에서 치환기 $—\overset{+}{N}(CH_3)_3$가 속도 및 위치선택성에 미치는 효과가 $—\ddot{N}(CH_3)_2$에 더 비슷할까 아니면 $—NO_2$에 더 비슷할까?

7.12 치환기 효과: 할로젠

할로젠은 **비활성화기**(deactivating)이면서 **오쏘, 파라 지향성기**(ortho, para director)라는 점에서 특이하다. 위치선택성과 반응 속도 사이의 이러한 외관상의 불일치는 할로젠 치환기가 사이클로헥사다이엔일 양이온의 안정성에 영향을 미치는 두 방법을 분석하면 이해할 수 있다. 첫 번째로 할로젠은 전기음성적이므로 그 유도 효과는 트라이플루오로메틸기가 하듯이 결합하고 있는 탄소로부터 전자를 당긴다. 따라서 할로벤젠에 친전자성 공격으로 생기는 중간체는 모두 벤젠에서 얻어지는 사이클로헥사다이엔일 양이온보다 덜 안정하며, 할로벤젠은 벤젠보다 반응성이 작다.

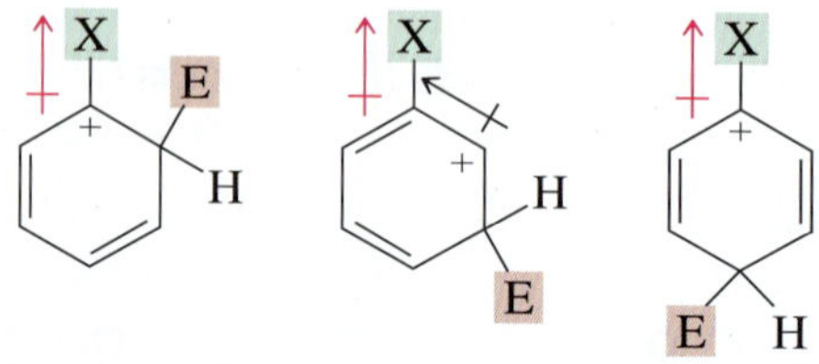

X=H일 때보다 X=F, Cl, Br, I일 때 이들 이온 모두는 덜 안정하다.

하지만 하이드록시기와 아미노기처럼 할로젠 치환기는 양으로 하전된 탄소에 줄 수 있는 비공유 전자쌍이 있다. 이렇게 전자가 π계로 주어지면 오쏘와 파라 공격에서 유래하는 중간체가 안정화된다.

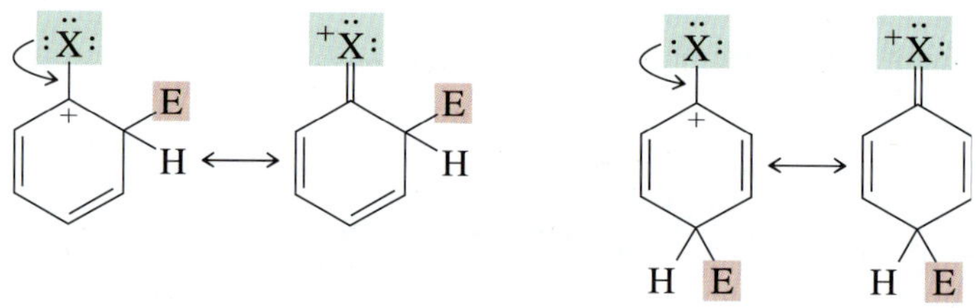

메타 치환을 주는 중간체에는 유사한 안정화가 가능하지 않다.

7.13 이치환 방향족 화합물의 위치선택적 합성

방향족 고리에 대한 친전자성 공격의 위치는 이미 존재하는 치환기의 지향 효과에 의하여 조절되기 때문에 이치환 방향족 화합물을 만들기 위해서는 두 기를 도입하는 순서에 대하여 주의 깊게 생각해야 한다.

벤젠에서 시작하는 *m*-브로모아세토페논과 *p*-브로모아세토페논의 독자적인 합성을 비교해 보자. 두 합성은 Friedel-Crafts 아실화 단계와 브로민화 단계가 필요하지만, 주 생성물은 두 단계가 수행되는 **순서**(*order*)에 의하여 결정된다. 메타 지향성기인 아세틸기를 먼저 도입하면, 최종 생성물은 *m*-브로모아세토페논이다.

염화 알루미늄은 브로민화 철(III)보다 더 센 Lewis 산으로, 이 예에서처럼 방향족 고리에 센 비활성화 치환기가 있는 경우에 친전자성 브로민화 반응의 촉매로 사용된다.

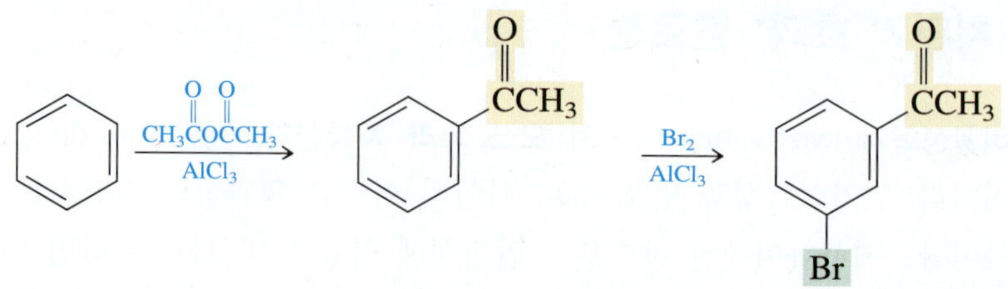

Benzene　　Acetophenone (76~83%)　　*m*-Bromoacetophenone (59%)

오쏘, 파라 지향성 브로민을 먼저 도입하면, 주 생성물은 *p*-브로모아세토페논(오쏘 이성질체도 어느 정도 생기며, 주 생성물은 증류로 분리한다.)이다.

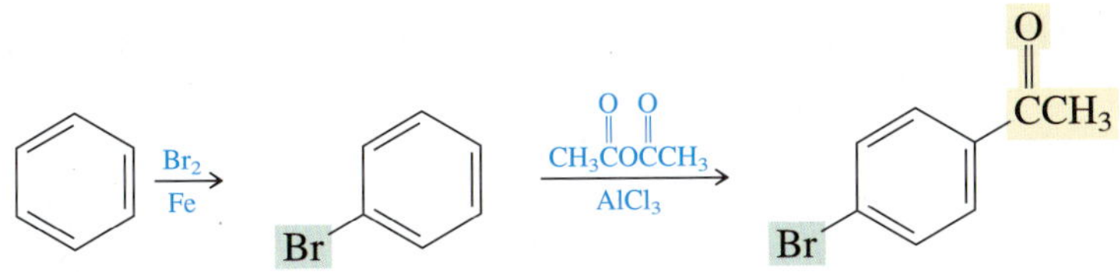

Benzene　Bromobenzene (65~75%)　*p*-Bromoacetophenone (69~79%)

합성을 계획할 때 원하는 생성물의 치환기의 **배향**(*orientation*)이 계획을 수행하는 데 사용하는 반응의 **순서**(*order*)를 결정한다. 생성물에서 치환기가 메타이면 메타 지향성기를 먼저 도입해야 한다. 비슷하게, 치환기가 오쏘 혹은 파라이면 고리의 첫 번째 치환기는 오쏘, 파라 지향성기이어야 한다.

문제 7.11 벤젠에서 출발하고 필요한 아무런 유기 혹은 무기 시약을 모두 사용하면서 *m*-브로모나이트로벤젠을 주 유기 생성물로서 합성할 수 있는 화학 반응식을 쓰시오. *p*-브로모나이트로벤젠은 어떻게 얻을 수 있겠는가?

7.14 방향성의 일반적 고찰: Hückel 규칙

대부분의 방향족 화합물은 벤젠 고리가 있지만, 그러한 고리의 존재가 방향성의 필요 조건은 반드시 아니다. 다른 말로, 어떤 방향족 화합물은 벤젠 고리가 없다. 1930년대에 독일의 화학자인 Hückel은 단일고리인 계 중에서 2, 6, 10, 14개 등의 π 전자가 있는 계만이 방향성이라고 제안하였다. 이러한 서술을 **Hückel 규칙**(Hückel's rule)이라고 한다.

> 평면이면서 단일고리이고 완전히 짝지은 폴리엔 중에서 $(4n + 2)$개의 π 전자가 있는 계만이 방향성이다.

정수 *n*에는 아무런 물리적 의미가 없다. 이 값은 수열 2, 6, 10 등을 기술하는 수학적 표현식의 변수일 뿐이다. Hückel 규칙은 단일고리인 계에만 적용되며, 여러고리 방향족 탄화수소(7.4절)에 적용하면 안 된다.

Hückel 규칙의 가장 흔한 예는 $n = 1$일 때, 즉 분자가 여섯 π 전자를 가질 때이다. 벤젠은 물론 이 예에 딱 맞으며, 방향성이다. 많은 수의 벤젠 고리가 없는 방향족 화합물 및 이온도 Hückel 규칙을 만족한다. 다음 절에서 보듯이 Hückel 규칙으로 탄화수소가 아닌 분자에서도 방향성을 예측할 수 있다.

π 전자를 셀 때, 이중 결합 하나는 2, 양으로 하전된 탄소는 0, 음으로 하전된 탄소는 2를 제공한다.

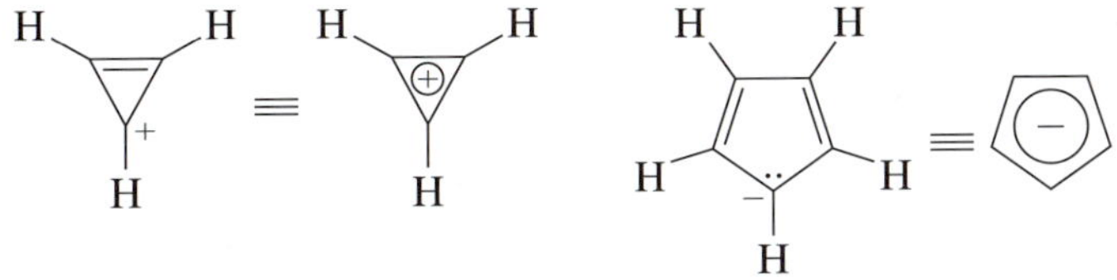

Cyclopropenyl 양이온 ($n = 0$; 2 π 전자)　Cyclopentadienide 음이온 ($n = 1$; 6 π 전자)

문제 7.12 다음 분자나 이온이 방향성인지를 결정하시오. 그 이유를 설명하시오.

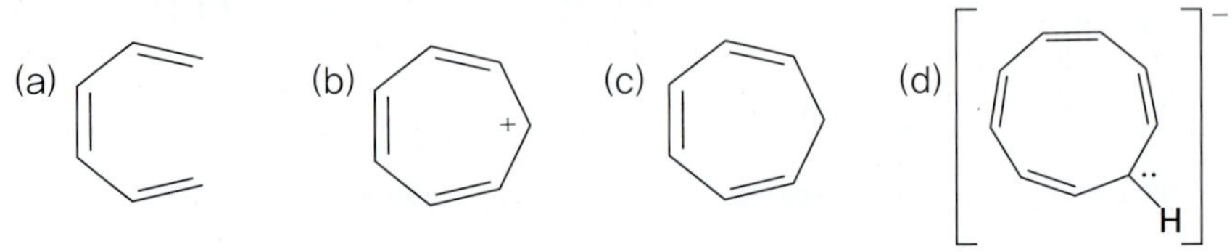

풀이 (a) 구조를 보면 세 이중 결합으로부터 여섯 *p* 전자가 있지만, 분자는 고리형이 아니다. *p* 오비탈이 고리를 이루어야 한다는 것이 방향성의 요구 사항이다. 1,3,5-헥사트라이엔(1,3,5-hexatriene)은 방향성이 아니다.

7.15 헤테로고리 방향족 화합물

고리 안에 탄소 이외의 다른 원자를 적어도 하나를 가지고 있는 고리형 화합물을 **헤테로고리 화합물**(heterocyclic compound)이라고 한다. 황 같은 다른 원자를 포함하는 헤테로고리 화합물도 알려져 있지만, 질소와 산소가 가장 흔한 헤테로원자이다. 많은 헤테로고리 화합물이 앞 절에서 서술한 방향성에 대한 기준을 만족하며, 따라서 방향족이다. **헤테로고리 방향족 화합물**(heterocyclic aromatic compound)의 예에는 피리딘, 피롤,

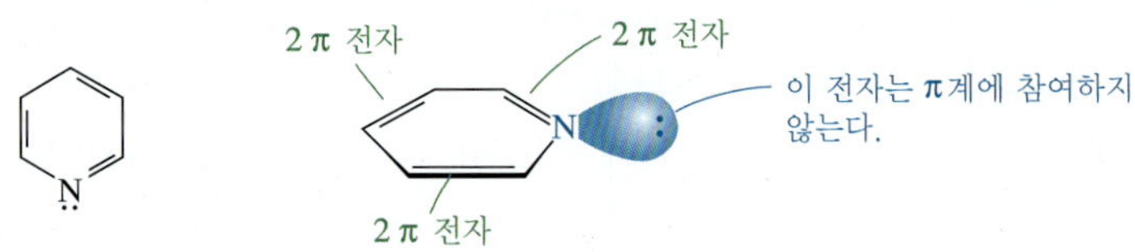

(*a*) 피리딘(Pyridine)

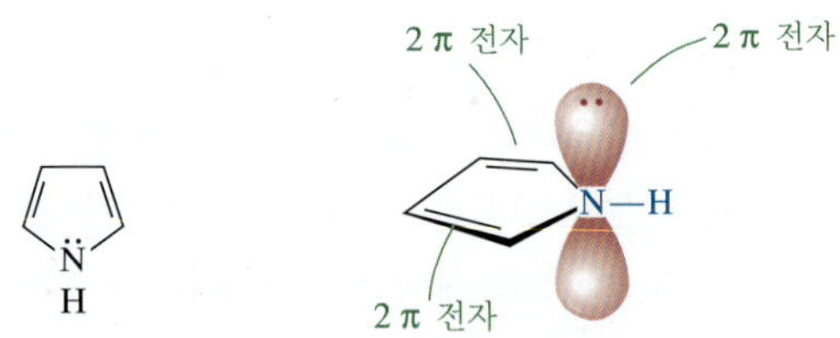

(*b*) 피롤(Pyrrole)

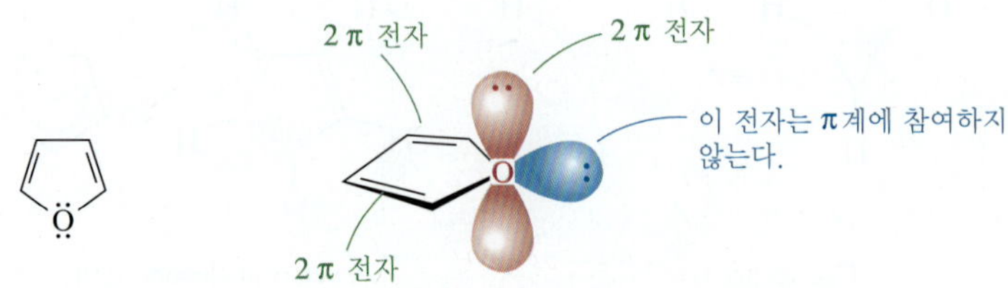

(*c*) 퓨란(Furan)

그림 • 7.4
(*a*) 피리딘에는 여섯 π 전자와 질소의 sp^2 오비탈에 비공유 전자쌍 하나가 있다. (*b*) 피롤은 π 전자가 여섯이다. (*c*) 퓨란에는 여섯 π 전자와 산소의 sp^2 오비탈에 비공유 전자쌍 하나가 있다. 이것은 π계에 수직이며, 이 계와 상호작용하지 않는다.

퓨란이 있다.

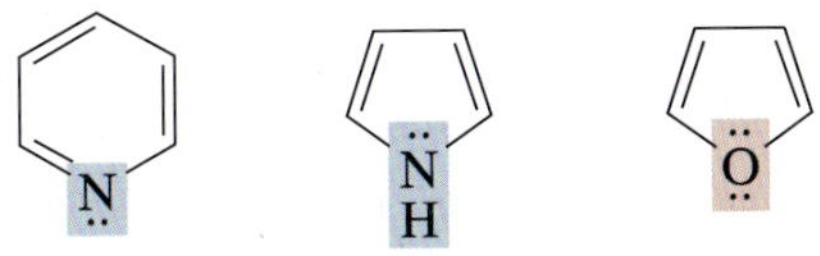

Pyridine　Pyrrole　Furan

Hückel 규칙은 헤테로고리 방향족 화합물까지 연장될 수 있다. 헤테로원자 하나는 $(4n+2)$ π 전자를 만족시키기에 필요한 만큼 π계에 0 혹은 2개의 비공유 전자를 기여할 수 있다. 예를 들어, 그림 7.4*a*에서 볼 수 있듯이, 피리딘은 질소의 비공유 전자쌍을 제외하고 그 고리에 π 전자가 여섯 개이므로 방향족이다. 질소의 비공유 전자쌍은 π계에 수직인 sp^2 오비탈에 있으며, 계와 나란히 놓인 *p* 오비탈에 있지 않다.

수많은 방향족 헤테로고리가 생물학적 계에서 발견된다. 몇가지 예는 피리독신, 세로토닌, 아데닌이다.

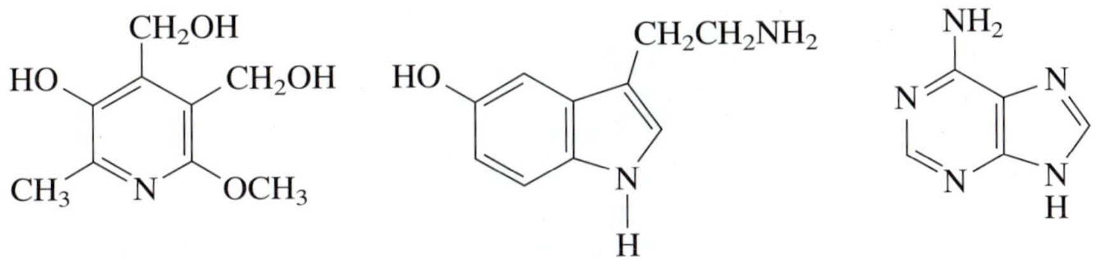

Pyridoxine (비타민 B_6)　Serotonin (뇌의 신경전달물질)　Adenine (DNA와 RNA에 존재)

학습목표

방향성은 유기화학의 기본적인 개념의 하나이다. 이 장에서 방향성이 어떻게 아렌의 특이한 화학적 반응성을 가져오는지를 보았다. 이 장에서 배운 기술로 여러분은 다음과 같은 것을 할 수 있다.

- 공명을 이용하여 벤젠의 구조를 기술할 수 있다.
- 오비탈 혼성 모형으로 벤젠의 결합을 설명할 수 있다.
- 방향족 화합물의 IUPAC 체계명에서 그 구조식을 적을 수 있다.
- 방향족 화합물의 구조식을 보고 IUPAC 체계명을 올바르게 쓸 수 있다.
- 친전자성 첨가 반응과 방향족 곁사슬의 산화 반응에 대한 화학 반응식을 쓸 수 있다.
- 벤젠의 친전자성 방향족 치환 반응을 서술하는 화학 반응식을 쓸 수 있다. 할로젠화 반응, 나이트로화 반응, 설폰화 반응, Friedel-Crafts 알킬화 반응, Friedel-Crafts 아실화 반응.
- 활성화시키는 오소, 파라 지향성기의 작용에 대한 근거를 메커니즘으로 설명할 수 있다.
- 비활성화시키는 메타 지향성기의 작용에 대한 근거를 메커니즘으로 설명할 수 있다.
- 할로젠이 왜 비활성화시키는 오소, 파라 지향성기인지를 설명할 수 있다.
- 이치환 방향족 화합물의 합성을 기술하는 화학 반응식을 쓸 수 있다.
- 물질이 방향족인지를 구조와 Hückel 규칙에 근거하여 예측할 수 있다.

7.16 요약

방향족(aromatic) 화합물은 전자쌍을 두 핵 사이에만 제한시키는 구조식에 근거하여 예상하는 것에 비하여 상당히 더 안정하다. 벤젠은 방향족 탄화수소이다. 벤젠에 대한 두 Kekulé 구조식은 그 구조와 성질을 적절하게 기술하지 못한다. 벤젠은 이들 두 Kekulé 구조의 **공명 혼성**(resonance hybrid)으로서 간주한다(7.1절).

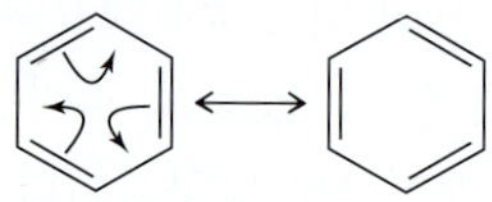

벤젠의 특별한 안정성은 그 여섯 π 전자가 고리의 여섯 탄소에 걸쳐서 비편재화되기 때문에 생긴다(7.2절).

이치환 벤젠 유도체는 치환기의 상대적 위치에 따라서 **오쏘**(ortho), **메타**(meta), **파라**(para)로서 명명한다(7.3절).

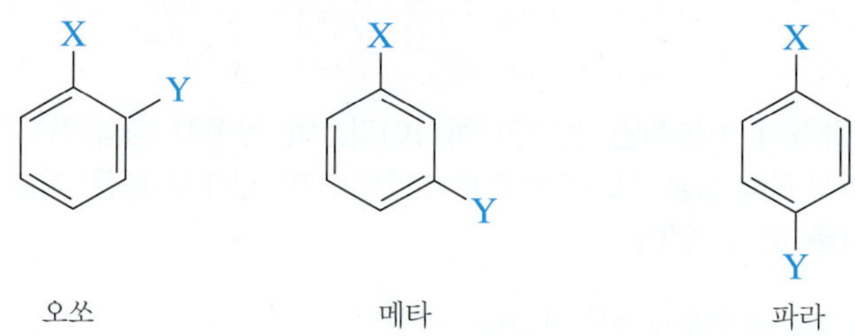

여러고리 방향족 탄화수소(polycyclic aromatic hydrocarbon)는 벤젠 고리 둘 이상이 서로 접합된 화합물로서, 안트라센이 한 예이다(7.4절).

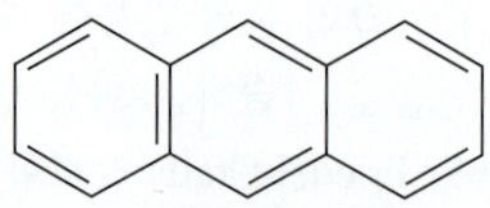

Anthracene

벤젠 고리 옆에 있는 탄소양이온은 공명 안정화되어 있으며, **벤질성 탄소양이온**(benzylic carbocation)이라고 한다. 방향족 고리의 옆에 있는 이중 결합의 친전자성 첨가 반응은 더 안정한 벤질성 탄소양이온이 얻어지는 방향으로 위치선택성이 결정된다(7.5절).

$$C_6H_5CH{=}CHCH_3 + HBr \longrightarrow C_6H_5CH(Br)CH_2CH_3$$

($C_6H_5\overset{+}{C}HCH_2CH_3$를 통해 형성)

크로뮴산과 함께 가열하면 벤젠 고리에 있는 알킬 곁사슬은 산화되며, 이 반응은 치환 벤조산의 유용한 합성법이다.

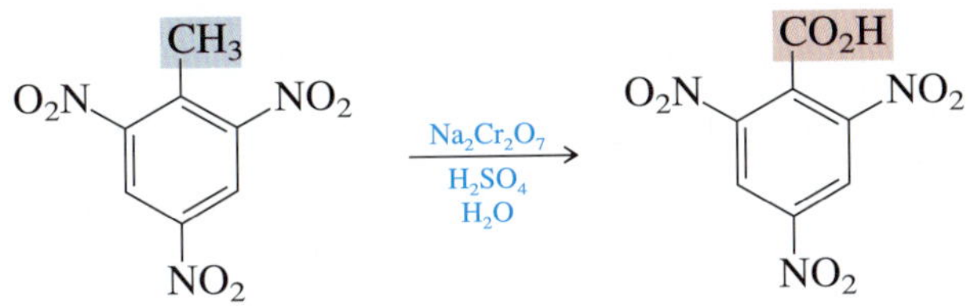

2,4,6-Trinitrotoluene　　　2,4,6-Trinitrobenzoic acid (57~69%)

방향족 화합물은 친전자체와 첨가 반응 대신에 치환 반응을 수행한다(7.6절).

치환 반응에서 친전자체가 방향족 고리의 π 전자를 공격하면 사이클로헥사다이엔일 양이온 중간체가 속도 결정 단계에서 생긴다. 이 중간체에서 양성자가 빠지면 고리의 방향성이 회복되며, **친전자성 방향족 치환 반응**(electrophilic aromatic substitution)의 생성물이 얻어지게 된다(7.7절)

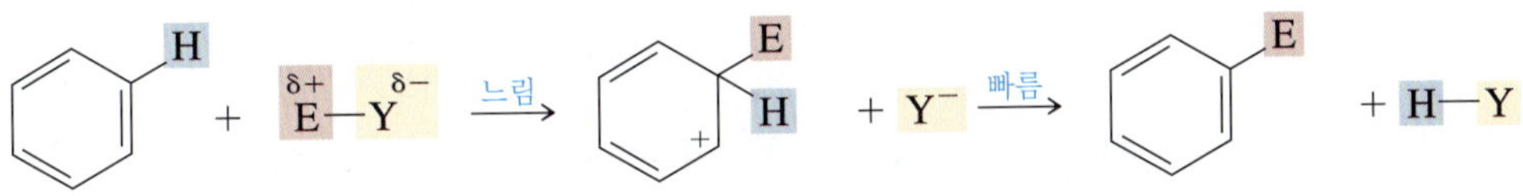

Benzene　　친전자성 시약　　Cyclohexadienyl 양이온 중간체　　친전자성 방향족 치환 반응의 생성물

표 7.2(7.6절)에 친전자성 방향족 치환 반응의 전형적인 반응들이 소개되어 있다.

방향족 고리에 존재하는 치환기는 고리가 앞으로 수행할 치환 반응의 **속도**(rate) 및 **위치선택성**(regioselectivity)에 영향을 줄 수 있다. 치환기는 벤젠에 비하여 고리가 더 빠르게 혹은 더 느리게 반응하는지에 따라서 **활성화**(activating)기 혹은 **비활성화**(deactivating)기로 구별한다. 위치선택성에 대해서는 치환기를 **오쏘, 파라 지향성기**(ortho, para-directing) 혹은 **메타 지향성기**(meta-directing)로 나눈다(7.9절). 치환기는 크게 세 부류로 나눌 수 있다.

1. **활성화기이면서 오쏘, 파라 지향성기:** 이들 치환기는 **전자 주는**(electron-donating)기이며, 반응에서 생기는 사이클로헥사다이엔일 양이온 중간체를 안정화시킨다(7.10절). 이 효과는 치환기의 오쏘와 파라 위치에서 가장 크다. $-\ddot{N}R_2$, $-\ddot{\underset{..}{O}}R$, $-R$, $-Ar$ 및 기타 비슷한 기가 예이다. 이 부류에서 가장 세게 활성화시키는 기는 비공유 전자쌍이 있는 질소 혹은 산소가 고리에 결합하고 있는 기이다.

2. **비활성화기이면서 메타 지향성기:** 이들 치환기는 **전자 끄는**(electron-withdrawing)기이며, 사이클로헥사다이엔일 양이온 중간체를 비안정화시킨다(7.11절). 다음과 같은 기와 비슷한 기가 예이다.

$$-CF_3 \qquad -\overset{\overset{\displaystyle O}{\|}}{C}R \qquad -C\equiv N \qquad -NO_2$$

모든 고리의 위치가 비활성화되지만 메타 위치가 오쏘와 파라 위치보다 덜 비활성화되므로 메타 치환이 선호된다.

3. **비활성화기이면서 오쏘, 파라 지향성기:** 할로젠이 이 부류의 가장 두드러진 구성원이다(7.12절). 할로젠은 유도 효과로 모든 고리 위치로부터 전자 밀도를 끌기 때문에 할로벤젠은 벤젠보다 반응성이 작다. 비공유 전자쌍에 의한 전자 주기는 메타 위치에서 공격이 일어나서 생기는 사이클로헥사다이엔일 양이온보다는 오쏘, 파라 위치에서 공격이 일어나서 생기는 양이온을 안정화시키기 때문에 관찰되는 위치 선택성이 생기게 된다.

다단계 합성에서 원하는 이성질체를 얻고자 할 때 치환기가 벤젠 고리에 도입되는 순서를 고려해야 한다(7.13절).

벤젠 고리가 있는 화합물을 포함하여 단일고리인 방향족 화합물은 **Hückel 규칙**(Hückel's rule)이라고 알려진 일련의 요구 조건을 만족한다(7.14절). Hückel 규칙에 의하면 평면이면서 단일고리이고 완전히 짝지은 폴리엔 중에서 $(4n+2)$개의 π 전자가 있는 계는 방향성이다. 고리 안에 탄소 이외의 다른 원자를 적어도 하나 이상을 가지고 있는 방향족 화합물을 **헤테로고리 방향족 화합물**(heterocyclic aromatic compound)이라고 한다(7.15절).

보충문제

방향성

7.13 다음 각 서술은 벤젠의 구조의 어떤 면을 **틀리게** 서술하고 있다. 각 서술을 올바르게 고쳐 쓰시오.

(a) 벤젠은 이중과 단일 결합이 번갈아 있는 고리로 존재한다.

(b) 벤젠의 가장 안정한 형태는 의자이다.

(c) 벤젠의 모든 탄소는 *sp*-혼성이다.

7.14 방향족 고리가 sp^3-혼성 탄소 원자를 가질 수 없는 이유를 설명하시오.

7.15 여러고리 방향족 화합물의 가장 안정한 공명 구조는 벤젠의 Kekulé 구조에 대응하는 고리가 최대인 구조이다. 다음에 대하여 가장 안정한 공명 구조를 그리시오.

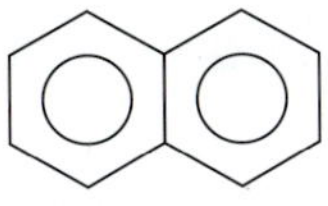
Naphthalene

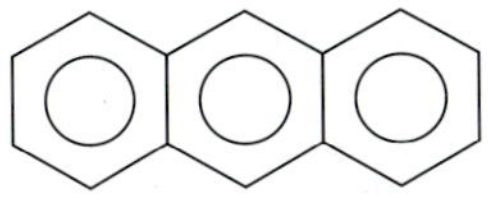
Anthracene

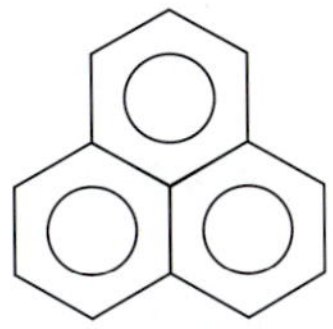
Phenanthrene

7.16 다음 구조 중에서 어느 것이 방향족인가? 모두 평면 구조라고 가정한다.

(a) 

(c) 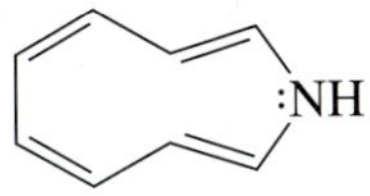

(b) 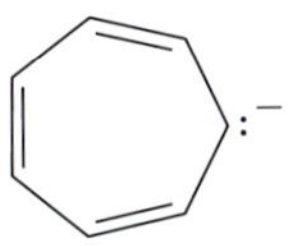

(d) 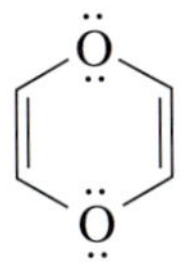

7.17 방향족 사이클로헵타트라이엔일 양이온에서 양전하가 일곱 탄소 원자에 걸쳐서 모두 비편재화되고 있는 것을 보여 주는 공명 구조를 그리시오.

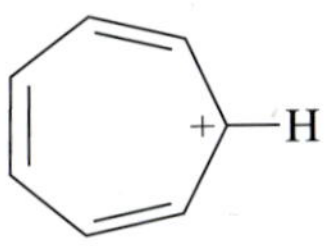
Cycloheptatrienyl 양이온

명명법

7.18 모든 이성질체에 대하여 그 구조를 그리고, 체계명을 쓰시오.
(a) 나이트로톨루엔(Nitrotoluene)
(b) 다이클로로벤조산(Dichlorobenzoic acid)
(c) 트라이브로모페놀(Tribromophenol)

7.19 다음 화합물에는 모노브로모 유도체는 몇 개가 있는가? (이름을 적을 필요는 없음)
(a) 안트라센(Anthracene) (b) 나프탈렌(Naphthalene)

7.20 다음 각 화합물의 체계명을 쓰시오.
(a) $CH_3\underset{|}{C}HCH_2CH_2CH_3$ (with C_6H_5 on C-2)
(b) $CH_3CH_2\underset{|}{C}HCH_2OH$ (with C_6H_5 on C-2)
(c) $C_6H_5CH{=}CHCH_3$
(d) 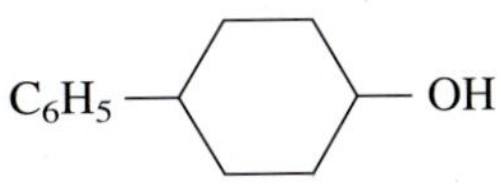

7.21 단일치환 벤젠 고리가 있는 $C_6H_5C_4H_9$의 모든 이성질체의 구조를 그리고, IUPAC명을 쓰시오.

7.22 다음 각 이름에 대한 구조식을 그리시오.
(a) (*E*)-1-페닐-1-뷰텐[(*E*)-1-Phenyl-1-butene]
(b) (*Z*)-2-페닐-2-뷰텐[(*Z*)-2-Phenyl-2-butene]
(c) (*R*)-1-페닐에탄올[(*R*)-1-Phenylethanol]
(d) *o*-클로로벤질 알코올(*o*-Chlorobenzyl alcohol)
(e) *p*-클로로페놀(*p*-Chlorophenol)

(f) *p*-다이아이소프로필벤젠(*p*-Diisopropylbenzene)
(g) 2,4,6-트라이브로모아닐린(2,4,6-Tribromoaniline)

7.23 자리 번호를 이용하고 표 7.1의 이름을 참조하여 다음 각 화합물의 올바른 IUPAC명을 쓰시오.

(a) 다이오스페놀(diosphenol, 동물의 기생충을 제거하는 데 사용하는 수의학 약품)

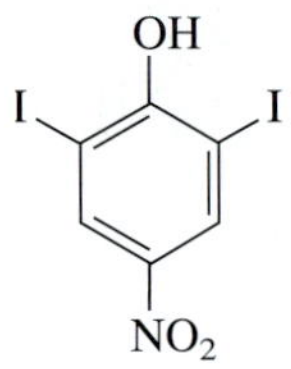

(b) *m*-자일리딘[*m*-Xylidine, 국부 마취제인 리도카인(lidocaine)의 합성에 사용]

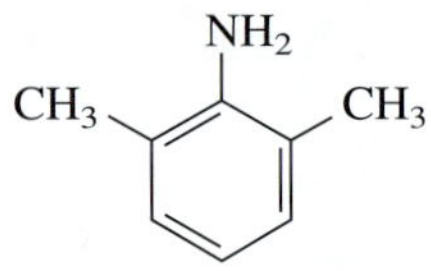

7.24 다음 각 방향족 화합물의 올바른 체계명을 쓰시오.

(a)

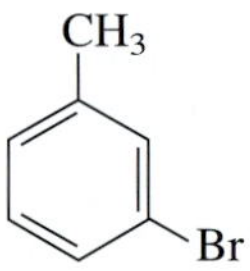

(b)

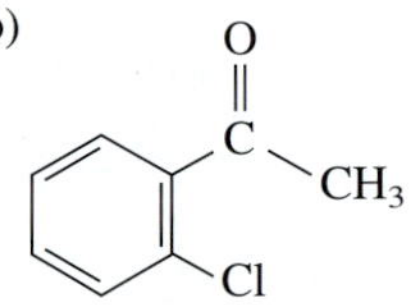

(c)

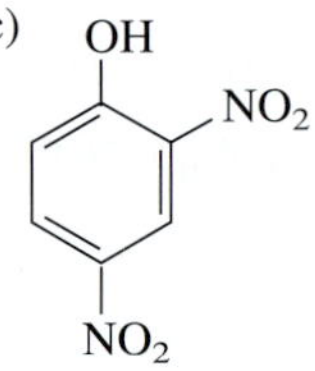

방향족 곁사슬 반응

7.25 다음 각 반응에서 주 생성물의 구조를 그리시오.

(a)

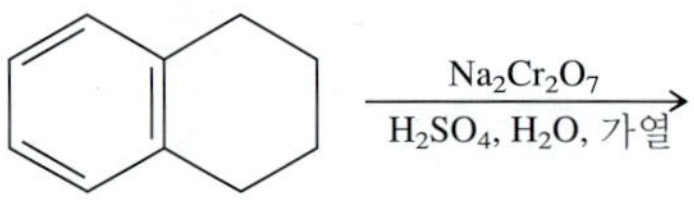

(b)

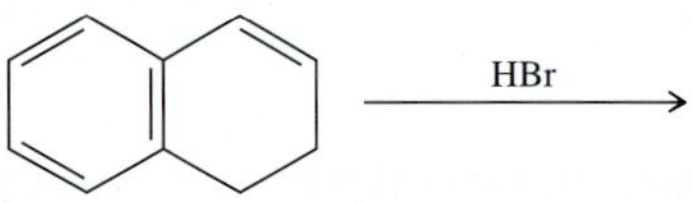

(c)

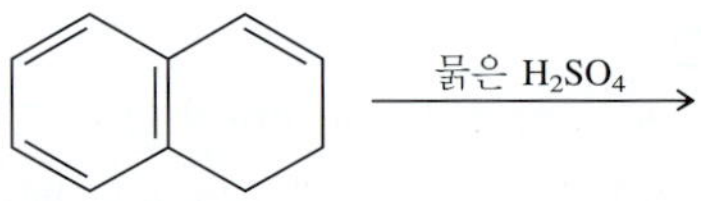

(d)

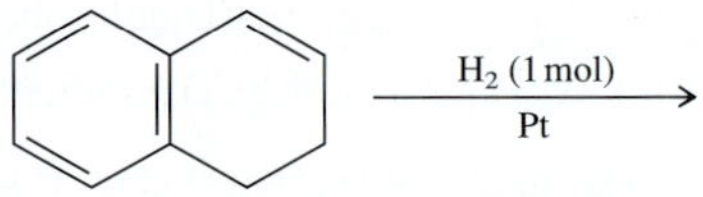

7.26 촉매와 공기를 이용하는 다음 산업적 산화 반응의 화학 반응식을 쓰시오.
(a) 가소제의 합성에 사용되는 *o*-프탈산을 주는 *o*-자일렌의 산화
(b) 폴리에스터와 필름의 제조에 사용되는 테레프탈산을 주는 *p*-자일렌의 산화

치환 반응

7.27 다음 각 반응을 수행하는 데 필요한 시약과 주 생성물을 쓰시오. 오쏘, 파라 혼합물이 생기면 둘 다 그리시오. 메타 이성질체가 기대한 주 생성물이면 이 이성질체만 그리시오.
(a) 벤젠의 나이트로화 반응
(b) (a) 생성물의 나이트로화 반응
(c) 톨루엔의 브로민화 반응
(d) (트라이플루오로메틸)벤젠의 브로민화 반응
(e) 아니솔의 설폰화 반응
(f) 아세트아닐라이드(acetanilide, $C_6H_5NH\overset{O}{\overset{\|}{C}}CH_3$)의 설폰화 반응
(g) 브로모벤젠의 염소화 반응

7.28 다음 Friedel-Crafts 반응의 주 생성물 혹은 생성물들의 구조를 그리시오.

(a) 벤질 클로라이드($C_6H_5CH_2Cl$)에 의한 벤젠의 알킬화 반응

(b) 벤질 클로라이드에 의한 아니솔의 알킬화 반응

(c) 벤조일 클로라이드($C_6H_5\overset{\overset{O}{\|}}{C}Cl$)에 의한 벤젠의 아실화 반응

(d) 벤조일 클로라이드에 의한 반응 (a)의 생성물의 아실화 반응

7.29 다음 화합물을 Br_2과 $FeBr_3$로 모노브로민화 반응을 시켰을 때 생기는 생성물의 구조를 그리시오.

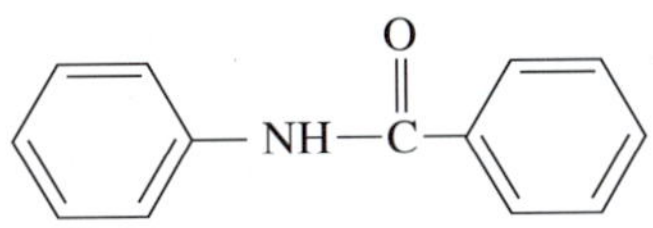

7.30 아렌의 Friedel-Crafts 아실화 반응을 이용하여 다음 화합물을 얻고자 할 때 아실 클로라이드와 산 무수물 중에서 어느 것을 사용하겠는가?

$$C_6H_5\overset{\overset{O}{\|}}{C}CH_2C_6H_5$$

치환 메커니즘

7.31 다음 각각의 친전자성 방향족 치환 반응에서 친전자체의 구조를 그리시오. 할로젠화 반응, 나이트로화 반응, Friedel-Crafts 알킬화, 아실화 반응.

7.32 다음 화합물의 각 쌍 중에서 어느 것이 주어진 시약과 더 빠르게 반응할 것인지를 결정하고, 더 빠른 반응의 반응식을 쓰시오.

(a) 질산과 황산의 혼합물과 톨루엔 혹은 클로로벤젠

(b) 벤질 클로라이드 및 염화 알루미늄과 플루오로벤젠 혹은 (트라이플루오로메틸)벤젠

(c) 아세트산에서의 브로민과 메틸 벤조에이트($C_6H_5\overset{\overset{O}{\|}}{C}OCH_3$) 혹은 페닐 아세테이트 ($C_6H_5O\overset{\overset{O}{\|}}{C}CH_3$)

(d) 황산에서의 삼산화 황과 아세트아닐라이드($C_6H_5NH\overset{\overset{O}{\|}}{C}CH_3$) 혹은 나이트로벤젠

7.33 염화 철(III)($FeCl_3$)의 존재하에서 염소와 벤젠의 반응을 기술하는 단계별 메커니즘을 그리시오. 반응 중간체의 모든 공명 구조를 쓰시오.

7.34 아닐린($C_6H_5NH_2$)이 다음 반응을 수행할 때 생기는 사이클로헥사다이엔일 양이온의 구조를 그리시오.

(a) 오쏘 브로민화 반응(네 공명 구조)

(b) 메타 브로민화 반응(세 공명 구조)

(c) 파라 브로민화 반응(네 공명 구조)

7.35 다음 반응에서 생기는 가장 안정한 사이클로헥사다이엔일 양이온의 구조를 그리시오. 이 사이클로헥사다이엔일 양이온은 친전자체가 벤젠을 공격하여 생기는 대응하는 중간체보다 더 안정한가 아니면 덜 안정한가?

(a) 아이소프로필벤젠의 나이트로화 반응

(b) 나이트로벤젠의 브로민화 반응

7.36 다음 방향족 치환기가 활성화기이면서 오쏘, 파라 지향성기인지 아니면 비활성화기이면서 메타 지향성기인지를 판별하시오.

(a) $—\ddot{\underset{\cdot\cdot}{S}}H$ (싸이올, thiol)

(b) $—\overset{+}{S}(CH_3)_2$ (다이메틸설포늄, dimethylsulfonium)

방향족 화합물의 합성

7.37 벤젠에서 출발하고 필요한 아무런 유기 혹은 무기 시약을 모두 사용하면서 다음 화합물을 합성할 수 있는 화학 반응식을 쓰시오. 오쏘, 파라 혼합물이 합성의 어느 단계에서 나오더라도 두 이성질체를 분리할 수 있다고 간주하시오.

(a) 아이소프로필벤젠(Isopropylbenzene)

(b) *p*-아이소프로필벤젠설폰산(*p*-Isopropylbenxenesulfonic acid)

(c) *m*-클로로아세토페논(*m*-Chloroacetophenone)

(d) *p*-클로로아세토페논(*p*-Chloroacetophenone)

7.38 두 학생이 벤젠에서 시작하여 *m*-클로로나이트로벤젠을 합성하기를 원한다. 한 학생은 염소화 반응을 먼저 실시하고, 다른 학생은 나이트로화 반응부터 시작한다. 반응 계획에 대한 반응식을 쓰시오. 어느 것이 올바른 생성물을 주는가?

7.39 톨루엔에서 출발하고 필요한 아무런 유기 혹은 무기 시약을 모두 사용하면서 다음 화합물을 합성할 수 있는 합성 계획을 쓰시오.

(a) *m*-브로모벤조산(*m*-Bromobenzoic acid)

(b) *p*-브로모벤조산(*p*-Bromobenxoic acid)

7.40 아래에 나오는 화합물을 만들려고 세 가지 반응 계획이 시도되었다. 이것 중에서 하나만 성공하였는데, 이것은 무슨 계획이었는가? 다른 두 반응 경로에서 얻어진 생성물은 무엇인가?

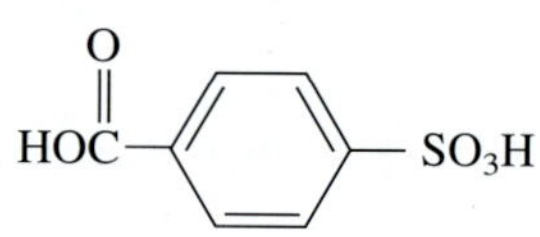

$$\text{I:}\quad C_6H_6 \xrightarrow[SO_3]{H_2SO_4} \xrightarrow[AlCl_3]{CH_3CH_2Br} \xrightarrow[H_2SO_4,\ H_2O,\ \text{가열}]{Na_2Cr_2O_7}$$

$$\text{II:}\quad C_6H_6 \xrightarrow[AlCl_3]{CH_3CH_2Br} \xrightarrow[SO_3]{H_2SO_4} \xrightarrow[H_2SO_4,\ H_2O,\ \text{가열}]{Na_2Cr_2O_7}$$

$$\text{III:}\quad C_6H_6 \xrightarrow[AlCl_3]{CH_3CH_2Br} \xrightarrow[H_2SO_4,\ H_2O,\ \text{가열}]{Na_2Cr_2O_7} \xrightarrow[SO_3]{H_2SO_4}$$

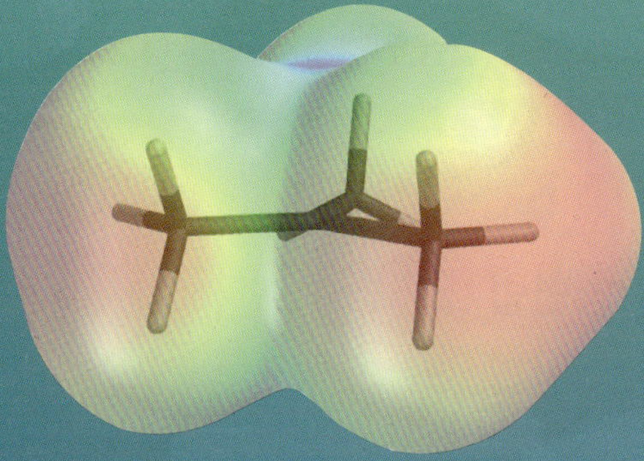

CHAPTER 08
알코올과 알케인으로부터 알킬 할라이드의 제법과 구조

개요

앞의 두 장에서 유기 분자의 **구조**에 관한 몇 가지 기본적인 원리에 대하여 공부하였다. 이 장에서는 먼저 **알코올**(alcohol)과 **알킬 할라이드**(alkyl halide; 할로젠화 알킬)의 유기화학적 **반응**에 대해 알아보자. 이 두 화합물은 자주 여러 가지 다른 부류의 화합물을 제조하는 출발 물질로 사용하기 때문에 유기 화합물 중에서 가장 유용한 부류에 속한다.

이 장에서 다룰 알킬 할라이드를 생성하는 반응은 작용기 변환 반응이다. 이 반응에서 알코올의 하이드록시기(—OH)를 할로젠화 수소(hydrogen halide)로 처리하면 할로젠으로 바뀌게 된다.

$$\underset{\text{Alcohol}}{\text{R—OH}} + \underset{\text{Hydrogen halide}}{\text{H—X}} \longrightarrow \underset{\text{Alkyl halide}}{\text{R—X}} + \underset{\text{Water}}{\text{H—OH}}$$

이런 반응은 **치환 반응**(substitution)으로 분류되며, 반응물과 생성물 사이의 관계를 기술하는 용어, 즉 어떤 작용기가 다른 작용기로 바뀌는 것을 나타내는 용어이다. 이 장에서는 반응물과 생성물의 관계뿐만 아니라 각 반응의 메커니즘도 다룬다. **메커니즘**(mechanism)은 화학 반응 과정 중 **어떻게** 출발 물질이 생성물로 전환되는지를 보여 준다.

이러한 반응과 메커니즘에 대한 주제를 발전시켜 나가면서, 알코올과 알킬 할라이드를 매체로 사용하여 IUPAC 명명법의 원리를 확대하고, 구조와 결합의 개념을 발전시켜 나가며, 구조에 따라 성질이 어떻게 달라지는지를 배우게 될 것이다. 산(acid)과 염기(base)는 이 장에서 복습할 중요한 부분이며, 교재 전반에 걸쳐 사용될 양성자 이동의 평형에 관해 정성적으로 다룰 것이다.

8.1 알코올과 알킬 할라이드의 명명법

IUPAC 규칙을 사용하여 알코올과 알킬 할라이드를 두 가지 체계적 방법으로 명명할 수 있다. 한 가지 방법은 화합물의 알킬기 뒤(한글 명명법에서는 알킬기 앞)에 작용기를 나타내는 특정 단어, 즉 플루오라이드(fluoride; 플루오린화), 클로라이드(chloride; 염화) 브로마이드(bromide; 브로민화), 아이오다이드(iodide; 아이오딘화), 알코올(alcohol) 등을 별도로 적어서 명명하는 것이다. 이런 이름을 아래 예에서 설명하였다.

> IUPAC 규칙에서는 특정 알킬기의 관용명을 사용할 수 있으며, 이들은 *n*-프로필, 아이소프로필, *n*-뷰틸, *sec*-뷰틸, 아이소뷰틸, *tert*-뷰틸이다(4.10절 참조).

CH_3CH_2F	$(CH_3)_2CHCl$	$(CH_3)_3CBr$
Ethyl fluoride	Isopropyl chloride	*tert*-Butyl bromide

1-Methylbutyl iodide

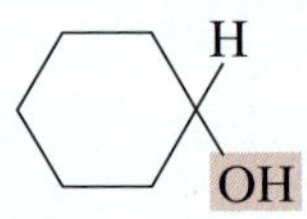

Cyclohexyl alcohol

알킬 할라이드를 명명하는 두 번째 방법은 할로젠을 알케인 사슬에 결합한 **할로**-(halo-)[**플루오로**-(fluoro-), **클로로**-(chloro-), **브로모**-(bromo-), **아이오도**-(iodo-)] **치환기**(substituent)로 간주하는 것이다. 탄소 사슬의 번호는 치환기가 붙어 있는 탄소의 번호가 더 작아지도록 매긴다.

5 4 3 2 1
$CH_3CH_2CH_2CH_2CH_2F$

1-Fluoropentane

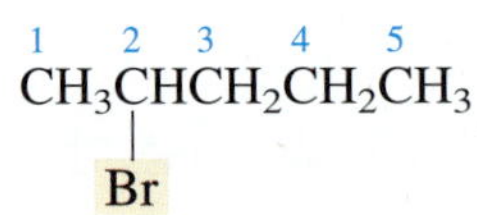

2-Bromopentane

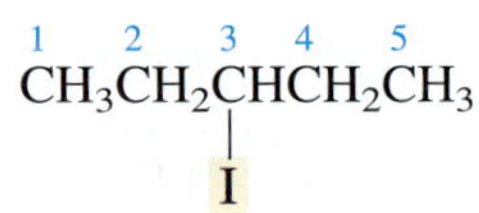

3-Iodopentane

탄소 사슬에 할로젠과 알킬 치환기가 동시에 결합되어 있으면 두 치환기의 번호 매김 우선순위는 같으며, 사슬의 번호는 사슬의 말단에 더 가까운 치환기의 번호가 더 작아지도록 매긴다.

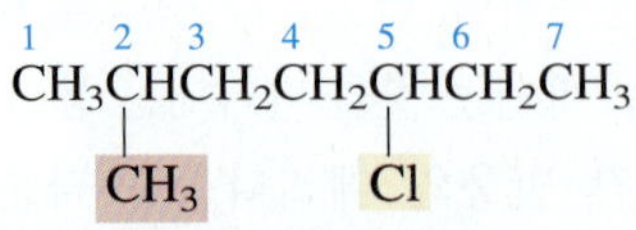

5-Chloro-2-methylheptane

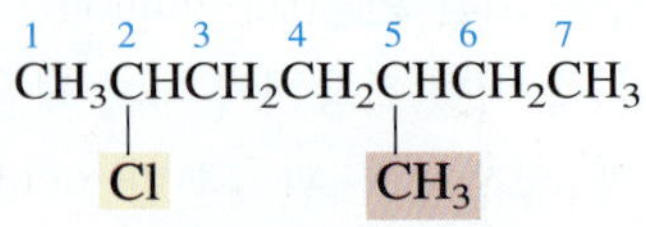

2-Chloro-5-methylheptane

문제 8.1 분자식이 C_4H_9Cl인 알킬 클로라이드의 각 이성질체의 구조식을 쓰고, 두 가지 체계명을 나타내시오.

알코올은 하이드록시기를 지니는 가장 긴 사슬을 확인하고 그에 해당하는 알케인의 어미 *-e*를 -올(*-ol*)로 바꾸어줌으로서 명명한다. 하이드록시기의 위치는 숫자로 나타내며, 하이드록시기가 붙어 있는 탄소의 번호가 더 작아지도록 한다.

> 여러 가지 종류의 알코올은 일상적인 물질이며, 해당 알코올의 출처[목정(wood alcohol), 주정(grain alcohol)] 또는 용도[소독용 알코올(rubbing alcohol)]를 반영해 주는 관용명이 잘 알려져 있다. 목정은 메탄올(메틸 알코올, CH_3OH)이며, 주정은 에탄올(에틸 알코올), 소독용 알코올은 2-프로판올[아이소프로필 알코올, $(CH_3)_2CHOH$]이다.

CH_3CH_2OH

Ethanol

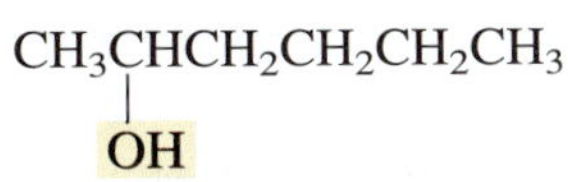

2-Hexanol

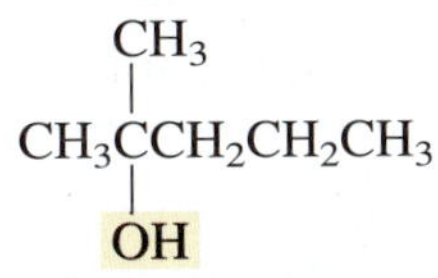

2-Methyl-2-pentanol

탄소 사슬의 번호를 매기는 방향을 결정할 때에는 하이드록시기가 알킬기나 할로젠 치환기보다 우선한다.

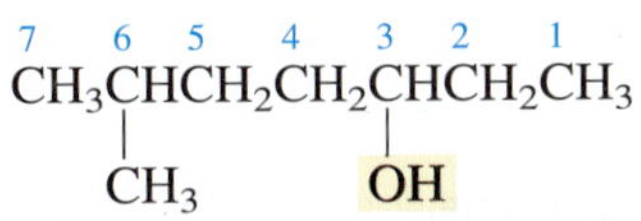

6-Methyl-3-heptanol
(2-methyl-5-heptanol이 아님)

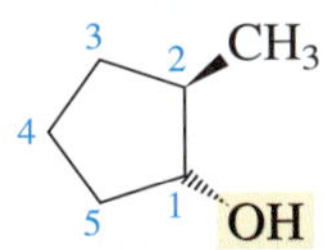

trans-2-Methylcyclopentanol

3-Fluoro-1-propanol

일반적인 알코올: 메틸 알코올, 에틸 알코올, 아이소프로필 알코올

1920년대까지 메틸 알코올(메탄올)은 목재로부터 석탄을 만드는 과정에서 생성되는 부산물로서 분리되었고, 이 때문에 **목정**(*wood alcohol*)이라는 관용명이 붙였다. 지금 미국에서 연간 생산되는 메탄올 생상량은 110억lb이며, 그중 대부분은 이산화 탄소와 수소로부터 직접 제조된다.

$$\underset{\text{Carbon monoxide}}{CO} + \underset{\text{Hydrogen}}{2H_2} \xrightarrow[\text{400°C, 압력}]{ZnO—Cr_2O_3} \underset{\text{Methanol}}{CH_3OH}$$

이 메탄올의 절반 정도는 폼알데하이드(formaldehyde)로 전환되어 여러 가지 수지와 플라스틱을 만드는 데 사용된다. 메탄올은 용매와 부동액, 편리한 청정 액체 연료로도 사용된다. 메탄올은 끓는점이 65℃인 무색의 액체이며, 물과 어떤 비율로도 잘 섞인다. 메탄올은 독성이 있어 30mL만 마셔도 치명적일 수 있다. 치사량 미만으로 섭취하면 시력을 잃을 수 있다.

식물성 재료를 발효시키면 그 속의 탄수화물이 효모 내의 효소에 의해 에틸 알코올(에탄올)과 이산화 탄소로 전환된다. 포도당(glucose)을 대표적인 탄수화물로 사용한 이 반응은 다음과 같이 쓸 수 있다.

$$\underset{\text{Glucose}}{C_6H_{12}O_6} \xrightarrow{\text{효소}} \underset{\text{Ethanol}}{2CH_3CH_2OH} + \underset{\text{Carbon dioxide}}{2CO_2}$$

보리를 발효시키면 맥주가 생성되고, 포도에서는 포도주가 생성된다. 발효에 의해 얻을 수 있는 에탄올의 최대 농도는 15% 정도에 불과한데, 그 이유는 에탄올의 농도가 그 이상이 되면 효소가 불활성화되어 발효가 중단되기 때문이다. 에탄올의 끓는점은 78℃이며, 물은 100℃이기 때문에 발효액을 증류하면 에탄올의 농도가 증가한 "증류주"를 얻을 수 있다. 위스키는 곡물을 발효시켜 얻은 증류액을 숙성시킨 것이며, 50%에 약간 미달되는 에탄올이 함유되어 있다. 브랜디와 코냑은 포도와 기타 과실을 발효시켜 증류하여 얻은 증류주를 숙성하여 만들며, 에탄올 함량은 약 70%이다. 여러 알코올성 음료가 지니는 특징적인 풍미와 향기, 색은 재료와 숙성 기간에 따라 달라진다.

합성 에탄올은 석유로부터 에틸렌($CH_2=CH_2$)을 거쳐 만든다(6.9절의 상자 속 에세이 참조). 미국에서는 연간 약 12억 lb의 합성 에탄올이 생산된다. 합성 에탄올은 비교적 값이 싸므로 산업용으로 사용하기에 적합하다. 합성 에탄올은 마시지 못하도록 메탄올과 같은 독성 물질을 의도적으로 첨가하여 변성(denaturation)시키며, 이렇게 함으로써 술의 에탄올에 부과되는 세금을 면제시켜 준다.

인체는 에탄올을 합리적으로 잘 대사할 수 있는 기능을 지니고 있으므로 메탄올보다는 위험성이 적다. 그러나 과음과 알코올 중독은 여전히 사회적인 문제가 되고 있다.

아이소프로필 알코올[isopropyl alcohol, $(CH_3)_2CHOH$]

(계속)

은 석유로부터 프로펜(propene, $CH_3CH{=}CH_2$)을 거쳐 상업적으로 만든다. 끓는점이 82℃인 아이소프로필 알코올은 피부에서 신속하게 증발하므로 피부를 시원하게 해 주는 효과가 있다. 오일과 향료를 첨가한 아이소프로필 알코올은 소독용 알코올의 주성분으로 자주 사용한다. 아이소프로필 알코올은 미약하나마 항균 활성을 지니므로 수술용 도구를 소독하고, 경미한 수술 이전에 피부를 청결하게 하는 데 사용되기도 한다.

알코올은 천연 재료로부터 또는 합성에 의해서 가장 얻기가 쉬운 유기 화합물 가운데 하나이다. 이 때문에 알코올은 여러 가지 많은 화합물을 제조하는 출발 물질로 소중하게 사용된다.

문제 8.2 분자식이 $C_4H_{10}O$인 알코올의 각 이성질체의 구조식을 쓰고 두 가지 체계명을 나타내시오.

8.2 알코올과 알킬 할라이드의 분류

알코올과 알킬 할라이드는 작용기가 붙어 있는 탄소로 분류하는 방법(4.10절)에 따라 일차, 이차, 삼차로 구분할 수 있다. 그러므로 **일차 알코올**(primary alcohol)과 **일차 알킬 할라이드**(primary alkyl halide)는 RCH_2G(여기서 G는 작용기를 나타낸다) 형태의 화합물이며, **이차 알코올**(secondary alcohol)과 **이차 알킬 할라이드**(secondary alkyl halide)는 R_2CHG 형태, **삼차 알코올**(tertiary alcohol)과 **삼차 알킬 할라이드**(tertiary alkyl halide)는 R_3CG 형태의 화합물이다.

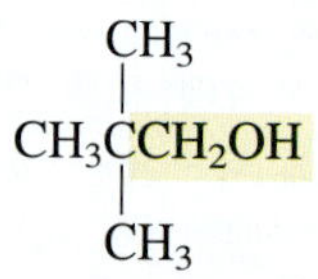
2,2-Dimethyl-1-propanol
(일차 알코올)

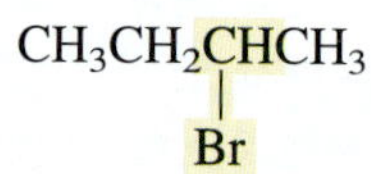
2-Bromobutane
(이차 알킬 할라이드)

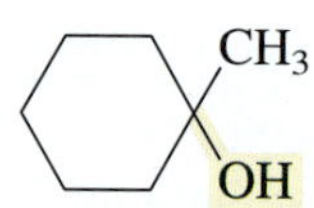
1-Methylcyclohexanol
(삼차 알코올)

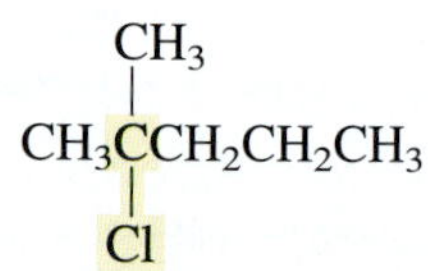
2-Chloro-2-methylpentane
(삼차 알킬 할라이드)

문제 8.3 $C_4H_{10}O$의 이성질체 알코올을 일차, 이차, 삼차로 분류하시오.

알코올과 알킬 할라이드의 여러가지 성질은 그 작용기가 일차, 이차, 삼차 탄소 중 어디에 결합되어 있는지에 따라 영향을 받는다. 일차 탄소에 결합된 작용기가 이차 또는 삼차 탄소에 결합된 작용기에 비해 반응성이 더 크다는 것을 보여 주는 많은 예와 그와는 정반대의 예를 보게 될 것이다.

문제 8.4 유럽나무좀(European bark beetle)은 느릅나무병(Dutch elm disease)을 확산시키는 곤충이다. 이 나무좀은 느릅나무의 껍질에 구멍을 뚫고 군집 페로몬을 발산하여 다른 나무좀을 그 부위에 모이도록 한다. 나무좀은 진균을 옮기고, 그 진균이 정착하여 걷잡을 수 없이 자라면 나무가 죽게 된다. 군집 페로몬의 한 성분은 4-메틸-3-헵탄올(4-methyl-3-heptanol)이다. 이 알코올의 구조식을 쓰시오. 이것은 일차 알코올, 이차 알코올, 삼차 알코올 중 어느 것인가?

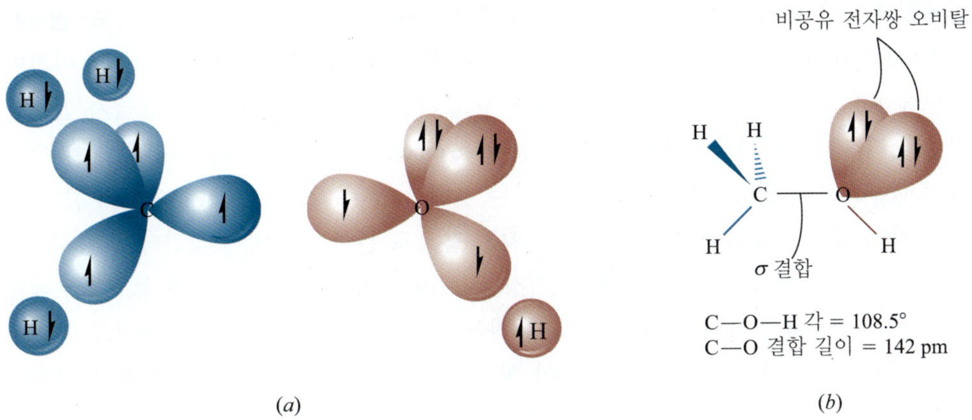

그림 • 8.1
메탄올의 결합과 관련한 오비탈 혼성 모형. (*a*) 결합에 사용되는 오비탈은 수소의 1*s* 오비탈과 탄소와 산소의 sp^3-혼성 오비탈이다. (*b*) 탄소와 산소의 결합각은 정사면체에 가까우며, 탄소-산소의 σ 결합은 탄소-탄소 단일 결합에 비해 약 10pm 짧다.

8.3 알코올과 알킬 할라이드의 결합

알코올과 알킬 할라이드에서 작용기가 붙어 있는 탄소는 sp^3-혼성이다. 알코올의 하이드록시기는 탄소의 sp^3 혼성 오비탈이 산소의 sp^3 혼성 오비탈과 중첩하여 생성된 σ 결합으로 탄소에 연결되어 있다. 그림 8.1에 메탄올의 특수한 결합을 예로 들어서 설명하고 있다. 탄소에 연결된 결합은 정사면체의 기하구조로 배열되어 있다. 알킬 할라이드의 결합은 알코올의 결합과 비슷하다. 할로젠 치환체도 sp^3-혼성 탄소에 σ 결합으로 연결되어 있다

탄소-산소와 탄소-할로젠 결합은 극성 공유 결합이며, 알코올($^{\delta+}C—O^{\delta-}$)과 알킬 할라이드($^{\delta+}C—X^{\delta-}$)의 탄소는 부분적으로 양전하를 띤다. 이들 극성 결합 때문에 알코올과 알킬 할라이드는 극성 분자가 된다.

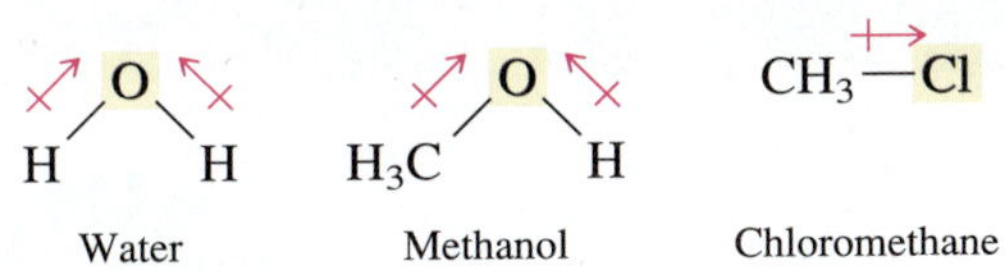

8.4 알코올과 알킬 할라이드의 물리적 성질: 분자간 힘

끓는점 4.19절에서 알케인의 구조가 끓는점에 어떤 영향을 미치는지를 보았다. 이제 크기와 형태가 유사한 세 화합물, 즉 비극성 알케인(프로페인, propane)과 두 극성 분자[알코올인 에탄올과 알킬 할라이드인 플루오로에테인(fluoroethane)]를 비교해 보자.

$CH_3CH_2CH_3$	CH_3CH_2OH	CH_3CH_2F
Propane	Ethanol	Fluoroethane
끓는점: −42℃	끓는점: 78℃	끓는점: −32℃

그림 • 8.2
쌍극자-쌍극자 인력. 극성 물질의 두 분자는 한 분자의 양으로 분극된 지역과 다른 분자의 음으로 분극된 지역이 서로를 끌어당긴다.

알케인과 같은 비극성 물질에 존재하는 유일한 분자간 인력은 **유도-쌍극자/유도-쌍극자**(induced-dipole/induced-dipole)이다. 이 인력은 분자간 인력으로서는 가장 약하며, 이것이 프로페인의 낮은 끓는점을 설명해 준다. 극성 분자는 유도-쌍극자/유도-쌍극자 인력뿐만 아니라 더 강한 인력인 **쌍극자-쌍극자**(dipole-dipole) 인력을 형성하며, 이 사실은 에탄올과 플루오로에테인의 끓는점이 더 높다는 것에서 알 수 있다. 그림 8.2에서와 같이 어떤 분자의 양으로 분극된 지역은 다른 분자의 음으로 분극된 지역에 끌린다.

그러나 이 자료에서 알 수 있는 가장 두드러진 특징은 프로페인과 플루오로에테인에 비해 에탄올의 끓는점이 훨씬 더 높다는 것이다. 이 사실은 에탄올에서의 인력이 아주 강함을 시사한다. 그림 8.3에서 이 힘은 에탄올 분자의 —OH기의 양으로 분극된 양성자와 다른 에탄올 분자의 음으로 분극된 산소 사이의 쌍극자-쌍극자 인력 때문임을 알 수 있다. **수소 결합**(hydrogen bonding)은 이런 형태의 쌍극자-쌍극자 인력을 기술하는 데 사용된다. 여기에 관여하는 양성자는 산소나 질소와 같은 전기음성도가 큰 원소에 결합되어야만 한다. C—H 결합에 있는 양성자는 수소 결합에 관여하지 않는다. 그러므로 플루오로에테인은 극성 분자이고 쌍극자-쌍극자 인력을 형성하지만, 수소 결합을 하지는 않으므로 에탄올보다 끓는점이 더 낮다.

—OH기들 간의 수소 결합은 —NH기들 간에 형성되는 결합보다 더 강하며, 이는 물(H_2O, 100°C)과 암모니아(NH_3, −33°C)의 끓는점을 비교해 봄으로써 입증할 수 있다.

수소 결합은 —OH 또는 —NH기를 지니는 분자에서 형성될 것이라고 예측할 수 있다. 개개의 수소 결합은 일반적인 공유 결합보다 약 10~50배 약하지만, 그 효과는 클 수 있다. 분자간의 수소 결합은 다른 쌍극자 인력보다 많고, 가능한 분자에 비교적 고도의 질서 정연한 구조를 할 수 있기 때문에 수소 결합은 충분히 강한 결합이다. 17장과 18장에서 배우겠지만, 생명체를 구성하는 유기 분자인 단백질과 핵산이 취하는 삼차원 구조는 수소 결합의 형태로 만들어진다.

문제 8.5 에탄올의 구조 이성질체인 다이메틸 에터(dimethyl ether, CH_3OCH_3)는 실온에서 기체이다. 이 현상을 설명하시오.

그림 • 8.3
에탄올은 어떤 분자의 산소와 다른 분자의 —OH기의 양성자가 수소 결합을 형성한다. 수소 결합은 대부분의 다른 형태의 쌍극자-쌍극자 인력보다 훨씬 강하다.

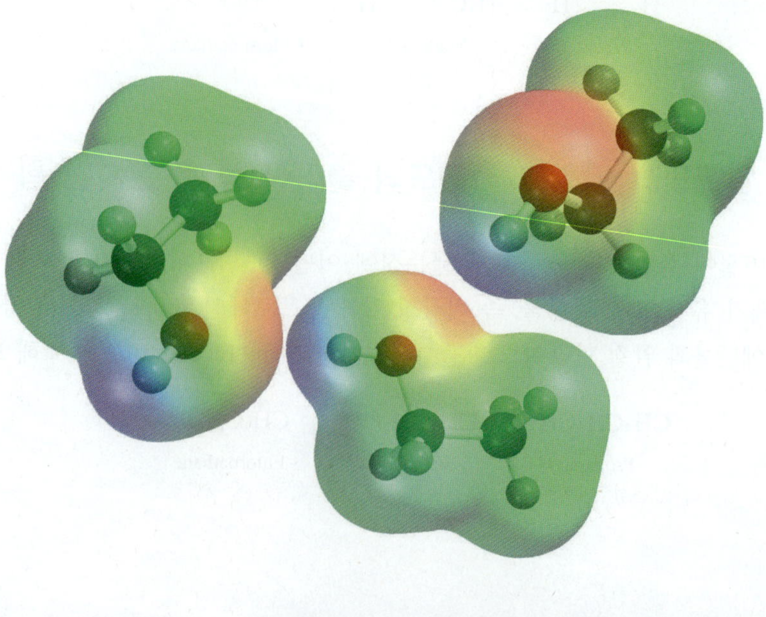

표 8.1 알킬 할라이드와 알코올의 끓는점

알킬기 이름	식	작용기 X와 끓는점, °C(1atm)				
		X = F	X = Cl	X = Br	X = I	X = OH
메틸(Methyl)	CH_3X	−78	−24	3	42	65
에틸(Ethyl)	CH_3CH_2X	−32	12	38	72	78
프로필(Propyl)	$CH_3CH_2CH_2X$	−3	47	71	103	97
펜틸(Pentyl)	$CH_3(CH_2)_3CH_2X$	65	108	129	157	138
헥실(Hexyl)	$CH_3(CH_2)_4CH_2X$	92	134	155	180	157

표 8.1에 일부 대표적인 알킬 할라이드와 알코올의 끓는점이 나타나 있다. 관련 화합물의 끓는점을 알킬기의 차이로 비교해 보면, 끓는점은 알케인의 경우에서와 마찬가지로 탄소 원자의 수가 증가함에 따라 증가함을 알 수 있다.

알킬 할라이드류의 **할로젠**의 경우에 끓는점이 할로젠 원소가 주기율표상에서 아래로 내려갈수록 증가하므로 끓는점은 알킬 플루오라이드가 가장 낮고, 알킬 아이오다이드가 가장 높다. 이 경향은 원자 주위의 전자 분포가 인근의 전기장에 의해 더 쉽게 뒤틀리기 때문이며, 이것은 유도-쌍극자/유도-쌍극자 및 쌍극자/유도-쌍극자 인력의 세기를 결정하는 중요한 인자이다. 유도-쌍극자에 의해 좌우되는 힘은 할로젠이 아이오딘일 때 가장 강하며, 플루오린일 때 가장 약하다.

메테인에 염소가 치환된 유도체의 끓는점은 염소 원자의 수가 증가하면 유도-쌍극자/유도-쌍극자 인력이 증가하기 때문에 올라간다.

	CH_3Cl	CH_2Cl_2	$CHCl_3$	CCl_4
	Chloromethane (methyl chloride)	Dichloromethane (methylene dichloride)	Trichloromethane (chloroform)	Tetrachloromethane (carbon tetrachloride)
끓는점:	−24℃	40℃	61℃	77℃

플루오린은 그 수가 증가하여도 끓는점이 더 높아지지 않는다는 점에서 다른 할로젠과는 다르다.

	CH_3CH_2F	CH_3CHF_2	CH_3CF_3	CF_3CF_3
	Fluoroethane	1,1-Difluoroethane	1,1,1-Trifluoroethane	Hexafluoroethane
끓는점:	−32℃	−25℃	−47℃	−78℃

이러한 끓는점으로부터 왜 끓는점이 분자량이 증가하면 항상 증가한다는 개념을 버려야 하는지 알 수 있다.

그러므로 다이플루오린화물인 CH_3CHF_2는 CH_3CH_2F보다 높은 온도에서 끓지만, 트라이플루오린화물인 CH_3CF_3는 이들 가운데 어느 것보다 낮은 온도에서 끓는다. 더 주목을 끄는 것은 헥사플루오란화물인 CF_3CF_3의 끓는점은 에테인의 어떤 플루오린화물보다 낮다는 것이다. 사실상 CF_3CF_3의 끓는점은 에테인보다 11℃ 밖에 높지 않다. 그 이유는 플루오린 분자가 에테인 분자에 도입될 때 유도-쌍극자/유도-쌍극자 힘이 감소되기 때문이다. 이렇게 약한 분자간 인력 때문에 **플루오린화 탄화수소**(플루오로카본, fluorocarbon)는 프라이팬의 '들어붙지 않는' 테플론(Teflon) 피막에서 나타나는 것과

그림 • 8.4
에탄올과 물 분자 사이의 수소 결합

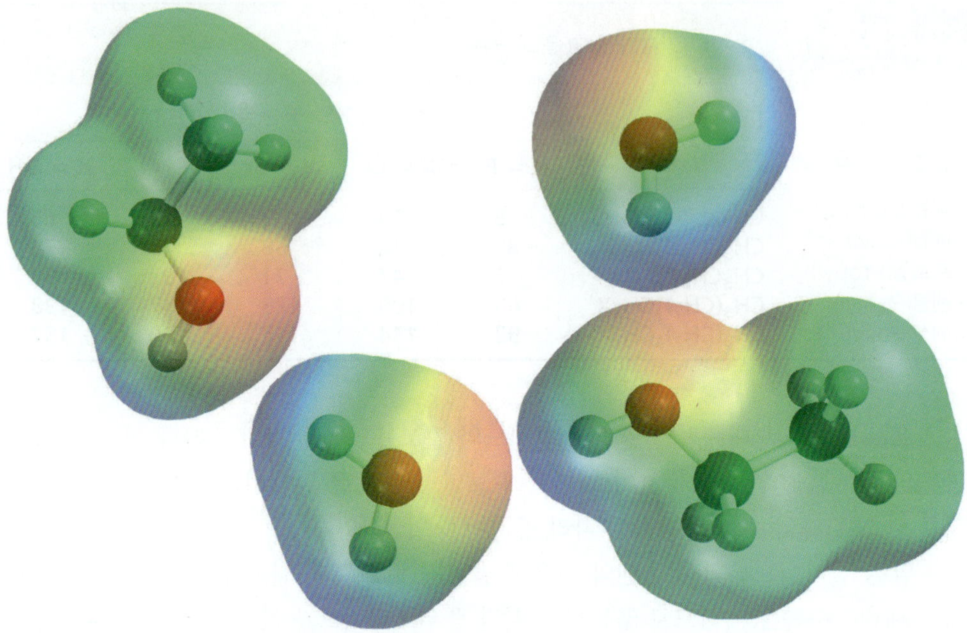

같은 바람직한 물리적 성질을 갖고 있다. 테플론은 $—CF_2CF_2—$단위가 길게 사슬을 이루고 있는 중합체이다(8.15절).

물에 대한 용해도 알킬 할라이드와 알코올의 물에 대한 용해도는 현저하게 다르다. 모든 알킬 할라이드는 물에 녹지 않지만, 분자량이 작은 알코올(메틸, 에틸, *n*-프로필, 아이소프로필 알코올)은 어떤 비율로 섞든지 물에 잘 녹는다. 이들 화합물이 분자간 수소 결합을 하면 알코올의 끓는점이 변화될 뿐만 아니라 물에 대한 용해도도 증가한다. 알코올과 물 분자들이 서로 결합하고 있는 그림 8.4에 나타낸 망상의 수소 결합은 순수한 물질의 알코올-알코올과 물-물 간에 존재하는 망상의 수소 결합을 대체한다.

알코올의 탄소수가 증가할수록 탄화수소의 성질을 닮아가며, 물에 대한 용해도는 감소한다. 예를 들면, 1-옥탄올(1-octanol)은 물 2,000mL에 1mL 정도만 용해된다. 알킬 사슬이 길어질수록 소수성 효과(4.19절 참조)가 더 중요하게 작용하게 되어 수소 결합 이외의 힘이 알코올의 용해도를 좌우한다.

밀도 물에 비해 알킬 플루오라이드와 알킬 클로라이드의 밀도는 낮으며, 알킬 브로마이드와 알킬 아이오다이드는 밀도가 더 높다.

	$CH_3(CH_2)_6CH_2F$	$CH_3(CH_2)_6CH_2Cl$	$CH_3(CH_2)_6CH_2Br$	$CH_3(CH_2)_6CH_2I$
밀도 (20℃):	0.80g/mL	0.89g/mL	1.12g/mL	1.34g/mL

알킬 할라이드가 플루오린화물 또는 염화물일 때 이 화합물은 상층을 형성하며, 물은 아래에 존재한다. 알킬 할라이드가 브로민화물 또는 아이오딘화물일 때는 반대 현상이 일어난다. 이 경우에는 알킬 할라이드가 아래층에 존재한다. 다중할로젠화

(polyhalogenation)가 되면 밀도가 증가한다. 화합물 CH_2Cl_2, $CHCl_3$, CCl_4는 모두 물보다 밀도가 더 크다.

모든 액체 알코올은 밀도가 약 0.8g/mL이므로 물보다 밀도가 낮다.

8.5 알코올과 할로젠화 수소로부터 알킬 할라이드의 제법

유기 화학자들이 하는 많은 일들은 실용적인 목표를 지향하고 있다. 제약업계에 종사하는 화학자들은 질병을 치료할 수 있는 잠재적인 약으로서의 가능성 때문에 새로운 화합물들을 합성한다. 작물의 수확량을 증진시키기 위하여 설계된 농화합물에는 잡초제, 살충제, 살균제로 사용할 합성 유기 화합물들을 포함하고 있다. 신물질을 제조하기 위한 출발 물질로 사용되는 "재료용" 분자 가운데 알코올과 알킬 할라이드가 특히 중요하다. 이 절과 다음 절에서는 알코올이 어떻게 알킬 할라이드를 제조하는 출발 물질로 사용되는지에 대해 알아본다. 이러한 알킬 할라이드의 제법은 몇 가지 반응 메커니즘의 법칙으로 발전시킬 수 있다. 알케인을 출발 물질로 사용하는 또 다른 알킬 할라이드 제법은 8장에서 다룬다.

$$\underset{\text{Alcohol}}{R-OH} + \underset{\text{Hydrogen halide}}{H-X} \longrightarrow \underset{\text{Alkyl halide}}{R-X} + \underset{\text{Water}}{H-OH}$$

할로젠화 수소의 반응성은 산의 세기에 정비례하는데, HI>HBr>HCl>>HF의 순이다. 그러나 아이오딘화 수소까지가 주로 사용되며, 알코올과 플루오린화 수소의 반응은 알킬 할라이드를 제조하는 데 유용한 방법이 못된다.

여러 알코올 가운데 삼차 알코올의 반응성이 가장 크며, 일차 알코올이 가장 작다는 것이 관찰되었다.

할로젠화 수소에 대한 알코올의 반응성 증가 →

CH_3OH	<	RCH_2OH	<	R_2CHOH	<	R_3COH
Methyl 반응성이 가장 작음		일차		이차		삼차 반응성이 가장 큼

삼차 알코올은 실온과 그 이하의 온도에서 염화 수소와 반응하여 몇 분 이내에 높은 수율로 알킬 클로라이드로 전환된다.

$$\underset{\substack{\text{2-Methyl-2-propanol}\\(\textit{tert}\text{-butyl alcohol})}}{(CH_3)_3COH} + \underset{\text{Hydrogen chloride}}{HCl} \xrightarrow{25°C} \underset{\substack{\text{2-Chloro-2-methylpropane}\\(\textit{tert}\text{-butyl chloride}) (78-88\%)}}{(CH_3)_3CCl} + \underset{\text{Water}}{H_2O}$$

반응성이 더 작은 이차와 일차 알코올로부터 알킬 할라이드를 성공적으로 생성하

합성을 통한 전환의 효율은 보통 **%수율**(percentage yield), 즉 이론적 수율의 백분율로 나타낸다. **이론적 수율**(theoretical yield)은 반응이 완결되어 그 반응식에 주어진 생성물 이외의 어떤 다른 생성물도 형성하지 않을 때의 생성물의 양을 말한다.

기 위해서는 반응성이 더 큰 할로젠화 수소인 브로민화 수소(HBr)와 함께 가열해 주어야 한다.

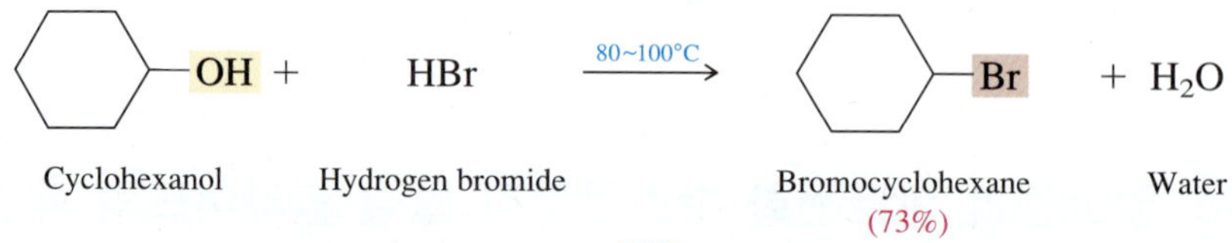

$$CH_3(CH_2)_5CH_2OH + HBr \xrightarrow{120°C} CH_3(CH_2)_5CH_2Br + H_2O$$

1-Heptanol, Hydrogen bromide, 1-Bromoheptane (87~90%), Water

위와 같은 전환 반응은 알코올을 브로민화 소듐과 황산을 함께 가열해도 일어난다.

$$CH_3CH_2CH_2CH_2OH \xrightarrow[\text{가열}]{NaBr,\ H_2SO_4} CH_3CH_2CH_2CH_2Br$$

1-Butanol (*n*-butyl alcohol) → 1-Bromobutane (70–83%) (*n*-butyl bromide)

여기에 나타낸 것처럼 시약, 특히 무기 시약을 반응식에 포함시키지 않고 화살표 위에 나타냄으로서 화학 반응식을 요약하여 쓰는 것도 편리하다는 것을 알 수 있다. 무기 생성물(이 경우에는 물)은 보통 생략한다. 이렇게 단순화시킴으로써 유기 반응과 작용기 변환에 더 집중할 수 있다.

문제 8.6 다음 각 반응물들 사이에서 일어나는 반응의 화학 반응식을 쓰시오.

(a) 2-뷰탄올(2-Butanol)과 브로민화 수소(hydrogen bromide)
(b) 3-에틸-3-펜탄올(3-Ethyl-3-pentanol)과 염화 수소(hydrogen chloride)
(c) 1-테트라데칸올(1-Tetradecanol)과 브로민화 수소(hydrogen bromide)

풀이 (a) 알코올과 할로젠화 수소는 반응하여 알킬 할라이드와 물을 생성한다. 이때 2-브로모뷰테인의 수율은 73%이다.

$$CH_3\underset{|\atop OH}{C}HCH_2CH_3 + HBr \longrightarrow CH_3\underset{|\atop Br}{C}HCH_2CH_3 + H_2O$$

2-Butanol, Hydrogen bromide, 2-Bromobutane, Water

8.6 알코올과 할로젠화 수소의 반응 메커니즘

알코올과 할로젠화 수소의 반응은 **치환**(substitution) 반응이다. 할로젠(주로 염소와 브로민)이 탄소에 작용기로 붙어 있는 하이드록시기를 치환한다. 치환 반응이라고 하는 반응에서 우리는 유기 반응물과 생성물의 관계를 알 수 있다. 그러나 그 반응의 메커니즘은 알 수 없다. 특정 반응의 메커니즘을 알고자 할 때 일부 화학 반응의 기본적인 원리와 경험적인 관찰을 종합하여 가장 바람직한 단일 단계의 순서를 추론해 낼 수 있다.

tert-뷰틸 알코올과 염화 수소의 반응을 살펴보자.

$$\underset{tert\text{-Butyl alcohol}}{(CH_3)_3COH} + \underset{\text{Hydrogen chloride}}{HCl} \longrightarrow \underset{tert\text{-Butyl chloride}}{(CH_3)_3CCl} + \underset{\text{Water}}{H_2O}$$

일반적으로 인정되는 이 반응의 메커니즘을 그림 8.5에 연속적인 3단계로 나타내었다. "일반적으로 인정되는"이라고 하는 이유는 특정 반응 메커니즘이 절대적으로 옳다고 입증할 수 없기 때문이다. 메커니즘은 반응이 진행되는 방식이 현재로서 나타낼 수 있는 최선의 방법이며, 모든 실험적인 결과를 설명할 수 있어야 한다. 만약 새로운 실험 결과가 메커니즘과 상충된다면, 메커니즘은 그 결과를 설명할 수 있도록 수정되어야 한다. 만약 새로운 결과가 제안된 메커니즘과 일치한다면, 그 메커니즘이 옳다는 신념이 커지게 된다.

우리는 이미 그림 8.5에 요약된 메커니즘의 1단계를 알고 있으며, 이는 2.1절에서 다루었는데 문제 2.4의 토대가 된 형태의 Brønsted 산–염기 반응에 속한다.

그러나 2단계와 3단계는 처음 소개된다. 2단계에서는 알킬옥소늄 이온(alkyloxonium ion)이 물과 **탄소양이온**(carbocation)으로 해리되며, 탄소양이온은 탄소가 양전

문제 2.4의 해답을 아직도 적지 못했다면 지금 풀어 보라.

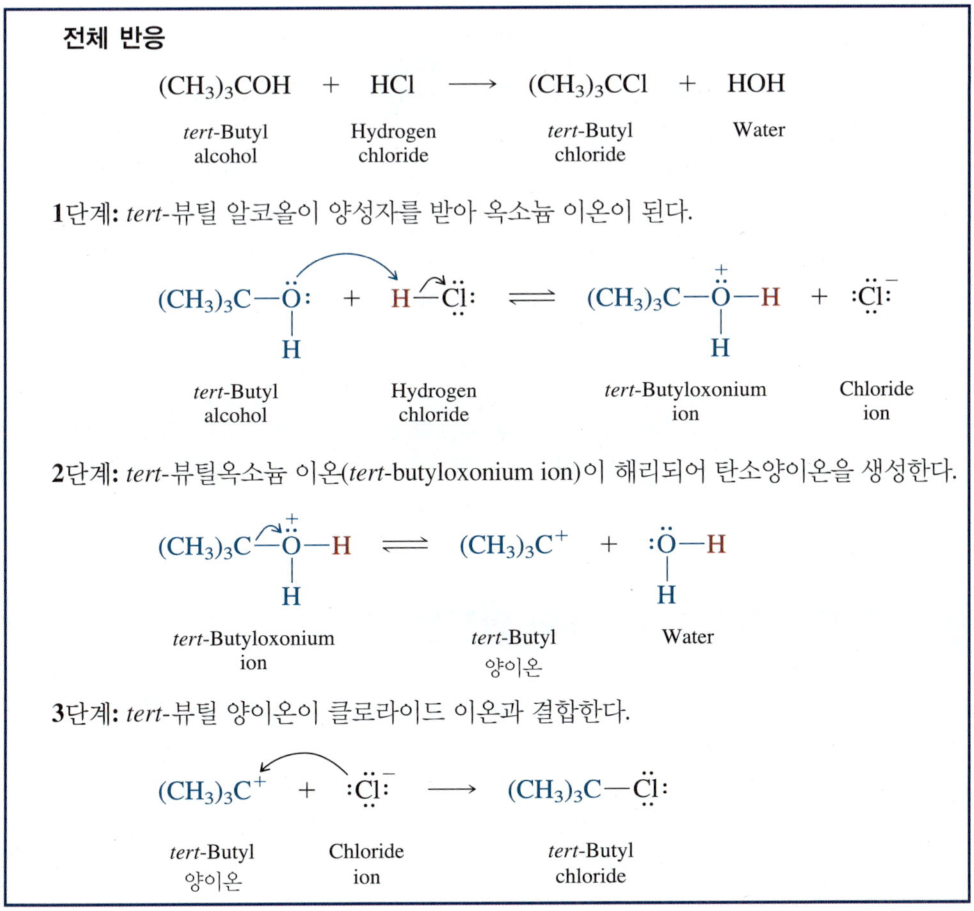

그림 • 8.5
tert-뷰틸 알코올과 염화 수소로부터 *tert*-뷰틸 클로라이드가 형성되는 메커니즘.

하를 띠는 화학종이다. 3단계에서 이 탄소양이온은 클로라이드 이온(chloride ion)과 반응하여 *tert*-뷰틸 클로라이드(*tert*-butyl chloride)를 생성한다. 알킬옥소늄 이온과 탄소양이온은 모두 그 반응의 **중간체**(intermediate)이다. 중간체는 분리되지 않지만 반응물이 생성물로 변화해 가는 도중 한 단계에서 형성되어 다른 단계에서 소비된다. 만약 1단계에서 3단계까지의 반응식을 합하면 전체 과정을 나타내는 반응식이 된다. 명확한 반응 메커니즘은 유기물과 무기물을 막론하고 모든 반응물의 소비와 모든 생성물의 생성을 설명할 수 있어야 한다. 2단계와 3단계에 나타낸 화학을 더 잘 이해하려면 탄소양이온에 대하여 더 자세히 조사할 필요가 있다.

8.7 일차 알코올과 할로젠화 수소의 반응

삼차 및 이차 탄소양이온과는 달리 일차 탄소양이온은 에너지가 너무 크므로 화학 반응에서 중간체가 될 수 없다. 일차 알코올을 할로젠화 수소로 처리하면 느리긴 하지만 알킬 할라이드로 전환되기 때문에 탄소양이온을 중간체로 형성하지 않는 다른 메커니즘을 따라야 한다. 이 다른 메커니즘은 먼저 탄소–할로젠 결합이 형성되고, 이어서 알킬옥소늄 이온의 탄소–산소 결합이 완전히 끊긴다고 믿어진다.

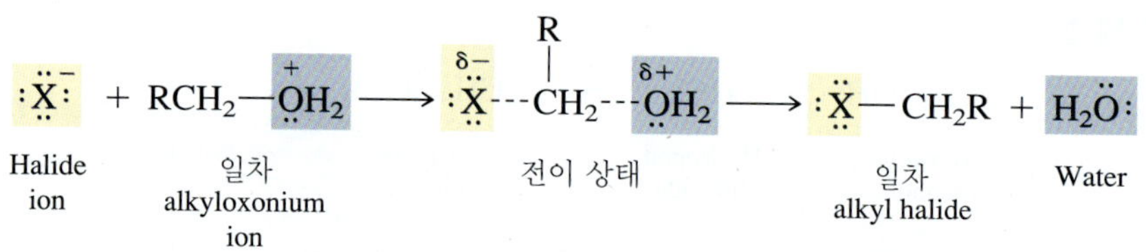

할로젠 친핵체는 알킬옥소늄 이온으로부터 물 분자를 "밀어내는데" 도움이 된다. 이 메커니즘에 따르면 할라이드 이온과 알킬옥소늄 이온은 둘 다 동일한 이분자 단일 단계 반응에 관여한다.

문제 8.7 1-뷰탄올과 2-뷰탄올을 브로민화 수소와 함께 가열하면 브로민화물로 전환된다. 각 반응에 맞는 메커니즘을 쓰시오.

8.8 자유 라디칼의 구조와 안정성

자유 라디칼(free radical)은 홀전자를 지니는 화학종이다. 모든 화합물이 팔전자 규칙을 만족시켜야 함에도 불구하고 모든 화합물의 전자들이 쌍을 이루고 있지는 않다. 산소(oxygen, O_2)는 홀전자를 지니고 있는 가장 잘 알려진 화합물이며, 홀전자가 두 개이다. 이산화 질소(nitrogen dioxide, NO_2)와 같이 홀수의 전자를 지니는 화합물은 최소한 홀전자를 한 개는 가지고 있다.

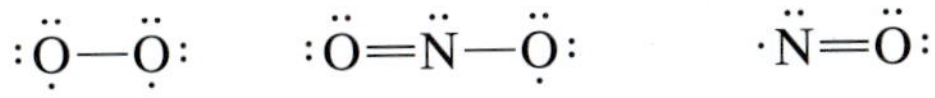

Oxygen　　Nitrogen dioxide　　Nitrogen monoxide

일산화 질소(nitrogen monoxide, "nitric oxide")도 안정한 자유 라디칼(free radical)이다. NO는 수백 년 전에 발견되었지만 최근에 들어서야 생화학적 신호 전달과 많은 생물학적 과정을 조절하는 데 아주 중요하다는 것이 밝혀졌으며, "일산화 질소가 관여하지 않는 과정은 어느 것인가?"라고 묻는 것이 더 좋을 정도이다.

탄소 화학에서 흔히 볼 수 있는 자유 라디칼은 이들보다 훨씬 안정성이 떨어진다. 예를 들어, 간단한 알킬 라디칼이라 하더라도 이를 분리하여 연구하려면 특별한 방법을 사용해야 한다. 여기서는 간단한 알킬 라디칼은 반응 중간체로만 제시하며, 이들은 반응 메커니즘의 한 단계에서 생성되어 다음 단계에서 소비된다. 알킬 라디칼은 홀전자를 지니는 탄소에 직접 결합된 탄소 원자의 수에 따라 일차, 이차, 삼차로 구분한다.

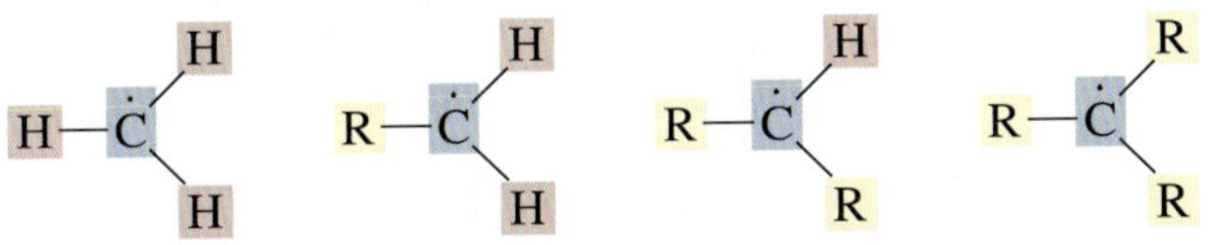

Methyl 라디칼　　일차 라디칼　　이차 라디칼　　삼차 라디칼

알킬 라디칼은 중성이며, 탄소양이온에 비해 전자가 한 개 더 많다. 그러므로 메틸 라디칼의 결합은 메틸 양이온의 sp^2-혼성 탄소의 비어 있는 $2p$ 오비탈에 단순하게 전자를 한 개 첨가하는 것으로 생각하면 된다(그림 8.6).

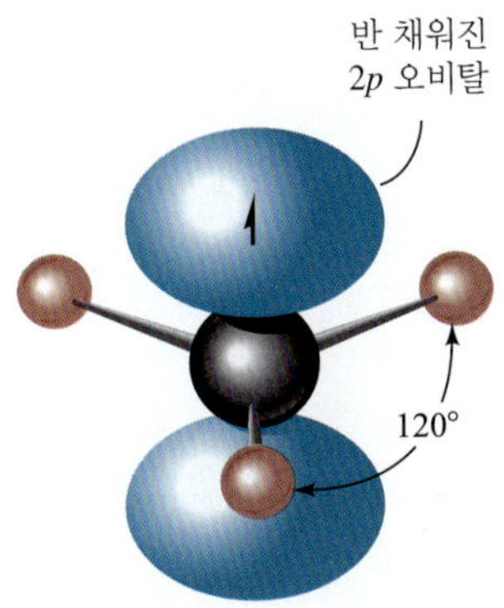

그림 • 8.6
메틸 라디칼에서 결합의 오비탈 혼성 모형. 탄소는 sp^2-혼성이며, $2p$ 오비탈에 홀전자를 가지고 있다.

문제 8.8 탄소와 각 수소의 형식 전하를 계산하여 메틸 라디칼이 중성임을 밝히시오.

탄소양이온과 같이 자유 라디칼은 채워지지 않은 $2p$ 오비탈을 가지며, 알킬기와 같이 전자를 제공하는 치환기에 의해 안정화된다. 따라서 자유 라디칼의 안정성은 탄소양이온에서의 순서와 같다.

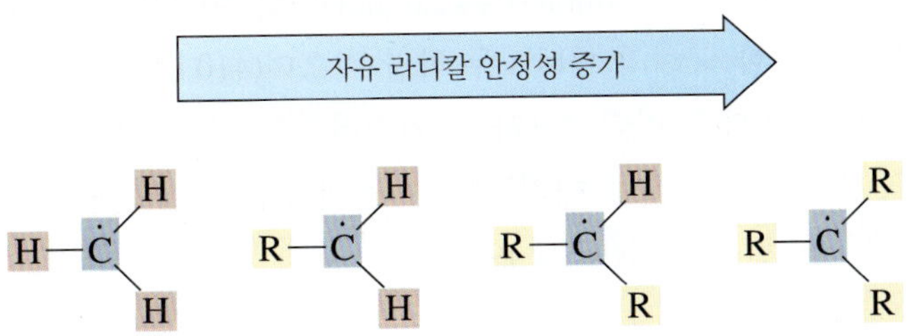

Methyl 라디칼 (가장 안정성이 작다.)　　일차 라디칼　　이차 라디칼　　삼차 라디칼 (가장 안정하다.)

문제 8.9 화학식이 C_5H_{11}인 자유 라디칼의 가장 안정한 구조식을 쓰시오.

8.9 결합 해리 에너지

미늘이 한 개인 낚시바늘 (반쪽 바늘)로 나타낸 굽은 화살표는 전자 한 개가 이동되는 것을 나타낸다. "정상적인" 굽은 화살표 는 전자쌍이 이동되는 것을 나타낸다.

알킬 치환기가 자유 라디칼을 안정화시킨다는 몇 가지 증거를 결합 에너지로부터 얻을 수 있다. 결합의 세기는 결합을 끊는 데 필요한 에너지를 측정하여 구한다. 공유 결합은 두 가지 방법으로 끊을 수 있다. 두 원자 간의 결합이 끊어질 때 각 원자가 결합에 사용된 전자들 중 한 개씩을 가지게 되는 것을 **균일 분해**(homolytic cleavage)라고 한다.

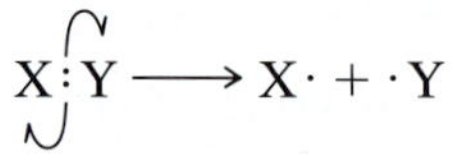

균일 결합 분해

한편 **불균일 분해**(heterolytic cleavage)는 결합이 끊어질 때 분리된 한 화학종이 두 개의 전자를 모두 가지는 것을 나타낸다.

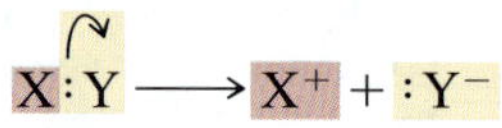

불균일 결합 분해

알킬 라디칼의 상대적 안정도는 알케인의 C—H 결합이 균일 분해될 때의 엔탈피 변화($\Delta H°$)를 측정하면 알 수 있다.

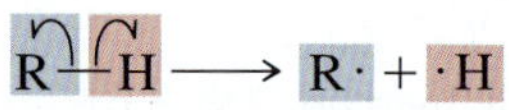

라디칼이 안정할수록 C—H 결합의 균일 분해에 의한 라디칼 생성에 필요한 에너지는 더 작게 된다.

균일 결합 분해에 필요한 에너지를 **결합 해리 에너지**(bond dissociation energy, **BDE**)라고 한다. 일부 결합 해리 에너지를 표 8.2에 나타내었다.

표에서 알 수 있듯이 알케인에서 C—H의 결합 해리 에너지는 약 375~435 kJ/mol (90~105 kcal/mol)이다. 메테인에서 H—CH_3 결합이 균일 분해되면 메틸 라디칼이 생성되고, 결합 해리 에너지는 435 kJ/mol(104 kcal/mol)이다. 에테인에서 일차 라디칼을 생성하는 H—CH_2CH_3 결합의 해리 에너지는 약간 적으며(410 kJ/mol, 즉 98 kcal/mol), 이는 에틸 라디칼(일차)이 메틸 라디칼보다 더 안정하다는 개념과 일치한다.

프로페인의 말단 C—H 결합 해리 에너지는 에테인과 정확하게 같다. 두 경우 모두 생성되는 자유 라디칼은 일차($R\dot{C}H_2$)이다.

$$CH_3CH_2CH_2\text{—}H \longrightarrow CH_3CH_2\dot{C}H_2 + H\cdot \qquad \Delta H° = +410\ \text{kJ}\ (98\text{kcal})$$

Propane　　*n*-Propyl 라디칼 (일차)　　Hydrogen 원자

그러나 표 8.2의 프로페인에는 두 가지 종류가 있음을 주목하라. 두 번째 종류는 메틸렌(methylene, CH_2)기의 수소 중 한 개의 결합이 끊어진다. 메틸렌기의 C—H 결합을 끊는 데는 메틸기의 경우보다 에너지가 더 적게 든다.

자유 라디칼과 생물학

자유 라디칼 중간체는 실험실 차원에서만 일어나는 신비한 현상이 아니다. 자유 라디칼은 많은 생물학적 과정에도 관여한다. 예를 들어, 자유 라디칼로 인한 세포의 손상에는 유기 과산화수소화물(organic hydroperoxide)이 형성되기 때문이라 생각된다. 세포막에서 발견되는 많은 지질(16장)에는 자유 라디칼에 의해 쉽게 산화되는 불포화 탄화수소 사슬이 들어 있다.

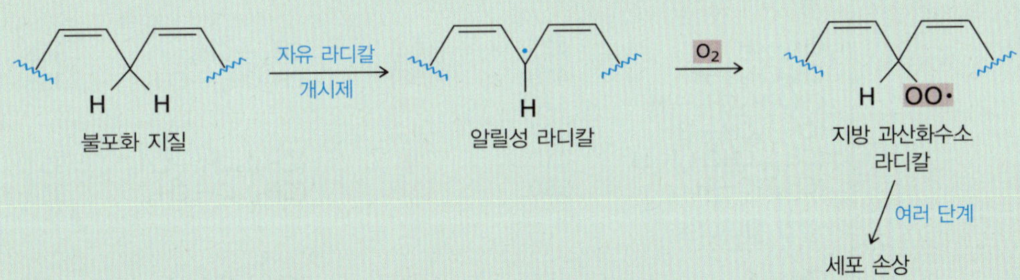

산소는 이러한 세포 손상 과정에 관여하며, 실제로 이 과정을 개시시키는 자유 라디칼 개시제로 작용한다. 산소(O_2) 분자는 자연계에 가장 풍부한 자유 라디칼이다. 산소는 가장 안정한 상태에서는 홀전자가 두 개이며, 안정한 **이중라디칼**(*diradical*)이다.

자유 라디칼은 세포호흡에서 산소 분자를 물로 환원시키는 단계에서도 생성된다. 중간체로는 초과산화물 라디칼(superoxide, $O_2^{-}\cdot$)과 과산화수소화물 라디칼(hydroperoxide, $HO_2\cdot$), 하이드록시 라디칼(hydroxyl radical, HO•)이 생성되며, 이들 화학종은 앞에서 설명한 지질의 산화 과정에서 자유 라디칼 개시제로 작용하여 세포를 손상시킨다. 간에서 사염화 탄소(carbon tetrachloride, CCl_4)와 클로로폼(chloroform, $CHCl_3$)과 같은 독성 물질이 대사되어도 자유 라디칼이 생성된다.

광화학 스모그에서 발견되는 화합물도 자유 라디칼 개시제가 될 가능성이 충분하다. 질소 산화물인 NO와 NO_2는 홀수의 전자를 지니므로 자유 라디칼로 존재한다. 흥미로운 것은 효소에 의해 생성되는 NO는 체내에서 여러 생물학적 과정에 관여한다는 점이다.

자유 라디칼에 의한 손상에 대해 인체는 어떤 방어 체계를 지닐까? 인체는 **항산화제**(*antioxidant*)라는 화합물이 관여하는 천연 복원 메커니즘을 지니고 있으므로 산화에 의해 세포가 손상되는 것을 줄일 수 있다. 비타민 E는 천연 항산화제의 하나이다.

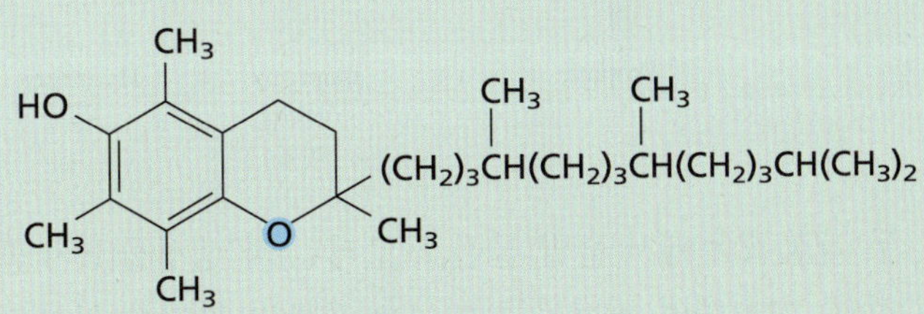

Vitamin E

α-토코페롤(α-tocopherol)이라고도 하는 비타민 E는 세포를 손상시키는 자유 라디칼 연쇄 반응 메커니즘을 차단해 준다.

세포 내에서 지질의 과산화를 통한 산화적인 손상은 노화 과정에서 중요한 역할을 한다. 노화의 한 이론에 의하면 어릴 때 인체가 세포 손상을 회복하는 능력이 아주 효율적이라는 것이다. 나이가 들어감에 따라 사람은 자유 라디칼에 노출이 누적되는 "도전"에 직면하지만, 인체 내의 복원 메커니즘은 효율이 떨어져 세포 손상이 증가하게 된다.

표 8.2 몇 가지 대표적인 화합물의 결합 해리 에너지*

결합	결합 해리 에너지 kJ/mol	(kcal/mol)	결합	결합 해리 에너지 kJ/mol	(kcal/mol)
이원자 분자					
H—H	435	(104)			
F—F	159	(38)	H—F	568	(136)
Cl—Cl	242	(58)	H—Cl	431	(103)
Br—Br	192	(46)	H—Br	366	(87.5)
I—I	150	(36)	H—I	297	(71)
알케인					
CH_3—H	435	(104)	CH_3—CH_3	368	(88)
CH_3CH_2—H	410	(98)	CH_3CH_2—CH_3	355	(85)
$CH_3CH_2CH_2$—H	410	(98)			
$(CH_3)_2CH$—H	397	(95)			
$(CH_3)_2CHCH_2$—H	410	(98)	$(CH_3)_2CH$—CH_3	351	(84)
$(CH_3)_3C$—H	380	(91)	$(CH_3)_3C$—CH_3	334	(80)
알킬 할라이드					
CH_3—F	451	(108)	$(CH_3)_2CH$—F	439	(105)
CH_3—Cl	349	(83.5)	$(CH_3)_2CH$—Cl	339	(81)
CH_3—Br	293	(70)	$(CH_3)_2CH$—Br	284	(68)
CH_3—I	234	(56)	$(CH_3)_3C$—Cl	330	(79)
CH_3CH_2—Cl	338	(81)	$(CH_3)_3C$—Br	263	(63)
$CH_3CH_2CH_2$—Cl	343	(82)			
물과 알코올					
HO—H	497	(119)	CH_3CH_2—OH	380	(91)
CH_3O—H	426	(102)	$(CH_3)_2CH$—OH	385	(92)
CH_3—OH	380	(91)	$(CH_3)_3C$—OH	380	(91)

* 결합 해리 에너지는 각 물질의 구조식에 표시된 결합을 말한다.

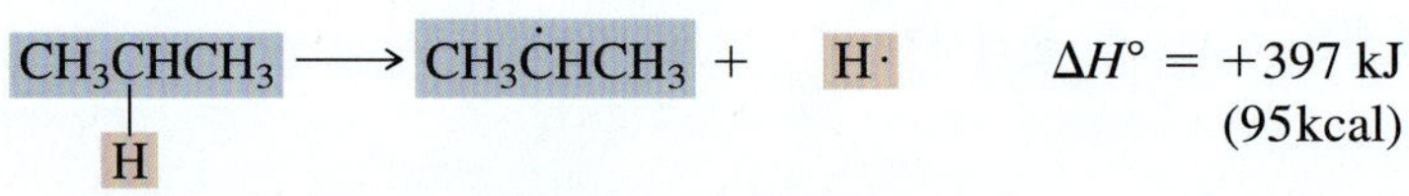

Propane　　Isopropyl 라디칼 (이차)　　Hydrogen 원자

두 과정 모두에서 출발 물질(프로페인)과 생성물(H•) 중 하나는 동일하기 때문에 두 과정의 결합 해리 에너지 차이는 *n*-프로필 라디칼(일차)과 아이소프로필 라디칼(이차)의 에너지 차이와 같다. 그림 8.7에 나타낸 바와 같이 이차 라디칼이 일차 라디칼에 비해 13 kJ/mol(3 kcal/mol) 더 안정하다.

마찬가지로 2-메틸프로페인(2-methylpropane)에서 두 가지 다른 형태의 C—H 결합의 결합 해리 에너지를 비교함으로써 삼차 라디칼은 일차 라디칼보다 30 kJ/mol(7 kca l/mol) 더 안정함을 알 수 있다.

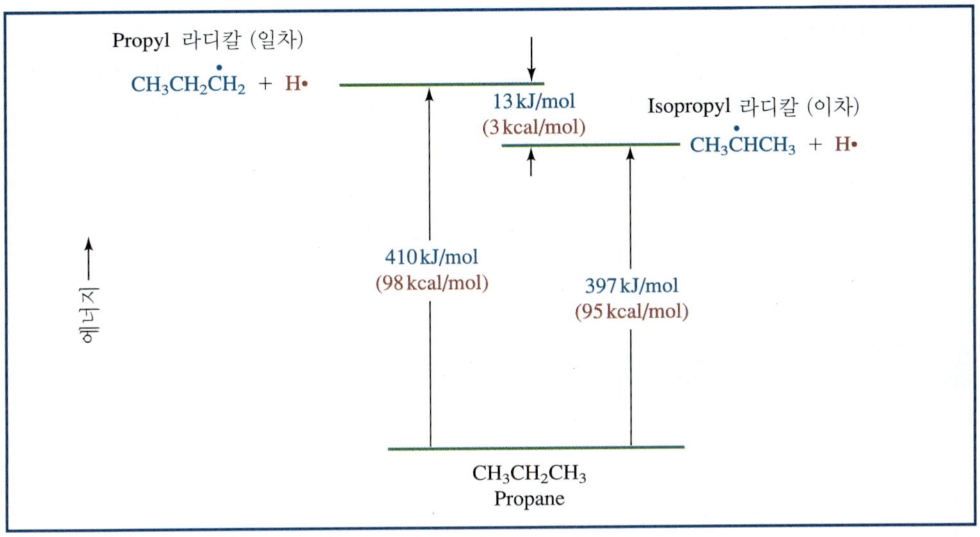

그림 • 8.7
프로페인에서 메틸렌과 메틸기의 C—H 결합의 해리 에너지와 두 이성질체 자유 라디칼들의 안정성 차이에는 어떤 관계가 있는지를 보여 주는 도표. 이차 라디칼은 일차 라디칼보다 더 안정하다.

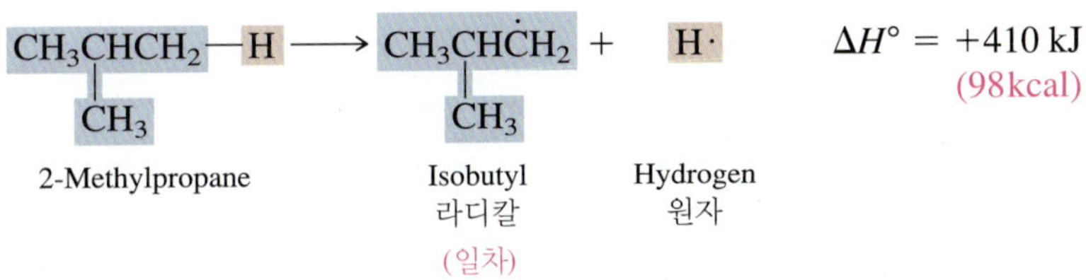

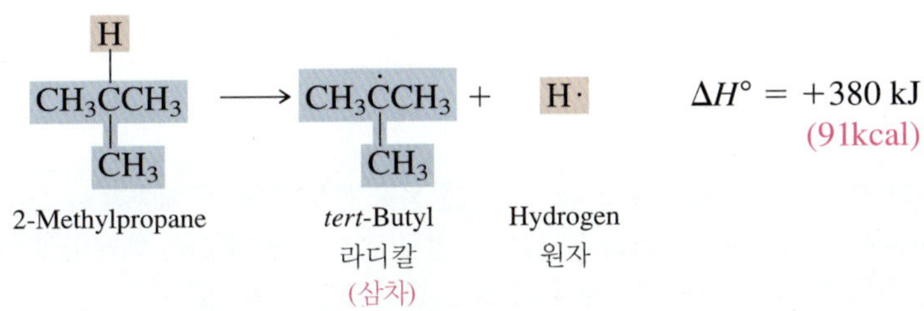

문제 8.10 알케인의 탄소–탄소 결합 해리 에너지를 측정하였다. 표 8.2를 보지 말고 다음 각 화합물의 짝 가운데 탄소–탄소 결합 해리 에너지가 더 작은 알케인을 고르고, 그 이유를 설명하시오.

(a) 에테인(ethane) 또는 프로페인(propane)
(b) 프로페인(propane) 또는 2-메틸프로페인(2-methlpropane)
(c) 2-메틸프로페인(2-methlpropane) 또는 2,2-다이메틸프로페인(2,2-dimethylpropane)

풀이 (a) 먼저 각 알케인의 균일 분해 탄소–탄소 결합이 끊어지는 것을 나타내는 반응식을 쓴다.

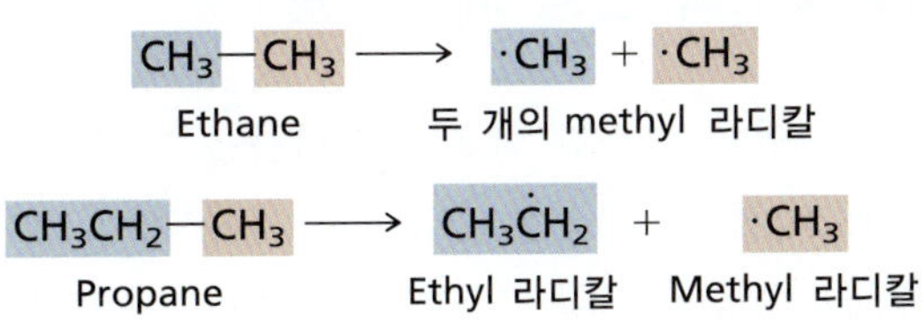

에테인에서 탄소-탄소 결합이 끊어지면 두 개의 메틸 라디칼이 생성되지만, 프로페인에서는 에틸 라디칼 한 개와 메틸 라디칼 한 개가 생성된다. 에틸 라디칼은 메틸 라디칼보다 더 안정하므로 프로페인의 탄소-탄소 결합을 끊는 데 필요한 에너지는 에테인의 경우보다 적다. 에테인의 탄소-탄소 결합 해리 에너지는 368kJ/mol(88kcal/mol)이며, 프로페인은 355kJ/mol(85kcal/mol)이다.

8.10 메테인의 염소화 반응

실험실에서 대부분의 알킬 할라이드는 알코올로부터 제조된다(8.5절). 그러나 많은 공업적으로 중요한 알킬 할라이드는 알케인을 직접 염소화함으로써 제조한다. 알케인의 염소화 반응(chlorination)에서 알케인의 수소 중 한 개 이상을 염소 원자로 치환한다.

$$\underset{\text{Alkane}}{R{-}H} + \underset{\text{Halogen}}{X_2} \longrightarrow \underset{\text{Alkyl halide}}{R{-}X} + \underset{\text{Hydrogen halide}}{H{-}X}$$

예를 들어, 메테인은 고온에서 기체상 반응으로 염소와 반응한다.

$$\underset{\text{Methane}}{CH_4} + \underset{\text{Chlorine}}{Cl_2} \xrightarrow{400\text{–}440°C} \underset{\substack{\text{Chloromethane} \\ \text{(Methyl chloride)}}}{CH_3Cl} + \underset{\substack{\text{Hydrogen} \\ \text{chloride}}}{HCl}$$

미국 내 연간 생산량의 1/3 정도에 달하는 클로로메테인을 메테인의 염소화 반응으로 생산한다. 메테인과 염화 수소를 반응시키는 것이 클로로메테인을 합성하는 가장 주된 합성 방법이다.

문제 8.11 메테인의 각 수소를 순차적인 치환 반응을 통해 염소로 치환할 수 있다. 첫 반응인 클로로메테인(chloromethane)의 생성은 방금 전에 기술하였다. 메테인의 나머지 세 개의 수소를 염소로 치환하는 방법을 균형 맞춘 반응식으로 쓰시오.

풀이 클로로메테인은 염소와 반응하여 다이클로로메테인(dichloromethane)과 염화 수소를 생성한다.

$$\underset{\text{Chloromethane}}{CH_3Cl} + \underset{\text{Chlorine}}{Cl_2} \xrightarrow{400\text{~}440°C} \underset{\substack{\text{Dichloromethane} \\ \text{(Methylene chloride)}}}{CH_2Cl_2} + \underset{\substack{\text{Hydrogen} \\ \text{chloride}}}{HCl}$$

8.11 메테인의 염소화 반응 메커니즘

일반적으로 인정되는 메테인의 염소화 반응 메커니즘을 그림 8.8에 나타내었다. 조금 전에 알아본 바와 같이(8.10절) 이 반응은 고온에서 기체상으로 일어난다. 반응 자체는 강한 발열 반응이지만, 그 반응을 진행시키려면 에너지가 투입되어야만 한다. 이 에너

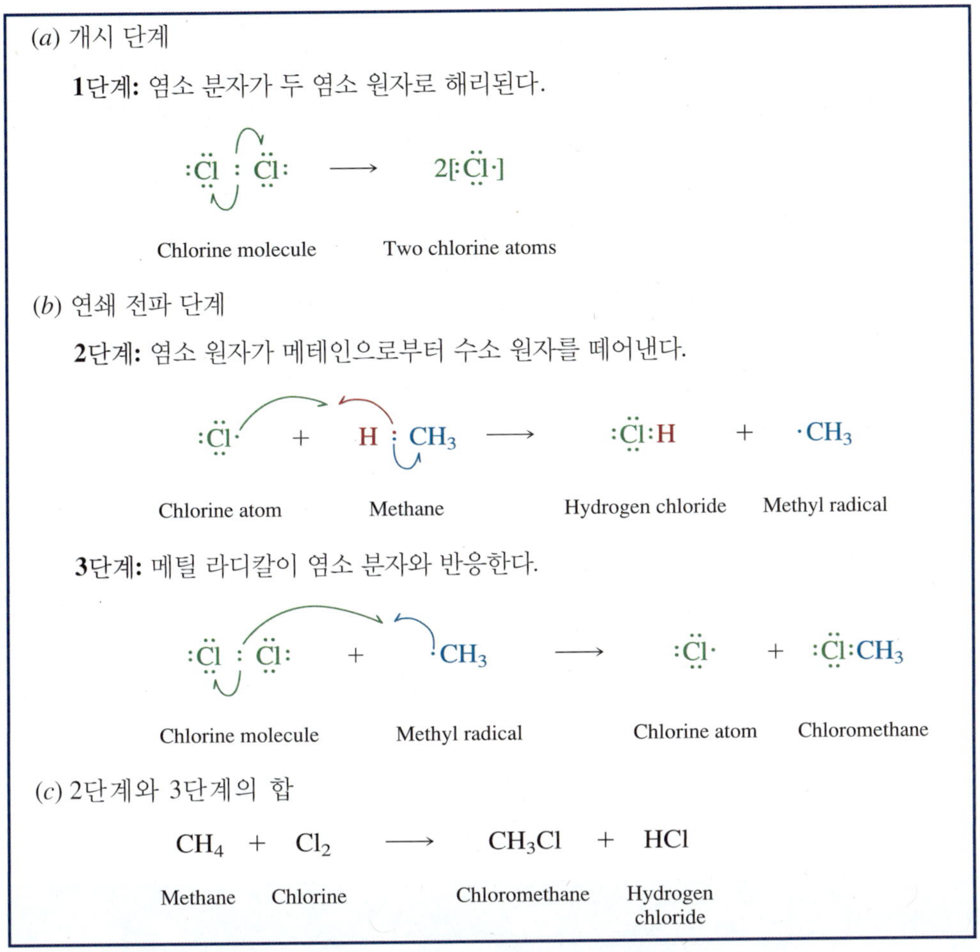

그림 • 8.8
메테인의 염소화 반응을 일으키는 자유 라디칼 메커니즘의 개시 단계와 전파 단계이다. 두 전파 단계를 합하면 그 반응의 전체 반응식이 된다.

지는 그 계의 가장 약한 결합을 끊는데 사용되며, 가장 약한 결합은 표 8.2에서 알 수 있듯이 결합 해리 에너지가 242kJ/mol(58kcal/mol)인 Cl—Cl 결합이다. Cl—Cl 결합이 균일 분해되는 단계를 **개시 단계**(initiation step)라고 한다.

개시 단계에서 생성된 각 염소 원자는 전자가 7개이므로 반응성이 아주 크다. 염소 원자는 일단 형성되면 그림 8.8의 2단계에 나타낸 것과 같이 메테인으로부터 수소 원자를 한 개 떼어낸다. 전체 반응에서 분리된 생성물 중 하나인 염화 수소는 이 단계에서 생성된다. 메틸 라디칼도 생성되며, 이는 다시 3단계에서 Cl_2 분자를 공격한다. 메틸 라디칼이 Cl_2를 공격하면 전체 반응의 나머지 생성물인 클로로메테인과 함께 염소 원자가 나오며, 이 염소 원자는 다시 2단계로 되돌아가 그 과정을 반복한다. 2단계와 3단계를 이 반응의 **전파 단계**(propagation step)라고 하며, 이 두 단계를 합하면 전체 반응식이 된다. 한 번의 개시 단계에서 아주 많은 전파 단계가 순환을 계속하기 때문에 전체 반응을 **자유 라디칼 연쇄 반응**(free-radical chain reaction)이라고 한다.

다른 반응물인 메테인의 결합 해리 에너지는 435kJ/mol (104kcal mol)로 훨씬 더 높다.

메테인의 염소화 반응은 치환(substitution) 반응에 속하지만, 그 메커니즘은 9장에서 배울 치환 반응과는 아주 다르다.

문제 8.12 클로로메테인의 자유 라디칼 염소화 반응에 의해 다이클로로메테인(dichloromethane)을 생성하는 개시 단계와 전파 단계의 반응식을 쓰시오.

실제로 부반응 때문에 전파 단계의 효율이 감소한다. 연쇄 반응은 두 개의 홀전자 화학종이 결합하여 짝수의 전자를 지니는 화학종을 생성할 때 중단된다. 이런 형태의 반응을 **연쇄-종결 단계**(chain-terminating step)라고 한다. 메테인의 염소화 반응에서 흔히 관찰되는 몇 가지 연쇄-종결 단계를 다음 반응식으로 나타내었다.

메틸 라디칼이 염소 원자와 결합할 경우:

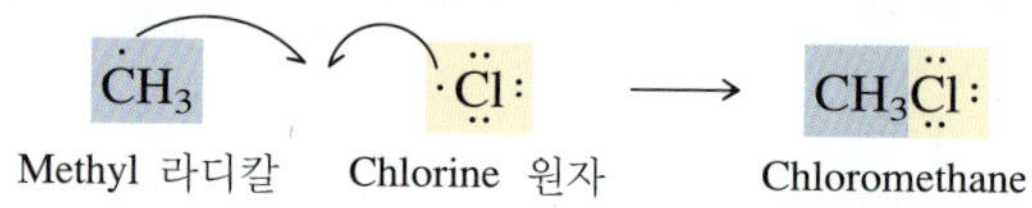

두 개의 메틸 라디칼이 참여하는 경우:

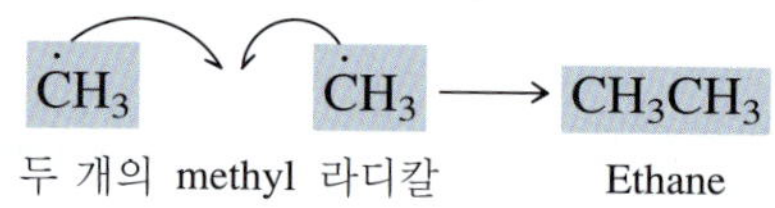

두 개의 염소 원자가 참여하는 경우:

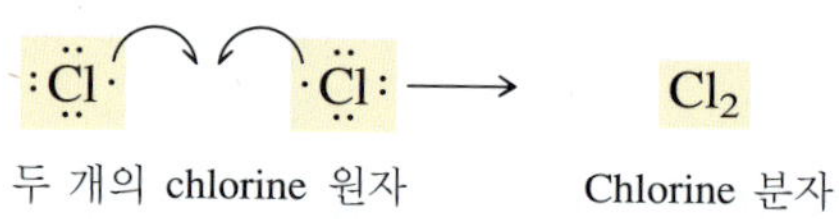

종결 단계는 일반적으로 전파 단계만큼 자주 일어나지 않는다. 각 단계가 종결되

할로젠화 탄화수소와 환경

과학자들이 관심을 가지기 시작할 때까지만 해도 천연 유기할로젠 화합물은 희귀한 것으로 널리 인식되었다. 지금은 이러한 화합물은 2000종 이상이 자연계, 특히 해양에 풍부하게 존재한다고 알려져 있다. 예를 들어, 하와이 홍조(red seaweed) 단일 종에서만 $CHBr_3$와 CHBrClI, $BrCH_2CH_2I$, CH_2I_2, $Br_2CHCH{=}O$, I_2CHCO_2H, $(Cl_3C)_2C{=}O$를 포함한 50여 종이 넘는 유기할로젠 화합물이 발견되었다. 해양에 서식하는 생명체가 염소, 브로민, 아이오딘을 대사할 수 있는 과정을 지님으로써 할로젠이 풍부한 환경에 적응한 점은 놀랄 바가 아니다. 클로로메테인(Chloromethane, CH_3Cl), 브로모메테인(bromomethane, CH_3Br), 아이오도메테인(iodomethane, CH_3I)은 모두 해양성 조류와 갈조류(kelp)에 의해 생성되지만, 육상식물과 균류도 매년 500만 톤의 메틸 할라이드를 생성한다. 예를 들어, 전 세계적으로 건조 지역에서 생육하고 california 주의 해안 고속도로를 따라 피복식물로 재배되는 채송화(ice plant)는 CH_3Cl을 생합성한다.

많은 살충제가 대부분 더 안전한 화합물로 대체되었지만, 한때는 살충제로 할로젠화 탄화수소가 많이 사용되었다. DDT와 같은 몇몇 살충제는 대규모로 사용되었다.

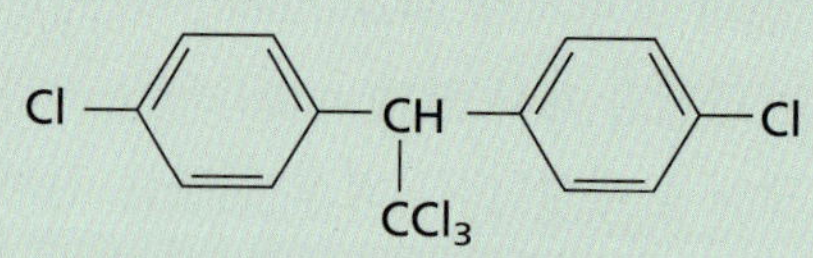

Dichlorodiphenyltrichloroethane
(DDT)

DDT는 말라리아를 전파하는 모기를 구제하는 살충제로 도입되어 약 30년 간 성공적으로 모기를 방제하였다. 그러나 마침내 구제하려고 하는 해충에서 DDT에 대한 저항성이 발견되었다. 1960년대에는 DDT가 송골매와 대머리 독수리 같은 조류종의 지방 조직에 축적되면 껍질이 초기에 부서지는 알을 낳게 되기 때문에 멸종의 위협을 맞을 수 있음이 분명해졌다. 그 후 DDT의 사용이 엄격히 규제되었다.

클로로플루오로탄소(chlorofluorocarbon)로 알려진 할로젠화 탄화수소 계열의 화합물이 환경에 미치는 영향은 8.13절에서 다룬다.

려면 자유 라디칼과 반응할 수 있는 다른 물질(메테인과 염소 분자)의 양이 훨씬 더 많이 들어 있는 매체에서 두 자유 라디칼이 서로 만나야 한다. 비록 일부 클로로메테인은 메틸 라디칼이 염소 원자와 직접 결합하여 만들어지는 것이 틀림없지만, 그 대부분은 그림 8.8과 같은 전파 과정을 거쳐 생성된다.

8.12 고급 알케인의 할로젠화 반응

메테인의 염소화 반응과 마찬가지로 공업적 규모의 에테인의 염소화 반응도 고온의 기체상 반응을 통하여 수행한다.

$$\underset{\text{Ethane}}{CH_3CH_3} + \underset{\text{Chlorine}}{Cl_2} \xrightarrow{420°C} \underset{\substack{\text{Chloromethane} \\ (78\%)}}{CH_3CH_2Cl} + \underset{\text{Hydrogen chloride}}{HCl}$$

메테인의 염소화 반응에서와 마찬가지로 이 반응을 한 개의 염소로만 치환되게 하는 것은 어려우며, 한 개 이상의 염소 원자를 지니는 유도체도 생성된다.

문제 8.13 에틸렌이 염소화 반응을 거치면 에틸 클로라이드 이외에 이염화물인 두 가지 이성질체의 혼합물이 생성된다. 이들 두 이염화물의 구조는 무엇인가?

실험실에서는 가시광선이나 자외선을 에너지원으로 사용하여 반응을 개시하는 것이 더 편리하다. 빛 에너지가 분자에 의해 흡수될 때 일어나는 반응을 **광화학 반응**(photochemical reaction)이라고 한다. 광화학적 기술로 알케인과 염소의 반응을 실온에서 일어나게 할 수 있다.

Cyclobutane Chlorine Chlorocyclobutane (73%) Hydrogen chloride

광화학 에너지는 화살표 위에 "빛" 또는 "$h\nu$"를 써줌으로써 나타낸다. 기호 $h\nu$는 광자의 에너지이다.

메테인, 에테인, 사이클로뷰테인의 일반적인 성질은 모두가 한 가지 종류의 일염소-치환 유도체를 생성한다는 점에서 같다. 예를 들어, 사이클로뷰테인의 모든 수소는 동등하며, 어떤 수소가 치환되더라도 다른 수소가 치환된 것과 같은 생성물을 얻을 수 있다. 모든 수소가 동일하지 않은 알케인에 염소화가 진행되면, 즉 뷰테인의 염소화 반응의 경우와 같이 여러 가지 가능한 일염소-치환 유도체가 생성된다는 점에서 더 복잡해진다.

이 반응식에 표시한 백분율은 각 성분의 분리 수율이라기 보다는 생성 혼합물의 일염화물의 상대적인 구성비를 나타낸다.

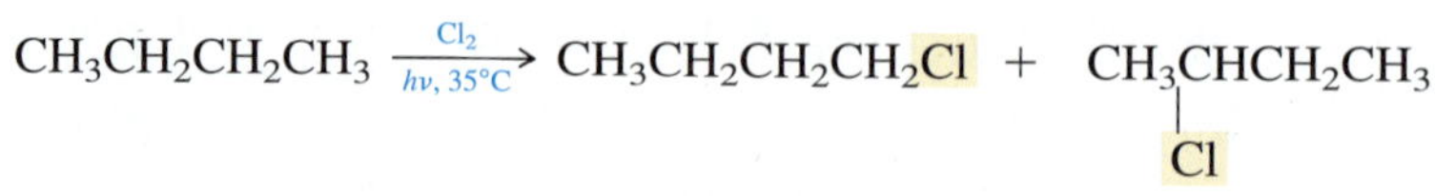

Butane　1-Chlorobutane (28%)　2-Chlorobutane (72%)

브로민은 염소의 경우와 비슷하게 자유 라디칼 연쇄 반응 메커니즘에 의해 알케인과 반응한다. 그러나 염소화 반응과는 달리 브로민화 반응은 선택성이 아주 큰 반응이다. 알케인에 일차, 이차, 삼차 수소가 포함되어 있을 때 알케인에서 브로민으로 치환되는 수소는 보통 삼차 수소뿐이다.

이 반응에서 나타낸 수율은 정제한 생성물의 분리 수율이다. 브로민화물의 이성질체는 조생성물의 극히 일부에 지나지 않는다.

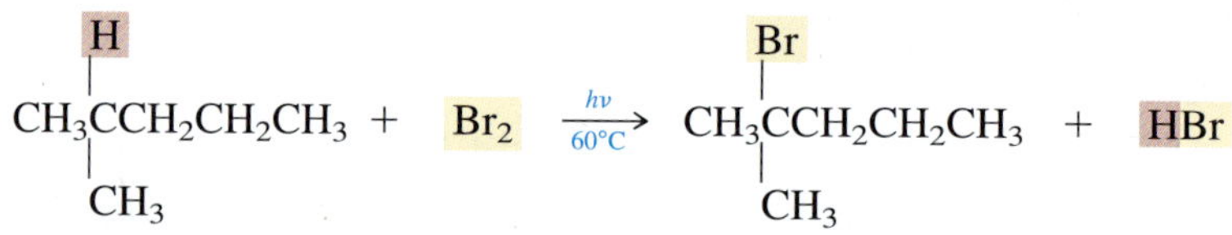

2-Methylpentane　Bromine　2-Bromo-2-methylpentane (76%의 분리 수율)　Hydrogen bromide

문제 8.14 다음 각 화합물의 자유 라디칼 브로민화 반응에 의해 생성되는 주 생성물의 구조를 나타내시오.

(a) 메틸사이클로펜테인(Methylcyclopentane)
(b) 1-아이소프로필-1-메틸사이클로펜테인(1-Isopropyl-1-methylcyclopentane)
(c) 2,2,4-트라이메틸펜테인(2,2,4-Trimethylpentane)

풀이 (a) 출발 물질인 탄화수소의 구조를 쓰고, 삼차 수소가 존재하는지를 확인한다. 메틸사이클로펜테인에 있는 유일한 삼차 수소는 C-1에 결합된 수소이다. 이것이 브로민에 의해 치환되는 수소이다.

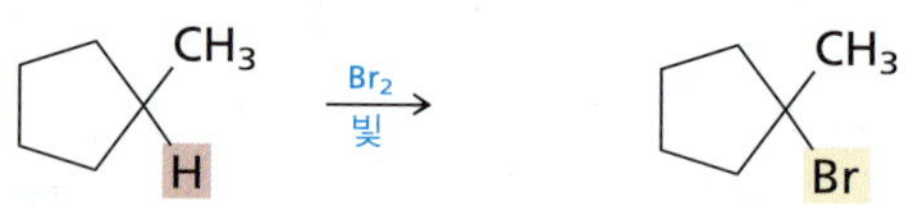

Methylcyclopentane　1-Bromo-1-methylcyclopentane

알케인으로부터 알킬 할라이드를 제조하고자 할 때, 알케인의 염소화와 브로민화 반응의 선택성이 다음과 같이 다르다는 것을 염두에 둘 필요가 있다.

1. 알케인의 염소화 반응에서는 모든 가능한 일염화물(monochloride)을 생성하기 때문에 이 방법은 알케인 내의 모든 수소가 동등할 때에만 사용한다.
2. 브로민화 반응은 일반적으로 알케인으로부터 삼차 알킬 브로마이드를 제조할 때만 사용한다.

8.13 클로로플루오로탄소와 환경

수 년 동안 메테인과 에테인의 할로젠화 유도체는 에어로솔 분사제와 냉매로 사용되어 왔다. 이러한 **클로로플루오로탄소**(chlorofluorocarbon), 즉 **CFCs**의 대표적인 예에는 다음과 같은 화합물이 있다.

CFCs는 DuPont사의 상표명인 프레온(Freon)으로 널리 알려져 있다.

CCl_2F_2	$CClF_2CClF_2$
Dichlorodifluoromethane (CFC-12)	1,2-Dichloro-1,1,2,2-tetrafluoroethane (CFC-114)

이들 화합물은 화학적으로 비활성이며, 무독성이라는 이점이 있다. 그러나 이들은 화학 반응성이 없기 때문에 환경에서 분해되지 않고 잔류하며, 기체 상태로 성층권으로 확산되어 오존층을 고갈시키는 주범이 된다. 햇빛의 영향을 받아 탄소-염소 결합이 끊어져 염소 원자가 생성된다.

$$R—Cl \xrightarrow{h\nu} R\cdot + Cl\cdot$$

이 염소 원자는 자유 라디칼 연쇄 반응에 의해 오존의 분해를 촉발한다. 국제 협약에 의해 CFCs의 제조는 1996년 1월에 중단되었다. CFCs는 보다 친환경적인 대체 화합물인 하이드로클로로플루오로탄소(hydrochlorofluorocarbon), 즉 HCFCs로 교체되고 있으며, 예는 다음과 같다.

$CHCl_2CF_3$	$CHClFCF_3$
2,2-Dichloro-1,1,1,-trifluoroethane (HCFC-123); CFC-11을 대체	2-Chloro-1,1,1,2-tetrafluoroethane (HCFC-124); CFC-114를 대체

HCFCs에는 CFCs에 없는 수소가 들어 있다. 이 때문에 HCFCs는 오존층에 도달하기 이전에 공기에 산화되어 파괴된다. HCFCs의 오존 파괴 능력은 CFC의 2% 미만인 것으로 추정된다. 그러나 HCFCs조차도 2030년까지만 사용하도록 규정하고 있다.

8.14 브로민화 수소의 알켄에 대한 자유 라디칼 첨가 반응

6장(6.2절~6.4절까지)에서 할로젠화 수소(HCl, HBr, HI)가 알켄에 친전자성 첨가 반응을 수행한다는 것을 알았다. 중간체는 탄소양이온이며, 반응은 이온성 메커니즘에 의해 진행된다. 더 안정한 탄소양이온이 생성됨으로써 할로젠화 수소 첨가는 위치선택성이며, 더 많이 치환된 알킬 할라이드가 형성된다(Markovnikov 법칙).

알켄은 특수한 조건에서 자유 라디칼 첨가 반응을 한다. 브로민화 수소의 과산화물-유도 첨가 반응이 그 한 예이다. **과산화물**(peroxide)은 ROOR형의 화합물이며, 자유 라디칼 연쇄 반응을 일으킨다. 과산화물이 존재하면 브로민화 수소(기타 할로젠화 수소는 그렇지 않다)가 Markovnikov 법칙과는 반대되는 위치선택성으로 알켄에 첨가된다.

과산화물이 존재하지 않을 때 HBr의 첨가 반응:

$$\underset{\text{1-Butene}}{CH_2{=}CHCH_2CH_3} + \underset{\text{Hydrogen bromide}}{HBr} \xrightarrow[\text{없음}]{\text{과산화물}} \underset{\text{2-Bromobutane}}{CH_3\underset{Br}{\underset{|}{C}}HCH_2CH_3}$$

(유일한 생성물; 90% 수율)

과산화물이 존재할 때 HBr의 첨가 반응:

$$\underset{\text{1-Butene}}{CH_2{=}CHCH_2CH_3} + \underset{\text{Hydrogen bromide}}{HBr} \xrightarrow{\text{과산화물}} \underset{\text{1-Bromobutane}}{BrCH_2CH_2CH_2CH_3}$$

(유일한 생성물; 90% 수율)

전체 반응

$$\underset{\text{1-Butene}}{CH_3CH_2CH{=}CH_2} + \underset{\text{Hydrogen bromide}}{HBr} \xrightarrow[\text{빛 또는 가열}]{\text{ROOR}} \underset{\text{1-Bromobutane}}{CH_3CH_2CH_2CH_2Br}$$

메커니즘

(*a*) 개시 단계

1단계: 과산화물이 해리되어 두 알콕시 라디칼을 형성한다.

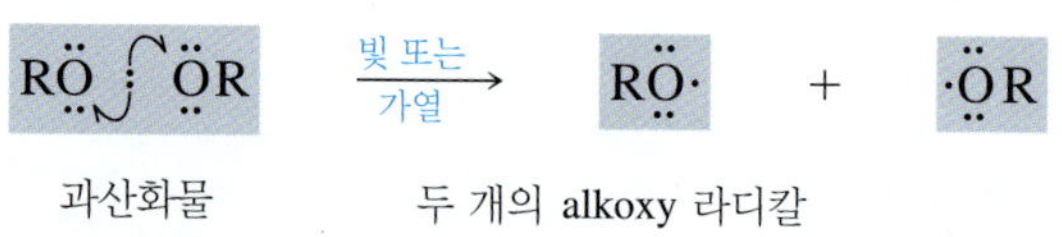

2단계: 알콕시 라디칼이 브로민화 수소로부터 수소 원자를 빼앗아 온다.

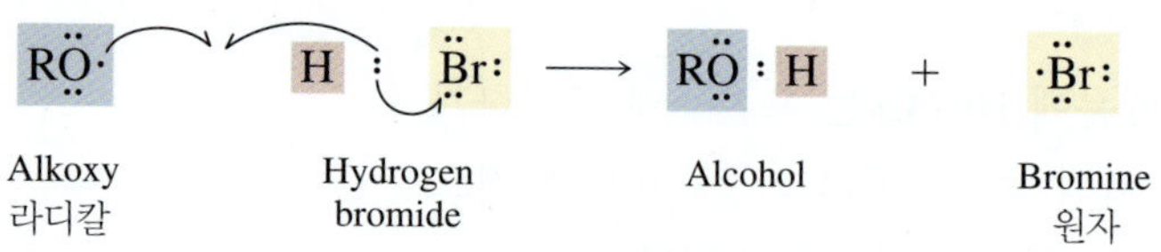

(*b*) 연쇄 전파 단계

3단계: 알켄에 브로민 원자가 첨가된다.

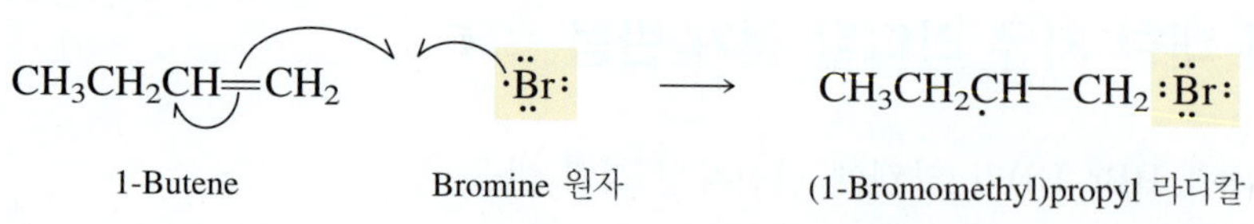

4단계: 3단계에서 형성된 자유 라디칼이 브로민화 수소로부터 수소 원자를 빼앗아 온다.

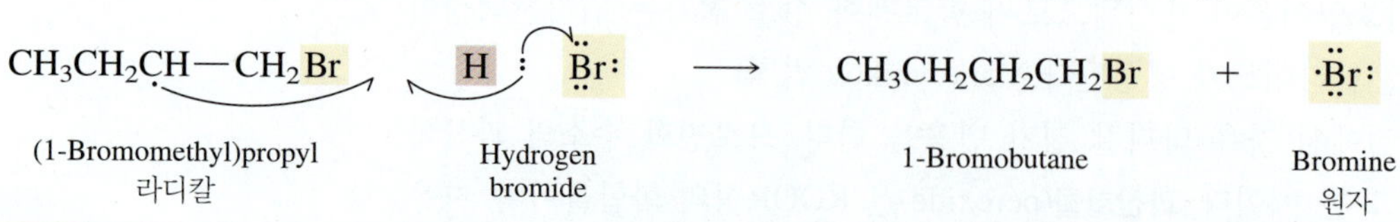

그림 • 8.9
1-뷰텐에 브로민화 수소의 자유 라디칼 첨가 반응의 개시 및 전파 단계

문제 8.15 과산화물이 존재할 때 브로민화 수소가 2-메틸-2-뷰텐에 첨가되는 반응식을 쓰시오.

브로민화 수소가 1-뷰텐에 자유 라디칼 첨가되는 메커니즘을 그림 8.9에 나타내었다. 첨가 반응의 위치선택성은 브로민 원자가 알켄에 첨가되는 메커니즘의 3단계에서 결정된다. 브로민은 두 가지 가능한 자유 라디칼 중간체 중 더 안정한 중간체를 생성하는 방향으로 이중 결합에 첨가된다. 1-뷰텐의 경우 브로민 원자는 C-1에 첨가되어 이차 라디칼을 생성한다. 브로민이 C-2에 첨가된다면 생성되는 자유 라디칼은 안정성이 떨어지는 일차 라디칼이 될 것이다. 일단 탄소–브로민 결합이 3단계에서 형성되면 4단계에서 HBr로부터 수소를 빼앗아 과정이 종료된다.

정상적인(이온성 첨가) 조건에서 브로민화 수소가 알켄에 첨가될 때의 위치선택성은 이중 결합에 **양성자**(proton)가 첨가되어 더 안정한 **탄소양이온**(carbocation)을 생성하는가에 의해 결정된다. 자유 라디칼 조건에서의 위치선택성은 **브로민 원자**(bromine atom)가 첨가되어 더 안정한 **알킬 라디칼**(alkyl radical)을 생성하는가에 의해 결정된다.

문제 8.16 2-메틸-2-뷰텐에 브로민화 수소가 자유 라디칼 첨가될 때의 전파 단계를 쓰시오.

8.15 알켄의 중합 반응

과산화물은 알켄의 다른 자유 라디칼 첨가 반응을 일어나게 할 수 있다. 아주 중요한 반응 중의 하나는 자유 라디칼 **중합 반응**[polymerization, 그리스어의 poly("많은")와 meros("부분")에서 유래]이며, 이 반응에서 알켄 분자는 다른 알켄 분자에 반복적으로 첨가되어 긴 사슬을 형성한다. 석유화학산업(5.1절과 6.8절의 상자 속 에세이 참조)에서 생산되는 엄청난 양의 에틸렌은 대부분 산소나 과산화물의 존재하에서 고압으로 에틸렌을 가열하여 생성되는 고분자량의 중합체인 **폴리에틸렌**(polyethylene)을 만드는 데 사용된다.

재활용 빈도가 가장 높은 플라스틱은 고밀도 폴리에틸렌(HDPE)이며, 우유병과 쓰레기통, 세제 용기 등에 사용된다. HDPE로 만든 용기는 병 바닥에 적힌 "2" 번으로 구분할 수 있다.

$$\underset{\text{Ethylene}}{n\mathrm{CH_2{=}CH_2}} \xrightarrow[\text{O}_2\text{ 또는 과산화물}]{200°\mathrm{C},\ 2000\,\mathrm{atm}} \underset{\text{Polyethylene}}{-\mathrm{CH_2{-}CH_2{-}(CH_2{-}CH_2)_{\mathit{n}-2}{-}CH_2{-}CH_2}-}$$

이 반응에서 n은 수천의 값을 가질 수 있다.

에틸렌의 자유 라디칼 중합 반응 메커니즘을 그림 8.10에 요약하였다. 과산화물이 해리되면 1단계가 시작된다. 그 결과 생성되는 과산화 라디칼은 2단계에서 탄소–탄소 이중 결합에 첨가되어 새로운 라디칼을 생성한다. 이 새로운 라디칼은 다시 3단계에서 두 번째 에틸렌 분자에 첨가된다. 3단계의 탄소–탄소 결합 형성 과정이 수천 번 반복되면 긴 탄소 사슬이 형성된다.

이름이 -엔(*-ene*)으로 끝나지만 폴리에틸렌은 **알켄**보다는 **알케인**에 훨씬 더 가깝다. 폴리에틸렌은 CH_2기의 긴 사슬에 불과하며, 양쪽 끝에 알콕시기(개시제에서 유래) 또는 탄소–탄소 이중 결합을 가지고 있다.

탄소–탄소 이중 결합을 지니는 많은 화합물은 중합 반응을 통해 유용한 성질을 지니는 물질을 생성한다. 표 8.3에 이들 화합물 중 더 중요하고 친숙한 몇 가지를 나타냈었다. 이러한 단위체가 모두 자유 라디칼 조건에서 효과적으로 중합되는 것은 아니며, 다른 중합 반응 기술을 개발하기 위하여 많은 연구가 수행되었다. 이들 가운데 하나인 **배위 중합 반응**(coordination polymerization)에서는 촉매로 사염화 타이타늄(titanium tetrachloride, $TiCl_4$)과 트라이에틸알루미늄[triethylaluminum, $(CH_3CH_2)_3Al$] 혼합물을 사용한다. 배위 중합 반응으로 생산된 폴리에틸렌은 자유 라디칼 중합 반응에 의해 생산된 것보다 밀도가 더 높으며, 많은 응용 분야에서 바람직한 특성을 지닌다. 배위 중합 반응에서 사용되는 촉매계는 1950년대 초에 독일의 Karl-Ziegler와 이탈리아의 Giulio Natta가 독자적으로 개발하였다. 이들은 이 공로로 1963년 노벨 화학상을 공동 수상하였다. Ziegler-Natta 촉매계를 사용하면 플라스틱과 섬유로 사용하기에 적합한 **폴리프로필렌**(polypropylene)을 얻을 수 있다. 그러나 프로펜을 자유 라디칼 조건에서 중합시킨 폴리프로필렌은 물리적 성질(녹는점이 낮다)이 나빠서 대부분의 용도에 적합하지 않다.

그림 • 8.10
과산화물에 의해 개시되는 에틸렌의 자유 라디칼 중합 반응 메커니즘

1단계: 과산화물이 균일하게 해리되어 자유 라디칼 개시제로 작용하는 알콕시 라디칼을 생성한다.

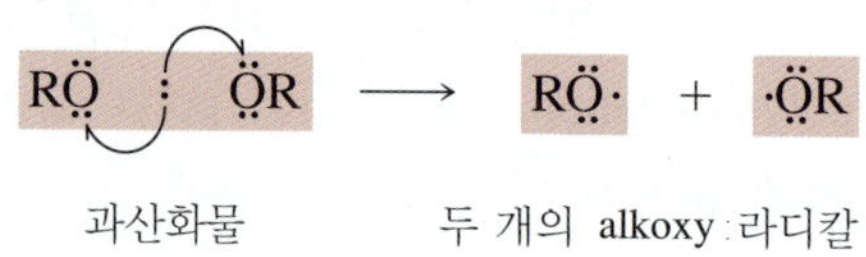

2단계: 알콕시 라디칼은 탄소–탄소 이중 결합에 첨가된다.

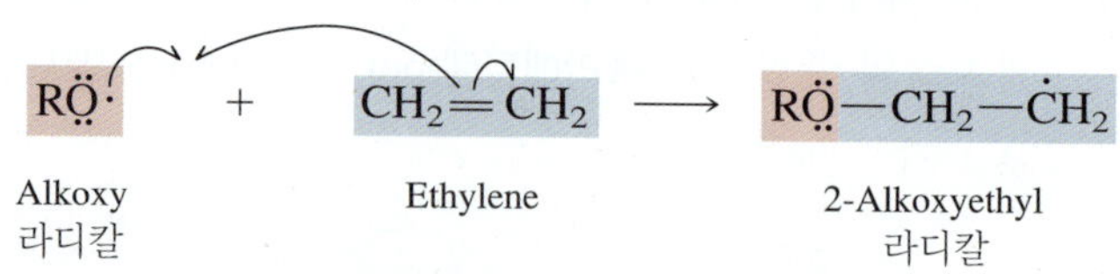

3단계: 2단계에서 생성된 라디칼이 두 번째 에틸렌 분자에 첨가된다.

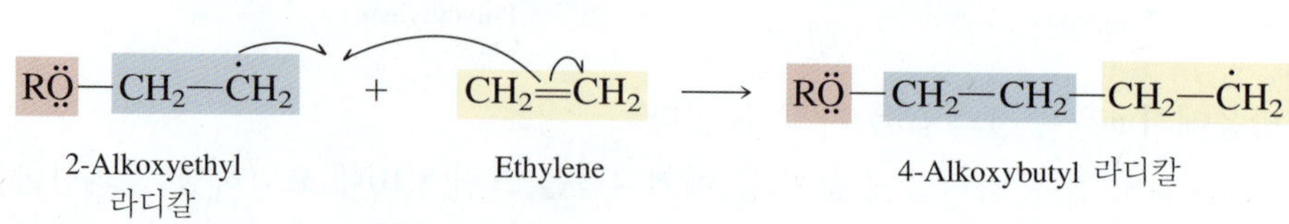

3단계에서 생성된 라디칼은 세 번째 에틸렌 분자에 첨가되고, 그 과정은 진행되어 메틸렌기의 긴 사슬을 형성한다.

표 8.3 중합체를 만드는 데 사용되는 탄소–탄소 이중 결합을 갖고 있는 화합물

A. $\left(\!-CH_2-\underset{X}{\underset{|}{CH}}-\right)_n$ 형태의 중합체를 만드는 데 사용하는 $CH_2=CH-X$ 형태의 알켄

화합물	구조	중합체의 –X	용도
에틸렌 (Ethylene)	$CH_2=CH_2$	$-H$	포장재용 폴리에틸렌 필름; 압축 "플라스틱" 병은 고밀도 폴리에틸렌으로 만듦
프로펜 (Propene)	$CH_2=CH-CH_3$	$-CH_3$	양탄자와 자동차 타이어용; 소비재(가방, 공구 등); 포장재용 폴리프로필렌 섬유
스타이렌 (Styrene)	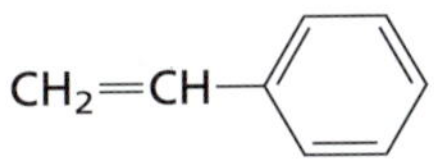	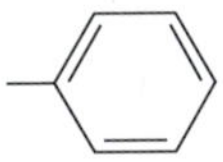	폴리스타이렌 포장재, 가정용품, 가방, 라디오와 텔레비전 상자
바이닐 클로라이드 (Vinyl chloride)	$CH_2=CH-Cl$	$-Cl$	폴리(바이닐 클로라이드)[Poly(vinyl chloride), PVC]는 많은 부분에서 가죽 대신 사용됨; 동관과 동파이프 대신 PVC 관과 파이프를 간혹 사용함
아크릴로나이트릴 (Acrylonitrile)	$CH_2=CH-C\equiv N$	$-C\equiv N$	스웨터와 담요 등의 제조 시 양모 대용품으로 사용함

B. $\left(\!-CH_2-CX_2-\right)_n$ 형태의 중합체를 만드는 데 사용되는 $CH_2=CX_2$ 형태의 알켄

화합물	구조	중합체의 –X	용도
1,1-다이클로로에텐 (1,1-Dichloroethene) 바이닐리덴 클로라이드 (Vinylidene chloride)	$CH_2=CCl_2$	Cl	공기와 물이 통하지 않는 포장재로 사용하는 사란(saran)
2-메틸프로펜 (2-Methylpropene)	$CH_2=C(CH_3)_2$	CH_3	폴리아이소뷰텐은 최초의 합성 고무 중 하나인 "뷰틸 고무"의 구성 성분임

C. 기타

화합물	구조	중합체의 –X	용도
테트라플루오로에텐 (Tetrafluoroethene)	$CF_2=CF_2$	$\left(\!-CF_2-CF_2-\right)_n$ (Teflon)	조리 기구의 눌어붙음 방지용 코팅재; 베어링, 가스켓, 부품
메틸 메타크릴레이트 (Methyl methacrylate)	$CH_2=\underset{CH_3}{\underset{\mid}{C}}CO_2CH_3$	$\left(\!-CH_2-\overset{CO_2CH_3}{\overset{\mid}{\underset{CH_3}{\underset{\mid}{C}}}}-\right)_n$	얇게 성형하면 투명함; 유리 대용품으로 사용 [투명합성수지(Lucite), 플렉시 유리(Plexiglas)]
2-메틸-1,3-뷰타다이엔 (2-Methyl-1,3-butadiene)	$CH_2=\underset{CH_3}{\underset{\mid}{C}}CH=CH_2$	$\left(\!-CH_2\underset{CH_3}{\underset{\mid}{C}}=CH-CH_2-\right)_n$ (Polyisoprene)	합성 고무

다이엔 중합체

약 500년 전에 Columbus가 지금 미국이라 부르는 곳으로 두 번째 항해를 할 때만 해도 그와 그의 선원들은 아이들이 그 지역에서 서식하는 나무의 유액(latex)으로 만든 공을 가지고 노는 것을 보았다. 그 후에 Joseph Priestley는 이 물질을 문질러서 연필자국을 지울 수 있다는 것을 나타내기 위하여 "고무(rubber)"라고 불렀으며, 1823년에 Charles Macintosh는 고무를 사용하여 방수 코트와 신발을 만들수 있음을 입증하였다. 곧이어 Michael Faraday는 고무의 실험식이 C_5H_8라는 것을 측정하였다. 마침내 고무가 2-메틸-1,3-뷰타다이엔(2-methyl-1,3-butadiene)의 중합체라는 것이 밝혀졌다.

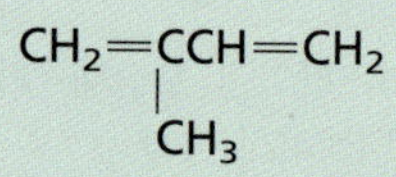

2-Methyl-1,3-butadiene
(관용명; isoprene)

고무의 구조는 수천 개의 아이소프렌 단위가 서로 1,4-첨가된 것이다.

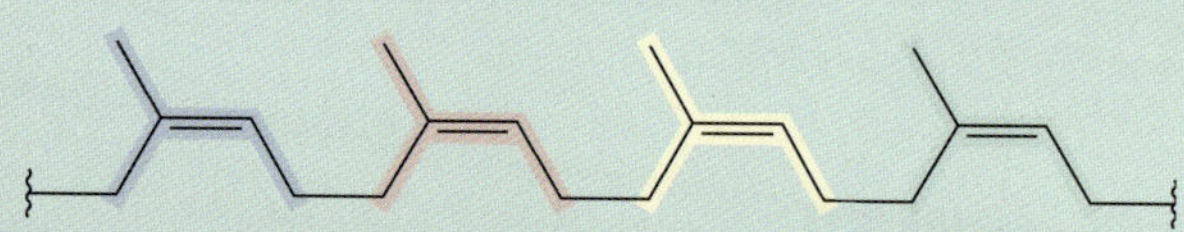

고무의 이중 결합은 모두 *Z*(또는 시스) 위치배열을 하고 있다. *구타-페르카*(*gutta-percha*)라고 하는 아이소프렌의 다른 중합체는 중합체 사슬이 더 짧으며, *E*(또는 트랜스) 이중 결합을 하고 있다. 구타-페르카는 단단하고 뿔 같은 물질이며, 골프공의 외피용 재료로도 사용되었다.

천연 고무의 인근 중합체 사슬 간의 인력은 비교적 약하며, 전체적으로 질서정연한 구조를 가지고 있는 경우는 드물다. 사슬은 늘리면 서로에 대해 쉽게 미끄러지며, 시간이 지나 뒤틀림이 제거되면 원상태로 되돌아간다. 특정 물질이 뒤틀린 후 원래의 형태를 회복하는 능력을 **탄성**(elasticity)이라고 한다. 천연 고무의 탄성은 제한된 온도 범위 내에서만 만족스럽게 작용한다. 추우면 너무 딱딱하고 더우면 너무 끈적끈적해서 사용하기 어렵다. 고무의 탄성은 1839년 Charles Goodyear가 개발한 공정인 **가황**(vulcanization)에 의해 개선할 수 있었다. 천연 고무를 황과 함께 가열하면 화학 반응이 일어나 인접하는 폴리아이소프렌 사슬이 황의 공유 결합에 의해 연결된다. 비록 이들 황 "다리" 때문에 서로의 사슬에 대해 사슬의 이동이 제한되지만, 황 "다리"가 존재함으로써 고무는 뒤틀린 힘이 제거되면 원래의 형태로 되돌아가게 된다.

고무에 대한 수요가 증가함으로써 합성 고무를 제조하려는 화학 산업계의 노력도 그만큼 증가하였다. 상업적인 틈새를 노린 최초의 **탄성체**(elastomer, 탄성을 지니는 합성 중합체) 중의 하나는 **네오프렌**(neoprene)이며, 1931년 DuPont사의 화학자들이 발견하였다. 네오프렌은 2-클로로-1,3-뷰타다이엔(2-chloro-1,3-butadiene)을 자유 라디칼 중합 반응을 통해 생산하며, 어떤 탄성체보다 광범위하게 적용되며, 전기 절연체와 컨베이어 벨트, 호스, 기상 관측 기구 등에 사용된다.

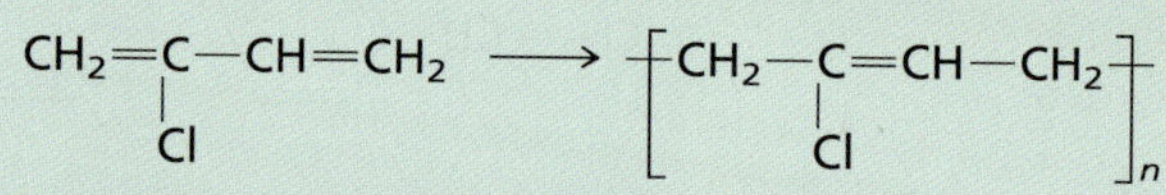

2-Chloro-1,3-butadiene Neoprene

생산량이 가장 많은 탄성체는 **스타이렌뷰타다이엔 고무**(styrene butadiene rubber, SBR)이다. 미국 내 SBR의 연간 생산량은 10^9lb 정도가 되며, 생산량의 거의 대부분은 자동차 타이어에 사용된다. 이름으로 알 수 있듯이, SBR은 스타이렌과 1,3-뷰타다이엔으로부터 제조한다. 이것은 두 개 이상의 다른 단위체가 결합된 중합체인 **공중합체**(copolymer)에 속한다. 스타이렌과 1,3-뷰타다이엔의 혼합물이 자유 라디칼 중합되면 SBR이 생성된다.

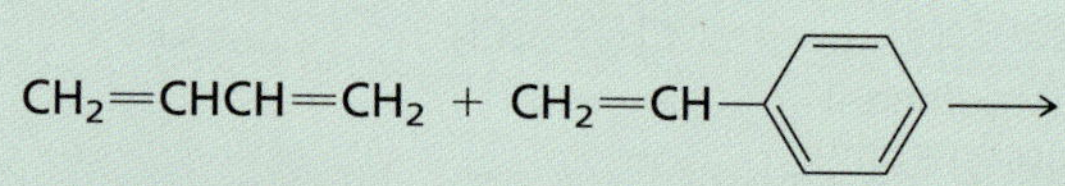

1,3-Butadiene Styrene

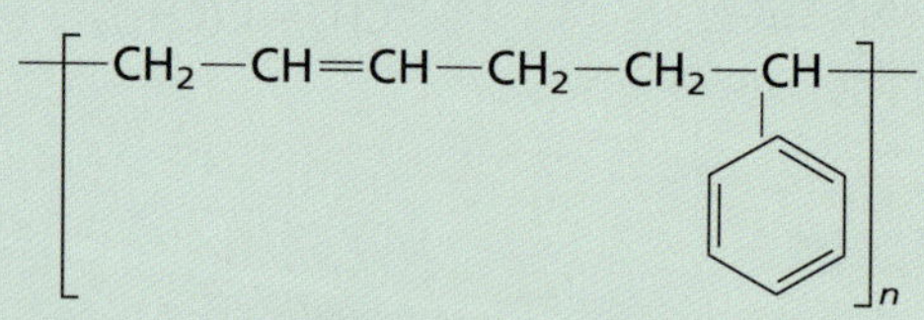

Styrene-butadiene 고무

Ziegler-Natta 촉매계를 사용한 아이소프렌의 배위 중합 반응(8.15절)은 1,3-뷰타다이엔의 중합 반응에서와 같이 천연 고무와 성질이 비슷한 물질을 생성한다. 1,3-뷰타다이엔 중합체는 연간 SBR의 2/3 정도 생산되며, 주로 타이어에 사용된다.

학습목표

이 장에서는 두 부류의 화합물인 알킬 할라이드와 알코올을 다룸으로써 유기화학의 반응성에 대한 개념을 소개한다. 이 장에서 배운 기술로 여러분은 다음과 같은 것을 할 수 있다.

- 주어진 구조식의 알코올과 알킬 할라이드의 체계명을 쓸 수 있다.
- 체계명을 보고 알코올과 알킬 할라이드의 구조식을 쓸 수 있다.
- 수소 결합이 알코올의 끓는점과 물에 대한 용해도에 어떤 영향을 미치는지 설명할 수 있다.
- 알코올과 할로젠화 수소의 반응에 대한 화학 반응식을 쓸 수 있다.
- 알코올과 할로젠화 수소의 반응 메커니즘을 나타내는 화학 반응식을 쓸 수 있다.
- 알코올과 할로젠화 수소의 반응 속도는 알코올의 구조에 따라 어떤 영향을 받는지 기술할 수 있다.
- Lewis 산과 Lewis 염기를 정의할 수 있다.
- 자유 라디칼의 결합 모형을 설명할 수 있다.
- 결합 해리 에너지의 의미를 설명하고, 그것이 자유 라디칼의 안정성과 어떤 관계가 있는지 논의할 수 있다.
- 일련의 알킬 자유 라디칼에 대한 안정도 경향을 나타낼 수 있다.
- 알케인과 염소의 반응 메커니즘을 나타내는 화학 반응식을 쓸 수 있다.
- 개시(*initiation*), 전파(*propagation*), 종결(*termination*)이라는 용어의 뜻을 설명할 수 있다.
- 알케인의 브로민화 반응에 의한 주 생성물을 나타낼 수 있다.
- 과산화물 존재하에서 알켄에 대한 브로민화 수소의 첨가 반응을 나타내는 화학 반응식을 쓸 수 있다.

8.16 요약

알코올과 알킬 할라이드는 알케인에 작용기가 치환된 유도체로 체계적으로 명명할 수 있지만, 약간 다르다(8.1절). 알킬 할라이드는 할로젠기가 붙어 있는 알케인으로 명명한다. 알코올은 알케인의 어미 *-e*를 −올(*-ol*)로 치환하여 명명한다. 두 화합물에서 탄화수소 사슬의 번호는 작용기가 붙어 있는 탄소의 번호가 작아지는 방향으로 매긴다.

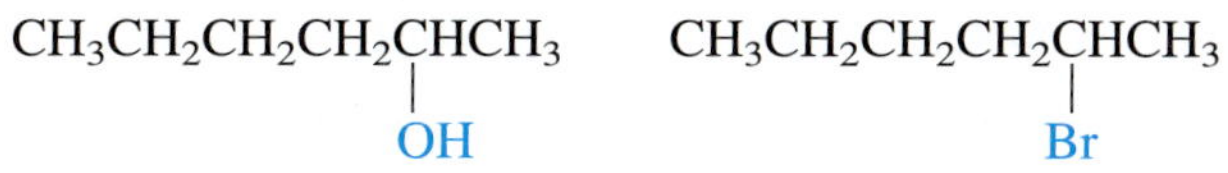

2-Hexanol   2-Bromohexane

알코올과 알킬 할라이드는 알킬기의 명칭을 기준으로 명명할 수도 있다. 알킬기의 명칭을 먼저 적고, 이어서 알코올(*alcohol*) 또는 플루오라이드, 클로라이드, 브로마이드, 아이오다이드 등의 단어를 적절하게 적어준다.

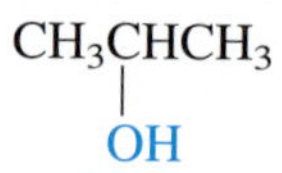

Isopropyl alcohol

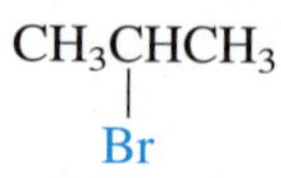

Isopropyl bromide

알코올과 알킬 할라이드는 작용기가 붙어 있는 탄소의 치환 정도에 따라 일차, 이차, 삼차로 분류한다(8.2절).

할로젠(특히 플루오린과 염소)과 산소는 탄소보다 전기음성도가 더 크며, 알킬 할라이드 내의 탄소–할로젠 결합과 알코올 내의 탄소–산소 결합은 극성 공유 결합이다. 탄소는 양으로 분극되며, 할로젠과 산소는 음으로 분극된다(8.3절).

쌍극자–쌍극자 인력 때문에 알코올과 알킬 할라이드는 동일한 분자량을 지니는 알케인에 비해 끓는점이 더 높다(8.4절). 알코올의 —OH기들 간의 인력을 **수소 결합**(hydrogen bonding)이라고 한다. 하이드록시기와 물 분자 간에 수소 결합이 형성되기 때문에 알코올의 물에 대한 용해도는 탄화수소보다 더 크다. 분자량이 적은 알코올(메탄올, 에탄올, 1-프로판올, 2-프로판올)은 어떤 비율로도 물에 잘 녹는다. 알킬 할라이드는 물에 용해되지 않는다.

알코올은 할로젠화 수소와 반응하여 알킬 할라이드로 전환된다(8.5절).

일반식: ROH (Alcohol) + HX (Hydrogen halide) ⟶ RX (Alkyl halide) + H_2O (Water)

예:

1-Methylcyclopentanol ⟶ 1-Chloro-1-methylcyclopentane (96%)

알코올의 반응성은 메틸 < 일차 < 이차 < 삼차 알코올의 순으로 증가한다(8.5절). 알코올과 할로젠화 수소의 반응은 두 개의 양전하를 띠는 중간체, 즉 **알킬옥소늄 이온**(alkyloxonium ion)과 **탄소양이온**(carbocation)을 경유하여 일어난다. 알킬옥소늄 이온은 알코올의 **짝산**(conjugate acid)이다. 탄소양이온은 알킬옥소늄 이온이 해리되어 형성되며, 이어서 할로젠 이온과 결합하여 알킬 할라이드를 생성한다. 1단계에서 3단계까지 알코올과 할로젠화 수소의 반응 **메커니즘**(mechanism)을 나타내었다(8.6절).

(1) ROH (Alcohol) + HX (Hydrogen halide) $\xrightleftharpoons{\text{빠름}}$ $R\overset{+}{O}H_2$ (Alkyloxonium ion) + X^- (Halide 음이온)

(2) $R\overset{+}{O}H_2$ (Alkyloxonium ion) $\xrightarrow{\text{느림}}$ R^+ (탄소양이온) + H_2O (Water)

(3) R^+ (탄소양이온) + X^- (Halide ion) $\xrightarrow{\text{빠름}}$ RX (Alkyl halide)

일차 알코올은 탄소양이온 중간체를 거쳐서 할로젠화 수소와 반응하지 않는다. 친핵성 화학종(Br^-)은 이분자 단계로 알킬옥소늄 이온을 공격하여 탄소로부터 물 분자를 "밀어낸다"(8.7절).

자유 라디칼은 홀전자의 성질을 나타내는 중성의 중간체이다(8.8절). 탄소의 자유 라디칼은 그림과 같이 sp^2-혼성이다.

탄소양이온과 같이 자유 라디칼은 알킬 치환기에 의해 안정화된다. 자유 라디칼의 안정도 순서는 탄소양이온의 경우와 같다.

균일 결합 분해에 필요한 에너지를 **결합 해리 에너지**(bond dissociation energy, 8.9절)라고 한다. (1)에서 (3)까지의 단계는 알케인의 할로젠과의 **자유 라디칼 연쇄 반응 메커니즘**(free-radical chain mechanism)을 나타내고 있다(8.11절).

1. 개시 단계

$$X_2 \longrightarrow 2X\cdot$$

Halogen 분자 → 두 개의 halogen 원자

2. 전파 단계

$$RH + X\cdot \longrightarrow R\cdot + HX$$

Alkane, Halogen 원자 → Alkyl 라디칼, Hydrogen halide

3. 전파 단계

$$R\cdot + X_2 \longrightarrow RX + \cdot X$$

Alkyl 라디칼, Halogen 분자 → Alkyl halide, Halogen 원자

어떤 두 개의 라디칼 화학종이 서로 결합하여 연쇄 반응이 중단되는 것을 **종결 단계**(termination step)라고 한다.

종결 단계 $$P\cdot + Q\cdot \longrightarrow P{-}Q$$

알케인의 염소화 반응은 선택성이 낮다(8.12절). 동일하지 않는 수소를 가지는 알케인으로부터 보통 여러 가지 가능한 일염화물의 혼합물이 생성된다. 그러므로 염소화 반응은 알케인의 모든 수소가 동일할 때 가장 널리 사용된다.

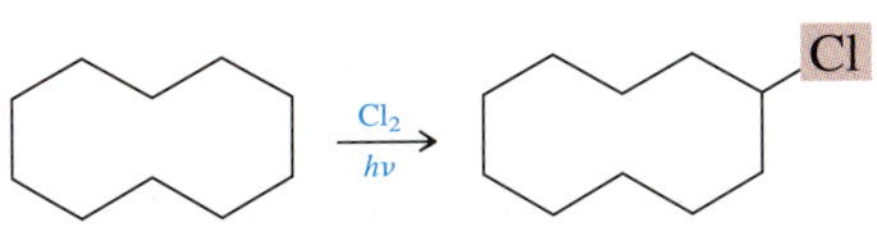

Cyclodecane → Cyclodecyl chloride (64%)

그러나 브로민화 반응은 아주 선택적으로 삼차 수소를 치환할 수 있다.

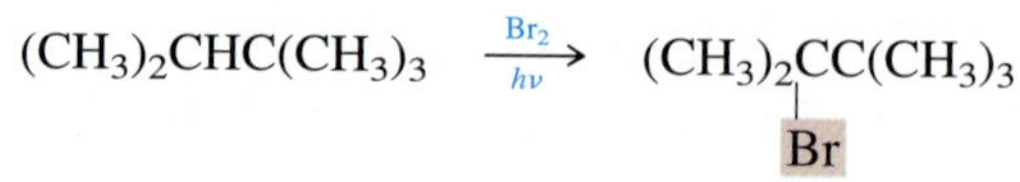

2,2,3-Trimethylbutane

2-Bromo-2,3,3-trimethylbutane (80%)

브로민화 수소는 과산화물 존재하에서 자유 라디칼 메커니즘에 의해 알켄과 반응한다(8.14절). 이 반응의 위치선택성은 Markovnikov 법칙과는 반대이다. 즉, 치환이 덜 된 알킬 브로마이드가 주로 생성된다.

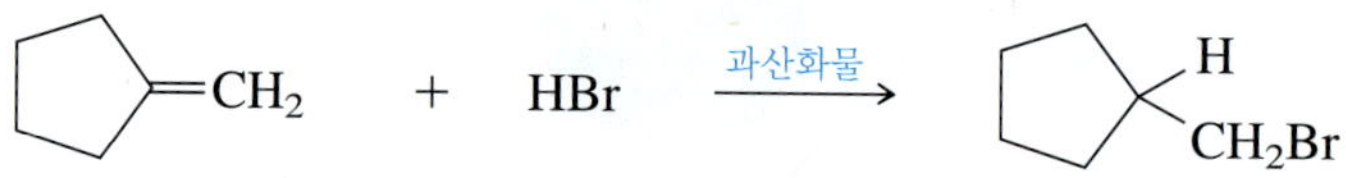

Methylenecyclopentane　　Hydrogen bromide　　(Bromomethyl)cyclopentane (60%)

보충문제

구조와 명명법

8.17. 다음 각 알코올과 알킬 할라이드의 구조식을 쓰시오.

(a) 1-브로모-3-아이오도뷰테인(1-Bromo-3-iodobutane)
(b) *sec*-뷰틸 알코올(*sec*-Butyl alcohol)
(c) 3-헵탄올(3-Heptanol)
(d) 트랜스-2-클로로사이클로펜탄올(*trans*-2-Chlorocyclopentanol)
(e) 2,6-다이클로로-4-메틸-4-옥탄올(2,6-Dichloro-4-methyl-4-octanol)
(f) 트랜스-4-*tert*-뷰틸사이클로헥산올(*trans*-4-*tert*-Butylcyclohexanol)
(g) 1-사이클로프로필에탄올(1-Cyclopropylethanol)
(h) 2-사이클로프로필에탄올(2-Cyclopropylethanol)

8.18. 다음 각 화합물의 체계명을 쓰시오.

(a) $(CH_3)_2CHCH_2CH_2CH_2Br$
(b) $(CH_3)_2CHCH_2CH_2CH_2OH$
(c) CF_3CH_2OH
(d)

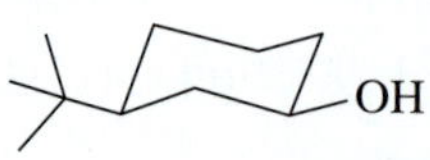

(e)

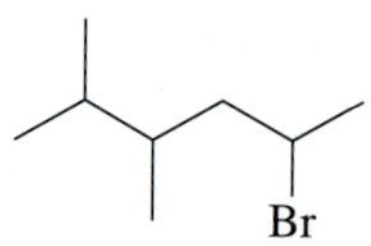

(f)

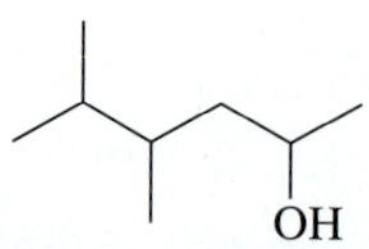

8.19. 분자식이 $C_5H_{12}O$인 알코올의 모든 구조 이성질체의 구조식을 쓰거나 분자 모형을 만드시오. 각 이성질체의 두 가지 체계명을 붙이고, 일차, 이차, 삼차 알코올로 나타내시오.

8.20. 육원자 고리상에서 하이드록시기가 메틸기에 비해 치환기로는 약간 "더 작다". 즉, 메틸기의 경우에 비해 하이드록시기가 수평방향(equatorial)을 선호하는 경향이 덜하다. 이를 근거로 메틸사이클로헥산올(methylcyclohexanol)의 모든 이성질체가 가장 안정한 형태를 나타내도록 구조식을 쓰거나 분자 모형을 만드시오. 각 이성질체의 올바른 IUPAC명칭을 쓰시오.

8.21. (a) 여러 가지 음식과 담배에 향을 내는 데 사용되는 멘톨(menthol)은 2-아이소프로필-5-메틸사이클로헥산올(2-isopropyl-5-methylcyclohexanol)의 가장 안정한 입체이성질체이다. 이 화합물의 가장 안정한 형태를 나타내는 분자 모형을 그리거나 만드시오. 하이드록시기는 아이소프로필기에 대해 시스인지 트랜스인지 답하시오. 또한 메틸기에 대해서는 어떠한가?

(b) 네오멘톨(neomenthol)은 멘톨의 입체이성질체이다. 즉, 이 화합물은 멘톨과 구조식은 같지만 원자의 공간적인 배열이 다르다. 네오멘톨은 2-아이소프로필-5-메틸사이클로헥산올의 두 번째로 안정한 입체이성질체이며, 멘톨보다는 덜 안정하지만 다른 어떤 입체이성질체보다도 더 안정하다. 네오멘톨의 가장 안정한 형태의 구조를 쓰거나 분자 모형을 나타내시오.

8.22. $CH_3CH_2OCH_2CH_3$(35℃)와 $CH_3CH_2CH_2CH_2OH$ (117℃)의 끓는점 차이를 간략하게 설명하시오.

자유 라디칼 할로젠화 반응

8.23. 화학식이 C_4H_9인 알킬 자유 라디칼의 모든 이성질체의 구조식을 쓰시오. 그중 어느 것이 가장 안정한지 답하시오.

8.24. $(CH_3)_3CCH_2CH_3$의 광화학 염소화 반응 과정 중 생성되는 모든 가능한 일염화물의 구조를 쓰시오.

8.25. 분자식이 C_5H_{12}인 알케인의 이성질체 가운데 빛의 존재하에서 염소와 반응하여 다음과 같은 화합물만을 생성하는 것을 나타내시오.

(a) 한 개의 일염화물
(b) 3개의 이성질 일염화물
(c) 4개의 이성질 일염화물
(d) 2개의 이성질 이염화물

8.26. 에테인의 자유 라디칼 브로민화 반응에서 개시 단계와 전파 단계를 나타내시오.

8.27. 사이클로프로필 클로라이드(cyclopropyl chloride)를 사이클로프로페인(cyclopropane)의 자유 라디칼 염소화 반응에 의해 제조하였다. 이 반응의 메커니즘을 단계별로 쓰시오.

8.28. 2,2,4-트라이메틸펜테인(2,2,4-trimethylpentane)은 광화학 염소화 반응을 통해 4개의 일염화물 이성질들을 생성하며, 브로민화 반응을 통해서는 한 개의 일염화물만을 생성한다. 이들 화합물의 구조식을 쓰고, 염소화 반응과 브로민화 반응의 반응성 차이를 설명하시오.

8.29. 마취성을 지니는 플로오로탄소를 찾기 위해 1,2-다이클로로-1,1-다이플루오로프로페인(1,2-dichloro-1,1-difluoropropane)을 광화학적으로 염소화 반응시켜 두 가지 이성질체를 얻을 수 있었다. 그중 하나는 1,2,3-트라이클로로-1,1-다이플루오로프로페인(1,2,3-trichloro-1,1-difluoropropane)으로 확인되었다. 두 번째 화합물의 구조는 무엇인지 쓰시오.

8.30. 두 이성질 화합물인 A와 B는 분자식이 C_3H_7Cl이다. A를 염소화시키면 화학식이 $C_3H_6Cl_2$인 두 이염화물의 혼합물이 생성된다. B를 염소화시키면 화학식이 $C_3H_6Cl_2$인 세 가지 다른 화합물이 생성된다(이들은 A로부터 나오는 이염화물과 모두 다르지 않을 수 있다). A와 B의 구조식과 이들로부터 생성되는 이염화물은 무엇인지 쓰시오.

자유 라디칼 첨가 반응

8.31. 과산화물 존재하에서 다음 각 알켄이 브로민화 수소와 반응할 때 나오는 주 생성물의 구조를 쓰시오.

(a) 1-펜텐(1-Pentene)
(b) 1-메틸사이클로헥센(1-Methylcyclohexene)

8.32. 문제 8.31의 (a) 반응의 메커니즘을 요약하시오. 과산화물이 없는 브로민화 수소의 첨가 반응과 다른 점을 설명하시오.

8.33. 주어진 출발 물질로부터 다음 각 화합물을 제조하는 데 적합한 반응 순서를 제시하시오. 필요하다면 유기 또는 무기 시약을 사용해도 좋다.
(a) 2-브로모프로페인으로부터 1-브로모프로페인
(b) 3-에틸펜테인으로부터 2-브로모-3-에틸펜테인
(c) 사이클로펜테인으로부터 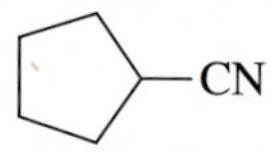

8.34. 스타이렌($C_6H_5CH{=}CH_2$)의 자유 라디칼 중합 반응에서 첫 번째 두 탄소−탄소 결합을 형성하는 과정에 대한 메커니즘을 기술하는 단계를 쓰시오. 개시제는 RO· 라고 가정한다.

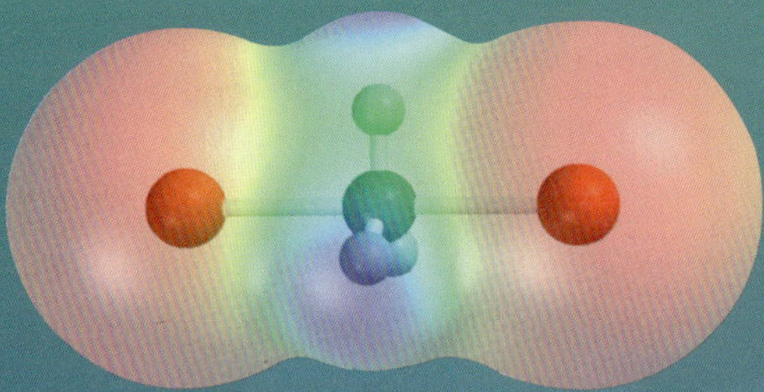

CHAPTER 09 친핵성 치환 반응

개요

친핵성 치환 반응(과 제거 반응) 미리보기

치환 반응과 제거 반응:

- C—X 결합은 극성 공유 결합이다.
- C는 친전자성 중심이다. C—X 결합에 있는 결합 전자는 전기음성도가 큰 할로젠 쪽에 더 가까이 있다.

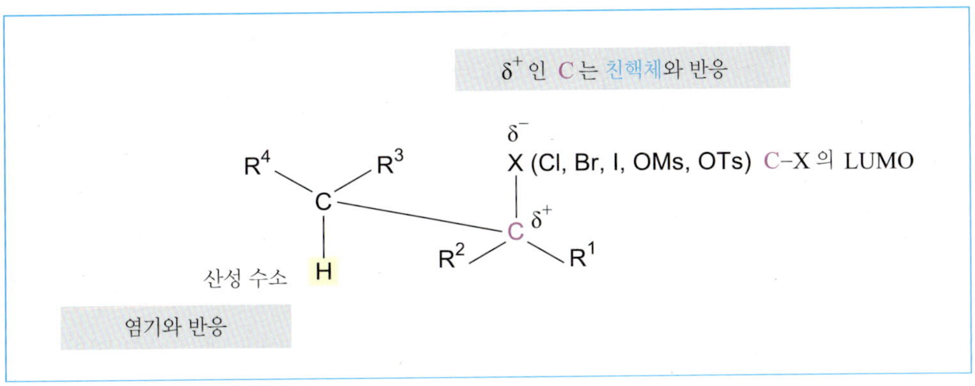

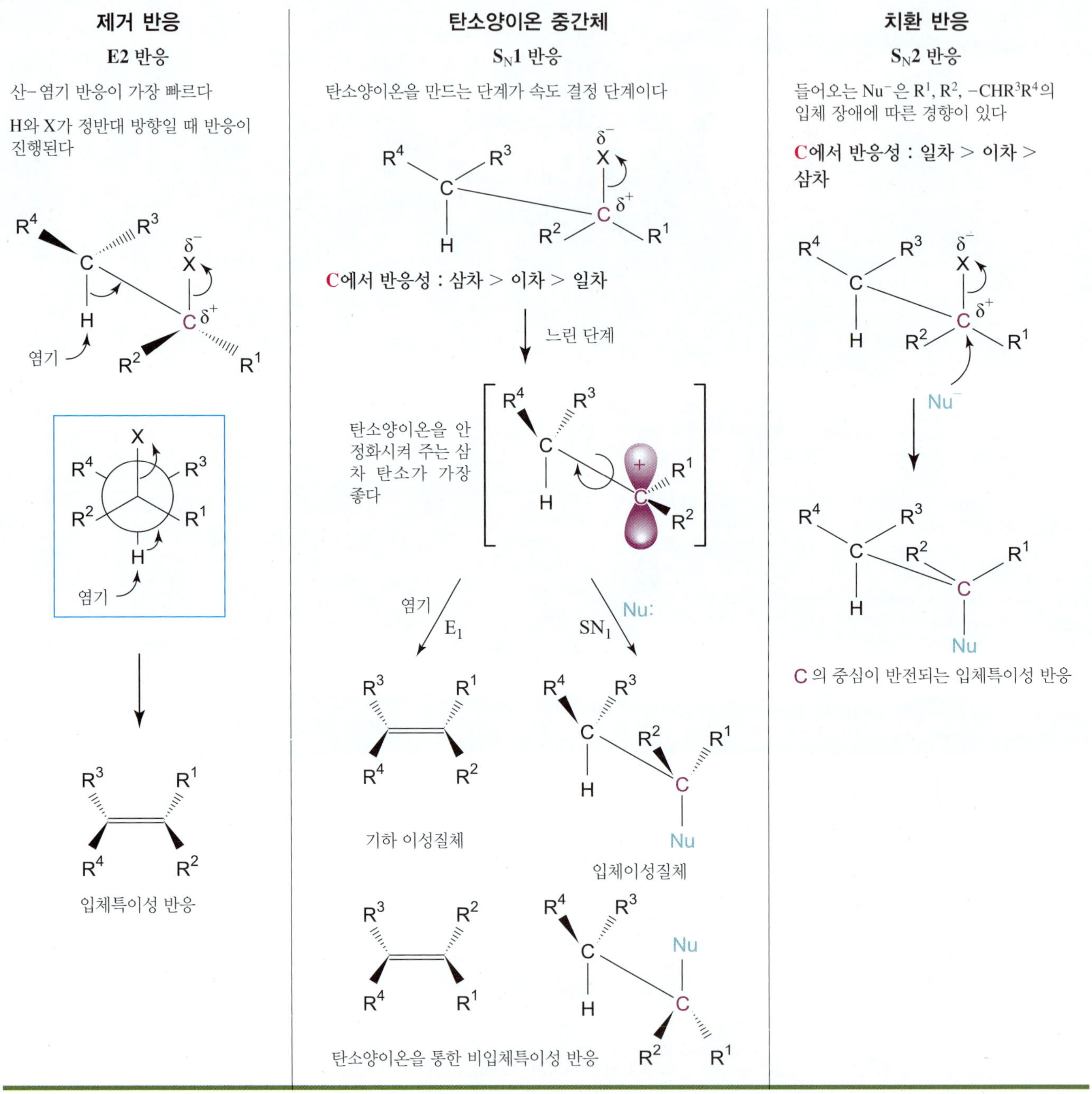

5장에서 제거 반응을 다룰 때 Lewis 염기는 알킬 할라이드와 반응하여 알켄을 생성한다고 배웠다. 이 장에서는 그 두 반응물이 다른 반응, 즉 Lewis 염기가 **친핵체**(nucleophile)로 작용하여 탄소의 할로젠을 치환하는 반응도 수행하는 것을 알게 될 것이다.

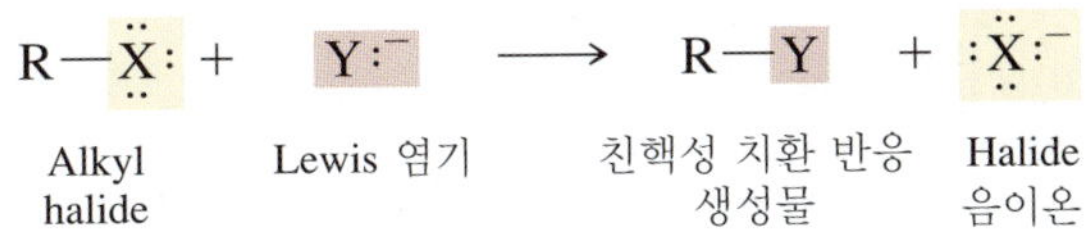

8장에서 알코올과 할로젠화 수소가 반응하여 알킬 할라이드를 생성하는 친핵성 치환 반응에 대하여 이미 배웠다. 이제 알킬 할라이드가 친핵성 치환 반응에 의해 어떻게 다른 종류의 유기 화합물로 전환될 수 있는지 알아보자.

9.1 친핵성 치환 반응에 의한 작용기의 변환

알킬 할라이드의 친핵성 치환 반응은 할로젠이 탄소에서 **이탈기**(leaving group)로 작용하며 음이온으로 떨어져 나간다는 점에서 제거 반응과 관련되어 있다. 표 9.1에는 작용기의 변환과 관련한 여러 가지 예를 나타내었다. 각 친핵체는 주로 소듐염이나 포타슘염 형태로 사용된다.

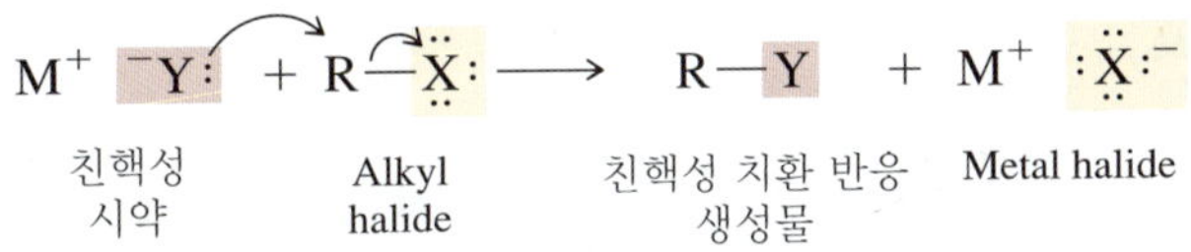

> 알켄일 할라이드는 바이닐 할라이드라고도 한다.

표 9.1의 예에서 모든 **알킬 할라이드**(alkyl halide)의 할로젠이 sp^3-혼성 탄소에 결합된 화합물이라는 것을 알아야 한다. 할로젠이 sp^2-혼성 탄소에 결합된 **알켄일 할라이드**(alkenyl hailde)와 **아릴 할라이드**(aryl halide)는 이러한 조건에서는 원칙적으로 반응을 하지 않으며, 이 장에서 다루는 법칙을 적용할 수 없다.

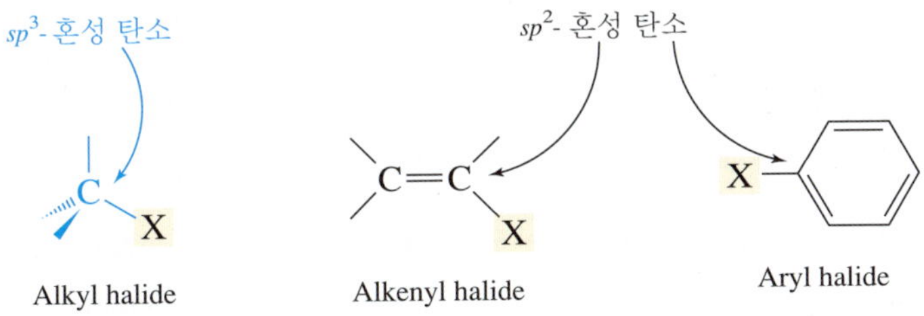

문제 9.1 메틸 브로마이드(methyl bromide)와 다음 각 화합물을 반응시켜 생성되는 주요 유기 생성물의 구조식을 쓰시오.

(a) NaOH(수산화 소듐, sodium hydroxide)
(b) $KOCH_2CH_3$(에톡시화 포타슘, potassium ethoxide)
(c) LiN_3(아자이드화 리튬, lithium azide)
(d) KCN(사이안화 포타슘, potassium cyanide)
(e) NaSH(황화 수소 소듐, sodium hydrogen sulfide)
(f) NaI(아이오딘화 소듐, sodium iodide)

표 9.1 알킬 할라이드의 친핵성 치환 반응에 의한 대표적인 작용기의 변환

친핵체와 해설	일반적 반응식과 구체적인 예
알콕사이드 이온 ($RÖ:^-$) 알콕시화 금속의 산소 원자는 친핵체로 작용하여 알킬 할라이드의 할로젠을 치환하는 역할을 한다. 생성물은 에터이다.	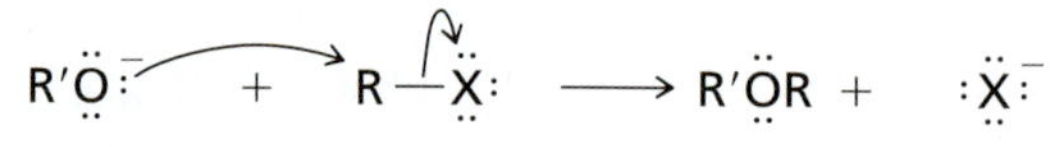 Alkoxide ion, Alkyl halide, Ether, Halide ion $(CH_3)_2CHCH_2ONa + CH_3CH_2Br \longrightarrow (CH_3)_2CHCH_2OCH_2CH_3 + NaBr$ Sodium isobutoxide, Ethyl bromide, Ethyl isobutyl ether (66%), Sodium bromide
황화 수소 이온 ($HS:^-$) 황화 수소를 친핵체로 사용하면 알킬 할라이드를 RSH형의 화합물로 전환할 수 있다. 이들 화합물은 알코올의 황 유도체이며, *싸이올(thiol)*이라고 한다.	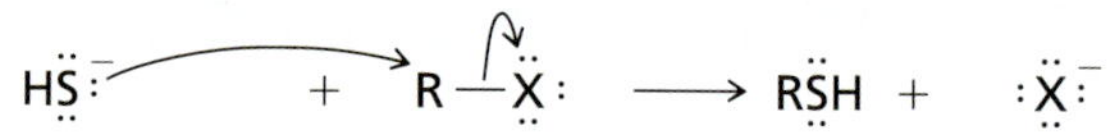 Hydrogen sulfide ion, Alkyl halide, Thiol, Halide ion $KSH + CH_3CH(Br)(CH_2)_6CH_3 \longrightarrow CH_3CH(SH)(CH_2)_6CH_3 + KBr$ Potassium hydrogen sulfide, 2-Bromononane, 2-Nonanethiol (74%), Potassium bromide
사이아나이드 이온 ($:\bar{C}{\equiv}N:$) 사이아나이드 이온의 음전하를 띠는 탄소 원자는 보통 친핵성 성질을 띠는 부위이다. 사이아나이드 이온을 친핵체로 사용하면 탄소–탄소 결합이 형성되어 탄소 사슬의 길이를 늘일 수 있다. 생성물은 *알킬 사이아나이드(alkyl cyanide)* 또는 *나이트릴(nitrile)*이다.	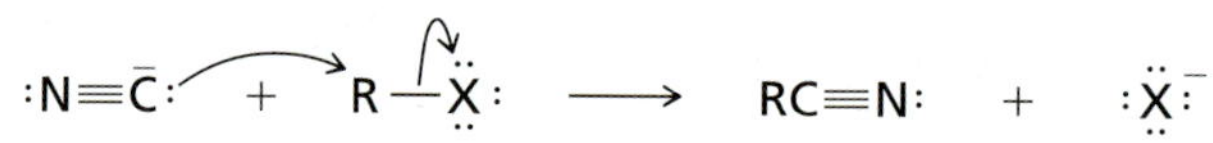 Cyanide ion, Alkyl halide, Alkyl cyanide, Halide ion 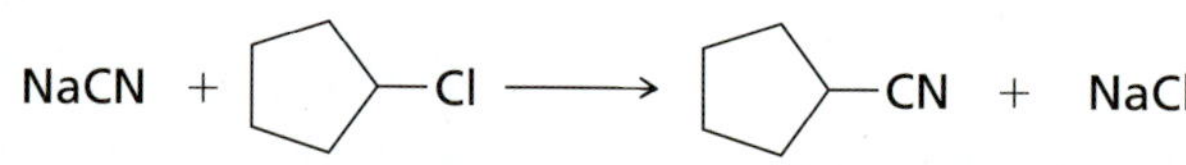 Sodium cyanide, Cyclopentyl chloride, Cyclopentyl cyanide (70%), Sodium chloride
아자이드 이온 ($:\bar{N}{=}\overset{+}{N}{=}\bar{N}:$) 아자이드화 소듐($NaN_3$)은 탄소–질소 결합을 형성하는 데 사용되는 시약이다. 생성물은 알킬 아지이드(alkyl azide)이다.	 Azide ion, Alkyl halide, Alkyl azide, Halide ion $NaN_3 + CH_3(CH_2)_4I \longrightarrow CH_3(CH_2)_4N_3 + NaI$ Sodium azide, Pentyl iodide, Pentyl azide (52%), Sodium iodide
아이오다이드 이온 ($:\ddot{I}:^-$) 알킬 클로라이드와 알킬 브로마이드를 아세톤 존재하에서 아이오딘화 소듐(NaI)으로 처리하면 알킬 아이오다이드(alkyl iodide)로 전환된다. NaI는 아세톤에는 녹지만, NaCl과 NaBr은 불용성이며, 반응 혼합물로부터 결정을 형성하여 반응을 종료한다.	 Iodide ion, Alkyl chloride 또는 bromide, Alkyl iodide, Chloride 또는 bromide ion $CH_3CH(Br)CH_3 + NaI \xrightarrow{\text{acetone}} CH_3CH(I)CH_3 + NaBr\ (solid)$ 2-Bromopropane, Sodium iodide, 2-Iodopropane (63%), Sodium bromide

풀이 (a) 수산화 소듐의 친핵체는 음전하를 띠는 하이드록사이드 이온이다. 반응은 수산화물이 브로민화물을 친핵성 치환하며 일어난다. 생성물은 메틸 알코올이다.

$$HO^- + CH_3-Br \longrightarrow CH_3-OH + Br^-$$

Hydroxide ion (친핵체) Methyl bromide (기질) Methyl alcohol (생성물) Bromide ion (이탈기)

9.2 친핵성 치환 반응의 S_N2 메커니즘

메틸 브로마이드와 수산화 소듐을 반응시켜 메틸 알코올을 만드는 반응은 친핵성 치환 반응의 예이다.

$$CH_3Br + HO^- \longrightarrow CH_3OH + Br^-$$

Methyl bromide Hydroxide ion Methyl alcohol Bromide ion

이 반응의 속도는 메틸 브로마이드와 하이드록사이드 이온 두 가지 모두의 농도에 직접 비례하는 것으로 관찰된다. 반응 속도는 각 반응물에 대해 **1차**(first order)이며, 전체적으로는 **2차**(second order)이다.

$$\text{속도} = k[CH_3Br][HO^-]$$

반응속도론적으로 2차임은 속도 결정 단계가 **이분자**(bimolecular) 메커니즘, 즉 하이드록사이드 이온과 메틸 브로마이드 모두가 전이 상태에 관여함을 의미한다. 이 메커니즘의 기호인 S_N2는 **이분자 친핵성 치환**(substitution nucleophilic bimolecular)을 나타낸다.

E2 메커니즘에 의한 알킬 할라이드의 할로젠화 수소이탈 반응은 2차 반응이며, 이분자 반응이다(5.10절).

S_N2 메커니즘은 **협동**(concerted, 단일-단계) 과정이며, 이때 탄소와 이탈기(할로젠) 간의 결합이 끊어지려면 탄소와 친핵체 사이에 결합이 형성되어야 한다.

산-염기 양성자 전이(2.2절)뿐만 아니라 E2 반응도 협동 반응이다.

메틸 브로마이드가 가수분해될 때의 S_N2 메커니즘은 하나의 단일 단계 과정으로 나타낼 수 있다.

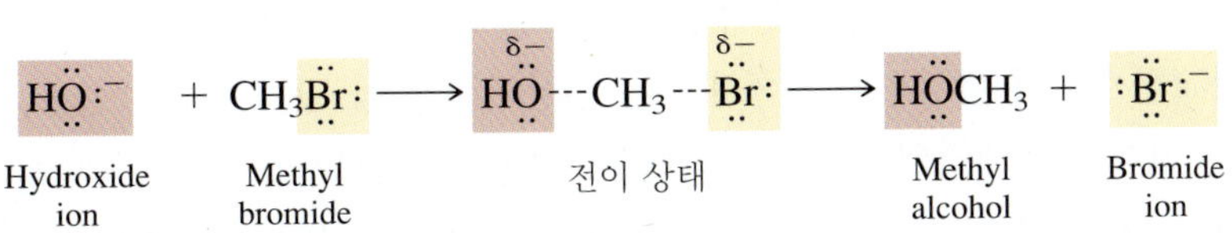

탄소는 전이 상태에서 새로 결합되는 친핵체와 떨어져 나가는 할로젠 모두에 부분적으로 결합하고 있다. 반응이 전이 상태로 진행되면 친핵체가 전자쌍을 탄소와 공유하기 시작하고, 할로젠 이온은 이탈되면서 탄소와의 결합에 사용했던 전자쌍을 가지고 간다.

문제 9.2 다음 반응식에 나타낸 두 단계 반응은 메틸 브로마이드의 가수분해에서 관찰되는 2차 반응속도론과 일치하는가?

$$CH_3Br \xrightarrow{\text{느림}} CH_3^+ + Br^-$$

$$CH_3^+ + HO^- \xrightarrow{\text{빠름}} CH_3OH$$

9.3 S_N2 반응은 어떻게 일어나는가?: 입체화학

많은 입체화학에 관한 연구 결과 S_N2 반응은 **위치배열의 반전**(inversion of configuration)으로 반응이 진행된다는 것이 밝혀졌다. 친핵체는 이탈기가 결합된 반대편에서 탄소를 공격한다.

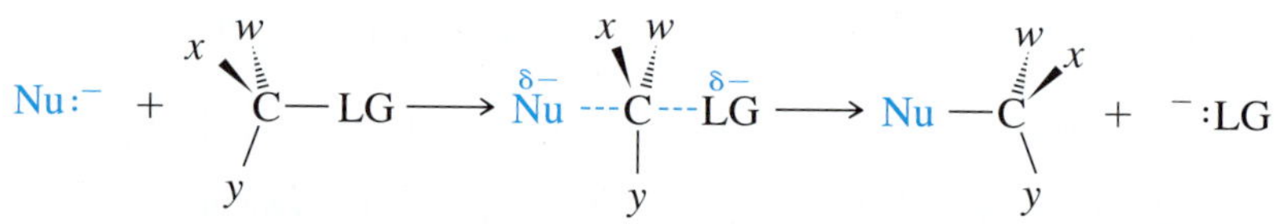

w, *x*, *y*기는 폭풍에 의해 우산이 뒤집히듯이 왼쪽에서 오른쪽으로 뒤집힌다. 유기화학자들은 이를 1890년대에 이 분야에 관한 실험을 최초로 기술한 독일의 화학자 Paul Walden의 이름을 따서 **Walden 반전**(Walden inversion)이라 부르기로 하였다. 메틸 브로마이드가 가수분해될 때 위치배열의 반전을 다음과 같이 나타낼 수 있다.

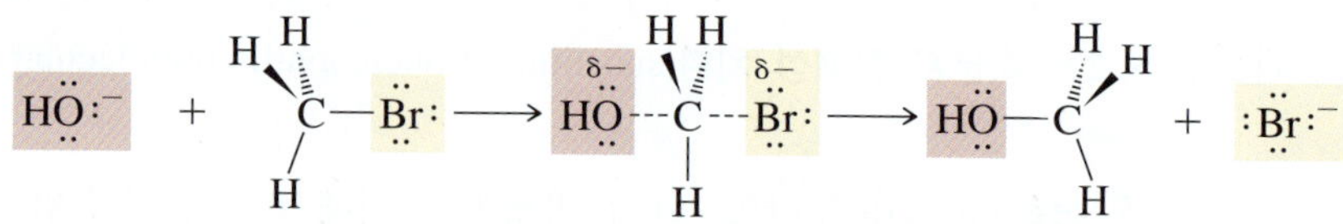

Hydroxide ion | Methyl bromide | 전이 상태 | Methyl alcohol | Bromide ion

이러한 S_N2 메커니즘을 나타내는 그림은 광학 활성인 알킬 할라이드를 기질로 사용한 많은 실험을 바탕으로 그린 것이다. S_N2 반응에서의 반응물과 생성물의 상대 위치배열을 비교함으로써 생성물의 위치배열은 항상 반응물과 반대라는 사실을 알게 되었다. 다시 말해서 위치배열의 반전이 일어난다. 예를 들어, (*S*)-(+)-2-브로모옥테인이 하이드록사이드 이온과 반응하면 출발 물질인 알킬 할라이드와는 반대의 위치배열을 지니는 2-옥탄올 거울상이성질체가 생성된다.

이 실험에서 알킬 할라이드와 알코올은 위치배열이 정반대일 때 광회전이 반대이지만, 이런 현상이 모든 알킬 할라이드/알코올 쌍에서도 나타날 것이라고는 보기 어렵다(3.5절 참조).

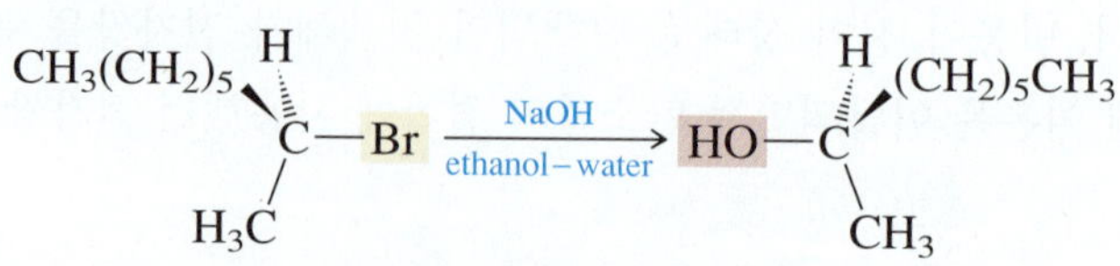

(*S*)-(+)-2-Bromooctane | (*R*)-(−)-2-Octanol

친핵성 치환 반응과 암

실험동물이나 사람에게 암을 유발할 수 있는 물질을 **발암물질**[carcinogen, 7.4절의 상자 속 에세이 *화학적 발암물질*(Chemical carcinogen) 참조]이라고 한다. 3장에서 설명한 방향족 탄화수소를 포함한 여러 종류의 많은 화학 물질이 발암물질로 작용한다. 이들 가운데는 친핵성 치환 반응에서 기질로 작용하는 화합물인 특정 **알킬화 시약**(alkylating agent)도 포함된다. 예를 들어, 클로로메틸 메틸 에터와 비스(2-클로로에틸)-아민은 둘 다 발암성이 강하다.

$ClCH_2OCH_3$	$(ClCH_2CH_2)_2NH$
Chloromethyl methyl ether	Bis(2-chloroethyl)amine

발암(carcinogenesis)의 한 이론, 즉 발암물질이 세포와 반응하는 이론은 세포 내의 친핵체가 이탈기(이들 화합물의 경우에는 염소)를 치환하여 **결합 부가생성물**(bound adduct)을 만든다는 것이다.

$$\underset{\text{발암물질}}{RCH_2Cl} + \underset{\text{친핵체}}{Nu:} \longrightarrow \underset{\text{결합 부가생성물}}{Nu-CH_2R}$$

세포 내의 친핵체에는 $-\ddot{N}H_2$, $-\ddot{S}H$, $-\ddot{O}H$와 같은 작용기가 포함되며, 이들은 모두 단백질이나 핵산과 같이 생명체를 구성하는 분자에 많이 들어 있다. 결합 부가생성물은 분자의 조성을 변화시킴으로써 분자의 모양을 변화시킨다. 분자의 모양이 변하면 분자의 기능이 변화되고, 이렇게 되면 세포에 암을 일으키는 돌연변이가 생긴다.

질소 겨자(nitrogen mustard)라고 알려진 발암성 아민인 $(ClCH_2CH_2)_2NH$는 흥미로운 점이 있다. 이 화합물은 특정 종류의 암을 치료하는 **화학요법**(chemotheraphy)제로도 사용된다. 세포가 발암성으로 되는 메커니즘, 즉 돌연변이를 통해 세포의 정상 기능을 파괴하는 메커니즘을 이용하여 암세포를 죽인다. 암세포는 급속하게 분열하기 때문에 정상적인 체세포보다 질소 겨자와 같은 돌연변이성 화학 물질에 대해 더 민감하게 반응한다.

친핵성 치환 반응에서 위치배열은 다음과 같은 전이 상태를 거쳐 반전한다.

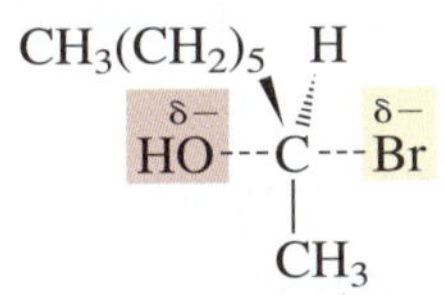

문제 9.3 (+)-2-브로모옥테인의 Fischer 투영도를 나타내었다. 이것의 위치배열이 반전되면서 친핵성 치환 반응에 의해 생성되는 (−)-2-옥탄올의 Fischer 투영도를 그리시오.

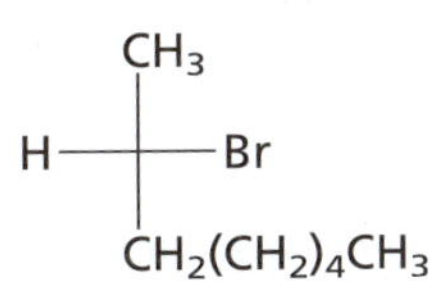

반응속도론의 자료와 함께 전체적인 반응의 입체화학을 고려하면 S_N2 반응 과정 중에 일어나는 결합의 변화를 거의 완전하게 나타내는 그림을 그릴 수 있다. 그림 9.1에 나타낸 (S)-(+)-2-브로모옥테인의 가수분해에 대한 위치 에너지 도표는 실험 결과와 잘 일치한다.

하이드록사이드 이온은 친핵체의 역할을 하며, 비공유 전자쌍을 사용하여 이탈기가 결합된 탄소의 반대편을 공격한다. 치환이 일어나는 탄소는 알킬 할라이드의 경우에는 sp^3-혼성이지만 전이 상태에서 sp^2혼성으로 변한다. 친핵체(수산화물)와 이탈기

그림 • 9.1
S_N2 메커니즘에 의한 친핵성 치환 반응 과정 중 탄소에서 일어나는 결합의 변화를 혼성 오비탈로 나타내었다.

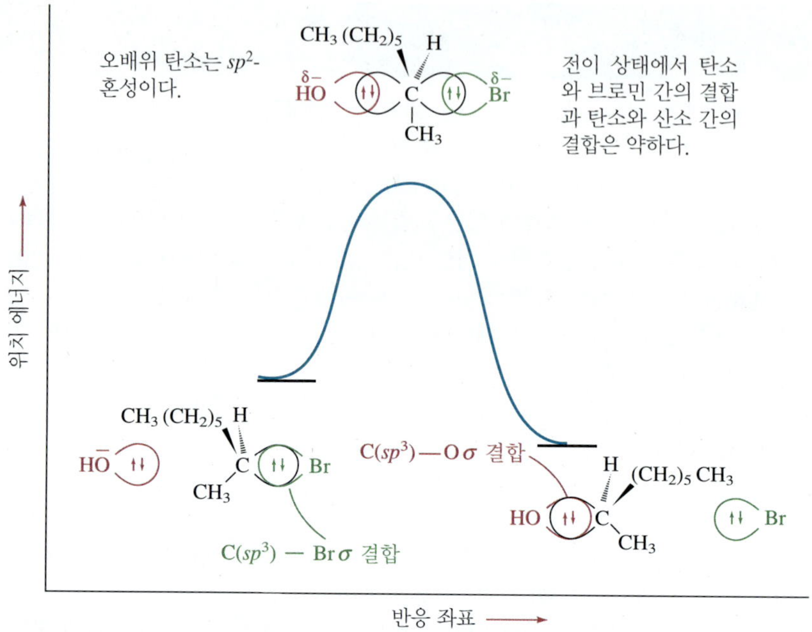

(브로민화물)는 모두 전이 상태에서 이 탄소에 부분적으로 결합된다. S_N2 전이 상태에서는 탄소에 5개의 치환기가 결합되어 있어서 **오배위착물**(pentacoordinate)이라고 한다. 그 이유는 탄소가 세 치환기와는 완전하게 결합되어 있고 이탈기와 새로 결합되는 친핵체와는 부분적으로 결합되어 있기 때문이다. 전이 상태에서 친핵체와 이탈기에 대한 결합은 비교적 길고 약하다.

일단 전이 상태를 지나면 이탈기는 떨어져 나가고 탄소는 사배위착물(tetracoordinate)이 되며, 탄소의 혼성은 sp^3로 되돌아온다.

9.4 S_N2 반응에서의 입체 효과

여러 종류의 알킬 할라이드(즉, 메틸 또는 일차, 이차, 삼차 알킬 할라이드)가 친핵성 치환 반응을 일으키는 속도에는 차이가 있다. 예를 들어, 다음과 같은 반응에서 여러 알킬 브로마이드의 친핵성 치환 반응 속도는 가장 반응성이 큰 기(메틸 브로마이드)와 가장 반응성이 작은 기(*tert*-뷰틸 브로마이드)를 비교해 보면 10^6배 이상 차이가 난다.

$$\underset{\text{Alkyl bromide}}{\mathrm{RBr}} + \underset{\text{Lithium iodide}}{\mathrm{LiI}} \xrightarrow{\text{acetone}} \underset{\text{Alkyl iodide}}{\mathrm{RI}} + \underset{\text{Lithium bromide}}{\mathrm{LiBr}}$$

메틸 브로마이드, 에틸, 아이소프로필, *tert*-뷰틸 브로마이드 간에 반응 속도 차이가 나는 것으로 보아 각 기들의 친핵성 공격에는 **입체 장애**(steric hinderance)가 있음을 알 수 있다. 친핵체는 이탈기가 결합된 알킬 할라이드의 반대 방향으로 접근해야만 하며, 그

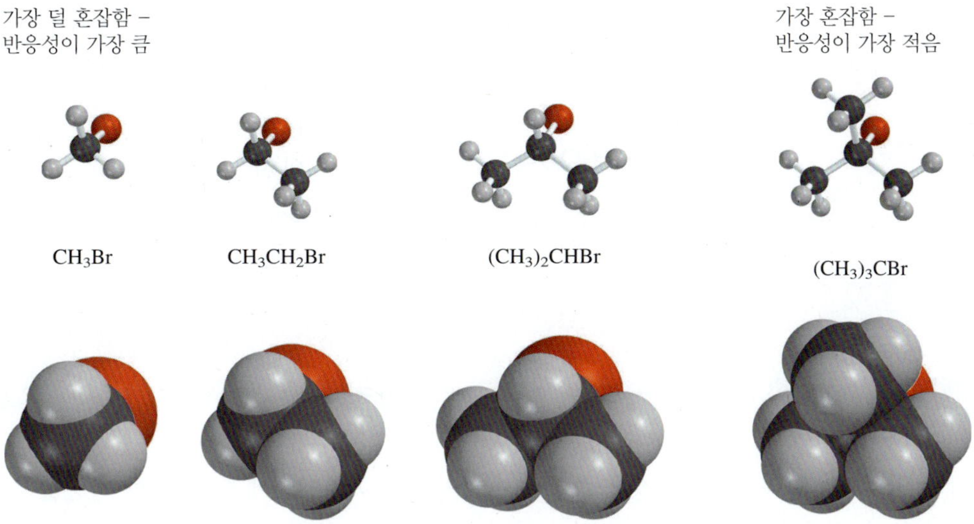

그림 • 9.2
치환기들이 어떻게 이탈기를 지니는 탄소 원자를 친핵체에 의한 공격으로부터 차단하는지를 보여주는 알킬 브로마이드의 공–막대 모형과 공간채움 모형. 친핵체는 이탈기가 결합된 반대 방향 쪽에서 공격해야만 한다.

림 9.2에 나타낸 것과 같이 공격을 받는 탄소에 알킬기가 있으면 이러한 접근은 방해를 받는다. 메틸 브로마이드의 세 수소는 친핵체의 공격에 거의 방해되지 않으므로 반응이 신속하게 일어난다. 수소 중의 한 개가 메틸기로 치환되면 친핵체의 공격으로부터 어느 정도 탄소를 보호해 주므로 에틸 브로마이드는 메틸 브로마이드보다 반응성이 더 적어지게 된다. 세 수소 치환기를 모두 메틸기로 치환하면 $(CH_3)_3CBr$의 삼차 탄소의 뒤편으로 접근하는 것이 차단되어 이분자 친핵성 치환 반응이 중단된다.

일반적으로 S_N2 반응의 속도는 다음과 같이 기질의 구조에 의해 좌우된다.

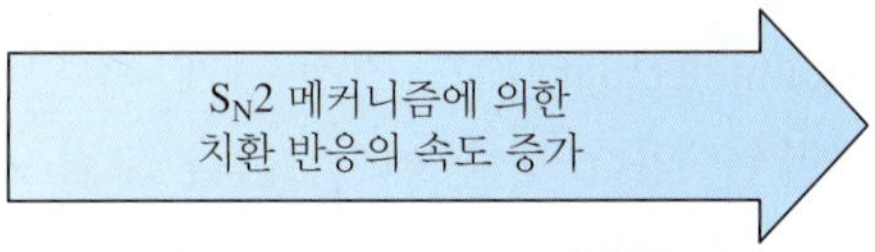

R_3CX	<	R_2CHX	<	RCH_2X	<	CH_3X
삼차 (반응성이 가장 작음, 가장 혼잡함)		이차		일차		메틸 (반응성이 가장 큼, 가장 덜 혼잡함)

문제 9.4 다음 각 화합물 쌍 중에서 아세톤 존재하에서 아이오딘화 소듐과 더 빨리 반응하는 화합물을 나타내시오.

(a) 1-클로로헥세인(1-chlorohexane) 또는 사이클로헥실 클로라이드(cyclohexyl chloride)
(b) 1-브로모펜테인(1-bromopentane) 또는 3-브로모펜테인(3-bromopentane)
(c) 2-브로모-2-메틸헥세인(2-bromo-2-methylhexane) 또는 2-브로모-5-메틸헥세인(2-bromo-5-methylhexane)
(d) 2-브로모프로페인(2-bromopropane) 또는 1-브로모데케인(1-bromodecane)

풀이 (a) 두 염화물의 구조를 비교하라. 1-클로로헥세인은 일차 알킬 할라이드이며, 사이클로헥실 클로라이드는 이차 알킬 할라이드이다. 일차 알킬 할라이드는 이차 알킬 할라이드보다 치환 부위에서 덜 혼잡하며, S_N2 메커니즘에 의해 치환 반응이 더 신속하게 일어난다. 따라서 1-클로로헥세인의 반응성이 더 크다.

$CH_3CH_2CH_2CH_2CH_2CH_2Cl$

1-Chlorohexane
(일차, 반응성이 더 큼)

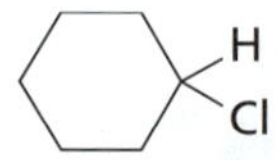

Cyclohexyl chloride
(이차, 반응성이 더 작음)

9.5 친핵성 치환 반응의 S_N1 메커니즘

삼차 알킬 할라이드는 입체 장애 때문에 실제로 S_N2 메커니즘에 의한 치환 반응을 하지 않는다고 배웠다. 그러나 과연 삼차 알킬 할라이드는 친핵성 치환 반응을 전혀 하지 않는지 궁금할 것이다. 이 절에서는 이들이 친핵성 치환 반응을 하지만 S_N2와는 다른 메커니즘에 의해 치환 반응을 수행함을 배우게 될 것이다.

tert-뷰틸 브로마이드는 물에서 쉽게 가수분해되며, 1차 반응이다.

$$\underset{\textit{tert}\text{-Butyl bromide}}{(CH_3)_3CBr} + \underset{\text{Water}}{H_2O} \longrightarrow \underset{\textit{tert}\text{-Butyl alcohol}}{(CH_3)_3COH} + \underset{\text{Hydrogen bromide}}{HBr}$$

$$\text{속도} = k[(CH_3)_3CBr]$$

가수분해 속도는 기질인 *tert*-뷰틸 브로마이드의 농도에 의해서만 좌우된다. 일차 반응 속도 법칙은 **일분자**(unimolecular) 속도 결정 단계, 즉 알킬 할라이드만 관여한다는 것에 대한 증거로 해석할 수 있다. 반응 메커니즘을 그림 9.3에 나타내었으며, **일분자 친핵성 치환**(substitution nucleophilic unimolecular)의 약자인 S_N1이라고 한다. 알킬 할라이드 일분자가 해리되어 탄소양이온 중간체를 형성하는 첫 단계가 속도 결정 단계이다.

그림 9.4에 *tert*-뷰틸 브로마이드와 물의 반응에 대한 위치 에너지 도표를 나타내었다. 도표의 형태가 그림 9.1에 나타낸 S_N2 메커니즘과는 상당히 다름을 알 수 있다. S_N1 반응의 각 단일 단계에는 각각의 전이 상태가 있다. 속도 결정 단계, 즉 탄소양이온이 형성되는 단계는 이 반응 중 어떤 단계보다도 활성화 에너지가 크다. 반응의 두 번째와 세 번째 단계, 즉 물이 탄소양이온과 결합하고 알킬옥소늄 이온으로부터 양성자를 받는 단계는 둘 다 빨리 반응이 진행되며, 활성화 에너지가 작다.

S_N1 반응의 친핵체는 보통 용매이다. 친핵체가 용매인 치환 반응을 **가용매분해 반응**(solvolysis reaction)이라고 한다. 가용매분해 반응은 물과 알코올과 같은 양성자성 용매(protic solvent)에서 아주 쉽게 일어난다. 그림 9.3의 친핵체는 물이며, 그 반응을 **가수분해**(hydrolysis)라고 한다.

전체 반응

$$(CH_3)_3CBr + 2H_2O \longrightarrow (CH_3)_3COH + H_3O^+ + Br^-$$

tert-Butyl bromide Water *tert*-Butyl alcohol Hydronium ion Bromide ion

1단계: 알킬 할라이드는 탄소양이온과 할라이드 이온(halide ion)으로 해리된다.

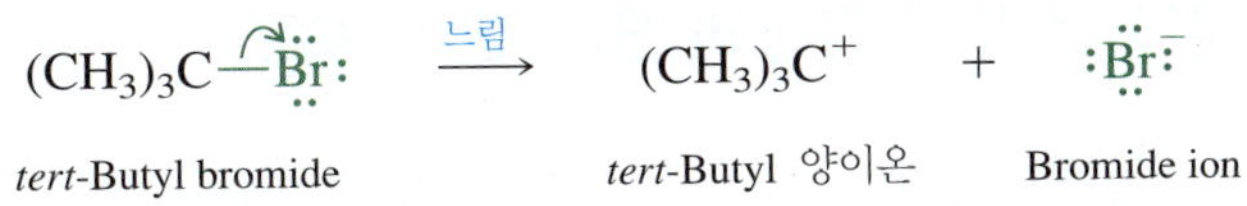

2단계: 1단계에서 형성된 탄소양이온은 물 분자와 신속하게 반응한다. 물은 친핵체이다. 이 단계에서 메커니즘의 친핵성 치환 반응이 완료되고 알킬옥소늄 이온을 생성한다.

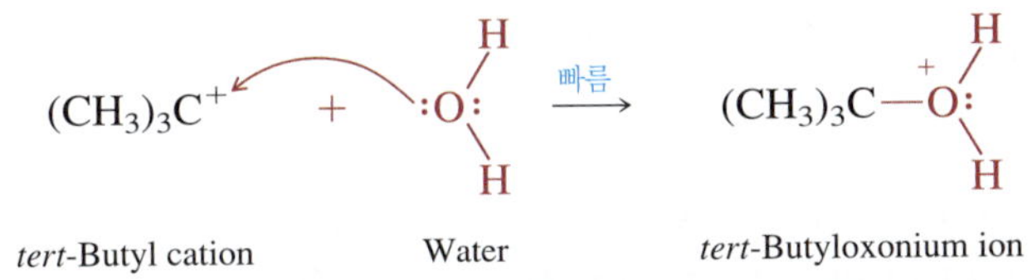

3단계: 이 단계는 친핵성 치환 반응 이후에 일어나는 신속한 산-염기 반응이다. 물은 염기로 작용하며, 알킬옥소늄 이온으로부터 양성자를 제거하여 반응 생성물인 *tert*-뷰틸 알코올을 생성한다.

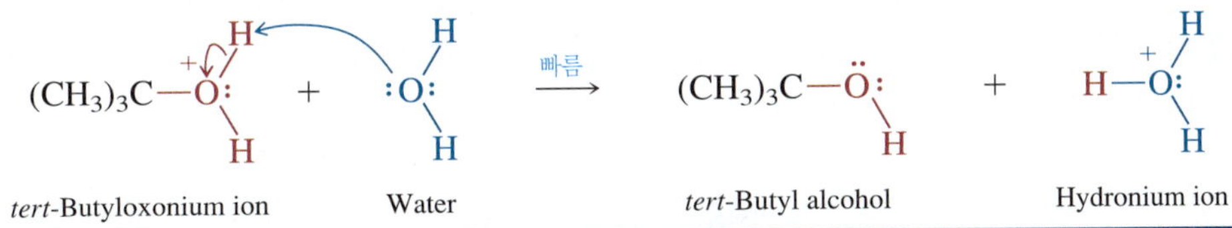

그림 • 9.3
tert-뷰틸 브로마이드 가수분해의 S_N1 메커니즘

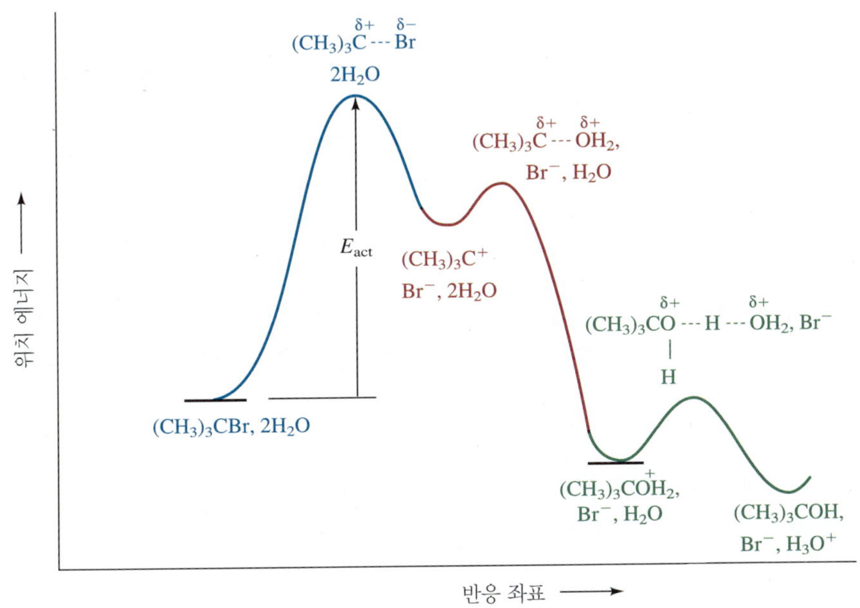

그림 • 9.4
tert-뷰틸 브로마이드의 가수분해에 대한 S_N1 메커니즘을 설명하는 에너지 도표

문제 9.5 메탄올 내에서 *tert*-뷰틸 브로마이드(*tert*-butyl bromide)를 가용매분해 반응하여 얻은 친핵성 치환 반응 생성물의 구조를 나타내시오.

9.6 탄소양이온의 안정성과 S_N1 반응 속도

S_N1 반응의 상대적인 반응 속도의 순서는 S_N2와 정확하게 반대이다.

S_N1의 반응성: 메틸 < 일차 < 이차 < 삼차

S_N2의 반응성: 삼차 < 이차 < 일차 < 메틸

분명한 것은 S_N2 과정의 반응 속도에 영향을 주는 입체 장애가 S_N1 반응에서는 나타나지 않는다는 것이다.

> S_N1 반응에서 알킬 할라이드의 반응성의 순서는 탄소양이온의 안정도의 순서와 같다. **탄소양이온이 더 안정할수록 알킬 할라이드의 반응성이 더 크다.**

이러한 상황은 앞에서 알코올과 할로젠화 수소의 반응(6.5절), 알코올의 산-촉매 탈수 반응(5.8절), 알킬 할라이드의 E1 메커니즘에 의한 알켄으로의 전환(5.11절)에서 살펴보았다. 이들 반응에서와 같이 전자 효과, 특히 알킬 치환기에 의한 탄소양이온 중간체의 안정화가 결정적인 요인이 된다.

문제 9.6 다음 각 쌍 중에서 S_N1 반응에서 더 빨리 반응하는 화합물은 어느 것인가?

(a) 아이소프로필 브로마이드(isopropyl bromide) 또는 아이소뷰틸 브로마이드(isobutyl bromide)
(b) 사이클로펜틸 아이오다이드(cyclopentyl iodide) 또는 1-메틸사이클로펜틸 아이오다이드(1-methylcyclopentyl iodide)
(c) 사이클로펜틸 브로마이드(cyclopentyl bromide) 또는 1-브로모-2,2-다이메틸프로페인(1-bromo-2,2-dimethylpropane)

풀이 (a) 아이소프로필 브로마이드[$(CH_3)_2CHBr$]는 이차 알킬 할라이드이며, 아이소뷰틸 브로마이드[$(CH_3)_2CHCH_2Br$]는 일차 알킬 할라이드이다. S_N1 반응에서 속도 결정 단계는 탄소양이온의 형성 단계이며, 이차 탄소양이온이 일차 탄소양이온보다 더 안정하기 때문에 S_N1 메커니즘에 의한 친핵성 치환 반응에서 아이소프로필 브로마이드가 아이소뷰틸 브로마이드보다 반응성이 더 크다.

공명에 의해 안정화되는 알릴성 탄소양이온(6.8절) 또는 벤질성 탄소양이온(7.5절)을 형성할 수 있는 화합물은 S_N1 메커니즘에 의한 치환 반응이 쉽게 일어난다.

$CH_2{=}CH{-}\overset{+}{C}H_2$ 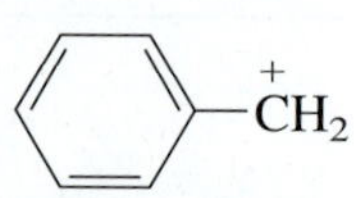

Allyl 양이온 Benzyl 양이온

예를 들어, 3-클로로-3-메틸-1-뷰텐의 가수분해는 신속하게 진행되며, 두 개의 알릴성 알코올 혼합물을 생성한다.

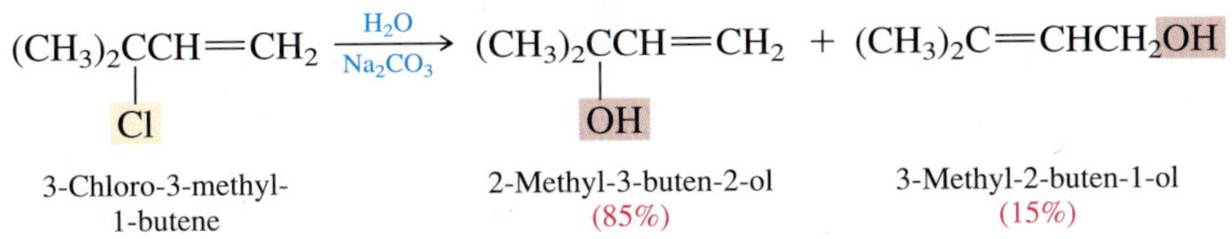

두 알코올은 모두 동일한 탄소양이온으로부터 생성된다. 물은 탄소양이온과 반응하여 일차 알코올 또는 삼차 알코올을 생성한다.

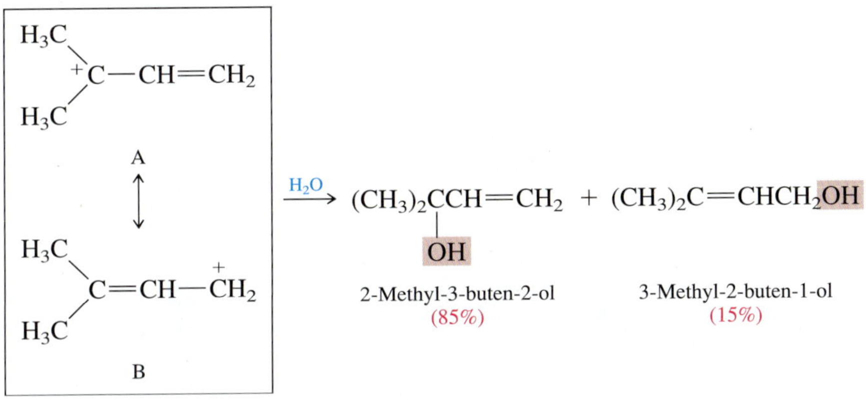

문제 9.7 분자식이 C_5H_9Cl인 두 번째 화합물은 가수분해되어 앞의 반응식과 똑같은 알코올 혼합물을 생성한다. 이 화합물의 구조를 쓰시오.

9.7 S_N1 반응의 입체화학

앞에서(9.3절) 살펴보았듯이, S_N2 반응은 위치배열이 100% 반전되면서 일어난다. S_N1 반응의 경우는 전혀 다르다. 이탈기가 광학 활성인 알킬 할라이드의 입체생성 중심에 결합되어 있으면 이온화되어 비카이랄인 탄소양이온 중간체가 생성된다. 양전하를 띠는 탄소에 결합된 세 결합이 동일 평면에 놓여 있고, 이 평면은 탄소양이온에 대해 대칭면(3.3절)이기 때문에 이 중간체는 비카이랄이다.

그림 9.5에는 이러한 탄소양이온이 친핵체와 윗면에서 반응하여 거울상이성질체를 생성하거나 아니면 아래 면에서 반응하여 또 다른 거울상이성질체를 생성하는 모습을 나타내고 있다. 이들 두 가지 경로로 일어날 가능성이 같을 것이라고 예상할 수 있지만, 실제로는 그렇지 않다. 그림 9.5에서 볼 수 있듯이 탄소양이온은 친핵체의 공격을 받을 때 완전하게 "자유롭지" 못하다. 알킬 할라이드가 이온화되면 탄소양이온과 할라이드 이온의 쌍이 생성되며, 할라이드 이온은 탄소양이온의 한쪽 면을 가리게 된다.

그림 • 9.5
S_N1 반응에서 탄소양이온의 한쪽 면이 이탈기에 의해 가려지므로 위치배열의 반전이 더 많이 일어난다(붉은색).

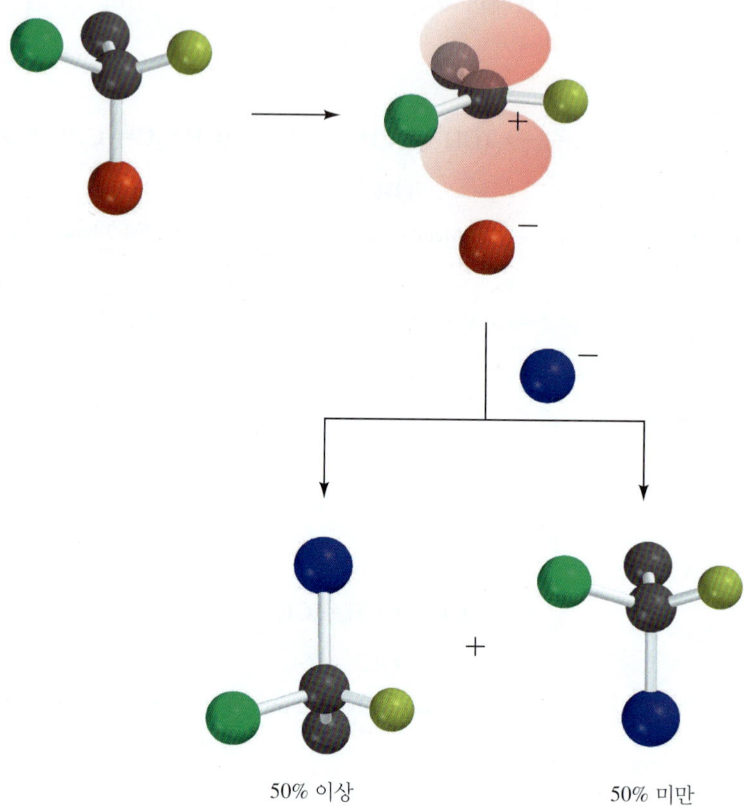

그러므로 위치배열이 반전된 생성물이 위치배열이 보존된 것보다 더 많이 만들어진다. S_N1 반응의 생성물은 부분적으로 라세미 혼합물이므로, 이것을 **부분 라세미화**(partial racemization)가 일어났다고 말한다. 예를 들어, 광학 활성인 2-브로모옥테인이 가수분해되면 (*S*)-2-옥탄올과 (*R*)-2-옥탄올 모두가 생성된다. 생성물은 *S* 50%와 *R* 50%인 라세미 혼합물이 아니라 S가 83%, R이 17% 생성된다.

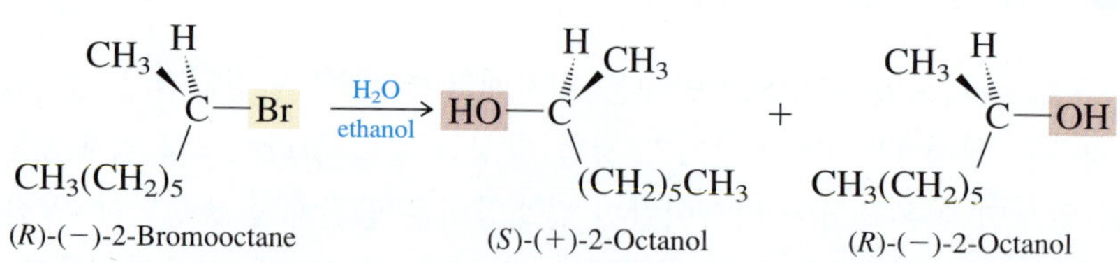

9.8 경쟁 반응으로서의 치환 반응과 제거 반응

이 장과 제5장에서 알킬 할라이드와 Lewis 염기는 서로 반응하여 치환 반응이나 제거 반응을 수행한다는 것을 알았다.

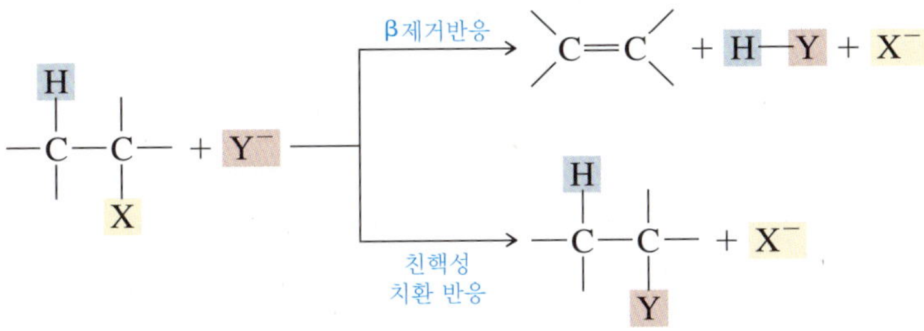

치환 반응은 S_N1 또는 S_N2 메커니즘에 의해 일어나며, 제거 반응은 E1 또는 E2 메커니즘에 의해 일어난다.

어떤 특정 반응물들의 반응에서 치환 반응이 주 반응일지 아니면 제거 반응이 주 반응일지 어떻게 예측할 수 있을까?

가장 중요한 두 가지 요인은 **알킬 할라이드의 구조와 음이온의 염기도**이다.

이차 알킬 할라이드를 사용하면 치환 반응과 제거 반응의 경쟁 관계를 설명할 수 있다. 아이소프로필 브로마이드와 같은 이차 알킬 할라이드를 에톡시화 소듐과 같은 강염기와 반응시키면 제거 반응 생성물을 주로 얻을 수 있다.

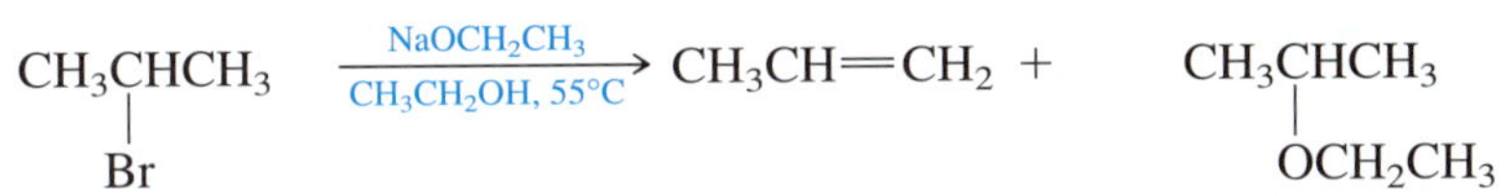

Isopropyl bromide　　Propene (87%)　　Ethyl isopropyl ether (13%)

이와 같은 알킬 할라이드와 Lewis 염기의 경우 E2 메커니즘에 의한 제거 반응이 S_N2에 의한 치환 반응보다 더 빠르다. 그림 9.6에 S_N2와 E2 경로의 관계를 나타내었다.

비록 이차 알킬 할라이드가 알콕시화물(alkoxide) 및 수산화물(hydroxide)과 같은 강염기와 반응할 때는 제거 반응이 주로 일어나지만, 염기성이 적은 음이온과 반응할 때에는 치환 반응을 선호하는 경향이 있다. 그러므로 수산화물보다 훨씬 더 약한 염기인 사이아나이드 이온이 이차 알킬 할라이드와 반응하면 치환 반응 생성물이 주로 생긴다.

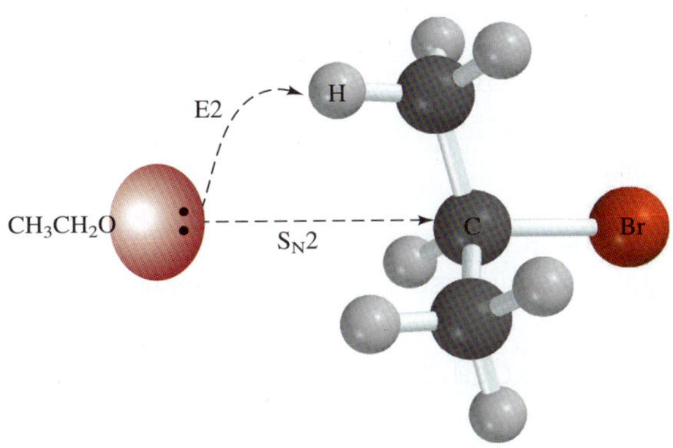

그림 • 9.6
Lewis 염기가 알킬 할라이드와 반응하면 치환 반응 또는 제거 반응이 일어난다. 치환 반응(S_N2)은 친핵체가 탄소를 공격하여 브로민화물을 치환할 때 일어난다. 제거 반응은 Lewis 염기가 양성자를 떼어낼 때 일어난다. 이 그림에서 알킬 할라이드는 아이소프로필 브로마이드이다. 이탈기를 지니는 탄소 원자는 입체 장애를 약간 받으며, 알콕사이드 염기와 반응할 때 치환 반응(S_N2)보다 제거 반응(E2)이 주로 일어난다.

> 사이안화물은 짝산인 HCN(pK_a 9.1)이 물(pK_a 15.7)보다 강한 산이기 때문에 수산화물보다 더 약한 염기이다.

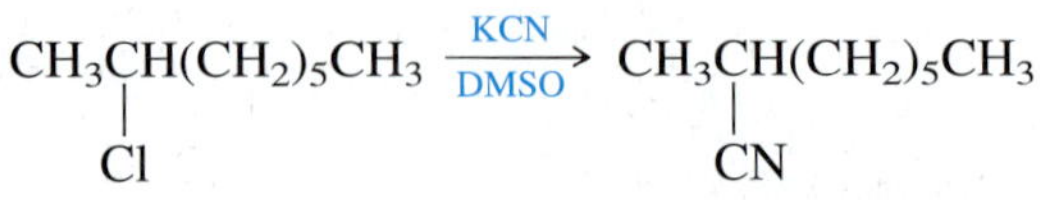

일차 알킬 할라이드는 이차 알킬 할라이드보다 입체 장애를 적게 받으며, 반응은 친핵체의 염기도와는 관계없이 S_N2 메커니즘에 의한 치환 반응이 주로 일어난다. 그러므로 수산화물 및 알콕시화물과 같은 강염기와 반응하더라도 치환 반응이 주로 일어난다.

$$\underset{\text{Propyl bromide}}{CH_3CH_2CH_2Br} \xrightarrow[CH_3CH_2OH,\ 55°C]{NaOCH_2CH_3} \underset{\substack{\text{Propene}\\(9\%)}}{CH_3CH{=}CH_2} + \underset{\substack{\text{Ethyl propyl ether}\\(91\%)}}{CH_3CH_2CH_2OCH_2CH_3}$$

삼차 알킬 할라이드는 친핵성 공격에 대한 입체 장애가 크므로 어떠한 음이온이든지 Lewis 염기가 존재하면 제거 반응이 주로 일어난다. 일반적으로 삼차 알킬 할라이드에서의 치환 반응은 음이온성 Lewis 염기가 없을 때에만 제거 반응에 비해 우선적으로 일어난다. 예를 들면, 삼차 브로민화물인 2-브로모-2-메틸뷰테인의 가용매분해 반응에서 치환 반응과 제거 반응의 비율이 순수한 에탄올 존재하에서는 64:36이지만 2M의 에톡시화 소듐 존재하에서는 1:99로 감소한다.

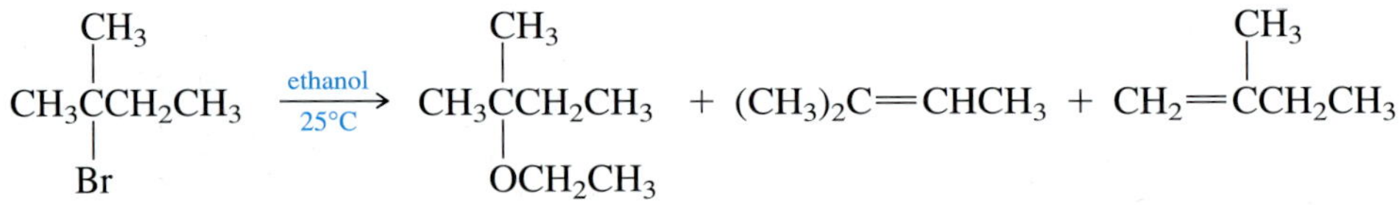

문제 9.8 다음 각 반응에서 주로 생성되는 유기 화합물을 예측하시오.

(a) 사이클로헥실 브로마이드(Cyclohexyl bromide)와 $KOCH_2CH_3$

(b) 에틸 브로마이드(Ethyl bromide)와 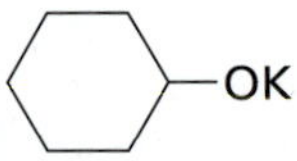

(c) 메탄올 존재하에서 *sec*-뷰틸 브로마이드(*sec*-Butyl bromide)의 가용매분해

(d) 2M $NaOCH_3$를 함유하는 메탄올 존재하에서 *sec*-뷰틸 브로마이드(*sec*-Butyl bromide)의 가용매분해

풀이 (a) 사이클로헥실 브로마이드는 이차 할로젠화물이며, 치환 반응보다는 제거 반응에 의해 알콕사이드 염기와 반응한다. 주 생성물은 사이클로헥센과 에탄올이다.

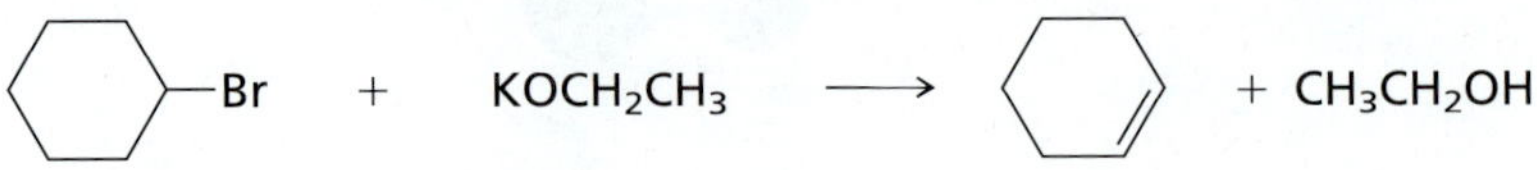

학습목표

이 장에서는 반응 메커니즘을 강조하고, 친핵성 치환 반응에 대해 주로 알아보았다. 이 장에서 배운 기술로 여러분은 다음과 같은 것을 할 수 있다.

- 반응이 친핵성 치환 반응임을 확인하고, 생성물을 예측할 수 있다.
- 이분자 친핵성 치환 반응의 의미를 설명할 수 있다.
- S_N2 반응의 입체화학적 결과를 예측할 수 있다.
- S_N2 반응에 미치는 입체 장애의 효과를 예측할 수 있다.
- 일분자 친핵성 치환 반응의 의미를 설명할 수 있다.
- 탄소양이온의 안정성이 S_N1 반응의 속도에 어떠한 영향을 주는지를 설명할 수 있다.
- S_N1 반응의 입체화학적인 결과를 예측할 수 있다.
- 특정 알킬 할라이드가 Lewis 염기와 반응할 때 제거 반응 또는 치환 반응 중 어느 것이 주로 일어날지 예측할 수 있다.

9.9 요약

친핵성 치환 반응은 작용기의 전환에서 중요한 역할을 한다(9.1절). 합성에 유용한 친핵성 치환 반응의 예를 표 9.1에 나타내었다. 친핵성 치환 반응은 $\mathbf{S_N2}$(bimolecular substitution nucleophilic, **이분자 친핵성 치환 반응**)와 $\mathbf{S_N1}$(unimolecular substitution nucleophilic, **일분자 친핵성 치환 반응**)의 두 가지 메커니즘으로 구분할 수 있다. 이들 메커니즘에 대한 상세한 내용은 9.2절부터 9.7절에 걸쳐 다루었고, 표 9.2에 요약하였다.

알킬 할라이드가 제거 반응을 할 때, 제거 반응은 친핵성 치환 반응과 경쟁한다(9.8절). 일차 알킬 할라이드의 경우에는 치환 반응이 주로 일어난다. 이차 알킬 할라이드는 수산화물보다 더 약한 염기와 반응하면 효과적으로 치환 반응이 일어난다. 이차 알킬 할라이드가 수산화물과 세기가 같거나 더 강한 염기와 반응하면 제거 반응이 일어난다. 삼차 알킬 할라이드는 어떠한 음이온과 반응하여도 제기 반응이 주로 일어난다. 삼차 알킬 할라이드는 음이온 염기가 없는 조건에서 가용매분해되면 S_N1 메커니즘에 의해 친핵성 치환 반응이 주로 일어난다.

보충문제

치환 반응과 제거 반응의 생성물 예측

9.9 1-브로모프로페인(1-bromopropane)과 다음 각 화합물이 반응할 때 예상되는 주 생성물의 구조를 쓰시오.

(a) 아세톤(Acetone)에서 아이오딘화 소듐(sodium iodide)

(b) 에톡시화 소듐(Sodium ethoxide, CH_3CH_2ONa)

표 9.2 알킬 할라이드에서 친핵성 치환 반응의 S_N2와 S_N1 메커니즘의 비교

	S_N2	S_N1
메커니즘의 특징	단일 단계 : 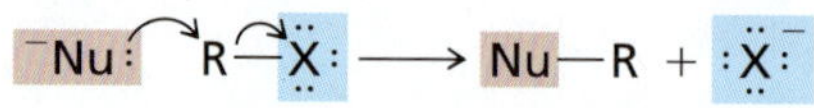 친핵체는 이탈기를 치환한다. 새로운 친핵체가 결합되면서 이탈기의 결합은 끊긴다(9.2절과 9.3절)	두 개의 단일 단계: 1단계: 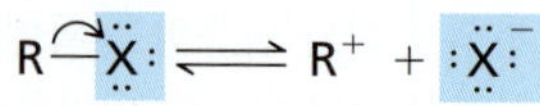 2단계: 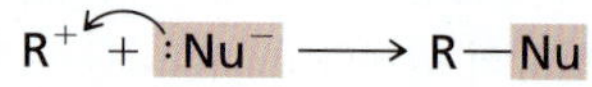 알킬 할라이드의 이온화(1단계)가 속도 결정 단계이다(9.5절).
속도 결정 단계인 전이 상태	$^{\delta-}$Nu---R---$\ddot{X}$:$^{\delta-}$ (9.2절과 9.3절)	$^{\delta+}$R---$\ddot{X}$:$^{\delta-}$ (9.5절)
분자성	이분자성(9.2절)	일분자성(9.5절)
반응속도론과 속도 법칙	이차 반응: 속도=*k*[알킬 할라이드][친핵체](9.2절)	일차 반응: 속도=*k*[알킬 할라이드](9.5절)
구조가 속도에 미치는 영향	$CH_3X > RCH_2X > R_2CHX > R_3CX$ 반응 속도는 입체 효과(전이 상태에서의 혼잡성)에 의해 결정된다. 메틸과 일차 알킬 할라이드는 S_N2 메커니즘에 의해서만 반응하며, S_N1 메커니즘에 의해서는 반응할 수 없다(9.4절).	$R_3CX > R_2CHX > RCH_2X > CH_3X$ 반응 속도는 이온화 단계에서 형성된 탄소양이온의 안정도에 의해 결정된다. 삼차 알킬 할라이드는 S_N1 메커니즘에 의해서만 반응하며, S_N2 메커니즘에 의해서는 반응할 수 없다(9.6절).
입체화학	반응 자리에서의 위치배열의 반전. 친핵체는 이탈기가 결합된 반대편에서 탄소를 공격한다(9.3절).	이탈기가 입체생성 중심에 위치할 때 부분 라세미화(9.7절).

(c) 사이안화 소듐(Sodium cyanide, NaCN)
(d) 아자이드화 소듐(삼질소화 소듐, Sodium azide, NaN_3)
(e) 황화 수소 소듐(Sodium hydrogen sulfide, NaSH)
(f) 메테인싸이올산 소듐(Sodium methanethiolate, $NaSCH_3$)

9.10 문제 9.9에서 1-브로모프로페인의 모든 반응은 친핵성 치환 반응 생성물을 높은 수율로 생성한다. 2-브로모프로페인을 기질로 사용하는 유사 반응 가운데, 하나를 제외한 모든 반응에서 치환 반응 생성물을 높은 수율로 얻을 수 있다. 이 예외의 경우란 2-브로모프로페인이 고온(약 55℃)에서 반응을 수행할 때 프로펜으로 전환된다. 어느 시약이 2-브로모프로페인을 프로펜으로 전환시키는 데 가장 효율적일까?

9.11 문제 9.9의 각 시약은 2-브로모-2-메틸프로페인(2-bromo-2-methylpropane)을 동일한 주 생성물로 전환시킨다. 이 생성물은 무엇인가?

9.12 다음 각 시약과 (*R*)-2-브로모펜테인의 반응에서 예상되는 주 생성물의 구조와 입체화학을 쓰시오.
(a) 아세톤(Acetone)에서 아이오딘화 소듐(sodium iodide)
(b) 사이안화 소듐(Sodium cyanide)
(c) 에탄올(Ethanol)에서 가용매분해
(d) 에톡시화 소듐(Sodium ethoxide, $NaOCH_2CH_3$)

9.13 아세톤에서 아이오딘화 소듐과 (*S*)-1-브로모-2-메틸뷰테인의 반응에 대하여 출발 물질과

생성물에 대한 입체화학을 명확하게 나타내는 반응식을 쓰시오. 생성물의 위치배열을 *R* 또는 *S*로 나타내시오.

9.14 다음 각 반응의 생성물을 쓰시오.

(a) $ClCH_2CH_2CH(Cl)CH_2CH_3 \xrightarrow[\text{acetone}]{\text{NaI (1.0 equiv)}} C_5H_{10}ClI$

(b) $BrCH_2CH_2Br + NaSCH_2CH_2SNa \longrightarrow C_4H_8S_2$

(c) $ClCH_2CH_2CH_2CH_2Cl + Na_2S \longrightarrow C_4H_8S$

9.15 아래의 각 반응에는 친핵성 치환 반응이 관여한다. 반응 (a)의 생성물은 반응 (b) 생성물의 이성질체이다. 어떤 이성질체인가? 어떤 메커니즘에 의해 친핵성 치환 반응이 일어나는가? 각 반응 생성물의 구조식을 쓰시오.

(a) 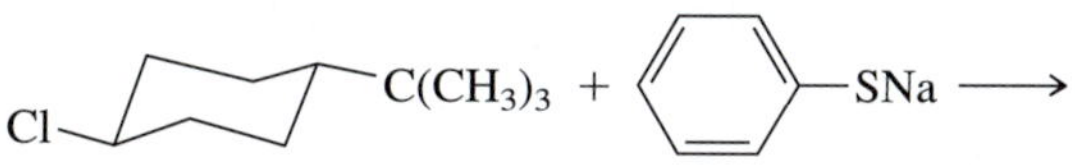

(b) 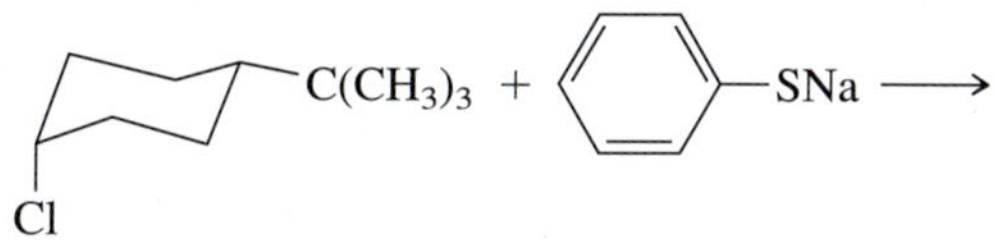

9.16 *시스*-1,4-다이메틸사이클로헥실 브로마이드(*cis*-1,4-dimethylcyclohexyl bromide)의 가수분해(S_N1)로부터 예측할 수 있는 치환 반응 생성물인 두 입체이성질체는 무엇인가? *트랜스*-1,4-다이메틸사이클로헥실 브로마이드(*trans*-1,4-dimethylcyclohexyl bromide)로부터 생성될 수 있는 것은 무엇인가?

9.17 다음 각 친핵성 치환 반응은 화학 연구 논문집에 보고되었다. 이 중 많은 반응에는 지금까지 다루어 온 것보다는 좀 더 복잡한 시약을 사용한다. 그렇지만 간단한 시약을 사용한 친핵성 치환 반응의 경우와 비슷하게 생성물을 예측할 수 있을 것이다. 각 반응의 생성물을 쓰시오.

(a) $BrCH_2C(=O)OCH_2CH_3 \xrightarrow[\text{acetone}]{\text{NaI}}$

(b) 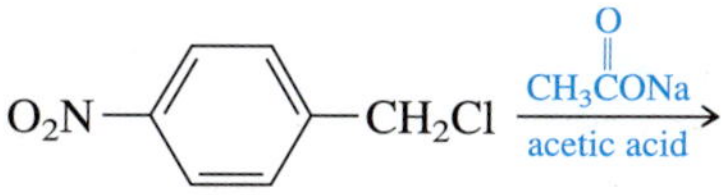

(c) $CH_3CH_2OCH_2CH_2Br \xrightarrow[\text{ethanol–water}]{\text{NaCN}}$

(d) 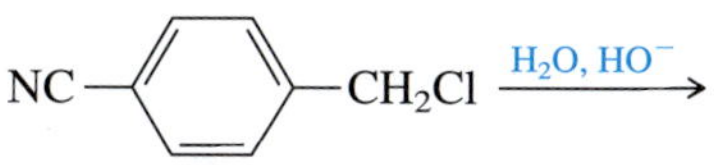

(e) $ClCH_2C(=O)OC(CH_3)_3 \xrightarrow[\text{acetone–water}]{\text{NaN}_3}$

S_N2와 S_N1 메커니즘

9.18 분자식이 C_4H_9Cl인 이성질체들이 아세톤에서 아이오딘화 소듐과 S_N2 메커니즘에 의해 반응할 때 반응 속도가 감소하는 순으로 배열하시오.

9.19 다음 각 반응에서 S_N2 반응이 더 신속하게 일어나는 시약을 지적하고, 그 이유를 설명하시오.

(a) 헥실 클로라이드(Hexyl chloride) 또는 사이클로헥실 클로라이드(cyclohexyl chloride)와 에탄올 수용액 내에서 아자이드화 소듐(NaN_3)의 반응

(b) 1-클로로-2,2-다이메틸뷰테인(1-Chloro-2,2-dimethylbutane) 또는 1-클로로헥세인(1-chlorohexane)과 아세톤 내에서 아자이드화 소듐의 반응

9.20 아세톤 내에서 아이오딘화 포타슘의 1-클로로헥세인, 2-클로로헥세인, 3-클로로헥세인에 대한 반응성은 전반적으로 29배의 차이가 난다.

(a) 어느 것이 가장 반응성이 좋은가? 그 이유는 무엇인가?

(b) 어떤 두 이성질체의 반응성은 단지 2배 밖에 차이가 나지 않는다. 두 가지는 어떤 것인가? 둘 중 어느 것이 반응성이 좋은가? 그 이유는 무엇인가?

9.21 다음 각 쌍의 시약 중 어느 것이 에탄올에서 S_N1 가용매분해를 더 신속하게 수행할 것인지 알아내고, 그 이유를 설명하시오.

(a) 1-브로모-2-메틸프로페인(1-Bromo-2-methylpropane) 또는 2-브로모뷰테인(2-bromobutane)

(b) 1-클로로사이클로헥센(1-Chlorocyclohexene) 또는 3-클로로사이클로헥센(3-chlorocyclohexene)

(c) 클로로사이클로헥세인(Chlorocyclohexane) 또는 3-클로로사이클로헥센(3-chlorocyclohexene)

(d) 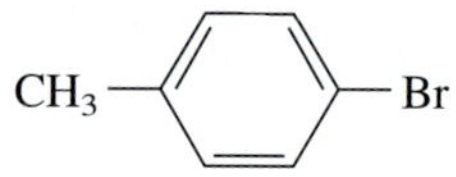 또는 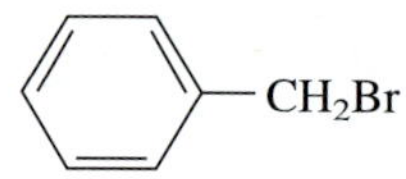

(e) 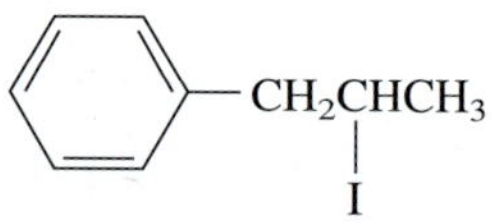 또는 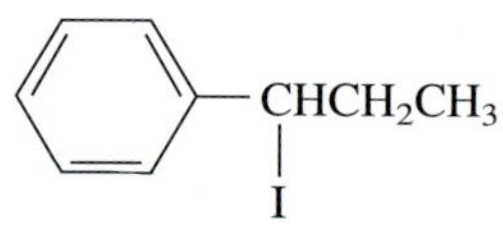

9.22 다음 각 표현과 가장 일치하는 메커니즘의 기호(S_N1, S_N2, E1, E2)를 나타내시오.

(a) 메틸 할라이드는 이 메커니즘에 의해서만 에탄올에서 에톡시화 소듐과 반응한다.

(b) 입체 장애를 받지 않는 일차 알킬 할라이드는 주로 이 메커니즘에 의해 에탄올에서 에톡시화 소듐과 반응한다.

(c) 사이클로헥실 브로마이드를 에탄올에서 에톡시화 소듐으로 처리할 때 주 생성물은 이 메커니즘에 의해 형성된다.

(d) 에탄올에서 *tert*-뷰틸 브로마이드의 가용매분해에 의해 얻을 수 있는 주 치환 생성물은 이 메커니즘에 의해 생긴다.

(e) 이들 반응 메커니즘은 단일 단계로 진행된다.

(f) 이 치환 반응 메커니즘에는 탄소양이온 중간체가 관여한다.

9.23 25℃, 80% 에탄올/20% 물에서 2-브로모-2-메틸뷰테인과 2-아이오도-2-메틸뷰테인의 제거 반응과 치환 반응의 비율이 정확히 같다(26%의 제거 반응).

(a) 이 조건에서 이들 화합물은 어떤 메커니즘에 의해 치환 반응이 주로 일어나는가?

(b) 이 조건에서 이들 화합물은 어떤 메커니즘에 의해 제거 반응이 주로 일어나는가?

(c) 어느 기질이 더 빨리 치환 반응을 하는가?

(d) 어느 기질이 더 빨리 제거 반응을 하는가?

(e) 각 기질로부터 만들어지는 두 가지 치환 반응 생성물은 무엇인가?

(f) 각 기질로부터 만들어지는 두 가지 제거 반응 생성물은 무엇인가?

(g) 왜 두 기질에 대한 치환 반응과 제거 반응의 비가 같다고 생각하는가?

9.24 화합물 KSCN은 싸이오사이아네이트 이온(thiocyanate ion)을 내어 놓는다.

(a) 싸이오사이아네이트 이온의 가장 안정한 두 가지 Lewis 구조를 쓰고, 형식 전하가 −1인 원자를 찾으시오.

(b) 다음 반응으로부터 분자식이 C_5H_9NS인 두 가지 구조 이성질체를 87%의 수율로 얻었다. 이들 두 화합물의 적절한 구조식을 쓰시오.

$$CH_3CH_2CH_2CH_2Br \xrightarrow{KSCN}$$

친핵성 치환 반응을 이용한 합성

9.25 다음 에터를 합성하는 데 가장 효율적인 알킬 브로마이드와 알콕시화 포타슘을 선택하시오.

(a) $CH_3OC(CH_3)_3$

(b) 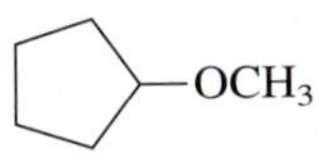

(c) $(CH_3)_3CCH_2OCH_2CH_3$

9.26 아래에 나타낸 출발 물질과 필요한 유기 또는 무기 시약을 사용하여 다음 각 화합물을 효율적으로 합성하는 방법을 요약하시오. 대부분의 경우 한 가지 이상의 단계가 필요하다.

(a) 에틸 알코올(Ethyl alcohol)로부터 에테인싸이올(ethanethiol, CH_3CH_2SH)

(b) 사이클로펜텐(Cyclopentene)으로부터 사이클로펜틸 사이아나이드(cyclopentyl cyanide)

(c) 사이클로펜탄올(Cyclopentanol)로부터 사이클로펜틸 사이아나이드(cyclopentyl cyanide)

(d) 에틸 알코올(ethanethiol)로부터 $NCCH_2CH_2CN$

(e) 아이소뷰틸 클로라이드(Isobutyl chloride)로부터 아이소뷰틸 아이오다이드(isobutyl iodide)

9.27 알킬화 반응을 사용하여 아세틸렌으로부터 다음 각 알카인을 제조하는 과정을 나타내시오.

(a) 1-헥사인(1-Hexyne)

(b) 2-헥사인(2-Hexyne)

(c) 3-헥사인(3-Hexyne)

(d) 4-메틸-1-펜타인(4-Methyl-1-pentyne)

분자 모형

9.28 S_N1조건에서 가수분해에 의해 *시스*-4-*tert*-뷰틸사이클로헥실 브로마이드(*cis*-4-*tert*-butylcyclohexyl bromide)와 그에서 유도된 탄소양이온, 그로부터 형성되는 알코올의 분자 모형을 만들어서 일분자 친핵성 치환 반응과 관련한 입체화학을 설명하시오.

9.29 분자식이 $C_6H_{11}Br$일 때, 일차 알킬 브로마이드이지만 이분자 친핵성 치환 반응에 대해 비교적 반응성이 없는 이성질체의 분자 모형을 만드시오.

CHAPTER 10
알코올, 에터, 페놀

개요

알코올과 에터 미리보기

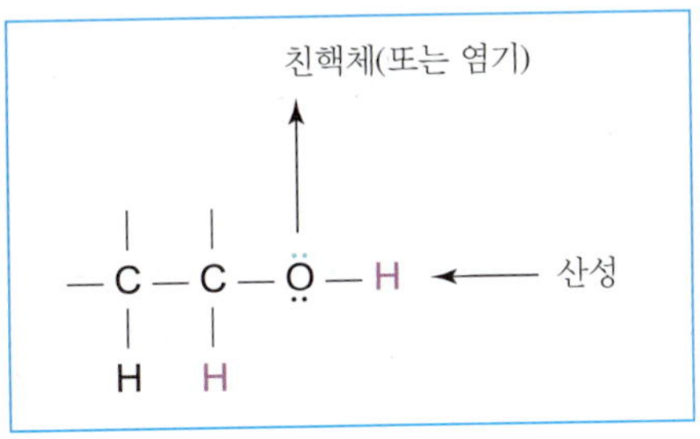

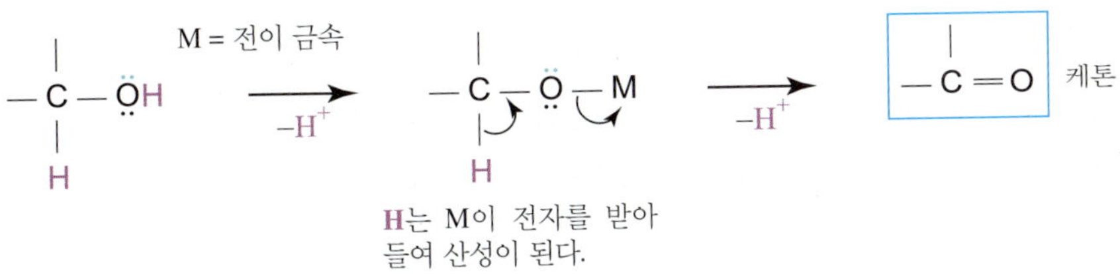

알데하이드의 추가 산화:

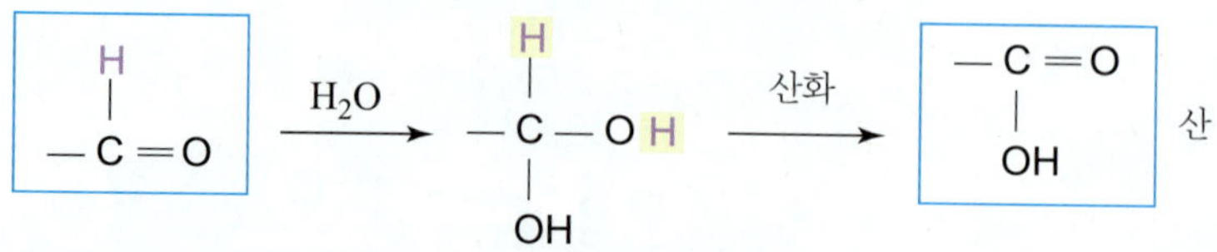

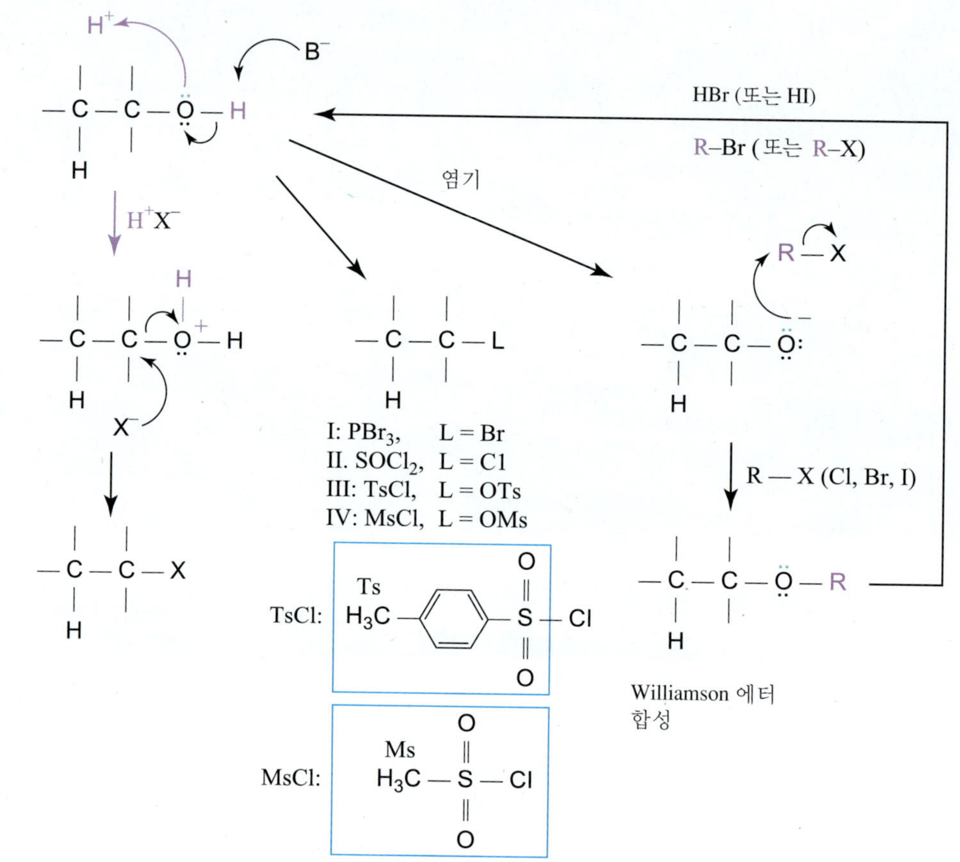

다음의 여러 장에서는 여러 가지 산소를 포함하는 작용기의 화학에 대해서 다룬다. 이들 중요한 종류의 화합물(알코올, 에터, 알데하이드, 케톤, 카복실산, 카복실산 유도체) 사이의 상호작용은 유기화학과 생화학의 기본이 된다.

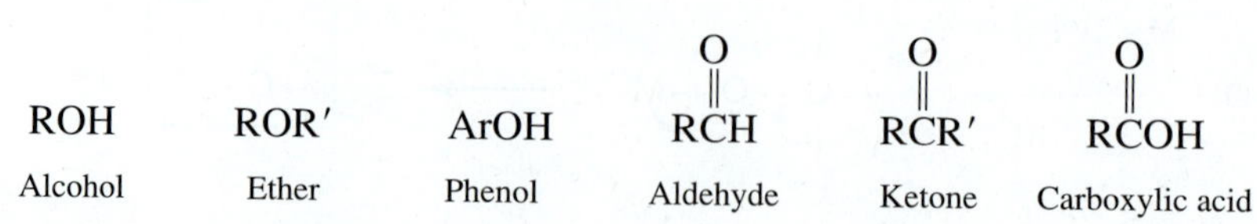

8장에서 이미 배운 알코올 화합물에 대해서 논의하는 것으로 시작해 보자. 이 장에서는 알코올, 특히 카보닐기를 가지는 화합물과의 관계에 대해서 자세히 다루게 될 것이다. 또 두 가지 관련된 화합물인 에터와 페놀에 대해서도 다룰 것이다.

10.1 알코올의 출처

한때 **메탄올**(methanol)은 목재로부터 석탄을 만들 때 부산물로 생성되었고, 이로 인해 **목정**(wood alcohol)이라는 관용명을 얻었다. 오늘날 미국에서 사용되는 연간 100억 파운드의 메탄올 대부분은 이렇게 합성된다. 메탄올은 독성이 매우 강한데, 한 예로 30mL의 소량을 마시더라도 치명적이다. 더 소량의 섭취도 눈을 멀게 할 수 있다.

식물성 물질이 발효될 때, 그 속에 함유된 탄수화물은 효모에 존재하는 효소에 의해 **에탄올**(ethanol)과 이산화 탄소로 전환된다. 보리를 발효시키면 맥주가 되며, 포도를 발효시키면 포도주가 된다. 에탄올의 최대 함량은 약 15%인데, 그 이유는 그 이상의 농도가 되면 효소는 비활성화되어 발효가 멈추기 때문이다. 에탄올은 78°C, 물은 100°C에서 끓기 때문에 발효액을 증류하면 알코올의 함량이 높은 "증류주"를 얻을 수 있다. 위스키는 곡식을 발효시켜 얻은 발효액을 증류해서 숙성하여 만들고, 약 50% 이하의 알코올을 포함하고 있다. 브랜디와 코냑은 발효시킨 포도와 기타 과실로부터 얻은

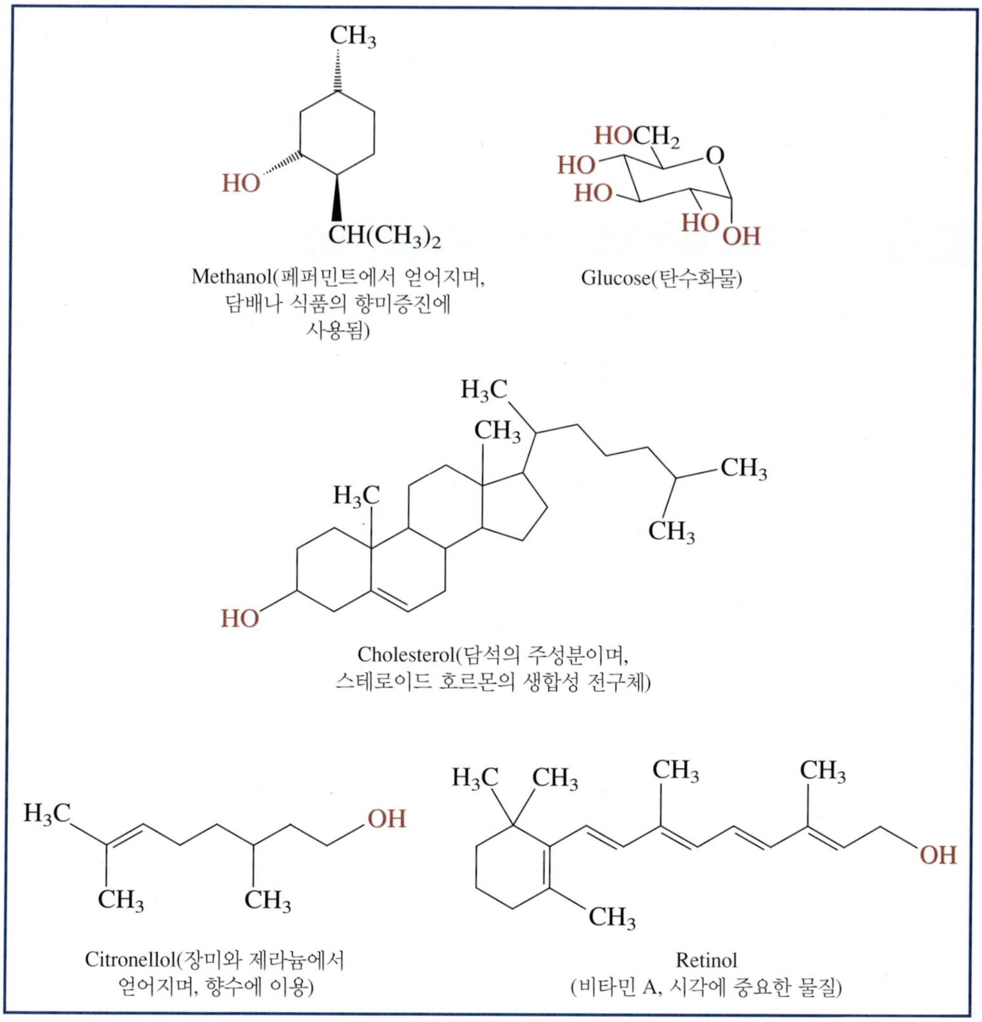

그림 • 10.1
몇 가지 천연 알코올

증류주를 숙성하여 만든다. 다양한 알코올 음료가 나타내는 독특한 향기, 맛, 색깔은 사용한 재료와 숙성 방법에 따라 달라진다.

합성 에탄올은 석유로부터 얻어지는 에틸렌의 수화를 통해 합성된다. 미국에서는 연간 약 7억 파운드 정도가 합성되는데, 가격면에서 상대적으로 저렴하며, 공업용으로도 유용하다. 합성 에탄올을 마시지 못하게 하기 위해서 여러 가지 독성 물질을 첨가하여 **변성**(*denatured*)시키며, 이런 과정을 통해 대부분의 정부가 주류에 사용되는 에탄올에 부과하는 막대한 세금을 면제받을 수 있다.

> 에탄올을 변성시키기 위해서 사용하는 물질은 메탄올, 벤젠, 피리딘, 피마자유, 휘발유 등이다.

인체는 에탄올을 잘 분해할 수 있도록 되어 있어, 메탄올보다는 덜 위험하다. 그러나, 알코올 남용과 알코올 중독은 여전히 계속되는 문제이다.

아이소프로필 알코올(isopropyl alcohol)은 석유로부터 얻어지는 프로펜을 수화하여 얻는다. 끓는점이 82℃인 아이소프로필 알코올은 피부 표면에서 빨리 증발하므로 시원한 느낌을 준다. 종종 기름과 향을 첨가하여 소독용 알코올로 사용되고 있다. 아이소프로필 알코올은 약한 항생 효과를 가지고 있어 수술용 도구를 살균하고 경미한 수술을 하기 전에 피부를 소독하는 데 사용된다.

메탄올, 에탄올, 아이소프로필 알코올은 유기 합성에서 많이 사용되는 반응물이다. 다른 많은 알코올은 싼값에 상업적으로 구입할 수 있다. 그림 10.1은 몇 가지 천연 알코올의 구조를 보여 준다.

10.2 알코올을 생성하는 반응: 복습과 예습

실험실에서의 알코올의 몇 가지 합성법은 이미 논의되었고, 표 10.1에 정리되어 있다. 추가적인 방법은 다음 절과 장에서 소개할 것이다.

> 표 10.1은 유기화학 전반에서 볼 수 있는 주제를 나타내고 있다. 한 가지 작용기의 특징은 종종 다른 작용기를 합성하는 제조법으로 작용한다.

많은 종류의 알코올 합성법은 카보닐기의 **환원**(reduction)을 통해서 이루어진다.

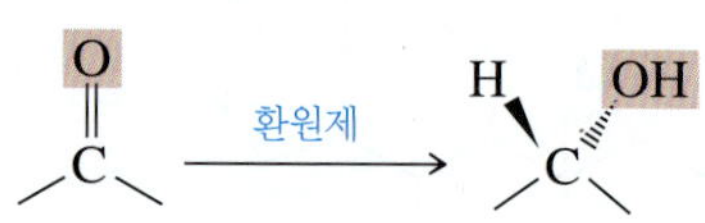

특정한 환원 반응을 다루기 전에, 유기 화합물의 탄소의 산화 상태에 대해서 복습하자. 표 10.2에 요약된 바와 같이 한 개의 탄소로 이루어진 화합물 중에 메테인과 이산화 탄소는 탄소의 두 극단적인 산화 상태를 보여 준다. 표 10.2는 산화 상태의 유용한 일반화 방법을 보여 준다.

탄소의 산화는 탄소와 산소 간의 결합 수가 증가하거나 탄소와 수소 간의 결합 수의 감소에 해당한다. **반대로** 환원은 탄소-수소 결합 수의 증가 또는 탄소-산소 결합 수의 감소를 의미한다.

표 10.1 이전 장에서 다룬 알코올을 합성하는 방법

반응(절)과 해설	일반적 반응식과 구체적인 예
산을 촉매로 이용한 알켄의 수화(6.7절) 물을 구성하는 수소와 산소는 Markovnikov 법칙에 따라 이중 결합에 첨가된다.	$R_2C{=}CR_2 + H_2O \xrightarrow{H^+} R_2CHCR_2(OH)$ Alkene, Water, Alcohol $(CH_3)_2C{=}CHCH_3 \xrightarrow[H_2SO_4]{H_2O} CH_3C(CH_3)(OH)CH_2CH_3$ 2-Methyl-2-butene → 2-Methyl-2-butanol (90%)
알킬 할라이드의 가수분해(9.1절) E2 제거 반응이 일어나지 않는 화합물에만 유용한 반응이다.	$RX + HO^- \longrightarrow ROH + X^-$ Alkyl halide, Hydroxide ion, Alcohol, Halide ion 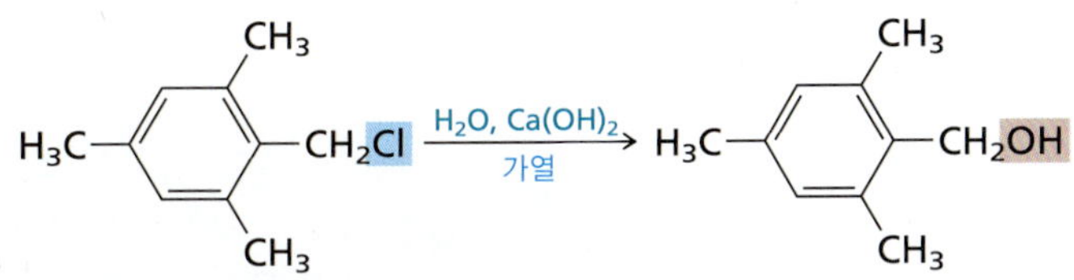 2,4,6-Trimethylbenzyl chloride → 2,4,6-Trimethylbenzyl alcohol (78%)

표 10.2 탄소가 한 개인 화합물에 대한 탄소의 산화 상태

	화합물	구조	탄소–산소 결합 수	탄소–수소 결합 수
높은 산화 상태	이산화탄소(Carbon dioxide)	$O{=}C{=}O$	4	0
↑ 산화 상태 증가	폼산(Formic acid)	$HC(=O)OH$	3	1
	폼알데하이드(Formaldehyde)	$HC(=O)H$	2	2
	메탄올(Methanol)	CH_3OH	1	3
낮은 산화 상태	메테인(Methane)	CH_4	0	4

표 10.2에서 나타낸 바와 같이 연속적인 산화 상태의 증가는 탄소와 산소 사이의 결합 수의 증가와 일치하며, 탄소–수소 결합 수의 감소와 일치한다. 메테인은 네 개의 C—H 결합과 0개의 C—O 결합을 가진다. 이산화탄소는 네 개의 C—O 결합과 0개의 C—H 결합을 가진다.

유기 화합물의 산화 상태의 변화를 고려한다면 특정한 작용기의 변환에 필요한 적합한 시약을 선택하는 일이 매우 간단해질 것이다. 낮은 산화 상태에서 높은 산화 상태로의 변화는 **산화**(oxidation)이다. 유기 물질을 산화시키는 시약은 **산화제**(oxidizing agent)라고 한다. 반대로, 높은 산화 상태에서 낮은 산화 상태로의 변화는 **환원**(reduction)이며, 이런 환원 반응을 일으키는 시약은 **환원제**(reducing agent)라고 한다.

표 10.2에 나타낸 폼알데하이드(알데하이드)의 메탄올(알코올)로의 전환은 한 가지 탄소로 이루어진 화합물의 환원 반응의 예이다. 작용기들 간의 관계를 아래에 요약하였다.

산화 상태의 증가 →

알케인 (alkane)	알코올 (alcohol)	알데하이드, 케톤 (aldehyde, ketone)	카복실산 (carboxylic acid)

← 환원 상태의 증가

문제 10.1 음주 운전을 적발하는 데 사용되는 음주 측정기의 한 종류는 날숨 속의 에탄올을 크로뮴 시약과 반응시켜 화학 반응을 일어나게 하여 음주량을 측정한다. 크로뮴 시약의 색이 오렌지색에서 녹색으로 변하는데, 이를 이용하여 날숨 속의 알코올의 양을 측정한다.

$$\underset{\text{Ethanol}}{CH_3CH_2OH} \xrightarrow{\text{chromium 시약}} \underset{\text{Acetic acid}}{CH_3\overset{\overset{\large O}{\|}}{C}OH}$$

에탄올의 화학적 변화는 산화인가, 환원인가? 크로뮴 시약은 산화제인가, 환원제인가?

10.3 알데하이드와 케톤의 환원에 의한 알코올의 제법

이전 절에서 논의한 바와 같이, 알데하이드 또는 케톤을 알코올로 전환시키는 것은 환원이다. 왜냐하면 탄소에 결합한 수소의 수가 카보닐 화합물(알데하이드, 케톤)의 경우보다는 알코올에서 더 많기 때문이다.

$$\underset{\text{Aldehyde}}{R\overset{\overset{\large O}{\|}}{C}H} \xrightarrow{\text{환원제}} \underset{\text{일차 alcohol}}{RCH_2OH}$$

케톤은 이차 알코올을 생성한다.

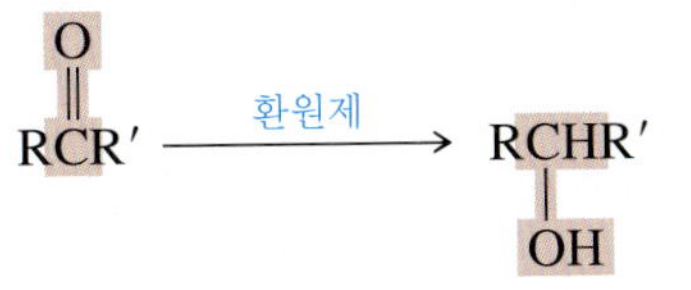

Ketone　　　　이차 alcohol

촉매를 이용한 환원에서 탄소-탄소 사이의 이중 결합이 환원되는 것과 마찬가지로 탄소-산소 이중 결합도 환원될 수 있다(6.1절). 백금, 팔라듐, 니켈, 루테늄과 같은 미세 금속 분말은 알데하이드와 케톤의 수소첨가 반응에 유용하다.

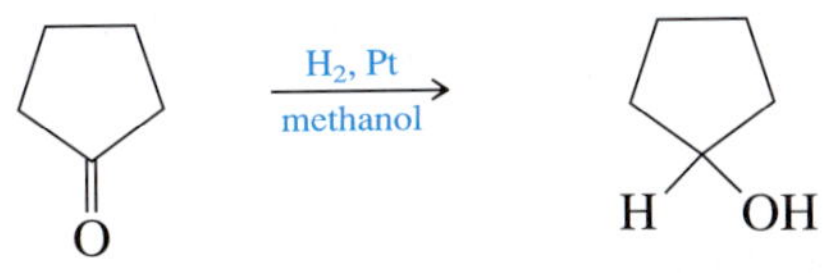

Cyclopentanone　　　　Cyclopentanol (93~95%)

문제 10.2 $C_4H_{10}O$의 화학식을 가진 알코올의 이성질체 중 알데하이드의 수소첨가에 의해 합성될 수 있는 것은 어느 것인가? 어떤 이성질체가 케톤의 수소첨가 반응에 의해 합성될 수 있는가? 어떤 이성질체가 카보닐 화합물의 수소첨가에 의해 합성될 수 없는가?

대부분의 실험실 규모에서의 알데하이드와 케톤의 환원 반응에서, 촉매를 이용한 수소첨가 반응은 **금속 수소화물**(metal hydride) 환원제를 이용한 반응으로 대체할 수 있다. 가장 많이 사용되는 두 가지 시약은 수소화붕소 소듐(sodium borohydride)과 수소화 알루미늄 리튬(lithium aluminium hydride)이다.

Sodium borohydride ($NaBH_4$)　　　　Lithium aluminum hydride ($LiAlH_4$)

수소화붕소 소듐은 다루기 쉽고, 알데하이드나 케톤을 포함한 수용액 또는 알코올 용액에 첨가하기만 하면 된다.

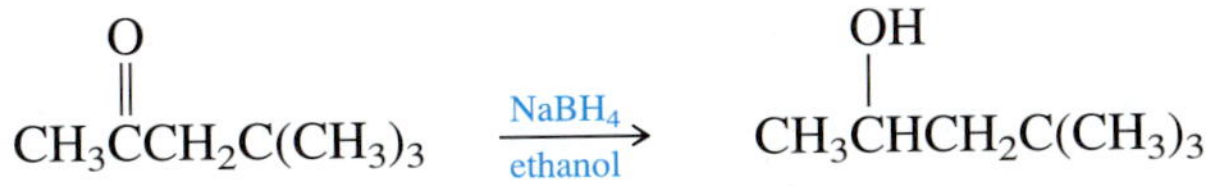

4,4-Dimethyl-2-pentanone　　　　4,4-Dimethyl-2-pentanol (85%)

그러나 수소화 알루미늄 리튬은 다른 방식을 사용해야 한다. $LiAlH_4$은 물이나 알코올과 격렬히 반응하기 때문에 반드시 다이에틸 에터(diethyl ether)와 같은 **무수**

무수는 "물이 없는" 이란 뜻이다.

(anhydrous) 용매를 사용해야 한다. 환원 반응 이후에는 반드시 별도의 가수분해 단계를 거쳐야 알코올 생성물을 분리할 수 있다.

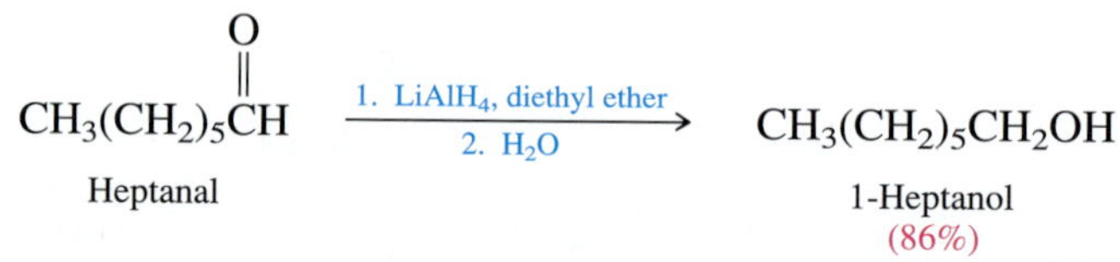

수소화붕소 소듐이나 수소화 알루미늄 리튬 둘 다 격리된 탄소–탄소 이중 결합을 환원할 수는 없다. 이것은 탄소–탄소 이중 결합과 탄소–산소 이중 결합을 모두 포함한 화합물의 선택적인 카보닐 환원을 가능하게 한다.

촉매를 이용한 수소첨가 반응은 이런 종류의 반응에 적합하지 않다. 왜냐하면 수소 분자는 카보닐 작용기보다 탄소–탄소 이중 결합에 더 빨리 첨가되기 때문이다.

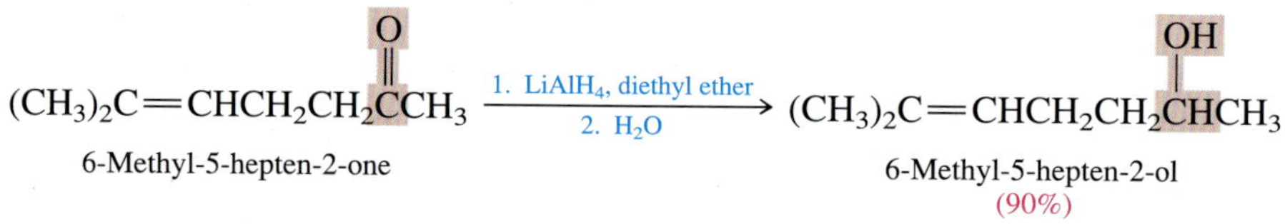

문제 10.3 다음 환원 반응의 생성물은 무엇인가?

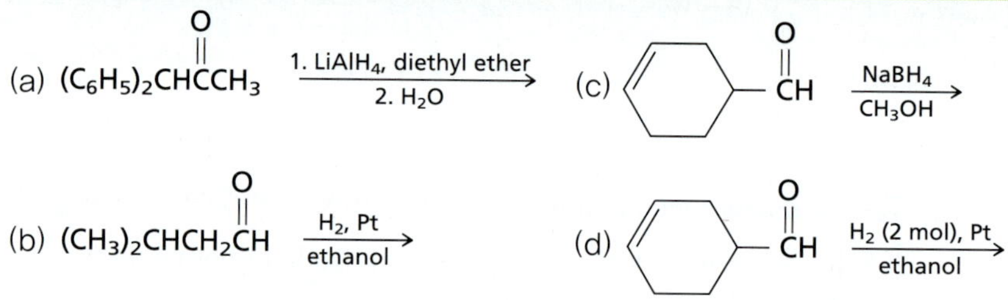

풀이 수소화 알루미늄 리튬을 이용하여 케톤을 이차 알코올로 전환한다. 이 경우 생성물은 1,1-다이페닐-2-프로판올(1,1-diphenyl-2-propanol)이 생성된다.

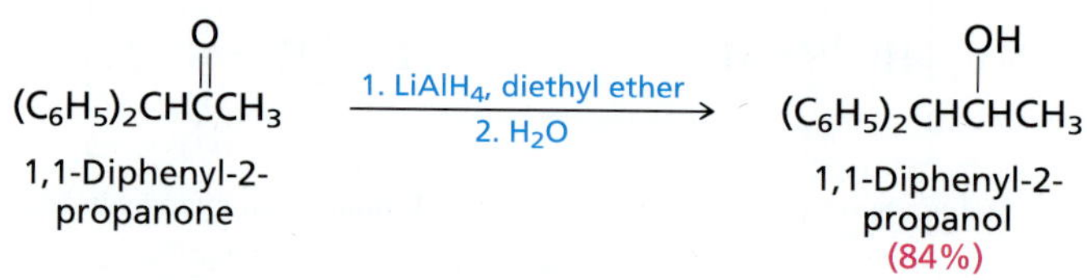

10.4 알코올의 반응: 복습과 예습

알코올은 다양한 유기 화합물을 합성하는 방법에 사용되는 유용한 반응물이다. 이미 이전 장에서 공부한 두 가지 알코올의 반응이 표 10.3에 요약되어 있다.

다음 그림에 나타낸 바와 같이, 알코올은 탄소–산소 결합과 하이드록시기의 O—H 결합의 다양한 조합을 포함한 반응을 할 수 있다.

표 10.3 앞에서 다룬 알코올의 반응 요약

반응(절)과 해설	일반적 반응식과 구체적인 예
할로젠화 수소와의 반응(8.5절) 알코올의 반응성은 중간체로 생성되는 탄소양이온의 안정성과 순서가 같다: $R_3C^+ > R_2CH^+ > RCH_2^+ > CH_3^+$. 벤질성 알코올은 잘 반응한다.	$ROH + HX \longrightarrow RX + H_2O$ Alcohol, Hydrogen halide, Alkyl halide, Water  *m*-Methoxybenzyl alcohol → *m*-Methoxybenzyl bromide (98%)
산을 촉매로 한 탈수 반응(5.7절) 이 반응은 알켄의 합성할 때 주로 많이 사용된다. 알코올의 반응성은 중간체로 생성되는 탄소양이온의 안정성과 순서가 같다: $R_3C^+ > R_2CH^+ > RCH_2^+ > CH_3^+$. 벤질성 알코올은 잘 반응한다.	$R_2C(OH)CHR_2 \xrightarrow[\text{가열}]{H^+} R_2C{=}CR_2 + H_2O$ Alcohol, Alkene, Water  1-(*m*-Bromophenyl)-1-propanol → 1-(*m*-Bromophenyl)propene (71%)

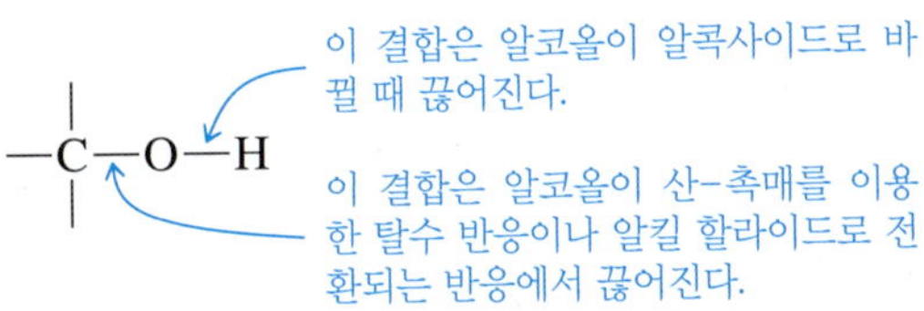

다음 절에서 나타낸 바와 같이, 일차 및 이차 알코올은 세 번째 종류의 반응(산화)이 가능하다. 산화 반응에서는 O—H 결합과 C—H 결합이 끊어지면서 탄소-산소의 이중 결합이 형성된다.

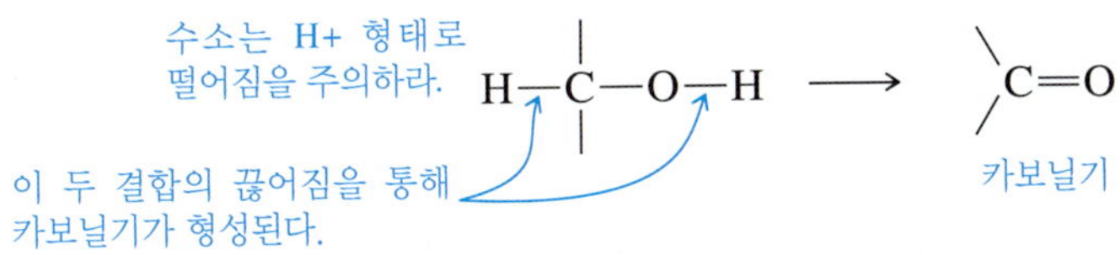

알코올의 다른 반응은 알데하이드와 케톤을 다루는 장(11장)과 카복실산 유도체를 다룰 때(13장) 또 공부하도록 하겠다.

10.5 알코올의 산화

알코올은 산화되어 카보닐 화합물을 생성한다(10.2절). 생성물이 알데하이드, 케톤 또는 카복실산이 되는지의 여부는 반응에 참여하는 알코올의 종류와 산화제에 따라서 달라진다.

일차 알코올은 알데하이드 또는 카복실산으로 산화된다.

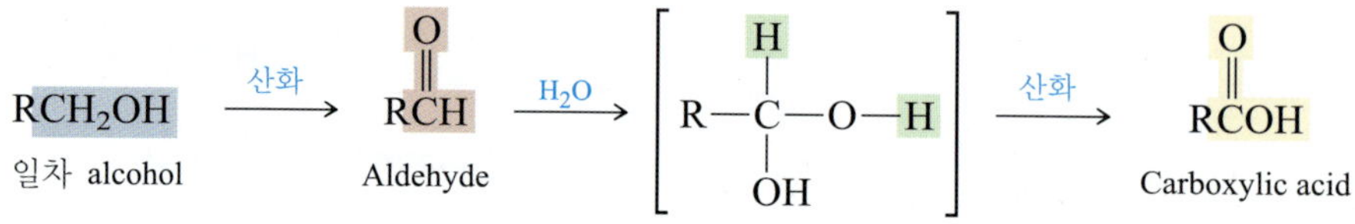

물이 있는 조건에서 격렬한 산화는 수화된 알데하이드를 생성하고, 이것은 더 산화되어 카복실산을 형성한다. 그러나 많은 산화 방법은 물 없이 진행하여 중간체 알데하이드의 추가 산화를 막을 수 있다. 알코올의 산화에 많이 사용되는 시약은 높은 산화수를 가진 전이 금속, 특히 크로뮴(VI)이다.

과망가니즈산 포타슘($KMnO_4$) 또한 일차 알코올을 산화시켜 카복실산을 생성한다. 과망가니즈산 포타슘의 망가니즈 금속의 산화수는 얼마인가?

크로뮴산(Chromic acid, H_2CrO_4)은 크로메이트 이온(chromate, CrO_4^{2-}) 또는 다이크로메이트 이온(dichromate, $Cr_2O_7^{2-}$)을 포함한 산성 수용액에서 작용하는 매우 좋은 산화제이다. 이를 이용하면 알데하이드가 더 산화되기 전에 증류하는 방법을 통해 알데하이드를 높은 수율로 얻을 수 있다. 그러나 많은 경우 일차 알코올을 크로뮴산과 반응시키면 주로 카복실산을 얻게 된다.

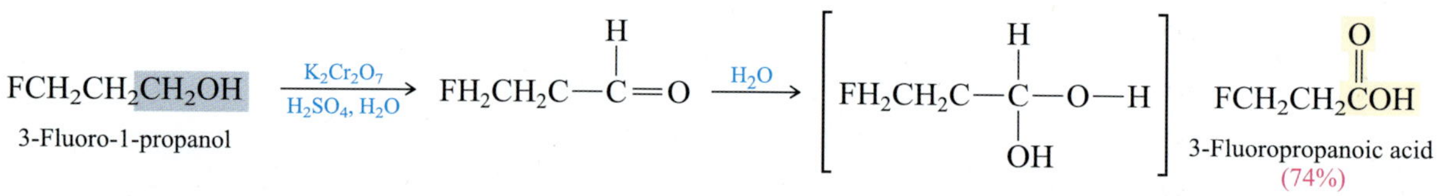

일차 알코올을 산화시켜 높은 수율로 알데하이드를 얻기 위해서는 무수 조건에서 Cr(VI)를 산화제로 이용하는 방법이 있다. 보통 두 가지 시약, 즉 **피리디늄 클로로크로메이트**(pyridinium chlorochromate, PCC, $C_5H_5NH^+ClCrO_3^-$)와 **피리디늄 다이크로메이트**[pyridinium dichromate, PDC, $(C_5H_5NH)_2^{2+}Cr_2O_7^{2-}$]를 사용하는데, 다이클로로메테인(dichloromethane)을 용매로 써서 사용한다.

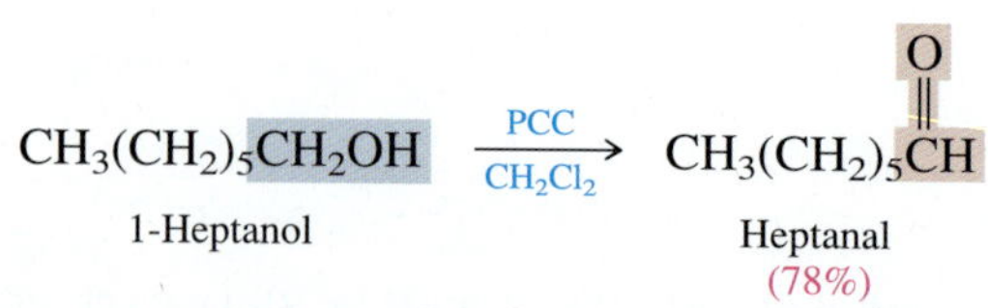

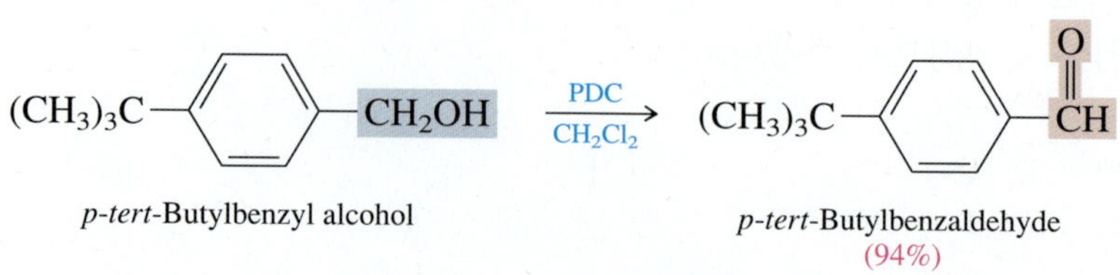

이차 알코올은 일차 알코올을 산화시키는 같은 조건을 사용하여 산화 반응을 수행하며, 케톤이 생성물로 얻어진다. 케톤의 수화는 추가적인 산화로 연결되지 않는데, 이것은 수화된 케톤이 알파 위치에 CH 결합을 가지고 있지 않기 때문이다.

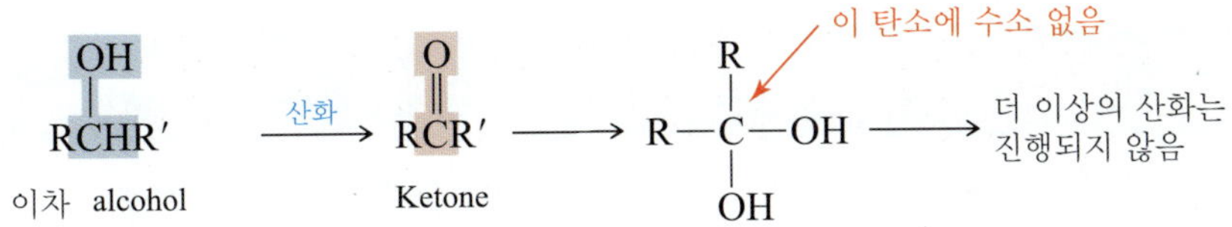

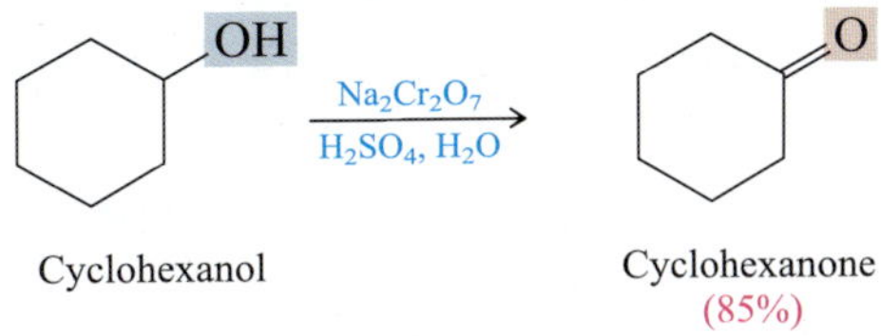

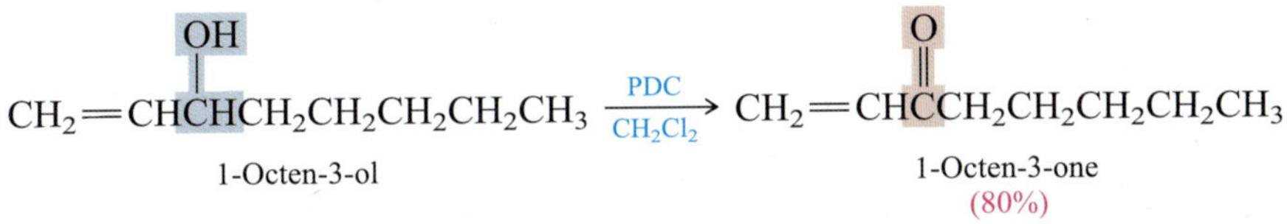

삼차 알코올은 하이드록시기를 가지는 탄소에 수소가 없으므로 산화 반응이 잘 일어나지 않는다.

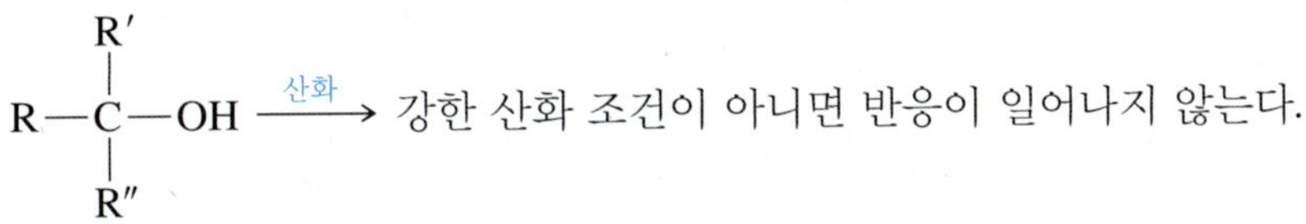

높은 온도에서 강한 산화제를 사용하면 삼차 알코올은 하이드록시기를 가지는 탄소에 결합된 다양한 탄소–탄소 결합이 끊어져서 여러 가지 생성물을 만든다.

문제 10.4 다음 반응의 주 생성물을 예측하시오.

(a) $ClCH_2CH_2CH_2CH_2OH \xrightarrow[H_2SO_4,\ H_2O]{K_2Cr_2O_7}$

(b) $CH_3\underset{\displaystyle OH}{\underset{|}{C}}HCH_2CH_2CH_2CH_2CH_2CH_3 \xrightarrow[H_2SO_4,\ H_2O]{Na_2Cr_2O_7}$

(c) $CH_3CH_2CH_2CH_2CH_2CH_2CH_2OH \xrightarrow[CH_2Cl_2]{PCC}$

풀이 (a) 반응물이 일차 알코올이므로 이것은 알데하이드나 카복실산으로 산화될 수 있다. 무수 조건에서는 알데하이드가 주 생성물이고, 물이 있는 조건에서는 카복실산이 주 생성물이다. 따라서 카복실산이 형성될 것이며, 이 반응은 4-클로로뷰탄산이 56%의 수율로 생성된다.

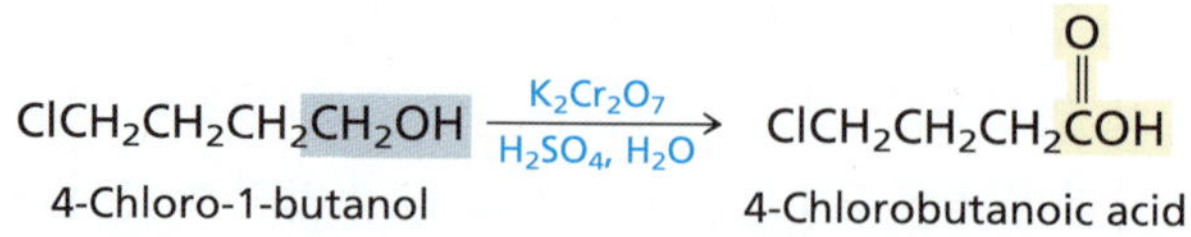

알코올의 생물학적 산화

실험실에서 수행하는 다양한 반응은 생명체 내에서 일어나는 반응과 유사하다. 예를 들어, 알코올을 카보닐 화합물로 산화시키는 반응 또는 반대로 카보닐 화합물을 알코올로 환원시키는 반응은 많은 종류의 생물학적 반응과 유사하다. 에탄올은 간에서 아세트알데하이드로 산화되는데, 이 산화에 관여하는 효소를 **알코올 탈수소효소**(alcohol dehydrogenase)라고 한다.

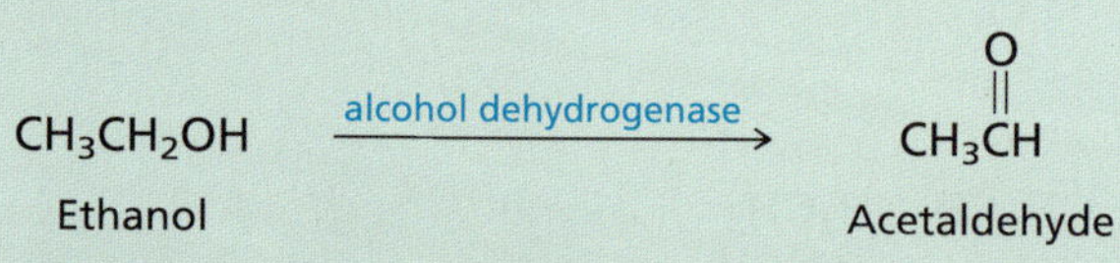

에탄올의 산화 속도는 알코올의 농도에 관계없이 거의 일정하다. 따라서 음주를 통해 섭취하는 에탄올의 양이 에탄올의 산화 속도보다 크다면 혈액 내에 에탄올이 증가하여 취하게 된다.

아세트알데하이드는 **알데하이드 탈수소효소**(*aldehyde dehydrogenase*)에 의해서 더 산화되어 아세테이트(*acetate*)가 된다.

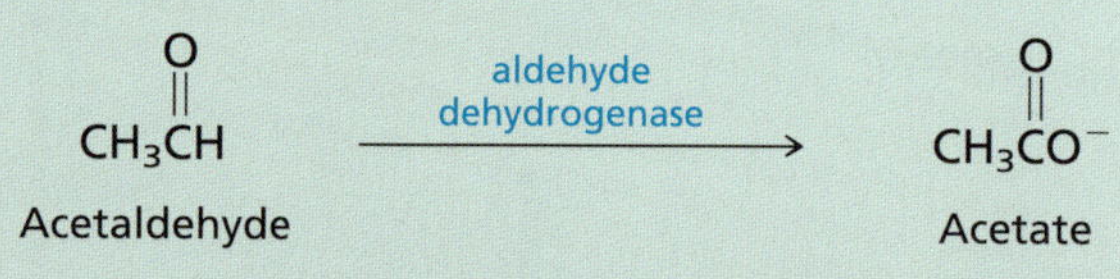

아세테이트는 인체 내에서 지방산과 콜레스테롤 합성에 사용된다(16장).

10.1절에서 언급한 대로, 메탄올(CH_3OH)은 적은 양만 섭취해도 실명 또는 죽음에 이르게 할 만큼 독성이 크다. 몸 안에서 메탄올은 에탄올을 산화시키는 같은 효소(알코올 탈수소효소)에 의해서 산화되어 폼알데하이드를 생성한다.

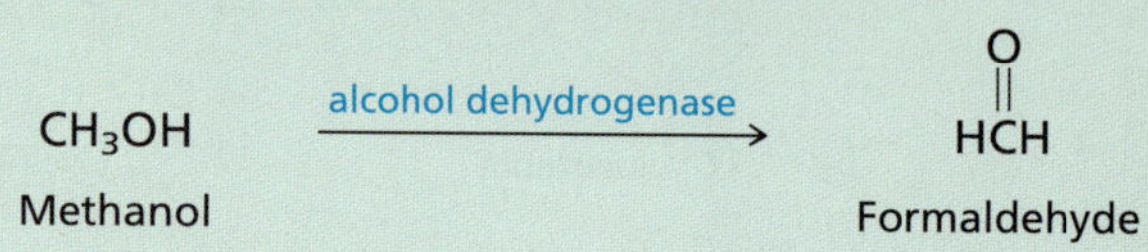

폼알데하이드는 눈의 망막에 특히 치명적이고, 메탄올의 섭취는 실명을 유발한다. 폼알데하이드는 몸 안에서 더 산화되어 포메이트(formate)가 된다.

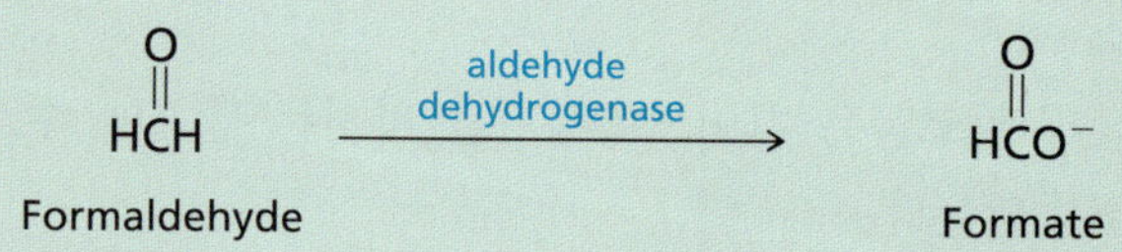

포메이트는 몸 안에서 잘 사용되지 않고, 혈액 내에서 폼산(formic acid)으로 축적된다. 이것은 혈액의 pH를 정상적인 생리적 범위 이하로 떨어뜨려 산혈증(acidosis)을 유발한다.

메탄올 중독을 치료하는 방법은 메탄올과 에탄올이 같은 효소를 이용한다는 점을 응용한다. 에탄올을 포함하는 용액을 메탄올에 중독된 사람에게 제공한다. 에탄올은 메탄올보다는 독성이 덜하므로 과량의 에탄올 공급을 통해 효소를 에탄올의 산화에만 전념하게 하여 메탄올의 산화를 막는다.

10.6 싸이올의 명명법

황은 주기율표에서 산소 아래에 있다. 산소를 포함한 많은 유기 화합물은 황을 포함한 유사 구조로도 존재한다. 알코올(ROH)의 황 유사체를 **싸이올**(thiol, RSH)이라고 한다. 싸이올의 IUPAC 명칭은 알케인의 이름에 어미 -싸이올(*-thiol*)을 붙여 나타낸다. —SH기가 붙은 탄소의 번호가 작아지는 방향으로 탄소의 번호를 붙이며, 명칭에서는 알케인의 이름 끝자인 *-e*를 남겨 둔다. —SH기가 치환기로 명명될 때 **머캅토**(mercapto)라고 한다. 또한 이것은 **설프하이드릴**(sulfhydryl)기라고도 하지만, 이것은 속명이며, 체계적인 명칭에는 사용하지 않는다.

$(CH_3)_2CHCH_2CH_2SH$ — 3-Methyl-1-butanethiol

$HSCH_2CH_2OH$ — 2-Mercaptoethanol

$HSCH_2CH(SH)CH_2OH$ — 2,3-Dimercapto-1-propanol

한때 싸이올의 이름을 **머캅탄**(mercaptan)이라고 부른 적이 있다. 이 체계를 따라서 CH_3CH_2SH는 "에틸 머캅탄(ethyl mercaptan)"이라고 한다. 이것은 오래된 책과 논문에도 나오기는 하지만, 명명법으로는 더 이상 사용하지 않는다.

싸이올은 수은과 결합하는 특성이 있고, 머캅탄(mercaptan)이란 단어는 라틴어의 mercurium captans(수은 포집제)를 뜻하는 말에 어원이 있다. **다이머카프롤**(dimercaprol)이라는 약은 수은과 납중독 치료에 사용되는데, 2,3-다이머캅토-1-프로판올(2,3-dimercapto-1-propanol)이다.

10.7 싸이올의 성질

싸이올 화합물의 두드러진 특징은, 특히 분자량이 작을 경우, 역한 냄새가 난다. 에테인싸이올(ethanethiol)은 천연 가스에 첨가되어 특별한 장비 없이 가스가 누출을 감지할 수 있게 한다. 사람의 코는 매우 민감하여 백억분의 일 만큼만 공기 중에 있어도 감지할 수 있다. 싸이올은 탄소 수가 증가함에 따라서 휘발성과 황 함량이 줄어들어서 냄새도 줄어든다. 1-도데케인싸이올(1-Dodecanethiol)의 냄새는 약하다.

문제 10.5 스컹크의 냄새를 내는 물질의 주성분은 3-메틸-1-뷰테인싸이올(3-methyl-1-butanethiol)과 시스- 및 트랜스- 형태의 2-뷰텐-1-싸이올(2-butene-1-thiol)이다. 이들 물질의 구조를 각각 쓰시오.

S—H 결합은 O—H 결합보다 극성이 덜하다. 따라서 싸이올의 수소 결합은 알코올의 수소 결합보다 약하다. 이런 이유로 메테인싸이올(CH_3SH)은 상온에서 기체(끓는점 6°C)이고, 메탄올(CH_3OH)은 상온에서 액체(끓는점 65°C)이다.

H_2S(−60°C)와 H_2O(100°C)의 끓는점을 비교해 보라.

싸이올은 약산이지만 알코올보다는 훨씬 산성이 강하다. 2.1절에서 공부한 바와 같이 대부분의 알코올의 K_a값은 10^{-16}에서 10^{-18}(pK_a=16~18)이다. 싸이올의 K_a값은 대략 10^{-10}(pK_a=10)이다. 이런 큰 차이는 하이드록사이드 이온에 의해 싸이올이 알케인싸이올레이트(alkanethiolate)라고 하는 음이온 짝염기(RS^-)로 쉽게 정량적으로 전환할 수 있게 한다.

Alkanethiol (더 강한 산) (pK_a=10) + Hydroxide ion (더 강한 염기) ⟶ Alkanethiolate ion (더 약한 산) + Water (더 약한 염기) (pK_a=15.7)

따라서 싸이올은 pH가 10 이상인 수용액에 쉽게 녹는다.

싸이올과 알코올의 또 다른 점은 산화이다. 이전 장에서 알코올의 산화는 카보닐기를 가지는 화합물을 생성함을 배웠다. 알코올과 유사한 싸이올의 C=S 결합을 가지는 화합물로의 산화는 일어나지 않는다. 탄소가 아니라 황이 산화되어 여러 가지 산화 상태를 가지는 황 화합물이 생성된다. 황에 결합된 산소 수에 따라서 **설펜산**(sulfenic acid), **설핀산**(sulfinic acid), **설폰산**(sulfonic acid)으로 분류된다.

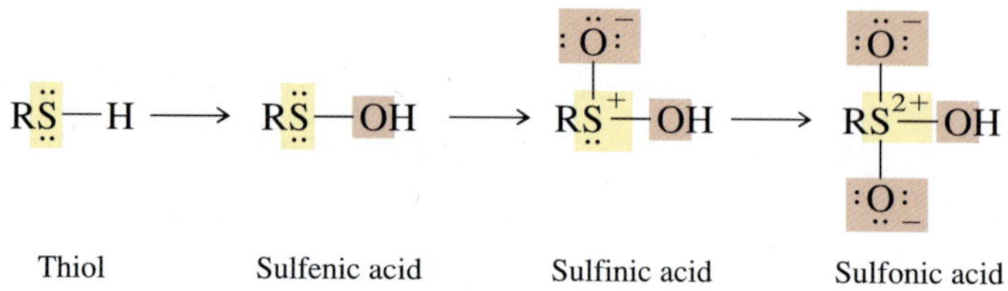

이들 중에서 가장 중요한 화합물은 설폰산이다. 그러나 일반적으로 설폰산은 싸이올을 산화시켜 제조하지는 않는다. 예를 들어, 아렌설폰산(arenesulfonic acid, $ArSO_3H$)은 아렌을 설폰화하여 제조한다(7.6절).

생화학적 관점에서 특히 중요한 산화 과정은 싸이올의 **이황화물**(disulfide)로의 산화이다.

펩타이드와 단백질의 구조에서 이황화물의 역할은 17장에서 다룬다.

$$2RSH \underset{\text{환원}}{\overset{\text{산화}}{\rightleftharpoons}} RSSR$$

Thiol Disulfide

다양한 산화제가 이 반응에 사용되어 왔지만, 이 반응은 너무 쉽게 일어나서 공기 중의 산소에 의해서도 천천히 이황화물로 전환된다. 다이싸이올(dithiol) 화합물은 분자 내 황–황 결합 형성에 의해 고리형 이황화물을 생성한다. 고리형 이황화물의 예는 α-리포산(α-lipoic acid)이다. 실험실에서 α-리포산을 합성하는 마지막 단계는 철(III)–촉매를 이용한 다이싸이올의 산화이다.

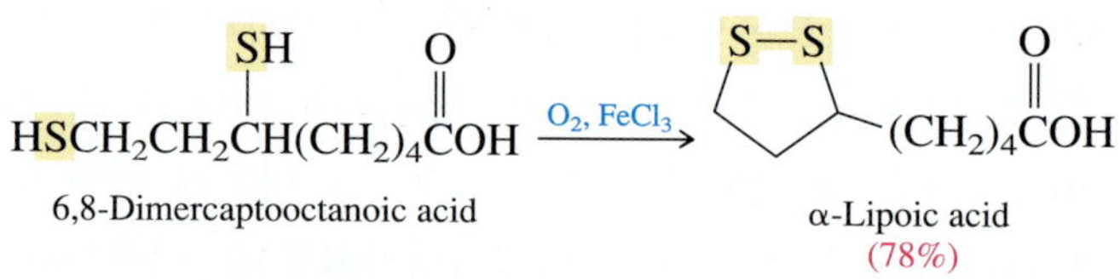

빠르고 가역적인 황–황 결합의 형성과 분해는 α-리포산의 생물학적 작용의 핵심이 된다.

10.8 에테르의 소개

에테르(ether)는 C—O—C 단위를 포함한다. 알코올과는 다르게 에테르는 비교적 화학 반응을 별로 일으키지 않는다. 에테르는 O—H기가 없기 때문에 알코올의 전형적인 반응인 양성자 제거 반응 및 산화 반응을 할 수 없다. 이런 반응성의 결여로, 에테르는 다양한 합성 반응에서 용매로 사용된다.

에폭시화물은 에테 화합물과 다르게 화학적으로 활성이 있다. **에폭시화물**(*epoxide*)의 C—O—C 단위가 삼각형 고리를 형성하여 화학 반응성이 매우 좋다. 에폭시화물은 자연계에 흔히 발견된다. 예를 들어, 집시나방 암컷은 **디스팔루어**(disparlure)라고 하는 물질을 방출하여 수컷을 유인한다. 수컷은 이 페로몬을 감지하여 이 냄새가 나는 곳으로 가서 암컷과 짝짓기를 한다.

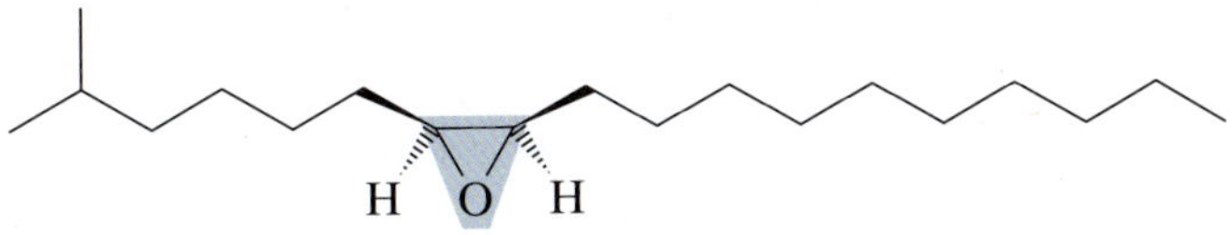

Disparlure

집시나방의 번식을 막는 방법 중의 하나는 감염 지역에 합성 디스팔루어를 살포하는 것이다. 성유인 물질이 도처에 있게 되면 수컷 집시나방은 암컷 개체의 실제 위치를 알지 못하게 된다. 이렇게 하지 않으면 수정되었을 암컷 집시나방은 유충을 생산하지 못한 채 죽게 된다.

10.9 에터 명명법

종종 다이에틸 에터는 **에터**(ether) 또는 **마취용 에터**(anesthesia ether)라고 부른다. 마취용 에터라는 이름은 이들 에터가 이전에 병원 마취제로 사용되었기 때문이다. 다이에틸 에터는 매우 인화성이 커서 지금은 인화성이 낮은 물질로 교체되었다.

에터는 알케인의 **알콕시**(alkoxy) 유도체로 명명한다. 또는 산소 양쪽의 두 알킬기를 알파벳 순서로 쓰고, 마지막에 에터(*ether*)라고 붙여 명명한다. 두 알킬기가 같으면 알킬기의 이름 앞에 다이(*di*-)를 붙여 명명한다.

$CH_3CH_2OCH_2CH_3$	$CH_3CH_2OCH_3$
Ethoxyethane	Methoxyethane
Diethyl ether	Ethyl methyl ether

에터는 산소에 같은 작용기가 있는지, 다른 작용기가 결합되었는지에 따라 **대칭**(symmetrical) 또는 **비대칭**(unsymmetrical) 에터로 구분한다. 다이에틸 에터는 대칭 에터이며, 에틸 메틸 에터(ethyl methyl ether)는 비대칭 에터이다.

고리형 에터(cyclic ether)는 고리에 산소 원자가 한 부분으로 들어 있으며, 이들은 **헤테로고리 화합물**(heterocyclic compound)이라고도 한다. 테트라하이드로퓨란(tetrahydrofuran)과 테트라하이드로파이란(tetrahydropyran)은 모두 고리형 에터이다.

Tetrahydrofuran

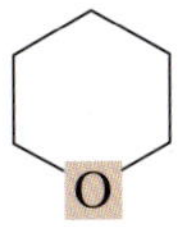

Tetrahydropyran

일반적으로 고리형 에터의 성질은 비고리형 에터와 비슷하다. 그러나 에폭시화물은 예외이다. 한때는 에폭시화물의 이름을 알켄의 산화물로 명명한 적이 있다. 산화 에틸렌

(ethylene oxide)과 산화 프로필렌(propylene oxide)이 일반적으로 산업에서 많이 사용되는 중요한 에폭시화물이다. 산화 에틸렌이 산업에서 사용되는 내용은 10.12절에서 다룬다.

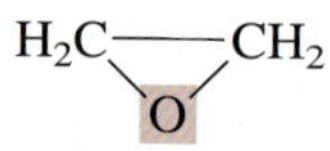

Ethylene oxide

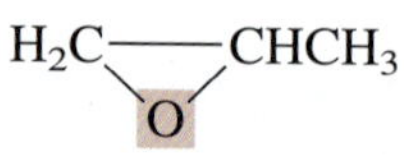

Propylene oxide

에폭시화물은 알케인의 에폭시 유도체로 명명한다. 이 방법에 따르면 산화 에틸렌은 에폭시에테인(epoxyethane)이 되며, 산화 프로필렌은 1,2-에폭시프로페인(1,2-epoxypropane)이 된다. 에폭시-(*epoxy-*)라는 접두어는 항상 알케인의 어미 앞에 오고, 다른 치환체와는 달리 알파벳 순서로 열거하지 않는다.

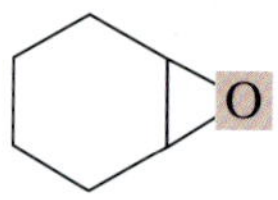

1,2-Epoxycyclohexane

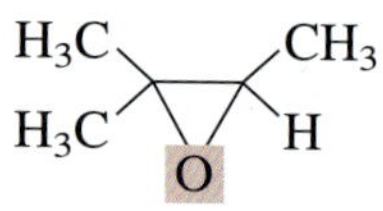

2-Methyl-2,3-epoxybutane

문제 10.6 다음의 에터는 세포에 유전적 돌연변이를 일으킬 수 있는 돌연변이유발원(mutagen)으로 의심된다. 다음 에터 화합물의 구조를 쓰시오.

(a) 클로로메틸 메틸 에터(Chloromethyl methyl ether)
(b) 3,4-에폭시-1-뷰텐(3,4-Epoxy-1-butene)

풀이 (a) 클로로메틸 메틸 에터는 클로로메틸기($ClCH_2$—)와 메틸기(CH_3—)가 산소에 붙어 있다. 구조는 $ClCH_2OCH_3$이다.

10.10 에터의 제조

> 이 반응은 Alexander Williamson이라는 영국의 화학자 이름을 따서 명명되었으며, 1850년에 다이에틸 에터의 제조법으로 보고되었다.

에터를 제조하는 오래된 방법은 **Williamson 에터 합성**(Williamson ether synthesis)이다. 알킬 할라이드와 알콕시화물의 친핵체 치환 방법에 의해 에터의 탄소-산소 결합을 형성한다.

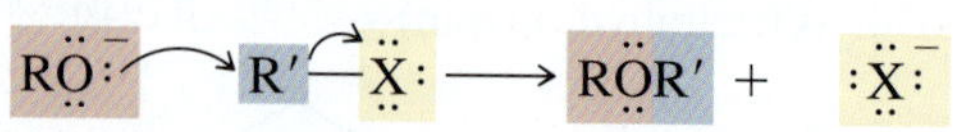

Williamson 에터 합성법은 알킬 할라이드가 S_N2 반응에 효과적일 때 유용하다. 메틸 할라이드와 일차 알킬 할라이드가 가장 좋은 반응물이다.

폴리에터 항생제

제약회사에서 신약을 개발하는 방법 중의 하나는 영양 배지에서 미생물의 집락을 키워서 이들의 생리 활성 결과 생성되는 물질을 분석한다. 이 방법은 수천 종의 항생 물질을 생산할 수 있었고, 그중 수백 종이 효과가 있는 약품으로 개발되었다. 정의에 따르면 항생제는 독성을 지니는 것(*anti* ="대항하는"; *bios* ="생명")이고, 목적은 병원균의 숙주인 사람보다 병원성 미생물에 더 독성이 큰 물질을 찾는 것이다.

수많은 **폴리에터 항생제**(polyether antibiotics)는 발효기술에 의해서 발전되었다. 그림 10.2의 모넨신(monensin)에 나타낸 것과 같이 이들은 여러 개의 고리형 에터 작용기를 가지고 있다. 모넨신과 다른 자연에 존재하는 폴리에터는 금속 이온과 안정한 복합체를 형성한다. 그림 10.2*b*에 모넨신-브로민화 소듐 복합체의 그림이 있다. 네 개의 에터 산소와 두 개의 하이드록시기가 소듐 이온을 둘러싸고 있다. 알킬기는 이 복합체의 바깥을 향하고 있으며, 극성인 산소와 금속 이온은 복합체 안쪽에 있다. 이 복합체 표면은 탄화수소와 비슷하여 소듐 이온을 탄화수소와 비슷한 세포막의 안쪽으로 쉽게 전달한다. 이것은 세포 내부의 소듐 이온 농도의 균형을 깨트려 세포의 호흡 과정을 방해한다. 소량의 모넨신은 가금류의 사료에 첨가되어 닭의 내장에 살고 있는 기생충을 죽인다. 모넨신 및 왕관형 에터(crown ether)와 같이 금속 이온의 전달에 영향을 주는 화합물을 **이온운반체**(ionophore, ion carrier)라고 한다.

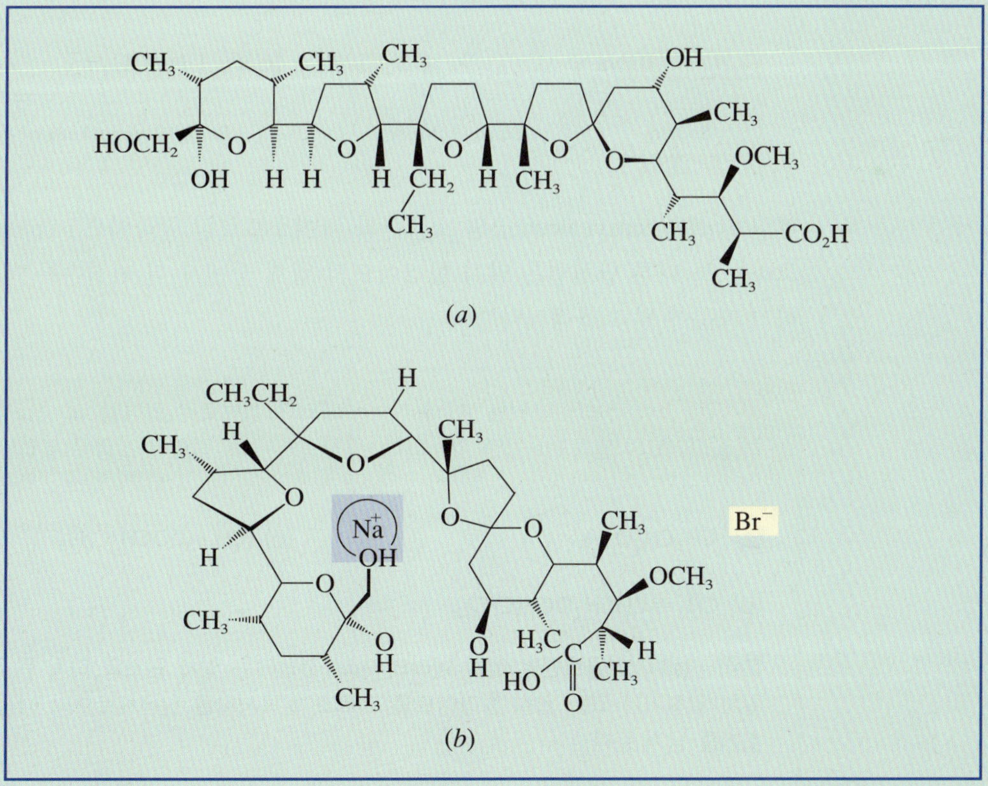

그림 • 10.2
(a) 모넨신의 구조; (b) 모넨신-브로민화 소듐 복합체의 구조, 모넨신의 산소와 소듐 이온의 배위를 보여준다.

$$CH_3CH_2CH_2CH_2ONa + CH_3CH_2I \longrightarrow CH_3CH_2CH_2CH_2OCH_2CH_3 + NaI$$

Sodium butoxide　　Iodoethane　　Butyl ethyl ether (71%)　　Sodium iodide

문제 10.7 벤질 에틸 에터($C_6H_5CH_2OCH_2CH_3$)를 제조하는 Williamson 에터 합성법 두 가지를 쓰시오.

이차와 삼차 알킬 할라이드는 알콕시화물과 반응할 때 S_N2 반응보다는 E2 제거 반응이 잘 일어나서 에터 합성에 적합하지 않다. 알콕시화물이 일차, 이차, 삼차인지는 알킬 할라이드의 구조보다는 중요하지 않다. 따라서 벤질 아이소프로필 에터는 일차 알킬 할라이드이면서 제거 반응을 할 수 없는 벤질 클로라이드와 아이소프로폭시화 소듐으로부터 제조한다.

Sodium isopropoxide　　Benzyl chloride　　Benzyl isopropyl ether (84%)　　Sodium chloride

벤질 알코올(benzyl alcohol)의 소듐염과 아이소프로필 할라이드(isopropyl halide)를 제조하는 또 다른 합성법은 알킬 할라이드의 입체 장애가 더 커질수록 제거 반응이 증가하기 때문에 덜 효율적이다.

문제 10.8 다음의 에터를 Williamson 에터 합성법으로 합성할 때, 한 가지 조합의 알킬 할라이드와 알콕시화물만 가능하다. 각각의 경우에 적합한 조합은 무엇인가?

(a) 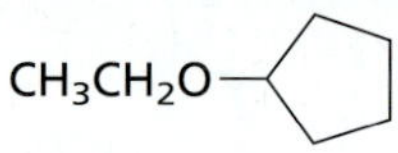

(c) $(CH_3)_3COCH_2C_6H_5$

(b) $CH_2{=}CHCH_2OCH(CH_3)_2$

풀이 (a) 사이클로펜틸 에틸 에터의 에터 결합에는 일차 탄소와 이차 탄소를 포함한다. 일차 알킬기가 되는 알킬 할라이드를 고르고 알콕시화물 친핵체로부터 생성되는 이차 알킬기를 남겨 둔다.

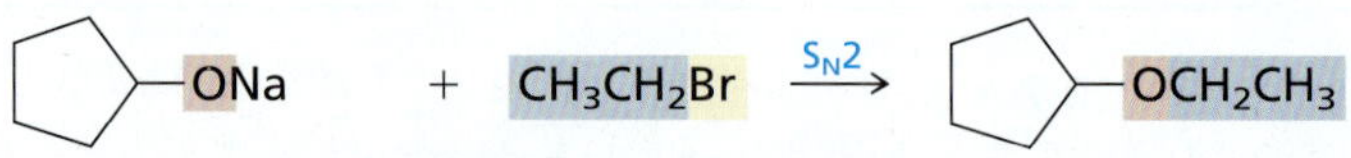

Sodium cyclopentanolate　　Ethyl bromide　　Cyclopentyl ethyl ether

또 다른 방법인 사이클로펜틸 브로마이드(cyclopentyl bromide)와 에톡시화 소듐의 반응은 주된 반응이 제거 반응이기 때문에 적합하지 않다.

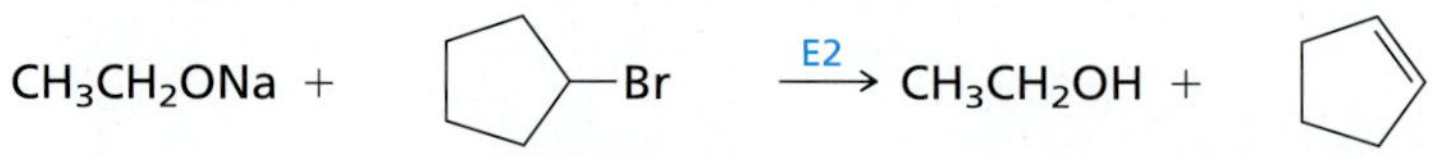

Sodium ethoxide　　Bromocyclopentane　　Ethanol　　Cyclopentene (주 생성물)

Williamson 에터 제조법에서 두 반응물은 알코올에서 유래한다. 알콕시화물의 소듐과 포타슘은 알코올과 적합한 금속과 반응시켜 제조하고, 알킬 할라이드는 대부분 알코올과 할로젠화 수소를 반응시켜 만든다(8.5절).

10.11 에폭시화물의 제법

에폭시화물은 알켄(alkene)과 과산화산(peroxy acid)의 반응을 통해 제조한다. 이것을 **에폭시화 반응**(epoxidation)이라고 한다.

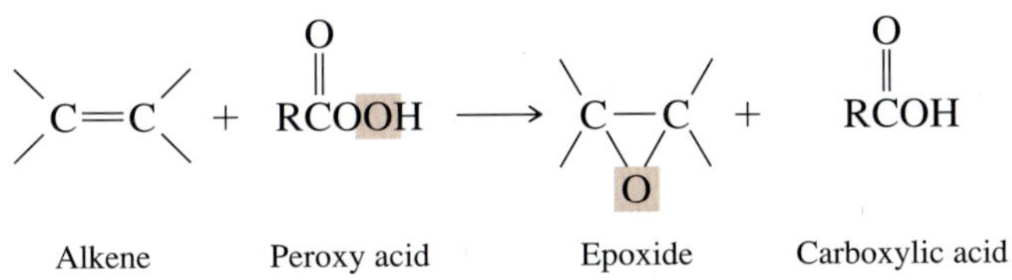

일반적으로 사용하는 과산화산은 과산화아세트산(peroxyacetic acid, CH_3CO_2OH)이다. 과산화아세트산은 보통 아세트산을 용매로 사용하지만, 에폭시화 반응은 다양한 용매에 견딜 수 있으며, 종종 다이클로로메테인 또는 클로로폼에서 반응을 수행한다.

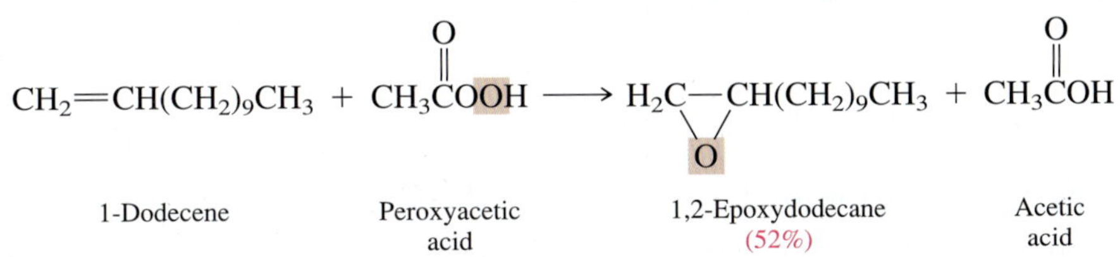

과산화산을 이용한 에폭시화 반응은 이중 결합의 같은 방향으로(syn) 첨가된다. 알켄의 시스(cis) 위치의 치환기들은 에폭시화물의 시스 위치에 남아 있다. 알켄의 트랜스(trans) 위치의 치환기들은 에폭시화물의 트랜스로 남아 있다.

알켄의 에폭시화 반응의 메커니즘은 그림 10.3에 도시된 바와 같이 두 분자의 협동 반응으로 단일 단계로 일어나는 것으로 생각된다.

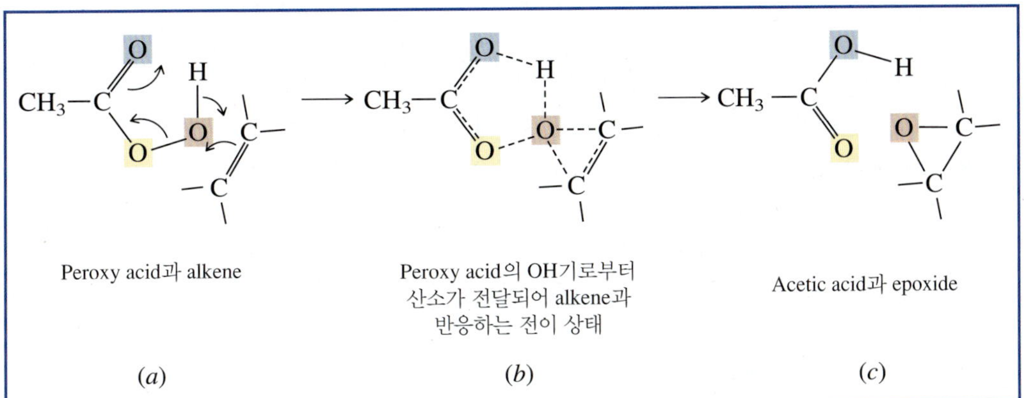

그림 • 10.3 과산화아세트산을 이용한 알켄의 에폭시화 반응의 한 단계 메커니즘. (*a*) 출발 물질인 과산화산은 OH의 양성자가 C═O의 산소에 수소 결합을 하고 있는 배열을 나타낸다. (*b*) 과산화산의 약한 O—O 결합과 에폭시화물의 두 C—O 결합이 동일한 전이 상태를 형성하여 생성물 (*c*)가 만들어진다.

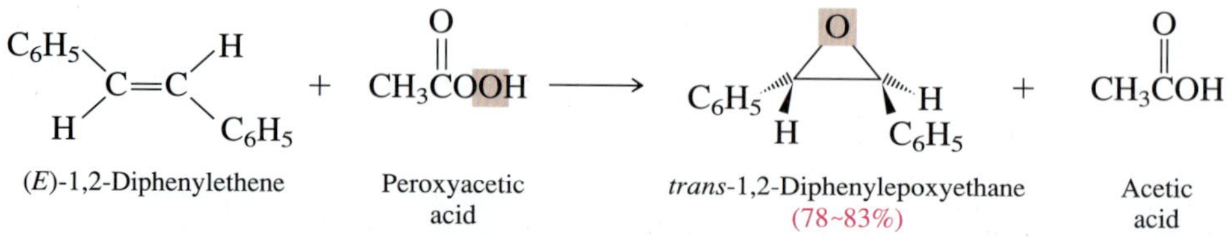

문제 10.9 집시나방 암컷의 성유인 물질인 디스팔루어(disparluare)가 10.8절에 주어져 있다. 에폭시화 반응으로 디스팔루어가 생성될 수 있는 알켄을 그리시오. 이 알켄은 *E*, *Z* 중 어떤 이성질체인가?

10.12 에폭시화물의 반응

다른 에터와 비교하여 가장 특징적인 에폭시화물의 화학적 특성은 친핵성 시약에 높은 반응성을 보이는 것이다. 에폭시화물의 삼각형 고리를 여는 이 반응은 에폭시화물의 각무리를 완화시킨다.

각무리는 에폭시화물의 가장 큰 무리 요인이지만, 인접하는 탄소의 결합을 가려서 생기는 비틀림 무리도 또한 존재한다. 고리를 여는 반응은 이 두 무리를 모두 완화시키는 효과가 있다.

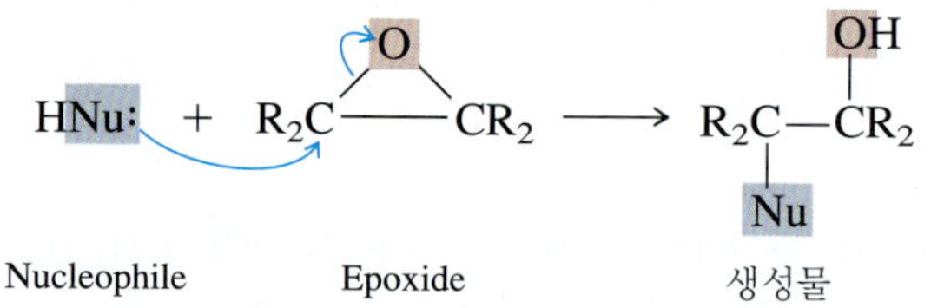

산화 에틸렌(ethylene oxide)은 전형적인 에폭시화물이고, 화학산업에서 다양하게 이용된다(1999년 기준 약 90억 파운드). 이것은 우리에게 익숙한 다양한 최종 생성물을 합성하는 중간 물질로 이용된다. 예를 들어, 자동차 부동액으로 사용되며, 폴리에스터 섬유를 만들 때 사용되는 에틸렌 글라이콜(ethylene glycol)은 산화 에틸렌을 묽은 황산에서 가수분해하여 제조한다.

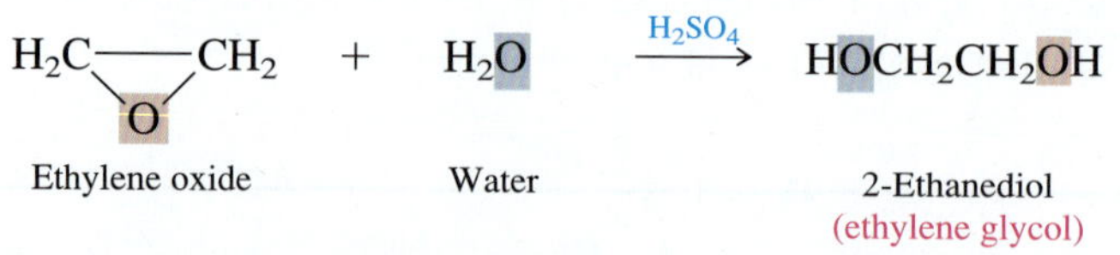

물은 이 반응에서 친핵체로 작용하며, 황산은 촉매로 작용한다.

다른 친핵체도 유사한 방식으로 산화 에틸렌과 반응하여 2번 탄소가 치환된 에탄올 유도체를 합성할 수 있다. 2-에톡시에탄올은 항공유의 결빙 방지제로 사용될 뿐만 아니라 라커용 희석액과 니스 제거제로 사용된다. 이 반응에서 친핵체는 에탄올이다.

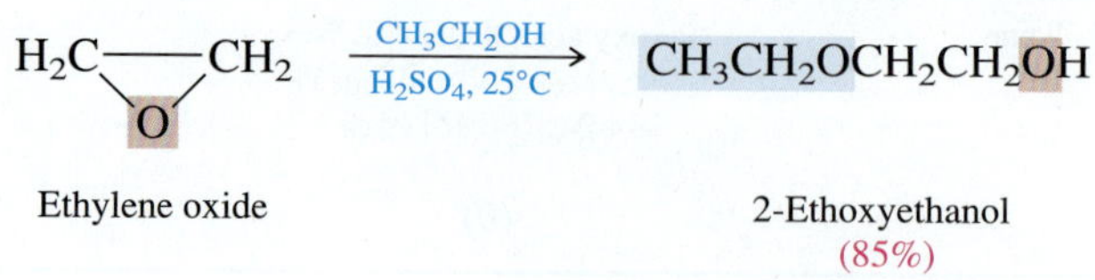

에폭시화물과 화학적 발암물질

에폭시화물은 특정한 발암유발 화학 물질과 세포가 반응하는 데 중요한 역할을 하는 것 같다. 화학적 발암에서 중요한 단계는 세포의 친핵체가 친핵성 첨가 반응을 하는 단계이다. 많은 발암유발 물질은 몸 안에서 에폭시화물을 형성한다. 이들 에폭시화물은 세포의 친핵체와 반응한다. 반응성이 없는 물질이 활성이 높은 물질로 전환되는 과정을 **생물활성화**(bioactivation)라고 한다.

예를 들면, 벤조[*a*]피렌(benzo[*a*]pyrene)은 에폭시화물을 형성하여 생물활성화된다. 이것은 7.4절의 상자 속 에세이에서 언급하였다. 또 다른 예는 벤젠이다.

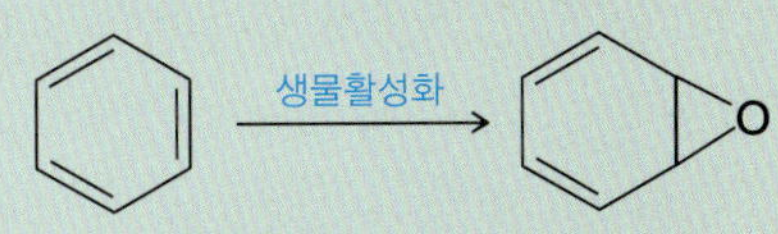

벤젠에서 나타나는 대사 반응은 정상적인 세포의 대사 반응과 유사하기 때문에 발암에 대한 연구가 어렵다. 타이로신(tyrosine)과 같은 천연 페놀의 생합성은 에폭시화물 중간체 합성을 포함한다. 그러나 이들 반응은 암을 일으키지 않는다.

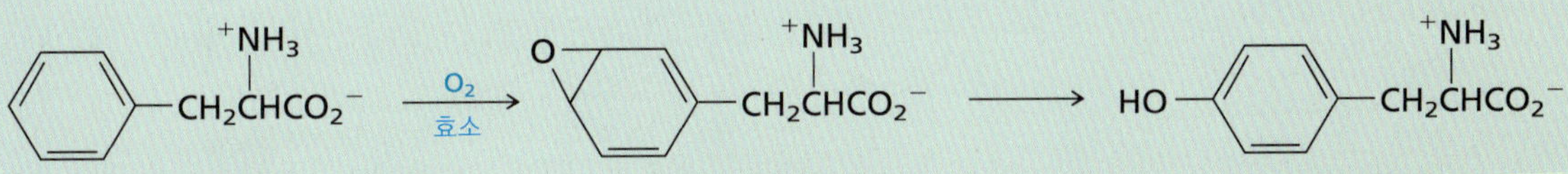

Phenylalanine　　Epoxide 중간체　　Tyrosine

산화 에틸린과 암모니아 수용액(암모니아가 친핵체)을 반응시키면 2-아미노에탄올을 만들 수 있다. 이것은 부식 방지제와 일부 페인트의 유화제로 사용된다.

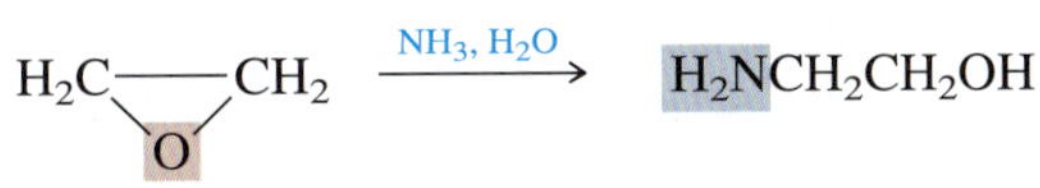

Ethylene oxide　　2-Aminoethanol

문제 10.10 라카 용제와 니스 제거제로 이용는 뷰틸 셀로솔브(butyl cellosolve)는 산화 에틸렌과 1-뷰탄올의 반응으로 합성한다. 생성물의 구조를 그리시오.

10.13 페놀의 소개: 명명법

페놀은 하이드록시기가 벤젠 고리에 직접 연결되어 있는 화합물이다. 모체 화합물을 간단히 **페놀**(phenol)이라고 한다. 다양한 페놀 유도체의 관용명은 IUPAC 체계에서도 사용할 수 있다. 예를 들어, *o*-, *m*-, *p*-메틸페놀(methylphenol)은 **크레솔**(cresol)이라고 한다. 더 많이 치환된 화합물은 페놀 유도체로 명명한다. 고리의 번호는 하이드록시기로 치환된 탄소에서 시작하고, 다음의 치환된 탄소의 번호가 점점 작아지도록 매긴다. 치환기는 알파벳순으로 나타낸다.

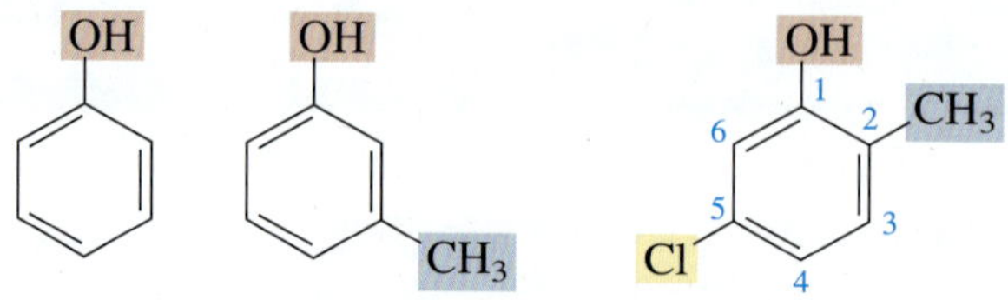

Phenol *m*-Cresol 5-Chloro-2-methylphenol

벤젠의 세 다이하이드록시 유도체는 각각 1,2-, 1,3-, 1,4-벤젠다이올로 명명하지만, 이들은 관용명으로 더 잘 알려져 있다.

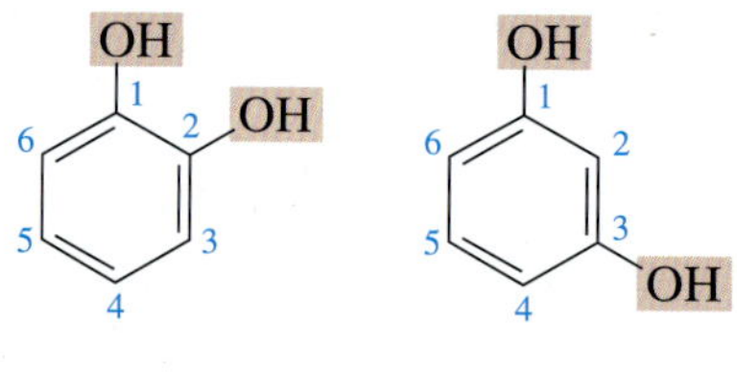

1,2-Benzenediol (pyrocatechol) 1,3-Benzenediol (resorcinol) 1,4-Benzenediol (hydroquinone)

파이로카테콜(Pyrocatechol)은 종종 **카테콜**(catechol)이라고도 한다.

문제 10.11 다음의 각 화합물의 구조식을 쓰시오.

(a) 1,2,3-벤젠트라이올[1,2,3-Benzenetriol; 파이로갈롤(pyrogallol), 사진 현상액]
(b) 2,4,6-트라이나이트로 페놀[2,4,6-Trinitrophenol; 피크르산(picric acid), 폭약]
(c) 2,4,5-트라이클로로페놀(2,4,5-Trichlorophenol; 살충제 합성에 사용되는 물질)

풀이 (a) 파이로갈롤은 1,2,3-벤젠트라이올의 관용명이다. 세 하이드록시기는 벤젠 고리에서 인접한 위치에 있다.

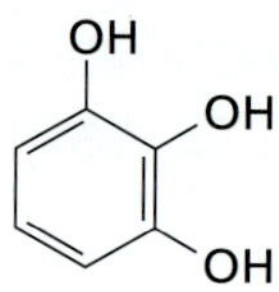

1,2,3-Benzenetriol (pyrogallol)

10.14 합성 페놀 및 천연 페놀 유도체

페놀과 크레솔은 방부제로, 이들의 묽은 용액은 집안을 소독하는 데 사용된다. 라이솔(Lysol)은 상표명의 하나이다. 페놀은 또한 진통제인 아스피린과 살충제인 2,4-D의 합성에 출발 물질로 사용된다. 펜타클로로페놀(pentachlorophenol)은 목재 방부제로 사용된다.

그림 • 10.4
몇 가지 천연 페놀

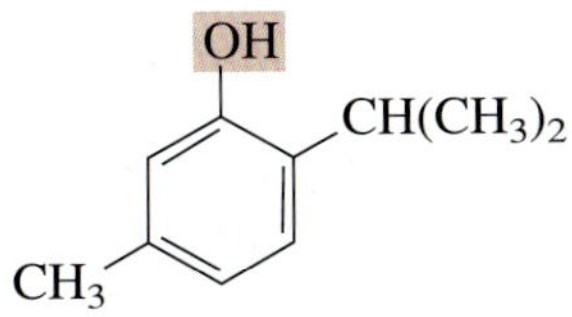

Thymol
(백리향 기름의 주성분)

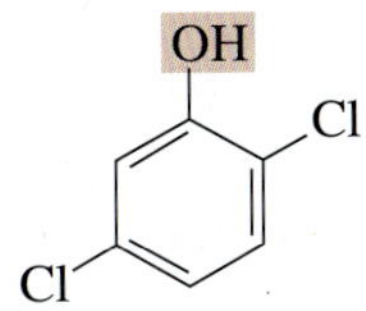

2,5-Dichlorophenol
(메뚜기종의 방어 분비물에서 분리)

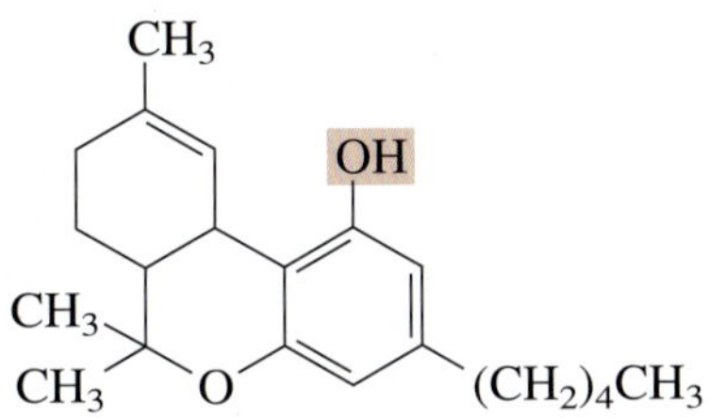

Δ^9-Tetrahydrocannabinol
(마리화나의 활성 성분)

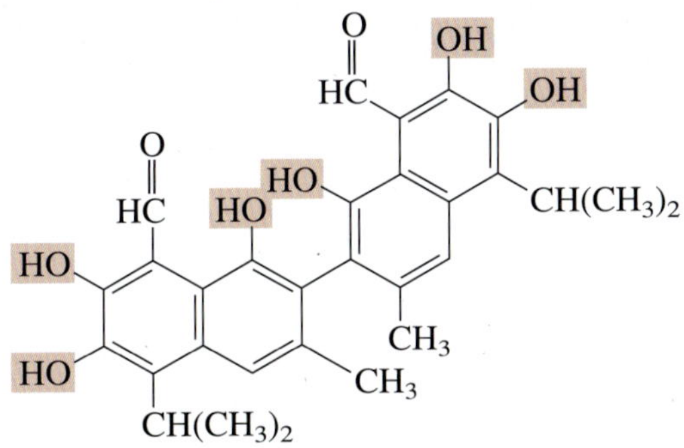

Gossypol
(미국에서 면실유 생산의 부산물로 매년 10^9파운드가 얻어진다.)

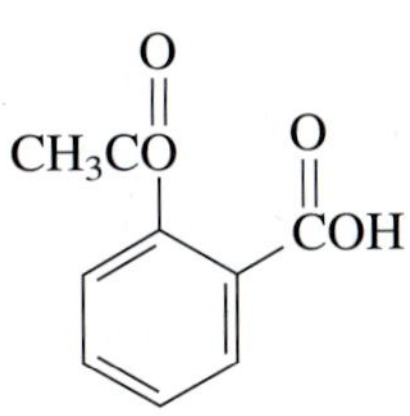

Aspirin
(Acetylsalicylic acid)

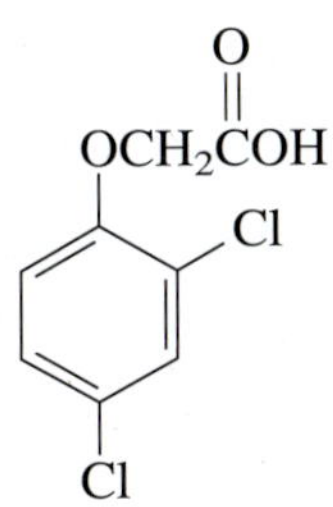

2,4-D
(2,4-Dichloro-phenoxyacetic acid)

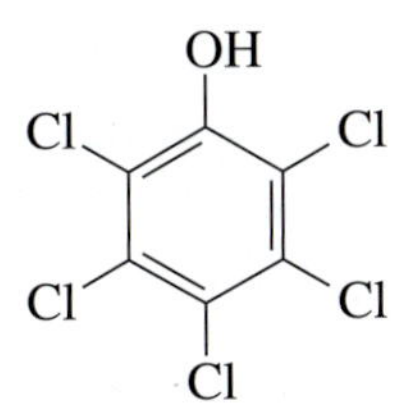

Pentachlorophenol

페놀류의 화합물은 흔한 천연물이며, 동물과 식물에서 발견된다. 그림 10.4에서 나타낸 바와 같이 페놀기는 화학적으로 매우 다른 분자들의 구성 성분이다.

10.15 페놀의 산성도

페놀의 가장 큰 특징은 산성도이다. 페놀은 일반 알코올에 비해 10^6~10^8 정도 산성도가 높다. 알코올의 K_a값이 대략 10^{-16}~10^{-18}(pK_a 16~18) 정도이지만 페놀의 K_a값은 10^{-10}(pK_a 10)임을 기억하라.

페놀이 알코올보다 높은 산성도를 가지는 이유를 이해하기 위해서 페놀과 에탄올의 이온 평형을 비교해 보자. 특히 에톡사이드 이온(ethoxide ion)과 페녹사이드 이온

페놀은 Joseph Lister가 1865년에 경미한 외과수술로도 생명을 잃을 수 있는 수술 후 세균 감염을 방지하기 위해 방부제로 도입하였을 때 산성도 때문에 카볼산(carbolic acid, 석탄산)으로 알려졌다.

(phenoxide ion)의 전하 비편재화의 차이에 대해서 고려해 보자. 에톡사이드 이온의 음전하는 모두 산소에 편재되어 있다.

$$\underset{\text{Ethanol}}{CH_3CH_2\ddot{O}-H} \rightleftharpoons \underset{\text{Proton}}{H^+} + \underset{\text{Ethoxide ion}}{CH_3CH_2\ddot{O}:^-} \qquad K_a = 10^{-16}\ (pK_a = 16)$$

페녹사이드 이온은 벤젠 고리로 전자가 비편재화되어 안정하다.

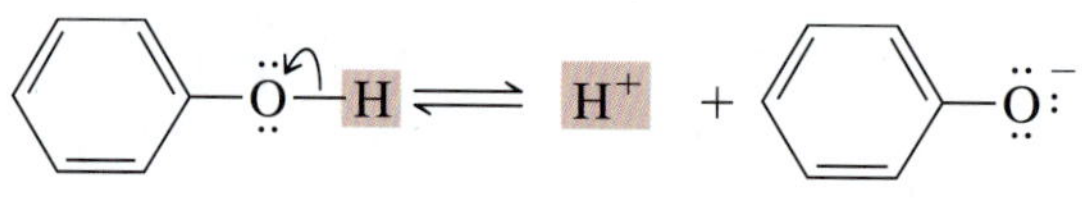

$K_a = 10^{-10}$ ($pK_a = 10$)

Phenol   Proton   Phenoxide ion

페녹사이드 이온의 전자 비편재화는 다음의 공명 구조로 나타내었다.

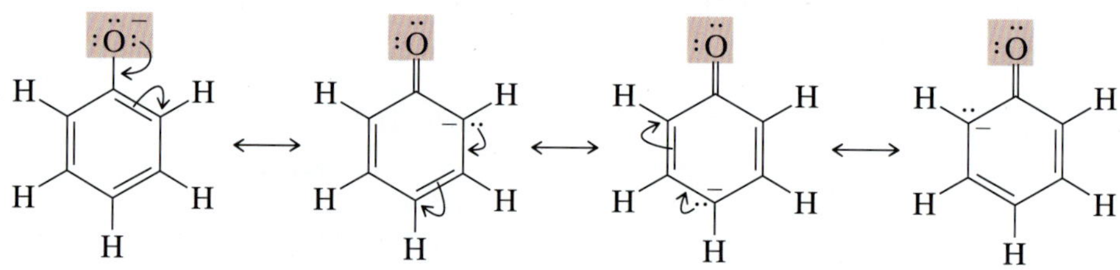

페녹사이드 이온의 음전하는 산소와 산소에 대해 오쏘와 파라 위치에 있는 탄소가 공유한다. 음이온의 비편재화는 페녹사이드 이온을 강하게 안정화한다.

표 10.4에 나타낸 것과 같이, 대부분의 페놀은 이온화 상수가 페놀 자체의 이온화 상수와 같다. 알킬 치환기는 전기음성도가 약한 작용기와 마찬가지로 산성도에 있어 큰 차이를 만들지는 않는다. 나이트로기처럼 치환기가 강하게 전자를 당길 때만 산도

크레솔은 메틸기가 치환된 페놀 유도체임을 기억하라(10.13절).

표 10.4 일부 페놀의 산성도

화합물명	이온화 상수 K_a	pK_a
단일치환 페놀		
페놀(Phenol)	1.0×10^{-10}	10.0
o-크레솔(*o*-Cresol)	4.7×10^{-11}	10.3
m-크레솔(*m*-Cresol)	8.0×10^{-11}	10.1
p-크레솔(*p*-Cresol)	5.2×10^{-11}	10.3
o-메톡시페놀(*o*-Methoxyphenol)	1.0×10^{-10}	10.0
m-메톡시페놀(*m*-Methoxyphenol)	2.2×10^{-10}	9.6
p-메톡시페놀((*p*-Methoxyphenol)	6.3×10^{-11}	10.2
o-나이트로페놀(*o*-Nitrophenol)	5.9×10^{-8}	7.2
m-나이트로페놀(*m*-Nitrophenol)	4.4×10^{-9}	8.4
p-나이트로페놀(*p*-Nitrophenol)	6.9×10^{-8}	7.2
다이-(*di*-)와 트라이나이트로 페놀		
2,4-다이나이트로페놀(2,4-Dinitrophenol)	1.1×10^{-4}	4.0
3,5-다이나이트로페놀(3,5-Dinitrophenol)	2.0×10^{-7}	6.7
2,4-트라이나이트로페놀(2,4,6-Trinitrophenol)	4.2×10^{-1}	0.4

의 변화가 나타난다. *o*-, *p*-나이트로페놀의 이온화 상수는 페놀보다 수백 배 크다. *o*-, *p*-나이트로기는 페녹사이드 이온의 음전하의 일부를 자신의 산소와 나누어 페녹사이드 이온을 안정화시킨다.

o-나이트로페녹사이드 이온에서 전자 비편재화:

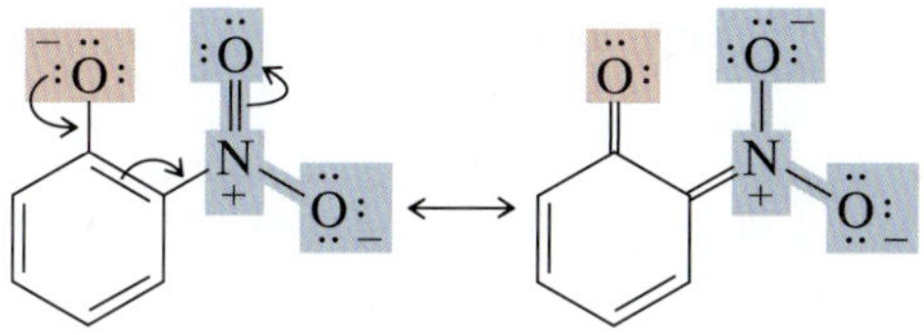

p-나이트로페녹사이드 이온에서 전자 비편재화:

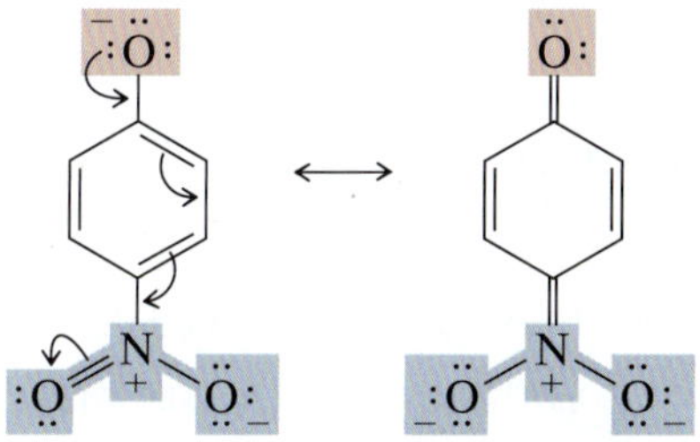

메타-나이트로기는 페녹사이드 이온과 콘쥬게이션하지 않기 때문에 페녹사이드 이온을 크게 안정화시키지는 않는다. *m*-나이트로페놀은 페놀보다는 산도가 크지만 *o*-, *p*-나이트로페놀보다는 산성도가 크지 않다.

문제 10.12 2,4,6-트라이나이트로 페놀과 2,4,6-트라이메틸 페놀 중 산성도가 큰 것은 어느 것인가? 산성도가 큰 화합물은 pK_a가 0.4이고, 피크르산으로 알려져 있다. 이 화합물의 산성도가 큰 이유를 설명하시오.

10.16 페놀의 반응: 아릴 에터의 제법

아릴 에터는 Williamson 제법으로 잘 만들어진다(10.10절). 페녹사이드 이온을 알킬 할라이드와 반응 시켰을 때, 페놀의 하이드록시 산소의 알킬화 반응이 쉽게 일어난다.

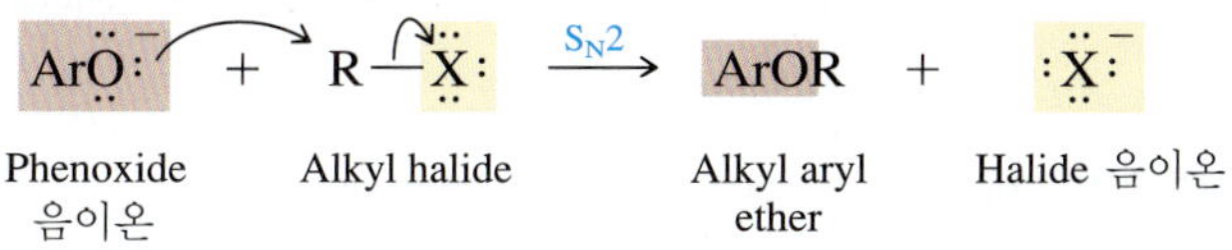

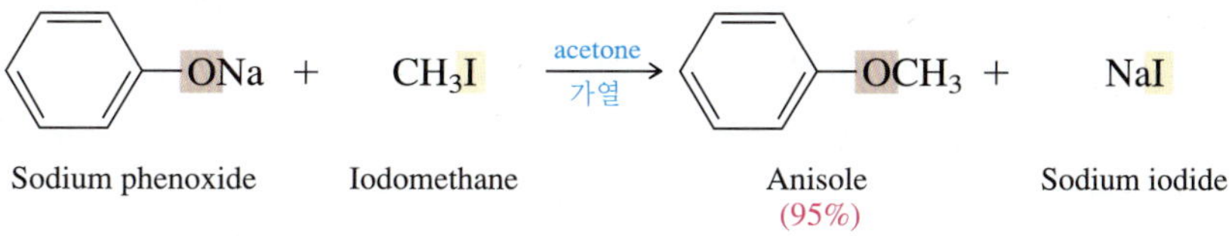

합성을 수행할 때, 페놀과 알킬 할라이드 용액을 탄산 포타슘과 같은 염기 존재하에서 열을 가하여 진행한다.

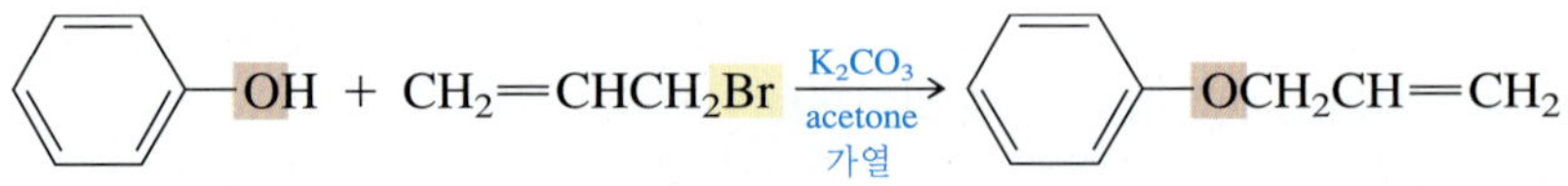

Phenol　Allyl bromide　Allyl phenyl ether (86%)

알킬 할라이드는 S_N2 과정으로 쉽게 반응해야 한다. 따라서 메틸, 일차 알킬 할라이드가 알킬화 반응 시약으로 효과적이다. 이차 알킬 할라이드가 사용되면 제거 반응이 경쟁 반응으로 진행되고, 삼차 알킬 할라이드는 제거 반응만이 관찰된다.

10.17 페놀의 산화: 퀴논

페놀은 알코올보다 쉽게 산화되며, 이들 산화 반응에 많은 종류의 무기 산화제가 이용된다. 페놀의 산화 반응에는 1,2-벤젠다이올(파이로카테콜)과 1,4-벤젠다이올(하이드로퀴논) 유도체를 사용한다. 이런 유형의 화합물은 산화 은(silver oxide) 또는 크로뮴산과 같은 산화제와 반응시키면 **퀴논**(quinone)이라는 콘쥬게이션된 다이카보닐 화합물이 생성된다.

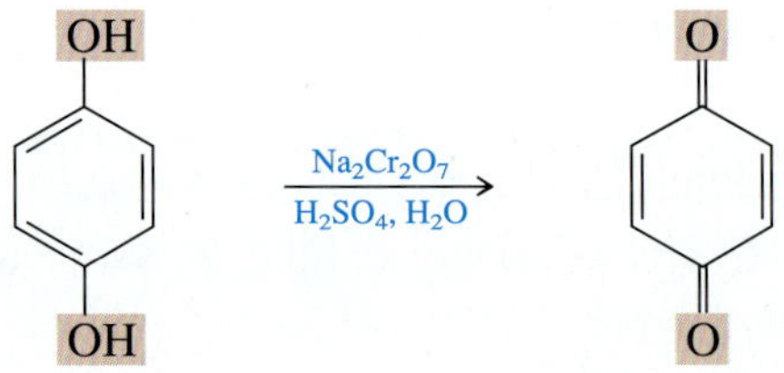

Hydroquinone　*p*-Benzoquinone (76–81%)

산화 은은 약한 산화제이다.

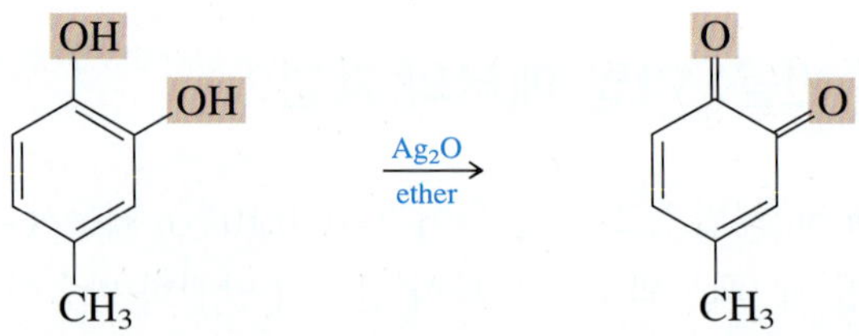

4-Methylpyrocatechol (4-methyl-1,2-benzenediol)　4-Methyl-1,2-benzoquinone (68%)

퀴논은 색이 있다. 예를 들어, *p*-벤조퀴논(*p*-benzoquinone)은 노란색이다. 많은 퀴논류는 자연계에 존재하며, 염료로 사용된다. **알리자린**(alizarin)은 꼭두서니(madder) 식물의 뿌리에서 추출되는 붉은색 색소이다. 1868년 콜타르 유도체인 안트라센(anthracene)으로부터 알리자린이 합성되었는데, 이것은 합성 염료 산업의 발전에 중요한 계기가 되었다.

에이전트 오렌지와 다이옥신

한때 제초제로 널리 사용되던 2,4,5-트라이클로로페녹시아세트산(2,4,5-trichlorophenoxyaceticacid, 2,4,5-T)은 2,4,5-트라이클로로페놀(2,3,4-trichlorophenol)과 클로로아세트산(chloroacetic acid)의 반응으로 제조하였다.

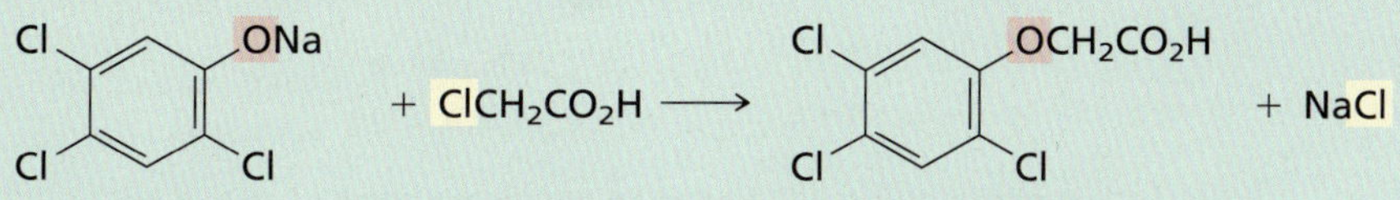

반응 물질인 2,4,5-트라이클로로페놀은 제조할 때, 항상 소량의 다이아릴 에터인 2,3,7,8-테트라 클로로벤조-*p*-다이옥신[2,3,7,8-tetrachlorobenzo-*p*-dioxin, **다이옥신**(dioxin)으로 알려져 있음]에 오염되어 있다.

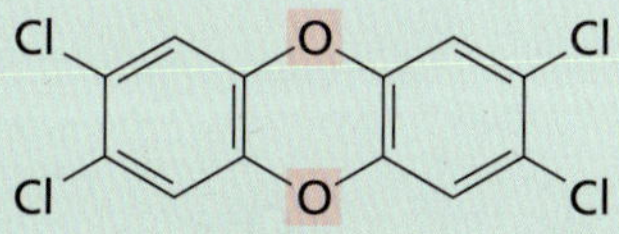

2,3,7,8-Tetrachlorodibenzo-*p*-dioxin
(dioxin)

다이옥신은 2,4,5-트라이클로로페놀이 2,4,5-T로 전환될 때도 함께 이동하여 2,4,5-T를 식물에 살포할 때 주변 환경을 오염시킨다. 일반적으로 2,4,5-T에는 다이옥신이 매우 소량 들어 있다. **에이전트 오렌지**(agent orange, 베트남전에 대규모로 살포된 2,4,5-T-기반 고엽제)에는 2ppm의 다이옥신이 들어 있다.

동물 실험 결과 다이옥신은 지금까지 알려진 물질 중 가장 독성이 강한 것으로 알려졌다. 쥐를 대상으로 실험한 결과 다이옥신은 스트라이크닌(strychnine)보다 독성이 2000배 강하고, 사이안화 소듐보다 독성이 약 150,000배 강한 것으로 알려졌다. 다행인 것은, 인간은 실험 동물에 비해 다이옥신에 대해 좀 더 저항력이 크며, 현재까지는 다이옥신으로 인간을 죽음에 이르게 한다는 직접적인 증거는 없다. 현재까지 나타난 가장 두드러진 단기 증상은 **염소좌창**(chloracne)이라고 하는 심각한 피부 질환이다. 그러나 장기적인 증상 또한 규명되어야 한다. 1991년에 검토한 다이옥신에 노출된 근로자의 건강 기록을 보면, 대조군에 비해 암 발생이 15% 증가한 것으로 나타났다. 높은 농도의 다이옥신에 장기간 노출된 근로자는 대조군에 비해 특히 육종(soft-tissue sarcoma)으로 사망할 확률이 50% 높은 것으로 나타났다.

1979년 이래 미국 내에서 2,4,5-T의 사용은 금지되었다.

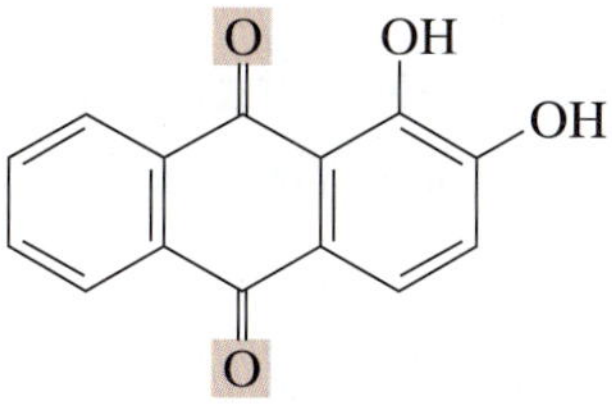

Alizarin

안트라센 고리 시스템 기반의 퀴논을 **안트라퀴논**(anthraquinone)이라고 한다. 알리자린은 **안트라퀴논 염료**(anthraquinone dye)의 일종이다.

하이드로퀴논과 벤조퀴논을 연결하는 산화-환원 반응은 한 개의 전자 전달 과정이 두 번 반복되며 빠르게 가역적으로 일어난다. 이 반응의 신속한 가역성은 퀴논이 세포 내 호흡 과정에 중요한 역할을 한다. 호흡 과정은 유기체가 산소를 이용하여 음식물을 이산화 탄소, 물, 에너지로 전환하는 과정으로, 빠른 퀴논의 산화-환원이 중요하다. 전자는 기질 분자로부터 산소로 직접 전달되는 것이 아니라 연속적인 산화-환원 반응을 포함한 **전자-전달계**(electron-transport chain)를 거쳐 전달된다. 전자-전달계의 가장 주요한 요소는 **유비퀴논**(ubiquinone) 또는 보조효소 Q라고 알려진 물질이다.

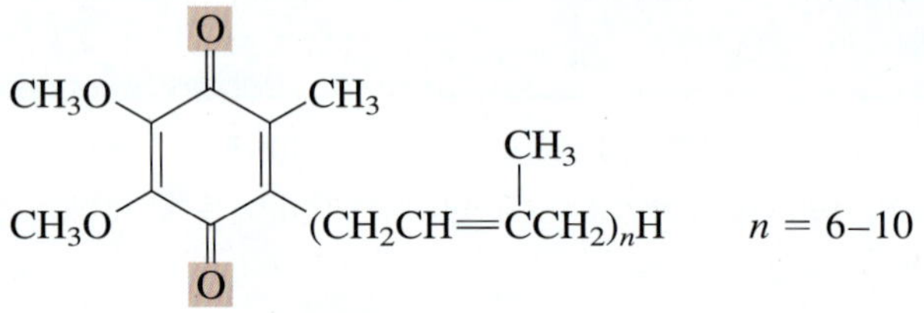

Ubiquinone
(보조효소 Q)

유비퀴논(*ubiquinone*)이란 명칭은 **유비쿼터스 퀴논**(*ubiquitous quinone*)을 줄여서 만든 용어이며, 모든 세포에 들어 있다는 뜻이다. 곁사슬의 길이는 유기체의 종류에 따라서 다르다. 척추동물에서 가장 일반적인 형태는 $n = 10$이며, 효모와 식물에서는 $n = 6$에서 9이다.

또 다른 생리학적으로 중요한 퀴논은 비타민 K이다. 여기서 "K"는 *koagulation* (덴마크어)의 약자이며, 이 물질은 혈액의 정상적인 응고에 필요하다고 확인되었다.

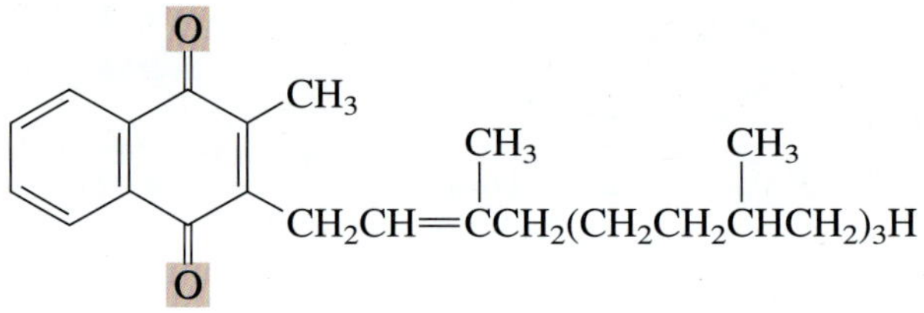

Vitamin K

일부 비타민 K는 음식으로 섭취가 되기도 하지만, 사람이 필요로 하는 많은 부분은 장내균총에 의해서 생성된다.

장내균총(interstinal flora)은 대장에서 서식하는 세균과 효모, 균류를 총칭하는 용어이다.

학습목표

이 장에서는 네 가지 종류의 유기 화합물(알코올, 싸이올, 에터, 페놀)의 화학적 물리적 특성에 중점을 두었다. 이 장에서 배운 기술로 여러분은 다음과 같은 것을 할 수 있다.

- 유기 화합물의 산화 환원을 설명할 수 있다.
- 일차 알코올에서 알데하이드, 또는 카복실산으로 산화되는 화학식을 적을 수 있다.
- 이차 알코올에서 케톤으로 산화되는 화학식을 적을 수 있다.
- 싸이올의 구조와 체계명을 적을 수 있다.
- 에터 또는 에폭시화물의 체계명을 적을 수 있다.
- Williamson법으로 에터를 합성하는 화학식을 적을 수 있다.
- 에폭시화물과 친핵체와의 반응 생성물을 예상할 수 있다.
- 페놀 유도체의 체계명을 적을 수 있다.
- 페놀 유도체의 산성도를 설명할 수 있다.
- 1,4-벤젠다이올의 산화에 의해 퀴논을 합성하는 화학식을 적을 수 있다.

10.18 요약

이 장에서는 네 가지 종류의 유기 화합물인 알코올, 싸이올, 에터, 페놀을 공부하였다.

알코올은 대부분 촉매 존재하의 수소화 반응 또는 수소화붕소 소듐 또는 수소화 알루미늄 리튬과 같은 금속 수소화물 시약에 의해 카보닐기를 환원하여 제조한다. 일차 알코올은 알데하이드로부터 제조하며, 이차 알코올은 케톤으로부터 제조한다 (10.3절).

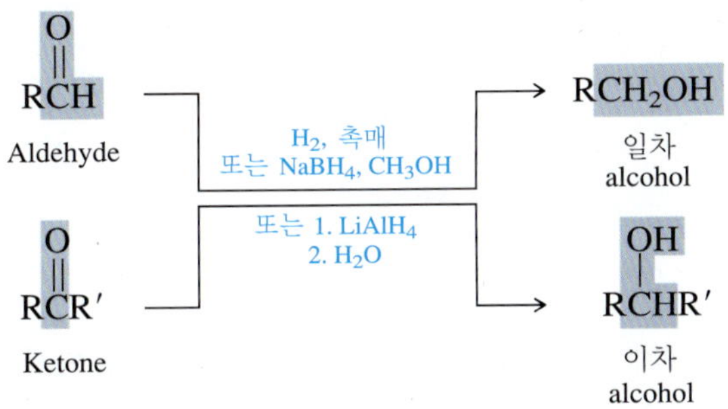

일차와 이차 일코올은 카보닐 화합물의 합성에 반응물로 사용될 수 있다(10.5절). 생성물이 알데하이드, 케톤, 카복실산인지는 산화되는 알코올의 종류와 산화 반응 조건에 따라 결정된다. 표 10.5는 이런 반응을 요약하였다.

싸이올(thiol)은 RSH류의 화합물이다(10.6절). 싸이올은 알코올보다 산성도가 크며, 수용액상의 염기에 의해 쉽게 양성자가 제거된다(10.7절). 싸이올은 이황화물 (RSSR), 설펜산(RSOH), 설핀산(RSO_2H), 설폰산(RSO_3H)으로 산화된다.

표 10.5 알코올의 산화

종류	생성물	적합한 산화제
RCH_2OH 일차	O ‖ RCH 알데하이드	PCC* PDC
RCH_2OH 일차	O ‖ RCOH 카복실산	$Na_2Cr_2O_7$, H_2SO_4, H_2O H_2CrO_4
RCHR′ | OH 이차	O ‖ RCR′ 케톤	PCC PDC $Na_2Cr_2O_7$, H_2SO_4, H_2O, H_2CrO_4

* PCC는 피리디늄 클로로크로메이트, PDC는 피리디늄 다이크로메이트이다. 두 화합물은 모두 다이클로로메테인을 용매로 사용한다.

에터(ether)는 C—O—C 결합을 포함하는 화합물이다(10.8절). 에터는 IUPAC 규칙으로는 알케인의 양쪽 **알콕시**(alkoxy) 유도체로 명명하거나, 각 결합기를 별도로(알파벳순) 명명하고, 제일 뒤에 에터를 붙여 명명한다(10.9절).

$$CH_3OCH_2CH_2CH_2CH_2CH_2CH_3$$

1-Methoxyhexane
(hexyl methyl ether)

에폭시화물(Epoxide)은 보통 알케인의 **에폭시**(epoxy) 유도체로 명명한다.

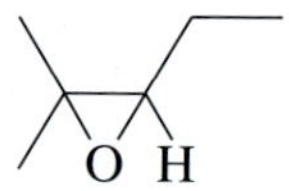

2-Methyl-2,3-epoxypentane

에터는 Williamson 에터 합성법으로 제조한다(10.10절). 알콕사이드 이온은 S_N2 반응을 통해 할라이드 이탈기와 치환된다.

$$\underset{\text{Alkoxide ion}}{RO^-} + \underset{\text{일차 alkyl halide}}{R'CH_2X} \longrightarrow \underset{\text{Ether}}{ROCH_2R'} + \underset{\text{Halide ion}}{X^-}$$

$$\underset{\text{Sodium isobutoxide}}{(CH_3)_2CHCH_2ONa} + \underset{\text{Ethyl bromide}}{CH_3CH_2Br} \longrightarrow \underset{\text{Ethyl isobutyl ether (66\%)}}{(CH_3)_2CHCH_2OCH_2CH_3} + \underset{\text{Sodium bromide}}{NaBr}$$

이 반응은 메틸 또는 일차 알킬 할라이드와 가장 잘 반응한다. 알킬 할라이드가 이차 또는 삼차인 경우에는 제거 반응이 주된 반응으로 일어난다.

에폭시화물은 알켄과 과산화산으로부터 에폭시화 반응에 의해 제조한다(10.11절).

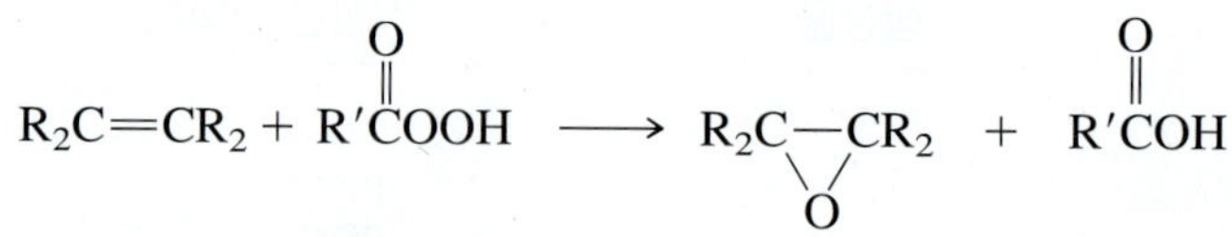

Alkene Peroxy acid Epoxide Carboxylic acid

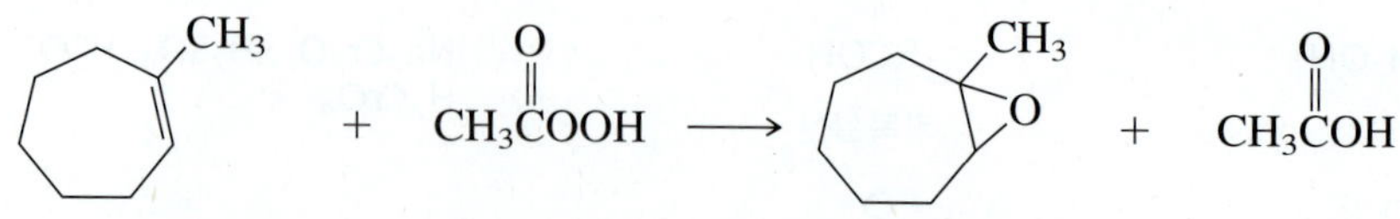

1-Methylcycloheptene Peroxyacetic acid 1-Methyl-1,2-epoxycycloheptane (65%) Acetic acid

에폭시화물은 친핵체와 반응하여 삼원자 고리가 열린 생성물을 형성한다(10.12절).

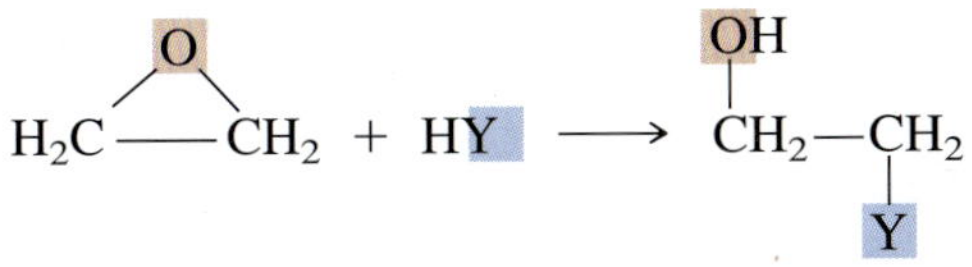

페놀은 페녹사이드 이온의 음전하가 방향족 고리 안으로 비편재화되기 때문에 알코올보다 산성도가 크다(10.15절). 보통 K_a값은 약 10^{-10}(pK_a=10)이다.

$$\mathrm{ArOH} \rightleftharpoons \mathrm{H^+} + \mathrm{ArO^-}$$

Phenol　　Phenoxide 음이온

페놀과 염기를 반응시켜 제조한 페녹사이드 이온은 알킬 할라이드와 반응하여 알킬 아릴 에터를 합성한다(10.16절).

$$\mathrm{ArO^-} + \mathrm{RX} \longrightarrow \mathrm{ArOR} + \mathrm{X^-}$$

Phenoxide 음이온　　Alkyl halide　　Alkyl aryl ether　　Halide 음이온

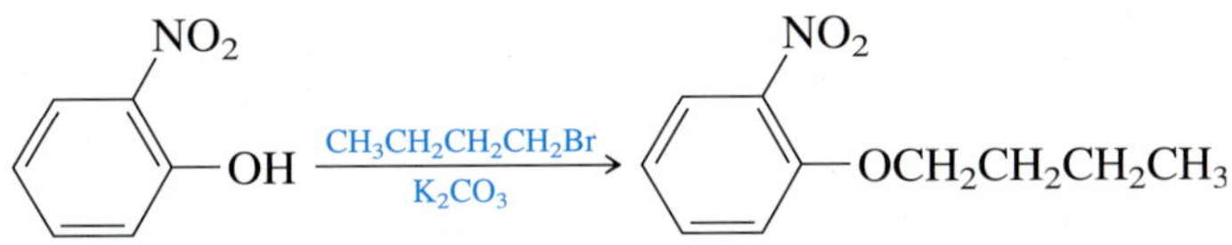

o-Nitrophenol　　Butyl *o*-nitrophenyl ether (75~80%)

1,4-벤젠다이올의 산화는 색을 띠는 퀴논이라는 물질을 생성한다(10.17절).

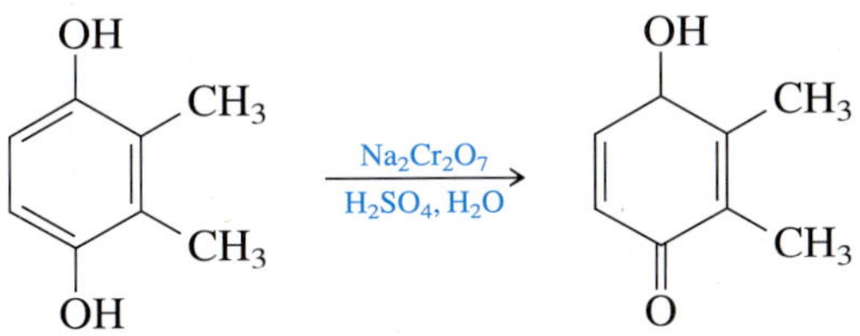

보충문제

알코올: 합성과 반응

10.13 1-뷰탄올(1-butanol)을 제조하기 위해 다음의 시약을 이용하여 화학 반응식을 쓰시오.

(a) 수소화붕소 소듐으로 환원

(b) 수소화 알루미늄 리튬으로 환원

(c) 촉매 수소첨가 반응

(d) 알킬 할라이드의 친핵성 치환 반응

10.14 문제 10.13의 (a)~(c)를 사이클로헥산올 제조에 반복하시오.

10.15 1-뷰탄올(1-butanol)을 다음의 시약과 반응하여 생성되는 주 생성물의 구조를 나타내시오.

(a) CH_2Cl_2에서 PCC
(b) $K_2Cr_2O_7$, H_2SO_4, H_2O
(c) 아마이드화 소듐(Sodium amide, $NaNH_2$)

10.16 문제 10.15를 2-뷰탄올(2-butanol)을 반응물로 반복하시오.

10.17 1-헥산올(1-hexanol)을 다음의 화합물로 전환하는 적당한 화학식을 쓰시오.

(a) 헥산알(Hexanal) $CH_3CH_2CH_2CH_2CH_2\overset{\overset{\displaystyle O}{\|}}{C}H$

(b) 헥산산(Hexanoic acid) $CH_3CH_2CH_2CH_2CH_2\overset{\overset{\displaystyle O}{\|}}{C}OH$

10.18 $C_5H_{12}O$의 이성질 알코올 중 어떤 것이 수소화붕소 소듐과 카보닐 화합물의 반응으로 제조할 수 있는가?

10.19 2-메틸프로페인(2-methylpropane)으로부터

$$RH \xrightarrow[\text{빛 또는 가열}]{Br_2} RBr \xrightarrow{KOH} ROH$$

2-메틸-2-프로판올(2-methyl-2-propanol)을 합성하는 다음 경로의 실현 가능성을 평가하시오.

10.20 다음 반응물을 사용하여 1-페닐 메탄올(1-phenyl ethanol) $C_6H_5\underset{\underset{\displaystyle OH}{|}}{C}HCH_3$를 합성하는 화학식을 쓰시오.

(a) 아세토페논(Acetophenone) $C_6H_5\overset{\overset{\displaystyle O}{\|}}{C}CH_3$ (b) 벤젠(Benzene)

에터와 에폭시화물

10.21 분자식 $C_5H_{12}O$에 해당하는 에터의 구성 이성질체를 모두 적고, 해당 구조의 이름을 명명하시오.

10.22 다이에틸 에터를 포함한 대부분의 에터는 마취제 효과가 있다. 간단한 에터는 가연성이 크므로, 의료용으로는 비연소성인 할로젠 치환된 에터를 사용한다. 아이소플루레인(isoflurane)과 엔플루레인(enflrane)이 그 예에 해당한다. 이들 화합물은 서로 이성질체 관계이 있다. 아이소플루레인은 1-클로로-2,2,2-트라이플루오로에틸 다이플루오로메틸 에터(1-chloro-2,2,2-trifluoroethyl difluoromethyl ether)이며, 엔플루레인은 2-클로로-1,1,2-트라이플루오로에틸 다이플루오로메틸 에터(2-chloro-1,1,2-trifluoroethyl difluoromethyl ether)이다. 아이소플루레인과 엔플루레인의 구조를 쓰시오.

10.23 10.8절의 집시나방 페로몬인 디스팔루어의 체계명을 나타내시오.

10.24 무연 휘발류의 옥탄가는 *tert*-뷰틸 메틸 에터(상업적으로 MTBE)를 소량 첨가하여 높인다. MTBE는 지하수 오염으로 논란의 대상이 되고 있다. 이 물질의 구조를 쓰고, 알킬 할라이드와 알코올로부터 Williamson법으로 제조하는 방법을 나타내시오.

10.25 Williamson법으로 다음 에터를 제조하는 방법을 나타내시오.

(a) $CH3CH_2OCH_2CH_3$ (b) $CO_3OCH_2CH_2CH_3$ (두 가지 방법)

10.26 다음 방법으로 합성하여 생성되는 주 생성물 A~D의 구조를 쓰시오.

(a) 2-메틸-1-뷰텐(2-Methyl-1-butene) + $H_2O \xrightarrow{H^+}$ A

(b) A + $NaNH_2 \longrightarrow$ B (B는 A의 짝염기)

(c) $C_6H_5CH_2OH$ + HBr $\longrightarrow$ C

(d) B + C $\longrightarrow$ D

10.27 다음 반응의 주 생성물을 예측하시오. 입체화학도 필요하면 나타내시오.

(a) $CH_3CH{=}CHCH_2Cl + (CH_3)_3CO^-K^+ \longrightarrow$

(b) CH_3CH_2I +

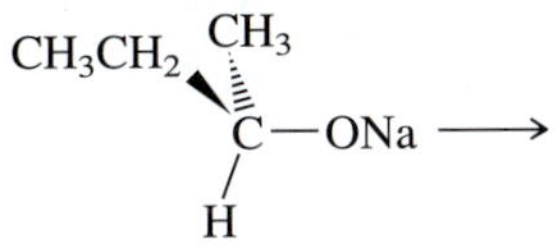

(c)

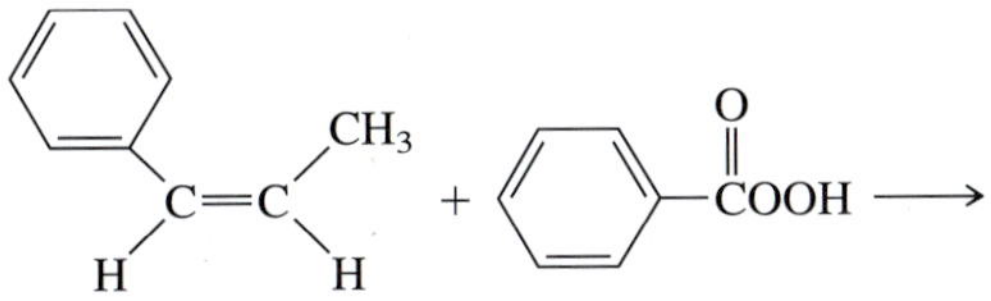

(d)

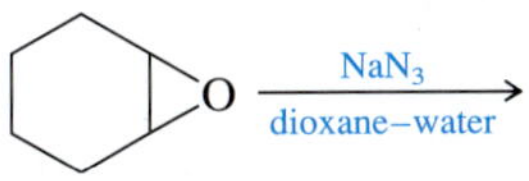

페놀과 아릴 에터

10.28 몇 가지 페놀과 아릴 에터에 대해서는 IUPAC 규칙에서 관용명을 사용할 수 있다. 이들 관용명은 아래에 체계명과 함께 나타내어 있다. 각 이름에 해당하는 구조를 나타내시오.

(a) 바닐린[Vanillin; 4-하이드록시-3-메톡시벤즈알데하이드(4-hydroxy-3-methoxybenzaldehyde)]: 바닐라콩유의 주 성분이며, 특유의 향을 낸다.

(b) 티몰[Thymol; 2-아이소프로필-5-메틸페놀(2-isopropyl-5-methylphenol)]: 백리향 기름에서 추출.

(c) 카바크롤[Carvacrol; 5-아이소프로필-2-메틸페놀(5-isopropyl-2-methylphenol)]: 백리향과 마조람에 존재.

(d) 살리실 알코올[Salicyl alcohol; *o*-하이드록시벤질 알코올(*o*-hydroxybenzyl alcohol)]: 포플라와 버드나무 껍질에서 얻음(**힌트**: 벤질 알코올의 화학식은 $C_6H_5CH_2OH$).

10.29 다음 화합물의 이름을 쓰시오.

(a)

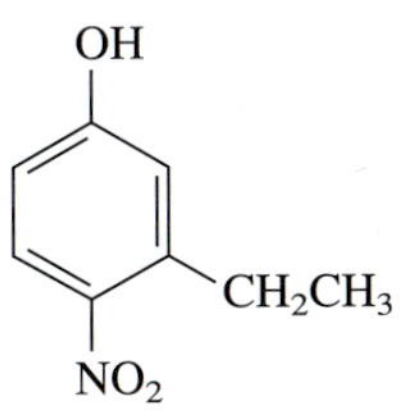

(c)

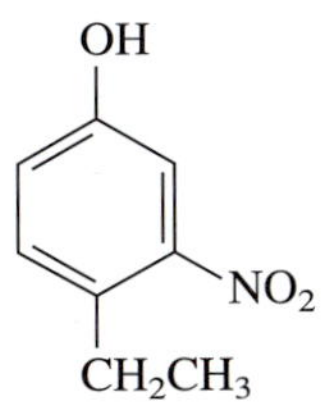

(b)

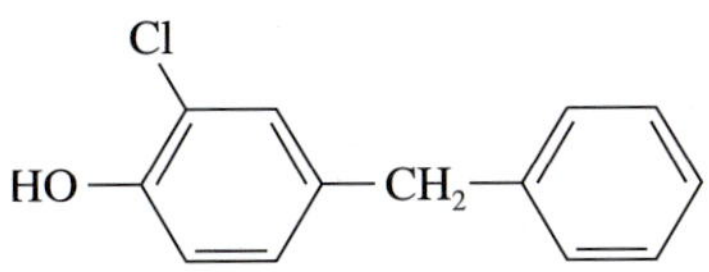

10.30 식품 내 지방과 기름은 공기 중의 산소와 반응하여 산폐된다. 산소와의 반응은 소량의 **항산화제**(antioxidant)를 포장 전에 첨가하여 억제된다. 두 종류의 페놀 BHA, BHT이 이런 용도로 사용된다. 이 두 화합물의 적합한 IUPAC명을 나타내시오.

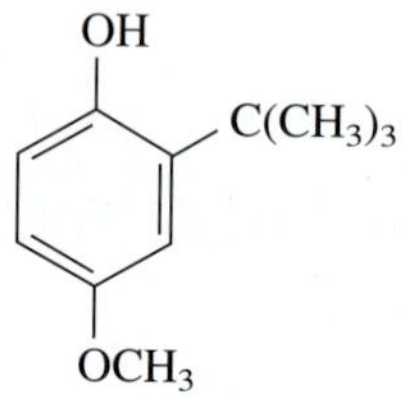

BHA
(*b*utylated *h*ydroxy *a*nisole)

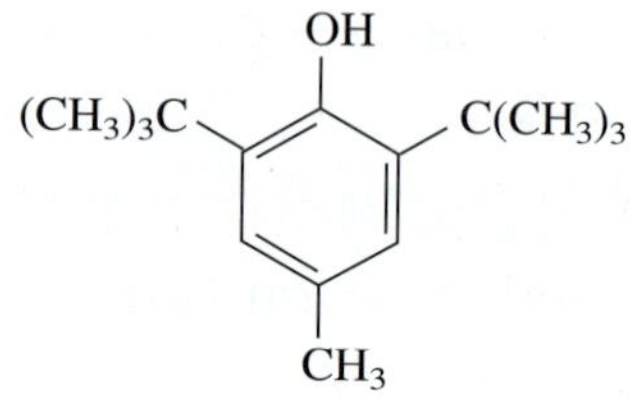

BHT
(*b*utylated *h*ydroxy *t*oluene)

10.31 다음 반응을 계수가 맞는 균형 화학식으로 쓰시오.

(a) 페놀 + 수산화 소듐 →

(b) (a)의 생성물 + 에틸 브로마이드 →

(c) *m*-크레솔 + 산화 에틸렌 →

기타 문제

10.32 3-헥센-1-올(3-hexen-1-ol, $CH_3CH_2CH{=}CHCH_2CH_2OH$)의 시스 이성질체는 녹색 잎과 풀에서 나는 특이한 냄새의 원인이다. 아세틸렌과 필요한 무기 또는 유기 시약을 사용하여 이 화합물을 합성하는 방법을 제시하시오 (**힌트**: 6.11절과 6.12절을 복습하면 이 문제를 푸는 데 도움이 된다).

10.33 다음 각 반응은 화학자들이 수행하였고, 화학 잡지에 합성법이 기술되어 있다. 분자들이 지금까지 보아왔던 구조에 비해 다소 복잡해 보이지만, 반응 형태는 이미 배운 것이다. 각 반응의 주 생성물을 확인하시오.

(a) 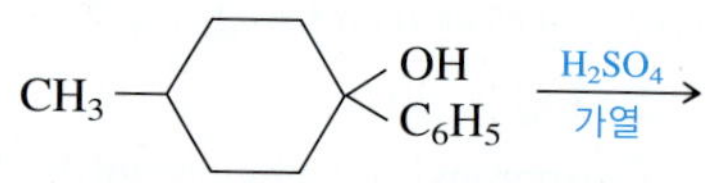

(b) $CH_3CH(OH)C{\equiv}C(CH_2)_3CH_3 \xrightarrow[H_2SO_4,\ H_2O]{H_2CrO_4}$

(c) $CH_3\overset{O}{\overset{\|}{C}}CH_2CH{=}CHCH_2\overset{O}{\overset{\|}{C}}CH_3 \xrightarrow[2.\ H_2O]{1.\ LiAlH_4,\ diethyl\ ether}$

(d) 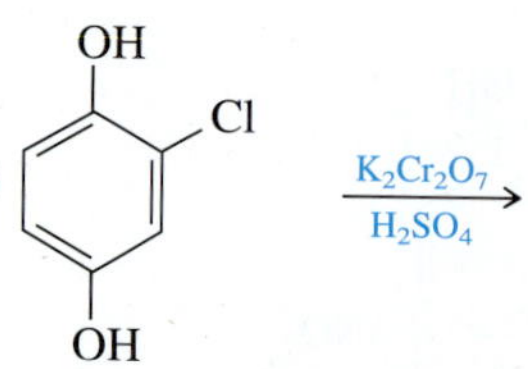

(e) 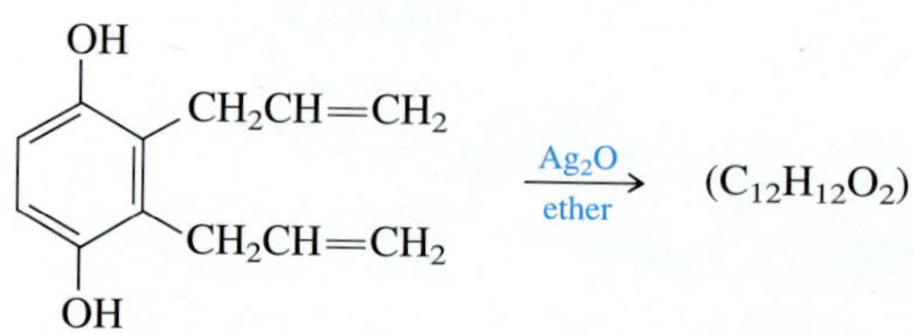

10.34 소르비톨(sorbitol)은 당뇨병 환자에게 문제를 일으키지 않기 때문에 설탕 대신 사용되는 감미료이다. 또 비타민 C의 상업적 합성에 이용되는 중간체이기도 하다. 소르비톨은 니켈을 촉매로 사용하여 포도당에 고압의 수소첨가 반응으로 제조한다. 입체화학을 포함한 소르비톨의 구조를 나타내시오.

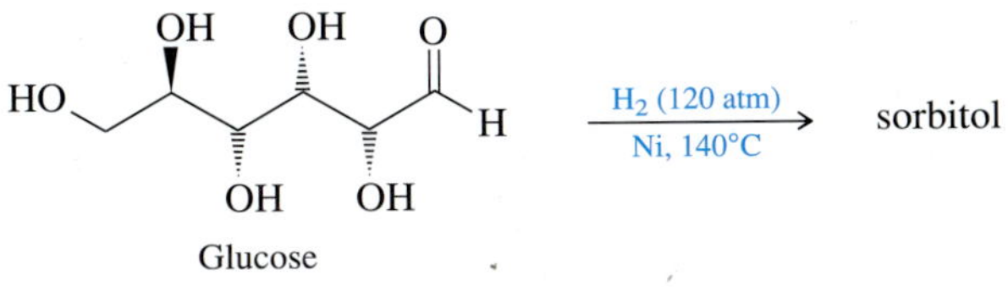

10.35 R. B. Woodward는 20세기를 이끄는 화학자 중의 하나였다. 복잡한 천연물 합성에 대한 그의 공로를 인정하여 1965년 노벨 화학상을 수상하였다. 1933년 16세의 어린 나이로 MIT 공대에 입학하여 4년 후 박사 학위를 받았다. 학생 때 여성 호르몬인 **에스트론** (estrone)을 합성하였다. Woodward의 에스트론 합성의 초기 단계는 *m*-메톡시벤질 알데하이드(*m*-methoxybenzyl aldehyde)를 *m*-메톡시벤질 사이아나이드(*m*-methoxybenzyl cyanide)로 3단계로 전환하였다.

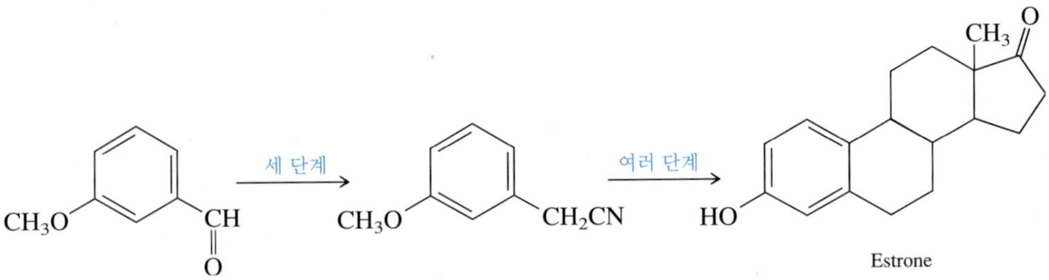

m-메톡시벤질 알데하이드를 *m*-메톡시벤질 사이아나이드로 전환하는 알맞는 3단계 과정을 제안하시오. 필요한 모든 시약을 나타내시오.

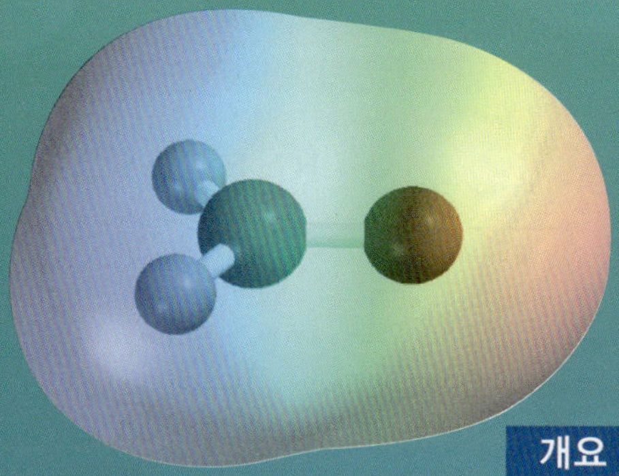

CHAPTER 11 알데하이드와 케톤

개요

알데하이드와 케톤 미리보기

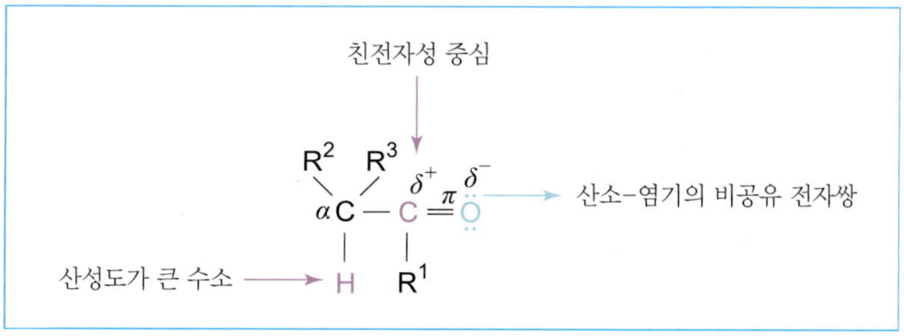

세 가지 반응 중심

1. C=O: 친전자성 C는 극성 결합으로 친핵체와 반응한다.
2. C=O: 산소의 비공유 전자쌍은 산 또는 Lewis 산과 반응한다.
3. —CH—C=O: α-수소는 산성도가 크고 염기와 반응한다.

1. 친전자성 C═O

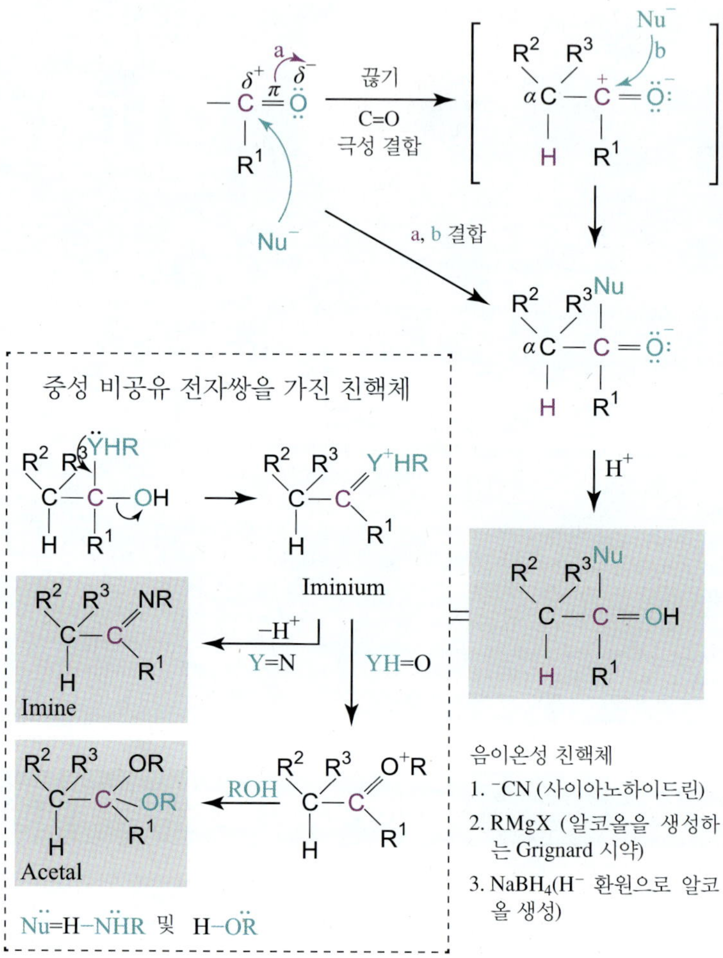

음이온성 친핵체

1. ⁻CN (사이아노하이드린)
2. RMgX (알코올을 생성하는 Grignard 시약)
3. $NaBH_4$(H^- 환원으로 알코올 생성)

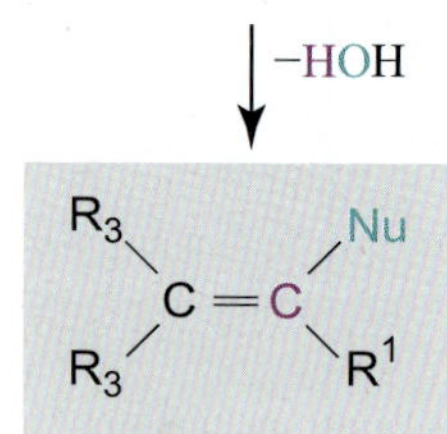

알코올의 탈수 반응으로 알켄 합성

2. 산소의 비공유 전자쌍

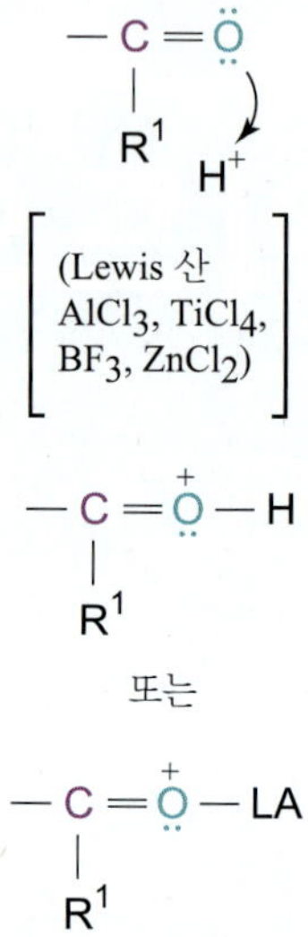

친전자성 탄소 C 의 활성화 (부분 양전하의 증가)

3. 산성 α-수소

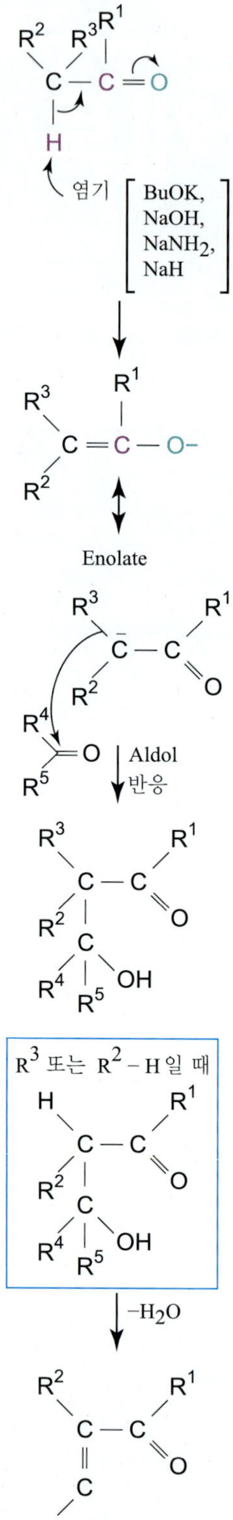

이 장에서 우리는 산소를 포함한 유기물(알데하이드, 케톤)을 공부하기로 한다. 알데하이드와 케톤은 유기화학 및 생화학에서 가장 중요한 작용기인 **카보닐기**(carbonyl group)를 함유하는 화합물로, 중요한 역할을 한다.

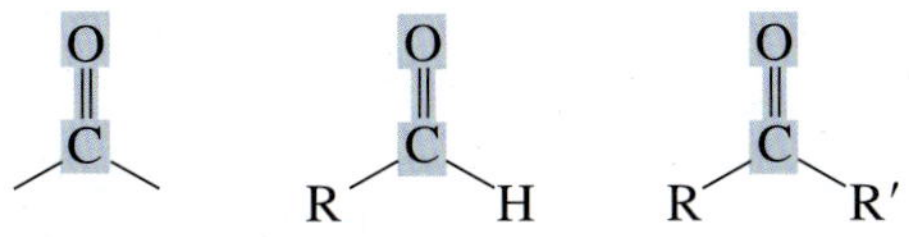

Carbonyl 기 Aldehyde Ketone

알데하이드(aldehyde)는 케톤과 비교하여 카보닐기에 적어도 한 개의 수소를 포함한다는 점에서 다르다. **케톤**(ketone)은 두 개의 알킬 또는 아릴(방향족)기가 카보닐기의 탄소 양쪽에 결합되어 있다.

카보닐기는 과일의 향에서부터 인간의 성 호르몬에 이르기까지 많은 종류의 생물학적으로 중요한 물질에서 발견되는 것을 이 장에서 볼 수 있을 것이다. 또한 알데하이드와 케톤은 다른 많은 유기 화합물의 합성에 반응물로 사용되는 것을 알 수 있을 것이다.

11.1 명명법

카보닐기 $-\overset{\text{O}}{\overset{\|}{\text{C}}}\text{H}$ 를 포함한 연속되는 긴 탄소 사슬은 알데하이드의 기본 이름이 된다. 해당 알케인의 어미 *-e*를 -알(*-al*)로 바꾸고, 치환체는 보통 다른 화합물과 같이 나타낸다. 이름에서 $-\overset{\text{O}}{\overset{\|}{\text{C}}}\text{H}$ (카보닐)기의 위치를 명시할 필요가 없는데, 그 이유는 탄소 사슬의 C-1은 알데하이드기의 탄소에서 시작하여 번호를 붙이기 때문이다.

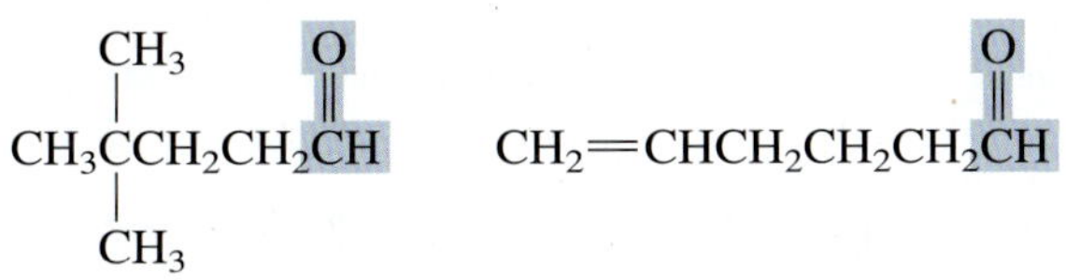

4,4-Dimethylpentanal 5-Hexenal

익숙한 알데하이드의 관용명은 IUPAC명으로 사용한다. 다음에 몇 개의 예가 있다.

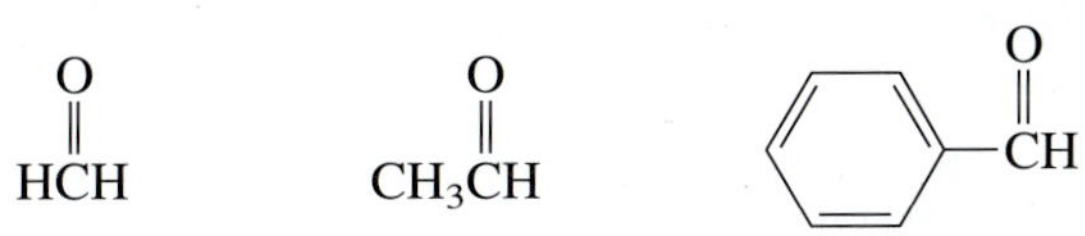

Formaldehyde (methanal) Acetaldehyde (ethanal) Benzaldehyde (benzenecarbaldehyde)

문제 11.1 다음 알데하이드의 관용명과 구조가 주어져 있다. IUPAC명을 쓰시오.

(a) 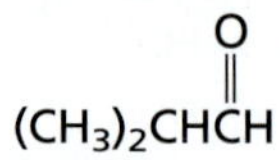

(isobutyraldehyde)

(b) 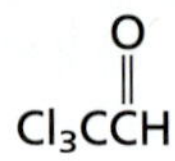

(chloral)

(c) 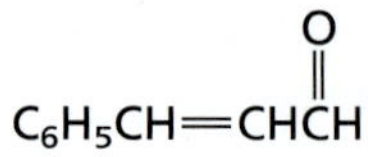

(cinnamaldehyde)

(d) 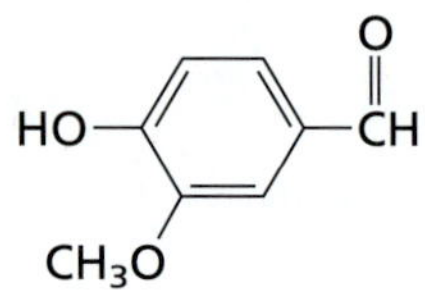

(vanillin)

풀이 (a) 다음 화합물의 관용명은 아이소뷰티르알데하이드(isobutyraldehyde)이지만, 가장 긴 탄소 사슬은 탄소 3개로 이루어져 있다. 따라서 기본 골격은 **프로판알** (*propanal*)이다. C-2에 메틸기가 있으므로 이름은 2-메틸프로판알(2-methylpropanal)이다.

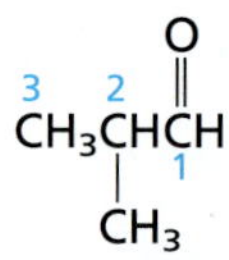

2-Methylpropanal
(isobutyraldehyde)

케톤의 경우 가장 긴 사슬의 알케인 어미 *-e*는 -온(*-one*)으로 대체한다. 사슬의 번호는 이 카보닐기에 작은 숫자가 붙여지도록 번호를 붙인다.

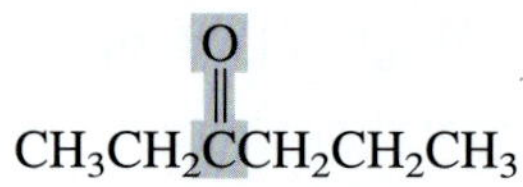

3-Hexanone

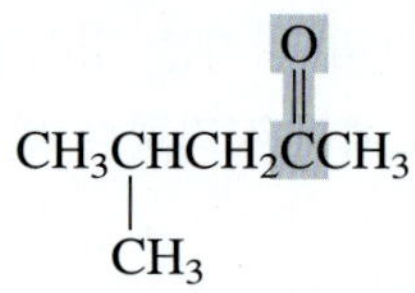

4-Methyl-2-pentanone

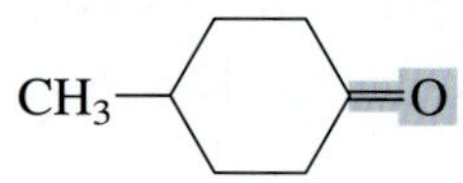

4-Methylcyclohexanone

IUPAC 규칙은 또한 케톤의 이름을 카보닐기 양쪽에 붙은 작용기의 이름을 명명하고, 끝에 케톤을 붙이는 것을 허용한다. 두 작용기는 알파벳 순서로 명명한다.

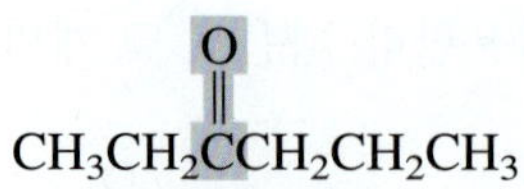

Ethyl propyl ketone

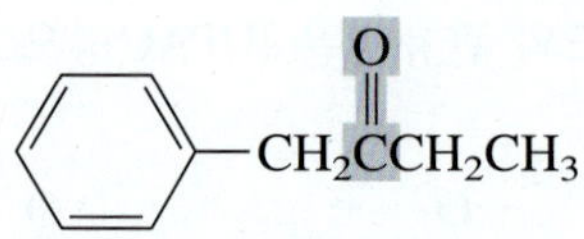

Benzyl ethyl ketone

문제 11.2 알데하이드와 마찬가지로 많은 종류의 케톤은 그들의 관용명으로 알려져 있다. 다음 케톤 화합물의 체계명을 나타내시오.

(a) 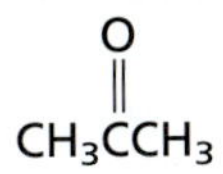

Acetone

(b) 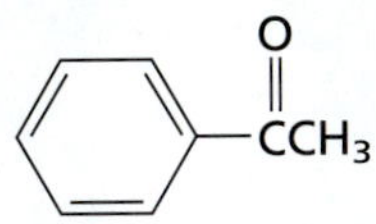

Acetophenone

(c) 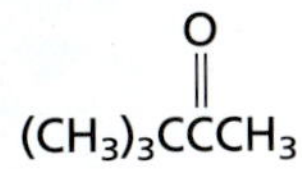

Pinacolone

풀이 (a) 아세톤은 메니큐어를 지우는 데 사용되며, 유기 실험실에서는 유리 기구 세척에 흔히 이용되는 용매이다. 세 개의 탄소가 기본 사슬이고, C-2 위치에 카보닐기가 있다. 따라서 아세톤의 체계명은 2-프로판온(2-propanone)이다. 아세톤은 두 개의 메틸기가 카보닐 양쪽에 붙어 있으므로 다이메틸 케톤(dimethyl ketone)이라고도 한다.

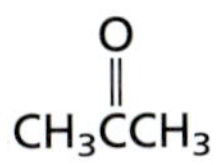

2-Propanone
(dimethyl ketone)

간혹 관용명만으로 카보닐기의 존재를 알 수 있다. 인체 생화학의 시각에서 중요한 역할을 하는 알데하이드인 레틴알(retin*al*, 그림 11.6), 여성 호르몬인 케톤형의 프로제스테론(progester*one*, 16.9절)이 그 예이다.

11.2 구조와 결합: 카보닐기

카보닐기의 두 가지 주목할 점은 기하구조와 극성이다. 카보닐기와 그에 직접 연결된 원자는 같은 평면에 놓여 있다. 예를 들어, 폼알데하이드는 평면이다. 알데하이드와 케톤의 카보닐기를 포함한 결합각은 120°에 가깝다.

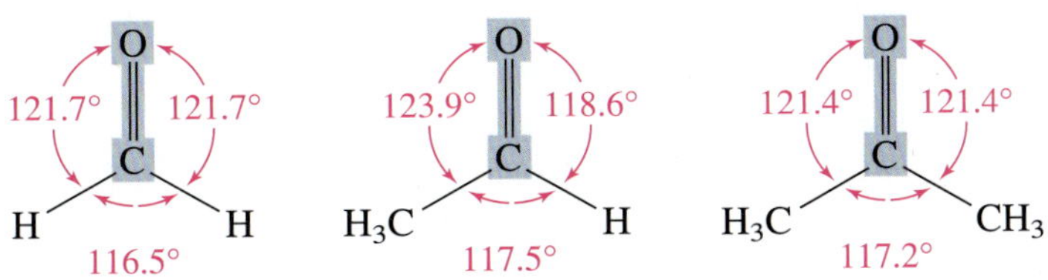

Formaldehyde   Acetaldehyde   Acetone

폼알데하이드를 예를 들면, *sp*²-혼성화에 의해 카보닐기의 결합을 에틸렌과 유사하게 설명할 수 있다(그림 11.1).

산소가 탄소보다 전기음성도가 크기 때문에(1.5절) 탄소–산소 결합을 이루는 σ와 π 결합에서 전자 밀도는 모두 산소 쪽을 향하고 있다. 카보닐기가 분극되어 탄소는 부분적으로 양전하를, 산소는 부분적으로 음전하를 띠고 있다.

1.14절, 5.2절, 6.5절에서 이미 sp^2-혼성화를 공부하였다.

그림 • 11.1

(*a*) 에틸렌과 (*b*) 폼알데하이드의 오비탈 혼성 모형의 유사성. 두 분자 모두 같은 수의 전자를 가지고 있고, 탄소의 혼성은 sp^2-혼성이다. 폼알데하이드에서 탄소 하나가 sp^2-혼성의 산소로 대체되어 있다(붉은색으로 보이는). 산소는 두 쌍의 비공유 전자쌍을 가진다. 각 전자쌍은 sp^2-혼성 오비탈을 차지하고 있다. 에틸렌의 탄소-탄소 이중 결합처럼 폼알데하이드의 탄소-산소 이중 결합은 σ 결합에 두 개의 전자, π 결합에 두 개의 전자로 구성되어 있다.

(*a*) Ethylene (*b*) Formaldehyde

공명에 의한 카보닐의 전자 비편재화는 다음 두 공명 구조에 의해서 나타내어진다.

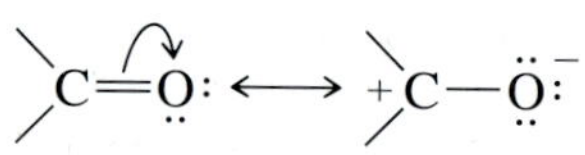

A B

> 카보닐기의 탄소가 부분적으로 양전하를 띠고(탄소양이온의 특성) 산소가 부분적으로 음전하를 띠는(약한 염기성) 것을 기억하면 카보닐기의 화학은 비교적 단순해진다.

이들 두 구조 중에서 A는 더 많은 공유 결합을 가지며 B에서 보이는 양전하와 음전하의 분리가 일어나지 않는다. 따라서 A가 카보닐기를 더 잘 표현하고 있다.

11.3 물리적 특징

일반적으로 알데하이드와 케톤은 알켄에 비해서 상대적으로 높은 끓는점을 보인다. 왜냐하면 이들은 극성 분자여서 분자간의 쌍극자-쌍극자 인력이 세기 때문이다. 그러나 알코올에 비해서는 낮은 끓는점을 보이는데, 알코올과는 달리 카보닐은 자기들끼리 수소 결합을 할 수 없기 때문이다.

	$CH_3CH_2CH{=}CH_2$	$CH_3CH_2CH{=}O$	$CH_3CH_2CH_2OH$
	1-Butene	Propanal	1-Propanol
끓는점(1atm)	−6°C	49°C	97°C
물에 대한 용해도 (g/100mL)	거의 녹지 않음	20	어떤 비율로도 잘 섞임

알데하이드와 케톤은 OH기의 수소와 수소 결합을 할 수 있다. 따라서 알데하이드와 케톤은 알켄보다는 물에 잘 녹지만, 알코올보다는 덜 녹는다.

11.4 알데하이드와 케톤의 출처

이 장의 뒷부분과 다음 장에서 보겠지만, 알데하이드와 케톤은 많은 종류의 합성 유기화학에 이용된다. 그러면 알데하이드와 케톤은 어디에서 오는가?

많은 종류가 이미 자연계에 존재한다. 다양성과 양적인 면에서 알데하이드와 케톤은 흔한 천연물 중에 가장 많이 존재한다. 그림 11.2에 그 예가 있다 .

많은 수가 알켄, 알카인, 아렌, 알코올로부터 이미 여러분이 배운 반응에 의해 실험실에서 합성된다(표 11.1).

많은 저분자량의 알데하이드와 케톤은 산업적으로 중요한 화합물이다. 많은 종류의 플라스틱의 합성에 반응 물질로 사용되는 폼알데하이드는 은 또는 산화 철/산화 몰리브데넘 촉매를 이용하여 메탄올을 고온에서 산화시켜 제조한다.

알데하이드(aldehyde)라는 이름은 탈수소 알코올(alcohol dehydrogenatum)이라는 뜻으로 만들어졌다. 알데하이드는 수소가 제거된 알코올이란 뜻이다.

$$\underset{\text{Methanol}}{CH_3OH} + \underset{\text{Oxygen}}{\tfrac{1}{2}O_2} \xrightarrow[\text{500°C}]{\text{촉매}} \underset{\text{Formaldehyde}}{\overset{\overset{\displaystyle O}{\|}}{HCH}} + \underset{\text{Water}}{H_2O}$$

비슷한 프로세스를 이용하여 에탄올을 아세트알데하이드로 전환하고, 아이소프로필 알코올을 아세톤으로 전환한다.

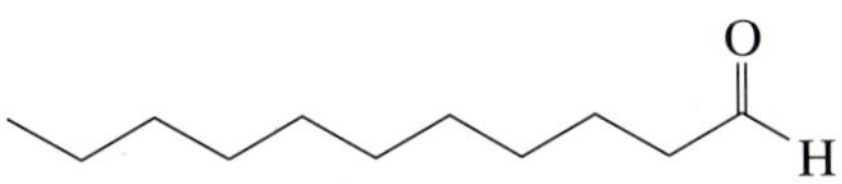

Undecanal
(꿀벌부채명나방의 성 페로몬)

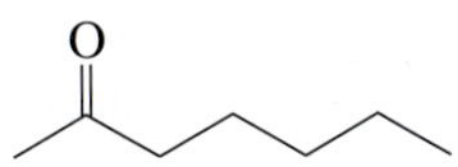

2-heptanone
(벌의 경보 페로몬)

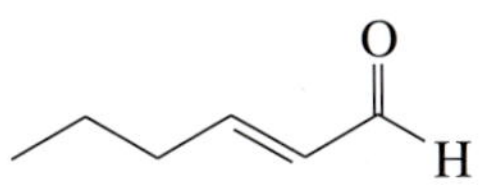

trans-2-hexenal
(머미사인 개미의 경보 페로몬)

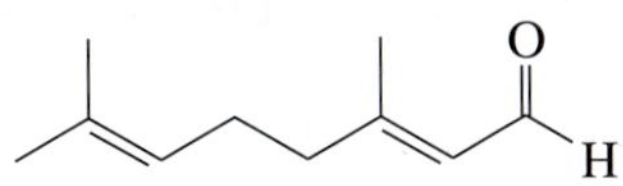

citral
(레몬 그라스유에 존재)

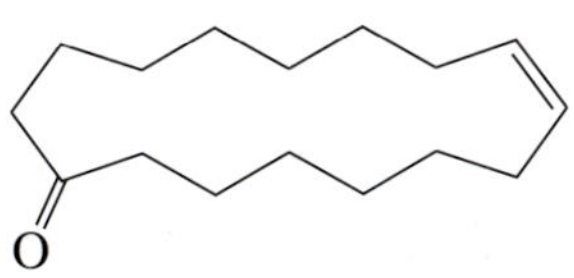

civetone
(아프리카 사향고양이의 향선에서 얻음)

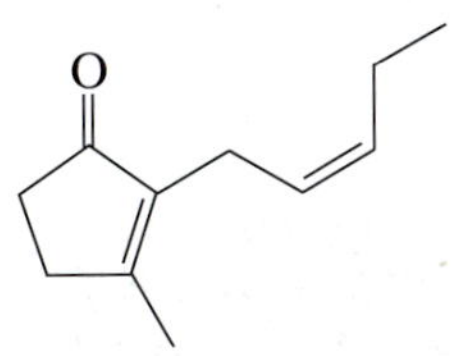

Jasmone
(자스민유에 존재)

그림 • 11.2
몇 가지 천연 알데하이드와 케톤

표 11.1 이전 장에서 공부한 알데하이드와 케톤을 합성하는 반응 요약

반응(절)과 해설	일반적 반응식과 구체적인 예

알카인의 수화(6.13절)

반응은 알카인의 삼중 결합에 물이 Markovnikov 규칙에 따라 첨가되어 엔올 중간체가 얻어지는 식으로 진행된다.

$$RC\equiv CR' + H_2O \xrightarrow[HgSO_4]{H_2SO_4} R\overset{O}{\overset{\|}{C}}CH_2R'$$

Alkyne → Ketone

$$HC\equiv C(CH_2)_5CH_3 + H_2O \xrightarrow[HgSO_4]{H_2SO_4} CH_3\overset{O}{\overset{\|}{C}}(CH_2)_5CH_3$$

1-Octyne → 2-Octanone (91%)

방향족 화합물의 Fridel-Craft 아실화(7.6절)

아실 클로라이드와 카복실산 무수물은 염화 알루미늄 존재하에서 방향족 고리를 아실화한다. 이 반응은 친전자성 방향족 치환 반응으로, 아실륨 이온이 생성되어 고리를 공격한다.

$$ArH + R\overset{O}{\overset{\|}{C}}Cl \xrightarrow{AlCl_3} Ar\overset{O}{\overset{\|}{C}}R + HCl \quad \text{or}$$

$$ArH + R\overset{O}{\overset{\|}{C}}O\overset{O}{\overset{\|}{C}}R \xrightarrow{AlCl_3} Ar\overset{O}{\overset{\|}{C}}R + RCO_2H$$

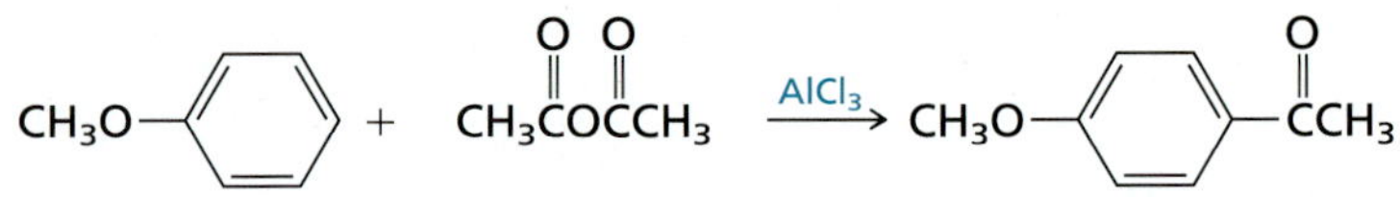

Anisole　　아세트산 무수물　　*p*-Methoxyacetophenone (90~94%)

일차 알코올의 알데하이드로의 산화(10.5절)

피리디늄 다이크로메이트(PDC) 또는 피리디늄 클로로크로메이트(PCC)는 무수 다이클로로메테인과 같은 용매에서 일차 알코올을 산화시켜 알데하이드를 제조한다. 이 조건에서는 카복실산으로의 과산화가 일어나지 않는다.

$$RCH_2OH \xrightarrow[CH_2Cl_2]{\text{PDC or PCC}} R\overset{O}{\overset{\|}{C}}H$$

일차 alcohol → Aldehyde

$$CH_3(CH_2)_8CH_2OH \xrightarrow[CH_2Cl_2]{PDC} CH_3(CH_2)_8\overset{O}{\overset{\|}{C}}H$$

1-Decanol → Decanal (98%)

이차 알코올의 케톤으로의 산화(10.5절)

이차 알코올을 케톤으로 산화할 때는 다양한 많은 산화제가 사용될 수 있다. Cr(VI)-기반의 크로뮴산, 다이크로뮴산 포타슘과 황산 혼합물뿐만 아니라 PDC 또는 PCC가 사용된다.

$$R\underset{OH}{\underset{|}{C}}HR' \xrightarrow{Cr(VI)} R\overset{O}{\overset{\|}{C}}R'$$

이차 alcohol → Ketone

$$C_6H_5\underset{OH}{\underset{|}{C}}HCH_2CH_2CH_2CH_3 \xrightarrow[\text{acetic acid/water}]{CrO_3} C_6H_5\overset{O}{\overset{\|}{C}}CH_2CH_2CH_2CH_3$$

1-Phenyl-1-pentanol → 1-Phenyl-1-pentanone (93%)

11.5 알데하이드와 케톤의 반응: 복습과 예습

10장(10.3절)에서 이미 배운 바와 같이 알데하이드와 케톤의 특징 중의 하나는 알코올로 환원되는 것이다.

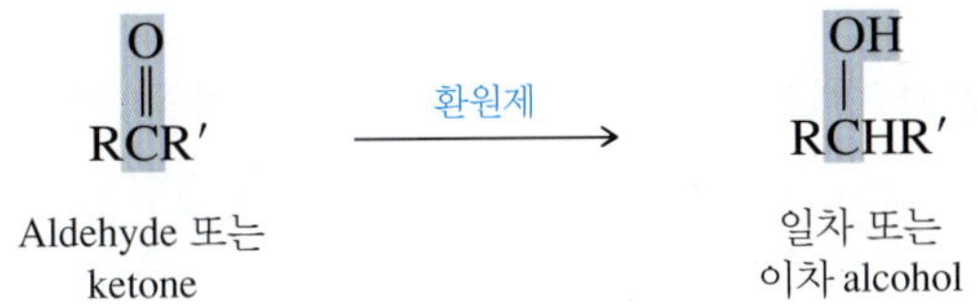

적당한 환원제로는 금속 촉매와 수소를 포함하는 수소화붕소 소듐 또는 수소화 알루미늄 리튬이다.

카보닐기의 극성은 거의 모든 알데하이드와 케톤의 반응에서 중요한 요소이다. 친핵체는 전자가 부족한 카보닐기의 탄소를 공격하며, 친전자체는 카보닐기의 전자가 풍부한 산소와 반응한다.

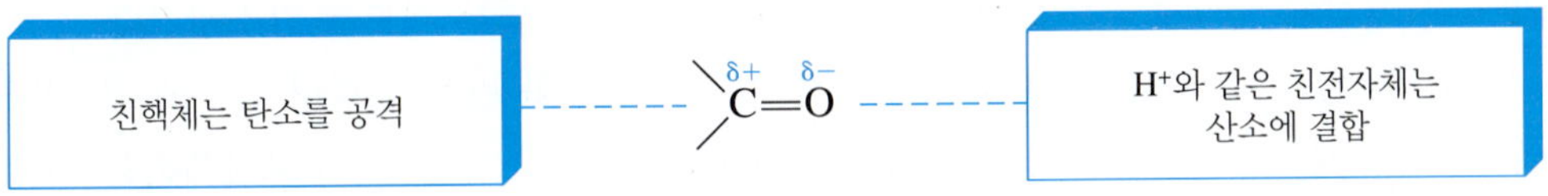

이 장의 나머지 부분에서 소개되는 대부분의 반응은 카보닐기로의 **친핵성 첨가 반응**(nucleophilic addition)을 포함하며, 다음 반응식으로 나타낼 수 있다.

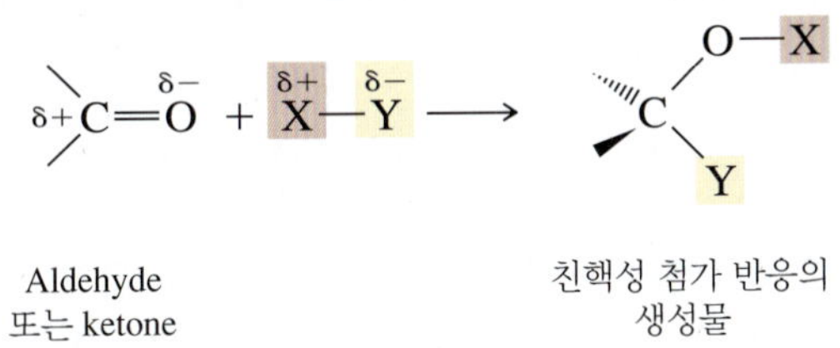

다음 절에서는 친핵체의 알데하이드 및 케톤으로의 첨가 반응에 대한 메커니즘을 다룬다. 또한 물이 C═O에 첨가되는 **수화 반응**(hydration)에 대해서도 논의한다. 이 반응을 통해서 일반적인 원리를 공부한 후 합성적인 측면에서, 메커니즘 면에서 또는 생물학적으로 흥미로운 관련된 반응을 다룬다.

11.6 친핵성 첨가 반응의 원리: 알데하이드와 케톤의 수화 반응

구조가 평형에 미치는 영향

알데하이드와 케톤은 물과 반응하여 평형에 빠르게 도달한다.

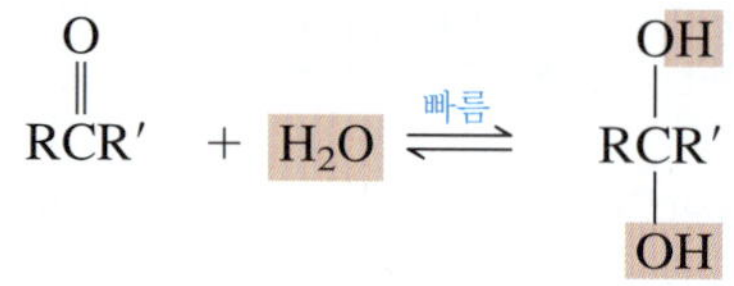

$$K_{hydr} = \frac{[\text{수화물}]}{[\text{카보닐 화합물}][\text{물}]}$$

Aldehyde 또는 ketone　　Water　　같은자리 diol (수화물)

결과적으로 반응은 **첨가 반응**(addition)으로 분류된다. 물을 이루는 원소는 카보닐기에 첨가된다. 수소는 음전하로 분극된 카보닐기의 산소에 결합되며, 하이드록시기는 양전하로 분극된 카보닐의 탄소에 결합한다.

평형에서 존재하는 수화물의 양은 크게 다르며, 보통 케톤보다는 알데하이드에서 수화물의 양이 훨씬 더 많다. 폼알데하이드($H_2C{=}O$)는 수용액에서 거의 대부분 수화물로(99%) 존재한다. 반면 아세톤은 0.1%가 수화물로 존재한다. 평형의 위치는 카보닐기의 성질에 크게 좌우되며, **전자 효과**(electronic effect)와 **입체 효과**(steric effcet)의 복합적인 영향을 받는다.

카보닐기의 안정화에 치환체의 유도 효과(inductive effect)를 고려해 보자. 알킬기와 같은 치환체는 카보닐기를 안정화시키며, 이것은 수화되는 정도를 감소시킨다.

헥사플루오로아세톤은 카보닐기에 전자 효과가 수화 반응의 평형 상수에 큰 영향을 미치는 예이다. 거의 수화되지 않는 아세톤과는 달리 헥사플루오로아세톤은 거의 대부분 수화된다.

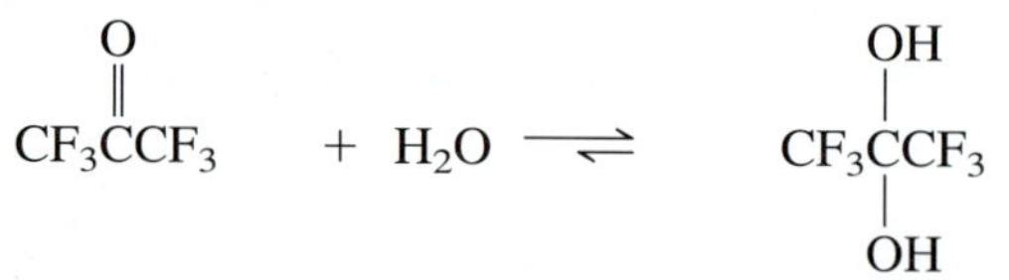

$K_{hydr} = 22{,}000$

Hexafluoroacetone　　Water　　1,1,1,3,3,3-Hexafluoro-2,2-propanediol

알킬 치환체가 전자를 공급하여 카보닐기를 안정화시키는 대신에, 트라이플루오로메틸기는 전자를 끌어당겨서 안정성을 떨어뜨린다. 카보닐기의 안정성이 떨어지면 첨가 반응의 평형 상수는 증가한다.

> **문제 11.3** 클로랄(chloral)은 트라이클로로에탄알(trichloroethanal, 문제 11.1b)의 관용명이다. 클로랄의 수용액은 클로랄 하이드레이트(chloral hydrate)라고 한다. 이 물질은 악명 높은 "Mickey Finn"이라는 음료수의 첨가용 마취제로, 수많은 탐정 소설에 자주 등장한다. 클로랄 하이드레이트의 구조식을 쓰시오.

이제 입체 효과에 대해서 살펴보자. 카보닐($C{=}O$)에 결합되어 있는 치환체의 크기가 K_{hydr}에 미치는 영향을 보도록 한다. 탄소의 결합각은 반응물의 혼성이 sp^2에서 생성물의 sp^3로 변함에 따라서 $\approx 120°$에서 $\approx 109.5°$ 정도로 줄어든다. 이렇게 증가한 수화물의 혼잡도는 치환체가 크기가 큰 알킬기보다는 크기가 작은 수소일 때 더 잘 극복되며, 따라서 치환체가 수소일 때 K_{hydr}값이 더 크다.

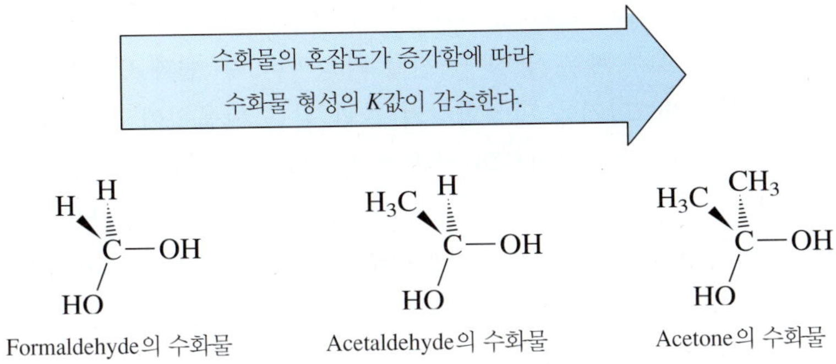

전자 효과 및 입체 효과는 같이 작용한다. 두 효과 모두 알데하이드의 수화 반응 평형 상수가 케톤의 수화 반응 평형 상수보다 더 크게 한다.

수화 메커니즘

알데하이드와 케톤의 수화는 매우 빠른 반응이고, 빨리 평형에 도달한다. 그리고 중성 용액에서보다는 산 또는 염기 존재하에서 더 빠르다. 그러므로 수화 반응은 단일 단계 메커니즘이 아니며, 염기 용액에서와 산 용액에서의 각 메커니즘에 대해서 다룰 것이다.

염기-촉매 메커니즘(그림 11.3)은 두 단계로 이루어져 있으며, 첫 번째 단계가 속도 결정 단계이다. 첫 번째 단계에서 친핵체인 하이드록사이드 이온은 카보닐을 공격하여 결합을 형성한다. 이 단계에서 생성물은 알콕사이드 이온이며, 이것은 두 번째 단계에서 물로부터 양성자를 얻어 같은자리 다이올(geminal diol)을 생성한다. 두 번째 단계는 이제까지 보아왔던 산소 사이의 양성자 전달 반응과 같이 매우 빠르다.

염기성 촉매(HO^-)의 역할은 친핵체의 첨가 반응 속도를 향상시킨다. 염기-촉매 존재하에서 친핵체인 하이드록사이드 이온은 중성 용매에서 친핵체인 물보다 훨씬 더 반응성이 좋다.

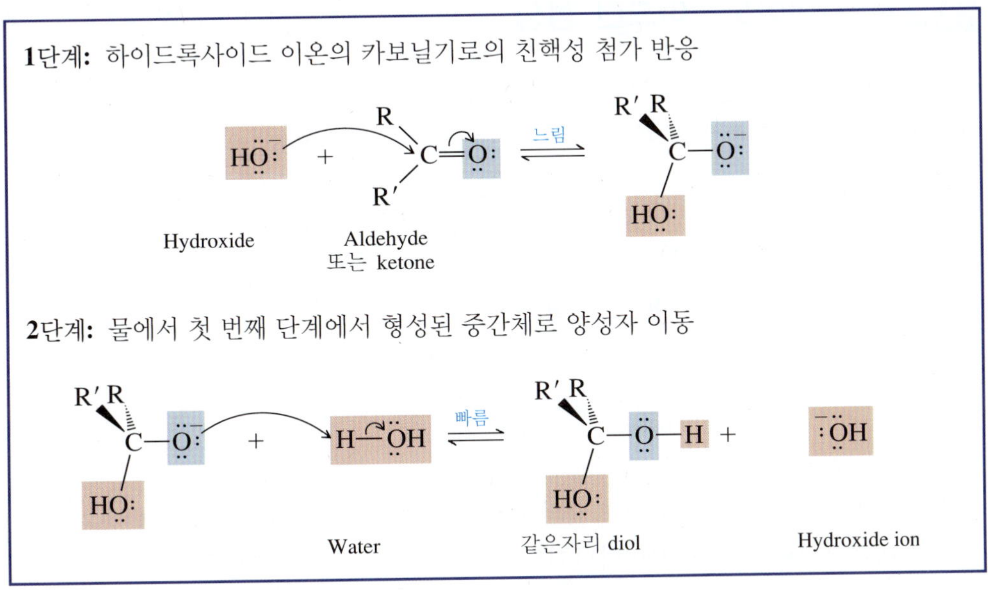

그림 • 11.3
염기성 용액에서 알데하이드와 케톤의 수화 반응 메커니즘. 하이드록사이드 이온은 촉매이며, 첫 번째 단계에서 소모되고, 두 번째 단계에서 다시 나타난다.

그림 11.4에 보이는 바와 같이 산-촉매 수화 반응은 세 단계로 이루어져 있다. 첫 번째와 마지막 단계는 매우 빠른 양성자-전달 과정이다. 두 번째 단계는 친핵성 첨가 단계이다. 산-촉매는 카보닐기를 활성화시켜 물과 같은 반응성이 떨어지는 친핵체와의 첨가 반응을 촉진하다. 알데하이드와 케톤의 카보닐기의 산소에 양성자가 첨가되면 친전자성이 증가한다. 다음의 공명 구조에서 나타낸 바와 같이 카보닐기에 양성자가 첨가되면 양성자가 첨가되지 않은 카보닐에 비해 탄소양이온 성질이 더 커진다.

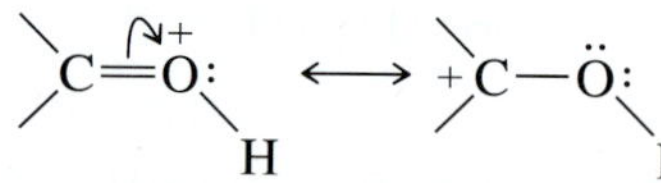

문제 11.4 순수한 물에서의 반응에 비해서 산-촉매 조건에서의 반응은 알데하이드나 케톤의 수화물의 백분율을 증가시키는가, 감소하는가, 변화가 없는가? 염기-촉매하에서는 어떠한가? 설명하시오.

알데하이드와 케톤의 수화 반응은 친핵성 첨가 반응의 중요한 특징을 보여 준다.

염기성 조건에서 첫 번째 단계는 친핵체의 양전하로 분극된 카보닐의 탄소 원자로의 첨가 반응이다. 그러나 산 조건에서는 첫 번째 단계가 음전하로 분극된 카보닐의 산소로의 양성자 첨가 반응이다.

양성자가 첨가된 화학종은 물과 같은 약한 친핵체와 친핵성 첨가 반응을 잘한다.

이 점을 염두해 두고, 친핵성 첨가 반응의 원리가 알데하이드와 케톤과의 반응에 어떻게 적용되는지 알아보자. 사이안화 수소의 첨가 반응을 보자.

11.7 사이아노하이드린 형성

알데하이드 또는 케톤과 사이안화 수소와의 반응 생성물은 둘 다 하이드록시기와 사이아노기가 같은 탄소에 붙어 있다. 이런 종류의 화합물을 **사이아노하이드린**(cyanohydrin)이라고 한다.

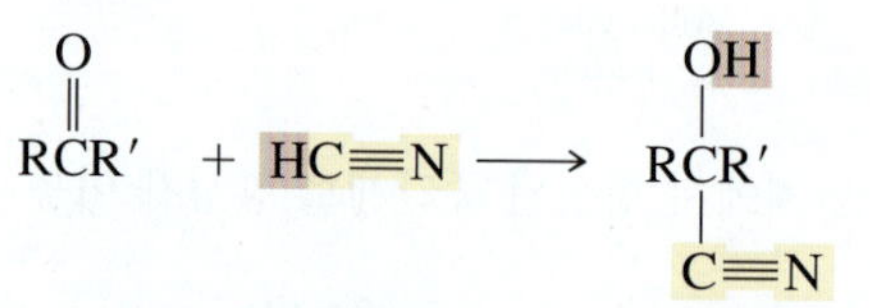

이 반응의 메커니즘은 그림 11.5에 나타내었다. 염기-촉매를 이용한 수화 반응의 메커니즘과 마찬가지로, 친핵체(사이아나이드 이온)가 반응의 첫 번째 단계에서 카보닐기

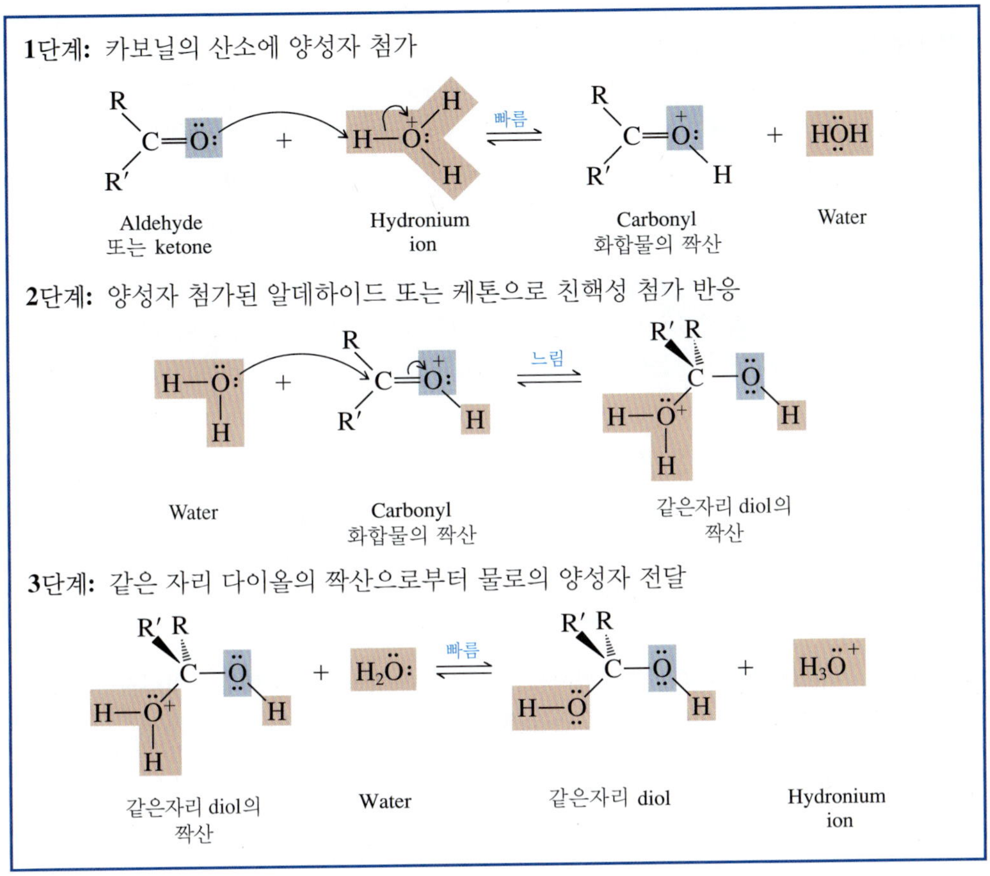

그림 • 11.4
산성 조건에서 알데하이드 또는 케톤의 수화 메커니즘. 하이드로늄 이온은 촉매로 첫 번째 단계에서 소모되고, 세 번째 단계에서 다시 생성된다.

를 공격한다. 두 번째 단계에서는 카보닐로 양성자 전달이 일어난다.

사이안화 수소의 첨가는 사이아나이드 이온의 촉매 작용으로 일어나는데, 그러나 HCN은 너무 약한 산이기 때문에 그 반응이 충분한 속도로 진행될 수 있는 $^{-}C{\equiv}N$(사이아나이드 이온)을 제공하지 못한다. 따라서 사이아노하이드린은 카보닐 화합물과 사이안화 소듐 또는 포타슘을 포함하는 용액에 산을 첨가하여 합성한다. 이 방법은 유리 사이아나이드 이온(free cyanide ion)을 충분히 존재할 수 있게 하여 반응 속도를 증가시킨다.

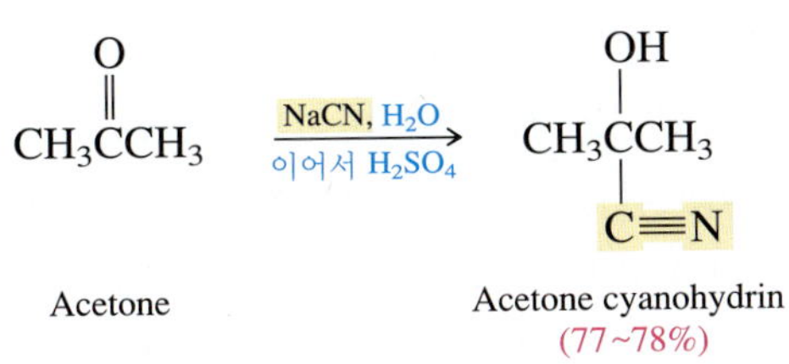

알데하이드 또는 케톤을 사이아노하이드린으로 전환하는 반응은 두 가지 면에서 합성적으로 유용하다. (1) 새로운 탄소-탄소 결합, (2) 생성물의 사이아노기는 가수분해되어 카복실산(CO_2H)으로 전환(12.10절) 또는 CH_2NH_2과 같은 아민으로 환원(14.6절)됨.

그림 • 11.5
알데하이드와 케톤으로부터 사이아노하이드린의 형성 반응 메커니즘. 사이아나이드 이온은 촉매이고, 이들은 첫 번째 단계에서 소모되고 두 번째 단계에서 다시 생성된다.

전체 반응

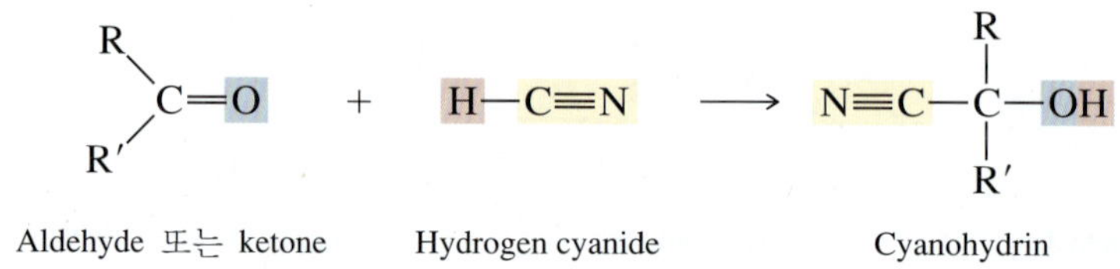

1단계: 음전하로 하전된 사이아나이드 이온은 알데하이드 또는 케톤의 카보닐 탄소를 공격. 사이안화 수소 자체는 친핵성이 크지 않고, 사이아나이드 이온으로 많은 양이 이온화하지 않는다. 따라서 NaCN, KCN과 같은 사이아나이드 이온을 사용한다.

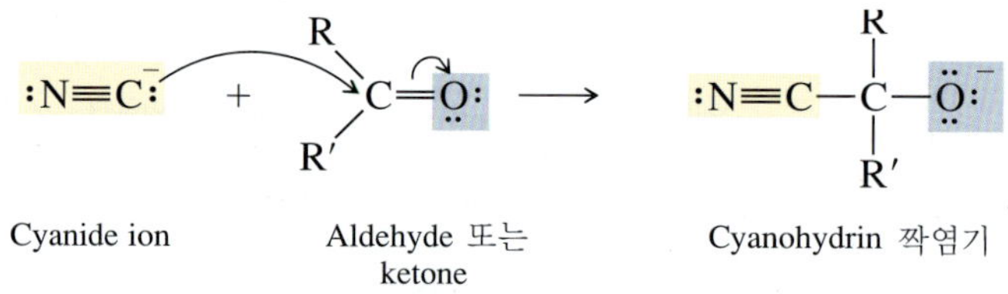

2단계: 첫 번째 단계에서 형성된 알콕사이드 이온은 사이안화 수소로부터 양성자를 뺏는다. 이 단계는 사이아노하이드린을 생성하며, 사이아나이드 이온을 재생성한다.

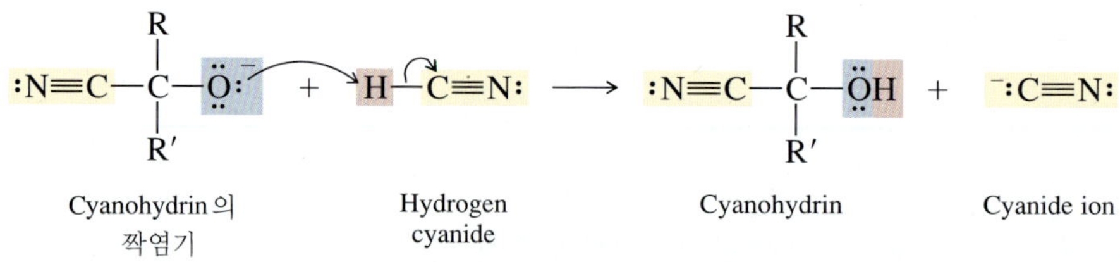

문제 11.5 사이아노하이드린의 하이드록시기는 또한 반응성이 있다. 메타크릴로나이트릴(metacrylonitrile)은 플라스틱과 섬유를 생산하는 데 사용되는 공업용 화학 물질이다. 이들의 합성 방법 중 한 가지는 산-촉매를 이용한 아세톤 사이아노하이드린의 탈수 반응이다. 메타크릴로나이트릴의 구조를 제안하시오.

몇 가지 사이아노하이드린과 사이아노하이드린의 에터 화합물은 자연계에 존재한다. 지네의 한 종은 벤즈알데하이드 사이아노하이드린(benzaldehyde cyanohydrin)과 벤즈알데하이드 사이아노하이드린을 분해하여 벤즈알데하이드와 사이안화 수소를 생성하는 효소를 다리 윗부분의 분리된 장소에 저장한다. 지네는 공격을 받으면 사이아노하이드린과 효소의 혼합물을 분사하여 사이안화 수소를 살포하여 침입자를 퇴치한다.

문제 11.6 벤즈알데하이드 사이아노하이드린의 구조를 제안하시오.

11.8 아세탈 형성

알데하이드와 케톤의 가장 흥미롭고 유용한 반응의 대부분은 친핵성 첨가 반응의 초기 생성물의 변환을 포함하는 경우가 많다. 한 예로, 산 조건에서 알데하이드와 알코올의 반응은 **헤미아세탈**(hemiacetal)을 형성할 것으로 예측한다. 그러나 생성물을 분리하면 1몰의 알데하이드와 2몰의 알코올이 반응하여 생성되는 **아세탈**(acetal)이라는 같은자리 다이에터(geminal diether)가 생성됨을 알 수 있다.

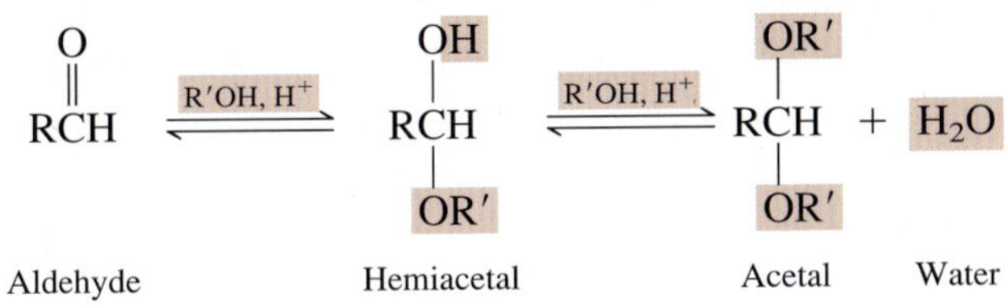

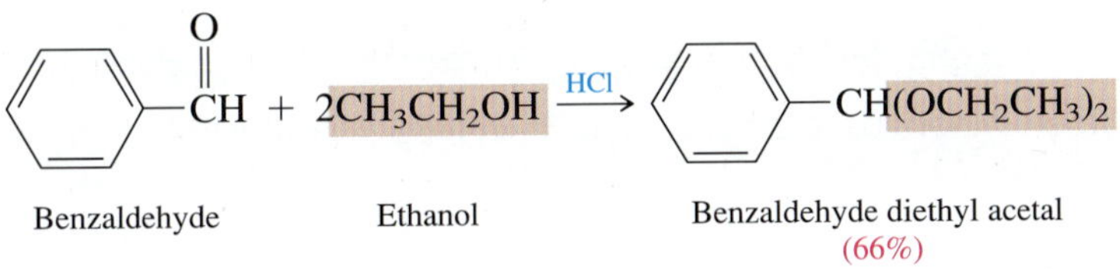

전체 반응은 두 단계에 걸쳐 진행된다. 헤미아세탈은 첫 번째 단계에서 알코올과 카보닐기와의 친핵성 첨가 반응으로 생성된다. 헤미아세탈 형성 반응의 메커니즘은 산-촉매를 이용한 알데하이드 및 케톤의 수화 반응과 유사하다(11.6절).

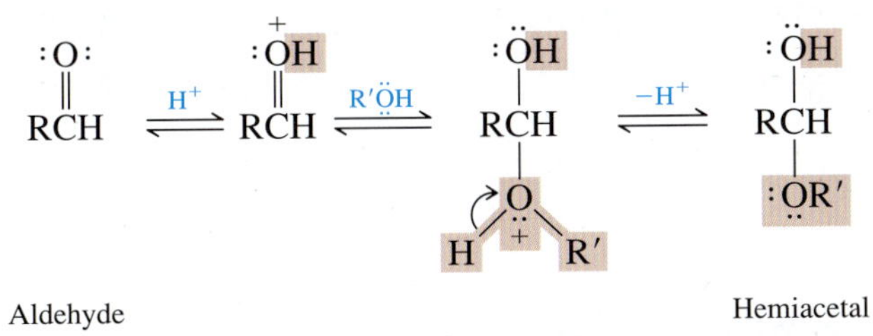

산성 조건에서 헤미아세탈은 탄소양이온 중간체를 거쳐 아세탈로 전환된다.

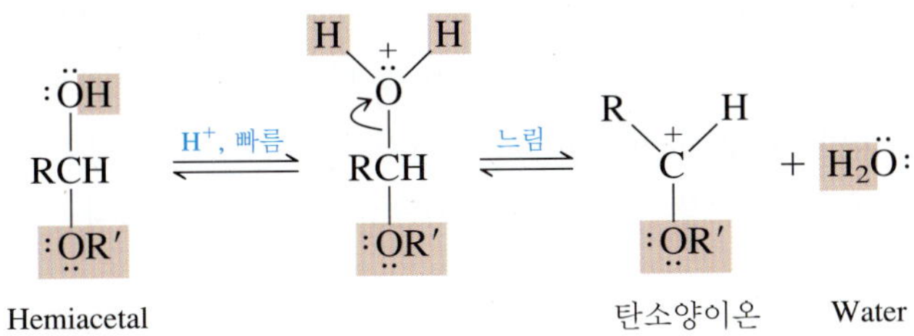

탄소양이온은 산소 치환기로부터 전자를 공급받아 안정화된다.

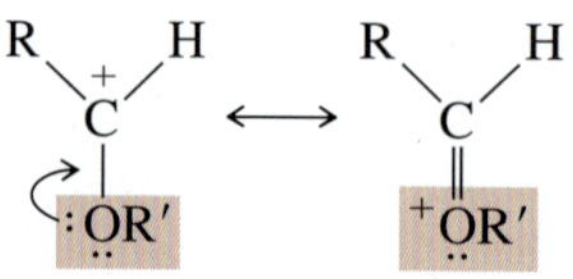

알코올에 의한 탄소양이온 중간체의 친핵성 포획을 통해 아세탈을 형성한다.

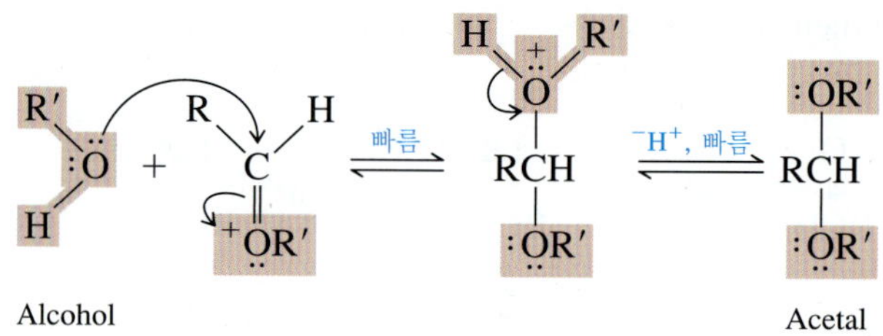

문제 11.7 벤즈알데하이드와 에탄올로부터 산-촉매 조건에서 벤즈알데하이드 다이에틸 아세탈(benzaldehyde diethyl acetal)을 합성하는 단계적인 메커니즘을 쓰시오.

아세탈 형성 반응은 산 조건에서 가역적인 반응이다. 평형은 반응물(카보닐 화합물과 알코올)과 생성물(아세탈) 사이에 형성된다. 대부분의 알데하이드는 아세탈 형성 쪽으로 평형을 이루고 있으며, 특히 과량의 알코올이 용매로 존재하면 아세탈이 형성되는 방향으로 진행된다. 대부분의 케톤은 평형의 위치가 아세탈 형성에 불리하다. 따라서 케톤으로부터 아세탈을 형성하기 위해서는 다른 방법을 사용한다.

15장에서는 탄수화물의 구조와 특성을 이해하기 위해 헤미아세탈과 아세탈을 다시 공부할 것이다.

> 한때 케톤에 알코올을 첨가하여 생성되는 화합물을 **케탈**(ketal)이라 불렀다. 이것은 IUPAC 명명법에서는 사용하지 않으며, 아세탈이라는 이름을 알데하이드 및 케톤의 부가 생성물에 사용한다.

11.9 일차 아민과의 반응: 이민

두 번째 알데하이드와 케톤의 친핵성 첨가 반응으로 시작되는 반응은 RNH_2 또는 $ArNH_2$와 같은 일차 아민과의 반응이다. 첫 번째 단계는 아민의 카보닐기에 첨가 반응이다. 이때 **카비놀아민**(carbinolamine)이 형성된다. 일단 카비놀아민이 형성되면 탈수 반응을 거쳐 N-알킬 또는 N-아릴기가 치환된 **이민**(imine)이 생성된다.

> *N*-치환 이민은 1864년에 *N*-치환 이민의 형성을 언급한 독일의 화학자 Hugo Schiff의 이름을 따서 **Schiff's 염기**(Schiff's base)라고도 한다.

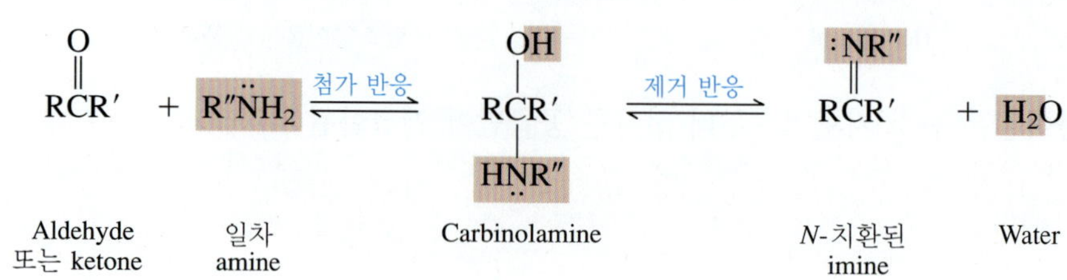

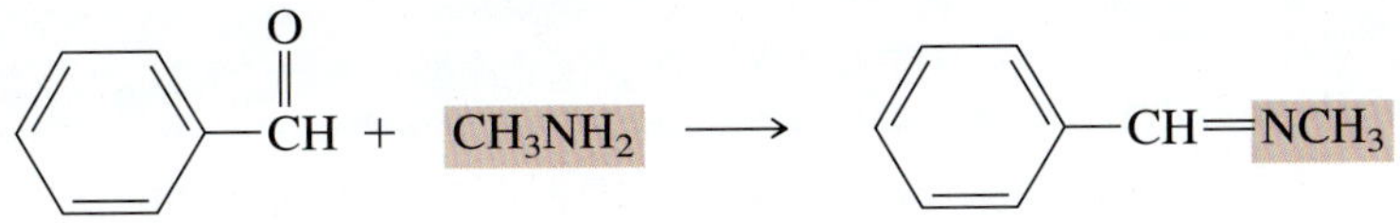

Benzaldehyde　Methylamine　*N*-Benzylidenemethylamine (70%)

문제 11.8 다음 각 반응에서 형성되는 카비놀아민 중간체와 생성물 이민의 구조를 쓰시오.

(a) 아세트알데하이드(Acetaldehyde)와 벤질아민(benzylamine), $C_6H_5CH_2NH_2$
(b) 벤즈알데하이드(Benzaldehyde)와 뷰틸아민(butylamine), $CH_3CH_2CH_2CH_2NH_2$
(c) 사이클로헥산온(Cyclohexanone)과 *tert*-뷰틸아민(*tert*-butylamine), $(CH_3)_3CNH_2$

풀이 아민의 카보닐기로의 친핵성 첨가 반응으로 카비놀아민이 형성된다. 카비놀아민의 탈수는 이민을 생성한다.

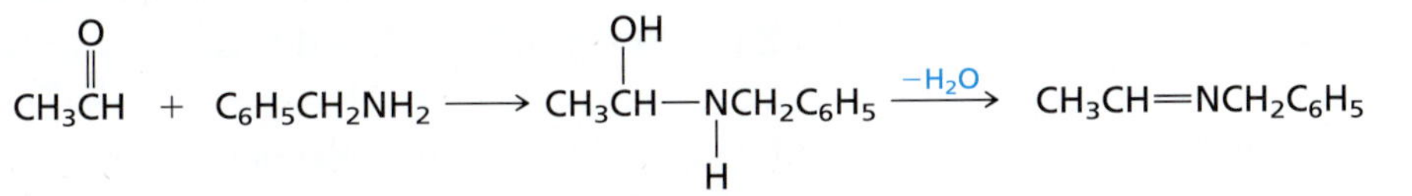

Acetaldehyde　Benzylamine　Carbinolamine 중간체　Imine 생성물 (*N*-ethylidenebenzylamine)

이민의 형성은 가역 반응이다. 이민의 형성과 가수분해 반응은 생화학적으로 관련이 있기 때문에 많은 연구가 진행되었다. 많은 생물학적 반응은 초기에 카보닐 화합물과 효소 또는 보조효소의 아민과의 이민 형성을 통해 결합한다(다음 절에 나오는 **생물화학에서의 이민**이라는 제목의 상자 속 에세이 참조).

알데하이드와 케톤의 가장 유용한 합성 반응 중의 하나인 Grignard 시약과의 반응으로, 알코올을 형성하는 반응의 친핵성 첨가 반응을 마무리지으려고 한다. 먼저 Grignard 시약과 왜 이들이 유기화학에서 중요한지 알아보자.

11.10 새로운 탄소–탄소 결합을 도입하는 반응: 유기금속 화합물

원하는 생성물의 탄소 골격을 어떻게 형성시킬 것인가 하는 문제는 유기 화학자들이 직면하는 문제 중의 하나이다. 구입의 용이성과 비용을 고려하여 탄소의 수를 변화시킬 수 있는 한 가지 또는 그 이상의 반응을 합성에 포함한다.

다음 여러 절에서 보겠지만, 알데하이드와 케톤은 Grignard 시약과 반응하여 반응물에 비해 탄소 수가 증가한 알코올을 생성한다. 이 반응을 설명하기 전에 일반적인 탄소–탄소 결합 형성을 보도록 하자.

어떤 종류의 반응에서 탄소–탄소 결합이 형성되는가? Friedel-Craft 알킬화 반응과

생물화학에서의 이민

많은 생물학적 과정은 몇몇 순차적인 반응이 일어나기 전 단계에 두 화학종 사이에 "회합"이 있다. 이들 회합은 몇 가지 형태로 나타나며, van der Waals 형태의 약한 인력이거나 수소 결합과 같은 더 강한 회합이 될 수 있다. 또한 양전하를 띤 분자와 음전하로 하전된 분자 사이의 정전기적 인력이 될 수도 있다. 상보적인 화학 반응성을 가지는 두 종 간의 공유 결합 또한 이런 작용의 극단적인 예에 속한다. 이민 중간체를 거쳐서 알데하이드나 케톤이 아민과 반응하는 생물학적의 반응에서도 이런 현상이 나타난다.

생물학적으로 중요한 알데하이드는 **피리독살 포스페이트**(pyridoxal phosphate)이다. 피리독살 포스페이트는 **비타민 B_6**(vitamin B_6)의 활성화된 형태이며, α-아미노산의 반응에 필요한 보조효소이다. 이들 반응에서 아미노산은 보조효소에 결합하여 반응식에 나타난 이민을 형성한다. 그리고 반응은 이민의 아미노산 부분에서 일어나 아미노산을 변형한다. 마지막 단계로 효소-촉매에 의한 가수분해 반응은 이민을 피리독살과 구조가 변형된 아미노산으로 분해한다.

시각의 과정에서 중요한 반응은 알데하이드가 이민 형성을 통해 효소에 결합하는 것이다. 이때 관여하는 반응이 그림 11.6에 요약되어 있다. 먼저 당근과 과일을 포함한 채소에 존재하는 **β-카로틴**(*β*-carotene)으로부터 시작된다. β-카로틴은 간에서 산화성 분해 반응을 통해 **레티놀**(retinol) 또는 **비타민 A**(vitamin A)라는 알코올로 전환된다. 비타민 A가 산화되어 그 이중 결합 중의 하나가 이성질화되면 알데하이드 11-*시스*-레틴알(aldehyde 11-*cis*-retinal)이 생성된다. 눈에서 11-레틴알의 알데하이드기는 **옵신**(opsin)이라는 단백질의 아미노기와 결합하여 **로돕신**(rhodopsin)이라는 이민을 형성한다. 로돕신이 가시광선의 광자를 흡수하여 레틴알의 시스 이중 결합은 광화학적으로 트랜스 이성질화하여 레틴알의 형태가 급격히 변하고, 로돕신의 형태가 변화한다. 이러한 형태의 변화는 뇌에서 신경 자극으로 변하여 시각적인 영상으로 인지된다. 광화학적으로 이성화된 로돕신은 효소에 이해 가수분해되어 옵신과 모두-*트랜스*-레틴알(all-trans-retinal)로 재생산된다. 모두-*트랜스*-레틴알은 효소적으로 11-시스 이성질체로 전환되며, 옵신과 함께 순환을 반복한다.

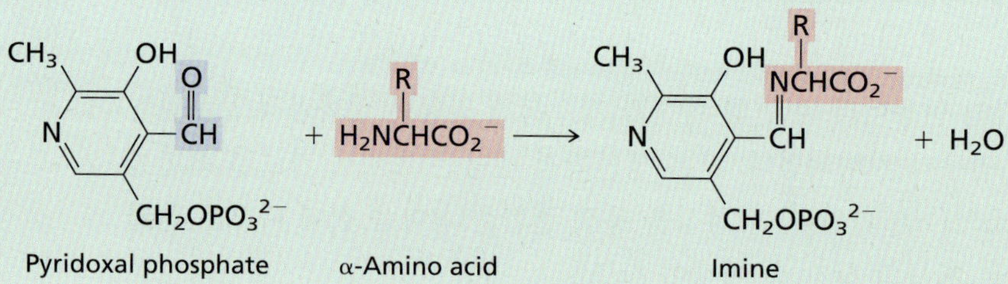

아실화 반응(7.6절)은 이런 면에서 유용하다. 그러나 이 반응은 방향족 화합물에 제한된다. 좀 더 일반적인 접근 방법은 탄소 친핵체의 또 다른 탄소와의 반응이다.

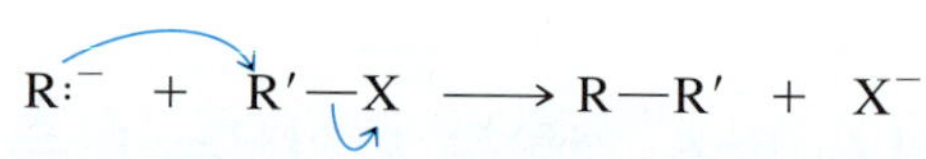

$$\mathrm{R}{:}^{-} + \mathrm{R'}{-}\mathrm{X} \longrightarrow \mathrm{R}{-}\mathrm{R'} + \mathrm{X}^{-}$$

사이아나이드 이온($^{-}$:C≡N:)에 의한 알킬 할라이드의 친핵성 치환 반응은 이런 접근법 중의 하나이다(9.1절). 또 다른 예는 아세틸라이드 음이온(acetylide anion)의 알킬화 반응을 통해 알킬기가 치환된 알카인을 합성하는 것이다. 예를 들면, 아세틸렌화 소듐(sodium acetylide, NaC≡CH)과 알킬 할라이드 반응이다(6.12절).

탄소 원자가 친핵체로 작용하기 위해서는 반드시 반응물의 탄소와 결합할 수 있도록 한 쌍의 전자를 가져야 한다. 사이아나이드 이온 또는 아세틸라이드 음이온의 경우 탄소 친핵체는 완전하게 음전하를 띠고 있다. 탄소가 금속에 결합된 화합물의 경우, 친핵성 탄소 원자는 부분적(partial)으로 음전하를 가질 수 있다.

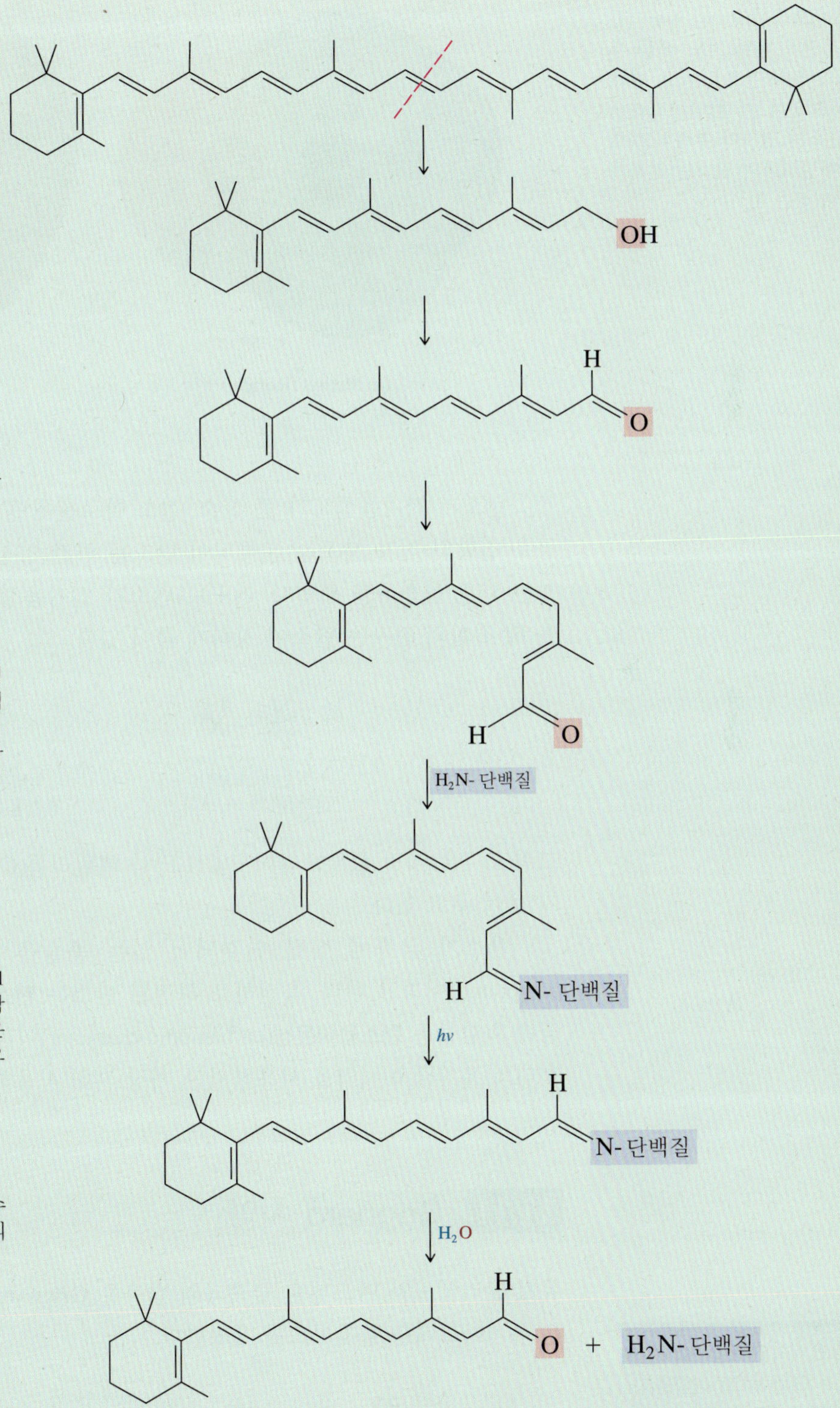

음식물로부터 얻는 β-카로틴은 중앙의 탄소-탄소 결합이 끊어져서 비타민 A(레티놀)를 형성한다.

산화를 통해 레티놀은 레틴알로 바뀐다.

C-11의 이중 결합은 트랜스에서 시스로 이성질화한다.

11-*시스*-레틴알은 생물학적으로 활성을 가지는 입체이성질체로, 옵신 단백질과 반응하여 이민을 생성한다.
11-*시스*-레틴알과 옵신이 공유 결합하고 있는 복합체를 **로돕신**이라고 한다.

로돕신은 빛의 광자를 흡수하여 C-11의 시스 형태의 이중 결합이 광화학 반응을 거쳐 트랜스로 변한다. 이것은 신경자극을 유발하여 시각적 영상으로 뇌가 인지하도록 한다.

이성질화된(비활성의) 로돕신은 가수분해되어 옵신과 모두-트랜스 형태의 레틴알을 생성한다.

그림 • 11.6
11-*시스*-레틴알의 알데하이드와 옵신 단백질의 아민 작용기 사이의 이민 형성은 시각 관련 화학에서 중요한 역할을 한다. 레틴알에 사용된 번호 매김법은 카로틴과 카로틴 유도체들을 위해 특별히 고안된 번호 매김법을 기초로 하고 있다.

그림 • 11.7
메틸 플루오라이드(*a*)와 메틸리튬(*b*)의 정전기 전위 지도. 이들 두 화합물의 전자 분포는 서로 반대 경향을 보인다. 메틸 플루오라이드의 탄소는 전자가 부족하고(푸른색), 메틸리튬의 탄소는 전자가 풍부하다(붉은색).

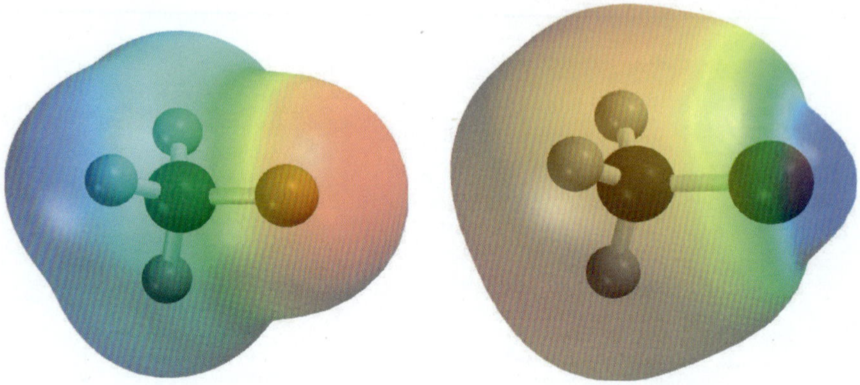

(*a*) Methyl fluoride (*b*) Methyllithium

탄소가 전기음성도가 큰 산소, 질소 할로젠에 공유 결합을 이루고 있을 경우, 이들 공유 결합의 전자 분포는 분극되어 탄소는 약간 양전하를 보이고, 전기음성도가 큰 원자는 약간 음전하를 보인다. 거꾸로 탄소가 전기음성도가 더 작은 금속에 결합하고 있을 때 결합의 전자는 탄소에 강하게 붙어 있다.

X는 탄소보다 전기음성도가 크다. M은 탄소보다 전기음성도가 더 작다.

그림 11.7은 메틸 플루오라이드(CH_3F)와 메틸리튬(CH_3Li)의 전자 분포가 어떻게 다른지 보여 주고 있다.

탄소가 금속에 직접 연결되어 있는 종들을 **유기금속 화합물**(organometallic compound)이라고 한다. 음전하로 하전된 탄소는 **탄소음이온**(carbanion)이라 하고, 유기금속 화합물은 **탄소음이온성**(carbanionic character)이라고 한다. 유기 화학자들이 다양한 형태의 유기금속 시약을 사용하지만, 가장 흔히 사용하는 시약은 Grignard 시약이다.

11.11 Grignard 시약

유기 할라이드와 마그네슘 금속과의 반응은 **Grignard 시약**(Grignard reagent)이라고 하는 유기마그네슘 할라이드를 생성한다.

> Grignard 시약은 프랑스의 화학자 Victor Grignard의 이름을 따서 지어졌다. 유기마그네슘 화합물에 관한 연구로 1912년 노벨 화학상을 수상하였다.

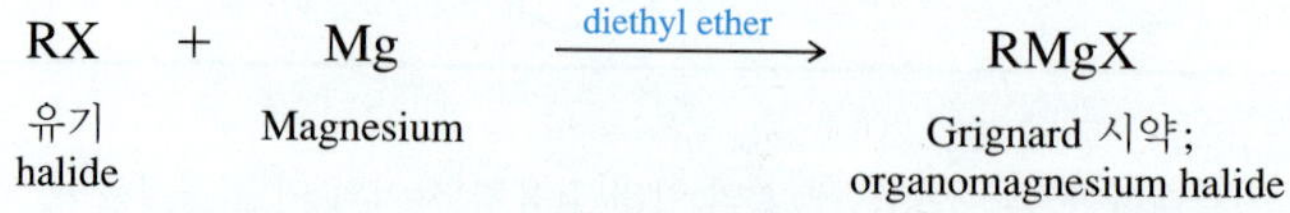

R기는 메틸, 일차, 이차, 삼차 알킬기이거나 사이클로, 알케닐, 아릴기가 될 수 있다. 할

로젠화물은 아이오딘, 염소, 브로민이 가능하며, 플루오린은 마그네슘과의 반응성이 떨어져서 합성에는 사용하지 않는다.

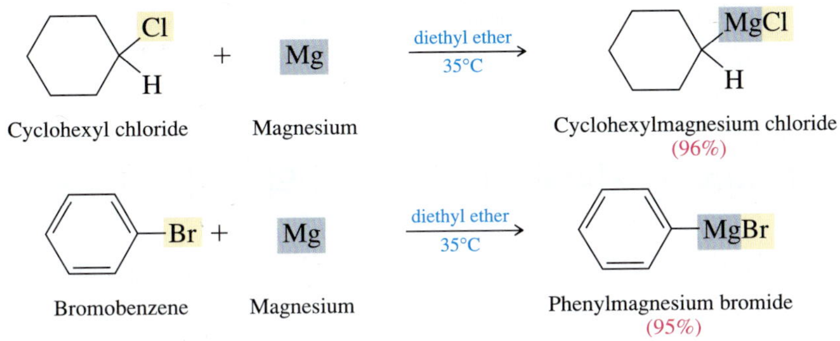

무수 다이에틸 에터(anhydrous diethyl ether)는 유기마그네슘 화합물을 만들 때 사용되는 용매이다. 간혹 반응이 쉽게 시작되지 않지만, 일단 시작되면 이 반응이 발열 반응이기 때문에 다이에틸 에터의 끓는점인 35℃를 유지한다.

문제 11.9 다음 화합물은 마그네슘과 반응하여 Grignard 시약을 생성한다. 그 구조를 쓰시오.

(a) 파라-브로모플루오로벤젠(*p*-Bromofluorobenzene)
(b) 아릴 클로라이드(Allyl chloride, $H_2C{=}CHCH_2Cl$)
(c) 아이오도사이클로뷰테인(Iodocyclobutane)
(d) 1-브로모사이클로헥센(1-Bromocyclohexene)

풀이 (a) 방향족 고리의 두 할로젠 치환체 중에서 브로민은 플루오린보다 마그네슘과 더 빨리 반응한다. 따라서 플루오린은 방향족 고리에서 반응하지 않고 남아 있으며, 탄소-브로민 결합은 탄소-마그네슘 결합으로 바뀐다.

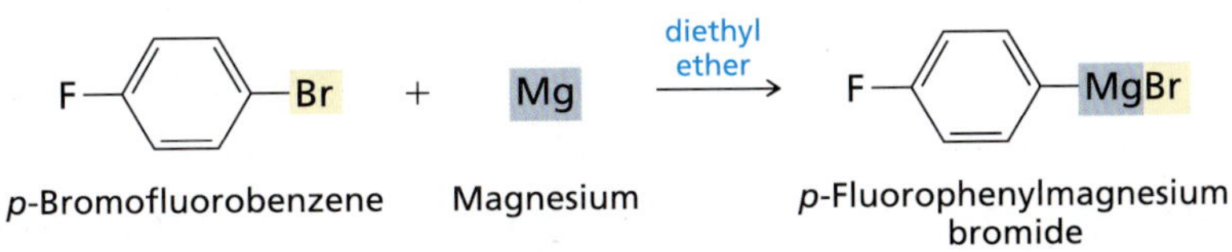

Grignard 시약은 무수 다이에틸 에터와 같은 적당한 용매에서는 안정하다. 그러나 Grignard 시약의 강한 염기성은 물이나 알코올과 같이 약산성 물질의 양성자와도 쉽게 반응한다. 음전하로 분극된 유기금속 물질의 탄소로 하이드록시기의 양성자가 이동하여 탄화수소를 형성한다.

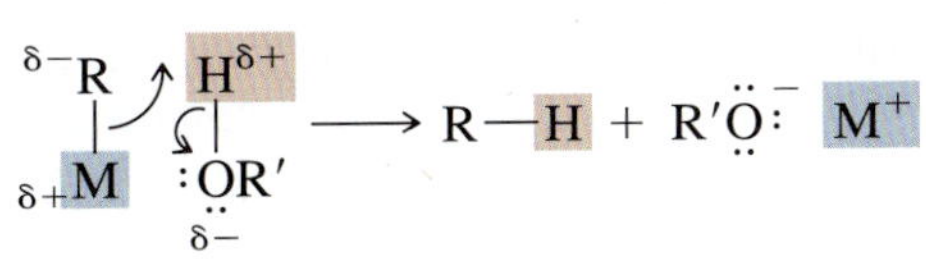

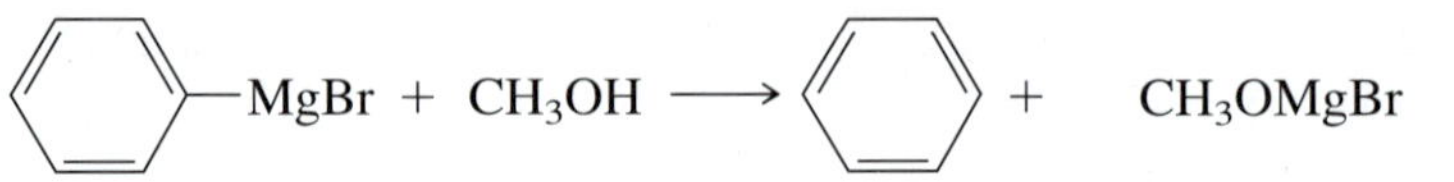

Phenylmagnesium bromide | Methanol | Benzene (100%) | Methoxymagnesium bromide

11.12 Grignard 시약을 이용한 알코올의 합성

Grignard 시약의 가장 중요한 응용은 카보닐기를 포함한 화합물과 반응하여 알코올을 생성하는 것이다. Grignard 시약은 알데하이드 또는 케톤과 반응하여 탄소-탄소 결합을 형성하는 반응을 매우 빠르게 진행한다.

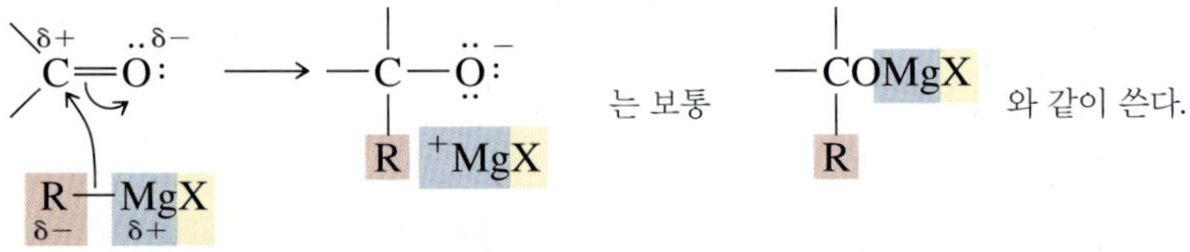

카보닐기는 극성이 아주 세며, 카보닐기의 탄소는 친전자성이다. Grignard 시약은 친핵성이며, 첨가 반응을 통해 카보닐기에 새로운 탄소-탄소 결합을 형성한다. 이 **친핵성 첨가 반응**(nucleophilic addition)은 알콕시마그네슘 할라이드를 형성하며, 두 번째 단계에서 산의 수용액을 첨가하여 알코올로 전환한다.

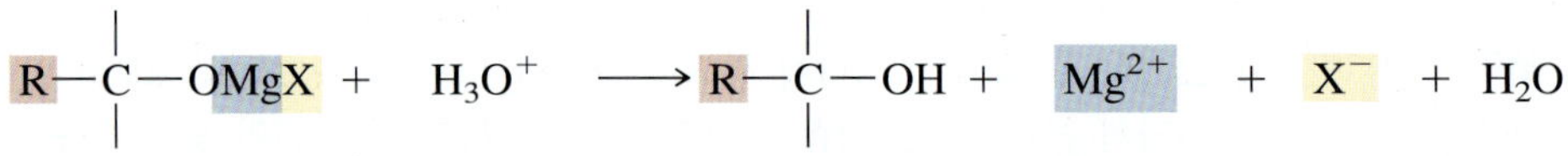

Alkoxymagnesium halide | Hydronium ion | Alcohol | Magnesium ion | Halide ion | Water

어떤 종류의 알코올이 생성되는지는 카보닐 화합물의 종류에 따라 다르다. 알데하이드 또는 케톤의 카보닐기에 존재하는 치환체들은 반응 후 하이드록시기를 지니는 탄소에 치환체로 붙어 있게 된다. 따라서 표 11.2에 도시된 바와 같이 폼알데하이드와 Grignard 시약과의 반응은 일차 알코올을 생성하고, 알데하이드는 이차 알코올, 케톤은 삼차 알코올을 생성한다.

문제 11.10 프로필마그네슘 브로마이드(propylmagnesium bromide)와 다음 각 화합물의 반응 생성물을 쓰시오. 묽은 산 수용액을 첨가하여 반응을 종료한다고 가정하시오.

(a) 폼알데하이드 (Formaldehyde) HCH (C=O)

(b) 벤즈알데하이드 (Benzaldehyde) C_6H_5CH (C=O)

(c) 사이클로헥산온 (Cyclohexanone) 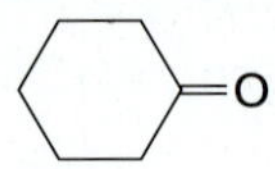

(d) 2-부탄온 (2-Butanone) $CH_3CCH_2CH_3$ (C=O)

풀이 (a) Grignard 시약은 폼알데하이드와 반응하여 일차 알코올을 생성한다. 이것은 Grignard 시약 제조의 출발 물질인 알킬 할라이드 보다 탄소 원자가 한 개 더 많은 구조이고, 이것은 1-뷰탄올이다.

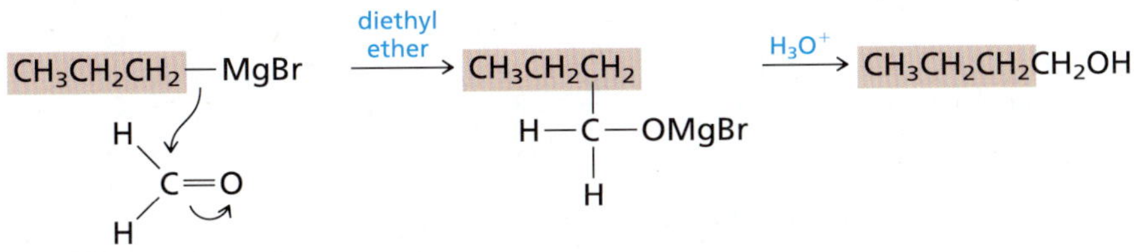

Propylmagnesium bromide + formaldehyde

1-Butanol

11.13 합성에서의 Grignard 시약

앞 절에서 본 바와 같이 Grignard 시약은 알코올을 바로 합성할 수 있다. 만약 알코올의 구조가 주어진 상태에서 반응물을 제시하라고 한다면 어떻게 할 것인가? 그 문제에 Grignard 시약을 사용할 수 있겠는가? 알코올은 알데하이드 또는 케톤의 환원 반응을 통해서도 제조할 수 있음을 기억하라(10.3절). 이 질문에 대한 답은 문제를 **거꾸로**(*backword*) 푸는 것이다. 합성에서 역으로 추론하는 과정을 **역합성 분석**(retrosynthetic analysis)이라고 한다. 역합성 단계를 나타낼 때는 다음과 같이 생성물에서 적당한 전구체를 향하는 빈 화살표를 사용한다.

목표 분자 ⇒ 전구체

예를 들어, 1-펜탄올(1-pentanol)의 합성을 생각해 보자. 한 가지 방법은 펜탄알(pentanal)을 반응 물질로 사용하는 것이다.

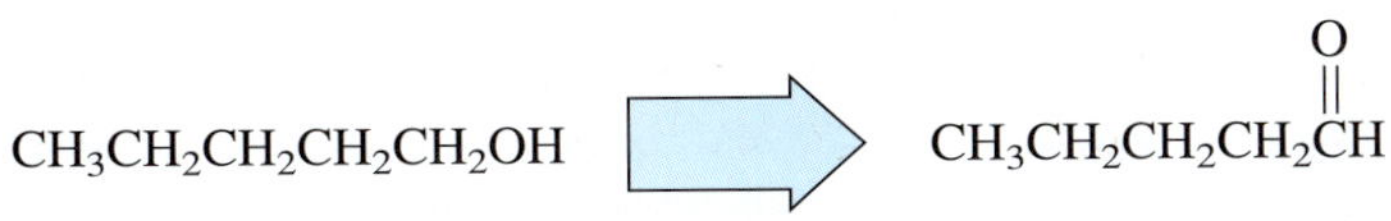

펜탄알을 수소화붕소 소듐 또는 수소화 알루미늄 리튬으로 환원시키면 원하는 생성물을 얻을 수 있다.

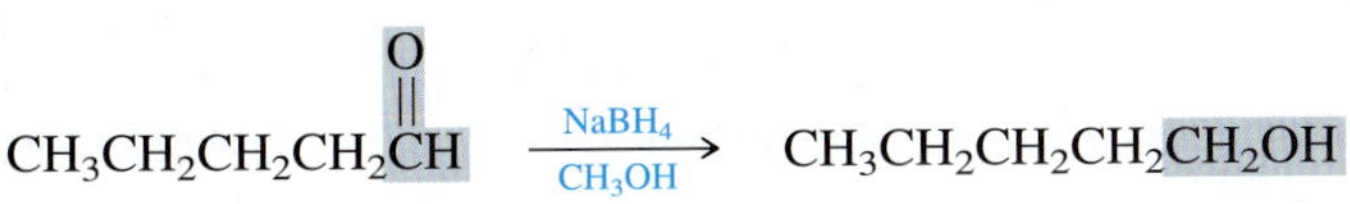

출발 물질과 생성물은 탄소 수가 같다는 것에 주목하라. 알데하이드나 케톤의 환원은 탄소 골격을 변화시키지 않는다.

이제 1-펜탄올을 합성하기 위해 Grignard 반응을 어떻게 이용할지 생각해 보자. 목표 물질에서 하이드록시기를 포함하는 탄소에 중점을 두고 합성을 해 보자. 왜냐하면

표 11.2 알데하이드와 케톤의 Grignard 시약과의 반응

반응	일반적 반응식과 구체적인 예
폼알데하이드와의 반응 Grignard 시약과 폼알데하이드($H_2C{=}O$)의 반응은 Grignard 시약보다 탄소가 하나 더 증가한 **일차 알코올**(primary alcohol)을 생성한다.	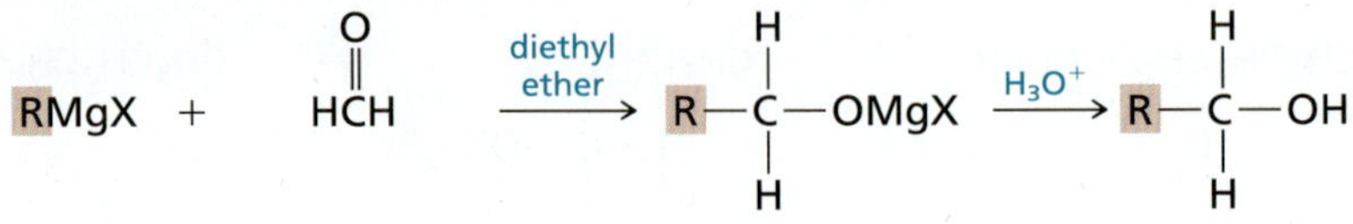 Grignard reagent · Formaldehyde · 일차 alkoxymagnesium halide · alcohol  Cyclohexylmagnesium chloride · Formaldehyde · Cyclohexylmethanol (64~69%)
알데하이드와의 반응 Grignard 시약은 알데하이드(RCH=O)와 반응하여 **이차 알코올**(secondary alcohol)을 생성한다.	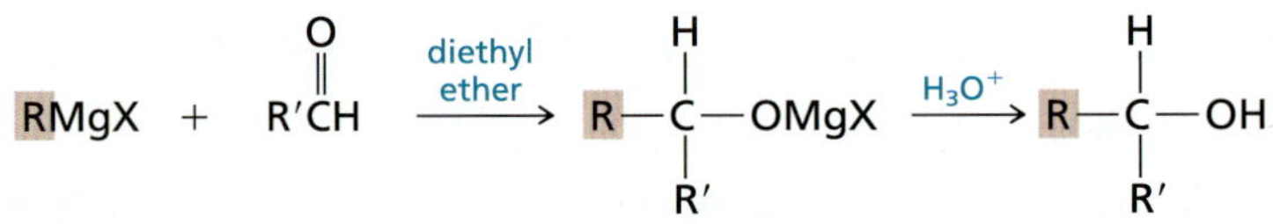 Grignard 시약 · Aldehyde · 이차 alkoxymagnesium halide · 이차 alcohol 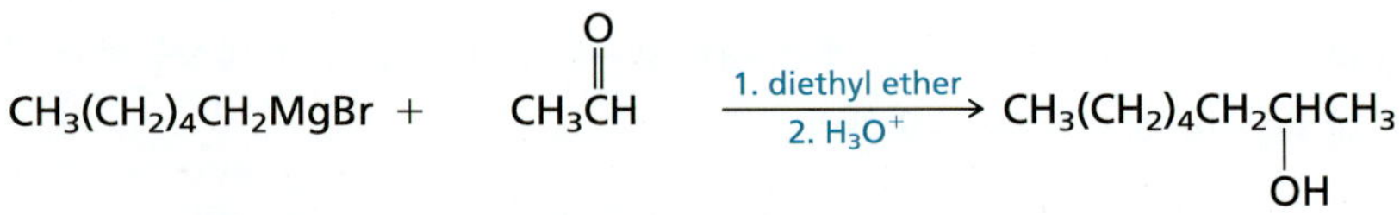 Hexylmagnesium bromide · Ethanal (acetaldehyde) · 2-Octanol (84%)
케톤과의 반응 Grignard 시약은 케톤 (RC(=O)R′)과 반응하여 **삼차 알코올**(tertiary alcohol)을 생성한다.	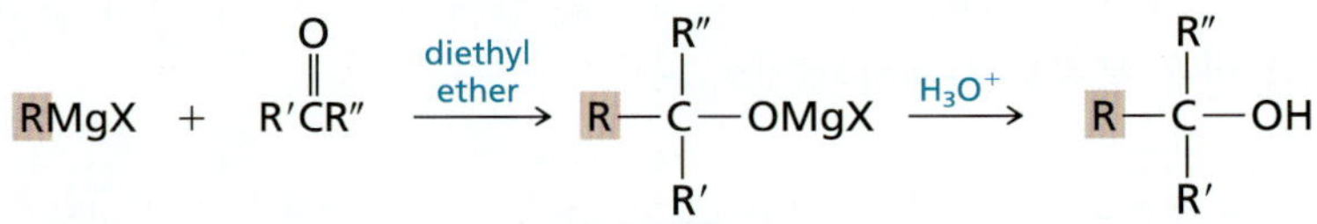 Grignard 시약 · Ketone · 삼차 alkoxymagnesium halide · 삼차 alcohol 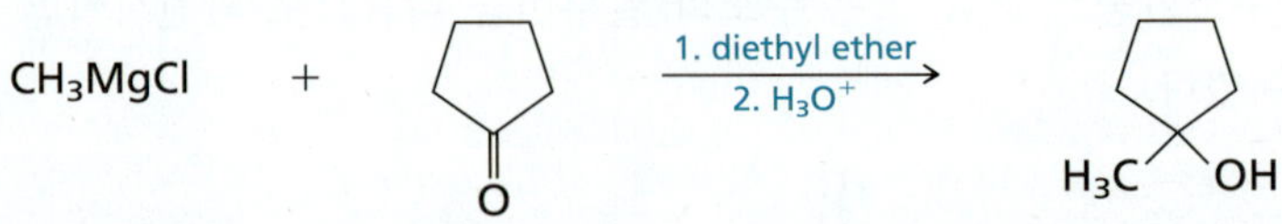 Methylmagnesium chloride · Cyclopentanone · 1-Methylcyclopentanol (62%)

이 탄소는 반응물의 카보닐의 탄소이기 때문이다. 마음속으로 하이드록시기를 포함하는 탄소에 붙어 있는 알킬기를 하나 끊어 보자. 이것은 본질적으로 Grignard 반응에 의해 탄소–탄소 결합이 형성되는 것의 역반응이다.

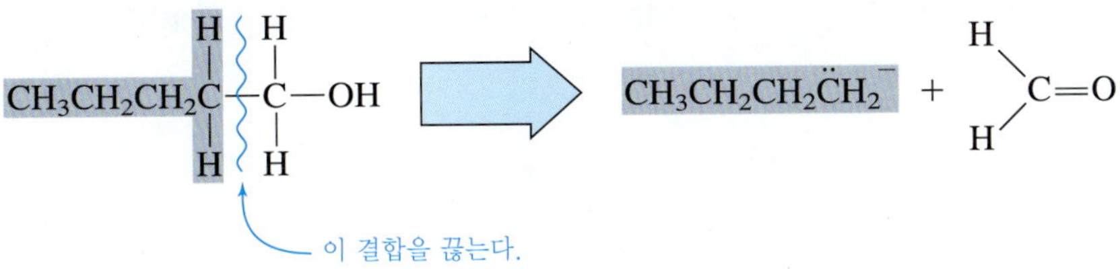

이렇게 결합을 끊는 것은 목표로 한 화합물에서 전구체로 이용되는 카보닐 화합물과 Grignard 시약의 구조에 대한 정보를 준다. Grignard 시약(RMgX)의 화학적 성질을 강조하기 위해서 탄소음이온($R:^-$)으로 나타냄을 주목하라.

따라서 역합성은 1-펜탄올이 폼알데하이드와 뷰틸마그네슘 아이오다이드와 같은 뷰틸마그네슘 할라이드와의 반응에 의해 합성될 수 있음을 나타낸다.

$$CH_3CH_2CH_2CH_2MgI + H_2C{=}O \xrightarrow[\text{2. } H_3O^+]{\text{1. diethyl ether}} CH_3CH_2CH_2CH_2CH_2OH$$

이차 알코올을 합성하는 방법으로는 두 가지 Grignard 시약과 알데하이드의 조합이 가능하다. 이것은 목표 알코올의 두 알킬기를 끊어서 가능하다.

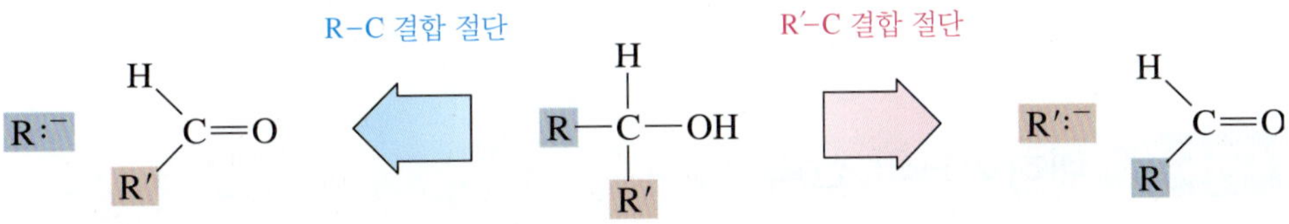

문제 11.11 다음의 알코올을 Grignard 시약을 이용하여 합성하시오.

(a) 2-메틸-1-프로판올(2-Methyl-1-propanol) $(CH_3)_2CHCH_2OH$

(b) 2-헥산올(2-Hexanol) $CH_3\underset{\displaystyle OH}{\underset{|}{C}}HCH_2CH_2CH_2CH_3$ (두 가지 방법)

(c) 1-페닐-1-프로판올(1-Phenyl-1-propanol) $C_6H_5\underset{\displaystyle OH}{\underset{|}{C}}HCH_2CH_3$ (두 가지 방법)

풀이 마음속으로 알킬기와 하이드록시기를 포함한 탄소 사이의 결합을 끊는다.

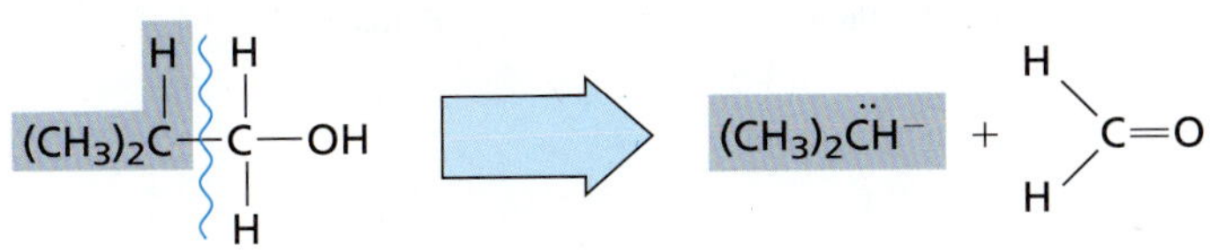

이는 폼알데하이드와 2-브로모프로페인에서 만들어진 Grignard 시약의 반응이 적합한 전구체임을 나타낸다.

$$(CH_3)_2CHMgBr + H_2C{=}O \xrightarrow[\text{2. } H_3O^+]{\text{1. diethyl ether}} (CH_3)_2CHCH_2OH$$

삼차 알코올은 세 가지 Grignard 시약과 케톤의 반응의 조합으로 합성될 수 있다.

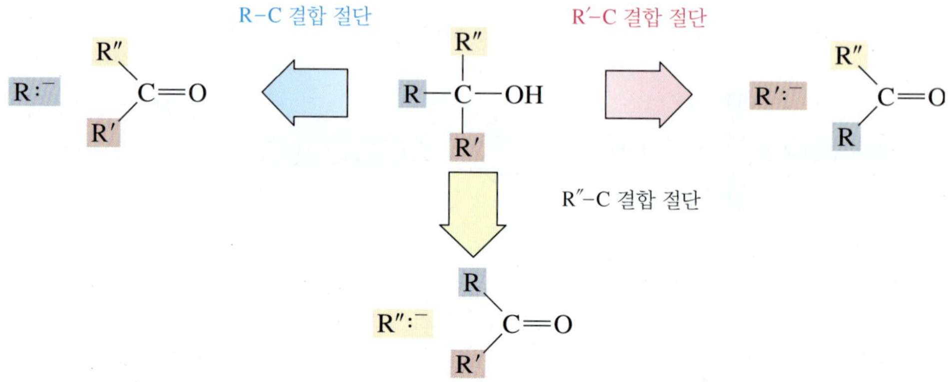

문제 11.12 Grignard 시약을 이용하여 2-페닐-2뷰탄올(2-phenyl-2-butanol)

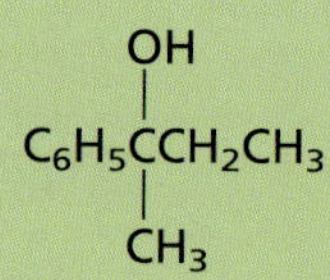

을 합성하는 세 가지 방법을 제시하시오.

11.14 알데하이드의 산화

알데하이드는 수용액에서 Cr(VI)를 기반으로 한 산화제에 의해 쉽게 산화되어 카복실산이 된다.

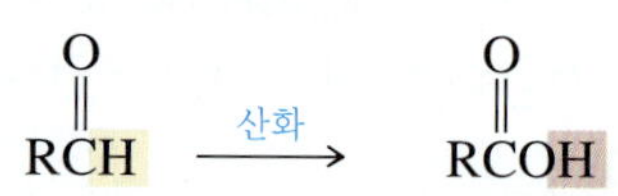

Aldehyde Carboxylic acid

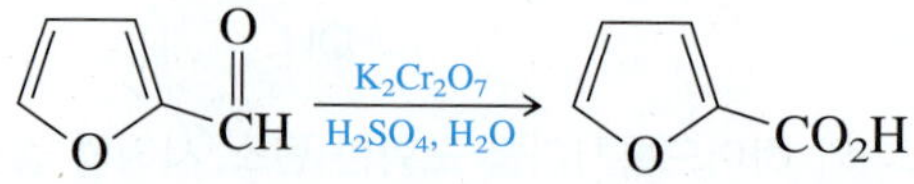

Furfural Furoic acid (75%)

11.15 α-탄소 원자와 그 수소

그리스어인 α, β, γ를 사용하면 편리하게 카보닐 분자 내의 탄소 위치를 나타낼 수 있다.

카보닐기 옆에 위치한 탄소는 α이고, 그 다음 옆은 β, 이런 식이다. 뷰탄알을 예로 들면, α 탄소, β 탄소, γ 탄소로 나타낸다.

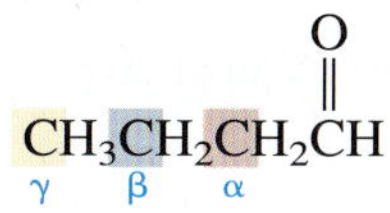

카보닐기가 기준점이 되며, 여기에는 그리스 문자를 붙이지 않는다.

수소는 자신이 결합하고 있는 탄소와 같은 그리스 문자를 붙인다. α-탄소 원자에 붙은 수소는 α 수소라고 한다. 뷰탄알은 두 개의 α 수소, 두 개의 β 수소, 세 개의 γ 수소가 있다. 알데하이드의 카보닐기에 붙은 수소에는 그리스 문자를 붙이지 않는다.

문제 11.13 다음 각 화합물에 몇 개의 α 수소가 있는가?

(a) 3,3-다이메틸-2-뷰탄온(3,3-Dimethyl-2-butanone)
(b) 2,2-다이메틸프로판알(2,2-Dimethylpropanal)
(c) 벤질 메틸 케톤(Benzyl methyl ketone)
(d) 사이클로헥산온(Cyclohexanone)

풀이 (a) 이 케톤은 두 개의 다른 α 탄소가 있으나 그중 한 개만이 수소를 가지고 있다. 세 개의 종류가 같은 α 수소가 있다. 다른 9개의 수소는 β 탄소 원자에 붙어 있다.

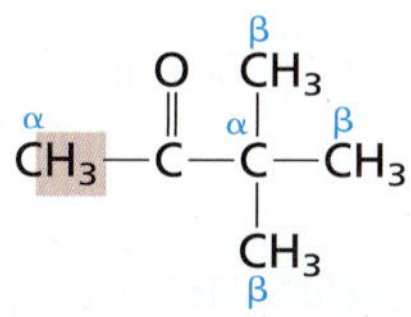

3,3-Dimethyl-2-butanone

카보닐기로의 친핵성 첨가 반응 이외에 알데하이드와 케톤의 가장 중요한 반응은 α 수소의 치환 반응이다. 여기서는 간단한 몇 개의 예만 논의하지만, α 탄소와 그에 붙은 수소를 포함하는 반응은 생화학에서는 자주 나타난다.

11.16 엔올과 엔올화

α 수소를 적어도 한 개 포함하는 알데하이드와 케톤은 **엔올**(enol)이라고 하는 이성질체와 평형을 이룬다.

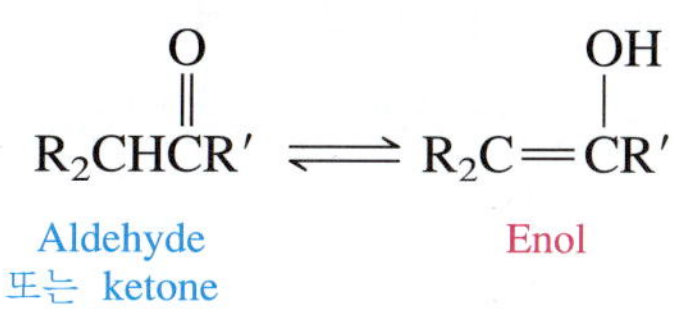

엔올은 알데하이드와 케톤의 **케토-엔올 토토머화**(keto-enol tautomerization)라고 하는

> 케토와 엔올 형태는 서로 구성 이성질체이다. 옛날에는 서로의 **토토머**(tautomer)라 불렀다.

양성자-전달 평형 반응에 의해 형성된다(**토토머화**는 원자 또는 원자단의 위치가 서로 다른 두 구조가 상호 전환되는 것을 말한다).

평형에 존재하는 엔올의 양은 간단한 알데하이드와 케톤에서는 매우 적은 양이다. 엔올화의 평형 상수는 다음 예에 나타낸 대로 1보다 훨씬 작다.

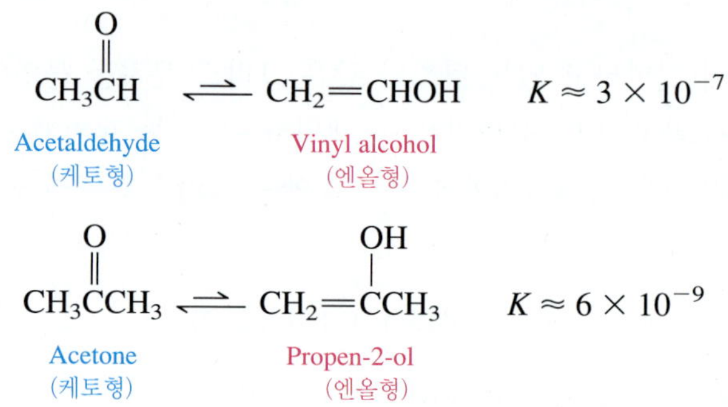

비대칭케톤에서는 엔올화가 두 가지로 가능하다.

평형에서 케톤은 가장 많은 화학종이며, 두 엔올도 존재하지만 농도는 매우 낮다.

문제 11.14 다음 화합물의 구조를 나타내시오.

(a) 2,4-다이메틸-3-펜탄온(2,4-dimethyl-3-pentanone)의 엔올형
(b) 아세토페논(acetophenone)의 엔올형
(c) 2-메틸사이클로헥산온(2-methylcyclohexanone)의 두 엔올형

풀이 (a) 엔올화는 α 탄소가 관여하고 있음을 기억하라. 케톤인 2,4-다이메틸-3-펜탄온은 두 α 탄소가 동일하므로 한 가지의 엔올을 생성한다.

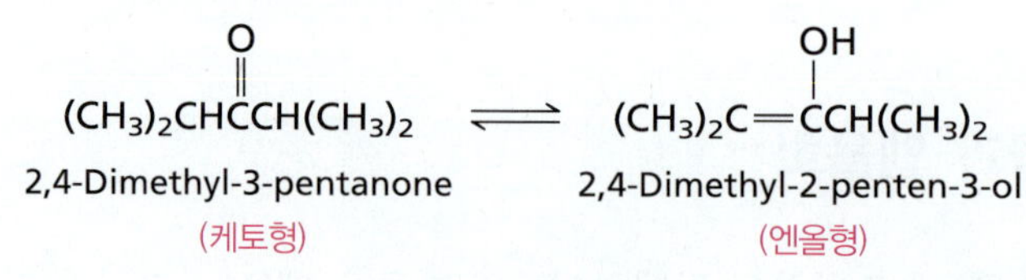

엔올이 실제 독립적으로 존재하는 물질임을 인지하는 것은 중요하다. 엔올은 카보닐 화합물의 공명 구조가 아니며, 이 둘의 관계는 구성 이성질체이다.

11.17 염기-촉매에 의한 엔올화: 엔올레이트 이온

엔올화는 그림 11.8에 나타낸 것과 같이 하이드록사이드 이온(hydroxide ion)과 같은 염기-촉매에 의해 반응이 진행된다. 염기는 α 탄소에 있는 수소를 떼어내어 카보닐 화합물의 짝염기를 형성한다. 이 음이온을 **엔올레이트 이온**(enolate ion)이라고 한다. 하이드록사이드 이온은 α 수소를 떼어낼 수 있을 정도로 충분한 강염기이다. 이들 α 수소는 일반적인 탄화수소의 수소보다 훨씬 산성도가 크다.

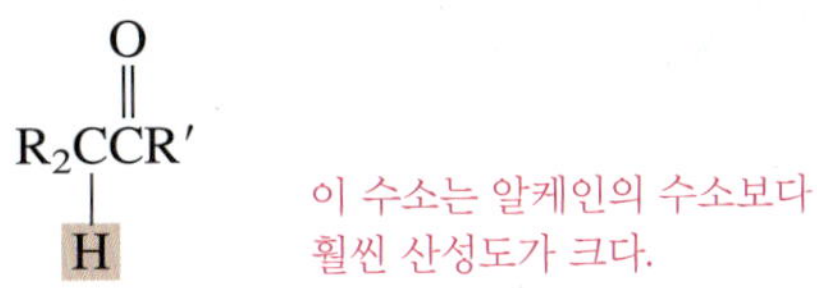

엔올레이트 이온은 공명 구조로 안정화되어 있다. 엔올레이트 이온의 음전하는 α 탄소와 카보닐의 산소가 서로 공유하고 있다.

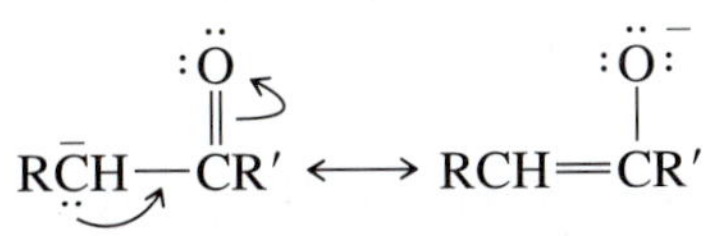

케톤의 짝염기에서 전자의 비편재화

전체 반응

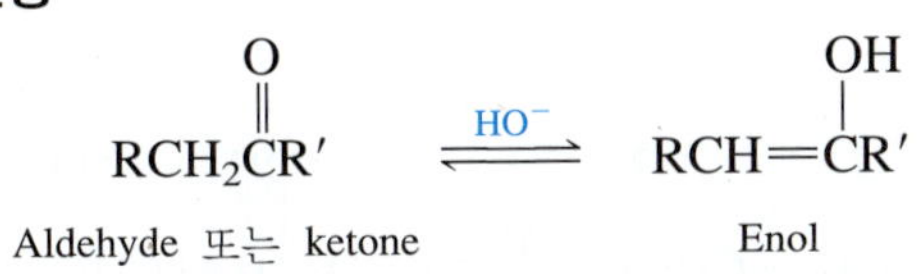

1단계: 카보닐 화합물의 α 탄소로부터 하이드록사이드 이온이 양성자를 떼어낸다.

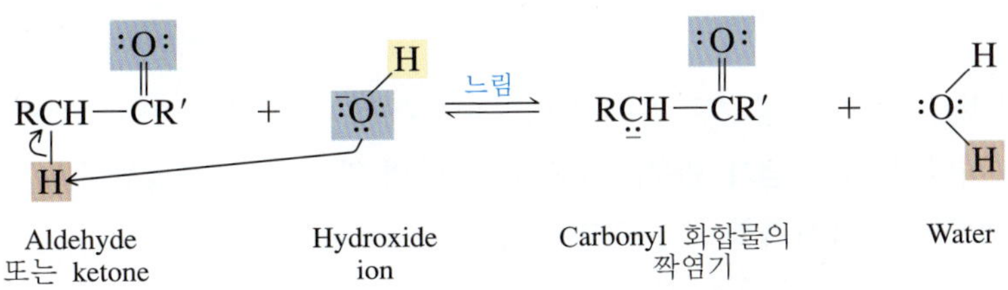

2단계: 물이 Brønsted 산으로 작용하여 엔올레이트 이온의 산소에 양성자를 전달한다.

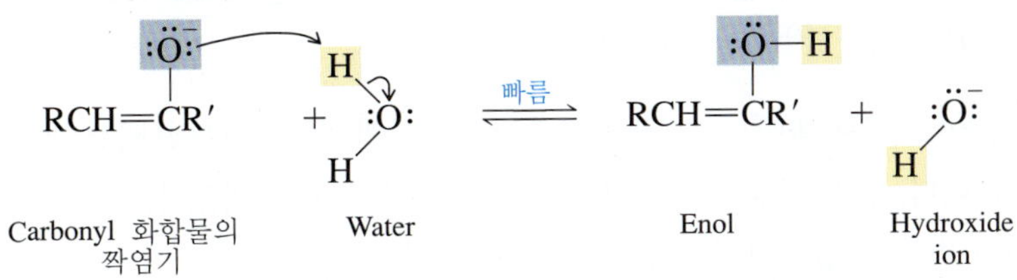

그림 • 11.8
수용액에서 염기-촉매에 의한 알데하이드 또는 케톤의 엔올화 메커니즘

공명 구조에서 나타낸 것과 같이 전기음성도가 큰 산소로 음전하가 비편재화되는 것을 통해 알데하이드와 케톤의 산성도가 향상한다. K_a값이 10^{-16}~10^{-20}이므로 알데하이드와 케톤은 물이나 알코올 정도의 산성도를 가지고 있다. 따라서 하이드록사이드 이온과 알콕사이드 이온은 충분히 강염기여서 평형에서도 충분히 높은 농도의 엔올레이트 이온을 생성한다.

11.18 알돌 축합 반응

이미 앞에서 본 것과 같이, 알데하이드는 하이드록사이드 이온이나 알콕사이드 이온에 의해서 엔올레이트 음이온으로 전환된다.

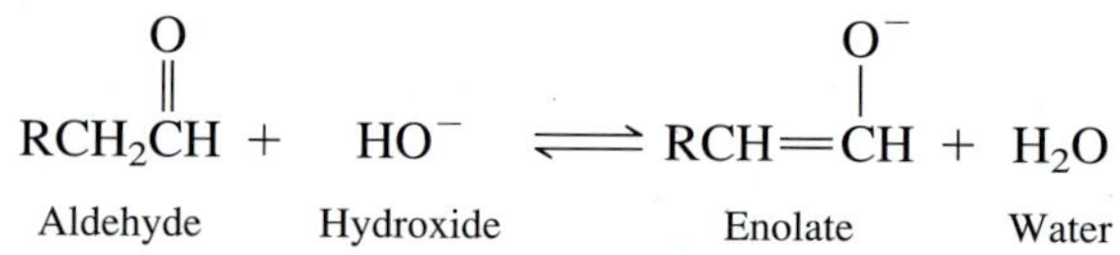

알데하이드와 엔올레이트 이온을 둘 다 포함한 용액에서 엔올레이트는 알데하이드에 친핵성 첨가 반응을 수행한다. 이 첨가 반응은 다른 친핵체의 알데하이드 또는 케톤으로의 첨가 반응과 매우 유사하다.

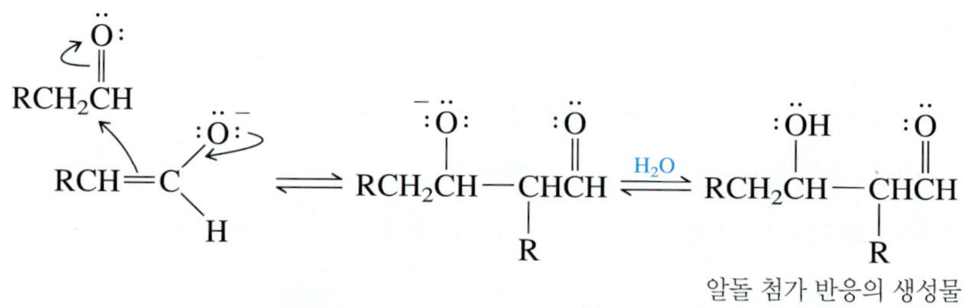

친핵성 첨가 반응에 의해 형성된 알콕사이드 이온은 용매(주로 물 또는 알코올)로부터 양성자를 가져와서 **알돌 첨가 반응**(aldol addition)의 생성물을 형성한다. 이 생성물은 알데하이드와 하이드록시기를 모두 포함하여 알돌(*ald* + *ol* = *aldol*)이라고 부른다.

Aleksander Borodin은 초기 알돌 반응의 연구를 수행한 사람이다. 물리학자로 훈련받았지만 직업상 화학자였던 그는 *Polovtsian Dances*와 같은 잘 알려진 몇 가지 러시아 음악 작품을 작곡한 것으로도 유명하다.

알돌 첨가 반응에서 중요한 점은

탄소–탄소 결합 형성이 알데하이드의 α 탄소 원자와 다른 알데하이드의 카보닐 사이에 일어난다는 점이다.

이것은 탄소음이온(엔올레이트)의 생성이 α 탄소의 양성자를 떼어내는 반응으로부터 일어나기 때문이다. 전체 반응을 그림 11.9에 체계적으로 나타내었다.

알돌 첨가 반응은 알데하이드에서 쉽게 일어난다.

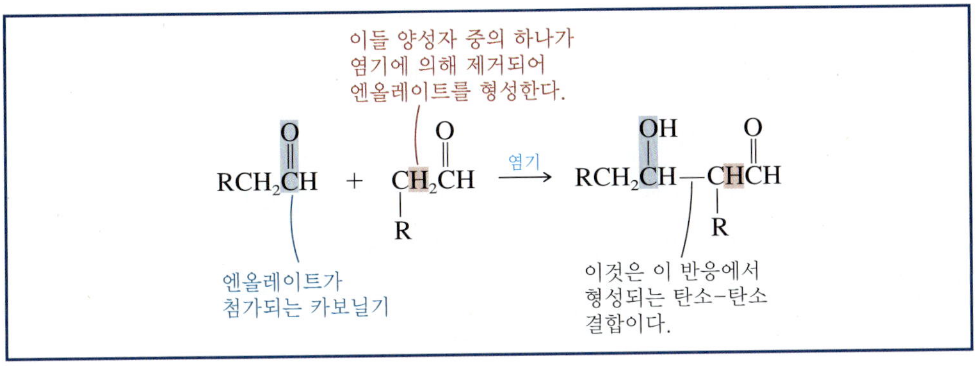

그림 • 11.9
알돌 반응의 반응자리는 한분자의 알데하이드의 카보닐기와 또 다른 분자의 알데하이드의 α탄소이다.

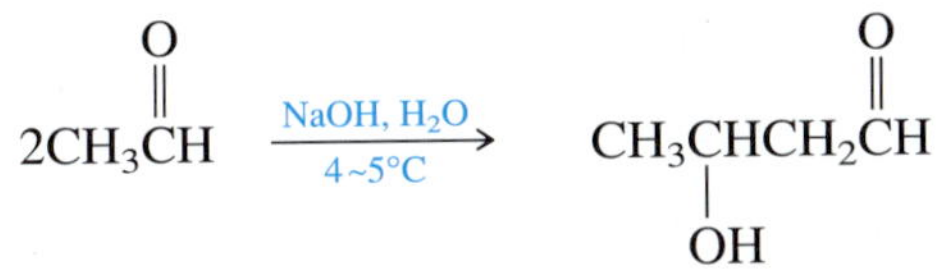

Acetaldehyde 3-Hydroxybutanal (50%)

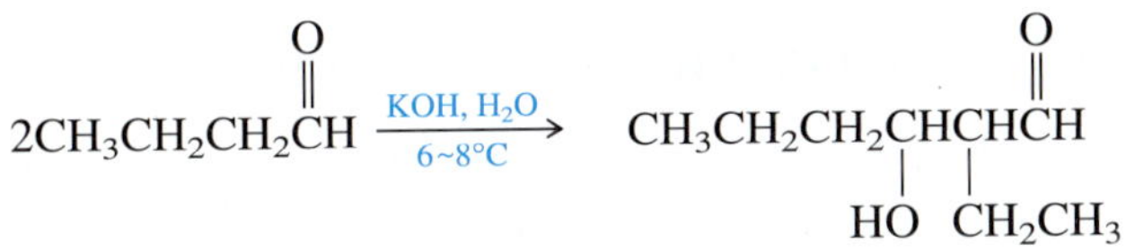

Butanal 2-Ethyl-3-hydroxyhexanal (75%)

문제 11.15 다음 알돌 첨가 반응의 생성물 구조를 쓰시오.

(a) 펜탄알(Pentanal)
(b) 2-메틸뷰탄알(2-Methylbutanal)
(c) 3-메틸뷰탄알(3-Methylbutanal)

풀이 (a) 어떤 알데하이드에서도 알돌 첨가 반응의 생성물을 알아내는 좋은 방법은 반응 메커니즘을 따져 보는 것이다. 첫 번째 단계는 엔올레이트의 형성 반응이고, 이것은 반드시 α 탄소에 붙어 있는 수소를 제거하는 것을 포함한다.

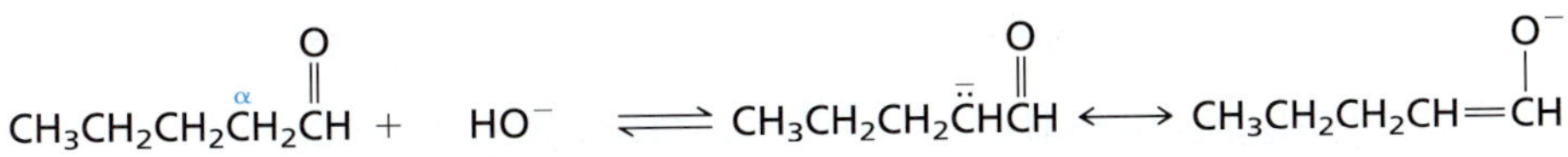

Pentanal Hydroxide pentanal의 enolate

이제 엔올레이트의 음전하로 하전된 α 탄소를 이용하여 새로운 탄소-탄소 결합을 카보닐기에 형성해 보자. 용매로부터 양성자 전달을 통해 반응이 완결된다.

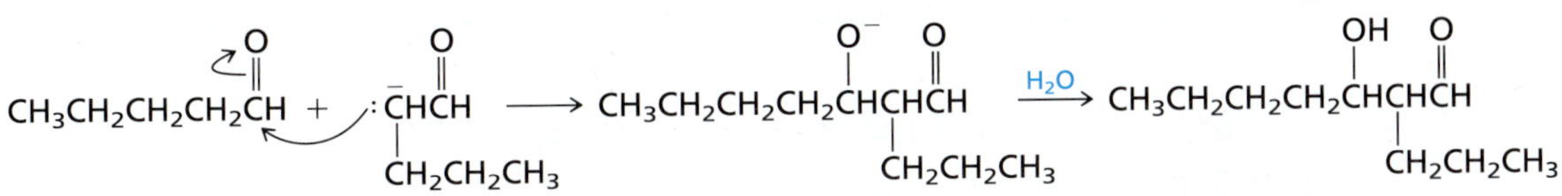

Pentanal pentanal의 enolate 3-Hydroxy-2-propylheptanal (펜탄알의 알돌 첨가 반응 생성물)

알돌 첨가 반응의 생성물인 β-하이드록시 알데하이드(β-hydroxy aldehyde)는 열을 가하면 탈수 반응을 거쳐 **α,β-불포화 알데하이드**(α,β-unsaturated aldehyde)를 형성한다.

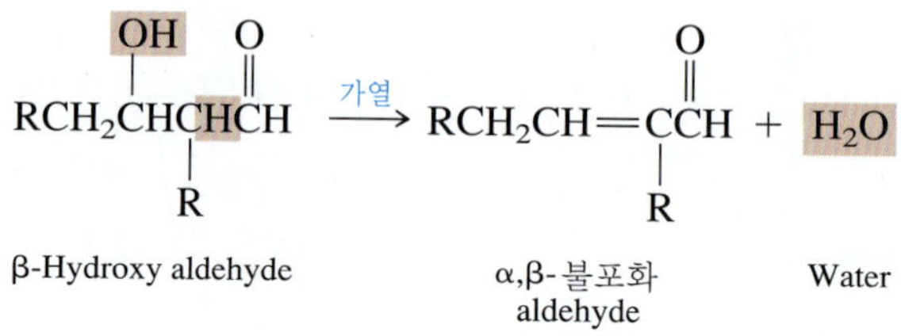

> 5.2절에 있는 짝지음의 개념을 복습하면 도움이 된다.

α,β-불포화 알데하이드에서 카보닐기와 새롭게 형성된 이중 결합은 짝지음을 통해 안정화된다. 이것은 탈수 단계의 추진력으로 작용하며, 위치선택성을 조절하는 데도 영향을 준다. 만약에 α,β-불포화 알데하이드가 원하는 생성물이라면 염기-촉매 알돌 첨가 반응을 높은 온도에서 수행한다. 이 조건에서 알돌 첨가 반응의 생성물은 빠르게 물을 잃어버리고 α,β-불포화 알데하이드를 형성한다.

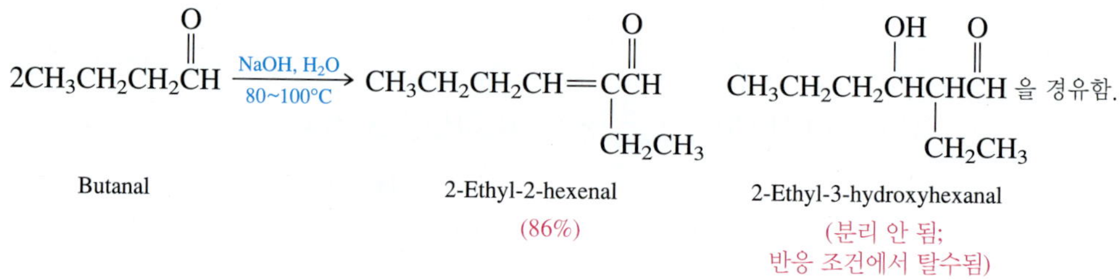

알데하이드 두 분자가 결합하여 α,β-불포화 알데하이드와 물을 형성하는 반응을 **알돌 축합 반응**(aldol condensation)이라고 한다.

문제 11.16 문제 11.15의 각 알데하이드의 알돌 축합 반응 생성물을 나타내시오. 이들 중 한 알데하이드는 알돌 축합이 아닌 알돌 첨가 반응만을 한다. 이유를 설명하시오.

풀이 (a) 펜탄알의 알돌 첨가 반응 생성물의 탈수 반응은 2번과 3번 탄소 사이에 이중 결합을 형성하는 α,β-불포화 알데하이드를 생성한다.

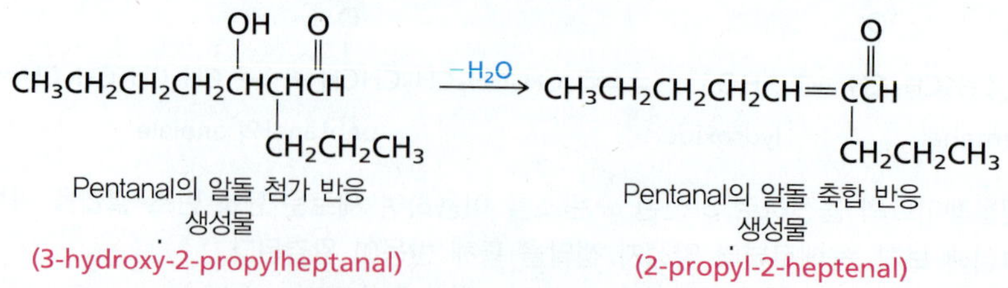

알돌 축합 반응과 역알돌 반응이라고 하는 알돌 축합 반응의 역반응은 세포의 생화학에서 매우 중요하다. 이들 반응에 의해 생명체는 당을 더 작은 분자로 분해하여 에너지를 생성하고, 이를 이용하여 유기체의 기능을 발휘한다. 이 작용을 **해당작용**(glycolysis)이라고 한다.

학습목표

이 장에서는 두 가지 연관된 화합물, 알데하이드와 케톤의 화학적 물리적 특성을 소개하였다. 이 장의 가장 중요한 내용은 카보닐기의 특성과 반응이다. 이 장에서 배운 기술로 여러분은 다음과 같은 것을 할 수 있다.

- 알데하이드와 케톤의 IUPAC명을 붙일 수 있다.
- 카보닐기의 극성이 알데하이드와 케톤의 물리적 성질에 어떤 관련이 있는지 설명할 수 있다.
- 카보닐기의 극성이 알데하이드와 케톤으로의 친핵성 첨가 반응에 어떤 관련이 있는지 설명할 수 있다.
- 알데하이드와 케톤의 수화 반응을 쓰고, 산-촉매와 염기-촉매 조건에서의 반응 메커니즘을 설명할 수 있다.
- 사이아노하이드린을 합성하는 화학식을 쓸 수 있다.
- 아세탈을 형성하는 화학식을 쓸 수 있다.
- 알데하이드 또는 케톤의 일차 아민과의 반응식을 쓸 수 있다.
- 유기금속 시약을 이용하여 새로운 탄소-탄소 결합을 나타낼 수 있다.
- Grignard 시약과 알데하이드 또는 케톤과의 반응식을 쓸 수 있다.
- 역합성 분석을 통해 Grignard 시약을 이용하여 특정 알코올을 합성하는 계획을 세울 수 있다.
- 알데하이드의 산화 반응식을 쓸 수 있다.
- 엔올화 반응을 설명하고 특정 알데하이드 또는 케톤의 엔올형을 그릴 수 있다.
- 알데하이드의 알돌 축합 반응식을 쓸 수 있다.

11.19 요약

알데하이드와 케톤의 체계명은 카보닐기를 가지는 가장 긴 탄소 사슬과 같은 수를 가지는 알케인을 기본으로 시작한다. 알케인의 어미 *-e*를 알데하이드는 -알(*-al*), 케톤은 -온(*-one*)으로 바꾼다(11.1절). 알데하이드의 1번 탄소는 항상 카보닐기이다. 사슬의 번호는 케톤의 카보닐기의 탄소가 작은 번호가 되도록 붙인다.

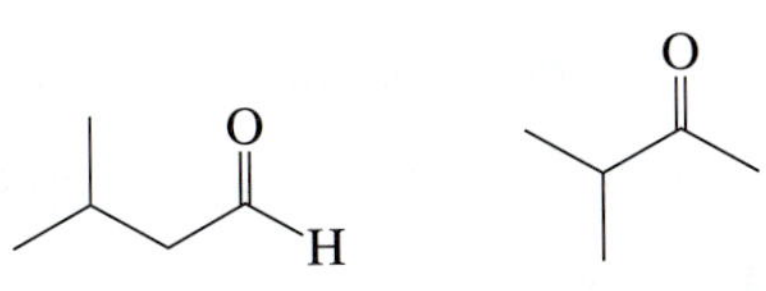

3-Methylbutanal 3-Methyl-2-butanone

케톤은 카보닐기의 양쪽에 붙은 두 작용기를 알파벳 순서로 명명한 후 **케톤**(*ketone*)이라는 단어를 붙인다. 따라서 3-메틸-2-뷰탄온은 아이소프로필 메틸 케톤이라고도 한다.

카보닐기의 탄소는 sp^2-혼성이며, 카보닐기에 붙은 원소는 같은 평면에 존재한다(11.2절).

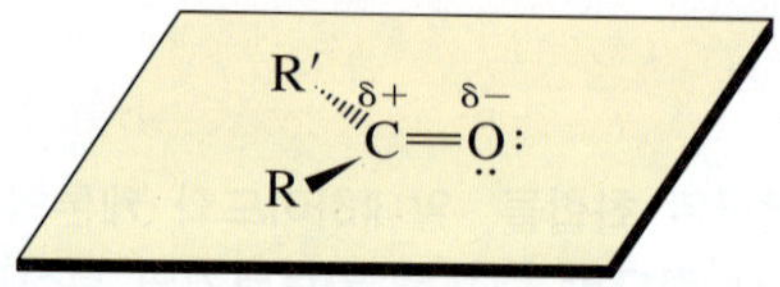

알데하이드와 케톤은 극성 분자이다(11.3절). 친핵체는 카보닐 C=O의 탄소를 공격하며(양전하로 분극), 특히 양성자와 같은 친전자체는 음전하로 분극된 산소를 공격한다(11.5절).

알데하이드와 케톤의 특징적인 반응은 카보닐 탄소로의 **친핵성 첨가 반응**(*nucleophilic addition*)이다(11.5절). 이 장에서 소개된 친핵성 첨가 반응이 표 11.3에 요약되어 있다.

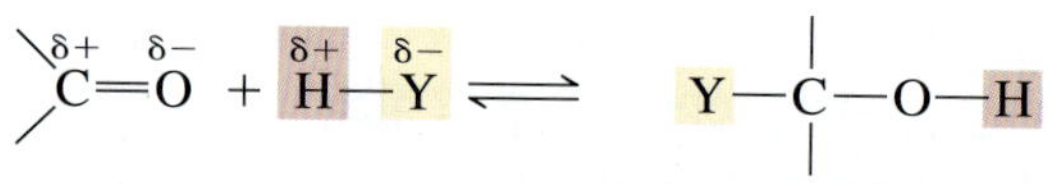

Aldehyde 또는 ketone　　　카보닐기에 대한 친핵성 첨가 반응의 생성물

마지막은 **Grignard 시약**(Grignard reagent)과 같은 **유기금속 시약**(organometallic compound)을 이용하여 새로운 탄소-탄소 결합을 형성하는 예이다(11.10절).
알데하이드는 수용액에서 쉽게 산화되어 카복실산을 형성한다(11.14절).

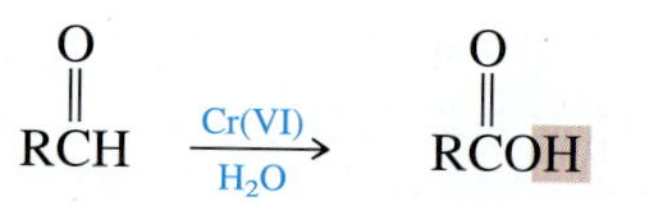

Aldehyde　　　Carboxylic acid

알데하이드와 케톤은 평형에서 각각 해당하는 엔올을 형성한다(11.16절).

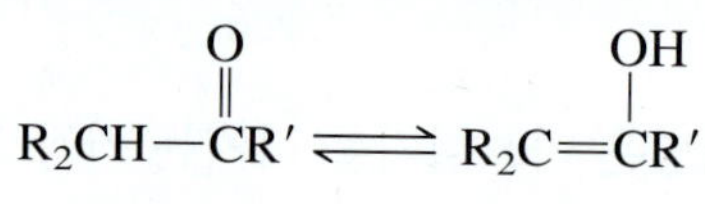

Aldehyde 또는 ketone　　　Enol

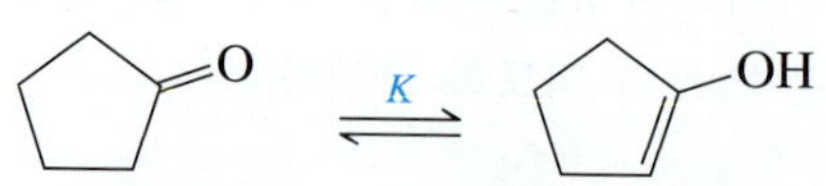

Cyclopentanone　　　Cyclopenten-1-ol

$K = 1 \times 10^{-8}$

평형에 도달하는 속도는 산-촉매 및 염기-촉매에 의해 증가한다. 간단한 알데하이드와 케톤의 엔올 형성 비율은 매우 작다.

알데하이드 또는 케톤의 α 탄소의 양성자는 다른 탄소에 결합된 수소에 비해 매우 산성도가 크다. 하이드록사이드 이온과 같은 염기는 α 위치의 양성자를 떼어내어 **엔올레이트 이온**(enolate ion, 11.17절)을 형성한다. 엔올레이트 이온은 카보닐기를 포함하는 공명 구조에 의해서 안정화된다.

표 11.3 알데하이드와 케톤에 대한 친핵성 첨가 반응

반응(절)과 해설 | **일반적 반응식과 구체적인 예**

수화 반응(11.6절)

산- 또는 염기-촉매 반응이다. 보통 R, R′ 중에 하나 또는 둘 다 전자를 끌어당기는 작용기가 아니면 케톤의 수화 반응 평형 상수는 크지 않다.

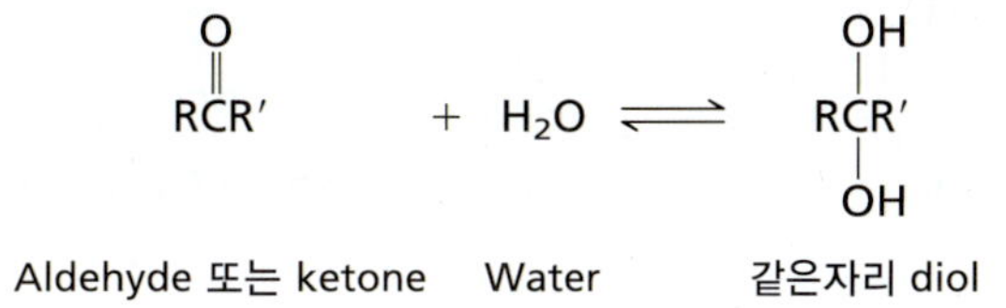

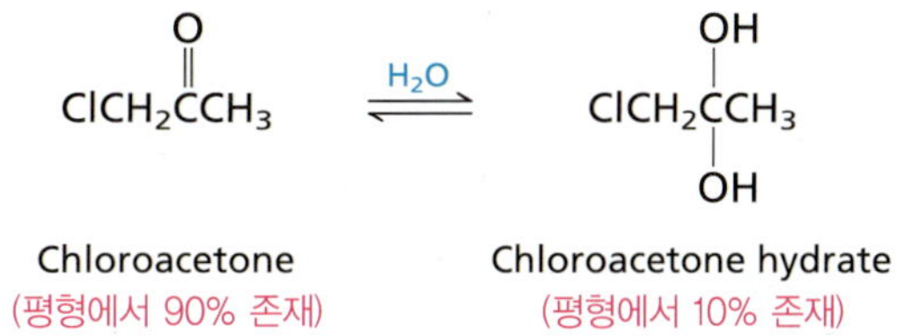

사이아노하이드린 형성 반응(11.7절)

사이아나이드 이온의 촉매 작용으로 일어난다. 사이아노하이드린은 유용한 합성 중간 물질이다. 사이아노기는 수화되어 —CO_2H가 되거나 환원되어 —CH_2NH_2가 된다.

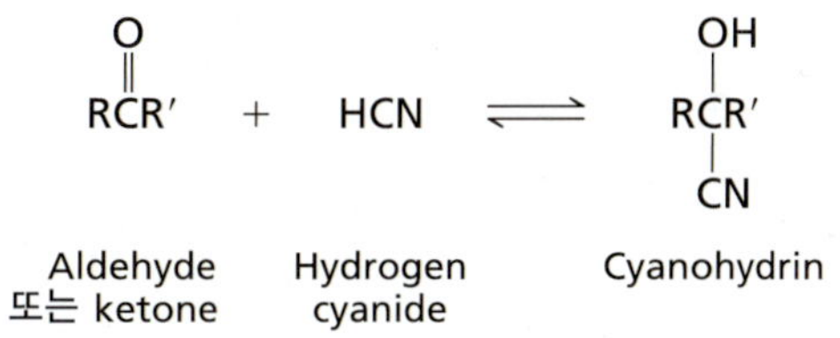

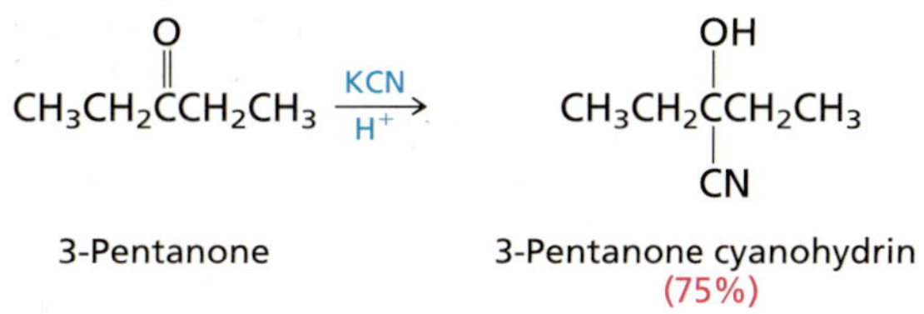

아세탈 형성 반응(11.8절)

산-촉매 반응이다. 평형 상수는 알데하이드의 경우 아세탈이 더 잘 형성되며, 케톤은 아세탈 형성이 불리하다.

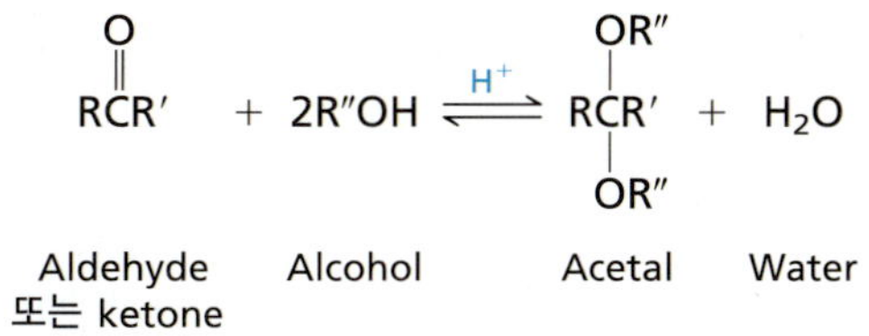

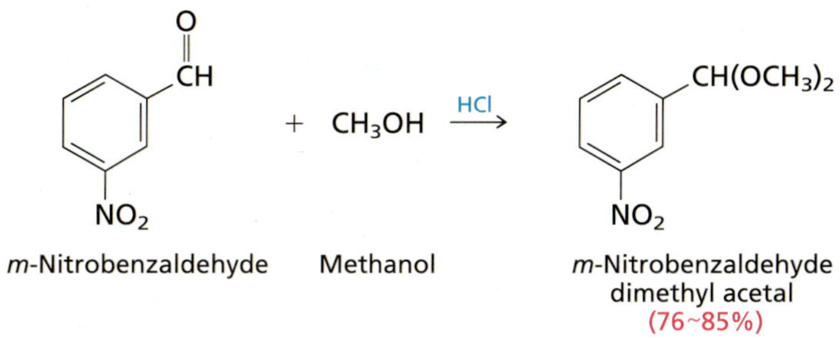

(계속)

표 11.3 알데하이드와 케톤에 대한 친핵성 첨가 반응(계속)

반응(절)과 해설	일반적 반응식과 구체적인 예
일차 아민과의 반응(11.9절) 분리된 생성물은 이민이다(Schiff 염기). 카비놀아민(carbinolamine) 중간체가 형성되고, 이것은 탈수 반응을 통해 이민이 된다.	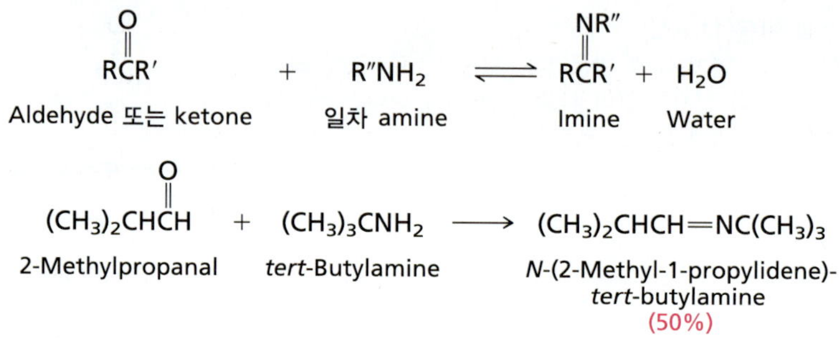
Grignard 시약과 카보닐 화합물의 반응을 통한 알코올 합성(11.12절) 이는 유기 합성에서 가장 유용한 반응 중의 하나이다. Grignard 시약은 폼알데하이드와 반응하여 일차 알코올을 생성하고, 알데하이드와 반응하여 이차 알코올, 케톤과 반응하여 삼차 알코올을 생성한다.	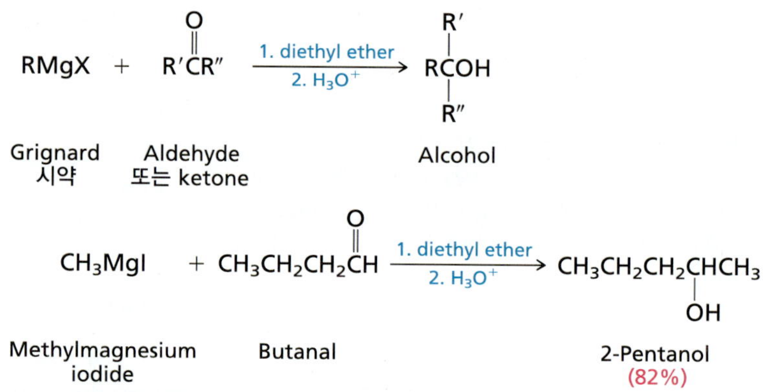

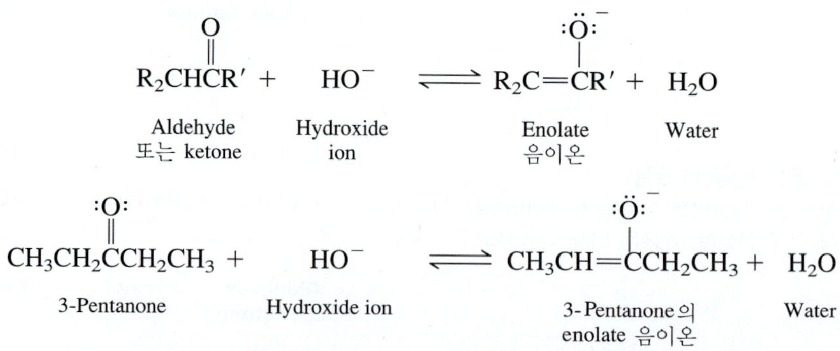

알돌 축합 반응(aldol condensation)은 탄소–탄소 결합을 위한 매우 유용한 반응이다(11.18절). 엔올레이트 이온의 카보닐에 친핵성 첨가 반응을 수행하고 탈수시키면 α,β-불포화 카보닐 화합물을 형성한다.

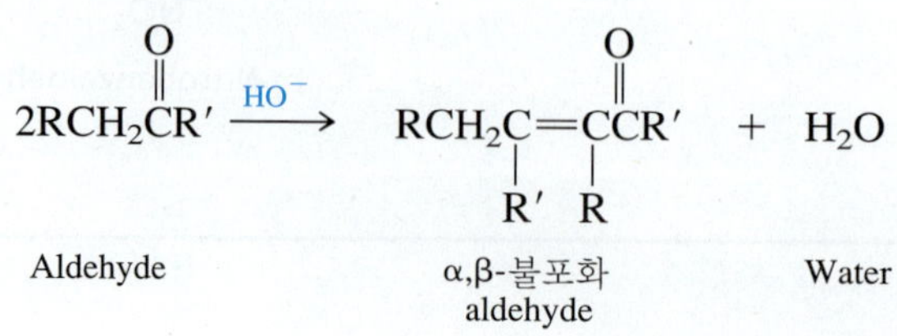

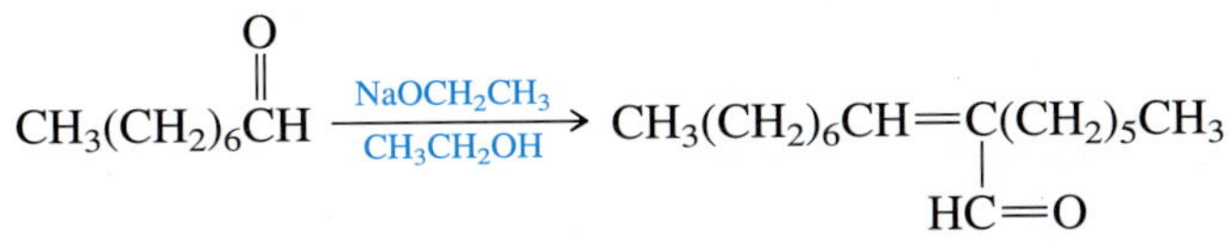

Octanal

2-Hexyl-2-decenal (79%)

보충문제

명명법과 물리적 성질

11.17 다음 알데하이드와 케톤의 이름은 체계명이 아니다. 괄호 안에 IUPAC명을 나타내었다. 해당 구조식을 쓰시오.

(a) 피브알데하이드(Pivaldehyde) [2,2-다이메틸프로판알(2,2-dimethylpropanal)]

(b) 아크로레인(Acrolein) [2-프로펜알(2-propenal)]

(c) 데옥시벤조인(Deoxybenzoin) [벤질 페닐 케톤(benzyl phenyl ketone)]

(d) 다이아세톤 알코올(Diacetone alcohol) [4-하이드록시-4-메틸-2-펜탄온(4-hydroxy-4-methyl-2-pentanone)]

(e) 산화 메시틸(Mesityl oxide) [4-메틸-3-펜텐-2-온(4-methyl-3-penten-2-one)]

(f) 시트랄(Citral) [(*E*)-3,7-다이메틸-2,6-옥타다이엔알((*E*)-3,7-dimethyl-2,6-octadienal)]

11.18 다음 알데하이드 또는 케톤의 IUPAC명을 쓰시오.

(a) 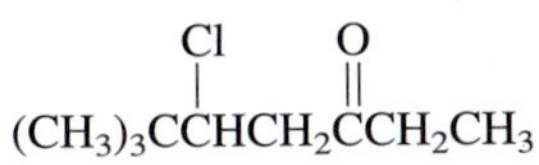

(c) 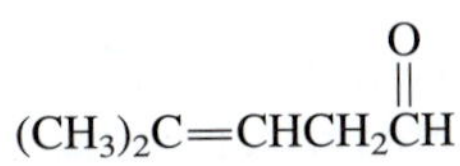

(b) 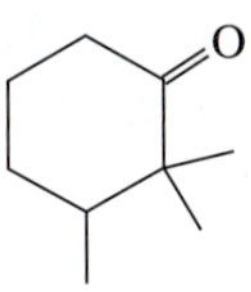

(d) 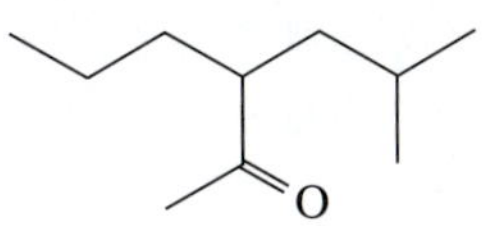

11.19 다음의 케톤에 대한 IUPAC명은 허용된 명칭이기는 하지만 가장 긴 탄소 사슬을 근거로 다르게 명명할 수 있다. 각 이름을 두 번째 방식으로 나타내시오.

(a) 다이벤질 케톤(Dibenzyl ketone)

(b) 벤질 *tert*-뷰틸 케톤(Benzyl *tert*-butyl ketone)

(c) 에틸 아이소프로필 케톤(Ethyl isopropyl ketone)

(d) 아이소뷰틸 페닐 케톤(Isobutyl phenyl ketone)

(e) 알릴 메틸 케톤(Allyl methyl ketone)

11.20 다음 화합물의 이름의 잘못된 점은 무엇인가? 올바른 체계명을 적거나 그 화합물이 존재하지 않는 이유를 설명하시오.

(a) 사이클로헥산알(Cyclohexanal)

(b) 2,2-다이메틸-4-헥산온(2,2-Dimethyl-4-hexanone)

(c) 1-클로로-3-프로판온(1-Chloro-3-propanone)

(d) 트라이메틸아세트알데하이드(Trimethylacetaldehyde)

11.21 분자량이 비슷한 다음 화합물의 끓는점을 알맞게 연결하시오.

화합물: pentanal; 1-pentanol; hexane

끓는점(°C): 68.8; 103.4; 138

11.22 벤질 알코올이 벤즈알데하이드보다 물에서 용해도가 더 큰 이유를 설명하시오.

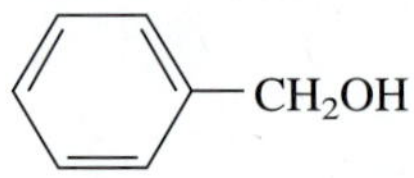

Benzyl alcohol

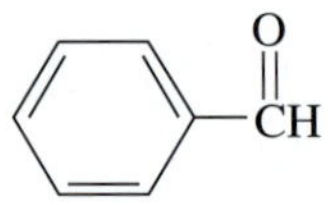

Benzaldehyde

알데하이드와 케톤의 반응

11.23 프로판알과 다음 시약과의 반응 생성물을 예측하시오.

(a) 수소화 알루미늄 리튬과 반응 후 물로 처리
(b) 메탄올을 용매로 하여 수소화붕소 소듐으로 반응
(c) 수소(니켈 촉매)
(d) 메틸마그네슘 아이오다이드(CH_3MgI, MeMgI)와 반응 후 묽은 산으로 처리
(e) 소량의 산을 포함한 메탄올
(f) 아닐린($C_6H_5NH_2$)
(g) 황산을 첨가한 사이안화 소듐
(h) 크로뮴산

11.24 사이클로펜탄온(cyclopentanone)을 출발 물질로 사용하여 문제 11.23의 (a)에서 (g)까지를 반복하시오.

11.25 (a) $C_5H_{10}O$의 분자식을 가지는 알데하이드와 케톤 이성질체 모두를 구조와 IUPAC명을 사용하여 나타내시오. 입체이성질체도 포함하시오.
(b) (a)의 이성질체 중 수소화붕소 소듐과 반응하여 카이랄 알코올을 생성하는 것은?
(c) (a)의 이성질체 중 메틸마그네슘 아이오다이드와 반응하여 카이랄 알코올을 생성하는 것은?

11.26 다음 반응의 주 생성물을 쓰시오.

(a) 2-아이오도프로페인의 마그네슘 금속과의 반응(다이메틸 에터를 용매로 이용)
(b) (a)의 생성물을 다이에틸 에터 용매에서 폼알데하이드와 반응시킨 후 묽은 산으로 처리
(c) (a)의 생성물을 벤즈알데하이드와 다이에틸 에터($C_6H_5\overset{\overset{O}{\|}}{C}H$) 용매에서 반응시킨 후 묽은 산으로 처리
(d) (a)의 생성물을 사이클로펜탄온과 다이에틸 에터 용매에서 반응시킨 후 묽은 산으로 처리

11.27 다음 식에서 보이는 사이아노하이드린의 해리 평형 상수(K_{diss})는 사이아노하이드린 분자의 수를 측정하여 얻는다.

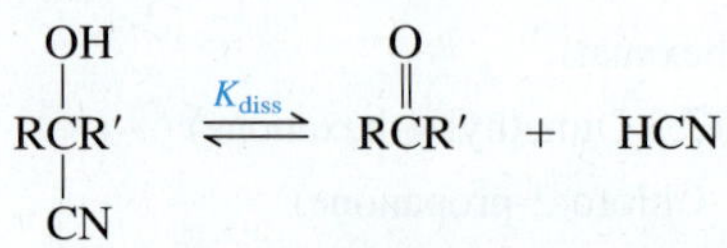

Cyanohydrin　　Aldehyde 또는 ketone　　Hydrogen cyanide

다음 중 어떤 사이아노하이드린이 더 큰 평형 상수를 갖겠는가?

(a) $CH_3CH_2CH(OH)CN$ 또는 $(CH_3)_2C(OH)CN$

(b) $C_6H_5CH(OH)CN$ 또는 $C_6H_5C(OH)(CH_3)CN$

11.28 다음 반응에서 형성되는 카비놀아민 중간체와 이민 생성물의 구조를 나타내시오.

(a) 사이클로헥산온(Cyclohexanone)과 *tert*-뷰틸아민(*tert*-butylamine) $(CH_3)_3CNH_2$

(b) 아세토페논(Acetophenone)과 사이클로헥실아민(cyclohexylamine) 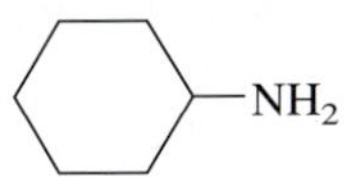

11.29 다음 화합물의 구조를 분석하여, 이 화합물의 형성할 수 있는 모든 Grignard 시약과 카보닐 화합물의 조합을 나타내시오.

(a) $CH_3CH_2CH(OH)CH_2CH(CH_3)_2$

(b) $(CH_3)_3CCH_2OH$

(c) 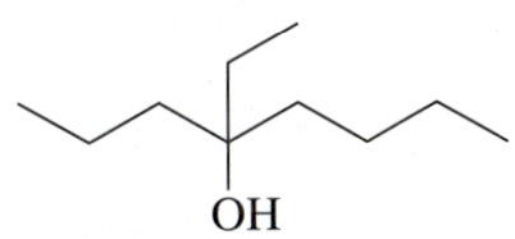

11.30 문제 11.29의 화합물 중에서 알데하이드 또는 케톤의 환원으로 생성될 수 있는 것은? 수소화 알루미늄 리튬을 환원제로 사용한 반응식을 쓰시오.

11.31 다음 반응에서 빠진 반응물의 구조를 제안하시오.

(a) $? + 2CH_3CH_2OH \xrightarrow{H^+} CH_3CH(OCH_2CH_3)_2$

(b) 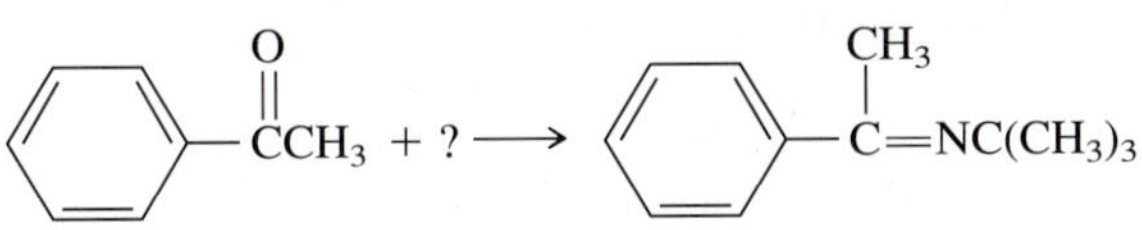

(c) $C_6H_5MgBr + ? \xrightarrow[2.\ H_3O^+]{1.\ \text{diethyl ether}} C_6H_5C(OH)(CH_3)CH_2C_6H_5$

11.32 사이클로헥산온 옥심(Cyclohexanone oxime, $C_6H_{11}NO$)은 나일론의 합성에 사용되는 공업용 화공약품이다. 사이클로헥산온과 하이드록실아민(hydroxylamine, H_2NOH)의 반응으로 합성한다. 사이클로헥산온 옥심의 적합한 구조를 나타내시오.

엔올과 엔올레이트 이온

11.33 다음 각 화합물의 쌍에서 엔올화될 수 있는 것을 고르고, 엔올 형태의 구조를 나타내시오.

(a) $(CH_3)_3CCHO$ 또는 $(CH_3)_2CHCHO$

(b) $C_6H_5COC_6H_5$ 또는 $C_6H_5CH_2COCH_2C_6H_5$

11.34 프로판알과 다음 각 화합물과의 반응 생성물의 구조를 나타내시오.

(a) 찬 에탄올 용매에서 수산화 소듐

(b) 뜨거운 에탄올 용매에서 수산화 소듐

(c) (b)의 생성물을 에탄올을 용매로 사용하여 수소화붕소 소듐과 반응

11.35 뷰탄알은 포플라나무의 해충을 제거하는 약제의 활성 성분을 만드는 출발 물질이다. 뷰탄알의 알코올 첨가 반응 생성물은 촉매 수소첨가 반응에 의해 환원되어 최종 생성물이 되며, 화학식은 $C_8H_{18}O_2$이다. 이 과정을 요약하는 반응식을 쓰시오.

합성

11.36 1-브로모뷰테인과 필요한 유/무기 시약을 사용하여 다음 알코올을 합성하는 효율적인 합성법을 제시하시오. 한 단계 이상의 반응이 필요할 수도 있다(**힌트**: 목표 알코올로부터 역합성).

(a) 1-펜탄올(1-Pentanol)

(b) 2-헥산올(2-Hexanol)

(c) 1-페닐-1-펜탄올(1-Phenyl-1-pentanol)

11.37 모든 탄소가 에탄올에서 유래하는 방법을 통해 2-뷰탄온을 합성하시오.

11.38 느릅나무입고병(Dutch elm disease)를 일으키는 곰팡이는 유럽나무좀이 나무에 구멍을 파고 들어가면 확산된다. 다른 좀들도 화학 물질의 혼합물이 내는 냄새에 끌려 그 부위에 모이며, 그 냄새의 일부는 다름 좀이 방출하며, 일부는 나무에서 방출된다. 암컷 좀벌레가 발산하는 화합물 중의 하나는 4-메틸-3-헵탄올이다. 이 페로몬을 5개 이하의 탄소 원자를 지니는 알코올로부터 합성하는 방법을 제시하시오.

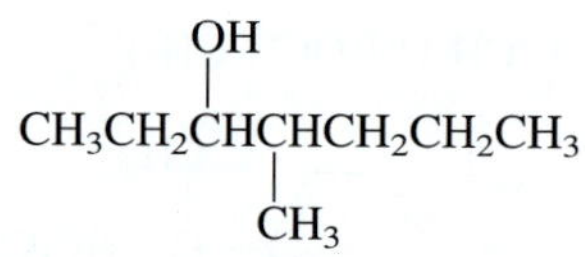

4-Methyl-3-heptanol

기타 문제

11.39 페닐마그네슘 브로마이드(phenylmagnesium bromide)를 4-*tert*-뷰틸사이클로헥산온에 첨가하면 두 개의 삼차 알코올 이성질체가 생성된다. 두 가지 알코올은 이들이 산-촉매하의 탈수 반응을 거치면 같은 알켄으로 전환된다. 이 두 알코올의 합당한 구조를 제안하시오.

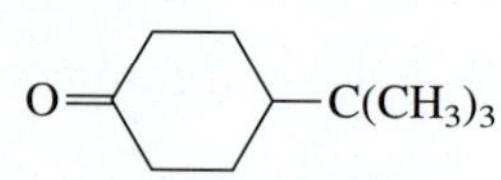

4-*tert*-Butylcyclohexanone

11.40 카보닐기와 알코올을 둘 다 포함하는 화합물은 종종 안정한 고리형 헤미아세탈 또는 고리형 아세탈로 존재할 때가 열린 사슬형 구조일 때 보다 안정하다. 여기에 그 예가 있다. 다음 각 구조의 열린 사슬형 구조를 유추하시오.

(a)

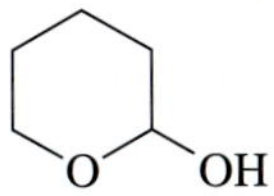

(b)

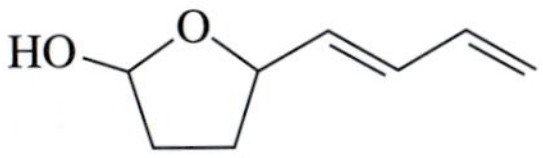

(c)

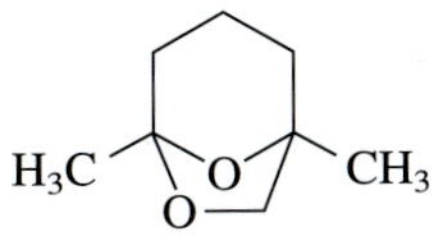

Frontalin
(남부소나무좀의 군집 페로몬)

11.41 모르는 구조의 케톤 화합물 A를 산을 첨가한 사이안화 소듐과 반응시켜 화합물 B($C_6H_{11}NO$)를 얻었다. 화합물 A와 수소화붕소 소듐을 메탄올을 용매로 사용하여 반응시키면 화합물 C를 얻는다. 화합물 C는 카이랄 물질이 아니며, 황산과 반응시키면 탈수되어 2-펜텐만을 생성한다. 화합물 A, B, C의 구조를 밝히고, 위에서 설명한 각 화학 반응식을 쓰시오.

CHAPTER 12
카복실산

개요

카복실산 미리보기

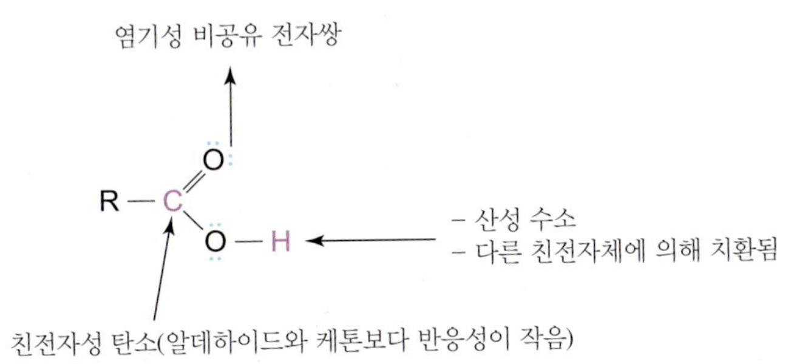

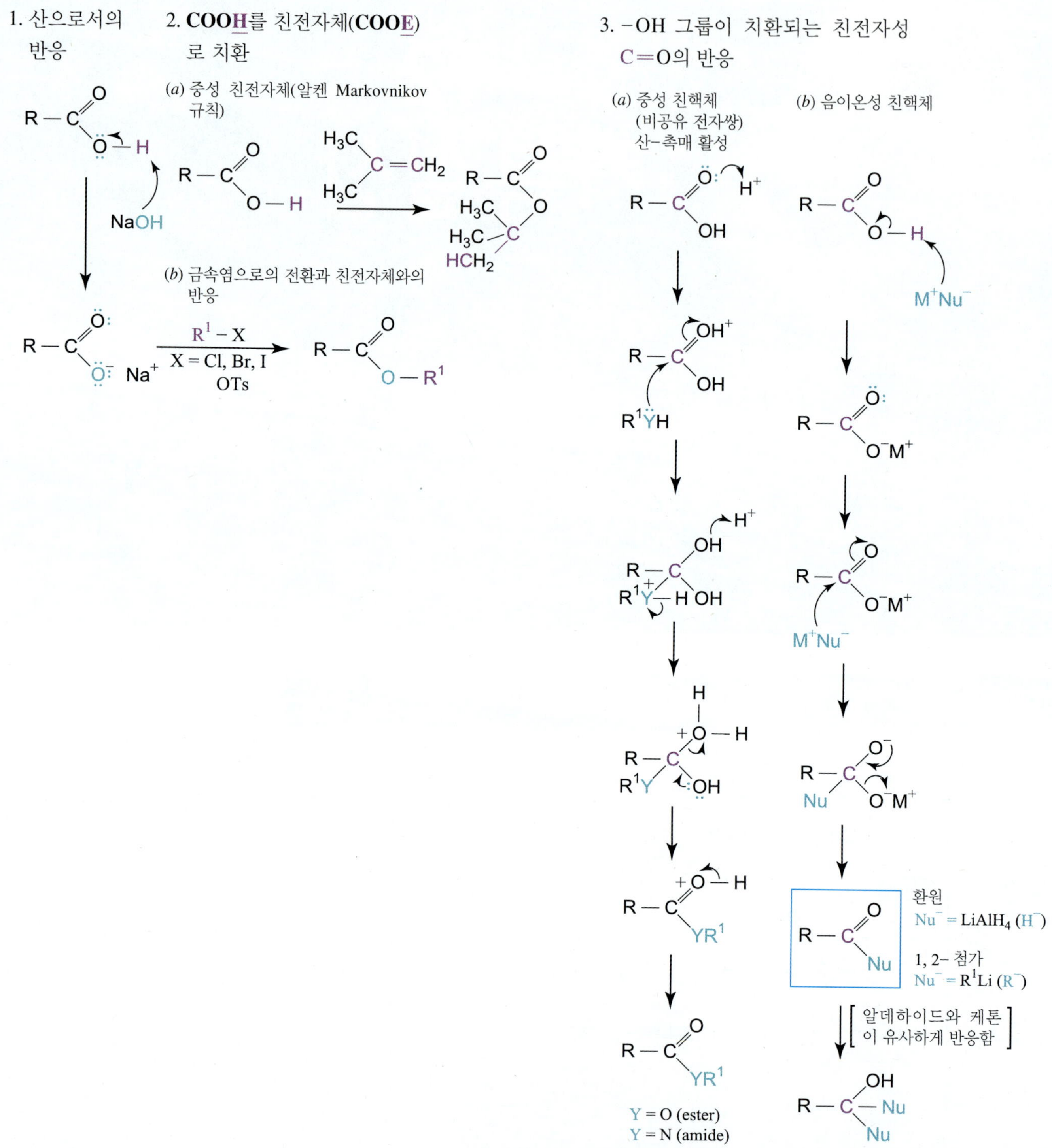
1. 산으로서의 반응
NaOH
2. COOH를 친전자체(COOE)로 치환
(a) 중성 친전자체(알켄 Markovnikov 규칙)
(b) 금속염으로의 전환과 친전자체와의 반응
R¹ – X
X = Cl, Br, I
OTs
3. –OH 그룹이 치환되는 친전자성 C=O의 반응
(a) 중성 친핵체 (비공유 전자쌍) 산–촉매 활성
(b) 음이온성 친핵체
M⁺Nu⁻
환원
Nu⁻ = LiAlH₄ (H⁻)
1, 2– 첨가
Nu⁻ = R¹Li (R⁻)
알데하이드와 케톤이 유사하게 반응함
Y = O (ester)
Y = N (amide)

카복실산은 $\overset{\displaystyle O}{\overset{\|}{\text{RC}}}\text{OH}$ 형태의 화합물로서, 유기 화합물 중에서 가장 빈번하게 접할 수 있는 화합물 가운데 하나이다. 수없이 많은 천연물이 카복실산이거나 그 유도체에서 유래한다. 아세트산과 같은 일부 카복실산은 수세기 전부터 알려져 왔다. 많은 생물학적 과정을 강력하게 조절하는 프로스타글린딘과 같은 카복실산은 비교적 최근까지지도 알려져 있지 않았다. 그러나 예를 들어, 아스피린과 같은 카복실산은 화학적인 합성에 의해 생산된다. 프로스타글란딘이 발견되기 이전부터 많이 사용되었던 아스피린의 치료 효과는 아스피린이 프로스타글란딘의 생합성을 억제하는 효과가 있기 때문이라는 것을 이제는 이해하게 되었다[12.3절의 상자 속 에세이 **프로스타글란딘(prostaglandin)** 참조].

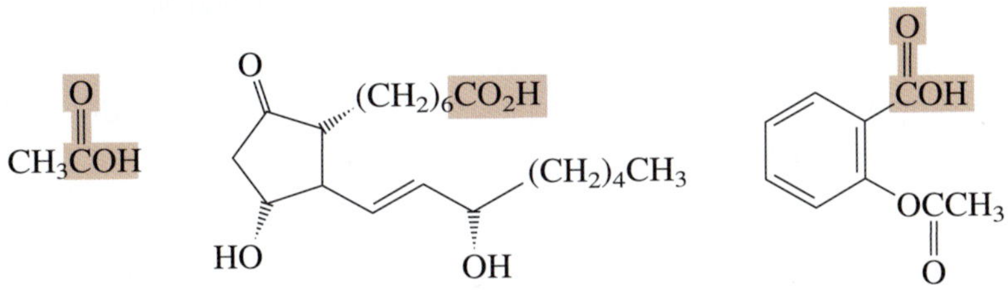

Acetic acid
(식초의 성분)

PGE_1
(프로스타글란딘; PGE_1은 소량으로도 혈압을 현저히 떨어뜨린다.)

Aspirin

이 장에서는 카복실산과 관련한 화학에 대해 중점적으로 다룬다. 카복실산이 아실 클로라이드, 산 무수물, 에스터, 아마이드를 포함하는 많은 유도체의 모체 화합물이라는 것을 안다면 그 중요성은 한층 더 커진다. 이러한 부류의 화합물에 대해서는 13장에서 다룰 것이다. 이 장과 다음 장에서는 유기화학과 생화학에서 다루는 몇 가지 카복실산 유도체의 가장 기본적인 구조적 형태와 작용기 변환에 대해 이야기할 것이다.

12.1 카복실산의 명명법

유기화학에서 카복실산 만큼 관용명을 자주 사용하는 화합물은 없다. 많은 카복실산은 체계명보다는 관용명으로 더 잘 알려져 있으며, IUPAC 명명법에서는 체계명 대신 이들 관용명의 사용을 허용하고 있다. 표 12.1에 많은 주요 카복실산의 관용명과 체계명을 나열하였다.

카복실산의 체계명을 영어로 나타낼 경우에는 카복시기를 포함하고 있는 가장 긴 연속적인 탄소 사슬의 수를 세고 그 탄소 수에 해당하는 알케인의 어미 *-e*를 산(*oic acid*)으로 바꾸어 주면 된다. 이 점은 표의 처음 세 가지 산인 메탄산(탄소 1개)과 에탄산(탄소 2개), 옥타데칸산(탄소 18개)으로부터 잘 알 수 있다. 치환기가 있으면 치환기의 위치를 번호로 나타내며, 탄소 사슬의 번호는 항상 카복시기를 1번으로 하여 붙여 나간다. 이것은 표의 네 번째와 다섯 번째 화합물에 설명하였다.

표 12.1 몇몇 카복실산의 체계명과 관용명

	구조식	체계명	관용명
1.	HCO_2H	메탄산(Methanoic acid)	폼산(Formic acid)
2.	CH_3CO_2H	에탄산(Ethanoic acid)	아세트산(Acetic acid)
3.	$CH_3(CH_2)_{16}CO_2H$	옥타데칸산(Octadecanoic acid)	스테아르산(Stearic acid)
4.	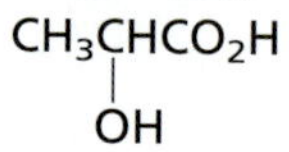	2-하이드록시프로판산 (2-Hydroxypropanoic acid)	젖산, 락트산 (Lactic acid)
5.	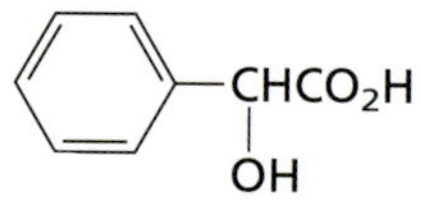	2-하이드록시-2-페닐에탄산 (2-Hydroxy-2-phenylethanoic acid)	만델산 (Mandelic acid)
6.	$CH_2{=}CHCO_2H$	프로펜산 (Propenoic acid)	아크릴산 (Acrylic acid)
7.	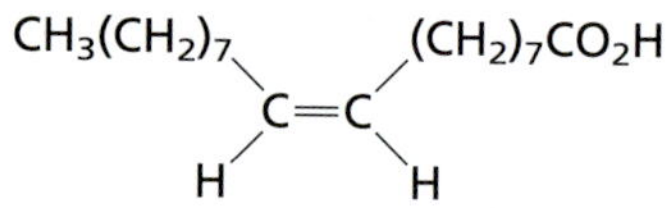	(*Z*)-9-옥타데센산 ((*Z*)-9-Octadecenoic acid)	올레산 (Oleic acid)
8.	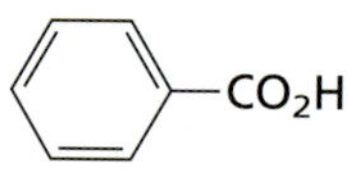	벤젠카복실산 (Benzenecarboxylic acid)	벤조산 (Benzoic acid)
9.	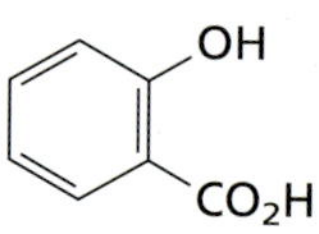	*o*-하이드록시벤젠카복실산 (*o*-Hydroxybenzenecarboxylic acid)	살리실산 (Salicylic acid)

화합물 4와 5는 알코올의 카복실 유도체로 명명하지 않고 카복실산의 하이드록시 유도체로 명명한다. 앞에서 화합물을 명명할 때 하이드록시기는 이중 결합보다 우선하며, 이중 결합은 할로젠과 알킬기보다 우선함을 배웠다. 카복실산은 이제까지 다루었던 모든 일반적인 기들보다 우선한다.

주사슬의 이중 결합은 -엔산(*-enoic acid*)으로 표시하며, 이중 결합의 위치는 이중 결합이 시작되는 탄소의 번호를 이름 앞에 붙여서 나타낸다. 표의 6번과 7번 화합물은 이중 결합을 지니는 카복실산이다. 이중 결합의 입체화학은 시스–트랜스 또는 *E*–*Z* 체계를 사용하여 나타낸다.

문제 12.1 표 12.1의 카복실산 목록은 관용명과 관련해서 결코 전부가 아니다. 관용명을 지니는 카복실산은 많으며, 그 중 몇 가지는 다음과 같다. 각 화합물의 IUPAC명을 나타내시오.

(a) 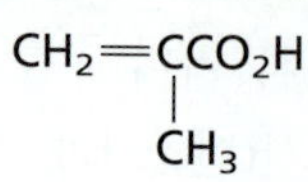

Methacrylic acid

(b) 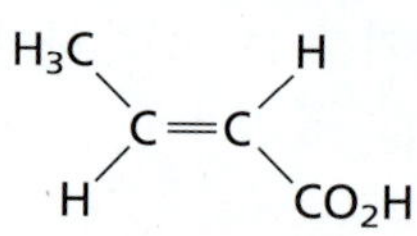

Crotonic acid

(c) 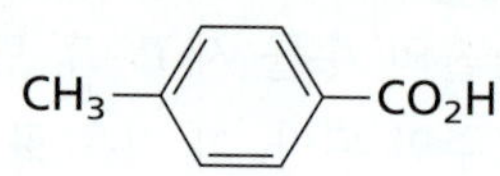

p-Toluic acid

풀이 (a) 메타아크릴산(methacrylic acid)은 투명 합성 수지 및 플렉시 유리와 같은 투명 플라스틱을 제조하는 데 사용되는 산업용 화학 물질이다. 카복실산과 이중 결합의 탄소 사슬에는 탄소가 세 개 있기 때문에 이 화합물은 프로펜산 유도체로 명명한다. 이때 2-프로펜산과 같이 이중 결합의 위치를 나타내는 번호를 붙일 필요가 없는데, 이중 결합이 그 외의 다른 위치에는 있을 수 없기 때문이다. 다만 메틸기는 C-2에 있으므로, 메타아크릴산의 체계명은 2-메틸프로펜산(2-methylpropenoic acid)이다.

12.2 구조와 결합

카복시기의 구조적 특징은 폼산에서 가장 두드러진다. 폼산은 평면 구조이며, 탄소-산소 결합 중에서 하나는 다른 결합에 비해 짧고, 탄소에서의 결합각은 120°에 가깝다.

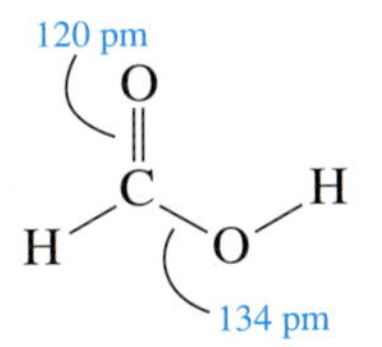

Formic acid

이 사실로부터 탄소는 sp^2 혼성이며, $\sigma + \pi$ 탄소-산소 이중 결합은 알데하이드와 케톤의 경우와 비슷함을 알 수 있다.

또 하이드록시 산소는 sp^2 혼성이므로 비공유 전자쌍 중 한 개는 카보닐기의 π계와 오비탈 중첩에 의해 비편재화된다(그림 12.1). 이러한 전자의 비편재화는 다음과 같이 공명 구조로 나타낼 수 있다.

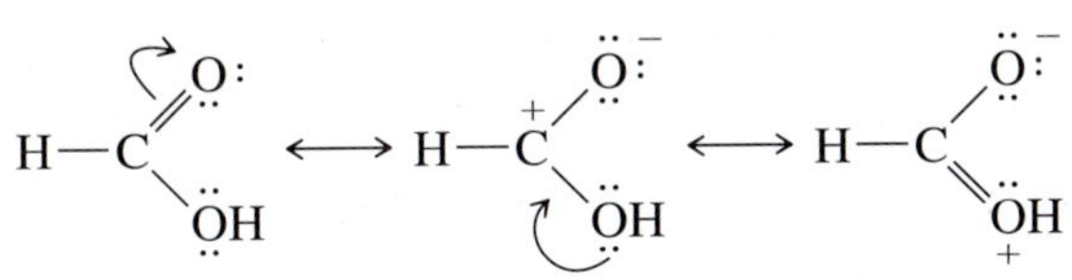

카보닐기는 하이드록시 산소로부터 비공유 전자쌍을 받으면 알데하이드 또는 케톤보다 친전자성이 감소한다. 이 장의 첫 머리에 나오는 그림은 폼산의 정전기 전위 지도이

그림 • 12.1
산에서 탄소와 두 산소는 sp^2-혼성이다. C=O기의 π 성분과 OH 산소의 π 오비탈은 중첩되어 탄소와 두 산소에 걸쳐 확장된 π계를 형성한다.

며, 전자 밀도가 가장 높은 부위는 카보닐기의 산소이고, 전자 밀도가 가장 낮은 부위는 예상한 바와 같이 OH의 양성자임을 알 수 있다.

12.3 물리적 성질

카복실산의 녹는점과 끓는점은 크기와 형태가 비슷한 탄화수소와 산소를 지니는 유기 화합물보다 더 높으며, 이는 분자간 인력이 강함을 나타낸다.

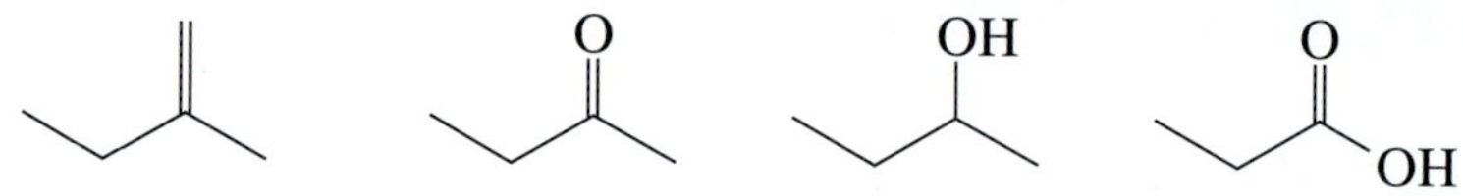

	2-Methyl-1-butene	2-Butanone	2-Butanol	Propanoic acid
끓는점(1atm):	31°C	80°C	99°C	141°C

카복실산은 그림 12.2와 아래에 보여 주고 있는 수소 결합의 독특한 배열 때문에 이러한 인력을 갖게 된다.

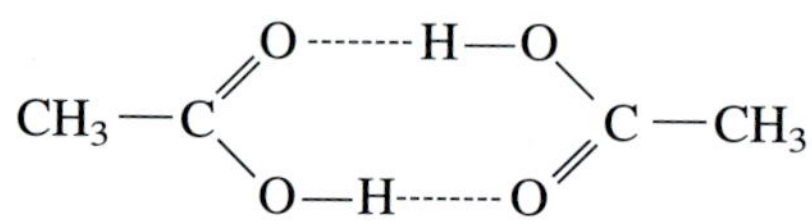

카복실산 분자의 하이드록시기는 두 번째 카복실산 분자에 대해서는 양성자 주개로 작용한다. 마찬가지로 두 번째 카복시기의 하이드록시 양성자도 첫 번째 카보닐 산소에 대해 양성자주개로 작용한다. 그 결과 두 카복실산 분자들이 두 개의 수소 결합에 의해 서로 결합된다. 이 수소 결합은 아주 효율적이어서 일부 카복실산은 기체 상태에서도 수소 결합에 의해 형성된 이합체(dimer)로 존재한다. 순수한 액체 상태에서는 수소 결합에 의해 형성된 이합체와 더 많은 분자들이 결합된 응집체가 혼합되어 존재한다.

수용액에서 카복실산 분자들 사이의 분자간 결합은 물과의 수소 결합으로 대체된다. 카복실산의 용해도는 알코올의 경우와 비슷하다. 탄소 원자가 4개 이하인 카복실산은 물과 어떤 비율로도 잘 섞인다.

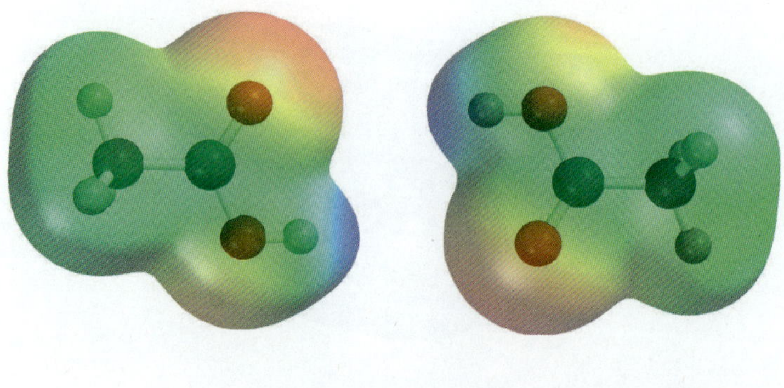

그림 • 12.2
양(푸른색)과 음(붉은색)의 정전기 전위를 나타내는 부분들의 인력 때문에 두 아세트산 분자들 사이에 분자간 수소 결합이 나타난다.

프로스타글란딘

천연 카복실산의 대표적인 예로 프로스타글란딘이라고 하는 화합물 부류가 있다. **프로스타글란딘**(prostaglandin)은 1930년대에 양의 전립선에서 처음으로 소량 분리되었다. 그러나 1960년대 이후 과학자들은, 프로스타글란딘은 거의 모든 세포에 존재하며, 인체 내에서 많은 조절 기능에 관여함을 알았다.

십여 개 이상의 프로스타글란딘이 생물학적 과정을 조절하는 것으로 확인되었다. 이들 화합물은 모두 사이클로펜테인 고리를 지니는 탄소 20개의 카복실산이다. PGE_1과 $PGE_{1\alpha}$로 알려진 두 가지 대표적인 프로스타글란딘을 아래에 나타내었다.

프로스타글란딘의 생리적 효과의 범위는 넓다. 어떤 프로

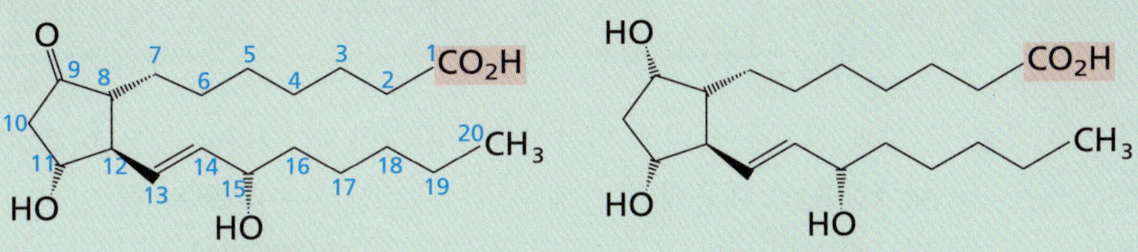

Prostaglandin E1 (PGE_1)

Prostaglandin $F_{1\alpha}$ ($PGF_{1\alpha}$)

스타글란딘은 기관지 조직을 이완시키며, 다른 것들은 수축시킨다. PGE_1은 혈관을 팽창시켜 혈압을 낮추며, 혈전 형성을 감소시키는 약제로서 기대가 되고 있다.

프로스타글란딘 연구의 한 결과는 "아스피린이 어떻게 작용하는가?"하는 질문의 해답을 제공하였다. 비록 아스피린이 1899년 이래 진통제로 사용되어 왔지만 작용 메커니즘에 대해서는 별로 알려진 것이 없었다. 최근의 연구 결과, 인체는 조직이 손상되면 프로스타글란딘을 만든다는 것이 밝혀졌다. 프로스타글란딘이 생성되면 통증과 염증이 생긴다. 아스피린은 프로스타글란딘의 생합성을 저해하고 프로스타글란딘의 체내 수준을 저하시켜 통증과 염증을 감소시킨다. 프로스타글란딘은 지속적으로 보건 연구의 중요 관심의 대상이 되고 있다. 이 연구로 새로운 약제 개발과 인간 생리에 대하여 더욱 더 잘 알 수 있을 것으로 기대된다. 1982년 세 명의 유럽 과학자, 스웨덴의 Sune Bergström과 Bengt Samuelsson, 영국의 John Vane이 프로스타글란딘에 관한 선구적인 연구 결과로 노벨 생리의학상을 공동 수상하였다.

문제 12.2 식초는 아세트산의 5% 수용액이다. 식초에 존재하는 수소 결합의 힘을 나타내는 그림을 그리시오.

12.4 카복실산의 산도

카복실산은 탄소, 수소, 산소만을 지니고 있는 화합물 중 산성이 가장 강하다.

이온화 상수 K_a가 10^{-5}($pK_a \approx 5$)인 카복실산은 물과 알코올보다 훨씬 더 강한 산이다. 그러나 이것을 과대평가해서는 안 된다. 카복실산은 약산으로, 0.1M 아세트산 수용액은 1.3%밖에 이온화되지 않는다.

문제 12.3 아세틸살리실산(아스피린)의 이온화 상수 K_a = 3.3×10^{-4}이다. 아세틸살리실산의 pK_a를 계산하시오. 아세틸살리실산은 벤조산(pK_a = 4.2)보다 강산인가 약산인가?

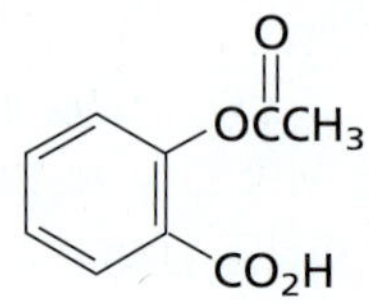

Acetylsalicylic acid
(aspirin)

물과 알코올에 비해 카복실산의 산도가 더 크다는 것을 이해하려면 대표적인 알코올(에탄올)과 대표적인 카복실산(아세트산)이 이온화될 때 일어나는 구조적인 변화를 비교해 보면 된다. K_a를 결정하는 평형은 다음과 같다.

에탄올의 이온화:

$$\underset{\text{Ethanol}}{CH_3CH_2OH} \rightleftharpoons H^+ + \underset{\text{Ethoxide ion}}{CH_3CH_2O^-} \qquad K_a = \frac{[H^+][CH_3CH_2O^-]}{[CH_3CH_2OH]} = 10^{-16}$$

아세트산의 이온화:

$$\underset{\text{Acetic acid}}{CH_3\overset{\overset{\displaystyle O}{\|}}{C}OH} \rightleftharpoons H^+ + \underset{\text{Acetate ion}}{CH_3\overset{\overset{\displaystyle O}{\|}}{C}O^-} \qquad K_a = \frac{[H^+][CH_3CO_2^-]}{[CH_3CO_2H]} = 1.8 \times 10^{-5}$$

제2장(2.1절)에서 산도가 셀수록 그 짝염기는 더 약함을 배웠다. 아세테이트 이온(acetate ion)은 에톡사이드 이온(ethoxide ion)과는 달리 전자가 비편재화되어 안정화된다. 아래의 Lewis 구조들 사이의 공명 구조들을 통하여 이렇게 전자가 비편재화되면 아세테이트 이온의 음전하는 두 산소 원자에 의해 균등하게 공유된다.

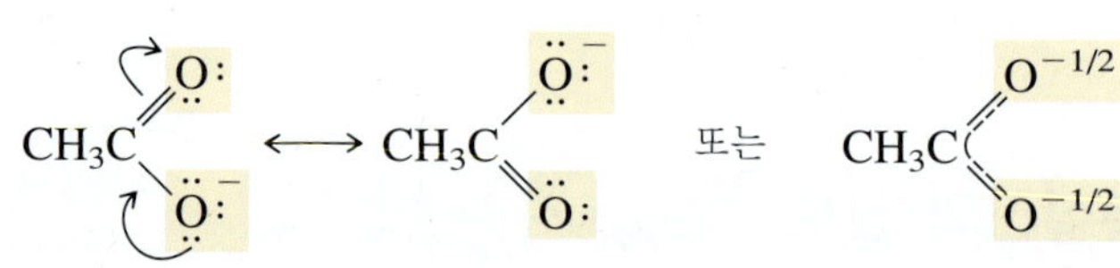

카보닐기의 유도 효과에 의해서도 아세테이트 이온이 안정화된다. 카보닐기는 전자를 끌어당기는 기이며, 음전하를 띠는 산소로부터 전자를 끌어당김으로써 아세테이트 이온은 안정화된다.

양으로 분극된 탄소는 음전하를 띠는 산소로부터 전자를 끌어당긴다.

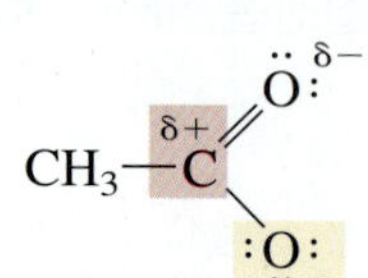

CH_2기는 음전하를 띠는 산소의 전자 밀도에 거의 영향을 주지 않는다.

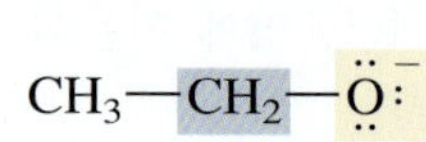

12.5 치환기와 산의 세기

알킬기는 카복실산의 산도에 거의 영향을 주지 않는다. 일반식이 $C_nH_{2n+1}CO_2H$인 모든 산의 이온화 상수는 서로 비슷하며, 10^{-5}(pK_a 5)에 가깝다. 표 12.2에 몇 가지 예를 들었다.

전기음성도가 큰 치환기가 α-탄소에 결합되어 있을 때는 카복실산의 산도가 증가한다. 표 12.2의 자료와 같이 모든 모노할로아세트산(monohaloacetic acid)은 아세트산보다 산도가 약 100배 더 크다. 할로젠이 많이 치환되어 있으면 산도는 한층 더 증가하여 트라이클로로아세트산(trichloroacetic acid)은 아세트산보다 산도가 7000배 더 크다.

전기음성도가 큰 원자나 원자단이 산도를 증가시키는 효과는 그 분자의 σ 결합을 통해 전달되는 치환기의 유도 효과 때문으로 볼 수 있다. 이 모형에 따르면 클로로아세테이트 이온(chloroacetate ion)의 탄소–염소 결합의 σ 전자가 염소 쪽으로 끌어당겨짐으로써 α-탄소 원자가 약간 양전하를 띠게 된다. α-탄소가 이렇게 양전하를 띠기 때문에 음전하를 띠는 카복실레이트(carboxylate)로부터 전자를 끌어당기고, 그에 따라 전하가 분산되어 음이온이 안정화된다. 음이온이 안정할수록 음이온을 형성하는 평형 상수는 커진다.

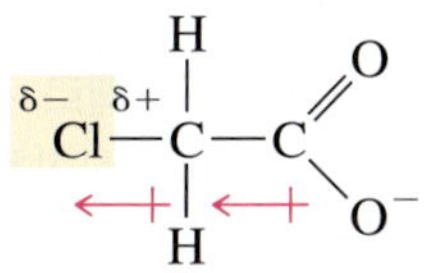

클로로아세테이트 이온은 염소가 전자를 끌어당기는 효과에 의해 안정화된다.

표 12.2 치환기가 카복실산의 산도에 미치는 영향

산의 이름	구조	이온화 상수 K_a*	pK_a
비교 표준			
아세트산(acetic acid)	CH_3CO_2H	1.8×10^{-5}	4.7
거의 영향을 미치지 않는 알킬 치환기			
프로판산(propanoic acid)	$CH_3CH_2CO_2H$	1.3×10^{-5}	4.9
2-메틸프로판산(2-methylpropanoic acid)	$(CH_3)_2CHCO_2H$	1.6×10^{-5}	4.8
2,2-다이메틸프로판산(2,2-dimethylpropanoic acid)	$(CH_3)_3CCO_2H$	0.9×10^{-5}	5.1
헵탄산(heptanoic acid)	$CH_3(CH_2)_5CO_2H$	1.3×10^{-5}	4.9
산도를 증가시키는 α-할로젠 치환기			
플루오로아세트산(fluoroacetic acid)	FCH_2CO_2H	2.5×10^{-3}	2.6
클로로아세트산(chloroacetic acid)	$ClCH_2CO_2H$	1.4×10^{-3}	2.9
브로모아세트산(bromoacetic acid)	$BrCH_2CO_2H$	1.4×10^{-3}	2.9
다이클로로아세트산(dichloroacetic acid)	Cl_2CHCO_2H	5.0×10^{-2}	1.3
트라이클로로아세트산(trichloroacetic acid)	Cl_3CCO_2H	1.3×10^{-1}	0.9
산도를 증가시키는 전자를 끌어당기는 기			
메톡시아세트산(methoxyacetic acid)	$CH_3OCH_2CO_2H$	2.7×10^{-4}	3.6
사이아노아세트산(cyanoacetic acid)	$N{\equiv}CCH_2CO_2H$	3.4×10^{-3}	2.5
나이트로아세트산(nitroacetic acid)	$O_2NCH_2CO_2H$	2.1×10^{-2}	1.7

* 25 ℃ 물에서의 이온화 상수

유도 효과는 카보닐기와 치환기 사이의 σ 결합의 수가 증가함에 따라 급격하게 감소한다. 따라서 할로젠이 산도를 증가시키는 효과는 다음과 같이 할로젠 원자가 카복시기로부터 멀어짐에 따라 감소한다.

$ClCH_2CO_2H$	$ClCH_2CH_2CO_2H$	$ClCH_2CH_2CH_2CO_2H$
Chloroacetic acid	3-Chloropropanoic acid	4-Chlorobutanoic acid
$K_a = 1.4 \times 10^{-3}$	$K_a = 1.0 \times 10^{-4}$	$K_a = 3.0 \times 10^{-5}$
$pK_a = 2.9$	$pK_a = 4.0$	$pK_a = 4.5$

문제 12.4 다음 각 짝들 가운데 더 강산은 어느 것인가?

(a) $(CH_3)_3CCH_2CO_2H$ 또는 $(CH_3)_3\overset{+}{N}CH_2CO_2H$

(b) $CH_3CH_2CO_2H$ 또는 $CH_3CH(OH)CO_2H$

(c) $CH_3C(=O)CO_2H$ 또는 $(CH_3)_2CHCO_2H$

풀이 (a) 두 화합물을 아세트산이 치환된 유도체로 간주한다. *tert*-뷰틸기는 전자를 약간 방출하며 산도에 약간만 영향을 미칠 뿐이다. 화합물 $(CH_3)_3CCH_2CO_2H$의 산의 세기는 아세트산과 비슷할 것이라고 예측할 수 있다. 한편 트라이메틸암모늄(trimethylammonium) 치환기는 양전하를 띠고 있으며, 전자를 강하게 끌어당긴다. 화합물 $(CH_3)_3\overset{+}{N}CH_2CO_2H$는 $(CH_3)_3CCH_2CO_2H$보다 훨씬 더 강한 산이라고 예측할 수 있다. 아래에 나타낸 이온화 상수의 측정값을 보면 이러한 예측이 옳음을 확인할 수 있다.

$(CH_3)_3CCH_2CO_2H$	$(CH_3)_3\overset{+}{N}CH_2CO_2H$
더 약한 산	더 강한 산
$K_a = 5 \times 10^{-6}$	$K_a = 1.5 \times 10^{-2}$
($pK_a = 5.3$)	($pK_a = 1.8$)

12.6 치환된 벤조산의 이온화

치환된 벤조산의 산도에 관한 자료는 상당히 많다. 벤조산 자체는 아세트산에 비해 약간 더 강한 산이다. 벤조산의 카복시기는 sp^2-혼성 탄소에 결합되어 있으며, sp^3-혼성 탄소에 결합된 것보다 더 많이 이온화된다. 탄소는 *s* 성질이 증가함에 따라 전자를 끌어당기는 힘이 커짐을 명심하라.

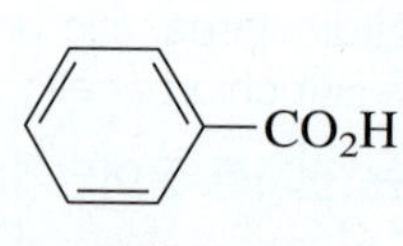

CH_3CO_2H	$CH_2{=}CHCO_2H$	$C_6H_5CO_2H$
Acetic acid	Acrylic acid	Benzoic acid
$K_a = 1.8 \times 10^{-5}$	$K_a = 5.5 \times 10^{-5}$	$K_a = 6.3 \times 10^{-5}$
(pK_a 4.8)	(pK_a 4.3)	(pK_a 4.2)

표 12.3 몇 가지 치환 벤조산의 산도

$XC_6H_4CO_2H$의 치환기	치환기 X의 위치가 다른 경우의 $K_a(pK_a)$*		
	오쏘	메타	파라
1. H	6.3×10^{-5} (4.2)	6.3×10^{-5} (4.2)	6.3×10^{-5} (4.2)
2. CH_3	1.2×10^{-4} (3.9)	5.3×10^{-5} (4.3)	4.2×10^{-5} (4.4)
3. F	5.4×10^{-4} (3.3)	1.4×10^{-4} (3.9)	7.2×10^{-5} (4.1)
4. Cl	1.2×10^{-3} (2.9)	1.5×10^{-4} (3.8)	1.0×10^{-4} (4.0)
5. Br	1.4×10^{-3} (2.8)	1.5×10^{-4} (3.8)	1.1×10^{-4} (4.0)
6. I	1.4×10^{-3} (2.9)	1.4×10^{-4} (3.9)	9.2×10^{-5} (4.0)
7. CH_3O	8.1×10^{-5} (4.1)	8.2×10^{-5} (4.1)	3.4×10^{-5} (4.5)
8. O_2N	6.7×10^{-3} (2.2)	3.2×10^{-4} (3.5)	3.8×10^{-4} (3.4)

* 25 ℃ 물에서의 이온화 상수

표 12.3에 몇 가지 치환된 벤조산의 이온화 상수에 대해 나열하였다. 전자를 강하게 끌어당기는 치환기가 카복시기에 대하여 오쏘 위치에 있을 때 효과가 가장 크다. 예를 들어, *o*-나이트로(*o*-nitro) 치환체는 벤조산의 산도를 100배 증가시킨다. 치환기 효과는 카복시기에 대하여 메타와 파라 위치에 결합되어 있을 때는 작다. 이 경우에 pK_a는 3.5~4.5 정도이다.

12.7 카복실산의 염

수산화 소듐과 같은 강염기 존재하에서 카복실산은 빠르고 정량적으로 중화된다.

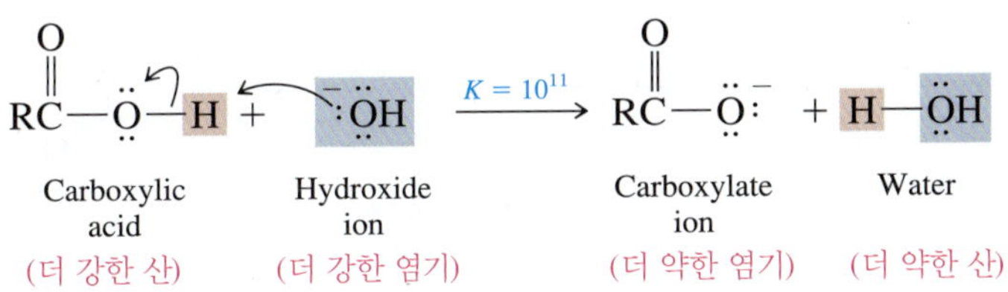

산-염기 반응에서 평형의 위치는 약산과 약염기를 형성하는 쪽으로 이동함을 2장(2.1절)에서 배웠다.

문제 12.5 아세트산과 다음 각 화합물의 반응에 대한 이온 반응식을 쓰고, 그 평형이 출발 물질 또는 생성물 중 어느 쪽으로 이동하는지를 나타내시오(K_a값은 표 2.1에 있다).

(a) 에톡시화 소듐(sodium ethoxide)
(b) 포타슘 *tert*-뷰톡사이드(potassium *tert*-butoxide)
(c) 브로민화 소듐(sodium bromide)
(d) 아세틸렌화 소듐(sodium acetylide)
(e) 질산 포타슘(potassium nitrate)
(f) 아마이드화 리튬(lithium amide)

풀이 (a) 이 반응은 산-염기 반응이며, 에톡사이드 이온은 염기이다.

$$\underset{\substack{\text{Acetic acid}\\(\text{더 강한 산})}}{CH_3CO_2H} + \underset{\substack{\text{Ethoxide ion}\\(\text{더 강한 염기})}}{CH_3CH_2O^-} \longrightarrow \underset{\substack{\text{Acetate ion}\\(\text{더 약한 염기})}}{CH_3CO_2^-} + \underset{\substack{\text{Ethanol}\\(\text{더 약한 산})}}{CH_3CH_2OH}$$

평형의 위치는 거의 오른쪽으로 이동한다. K_a값이 10^{-16}(pK_a 16)인 에탄올은 아세트산보다 훨씬 더 약산이다.

카복실산이 중화되어 형성된 금속 카복실산염(carboxylate salt)의 명명법은 금속 이온의 이름을 먼저 부르고 이어서 산의 이름에서 -산(*-ic acid*)을 -에이트(*-ate*)로 바꾸어 붙여 준다.

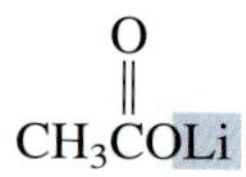
Lithium acetate

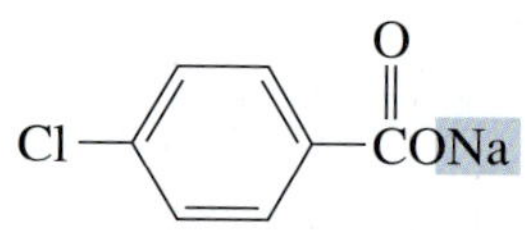
Sodium *p*-chlorobenzoate

금속 카복실산의 염은 이온성이므로 분자량이 아주 크지만 않으면 카복실산의 소듐염과 포타슘염은 물에 잘 녹는다. 그러므로 카복실산은 에터 용액으로부터 수산화 소듐 또는 수산화 포타슘 수용액 속으로 추출할 수 있다.

탄소 수가 12~18개인 카복실산염의 이러한 용해도 변화는 특이하며, 스테아르산 소듐(소듐 스테아레이트)을 예로 들어 설명할 수 있다.

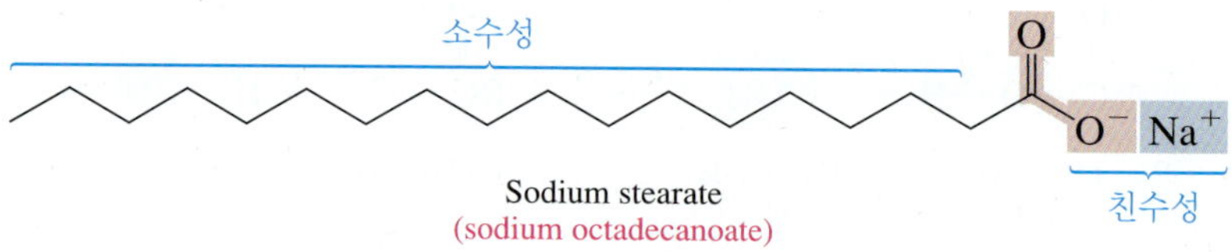

Sodium stearate
(sodium octadecanoate)

그림 • 12.3
지방산에서 유래하는 카복실산 음이온의 결합에 의해 생성되는 마이셀의 공간채움 모형. 일반적으로 탄화수소 사슬은 내부에 위치하며, 카복실레이트 이온은 표면에 위치하고, 마이셀은 불균일하므로 빈 공간과 통로, 헝클어진 탄소 사슬을 가지고 있다. 각 카복실레이트 이온은 Na^+(그림에 나타내지 않았음)와 같은 금속 이온과 결합한다.

스테아르산 소듐은 긴 탄화수소 사슬의 한쪽 끝에 극성인 카복실산기를 지니고 있다. 카복실산기는 **친수성**(hydrophilic, "물을 좋아하는")이며, 그 분자에 물에 대한 용해성을 부여한다. 탄화수소 사슬은 **소수성**(hydrophobic, "물을 싫어하는"), 즉 **친유성**(lipophilic, "지방을 좋아하는")이므로 다른 탄화수소 사슬과 회합하려는 경향이 있다.

스테아르산 소듐을 물 속에 넣으면 **마이셀**(micelle)이라고 하는 구형 응집체가 콜로이드상으로 분산된다. 각각의 마이셀은 50~100개의 분자로 구성된다. 카복실산의 농도가 **임계 마이셀 농도**(critical micelle concentration)라고 하는 특정 최소값을 초과할 때 마이셀이 저절로 형성된다. 마이셀을 그림 12.3에 나타내었다.

극성 카복시기는 마이셀의 표면에 위치하여 물 분자에도 소듐 이온에도 결합되어 있다. 비극성 탄화수소 사슬은 마이셀의 내부를 향하고 있으며, 개별적으로는 약하지만 모이면 상당한 유도-쌍극자/유도-쌍극자 힘에 의해 서로 결합하게 된다. 마이셀은 구형에 가까운데, 그 이유는 구가 주어진 표면적으로 최대 부피의 물질을 감쌀 수 있고, 물의 구조를 최소한으로 교란하기 때문이다. 마이셀의 표면은 음전하를 띠고 있기 때문에 두 마이셀은 더 큰 응집체를 형성하기보다는 서로를 밀어낸다.

비누(soap)가 세정 작용을 하는 것은 마이셀을 형성하고, 마이셀의 성질을 나타내기 때문이다. 스테아르산 소듐을 함유하는 물은 마이셀이 탄화수소의 성질을 지니는 내부에 그리스 기름을 감쌈으로써 그리스 기름을 제거할 수 있다. 그리스 기름을 물로 씻어낼 수 있는 것은 그리스 기름이 물에 용해되어서가 아니라 물에 분산되는 마이셀에 용해되기 때문이다. 스테아르산 소듐은 비누의 한 예이다. 즉, 다른 C_{12}~C_{18}의 곁가지가 없는 카복실산의 소듐과 포타슘염은 성질이 비슷하다.

비누를 포함한 **세제**(detergent)는 마이셀의 작용을 이용하여 세정하는 물질이다. 많은 합성 세제가 알려져 있다. 그 중 한 가지는 소듐 로릴 설페이트(sodium lauryl sulfate)이다. 소듐 로릴 설페이트는 극성인 끝이 설페이트 이온(sulfate ion)으로 된 긴 탄화수소 사슬을 지니고 있으며, 물속에서 비누와 같은 마이셀을 형성한다.

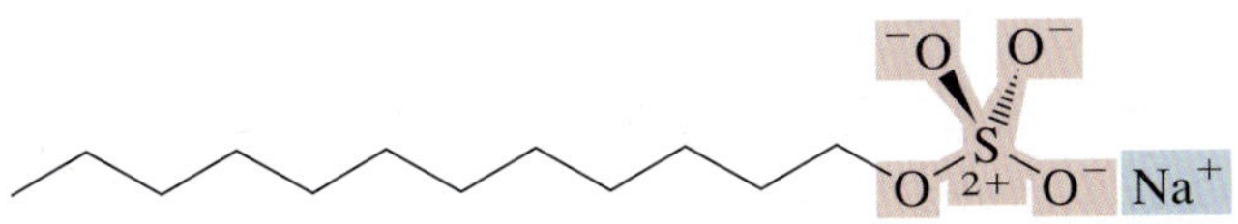

Sodium lauryl sulfate
(sodium dodecyl sulfate)

세제는 경수, 즉 비누와 불용성인 카복실산염을 형성하는 칼슘 또는 마그네슘 이온을 함유하는 물에서도 효과적으로 쓸 수 있도록 설계되었다. 경수에서는 이들 침전물 때문에 비누는 세정 작용을 상실하며, 불쾌한 찌꺼기를 형성한다. 그러나 소듐 로릴 설페이트와 같은 합성 세제의 칼슘과 마그네슘염은 물에 잘 녹고, 마이셀을 형성하는 능력을 잃지 않는다.

12.8 카복실산의 출처

많은 카복실산은 천연물에서 분리되었으며, 그 출처에 근거하여 이름이 붙여졌다. 폼산(formic acid, "개미"를 뜻하는 라틴어 *formica*에서 유래)은 개미를 증류하여 얻었다. 고대로부터 아세트산(acetic acid, "식초"를 뜻하는 라틴어 *acetum*에서 유래)은 맛이 변한 포도주에 존재하는 것으로 알려졌다. 뷰티르산(butyric acid, "버터"를 뜻하는 라틴어 *butyrum*에서 유래)은 산패한 버터와 은행나무 열매에서 나는 냄새이며, 락트산(lactic acid, 젖산, "우유"를 뜻하는 *lac*에서 유래)은 상한 우유에서 분리되었다.

비록 이 초라한 출처 기원들이 흥미로운 역사적 의미를 부여했지만, 대부분의 경우 카복실산의 대규모 생산은 화학적 합성에 의존한다. 실제로 미국에서 연간 생산되는 3×10^9 파운드의 아세트산 중에서 식초로부터 제조하는 것은 하나도 없다. 대부분의 공업용 아세트산은 메탄올과 일산화 탄소를 반응시켜 만든다.

$$CH_3OH + CO \xrightarrow[\text{가열, 고압}]{\text{코발트 또는 로듐 촉매}} CH_3CO_2H$$

Methanol　　Carbon monoxide　　Acetic acid

아세트산은 주로 페인트와 접착제용 바이닐 아세테이트(vinyl acetate)를 생산하는 데 사용된다.

가장 많이 생산되는 카복실산은 1,4-벤젠다이카복실산(테레프탈산)이며, 미국에서 폴리에스터 섬유를 제조하는 원료로서 연간 생산되는 양은 5×10^9파운드이다. *p*-자일렌을 질산으로 산화하여 테레프탈산으로 전환하는 공정은 중요하다.

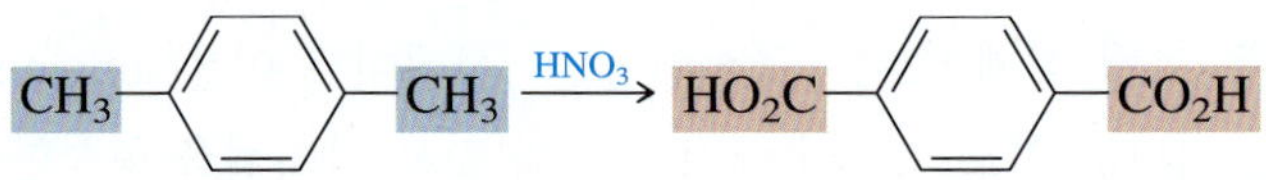

p-Xylene　　1,4-Benzenedicarboxylic acid (terephthalic acid)

p-자일렌의 테레프탈산으로의 곁사슬 산화 반응은 이미 앞에서 다룬 반응(7.5절)이라는 것을 알아차렸을 것이다. 카복실산을 합성하는 데 사용할 수 있는 이전의 다른 반응의 예를 표 12.4에 나타내었다.

표에 있는 예에서는 출발 물질과 탄소 수가 같은 카복실산을 생성한다. 다음 두 절에서는 사슬의 탄소 수가 한 개 늘어난 카복실산을 제조하는 반응을 설명할 것이며, 이것은 카복실산을 실험실에서 합성하는 중요한 반응이다.

12.9 Grignard 시약의 카복시화에 의한 카복실산의 합성

Grignard 시약은 알데하이드와 케톤의 카보닐기에 첨가된다는 것을 알았다. Grignard

표 12.4 이전의 장에서 다룬 카복실산을 생성하는 반응의 요약

반응(절)과 해설	일반적 반응식과 구체적인 예
알킬벤젠의 곁사슬 산화(7.5절) 방향족 고리의 일차 또는 이차 알킬 곁사슬을 과망가니즈산 포타슘(potassium permanganate) 및 크로뮴산(chromic acid)과 같은 강산화제와 반응시키면 카복실산으로 전환된다.	$ArCHR_2 \xrightarrow[K_2Cr_2O_7,\ H_2SO_4]{KMnO_4\ \text{또는}} ArCO_2H$ Alkylbenzene → Arenecarboxylic acid 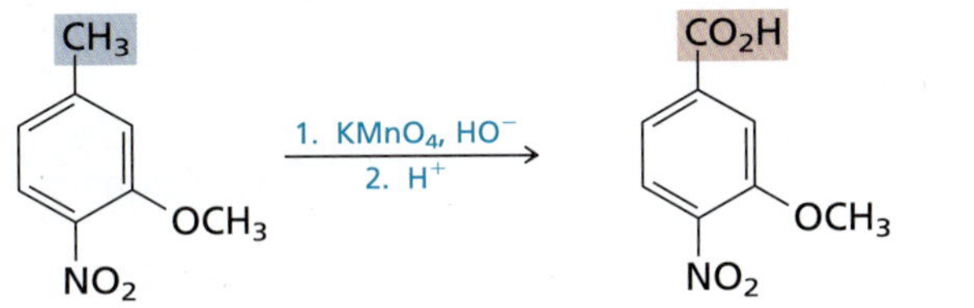 3-Methoxy-4-nitrotoluene → 3-Methoxy-4-nitrobenzoic acid (100%)
일차 알코올의 산화(10.5절) 과망가니즈산 포타슘 또는 크로뮴산은 일차 알코올을 알데하이드를 거쳐 카복실산으로 전환시킨다.	$RCH_2OH \xrightarrow[K_2Cr_2O_7,\ H_2SO_4]{KMnO_4\ \text{또는}} RCO_2H$ 일차 alcohol → Carboxylic acid $(CH_3)_3CCHC(CH_3)_3$ (with CH_2OH) $\xrightarrow[H_2O,\ H_2SO_4]{H_2CrO_4}$ $(CH_3)_3CCHC(CH_3)_3$ (with CO_2H) 2-*tert*-Butyl-3,3-dimethyl-1-butanol → 2-*tert*-Butyl-3,3-dimethylbutanoic acid (82%)
알데하이드의 산화(11.14절) 알데하이드는 특히 산화가 잘 되며, 과망가니즈산 포타슘 또는 크로뮴산과 같은 여러 가지 산화제에 의해 카복실산으로 전환된다.	$RCH(=O) \xrightarrow{\text{산화제}} RCO_2H$ Aldehyde → Carboxylic acid 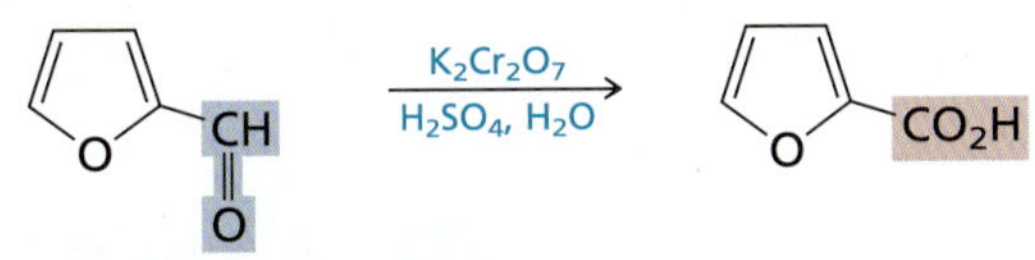 Furan-2-carbaldehyde (furfural) → Furan-2-carboxylic acid (furoic acid) (75%)

시약은 이산화 탄소와도 거의 똑같은 방식으로 반응하여 **카복시화 반응**(carboxylation)이라고 하는 반응에 의해 카복실산의 마그네슘염을 생성한다. 산성화시키면 이들 마그네슘염을 원하는 카복실산으로 전환할 수 있다.

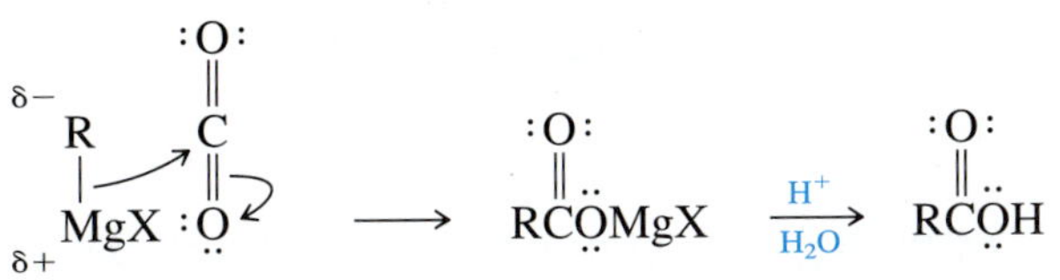

Grignard 시약은 이산화 탄소에 친핵체로 작용한다. → Halomagnesium carboxylate → Carboxylic acid

전체적으로 Grignard 시약의 카복시화를 통하여 알킬 또는 아릴 할라이드는 탄소 골격의 탄소가 한 개 더 늘어난 카복실산으로 전환된다.

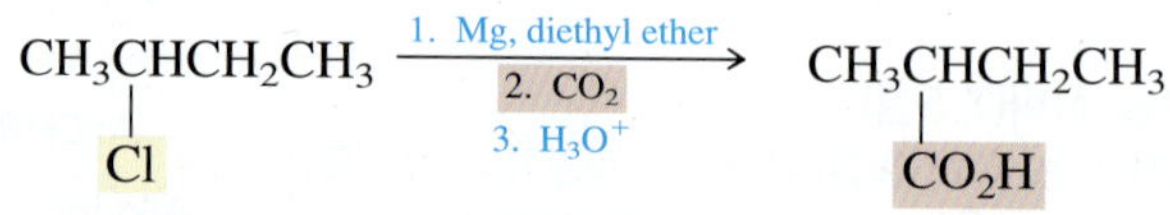

2-Chlorobutane → 2-Methylbutanoic acid (76~86%)

문제 12.6 Grignard 시약의 카복시화 반응을 이용하여 다음의 변환 과정을 요약하시오.

(a) 1-클로로뷰테인(1-chlorobutane) ⟶ 펜탄산(pentanoic acid)
(b) 2-브로모프로페인(2-bromopropane) ⟶ 2-메틸프로판산(2-methylpropanoic acid)
(c) 브로모벤젠(bromobenzene) ⟶ 벤조산(benzoic acid)

풀이 (a) 4개의 탄소를 갖는 알킬 할라이드인 1-클로로뷰테인을 마그네슘과 반응시켜 Grignard 시약을 만든다. 이것을 이산화 탄소와 반응시키고 산으로 가수분해하면 원하는 5개의 탄소를 갖는 카복실산인 펜탄산을 얻을 수 있다.

$$CH_3CH_2CH_2CH_2Cl \xrightarrow[\text{2. } CO_2 \quad \text{3. } H_3O^+]{\text{1. Mg, diethyl ether}} CH_3CH_2CH_2CH_2CO_2H$$

1-Chlorobutane → Pentanoic acid

카복시화 반응에서의 한계는 Grignard 시약과 함께 쓸 수 없는 OH, NH, SH, C=O와 같은 치환기가 알킬 할라이드 또는 아릴 할라이드에 있어서는 안 된다는 것이다.

12.10 나이트릴의 제조와 가수분해에 의한 카복실산의 합성

일차와 이차 알킬 할라이드는 나이트릴의 제조와 가수분해를 포함하는 두 단계 합성 과정을 통해 탄소 수가 한 개 더 많은 카복실산으로 전환될 수 있다. **알킬 사이아나이드**(alkyl cyanide)라고도 하는 **나이트릴**(nitrile)은 친핵성 치환 반응에 의해 제조된다(9.1절).

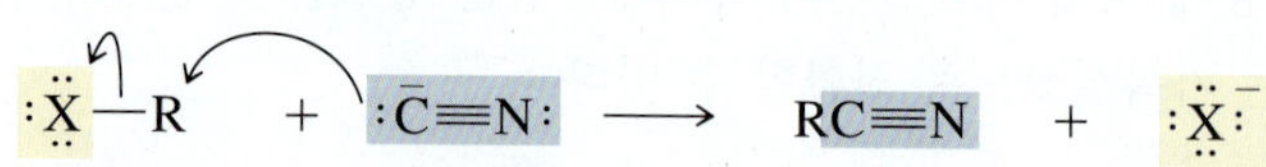

일차 또는 이차 alkyl halide + Cyanide ion ⟶ Nitrile (alkyl cyanide) + Halide ion

이 반응은 S_N2형의 반응이며, 일차와 이차 알킬 할라이드에서 가장 잘 일어난다. 삼차 알킬 할라이드에서는 제거 반응만 일어난다. 아릴 할라이드와 바이닐 할라이드는 반응하지 않는다.

일단 사이아노기가 도입되면 나이트릴을 가수분해하여 카복실산을 만든다. 보통 이 반응은 산 수용액에서 가열하여 진행시킨다.

$$\underset{\text{Nitrile}}{RC{\equiv}N} + \underset{\text{Water}}{2H_2O} + H^+ \xrightarrow{\text{가열}} \underset{\text{Carboxylic acid}}{R\overset{O}{\overset{\|}{C}}OH} + \underset{\text{Ammonium ion}}{NH_4^+}$$

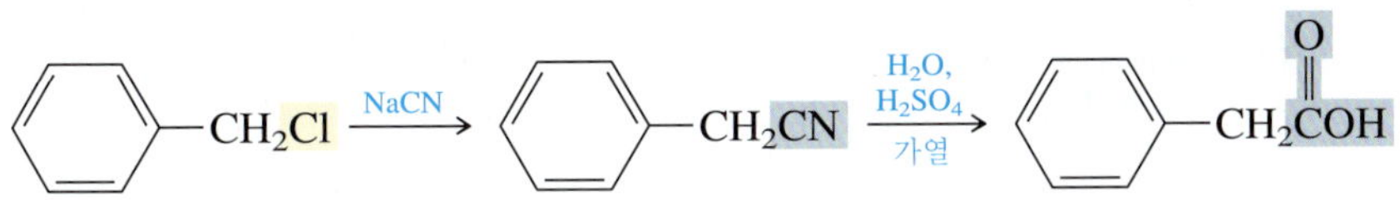

Benzyl chloride → Benzyl cyanide (92%) → Phenylacetic acid (77%)

문제 12.7 나이트릴의 가수분해를 주 단계로 사용하여 문제 12.6을 반복하시오. 문제 12.6의 어느 전환 과정이 이 방법으로 일어날 수 없는가?

풀이 (a) 1-클로로뷰테인이 사이안화 소듐과 반응하면 탄소가 5개인 나이트릴인 펜테인 나이트릴이 생성된다. 펜테인나이트릴이 가수분해되면 원하는 카복실산인 펜탄산이 생성된다.

$$\underset{\text{1-Chlorobutane}}{CH_3CH_2CH_2CH_2Cl} \xrightarrow{\text{NaCN}} \underset{\text{Pentanenitrile}}{CH_3CH_2CH_2CH_2CN} \xrightarrow[\text{가열}]{H_2O,\ H_2SO_4} \underset{\text{Pentanoic acid}}{CH_3CH_2CH_2CH_2CO_2H}$$

사이아노하이드린(cyanohydrin)의 나이트릴기는 알킬 사이아나이드의 경우와 비슷한 조건에서 가수분해된다. 사이아노하이드린이 형성된 후 가수분해되면 α-하이드록시 카복실산(α-hydroxy carboxylic acid)이 만들어진다.

11.7절의 사이아노하이드린의 제법을 참고하라.

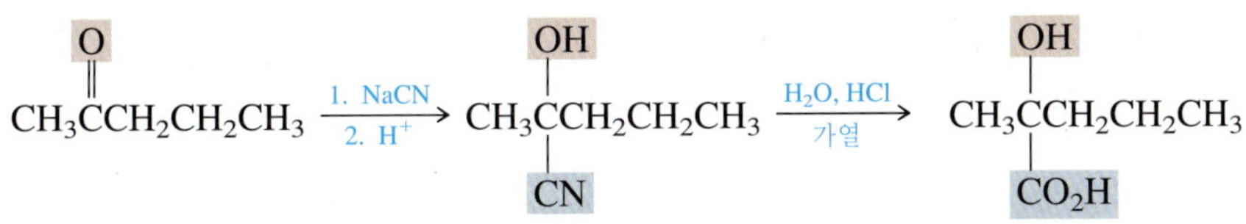

2-Pentanone → 2-Pentanone cyanohydrin → 2-Hydroxy-2-methyl-pentanoic acid (2-pentanone으로부터 60%)

12.11 카복실산의 반응

일차 알코올은 알데하이드를 환원시켜 제조할 수도 있음을 기억하라(10.3절).

카복실산의 가장 두드러진 화학적 성질인 산으로서의 반응에 대해서는 이미 이 장의 앞 절에서 다루었다. 카복실산은 환원될 수 있으며, 이렇게 하면 일차 알코올을 제조할 수 있다. 카복실산을 환원시키는 것은 어려우며, 강력한 환원제인 수소화 알루미늄 리튬(lithium aluminum hydride, 10.3절)을 사용해야만 이 반응을 일으킬 수 있다.

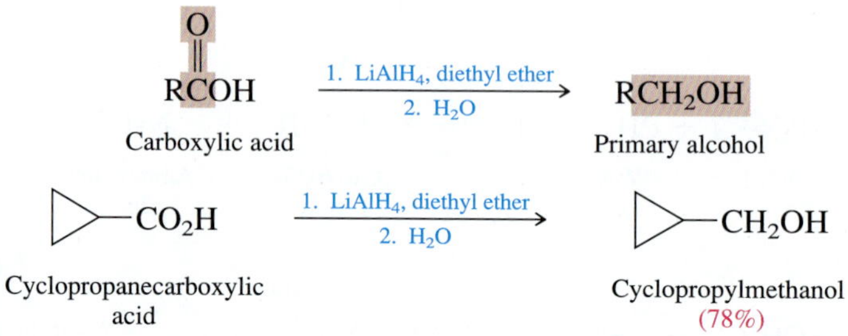

수소화붕소 소듐(sodium borohydride)은 수소화 알루미늄 리튬만큼 강력한 수소화물 주개가 되지 못하므로 카복실산을 환원시킬 수 없다.

카복실산의 다른 반응으로는 아실 유도체로 전환하는 것이다. 이들 전환 방법 중 두 가지를 여기에 소개하겠다. 이 두 가지와 다른 방법들은 13장에서 좀 더 상세히 다루도록 하겠다.

> 아실 클로라이드는 Friedel-Crafts 아실화 반응에 사용되는 시약이다(7.6절과 7.8절).

카복실산은 싸이오닐 클로라이드(thionyl chloride, $SOCl_2$)와 반응하여 아실 클로라이드를 생성한다.

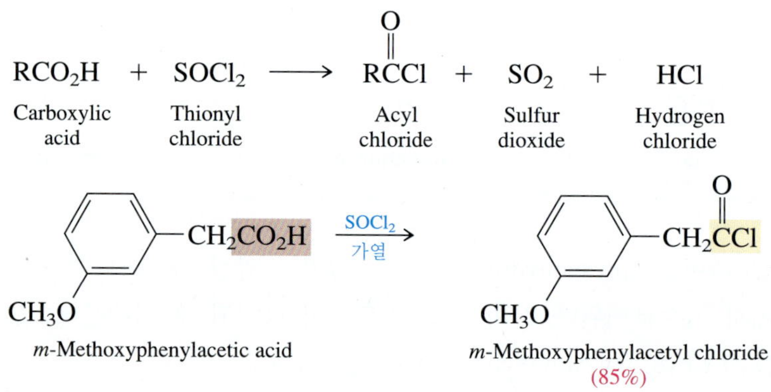

카복실산은 산-촉매하에서 알코올과 반응하여 에스터를 생성한다.

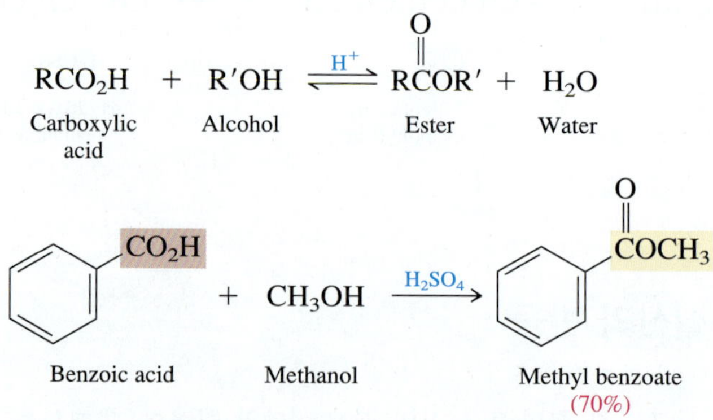

산-촉매에 의한 에스터화는 유기화학에서 가장 기본적인 반응 중의 하나이다. 그 메커니즘은 13장에서 더 상세하게 다룰 것이다.

문제 12.8 페닐아세트산(phenylacetic acid, $C_6H_5CH_2CO_2H$)을 다음 각 시약과 반응시켜 얻어지는 생성물을 예측하시오.

(a) KOH (c) $LiAlH_4$ 그리고 H_2O
(b) $SOCl_2$ (d) CH_3CH_2OH, H^+

풀이 (a) 카복실산은 강염기와 반응하여 금속 카복실산염을 생성한다.

$$\underset{\text{Phenylacetic acid}}{C_6H_5CH_2\overset{\overset{\displaystyle O}{\|}}{C}OH} + \underset{\text{Potassium hydroxide}}{KOH} \longrightarrow \underset{\text{Potassium phenylacetate}}{C_6H_5CH_2\overset{\overset{\displaystyle O}{\|}}{C}O^-K^+} + \underset{\text{Water}}{H_2O}$$

학습목표

이 장에서는 유기 화합물 중에서 가장 산성이 큰 카복실산에 대해 다루었다. 이 장에서 배운 기술로 여러분은 다음과 같은 것을 할 수 있다.

- 카복실산의 IUPAC명을 나타낼 수 있다.
- 화학식을 사용하여 액체 상태와 수용액 상태에서 카복실산 분자들 간의 수소 결합 인력을 나타낼 수 있다.
- 카복실산의 산도를 나타내는 화학 반응식을 쓸 수 있다.
- 공명 구조를 사용하여 알코올에 비해 카복실산의 산도가 더 큰 이유를 설명할 수 있다.
- 치환기가 카복실산의 산도에 어떠한 영향을 미치는지 설명할 수 있다.
- 카복실산으로부터 카복실산염이 형성되는 반응식을 쓸 수 있다.
- 비누와 세제가 세정제로 작용하는 구조적인 특징을 설명할 수 있다.
- Grignard 시약의 카복시화에 의해 카복실산을 제조하는 화학 반응식을 쓸 수 있다.
- 나이트릴의 가수분해에 의해 카복실산을 제조하는 화학 반응식을 쓸 수 있다.
- 카복실산이 환원되어 일차 알코올을 생성하는 화학 반응식을 쓸 수 있다.
- 카복실산으로부터 아실 클로라이드를 형성하는 화학 반응식을 쓸 수 있다.
- 산-촉매하에서 알코올과 카복실산의 반응에 의해 에스터를 형성하는 화학 반응식을 쓸 수 있다.

12.12 요약

카복실산은 $-CO_2H$기를 포함하는 가장 긴 연속적인 사슬과 탄소의 수가 같은 알케인에서 이름을 따서, 어미 *-e*를 -산(*-oic acid*)으로 바꾸어 준다. 탄소의 번호는 $-CO_2H$기의 탄소에서부터 시작한다(12.1절).

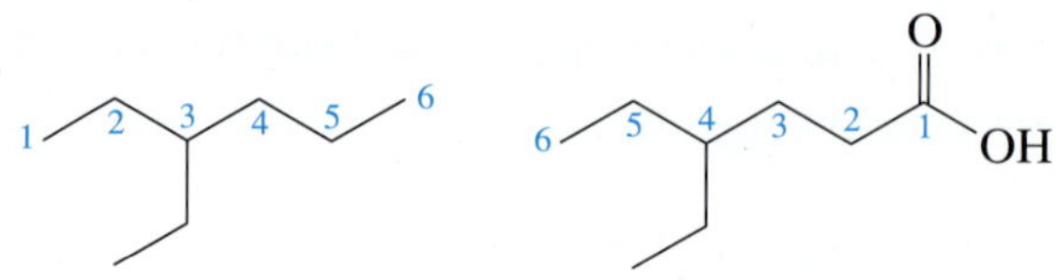

3-Ethylhexane 4-Ethylhexanoic acid

알데하이드와 케톤의 카보닐기와 같이 카복실산의 C═O 단위의 탄소는 sp^2-혼성이다. 알데하이드 또는 케톤의 카보닐기에 비해 카복실산의 C═O 단위는 그것에 붙어 있는 OH기로부터 크게 안정화된다(12.2절).

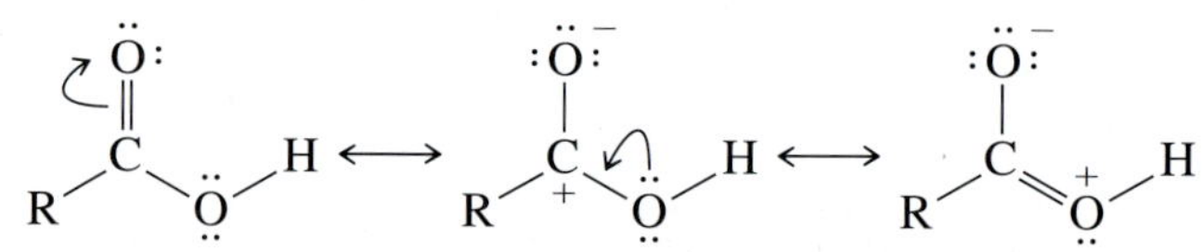

카복실산의 수소 결합은 구조가 비슷한 알케인과 알코올, 알데하이드, 케톤 이상으로 끓는점과 녹는점을 높인다(12.3절).

카복실산은 약산이며, 전자를 끌어당기는 치환기가 없으면 해리 상수 K_a는 약 10^{-5}($pK_a = 5$)이다(12.4절). 카복실산은 알코올보다 훨씬 강한 산이며, 그 이유는 카보닐기가 전자를 끌어당기며(유도 효과) 카복실레이트 음이온의 음전하를 비편재화(공명 효과)하기 때문이다.

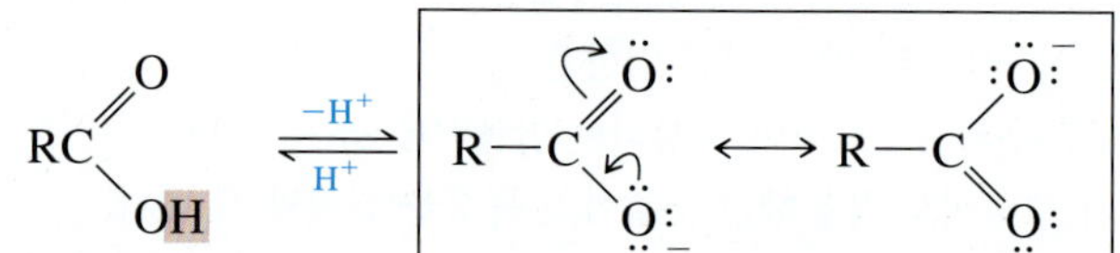

Carboxylic acid

카복실레이트 음이온(carboxylate anion)의 전자 비편재화를 공명 형태로 나타내었다.

전기음성도가 큰 치환기는, 특히 카복실산에 가까이 위치할 경우, 카복실산의 산도를 증가시킨다(12.5, 12.6절).

CF_3CO_2H

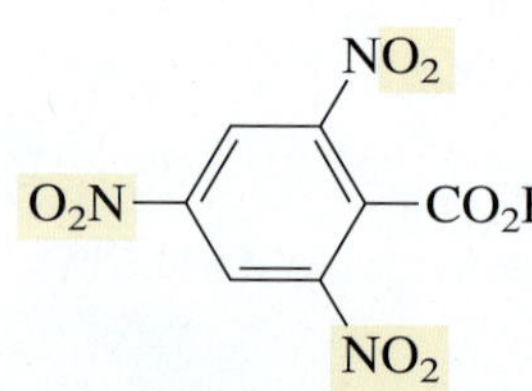

Trifluoroacetic acid
$K_a = 5.9 \times 10^{-1}$
($pK_a = 0.2$)

2,4,6-Trinitrobenzoic acid
$K_a = 2.2 \times 10^{-1}$
($pK_a = 0.6$)

비록 카복시기는 물에서 소량만 해리되지만 염기성 용액에서는 거의 완전하게 양성자를 내준다.

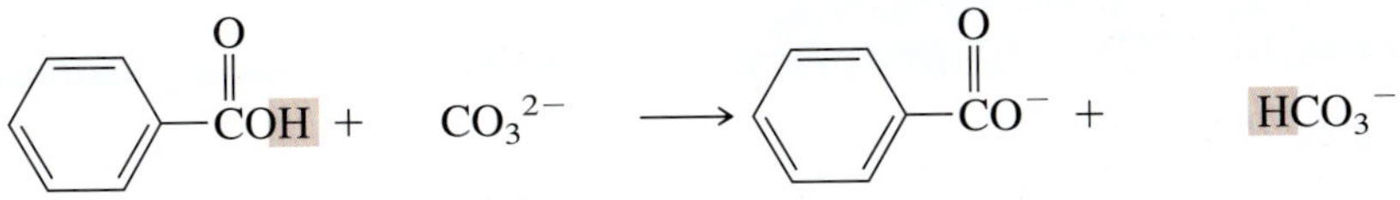

Benzoic acid $K_a = 6.3 \times 10^{-5}$ 더 강한 산 | Carbonate ion | Benzoate ion | Hydrogen carbonate ion $K_a = 5 \times 10^{-11}$ 더 약한 산

이전의 장에서 소개한 카복실산을 제조하는 여러 반응을 표 12.4에 요약하였다. 새로운 두 가지 방법, 즉 Grignard 시약의 카복시화와 나이트릴의 가수분해를 소개하였다. 두 방법 모두 출발 물질의 골격에 탄소를 한 개 증가시킨다.

카복실산은 Grignard 시약과 이산화 탄소를 반응시켜 만든다(12.9절).

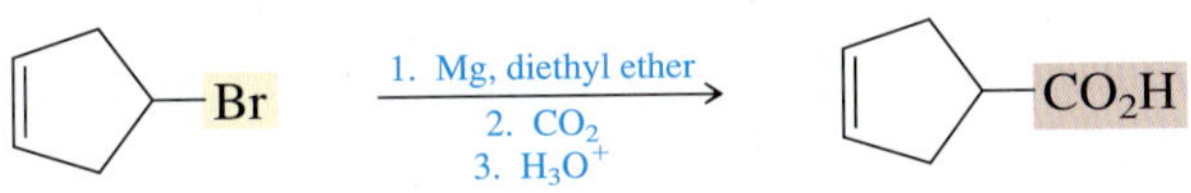

4-Bromocyclopentene → Cyclopentene-4-carboxylic acid (66%)

일차와 이차 알킬 할라이드와 사이아나이드 이온의 친핵성 치환 반응에 의해 제조되는 나이트릴은 가수분해에 의해 카복실산으로 전환된다(12.10절).

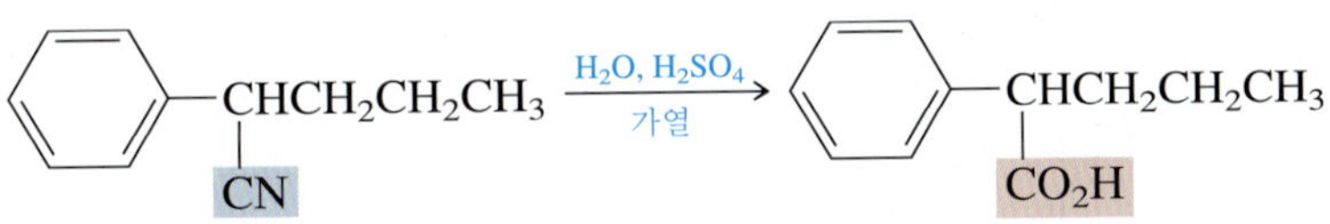

2-Phenylpentanenitrile → 2-Phenylpentanoic acid (52%)

마찬가지로 사이아노하이드린의 사이아노기도 가수분해되어 $-CO_2H$로 될 수 있다.

카복실산의 반응에는 수소화 알루미늄 리튬과 반응하여 일차 알코올로 환원되는 반응, 싸이오닐 클로라이드와 반응하여 아실 클로라이드로 전환되는 반응, 산-촉매하에서 알코올과 반응하여 에스터로 전환되는 반응이 있다(12.11절).

$$RCO_2H \xrightarrow[2.\ H_2O]{1.\ LiAlH_4} RCH_2OH$$

$$\underset{\text{Carboxylic acid}}{RC(=O)OH} \xrightarrow{SOCl_2} \underset{\text{Acyl chloride}}{RC(=O)Cl}$$

$$\underset{\text{Carboxylic acid}}{RC(=O)OH} + \underset{\text{Alcohol}}{R'OH} \xrightarrow{H^+} \underset{\text{Ester}}{RC(=O)OR'} + \underset{\text{Water}}{H_2O}$$

보충문제

명명법, 물리적 성질, 산도

12.9 많은 카복실산은 체계명보다는 관용명으로 더 잘 알려져 있다. 이들 중 몇 가지는 다음과 같다. 체계명을 근거로 각 화합물의 구조식을 쓰시오.

(a) 2-하이드록시프로판산[2-Hydroxypropanoic acid, 락트산(lactic acid)으로 더 잘 알려져 있는 이 화합물은 상한 우유에 들어 있으며, 운동 중 근육에 생성된다.]

(b) 2-하이드록시-2-페닐에탄산[2-Hydroxy-2-phenylethanoic acid, 만델산(mandelic acid)이라고도 하며, 서양자두와 복숭아, 기타 과실에 들어 있다.]

(c) 테트라데칸산[Tetradecanoic acid, 미리스트산(myristic acid)이라고도 하며, 각양각색의 지방으로부터 얻을 수 있다.]

(d) 10-운데센산[10-Undecenoic acid, 운데실렌산(undecylenic acid)이라고도 하며, 아연염과 함께 무좀과 같은 진균 감염증을 치료하는 데 사용된다.]

(e) 3,5-다이하이드록시-3-메틸펜탄산[3,5-Dihydroxy-3-methylpentanoic acid, 메발론산(mevalonic acid)이라고도 하며, 터펜과 스테로이드 생합성의 중간체로 중요하다.]

(f) (*E*)-2-메틸-2-뷰텐산[(*E*)-2-Methyl-2-butenoic acid, 티글산(tiglic acid)이라고도 하며, 여러 천연 오일의 성분이다.]

12.10 다음 각 화합물의 IUPAC명을 나타내시오.

(a) $CH_3(CH_2)_6CO_2H$

(b) $CH_3(CH_2)_6CO_2K$

(c) $CH_2{=}CH(CH_2)_5CO_2H$

(d)

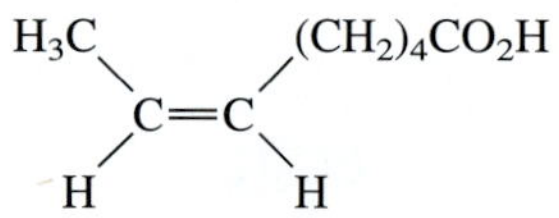

(e)

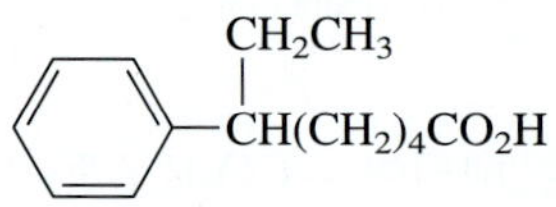

12.11 다음 화합물은 식품 보존제로 사용된다. 이들 화합물은 **항산화제**라고 하며, 지방과 기름의 산패를 일으키는 산화를 지연시킨다. 다음 각 화합물의 화학 구조를 쓰시오.

(a) 벤조산 소듐(Sodium benzoate)

(b) 프로피온산 칼슘[Calcium propionate; IUPAC명, 칼슘 프로파노에이트(calcium propanoate)]

(c) 소르브산 포타슘[Potassium sorbate; 소르브산(sorbic acid)은 $CH_3CH{=}CHCH{=}CHCO_2H$이다]

12.12 다음 각 집단의 화합물들을 산도가 감소하는 순으로 배열하시오.

(a) 아세트산(acetic acid), 에탄(ethane), 에탄올(ethanol)

(b) 벤젠(benzene), 벤조산(benzoic acid), 벤질 알코올(benzyl alcohol)

(c) 아세트산(acetic acid), 에탄올(ethanol), 트라이플루오로아세트산(trifluoroacetic acid), 2,2,2-트라이플루오로에탄올(2,2,2-trifluoroethanol)

12.13 다음 각 쌍에서 산성이 더 큰 화합물을 고르시오.

(a) $CH_3CH_2CH_2H$ 또는 $CF_3CH_2CH_2CO_2H$

(b) $CH_3CH_2CH_2CO_2H$ 또는 $CH_3C{\equiv}CCO_2H$

(c) 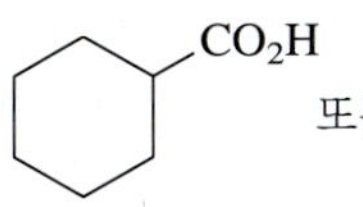 또는 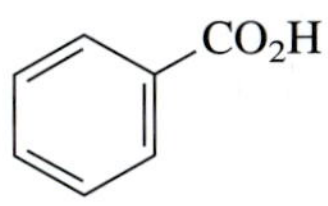

(d) 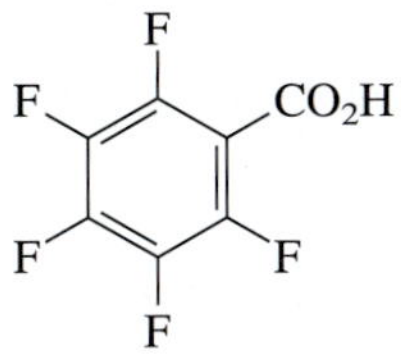 또는 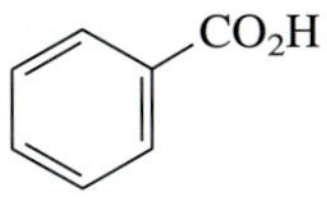

카복실산의 제법

12.14 적당한 카복실산으로부터 문제 12.11의 각 화합물을 제조하는 화학 반응을 쓰시오.

12.15 다음 각 화합물로부터 뷰탄산을 제조하는 방법을 제시하시오.

(a) 1-뷰탄올(1-Butanol)

(b) 뷰탄알(Butanal)

(c) 1-클로로프로페인(1-Chloropropane, 두 가지 방법)

(d) 2-프로판올(2-Propanol)

(e) 아세트알데하이드(Acetaldehyde)

12.16 4-메틸-1-펜탄올(4-methyl-1-pentanol)로부터 5-메틸헥산산(5-methylhexanoic acid)을 제조하는 두 가지 방법을 기술하시오.

카복실산의 반응

12.17 다음 각 시약과 펜탄산의 반응 생성물을 쓰시오.

(a) 수산화 소듐(sodium hydroxide)

(b) 탄산수소 소듐(sodium bicarbonate)

(c) 싸이온일 클로라이드(thionyl chloride)

(d) 수소화 알루미늄 리튬(lithium aluminum hydride) 처리 후 물로 가수분해

(e) 2-프로판올(2-propanol), 산(촉매, catalyst)

12.18 뷰탄산을 다른 필요한 유기 또는 무기 시약을 사용하여 어떻게 다음 각 화합물로 전환시킬 수 있는지 나타내시오.

(a) 1-뷰탄올(1-butanol)

(b) 1-브로모뷰테인(1-bromobutane)

(c) 펜탄산(pentanoic acid)

(d) 뷰탄오일 클로라이드(butanoul chloride, $CH_3CH_2CH_2\overset{\overset{O}{\|}}{C}Cl$)

(e) 뷰탄알(butanal)

(f) 1-페닐-1-뷰탄온(1-phenyl-1-butanone, $C_6H_5\overset{\overset{O}{\|}}{C}CH_2CH_2CH_3$)

(g) 뷰틸 뷰타노에이트(butyl butanoate, $CH_3CH_2CH_2\overset{\overset{O}{\|}}{C}OCH_2CH_2CH_2CH_3$)

12.19 펜탄알(pentanal)을 다음 화합물로 전환시킬 수 있는 일련의 반응을 기술하시오.

(a) 펜탄산(Pentanoic acid)

(b) 헥산산(Hexanoic acid)

(c) 2-하이드록시헥산산(2-Hydroxyhexanoic acid)

12.20 지방산이라고 하는 천연 재료로부터 얻은 가지가 없는 카복실산은 보통 짝수의 탄소 원자를 지니고 있다. 홀수의 탄소를 지니는 산을 제조하기 위해서는 다음과 같이 전환시켜야 한다.

$$RCO_2H \longrightarrow RCH_2CO_2H$$

옥탄산(octanoic acid)으로부터 노난산(nonanoic acid)을 제조하는 방법을 기술하시오.

기타 문제

12.21 효소 아코니테이스(aconitase, 아코니트산수화효소)의 존재하에서 아코니트산의 이중 결합은 수화된다. 이 반응은 가역 반응이며, 다음과 같은 평형이 성립된다.

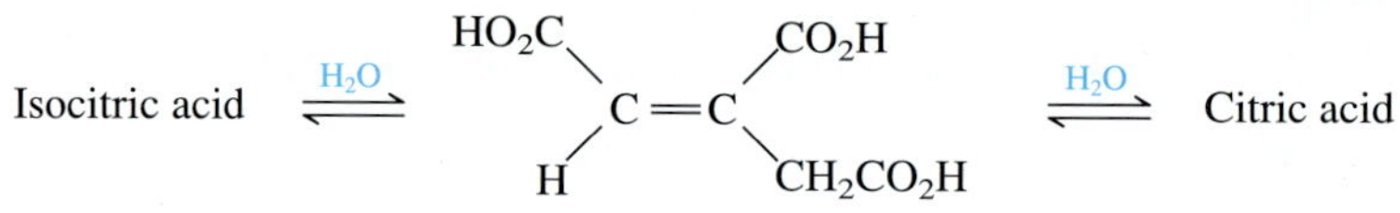

($C_6H_8O_7$) (평형에서 6%) | Aconitic acid (평형에서 4%) | ($C_6H_8O_7$) (평형에서 90%)

(a) 존재하는 주된 트라이카복실산은 감귤류 과실의 신맛을 내는 물질인 시트르산이다. 시트르산은 비카이랄성이다. 구조는 무엇인가?

(b) 아이소시트르산의 구조는 무엇인가? 아이소시트르산의 입체이성질체는 몇 개가 가능한가?

12.22 다음 각 관찰 결과를 알맞게 설명하시오.

(a) 폼산의 가장 안정한 형태는 두 수소가 모두 서로에 대하여 안티이다.

(b) *o*-하이드록시벤조산(*o*-hydroxybenzoic acid)의 해리 상수는 *o*-메톡시벤조산(*o*-methoxybenzoic acid)의 해리 상수보다 더 크다(12배).

(c) 아스코브산(Ascorbic acid, 비타민 C)은 카복실산은 아니지만 산성이 강하므로 탄산수소 소듐(sodium bicarbonate) 수용액에 녹아 충분히 이산화 탄소를 방출시킨다.

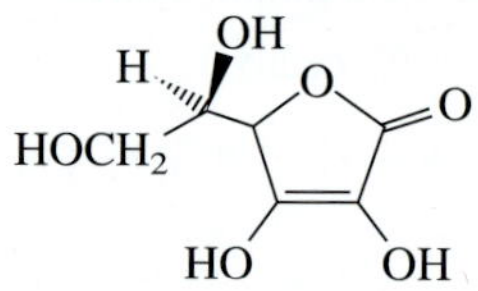

Ascorbic acid

12.23 때때로 생물학적 전환과 반응 메커니즘을 밝히기 위해 방사성 동위원소로 표지한 유기화합물의 시료를 제조할 필요가 있다. 다양한 탄소-14 방사성 동위원소를 얻을 수 있는 출처가 있다. 벤젠과 아래의 ^{14}C-표지된 선구물질을 사용하여 카보닐기에 ^{14}C로 표지된 벤조산을 제조하는 합성 과정을 기술하시오(아래의 화학식에서 별표(*)는 ^{14}C를 나타낸다).

(a) $\overset{*}{C}H_3Cl$ (b) $H\overset{*}{C}HO$ (c) $\overset{*}{C}O_2$

CHAPTER **13**

카복실산 유도체

개요

카복실산 유도체 미리보기

산(−CO**OH**)의 **−OH**기는 **−Cl**(아실 클로라이드), **−OCOR**(무수물), **−OR**(에스터), **$-NR_2$**(아마이드)로 치환 가능하다.

유사하게 아실 클로라이드(**−Cl**), 무수물(**−OCOR**), 에스터(**−OR**), 아마이드(**$-NR_2$**)는 가수분해되어 산(−CO**OH**)으로 된다.

반응:

1. 산의 −OH기가 좋은 이탈기(L)로 전환

2. 친전자성 카보닐 탄소(C)에 친핵성 첨가 반응

3. 좋은 이탈기의 교체

전체 반응:

−COOH의 −OH기는 친핵체로 교체

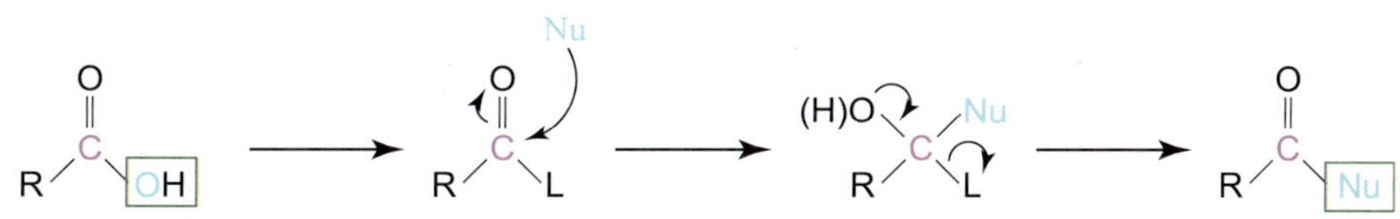

L = 좋은 이탈기(즉, $-\overset{+}{O}H_2$, −OSOCl)

산 유도체의 상호 전환:

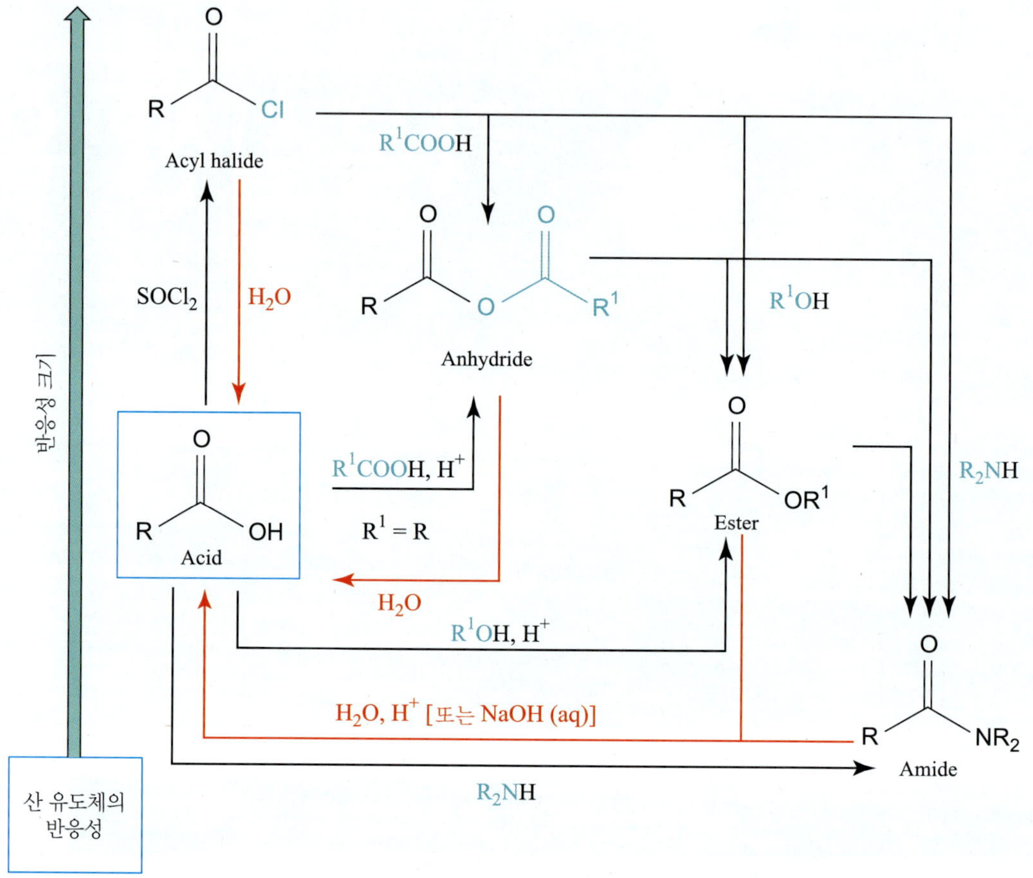

이전의 두 장에서는 카보닐(>C=O)기가 있는 유기 화합물 세 종류(알데하이드, 케톤, 카복실산)를 공부하였다. 이제 논의의 범위를 카복실산의 유도체의 범위까지 확장하려고 한다. 이들 중 두 가지 화합물인 **에스터**(ester)와 **아마이드**(amide)는 특히 유기 및 생화학에서 매우 중요하며, 특히 강조할 것이다.

13.1 카복실산 유도체의 명명법

카복실산 유도체(carboxylic acid derivative)는 할로젠, 산소, 질소 원자에 **아실기**(acyl group, $\mathrm{R\overset{\overset{O}{\|}}{C}}$— 또는 $\mathrm{Ar\overset{\overset{O}{\|}}{C}}$—)를 결합하고 있다. 네 가지 카복실산 유도체는 다음과 같다.

1. 아실 클로라이드, $\mathrm{R\overset{\overset{O}{\|}}{C}Cl}$
2. 무수물, $\mathrm{R\overset{\overset{O}{\|}}{C}O\overset{\overset{O}{\|}}{C}R}$
3. 에스터, $\mathrm{R\overset{\overset{O}{\|}}{C}OR'}$
4. 아마이드, $\mathrm{R\overset{\overset{O}{\|}}{C}NH_2}$, $\mathrm{R\overset{\overset{O}{\|}}{C}NHR'}$, $\mathrm{R\overset{\overset{O}{\|}}{C}NR'_2}$

각 부류의 화합물의 체계명은 해당 카복실산의 이름을 기반으로 한다. **아실 클로라이드**(acyl chloride)는 카복실산의 어미 -산(*-ic acid*)을 -일 클로라이드(*-yl chloride*)로 바꾼다.

$\mathrm{CH_3\overset{\overset{O}{\|}}{C}Cl}$

Acetyl chloride
(Acetic acid으로부터)

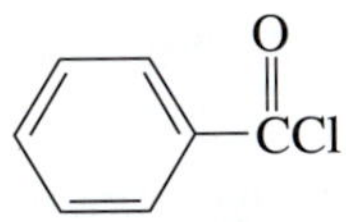

Benzoyl chloride
(Benzoic acid으로부터)

무수물(anhydride)도 비슷하게 명명한다. 산(*acid*)을 **무수물**(*anhydride*)로 바꾼다.

$\mathrm{CH_3\overset{\overset{O}{\|}}{C}O\overset{\overset{O}{\|}}{C}CH_3}$

Acetic anhydride
(아세트산 무수물)

$\mathrm{C_6H_5\overset{\overset{O}{\|}}{C}O\overset{\overset{O}{\|}}{C}C_6H_5}$

Benzoic anhydride
(벤조산 무수물)

에스터의 알킬기와 아실기는 따로 나타낸다. **에스터**(ester)는 알킬 알카노에이트(alkyl alkanoate)로 명명한다. $\mathrm{R\overset{\overset{O}{\|}}{C}OR'}$의 알킬기 R′을 먼저 읽고 아실 부분을 읽는다. 아실 부분은 해당 카복실산의 -산(*-ic acid*)을 -에이트(*-ate*)로 바꾸어 명명한다.

$\mathrm{CH_3\overset{\overset{O}{\|}}{C}OCH_2CH_3}$

Ethyl acetate

$\mathrm{CH_3CH_2\overset{\overset{O}{\|}}{C}OCH_3}$

Methyl propanoate

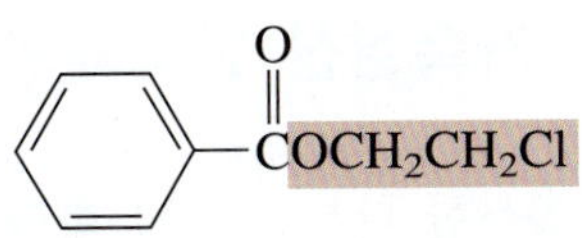

2-Chloroethyl benzoate

아릴 에스터, $\mathrm{R\overset{\overset{O}{\|}}{C}OAr}$ 형태의 화합물도 비슷한 방법으로 명명한다.

$\mathrm{R\overset{\overset{O}{\|}}{C}NH_2}$ 형인 **아마이드**(amide)는 카복실산의 어미 -산(*-oic acid* 또는 *-ic acid*)을 -아마이드(*-amide*)로 바꾸어 명명한다.

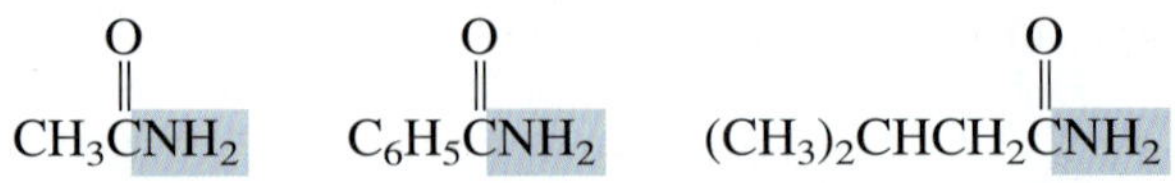

Acetamide　　Benzamide　　3-Methylbutanamide

$\mathrm{R\overset{O}{\overset{\parallel}{C}}NHR'}$과 $\mathrm{R\overset{O}{\overset{\parallel}{C}}HNR_2}$는 *N*-알킬-, *N,N*-다이알킬-치환 유도체라고 한다.

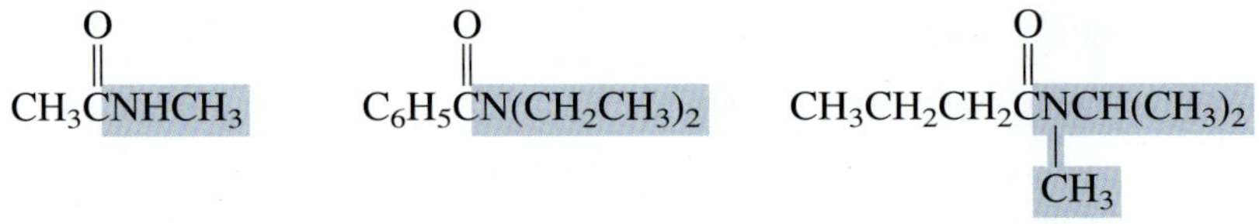

N-Methylacetamide　　*N,N*-Diethylbenzamide　　*N*-Isopropyl-*N*-methylbutanamide

문제 13.1 다음 화합물의 구조식을 쓰시오.

(a) 2-페닐뷰탄오일 클로라이드(2-Phenylbutanoyl chloride)
(b) 2-페닐뷰탄산 무수물(2-Phenylbutanoic anhydride)
(c) 뷰틸 2-페닐뷰타노에이트(Butyl 2-phenylbutanoate)
(d) 2-페닐뷰틸 뷰타노에이트(2-Phenylbutyl butanoate)
(e) 2-페닐뷰탄아마이드(2-Phenylbutanamide)
(f) *N*-에틸-2-페닐뷰탄아마이드(*N*-Ethyl-2-phenylbutanamide)

풀이 (a) 2-페닐뷰탄오일기는 네 개의 탄소를 포함하고, 2번 탄소에 페닐기를 치환체로 가진 아실기이다. 아실기의 이름 뒤에 할로젠화물의 이름이 있으며, **아실 할라이드**(*acyl halide*)이다.

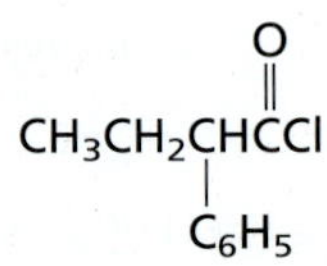

2-Phenylbutanoyl chloride

13.2 카복실산 유도체의 구조

지금까지 공부한 다른 카보닐 화합물(알데하이드, 케톤, 카복실산)처럼 카복실산 유도체는 카보닐기의 결합 배열 상태가 평면형의 구조이다. 아실 클로라이드, 무수물, 에스터, 아마이드의 가장 중요한 구조적 형태는 아실기에 붙어 있는 $\ddot{X}$ 기의 비공유 전자쌍이 카보닐의 π계와 상호작용하는 것으로, 그림 13.1에 도시되어 있다.

이런 전자의 비편재화는 다음의 공명 구조로 나타낼 수 있다.

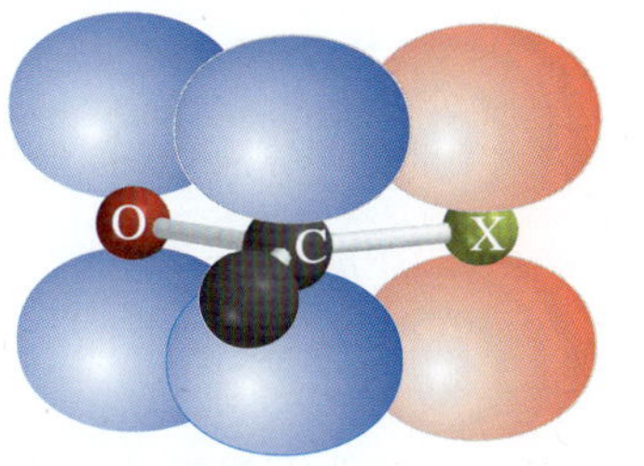

그림 • 13.1
그림 13.1 카보닐의 탄소로부터 나오는 세 개의 σ 결합은 같은 평면에 존재한다. 카보닐기의 p 오비탈, 산소, 그리고 아실기에 붙어 있는 X 작용기는 확장된 π계를 형성하여 전자의 비편재화를 이룬다.

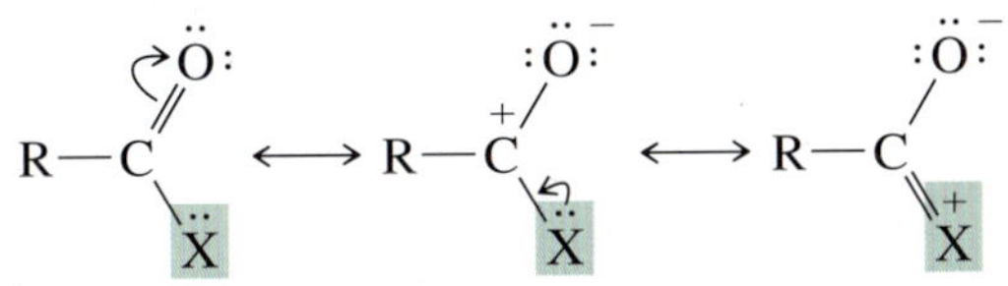

치환기로부터 전자가 방출되면 카보닐기를 안정화시켜 전자 친화도를 감소시킨다. 이들 전자 비편재화의 정도는 치환체 X의 전자를 주는 성질에 의해 결정된다. 일반적으로 X의 전기음성도가 낮아지면 더 많은 전자를 카보닐기에 줄 수 있어 안정화 효과가 더 커진다.

아실 클로라이드에서 공명 안정화는 다른 카복실산 유도체에서만큼 크지는 않다.

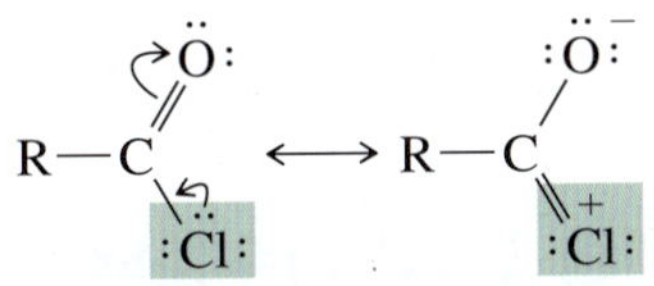
약한 공명 안정화

탄소-염소 결합은 길고, 염소의 $3p$ 오비탈과 카보닐기의 π계 사이의 중첩은 효율적이지 않다. 결과적으로 염소의 전자와 π계의 전자 비편재화 정도는 낮아진다. 아실 클로라이드의 카보닐은 염소의 비공유 전자쌍 주개에 의한 전자 방출 효과를 현저히 보상받지 못하고, 보통의 염소 원자에 의한 전자-끌기 유도 효과를 느낀다. 이것은 다른 카복실산 유도체에 비해 아실 클로라이드의 친핵체와의 반응성을 높인다.

무수물은 아실 클로라이드보다 전자 비편재화에 의해 더 안정화된다. 산소의 비공유 전자쌍은 보다 효율적으로 카보닐기로 비편재화된다. 공명은 무수물의 두 카보닐기에서 일어난다.

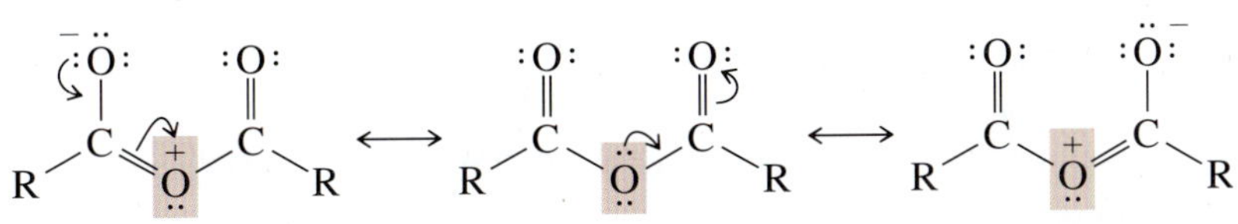

에스터의 카보닐기는 무수물보다 더 안정화된다. 무수물의 두 아실기 모두 산소의 비공유 전자쌍에 대해서 경쟁적으로 공명하지만, 에스터에는 카보닐기가 한 개여서 무수물의 안정성이 에스터보다 떨어진다.

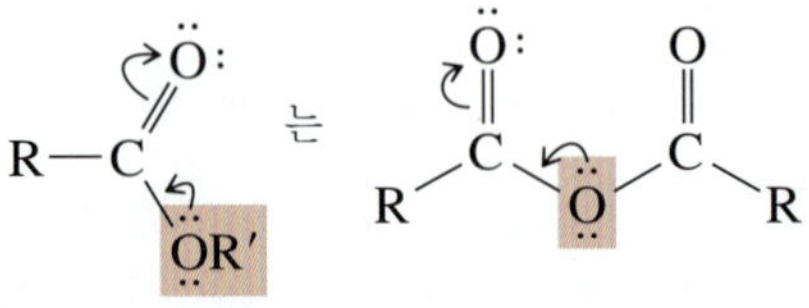

Ester 는 Anhydride 보다 더 효과적이다.

에스터는 카복실산과 비슷한 정도로 공명에 의해서 안정화되지만, 아마이드만큼은 아니다. 질소는 산소보다 전기음성도가 떨어져서 전자쌍을 주는 정도가 더 크다.

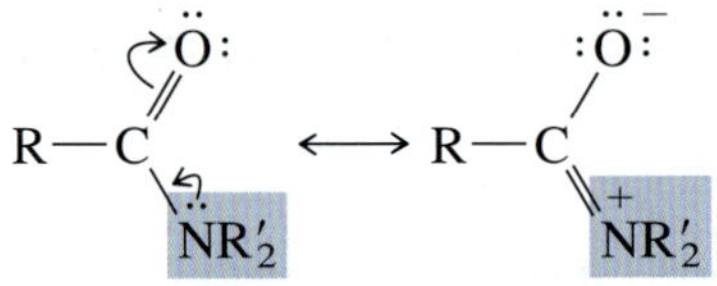

매우 효과적인 공명 안정화

질소로부터 방출된 전자는 아마이드의 카보닐기를 안정화시켜서 카보닐 탄소로의 친핵체 공격 반응의 속도를 떨어뜨린다. 친핵성 시약은 분자의 친전자 부분을 공격하는데, 치환체가 친전자 위치에 전자를 준다면 이들의 친핵체와의 반응성은 감소하게 된다.

13.3 친핵성 아실 치환 반응: 가수분해

카복실산 유도체의 가장 중요한 반응은 아래의 식에 표시된 **친핵성 아실 치환 반응**(nucleophilic acyl substitution)이다.

$$\mathrm{R\overset{O}{\overset{\|}{C}}X} + \mathrm{HY\!:}\ (\text{또는 } \mathrm{Y\!:^-}) \longrightarrow \mathrm{R\overset{O}{\overset{\|}{C}}Y} + \mathrm{HX\!:}\ (\text{또는 } \mathrm{X\!:^-})$$

친핵성 아실 치환 반응은 여러 카복실산 유도체의 실험실 및 생물학적 계에서 여러 가지 카복실산 유도체를 상호 전환할 수 있는 주된 반응이다. 이 반응의 메커니즘을 나타내기 위해서 아실 유도체의 가수분해를 보자. **가수분해**(hydrolysis)는 물과의 반응이다. 다양한 카복실산 유도체는 해당 카복실산으로 전환된다.

$$\underset{\text{Carboxylic acid 유도체}}{\mathrm{R\overset{O}{\overset{\|}{C}}X}} + \underset{\text{Water}}{H_2O} \longrightarrow \underset{\text{Carboxylic acid}}{\mathrm{R\overset{O}{\overset{\|}{C}}OH}} + \underset{\text{이탈기의 짝산}}{\mathrm{HX}}$$

아실 클로라이드(X = Cl)는 물과 빠르게 반응한다. 아실 클로라이드의 가수분해 메커니즘은 그림 13.2에 도시되어 있다.

1단계: 카보닐기에 물이 친핵성 첨가되어 정사면체 중간체를 형성

2단계: 할로젠화 수소의 해리에 의해 정사면체 중간체가 해리

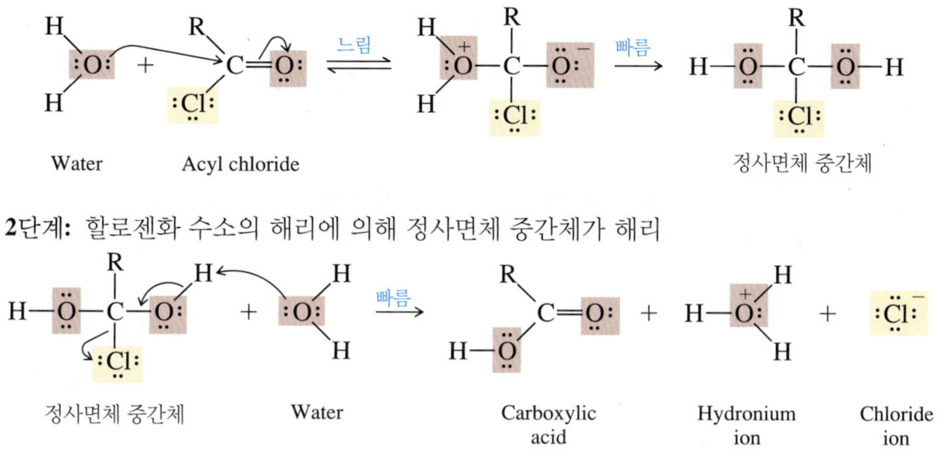

그림 • 13.2
아실 클로라이드의 가수분해는 정사면체 중간체를 거친다. 이 단계가 속도 결정 단계이다.

메커니즘의 첫 번째 단계는 물이 친핵성 첨가 반응으로 카보닐기를 공격하여 **정사면체 중간체**(tetrahedral intermediate)를 형성하는 것이다. 이 과정은 알데하이드와 케톤의 수화 반응과 유사하다(11.6절).

정사면체 중간체에는 세 가지 가능한 이탈기(두 개의 하이드록시기와 염소)가 있다. 두 번째 단계에서 정사면체 중간체는 해리되고, 클로라이드 이온이 제거된다. 정사면체 중간체에서 클로라이드 이온의 감소는 하이드록사이드 이온의 감소에 비해서 빠르다. 클로라이드 이온은 하이드록사이드 이온보다 염기성이 떨어지므로 더 좋은 이탈기이다. 공명 안정화된 카보닐기가 다시 복구되기 때문에 정사면체 중간체가 해리된다.

아실 클로라이드의 친핵성 치환 반응은 알킬 클로라이드보다 훨씬 더 잘 일어난다. 예를 들어, 벤조일 클로라이드($C_6H_5\overset{O}{\overset{\|}{C}}Cl$)는 물과 반응할 때 벤질 클로라이드($C_6H_5CH_2Cl$)보다 1000배 더 빠르게 반응한다. 아실 클로라이드의 sp^2-혼성 탄소는 알킬 클로라이드의 sp^3-혼성 탄소에 비해 입체 장애를 덜 받기 때문에 아실 클로라이드는 친핵체의 공격에 더 쉽게 노출된다. 또한 S_N2 반응의 전이 상태 또는 S_N1 반응의 탄소양이온 중간체와는 다르게, 친핵성 치환 반응의 정사면체 중간체는 결합의 안정한 배열로 전이 상태의 에너지가 낮다.

문제 13.2 아실 클로라이드는 눈에 매우 자극적이어서 **최루제**(lachrymator)라고 한다. 이 효과는 우린 눈에 자연적으로 존재하는 수분과 반응하여 생긴다. 벤조일 클로라이드와 물의 반응의 계수를 맞추고, 이 반응 메커니즘을 나타내시오.

다양한 산 유도체들의 가수분해의 용이성은 이들 화합물의 반응성을 측정하는 척도로 사용될 수 있다. 아실 클로라이드는 에스터보다 1000억 배나 가수분해가 빠르다. 사실 아실 클로라이드와 물의 반응은 폭발적으로 일어나서 많은 열을 방출한다.

무수물은 아실 클로라이드보다는 반응성이 떨어지지만 가수분해 반응에서 여전히 에스터보다는 1,000만 배 빠르다. 반면 아마이드는 에스터보다 반응성이 떨어진다. 아마이드의 가수분해 속도는 에스터의 반응 속도의 1/100 이하이다.

반응성 경향을 요약하면 다음과 같다.

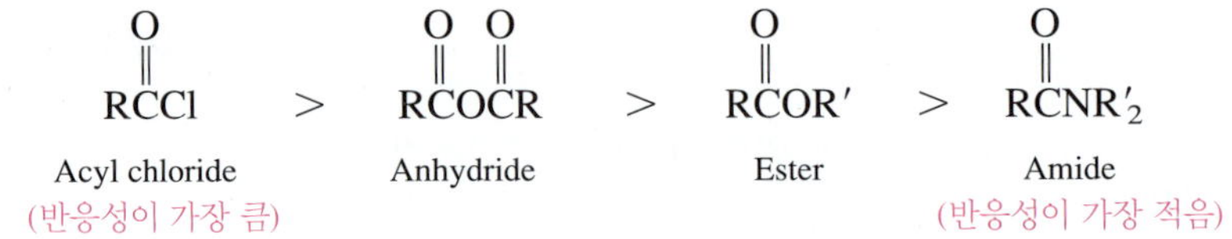

산 유도체의 반응성 순서는 13.2절에서 나타낸 아실기의 공명 안정화 효과에 의해 설명할 수 있다. 아실 클로라이드는 가장 덜 안정화되고, 가장 반응성이 크다. 반대로 아마이드는 가장 안정화되고, 가장 반응성이 떨어진다.

반응성 경향의 중요한 점 중의 하나는 반응성이 더 큰 유도체를 사용하면 반응성이 더 작은 유도체를 만들 수 있지만, 반응성이 더 작은 유도체를 사용하면 반응성이 더 큰 유도체를 만들 수 없다. 무수물은 에스터와 아마이드의 합성에 사용될 수 있지만, 아실 클로라이드의 합성에는 사용되기 어렵다.

생물학적 아실 전이

생화학자들은 종종 친핵성 아실 치환 반응을 **아실 전이**(acyl transfer)라고 한다. 이것은 아실기가 한 화합물에서 다른 화합물로 전달되기 때문이다.

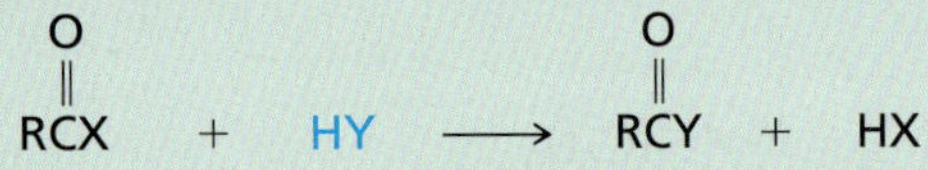

어떤 종류의 RC(=O)X 화합물이 생명체에서 아실 전이의 특성을 보여 주는가? 실험실에서 유기 화학자들은 반응성이 큰 아실 클로라이드와 무수물을 사용하여 다른 아실 화합물을 제조한다. 친핵성 아실 치환 반응은 생화학에서 흔히 일어나는 반응인데, 아실 클로라이드는 생명체에서는 발견되지 않는다. 자연계에 존재하는 유일한 카복실산 무수물은 딱정벌레로부터 분리되어, 한때 최음제라고 믿어졌던 칸타리딘(cantharidin)이다.

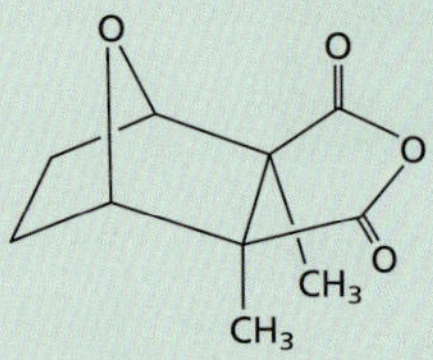

Cantharidin

많은 생물학적 전이는 아실 **싸이오에스터**(thioester, RC(=O)SR′)를 사용한다. 싸이오에스터는 RC(=O)SR′ 형태의 에스터보다 반응성이 크다. 싸이오에스터의 한 종류인 아세틸 보조효소 A는 그림 16.4에 도시된 바와 같이 비교적 복잡한 구조의 화합물인데, 간단히 $CH_3C(=O)SCoA$로 나타낸다. 아세틸 보조효소 A의 생명체 내에서의 반응은 아실 전이 반응을 통한 아세테이트 에스터의 합성이다.

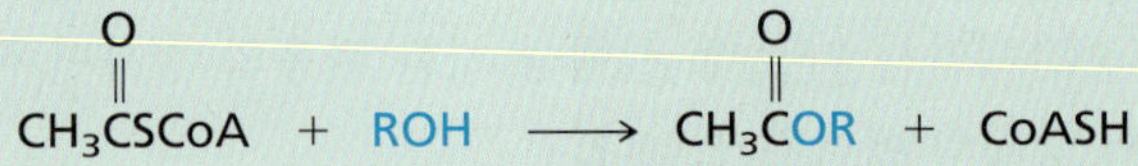

13.4 에스터의 천연 출처

많은 종류의 에스터는 자연계에 존재한다. 분자량이 작은 에스터는 휘발성이 비교적 크며, 좋은 향기를 내는 에스터 또한 많다. 에스터는 종종 과일과 꽃의 방향유를 구성하는 주성분이다. 예를 들어, 오렌지의 향기에는 30가지가 넘는 에스터, 10종의 카복실산, 34종의 알코올, 34종의 알데하이드와 케톤, 36종의 탄화수소가 들어 있다.

$$CH_3\overset{\overset{\displaystyle O}{\|}}{C}OCH_2CH_2CH(CH_3)_2$$

3-Methylbutyl acetate
(바나나 고유의 향기)

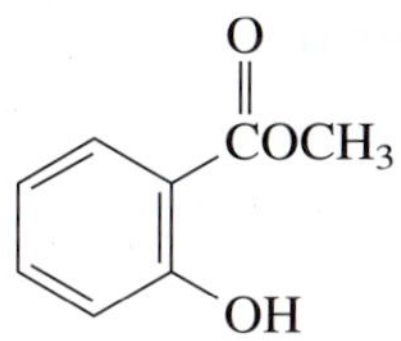

Methyl salicylate
(동백유의 주성분)

3-메틸뷰틸 아세테이트는 아이소아밀 아세테이트(isoamyl acetate)로 더 잘 알려져 있다.

곤충들이 서로 교신하기 위해 사용하는 화학 물질 중에도 에스터가 많다.

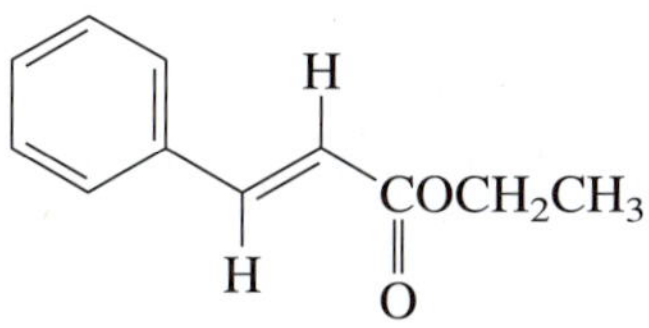

Ethyl cinnamate
(동양잎말이나방 수컷의
성 페로몬 구성 성분의 하나)

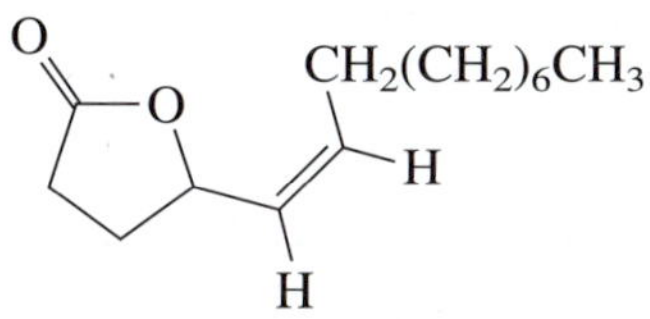

(*Z*)-5-Tetradecen-4-olide
(알풍뎅이 암컷의 성 페로몬)

글리세롤의 에스터인 **글리세롤 트라이에스터**(glycerol triester), **트라이아실글리세롤**(triacylglycerol), **트라이글리세라이드**(triglyceride)는 천연물에 많이 존재한다. 글리세롤 트라이에스터의 가장 중요한 기는 각 아실기가 곁가지가 없는 14개 이상의 탄소로 구성되어 있는 작용기이다.

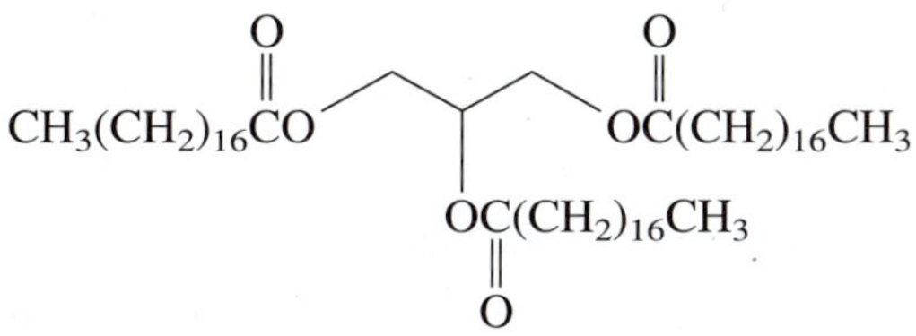

Tristearin
[많은 동물과 식물성 지방에서 발견되는
글리세롤의 트라이옥타데칸올(trioctadecanoyl) 에스터]

트라이스테아린의 분자 모형은 그림 16.1에 나타내었다.

지방(fat)이나 **기름**(oil)은 글리세롤 트라이에스터의 천연 혼합물이다. 지방은 상온에서 고체이고, 기름은 상온에서 액체이다. 지방과 기름으로부터 가수분해에 의해 얻어지는 긴 사슬을 가지는 카복실산을 **지방산**(fatty acid)이라고 한다.

13.5 에스터의 합성: Fischer 에스터화

12장(12.11절)에서 에스터는 산-촉매 존재하에서 카복실산과 알코올의 반응으로 합성할 수 있다는 것을 배웠다. 이 반응을 **Fischer 에스터화 반응**(Fischer esterification)이라고 한다.

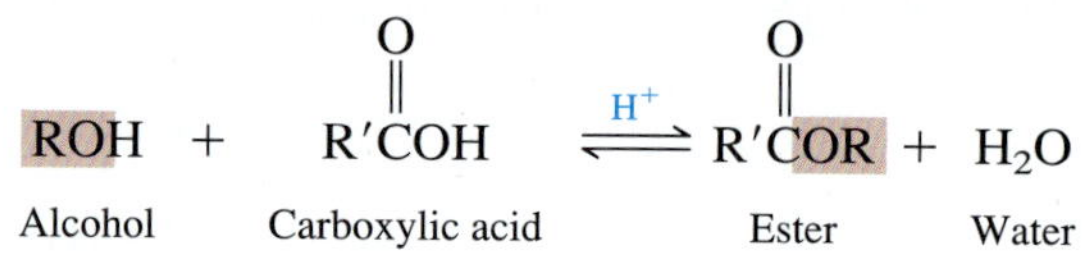

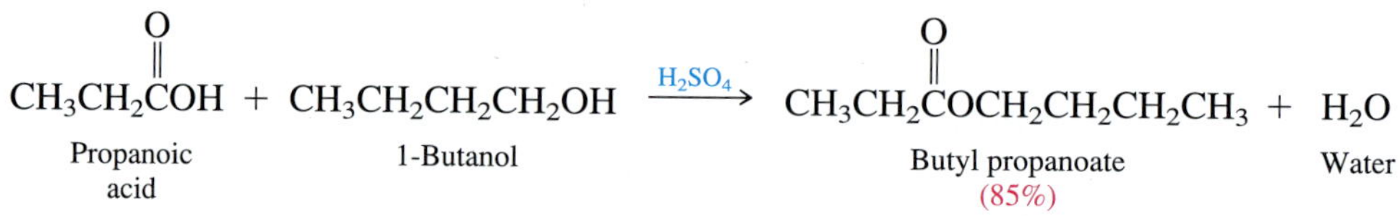

Le Châtelier의 원리를 복습하면 과량의 시약을 사용할 때 평형이 왜 이동하는지 이해할 수 있을 것이다(6.7절).

Fischer 에스터화 반응은 가역적으로, 반응물이 보통의 간단한 알코올과 카복실산일 때 평형은 약간 생성물 쪽으로 위치한다. Fischer 에스터화 반응은 합성을 목적으로 사용될 때 과량의 알코올 또는 과량의 카복실산을 사용함으로써 평형을 좀 더 생성물 쪽으로 이동시킨다. 다른 방법으로는, 반응 혼합물에서 물을 제거하는 방법을 통해 에스터를 형성하는 쪽으로 평형을 이동시키기도 한다. 이것은 벤젠을 공동 용매로 사용하여 벤젠과 물의 **불변끓음 혼합물**(azeotropic mixture)을 증류함으로써 가능하다.

불변끓음 혼합물은 두 개 또는 그 이상의 물질이 혼합되어 있을 때, 이들이 특정 끓는점에서 함께 증류되는 것을 말한다. 9%의 물을 포함한 벤젠-물의 불변끓음 혼합물은 69°C에서 끓는다.

산-촉매 에스터화 반응의 메커니즘은 13.3절에 요약한 친핵성 아실 치환 반응의 원리, 특히 정사면체 중간체의 역할을 잘 설명해 주기 때문에 연구해 볼 필요가 있다.

메커니즘의 중요한 특징은 에스터의 산소(—OR)가 카복실산이 아닌 알코올에서 왔다는 점이다. 메커니즘은 다음의 관찰 결과를 설명한다.

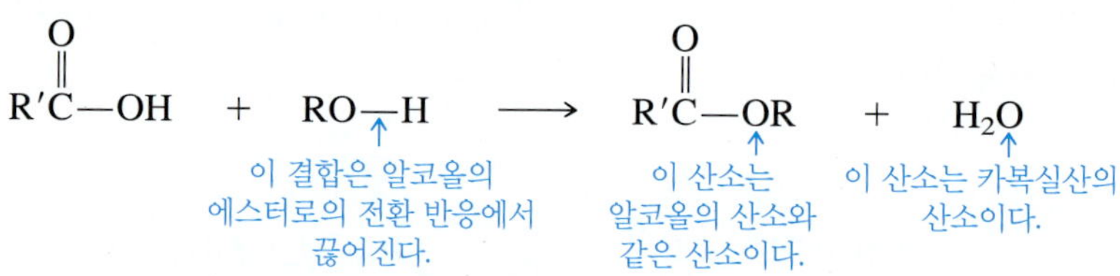

예를 들어, 벤조산과 메탄올에서 메틸 벤조에이트가 생성되는 반응을 고려해 보자.

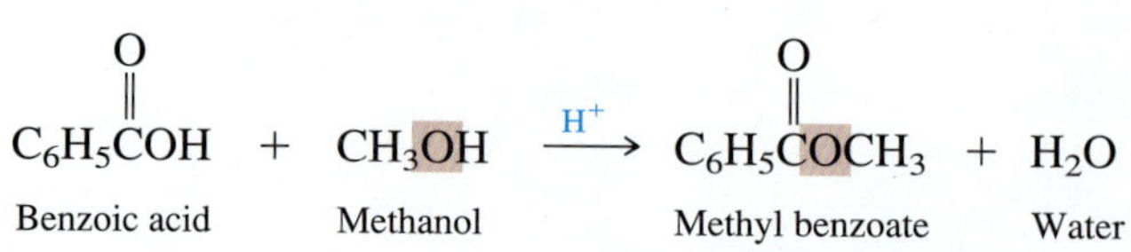

메커니즘은 그림 13.3에 도시된 것과 같이 두 단계(정사면체 중간체의 형성과 정사면체 중간체의 해리)의 결합으로 생각될 수 있다.

초기에 카복실산의 카보닐 산소에 양성자가 첨가된다.

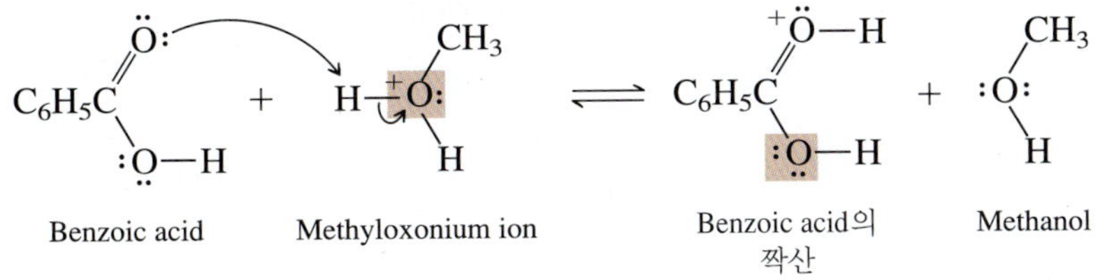

카복실산의 양성자 첨가는 카보닐기의 양전하성을 증가시켜 알코올이 친핵체로 작용하여 이 카보닐을 공격한다. 양성자를 하나 잃으면 정사면체 중간체를 형성한다.

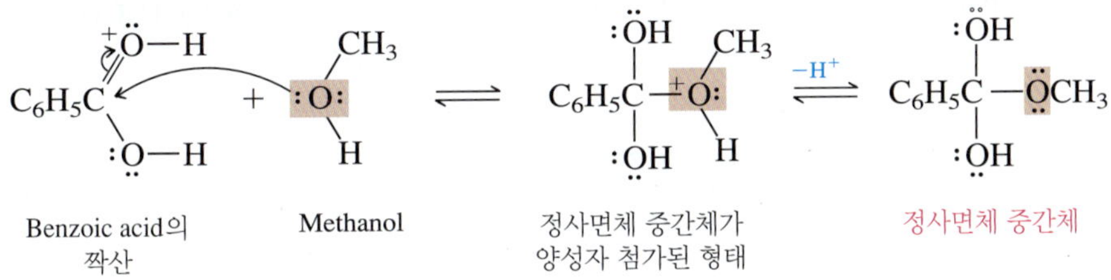

두 번째 단계에는 정사면체 중간체의 하이드록시 산소 중의 하나에 양성자 첨가가 일어난다. 이 중간체는 물을 방출하여 에스터의 짝산을 형성한다. 마지막으로 양성자 제거 반응을 통해 에스터 생성물을 얻는다.

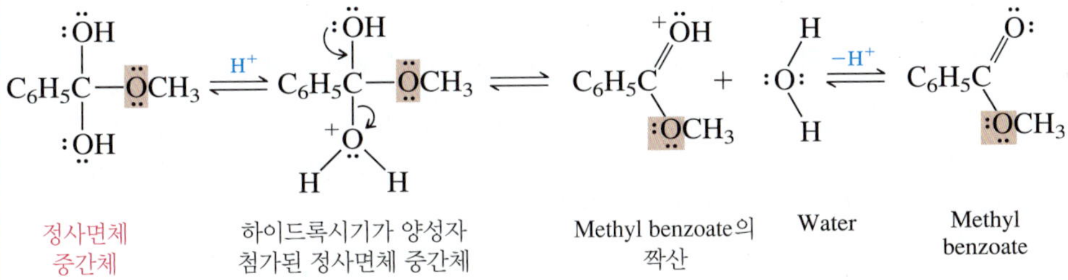

그림 • 13.3
벤조산과 메탄올의 산-촉매 에스터화 반응 메커니즘

문제 13.3 다음 반응의 생성물인 에스터의 구조와 형성 메커니즘을 나타내시오. 정사면체 중간체의 구조를 보여 주는 것을 명심하시오.

$$CH_3CH_2CH_2CH_2OH + CH_3CH_2\overset{O}{\overset{\|}{C}}OH \xrightarrow[\text{가열}]{H_2SO_4}$$

13.6 에스터의 합성: 기타 반응

Fischer 에스터화 반응과 더불어 에스터는 아실 클로라이드와 무수물로부터 합성된다. 아실 클로라이드는 카복실산과 싸이온일 클로라이드(12.11절)의 반응으로 제조한다. 아실 클로라이드와 알코올의 반응을 통해 원하는 에스터를 합성할 수 있다.

7.6절의 방향족 고리 화합물의 Fridel-Crafts 아실화 반응에서 이미 아실 클로라이드를 본 적 있다.

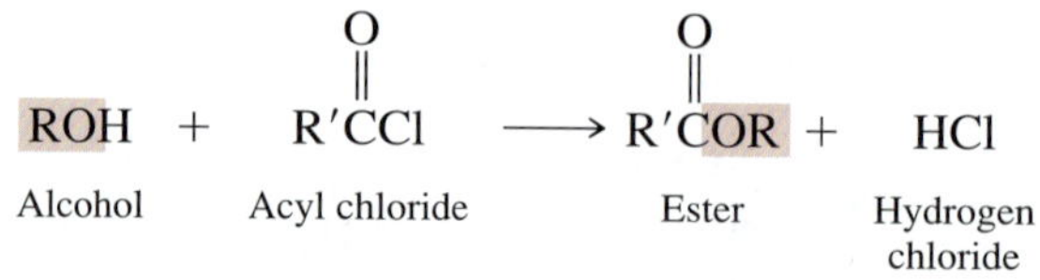

이 반응은 보통 피리딘과 같은 약한 염기 존재하에서 일어나는데, 약염기는 반응 중 생성되는 염화 수소를 포획한다.

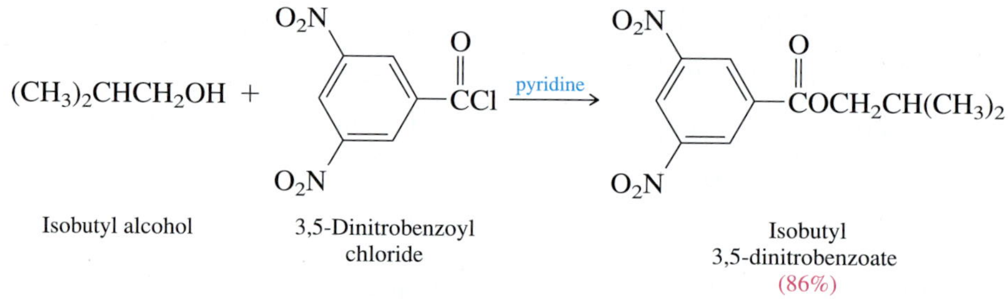

문제 13.4 피리딘 존재하에서 아실 클로라이드를 사용하여 다음의 에스터를 형성하는 화학식을 쓰시오.

(a) 에틸 벤조에이트(Ethyl benzoate)
(b) 벤질 아세테이트(Benzyl acetate)
(c) 아이소프로필 2-메틸프로파노에이트(Isopropyl 2-methylpropanoate)

풀이 (a) 에스터의 이름으로부터 이미 벤조산으로부터 유래되는 아실 부분과 에탄올로부터 유래되는 알킬기를 결정할 수 있다. 따라서 벤조일 클로라이드를 먼저 합성하고, 이를 피리딘 존재하에서 에탄올과 반응시킨다.

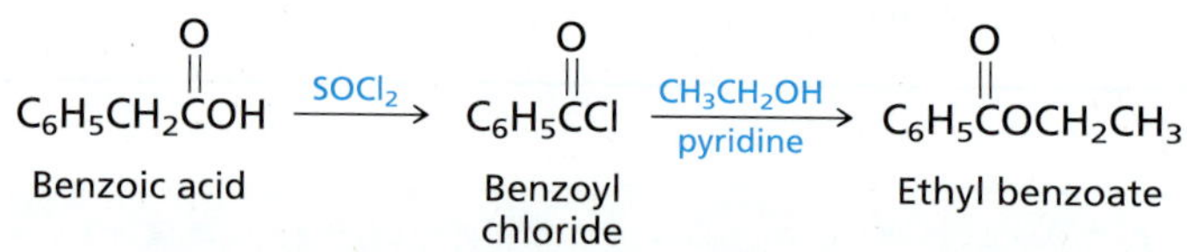

에스터는 또한 무수물과 알코올을 반응시켜 얻을 수 있다.

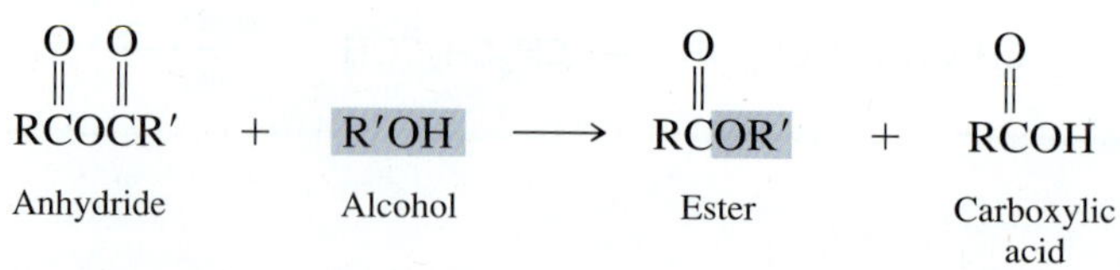

가장 일반적으로 이 반응을 사용할 때는 아세트산 무수물을 알코올과 반응시켜 아세테이트 에스터를 만들 때이다.

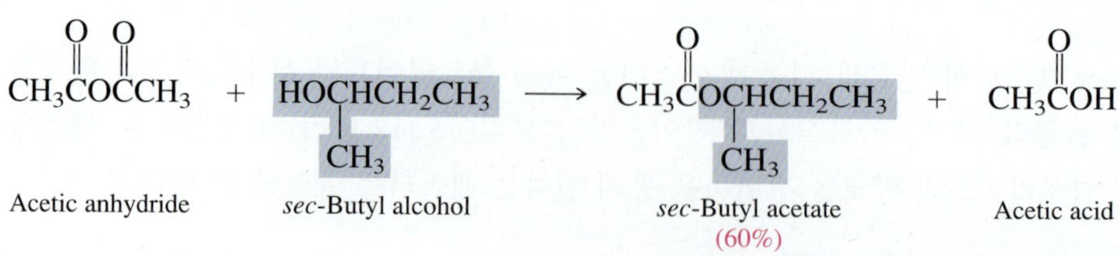

문제 13.5 아세틸살리실산(Acetylsalicylic acid)의 이름은 아스피린(aspirin)이다. 아세틸살리실산은 살리실산의 아세테이트 에스터이고, 살리실산과 아세트산 무수물을 반응시켜 제조한다. 이 반응식을 쓰시오.

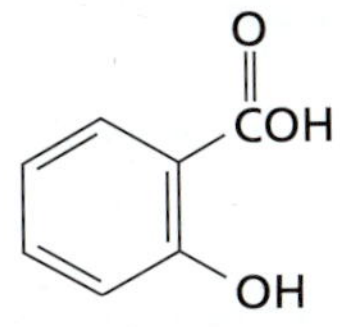

Salicylic acid

아실 클로라이드 또는 무수물을 사용하는 에스터화 반응은 메커니즘적으로 13.3절에서 논의한 산 유도체의 가수분해와 비슷한 과정을 거친다. 알코올을 카보닐 탄소에 첨가하면 정사면체 중간체가 형성되고, 연이은 이탈기의 제거 반응을 통해 에스터가 형성된다. 결과적으로 아실 클로라이드 또는 무수물의 아실기가 알코올의 산소에 전달된다. 이것은 카이랄 알코올의 에스터화 반응에서 명백하게 나타나며, 입체생성 중심에 연결되어 있는 결합 중 어느 것도 이 과정 중에 끊어지지 않기 때문에 **위치배열이 그대로 보존**(*retention of configuration*)된다.

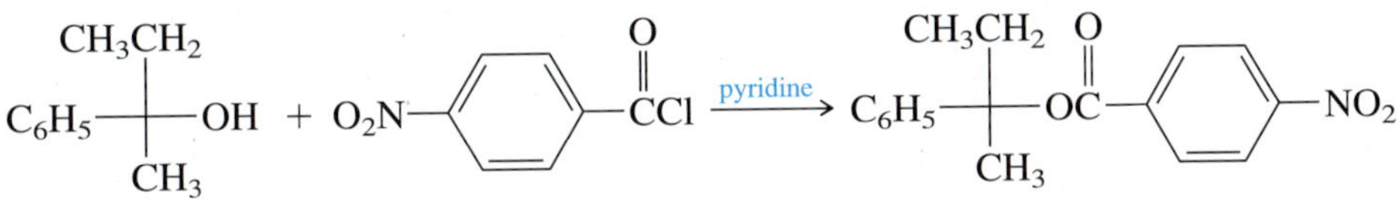

(*R*)-(+)-2-Phenyl-2-butanol　　*p*-Nitrobenzoyl chloride　　(*R*)-(−)-1-Methyl-1-phenylpropyl *p*-nitrobenzoate (63% 수율)

문제 13.6 4-*tert*-뷰틸사이클로헥산올(4-*tert*-butylcyclohexanol)의 시스 및 트랜스 이성질체와 아세트산 무수물의 반응에서 유사한 결론이 도출될 수 있다. 방금 제시한 정보를 근거로 각 입체이성질체로부터 형성되는 생성물을 예측하시오.

13.7 에스터의 반응: 가수분해

에스터는 중성 수용액에서 꽤 안정하지만, 강염기 또는 산 존재하에서 물과 함께 가열하면 가수분해된다(13.3절). 묽은 산 수용액에서 에스터의 가수분해 메커니즘은 Fischer 에스터화 반응의 역으로 생각하면 된다(13.5절).

$$\underset{\text{Ester}}{\mathrm{R\overset{\displaystyle O}{\overset{\|}{C}}OR'}} + \underset{\text{Water}}{\mathrm{H_2O}} \overset{\mathrm{H^+}}{\rightleftharpoons} \underset{\text{Carboxylic acid}}{\mathrm{R\overset{\displaystyle O}{\overset{\|}{C}}OH}} + \underset{\text{Alcohol}}{\mathrm{R'OH}}$$

무기산의 에스터: 나이트로글리세린

1847년 이탈리아의 과학자 Ascanio Sobrero는 비누를 제조하는 과정에서 부산물로 생성되는 글리세롤을 나이트로글리세린(nitroglycerin)이라고 부르는 나이트레이트 트라이에스터(nitrate triester)로 전환할 수 있었다.

$$\underset{\text{Glycerol}}{HOCH_2CH(OH)CH_2OH} + \underset{\text{Nitric acid}}{3HONO_2} \longrightarrow \underset{\text{Glycerol trinitrate (nitroglycerin)}}{O_2NOCH_2CH(ONO_2)CH_2ONO_2} + 3H_2O$$

나이트로글리세린은 폭발물이며, 아주 불안정한 액체이어서, 나이트로글리세린의 제조와 사용은 위험한 것으로 생각되었다. 스웨덴의 발명가인 Alfred Nobel은 1867년 그 액체를 비활성 분말에 흡착시켜 나이트로글리세린의 폭발력을 조절할 수 있음을 알고 **다이너마이트**(*dynamite*)를 제조하였다.

Nobel은 사망할 때, 유언으로 그의 전 재산을 그가 설립한 재단에 기부하였다. 이 재단은 매년 세계 평화와 화학, 물리학, 문학, 생리, 의학 분야에 기여한 훌륭한 업적을 기리고 시상하기 위해서 설립되었다. 이들 상이 현재 우리가 잘 알고 있는 노벨상이다. 노벨 평화상은 매년 노르웨이의 Oslo에서 시상되며, 다른 상은 스웨덴의 Stockholm에서 시상된다. 1969년 이래로 스웨덴의 중앙은행은 경제학 분야의 노벨상 기념상도 수여하였다. Alfred Nobel이 설립한 신탁기금에서 생기는 수입이 경제학상을 제외한 각 노벨상 수상자에게 지급되는 상금의 재원이다.

나이트로글리세린은 또 다른 용도가 있다. 나이트로글리세린은 혈관확장제이며, 협심증(angina)이라고 하는 일종의 심장 통증을 치료하는 데 사용된다. 나이트로글리세린은 신속히 흡수되며, 밀리그램 미만의 나이트로글리세린을 함유하는 알약을 혀 밑에 넣으면 거의 순식간에 협심증 증상이 사라지게 된다.

에스터화 반응이 목표인 경우, 물은 제거되어야 한다. 에스터의 가수분해가 목적인 경우의 반응은 과량의 물을 넣고 수행한다.

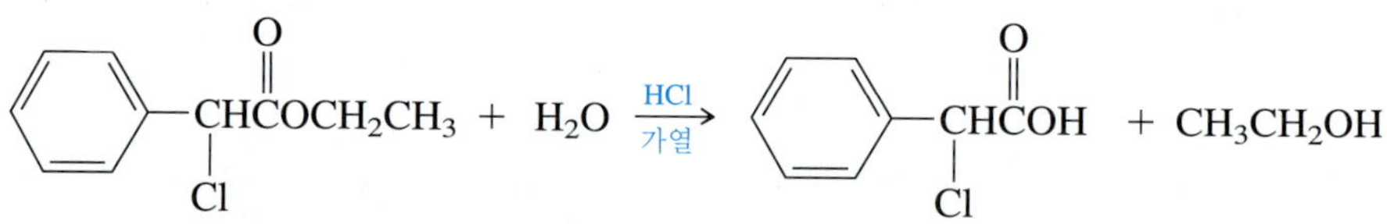

Ethyl 2-chloro-2-phenylacetate + Water → 2-Chloro-2-phenylacetic acid (80~82%) + Ethyl alcohol

문제 13.7 밀납의 성분 중의 하나는 에스터 트라이아콘틸 헥사데카노에이트이다. 이 화합물의 산-촉매 가수분해 반응식(계수가 맞추어진)을 쓰시오.

$$CH_3(CH_2)_{14}\overset{O}{\overset{\|}{C}}OCH_2(CH_2)_{28}CH_3$$

Triacontyl hexadecanoate

산-촉매 반응과 달리 염기 수용액의 에스터 가수분해는 **비가역적**이다.

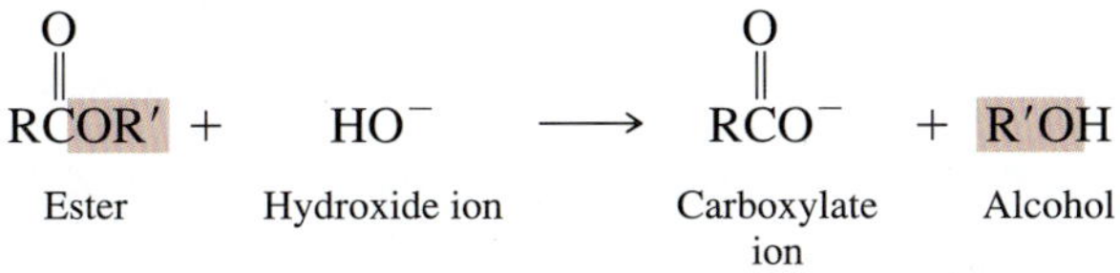

하이드록사이드 이온은 소비되기 때문에 촉매가 아닌 반응물이다.

이는 카복실산이 해당 카복실레이트 음이온으로 전환되기 때문에 이들 음이온이 알코올로 아실 전이를 하는 것은 불가능하다. 카복실산을 분리하려면 별도의 산성화 단계를 거쳐야 한다. 산성화는 카복실레이트염을 유리산(free acid)으로 전환한다.

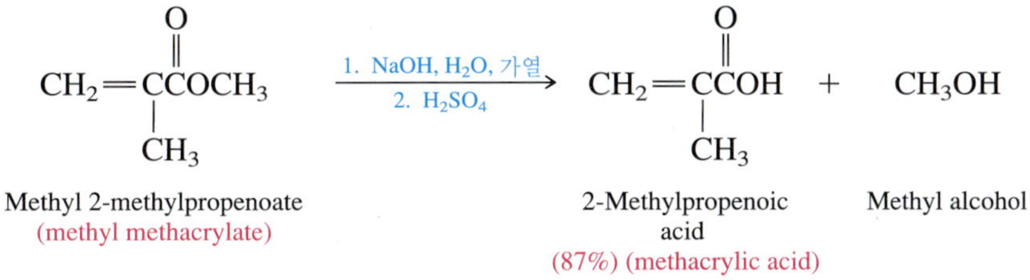

염기성 조건에서 에스터의 가수분해 과정을 **비누화**(saponification)라고 하는데, 이것은 "비누를 만드는"이란 뜻이다. 2000년 이전에 페니키아인들은 동물성 지방을 나뭇재와 함께 가열하여 비누를 만들었다. 동물성 지방은 글리세롤 트라이에스터가 풍부하며, 나뭇재에는 포타슘 카보네이트가 들어 있다. 지방의 염기성 분해를 통해 긴-사슬 카복실산의 포타슘염을 생성한다.

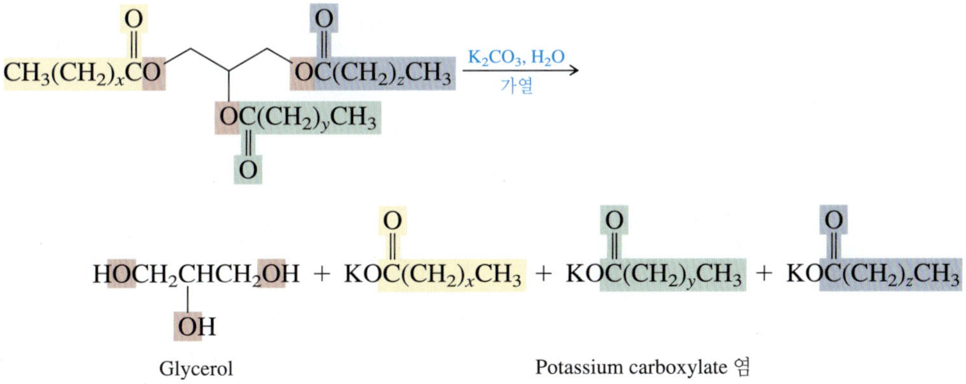

긴-사슬 카복실산의 포타슘과 소듐 염은 그리스를 녹이는 마이셀을 형성하여(12.7절) 세정 효과를 갖는다. 지방산의 비누화 과정을 통해 얻어진 카복실산을 **지방산**(fatty acid)이라고 한다.

문제 13.8 트라이마이리스틴(Trimyristin)은 코코넛 기름으로부터 얻으며, 분자식은 $C_{45}H_{86}O_6$이다. 트라이마이리스틴은 수산화 소듐 용액과 함께 가열하여 비누화시키면 글리세롤과 테트라데칸산(tetradecanoic acid)으로 전환된다. 트라이마이리스틴의 구조는 무엇인가?

염기성 조건 에스터 가수분해 반응의 메커니즘은 정사면체 중간체를 거치는 친핵성 아실 치환 반응의 또 다른 예이다(그림 13.4). 산성 용액에서의 반응과 달리 친핵체의 첨가는 양성자 첨가 반응보다 먼저 일어난다. 마지막 단계만 제외하고 모든 과정은 가역적이다. 하이드록사이드 이온을 이용하여 카복실산으로부터 양성자를 제거하는 반응의 평형 상수는 매우 커서 4단계는 비가역적이라고 할 수 있다.

문제 13.9 염기성 조건 에스터 가수분해 반응(그림 13.4)의 일반적인 메커니즘을 바탕으로 에틸 벤조에이트(ethyl benzoate)의 비누화 과정을 비슷한 일련의 단계로 나타내시오.

그림 • 13.4
염기성 용액에서 에스터 가수분해의 메커니즘

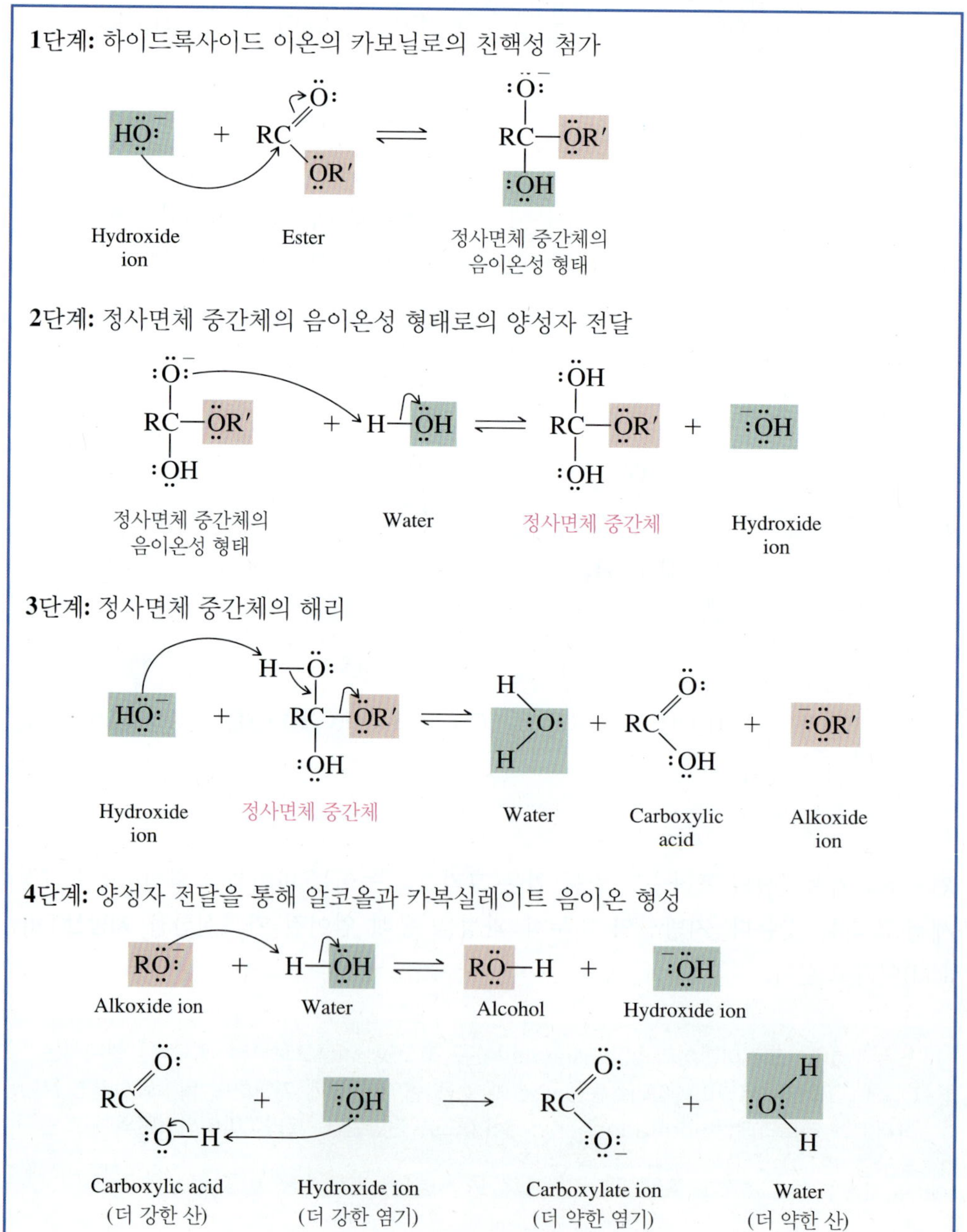

13.8 에스터와 Grignard 시약으로부터 삼차 알코올의 합성

삼차 알코올은 에스터와 Grignard 반응을 변형하여 합성될 수 있다. 메틸과 에틸 에스터는 구입이 용이하며, 가장 많이 사용된다. 에스터 1몰당 Grignard 시약은 2몰이 필요하다. 첫 번째 시약은 에스터와 반응하여 케톤을 형성한다.

> 11장(11.12절, 11.13절)에서 이미 Grignard 시약이 알데하이드와 케톤과의 반응을 통해 알코올을 합성할 수 있는 방법을 배웠다.

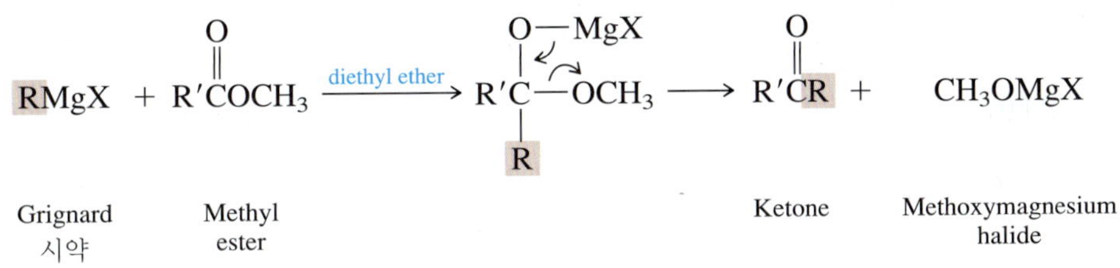

케톤은 분리되지 않고 빠르게 두 번째 Grignard 시약과 반응하여 수용성 산을 첨가한 이후에 삼차 알코올로 분리된다. 케톤은 Grignard 시약과의 반응에서 에스터보다 반응성이 커서 1당량의 Grignard 시약만을 사용한다고 해도 케톤 단계에서 반응을 중단시킬 수 없다.

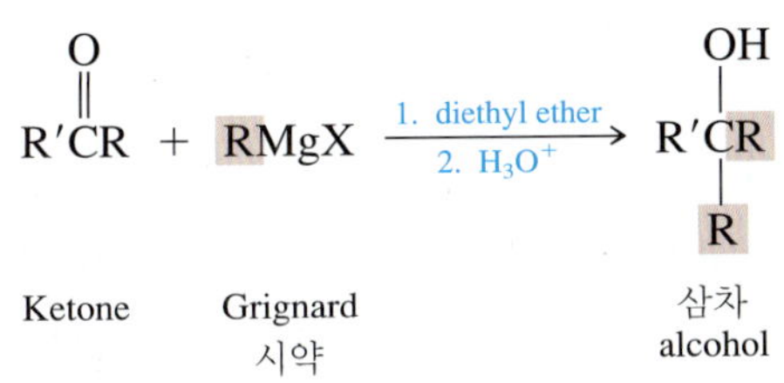

알코올의 하이드록시기를 포함한 탄소에 두 개의 같은 작용기가 결합되어 있는데, 이들은 모두 Grignard 시약으로부터 유래되었다. 예를 들면, 다음과 같다.

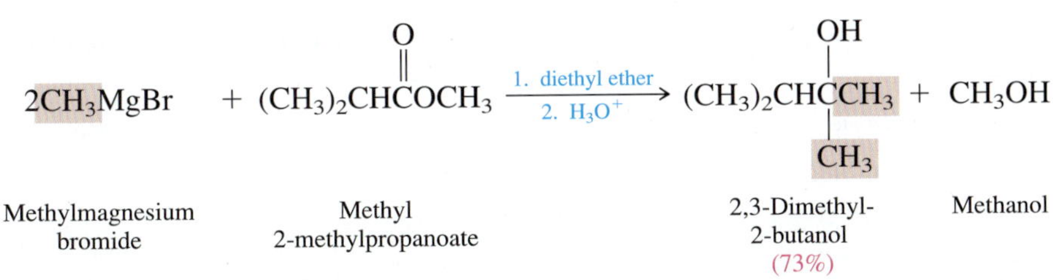

문제 13.10 어떤 종류의 에스터와 Grignard 시약의 조합으로 다음의 삼차 알코올을 합성할 수 있는가?

(a) 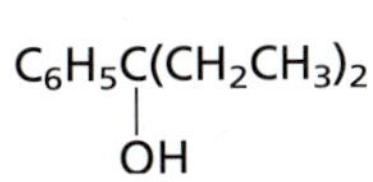

(b) 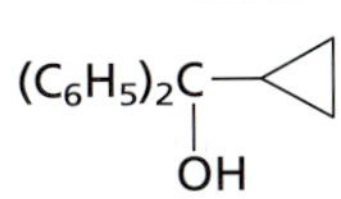

풀이 (a) 이 경우에 역합성 분석을 적용하면 두 에틸기를 삼차 탄소에서 절단할 수 있고, 이들은 Grignard 시약에서 온 것임을 알 수 있다. 페닐기는 $C_6H_5CO_2R$ 형태(벤조에이트 에스터)로부터 유래되었다.

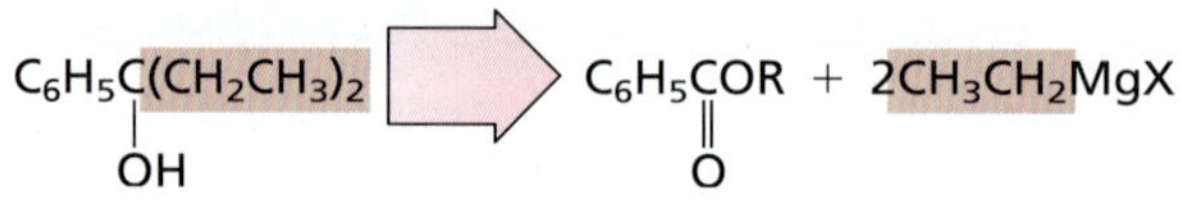

적합한 합성은 다음과 같다.

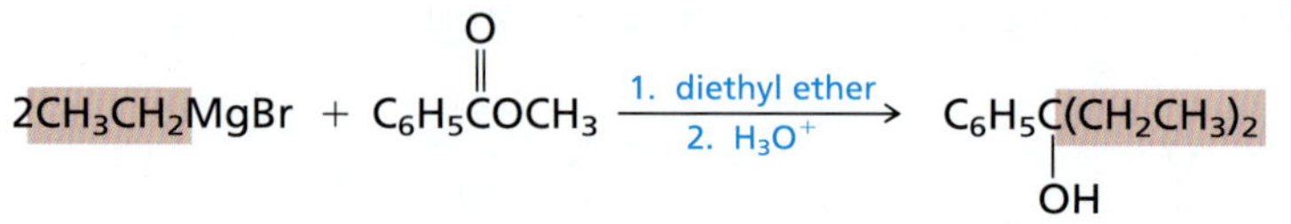

Ethylmagnesium bromide　　Methyl benzoate　　3-Phenyl-3-pentanol

13.9 에스터의 환원

에스터는 수소화 알루미늄 리튬(10.3절)을 환원제로 사용하여 쉽게 환원할 수 있다. 각 에스터 분자는 두 개의 알코올을 생성한다. 에스터의 아실기는 끊어져서 일차 알코올로 전환된다.

Ester　　일차 alcohol　　Alcohol

예를 들면, 다음과 같다.

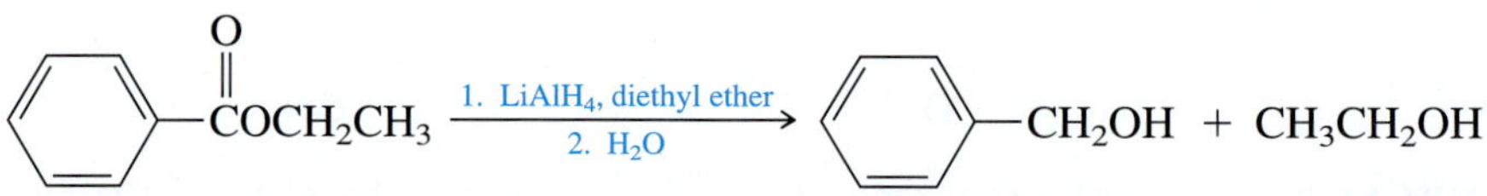

Ethyl benzoate　　Benzyl alcohol (90%)　　Ethanol

문제 13.11 수소화 알루미늄 리튬을 사용하여 에스터를 환원하여 같은 양의 1-프로판올과 2-프로판올을 생성하였을 때, 가능한 에스터의 구조를 나타내시오.

13.10 천연 아마이드

에스터와 마찬가지로 천연 아마이드는 많다. **항생물질**(antibiotics)인 페니실린(penicillin)과 세팔로스포린(cephalosporin)은 세균 감염을 치료하는 데 유용하며, 제약 산업에서 가장 유명한 생성물이다. 페니실린 G와 세팔렉신은 두 가지 예에 해당한다.

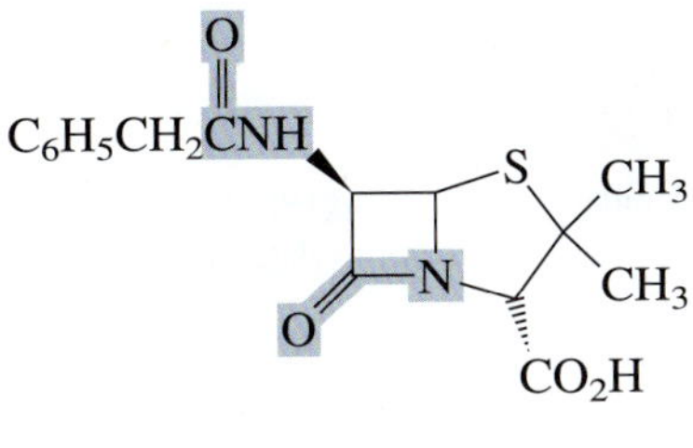

Penicillin G

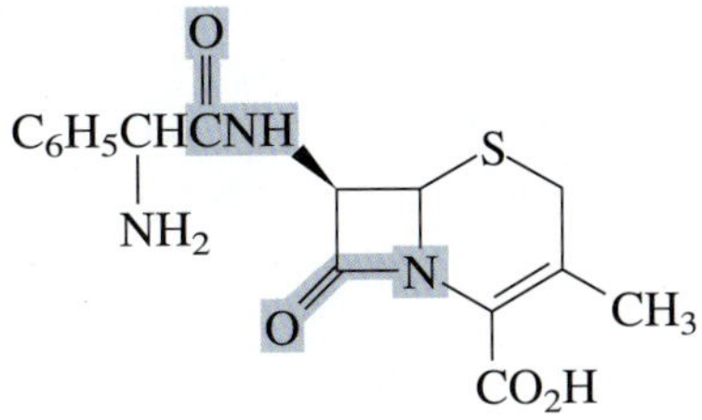

Cephalexin

페니실린 G와 세팔렉신은 두 개의 아마이드를 포함한다. 고리형 아마이드를 락탐(lactam)이라고 하며, 이들은 둘 다 **β-락탐 항생제**(β-lactam antiobiotics)의 예이다.

천연 아마이드의 또 다른 예는 니코틴아마이드로, 이것은 보조효소인 니코틴아마이드 아데닌 다이뉴클레이타이드(nicotinamide adenine dinucleotide, NAD)의 주요 구성 요소이고, 절지동물과 곤충의 단단한 외골격을 형성하는 물질인 **키틴**(chitin)의 주성분이며, 아미노당인 *N*-아세틸-D-글루코사민도 천연 아마이드에 속한다.

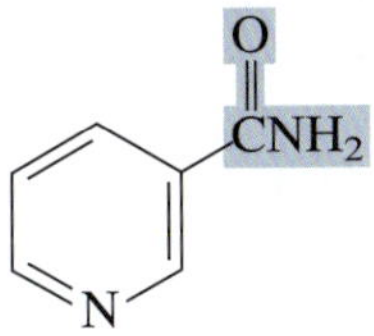

Nicotinamide

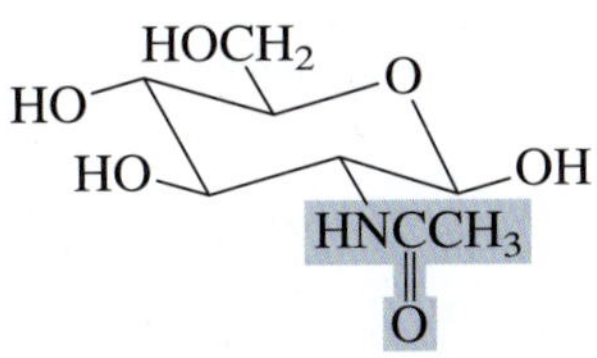

N-Acetyl-D-glucosamine

가장 많은 천연 아마이드는 생물계의 펩타이드와 단백질을 구성하는 아마이드의 중합체이다. 이것은 17장에서 다룰 것이다.

13.11 아마이드의 합성

아마이드는 암모니아나 아민을 아실 클로라이드, 무수물, 에스터와 반응시켜 얻는다.

암모니아(NH_3)를 아실화하면 아마이드($R'\overset{O}{\overset{\|}{C}}NH_2$)가 생성된다.

일차 아민(RNH_2)을 반응시키면 *N*-치환 아마이드($R'\overset{O}{\overset{\|}{C}}NHR$)가 된다.

이차 아민(R_2NH)을 반응시키면 *N*,*N*-이치환 아마이드($R'\overset{O}{\overset{\|}{C}}NR_2$)가 된다.

아실 클로라이드와 산 무수물의 반응에는 두 당량의 아민이 필요하다. 첫 번째 아민은 친핵체로 작용하고, 두 번째 아민은 Brønsted 염기로 작용한다.

$$\underset{\text{Amine}}{2R_2NH} + \underset{\text{Acyl chloride}}{R'\overset{O}{\overset{\|}{C}}Cl} \longrightarrow \underset{\text{Amide}}{R'\overset{O}{\overset{\|}{C}}NR_2} + \underset{\text{아민의 Hydrochloride 염}}{R_2\overset{+}{N}H_2\ Cl^-}$$

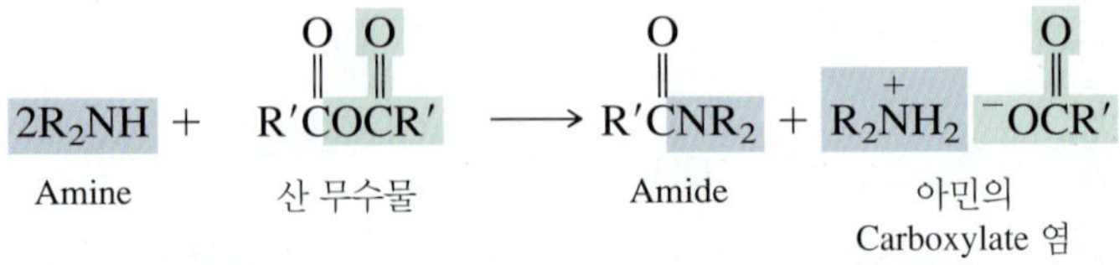

예를 들면, 다음과 같다.

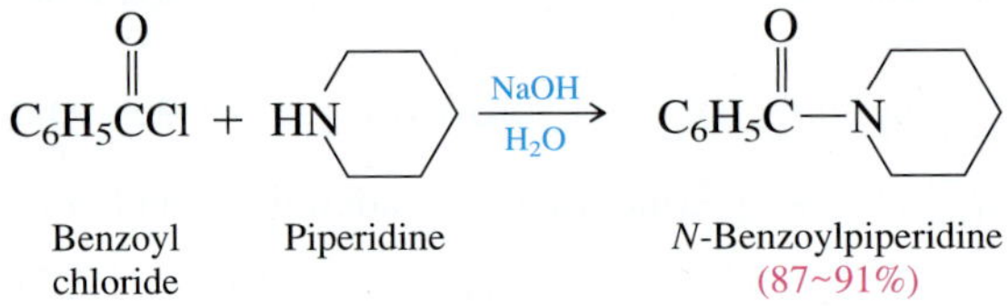

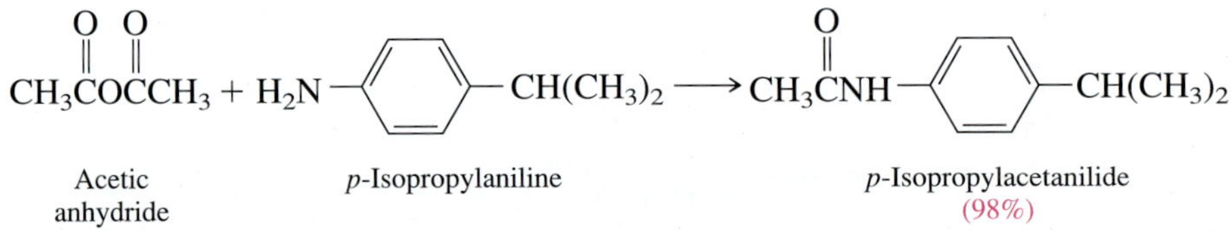

만약 수산화 소듐과 같은 다른 염기가 있는 조건에서는 1당량의 아민만을 사용하는 것도 가능하다. 수산화 소듐이 반응 중 생성되는 염화 수소 또는 카복실산과 반응할 수 있기 때문이다. 아민이 가치가 있거나 소량만 이용가능한 경우에 이것은 유용한 과정이 될 것이다.

에스터와 아민은 1:1로 반응하여 아마이드를 생성한다. 산성 생성물이 형성되지 않기 때문에 추가적인 염기는 필요하지 않다.

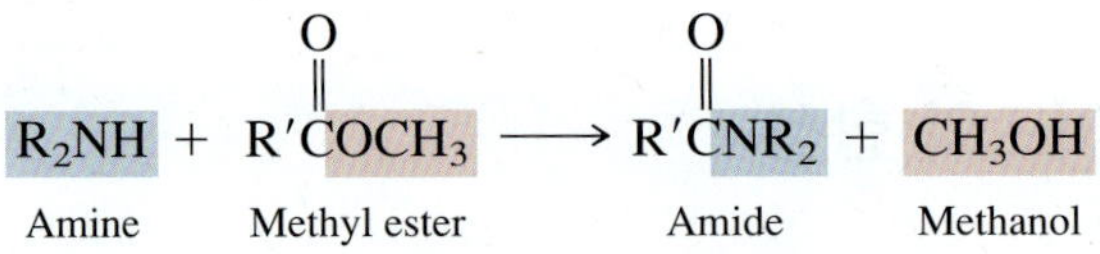

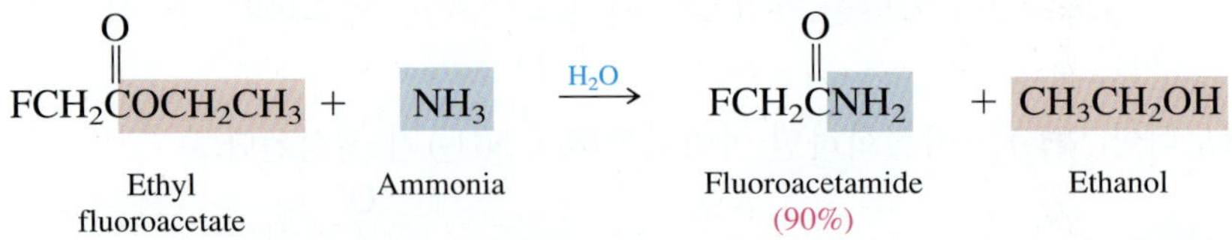

문제 13.12 카복실산 유도체로부터 다음의 아마이드를 합성하는 식을 쓰시오.

(a) 아실 클로라이드(acyl chloride)로부터 $(CH_3)_2CH\overset{\overset{O}{\|}}{C}NH_2$

(b) 무수물(anhydride)로부터 $CH_3\overset{\overset{O}{\|}}{C}NHCH_3$

(c) 메틸 에스터(methyl ester)로부터 $H\overset{\overset{O}{\|}}{C}N(CH_3)_2$

풀이 (a) $RC(=O)NH_2$ 형태의 아마이드는 암모니아의 아실화 반응으로부터 유래한다.

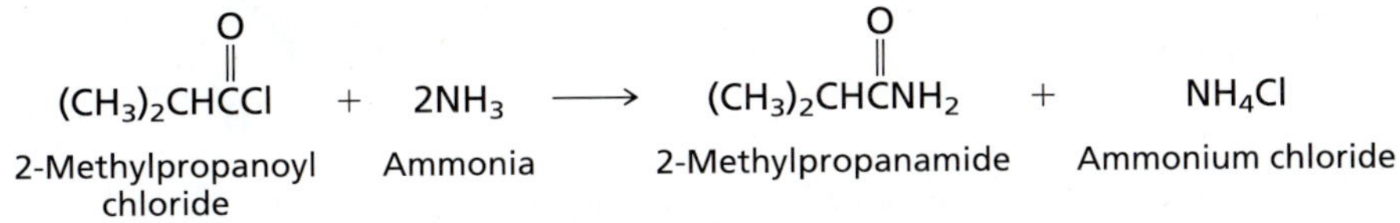

두 분자의 암모니아가 아실화 반응에 필요하다. 원하는 아마이드 외에 한 분자의 염화 수소가 생기기 때문에 염화 수소(산)는 암모니아(염기)와 반응하여 염화 암모늄을 생성한다.

아마이드는 종종 카복실산과 아민으로부터 두 단계에 걸쳐서 제조한다. 첫 번째 단계는 산과 아민이 결합하여 카복실산 암모늄염을 형성하는 산-염기 반응이다. 열을 가하면 카복실산 암모늄염은 물을 잃어버리고 아마이드가 된다.

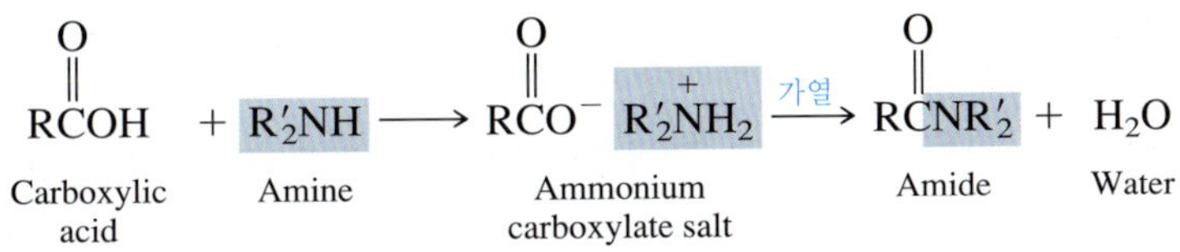

실제로는 두 단계를 카복실산과 아민을 함께 단순히 가열함으로써 한 번에 수행할 수 있다.

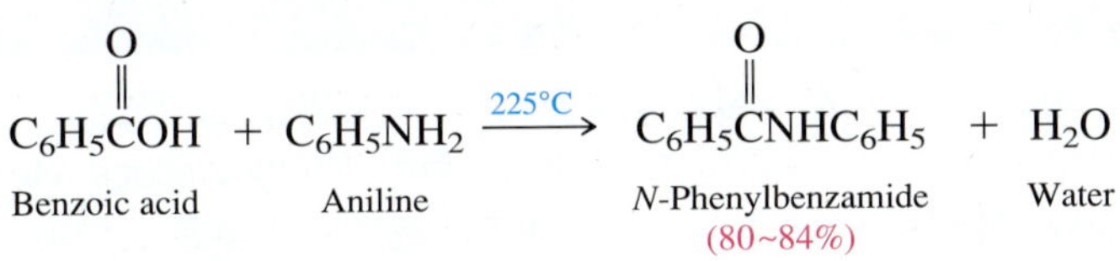

13.12 아마이드의 가수분해

13.3절에서 아마이드가 카복실산 유도체 중 가장 반응성이 떨어지는 화합물임을 기억하라. 결과적으로 가수분해는 아마이드가 할 수 있는 유일한 친핵성 아실 치환 반응이다. 아마이드는 물에서도 충분히 안정하지만 강산 또는 강염기의 존재하에서 열을 가하면 가수분해 반응이 일어난다.

산성 용액에서, 가수분해 생성물은 카복실산과 양성자가 첨가된 아민인 암모늄 이온이다.

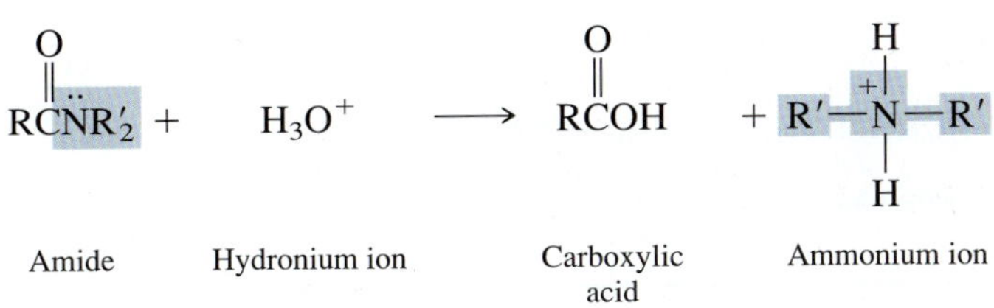

염기성 용액에서, 카복실산은 양성자를 잃어서 카복실레이트 이온을 생성한다.

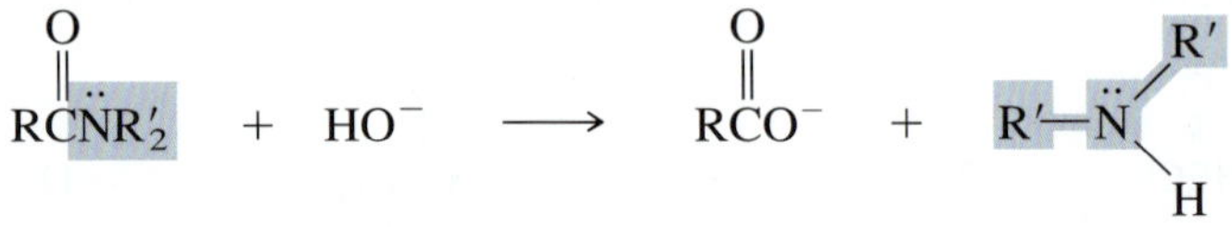

Amide　Hydroxide ion　Carboxylate ion　Amine

아마이드의 결합을 끊은 이후에 일어나는 산-염기 반응은 산과 염기성 조건 모두 최종 가수분해가 비가역적이도록 만든다. 산성 조건에서는 아민 생성물이 양성자 첨가되고, 염기성 조건에서는 카복실산이 양성자를 잃어버린다.

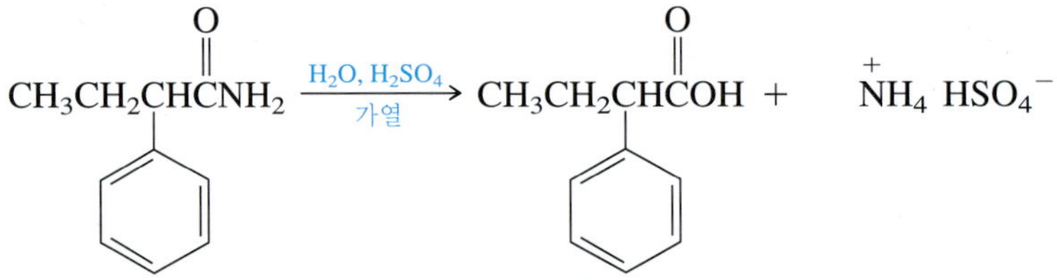

2-Phenylbutanamide　2-Phenylbutanoic acid (88~90%)　Ammonium hydrogen sulfate

축합 중합체: 폴리아마이드와 폴리에스터

모든 섬유는 한 가지 또는 다른 종류의 중합체이다. 예를 들어, 면은 글루코스의 천연 중합체인 셀룰로스이다. 견사와 양모는 아미노산의 천연 중합체이다. 초기 발명가와 기업가의 목표는 다른 천연 중합체로부터 섬유를 생산하는 것이었다. 이들이 초기에 기울인 노력은 목재로부터 얻은 짧은 셀룰로스 섬유를 화학적으로 가공하여 면사와 견사에 가까운 긴 섬유를 만드는 것이었다. 이러한 노력은 성공적이었고, 그 결과 **레이온**(rayon)을 19세기 후반부터 여러 가지 기술로 생산할 수 있었다.

두 번째 접근 방법은 적당히 작은 분자를 긴 사슬로 연결하여 중합체를 화학적 방법으로 직접 생산하는 것이었다. 1938년 E. I. Du Pont de Nemours and Company는 최초의 합성 섬유인 **나일론**(nylon)의 개발을 선언하였다.

Du Pont사의 노력을 선도한 Wallace H. Carothers는 실크와 같이 아마이드 결합으로 연결된 중합체 사슬을 만들어 견사의 성질을 재생할 수 있다고 생각했다. 필요한 아마이드 결합은 다이카복실산을 다이아민과 함께 가열하여 형성하였다. 헥세인다이산(Hexanedioic acid; 아디프산)과 1,6-헥세인다이아민(1,6-hexanediamine; 헥사메틸렌다이아민)을 반응시켜 염을 생성하고, 이를 가열하여 **나일론 6,6**(nylon 6,6)라고 하는 **폴리아마이드**(polyamide)를 생산하였다. 축합 반응에 의해 아마이드 결합이 형성되며, 나일론 6,6는 **축합 중합체**(condensation polymer)의 일종이다.

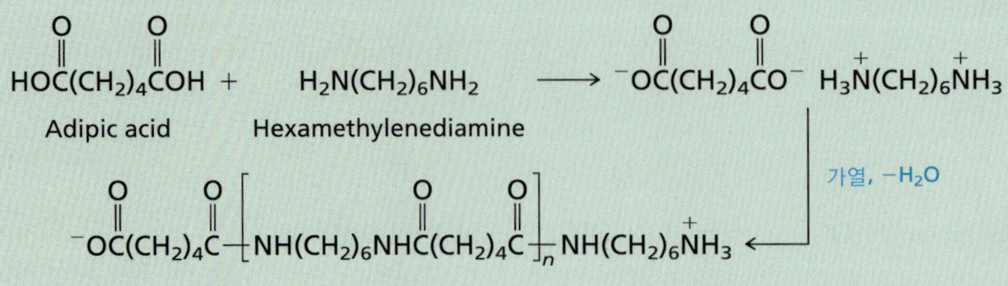

Nylon 66

(계속)

나일론 6,6에서 첫 번째 6은 다이아민의 탄소 수를 의미하고, 두 번째 6은 다이카복실산의 탄소 수를 의미한다. 나일론 6,6는 즉시 성공하였고, 많은 관련 폴리아마이드의 발전을 촉발시켰으며, 그중 많은 폴리아마이드는 틈새 시장을 파고 들었다.

약간 다른 부류의 폴리아마이드는 **아라미드**[aramid, **방향족 폴리아마이드**(aromatic polyamide)]이다. 아라미드는 나일론처럼 다이카복실산과 다이아민을 사용하여 만들지만, 작용기가 벤젠 고리에 결합되어 있다. 아라미드의 예는 케블라(Kevlar)로, 1,4-벤젠다이카복실산[1,4-benzenedicarboxylic acid; 테레프탈산(terephthalic acid)]과 1,4-벤젠다이아민[1,4-benzenediamine; *p*-페닐렌아민((*p*-phenylenediamine)]으로부터 제조된다.

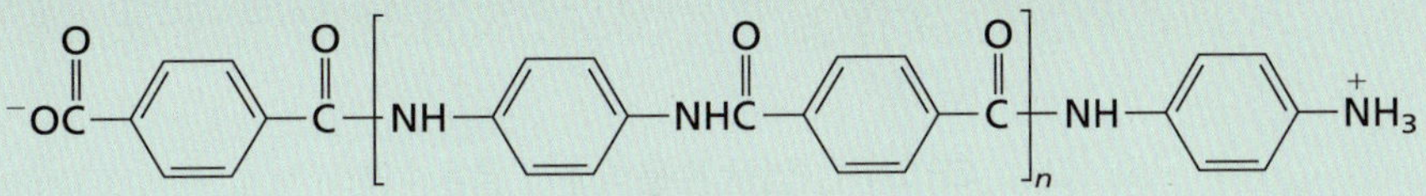

Kevlar
(Aramid류의 polyamide)

케블라는 아주 강하기 때문에 무게 대비 강도의 비율이 중요한 곳에 널리 응용된다. 예를 들면, 케블라로 만들어진 케이블은 강철 케이블의 무게의 1/5이지만 같은 강도를 지닌다. 케블라는 또한 경량 방탄조끼를 만드는 데도 사용된다.

노멕스(nomex)는 또 다른 종류의 아라미드 섬유이다. 케블라와 노멕스는 방향족 고리의 치환 위치가 케블라가 파라 노멕스가 메타인 점이 다르다. 노멕스는 방연성으로 잘 알려져 있으며, 소방수와 우주비행사, 카레이서의 보호용 의복으로 사용된다.

폴리에스터(polyester)는 두 번째 부류의 축합 중합의 예이다. 합성 원리는 폴리아마이드와 비슷하다. 다이카복실산과 다이올의 작용기 사이에 에스터가 형성되고, 이들이 작은 분자를 긴 폴리에스터로 연결한다. 가장 익숙한 폴리에스터는 **데이크론**(Dacron)이며, 이는 1,4-벤젠다이카복실산(1,4-benzenedicarboxylic acid)과 1,2-에탄다이올[1,2-ethanediol; 에틸렌 글라이콜((ethylene glycol)]로부터 합성한다.

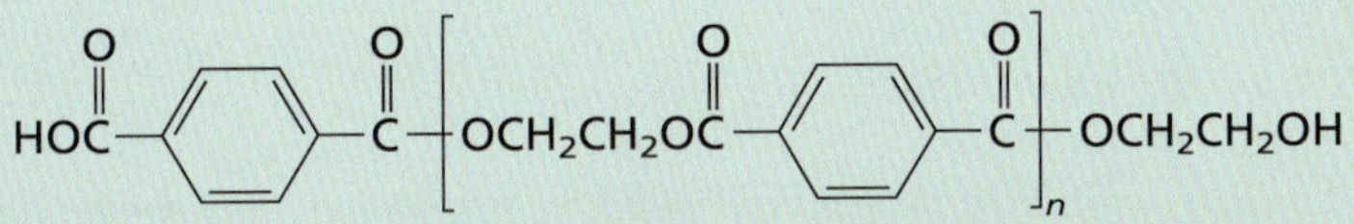

Dacron
(a polyester)

폴리에스터 섬유의 생산량은 다른 섬유보다 많다. 연간 미국에서 생산되는 폴리에스터 섬유의 양은 160만 톤이며, 면섬유가 140만 톤, 나일론은 100만 톤이다. 양모와 견사는 각각 4만 톤과 1만 톤에 불과하다.

모든 합성 중합체가 섬유로 사용되지는 않는다. **마일라**(Mylar)를 예로 들면, 화학적으로 데이크론과 같지만 섬유 대신 필름 형태로 제조된다. **렉산**(*l*exan)은 폴리에스터이며, 충격에 강하기 때문에 깨진 유리가 날아서 흩어지는 것을 방지하는 대체품으로 사용된다. 그 구조는 아래와 같은 **폴리카보네이트**(polycarbonate)이다.

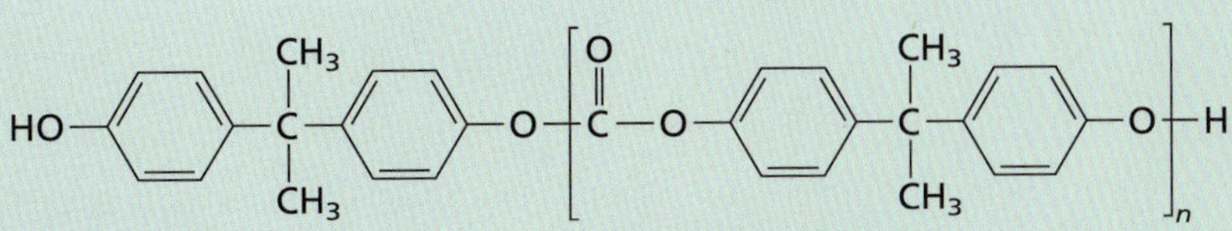

Lexan
(a polycarbonate)

개발에 참여하고 있는 과학자와 기술자의 수적인 면에서, 중합체화학의 연구와 개발은 화학 산업의 주된 활동 분야이다. 천연 섬유와 동등한 합성 섬유를 제조하는 초기 목표는 기대 이상으로 충족되었다. 또한 이 모든 것은 우연한 발견으로 시작된 것이 아니라 특정한 분야의 기초적인 연구를 단시간 내에 성공할 것이라는 보장이 없음에도 불구하고 지원해 준 경영자의 결정에 의해 시작되었다.

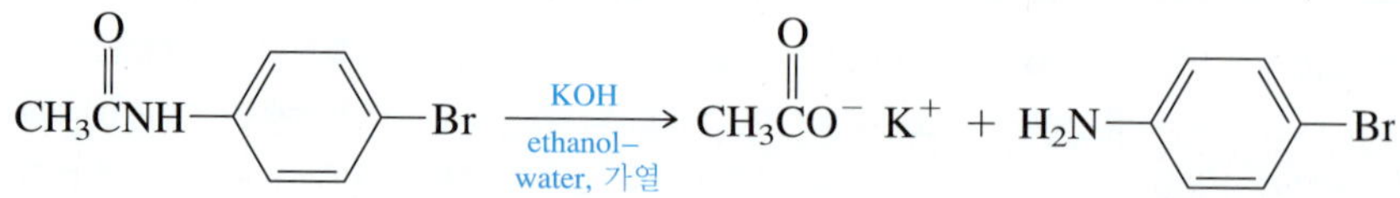

N-(4-Bromophenyl)acetamide (*p*-bromoacetanilide) — Potassium acetate — *p*-Bromoaniline (95%)

문제 13.13 다음 아마이드의 가수분해 반응을 명시한 조건을 사용하여 반응식을 쓰시오.

(a) $(CH_3)_2CH\overset{O}{\overset{\|}{C}}NH_2$ (염산 수용액에서 열을 가함)

(b) $CH_3\overset{O}{\overset{\|}{C}}NHCH_3$ (수산화 소듐 수용액에서 열을 가함)

풀이 (a) 산성 조건에서의 가수분해는 카복실산과 아민의 염을 생성한다. 따라서 2-메틸프로판아마이드를 염산 수용액에서 가수분해하면 프로판산과 염화 암모늄이 생성된다.

$$(CH_3)_2CH\overset{O}{\overset{\|}{C}}NH_2 + H_2O \xrightarrow[\text{가열}]{HCl} (CH_3)_2CH\overset{O}{\overset{\|}{C}}OH + NH_4Cl$$

2-Methylpropanamide — Water — 2-Methylpropanoic acid — Ammonium chloride

염기성 조건에서 아마이드의 가수분해 메커니즘은 그림 13.5에 도시되어 있다.

문제 13.14 그림 13.5에 도시된 아마이드의 염기성 가수분해의 일반적인 메커니즘을 기초로 다음 아마이드의 일련의 가수분해 과정을 쓰시오.

N,N-dimethylformamide $H\overset{O}{\overset{\|}{C}}N(CH_3)_2$

아마이드의 중요한 반응 중의 하나는 아민으로의 환원이고, 이것은 다음 장에서 다룰 것이다.

그림 • 13.5
염기성 용액에서 아마이드의 가수분해 메커니즘

1단계: 하이드록사이드 이온의 카보닐기로의 친핵성 첨가 반응

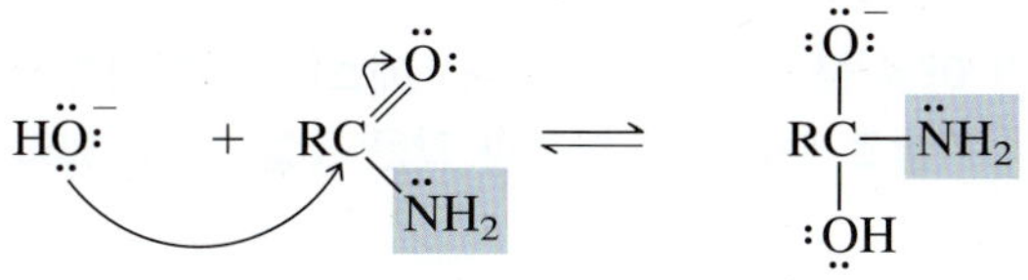

Hydroxide ion | Amide | 음이온성 형태의 정사면체 중간체

2단계: 음이온성 형태의 정사면체 중간체로 양성자 이동

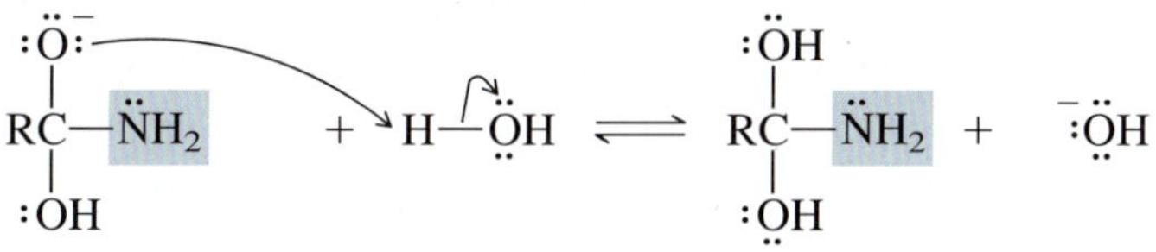

음이온성 형태의 정사면체 중간체 | Water | 정사면체 중간체 | Hydroxide ion

3단계: 정사면체 중간체의 아미노 질소의 양성자첨가

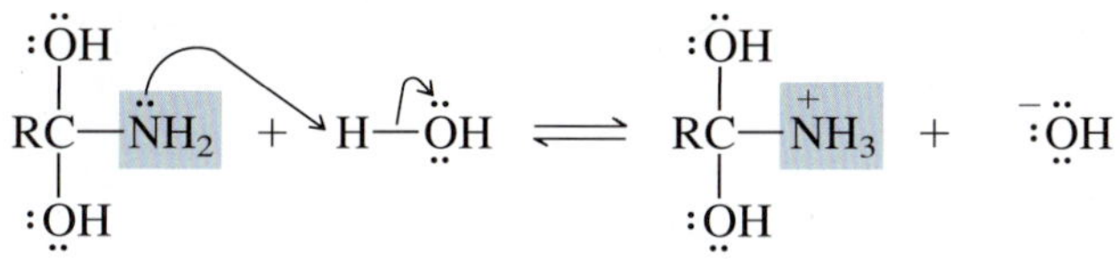

정사면체 중간체 | Water | Ammonium ion | Hydroxide ion

4단계: 정사면체 중간체의 *N*-양성자첨가된 형태의 해리

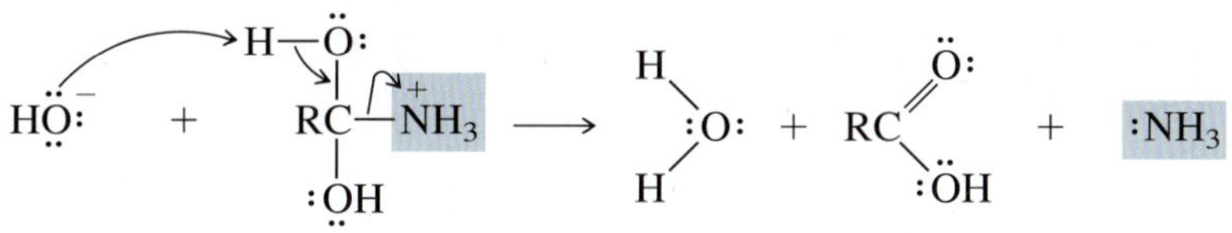

Hydroxide ion | Ammonium ion | Water | Carboxylic acid | Ammonia

5단계: 카복실레이트 음이온의 비가역적 형성

Carboxylic acid (더 강한 산) | Hydroxide ion (더 강한 염기) | Carboxylate ion (더 약한 염기) | Water (더 약한 산)

학습목표

이 장에서는 카복실산 유도체인 아실 클로라이드, 무수물, 에스터, 아마이드에 대해서 공부하였다. 이 장에서 배운 기술로 여러분은 다음과 같은 것을 할 수 있다.

- 카복실산 유도체의 IUPAC명을 나타날 수 있다.
- 체계명을 바탕으로 카복실산 유도체의 구조를 나타낼 수 있다.
- 친핵성 아실 치환 반응의 일반적인 메커니즘을 화학식을 사용하여 설명할 수 있고, 정사면체 중간체의 역할을 설명할 수 있다.
- Fischer 에스터화 방법에 의한 에스터의 합성 메커니즘의 화학식을 쓸 수 있다.
- 아실 클로라이드 또는 아세트산 무수물을 사용하여 에스터의 제법을 화학식으로 쓸 수 있다.
- 산-촉매 및 염기성 조건에서 에스터 가수분해의 메커니즘을 쓸 수 있다.
- 에스터와 Grignard 시약의 반응으로 삼차 알코올을 합성하는 방법을 보일 수 있다.
- 에스터와 환원을 나타내는 화학식을 쓸 수 있다.
- 화학 반응식을 사용하여 아민과 카복실산, 아실 클로라이드, 아세트산 무수물, 에스터 등을 반응시켜 아마이드를 제조하는 과정을 설명할 수 있다.
- 산성 및 염기성 조건에서 아마이드의 가수분해 과정을 화학식으로 쓸 수 있다.

13.13 요약

이 장에서는 **아실 클로라이드**(acyl chloride), **무수물**(anhydride), **에스터**(ester), **아마이드**(amide)의 합성과 반응을 공부하였다. 이들 화합물은 일반적으로 카복실산 유도체로 분류되며, 명명법 또한 카복실산의 이름을 기초로 한다(13.1절).

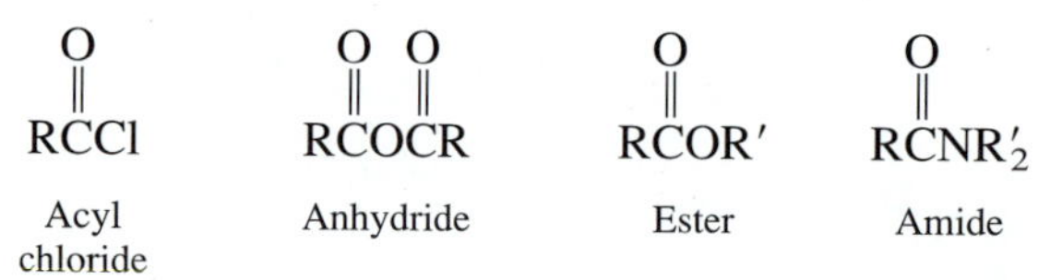

카복실산 유도체의 구조와 반응성을 카보닐기에 붙어 있는 원소가 전자를 얼마나 잘 주느냐에 따라 다르다(13.2절).

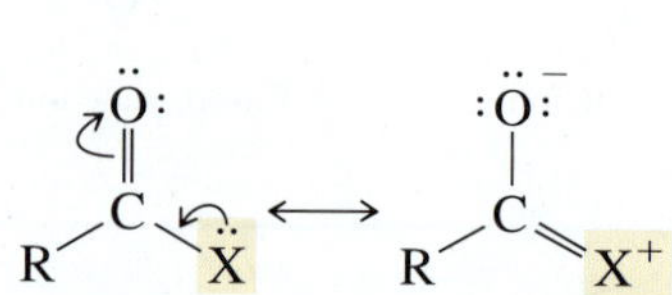

전자쌍을 주는 것은 카보닐기를 안정화시키고 친핵성 아실 치환 반응에 대해서 반응성이 떨어지게 한다.

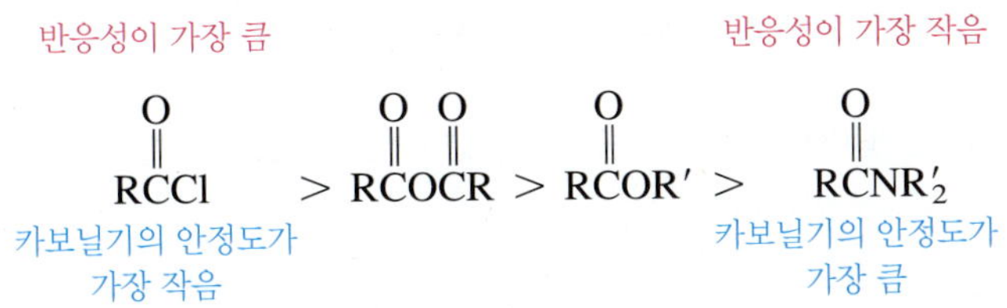

질소는 산소보다 전자를 더 잘 주기 때문에 아마이드는 에스터나 무수물에 비해서 카보닐기가 더 안정화되어 있다. 염소는 전자쌍을 주는 능력이 가장 떨어지기 때문에 아실 클로라이드는 카보닐기를 가장 덜 안정화시키고, 이들은 가장 반응성이 큰 작용기가 된다.

아실 클로라이드, 무수물, 에스터, 아마이드의 특징적인 반응은 **친핵성 아실 치환 반응**(nucleophilic acyl substitution, 13.3절)이다. 친핵성 시약인 HY:를 카보닐기에 첨가하면 정사면체 중간체가 얻어지고, 이들의 해리를 통해 최종 치환 생성물을 얻게 된다.

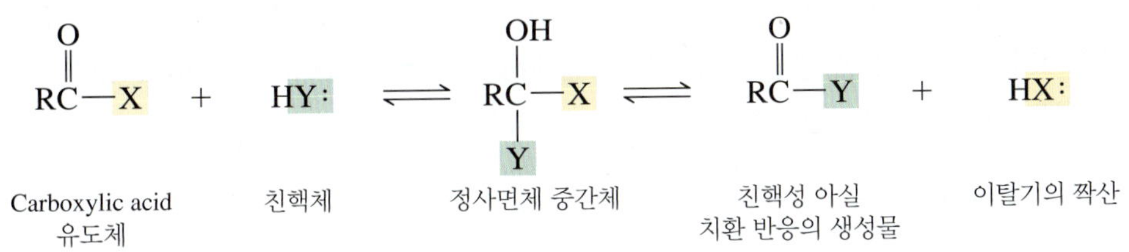

각 유도체(아실 클로라이드, 무수물, 에스터, 아마이드)는 가수분해에 의해 카복실산으로 전환된다.

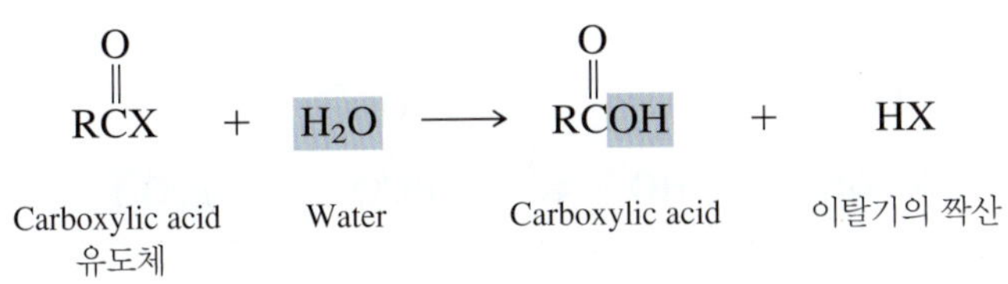

아실 클로라이드와 무수물은 가장 반응성이 큰 아실 유도체이고, 아마이드는 가장 반응성이 떨어지는 유도체이다.

에스터는 카복실산과 알코올을 산-촉매하에서 반응시켜 제조할 수 있다. 이 반응은 **Fischer 에스터화 반응**(Fischer esterification)이라고 알려져 있다(13.5절).

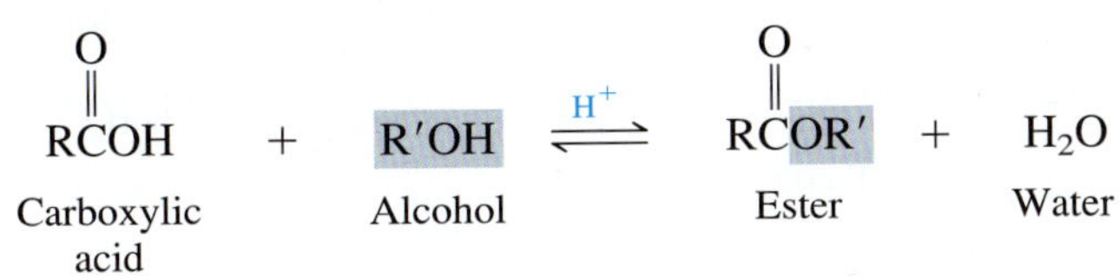

Fischer 에스터화 반응의 메커니즘은 세 가지 친핵성 아실 치환 반응의 중요한 측면을 설명한다.

1. 카보닐 산소의 양성자 첨가에 의한 카보닐기의 활성화
2. 양성자화된 카보닐에 친핵체의 첨가를 통해 정사면체 중간체를 형성

3. 정사면체 중간체로부터 제거 반응을 통해 카보닐기의 복구

에스터는 아실 클로라이드 및 무수물을 알코올과 반응시킬 때 피리딘과 같은 염기를 첨가하여 제조할 수 있다(13.6절).

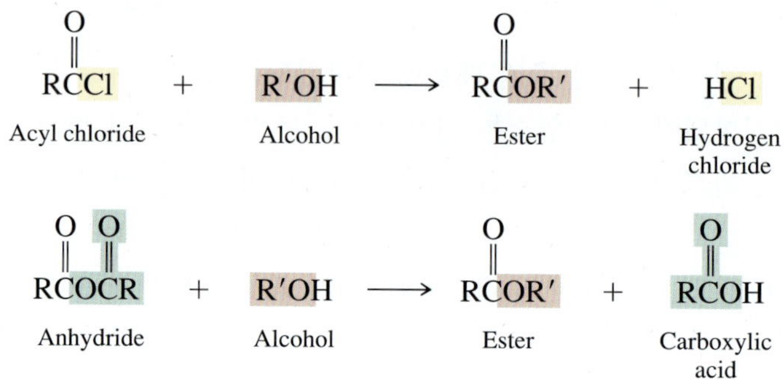

에스터의 주된 반응은 가수분해(13.7절)이다. 산성 조건에서 가수분해는 Fischer 에스터화 반응의 역반응이다. 염기성 조건에서는 **비누화**(saponification)로 알려져 있으며, 이는 카복실레이트염의 형성으로 비가역적이다.

산성 가수분해:

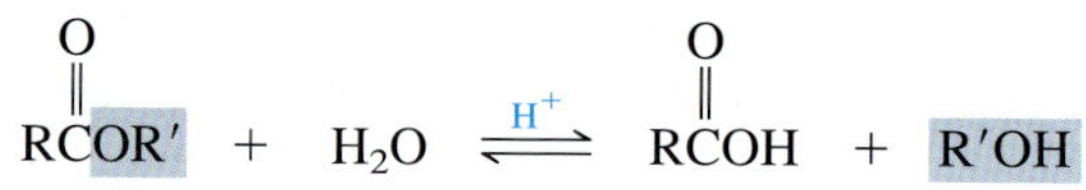

염기성 가수분해:

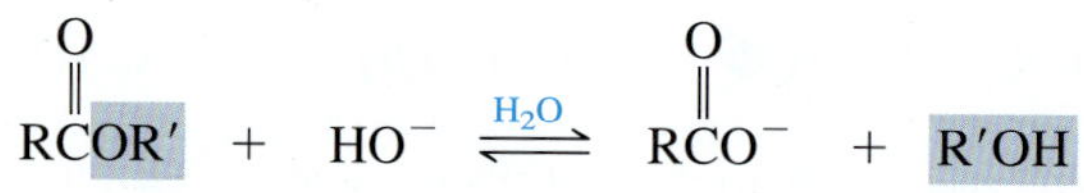

두 개의 치환기가 동일한 삼차 알코올은 에스터와 두 분자의 Grignard 시약의 반응을 통해 제조할 수 있다(13.8절).

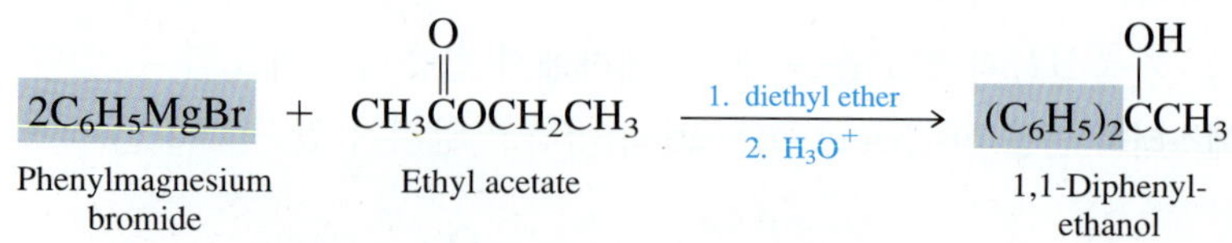

에스터의 환원은 수소화 알루미늄 리튬을 사용하여 진행된다(13.9절). 에스터 한 분자로부터 두 개의 알코올이 생성된다.

$$RCO_2R' \xrightarrow[2.\ H_2O]{1.\ LiAlH_4} RCH_2OH + R'OH$$

아마이드는 아민과 카복실산 반응 혼합물을 가열하여 제조하거나 아실 클로라이드와 아민을 반응시켜 제조한다(13.11절). 아세트아마이드는 종종 아민과 아세트산 무수물을 반응시켜 얻는다.

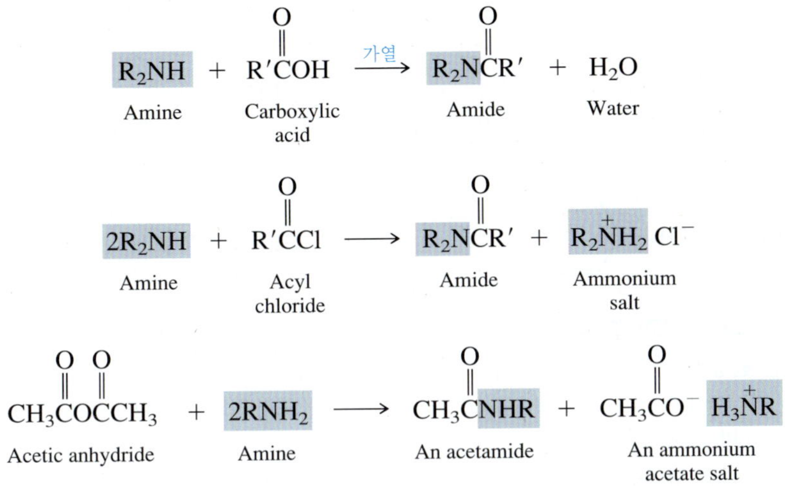

에스터의 가수분해처럼 아마이드의 가수분해는 산 또는 염기성 조건에서 모두 가능하다. 두 조건 모두 반응은 비가역적이다. 염기성 조건에서 카복실산은 카복실레이트 음이온으로 전환되고, 산성 조건에서는 아민이 양성자 첨가되어 암모늄 이온 형태로 전환된다.

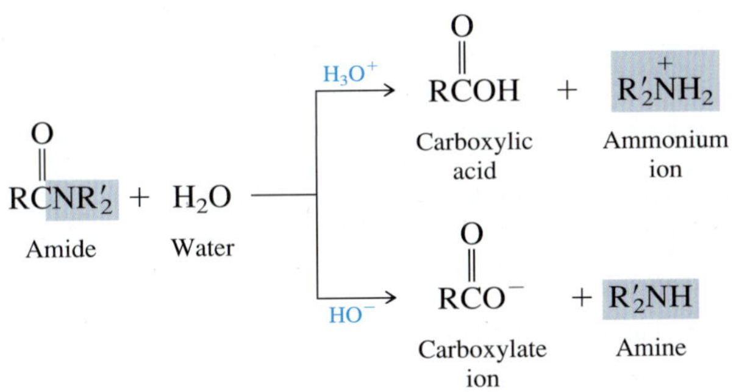

보충문제

명명법

13.15 다음 각 화합물의 구조식을 쓰시오.

(a) *m*-클로로벤조일 브로마이드(*m*-Chlorobenzoyl bromide)
(b) 4-메틸펜탄오일 클로라이드(4-Methylpentanoyl chloride)
(c) 트라이플루오로아세트산 무수물(Trifluoroacetic anhydride)
(d) 1-페닐에틸 아세테이트(1-Phenylethyl acetate)
(e) 뷰틸 2-메틸뷰타노에이트(Butyl 2-methylbutanoate)
(f) *N*-에틸벤즈아마이드(*N*-Ethylbenzamide)
(g) *N*,*N*-다이페닐아세트아마이드(*N*,*N*-Diphenylacetamide)

13.16 다음 각 화합물의 IUPAC명을 쓰시오.

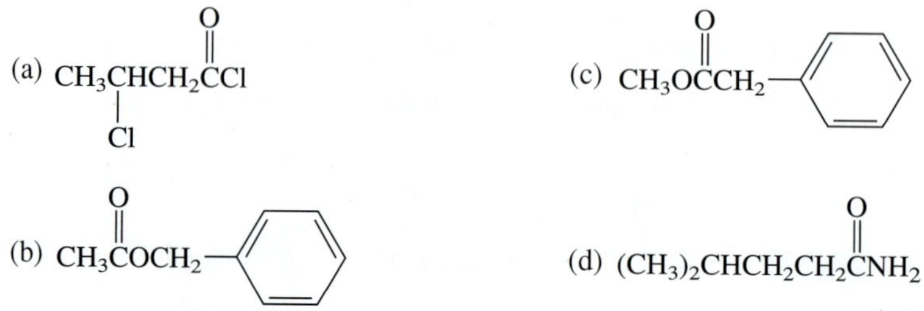

아실 유도체의 합성과 반응

13.17 다음 반응의 주된 유기물 생성물의 구조를 쓰시오.

(a) 페닐아세트산(phenylacetic acid)과 싸이온일 클로라이드(thionyl chloride)
(b) (a) 반응 생성물과 물
(c) (a) 반응 생성물과 벤질 알코올(benzyl alcohol, $C_6H_5CH_2OH$)
(d) (a) 반응 생성물과 벤질아민(benzylamine, $C_6H_5CH_2NH_2$)
(e) (c) 반응 생성물과 염산 수용액에 열을 가함
(f) (c) 반응 생성물과 수산화 소듐 수용액에 열을 가함
(g) (d) 반응 생성물과 염산 수용액에 열을 가함
(h) (d) 반응 생성물과 수산화 소듐 수용액에 열을 가함
(i) 아세트산 무수물과 사이클로헥산올(cyclohexanol)
(j) 아세트산 무수물과 다이메틸아민[dimethylamine, $(CH_3)_2NH$]
(k) 에틸 포메이트(ethyl formate)와 에틸아민(ethylamine)
(l) 메틸 페닐아세테이트(methyl phenylacetate)와 수소화 알루미늄 리튬의 반응 후 물 첨가

13.18 벤조일 클로라이드(benzoyl chloride)와 다음 화합물의 반응을 계수가 맞추어진 화학식을 이용하여 나타내시오.

(a) 2-프로판올(2-Propanol)
(b) 메틸아민(Methylamine), CH_3NH_2(2몰)
(c) 다이메틸 아민(Dimethylamine), $(CH_3)_2NH$(2몰)
(d) 물

13.19 다음 반응에서 빠진 반응물의 화학식을 쓰시오.

(a) ? + 벤조산(benzoic acid) $\xrightarrow{\text{가열}}$ 벤즈아마이드(benzamide) + 물

(b) ? + 1-뷰탄올(1-butanol) $\longrightarrow$ 뷰틸 아세테이트(butyl acetate) + 아세트산(acetic acid)

(c) ? + H_3O+ $\xrightarrow{\text{가열}}$ HCO_2H+NH_4+

(d) ? + 프로판산(propanoic acid) $\xrightarrow{H^+}$ 물 + 뷰틸 프로파노에이트(butyl propanoate)

(e) ? $\xrightarrow[\text{2.} H_2O]{\text{1.} LiAlH_4}$ $CH_3CH_2CH_2OH$+$(CH_3)_3COH$

친핵성 아실 치환 반응 메커니즘

13.20 다음의 친핵성 아실 치환 반응 과정에 나타나는 정사면체 중간체의 구조를 쓰시오.

(a) 벤조일 클로라이드(Benzoyl chloride)와 에탄올(ethanol)
(b) 아세트산 무수물(Acetic anhydride)과 에틸아민(ethylamine)
(c) 메틸 벤조에이트(Methyl benzoate)의 비누화
(d) 메틸 벤조에이트(Methyl benzoate)와 암모니아(ammonia)

13.21 Fischer 에스터화 반응을 이용하여 에틸 아세테이트(ethyl acetate)를 합성하는 메커니즘을 쓰시오.

13.22 *N*-페닐벤즈아마이드(*N*-phenylbenzamide)의 산성 용액에서의 가수분해 반응 메커니즘을 쓰시오.

13.23 반응 메커니즘을 밝힐 때 화학자들이 사용하는 한 가지 방법은 자연계에 미량 존재하는 동위원소로 농축한 시약을 사용하는 것이다. 이 동위원소의 상태는 질량 분석이라는 기술을 이용하여 결정할 수 있다. 산소-18(^{18}O)로 농축시킨 물을 사용하여 에스터의 가수분해를 연구한다. 만약 에틸 아세테이트의 염기성 조건에서의 가수분해를 ^{18}O로 표지된 물 속에서 ^{18}O로 표지된 HO^-을 사용하여 진행한다면 ^{18}O 동위원소는 카복실레이트 이온 생성물에서 발견되겠는가, 알코올에서 발견되겠는가?

합성

13.24 에탄올(ethanol)을 탄소원으로 사용하고 필요한 무기 시약들을 모두 사용하여 다음 화합물의 합성 방법을 나타내시오.

(a) 아세틸 클로라이드(Acetyl chloride)
(b) 에틸 아세테이트(Ethyl acetate)
(c) 아세트아마이드(Acetamide)

13.25 톨루엔(toluene)을 탄소원으로 사용하고 필요한 무기 시약들을 모두 사용하여 다음 화합물의 합성 방법을 나타내시오.

(a) 벤조산(Benzoic acid)
(b) 벤조일 클로라이드(Benzoyl chloride)
(c) 벤질 벤조에이트(Benzyl benzoate)
(d) 벤즈아마이드(Benzamide)
(e) 페닐아세트산(Phenylacetic acid)
(f) *p*-나이트로벤조일 클로라이드(*p*-Nitrobenzoyl chloride)
(g) *m*-나이트로벤조일 클로라이드(*m*-Nitrobenzoyl chloride)

13.26 브로모벤젠(bromobenzene)과 필요한 유기, 무기 시약들을 모두 사용하여 다음 화합물의 합성 방법을 나타내시오.

(a) 1,1-다이페닐-1-프로판올(1,1-Diphenyl-1-propanol)
(b) 3-페닐-3-펜탄올(3-Phenyl-3-pentanol)
(c) 벤즈아마이드(Benzamide)

기타 문제

13.27 고리형 카복실산 유도체는 보통 고리가 없는 카복실산 유도체와 같은 화학 반응을 한다. 따라서 고리형 에스터와 아마이드는 비고리형 에스터와 아마이드가 나타내는 전형적인 반응을 한다. 이 점을 기억하고 다음 각 반응의 유기물 생성물의 구조를 나타내시오.

(a) 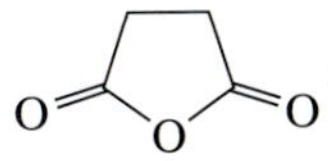 과 물

(b) 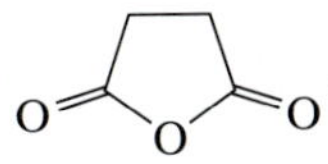 과 수산화 소듐(sodium hydroxide) 수용액

(c) 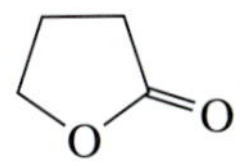 과 수산화 소듐(sodium hydroxide) 수용액

(d) 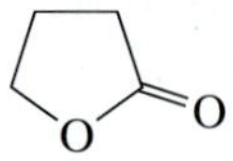 과 암모니아(ammonia) 수용액

(e) 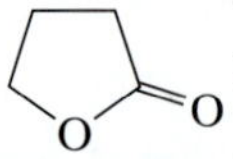 과 수소화 알루미늄 리튬(lithium aluminum hydride)의 반응 후 물 첨가

(f) 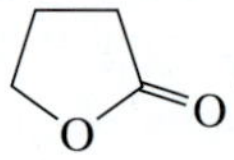 과 과량의 메틸마그네슘 브로마이드(methylmagnesium bromide)의 반응 후 H_3O^+ 첨가

(g) 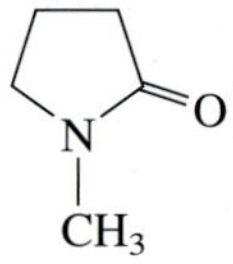 과 수산화 소듐(sodium hydroxide) 수용액

(h) 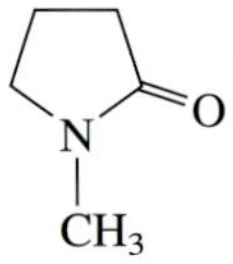 과 염산(hydrochloric acid) 수용액을 열을 가하여 반응

13.28 고리형 에스터[락톤(lactone)]인 4-뷰탄올라이드(4-butanolide)를 ^{18}O로 표지된 물을 포함한 산성 수용액에서 방치하였다. 4일 후 그 용액으로부터 락톤을 추출하였을 때 ^{18}O가 발견되었다. 락톤의 어떤 산소가 동위원소로 표지되었다고 생각하는가?

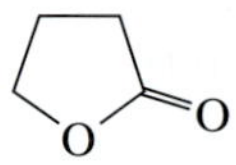

4-Butanolide

13.29 주어진 구조의 화합물을 묽은 황산 수용액에서 가열하면 분자식이 $C_5H_{12}O_3$인 화합물을 63~71% 수율로 얻는다. 생성물의 합당한 구조를 제시하시오. 이 반응에서 형성될 수 있는 다른 유기 물질은 무엇인가?

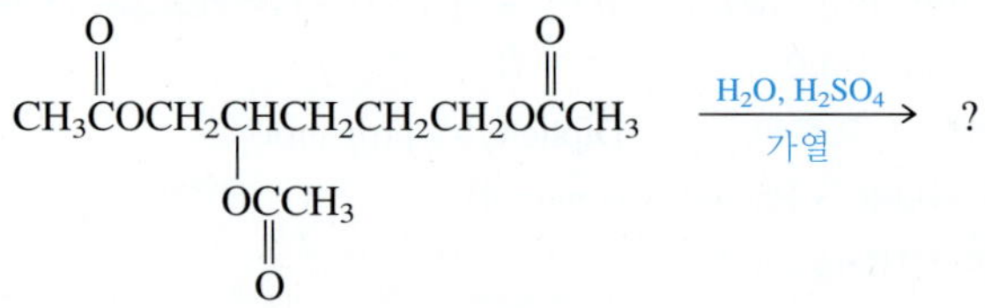

13.30 프로케인[Procaine, 노보카인(Novocain)]은 치과의사들이 자주 사용하는 국소 마취제이다. 아래 합성의 처음 두 단계에서 빠진 시약을 제시하시오.

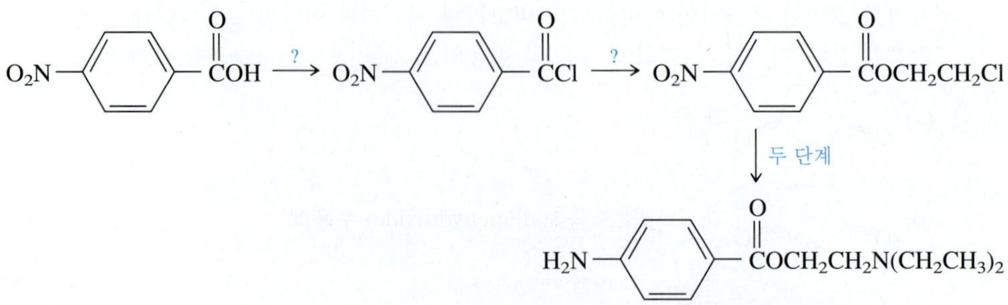

Novocain

13.31 다음 반응에 알맞은 메커니즘을 제시하시오.

(a)

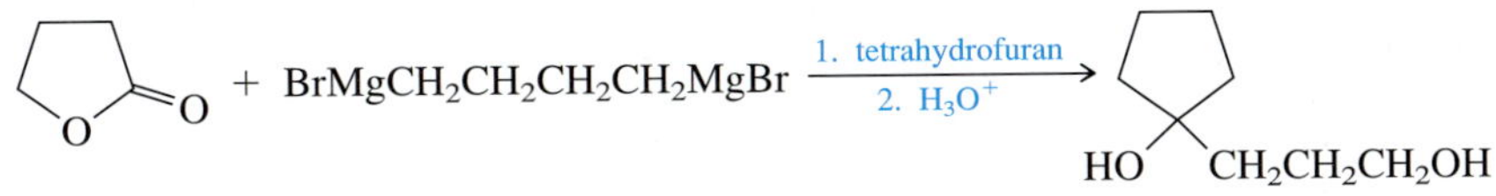

(b)

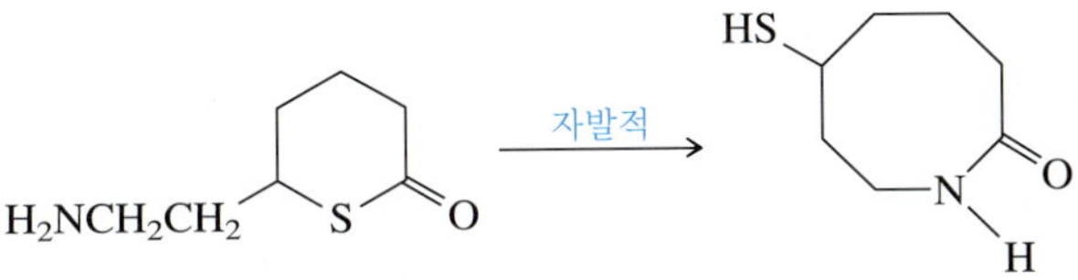

13.32 다음에 A로 표시되어 있는 화합물을 펜테인 용액에 두면 구성 이성질체로 전환된다.

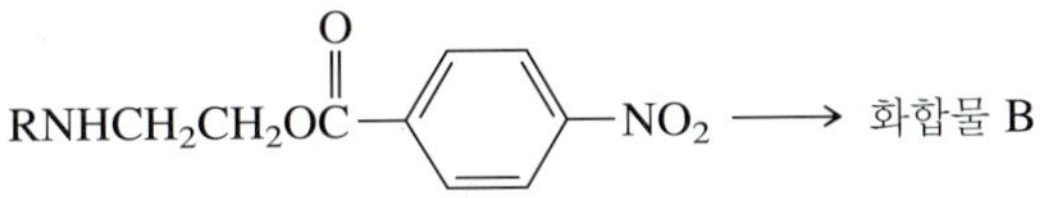

화합물 A

A 또는 B 화합물의 가수분해는 모두 $RNHCH_2CH_2OH$와 *p*-나이트로벤조산을 생성한다. 화합물 B의 적합한 구조를 제시하고, 이 반응의 메커니즘을 반응 과정 중의 주된 중간체의 구조를 써서 나타내시오.

13.33 (a) 묽은 염산 존재하에서 화합물 A는 구성 이성질체 B로 전환된다.

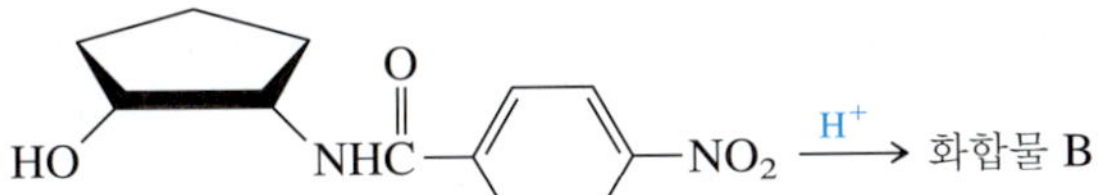

화합물 A

B의 적합한 구조를 제시하시오.

(b) A 화합물의 트랜스 형태의 입체이성질체는 반응 조건에서 안정하다. 이유는 무엇인가?

13.34 폴리(바이닐 알코올)[Poly(vinyl alcohol)]은 물에 녹는 유용한 중합체이다. 이것은 바이닐 알코올($CH_2{=}CHOH$)로부터 직접 만들 수가 없다. 왜냐하면 바이닐 알코올은 아세트알데하이드(acetaldehyde)로 빠르게 이성질화하기 때문이다. 그러나 바이닐 아세테이트는 재배열 반응을 거치지 않아 중합하여 폴리(바이닐 아세테이트)[poly(vinyl acetate)]를 형성한다. 이 사실로부터 폴리(바이닐 알코올)을 제조하는 방법을 제시하시오.

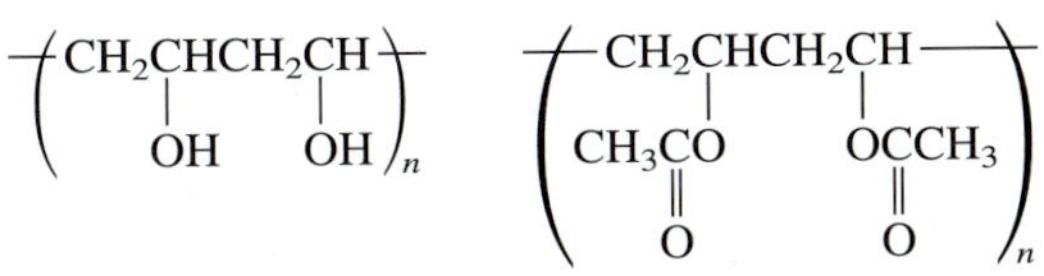

Poly(vinyl alcohol) Poly(vinyl acetate)

13.35 **루사이트**(Lucite)는 메틸 메타크릴레이트 중합체이다.

(a) 메틸 메타크릴레이트의 중합 반응의 첫 번째 단계가 다음과 같다고 가정한다.

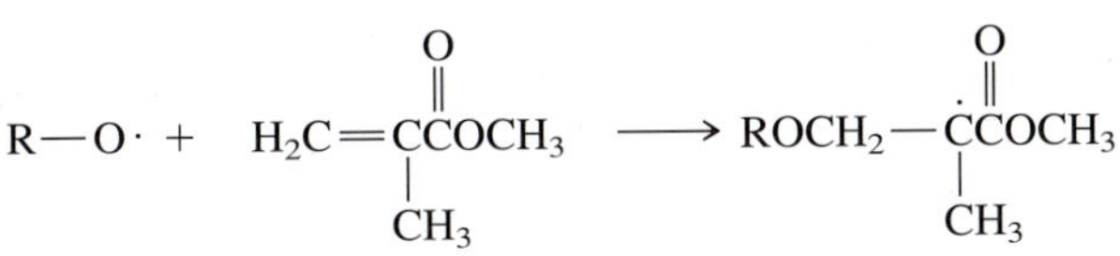

Methyl methacrylate

첫 번째의 다음 두 전파 단계를 거친 후 생성된 자유 라디칼의 구조를 쓰시오.

(b) 아세톤(acetone)과 사이안화 소듐(sodium cyanide), 기타 필요한 유기 및 무기 시약을 사용하여 합성을 나타내시오.

CHAPTER 14 아민

개요

아민 미리보기

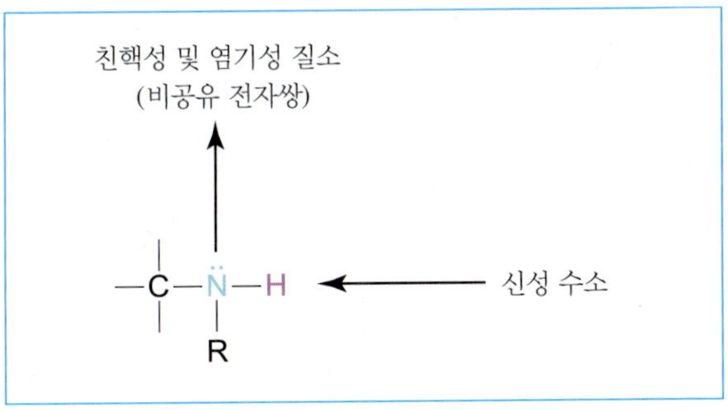

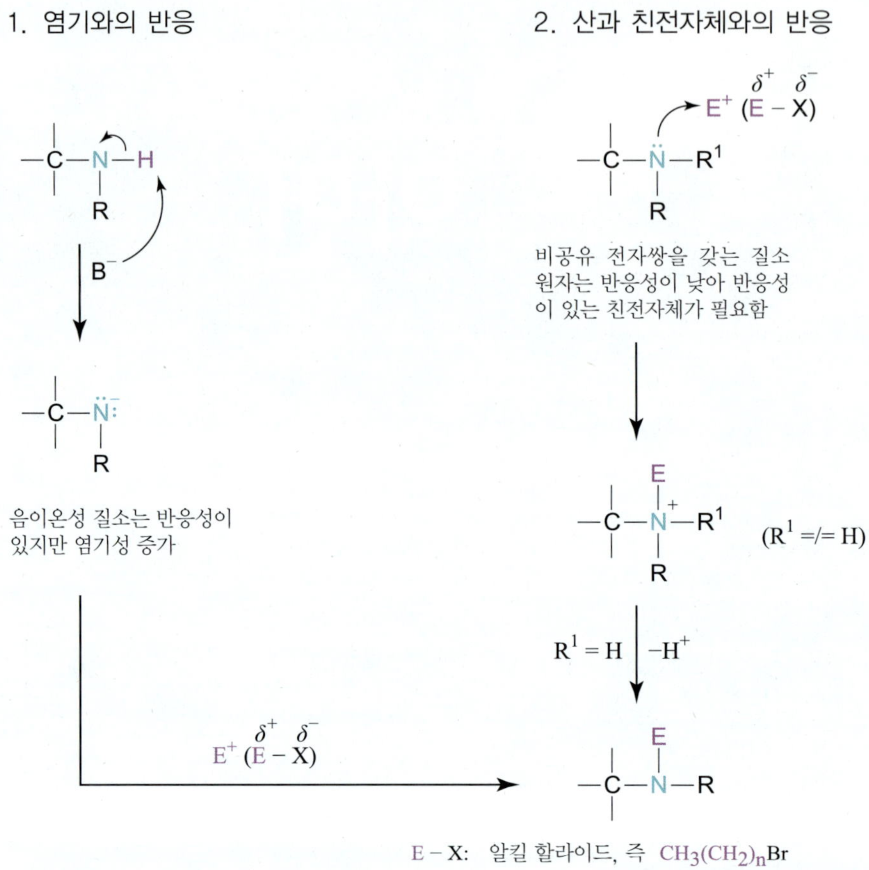

질소를 함유하는 화합물은 생명에 필수적이다. 이 화합물들은 궁극적으로 **질소 고정 작용**(nitrogen fixation)에 의해 암모니아로 환원된 후 유기질소 화합물로 전환된 대기 중의 질소에서 공급된다. 이 장에서는 암모니아의 유기 유도체인 **아민**(amine)의 화학에 대하여 설명한다. **알킬아민**(alkylamine)은 sp^3-혼성 탄소에 결합된 질소를 가지고 있으며, **아릴아민**(arylamine)은 벤젠이나 벤젠 유사 고리 화합물의 sp^2-혼성 탄소에 결합된 질소를 가지고 있다.

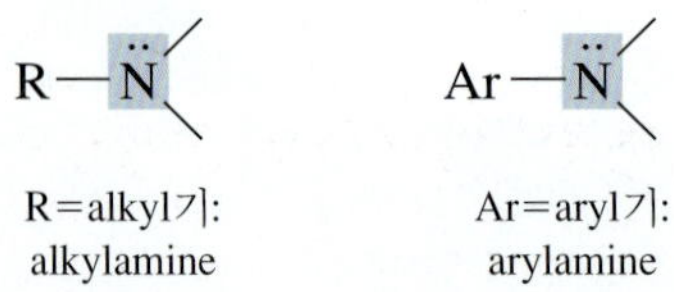

암모니아와 같은 아민은 약염기이지만 생리적 조건에서 많은 양이 발견되는 전하를 띠지 않는 가장 강한 염기이다. 아민은 대개 생물학적 산–염기 반응에 관여하는 염기이며, 종종 생물학적 친핵성 치환 반응에서 친핵체로 작용한다.

'비타민' 이라는 말은 괴혈병, 펠라그라, 각기병, 구루병, 기타 다른 질병을 예방해 주는 음식물에 존재하는 물질이 바이탈 아민(vital amine)이라 믿었기 때문에 1912년에 만들어졌다. 그 믿음은 대부분 확인되었으며, 어떤 비타민은 아민으로 확인되었다. 그러나 많은 종류의 비타민은 아민이 아니었다. 그렇지만 **비타민**(vitamin)이라는 용어는 사용하게 되었고, 초기의 화학자들이 생물학적 과정에서 아민이 차지하는 중요한 위치를 정확히 깨닫고 있음을 알려 주고 있다.

14.1 아민의 명명법

작용기가 결합한 탄소의 치환 정도에 따라 일차, 이차, 삼차로 분류하는 알코올과 알킬 할라이드와 달리 아민은 **질소의 치환 정도**(*degree of substitution at nitrogen*)에 따라 분류한다. 질소에 탄소 한 개가 결합된 아민을 **일차 아민**(primary amine), 탄소 두 개개 결합된 아민을 **이차 아민**(secondary amine), 탄소 세 개가 결합된 아민을 **삼차 아민**(tertiary amine)이라고 한다.

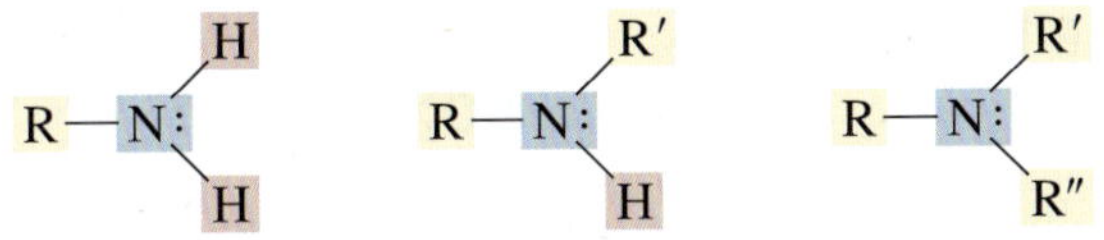

일차 아민 이차 아민 삼차 아민

$(CH_3)_3CNH_2$는 **일차 아민**(primary amine)이지만 $(CH_3)_3COH$는 **삼차 알코올**(tertiary alcohol)이다.

질소에 결합한 기는 알킬기 또는 아릴기의 어떤 조합도 가능하다.

아민은 IUPAC 규칙에서 두 가지 방법, 즉 **알킬아민**(alkylamine) 또는 **알케인아민**(alkanamine)으로 명명한다. 일차 아민을 알킬아민으로 명명할 때 질소에 붙어 있는 알킬기의 이름 뒤에 **-아민**(*-amine*)을 붙인다. 알케인아민으로 명명할 때는 알킬기를 알케인으로 명명하고 *-e*를 **-아민**(*-amine*)으로 바꾼다.

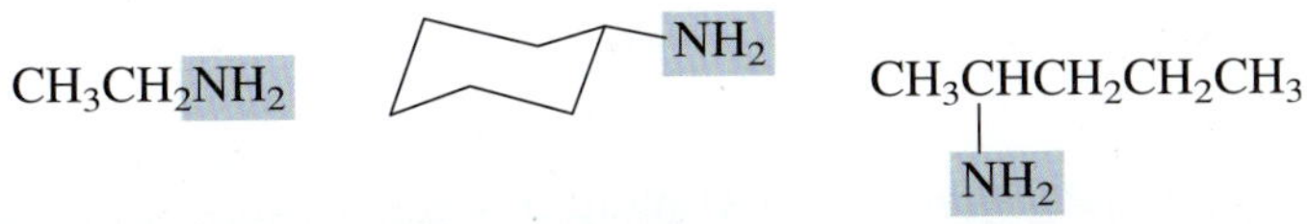

Ethylamine (ethanamine) Cyclohexylamine (cyclohexanamine) 1-Methylbutylamine (2-pentanamine)

문제 14.1 다음 각 아민에 적합한 알킬아민 또는 알케인아민의 이름을 쓰시오.

(a) $C_6H_5CH_2CH_2NH_2$

(b) $C_6H_5CHNH_2$ (CH에 CH_3 결합)

풀이 아미노 치환기는 C-2 위치에서 페닐 치환기가 결합된 에틸기에 결합되어 있다. 화합물 $C_6H_5CH_2CH_2NH_2$는 2-페닐에틸아민(2-phenylethylamine) 또는 2-페닐에탄아민(2-phenylethanamine)으로 명명한다.

아닐린은 서인도의 식물인 *Indigofera anil*에서 얻은 짙은 푸른색 염료인 인디고의 분해산물로 1826년 처음 분리하였으며, 여기에서 "아닐린"이라는 이름이 유래되었다.

아닐린(aniline)은 아미노기가 치환된 벤젠 유도체를 나타내는 가장 기본이 되는 IUPAC명이다. 아닐린의 치환 유도체는 아미노기가 결합된 탄소부터 번호를 붙여 나간다. 치환기는 알파벳순으로 나타내며, 번호를 붙이는 방향은 통상적인 '차이가 나는 첫 번째 지점' 규칙에 따라 결정한다.

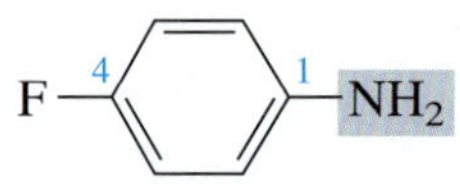

p-Fluoroaniline

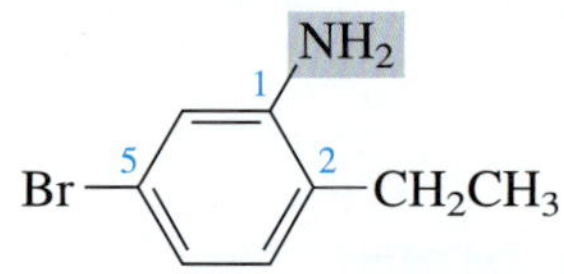

5-Bromo-2-ethylaniline

이차와 삼차 아민은 일차 아민의 *N*-치환 유도체로 명명한다. 가장 긴 탄소 사슬을 가진 아민을 모체 일차 아민으로 한다. 필요한 경우 아미노 질소에 결합된 치환기를 나타내기 위하여 접두어 *N*-을 사용한다.

$CH_3NHCH_2CH_3$

N-Methylethylamine

(이차 아민)

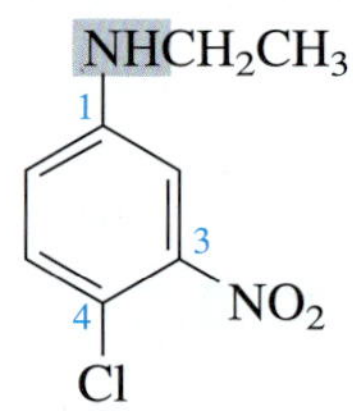

4-Chloro-*N*-ethyl-3-nitroaniline

(이차 아민)

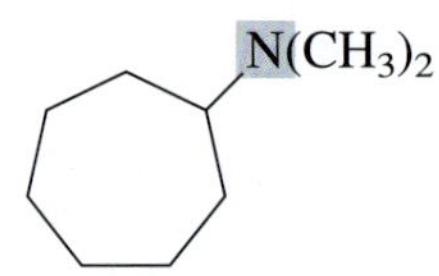

N,*N*-Dimethylcycloheptylamine

(삼차 아민)

문제 14.2 *N*-메틸에틸아민(*N*-methylethylamine)과 *N*,*N*-다이메틸사이클로헵틸아민(*N*,*N*-dimethylcycloheptylamine)의 알케인아민 이름을 나타내시오.

풀이 *N*-메틸에틸아민(앞의 예에 제시한 $CH_3NHCH_2CH_3$는 에탄아민(ethanamine)의 *N*-치환 유도체이므로 *N*-메틸에탄아민(*N*-methylethanamine)으로 명명할 수 있다.

문제 14.3 다음 아민을 일차, 이차, 삼차 아민으로 분류하고, 올바른 IUPAC명을 쓰시오.

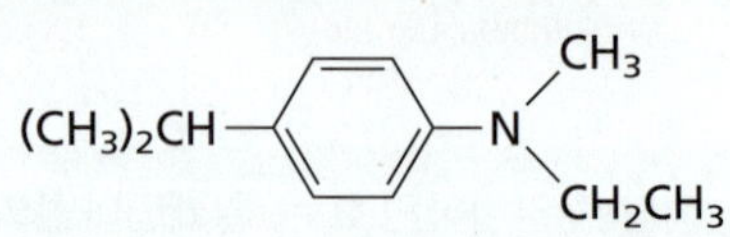

4개의 치환기가 결합된 질소는 양전하를 띠고 있으며, **암모늄**(ammonium) 이온으로 명명한다. 암모늄 이온과 결합하는 음이온도 그 이름에서 확인할 수 있다.

$CH_3\overset{+}{N}H_3\ Cl^-$ — Methylammonium chloride

$C_6H_5CH_2\overset{+}{N}(CH_3)_3\ I^-$ — Benzyltrimethylammonium (사차암모늄염)

질소에 4개의 치환기가 결합된 암모늄염을 **사차 암모늄염**(quaternary ammonium salt)이라고 한다.

14.2 구조와 결합

알킬아민

알킬아민(alkylamine)은 암모니아와 비슷하게 질소에 결합된 치환기들이 피라미드 배열을 하고 있다(1.10절). 메틸아민의 결합을 오비탈 혼성으로 그림 14.1에 나타내었다. 질소와 탄소는 모두 sp^3-혼성이며, σ 결합으로 연결되어 있다. 질소의 비공유 전자쌍은 sp^3-혼성 오비탈을 채우고 있다. 이 비공유 전자쌍은 아민이 염기 또는 친핵체로 작용하는 반응에 사용된다. 이 장의 처음에 나타낸 그림은 메틸아민에 있는 질소의 전자 밀도 농도를 명확하게 나타내 주고 있는 정전기 전위 지도이다.

아릴아민

아닐린은 알킬아민과 같이 질소 주변의 결합이 피라미드 배열을 하고 있지만, 이 피라미드는 약간 더 낮다.

아닐린의 구조는 질소의 비공유 전자쌍의 두 결합 방식이 포함되어 있음을 보여준다(그림 14.2). 전자들은 p 오비탈에 있을 때보다 s 특성을 일부 가지는 오비탈, 예를 들어 sp^3-혼성 오비탈에 있을 때 질소에 더 강하게 이끌린다. 한편 이들 전자가 p 오비탈을 채우게 되면 방향족 π계 속으로 더 쉽게 비편재화된다. 질소의 p 오비탈은 sp^3-혼성 오비탈보다 벤젠 고리의 p 오비탈과 더 중첩되기 쉽게 배열되어 있으므로 확장된 π계를 형성한다. 이들 두 반대되는 힘 때문에 질소는 sp^3와 sp^2 사이의 오비탈 혼성을 취한다.

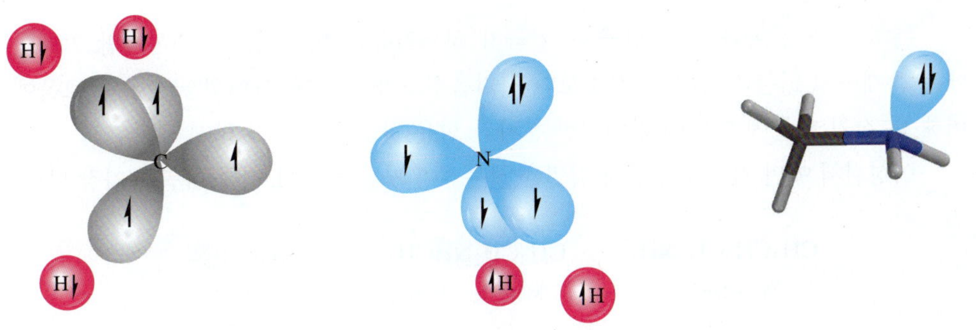

(a) (b)

그림 • 14.1
메틸아민에서 결합의 혼성 오비탈을 나타낸 그림. (a) 탄소는 원자가 전자가 4개이며, 4개의 동일한 각 sp^3-혼성 오비탈에는 전자가 한 개씩 들어 있다. 질소의 원자가 전자는 5개이다. sp^3-혼성 오비탈 중 세 개에는 전자가 한 개씩 들어 있으며, 4번째 sp^3 혼성 오비탈에는 두 개의 전자가 들어 있다. (b) 메틸아민에서 질소와 탄소는 σ 결합으로 결합되어 있다. 이 σ 결합은 각 원자의 sp^3-혼성 오비탈이 중첩되어 형성된다. 메틸아민의 수소 원자 5개는 σ 결합에 의해 탄소와 질소에 결합되어 있다. 질소의 나머지 두 전자는 sp^3-혼성 오비탈을 채운다.

(*a*) (*b*)

그림 • 14.2
질소의 기하구조가 비평면(*a*)과 평면(*b*)인 아닐린의 정전기 전위 지도. 비평면 기하구조에서 비공유 전자쌍은 질소의 sp^3-혼성 오비탈을 채우고 있다. (*a*)에서 전자 밀도가 가장 높은 부분은 질소가 차지하는 부분이다. 평면 기하구조에서 질소는 sp^2-혼성이며, 전자쌍은 질소의 *p* 오비탈과 고리의 π 계 사이에 비편재화되어 있다. (*b*)에서 전자 밀도가 가장 높은 부분은 고리와 질소 모두에 걸쳐 있다. 실제 구조는 두 가지가 혼합된 모습이다. 즉, 질소는 sp^3와 sp^2 사이의 혼성 상태를 취하고 있다.

다음과 같은 공명 구조에 대한 설명은 질소의 비공유 전자쌍이 쌍극자 구조로부터 비편재화되어 있음을 보여 준다.

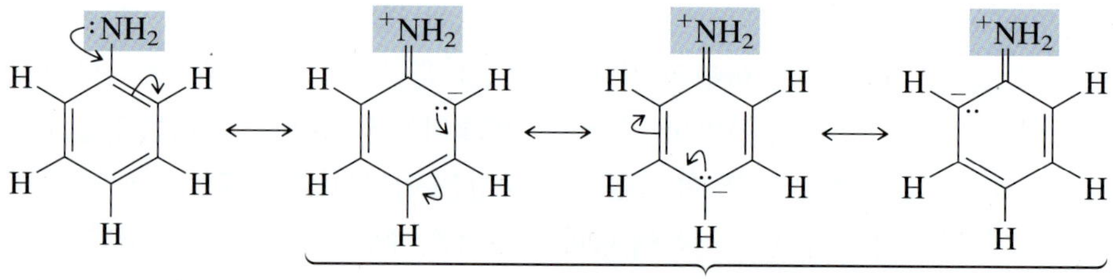

Aniline의 가장 안정한 Lewis 구조 　　 Aniline의 쌍극자 공명

14.3 물리적 특성

어떤 물질의 극성이 끓는점과 같은 물리적 특성에 영향을 줄 수 있다는 것을 이미 알았다. 이 현상은 알케인보다는 극성이 더 크지만 알코올보다는 극성이 더 작은 아민의 경우에도 적용된다. 구조가 유사한 화합물의 경우에는 알킬아민의 끓는점은 알케인보다 더 높지만 알코올보다는 더 낮다.

$CH_3CH_2CH_3$	$CH_3CH_2NH_2$	CH_3CH_2OH
Propane	Ethylamine	Ethanol
끓는점 −42°C	끓는점 17°C	끓는점 78°C

특히 수소 결합과 같은 쌍극자–쌍극자 상호작용은 아민에는 존재하지만 알케인에는 존재하지 않는다. 질소는 산소보다 전기음성도가 작으며, 아민의 극성은 알코올에 비해 더 작기 때문에 아민에서 이러한 분자간 힘은 알코올보다 더 작게 된다.

이성질체 아민 가운데서 일차 아민은 끓는점이 가장 높으며, 삼차 아민은 가장 낮다.

$CH_3CH_2CH_2NH_2$	$CH_3CH_2NHCH_3$	$(CH_3)_3N$
Propylamine	*N*-Methylethylamine	Trimethylamine
(일차 아민)	(이차 아민)	(삼차 아민)
끓는점 50°C	끓는점 34°C	끓는점 3°C

일차 아민과 이차 아민은 분자간 수소 결합을 할 수 있지만, 삼차 아민은 수소 결합을 할 수 없다.

탄소 원자의 수가 6개 또는 7개 미만인 아민은 물에 잘 녹는다. 모든 아민, 즉 삼차 아민까지도 물 분자와 수소 결합을 할 때 양성자 받개로 작용한다.

가장 간단한 아릴아민인 아닐린은 상온에서 액체이며, 끓는점은 184℃이다. 거의 모든 다른 아릴아민은 끓는점이 더 높다. 아닐린은 물에 약간(3g/100mL)만 용해된다. 아닐린의 치환 유도체는 수용성이 더욱 감소되는 경향이 있다.

14.4 아민의 염기도

아민의 염기도를 측정하는 방법은 두 가지이다. 하나는 물로부터 양성자 수용체로 작용하는 아민의 **염기도 상수**(basicity constant) $\boldsymbol{K_b}$로 나타내는 방법이다.

$$R_3N\!: + H{-}\ddot{O}H \rightleftharpoons R_3\overset{+}{N}{-}H + {}^{-}\!:\ddot{O}H$$

$$K_b = \frac{[R_3NH^+][HO^-]}{[R_3N]} \quad \text{와} \quad pK_b = -\log K_b$$

암모니아의 경우에는 $K_b = 1.8\times10^{-5}$($pK_b = 4.7$)이다. 메틸아민(CH_3NH_2)과 같은 전형적인 아민은 암모니아보다 약간 염기도가 크며, 염기도는 $K_b = 4.4\times10^{-4}$($pK_b = 3.3$)이다.

다른 한 가지 방법은 다음과 같이 아민(R_3N)의 염기도와 그 짝산(R_3NH^+)의 산 해리 상수 K_a를 비교하는 것이다.

$$R_3\overset{+}{N}{-}H \rightleftharpoons H^+ + R_3N\!:$$

여기서 K_a와 pK_a는 일반적으로 사용하는 의미이다.

$$K_a = \frac{[H^+][R_3N]}{[R_3NH^+]} \quad \text{와} \quad pK_a = -\log K_a$$

암모니아의 짝산은 암모늄 이온(NH_4^+)이며, $K_a = 5.6\times10^{-10}$($pK_a = 9.3$)이다. 메틸아민의 짝산은 메틸암모늄 이온($CH_3NH_3^+$)이며, $K_a = 2\times10^{-11}$($pK_a = 10.7$)이다.

아민의 염기가 셀수록 그 짝산은 더 약해진다.

메틸아민은 암모니아보다 강염기이며, 메틸암모늄 이온은 암모늄 이온보다 약산이다.

아민 (R_3N)의 평형 상수 K_a와 그 짝산(R_3NH^+)의 K_a 사이의 관계는 다음과 같다.

$$K_aK_b = 10^{-14} \quad \text{와} \quad pK_a + pK_b = 14$$

천연에서 생성되는 아민

아민은 산 용액으로 추출한 후 염기 처리하면 재생하기가 쉽기 때문에 식물체 내의 다른 물질과 분리하기가 쉬우며, 질소를 함유하는 천연물은 가장 먼저 연구된 유기 화합물이다. 이들 물질은 염기성을 띠기 때문에 식물체로부터 얻은 아민을 **알칼로이드**(alkaloid)라 부르게 되었다. 이미 알려진 알칼로이드는 5,000종 이상이다. 알칼로이드의 대부분은 생물학적 활성이 높기 때문에 특히 관심의 대상이 되고 있다. 코카인(cocaine), 코니인(conine), 모르핀(morphine)은 알칼로이드의 예이다.

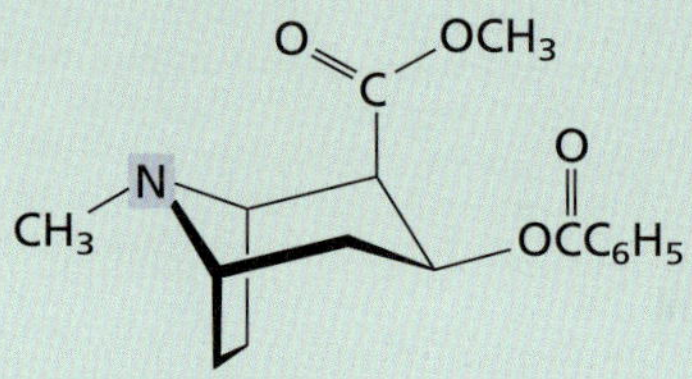

Cocaine

(코카식물의 잎에서 얻는 중추신경계 자극 물질)

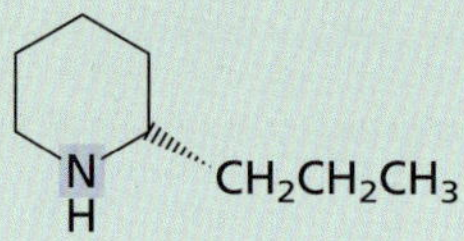

Coniine

(소크라테스를 독살할 때 사용한 독미나리 추출물에 다른 알칼로이드와 함께 존재)

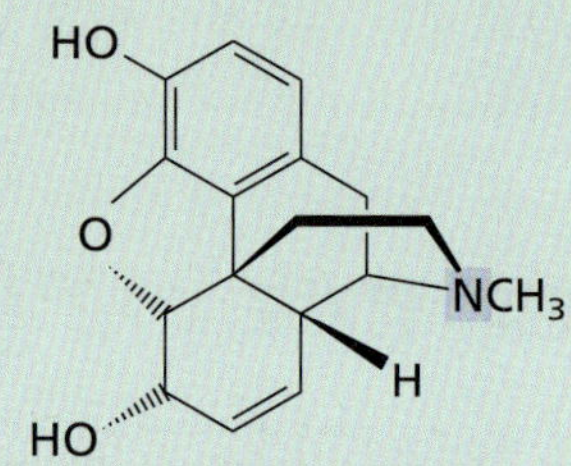

Morphine

(양귀비의 알칼로이드. 탁월한 마취제지만 습관성 때문에 사용이 제한된다. 헤로인은 모르핀의 다이아세테이트 에스터이다.)

니코틴(nicotine)과 퀴닌(quinine) 같은 많은 알칼로이드에는 두 개(또는 그 이상)의 질소 원자가 들어 있다. 퀴닌과 니코틴에서 노란색으로 강조한 질소는 각각 치환된 퀴놀린과 피리딘 고리의 일부이다.

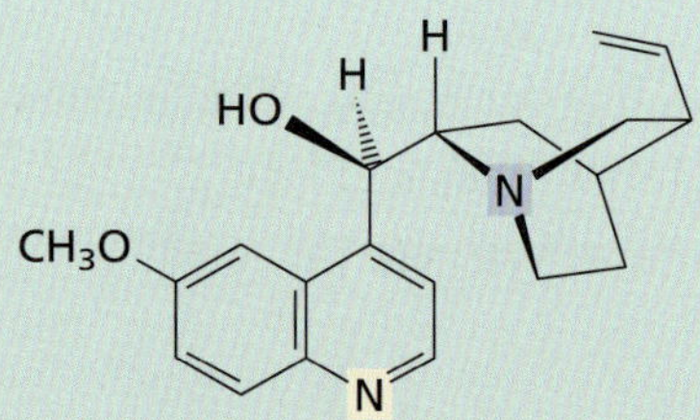

Quinine

(말라리아 치료에 사용되는 기나나무 껍질에 들어 있는 알칼로이드)

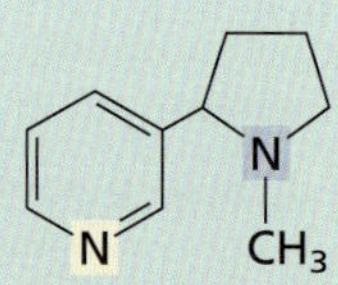

Nicotine

(담배에 들어 있는 알칼로이드 성분; 간혹 살충제로 사용되는 매우 독성이 강한 화합물)

천연에 존재하는 여러 아민은 신경자극의 전달을 매개하며, **신경전달물질**(neurotrnsmitter)이라고 한다. 에피네프린(epinephrine)과 세로토인(serotonin)이 여기에 속한다(엄밀하게 말하면 이들 화합물은 식물에서 추출한 물질이 아니기 때문에 알칼로이드로 분류하지 않는다).

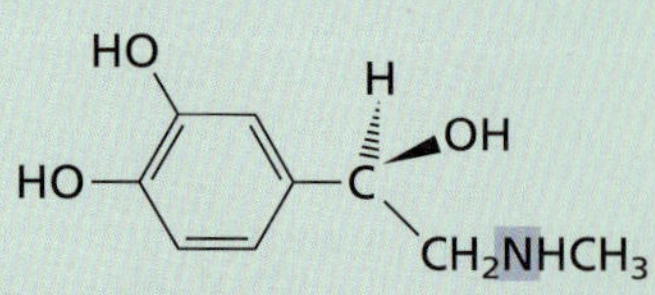

Epinephrine

(아드레날린이라고 한다; 부신에서 분비되는 호르몬으로 생명체를 "도주 또는 싸움" 준비를 하게 한다.)

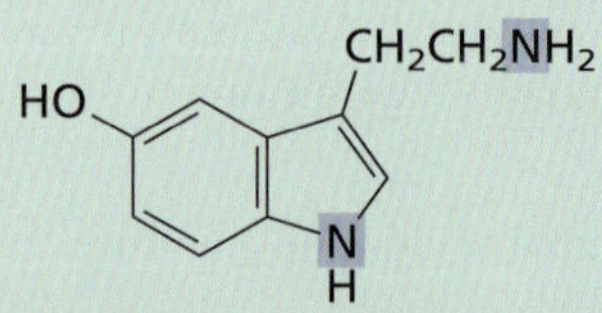

Serotonin

(송과선에서 합성되는 호르몬. 어떤 정신 이상은 뇌의 세로토닌 수준과 관련이 있다고 생각된다.)

(계속)

생물활성이 있는 아민은 동물에게도 널리 존재한다. 예를 들면, 개구리에서 분리된 물질에서 다양한 구조와 특성이 발견된다. 에피바티딘(epibatidine)이라는 물질은 에콰도르 개구리의 피부에서 분리한 천연 진통제이다. 다른 과의 개구리는 피부에서 덴드로바인(dendrobine)이라고 하는 여러 입체이성질체 아민의 독성 혼합물을 생성하여 적의 공격으로부터 자신을 보호한다.

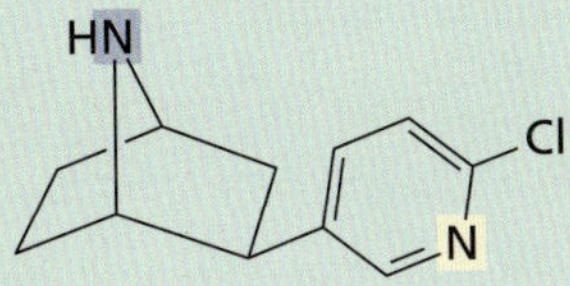

Epibatidine

(한때 화살에 바르는 독으로 사용되었으며, 진통 효과가 모르핀보다 수백 배 더 크다. 그러나 독성이 너무 강하여 의약품으로는 사용할 수 없다.)

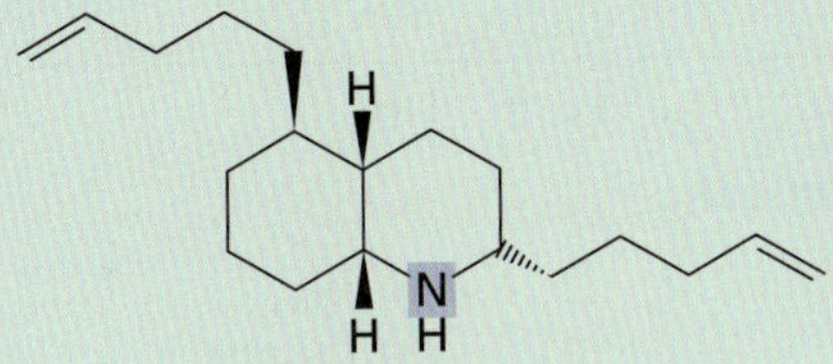

Dendrobine

[독개구리과(Dendrobatidae)의 개구리에서 분리하였다. 구조가 유사한 화합물들이 특정 개미로부터도 분리하였다.]

체내에서 발견되는 더 중요한 아민 유도체 중에 **폴리아민**(polyamine)이라는 화합물군이 있는데, 이 화합물에는 여러 개의 메틸렌 단위에 의해 분리되어 있는 두 개에서 네 개의 질소 원자가 있다.

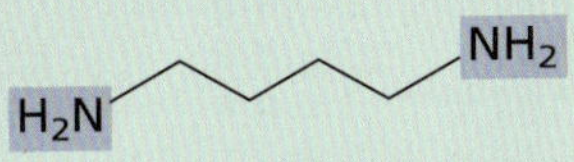

Putrescine

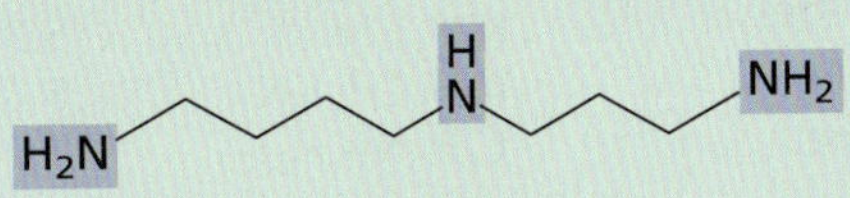

Spermidine

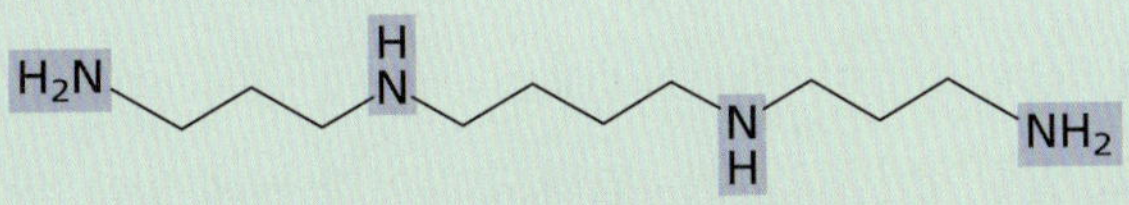

Spermine

이들 화합물들은 거의 모든 포유동물들의 세포에 들어 있으며, 베포 분열과 증식에 관여하는 것으로 알려져 있다. 폴리아민의 각 질소는 생리적 pH(7.4)에서 양성자화되기 때문에 퓨트레신(putrescine), 스퍼미딘(spermidine), 스퍼민(spermine)은 체액에서 각각 +2, +3, +4의 전하를 갖는 양이온으로 존재한다. 구조 연구 결과 이들 폴리암모늄 이온은 특정 음이온 부위, 예를 들어 DNA의 음전하를 띠는 인산기에 정전기적으로 결합하여 생물학적 거대분자의 입체 배열에 영향을 미치는 것으로 추정된다.

문제 14.4 화학 핸드북에는 퀴닌의 K_b가 1×10^{-6}으로 나타나 있다. 퀴닌의 pK_b는 얼마인가? 퀴닌의 짝산에 대한 K_a와 pK_b값은 얼마인가?

아민은 약염기이지만 다음과 같이 나타낼 수 있다.

아민은 모든 중성 분자 중에서 가장 강한 염기이다.

표 14.1에 많은 아민류의 염기도에 대한 자료를 제시하였다. 이 자료로부터 알 수 있는 가장 중요한 상호관계는 다음과 같다.

표 14.1 염기도 상수로 측정한 아민의 염기 세기와 그 짝산의 해리 상수*

화합물	구조	염기도		짝산의 산도	
		K_b	pK_b	K_a	pK_a
암모니아(Ammonia)	NH_3	1.8×10^{-5}	4.7	5.5×10^{-10}	9.3
일차 아민(Primary amines)					
메틸아민(Methylamine)	CH_3NH_2	4.4×10^{-4}	3.4	2.3×10^{-11}	10.6
에틸아민(Ethylamine)	$CH_3CH_2NH_2$	5.6×10^{-4}	3.2	1.8×10^{-11}	10.8
아이소프로필아민(Isopropylamine)	$(CH_3)_2CHNH_2$	4.3×10^{-4}	3.4	2.3×10^{-11}	10.6
tert-뷰틸아민(*tert*-Butylamine)	$(CH_3)_3CNH_2$	2.8×10^{-4}	3.6	3.6×10^{-11}	10.4
아닐린(Aniline)	$C_6H_5NH_2$	3.8×10^{-10}	9.4	2.6×10^{-5}	4.6
이차 아민(Secondary amines)					
다이메틸아민(Dimethylamine)	$(CH_3)_2NH$	5.1×10^{-4}	3.3	2.0×10^{-11}	10.7
다이에틸아민(Diethylamine)	$(CH_3CH_2)_2NH$	1.3×10^{-3}	2.9	7.7×10^{-12}	11.1
N-메틸아닐린(*N*-Methylaniline)	$C_6H_5NHCH_3$	6.1×10^{-10}	9.2	1.6×10^{-5}	4.8
삼차 아민(Tertiary amines)					
트라이메틸아민(Trimethylamine)	$(CH_3)_3N$	5.3×10^{-5}	4.3	1.9×10^{-10}	9.7
트라이에틸아민(Triethylamine)	$(CH_3CH_2)_3N$	5.6×10^{-4}	3.2	1.8×10^{-11}	10.8
N,*N*-다이에틸아닐린(*N*,*N*-Dimethylaniline)	$C_6H_5N(CH_3)_2$	1.2×10^{-9}	8.9	8.3×10^{-6}	5.1

* 25℃의 물에서

1. 알킬아민은 암모니아보다 약간 더 강한 염기이다.
2. 알킬아민들 간에는 염기도 차이가 거의 없다. 알킬아민류의 염기도는 평형 상수값이 10(1pK 단위) 미만이다.
3. 아릴아민은 암모니아와 알킬아민보다 훨씬 더 약한 염기이다. 아릴아민의 염기도 상수는 알킬아민보다 10^6(6pK 단위) 정도 작다.

암모니아와 일차, 이차, 삼차 알킬아민 간의 염기도 차이는 분자 자체와 그 짝산의 용매화에 대한 입체 및 전자 효과 간의 상호작용 때문에 생긴다. 전체적으로 그 효과는 작으며, 대부분의 알킬아민은 염기도가 아주 비슷하다.

그러나 아릴아민은 다르다. 즉, 대부분의 아릴아민은 암모니아와 알킬아민보다 약 백만 배 더 약한 염기이다.

물에서 염기로 작용하는 사이클로헥실아민에서 평형이 잘 이루어지지 않는 것과 마찬가지로

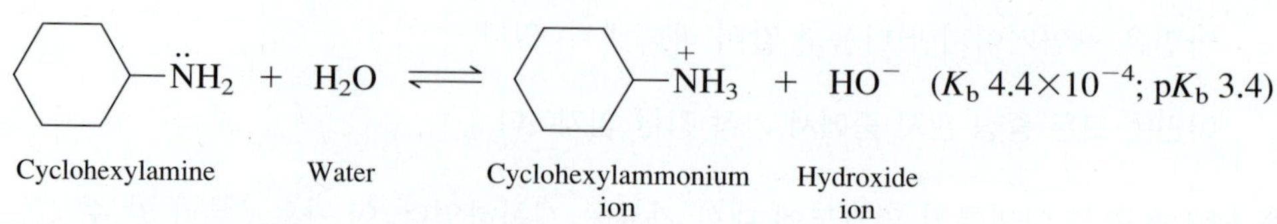

아닐린의 평형은 훨씬 더 잘 이루어지지 않는다.

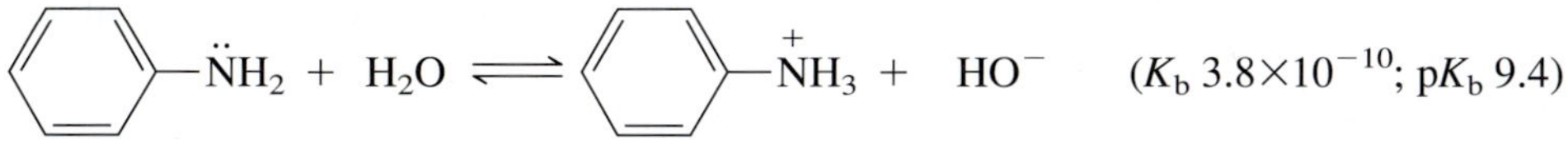

Aniline　Water　Anilinium ion　Hydroxide ion

아닐린은 비편재화된 비공유 전자쌍이 사이클로헥실아민의 질소 비공유 전자쌍보다 더 강하게 결합되어 있기 때문에 훨씬 더 약한 염기이다. 전자쌍에 더 강하게 결합될수록 양성자를 떼어 내는 것은 더 어렵다.

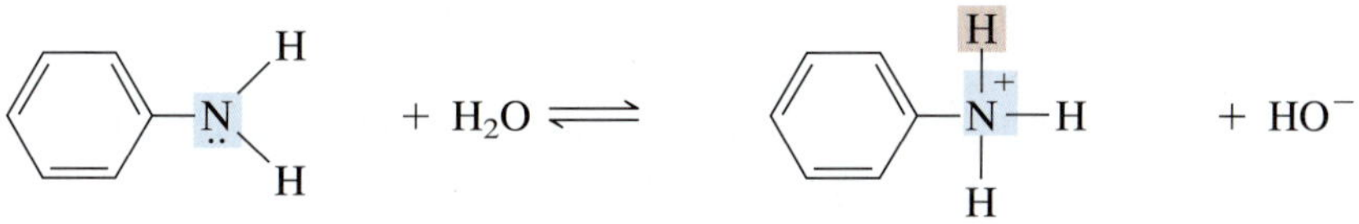

Aniline은 비공유 전자쌍이 고리의 π계 내부로 비편재화되어 안정화되어 질소의 전자 밀도를 감소시킨다.

문제 14.5 다음 두 아민의 K_b값은 40,000배 차이가 난다. 어느 것이 더 강한 염기인가? 그 이유는 무엇인가?

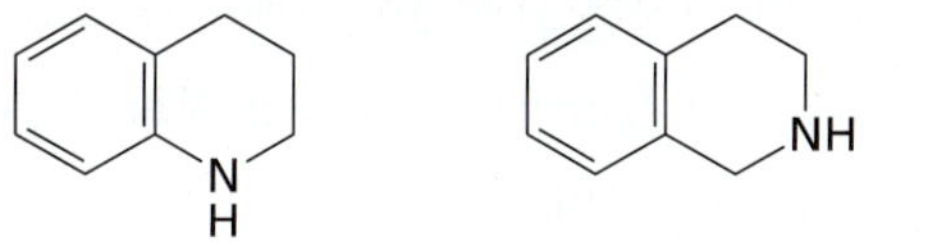

Tetrahydroquinoline　Tetrahydroisoquinoline

14.5 암모니아의 알킬화 반응에 의한 아민의 제법

원칙적으로 알킬아민은 알킬 할라이드를 암모니아와 친핵성 치환 반응을 시켜서 제조할 수 있다.

$$\underset{\text{Alkyl halide}}{RX} + \underset{\text{Ammonia}}{2NH_3} \longrightarrow \underset{\text{일차 amine}}{RNH_2} + \underset{\text{Ammonium halide 염}}{\overset{+}{N}H_4\ X^-}$$

그러나 이 반응은 아민을 합성하는 데 쓰이는 일반적인 방법은 아니다. 이 방법의 주된 한계는 예측되는 일차 아민 생성물은 그 자체가 친핵체이며, 알킬 할라이드에 대해 암모니아와 경쟁한다.

$$\underset{\text{Alkyl halide}}{RX} + \underset{\text{일차 amine}}{RNH_2} + \underset{\text{Ammonia}}{NH_3} \longrightarrow \underset{\text{이차 amine}}{RNHR} + \underset{\text{Ammonium halide 염}}{\overset{+}{N}H_4\ X^-}$$

예를 들면, 1-브로모옥테인을 암모니아와 반응시키면 일차 아민과 이차 아민이 비슷한 양으로 분리된다.

$$\underset{\substack{\text{1-Bromooctane}\\(1\text{mol})}}{CH_3(CH_2)_6CH_2Br} \xrightarrow{NH_3\ (2\text{mol})} \underset{\substack{\text{Octylamine}\\(45\%)}}{CH_3(CH_2)_6CH_2NH_2} + \underset{\substack{N,N\text{-Dioctylamine}\\(43\%)}}{[CH_3(CH_2)_6CH_2]_2NH}$$

비슷한 방법으로 경쟁적인 알킬화가 지속되어 트라이알킬아민 또는 심지어 사차 암모늄염도 생성된다.

> **문제 14.6** *N,N*-다이옥틸아민(앞의 반응식으로부터)과 1-브로모옥테인을 반응시켜 삼차 아민과 부산물로 사차 암모늄염을 생성하는 반응식을 쓰시오.

14.6 환원에 의한 아민의 제법

거의 모든 질소-함유 유기 화합물은 아민으로 환원될 수 있다. 이제 아민의 합성에는 적절한 전구체의 이용 용이성과 적절한 환원제의 선택이 해결해야 할 문제이다.

아자이드화 소듐에 의한 알킬 할라이드의 친핵성 치환 반응으로 만들어지는 알킬 **아자이드**(azaide, 9.1절)는 수소화 알루미늄 리튬을 포함한 여러 시약에 의해 알킬아민으로 환원된다. 촉매 수소첨가 반응도 또한 효과적이다.

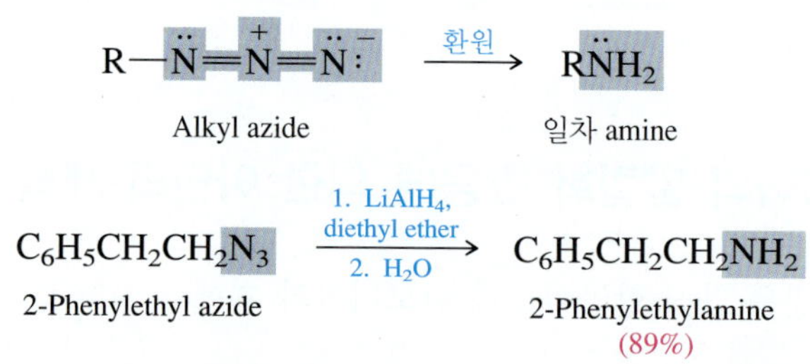

이와 동일한 환원법은 **나이트릴**(nitrile)을 일차 아민으로 전환하는 데도 사용할 수 있다.

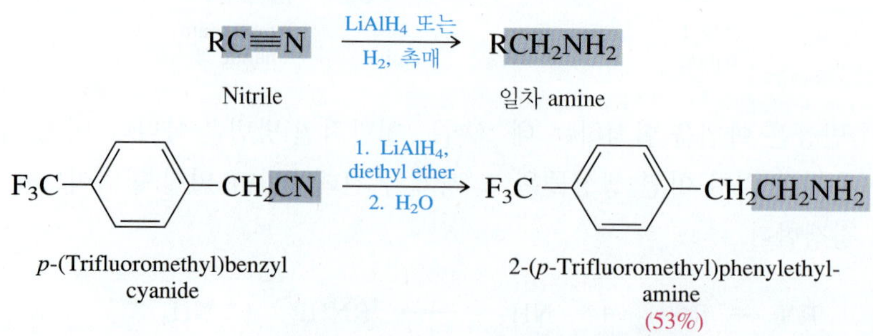

나이트릴은 사이아나이드 이온과 친핵성 치환 반응에 의해 알킬 할라이드로부터 제조

할 수 있기 때문에 전체 과정인 RX ⟶ RC ≡ N ⟶ RCH_2NH_2에 의해 출발 물질인 알킬 할라이드보다 탄소 원자가 한 개 더 많은 일차 아민이 된다.

사이아노하이드린의 사이아노기(11.7절)는 같은 조건하에서 환원된다.

나이트로기는 다양한 방법으로 쉽게 환원되어 일차 아민이 된다. 염산에 용해한 철 또는 주석에 의한 환원과 마찬가지로 백금, 팔라듐 또는 니켈 촉매하에서의 촉매 수소첨가 반응도 종종 사용된다. 나이트로기가 쉽게 환원되기 때문에 아릴아민을 제조하는 데 특히 유용하며, 이때 ArH ⟶ $ArNO_2$ ⟶ $ArNH_2$의 순서가 이들 화합물을 합성하는 표준 경로이다.

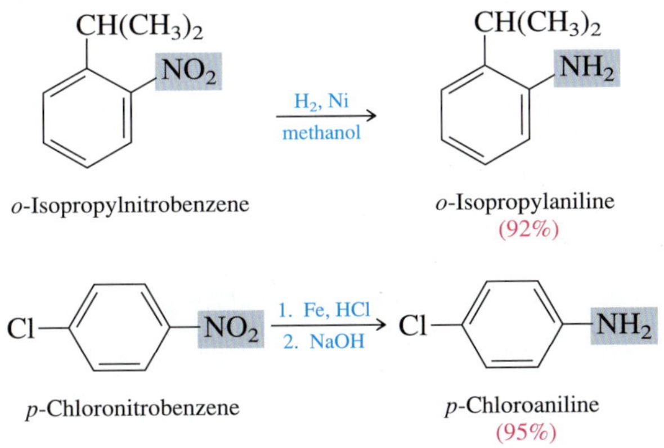

산성 조건에서 환원이 일어나기 위해서는 마지막 단계에서 수산화 소듐으로 pH를 조절해 주어야 $ArNH_3^+$가 $ArNH_2$로 전환된다.

문제 14.7 벤젠으로부터 다음 각 아릴아민을 합성하는 과정을 요약하시오.

(a) *o*-아이소프로필아닐린(*o*-Isopropylaniline)
(b) *p*-아이소프로필아닐린(*p*-Isopropylaniline)
(c) *p*-클로로아닐린(*p*-Chloroaniline)

풀이 (a) *o*-아이소프로필아닐린 합성의 마지막 단계인 촉매 수소첨가 반응에 의한 상응하는 나이트로기의 환원 반응은 앞에서 제시한 세 가지 예 중의 하나로 나타낼 수 있다. 필요한 나이트로아렌은 아이소프로필벤젠을 나이트로화하는 과정 중에 형성된 오쏘-파라 혼합물을 분별 증류하여 얻는다.

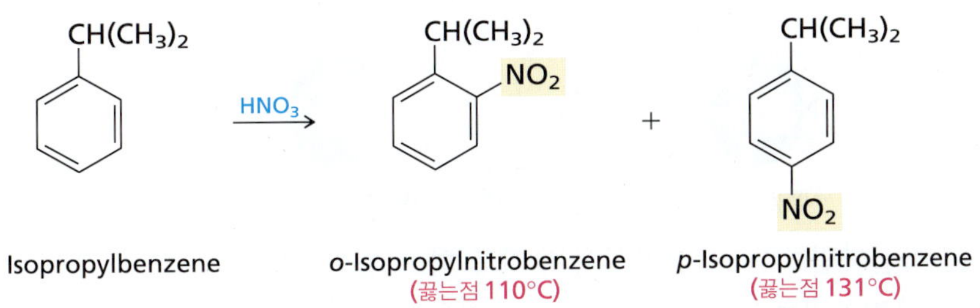

실제로 수율이 62%인 오쏘나 파라 나이트로화의 혼합 생성물을 약 1:3으로 얻을 수 있다.

아이소프로필벤젠은 아이소프로필 클로라이드와 염화 알루미늄을 사용하여 벤젠을 Friedel-Crafts 알킬화함으로써 제조한다(7.6절).

아자이드, 나이트릴, 나이트로 화합물이 환원되면 일차 아민이 생성된다. 일차, 이차, 삼차 아민을 생성하는 방법은 수소화 알루미늄 리튬으로 아마이드의 카보닐기를 환원시키는 것이다.

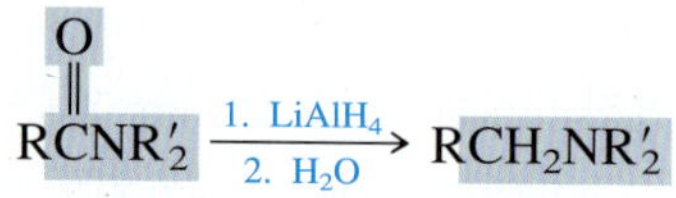

Amide Amine

이 일반적인 반응식에서 R과 R′은 알킬기 또는 아릴기이다. 아마이드는 쉽게 제조될 수 있기 때문에(13.11절), 이 방법은 아민을 제조하는 데 다양하게 사용된다.

아세트아닐라이드는 N-페닐에탄아마이드(N-phenylethanamide)의 IUPAC명으로 사용할 수 있다.

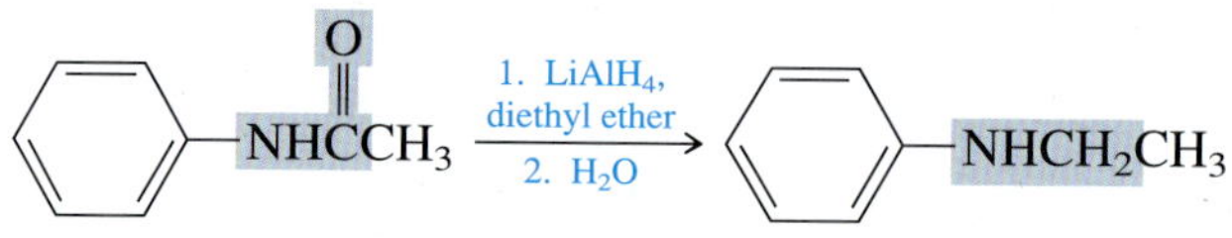

Acetanilide

N-Ethylaniline (92%)

문제 14.8 이전의 반응식에서 나타낸 바와 같이 아세트산과 기타 필요한 유기 및 무기 시약을 사용하여 N-에틸아닐린(N-ethylaniline)의 합성법을 요약하시오.

14.7 아민의 반응: 복습과 예습

아민의 주목할 만한 특성은 **염기도**(basicity)와 **친핵성**(nucleophilicity)이다. 아민의 염기도는 14.4절에서 다루었다. 아민이 친핵체로 작용하는 여러 반응은 이미 앞 장에서 다루었다. 이를 표 14.2에 요약하였다.

아민의 염기도와 친핵성은 모두 질소의 비공유 전자쌍에서 유래한다. 아민이 염기로 작용하면 이 전자쌍은 Brønsted 산으로부터 양성자를 떼어낸다. 아민이 표 14.2에 요약한 반응을 일으킨다면 각 경우의 첫 단계는 카보닐기의 양으로 분극된 탄소에 비공유 전자쌍이 공격하는 것이다.

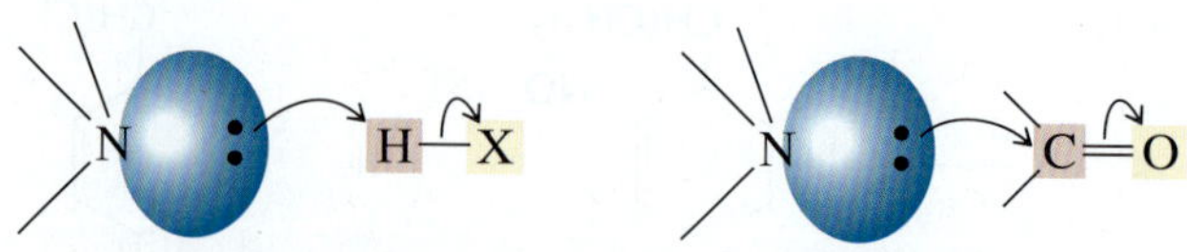

Amine이 염기로 작용 Amine이 친핵체로 작용

알킬아민은 아릴아민보다 더 염기성이 크기도 하고 친핵성도 더 크다. 표 14.2에 있는 모든 반응은 아릴아민보다는 알킬아민에서 더 빨리 일어난다.

다음 절에서는 아민의 첨가 반응을 몇 가지 소개하겠다. 모든 반응에 있어서 이들 반응이 어떻게 일어나는지를 이해하려면 우선 질소의 비공유 전자쌍의 역할을 고려해야 한다.

먼저 S_N2 반응에서 친핵체로서 아민의 반응성에 대해 알아보고자 한다.

표 14.2 이전 장에서 다룬 아민의 반응*

반응(절)과 해설	일반적 반응식과 구체적인 예
일차 아민과 알데하이드 또는 케톤과의 반응(11.9절) 이민은 알데하이드나 케톤의 카보닐기에 일차 아민의 친핵성 첨가 반응으로 합성된다. 카비놀아민 중간체를 형성하는 것이 중요한 단계이며, 카비놀아민은 다시 탈수되어 이민이 된다.	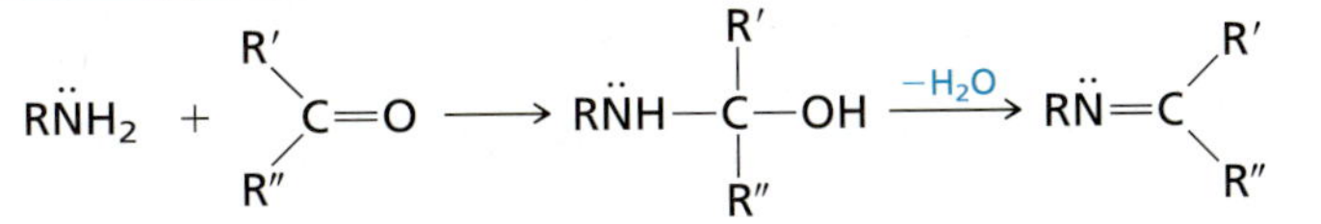 $CH_3NH_2 + C_6H_5CH{=}O \longrightarrow C_6H_5CH{=}NCH_3 + H_2O$ Methylamine + Benzaldehyde → *N*-Benzylidenemethylamine (70%) + Water
아민과 아실 클로라이드와의 반응(13.11절) 아민은 아실 클로라이드와 반응하여 아마이드로 전환된다. 카복실산 무수물과 에스터와 같은 다른 아실화제도 사용된다.	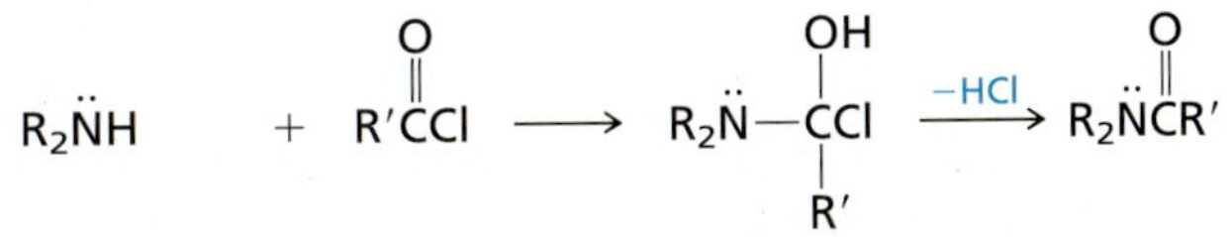 $CH_3CH_2CH_2CH_2NH_2 + CH_3CH_2CH_2CH_2C(=O)Cl \longrightarrow CH_3CH_2CH_2CH_2C(=O)NHCH_2CH_2CH_2CH_3$ Butylamine + Pentanoyl chloride → *N*-Butylpentanamide (81%)

*알킬아민과 아릴아민 모두 이러한 반응이 일어난다.

14.8 알킬 할라이드와 아민의 반응

친핵성 치환 반응은 일차 알킬 할라이드를 아민으로 처리할 때 일어난다.

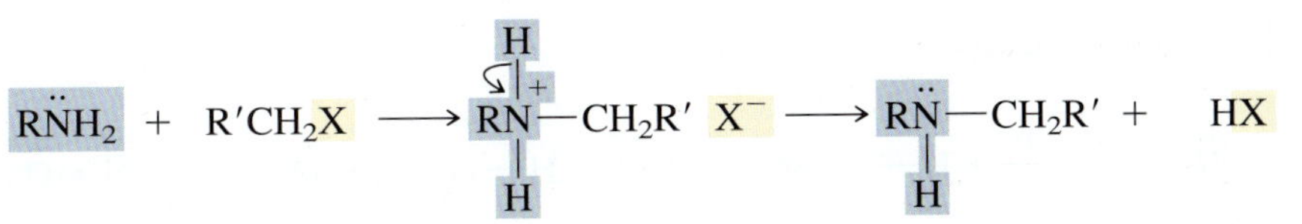

$$C_6H_5NH_2 + C_6H_5CH_2Cl \xrightarrow[90°C]{NaHCO_3} C_6H_5NHCH_2C_6H_5$$

Aniline (4mol) + Benzyl chloride (1mol) → *N*-Benzylaniline (85~87%)

이어서 두 번째 알킬화 반응이 일어나 이차 아민을 삼차 아민으로 전환시킨다. 알킬화는 여기에서 끝나지 않으며, 삼차 아민 자체도 알킬화되어 사차 암모늄염을 생성한다.

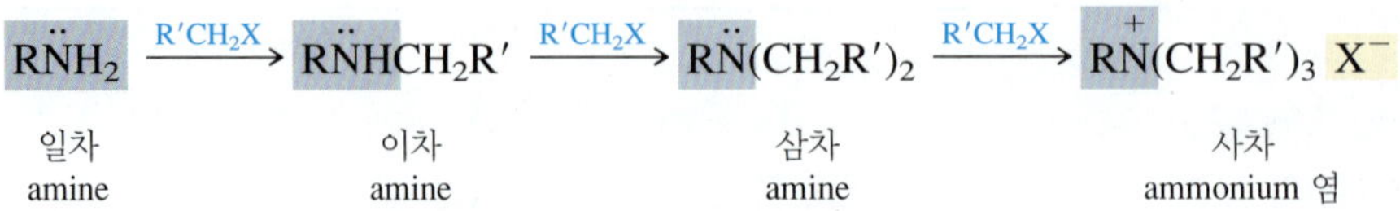

메틸 아이오다이드는 친핵성 치환 반응에 대한 반응성이 높기 때문에 사차 암모늄염을 제조하는 데 가장 많이 사용되는 알킬 할라이드이다.

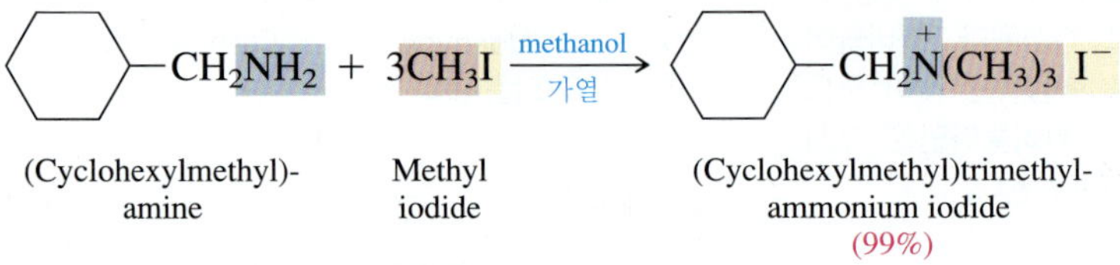

문제 14.9 콜린은 동물의 신경자극전달에 관여하는 중요 물질인 아세틸콜린 생성의 중간체이다. 합성 콜린은 동물 사료의 첨가제로 쓰인다. 콜린은 트라이메틸아민을 에틸렌 옥사이드와 물속에서 반응시켜 제조한다. 콜린은 화학식이 $(C_5H_{14}NO)^+(OH)^-$인 하이드록사이드염이다. 콜린의 구조는?

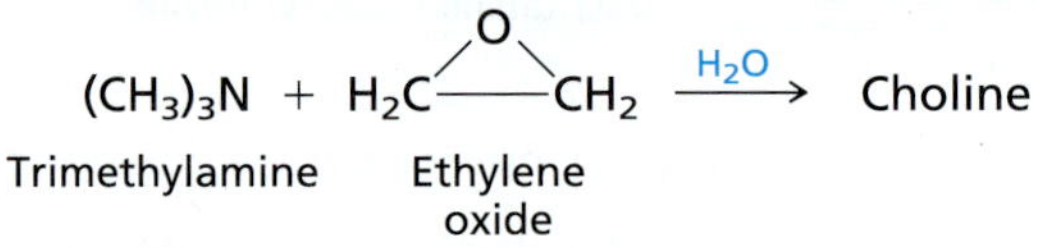

14.9 아민의 나이트로소화 반응

나이트로실 양이온은 **나이트로소늄 이온**(nitrosonium ion)이라고도 하며, 두 가지 공명 형태로 나타낼 수 있다.

아질산 소듐(sodium nitrite, $NaNO_2$) 용액을 산성화시키면 **나이트로소화제**(nitrosating agent)로 작용하는 많은 화학종이 생성된다. 즉, 이들 화학종은 반응할 때 나이트로실 양이온인 $:\overset{+}{N}{=}\ddot{O}:$을 내준다. 논의를 단순화하기 위해 유기 화학자들은 이들 모든 화학종을 한데 묶어 나이트로실 양이온에 대한 일반화된 전구체로서 많은 화학종 중의 하나인 아질산(nitrous acid)의 화학에 대해서 다룬다.

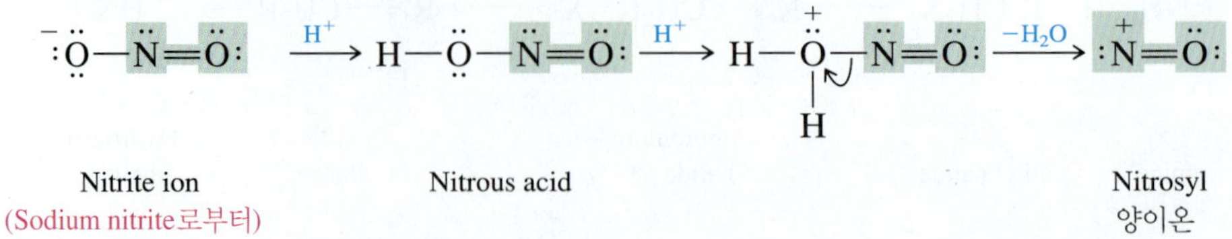

아민의 나이트로소화는 이차 아민이 "아질산과 반응"할 때 일어나는 현상을 조사함으로써 가장 잘 설명할 수 있다. 아민은 친핵체로 작용하여 나이트로실 양이온의 질소를 공격한다.

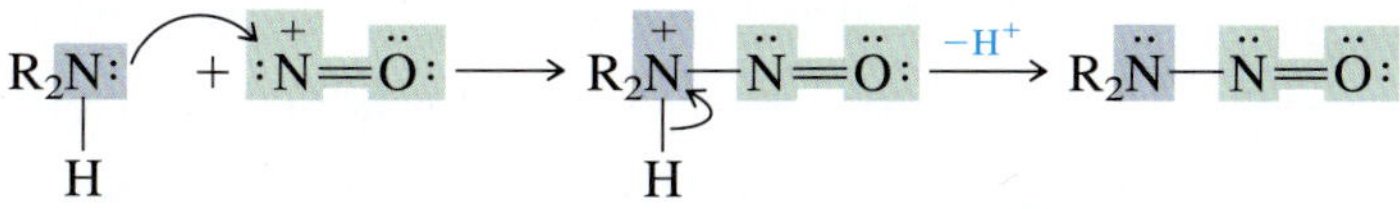

이차 alkylamine　　Nitrosyl 양이온　　*N*-Nitroso amine

첫 단계에서 형성된 중간체는 양성자를 잃고 분리된 생성물인 *N*-나이트로소아민을 생성한다.

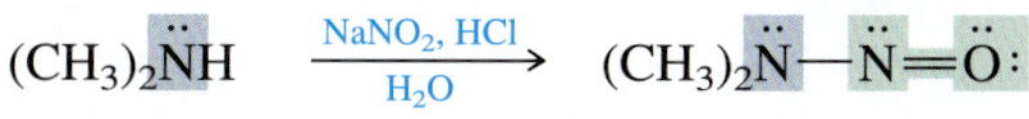

Dimethylamine　　*N*-Nitrosodimethylamine (88~90%)

문제 14.10 *N*-나이트로소아민은 전자의 비편재화에 의해 안정화된다. *N*-나이트로소다이메틸아민[$(CH_3)_2NNO$]의 가장 안정한 두 가지 공명 형태를 쓰시오.

N-나이트로소아민은 **나이트로사민**(nitrosamine)이라 부르는 경우가 더 많으며, 이들 중 많은 종류가 유력한 발암물질이기 때문에 최근에 많은 연구 대상이 되었다. 나이트로사민은 일상적으로 주위 환경에서 접하게 된다. 이들 중 모두 발암물질로 알려진 몇 가지는 다음과 같은 화합물이다.

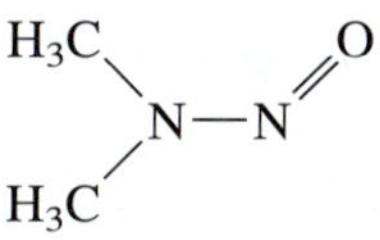

N-Nitrosodimethylamine
(가죽의 무두질 과정 중 생성, 또한 맥주와 제초제에서도 발견됨)

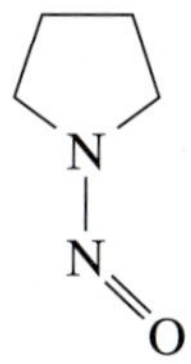

N-Nitrosopyrrolidine
(Sodium nitrite를 처리한 베이컨을 구울 때 생성)

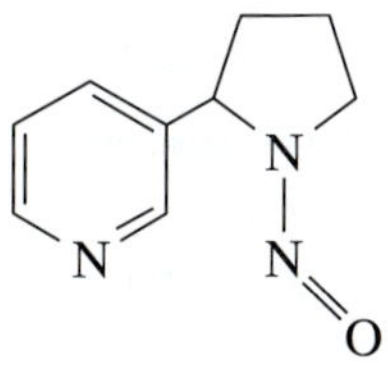

N-Nitrosonornicotine
(담배 연기 속에 존재)

나이트로사민은 나이트로소화제가 이차 아민과 접촉할 때는 언제나 생성된다. 실제로 인체 내에서 합성되는 나이트로사민이 환경 오염에 의해 체내에 들어오는 양보다 더 많을지도 모른다. 나이트레이트(nitrate; 질산염, NO_3^-)의 효소-촉매 환원 반응으로 나이트라이트(nitrite; 아질산염, NO_2^-)가 생성되며, 이 나이트라이트는 체내의 아민과 결합하여 *N*-나이트로소아민을 생성한다.

일차 아민이 나이트로소화되면 생성된 *N*-나이트로소 화합물은 계속 반응하여 **다이아조늄 이온**(diazonium ion)을 형성한다.

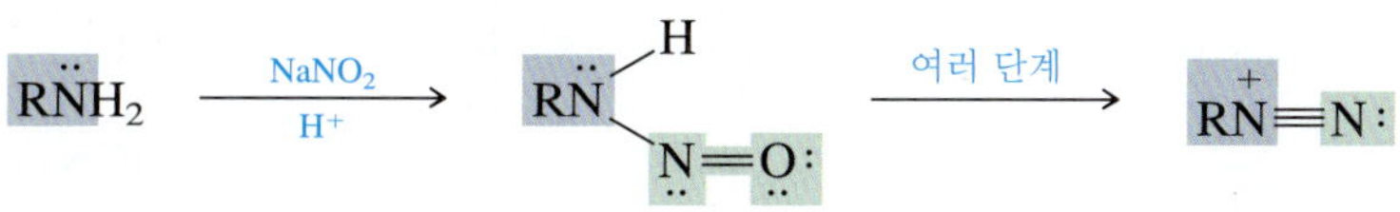

일차 alkylamine　　(분리시키지 않음)　　Alkyl diazonium ion

알킬 다이아조늄 이온은 쉽게 탄소양이온과 질소(N_2)로 해리되며, 너무 불안정하여 합성에 유용하게 사용될 수 없다. 이에 비해 아릴 다이아조늄 이온은 더 안정하므로 많은 반응을 하여 다양한 고리-치환 방향족 화합물을 제조하는 유용한 중간체로 사용된다.

$$\underset{\text{Aniline}}{C_6H_5NH_2} \xrightarrow[H_2O,\ 0\sim5°C]{NaNO_2,\ HCl} \underset{\text{Benzenediazonium chloride}}{C_6H_5\overset{+}{N}{\equiv}N\!:\ Cl^-}$$

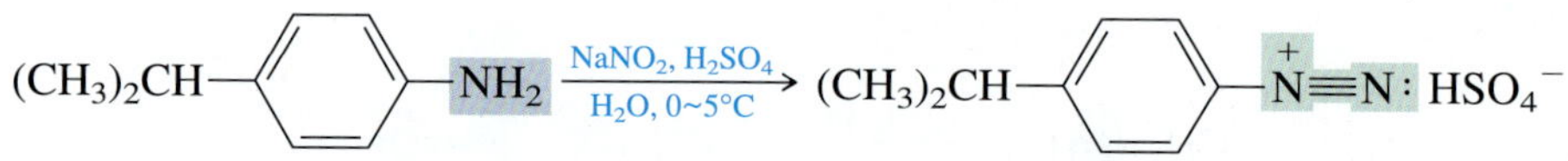

p-Isopropylaniline → *p*-Isopropylbenzenediazonium hydrogen sulfate

14.10 아릴 다이아조늄염을 이용한 합성

이 절에서 다룬 아릴 다이아조늄염의 중요한 반응을 그림 14.3에 요약하였다. 예를 들어, 페놀을 제조하는 중요한 방법은 그에 해당하는 아릴 다이아조늄 이온을 가수분해하는 것이다.

$$\underset{\text{Aryl diazonium ion}}{Ar\overset{+}{N}{\equiv}N\!:} + \underset{\text{Water}}{H_2O} \longrightarrow \underset{\text{A phenol}}{ArOH} + H^+ + \underset{\text{Nitrogen}}{:N{\equiv}N:}$$

다이아조늄 이온을 제조하는 데 사용되는 산성 용액을 가열하여 페놀을 제조한다.

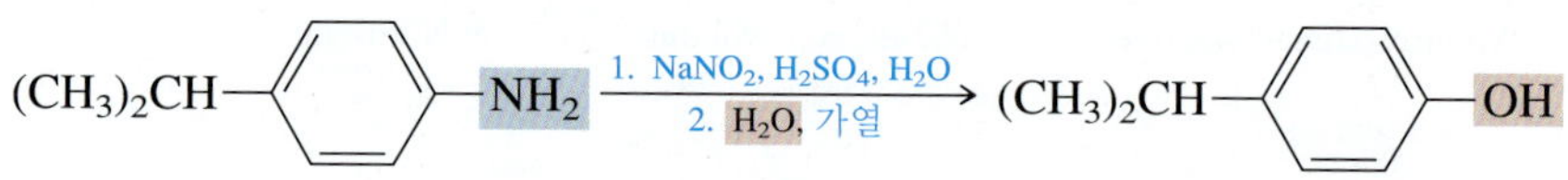

p-Isopropylaniline → *p*-Isopropylphenol (73%)

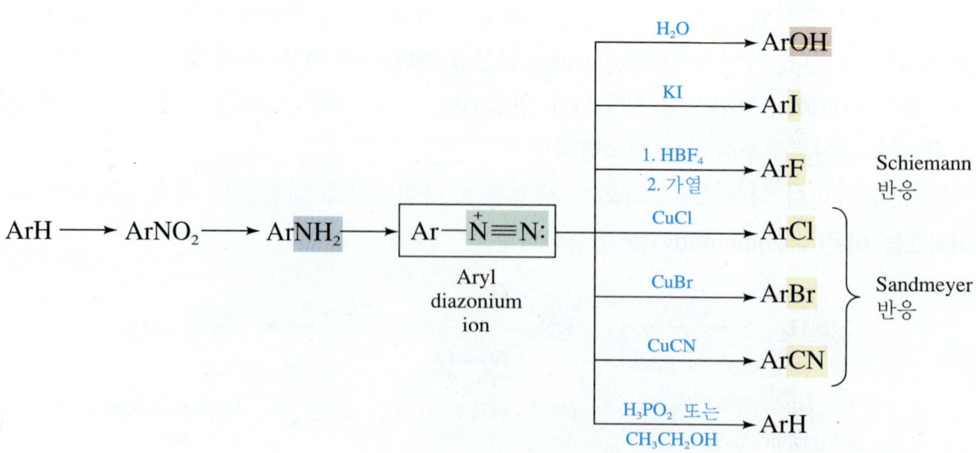

그림 • 14.3
아릴 다이아조늄 이온들의 합성 기원과 가장 유용한 변환 과정을 나타내는 흐름도

문제 14.11 벤젠으로부터 *m*-브로모페놀(*m*-bromophenol)을 합성하는 과정을 쓰시오.

아릴 다이아조늄염과 아이오딘화 포타슘을 반응시키는 것이 아릴 아이오다이드를 제조하는 표준 방법이다. 다이아조늄염에 아이오딘화 포타슘 용액을 첨가하면 그 반응이 일어난다.

$$\underset{\text{Aryl diazonium ion}}{Ar-\overset{+}{N}\equiv N:} + \underset{\text{Iodide ion}}{I^-} \longrightarrow \underset{\text{Aryl iodide}}{ArI} + \underset{\text{Nitrogen}}{:N\equiv N:}$$

이와 비슷한 반응은 갑상선 기능 저하를 치료하는 갑상선 호르몬인 타이록신(thyroxine, 3.8절 참조)을 실험실에서 제조하는 데 사용된다.

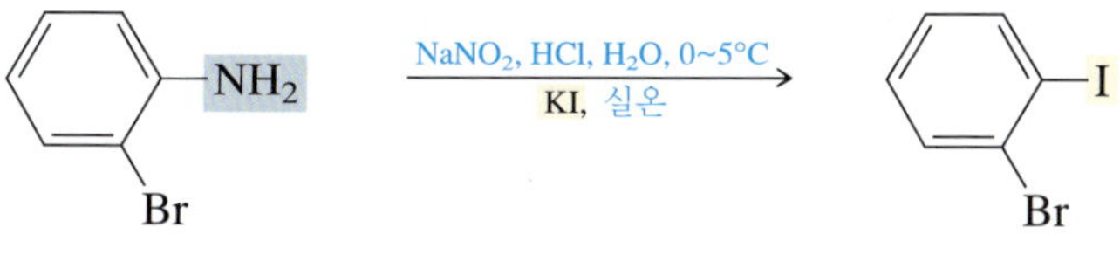

o-Bromoaniline → *o*-Bromoiodobenzene (72~83%)

문제 14.12 벤젠으로부터 *m*-브로모아이오도벤젠(*m*-bromoiodobenzene)을 제조하는 일련의 반응식을 쓰시오.

다이아조늄염에 관한 화학은 **Schiemann 반응**(Schiemann reaction)이라는 과정을 통하여 아릴 플루오라이드를 제조하는 주요 합성법을 제공한다. 이 과정에서 아릴 다이아조늄염은 플루오로보레이트(fluoroborate; 붕소산염)염으로 분리되며, 다시 가열하면 원하는 아릴 플루오라이드를 생성한다.

$$\underset{\text{Aryl diazonium fluoroborate}}{Ar-\overset{+}{N}\equiv N:\ \overset{-}{B}F_4} \xrightarrow{\text{가열}} \underset{\text{Aryl fluoride}}{ArF} + \underset{\text{Boron trifluoride}}{BF_3} + \underset{\text{Nitrogen}}{:N\equiv N:}$$

아릴 다이아조늄 플루오로보레이트염을 생성하는 표준 방법은 다이아조화 반응 매질에 플루오로붕소산(fluoroboric acid, HBF_4) 또는 플루오로보레이트염을 첨가하는 것이다.

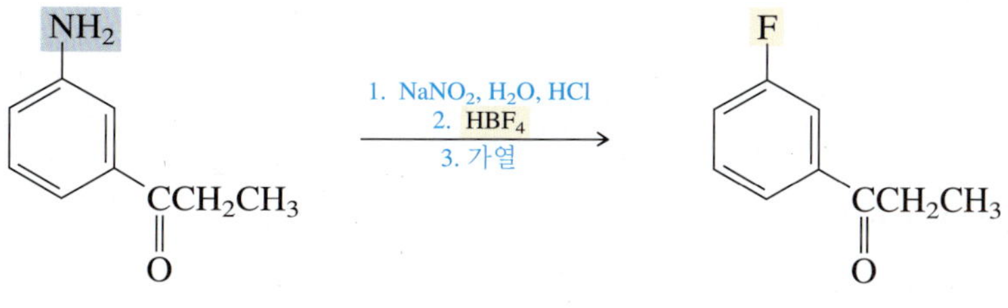

m-Aminophenyl ethyl ketone → Ethyl *m*-fluorophenyl ketone (68%)

문제 14.13 벤젠을 에틸 *m*-플루오로페닐 케톤(ethyl *m*-fluorophenyl ketone)으로 전환시키는 합성 변환의 적절한 순서를 나타내시오.

비록 친전자성 방향족 치환 반응에 의해 아릴 클로라이드와 아릴 브로마이드를 제조할 수 있지만, 이들 화합물을 방향족 아민으로부터 제조하는 것도 종종 필요하다. 아민을 상응하는 다이아조늄염으로 전환시키고 이어서 염화 구리(I)나 브로민화 구리(I)로 적절하게 처리한다.

Aryl diazonium ion — Aryl chloride 또는 bromide — Nitrogen

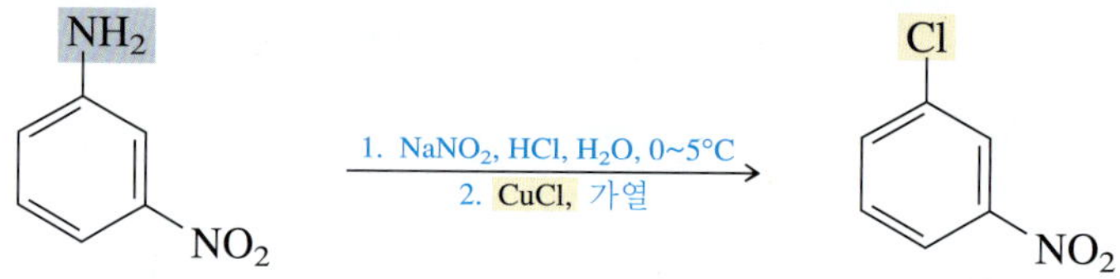

m-Nitroaniline — *m*-Chloronitrobenzene (68~71%)

다이아조늄염에 있는 질소를 치환하기 위한 시약으로 구리(I)염을 사용하는 반응을 **Sandmeyer 반응**(Sandmeyer reaction)이라고 한다. 사이안화 구리(I)를 이용하는 Sandmeyer 반응은 방향족 나이트릴을 제조하는 데 좋은 방법이다.

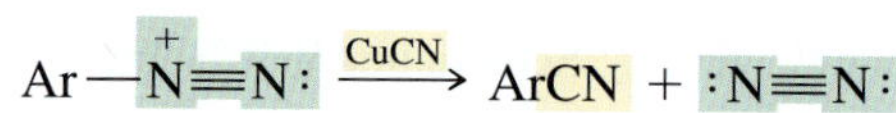

Aryl diazonium ion — Aryl nitrile — Nitrogen

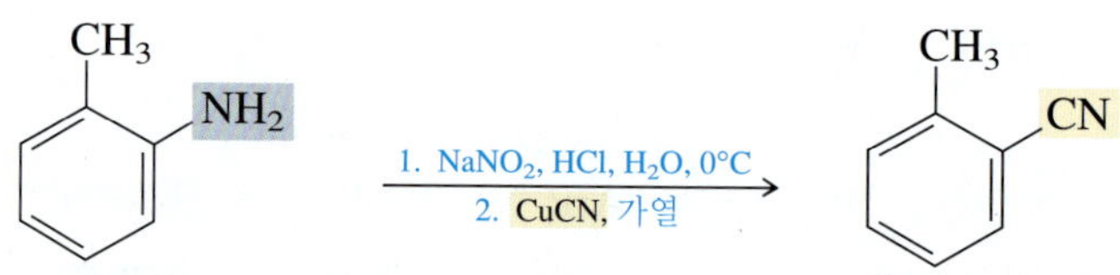

o-Toluidine — *o*-Methylbenzonitrile (64~70%)

사이아노기는 카복실산으로 가수분해될 수 있기 때문에(12.10절) Sandmeyer 반응으로 아릴 나이트릴을 제조하는 것은 아릴아민을 치환된 벤조산으로 전화시키는 중요한 단계이다.

다이아조늄염을 하이포아인산(hypophosphorous acid, H_3PO_2)이나 에탄올으로 환원시킴으로써 방향족 핵에 있는 아미노 치환기를 수소로 치환할 수 있다. 이러한 반응은 에탄올이나 하이포아인산이 수소 원자 주개로 작용하는 자유 라디칼 반응이다.

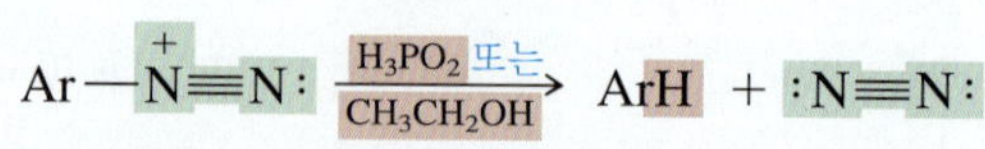

Aryl diazonium ion — Arene — Nitrogen

이런 유형의 반응을 **환원성 탈아미노화 반응**(reductive deamination)이라고 한다.

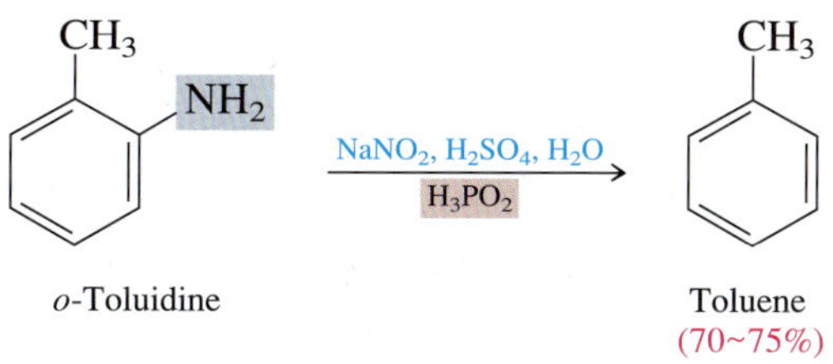

합성 유기화학에서 다이아조늄염의 가치는 크게 두 가지이다. 다이아조늄염의 화학을 이용하여

1. 플루오로, 아이오도, 사이아노, 하이드록시와 같이 벤젠 고리에 도입되기 어려운 치환기들을 도입할 수 있다.
2. 친전자성 방향족 치환으로 직접 합성하지 못하는 치환 형태를 갖는 화합물을 제조할 수 있다.

두 가지 특징 중 첫 번째는 명확하며, 문제 14.11~14.13으로 설명하였다. 이 문제들을 아직 풀지 못했다면 지금 즉시 풀기를 바란다.

두 번째 특징은 약간 덜 명확하지만 1,3,5-트라이브로모벤젠(1,3,5-tribromobenzene)의 합성에 의해 쉽게 설명된다. 이 특별한 치환 형태는 브로민이 오쏘, 파라 지향성이기 때문에 벤젠을 직접 브로민화해서 얻을 수 없다. 대신 아닐린의 아미노기의 강력한 활성화 및 오쏘, 파라 지향성 효과를 이용할 수 있다. 아닐린을 브로민화시키면 2,4,6-트라이브로모아닐린(2,4,6-tribromoaniline)이 정량적으로 생성된다. 생성된 2,4,6-트라이브로모아닐린의 다이아조화와 다이아조늄염의 환원으로 원하는 1,3,5-트라이브로모벤젠이 생성된다.

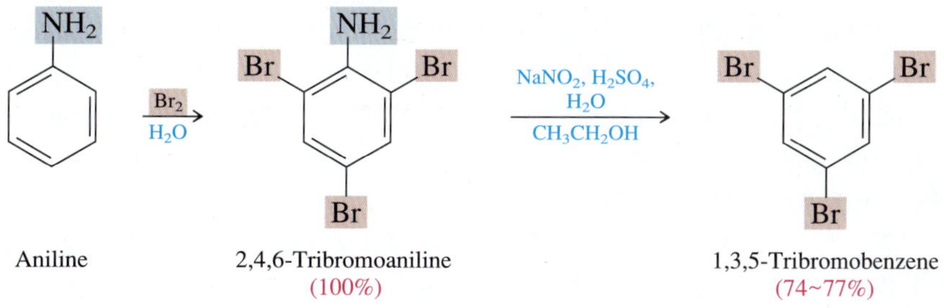

4.11 아조 짝지음 반응

질소의 소실이 수반되지 않는 아릴 다이아조늄염의 반응은 페놀 및 아릴아민과 반응할 때 일어난다. 아릴 다이아조늄 이온은 비교적 약한 친핵체이지만, 반응성이 충분하여 강하게 활성화된 방향족 고리를 공격할 수 있다. 이 반응을 **아조 짝지음**(azo coupling)이라 하며, 두 아릴기는 아조(—N=N—)기에 의해 결합된다.

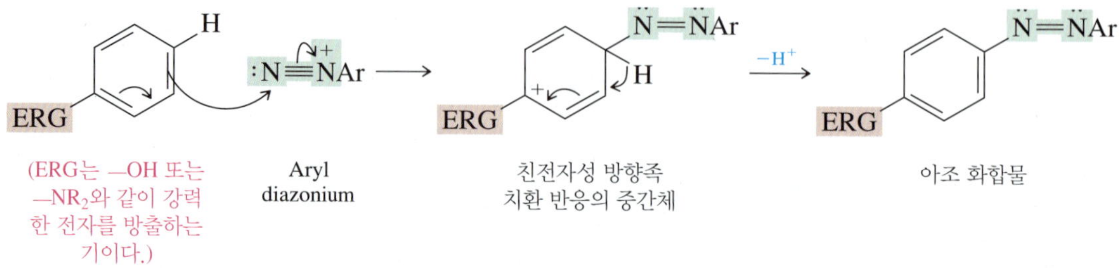

pH 지시약의 번호[예를 들어, 메틸 레드(methyl red)]는 아조 화합물이다.

아조 화합물은 종종 짙은 색을 나타내고, 그중 많은 것들이 염료로 사용되므로, 페놀 또는 기타 전자 밀도가 높은 방향족 화합물과 다이아조늄 이온의 짝지음 반응은 상업적으로 유용한 반응이다. 아조 염료의 두 가지 예를 제시하면 다음과 같다. FD&C Orange No. 1은 식품 착색제로 사용되며, 파라 레드(para red)는 섬유를 염색하는 데 사용된다.

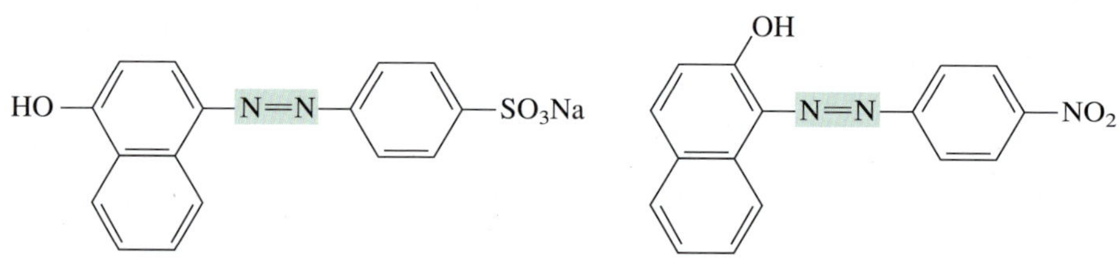

FD&C Orange No. 1 Para red

염료로부터 설파제에 이르기까지

1930년대에 **설파제**(sulfa drug)가 등장하기 이전까지만 해도 의약품 상자에 항세균제는 사실상 없었다. 설파제가 등장하기 이전에는 작은 베인 상처나 찔린 상처도 세균 감염으로 생명을 위협할 수 있었다. 설파제가 개발된 이면의 이야기는 잘못된 이유가 좋은 결과를 낳은 흥미로운 한 예에 해당된다. 많은 세균은 염료를 흡수하며 염색은 현미경하에서 세균을 더 잘 볼 수 있도록 하는 표준 방법이었음이 알려져 있다. 세균에 흡수되면서도 세균에 독성을 나타내는 염료가 없었다면 어떻게 되었을까? 이 가정을 근거로 독일의 염료 회사인 I. G. Farbenindustrie의 과학자들은 항세균 특성을 조사하기 위하여 수집한 수천 종의 화합물을 시험하는 연구를 수행하였다.

일반적으로 의약품의 *in vitro* 실험을 *in vivo* 실험보다 먼저 수행한다. 두 용어는 각각 "시험관 내"와 "생체 내"라는 뜻이다. 항생 물질의 시험관 내 시험은 시험관 또는 페트리 접시에서 세균 배양액을 사용하여 수행한다. 시험관 시험에서 활성이 있다고 확인된 약품을 생체 시험 단계로 넘긴다. 생체 실험은 생명체, 즉 실험동물이나 지원자를 대상으로 수행한다. I. G. Farben의 과학자들은 일부 염료가 시험관 내는 물론 생체 내에서 항세균 활성이 있음을 발견하였다. 다른 염료는 시험관 내에서는 활성이 있었지만 생체 내에서는 불활성 물질로 전환되어 의약품으로 사용이 불가능하였다. 예상과는 달리 프론토실(Prontosil)이라는 아조 염료는 시험관 내에서는 활성이 없었지만 생체 내에서는 활성이 있었다. 1932년 I. G. Farben의 연구진인 Gerhard Domagk은 프론토실을 이용하여 중증이며 잠재적으로 치명적인 포도상 구균에 감염된 어린이를 치료하였다. 많은 자료에 따르면 그 어린이는 Domagk의 딸이었고, 딸의 감염은 치유되었으며, 회복은 신속하고 완전했다. 그 후 체계적인 시험이 수행되었고, Domagk은 1939년 노벨 의학 및 생리학상을 수상하였다.

염료를 항생제로서 시험하는 이론적 근거에도 불구하고, 후속 연구 결과 프론토실의 항생균 활성은 염료와는 전혀 상관이 없었음이 밝혀졌다. 체내에서 프론토실의 아조 결합이 환원적으로 분해되어 **설파닐아마이드**(sulfanilamide)를 생성하며, 설파닐아마이드가 실제로 생물 활성을 나타내는 물질이다. 프론토실이 생체 내에서는 활성을 나타내지만 시험관 내에서는 활성을 나타내지 않는 것은 이 때문이다. (계속)

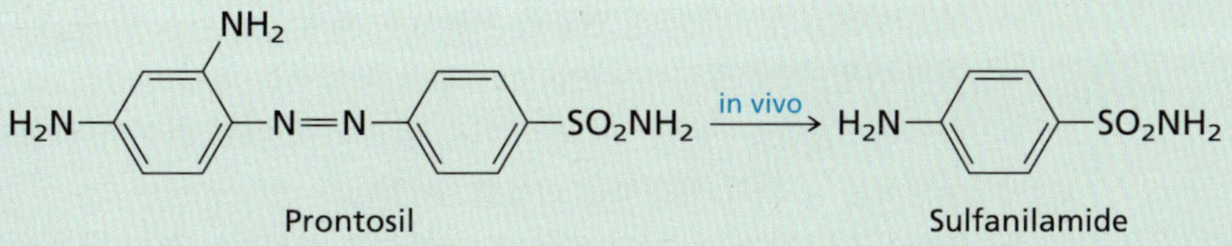

세균은 생육 인자인 **폴산**(folic acid, **엽산**)을 합성하기 위해서는 *p*-아미노벤조산(*p*-aminobenzoic acid)이 필요하다. 구조적으로 설파닐아마이드는 *p*-아미노벤조산과 비슷하므로 세균은 두 화합물을 혼동하게 된다. 이렇게 되면 폴산의 생합성이 저해되어 세균의 성장이 현저히 둔화됨으로써 체내의 자연 치유력에 의해 병이 낫게 된다. 동물은 폴산을 생합성하지 않고 음식물에서 섭취하기 때문에 설파닐아마이드는 숙주에 해를 주지 않고 세균의 성장을 정지시킨다.

프론토실이 세균 감염을 치유하는 메커니즘을 밝힌 것은 의약품의 작용 메커니즘을 연구하는 생리학과 생화학을 연결하는 학문 분야인 **약학**(pharmacology)의 초기 승리였다. 설파닐아마이드가 활성을 나타낸다는 사실을 인식함으로써 잠재적으로 더 우수한 활성을 지니는 구조적으로 변형된 유사체를 제조하는 작업이 현저하게 단순화되었다. 프론토실 유사체를 제조하는 대신 화학자들은 설파닐아마이드 유사체를 합성하였다. 화학자들은 맹렬히 이 작업에 몰두하였다. 설파닐아마이드와 관련한 화합물은 5000종 이상이 1935~1946년 사이에 만들어졌다. 가장 널리 사용되는 설파제의 두 가지는 설파싸이아졸(sulfathiazole)과 설파다이아진(sulfadiazine)이다.

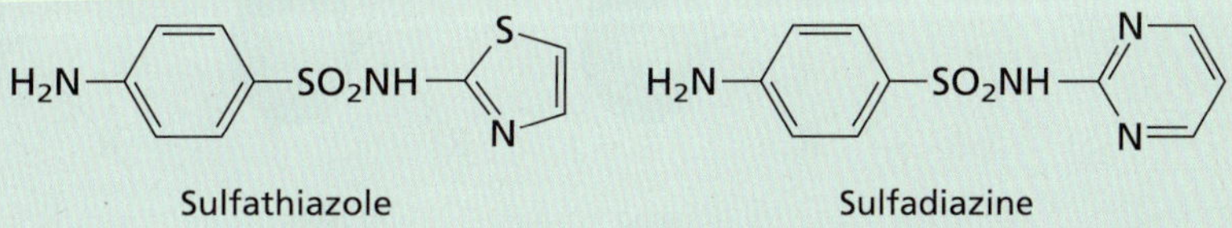

우리는 현대 의약품의 효능을 당연한 것으로 받아들이는 경향이 있다. 그리 오래지 않은 과거와 비교해 보면 이 점을 더 분명히 알 수 있다. 설파제가 미국에 도입되자 폐렴 사망자만 연간 약 25,000명 감소하였다. 그러나 오늘날 설파제는 20세기 중반보다 사용량이 적다. 페니실린과 테트라사이클린과 같이 효과는 더 좋으면서 독성이 더 적은 항생 물질을 이용할 수 있을 뿐만 아니라, 한때 설파제에 감수성이 컸던 많은 세균이 저항성이 생겼기 때문이다.

학습목표

이 장에서는 알킬아민과 아릴아민의 화학적 물리적 성질에 초점을 맞추었다. 이 장에서 배운 기술로 여러분은 다음과 같은 것을 할 수 있다.

- 알킬아민과 아릴아민의 IUPAC명을 올바르게 나타낼 수 있다.
- 일차, 이차, 삼차, 사차 아민의 구조 또는 사차 암모늄염의 구조를 그릴 수 있다.
- 오비탈 혼성 모형을 이용하여 아민의 결합을 설명할 수 있다.
- 아민과 산의 반응을 나타내는 화학 반응식을 쓸 수 있다.
- 아민의 K_b 및 pK_b의 의미와 아민의 암모늄염의 K_a 및 pK_a와 어떤 관계가 있는지를 설명할 수 있다.
- 아릴아민이 알킬아민보다 약한 염기인 이유를 설명할 수 있다.
- 암모니아를 알킬화하여 알킬아민을 제조하는 화학 반응식을 쓸 수 있다.
- 아조 화합물, 나이트릴, 아마이드를 환원시켜 알킬아민을 제조하는 화학 반응식을 쓸 수 있다.
- 방향족 나이트로 화합물로부터 아릴아민을 제조하는 화학 반응식을 쓸 수 있다.

- 아민과 알킬 할라이드의 반응을 나타내는 화학 반응식을 쓸 수 있다.
- 일차 아릴아민으로부터 다이아조늄염을 제조하는 화학 반응식을 쓸 수 있다.
- 다이아조늄염을 이용하여 페놀, 아릴 할라이드, 아릴 사이아나이드를 제조하는 방법을 설명하는 데 화학 반응식을 이용할 수 있다.
- 다이아조늄 짝지음 반응으로 아조 화합물을 형성하는 화학 반응식을 쓸 수 있다.

14.12 요약

알킬아민은 아래에 나타낸 형태의 화합물이며, R, R′, R″은 알킬기이다. 아릴아민에서 이들 기 중 한 개 이상은 아릴기이다.

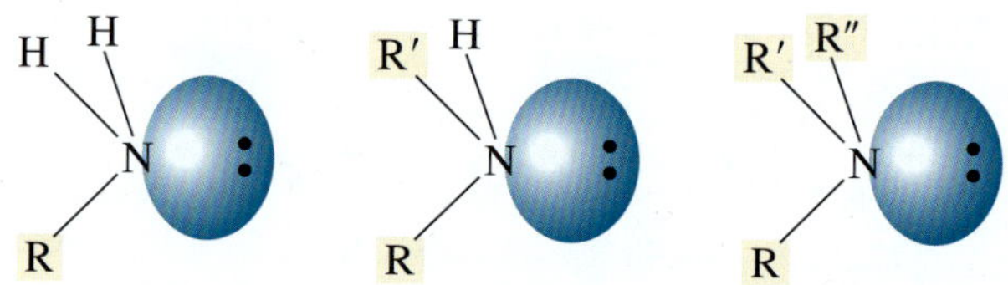

일차 amine 이차 amine 삼차 amine

알킬아민은 두 가지 방법으로 명명한다(14.1절). 한 가지 방법은 알킬기의 이름 끝에 -아민(*-amine*)을 붙인다. 또 다른 한 방법은 알케인 이름의 끝 부분인 *-e*를 -아민(*-amine*)으로 바꾸어 치환기 명명 원칙을 적용하고 아미노기의 위치를 알 수 있도록 적절한 번호로 나타내는 것이다. 아릴아민은 아닐린의 유도체로 명명한다.

질소의 비공유 전자쌍은 아민의 구조와 성질을 이해하는 데 매우 중요하다(14.2절). 알킬아민은 질소에 피라미드 배열로 결합되어 있으며, 비공유 전자쌍은 sp^3-혼성 오비탈에 존재한다. 아릴아민에 있는 질소의 기하구조는 알킬아민에 있는 질소보다 편평하며, 비공유 전자쌍은 고리의 π계 속으로 비편재화된다. 비편재화되면 알킬아민에서보다 아릴아민에서 더 강하게 전자쌍에 결합한다. 아릴아민은 알킬아민보다 염기성은 더 약하고, 친핵성도 더 작다.

아민은 알코올보다 극성이 작다(14.3절). 질소가 산소보다 전기음성도가 작기 때문에 아민의 수소 결합은 알코올에서보다 더 약하다. 아민의 끓는점은 알코올보다 더 낮지만 알케인보다는 더 높다. 일차 아민의 끓는점은 이성질체인 이차 아민보다 더 높으며, 분자간 수소 결합을 형성할 수 없는 삼차 아민의 끓는점이 가장 낮다. 아민의 물에 대한 용해도는 알코올과 비슷하다.

아민의 염기도는 아민의 염기도 상수 K_b(pK_b) 또는 그 짝산의 해리 상수 K_a(pK_a)로 나타낸다(14.4절).

$$R_3N\colon + H_2O \rightleftharpoons R_3\overset{+}{N}H + HO^- \qquad K_b = \frac{[R_3\overset{+}{N}H][HO^-]}{[R_3N]}$$

알킬아민의 염기도 상수는 10^{-3}~10^{-5} 정도이다. 아릴아민은 훨씬 더 약한 염기이며, K_b값은 10^{-9}~10^{-11} 정도이다.

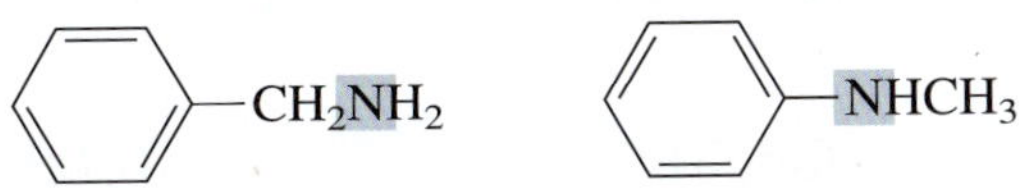

Benzylamine (아릴아민: $pK_b = 4.7$)　　*N*-Methylaniline (아릴아민: $pK_b = 11.8$)

아민 제조 방법은 표 14.3에 나타내었다(14.5절과 14.6절).

아민은 일차 알킬 할라이드에 의해 알킬화된다(14.8절). 생성물은 이차나 삼차 아민 아니면 사차 암모늄염이다.

$$\underset{\text{일차 amine}}{RNH_2} \xrightarrow{R'CH_2X} \underset{\text{이차 amine}}{RNHCH_2R'} \xrightarrow{R'CH_2X} \underset{\text{삼차 amine}}{RN(CH_2R')_2} \xrightarrow{R'CH_2X} \underset{\text{사차 ammonium 염}}{R\overset{+}{N}(CH_2R')_3\,X^-}$$

아민 존재하에서 아질산 소듐을 함유하는 용액을 산성화시키면 아민의 나이트로소화 반응이 일어난다(14.9절). 이차 아민은 나이트로소화제와 반응하여 *N*-나이트로소아민을 생성한다.

$$\underset{\text{이차 amine}}{R_2NH} \xrightarrow[H_2O]{NaNO_2,\ H^+} \underset{N\text{-Nitroso amine}}{R_2N{-}N{=}O}$$

일차 아릴아민은 아릴다이아조늄염을 생성한다.

$$\underset{\text{일차 amine}}{ArNH_2} \xrightarrow{NaNO_2,\ HCl} \underset{\text{Aryl diazonium ion}}{Ar\overset{+}{N}{\equiv}N\colon}$$

아릴 다이아조늄염은 유용한 합성 중간체이다(14.10절). 일단 형성되면 다이아조늄염을 적당한 시약으로 처리하면 페놀, 아릴 할라이드, 아릴 사이아나이드가 생성된다(그림 14.3 참조). 구리(I)염을 이용하는 이 반응을 **Sandmeyer 반응**(Sandmeyer reaction)이라고 한다. 아릴아민의 아미노 치환기는 그의 다이아조늄염을 에탄올 또는 하이포아인산으로 처리하면 수소로 치환할 수 있다.

아릴 다이아조늄염은 매우 활성화된 방향족 고리와 반응하여 아조 화합물을 형성하며, 많은 아조 화합물은 짙은 색을 띠므로 염료로 사용된다(14.11절).

$$\underset{\text{Aryl diazonium ion}}{Ar\overset{+}{N}{\equiv}N\colon} + \underset{\text{Arylamine 또는 phenol}}{Ar'H} \longrightarrow \underset{\text{아조 화합물}}{ArN{=}NAr'} + H^+$$

표 14.3 아민의 제법

반응(절)과 해설 | **일반적 반응식과 구체적인 예**

알킬화 방법

암모니아의 알킬화(14.5절)

암모니아는 일차 및 이차 알킬 할라이드에 대해 친핵체로 작용하여 일차 알킬아민을 생성한다. 일차 아민은 그 자체가 친핵체이자 알킬화 반응을 하기 때문에 수율은 상대적으로 낮은 편이다. 암모니아가 알킬화되면 일차 아민, 이차 아민, 삼차 아민, 사차 암모늄염을 함유하는 혼합물이 생성할 수 있다.

$$RX + 2NH_3 \longrightarrow RNH_2 + NH_4X$$

Alkyl halide, Ammonia, Alkylamine, Ammonium halide

$$C_6H_5CH_2Cl \xrightarrow{NH_3\ (8mol)} C_6H_5CH_2NH_2 + (C_6H_5CH_2)_2NH$$

Benzyl chloride (1mol) → Benzylamine (53%) + Dibenzylamine (39%)

환원법

알킬 아자이드의 환원(14.6절)

일차 또는 이차 알킬 할라이드에서 아자이드 이온에 의한 친핵성 치환 반응으로 제조된 알킬 아자이드는 수소화 알루미늄 리튬 또는 촉매 수소화 반응에 의해 일차 알킬아민으로 환원된다.

$$R\ddot{N}{=}\overset{+}{N}{=}\ddot{N}{:}^{-} \xrightarrow{\text{환원}} R\ddot{N}H_2$$

Alkyl azide → 일차 amine

$$CF_3CH_2\underset{\displaystyle N_3}{\underset{|}{C}}HCO_2CH_2CH_3 \xrightarrow{H_2,\ Pd} CF_3CH_2\underset{\displaystyle NH_2}{\underset{|}{C}}HCO_2CH_2CH_3$$

Ethyl 2-azido-4,4,4-trifluorobutanoate → Ethyl 2-amino-4,4,4-trifluorobutanoate (96%)

나이트릴의 환원(14.6절)

나이트릴은 수소화 알루미늄 리튬 또는 촉매 수소화 반응에 의해 일차 아민으로 환원된다.

$$RC{\equiv}N \xrightarrow{\text{환원}} RCH_2NH_2$$

Nitrile → 일차 amine

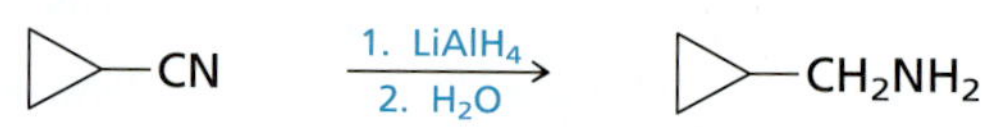

Cyclopropyl cyanide → Cyclopropylmethanamine (75%)

아릴 나이트로 화합물의 환원(14.6절)

아릴아민을 제조하는 표준 방법은 방향족 고리를 질산화시키고 이어서 나이트로기를 환원시키는 것이다. 전형적인 환원 시약은 염산에 용해한 철 또는 주석 및 촉매 수소화 반응을 이용한다.

$$ArNO_2 \xrightarrow{\text{환원}} ArNH_2$$

Nitroarene → Arylamine

$$C_6H_5NO_2 \xrightarrow[2.\ HO^-]{1.\ Fe,\ HCl} C_6H_5NH_2$$

Nitrobenzene → Aniline (97%)

아마이드의 환원(14.6절)

수소화 알루미늄 리튬은 아마이드의 카보닐기를 메틸렌기로 환원시킨다. 일차, 이차, 삼차 아민은 출발 아마이드를 잘 선택하면 제조할 수 있다. R과 R′은 알킬기이거나 아릴기이다.

$$R\overset{O}{\overset{\|}{C}}NR'_2 \xrightarrow{\text{환원}} RCH_2NR'_2$$

Amide → Amine

$$CH_3\overset{O}{\overset{\|}{C}}NHC(CH_3)_3 \xrightarrow[2.\ H_2O]{1.\ LiAlH_4} CH_3CH_2NHC(CH_3)_3$$

N-tert-Butylacetamide → *N*-Ethyl-*tert*-butylamine (60%)

보충문제

구조, 명명법, 성질

14.14 분자식이 $C_4H_{11}N$인 모든 아민의 구조식을 쓰시오. 각 구조식을 명명하고 일차, 이차, 삼차 아민으로 분류하시오.

14.15 다음 각 화합물의 구조식을 쓰시오.

(a) 헵틸아민(heptylamine)

(b) 2-에틸-1-뷰탄아민(2-2thyl-1-butanamine)

(c) *N*-에틸펜틸아민(*N*-2thylpentylamine)

(d) 다이벤질아민(dibenzylamine)

(e) 테트라에틸암모늄 하이드록사이드(tetraethylammonium hydroxide)

(f) *N*-에틸-4-메틸아닐린(*N*-ethyl-4-methylaniline)

(g) 2,4-다이클로로아닐릴(2,4-dichloroaniline)

(h) *N*,*N*-다이메틸아닐린(*N*,*N*-dimethylaniline)

14.16 (a) 벤젠 고리가 있고 분자식이 C_7H_9N인 모든 이성질체의 구조와 이름을 쓰시오.

(b) 이들 중 어느 이성질체가 가장 강한 염기인가?

14.17 다음 각 아민을 명명하고, 그 아민을 일차, 이차, 삼차 아민으로 분류하시오.

(a) $CH_3CH_2CH_2NHCH_2CH_2CH_3$

(b) $CH_3CH_2CH_2NCH_2CH_2CH_2CH_3$
                 |
                CH_3

(c) $(CH_3)_2CHCH_2CH_2NH_2$

(d) $(CH_3CH_2CH_2)_2NC_6H_5$

(e) $C_6H_5CH_2NHC_6H_5$

14.18 많은 천연 질소 화합물과 많은 질소를 함유하는 의약품은 체계명보다는 관용명으로 더 잘 알려져 있다. 그중 몇 가지를 여기에 나타내었다. 각각의 구조식을 쓰시오.

(a) 뇌에서 일어나는 대사과정에 관여하며, γ-아미노뷰티르산(γ-aminobutyric acid) 또는 GABA로 더 잘 열려져 있는 4-아미노뷰탄산(4-aminobutanoic acid)

(b) 페이오우티(peyote) 선인장에서 분리되는 환각제이면서 메스칼린(mescaline)으로 더 잘 알려진 2-(3,4,5-트아리메톡시페닐)에틸아민[2-(3,4,5-trimethoxyphenyl) ethylamine]

(c) 항우울제이며 트라닐사이프로민(tranylcypromine)으로 더 잘 알려진 *트랜스*-2-페닐사이클로프로필아민(*trans*-2-phenylcyclopropylamine)

(d) 흥분제이며 암페타민(amphetamine)으로 더 잘 알려진 1-페닐-2-프로판아민(1-phenyl-2-propanamine)

14.19 다음 화합물을 염기도가 감소하는 순으로 배열하시오.

$C_6H_5NH_2$	$C_6H_5CH_2NH_2$	$C_6H_5NHC(=O)CH_3$
Aniline	Benzylamine	Acetanilide

반응

14.20 벤질아민이 다음 각 시약과 반응할 때 예상되는 생성물의 구조를 나타내시오.

(a) 브로민화 수소
(b) 아세트산
(c) 아세틸 클로라이드
(d) 아세톤
(e) 과량의 메틸 아이오다이드

14.21 문제 14.20을 아닐린의 경우에 대해 푸시오.

14.22 *N*-페닐프로판아마이드가 다음 각 시약과 반응하여 생성되는 화합물의 구조를 쓰시오.

(a) $LiAlH_4$, 이어서 H_2O
(b) HNO_3, H_2SO_4
(c) $(CH_3)_3CCl$, $AlCl_3$
(d) NaOH, H_2O, 가열

14.23 다음 각 문항에서 얻을 수 있는 생성물의 구조를 쓰시오.

(a) *p*-메틸아닐린과 아질산 소듐, 황산 용액, 0~5℃
(b) (a)의 생성물을 산 용액에서 가열
(c) (a)의 생성물을 염화 구리(I)로 처리
(d) (a)의 생성물을 아이오딘화 포타슘으로 처리
(e) (a)의 생성물을 브로민화 구리(I)로 처리
(f) (a)의 생성물을 사이안화 구리(I)로 처리
(g) (a)의 생성물을 하이포아인산(H_3PO_2)으로 가열
(h) (a)의 생성물을 플루오로붕산으로 처리한 후 가열
(i) (a)의 생성물을 페놀로 처리(생성물은 $C_{13}H_{12}N_2O$)

14.24 다음 각 반응의 주요 유기 생성물을 확인하시오.

(a) 1,2-다이메틸-4-나이트로벤젠 $\xrightarrow[\text{ethanol}]{H_2,\ Pt}$

(b) $C_6H_5NHC(=O)CH_2CH_2CH_3 \xrightarrow[2.\ H_2O]{1.\ LiAlH_4}$

(c) $(CH_3)_2CHNHCH(CH_3)_2 \xrightarrow[HCl,\ H_2O]{NaNO_2}$

(d) 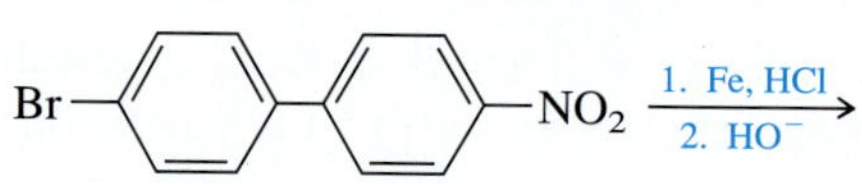

(e) (d)의 생성물 $\xrightarrow[2.\ H_2O,\ \text{가열}]{1.\ NaNO_2,\ H_2SO_4,\ H_2O}$

(f) 2,6-다이나이트로아닐린 $\xrightarrow[2.\ CuCl]{1.\ NaNO_2,\ H_2SO_4,\ H_2O}$

(g) *m*-브로모아닐린 $\xrightarrow[2.\ CuBr]{1.\ NaNO_2,\ HBr,\ H_2O}$

(h) *o*-나이트로아닐린 $\xrightarrow[2.\ CuCN]{1.\ NaNO_2,\ HCl,\ H_2O}$

(i) 2,6-다이아이오도-4-나이트로아닐린 $\xrightarrow[2.\ KI]{1.\ NaNO_2,\ H_2SO_4,\ H_2O}$

(j) 아닐린 $\xrightarrow[2.\ \text{2,3,6-trimethylphenol}]{1.\ NaNO_2,\ H_2SO_4,\ H_2O}$

합성

14.25 다음의 전환 반응 순서를 요약하시오.

(a) 벤조산을 *N*-메틸벤질아민으로 전환

(b) 벤질 브로마이드($C_6H_5CH_2Br$)를 2-페닐에틸아민으로 전환

14.26 벤젠으로부터 다음 각 방향족 화합물을 합성하는 과정을 요약하시오.

(a) *o*-에틸아닐린(*o*-ethylaniline)

(b) *p*-브로모아닐린(*p*-bromoaniline)

(c) *m*-클로로아이오도벤젠(*m*-chloroiodobenzene)

(d) *p*-브로모페놀(*p*-bromophenol)

14.27 *p*-나이트로톨루엔(*p*-nitrotoluene)을 다음 화합물로 전환하는 일련의 단계를 요약하시오.

(a) *p*-메틸아닐린(*p*-methylaniline)

(b) *p*-클로로톨루엔(*p*-chlorotoluene)

(c) *p*-사이아노톨루엔(*p*-cyanotoluene)

(d) *p*-아이오도톨루엔(*p*-iodotoluene)

(e) *p*-메틸페놀(*p*-methylphenol)

(f) 3,5-다이브로모톨루엔(3,5-dibromotoluene)

14.28 다음 각 화합물을 제조하는 과정을 모든 탄소 원자의 공급원으로 에탄올을 사용하여 설명하시오. 일단 화합물을 만들었다면 이 문제의 뒷부분을 반복해서 풀 필요는 없다.

(a) 에틸아민(ethylamine)

(b) *N*-에틸아세트아마이드(*N*-ethylacetamide)

(c) 다이에틸아민(diethylamine)

(d) *N,N*-다이에틸아세트아마이드(*N,N*-diethylacetamide)

(e) 트라이에틸아민(triethylamine)

(f) 테트라에틸암모늄 브로마이드(tetraethylammonium bromide)

14.29 다음 각 전환 반응을 수행하는 적절한 일련의 반응식을 써서 나타내시오.

(a) 1-뷰탄올을 1-펜탄아민으로 전환

(b) *tert*-뷰틸 클로라이드를 2,2-다이메틸-1-프로판아민으로 전환

14.30 다음 화합물들은 *p*-나이트로아닐린(p-nitroaniline)으로부터 제조되었다. 각 화합물을 생성하는 올바른 일련의 단계를 요약하시오.

(a) *p*-나이트로벤조나이트릴(*p*-nitrobenzonitrile, *p*-$O_2NC_6H_4CN$)

(b) *p*-아세트아미도페놀(*p*-Acetamidophenol, *p*-$HOC_6H_4NHC(=O)CH_3$)

14.31 다음 화합물들은 *o*-아니시딘[*o*-anisidine; *o*-메톡시아닐린(*o*-methoxyaniline)]으로부터 제조되었다. 각 화합물을 생성하는 올바른 일련의 단계를 요약하시오.

(a) *o*-브로모아니솔(*o*-bromoanisole)

(b) *o*-플루오로아니솔(*o*-fluoroanisole)

기타 문제

14.32 파이소스티그민(physostigmine)은 서부 아프리카 식물로부터 얻는 알칼로이드이며, 녹내장의 치료에 사용된다. 파이소스티그민을 메틸 아이오다이드로 처리하면 사차 암모늄염이 생성된다. 이 염의 구조는?

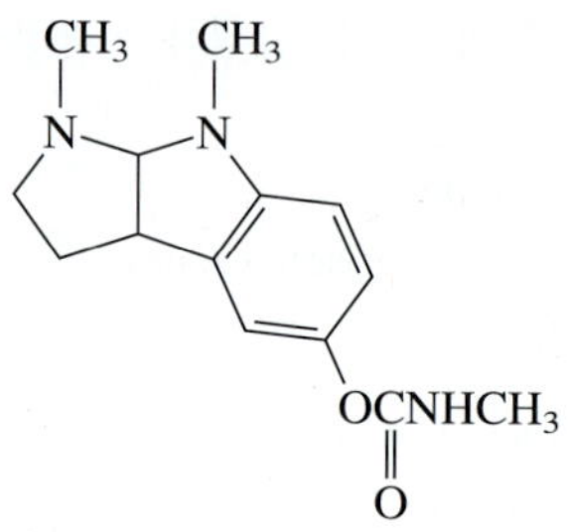

Physostigmine

14.33 다음 각 관찰 결과를 올바르게 설명하시오.

(a) 4-메틸피페리딘(4-methylpiperidine)의 끓는점은 *N*-메틸피페리딘(*N*-methylpiperidine)보다 높다.

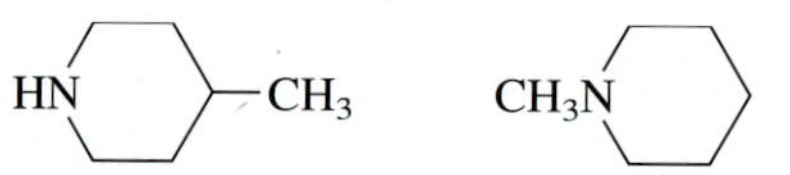

4-Methylpiperidine (끓는점 129°C) *N*-Methylpiperidine (끓는점 106°C)

(b) 4-*tert*-뷰틸-*N*-메틸피페리딘(4-*tert*-butyl-*N*-methylpiperidine)을 벤질 클로라이드로 처리하면 상당량의 두 가지 이성질체 사차 암모늄염이 생성된다. (**힌트**: 분자 모형을 만들어보면 이해가 쉽다.)

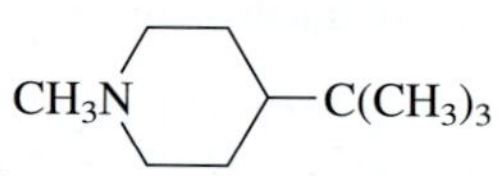

4-*tert*-Butyl-*N*-methylpiperidine

14.34 여러 아민을 함유하는 화합물은 국소 마취제로 사용된다. 이들 중 한 구조인 라이도카인(lidocaine)[자일로카인(xylocaine)이라고도 함]을 아래에 나타내었다. 이 화합물은 주사제로 주입할 때 물에 대한 용해도를 증가시키기 위해 하이드로클로라이드(hydrochloride)염으로 사용한다. 라이도카인 하이드로클로라이드의 구조를 그리시오.

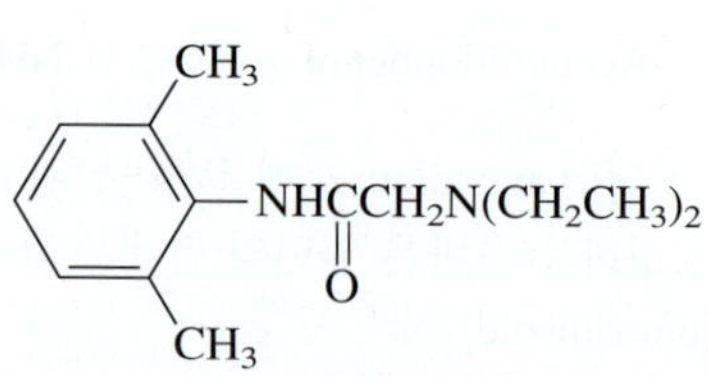

Lidocaine

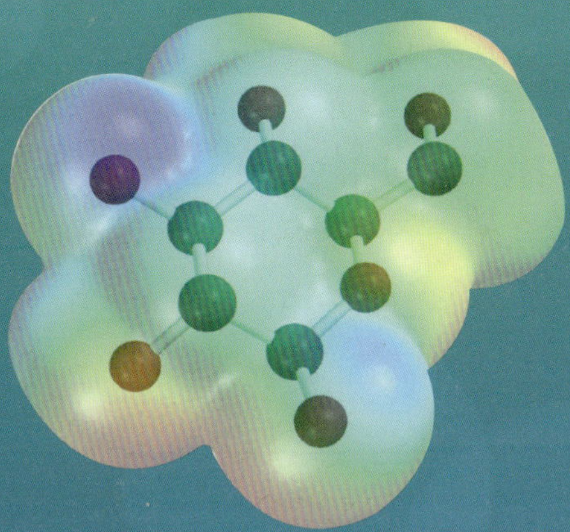

CHAPTER 15
탄수화물

개요

생명체에 공통적인 유기 화합물은 크게 지질, 단백질, 핵산, 탄수화물로 분류한다. 탄수화물은 우리가 아주 잘 알고 있으며, 그들 중 많은 화합물을 흔히 "설탕"이라고 부른다. 탄수화물은 우리가 섭취하는 음식의 상당 부분을 차지하고 있으며, 인간이라는 엔진을 계속 움직이게 해 주는 에너지의 대부분을 공급해 준다. 탄수화물은 식물의 세포벽과 나무의 목재를 구성하는 성분이다. 유전 정보는 탄수화물의 특이한 유도체인 핵산에 의해 저장되고 전달되며, 이에 관해서는 18장에서 상세하게 다룰 것이다.

역사적으로 탄수화물은 많은 경우에(모두 다는 아니지만) 분자식이 $C_n(H_2O)_m$이었기 때문에 한때는 "탄소의 수화물"이라고 생각하였다. 그러나 탄수화물은 구조적인 실체에 더 가깝고 화학적 반응성을 더 잘 나타내 준다는 관점에서 볼 때 폴리하이드록시 알데하이드(polyhydroxy aldehyde) 또는 폴리하이드록시 케톤(polyhydroxy ketone)이라고 정의하는 것이 더 사실적이다.

15.1 탄수화물의 분류

"당"을 나타내는 라틴어는 *saccharum*이며, 여기서 유래된 용어인 "사카라이드(saccharide)"는 탄수화물 분류법의 토대가 된다. **단당류**(monosaccharide)는 간단한 탄

"당"은 산스크리트어인 *su*(sweet)와 *gar*(sand)의 합성어이다. 그러므로 문자상의 의미는 "단모래"이다.

수화물이며, 가수분해시켜도 더 작은 탄수화물로 분해되지 않는다. 예를 들어, 글루코스(glucose, $C_6H_{12}O_6$)는 단당류이다. **이당류**(disaccharide)는 가수분해에 의해 두 개의 단당류로 분해되며, 단당류는 같을 수도 있고 다를 수도 있다. 일반적으로 설탕으로 알려진 슈크로스(sucrose)는 가수분해되어 글루코스 한 분자와 프럭토스(fructose) 한 분자를 생성하는 이당류이다.

$$\text{슈크로스}(C_{12}H_{22}O_{11}) + H_2O \longrightarrow \text{글루코스}(C_6H_{12}O_6) + \text{프럭토스}(C_6H_{12}O_6)$$

표 15.1 단당류의 분류

탄소 원자의 수	알도스(aldose)	케토스(ketose)
4	알도테트로스(aldotetrose)	케토테트로스(ketotetrose)
5	알도펜토스(aldopentose)	케토펜토스(ketopentose)
6	알도헥소스(aldohexose)	케토헥소스(ketohexose)
7	알도헵토스(aldoheptose)	케토헵토스(ketoheptose)
8	알도옥토스(aldooctose)	케토옥토스(ketooctose)

소당류(oligosaccharide, *oligos*는 복수 형태로 "적은"을 의미하는 그리스어이다)는 가수분해되어 3~10개의 단당류를 생성한다. **다당류**(polysaccharide)는 가수분해되어 10개 이상의 단당류 단위를 생성한다. 셀룰로스는 완전히 가수분해되어 수천 개의 글루코스 분자를 생성하는 다당류 분자이다.

200종 이상의 다른 단당류가 알려져 있다. 이들은 갖고 있는 탄소의 수, 그리고 폴리하이드록시 알데하이드인지 아니면 폴리하이드록시 케톤인지에 따라 분류할 수 있다. 폴리하이드록시 알데하이드인 단당류를 **알도스**(aldose)라고 하며, 폴리하이드록시 케톤인 단당류를 **케토스**(ketose)라고 한다. 알도스와 케토스는 주 사슬에 들어 있는 탄소의 수에 따라 세분된다. 표 15.1에는 4~8개의 탄소 원자를 갖는 단당류에 적용할 수 있는 용어를 열거하였다.

15.2 Fischer 투영도와 D–L 체계

> Fischer는 1900년에 글루코스의 구조를 결정하고, 1902년 노벨 화학상을 수상하였다.

입체화학은 탄수화물의 구조를 이해하는 데 매우 중요하며, 이는 독일의 화학자인 Emil Fischer가 명백하게 밝힌 사실이다. Fischer가 카이랄 분자의 입체화학을 나타내기 위해 사용한 투영도는 탄수화물을 연구하는 데 특히 더 적합하다. 그림 15.1에는 탄수화물 입체화학에서 기본이 되는 분자인 글리세르알데하이드[glyceraldehyde, 2,3-다이하이드록시프로판알(2,3-dihydroxypropanal)]의 거울상이성질체에 적용할 수 있음을 나타낸다. Fischer 투영도는 그림에서와 같이 탄소 사슬을 수직방향으로 두고 알데하이드 탄소를 맨 위에 두었을 때 C-2의 하이드록시기는 (+)-글리세르알데하이드에서는 오른쪽을 말하며, (−)-글리세르알데하이드에서는 왼쪽을 향하고 있다.

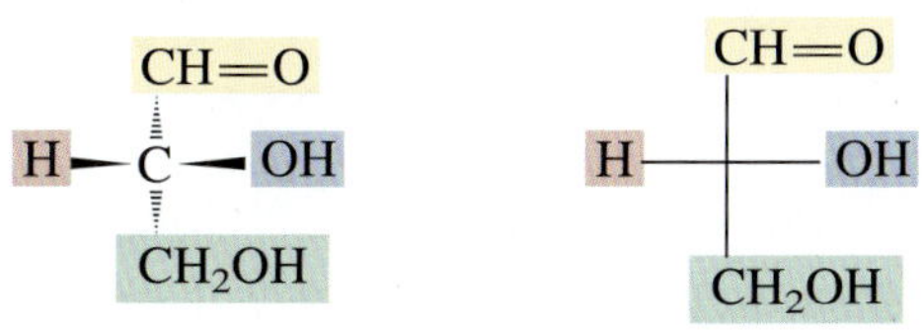

R-(+)-Glyceraldehyde

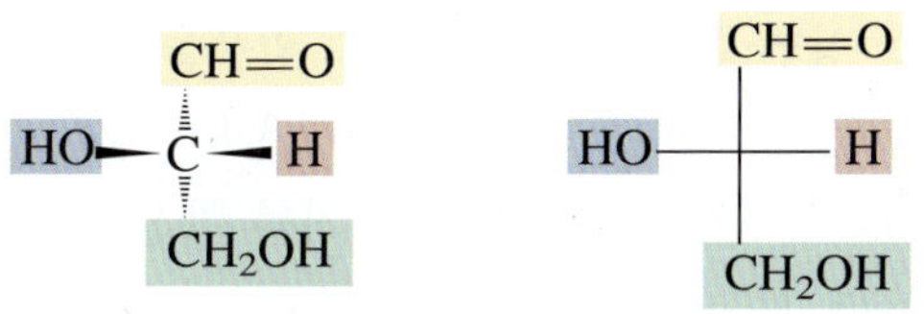

S-(−)-Glyceraldehyde

그림 • 15.1
글리세르알데하이드 거울상이성체의 삼차원 표시와 Fischer 투영도

카이랄 분자의 절대 위치배열을 결정하는 기술이 1950년대까지 개발되지 않아 Fischer와 그 당시의 사람들은 특정 물질의 회전 부호와 그 절대 위치배열을 연관시킬 수가 없었다. 글리세르알데하이드의 거울상이성질체는 그림 15.1에 나타낸 회전 부호와 절대 위치배열을 가진다고 임의로 가정하여 절대 위치배열을 결정하는 방법을 개발하였고, 이 방법은 나중에 옳은 것으로 밝혀졌다. 입체화학을 나타내는 두 부호는 D와 L이다. (+)-글리세르알데하이드의 절대 위치배열은 그림에 나타낸 것과 같이 D이며, 거울상이성질체인 (−)-글리세르알데하이드의 절대 위치배열은 L로 나타내었다. 치환기의 공간 배열이 D-(+)-와 L-(−)-글리세르알데하이드와 유사한 화합물은 각각 D와 L 위치배열을 가진다고 하였다.

> 글리세르알데하이드의 거울상이성질체를 입체화학의 기준 화합물로 정하게 된 것은 1906년 New York 대학의 화학자인 M. A. Rosanoff가 제안한 이후부터이다.

문제 15.1 다음을 D- 또는 L-글리세르알데하이드로 구분하시오.

(a) 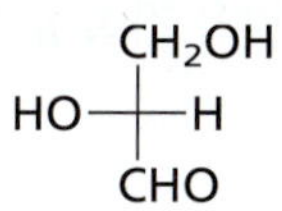

(b) 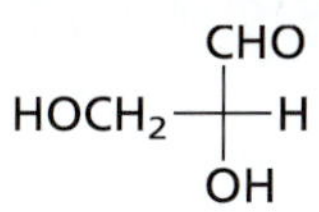

(c) 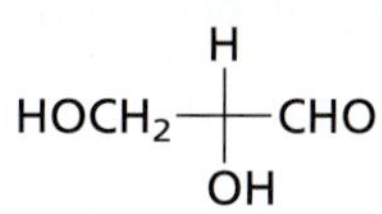

풀이 (a) Fischer 투영도를 다시 그려서 치환기들의 실제 공간 배열을 더 명확하게 나타낸다. 이어서 분자를 재배열하여 그림 15.1에 있는 글리세르알데하이드 거울상이성질체와의 관계를 명확하게 한다.

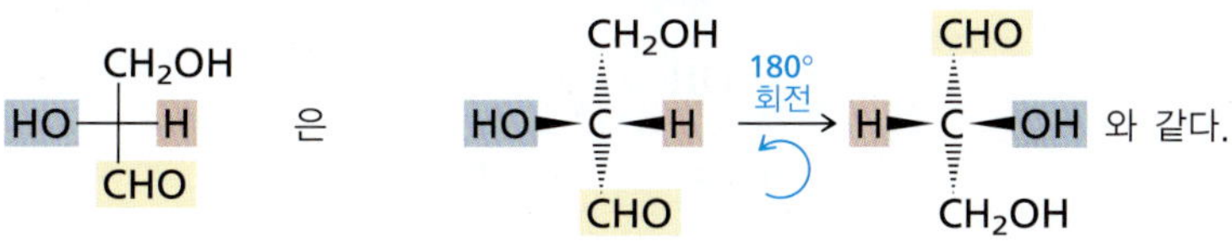

이 구조는 그림 15.1에 있는 (+)-글리세르알데하이드의 구조와 같다. D-글리세르알데하이드이다.

Fischer 투영도와 D–L 체계는 탄수화물의 입체화학을 나타내는 데 아주 유용함이 입증되어 화학과 생화학 문헌에서 많이 사용되고 있다. 그러한 문헌을 읽기 위해서는 Cahn–Ingold–Prelog 체계는 물론 이러한 체계를 잘 이해하고 있어야 한다.

15.3 알도테트로스

글리세르알데하이드는 가장 간단한 카이랄 탄수화물이라고 불 수 있다. 글리세르알데하이드는 **알도트라이오스**(aldotriose)이며, 입체생성 중심이 한 개 있으므로 두 가지 입체이성질체(D와 L 거울상이성질체)가 존재한다. 조금 더 복잡하게 크기를 늘려보면 다음 화합물은 **알도테트로스**(aldotetrose)가 된다. 이들의 구조를 조사해 보면 Fischer 체계를 입체생성 중심이 한 개 이상인 화합물에 적용할 수 있음을 알 수 있다.

알도테트로스는 2,3,4-트라이하이드록시뷰탄알(2,3,4-trihydroxybutanal)의 네 가지 입체이성질체이다. Fischer 투영도는 알데하이드기를 가장 위에 두고 가려진 형태로 분자가 배열되도록 만든다. 네 개의 탄소 원자는 Fischer 투영도의 주 사슬이 되며, 수직으로 배열한다. 수평방향의 결합은 바깥으로 향하며, 수직방향의 결합은 뒤쪽을 향한다.

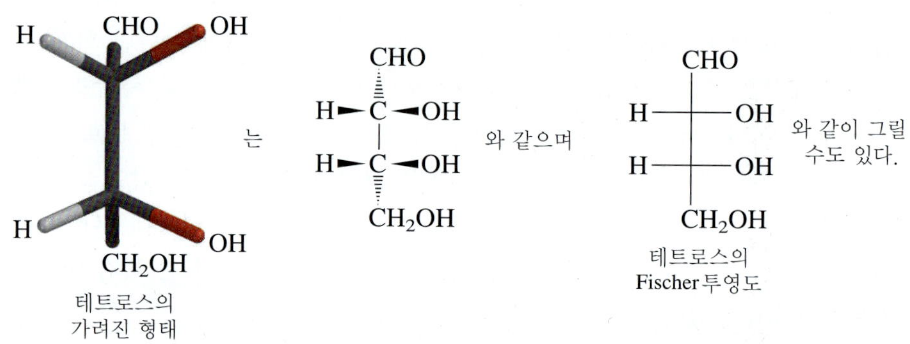

아래에 나타낸 알도테트로스는 D-에리트로스이다. 접두어 D는 번호가 제일 높은 입체생성 중심의 위치배열이 D-(+)-글리세르알데하이드와 같음을 나타낸다. 거울상 형태는 L-에리트로스이다.

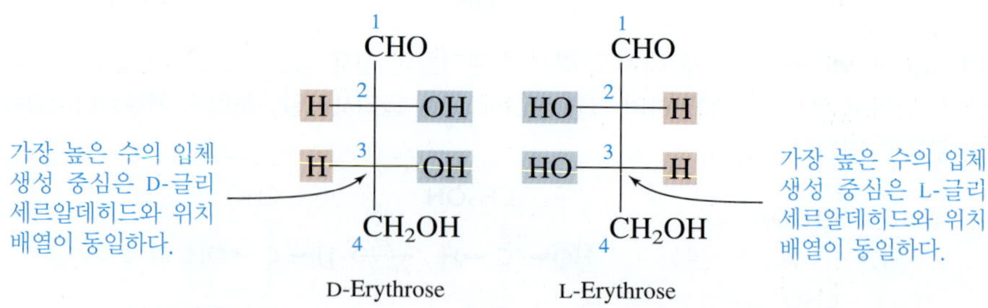

에리트로스의 거울상이성질체를 나타내는 Fischer 투영도에서 두 개의 하이드록시기는 서로에 대해 같은 쪽에 있다. 나머지 두 입체이성질체는 Fischer 투영도의 반대편에 하이드록시기가 있다. 이것들은 D-와 L-에리트로스의 부분입체이성질체이며, D-트레오스(D-threose)와 L-트레오스(L-threose)라고 한다. D와 L 접두어는 여기서도 가장 번호가 높은 입체생성 중심의 위치배열을 나타낸다. D-트레오스와 L-트레오스는 서로 거울상이성질체이다.

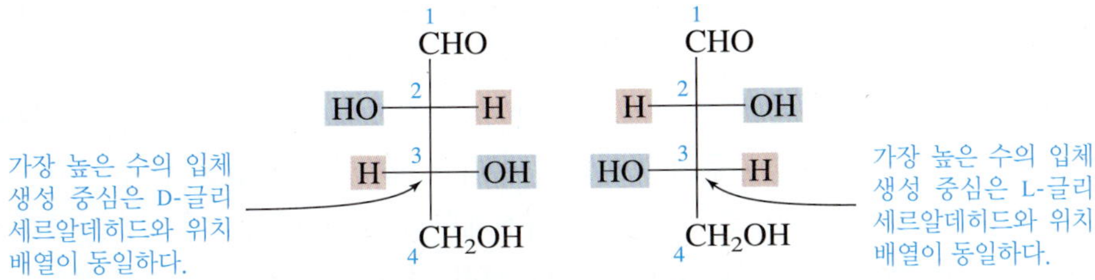

D-Threose L-Threose

문제 15.2 아래의 구조는 어느 알도테트로스인가? D-에리트로스 또는 D-트레오스, L-에리트로스, L-트레오스 중 어느 것인가?(주의할 것! 주어진 형태는 Fischer 투영도를 만드는 데 사용하는 것과 같지 않다.)

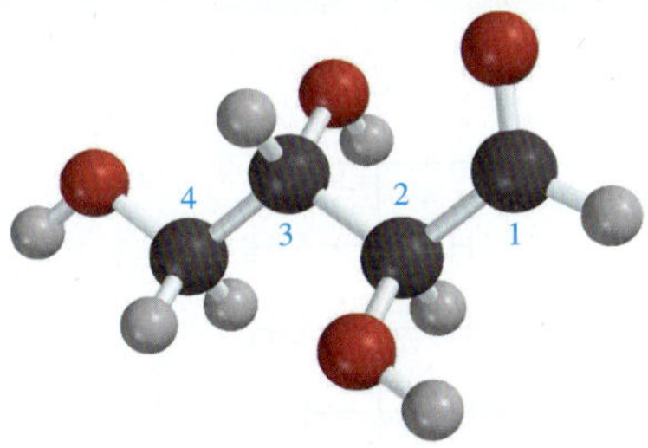

알도테트로스에 대해 나타낸 것과 같이 알도스는 알데하이드기로부터 가장 멀리 떨어진 입체생성 중심의 위치배열에 따르면 D 또는 L 계열에 속한다. 에리트로스와 트레오스와 같은 각각의 이름은 분자 내에서 입체생성 중심의 서로에 대한 특정한 배열을 나타낸다. 광학 활성을 D와 L 접두어로부터 직접 결정할 수 없다. 밝혀진 바로는 D-에리트로스와 D-트레오스는 좌회전성이지만, D-글리세르알데하이드는 우회전성이다.

15.4 알도펜토스와 알도헥소스

알도펜토스는 세 개의 입체생성 중심이 있다. 8개의 입체이성질체는 4개의 D-알도펜토스와 4개의 L-알도펜토스로 나누어진다. 알도펜토스는 라이보스(ribose), 아라비노스(arabinose), 자일로스(xylose), 릭소스(lyxose)를 말한다. 알도펜토스의 D-입체이성질체의 Fischer 투영도는 그림 15.2에 나타내었다. 이들 모든 부분입체이성질체는 C-4의 위치배열이 같으며, 이 위치배열은 D-(+)-글리세르알데하이드와 같음을 주목하라.

문제 15.3 L-(+)-아라비노스는 천연 L당이다. 이 당은 메스키트 고무(mesquite gum)에 들어 있는 다당류를 산 가수분해하여 얻는다. L-(+)-아라비노스의 Fischer 투영도를 그리시오.

알도펜토스 중에서 D-라이보스는 가장 잘 알려진 라이보핵산(ribonucleic acid)과 같은 생물학적으로 중요한 많은 물질 중의 하나이다. D-자일로스도 아주 풍부하며, 옥수수 속대와 나무의 목재에 들어 있는 다당류를 가수분해하여 얻는다.

셀룰로스는 글루코스보다 더 풍부하게 존재하지만 각 셀룰로스 분자는 수천 개의 글루코스 단위로 구성된 다당류이다(15.12절). 메테인도 더 많이 존재하지만 대부분의 메테인은 글루코스에서 생성된다.

알도헥소스에는 지구 상에서 가장 풍부한 유기 화합물 중의 하나인 D-(+)-글루코스는 물론 여러 친숙한 단당류들이 포함되어 있다. 4개의 입체생성 중심이 있어 16개의 입체이성질체 알도헥소스, 즉 8개의 D-이성질체와 8개의 L-이성질체가 가능하다. 모든 화합물이 천연물로 또는 실험실 내 합성에 의한 생성물로 알려져 있다. 8개의 D-알도헥소스는 그림 15.2에 나타나 있다. 즉, C-5에서 공간 위치배열을 하고 있으며, Fischer 투영도에서 수소는 왼쪽을 향하고 있고, 하이드록시기는 오른쪽을 향하고 있어 D 계열의 탄수화물임을 확인할 수 있다.

문제 15.4 다음 당을 명명하시오.

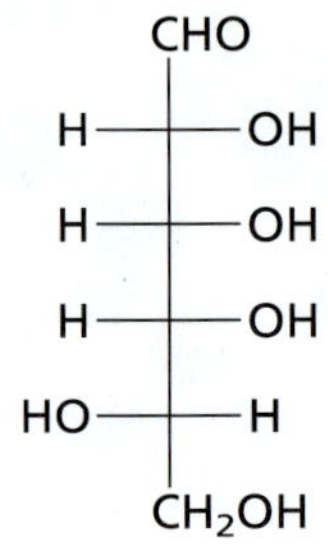

모든 단당류 중에서 D-(+)-글루코스가 가장 잘 알려져 있고, 가장 중요하며, 가장 풍부하다. 이산화탄소, 물, 햇빛으로부터 글루코스가 생성되는 과정은 광합성의 핵심 주제이다. 광합성에 의한 탄수화물 생성량은 연간 10^{11}톤 정도로 추정되며, 지구 상 모든 고등생물이 직접 또는 간접적으로 사용하는 저장 에너지의 근원이다. 글루코스는 1747년에 건포도로부터, 1811년에 전분을 가수분해하여 분리하였다. 글루코스의 구조는 Emil Fischer에 의해 1900년에 절정에 도달한 연구에 의해 결정되었다.

D-(+)-갈락토스[D-(+)-galactose]는 많은 다당류의 구성 성분이다. 이는 D-글루코스와 D-갈락토스가 결합된 이당류인 락토스(lactose, 젖당)를 산 가수분해할 때 가장 쉽게 얻을 수 있다. L-갈락토스는 또한 천연에 존재하며, 아마씨 고무와 한천을 가수분해하여 얻을 수도 있다. D-(+)-만노스[D-(+)-mannose]는 주로 남미야자에서 얻는 큰 견과형 종실인 상아야자의 다당류를 가수분해하여 얻는다.

15.5 탄수화물의 고리형: 퓨라노스형

알도스에는 두 개의 작용기, 즉 C=O와 OH가 있으며, 이들은 서로 반응을 할 수 있다. 11.8절에서 알코올기가 카보닐기에 친핵성 첨가되어 헤미아세탈을 형성함을 알았다. 하이드록시기와 카보닐기가 같은 분자에 있을 때 그림 15.3에서 설명한 것과 같이 **고리형 헤미아세탈**(cyclic hemiacetal)이 형성된다.

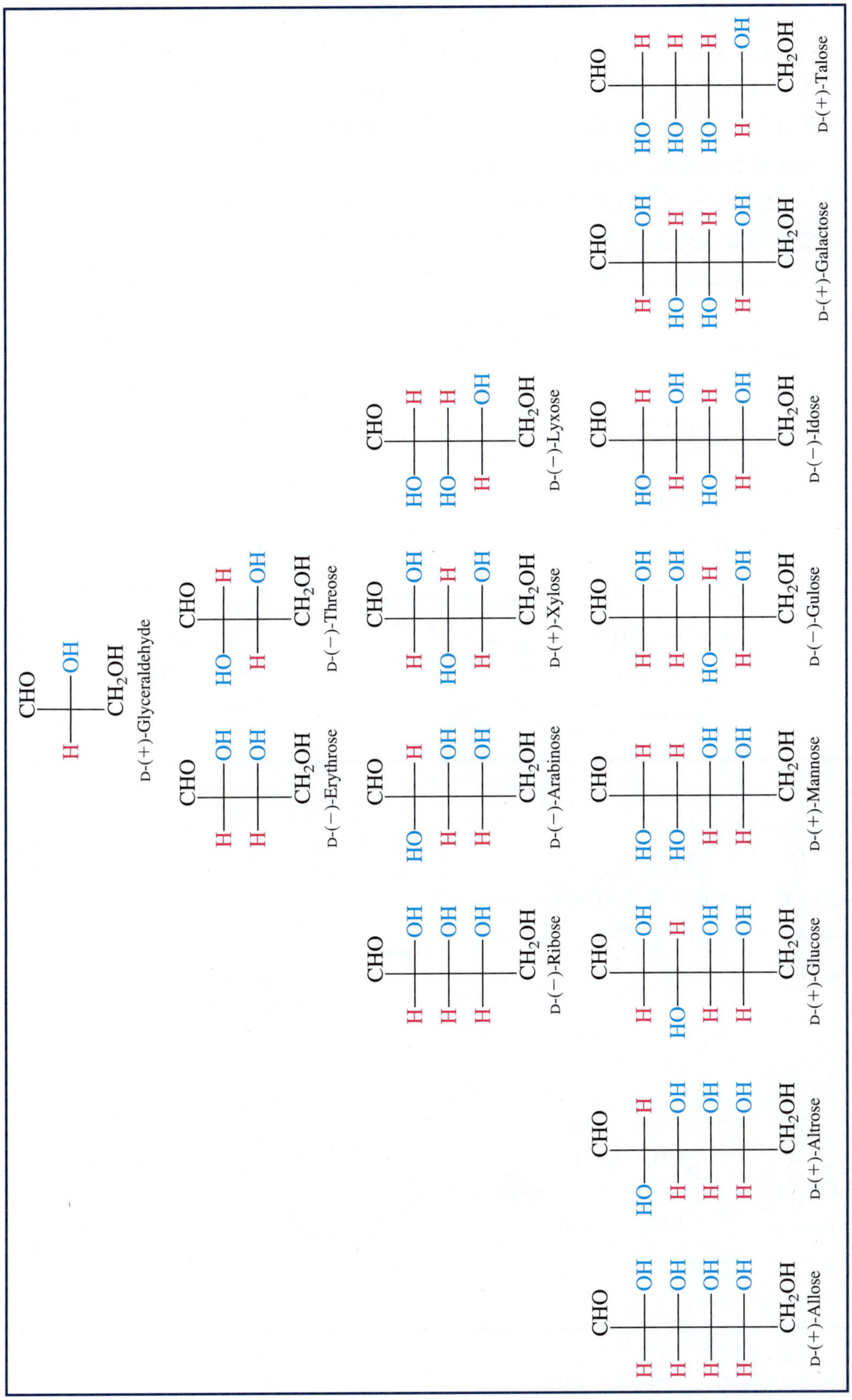

그림 • 15.2
탄소 원자가 3~6개인 D 계열 알도스의 위치배열

생성되는 고리가 다섯 또는 여섯 개의 탄소 원자로 구성될 때 고리형 헤미아세탈이 가장 보편적으로 형성된다. 탄수화물의 오원자 고리형 헤미아세탈을 **퓨라노스**(furanose)형이라고 하며, 육원자 고리형 헤미아세탈을 **파이라노스**(pyranose)형이라고 한다. 카보닐기로부터 유래된 고리 탄소는 두 개의 산소 치환기를 가지며, 이 탄소를 **아노머 탄소**(anomeric carbon)라고 한다.

알도스는 거의 고리형 헤미아세탈형으로만 존재하며, 평형 상태에서 극히 일부만 열린-사슬 형태로 존재한다. 그 구조와 화학 반응을 이해하기 위해서는 탄수화물의 Fischer 투영도를 고리형 헤미아세탈형태로 전환시킬 수 있어야 한다.

예를 들어, 라이보핵산(18장)의 골격을 구성하는 탄수화물인 D-라이보스의 퓨라노스 형태에 대해 생각해 보자. 헤미아세탈은 카보닐기와 C-4에 위치한 하이드록시기 사이에서 형성된다. 퓨라노스 고리의 형성은 각 입체생성 중심의 입체화학을 유지하도록 주의하면서 고리화하기에 더 적합한 형태로 Fischer 투영도를 다시 그려서 나타낼 수 있다.

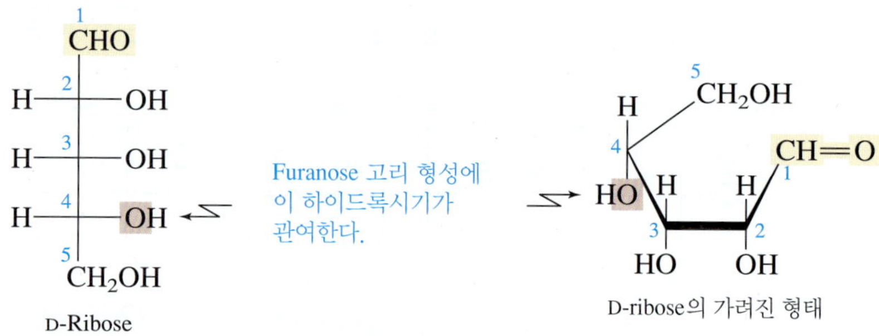

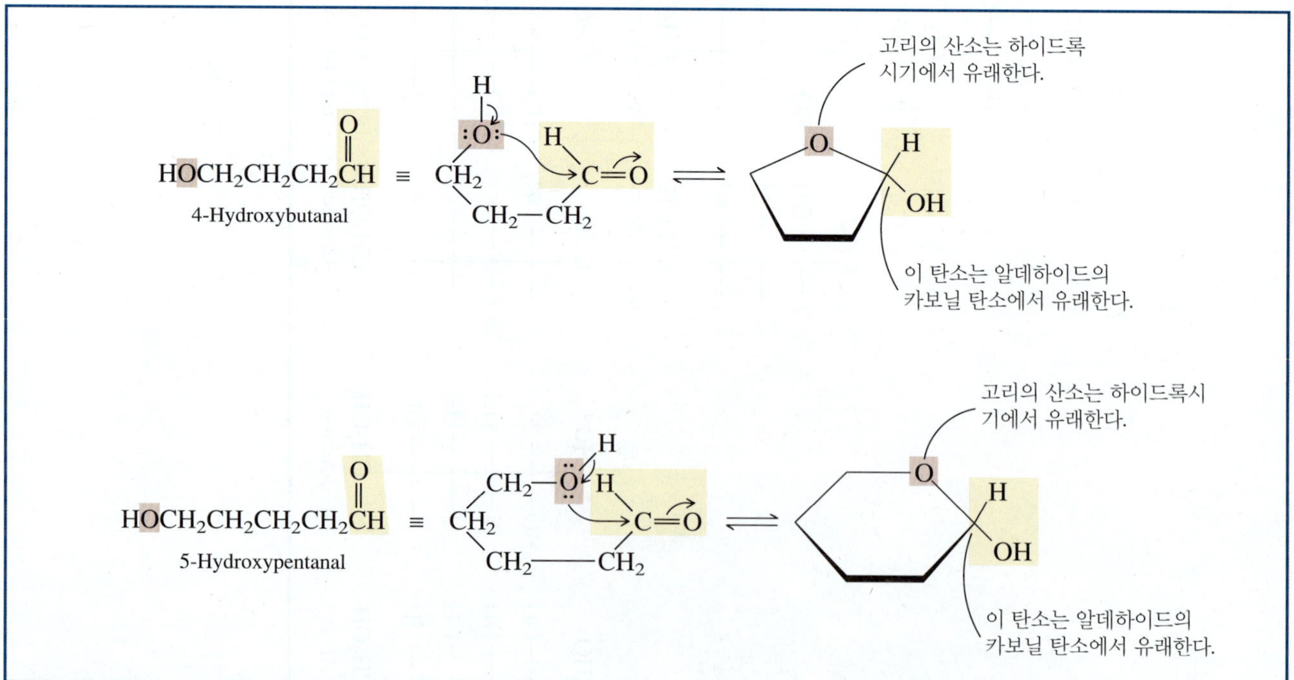

그림 • 15.3
4-하이드록시뷰탄알과 5-하이드록시펜탄알의 고리형 헤미아세탈 형성

Fischer 투영도에서 직접 유래하는 D-라이보스의 가려진 형태에는 퓨라노스 고리를 형성하기에 적합하게 유도된 C-4 하이드록시기를 가지고 있지 않다. 따라서 오원자 고리형 헤미아세탈이 형성될 수 있도록 입체배열을 다시 그려야만 한다. 이것은 C-4에서의 위치배열이 바뀌지 않도록 주의하면서 C(3)−C(4) 결합에서 회전시키면 가능하다.

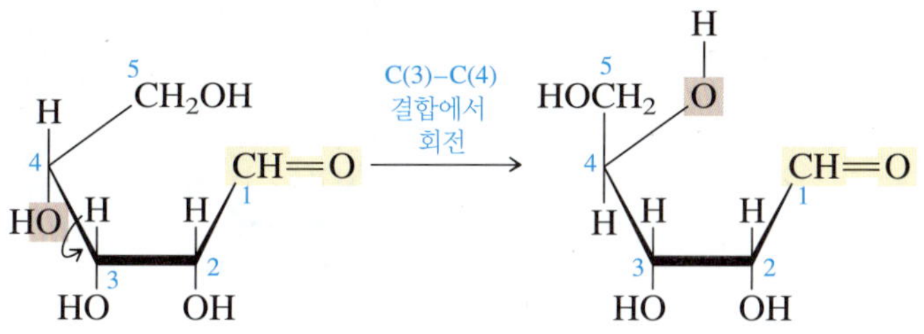

Furanose 고리 형성에 적합한
D-ribose의 입체배열

이를 이해하기 위해 분자 모형을 이용해 보라.

그림에서 보듯이 C-4를 중심으로 시계 반대 방향으로 120° 회전시키면 하이드록시기가 올바른 위치에 놓이게 된다. 동시에 이러한 회전으로 CH_2OH기를 오원자 고리의 "위"에 있는 치환기가 되도록 이동한다.

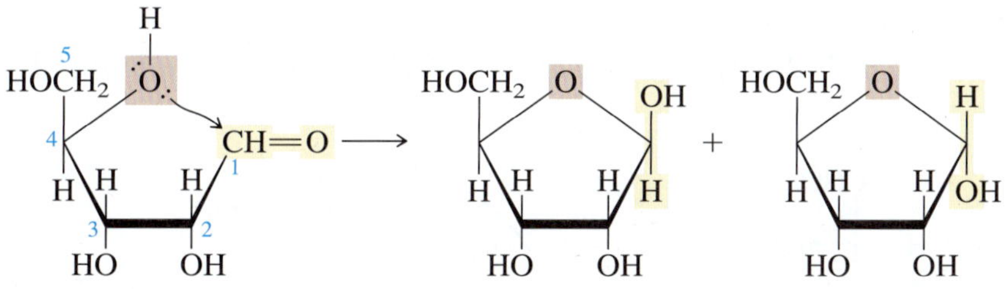

β-D-Ribofuranose α-D-Ribofuranose

이런 형태의 탄수화물의 구조를 나타내는 그림을 영국의 탄수화물 화학자인 Walter Norman Haworth 경의 이름을 따서 **Haworth 구조식**(Haworth formula)이라고 한다. Haworth는 1937년 노벨 화학상을 공동 수상하였다.

문제 15.5 다음 각 탄수화물의 퓨라노스 형태에 해당하는 Haworth 구조식을 그리시오.

(a) D-자일로스(D-xylose) (c) L-아라비노스(L-arabinose)
(b) D-아라비노스(D-arabinose) (d) D-트레오스(D-threose)

풀이 (a) D-자일로스의 Fischer 투영도는 그림 15.2에 나타내었다.

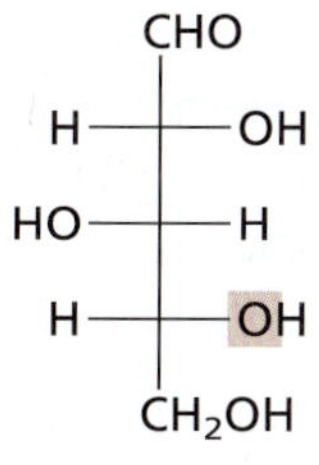

D-Xylose

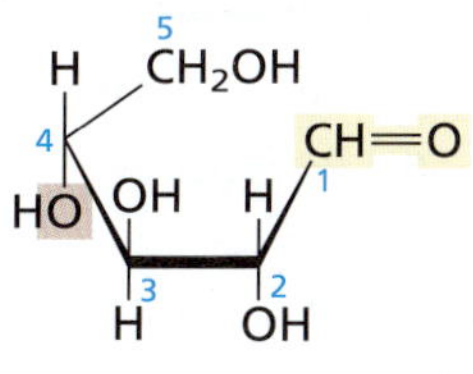

D-xylose의 가려진 형태

D-자일로스의 C-4를 반드시 시계 반대 방향으로 회전시켜야만 그 하이드록시기가 적당한 위치로 이동하여 퓨라노스 고리를 형성한다.

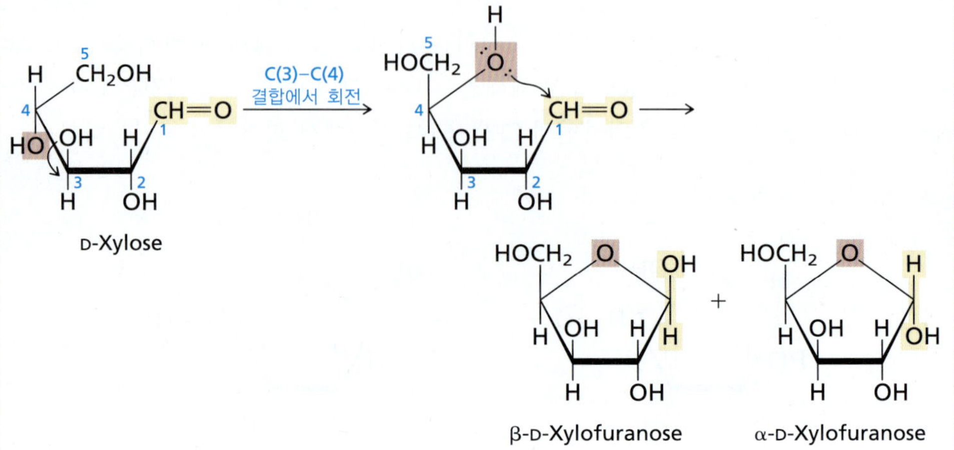

15.6 탄수화물의 고리형: 파이라노스형

앞 절에서 D-라이보스의 헤미아세탈 형성에 대해 다루는 동안 알도펜토스는 C-5 하이드록시기를 카보닐기에 첨가하는 과정을 거쳐 육원자 고리형 헤미아세탈을 형성할 수 있음을 알았다. 이러한 고리 형성 방식으로 아래와 같은 α-와 β-파이라노스형이 형성된다.

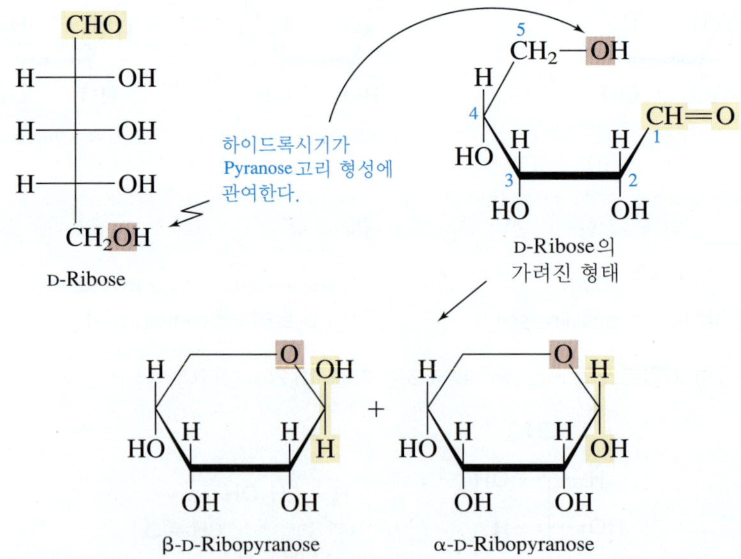

알도펜토스와 마찬가지로 D-글루코스와 같은 알도헥소스도 두 개의 퓨라노스형(α와 β)과 두 개의 파이라노스형(α와 β)을 형성할 수 있다. 파이라노스형인 D-글루코스의 Haworth 구조식은 그림 15.4에 나타내었으며, 각각은 육원자 고리에 있는 치환기인 CH_2OH기를 가지고 있다.

Haworth 구조식은 파이라노스형의 **위치배열**(*configuration*) 관계를 나타내는 데는 좋지만 탄수화물의 **입체배열**(*conformation*; **형태**)을 나타내는 데는 좋지 않다. 많은 탄수화물에 대한 X-선 결정 연구 결과 D-글루코스의 육원자 파이라노스 고리는 의자 형태를 하고 있음이 밝혀졌다.

β-D-글루코파이라노스의 의자 형태를 나타내는 분자 모형을 만들어라.

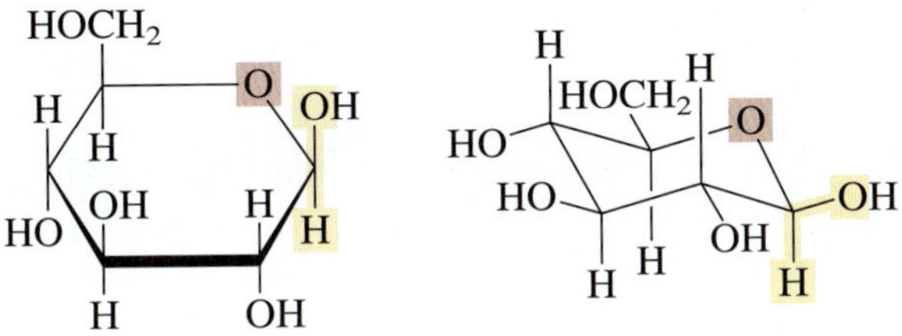

β-D-Glucopyranose

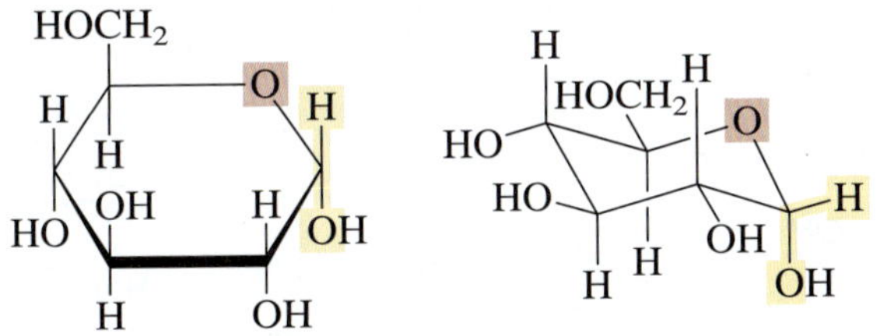

α-D-Glucopyranose

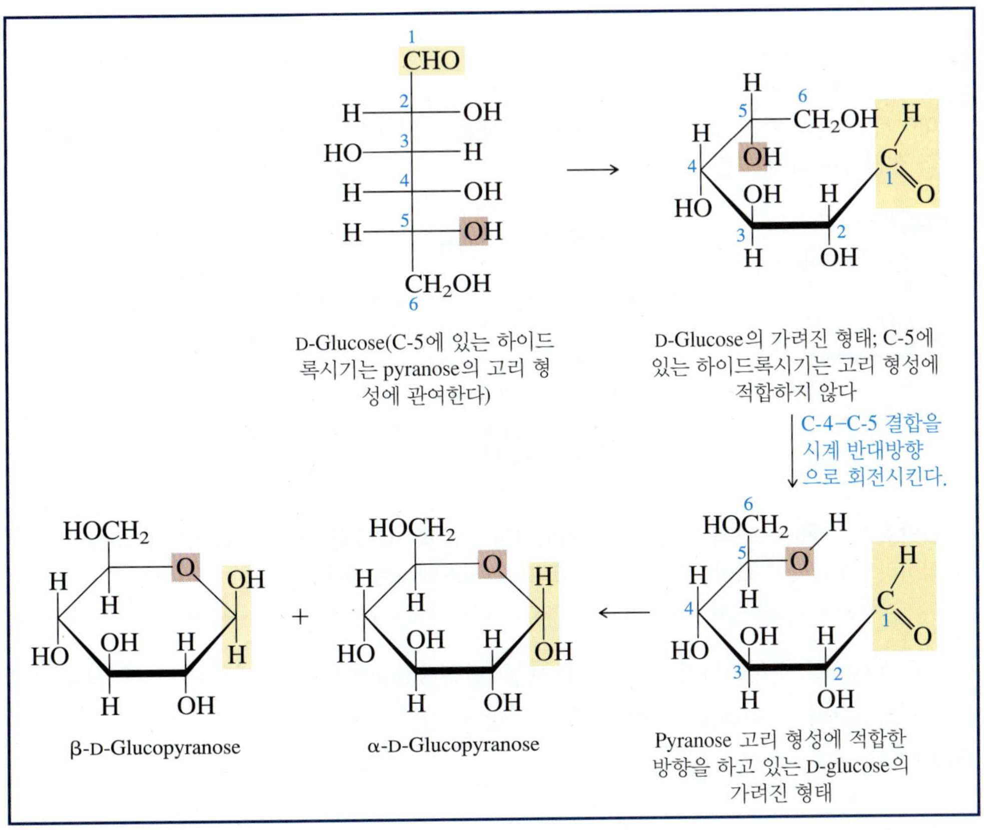

그림 • 15.4
D-글루코스의 α-와 β-파이라노스에 대한 Haworth 구조식

β-D-글루코파이라노스(β-D-glucopyranose)의 수소를 제외한 고리의 모든 치환기는 가장 안정한 의자 형태에서 수평방향으로 있다. α 이성질체에서 아노머 하이드록시기만 수직방향이며, 모든 다른 치환기는 수평방향이다.

다른 알도헥소스도 비슷하게 CH_2OH 치환기가 수평방향인 의자 형태이다. 대개 CH_2OH기가 가장 많으며, 헥소스의 파이라노스 형태에서 입체배열을 설명하기 위하여 가장 많이 사용되는 치환기이다.

문제 15.6 다음 각 당의 β-파이라노스형에 대한 가장 안정한 입체배열을 명확하게 나타내시오.

(a) D-갈락토스(D-galactose)
(b) D-만노스(D-mannose)
(c) L-만노스(D-mannose)
(d) L-라이보스(L-ribose)

풀이 (a) 그림 15.4의 D-글루코스에 대해 요약한 과정과 비슷하게 먼저 β-D-갈락토파이라노스의 Haworth 구조식을 만든다.

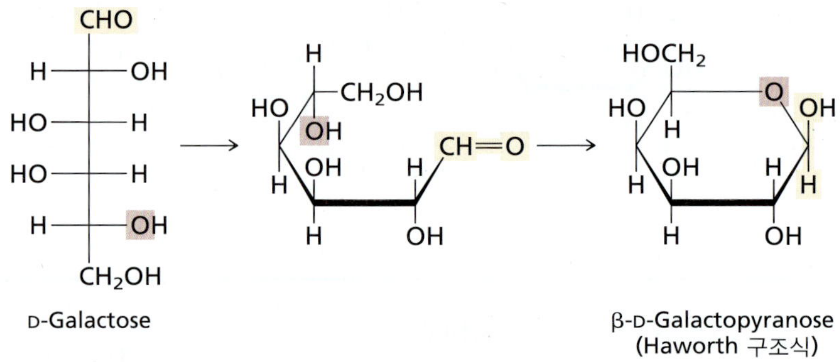

이어서 CH_2OH기가 수평인 의자 형태를 선택하여 평면 Haworth 구조식을 의자 형태로 더 실감나게 다시 그린다.

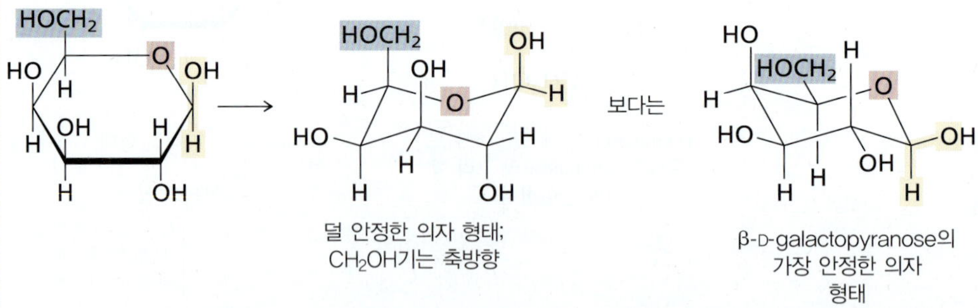

갈락토스는 글루코스와 C-4에서 위치배열이 다르다. C-4의 하이드록시기는 β-D-갈락토파이라노스에서 수직이지만 β-D-글루코파이라노스에서는 수평이다.

육원자 고리는 오원자 고리보다 보통 변형(strain)이 작기 때문에 평형 상태에서 퓨라노스형보다 파이라노스형이 보통 더 많은 양으로 존재하며, 열린-사슬 형태의 농도는 아주 낮다.

15.7 헤미아세탈 평형

탄수화물의 고리형 헤미아세탈을 생성하는 반응은 가역적이다. 그러므로 용액 내 탄수화물의 퓨라노스와 파이라노스형은 서로 평형을 이루며, 열린-사슬 형태와도 평형을 이루고 있다. 파이라노스형인 D-글루코스의 평형은 다음과 같다.

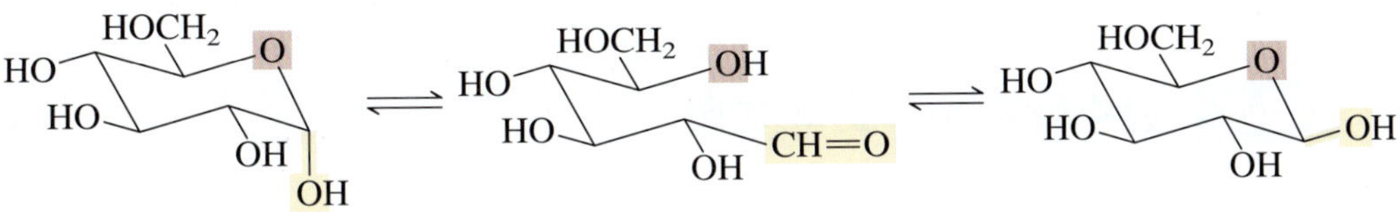

α-D-Glucopyranose (녹는점 146°C; $[\alpha]_D$ +112.2°)

D-glucose의 열린-사슬 형태

β-D-Glucopyranose (녹는점 148~155°C; $[\alpha]_D$ +18.7°)

각 이성질체의 광학 회전은 이성체를 물에 용해시킨 직후에 측정한 값이다. 그대로 방치해 두면 α 이성질체를 함유하는 용액의 광학 회전은 +112.2°에서 +52.5°로 감소하며, β 이성질체를 함유하는 용액의 광학 회전은 +18.7°에서 +52.5°로 증가한다. 아노머형의 평형에서 일어나는 광학 회전의 변화를 **변광회전**(mutarotation)이라고 한다.

글루코스의 β 이성질체는 더 안정하며, 평형 혼합물의 64%를 차지한다. 덜 안정한 α 이성질체는 혼합물의 36%이며, 열린-사슬 형태는 0.01% 미만이다.

15.8 케토스

지금까지 우리는 열린-사슬 형태 중에 알데하이드기가 들어 있는 탄수화물인 알도스에 대해 알아보았다. 알도스는 케토스보다 더 흔하며, 생물학적 과정에서의 역할도 집중적으로 연구되었다. 그렇지만 케토스도 많이 알려져 있으며, 그중 여러 가지는 탄수화물 생합성과 대사에서 중추적인 중간체이다. 이들 케토스에는 D-라이불로스(D-ribulose), L-자일룰로스(L-xylulose), D-프럭토스(D-fructose)가 있다.

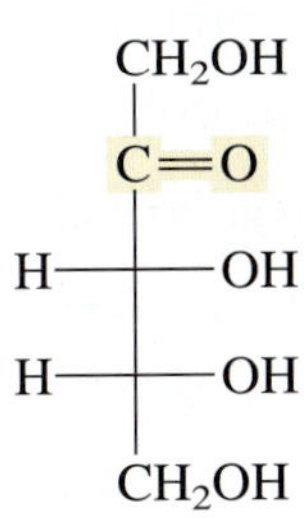

D-Ribulose (광합성에서 핵심 화합물인 2-ketopentose)

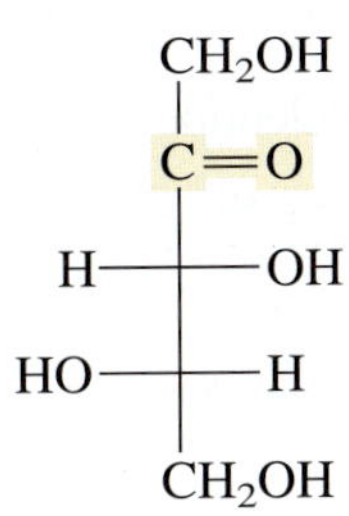

L-Xylulose (가벼운 유전 질환인 오탄당뇨증 환자의 소변에서 과량 분비되는 2-ketopentose)

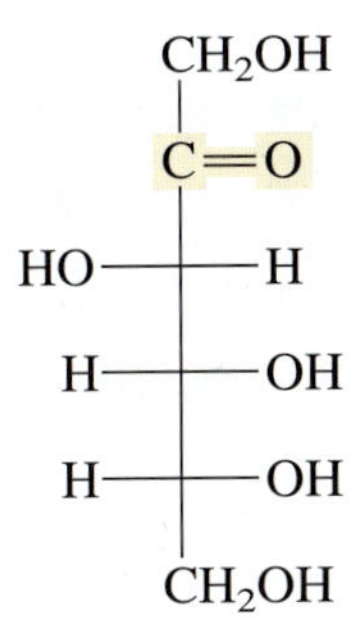

D-Fructose [레불로스(levulose)로도 알려진 2-ketohexose. 벌꿀에서 발견되며, 설탕보다 훨씬 달다.]

이들 세 가지 예에서 보듯이 카보닐기는 C-2에 위치하며, 이 위치는 천연에 존재하는 케토스 중 카보닐기의 가장 일반적인 위치이다.

문제 15.7 케토테트로스는 몇 가지나 가능한가? 각각에 대한 Fischer 투영도를 그리시오.

15.9 탄수화물의 구조적 변화

이 장에서 지금까지 다루어온 것을 포함해서 대부분의 당은 곧은 사슬(straight-chain; 직쇄) 상의 탄소 골격과 각 탄소에 산소 원자를 가지고 있다. 일반적인 탄수화물 구조 형태의 변화가 자연계에 존재한다. 이들 구조 형태의 변화는 보통 주 사슬에 있는 한 개 이상의 하이드록시 치환기가 다른 원자 또는 기로 치환되어 있다. 이와 같이 구조 형태가 변화하여 만들어진 것들에는 다음과 같은 것들이 있다.

데옥시당

데옥시당(deoxy sugar)에서 하이드록시기는 수소로 치환되어 있다. 데옥시당의 두 가지 예는 2-데옥시-D-라이보스(2-deoxy-D-ribose)와 L-람노스(L-rhamnose)이다.

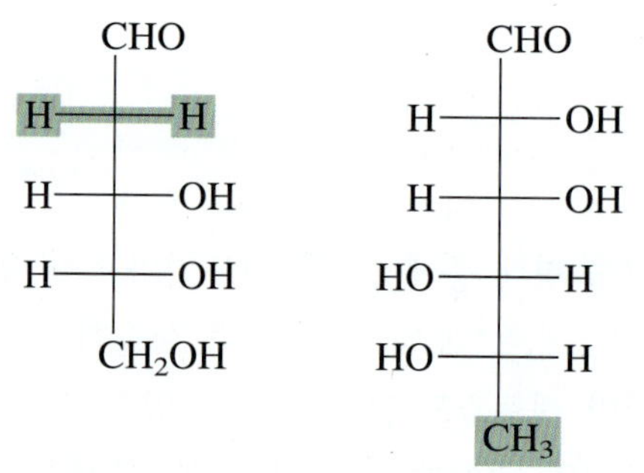

2-Deoxy-D-ribose L-Rhamnose (6-deoxy-L-mannose)

D-라이보스의 C-2에 있는 하이드록시기는 2-데옥시-D-라이보스에는 없다. 18장에서 **데옥시라이보뉴클레오타이드**(deoxyribonucleotide)라고 하는 2-데옥시-D-라이보스 유도체가 어떻게 유전 정보를 저장하는 물질인 데옥시라이보핵산(deoxyribonucleic acid, DNA)을 만드는 기본적인 재료가 될 수 있는지를 보게 될 것이다. L-람노스는 많은 식물에서 분리된 화합물이다. 그 탄소 사슬은 CH_2OH기가 아닌 메틸기로 끝난다.

얼마나 단가!

얼마나 달아요?

천연물이건 합성물이건 단맛을 내는 화합물은 부족하지 않다. 가장 친숙한 당은 천연당, 특히 설탕(sucrose), 포도당(glucose), 과당(fructose)이다. 모두 천연에 존재하며, 사탕수수와 사탕무로부터 전 세계적으로 연간 생산되는 설탕의 양은 1억 톤을 넘는다. 포도당은 전분을 효소 가수분해시켜 만들며, 과당은 포도당을 이성질화 반응으로 만든다.

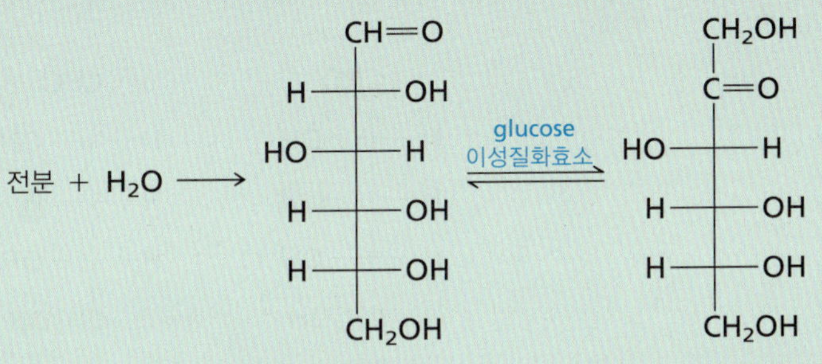

설탕, 포도당, 과당 중에서 과당이 가장 달다. 벌꿀은 반응식에서 나타낸 포도당의 이성질화 반응에 의해 만들어지는 과당이 들어 있으므로 설탕보다 더 달다.

대부분의 음료에는 "과당 함량이 높은 옥수수 시럽"이 들어 있음을 보았을 것이다. 옥수수 전분은 포도당으로 가수분해되며, 포도당은 다시 글루코스 이성질화효소를 처리하여 과당 함량이 높은 혼합물을 만든다. 당도를 높이면 적게 사용해도 되므로 생산비가 절감된다. 탄수화물로 만든 감미료를 적게 사용하면 칼로리 수도 감소한다.

인공 감미료는 연간 10억 달러만큼이나 생산된다. 일차적인 목적은 물론 단맛을 극대화시키고 칼로리를 최소화하는 것이다. 다음 3종의 감미료를 보고 이 분야를 간략하게 알아보자.

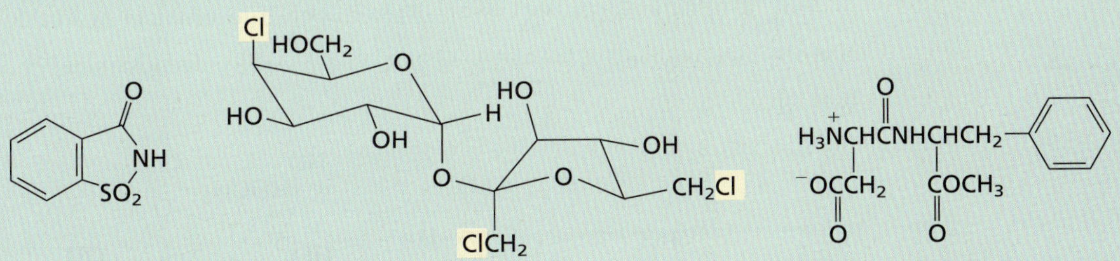

이들 세 가지는 모두 설탕보다 수백 배 더 달며, "저칼로리" 또는 "영양가 없는" 감미료라는 표현처럼 여러 가지로 설명한다.

사카린(saccharin)은 1879년 Johns Hopkins 대학에서 콜타르 유도체에 관한 연구를 하는 과정에서 발견되었으며, 가장 오래된 인공 감미료이다. 당이라는 라틴어에서 유래된 이름에도 불구하고 사카린은 어떤 당의 구조와도 관계가 없다. 사카린은 물에 대한 용해도가 높지 않다. 그러나 질소에 결합된 수소는 산성이 강하므로 사카린은 보통 물에 잘 녹는 소듐 또는 칼슘염으로 시판되고 있다. 사카린의 초기 용도는 체중 조절용이 아니라, 인슐린이 널리 사용되기 이전에 당뇨병 환자의 음식에 설탕 대신 사용하였다.

슈크랄로스(sucralose)는 설탕과 구조가 가장 비슷하다. 갈락토스는 설탕의 포도당 단위 대신 들어가 있으며, 염소가 하이드록시기 세 개를 치환하고 있다. 슈크랄로스는 가장 최신 인공 감미료이며, 1998년 미국식품의약국의 사용 허가를 받았다. 세 개의 염소 치환기는 단맛을 저하시키지 않지만, 인체가 슈크랄로스를 대사할 수 있는 능력을 방해한다. 그러므로 슈크랄로스는 식품으로써의 가치는 없으며, "칼로리도 없다."

아스파탐(aspartame)은 인공 감미료 가운데 시장 점유율이 가장 높다. 아스파탐은 어떤 탄수화물과도 관련이 없는 다이펩타이드의 메틸 에스터이다. 이 화합물은 소화불량을 완화시키기 위한 약품을 개발하는 과정에서 발견되었다.

사카린, 슈크랄로스, 아스파탐으로부터 단맛을 내는 구조 형태는 다양하며, 감미료 산업이 활성화되고 있고 지속적으로 발전하고 있음을 알 수 있다.

문제 15.8 다음 화합물의 Fischer 투영도를 그리시오.

(a) 코디세포스(cordycepose, 3-데옥시-D-라이보스): 항생 물질인 코디세핀(cordycepin)의 가수분해에 의해 분리되는 데옥시당

(b) L-퓨코스(L-fucose, 6-데옥시-L-갈락토스): 해초에서 얻음

풀이 (a) D-라이보스의 C-3에 있는 하이드록시기는 3-데옥시-D-라이보스에서는 수소로 치환되어 있다.

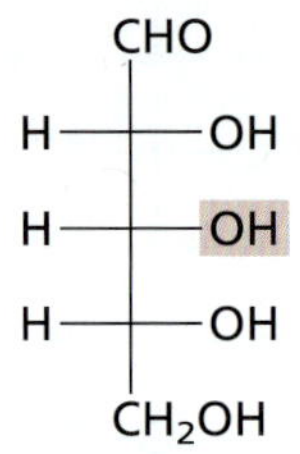

D-Ribose
(그림 15.2로부터)

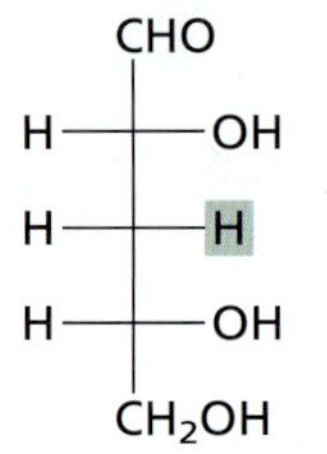

3-Deoxy-D-ribose
(cordycepose)

아미노당

또 다른 구조적 변화는 탄수화물의 하이드록시기가 아미노기로 치환된 것이다. 이런 화합물을 **아미노당**(amino sugar)이라고 한다. 현재 60여 종 이상의 아미노당이 알려져 있으며, 그중 많은 것들은 최근에 항생 물질의 구성 성분으로 분리되어 동정되었다. 예를 들어, 항암제인 독소루비신 하이드로클로라이드[doxorubicin hydrochloride; 아드리아마이신(adriamycin)]에는 아미노당인 L-다우노사민(L-daunosamine)이 구조 단위로 들어 있다.

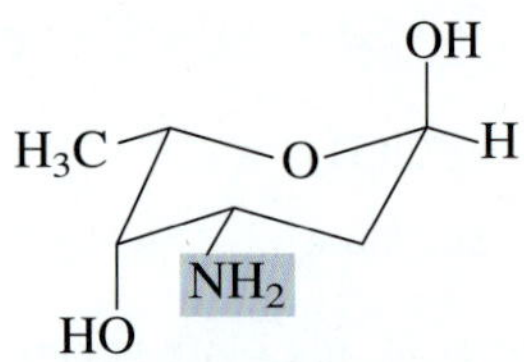

L-Daunosamine

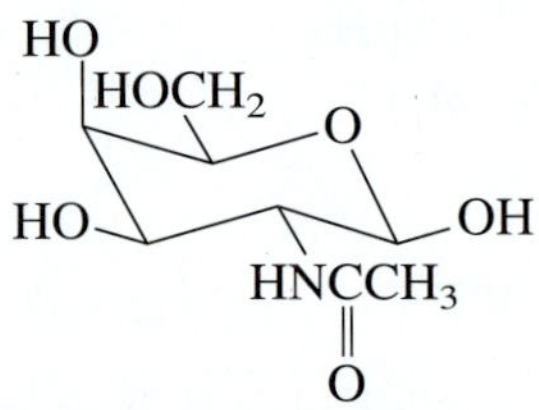

N-Acetyl-D-galactosamine

두 번째 아미노당인 *N*-아세틸-D-갈락토사민(*N*-acetyl-D-galactosamine)은 연골 조직에 있는 다당류인 콘드로이틴(chondroitin)의 구성 성분이다.

가지-사슬 탄수화물

주 사슬에 탄소 사슬이 결합된 탄수화물을 **가지-사슬**(branched chain)을 가지고 있다고 한다. D-아피오스(D-apiose)와 L-반코사민(L-vancosamine)은 대표적인 가지-사슬 탄수화물이다.

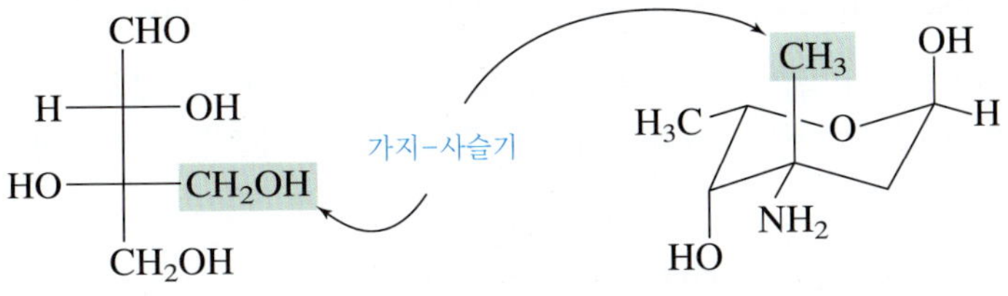

D-Apiose L-Vancosamine

D-아피오스는 파슬리에서 분리하였으며, 여러 해양식물의 세포벽의 다당류를 구성하는 성분이다. 특이한 구조적 특성은 입체생성 중심이 단지 한 개뿐이라는 점이다. L-반코사민은 가장 치료하기 힘든 감염만을 치료하는 데 사용되는 강력한 항생 물질인 반코사민의 하나일 뿐이다. L-반코사민은 가지-사슬 탄수화물일 뿐만 아니라 데옥시당이며, 또한 아미노당이기도 하다.

15.10 글리코사이드

글리코사이드(glycoside, **배당체**)는 탄수화물 유도체 중 크고 아주 중요한 부류이며, 아노머 하이드록시기가 몇몇 다른 치환기로 치환되어 있는 특징이 있다. 글리코사이드는 아노머 탄소에 결합되어 있는 원자에 따라서 *O*-글리코사이드, *N*-글리코사이드, *S*-글리코사이드 등으로 명명한다.

보통 "글리코사이드"라는 용어는 접두어 없이 사용하면 *O*-글리코사이드를 의미하며, 이 장에서도 그렇게 사용할 것이다. 글리코사이드는 아노머 탄소의 위치배열에 따라 관습적을 α- 또는 β-글리코사이드로 분류한다. 위에 제시한 세 글리코사이드는 모두 β-글리코사이드이다.

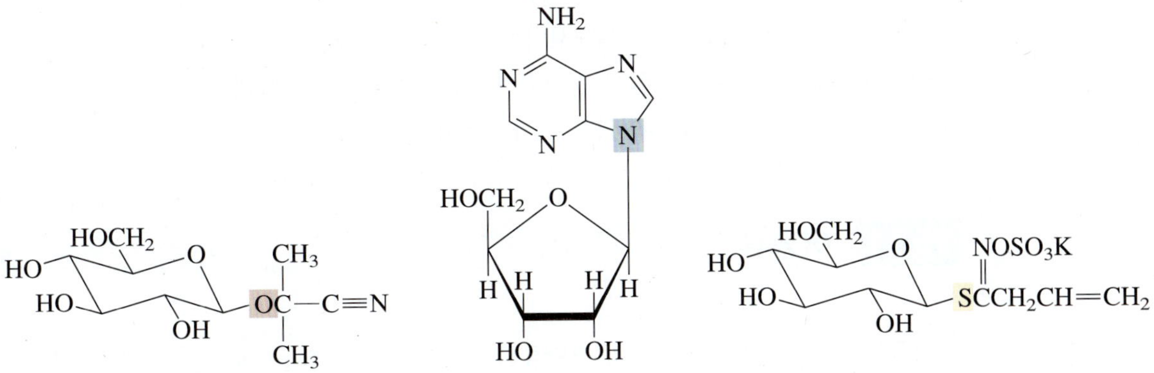

Linamarin
[*O*-글리코사이드: 동남아시아에 널리 분포하는 얍의 일종인 카사바(manioc)에 존재]

Adenosine
(*N*-글리코사이드: nucleoside로도 알려져 있음; adenosine은 생화학에서 기본이 되는 분자 중의 하나임)

Sinigrin
(*S*-글리코사이드: 겨자와 서양 매운냉이의 독특한 향의 원인 물질)

문제 15.9 앞의 각 세 글리코사이드의 탄수화물 구성 성분의 이름을 나타내시오.

풀이 아노머 탄소와 결합된 기를 —OH로 치환하면 탄수화물의 구조가 나타난다. 리나마린(linamarin)은 D-글루코스의 β-파이라노스형으로부터 생성되는 글리코사이드이다.

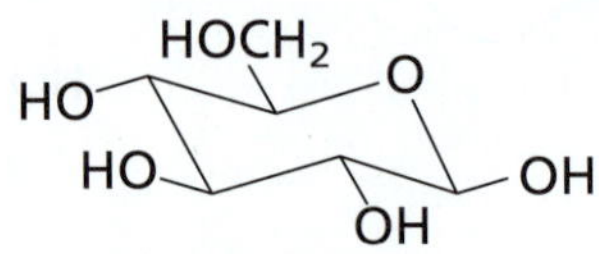

β-D-Glucopyranose

구조적으로 *O*-글리코사이드는 혼합된 아세탈이며, 탄수화물의 퓨라노스 또는 파이라노스의 아노머 위치에 형성된 에터 화합물이다. 글리코사이드를 실험실에서 제조하는 방법은 D-글루코스를 산-촉매 조건에서 메탄올과 반응시켜 만든다.

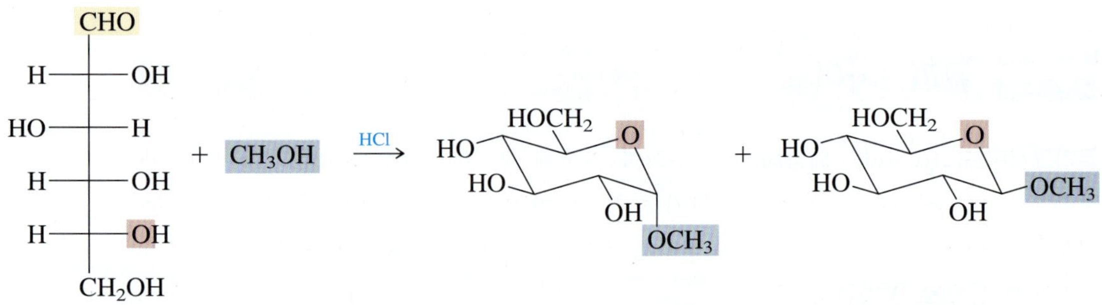

D-Glucose　Methanol　Methyl α-D-glucopyranoside (주 생성물: 49%의 수율로 분리)　Methyl β-D-glucopyranoside (부 생성물)

중성 또는 염기성 조건에서 글리코사이드의 위치배열은 안정하다. 글리코사이드가 유도된 모체인 유리당과는 달리 글리코사이드는 변광회전을 나타내지 않는다. 아노머 하이드록시기를 에터기로 전환(헤미아세탈 ⟶ 아세탈)시키면 중성 또는 염기성하에서 열린-사슬형으로의 전환이 방지된다. 산 용액에서 아세탈의 형성은 역전되어 그 글리코사이드는 알코올과 유리당으로 가수분해된다.

15.11 이당류

이당류는 가수분해되어 두 개의 단당류를 생성하는 탄수화물이다. 구조적으로 이당류는 아노머 탄소에 결합된 알콕시기가 두 번째 당 분자에서 유도되는 글리코사이드이다.

전분을 가수분해하여 얻는 **말토스**(maltose, **엿당** 또는 **맥아당**)와 셀룰로스를 가수분해하여 얻는 **셀로바이오스**(cellobiose)는 이성질체 관계인 이당류이다. 말토스와 셀로바이오스는 모두 두 개의 D-글루코파이라노스 단위가 한 단위의 C-1과 나머지 다른 단위의 C-4 사이에서 글리코사이드 결합에 의해 결합되어 있다. 두 화합물은 부분입체이성질체이며, 글리코사이드 결합의 아노머 탄소에서의 입체화학만 다르다. 즉, 말토스는 α-글리코사이드이며, 셀로바이오스는 β-글리코사이드이다.

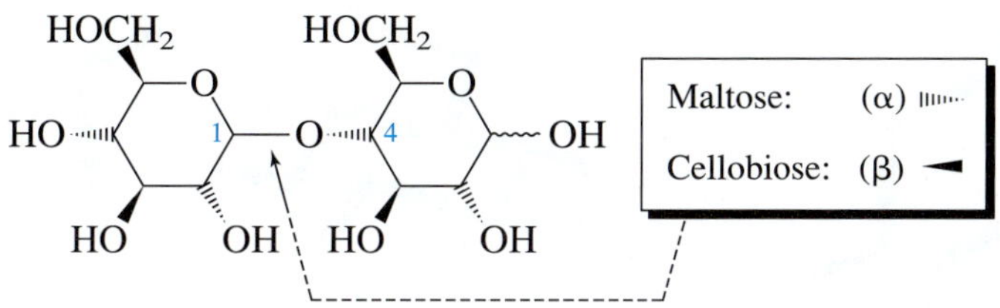

글리코사이드 결합의 입체화학과 결합 지점은 보통 말토스의 경우에 α(1,4)와 셀로바이오스의 경우에 β(1,4)와 같은 기호를 나타낸다. α와 β는 아노머 위치의 입체화학을 나타내며, 숫자는 결합에 관여한 고리 탄소를 나타낸다.

말토스와 셀로바이오스는 둘 다 글리코사이드 결합에 관여하지 않는 유리 아노머 하이드록시기를 가지고 있다. 유리 아노머 중심의 위치배열은 가변적이며, α 또는 β이다. 실제로 말토스의 두 가지 입체이성질체가 분리되었다. 그 중 하나는 아노머 하이드록시기가 수평방향이고, 나머지 하나는 수직방향의 아노머 하이드록시기를 가지고 있다.

유리 아노머 하이드록시기는 앞의 구조식에서 가장 오른쪽에 나타낸 하이드록시기이다. 부호 ∿∿ 는 변할 수 있는 입체화학의 결합을 나타내는 데 사용된다.

문제 15.10 앞에서 언급한 말토스의 두 가지 입체이성질체는 물에 녹으면 변광회전을 한다. 이 과정의 핵심 중간체의 구조는 무엇인가?

두 구조의 한 가지 차이점, 즉 글리코사이드 결합의 입체화학 때문에 그림 15.5의 분자 모형이 나타내는 바와 같이 말토스와 셀로바이오스의 삼차원 모양이 현저하게 달라진다. 이러한 모양의 차이는 말토스와 셀로바이오스가 단백질과 같은 다른 카이랄 분자와 상호 반응하는 데 영향을 주며, 말토스와 셀로바이오스는 효소 촉매 가수분해 시 훨씬 상이한 반응을 한다. 말테이스(maltase, 엿당분해효소)라는 효소는 말토스의 α-글리코사이드 결합의 가수분해를 촉매하지만, 셀로바이오스의 β-글리코사이드 결합에는 영향이 없다. 다른 효소인 에멀신(emulsin)은 정반대의 결과를 나타낸다. 즉, 에멀신은 셀로바이오스의 가수분해는 촉매하지만 말토스를 가수분해시키지 못한다. 각 효소의 작용은 글루코사이드(glucoside, 글루코스의 글리코사이드)에 대해서는 동일하다. 말테이스는 α-글루코사이드의 가수분해를 촉매하여 α-글루코시데이스(α-glucosidase)라고 하는 반면, 에멀신은 β-글루코사이드의 가수분해를 촉매하므로 β-글루코시데이스(β-glucosidase)라고 한다. 이들 효소의 특이성은 글리코사이드 결합의 입체화학을 결정할 수 있기 때문에 구조를 결정하는 데 유용한 도구이다.

락토스(lactose)는 우유의 2~6%를 차지하는 이당류이며, 젖당이라고도 한다. 락토스는 단당류 단위 중 하나만이 D-글루코스라는 점이 말토스와 셀로바이오스와 다르다. 다른 단당류 단위, 즉 글리코사이드 결합에 아노머 탄소를 부여하는 당이 D-갈락토스이다. 셀로바이오스와 같이 락토스는 β-글리코사이드이다.

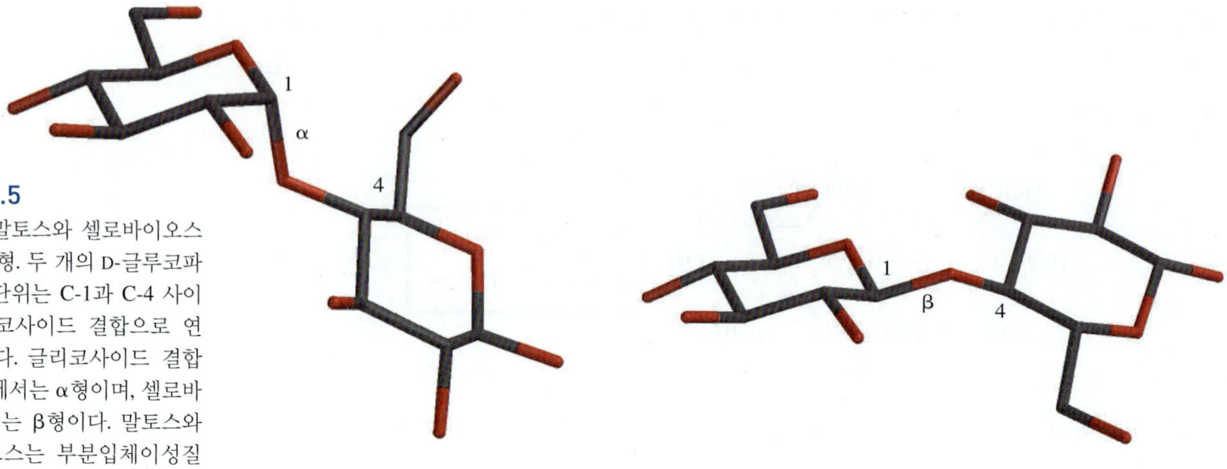

그림 • 15.5
이당류인 말토스와 셀로바이오스의 분자 모형. 두 개의 D-글루코파이라노스 단위는 C-1과 C-4 사이에서 글리코사이드 결합으로 연결되어 있다. 글리코사이드 결합은 말토스에서는 α형이며, 셀로바이오스에서는 β형이다. 말토스와 셀로바이오스는 부분입체이성질체이다.

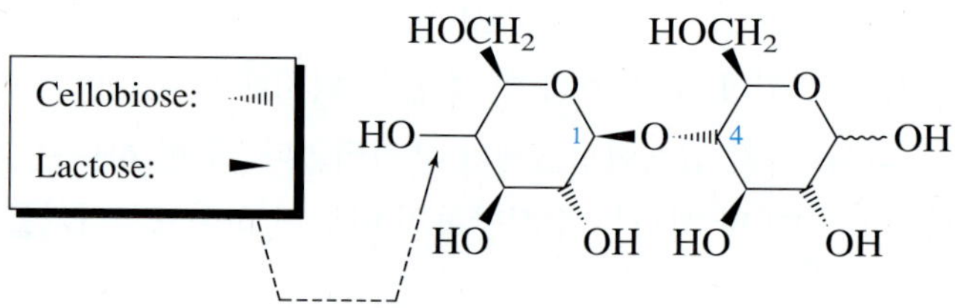

락토스의 소화는 β-글리코시데이스인 락테이스(lactase, 젖당분해효소)에 의해 촉진된다. 이 효소가 결핍되면 락토스의 소화가 불량하게 되어 소화장애가 발생한다. 락토스에 대한 소화장애는 유전적인 요소로서 처방전이 없어도 살 수 있는 락테이스 약품을 사용하거나 식사 시 우유의 양을 제한함으로써 치료할 수 있다.

모든 탄수화물 중 가장 잘 알려진 것은 테이블 슈가라고 하는 슈크로스이다. **슈크로스**(sucrose, 설탕)는 D-글루코스와 D-프럭토스가 글리코사이드 결합에 의해 아노머 탄소에 연결된 이당류이다(그림 15.6). 그 화학적 조성은 출처와 관계없이 동일하며, 사탕수수와 사탕무에서 유래한 슈크로스는 화학적으로 동일하다. 슈크로스는 유리 아노머 하이드록시기가 없으므로 변광회전을 하지 않는다.

그림 • 15.6
슈크로스의 구조

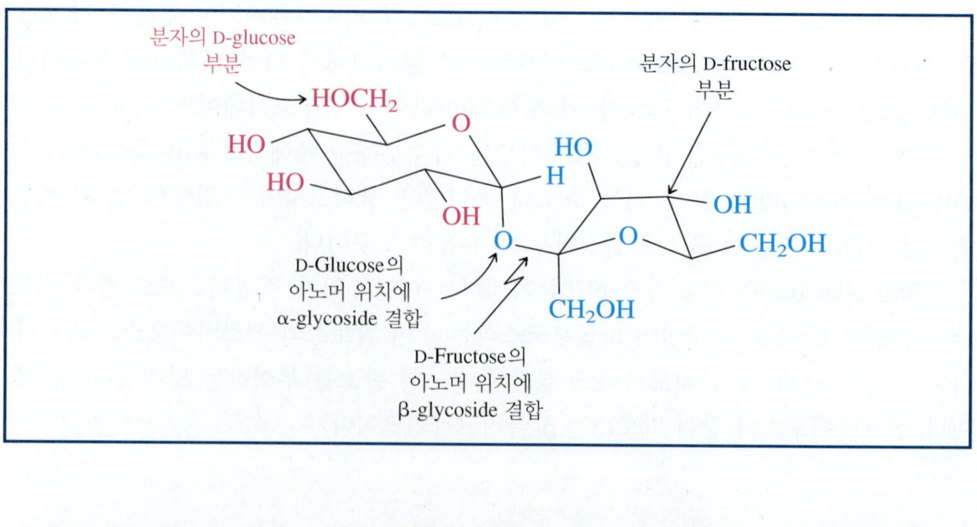

15.12 다당류

셀룰로스(cellulose, 섬유소)는 채소류의 골격을 구성하는 주요 구성 물질이다. 목재는 30~40%가 셀룰로스이며, 목화는 90% 이상이 셀룰로스로 구성되어 있다. 식물의 광합성에 의해 연간 10^9톤의 셀룰로스가 생성된다. 구조적으로 셀룰로스는 수천 개의 D-글루코스 단위가 β(1,4)-글리코사이드 결합에 의해 연결된 다당류이다(그림 15.7). 셀룰로스의 모든 글리코사이드 결합을 완전하게 가수분해하면 D-글루코스가 생성된다. 부분 가수분해로 생성되는 이당류 분획이 셀로바이오스이다.

동물은 셀룰로스의 가수분해를 촉매하는 데 필요한 효소가 없으므로 셀룰로스를 소화할 수 없다. 소와 기타 반추동물은 먹이로서 셀룰로스를 간접적으로 이용할 수 있다. 이들 동물의 소화관에 서식하는 미생물 군락은 셀룰로스를 이용하며, 그 과정에서 셀룰로스를 동물이 소화할 수 있는 다른 물질로 전환시킨다.

동물이 더 직접적으로 이용할 수 있는 에너지원은 많은 식품에 들어 있는 전분으로 공급된다. **전분**(starch)은 아밀로스(amylose)라고 하는 물에 분산되는 분획과 두 번째 구성 요소인 아밀로펙틴(amylopectin)의 혼합물이다. 아밀로스는 100에서 수천 개의 D-글루코스 단위가 α(1,4)-글리코사이드 결합으로 연결되어 구성된 다당류이다.

아밀로스와 마찬가지로 아밀로펙틴은 D-글루코스 단위가 α-(1,4)-결합으로 연결된 다당류이다. 그러나 α(1,4) 단위가 연속으로 연결된 것이 아니라 분리되어 있으며, 아밀로펙틴은 가지 달린 형태이다. α(1,4)-글리코사이드 결합으로 연결된 24~30개의 글루코스 단위로 된 짧은 다당류 가지가 주 사슬의 여러 부위에서 C-6에 결합되어 있다(그림 15.8).

전분은 식물이 에너지 요구를 충족하기 위해 글루코스를 저장하는 한 방식이다. 동물은 전분질 먹이를 섭취하여 그 요구를 충족시키고 체내 효소인 α-글리코시데이스를 이용하여 전분을 글루코스로 가수분해한다. 동물은 에너지를 얻는 데 필요한 것 이상으로 글루코스를 섭취하면 글루코스를 글리코젠(glycogen)으로 저장한다. 글리코젠은 α(1,4)-결합으로 연결된 글루코스 단위가 주 사슬의 C-6에 연결되어 있는 가지 달린 다당류라는 점이 아밀로펙틴과 비슷하다.

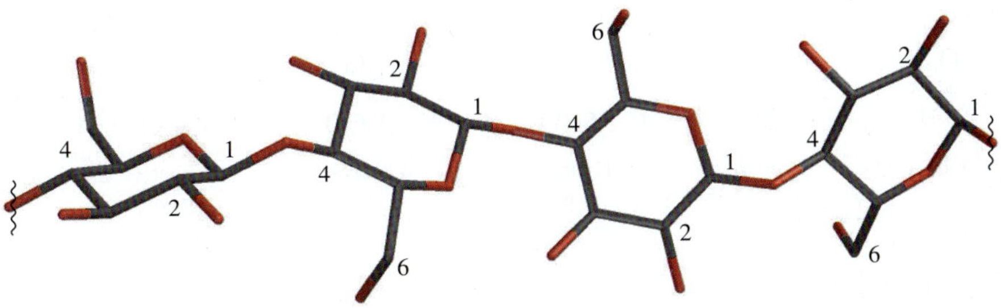

그림 • 15.7
셀룰로스는 셀로바이오스에서와 같이 D-글루코스 단위가 β(1,4)-글리코사이드 결합으로 연결된 다당류이다. C-2와 C-6 하이드록시기 간의 수소 결합에 의해 인접한 글루코스 단위는 서로 180° 각도로 회전된다.

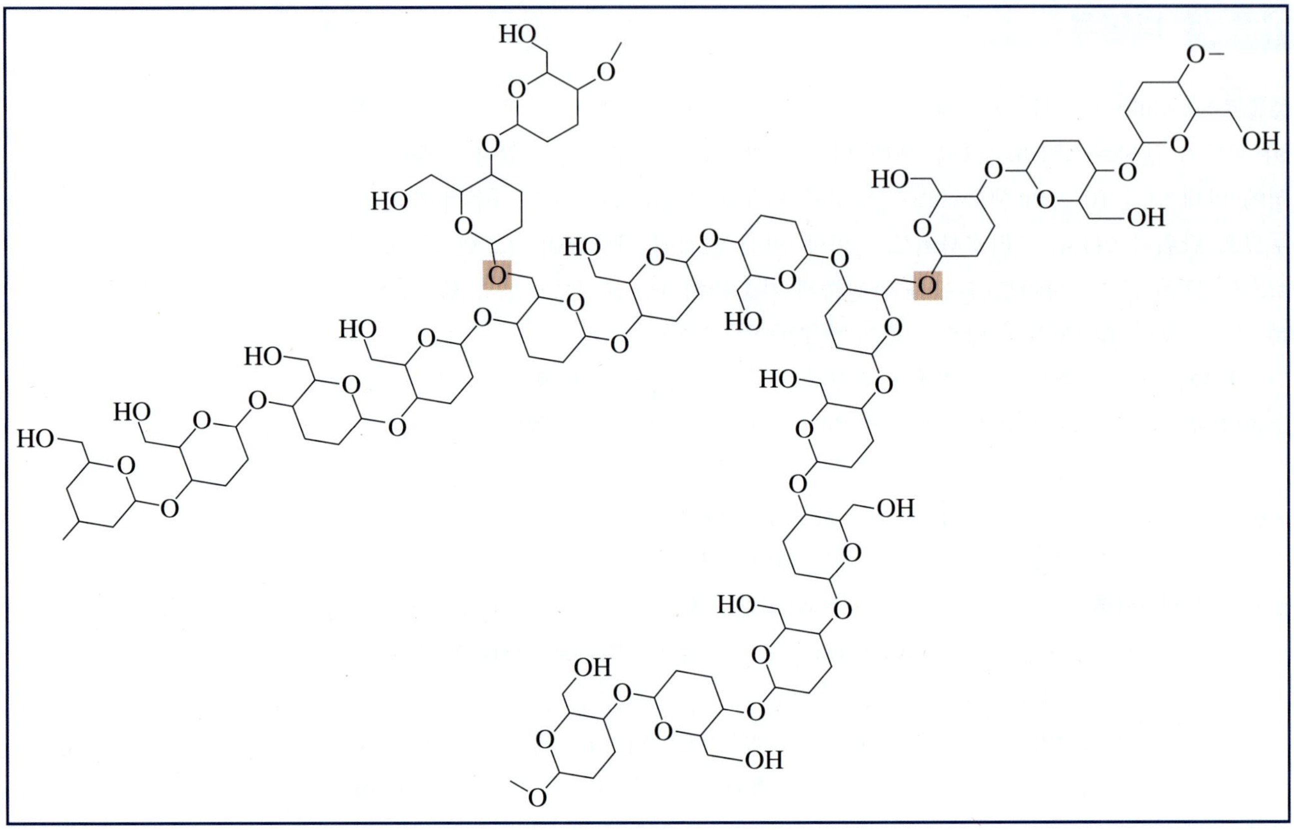

그림 • 15.8

아밀로펙틴 구조의 일부분. α-글리코사이드 결합은 인접한 글루코스 단위들의 C-1과 C-4를 연결한다. C-6와 다당류 사슬을 연결하는 글리코사이드 결합은 색칠한 산소 원자로 나타내었다. 각 고리에 연결된 하이드록시기는 편의상 생략하였다.

15.13 탄수화물의 산화

알데하이드기의 특징적인 성질은 쉽게 산화된다는 점이다(11.14절). 시트레이트(citrate, 구연산염) 복합체 형태의 황산 구리(II) 용액인 **Benedict 시약**(Benedict's reagent)은 지방족 알데하이드를 카복실산으로 산화시킬 수 있다.

$$RCHO + 2Cu^{2+} + 5HO^- \longrightarrow RCO^- (=O) + Cu_2O + 3H_2O$$

$\mathrm{R\overset{O}{\overset{\|}{C}}H}$	$+$	$2Cu^{2+}$	$+$	$5HO^-$	$\longrightarrow$	$\mathrm{R\overset{O}{\overset{\|}{C}}O^-}$	$+$	Cu_2O	$+$	$3H_2O$
Aldehyde		copper(II) sulfate 로부터		Hydroxide ion		Carboxylate anion		Copper(I) oxide		Water

Benedict 시약은 약국에서 구입할 수 있는 진단 시약의 주요 물질이며, 오줌 속의 당 수준을 검색할 수 있다.

구리(II)의 환원에 의해 산화 구리(I)의 적색 침전이 형성되면 알데하이드에 대한 양성 반응으로 간주한다. Benedict 시약과 양성 반응을 나타내는 탄수화물을 **환원당**(reducing sugar)이라고 한다.

알도스는 열린-사슬 형태에 알데하이드기를 가지고 있기 때문에 환원당이다. 케토스도 환원당이다. 시험 조건에서 케토스는 엔다이올 중간체를 거쳐 알도스와 평형을 이루며, 알도스는 시약에 의해 산화된다.

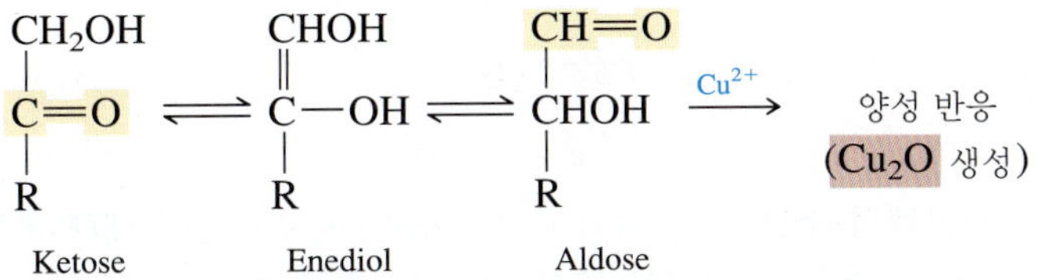

그와 같은 평형은 α-하이드록시 케톤에서도 일반적으로 일어나며, 이런 화합물은 Benedict 시약과 양성 반응을 한다. 유리 헤미아세탈기가 있는 탄수화물은 모두 환원당이다. 유리 헤미아세탈은 열린-사슬 형태와 평형을 이루어 쉽게 산화된다. 예를 들어, 말토스는 Benedict 시약과 양성 반응을 한다.

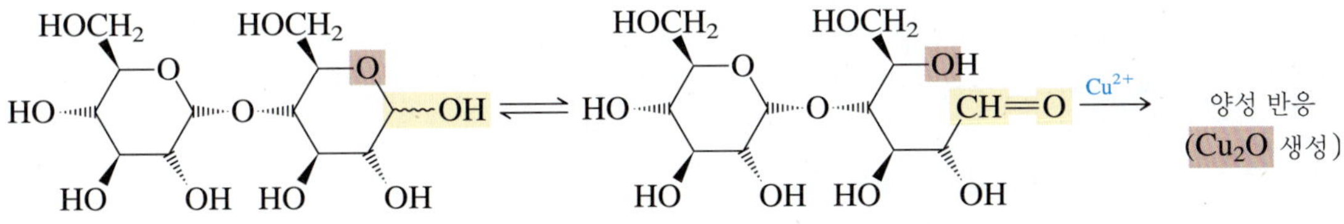

아노머 탄소가 아세탈기의 일부인 글리코사이드는 환원당이 아니므로 양성 반응을 하지 않는다.

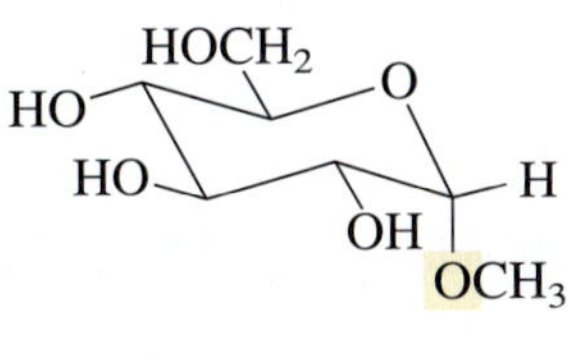

Methyl α-D-glucopyranoside
(환원당이 아님)

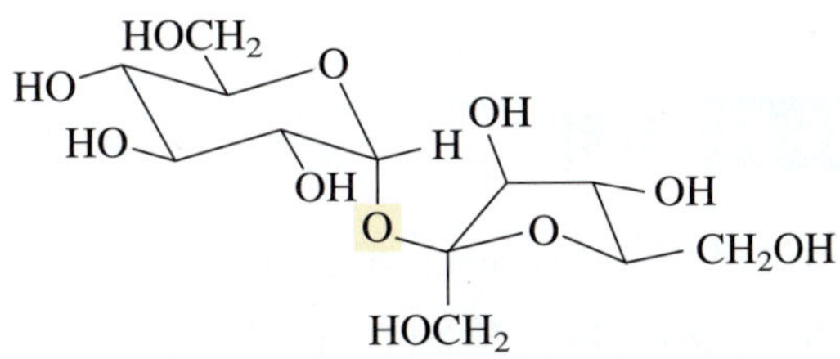

Sucrose
(환원당이 아님)

문제 15.11 다음 중 Benedict 시약과 양성 반응이 예상되는 어느 것인가? 그 이유는 무엇인가?

(a) D-갈락티톨(D-galactitol, 오른쪽에 있는 구조 참조)
(b) L-아라비노스(L-arabinose)
(c) 1,3-다이하이드록시아세톤(1,3-dihydroxyacetone)
(d) D-프럭토스(D-fructose)
(e) 락토스(lactose)
(f) 아밀로스(amylose)

풀이 (a) D-갈락티톨에는 알데하이드, α-하이드록시 케톤, 헤미아세탈기가 없으므로 Cu^{2+}에 의해 산화되지 않으며, Benedict 시약과 양성 반응을 하지 않는다.

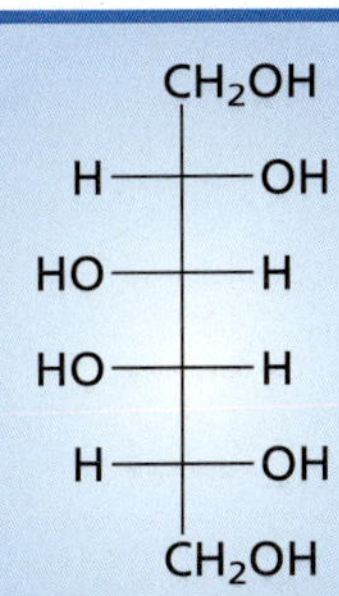

D-Galactitol

Fehling 용액(Fehling's solution)은 황산 구리(II)의 타타레이트(tartrate, 타타르산염) 복합체이며, 환원당의 진단에 사용된다.

학습목표

이 장에서는 생명체의 주요 구성 물질 중의 하나인 탄수화물에 대해 초점을 맞추었다. 이 장에서 배운 기술로 여러분은 다음과 같은 것을 할 수 있다.

- 구조에 따라 탄수화물을 분류할 수 있다.
- Fischer 투영도를 사용하여 탄수화물의 구조를 나타낼 수 있다.
- Fischer 투영도를 통해 탄수화물을 D 또는 L 위치배열로 분류할 수 있다.
- 오탄당의 퓨라노스형의 Haworth 투영도를 그릴 수 있다.
- 육탄당의 파이라노스형의 Haworth 투영도를 그릴 수 있다.
- 탄수화물의 α와 β 위치배열의 차이를 설명할 수 있다.
- 화학 반응식을 사용하여 변광회전과 관련한 평형 과정을 설명할 수 있다.
- 글리코사이드의 구조적 특징을 설명할 수 있다.
- 이당류의 화학 구조를 쓸 수 있다.
- 셀룰로스와 전분의 구조적 차이를 설명할 수 있다.
- 환원당을 나타내는 구조적 특징을 설명할 수 있다.
- 환원당을 확인하는 데 사용되는 Benedict 시약에 대해 설명할 수 있다.

15.14 요약

탄수화물은 구조에 따라 분류한다(15.1절). **단당류**(monosaccharide)는 더 작은 탄수화물로 가수분해되지 않는다. **이당류**(disaccharide)는 두 분자의 단당류로 가수분해된다. 알데하이드기가 있는 탄수화물을 **알도스**(aldose)라고 하며, 케톤기가 있는 탄수화물을 **케토스**(ketose)라고 한다.

Fischer 투영도는 탄수화물의 위치배열 관계를 나타내는 데 편리한 방법이다. 번호가 가장 높은 입체생성 중심에 결합된 하이드록시기가 오른쪽에 있으면 그 탄수화물은 D 계열에 속한다. 한편 입체생성 중심에 결합된 하이드록시기가 왼쪽에 있으면 그 탄수화물은 L 계열에 속한다(15.2절, 15.3절).

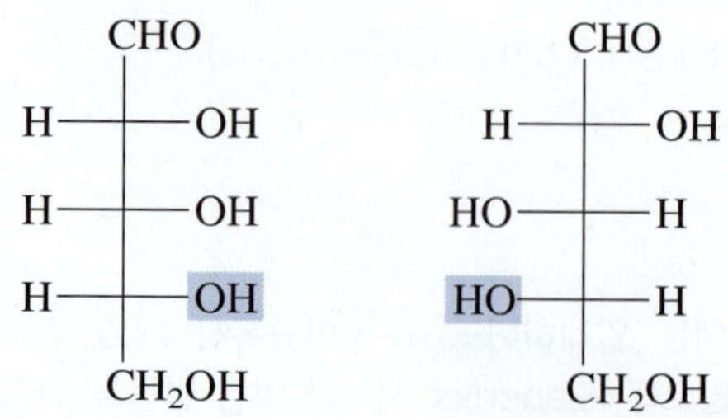

D-Ribose L-Arabinose

5개의 탄소 원자를 갖는 당을 **오탄당**(pentose)이라 하며, 6개의 탄소 원자를 갖는 당을 **육탄당**(hexose)이라고 한다(15.4절). 대부분의 탄수화물은 고리형 헤미아세탈로 존재한다. 오원자 고리를 갖는 고리형 아세탈을 **퓨라노스**(furanose)형이라고 하며(15.5절), 육원자 고리를 갖는 고리형 아세탈을 **파이라노스**(pyranose)형이라고 한다(15.6절).

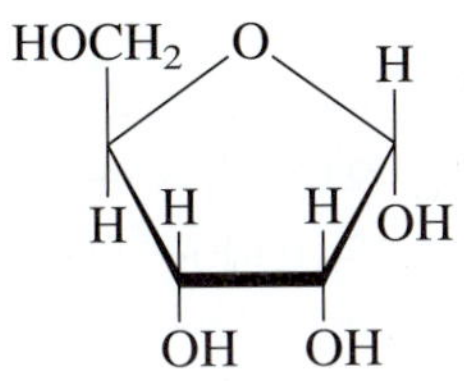

α-D-Ribofuranose

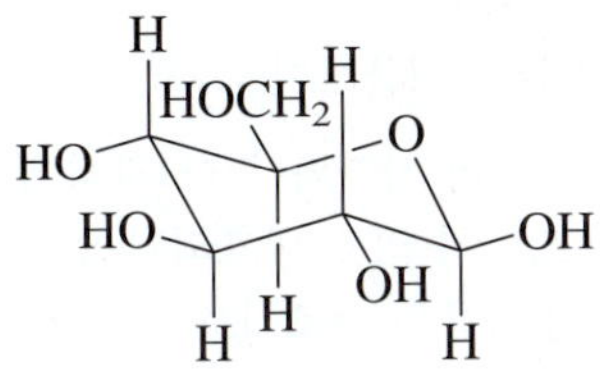

β-D-Glucopyranose

고리형 아세탈의 **아노머 탄소**(anomeric carbon)는 두 개의 산소에 결합된 탄소이다. 그 탄소는 열린-사슬형의 카보닐 탄소에 해당한다. 기호 α와 β는 아노머 탄소에서의 위치배열을 나타낸다.

특정 탄수화물은 퓨라노스형과 파이라노스형 사이에서, 그리고 각 형태의 α와 β 위치배열 사이에서 상호 전환된다(15.7절). 한 형태에서 모든 가능한 헤미아세탈의 평형 혼합물로 변환되면 **변광회전**(mutarotation)이라고 하는 광학 회전의 변화가 일어난다.

구조적으로 변이가 일어난 탄수화물에는 **데옥시당**(deoxy sugar), **아미노당**(amino sugar), **가지-사슬 탄수화물**(branched-chain carbohydrate)이 있다(15.9절).

글리코사이드는 아세탈이며, 이 화합물은 아노머 하이드록시기가 알콕시기로 치환되어 있다(15.10절). 글리코사이드는 탄수화물과 알코올을 산-촉매 존재하에서 방치하면 쉽게 제조할 수 있다.

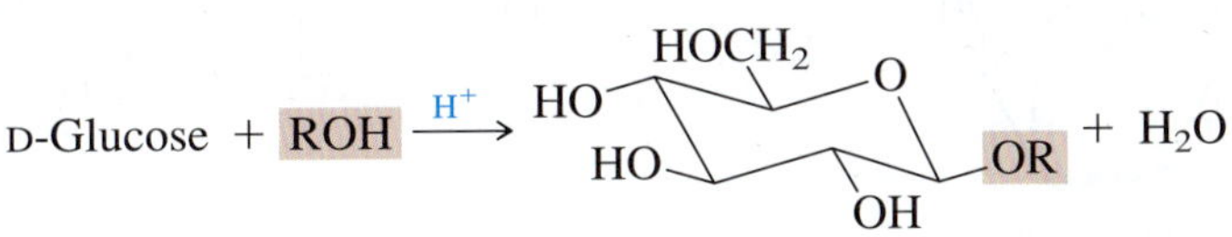

A glycoside

이당류(disaccharide)는 두 단당류가 글리코사이드 결합으로 연결된 탄수화물이다(15.11절). **다당류**(polysaccharide)는 글리코사이드 결합으로 연결된 많은 단당류 단위로 구성된다(15.12절). 이당류와 다당류를 완전히 가수분해하면 글리코사이드 결합이 끊어져 유리 단당류가 생성된다.

탄수화물은 알데하이드와 케톤에서 나타나는 화학 반응을 일으킨다. 유리 헤미아세탈기가 있는 알도스 또는 케토스는 Benedict 시약과 양성 반응을 하며, 이 당을 **환원당**(reducing sugar)이라고 한다(15.13절).

보충문제

분류와 구조

15.12 Fischer 투영도를 이용하여 다음의 구조를 그리시오.
(a) 글리세르알데하이드의 구성 이성질체
(b) L-케토테트로스
(c) (b) 화합물의 거울상이성질체

15.13 자일로스는 여러 사과와 기타 과실에서 발견되는 오탄당이다. 또 포도주와 맥주에서도 발견되며, 효모에 의해 발효되지 않는다. 그림 15.2의 D-(+)-자일로스의 Fischer 투영도를 참고하여 다음의 구조식을 그시오.
(a) (−)-자일로스(Fischer 투영도)
(b) β-D-자일로파이라노스
(c) 메틸 β-D-자일로파이라노사이드(글리코사이드)

15.14 (a) D-갈락토스와 D-만노스의 β-파이라노스형의 가장 안정한 형태를 그리시오. 이들 각각은 어떤 점에서 β-D-글루코파이라노스와 다른가?
(b) Fischer 투영도를 이용하여 D-갈락토스와 D-만노스의 α-파이라노스형을 그리시오.

15.15 다음 각각의 열린-사슬형에 대한 Fischer 투영도를 그리시오.

(a)
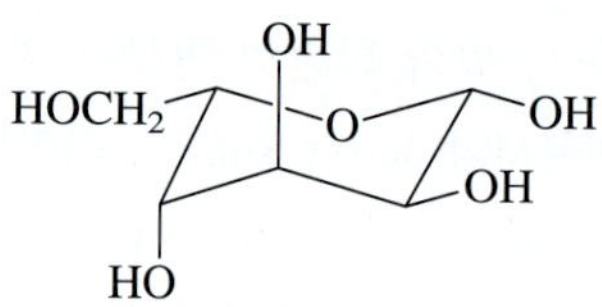

(c)
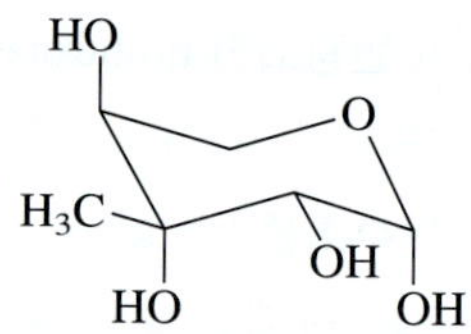

(b)
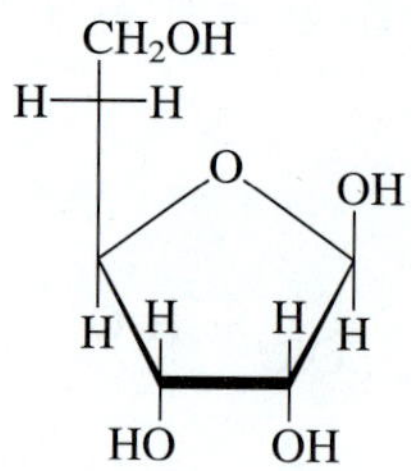

(d)
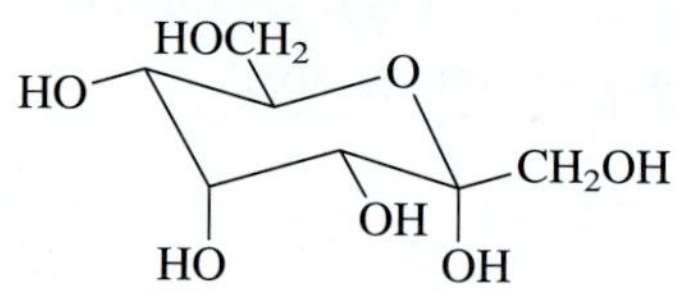

15.16 문제 15.15에 있는 탄수화물로부터 다음 내용에 해당되는 것을 고르시오.
(a) L 계열에 속한다.
(b) 데옥시당이다.
(c) 가지-사슬 당이다.
(d) 케토스이다.
(e) 퓨라노스형이다.
(f) 아노머 탄소에서 α 위치배열을 갖는다.

15.17 D-라이보스에서 세 개의 입체생성 중심의 *R*,*S* 위치배열은 무엇인가? (분자 모형이 도움이 될 것이다.)

15.18 케토헥소스는 몇 가지나 가능한가? Fischer 투영도를 쓰시오.

15.19 가지-사슬 탄수화물인 D-아디포스의 Fischer 투영도를 15.9절에 나타내었다.
(a) D-아디포스의 열린-사슬형에는 입체생성 중심이 몇 개인가?
(b) D-아디포스의 퓨라노스형에는 입체생성 중심이 몇 개인가?

(c) D-아디포스의 퓨라노스형의 입체이성질체는 몇 개인가?

반응

15.20 알도스의 알데하이드기는 수소화붕소 소듐(sodium borohydride, $NaBH_4$)에 의해 열린-사슬형을 거쳐 $-CH_2OH$로 환원된다. 다음 각 화합물을 수소화붕소 소듐으로 환원시켜 형성되는 생성물의 Fischer 투영도를 그리시오.

(a) D-에리트로스(D-erythrose)
(b) D-아라비노스(D-arabinose)
(c) D-글루코스(D-glucose)
(d) D-갈락토스(D-galactose)

15.21 알도스의 환원에 의한 생성물을 알디톨(alditol)이라고 한다. 문제 15.20에서 생성된 알디톨 중 어느 것이 광학 활성을 나타내는가?

(a) 에리트리톨(erythritol)
(b) 아라비니톨(arabinitol)
(c) 글루시톨(glucitol)
(d) 갈락티톨(galactitol)

15.22 D-프럭토스의 환원에 의해 생성되는 두 개의 알디톨은 무엇인가?

15.23 D-만노스를 산-촉매하에서 메탄올로 처리하면 분자식이 $C_7H_{14}O_6$인 메틸 글리코사이드의 네 가지 이성질체가 생성된다. 이들 네 생성물의 구조를 그리시오.

기타 문제

15.24 1987년에 D-글루코스를 주의 깊게 연구하여 수용액 상태에서의 조성이 밝혀졌다. α-와 β-파이라노스형은 혼합물의 99.7%이었으며 α-와 β-퓨라노스형은 0.29%이었다. 유리 알데하이드는 없었다. 그러나 알데하이드 수화물은 0.0045% 존재하였다.

(a) 알데하이드 수화물의 Fischer 투영도를 그리시오.
(b) 오원자 고리를 갖는 형태로 존재하는 글루코스는 어느 정도인가?
(c) β-파이라노스형에서 아노머 하이드록시기는 $-CH_2OH$기에 시스인가 아니면 트랜스인가?

15.25 순수한 α-와 β-D-만노파이라노스의 고유 광학 회전은 각각 +29.3°와 −17.0°이다. 각 형태를 물에 녹이면 변광회전이 일어나 용액의 광회전이 변화되어 최종 광회전은 +14.2°가 된다. α-와 β-파이라노스형만 존재한다고 가정할 때, 평형 상태에서 각 이성질체의 백분율을 계산하시오.

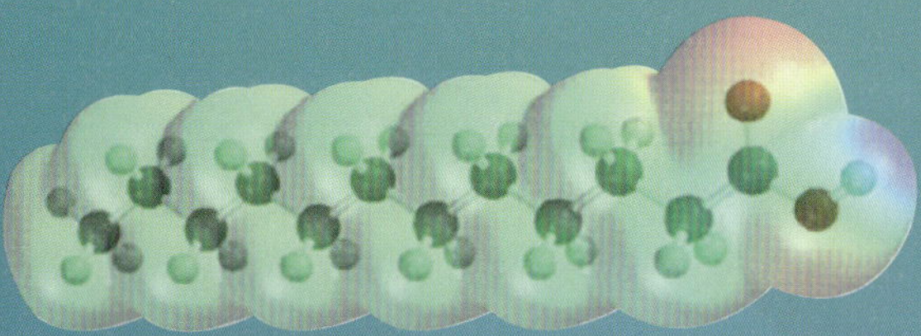

CHAPTER 16 지질

개요

지질은 단백질, 탄수화물, 핵산과 함께 생화학에서 주요 유기 화합물의 하나로 분류된다. 지질은 세포막의 구성 성분으로부터 성 호르몬으로서의 기능까지 생체 내에서 중요한 역할을 한다. 이 장에서는 생명체에 의하여 간단한 출발 물질들이 어떻게 복잡한 터펜(terpene)으로 전환되는가를 살펴볼 뿐만 아니라 여러 형태의 지질에 대하여 설명하고자 한다.

16.1 지질의 분류

지질(lipid)은 비극성 용매에 녹는 천연물이다. 이는 구조적이라기보다는 오히려 조작상의 특성이다. 천연물에서 얻은 시료 물질을 극성 용매(물 또는 알코올–물 혼합물)와 상대적으로 비극성인 용매(다이에틸 에터, 헥세인, 다이클로로메테인)로 추출한다. 탄수화물, 단백질, 핵산의 관련 물질들은 극성이므로 비극성 용매에는 녹지 않는다. 즉, 극성 용액계에 녹거나 또는 용해되지 않은 채 비극성 용매에 남아 있다. 비극성 용매에 녹는 천연물 부분이 **지질 분획**(lipid fraction)이다.

다음 절에서는 지질 분획을 구성하는 다양한 부류의 화합물들에 대하여 다룰 것이다. 지질의 한 부류인 프로스타글란딘(prostaglandin)은 12장 상자 속 에세이(12.3절)에서 설명하였다.

16.2 지방, 기름, 지방산

지방(fat)은 지질의 한 형태로, 생명계에서 에너지 저장 기능을 포함하여 많은 기능을 하고 있다. 비록 탄수화물이 쉽게 얻을 수 있는 에너지원으로서의 역할을 하지만 같은 무게의 지방은 탄수화물에 비하여 두 배 이상의 에너지를 발생한다. 탄수화물이나 단백질에서 동일한 양의 에너지를 저장하는 것보다 더 적은 양의 지방이 소요되기 때문에 생체에서는 지방의 형태로 에너지를 저장하는 것은 훨씬 효율적이다.

지방과 기름은 **트라이글리세라이드**(triglyceride)라고도 하는 **트라이아실글리세롤**(triacylglycerol)의 천연 혼합물이다. 지방과 기름의 차이는 실온에서 지방은 고체이고 기름은 액체라는 점이다. 일반적으로는 이러한 차이를 무시하고 모두 지방으로 간주한다.

트라이아실글리세롤은 글리세롤을 기본 골격으로 하여 구성된다.

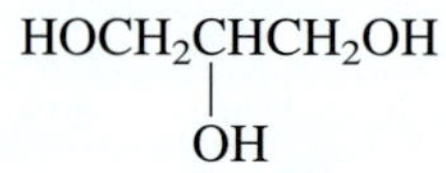

Glycerol

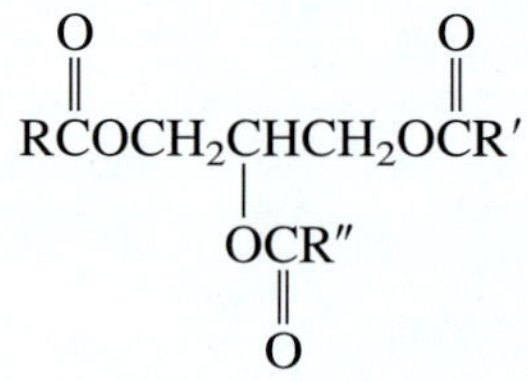

Triacylglycerol

트라이아실글리세롤에 결합되어 있는 세 개의 아실기는 모두 같을 수도 있고 모두 다를 수도 있으며, 또는 하나가 다른 두 개와 다를 수도 있다.

그림 16.1은 두 개의 전형적인 트라이아실글리세롤인 2-올레일-1,3-다이스테아릴글리세롤(2-oleyl-1,3-distearylglycerol, 그림 16.1*a*)과 트라이스테아린(tristearin, 그림 16.1*b*)의 구조를 보여 준다. 예를 들면, 이들은 코코아 버터에서 발견되는 천연 물질들이다. 트라이스테아린의 세 아실기는 모두 스테아릴[stearyl, 옥타데칸오일(octadecanoyl)]기이다. 2-올레일-1,3-다이스테아릴글리세롤에서 두 개의 아실기는 스테아릴이지만 가운데에 있는 나머지 하나는 올레일[oleyl, *시스*-9-옥타데센오일(*cis*-9-octadecenoyl)]이다. 그림에서 보는 바와 같이 트라이스테아린은 2-올레일-1,3-다이스테아릴글리세롤의 탄소–탄소 이중 결합을 촉매 수소첨가 반응으로 제조할 수 있다. 2-올레일-1,3-다이스테아릴글리세롤의 녹는점은 43℃이지만 수소첨가 반응으로 생성된 트라이스테아린의 녹는점은 72℃로 증가시키며, 액체 식물성 기름을 고체의 "쇼트닝"으로 전환시키는 수소첨가 반응은 식품 공업에서는 표준화된 기술이다. 두 화합물의 공간채움 모형(space-filling model)을 보면 트라이스테아린의 구조가 더 편평함을 알 수 있는데, 이는 더 불규칙적인 형태의 2-올레일-1,3-다이스테아릴글리세롤보다 트라이스테아린이 결정 격자 내에서 더 잘 채워 넣을 수 있음을 알 수 있다. 이 불규칙적인 형태의 직접적인 원인은 곁사슬에 있는 시스 이중 결합 때문이다.

지방을 가수분해하면 글리세롤과 긴 사슬의 **지방산**(fatty acid)이 생성된다. 그래서 트라이스테아린을 가수분해하면 글리세롤과 3분자의 스테아르산(stearic acid)이

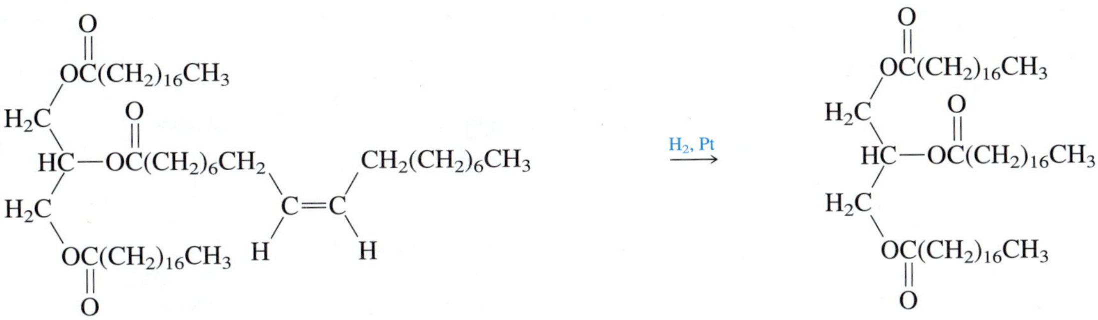

2-Oleyl-1,3-distearylglycerol (mp 43°C)

Tristearin (mp 72°C)

(*a*) (*b*)

그림 • 16.1
두 대표적인 트라이아실글리세롤의 구조. (*a*) 2-올레일-1,3-다이스테아릴글리세롤은 코코아 버터에서 발견되는 천연 트라이아실글리세롤이다. 올레일기의 시스 이중 결합 때문에 효율적으로 결정을 채우는 것을 방해하는 분자 형태가 된다. (*b*) 촉매 수소첨가 반응으로 2-올레일-1,3-다이스테아릴글리세롤이 트라이스테아린으로 전환된다. 트라이스테아린은 2-올레일-1,3-다이스테아릴글리세롤보다 녹는점이 더 높다.

생성된다.

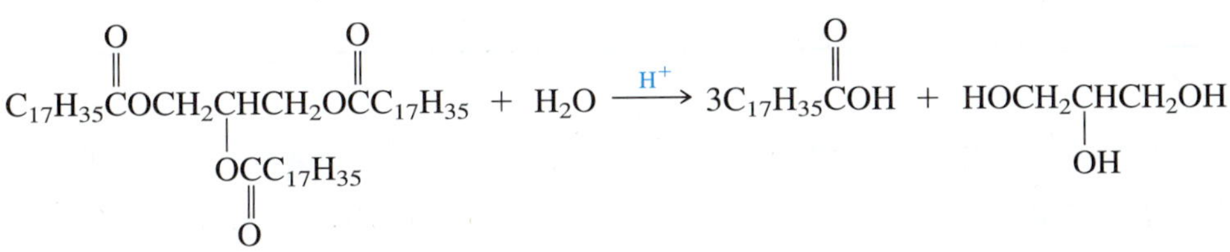

Tristearin Stearic acid Glycerol

표 16.1에 몇 가지 대표적인 지방산들을 제시하였다. 예에서 알 수 있듯이 대부분의 천연 지방산들은 짝수의 탄소 원자와 가지가 없는 탄소 사슬을 갖고 있다. 탄소 사슬은 포화되거나, 하나 또는 그 이상의 이중 결합을 가질 수 있다. 이중 결합이 있을 때는 항상 거의 시스 형태를 취한다. 트라이아실글리세롤에는 14~20개의 탄소 원자를 함유하는 아실기가 가장 많다.

엄밀히 말하면 **지방산**(fatty acid)이라는 용어는 트라이아실글리세롤에 천연적으로 존재하는 카복실산으로 한정된다. 그러나 많은 화학자와 생화학자들은 그들의 기원이나 사슬 길이에 관계없이 가지가 없는 모든 카복실산을 지방산이라고 한다.

문제 16.1 2-올레일-1,3-다이스테아릴글리세롤을 가수분해하면 어떤 지방산들이 생성되는가? 다른 어떤 트라이아실글리세롤이 2-올레일-1,3-다이스테아릴글리세롤의 지방산과 같은 동일한 비율의 지방산을 생성하는가?

표 16.1 대표적인 지방산

구조식	체계명	관용명
포화 지방산		
$CH_3(CH_2)_{10}COOH$	도데칸산 (Dodecanoic acid)	로르산 (Lauric acid)
$CH_3(CH_2)_{12}COOH$	테트라데칸산 (Tetradecanoic acid)	미리스트산 (Myristic acid)
$CH_3(CH_2)_{14}COOH$	헥사데칸산 (Hexadecanoic acid)	팔미트산 (Palmitic acid)
$CH_3(CH_2)_{16}COOH$	옥타데칸산 (Octadecanoic acid)	스테아르산 (Stearic acid)
$CH_3(CH_2)_{18}COOH$	아이코산산 (Icosanoic acid)	아라키드산 (Arachidic acid)
불포화 지방산		
$CH_3(CH_2)_7CH{=}CH(CH_2)_7COOH$	(*Z*)-9-옥타데칸산 [(*Z*)-9-Octadecenoic acid]	올레산 (Oleic acid)
$CH_3(CH_2)_4CH{=}CHCH_2CH{=}CH(CH_2)_7COOH$	(9*Z*, 12*Z*)-9,12-옥타데카다이엔산 [(9*Z*,12*Z*)-9,12-Octadecadienoic acid]	리놀레산 (Linoleic acid)
$CH_3CH_2CH{=}CHCH_2CH{=}CHCH_2CH{=}CH(CH_2)_7COOH$	(9*Z*, 12*Z*, 15*Z*)-9,12,15-옥타데카트라이엔산 [(9*Z*,12*Z*,15*Z*)-9,12,15-Octadecatrienoic acid]	리놀렌산 (Linolenic acid)
$CH_3(CH_2)_4CH{=}CHCH_2CH{=}CHCH_2CH{=}CHCH_2CH{=}CH(CH_2)_3COOH$	(5*Z*, 8*Z*, 11*Z*, 14*Z*)-5,8,11,14-아이코사테트라엔산 [(5*Z*,8*Z*,11*Z*,14*Z*)-5,8,11,14-Icosatetraenoic acid]	아라키돈산 (Arachidonic acid)

지방 대체품인 올레스트라(olestra)는 글리세롤의 트라이아실 에스터가 아니라 슈크로스의 헥사-, 헵타-, 옥타아실에스터의 혼합물이며, 여기서 아실기는 지방산에서 유래한다. 올레스트라는 지방의 물리적인 특성과 맛을 가지고 있으나 체내에서 대사되지 않으며, 칼로리를 내지 않는다.

트랜스 이중 결합을 하는 몇몇 지방산(트랜스 지방산)들은 천연에서 발견되지만 트랜스 지방의 주요 근원은 천연 지방과 기름의 가공에서 유래된다. 수소첨가 반응 과정 중에 트라이아실글리세롤의 몇몇 이중 결합은 시스형에서 트랜스형의 이중 결합으로 전환되는 입체이성질화 반응이 일어날 수 있다. 더욱이 수소첨가 반응을 촉진시키는 촉매는 역반응인 **탈수소화 반응**(dehydrogenation)도 유발시켜 보통 트랜스형의 새로운 이중 결합을 아실기 내로 도입시킨다. 부분적으로 수소를 첨가한 식물성 기름으로 만들어진 마가린은 하나의 트랜스 지방산의 식이 급원이다. 최근의 연구 결과는 트랜스 지방산은 저밀도 지질단백질(LDL) 콜레스테롤의 혈중 수준을 증가시켜 심장병의 위험을 증가시킬 수 있다고 한다(16.6절의 상자 속 에세이 참조).

지방산은 글리세릴 트라이에스터와는 다른 형태로도 자연계에 존재한다. 최근에 발견된 지방산 유도체의 한 예가 아난드아마이드(anandamide)이다.

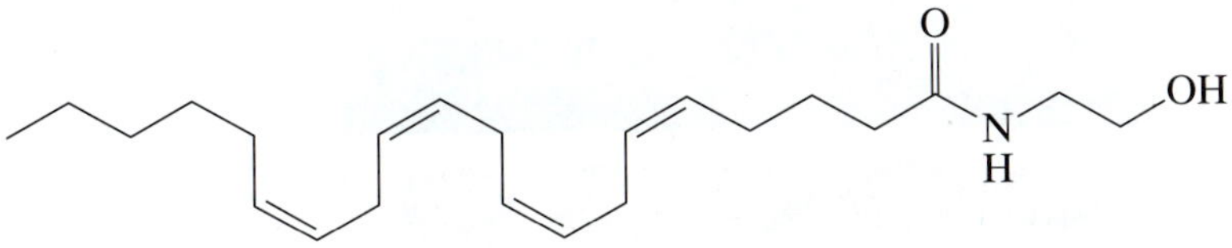

Anandamide

아난드아마이드는 아라키돈산(표 16.1)의 에탄올아민(ethanolamine, $H_2NCH_2CH_2OH$) 아마이드이다. 1992년에 돼지의 뇌로부터 분리되었으며, 보통은 "카나비노이드(cannabinoid) 수용체"에 결합하는 물질로 밝혀졌다. 마리화나의 활성 성분인 Δ^9-테트라하이드로카나비놀(tetrahydrocannabinol, THC)은 어떤 수용체에 결합하여 효과를 내며, 과학자들은 체내의 어떤 성분이 수용체의 결합 부위가 되는지에 오랫동안 의문을 가지고 있었다.

아난드아마이드가 그 화합물이며, 지금은 아난드아마이드가 카나비노이드 수용체에 결합하는 것이 아니라 카나비노이드가 아난드아마이드 수용체에 결합한다는 것이 더 적합한 것 같다. 아난드아마이드는 통증을 완화시키는 데 관련이 있는 것 같다. "내인성 카나비노이드"의 정체가 밝혀지자 과학자들은 이를 특별히 탐색하여 초콜릿과 같이 깜짝 놀랄 만한 곳에서 아난드아마이드가 존재하는 것을 발견하였다.

모두 지질이라는 것을 제외하면 아난드아마이드와 THC 사이에는 어떤 명확한 구조적 유사성도 없다.

16.3 인지질

인지질(phospholipid)은 트라이아실글리세롤과 구조가 유사한 두 번째 형태의 지질이다. 인지질의 한 예는 **레시틴**(lecithin)이라고도 하는 **포스파티딜콜린**(phosphatidylcholine)이다. 레시틴은 글리세롤의 세 번째 하이드록시기가 인산 다이에스터 결합을 하고 있는 다이아실글리세롤이다. 콜린 단위[$OCH_2CH_2\overset{+}{N}(CH_3)_3$]도 인산기에 결합되어 있다.

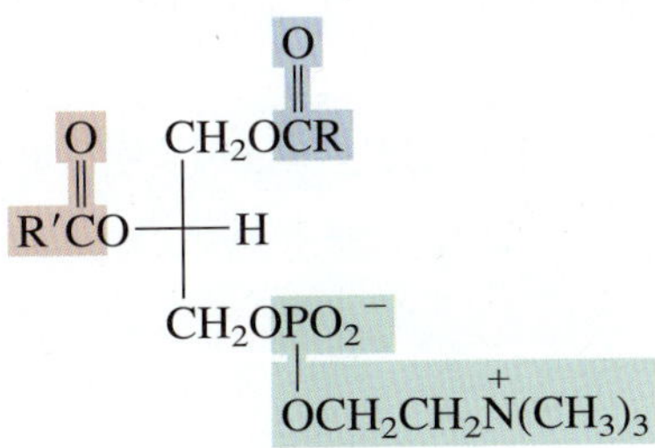

Phosphatidylcholine

(대개 R과 R′은 항상 다름)

포스파티딜콜린은 극성 "머리기"(양전하를 띠는 콜린과 음전하를 띠는 인산 단위)와 두 비극성 "꼬리"(아실기)를 가지고 있다. 두 액체상의 경계에서와 같은 어떤 조건하에서 포스파티딜콜린은 그림 16.2에서 보는 바와 같이 **지질 이중층**(lipid bilayer)이라고 하는 구조를 형성한다. 각 분자에 두 개의 긴 사슬의 아실기가 존재하기 때문에 가장 안정한 결합체는 위와 아래의 표면에서 물 분자에 의해 용매화된 친수성 극성기와

그림 • 16.2
인지질 이중층의 단면도

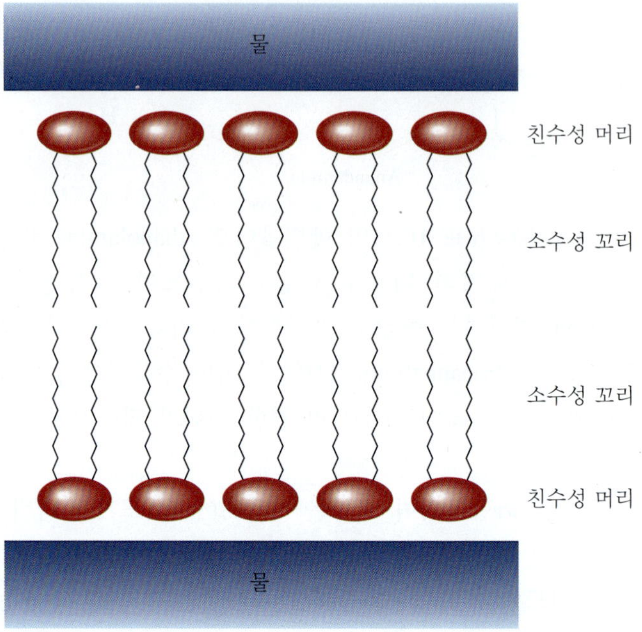

이중층의 내부로 향한 소수성(비극성) 아실기를 가지고 있다.

포스파티딜콜린은 세포막의 주요 구성 성분이다. 이들 막은 그림 16.2에 제시한 것과 유사한 지질 이중층으로 구성되어 있다. 비극성 물질은 이중층을 통해 한쪽에서 다른 쪽으로 비교적 쉽게 확산될 수 있다. 그러나 극성 물질, 특히 Na^+, K^+, Ca^{2+}과 같은 금속 이온은 확산될 수 없다. 막을 통한 금속 이온의 이동은 지질 이중층에 존재하면서 보통 소수성 외부로 둘러싸인 금속 이온 결합 부위가 있는 특정 단백질의 도움으로 이루어진다. 금속 이온은 지질 이중층의 한쪽에서 선택되어 세포막의 탄화수소와 유사한 내부를 거쳐 통과하는 중에 항상 극성 환경에 놓인 채 반대쪽으로 전달된다. 모넨신(monensin, 그림 10.2)과 같은 이온 운반을 촉진하는 항생 물질은 세포막을 통한 금속 이온의 수송을 촉진시켜 세포의 정상 기능을 교란한다.

문제 16.2 레시틴은 마요네즈 같은 상업용 식품에 이용되어 지방과 물이 두 층으로 분리되는 것을 막아준다. 레시틴의 어떤 구조적 특징이 이러한 기능을 가능하게 할 수 있는지 설명하시오.

16.4 왁스

왁스(wax)는 식물의 잎, 동물의 털, 새의 깃털을 포함한 많은 생명체의 보호 피막의 일부인 방수성 고체 물질이다. 왁스는 보통 알킬기와 아실기 모두 가지가 없고 탄소 원자 수가 12개 또는 그 이상인 에스터의 혼합물이다. 예를 들면, 밀랍은 탄화수소, 알코올, 에스터의 복잡한 혼합물의 한 구성 성분으로서 에스터인 트라이아콘틸 헥사데카노에이트(triacontyl hexadecanoate)를 함유하고 있다.

$$CH_3(CH_2)_{14}\overset{\displaystyle O}{\overset{\|}{C}}OCH_2(CH_2)_{28}CH_3$$

Triacontyl hexadecanoate

문제 16.3 경랍(spermaceti)은 향유고래로부터 얻어지는 왁스이다. 경랍은 향유고래 이외의 다른 물질 중에는 여러 종류의 비누와 화장품에서 연화제로 사용되는 세틸 팔미테이트(cetyl palmitate)로 알려진 에스터를 가지고 있다. 세틸 팔미테이트의 체계명은 헥사데실 헥사데카노에이트(hexadecyl hexadecanoate)이다. 이 물질의 구조식을 쓰시오.

16.5 스테로이드: 콜레스테롤

스테로이드(steroid)는 생명계에서 다양한 기능을 하는 지질의 일종이다. 모든 스테로이드는 그림 16.3*a*에 나타낸 바와 같이 네 개의 고리를 갖고 있는 특징이 있다. **콜레스테롤**(cholesterol, 그림 16.3*b*)은 가장 풍부한 스테로이드이며, 동물에 존재하는 모든 다른 스테로이드의 전구체이다. 성인은 평균 200g 이상의 콜레스테롤을 함유하며, 모든 신체 조직에서 발견되고, 뇌와 척수에 비교적 다량 존재한다. 담석은 거의 모두 콜레스테롤이다. 콜레스테롤은 동맥의 벽에 쌓이며, 동맥경화증에서 혈액의 흐름을 제한시키는 혈관 벽 찌꺼기의 주요 성분이기도 하다(다음 장의 상자 에세이 참조). 콜레스테롤은 유리 알코올형과 여러 지방산에 의해 콜레스테롤의 하이드록시기에서 에스터화된 형태로 체내에서 발견된다.

> 콜레스테롤이라는 이름은 그리스어의 "*쓸개(chole)*"와 "*고체(stereos)*"의 합성어에 알코올을 의미하는 접미어 *-올(-ol)*을 붙여 만들어졌다.

16.6 비타민 D

콜레스테롤과 구조적 면에서 아주 밀접한 관련이 있는 스테로이드는 콜레스테롤의 7-데하이드로(7-dehydro) 유도체이다. 7-데하이드로콜레스테롤은 콜레스테롤의 효소 산화에 의해 만들어지고, B 고리에 짝지은 다이엔 단위를 가지고 있다. 7-데하이드로콜레스테롤은 피부 조직에 존재하며, 햇빛에 의해 유도되는 광화학 반응에 의해 비타민 D_3로 전환된다.

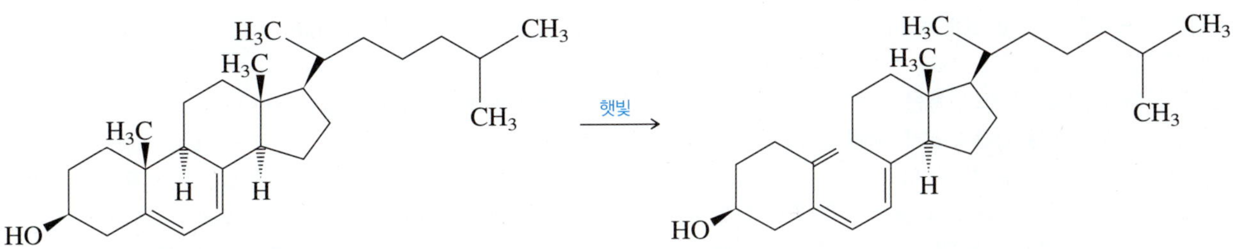

7-Dehydrocholesterol → Vitamin D_3

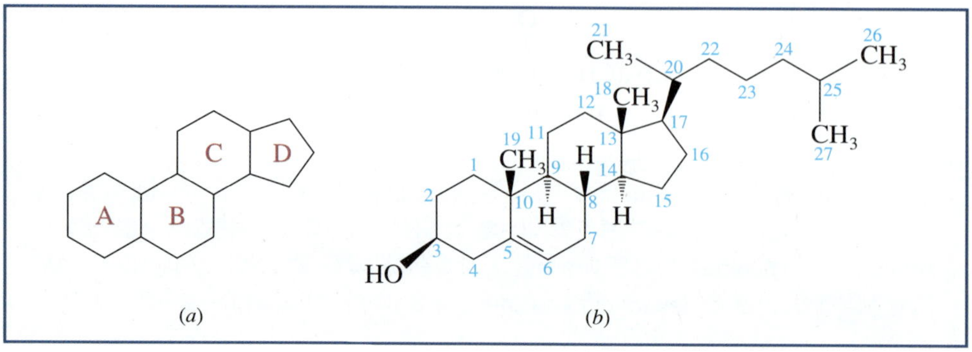

그림 • 16.3
(*a*) 스테로이드의 특징인 네 개의 고리계. 고리는 그림에 나타낸 바와 같이 A, B, C, D로 표시한다. (*b*) 콜레스테롤의 구조. 유일한 번호 부여 체계를 스테로이드에 사용하며, 구조식에 표시되어 있다.

비타민 D_3는 Ca^{2+}이 장에서 흡수되는 과정에서 중요한 화합물이다. 비타민 D_3의 수준이 낮으면 체내 Ca^{2+} 농도가 적정한 뼈 성장을 유지할 만큼 충분치 못하게 되어 그 결과 구루병이라는 뼈 질환을 일으킨다.

구루병은 한때 현재보다 더 만연되었다. 구루병은 어린이들에게 생선의 간유를 먹임으로써 예방될 수 있었기 때문에 식이 결핍증으로 생각되었다. 사실상 구루병은 태양 광선 결핍에 의해 야기되는 환경성 질병이다. 겨울철에 햇빛이 약하면 어린이들은 피부 내의 7-데하이드로콜레스테롤을 강한 뼈 생장을 촉진시키기에 충분한 수준의 비

"좋은" 콜레스테롤? "나쁜" 콜레스테롤? 차이가 무엇인가?

콜레스테롤은 간에서 합성되어 체내에 골고루 전달되어 다양한 방법으로 이용되며, 다시 간으로 돌아와 다른 스테로이드의 생합성 전구체로 사용된다. 그러나 콜레스테롤은 지질이며, 물에 녹지 않는다. 콜레스테롤이 혈액에 녹지 않는다면 어떻게 혈액을 통하여 이동하는 것일까? 해답은 혈액에 녹지는 않으나 대신 **지질단백질**(lipid+protein=lipoprotein)의 한 부분으로 혈액과 조직을 통하여 운반된다는 것이다.

간으로부터 콜레스테롤을 운반하는 단백질을 **저밀도 지질단백질**(low-density lipoprotein) 또는 **LDL**이라 하고, 간으로 콜레스테롤을 운반하는 것을 **고밀도 지질단백질**(high-density lipoprotein) 또는 **HDL**이라고 한다. 너무 많은 양의 콜레스테롤이 LDL에 의해 운반되거나 또는 너무 적은 양이 HDL에 의해 운반된다면 여분의 콜레스테롤은 동맥 벽면에 축적되어 동맥경화증을 유발시킨다. 요즘에는 철저한 생리 검사에 의하여 총 콜레스테롤 농도뿐만 아니라 LDL과 HDL 콜레스테롤의 분포 비율까지 측정한다. LDL 콜레스테롤 수치의 증가는 심장병의 위험 인자가 된다. LDL 콜레스테롤은 종종 "나쁜 콜레스테롤"로 불린다. 반면에 HDL은 과량의 콜레스테롤을 제거하며 보호적이어서 "좋은 콜레스테롤"로 간주된다.

LDL과 HDL 콜레스테롤의 분포 비율은 주로 유전적 요인에 좌우되지만 바뀔 수 있다. 규칙적인 운동을 하고 섭취하는 음식물 중 포화 지방의 양을 제한하면 HDL 콜레스테롤은 증가시키고 LDL 콜레스테롤은 감소시킨다. 콜레스테롤 수치를 낮추는 새로운 약품 개발에서 많은 진전이 있었다. 1988년에 로바스타틴(lovastatin)과 1991년에 심바스타틴(simvastatin)으로 시작된 스타틴(statin) 계열은 특별한 약효가 입증되었다.

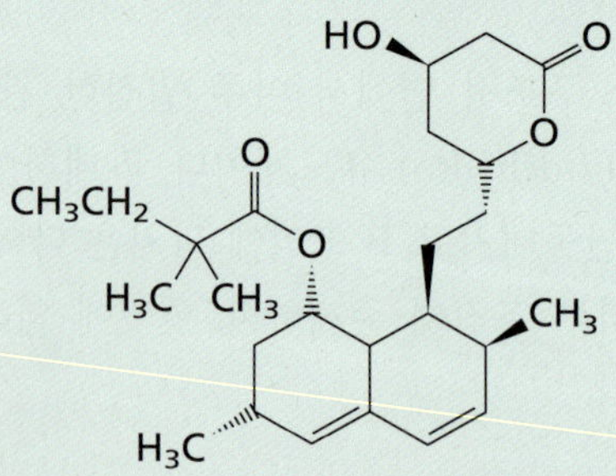

Simvastatin

스타틴은 메발론산(mevalonic acid, 16.13절 참조)의 생합성에 필요한 효소인 3-하이드록시-3-메틸글루타릴(3-hydroxy-3-methylglutaryl) 보조효소 A 환원효소(reductase)를 저해하여 콜레스테롤을 낮춘다. 메발론산은 콜레스테롤에 대한 필수적인 전구체이기 때문에 메발론산이 감소하면 콜레스테롤이 감소된다.

타민 D_3로 전환시킬 수 있을 정도의 충분한 햇빛에 노출될 수 없을 수 있다. 물고기는 태양 광선이 미치지 않는 환경에 적응해 와서 체내 비타민 D_3 생성을 광화학에 직접 의존하지 않고 다른 방식으로 비타민 D_3를 축적한다. 물고기 간유가 좋은 비타민 D_3 공급원이지만, 맛이 매우 좋지 않다. 콜레스테롤로부터 제조된 합성 비타민 D_3를 종종 우유나 기타 식품에 첨가하여 어린이들이 충분한 비타민 D_3를 공급받아 뼈가 올바르게 발육되도록 해 준다. 빛을 조사시킨 에고스테롤(ergosterol)은 위와 같은 목적으로 우유나 기타 식품에 첨가되는 또 다른 식품 첨가물이다. 효모로부터 얻은 스테로이드인 에고스테롤은 구조적으로 7-데하이드로콜레스테롤과 유사하며, 태양 광선이나 인공 광선을 조사시켜 비타민 D_3와 유사하며 구루병 치료 활성에서도 비타민 D_3와 견줄 만한 비타민 D_2로 전환된다.

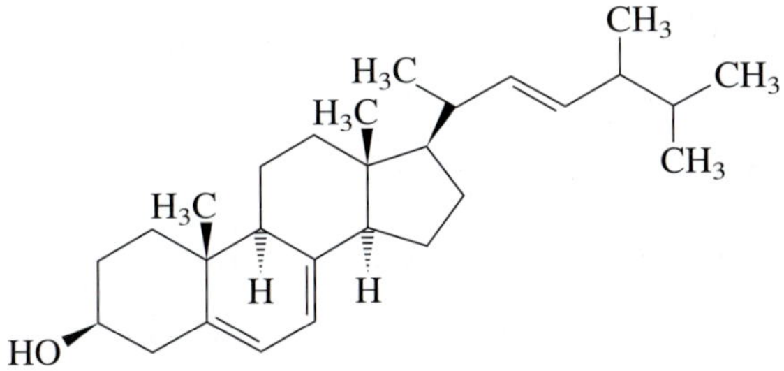

Ergosterol

문제 16.4 비타민 D_2의 올바른 구조를 제시하시오.

16.7 담즙산

체내 콜레스테롤의 상당 부분이 **담즙산**(bile acid)을 생성하는 데 이용된다. 간에서 산화되어 C_8H_{17} 곁사슬의 일부분이 제거되고 스테로이드 골격의 여러 위치에 하이드록시기가 추가 도입된다. 콜산(cholic acid)은 담즙산 중 가장 풍부하다. 담즙산은 소듐 토로콜레이트(sodium taurocholate)가 한 예인 **담즙산염**(bile salt)이라고 하는 어떤 아마이드 유도체 중에서 지방의 소화를 돕는 유화제로 작용한다. 담즙산염은 긴 사슬 지방산염의 성질과 비슷한 세척제의 성질이 있으며, 수용성 매질을 통한 지질의 수송을 촉진한다.

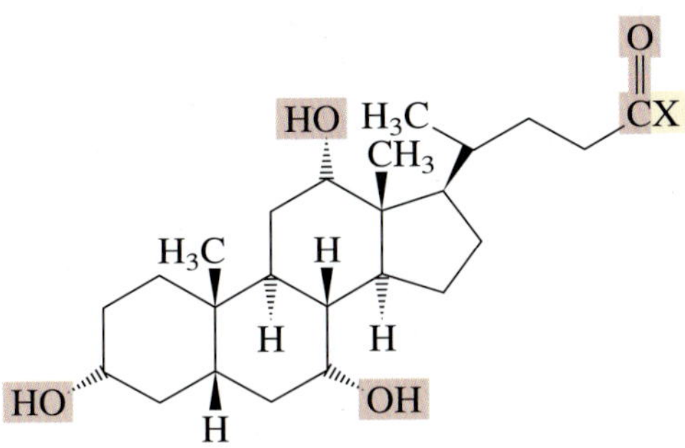

X = OH: cholic acid
X = $NHCH_2CH_2SO_3Na$: sodium taurocholate

16.8 코티코스테로이드

부신의 바깥층, 즉 **피질**(cortex)은 **코티코스테로이드**(corticosteroid)로 알려진 많은 물질군의 공급원이다. 담즙산과 마찬가지로 산화에 의해 D 고리에 있는 알킬 치환기의 일부분이 절단되어 콜레스테롤으로부터 유도된다. 코티솔(cortisol)은 코티코스테로이드 중 가장 풍부하지만 코티손(cortisone)이 가장 잘 알려져 있다. 코티손은 보통 소염제로, 특히 류마티스 관절염의 치료에 처방된다.

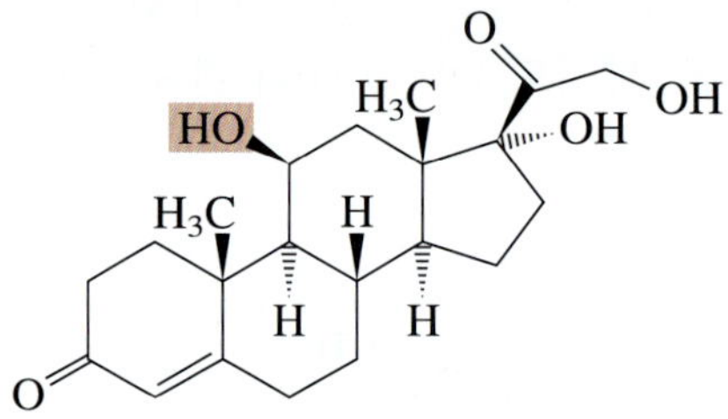

Cortisol

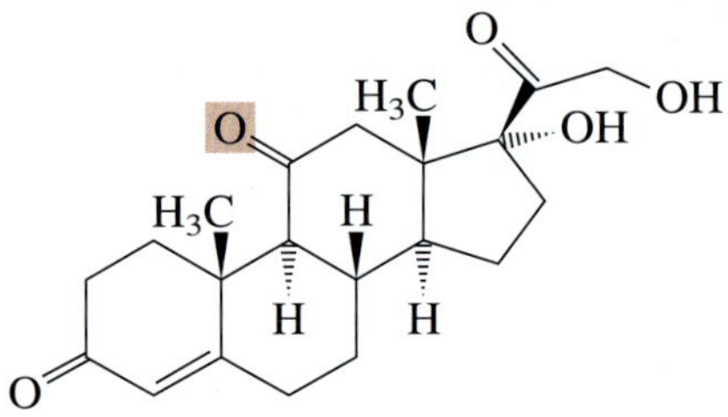

Cortisone

많은 가려움증 치료제들은 다이하이드로코티손(dihydrocortisone)을 함유한다.

코티코스테로이드는 광범위한 생리 효과를 나타낸다. 중요한 기능 중 하나는 체액 중 전해질의 균형을 바르게 유지시키는 데 도움을 주는 것이다. 또한 코티코스테로이드는 탄수화물 대사나 알러지 반응의 매개에 있어서도 중요한 조절 역할을 한다.

16.9 성 호르몬

호르몬은 신체의 화학적 전령이며, 내분비선에서 분비되어 생물학적 과정을 조절한다. 앞 절에서 설명한 코티코스테로이드는 부신에서 생성되는 호르몬이다. 성선, 즉 남자의 고환과 여자의 난소는 성의 발달과 생식에 관여하는 여러 호르몬을 분비한다. **테스토스테론**(testosterone)은 주요한 남성 성 호르몬인 **안드로젠**(androgen)이다. 테스토스테론은 근육 성장, 변성, 체모의 성장과 기타 남자의 2차 성징들을 촉진시킨다. 테스토스테론은 콜레스테롤로부터 생성되며, 중요한 여성 성 호르몬인 **에스트라다이올**(estradiol) 또는 **에스트로젠**(estrogen)의 생합성 전구체이다. 에스트라다이올은 생리 주기와 생식 과정을 조절하는 핵심 물질이며, 여성의 2차 성징을 발달시키는 데 가장 중요한 호르몬이다.

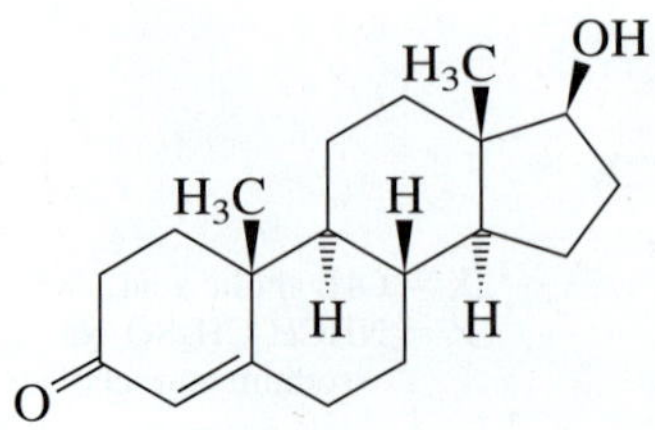

Testosterone

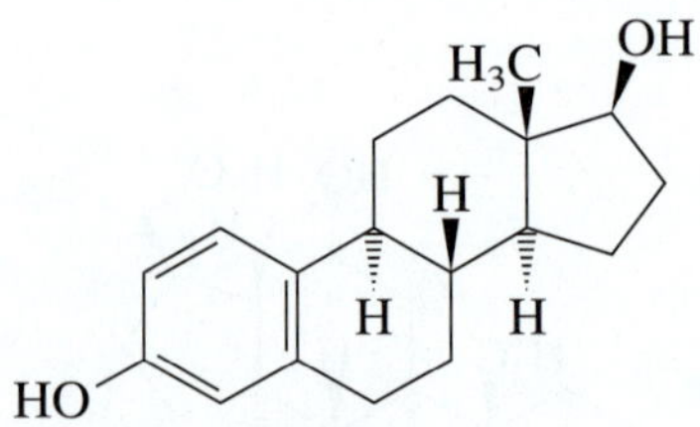

Estradiol

테스토스테론과 에스트라다이올은 체내에 극히 미량만 존재하며, 그들을 분리하고 확인하는 데도 엄청난 노력이 필요했다. 예를 들면, 연구용으로 0.012g의 에스트라다이올을 얻기 위해서는 4톤의 돼지 난소를 추출해야만 했다!

여성의 성 호르몬인 프로제스테론(progesterone)은 콜레스테롤로부터 다른 생합성 경로에 의해 생성된다. 프로제스테론의 기능 중 하나는 생리 주기의 특정 단계와 임신 기간 동안 배란을 억제하는 것이다. 배란을 중지시키기 위해 경구 섭취할 경우 프로제스테론보다 우수한 노르에틴드론(norethindrone)과 같은 합성 물질이 개발되었다. 일시적인 불임을 유도함으로써 대부분의 경구 피임약 개발의 기초를 마련하였다.

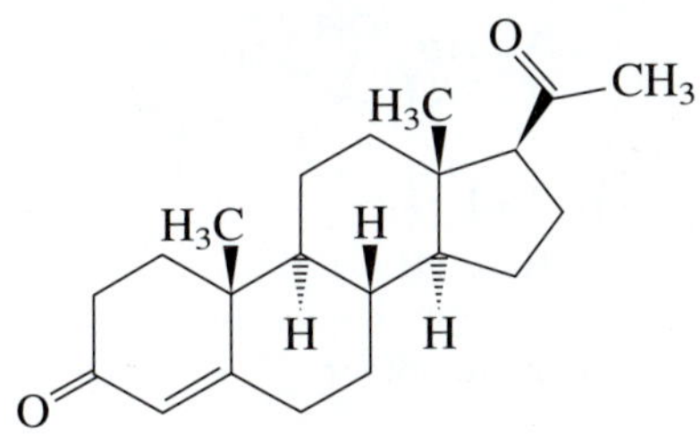

Progesterone

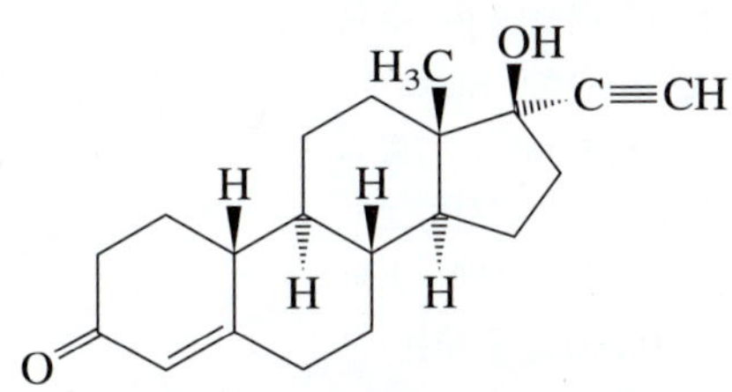

Norethindrone

16.10 카로티노이드

카로티노이드(carotenoid)는 두 개의 C_{20} 단위가 꼬리와 꼬리로 결합하고 있으며, 확장된 짝지은 이중 결합으로 특징지어지는 천연 색소이다. 카로티노이드는 지구 상에 색깔을 제공하고 꽃, 과일, 식물, 곤충, 동물에 존재하는 물질 중 가장 널리 분포하는 물질이다.

생합성에 의해 연간 약 1억 톤의 카로티노이드가 생산되는 것으로 추정된다. 가장 친숙한 카로티노이드는 많은 식물에서 발견되는 색소로, 익은 토마토와 당근에서 쉽게 분리되는 라이코펜(lycopene)과 β-카로텐(β-carotene)이다.

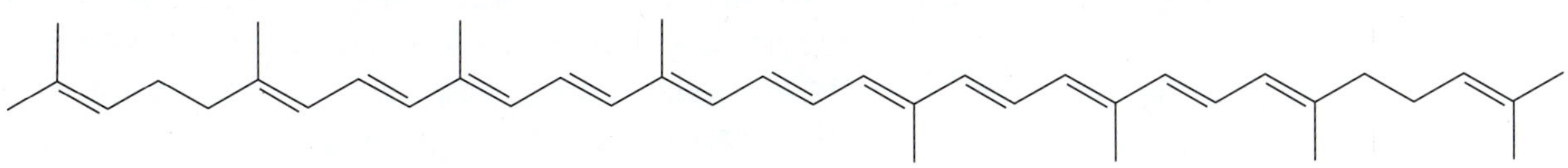

Lycopene

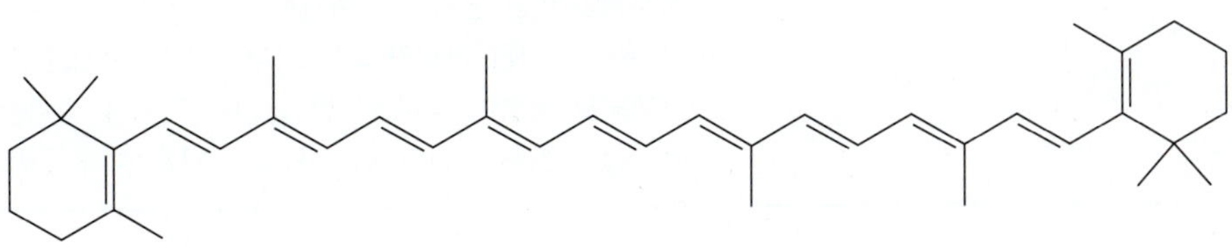

β-Carotene

카로티노이드는 가시광선을 흡수하여(19.11절) 에너지를 열로 방출시켜 햇빛에 의해 유도되는 광화학과 관련된 잠재적 유해 작용으로부터 생명체를 보호하게 된다. β-카

아나볼릭 스테로이드

이 장에서 본 바와 같이 스테로이드는 인간 생리에서 여러 가지 기능을 하고 있다. 콜레스테롤은 세포막의 구성 성분이며, 뇌에서 다량 발견된다. 콜산의 유도체는 소장에서 지방의 소화를 돕는다. 코디손과 그 유도체는 체액 중 전해질의 균형을 유지하는데 관여한다. 출생의 개념부터 임신의 여러 측면뿐만 아니라 남성과 여성의 특징을 나타내는 성 호르몬은 스테로이드이다.

안드로젠일 뿐만 아니라 중요한 남자의 성 호르몬인 테스토스테론은 근육 성장을 촉진시키며, **아나볼릭**(anabolic) 스테로이드 호르몬으로 분류된다. 생물 화학자들은 대사의 두 주요 과정을 분해와 합성 과정으로 구분한다. **분해 과정**(catabolic prosesse)은 큰 분자들이 작은 분자로 쪼개지는 분해 경로이다. **합성 과정**(anabolic processe)은 반대로 작은 분자들로부터 큰 분자들이 합성되는 과정이다. 신체는 음식물로부터 얻은 에너지를 지방의 형태로 주로 저장하고, 그 에너지의 일부는 단백질로부터 근육을 형성하는 데 쓰인다. 섭취한 음식량의 증가에 따라 테스토스테론의 양이 증가하면 신체의 근육량이 증가하게 된다.

테스토스테론과 매우 가까운 관계인 안드로스텐다이온(androstenedione)은 1998년 여름 Roger Maris의 홈런 기록을 갱신한 Mark McGwire와 관련하여 대중의 관심을 모았다. 안드로스텐다이온은 테스토스테론이 하이드록시기를 갖는 D 고리에 카보닐기를 가진다는 점에서 테스토스테론과 다르다. McGwire는 건강식품점에서 영양 보충용으로 구입한 안드로스텐다이온을 섭취하였으며, 이는 메이저리그의 규칙에 어긋나지 않는다. 처방전 없이 팔리는 안드로스텐다이온에 대한 분별과 운동 선수가 이를 이용할 때의 공정성에 관한 논쟁이 계속되었다. 비록 아나볼릭 스테로이드로서의 안드로스텐다이온의 효과가 확립되지는 않았지만, 다른 것들만큼 그렇게 잠재력이 없다는 것은 분명하다.

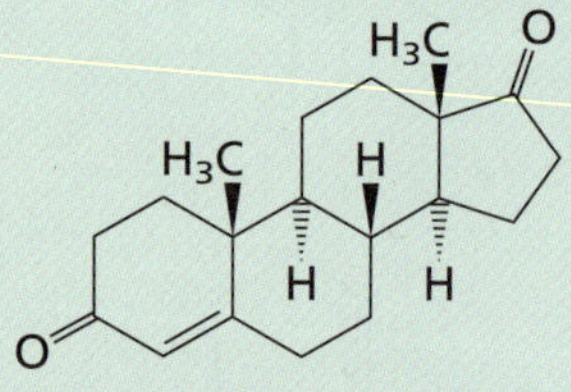

Androstenedione

제약업계는 동물 의약품으로의 용도와 근육 퇴화에 의해 수반되는 손상으로부터 사회 복귀용 치료제로서의 용도로 여러 아나볼릭 스테로이드를 연구 개발하였다. 이상적인 물질은 안드로젠의 효과(남성화시키는 효과)가 없는 테스토스테론의 합성 능력을 갖는 물질이다. 메탄드로스테놀론[methandrostenolone, 다이아나볼(Dianabol)]과 스타노졸롤(stanozolol)은 의사의 처방이 필요한 많은 아나볼릭 스테로이드 중의 하나이다.

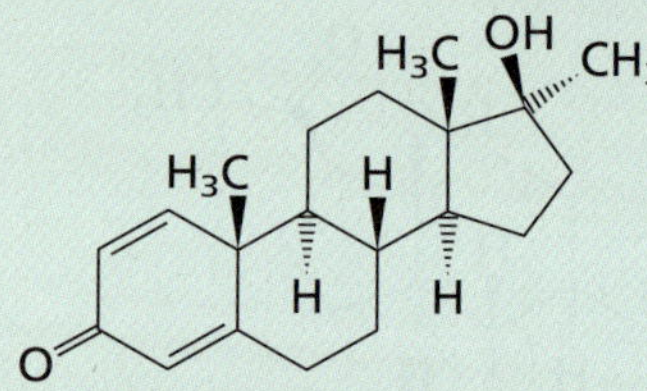

Methandrostenolone
(Dianabol)

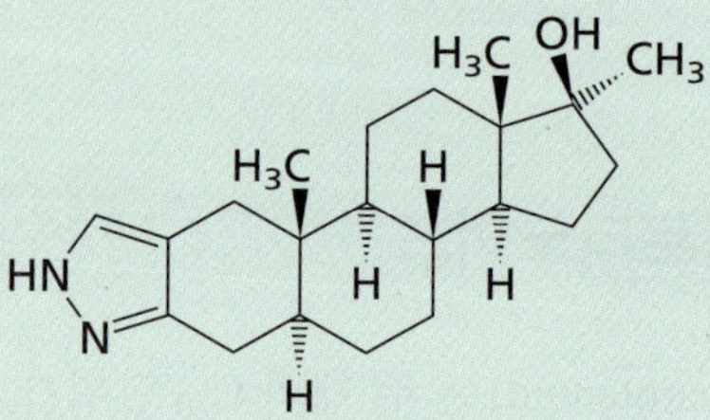

Stanozolol

여러 과학적 연구 결과는 아나볼릭 스테로이드의 사용을 통해 얻은 성취도가 적음을 보여 준다. 그러나 이것은 운동 선수에 관한 일화와 같은 증거가 과학적인 연구보다 더 정확하다는 한 예이다. 과학적 연구는 환자에게 "처방 수준"의 양만큼 스테로이드를 처리하고 윤리적 조건하에서 이루어진다. 몸무게가 240파운드인 미식축구의 공격전위(요즘의 기준으로는 "너무 작다")는 그 자신이나 코치가 필요하다고 느끼는 280파운드의 체중을 유지하기 위하여 한 번에 처방될 양의 10~20배씩의 아나볼릭 스테로이드를 여러 회 복용해야 할 것이다. 선수가 크기와 힘을 얻는 대신 지불하는 대가는 엄청날 수 있다. 그 대가는 정서적인 비용(공격성의 증가로 인한 우정의 손실)과 불임증, 고환 위축증(일단 신체가 외부로부터 테스토스테론과 유사한 스테로이드를 충분히 공급받으면 고환은 기능을 정지한다), 간암 또는 심장질환으로 인한 조기 사망의 위험 증가 등이다.

로텐은 또한 시각 과정의 중심 물질인 레티놀(retinol)로도 알려진 비타민 A의 생합성 전구체라는 사실 때문에 카로티노이드가 간접적으로 시각의 화학과도 관련이 있다.

> β-카로텐으로 시작하는 시각 과정의 구조화학은 "생화학에서 이민"이라는 제목으로 11장의 상자 속 에세이에서 설명하였다.

16.11 생합성: 아세틸 보조효소 A

생명계의 많은 복잡한 분자는 **생합성**(biosynthesis)에 의해 생성된다. 즉, 분자는 간단한 출발 물질로부터 일련의 화학 반응을 통하여 생물체에 의하여 만들어진다. 예를 들면, 대부분의 지질은 아세테이트에서 유래되는 천연물이다. 생합성에서 아세테이트의 가장 대표적인 형태는 아세틸 보조효소 A(그림 16.4*a*)라고 알려진 **싸이오에스터**(thioester)이다. 아세틸 보조효소 A 자체는 피루브산(pyruvic acid)에서 생성되며, 반응 단계의 순서는 다음 식으로 요약된다.

$$CH_3\overset{\overset{O}{\|}}{C}\overset{\overset{O}{\|}}{C}OH + CoASH + NAD^+ \longrightarrow CH_3\overset{\overset{O}{\|}}{C}SCoA + NADH + CO_2 + H^+$$

Pyruvic acid; 보조효소 A; Nicotinamide adenine dinucleotide의 환원 형태; Acetyl 보조효소 A; Nicotinamide adenine dinucleotide의 환원 형태; Carbon dioxide; 양성자

모든 개별 반응 단계는 효소에 의해 촉매된다. 보조인자 NAD^+는 산화제로서 필요하며, 보조효소 A(그림 16.4*b*)는 아세틸기 수용체이다. 보조효소 A는 **싸이올**(thiol)이며, 사슬은 **설프하이드릴기**(sulfhydryl group, —SH)로 끝난다. 보조효소 A의 설프하이드릴기가 아세틸화되면 아세틸 보조효소 A가 된다.

> 효소는 생물학적 촉매이다. **보조효소**(coenzyme)는 효소와 작용하여 반응을 일으키는 분자이다. 보조효소는 화학적 변화를 받기 때문에 촉매로 간주할 수 없다.

황은 산소와는 달리 전자 주개에 의해 카보닐기를 안정화시키지 않기 때문에 $R\overset{\overset{O}{\|}}{C}SR'$ 형의 화합물은 $R\overset{\overset{O}{\|}}{C}OR'$ 형보다 더 좋은 아실 전달체이다. 또한 평형에서 엔올 $(-\overset{\overset{OH}{|}}{C}=\overset{|}{C}-)$을 상당 부분 함유한다. 두 성질은 아세틸 보조효소 A의 화학에서 명백하다.

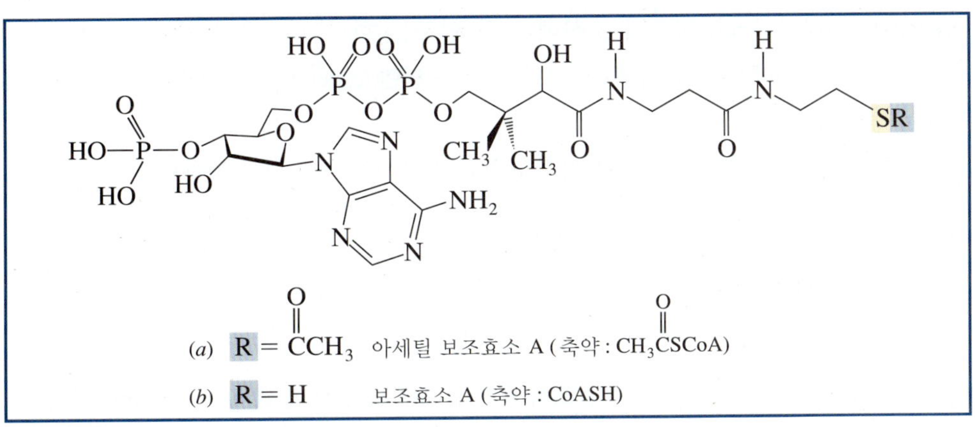

그림 • 16.4
(*a*) 아세틸 보조효소 A의 구조와 (*b*) 보조효소 A의 구조.

다른 반응에서는 아세틸기의 α-탄소 원자가 반응 부위인 반면 몇 가지 반응에서 아세틸 보조효소 A는 아실 전달제로 작용한다.

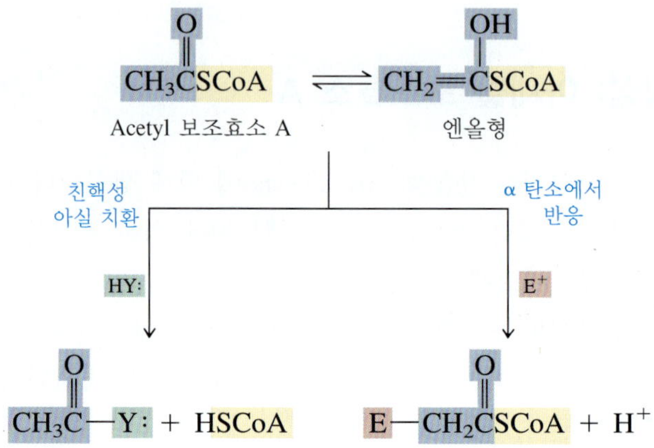

아세틸 보조효소 A는 트라이아실글리세롤, 인지질, 왁스에서 발견되는 지방산 생합성의 출발 물질이다. 이들 화합물이 아세테이트 단위가 서로 연결되어 만들어지기 때문에 지방산은 가지가 없는 사슬 형태로 짝수의 탄소를 가진다. 콜레스테롤과 모든 스테로이드는 아세테이트로부터 시작되는 일련의 복잡한 변환 과정을 통하여 생성된다. 이들 반응의 대부분은 연구되어 어느 정도 상세하게 이해되었다. 다음 절에서는 터펜(terpene)이라 부르는 한 부류의 지질 생합성을 간략히 보게 될 것이다.

16.12 터펜 생합성: 아이소프렌 규칙

천연 유기 물질에 적용되는 "필수"라는 단어는 두 가지의 다른 의미를 지닌다. 예를 들면, 어떤 아미노산이 필수적이라는 것은 그것들은 필요불가결하며, 인간은 그 아미노산을 직접 합성하지 못하기 때문에 음식물 내에 존재해야만 한다는 것을 의미한다.

필수적이라는 말은 또한 명사 "핵심"의 형용사형으로도 사용된다. 식물의 향기로운 물질을 만드는 물질의 혼합물을 식물의 핵심, 즉 향기를 함유하기 때문에 정유(essential oil)라고 한다. 정유의 조성에 관한 연구는 화학적 연구의 가장 오래된 분야 중의 하나이다. 때때로 정유의 주요 휘발 성분은 **터펜**(terpene)으로 알려진 화학 물질의 부류에 속한다.

월계수 열매 기름에서 분리한 탄화수소인 미르센은 대표적인 터펜이다.

$$(CH_3)_2C{=}CHCH_2CH_2\overset{\overset{\displaystyle CH_2}{\|}}{C}CH{=}CH_2 \equiv$$

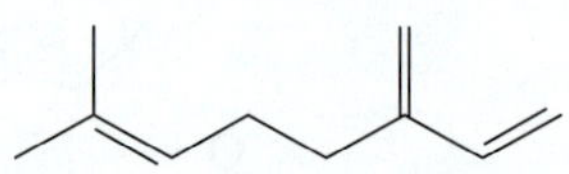

Myrcene

터펜을 다른 천연물과 구분하는 구조적 특징은 **아이소프렌 단위**(isoprene unit)이다. 미르센의 탄소 골격(이중 결합을 제외하고)은 두 아이소프렌 단위의 머리에서 꼬리로 연결되어 있다.

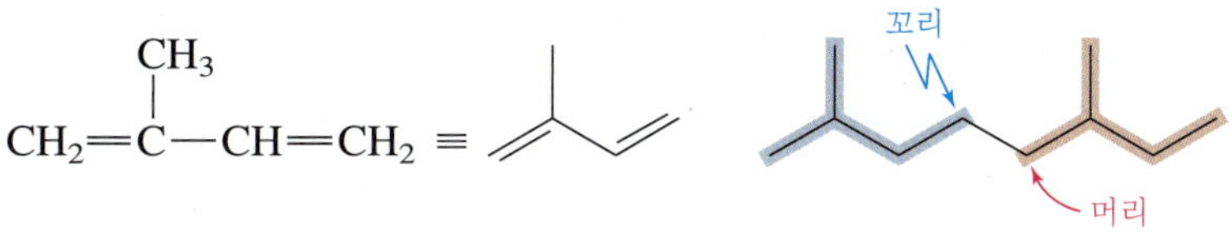

Isoprene
(2-methyl-1,3-butadiene)

머리에서 꼬리로 연결된
두 아이소프렌 단위

터펜은 종종 아이소프레노이드(isoprenoid) 화합물로 일컬어진다. 터펜은 표 16.2에 요약된 것처럼 보유하는 탄소 원자의 수에 따라 분류된다.

알려진 아이소프레노이드 화합물은 23,000종 이상이다.

한때 터펜이라는 용어는 탄화수소만 일컬었으나 현재는 기능적으로 치환된 유도체에 대해서도 사용되고 있다. 그림 16.5는 여러 대표적인 터펜의 구조식을 나타내고 있다. 이들 중 몇몇의 아이소프렌 단위는 비교적 쉽게 확인할 수 있다. 예를 들면, 세스퀴터펜(sesquiterpene)인 파네솔(farnesol)의 세 아이소프렌 단위는 아래 구조에 색깔로 다르게 표시하였다. 아이소프렌 단위는 머리가 꼬리에 연결되었다.

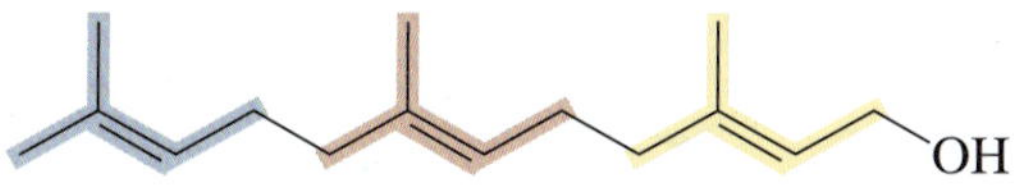

Farnesol의 아이소프렌 단위

많은 터펜은 한 개 또는 그 이상의 고리를 가지고 있지만 이들도 또한 아이소프렌 단위의 집합으로 볼 수도 있다. α-셀리넨(α-selinene)이 한 예이다. 파네솔과 같이 α-셀리넨은 머리에서 꼬리로 연결된 세 아이소프렌 단위로 구성되어 있다.

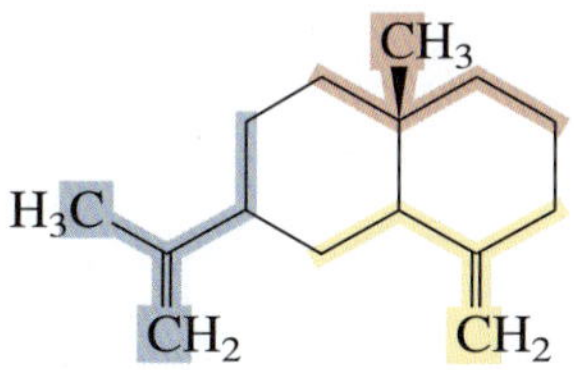

α-Selinene의 아이소프렌 단위

표 16.2 터펜류의 분류

분류	탄소 원자 수
모노터펜(monoterpene)	10
세스퀴터펜(sesquiterpene)	15
다이터펜(diterpene)	20
세스터펜(sesterpene)	25
트라이터펜(triterpene)	30
테트라터펜(tetraterpene)	40

모노터펜

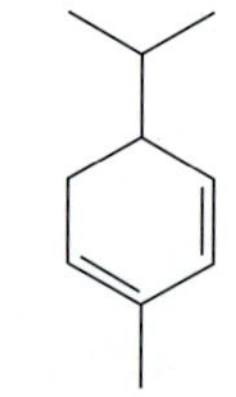

α-Phellandrene
(유칼립투스)

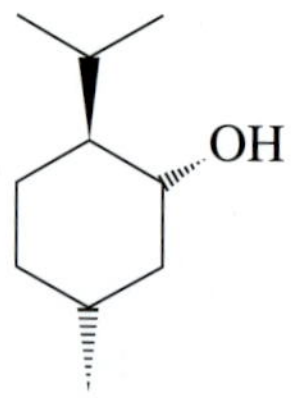

Menthol
(페파민트)

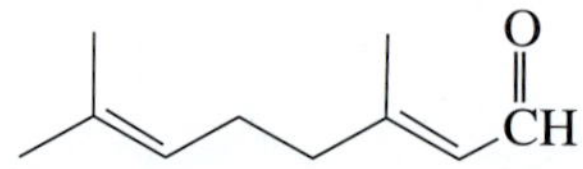

Citral
(레몬그라스)

세스퀴터펜

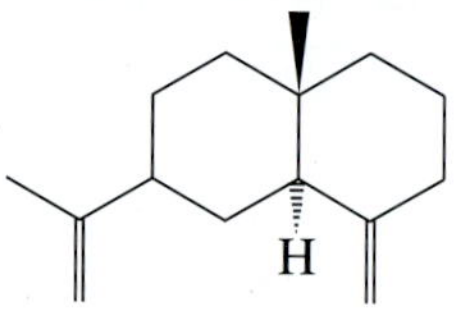

α-Selinene
(셀러리)

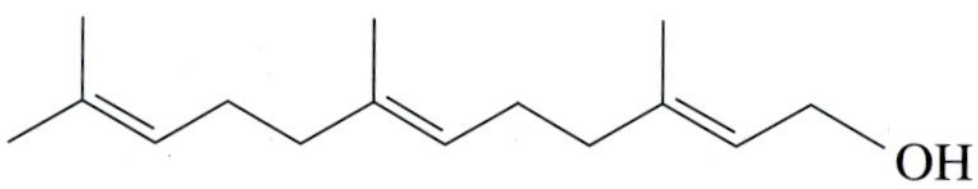

Farnesol
(암브레트)

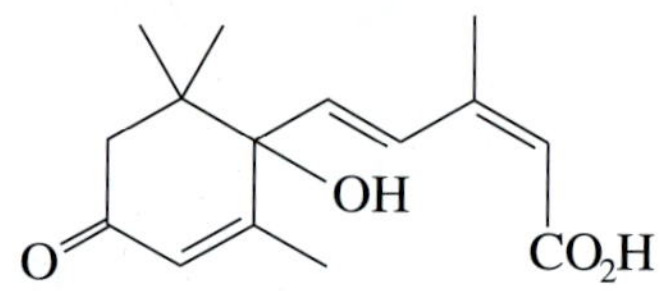

Abscisic acid
(식물 호르몬)

다이터펜

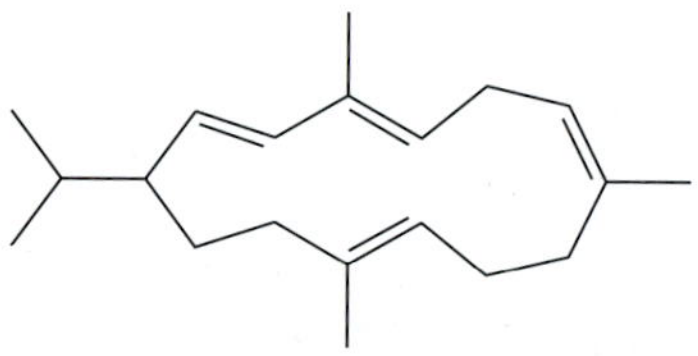

Cembrene
(소나무)

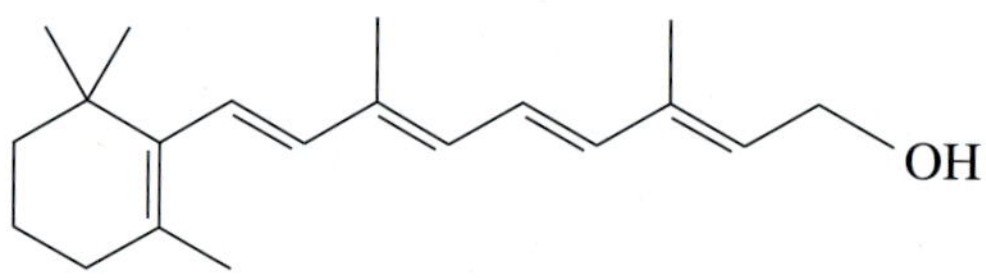

Vitamin A
(포유동물의 조직과 생선 기름에 존재;
시각의 화학에서 중요한 물질)

트라이터펜

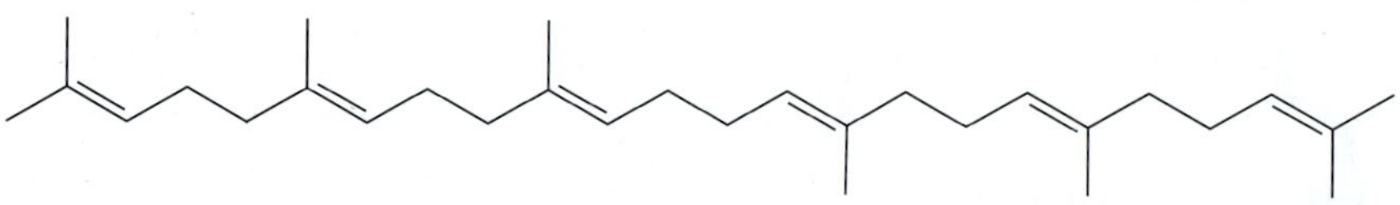

Squalene
(상어 간유)

테트라터펜

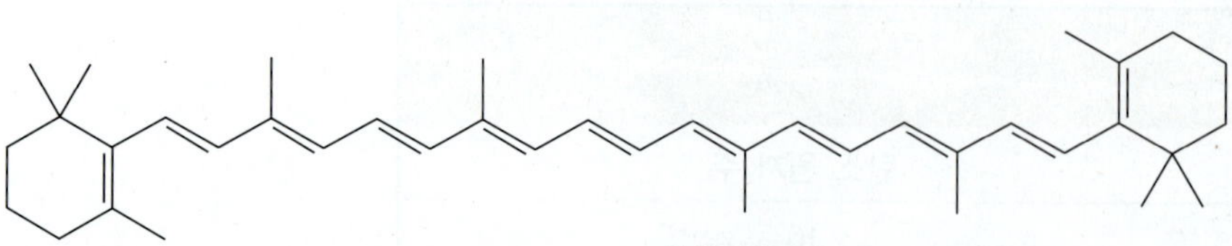

β-Carotene
(체내효소는 β-카로텐을 바이타민 A로 분해한다.)

그림 • 16.5
몇 종의 대표적인 터펜류와 관련된 천연물. 아이소프레노이드 기원 화합물을 표시할 때 구조는 관례적으로 탄소 골격식으로 묘사한다.

문제 16.5 그림 16.5에 나타난 각 모노터펜과 세스퀴터펜, 다이터펜의 아이소프렌 단위를 표시하시오(어떤 경우에는 두 개의 동일한 배열이 존재한다).

풀이 아이소프렌 단위는 탄소 골격 중에 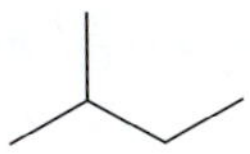 와 같은 단편이 있다. 아이소프렌 단위의 존재에 대해 구조를 조사할 때는 작용기와 다중 결합은 무시된다. 모노터펜인 α-펠란드렌(a-phellandrene)은 10개의 탄소를 가지므로 두 개의 C_5 아이소프렌 단위를 포함한다. 두 개의 동일한 정답이 존재한다.

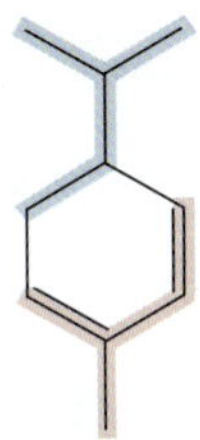

또는

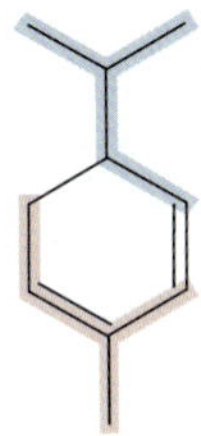

아이소프렌 단위의 꼬리–꼬리 연결은 특히 탄소 수가 많은 터펜에서 간혹 일어난다. 스콸렌(squalene)의 C(12)–C(13) 결합은 꼬리–꼬리 방식으로 두 C_{15} 단위를 연결한다. 그러나 아이소프렌 단위는 스콸렌의 각 C_{15} 단위 내에서는 머리에서 꼬리로 연결되어 있음을 주목하라.

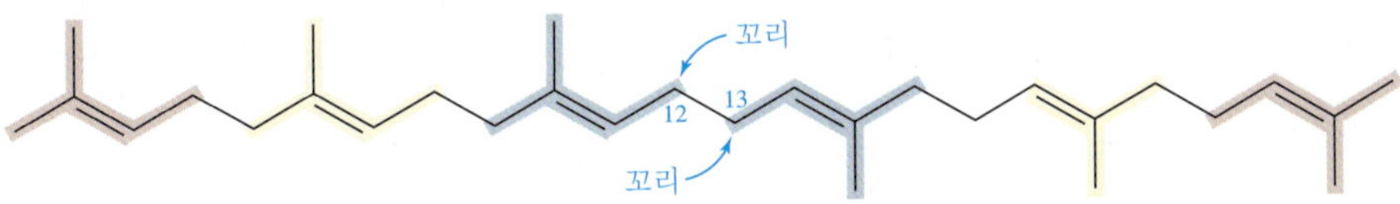

Squalene에서 아이소프렌 단위

문제 16.6 카로텐의 아이소프렌 단위를 나타내시오(그림 16.5 참조). 어느 탄소들이 아이소프렌 단위 사이에서 꼬리–꼬리 결합으로 연결되는가?

독일의 화학자인 Otto Wallach(1910년 노벨 화학상)는 여러 모노터펜의 구조를 확립하였으며, 그들은 아이소프렌 단위의 집합으로 볼 수 있음을 인식한 공로자이다. 스위스 연방 공학연구소(Zürich)의 Leopold Ruzicka는 세스퀴터펜과 고급 터펜에 관한 연구에서 우리가 지금 **아이소프렌 규칙**(isoprene rule)으로 알고 있는 것을 확장하고 정교하게 정리하였다. 그는 1939년 노벨 화학상을 공동 수상하였다. 비록 아이소프렌 규칙의 예외들이 알려졌지만, 아이소프렌 규칙은 터펜 구조에 있어 유용한 지침이며, 이런 화합물의 생합성적 기원에 대한 연구를 촉진하였다. 터펜은 아이소프렌 단위를 함유하지만 아이소프렌이 천연에서 발견되지 않는다는 것은 매우 흥미로운 일이다. 생물학적 아이소프렌 단위는 무엇인가? 어떻게 생합성될까? 어떻게 각각의 아이소프렌 단위가 결합하여 터펜을 만들게 되는 것일까?

16.13 아이소펜텐일 파이로포스페이트: 생물학적 아이소프렌 단위

아이소프레노이드 화합물은 아세테이트로부터 여러 단계의 과정을 거쳐 생합성된다. 그 첫 번째 단계는 3분자의 아세트산으로부터 메발론산(mevalonic acid)을 생성하는 것이다.

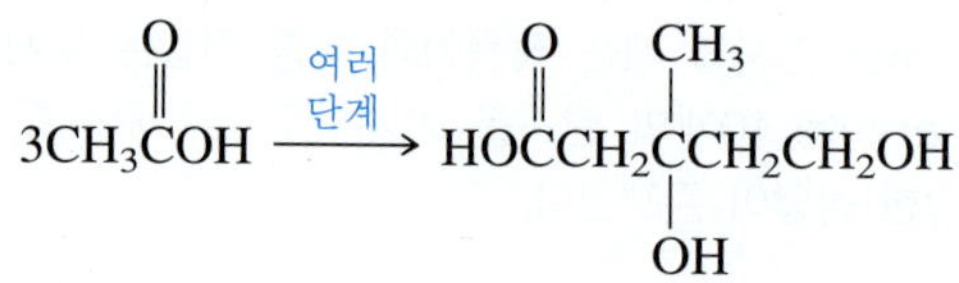

Acetic acid　　Mevalonic acid

두 번째 단계에서 메발론산이 3-메틸-3-뷰텐일 파이로포스페이트[3-methyl-3-butenyl pyrophosphate, 아이소펜텐일 파이로포스페이트(isopentenyl pyrophosphate)]로 전환된다.

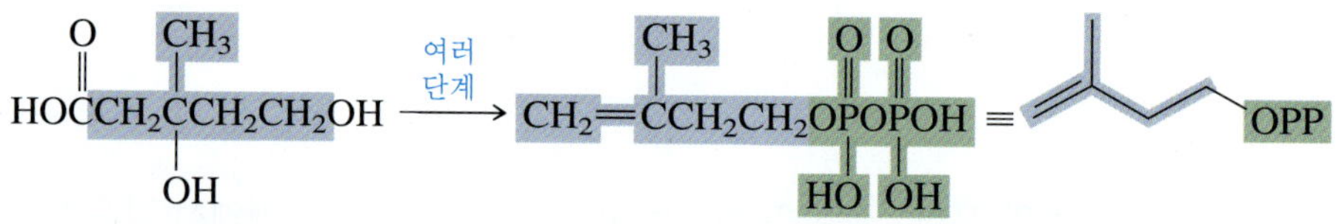

Mevalonic acid　　Isopentenyl pyrophosphate

파이로포스페이트기를 표시할 때는 기호—OPP를 쓰는 것이 편리하다.

아이소펜텐일 파이로포스페이트는 생물학적인 아이소프렌 단위이며, 아이소프렌에서와 같은 방식으로 연결된 다섯 탄소 원자를 가지고 있다.

아이소펜텐일 파이로포스페이트는 효소 촉매에 의해 평형 과정에서 3-메틸-2-뷰텐일 파이로포스페이트[다이메틸알릴 파이로포스페이트(dimethylallyl pyrophosphate)]로 전환된다.

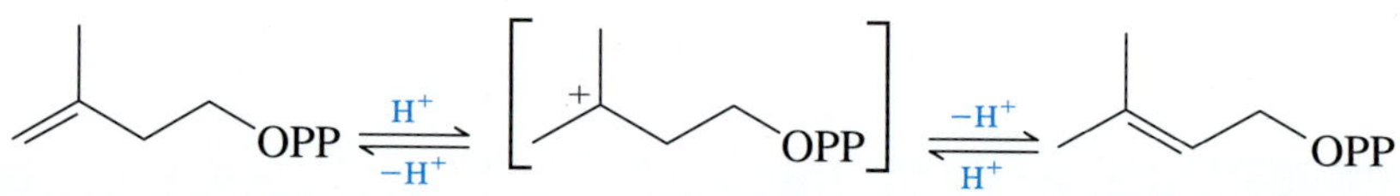

Isopentenyl pyrophosphate　　탄소양이온 중간체　　Dimethylallyl pyrophosphate

아이소펜텐일 파이로포스페이트와 다이메틸알릴 파이로포스페이트는 모두 터펜의 생합성에 이용된다. 이것은 모노터펜인 제라니올(geraniol)의 형성을 요약함으로써 설명할 수 있다.

16.14 터펜 생합성에서의 탄소–탄소 결합 형성

아이소펜텐일 파이로포스페이트와 다이메틸알릴 파이로포스페이트의 화학적 성질은 상호 보완적이어서 서로 반응하여 두 아이소프렌 단위를 연결하는 탄소–탄소 결합을 형성한다. 이중 결합의 π 전자를 이용하여 아이소펜텐일 파이로포스페이트는 친핵체로 작용하며, 다이메틸알릴 파이로포스페이트로부터 파이로포스페이트 이온을 치환한다.

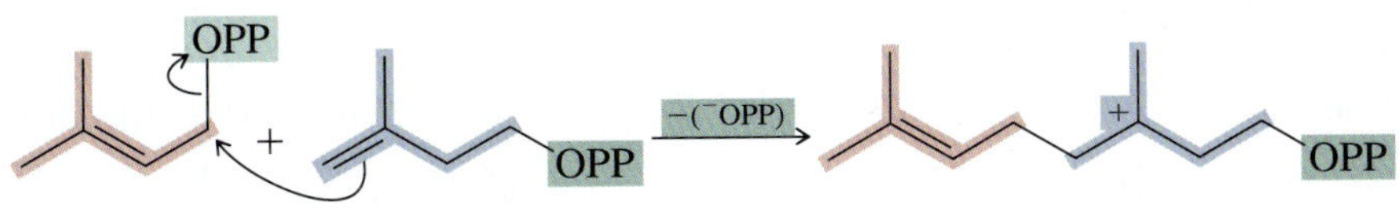

Dimethylallyl pyrophosphate Isopentenyl pyrophosphate 10-탄소 탄소양이온

이 단계에서 형성된 삼차 탄소양이온은 탄소양이온에 대해 가능한 여러 반응 경로 중 어느 하나에 따라 반응한다. 이들 중 하나는 양성자를 잃어 이중 결합을 형성한다.

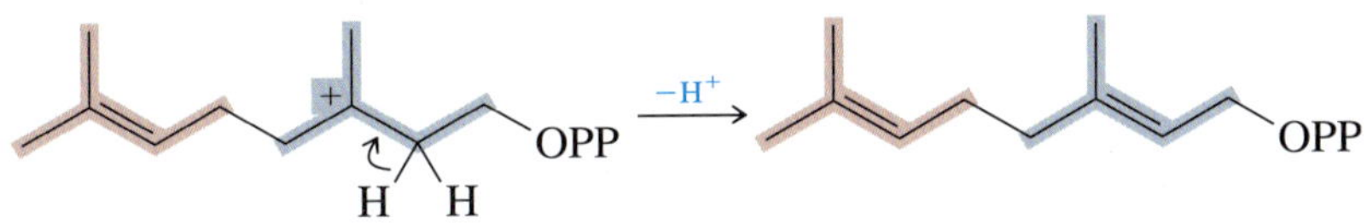

Geranyl pyrophosphate

이 반응의 생성물은 제라닐 파이로포스페이트이다. 파이로포스페이트기가 가수분해되면 장미유에서 발견되는 천연물 모노터펜인 제라니올이 생성된다.

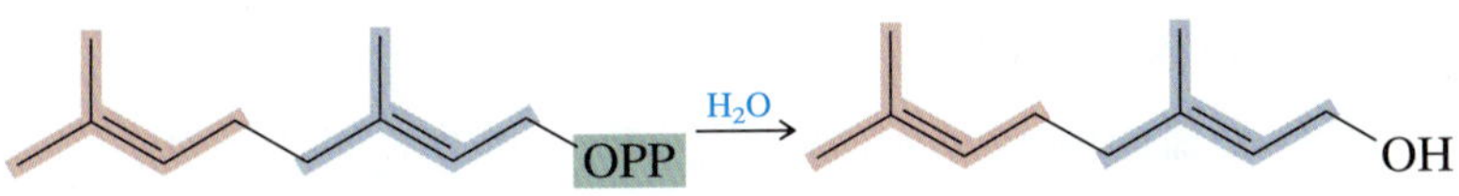

Geranyl pyrophosphate Geraniol

문제 16.7 제라닐 파이로포스페이트가 아이소펜텐일 파이로포스페이트와 반응하면 세스퀴터펜인 파네솔(그림 16.5 참조)이 생성된다. 이 과정에 대한 일련의 단계를 요약하시오.

학습목표

이 장은 생명계에서 발견되는 주요 부류인 지질에 초점을 맞추고 있다. 이 장에서 배운 기술로 여러분은 다음과 같은 것을 할 수 있다.

- 어떠한 물리적 성질이 어떤 물질을 지질로 정의하는지 설명할 수 있다.
- 지방 또는 기름의 화학적 구조를 그리고, 그들의 차이를 설명할 수 있다.
- 지방의 구조적 특징을 설명할 수 있다.
- 인지질의 구조를 그리고, 인지질 분자가 세포막 형성을 가능하게 하는 인지질의 구조적 특징을 설명할 수 있다.
- 왁스의 대표적인 구조식을 그릴 수 있다.
- 스테로이드 형성에서 콜레스테롤의 중요성을 설명할 수 있다.
- 체내에서 비타민 D와 담즙산의 기능을 기술할 수 있다.
- 터펜 생합성에서 아세틸 보조효소 A의 역할을 기술할 수 있다.
- 터펜 구조에서 아이소프렌 단위를 확인할 수 있다.

16.15 요약

지질(lipid)은 비극성 용매에 용해되는 천연 물질이다(16.1절). **지방**(fat)과 **기름**(oil)은 긴 사슬 카복실산의 글리세롤 에스터이다(16.2절). 전형적으로 지방산의 탄소 사슬은 가지가 없으며, 짝수 개의 탄소 원자를 갖는다.

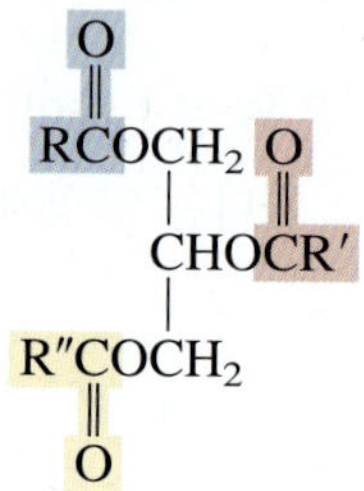

Triacylglycerol
(R, R′, R″은 같을 수도 있고 다를 수도 있음)

기름은 보통 식물에서 유래하며, 지방산 사슬 내에 1개 또는 그 이상의 시스 이중 결합을 갖는 경향이 있다. 레시틴 같은 **인지질**(phospholipid)은 트라이아실글리세롤과 구조적으로 유사하며, 세포막의 주요 구성 성분이다(16.3절). **왁스**(wax)는 보통 지방산과 긴 사슬 알코올의 에스터를 함유하는 물질의 혼합물이다(16.4절).

콜레스테롤은 **스테로이드**(steroid) 중 가장 잘 알려져 있다(16.5절). 콜레스테롤은 거의 모든 신체 조직에서 발견되며, 다른 스테로이드의 생물학적 전구체이다.

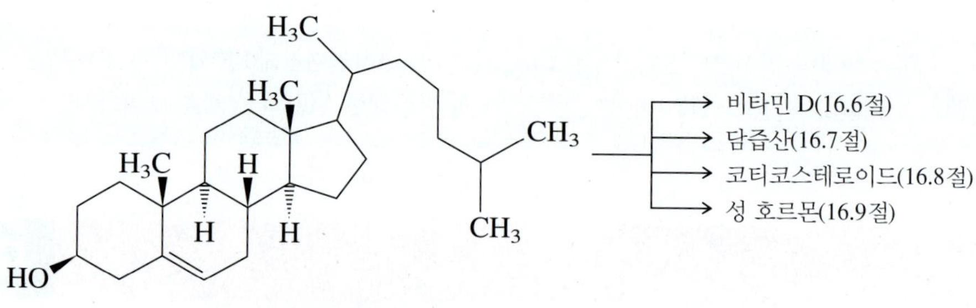

Cholesterol

대부분의 지질들은 모든 지질의 탄소가 아세트산(아세테이트)으로부터 유도된다는 점에서 공통적인 생합성 근원을 공유한다(16.11절).

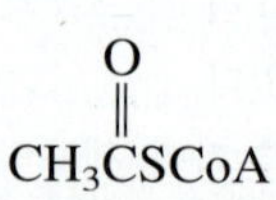

아세틸 보조효소 A의 축약 구조
(완전한 구조는 그림 16.4 참조)

터펜과 관련 아이소프렌 화합물은 아이소펜텐일 파이로포스페이트로부터 생합성된다(16.12절과 16.13절).

아이소펜텐일 파이로포스페이트는
"생물학적인 아이소프렌 단위"이다.

아이소프렌 단위들 사이에서 형성되는 탄소–탄소 결합은 탄소양이온이나 파이로포스페이트 이탈기를 생성하는 알릴성 탄소에 대한 이중 결합 π 전자의 친핵적 공격을 근거로 하여 이해할 수 있다(16.14절).

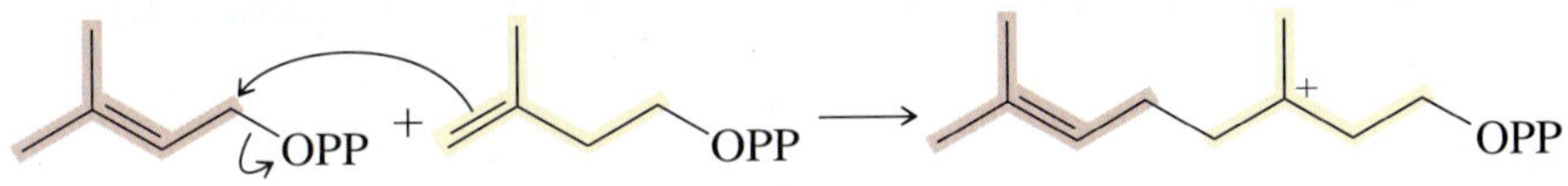

보충문제

지방산과 에스터

16.8 다음 각각을 구분하는 구조적 특징은 무엇인가?
(a) 동물성 지방과 식물성 기름
(b) 지방과 왁스
(c) 인지질과 트라이아실글리세롤

16.9 인지질은 트라이아실글리세롤보다 물에 더 잘 용해된다. 그 이유를 설명하시오.

16.10 다음을 화학 반응식으로 나타내시오.
(a) 트라이올레일글리세롤의 가수분해
(b) 트라이올레일글리세롤의 촉매 수소첨가 반응

16.11 리놀레인(linolein)은 아마인유의 지질 구성 성분이며, 가수분해되어 글리세롤과 리놀레산을 생성한다. 리놀레인의 구조를 그리시오.

16.12 (a) 엘라이드산(elaidic acid)은 올레산의 입체이성질체이다. 엘라이드산의 구조식을 그리시오.
(b) 피마자유에 글리세롤 트라이에스터로 풍부하게 존재하는 리신올레산(ricinoleic acid)은 12-하이드록시올레산이다. 그 구조식을 그리시오.

16.13 호랑가시나무와 철쭉 잎을 반들거리게 하는 왁스의 에스터 중 하나는 올레일 올레이트(oleyl oleate)이다. 이 물질의 구조식을 그리고, 체계명을 쓰시오.

스테로이드

16.14 비타민 D는 지용성 비타민의 한 예이다. 지용성 비타민은 사람의 체내에 적당량 저장될 수 있으므로 매일 음식으로 섭취하지 않아도 된다. 어떤 구조적 특징이 비타민 D가 지용성을 갖게 하는지를 설명하시오.

16.15 콜레스테롤에는 몇 개의 입체생성 중심이 존재하는가? 콜레스테롤 골격에 몇 개의 입체이성질체가 존재할 수 있는가?

16.16 구조가 복잡함에도 불구하고 콜레스테롤은 그 자신이 갖고 있는 작용기의 특징적인 다음의 시약들과 반응한다. 각 경우에 형성되는 생성물의 구조를 나타내시오.

(a) Br_2

(b) H_2(1기압), 백금

(C) 아세트산 무수물

(d) 피리디늄 클로로크로메이트(PCC)

터펜과 아이소프렌 생합성

16.17 다음 각각의 천연 물질 내에서 존재하는 아이소프렌 단위를 확인하시오.

(a) 명아주과 식물의 기름에 존재하는 천연 과산화물인 아스카리돌(ascaridole)

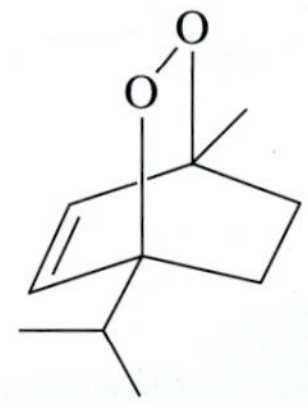

(b) 개미 종의 방어 분비물의 구성 성분인 덴드롤라신(dendrolasin)

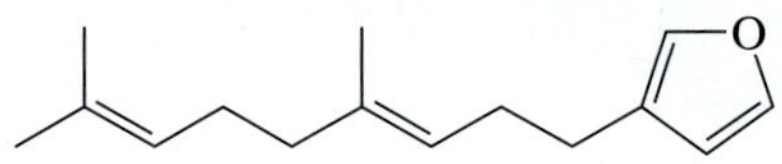

(c) 다수 식물의 정유에서 발견되는 일종의 세스퀴터펜인 γ-비즈아볼렌(γ-bisabolene)

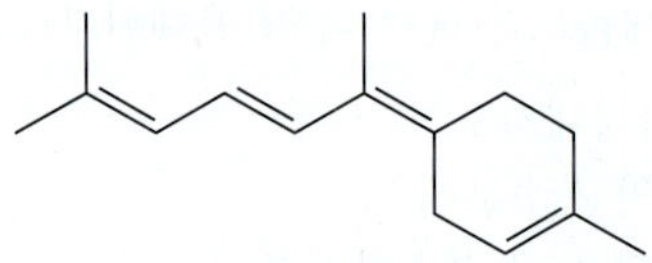

(d) 향쑥속 식물의 꽃으로부터 분리된 구충제(기생충을 죽이는 침투성 약품)인 α-산토닌(α-santonin)

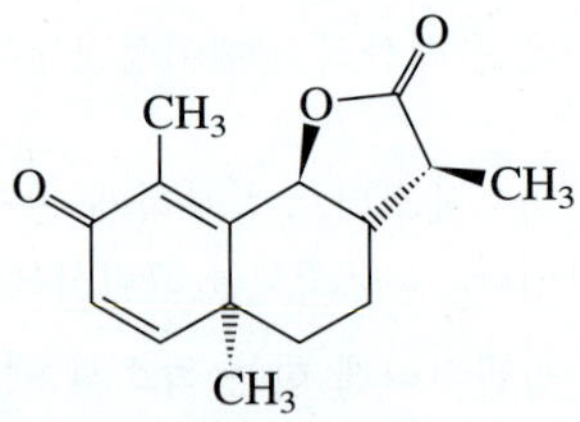

(e) 원생동물의 어떤 종으로부터 분리된 5개 고리 구조를 지니는 트라이터펜인 테트라하이만올(tetrahymanol)

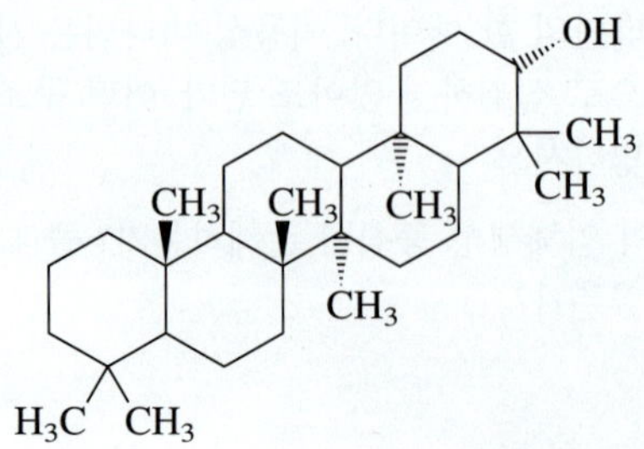

16.18 큐비텐(cubitene)은 아프리카 흰개미종의 방어 분비 물질 내에 존재하는 다이터펜이다. 큐비텐 내 아이소프렌 단위의 특징을 나타내시오.

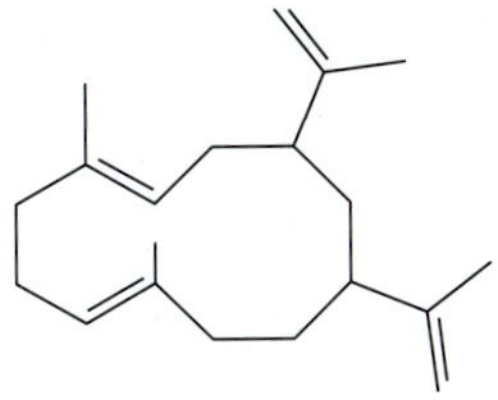

기타 문제

16.19 메발론산(16.13절)의 Fischer 투영도를 아래에 나타내었다. 입체생성 중심의 형태는 *R*인가 *S*인가?

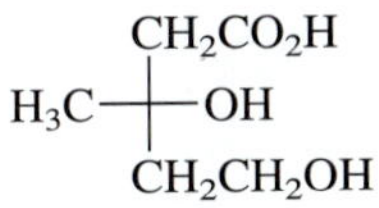

16.20 다음의 아이소프레노이드 화합물은 붉은 여우의 오줌에 존재하는 냄새 표지 물질이다. 4-브로모-2-메틸-1-뷰텐(4-bromo-2-methyl-1-butene)과 어떤 필요한 유기 또는 무기 시약으로부터 이 물질의 올바른 합성 과정을 제시하시오.

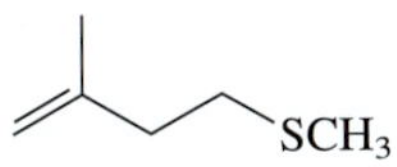

16.21 모노터펜인 α-와 β-파이넨(pinene)은 소나무에서 얻으며, 터펜틴(turpentine)의 주요 구성 성분이다. 두 화합물은 동일한 탄소양이온에서 생합성된다. 이 탄소양이온의 구조식을 쓰시오.

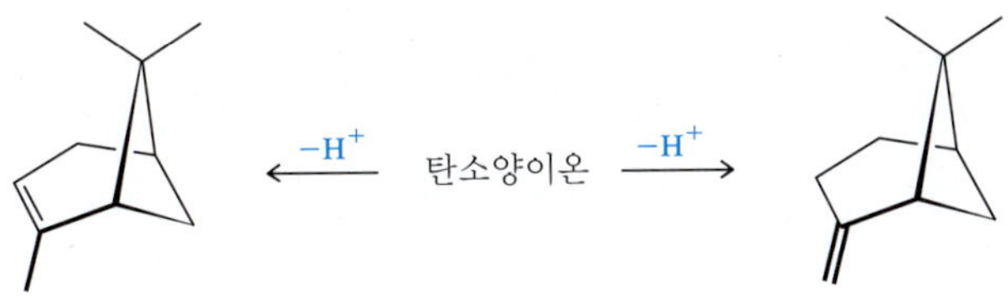

α-Pinene β-Pinene

16.22 아이오넨(ionene)은 붓꽃향에 존재하는 방향 성분이며, 향수에 쓰인다. α-와 β-아이오논(ionone) 혼합물은 슈도아이오논(pseudoionone)을 황산 처리하여 제조한다.

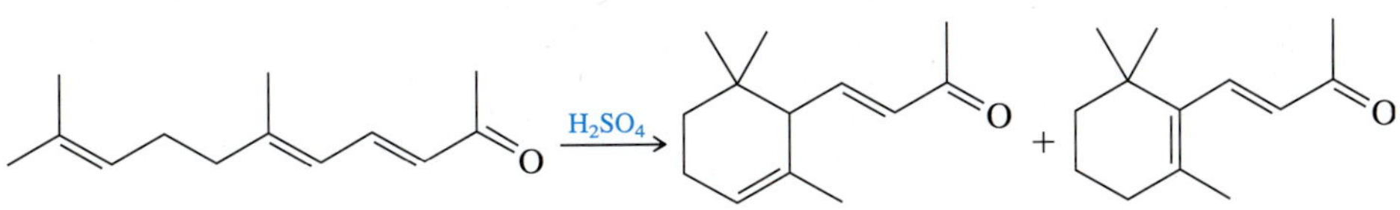

Pseudoionone α-Ionone β-Ionone

이 반응의 단계별 메커니즘을 쓰시오.

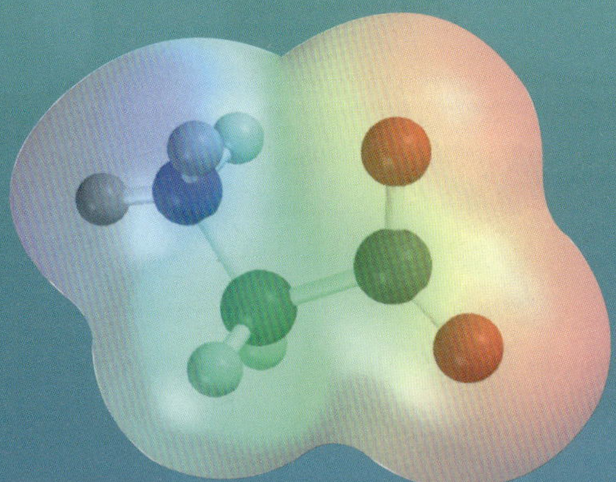

CHAPTER 17 아미노산, 펩타이드, 단백질

이 장에서는 아미노산(amino acid)과 아미노산으로 이루어진 펩타이드(peptide) 및 단백질(protein)이라고 하는 고분자에 대하여 공부하고자 한다. 단백질은 생명체 내에서 다양한 역할을 담당하고 있으며, 명주실, 모발, 피부, 근육 및 결체 조직도 단백질로 이루어져 있다. 또한 대부분의 생물학적인 반응도 효소라고 하는 단백질에 의해서 촉매되고 있다.

구조와 기능과의 관련성에 대한 내용은 아미노산, 펩타이드, 단백질 화학에서 다루고 있다. 이 장에서는 단백질의 기본 단위인 α-아미노산에 대하여 초점을 맞추고, 단백질 구조의 면면을 설명할 것이다. 그 다음에 단백질의 구조와 형태에 대한 원리를 살펴본 후에 아미노산과 같은 작은 분자들로부터 얻은 개념이 단백질을 이해하는 데 어떻게 도움을 주는지 알게 될 것이다.

17.1 아미노산의 구조

아미노산(amino acid)은 하나의 아민 작용기를 갖는 카복실산이다. 자연계에는 700개 이상의 아미노산이 존재한다고 알려지고 있지만, 그 중에서 20개의 아미노산만이 특히 주목받고 있다. 일반적으로 단백질을 구성하는 아미노산은 20개로, 이들 아미노산들은 그림 17.1과 표 17.1에 나타나 있다. 단백질을 구성하는 모든 아미노산은 한 개를 제외하고 일차 아미노 작용기를 가지고 있으며, 일반적인 구조는 다음과 같다.

비극성 곁사슬로 이루어진 아미노산

Glycine (글리신) | Alanine (알라닌) | Valine (발린) | Leucine (루신) | Isoleucine (아이소루신)

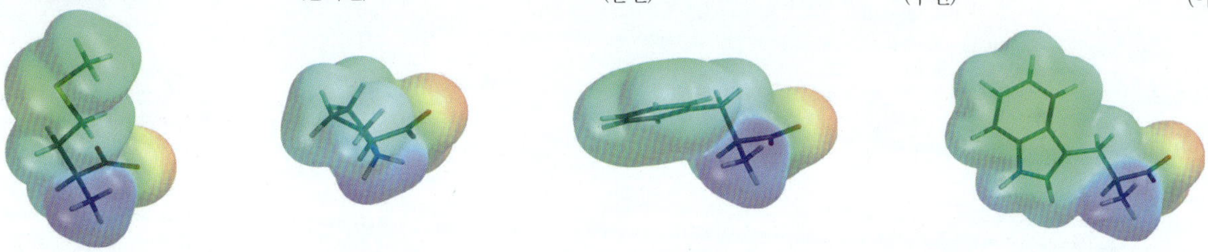

Methionine (메싸이오닌) | Proline (프롤린) | Phenylalanine (페닐알라닌) | Tryptophan (트립토판)

극성이지만 비이온성 곁사슬로 이루어진 아미노산

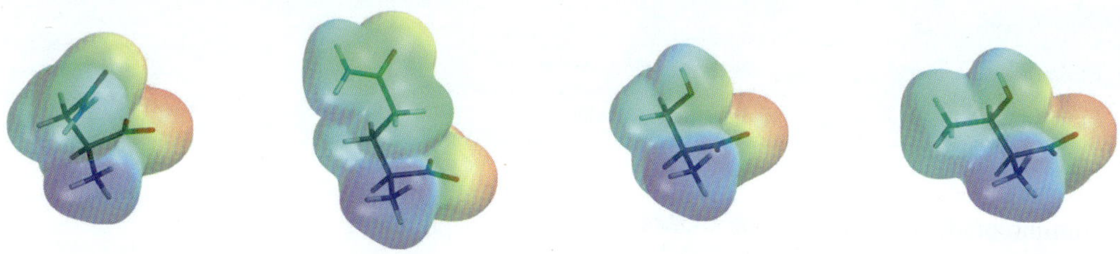

Asparagine (아스파라진) | Glutamine (글루타민) | Serine (세린) | Threonine (트레오닌)

산성 곁사슬로 이루어진 아미노산

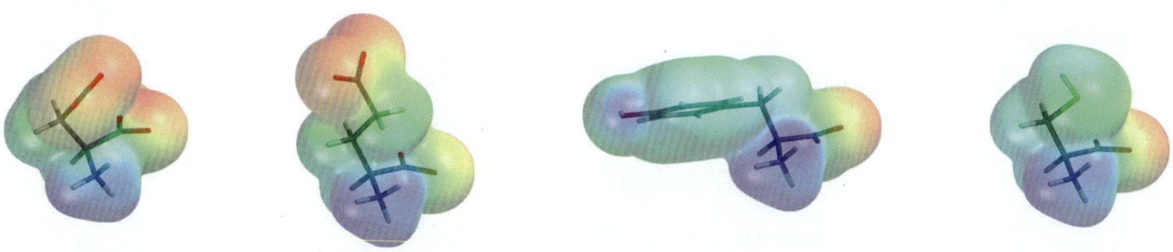

Aspartic acid (아스파트산) | Glutamic acid (글루탐산) | Tyrosine (타이로신) | Cysteine (시스테인)

염기성 곁사슬로 이루어진 아미노산

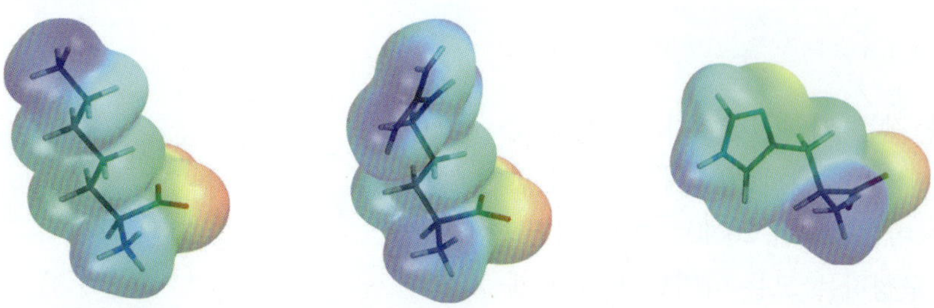

Lysine (라이신) | Arginine (아르지닌) | Histidine (히스티딘)

그림 • 17.1
표 17.1에 나타낸 일반 아미노산의 정전기 전위 지도. 아미노산 곁사슬이 왼쪽 위 끝을 향하도록 각 아미노산이 배치되어 있다. 그 곁사슬은 아미노산의 성질과 모양에 영향을 미친다.

표 17.1 단백질에서 발견되는 α-아미노산

이름	약어	구조식*
비극성 곁사슬로 이루어진 아미노산		
글리신	Gly (G)	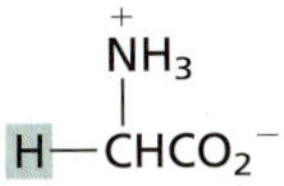
알라닌	Ala (A)	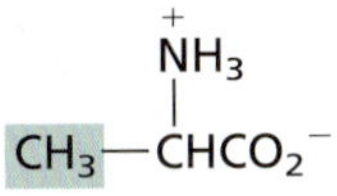
발린†	Val (V)	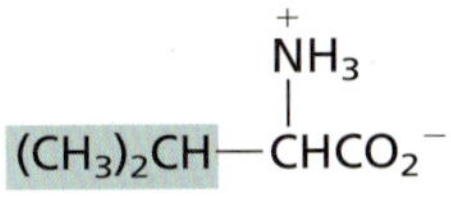
루신†	Leu (L)	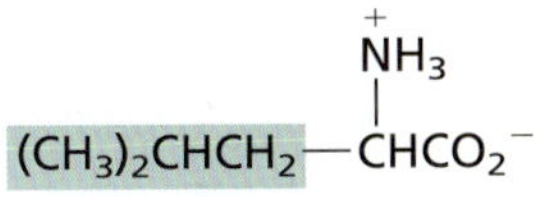
아이소루신†	Ile (I)	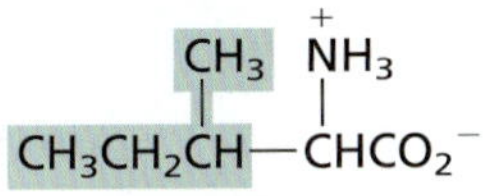
메싸이오닌†	Met (M)	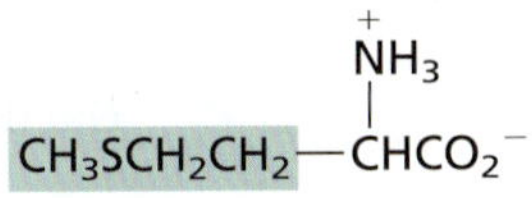
프롤린	Pro (P)	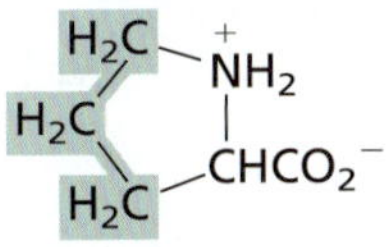
페닐알라닌†	Phe (F)	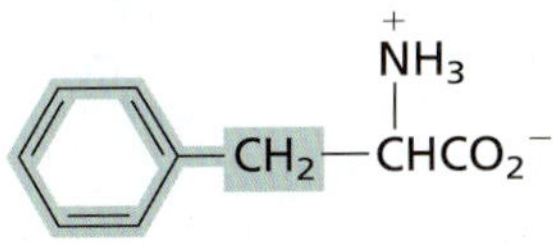
트립토판†	Trp (W)	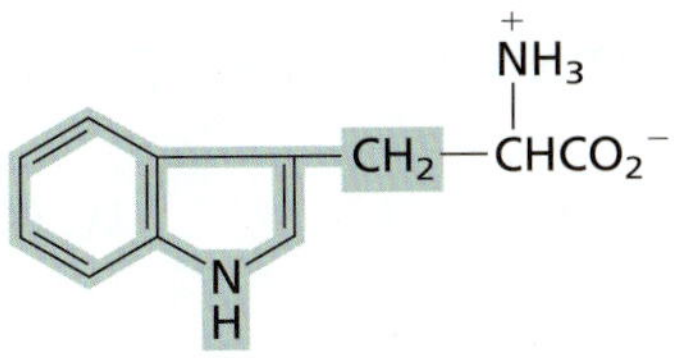
극성이지만 비이온성 곁사슬로 이루어진 아미노산		
아스파라진	Asn (N)	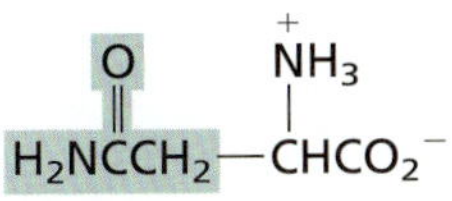

* 여기서 나타낸 아미노산은 모두 pH 7에서 가장 많은 농도로 존재하는 모양이다.
† 필수 아미노산. 정상적인 성장을 위하여 동물 먹이 내에 들어 있어야 한다.

(계속)

표 17.1 단백질에서 발견되는 α-아미노산(계속)

이름	약어	구조식*
극성이지만 비이온성 곁사슬로 이루어진 아미노산		
글루타민	Gln (Q)	$H_2NC(=O)CH_2CH_2-CH(\overset{+}{N}H_3)CO_2^-$
세린	Ser (S)	$HOCH_2-CH(\overset{+}{N}H_3)CO_2^-$
트레오닌†	Thr (T)	$CH_3CH(OH)-CH(\overset{+}{N}H_3)CO_2^-$
산성 곁사슬로 이루어진 아미노산		
아스파트산	Asp (D)	$^-OC(=O)CH_2-CH(\overset{+}{N}H_3)CO_2^-$
글루탐산	Glu (E)	$^-OC(=O)CH_2CH_2-CH(\overset{+}{N}H_3)CO_2^-$
타이로신	Tyr (Y)	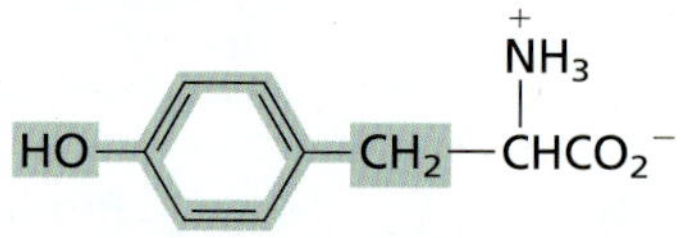
시스테인	Cys (C)	$HSCH_2-CH(\overset{+}{N}H_3)CO_2^-$
염기성 곁사슬로 이루어진 아미노산		
라이신†	Lys (K)	$H_3\overset{+}{N}CH_2CH_2CH_2CH_2-CH(\overset{+}{N}H_3)CO_2^-$
아르지닌†	Arg (R)	$H_2NC(=\overset{+}{N}H_2)NHCH_2CH_2CH_2-CH(\overset{+}{N}H_3)CO_2^-$
히스티딘†	His (H)	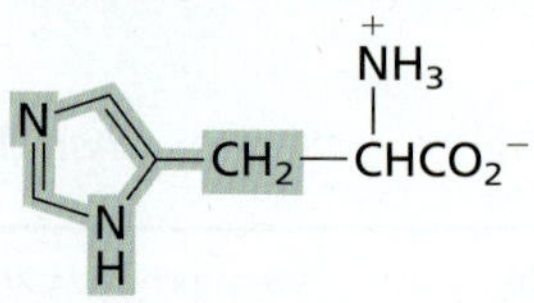

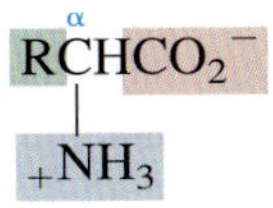

예외인 한 개의 아미노산은 아미노 질소가 오원자 고리 내에 존재하는 이차 아민인 프롤린(proline)이다.

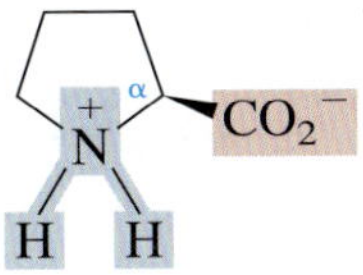

표 17.1에서는 각각의 아미노산을 3문자와 1문자 약어로도 나타내는데, 둘 다 널리 사용되고 있다.

표에 나타낸 아미노산 중 일부는 우리 몸에서 합성될 수 있지만, **필수 아미노산**(essential amino acid)이라고 하는 나머지 아미노산은 음식물로부터 섭취해야 한다.

17.2 아미노산의 입체화학

표 17.1에서 글리신(glycine)은 가장 단순한 아미노산이며, 유일하게 비카이랄(achiral) 탄소를 가지고 있다. 다른 아미노산은 모두 α-탄소가 입체화학의 중심이다. 일반적으로 아미노산의 배열은 D–L 회전 시스템에 의해서 분류된다. 단백질로부터 얻은 카이랄(chiral) 아미노산은 모두 α-탄소 원자에서 L-배열을 갖는다.

이 장 시작하는 페이지의 그림은 글리신의 정전기 전위 지도이다.

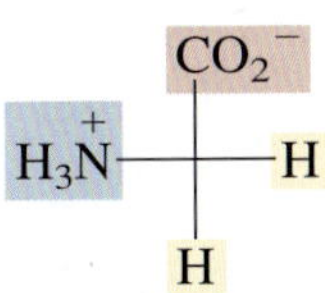

Glycine
(비카이랄)

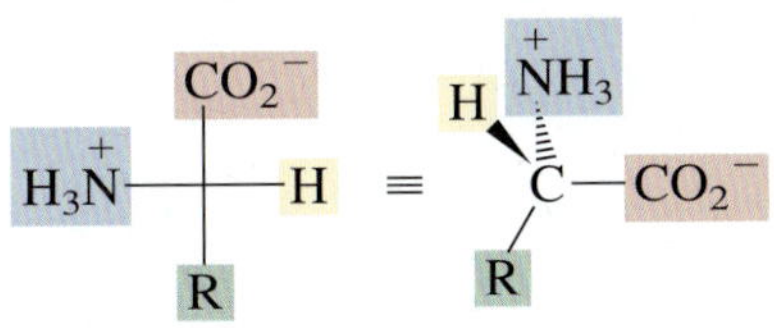

L-Amino acid의
Fischer 투영도

문제 17.1 다음 각각의 아미노산에서 α-탄소 원자의 절대 위치배열(*R* 또는 *S*)은 무엇인가?

(a) 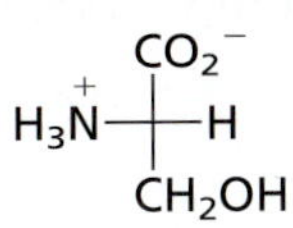

L-Serine

(b) 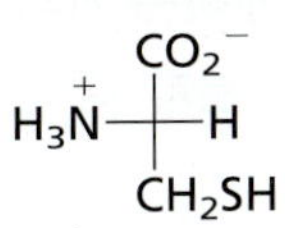

L-Cysteine

(c) 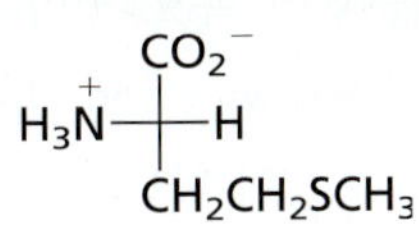

L-Methionine

풀이 (a) 먼저 입체화학 중심에 직접 연결되어 있는 네 개의 작용기를 확인하고, 순위 결정 규칙에서 우선순위가 낮은 순서대로 정렬시킨다. L-세린에서 이들 작용기의 순위는 다음과 같다.

$\overset{+}{H_3N}$— > —CO_2^- > —CH_2OH > H

가장 높은 순위 가장 낮은 순위

다음, L-세린의 Fischer 투영도를 삼차원으로 나타내고, 입체화학 중심에서 우선순위가 가장 낮은 작용기를 뒤쪽으로 배향시킨다.

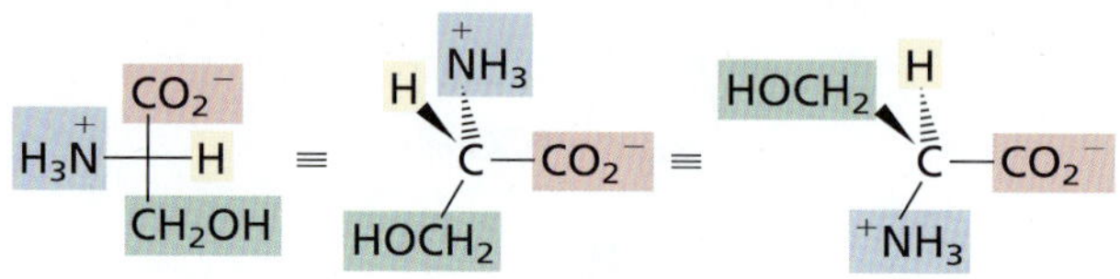

세 개의 작용기 중에서 우선순위가 가장 높은 작용기에서 감소하는 순서로 방향을 돌리면 시계 반대 방향이 된다.

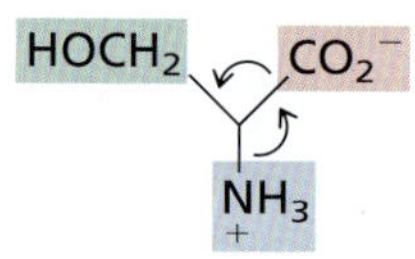

L-세린의 절대 위치배열은 *S*이다.

문제 17.2 표 17.1에서 어떤 아미노산이 한 개 이상의 입체화학 중심 탄소를 가지고 있는가?

단백질로부터 얻은 모든 카이랄 아미노산은 α-탄소의 L-배열을 갖는다고 하더라도 그것이 D-아미노산이 자연에 없다는 의미는 아니다. 사실, 상당한 수의 D-아미노산이 자연에 존재한다. 예를 들어, D-알라닌은 박테리아의 세포벽 구성 성분이다. 중요한 것은 D-아미노산은 단백질 구성 성분이 아니라는 점이다.

17.3 아미노산의 산-염기 성질

글리신과 같이 아미노산의 대표적인 물리적 성질은 극성이 매우 크다는 것이며, 분자 구조식 $H_2NCH_2CO_2H$를 기준으로 했을 때 예상보다 훨씬 더 강한 극성을 나타낸다. 글리신은 용해성이 낮은 결정성 고체로서, 열을 가하면 233℃에서 완전히 분해된다. 글리신은 물에 잘 녹으나 비극성 유기 용매에서는 거의 녹지 않는다. 글리신이 안정한 것은 **쯔비터이온**(zwitterion, **양쪽성 이온**) 또는 **분자 내 염**(inner salt) 형태로 존재하기 때문에 이러한 특성이 나타난다.

쯔비터이온은 종종 **쌍극성 이온**(dipolar ion)으로 불리고 있다. 그러나 이온은 아니고 하나의 중성 분자라는 점에 유의하라.

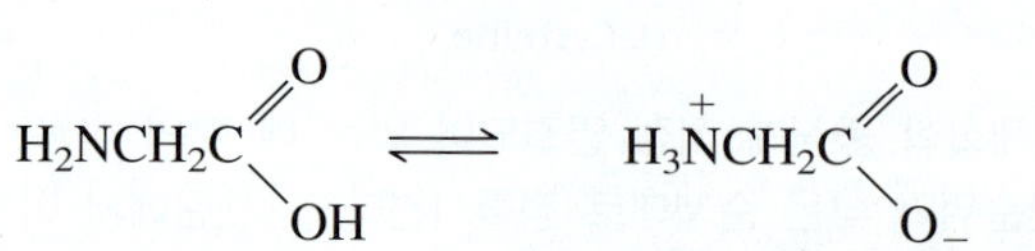

글리신의 쯔비터이온성 형태

앞에서 나타낸 반응식의 평형은 쯔비터이온 형태 쪽이 압도적으로 우세하다.

글리신과 그 이외의 아미노산 모두 **양쪽성**(amphoteric) 물질이다. 즉, 산으로도 작용할 수 있고 염기로도 작용할 수 있다. 산성 작용기는 암모늄 이온($H_3\overset{+}{N}$—)이며, 염기성 작용기는 카복실레이트 이온(carboxylate ion, —CO_2^-)이다. pH가 변화함에 따라 수용액에서의 글리신을 생각해 보자. 강산성 용액(낮은 pH)에서 주된 화학종은 양성자화된 형태인 암모늄 카복실산이다. pH가 높아짐에 따라 카복시기는 탈양성자화되고, 중성 부근의 용액에서는 쯔비터이온이 된다. 용액이 점점 염기성으로 변하면 쯔비터이온의 질소는 양성자를 내놓고 아미노카복실레이트 이온(aminocarboxylate ion)을 형성한다.

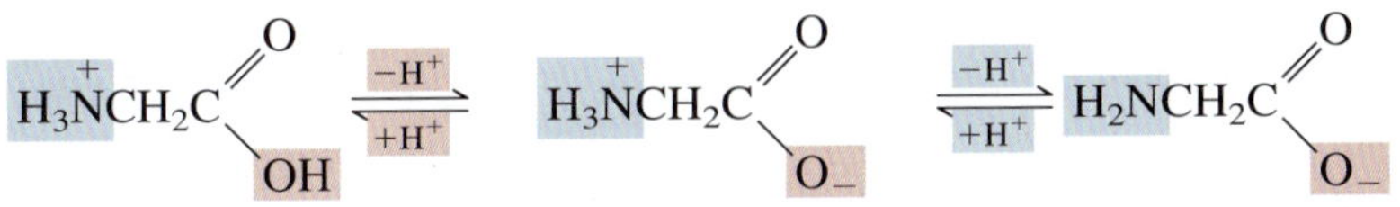

강산에서의 화학종 / 중성 부근 용액에서의 주된 화학종, 쯔비터이온 / 강염기에서의 화학종

쯔비터이온의 농도가 최대일 때 그 수용액의 pH값을 아미노산의 **등전점**(isoelectric point) 또는 **pI**라고 한다. 아미노산은 각각 고유한 등전점을 가지고 있으며, 예를 들어 글리신은 pI = 5.97이다.

문제 17.3 다음 pH에서 페닐알라닌(pI = 5.48) 용액에서 주된 화학종의 구조를 그리시오.

(a) 2.0 (b) 5.5 (c) 9.0

풀이 (a) pH 2.0은 산성 용액을 나타내므로 주된 화학종은 암모늄-카복실산(ammonium-carboxylic acid)이다.

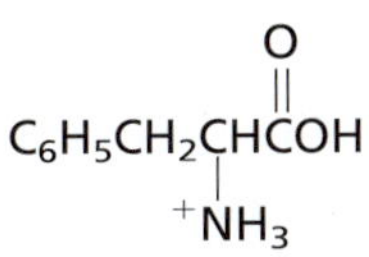

표 17.1에서 몇 개의 아미노산은 산성 또는 염기성 곁사슬을 함유하고 있다. 이온화할 수 있는 작용기가 존재하면 아미노산의 등전점값에 미치는 영향은 매우 크다. 예를 들어, 아스파르트산(aspartic acid)은 카복실산기를 곁사슬로 가지고 있어 등전점은 2.77이다. 한편 라이신(lysine)은 염기성 아민 작용기를 곁사슬로 가지고 있어 등전점은 9.74이다.

문제 17.4 라이신을 함유하는 용액의 pH가 1에서 9까지 상승했을 때, 그리고 13까지 상승했을 때 존재하는 주된 화학종의 구조식을 그리시오.

17.4 아미노산의 합성

아미노산 합성은 19세기에 시작되었으며, 가장 오래된 방법은 암모니아를 α-할로 카복실산(α-halo carboxylic acid)에 반응시키는 친핵성 치환 반응을 이용하는 것이다.

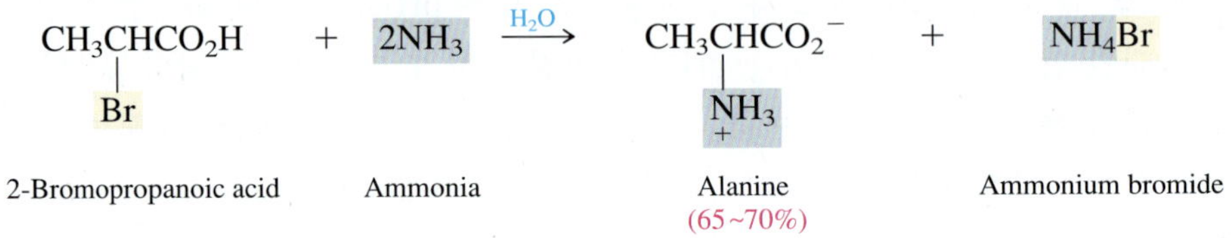

Strecker 합성법은 처음 발견한 19세기 독일의 화학자 Adolf Strecker의 성으로 명명되었다.

Strecker 합성법(Strecker synthesis)에서 알데하이드는 2단계 과정을 거쳐 탄소 수가 한 개 더 많은 α-아미노산으로 전환되는데, α-아미노 나이트릴(*α*-amino nitrile)이 반응 중간 생성물이다. α-아미노 나이트릴은 시안나이드 이온(cyanide ion) 제공 물질 그리고 알데하이드와 암모니아 또는 암모늄염과의 반응에 의해서 만들어진다. 나이트릴기를 카복실산으로 가수분해(12.10절)하면 합성이 완료된다.

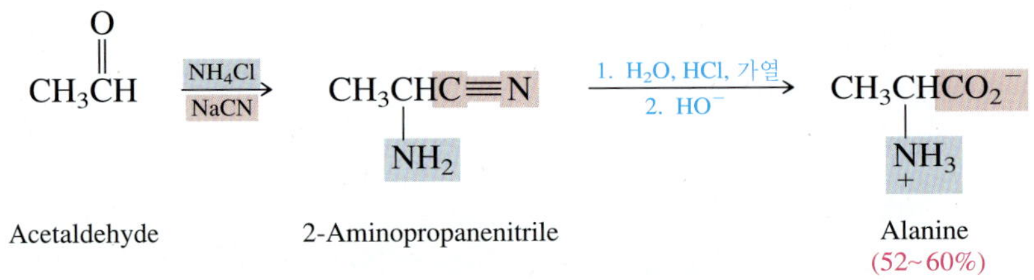

문제 17.5 Strecker 합성법으로 발린의 합성 단계를 설명하시오.

만일 결정 단계(resolution step)에서 반응 개요(3.13절)를 도입하지 않으면 방금 기술한 합성법에 의해서 만들어진 α-아미노산은 라세미 혼합물이 된다. 광학적으로 활성인 아미노산은 라세미 혼합물을 분해하거나 **거울상선택성 합성**(enantioselective synthesis)에 의해서 얻을 수 있다. 만일 거울상보다도 더 많은 양의 카이랄 거울상이성질체가 만들어진다면 그 합성은 거울상선택성이 된다. 화학자들은 95% 이상 거울상선택성으로 α-아미노산을 제조하는 기술을 개발하는 데 성공하였다. 비록 이 업적이 감명을 줄 정도로 우수한 것이지만, 생명체에서는 아미노산 합성 반응이 100% 거울상선택성으로 α-아미노산을 제조한다는 사실을 잊어서는 안 된다.

17.5 펩타이드

아미노산의 중요한 생화학적인 반응은 펩타이드, 폴리펩타이드, 단백질로의 전환 반응이다. 이들 물질은 모두 아미노산이 아마이드 결합으로 서로 연결되어 있다. 한 아미노

전기영동

전기영동은 전기장에서 하전된 입자의 음직임으로 단백질을 분리 정제하는 방법이다. 그 원리는 일부 대표적인 아미노산의 전기영동적 성질을 고찰함으로써 설명할 수 있다. 그 매질은 특정 pH에서 완충 수용액으로 적신 셀룰로스 아세테이트판을 사용한다. 판의 반대 끝은 완충용액을 함유하는 갈라진 구획에 놓고, 양쪽 구획은 전극으로 직류 전류에 연결한다(그림 17.2*a*). 만일 완충용액의 pH가 아미노산의 등전점(pI)보다 더 산성이면 그 아미노산은 순양전하를 띠게 되고, 음극으로 하전된 전극 쪽으로 이동한다. 반대로 완충용액의 pH가 아미노산의 pI보다 더 염기성이면 그 아미노산은 순음전하를 띠게 되고, 그 아미노산은 양으로 하전된 전극 쪽으로 이동한다. 완충용액의 pH와 아미노산의 pI가 같을 때 그 아미노산은 순전하가 없으며, 원점에서 이동하지 않는다.

그러므로 알라닌, 아스파트산, 라이신을 함유하는 혼합물을 알라닌의 등전점과 같은 완충용액(pH 6.0)으로 전기영동한다면 아스파트산(pI=2.8)은 +전극 쪽으로 이동하고, 알라닌은 출빌점에서 이동하지 않으며, 라이신(pI=9.7)은 −전극 쪽으로 이동한다(그림 17.2*b*)

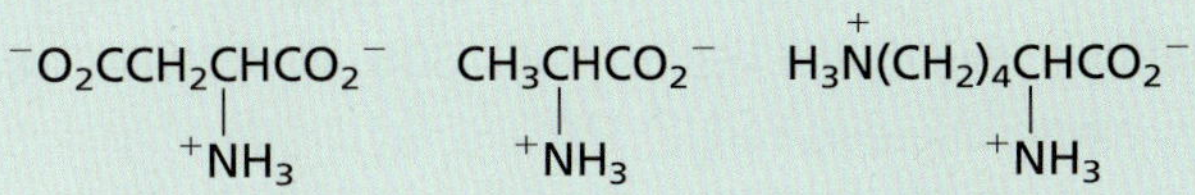

Aspartic acid (음이온 하나) Alanine (중성) Lysine (양이온 하나)

전기영동은 각각의 아미노산을 분리하는 데 사용하기보다는 펩타이드와 단백질을 분석하는 데 주로 사용되며, 그 원리는 비슷하다. 단백질들은 여러 개의 다른 아미노산으로 이루어졌고 결사슬도 다르기 때문에 두 개의 펩타이드는 서로 다른 산–염기 성질을 가지며, 특정 pH에서 순전하량도 서로 다르다. 그러므로 전기장에서 이동성도 달라지기 때문에 전기영동은 단백질들을 분리하는 데 사용될 수 있다. 펩타이드와 단백질을 분리하기 위하여 전형적으로 사용되는 매질은 폴리아크릴아마이드 젤(polyacrylamide

아미노산 혼합물

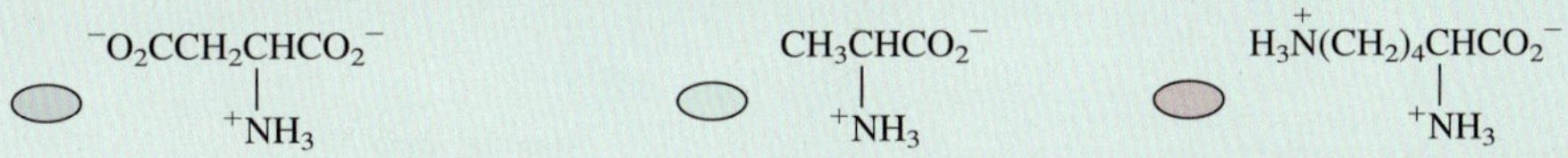

을 셀룰로스 아세테이트판 중앙에 놓고, 그 판을 pH 6.0인 완충 수용액으로 적신다. 이 pH에서 아스파트산 은 −1 이온으로 존재하고, 알라닌 은 쯔비터이온이며, 라이신 은 +1 이온으로 존재한다.

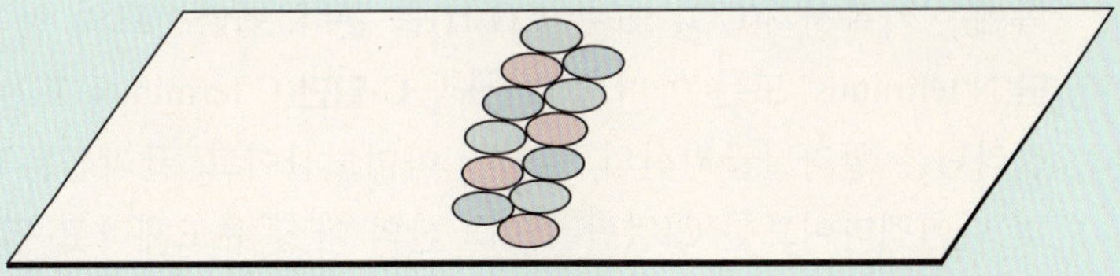

(*a*)

전류를 흘리면 음으로 하전된 이온은 +전극으로 이동하고, 양으로 하전된 이온은 −전극으로 이동하며, 양이온과 음이온이 같은 쯔비터이온은 원래 위치에서 이동하지 않는다.

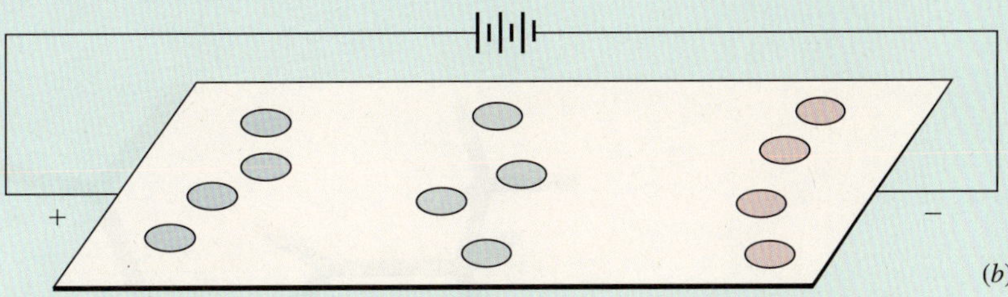

(*b*)

그림 • 17.2
알라닌의 등전점과 같은 pH에서 전기영동을 했을 때 이온 형태에 따라 아스파트산, 알라닌, 라이신이 분리된다.

(계속)

gel)이며, 이 기술을 **젤 전기영동**(gel electrophoresis)이라고 한다.

전기영동을 하는 동안에 이동률에 영향을 미치는 두 번째 요인은 펩타이드 또는 단백질의 크기(길이와 모양)이다. 폴리아크릴아마이드 젤에서 큰 분자일수록 작은 분자보다 더 느리게 이동한다. 최근에 사용되는 단백질의 **SDS 젤 전기영동**(SDS gel electrophoresis) 실험은 단백질의 순전하량의 차이보다는 단백질의 크기의 차이에 따라 분리되도록 수정되었다. 단백질 1 그램당 대략 합성 세제 소듐 도데실 설페이트(sodium dodecyl sulfate, SDS, 12.7절) 1.5 그램을 수용성 완충용액에 첨가한다. SDS는 단백질과 결합하여 단백질이 겹쳐지지 않게 한다. 즉, 단백질의 소수성 부분이 SDS의 $CH_3(CH_2)_{10}CH_2$— 기와 제휴하여 거의 막대기 모양으로 된다. 음이온으로 하전된 설페이트기는 물에 노출된다. 모든 단백질은 SDS 분자에 의해 음으로 하전되어 양전극 쪽으로 이동한다. 더구나 단백질의 모든 혼합물은 유사한 모양을 갖게 되어 단백질 사슬 길이에 비례하는 속도로 이동하는 경향을 띤다. 따라서 전기영동을 표본 정도로 적은 양으로 수행했을 때 SDS 젤 전기영동 방법은 단백질 혼합물을 단백질 분자량에 따라 분리되게 한다. 분석할 때 분자량을 알고 있는 표준 단백질을 같이 전기영동하여 이동 정도를 비교하면 미지의 단백질도 분자량을 측정할 수 있다.

산의 아미노기와 한 아미노산의 카복시기가 반응하여 만들어진 아마이드 결합을 **펩타이드 결합**(peptide bond)이라고 한다. 알라닐글리신(alanylglycine)은 대표적인 다이펩타이드이다.

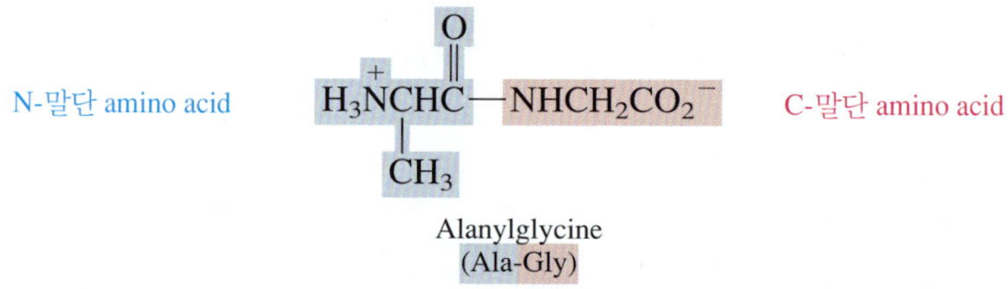

규정에 따라 펩타이드 구조는 왼쪽에 아미노기($H_3\overset{+}{N}$— 또는 H_2N—)를 쓰고, 오른쪽에는 카복시기(CO_2^- 또는 CO_2H)를 쓴다. 펩타이드의 왼쪽과 오른쪽 끝을 각각 **N-말단**(N terminus, 또는 아미노 말단)과 **C-말단**(C terminus, 또는 카복실 말단)이라고 한다. 알라닌은 알라닐글리신의 N-말단 아미노산이고, 글리신은 C-말단 아미노산이다. 하나의 다이펩타이드를 C-말단 아미노산의 아실 유도체라고 명명하기도 한다. 아미노산의 정확한 배열 순서를 아미노산 **서열**(sequence)이라고 한다. 아미노산 서열은 각 아미노산을 세 문자 약어 또한 한 문자 약어를 사용하여 하이픈으로 연결시켜 편리하게 나타내기도 한다. 펩타이드의 각 아미노산 단위를 아미노산 **잔기**(residue)라고도 한다.

그림 • 17.3
X-선 결정법으로 동정한 다이펩타이드 L-알라닐글리신의 구조적 특징

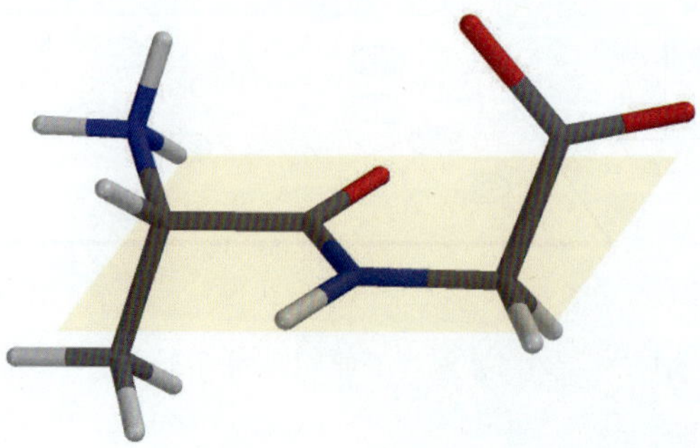

문제 17.6 다음 각각의 다이펩타이드 구성을 구조식으로 나타내시오, 각 아미노산 서열을 한 문자 약어로 나타내시오.

(a) Gly-Ala (d) Gly-Glu
(b) Ala-Phe (e) Lys-Gly
(c) Phe-Ala (f) D-Ala-D-Ala

풀이 (a) Gly-Ala는 Ala-Gly의 구성 이성질체이다. 글리신은 Gly-Ala에서 N-말단 아미노산이고, 알라닌은 C-말단 아미노산이다.

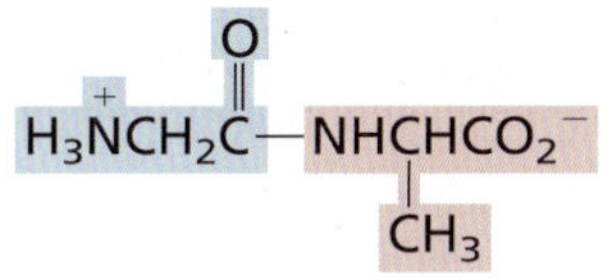

Glycylalanine
(GA)

> 다른 서술이 없으면 α-아미노산은 L-입체이성질체로 존재한다고 이해하고, D-아미노산이 존재할 때는 분명히 D를 표시하며, 라세미 아미노산은 접두어 DL로 나타낸다.

그림 17.3은 X-선 결정법에 의해서 확인된 Ala-Gly의 구조를 나타낸다. 중요한 특징은 펩타이드 결합을 축으로 기하학적으로 평면 구조를 하고 있으며, 이 결합의 가장 안정한 형태는 두 개의 α-탄소가 서로 반대 방향으로 존재하는 것이다. 질소 비공유 전자쌍이 카보닐기 쪽으로 비편재화(delocalization)가 일어나서 탄소와 수소의 결합이 부분적으로 이중 결합 성격을 만들기 때문에 아마이드 결합을 기준으로 한 회전은 느리다.

인공 감미료로서 널리 사용되고 있는 다이펩타이드 유도체는 Asp-Phe의 C-말단 메틸 에스터이다. 수년 전 한 화학자가 소화 효소를 연구하면서 이 화합물을 합성하였다. 그 화학자는 이 새로운 물질이 달콤한 맛을 내는데, 그 감미는 설탕보다 200배 달다고 하였다. 인공 감미료는 아스파탐(aspartame)이라는 관용명이 주어졌고, 시장에서는 뉴트라스위트(Nutrasweet)라는 상품명으로 판매되었다. 뉴트라스위트는 다양한 다이어트 식이 음료나 음식물에서 발견된다('얼마나 단가!'라는 제목의 15.8절 상자 속 에세이 참조).

문제 17.7 Asp-Phe의 C-말단 메틸 에스터인 뉴트라스위트의 분자 구조식을 그리시오.

지금까지 다이펩타이드를 다루었다. **트라이펩타이드**(tripeptide)는 세 개의 아미노산 잔기를 함유하고, **폴리펩타이드**(polypeptide)는 많은 단위의 아미노산을 함유한다. **단백질**(protein)은 대부분 100~300개의 아미노산을 함유하는 폴리펩타이드이다.

펩타이드가 유의하게 생물학적인 활성을 나타내기 위하여 아미노산 잔기의 수가 많을 필요는 없다. 그림 17.4는 펜타펩타이드(pentapeptide)인 루신 엔케팔린(leucine enkephalin)의 구조를 나타낸다. 엔케팔린은 인체의 진통제이며, 뇌에서 존재하는 폴리펩타이드인 **엔돌핀**(endorphin)의 구성 성분이다. 메싸이오닌 엔케팔린으로 알려진 두

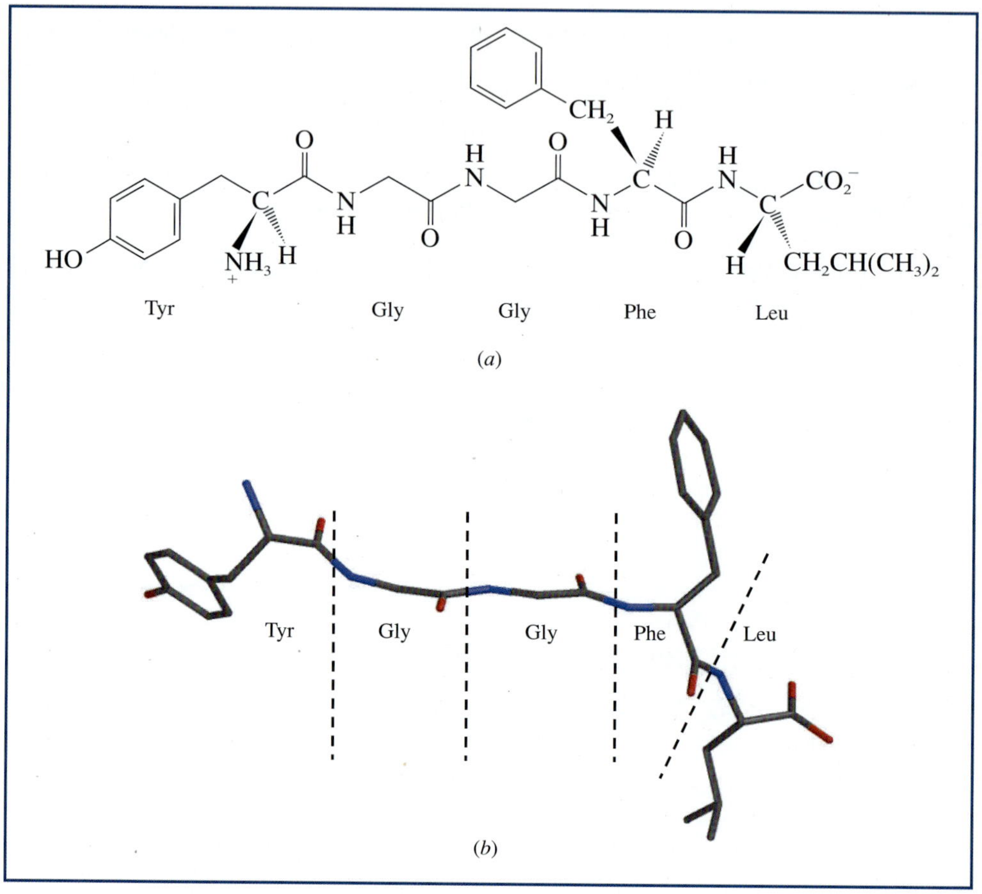

그림 • 17.4
펜타펩타이드인 루신 엔케팔린에 대하여 (*a*)는 구조식으로 그리고, (*b*)는 분자 모형으로 나타냄. 분자 모형의 모양은 X-선 결정법에 의해 결정되었으며, 명확하게 나타내기 위하여 수소는 제외하였다.

번째 물질도 역시 엔돌핀에 존재한다. 메싸이오닌 엔케팔린은 C-말단 아미노산에 루신 대신 메싸이오닌을 갖고 있는 것이 루신 엔케팔린과 다른 점이다.

문제 17.8 메싸이오닌 엔케팔린의 아미노산 서열을 세 문자 약어로 표기하시오. 한 문자 약어로도 나타내시오.

지금까지 기술한 펩타이드와 조금 다른 구조를 갖는 펩타이드가 알려지고 있다. 그 변이 중의 하나가 그림 17.5에서 보여 주는 노나펩타이드(nonapeptide)인 옥시토신(oxytocin)에서 볼 수 있다. 옥시토신은 뇌하수체에서 분비되는 호르몬으로, 해산 과정 중의 자궁수축을 자극하거나 수유 중에는 젖의 분비를 못하게 하는 역할을 한다. 옥시토신에서 말단 글리신 잔기는 카복시기로 끝나는 것이 아니라 유사한 아마이드가 존재하도록 수정되어 있다. N-말단 아미노산을 이루는 두 개의 시스테인 단위는 황–황 결합에 의해 큰 고리형 이황화물 단위(disulfide unit)로 연결된다. 이것이 시스테인 잔기를 갖고 있는 폴리펩타이드나 단백질에서 일반적으로 나타나는 구조적인 변형이다. 서로 떨어져 있는 많은 아미노산 잔기로 이루어진 펩타이드 사슬 간의 공유 결합을 형성한다.

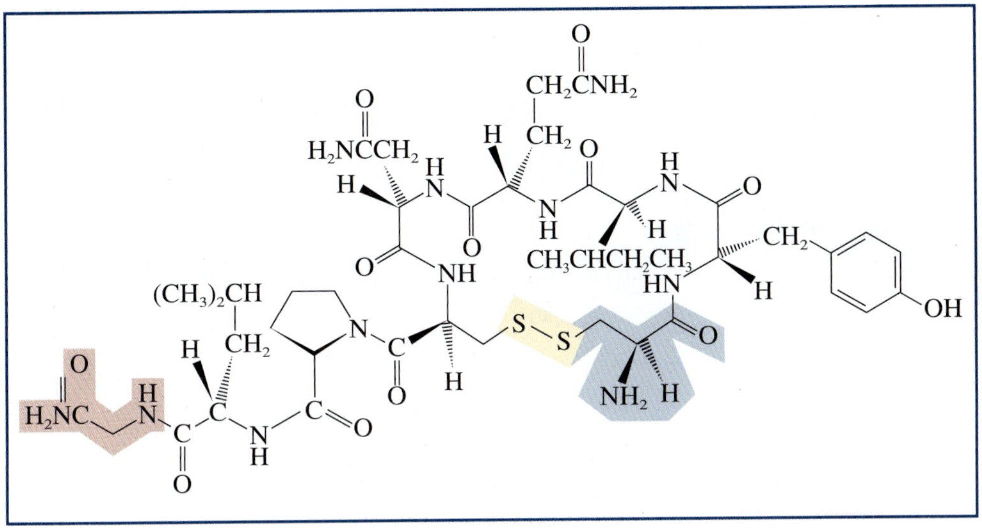

그림 • 17.5
두 개의 시스테인 잔기 사이의 이황화 결합을 하는 노나펩타이드인 옥시토신의 구조. 시스테인 중의 하나는 N-말단 아미노산이고, 푸른색으로 강조하고 있다. C-말단 아미노산은 글리신의 아마이드이고, 붉은색으로 강조하고 있다. 분자 내에 자유 카복시기는 없으며, 모두가 카복시 아마이드 형태로 되어 있다.

폴리펩타이드나 단백질에서 흔히 볼 수 있는 **이황화물 다리**(disulfide bridge)는 옥시토신에서처럼 고리를 형성시킬 뿐만 아니라 분리된 폴리펩타이드 사슬을 연결시키는 역할을 한다. 예를 들어, 인슐린(insulin)은 그림 17.6에서 도식적으로 묘사된 것처럼 두 개의 폴리펩타이드 사슬이 이황화물 다리에 의해 열결되어 있다.

머리를 퍼머할 때, 처음에 머리카락에 있는 이황화 결합을 절단하고 나서 원하는 머리 모양을 만든 다음 산화제를 이용하여 이황화 결합을 재형성시킨다.

이황화물 다리는 두 개의 시스테인의 싸이올기(thiol group)가 산화할 때 형성된다.

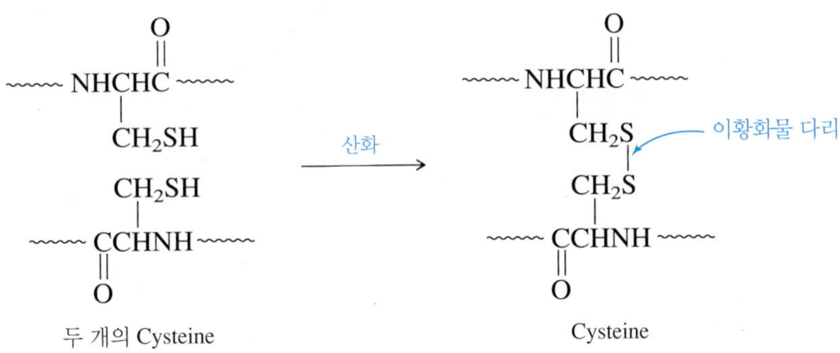

시스테인에서 이황으로 연결된 쌍을 시스틴 잔기라고 한다.

17.6 펩타이드 구조 결정: 아미노산 분석

화학자들과 생화학자들은 펩타이드와 단백질의 구조를 여러 단계로 구분한다.

펩타이드 또는 단백질의 **일차 구조**(primary structure)는 이황화물 다리와 아미노산 서열을 함께 나타낸 구조이다.

펩타이드의 일차 구조를 결정하는 것은 아미노산들 조합의 수가 많고 겹쳐져 있기 때

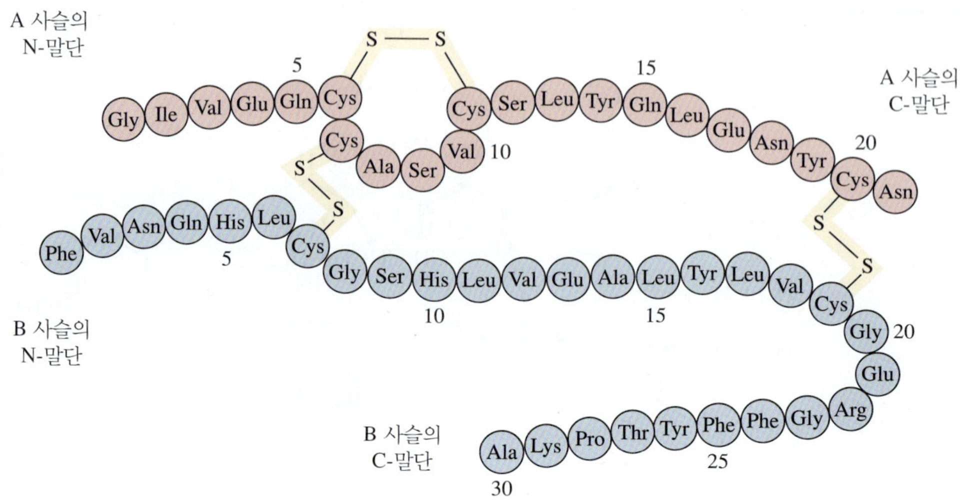

그림 • 17.6
소의 인슐린에 대한 아미노산 서열. A 사슬은 붉은색으로, B 사슬은 푸른색으로 표시되어 있다. A 사슬과 B 사슬은 두 개의 이황화물 다리(노란색)로 연결되어 있다. 하나의 이황화 결합이 A 사슬 내에서 시스테인 6번과 11번이 연결되어 있다. 사람의 인슐린은 A 사슬에서 8번은 트레오닌, 10번은 아이소루신을 가지고 있고, B 사슬에서 C-말단 아미노산으로 트레오닌을 가지고 있다.

문에 결코 쉬운 일이 아니다. 미지의 펩타이드가 주어졌을 때 어떤 방법으로 아미노산 서열 순서를 결정하는가?

첫 번째 단계는 어떤 아미노산이 존재하는지와 각 아미노산들의 상대적인 양을 결정하는 것이다. 미지의 펩타이드를 산-촉매 가수분해한다. 이러한 조건하에서 아마이드 결합은 끊어지고 펩타이드에 존재하는 모든 아미노산들을 함유하는 용액이 만들어진다. 예를 들어, 루신 엔케팔렌(그림 17.4)을 가수분해하면 2몰의 글리신 및 1몰의 타이로신, 페닐알라닌, 루신을 함유하는 용액이 생성된다.

$$\text{루신 엔케팔렌} \xrightarrow[\text{가열}]{H_3O^+} 2\,\text{Gly} + \text{Tyr} + \text{Phe} + \text{Leu}$$

그 다음 가수분해 혼합물은 분리되고, 각각의 아미노산들의 양은 닌하이드린 반응에 의해서 결정된다. 닌하이드린은 아미노산과 반응하여 보라색을 띠는 화합물을 생성한다. 원래 펩타이드에 존재하는 각 아미노산의 상대적인 몰수는 보라색의 세기에 비례한다. 펩타이드에 존재하는 아미노산의 분리 및 확인은 일반적으로 **아미노산 분석기**(amino acid analyzer)를 이용하여 자동으로 이루어진다.

문제 17.9 어떤 테트라펩타이드(tetrapeptide)에 대해 아미노산을 분석한 결과 같은 몰의 알라닌, 글리신, 페닐알라닌, 발린이라는 것을 확인하였다. 이 테트라펩타이드에 대하여 아미노산 서열 분석은 가능한 것인가?

17.7 펩타이드 구조 결정: 아미노산 서열 분석의 원리

폴리펩타이드의 아미노산 조성을 결정하는 것은 완전한 구조 결정의 첫 번째 단계일 뿐이다. 펩타이드 사슬에서 아미노산의 서열 결정은 단백질 구조를 완성하기 위해서 꼭 필요한 과정이다. 아미노산 배열을 결정해야 할 개수는 놀랄 만큼 많아질 수 있다. 예를 들면, 루신 엔케팔린의 경우 가수분해하여 얻는 아미노산들(2 Gly, Tyr, Phe, Leu)을 사용하여 60개의 다른 폴리펩타이드를 만들 수 있다. 물론 이들 중의 하나만이 루신 엔케팔린의 올바른 구조이다.

펩타이드 사슬에서 아미노산의 서열을 결정할 때는 펩타이드의 효소-촉매 부분 가수분해 및 말단 그룹 분석 등의 여러 가지 기술들이 사용된다. 이들 방법에 대해서 다음 장에서 논의될 것이다.

17.8 펩타이드의 부분 가수분해

펩타이드 산-촉매 가수분해는 아마이드 결합을 무차별적으로 절단하여 결국에는 모든 아마이드 결합이 끊어지는 데 반해서, 효소적인 가수분해는 훨씬 더 선택적이고 하나의 펩타이드를 작은 조각들로 바꾸는 데 사용되는 방법이다.

대부분의 고기 연화제의 주성분인 파파인(papain)은 하나의 단백질분해 효소이다.

펩타이드의 가수분해를 촉매하는 효소를 **펩타이드가수분해효소**(peptidase), **단백질분해효소**(protease), 또는 **단백질가수분해효소**(proteolytic enzyme)라고 한다. 예를 들면, 췌장의 효소 중의 하나라고 알려진 **카복시펩타이드분해효소**(carboxypeptidase)는 C-말단 아미노산에 결합된 펩타이드만을 가수분해한다. 장에 존재하는 소화 효소인 **트립신**(Trypsin)은 라이신과 아르지닌 잔기의 카복시기를 포함하는 펩타이드 결합의 가수분해만을 촉매한다. 또 다른 소화 효소인 **키모트립신**(chymotrypsin)은 방향족 곁사슬(페닐알라닌, 타이로신, 트립토판)을 가진 아미노산의 카복시기를 포함하는 펩타이드 결합에만 선택적으로 작용한다. 이들 이외에도 더 많은 또 다른 소화 효소들이 알려져 있으며, 이들은 선택적인 가수분해 반응에만 이용된다.

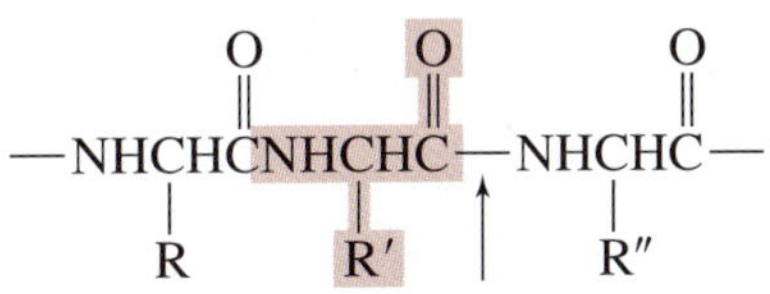

R′이 방향족 곁사슬일 때
키모트립신-촉매 가수분해의 위치

문제 17.10 키모트립신으로 문제 17.9의 테트라펩타이드를 분해시키면 아미노산 분석으로 페닐알라닌과 발린이 같은 몰수를 갖는 다이펩타이드가 만들어진다. 이 테트라펩타이드에 대하여 아미노산 서열은 가능한 것인가?

효소적이든 비효소적이든 부분적인 가수분해는 특히 펩타이드의 서열을 결정하는 데 유용하게 사용된다. 다양한 길이를 갖는 펩타이드 조각이 만들어지고, 그 조각이 겹쳐지는 곳을 확인하면 원래 펩타이드를 이루던 아미노산 서열을 추측할 수 있다.

예를 들어, 테트라펩타이드를 가수분해하여 Ala-Gly-Phe + Gly-Phe-Leu + Phe-

Leu-Gly와 같은 조각을 얻었다고 하자. 이 조각들을 겹쳐서 배열하면 정확한 아미노산 서열이 얻어진다.

가수분해 조각들	Ala-Gly-Phe
	Gly-Phe-Leu
	Phe-Leu-Gly
원래의 펩타이드:	Ala-Gly-Phe-Leu-Gly

문제 17.11 부분적인 가수분해로 다음과 같은 조각을 얻었다. 헥사펩타이드(hexapeptide)의 구조를 결정하시오.

Pro-Ala + Leu-Phe-Pro + Pro-Val + Val-Leu-Phe

17.9 말단기 분석

하나의 아미노산 서열을 왼쪽에서 오른쪽으로 읽어야 할지 또는 오른쪽에서 왼쪽으로 읽어야 할지 그 방향을 모른다면 그 서열은 애매모호해진다. 어느 쪽이 N-말단인지 C-말단인지 알 필요가 있다. 앞 절에서 본 바와 같이 카복시펩타이드분해효소-촉매 가수분해는 C-말단 아미노산을 절단하여 C-말단 아미노산을 확인하는 데 사용될 수 있다. N-말단 확인 방법은 무엇인가?

N-말단 아미노산을 확인하기 위한 몇 가지 방법이 고안되었다. 이들 방법은 모두 N-말단 아미노기만 분리하여 친핵제로서 작용할 수 있다는 장점을 이용하고 있다. N-말단 아미노산 이외에 다른 모든 아미노산들의 α-아미노기는 아마이드 결합의 일부분이고, 자유롭지 않아 훨씬 덜 친핵적이다.

Pehr Edman(Lund 대학, 스웨덴)에 의해 개발된 **Edman 분해 반응**(Edman degradation)은 N-말단 아미노산을 결정하는 데 가장 많이 사용되는 방법이다. 그 N-말단 아미노산은 페닐 아이소싸이오사이아네이트(phenyl isothiocyanate, $C_6H_5N{=}C{=}S$)와 반응하여 **페닐싸이오하이단토인**(PTH) **유도체**(phenylthiohydantoin derivative)를 생성한다. 그 PTH 유도체를 분리하여 알려진 아미노산의 PTH 유도체와 비교함으로써 확인한다. Edman 분해 반응의 가장 두드러진 특징은 N-말단 아미노산만 PTH 유도체로 방

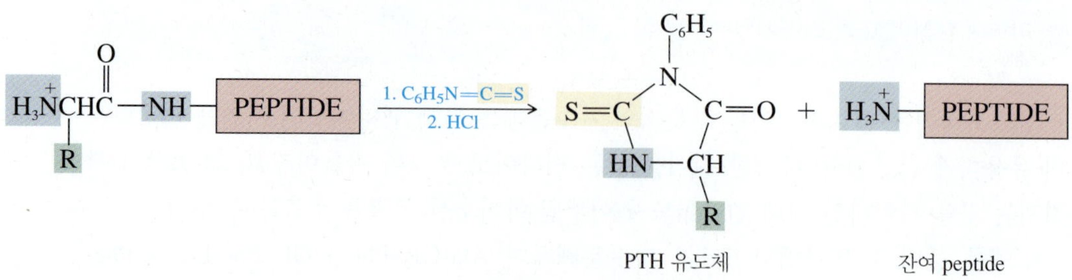

출되고, 펩타이드 사슬의 나머지 부분은 그대로 남는다는 점이다.

새로운 펩타이드는 원래보다 아미노산 잔기가 하나 부족하고, 새로운 N-말단 아미노산은 원래의 펩타이드 사슬에서 두 번째인 아미노산이다. Edman 과정을 반복하면 새롭게 노출된 N-말단 아미노산을 계속해서 확인할 수 있다.

문제 17.12 루신 엔케팔린(그림 17.4)을 Edman 분해 반응으로 세 번 분해한 다음에 얻어진 PTH 유도체의 구조를 쓰시오.

풀이 첫 번째 Edman 분해 반응으로 원래 펩타이드의 N-말단 아미노산 PTH 유도체를 생성한다. 루신 엔케팔린의 경우 이 아미노산은 타이로신이다.

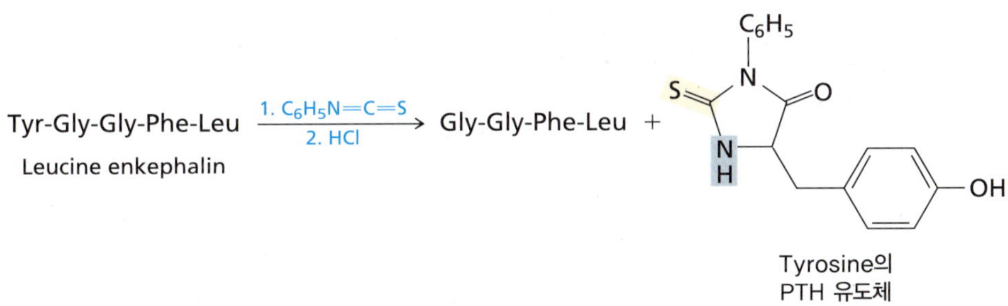

Edman 분해 반응을 반복하여 N-말단으로부터 20개의 아미노산의 서열을 결정하는 것은 상당히 보편적인 일이 되고 있다. 심지어 단백질 마이오글로빈(myoglobin)의 단일 샘플에서 60개까지 아미노산 잔기의 서열을 결정하고 있다. 모든 절차는 컴퓨터 시스템과 연결되어 모든 조작이 실행될 수 있도록 자동 제어되고 있으며, 이 장비를 **Edman 서열분석기**(Edman sequencer)라고 한다.

17.10 펩타이드 합성 전략

제안된 펩타이드 구조가 맞는지 확인하는 하나의 방법은 똑같은 아미노산의 서열을 갖는 펩타이드를 합성하여 비교하는 것이다. 혈액에서 혈압을 낮추는 작용을 하는 브래디키닌(bradykinin)을 대상으로 이와 같은 작업이 이루어졌다. 장수말벌이나 곤충의 침에 쏘였을 때 그 침독 속에 들어 있는 어떤 물질이 과량의 브래디키닌 생성을 유도하고 브래디키닌의 유리를 자극하여 심한 국부 통증을 유발시킨다. 브래디키닌은 원래 옥타펩타이드(octapeptide)로, 두 개의 프롤린 잔기를 가지고 있다고 믿고 있었다. 그러나 다음의 서열과 같이 세 개의 프롤린을 함유하는 노나펩타이드를 합성하여 실험했을 때 이 노나펩타이드가 생물학적인 활성 등 모든 면에서 자연 브래디키닌의 활성과 동일하다는 것을 확인하였다.

Arg-Pro-Pro-Gly-Phe-Ser-Pro-Phe-Arg

Bradykinin

천연 브래디키닌을 대상으로 아미노산 서열을 재측정한 결과 실제로 노나펩타이드로 판명되었다. 펩타이드의 합성은 구조를 확인하는 것 이상으로 구조 결정의 효과적인 수단이 되고 있다.

화학자들과 생화학자들은 펩타이드들이 어떻게 작용하는지 보다 더 잘 이해하기 위해 펩타이드를 합성한다. 고의로 아미노산의 서열을 바꿈으로써 특이한 펩타이드가 관여하는 반응에서 어떤 아미노산이 본질적으로 관여하는지 종종 찾아낼 수 있다. 대부분의 합성 펩타이드는 새로운 약을 연구하기 위해 합성되고 있다.

펩타이드 합성 목적이 아미노산 사이에 아마이드 결합으로 이미 정해진 아미노산 서열대로 연결하기 위함이라고 단순히 말할지 모른다. 펩타이드 합성을 위하여 매우 다양하고 효과적인 방법과 시약이 개발되어 아마이드 결합을 통해 아미노산을 연결하는 것은 어렵지 않다. 실제로 어려운 점은 확실하고 정확한 아미노산 서열 순서를 확보하는 것이다. 대표적인 다이펩타이드인 Phe-Gly를 합성한다고 생각해 보면 이 어려움은 설명될 수 있다. 페닐알라닌과 글리신을 함유하는 혼합물에서 무작위로 펩타이드 결합을 하게 하면 네 가지의 다이펩타이드가 얻어질 것이라고 예상된다.

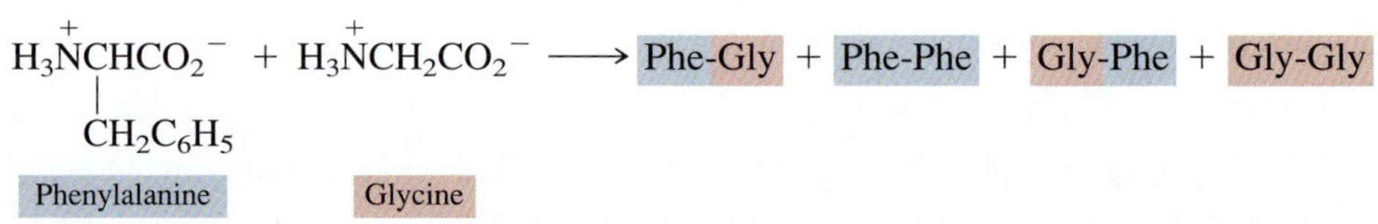

Phe-Gly만 만들어지도록 하기 위해서는 펩타이드 결합 형성 조건하에서 페닐알라닌의 아미노기와 글리신의 카복시기가 반응할 수 없도록 보호해야 한다. 펩타이드 형성 단계를 다음 반응식으로 나타낼 수 있다. 여기서 X와 Y는 각각 아민기와 카복시기를 보호하는 작용기이다.

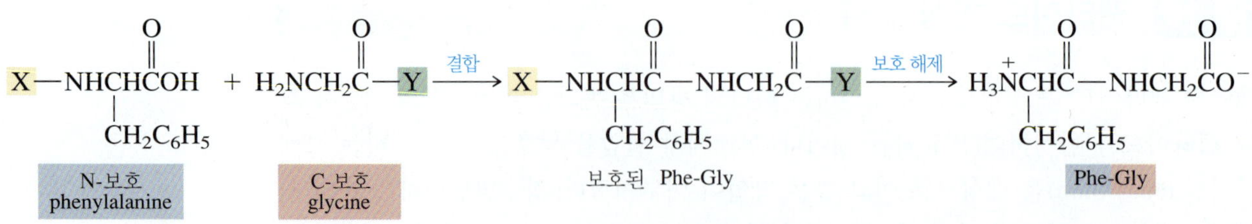

그러므로 이미 정해진 아미노산 서열대로 다이펩타이드를 합성하기 위해서는 적어도 최소한 세 가지 조작이 필요하다.

1. N-말단 아미노산의 아미노기와 C-말단 아미노산의 카복시기를 **보호**한다.
2. 두 보호된 아미노산들을 밖으로 나오게 하고 이어서 아마이드 **결합**을 하게 한다.
3. N-말단의 아미노기와 C-말단의 카복시기의 **보호기를 제거**한다.

세 개 이상의 아미노산 잔기를 갖는 펩타이드는 다이펩타이드 합성에서 서술한 개념을 확대하여 유사한 방법으로 합성된다.

17.11 보호기와 펩타이드 결합 형성

> 벤질옥시카보닐기의 또 다른 이름은 카보벤조시(carbobenzoxy)이다. 이 이름이나 약자 Cbz는 옛 문헌에서 종종 발견되고 있으나 IUPAC 명명법에서는 더 이상 사용하지 않는다.

아미노기의 반응성은 아미노기를 아마이드로 전환시키면 억제되는데, 아미노기는 대부분 아실화 반응에 의해서 보호된다. 벤질옥시카보닐기(benzyloxycarbonyl group, ($C_6H_5CH_2O\overset{O}{\overset{\|}{C}}—$))는 가장 많이 사용되는 아미노 보호기이다. 벤질옥시카보닐 클로라이드로 아미노산을 아실화 반응시키면 된다.

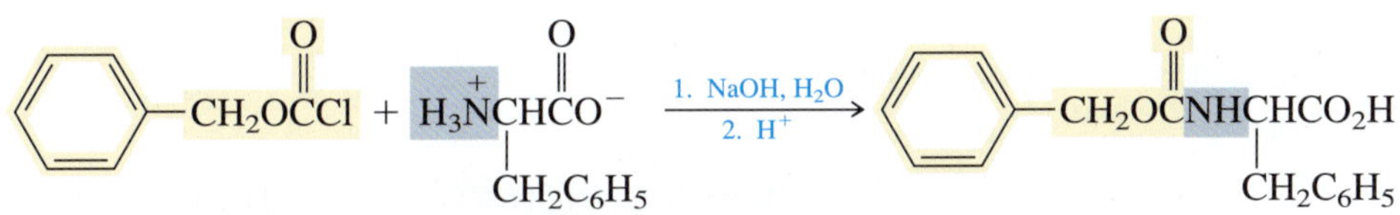

Benzyloxycarbonyl chloride　　Phenylalanine　　*N*-Benzyloxycarbonylphenylalanine (82~87%)

각각의 아미노산을 약어로 나타내는 것이 관습인 것처럼 보호된 아미노산도 약어로 나타내는데, 벤질옥시카보닐기의 약어는 문자 "Z"이다. 따라서 N-벤질옥시카보닐페닐알라닌은 아래와 같이 나타낸다.

$$\underset{\displaystyle CH_2C_6H_5}{ZNH\underset{|}{C}HCO_2H} \quad \text{또는 더 단순하게} \quad \text{Z-Phe}$$

카복시기는 일반적으로 에스터 결합으로 보호되는데, 벤질 에스터가 주로 사용된다.

$$H_3\overset{+}{N}CH_2CO_2^- + C_6H_5CH_2OH \xrightarrow[2.\ HO^-]{1.\ H^+} H_2NCH_2CO_2CH_2C_6H_5$$

Glycine　　Benzyl alcohol　　Glycine benzyl ester

성공적으로 N-보호 아미노산과 C-보호 아미노산 사이의 펩타이드 결합을 생성하기 위하여 활성화 제제인 DCCI(*N*,*N*′-다이사이클로헥실카보다이이마이드)가 종종 사용된다.

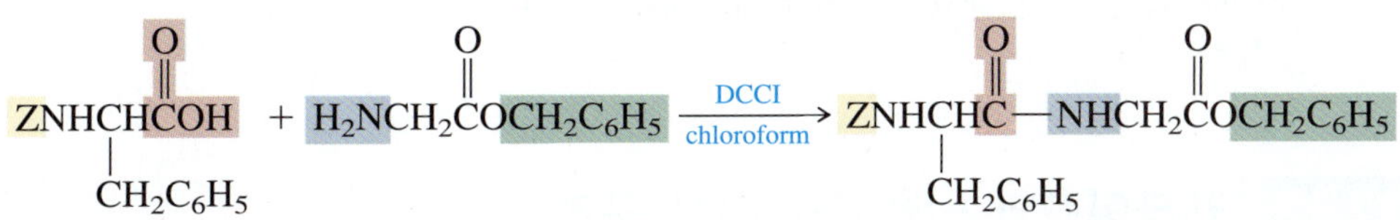

N-보호된 phenylalanine　　Glycine benzyl ester　　Z-보호된 Phe-Gly benzyl ester(83%)

N,*N*′-다이사이클로헥실카보다이이마이드의 구조는 다음과 같다.

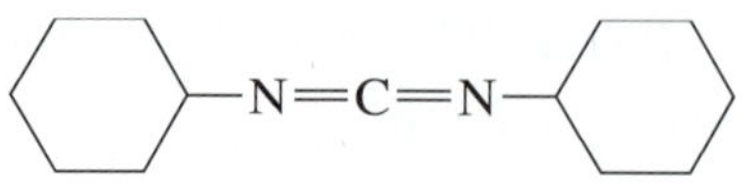

N,N'-Dicyclohexylcarbodiimide
(DCCI)

보호기로서 Z 그룹과 벤질 에스터를 사용하는 장점은 가수분해 이외의 반응에 의해서도 쉽게 제거될 수 있다는 점이다. 팔라듐 촉매하에서 Z-보호 펩타이드 벤질 에스터를 수소로 처리하면 두 보호기는 가수소분해 반응(hydrogenolysis)에 의해 제거되고 원하는 다이펩타이드가 얻어진다.

가수소분해 반응
(hydrogenolysis)은 촉매가 가해진 수소첨가 반응 조건하에서 분자의 분해 반응을 말한다.

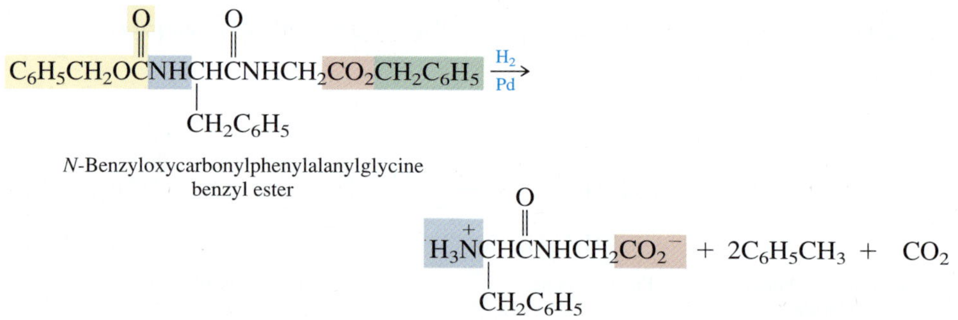

N-Benzyloxycarbonylphenylalanylglycine benzyl ester

Phenylalanylglycine (87%) | Toluene | Carbon dioxide

문제 17.13 벤질옥시카보닐과 벤질 에스터 그리고 DCCI-촉매 펩타이드 결합 생성을 이용하여 알라닌과 루신으로부터 Ala-Leu 합성에 관여하는 각각의 단계를 설명하시오.

세 개 이상의 아미노산으로 이루진 펩타이드는 한 번에 아미노산 하나씩을 펩타이드 사슬에 순차적으로 붙이거나 여러 개의 아미노산 잔기로 이어진 조각을 연결함으로써 **조각 축합 반응**(fragment condensation)으로 합성할 수 있다. 예를 들면, 인간의 뇌하수체 부신피질자극 호르몬(pituitary adrenocorticotropic hormone, ACTH)은 39개의 아미노산을 가지고 있는데, 아미노산 잔기 1−10, 11−16, 17−24, 25−39로 이루어진 조그만 크기의 펩타이드를 이어서 합성한다. 이러한 접근법이 매력적인 것은 여러 개의 보호 펩타이드 조각들이 개별 분리가 가능하여 최종 생성물을 순수하게 분리할 수 있다는 점이다. 조각 축합 반응에 의해 합성된 물질 중에는 인슐린(51개 아미노산)과 단백질인 라이보핵산가수분해효소 A(ribonuclease A, 124개 아미노산)가 있다.

17.12 펩타이드와 단백질의 이차 구조

17.6절에서 펩타이드의 일차 구조는 그 조성을 아미노산 서열 순서대로 쭉 펼쳐서 나타내었다. 여기서는 펩타이드의 **이차 구조**(secondary structure), 즉 가장 인접한 아미노

산들 간의 상호 입체형태의 관계를 설명하고자 한다. 한 아미노산 잔기 중의 N—H기와 또 다른 아미노산의 C=O기 사이에 수소 결합이 작용하여 펩타이드와 단백질 이차 구조에 중요한 역할을 한다.

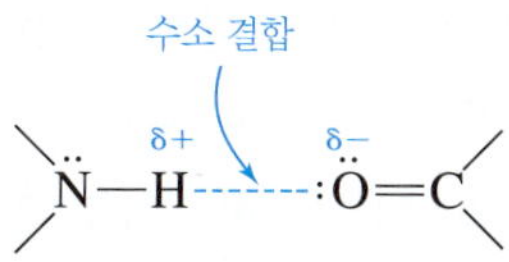

일반적으로 마주칠 수 있는 단백질의 이차 구조는 **α-나선 구조**(α-helix)와 **β-병풍 구조**(pleated β-sheet)의 두 가지이다. 단백질 α-나선 구조의 예는 그림 17.8에 보여 주고 있다. 그 나선 구조는 사슬 내에서 수소 결합에 의해 안정화되고 있다. 일회전당 3.6개의 아미노산으로 이루어진 우회전성 나선 형태는 각각의 카보닐 산소가 아마이드 수소에 수소 결합할 수 있도록 되어 있다.

α-나선 구조는 많은 단백질에서 발견된다. 예를 들어, 근육의 주 단백질인 마이오신(myosin)과 양털의 주 단백질인 α-케라틴(*α*-keratine)은 많은 부분이 α-나선 구조로 되어 있다. 양모 섬유를 잡아당기면 수소 결합이 끊어져서 길이가 늘어난다. 잡아당기는 힘이 제거되면 수소 결합은 즉시 회복되어 양모 섬유는 원래대로 되돌아간다.

β-병풍 이차 구조는 α-나선 구조와 전혀 다르다. 그림 17.9에 나타난 바와 같이 카복시기와 이웃 펩타이드 사슬 사이에 수소 결합이 생성된다. 각 사슬의 곁사슬 치환기들은 수소 결합된 아마이드기로 만들어진 평면을 위아래로 교차하여 "병풍 모양"을 만든다. 병풍 구조는 아미노산의 비율이 높고 또한 작은 크기의 곁사슬을 형성하여 단백을 매우 안정화시킨다. 이것은 펩타이드 사슬들이 아주 가까운 위치에서 수소 결합을 할 수 있게 한다.

17.13 펩타이드와 단백질의 삼차 구조

펩타이드 또는 단백질의 **삼차 구조**(tertiary structure)는 사슬의 접힘이 있다. 사슬이 접히면 단백질의 물리적인 성질과 생물학적인 기능에 영향을 미친다. 피부, 머리카락, 힘줄, 양모, 견사에 존재하는 구조 단백질들은 나선 구조와 병풍 구조를 가지고 있지만, 일반적으로 사슬의 지름이나 사슬의 길이가 몇 배 늘어나서 단백질 형태가 매우 크다. 이들을 **섬유상 단백질**(fibrous protein)로 분류되고 있으며, 구조적인 역할을 하기 때문에 물에 녹지 않는 경향이 있다. 대부분의 효소들을 포함해서 그 이외의 많은 단백질은 수용성 매질에서 작동하고 있기 때문에 일부분은 물에 녹지만 대부분은 콜로이드와 같이 분산되어 있다. 이러한 형태의 단백질을 **구형 단백질**(globular protein)이라고 한다. 구형 단백질은 거의 구형이다. 그림 17.10은 카복시펩타이드분해효소의 구조로, 307개의 아미노산으로 이루어진 구형 단백질이다. 카복시펩타이드분해효소와 같은 전형적인 단백질은 다수의 이차 구조의 요소들이 통합되어 있다. 일부는 나선 구조로 되어 있고, 일부는 병풍 구조로 되어 있으며, 그 외에도 여전히 단순하게 설명할 수 없는 구조도 있다.

일차 구조와 이차 구조가 포함된 크기가 큰 단백질의 형태는 많은 요인에 의해서 영향을 받는다. 그림 17.10에서 보여 주는 이황화 결합은 카복시펩타이드분해효소 A의 Cys-138과 Cys-161이 연결된 것으로, 삼차 구조를 이룬다. 카복시펩타이드분해효소 A는 효소의 촉매 활성에 필수적인 Zn^{2+}를 함유하고 있는데, 아연의 존재는 삼차 구조에 영향을 미친다. 이 Zn^{2+} 이온은 두 개의 히스티딘 잔기(His-69, His-196)와 연결되어 있고, 또한 Glue-72의 카복실레이트(carboxylate) 곁사슬과 연결되어 효소의 중앙 가까이에 위치하고 있다.

단백질의 삼차 구조는 환경에 의해서도 영향을 받고 있다. 수용액에서 구형 단백질은 항상 안쪽에는 소수성 그룹이, 바깥쪽에는 물에 용해된 극성인 그룹이 위치해 있는 형태를 취하고 있다. 대부분 세포 무게의 65%는 물이고, 세포에 존재하는 단백질들은 생물학적인 활성을 갖는 삼차 구조 모양의 **천연 상태**(native state)로 되어 있다고 말하고 있다. 단백질의 삼차 구조가 단백질 사슬이 겹치도록 만드는 물질이 첨가되었을 때 그 단백질은 **변성**(denatnrea)되며, 전부는 아니더라도 그 활성은 대부분 소실된다. 단백질을 변성시키고 그대로 놓아두면 그들은 자발적으로 다시 천연 상태의 모양으로 뒤돌아가 생물학적인 활성을 완전히 회복하는데, 이것은 단백질의 삼차 구조가 일차 구조에 의해서 영향을 받는다는 것을 실험적으로 증명하는 근거가 된다. 대부분의 단백질 삼차 구조는 X-선 결정법에 의해서 측정된다. 근육의 산소 저장 단백질인 마이오글로빈의 구조가 1957년 처음 결정되었다. 그 이후 천 개 이상의 단백질 구조가 결정되었다.

고체상 펩타이드 합성 : Merrifield법

1962년 Rockefeller 대학(New York)의 R. Bruce Merrifield는 노나펩타이드인 브래디키닌을 합성하는 기발하고 참신한 방법을 보고하였다. 펩타이드를 형성하는 반응이 불용성 고분자 표면 위에서 이루어지기 때문에 **고체 지지체**(solid support)라고 한다.

원하는 펩타이드의 카복시 말단을 변형된 폴리스타이렌(polystyrene) 수지에 연결시킨다. 새로운 펩타이드 사슬은 N-말단 쪽으로 아미노산 잔기를 한 번에 하나씩 연결하여 붙인다. 점점 커지는 펩타이드가 불용성 고분자에 고정됨으로써 과량의 시약, 불순물, 부산물들을 각 조작이 끝난 후에 세척하여 제거할 수 있다. 펩타이드 사슬이 완성되면 C-말단 잔기는 트라이플루오로아세트산(trifluoroacetic acid)에 브로민화 수소(hydrogen bromide)를 처리함으로써 고분자로부터 떼어낼 수 있다.

Merrifield는 고체상 펩타이드 합성을 자동화하였고, 지금은 컴퓨터로 제어되는 장비가 이용되고 있다. "펩타이드 합성기"의 초기 제품을 이용하여 Merrifield와 그의 동료들은 1969년에 효소 라이보핵산가수분해효소를 합성할 수 있었다. 라이보핵산가수분해효소의 124개 아미노산 잔기는 369번의 화학 반응과 11,391회의 각각의 반응 단계를 거쳐 조립되었다. 1984년에 Merrifield는 고체상 펩타이드 합성법 개발로 노벨 화학상을 수상하였다.

펩타이드 합성을 위하여 고체상 방법을 고안한 Merrifield의 개념과 수행 방법의 개발은 화학 반응에서 완전히 새로운 방식의 장을 여는 데 기여하였다. 고체상 합성법은 여러 다른 부류의 화합물을 합성하는 방법으로 확장되었고, 완전히 새로운 영역이 태동하도록 기여하였으며, 이 분야를 복합화학(combinatorial chemistry)이라고 한다. 복합화학은 화학자들에게 고체상 기술을 이용하여 수많은 관련 화합물(도서관이라 함)을 단번에 합성할 수 있도록 하였다. 이 기술은 특히 제약 산업에서 유기 합성의 가장 활발한 분야 중의 하나이다.

(계속)

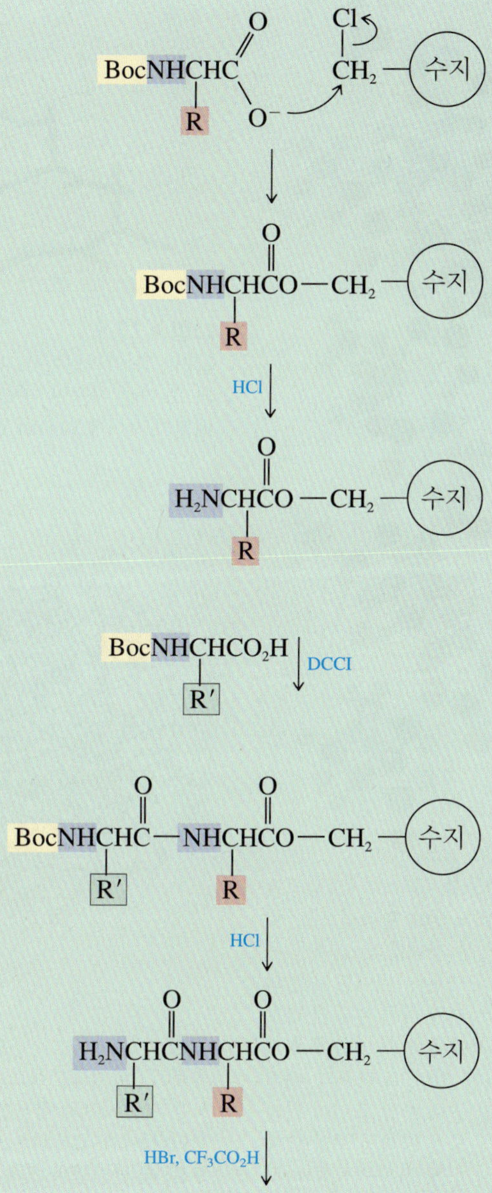

1단계: Boc-보호된* 아미노산은 수지에 고정된다. 카복실레이트 음이온(carboxylate anion)으로 벤질성 염화물(benzylic chloride)에 친핵성 치환 반응을 시키면 하나의 에스터 결합이 만들어진다.

2단계: Boc-보호기는 묽은 아세트산에 염산을 처리하여 제거한다. 수지를 세척한 다음 C-말단 아미노산을 연결시키기 위한 준비를 한다.

3단계: 수지와 결합한 C-말단 아미노산에 *N*,*N*′-다이사이클로헥실카보다이이마이드(*N*,*N*′-dicyclohexylcarbodiimide)를 사용하여 N-보호 아미노산을 연결시킨다. 과량의 시약과 *N*,*N*′-다이사이클로헥실유레아(*N*,*N*′-dicyclohexylurea)는 연결이 끝나면 세척하여 제거한다.

4단계: Boc-보호기를 2단계에서처럼 제거한다. 필요하면 3단계와 4단계를 반복하여 원하는 대로 많은 아미노산 잔기를 더한다.

***n*단계:** 펩타이드가 완전히 조립되면 트라이플루오로아세트산에 플루오린화 수소를 처리하여 수지로부터 제거한다.

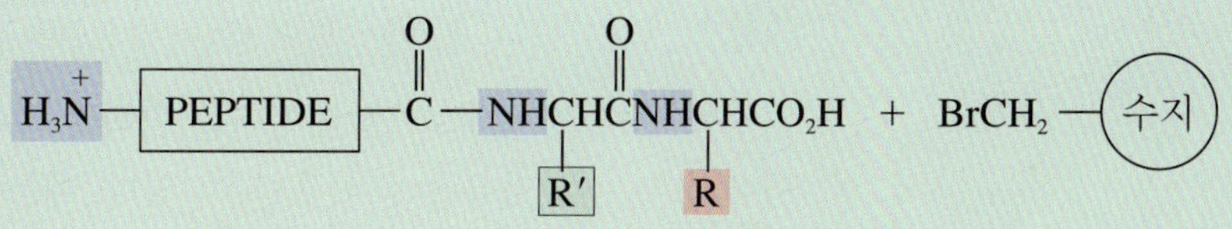

*Boc 보호기는 *tert*-뷰톡시카보닐(*tert*-butoxycarbonyl), $(CH_3)_3CO\overset{O}{\overset{\|}{C}}$— 의 약자이다.

그림 • 17.7
Merrifield의 고체상 펩타이드 합성법. 아미노산 잔기는 C-말단을 시작으로 연속해서 연결된다.

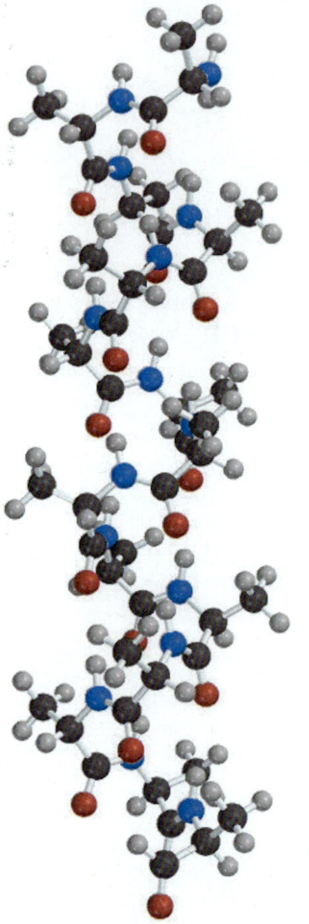

그림 • 17.8
모든 아미노산이 알라닌으로 이루어진 일부 단백질의 α-나선 구조. 나선 구조는 아미이드 결합의 N—H 양성자와 다른 부위의 카보닐 산소 사이에 수소 결합에 의해 안정화되어 있다. α-탄소의 메틸기가 나선 구조 바깥 표면에 나와 있다. 나선 축을 따라서 보았을 때 사슬은 시계 방향(우회전성 나선 구조)으로 돈다.

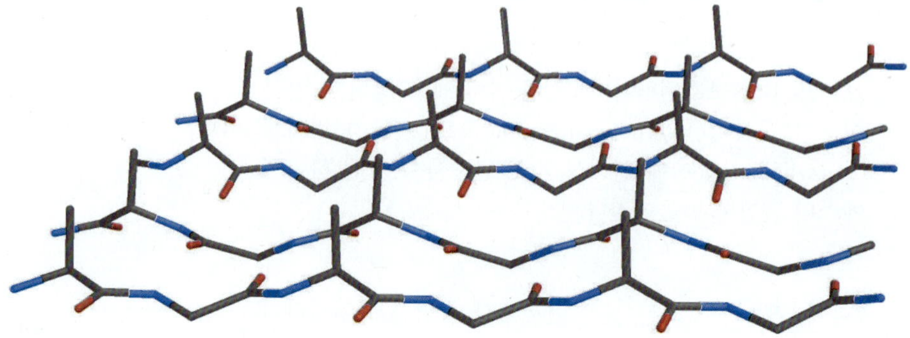

그림 • 17.9
글리신과 알라닌이 교대로 이루어진 단백질의 β-병풍 구조. 수소 결합이 하나의 사슬인 아마이드의 N—H와 또 다른 사슬인 카보닐 산소 사이에 일어난다. α-탄소 원자에 붙어 있는 치환기들과 여기서 보면 수직인 메틸기 사이에 van der Wasls 반발력으로 병풍이 만들어진다.

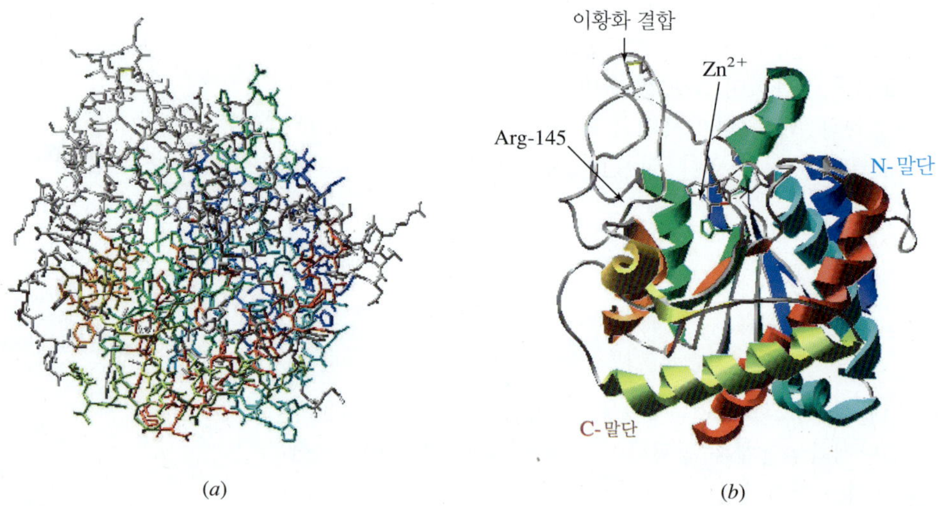

그림 • 17.10
카복시펩타이드분해효소 A의 구조. (*a*) 튜브 모형(tube model), (*b*) 리본 도형(ribbon diagram). 튜브 모형은 모든 아미노산과 곁사슬까지 모두 보여 준다. (*a*)에서 보이는 가장 두드러진 특징은 효소가 공처럼 둥근 구형이라는 점이다. 리본 도형은 사슬의 접힘과 나선 영역을 강조한다. (*b*)에서 나타난 바와 같이 회색으로 된 부분, 즉 단백질의 부속 부위는 나선 구조가 아니라 무작위로 감겨져 있다. 단백질의 방향과 색은 두 모형에서 같다.

결정학적 배위 형태로 그 데이터는 **단백질 데이터 은행**(Protein Data Bank)에 저장되어 있어서 누구나 자유롭게 이용할 수 있다. 예를 들면, 그림 17.10의 카복시펩타이드분해효소의 삼차원 구조는 단백질 데이터 은행으로부터 그 데이터를 다운로드받고 분자 모형으로 바꾸어 제작한 것이다. 현재, 단백질 데이터 은행은 새로운 단백질 구조를 평균 하루에 한 개 정도 기증받고 있다.

단백질 사슬이 어떻게 겹쳐져 있는지 아는 것은 하나의 효소가 반응을 촉매하는 메커니즘을 이해하기 위한 중요한 요소이다. 예를 들어, 카복시펩타이드분해효소는 C-말단에 있는 펩타이드 결합을 가수분해한다. 양으로 하전된 아르지닌 잔기(Arg-145)

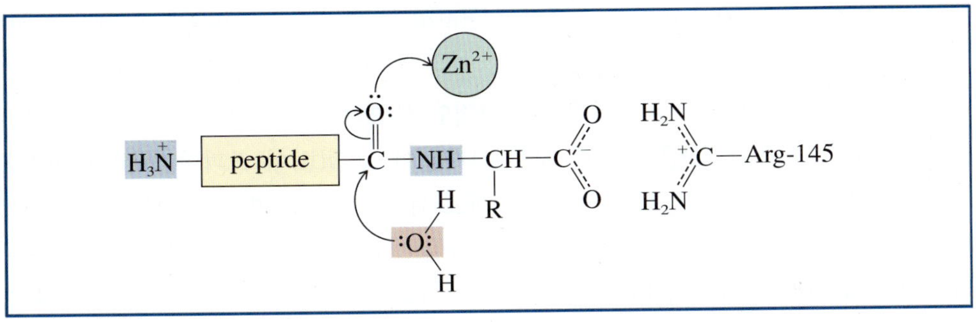

그림 • 17.11
카복시펩타이드분해효소 A에 촉매되는 단백질의 가수분해 예상 메커니즘. 펩타이드는 활성 자리에서 C-말단 아미노산과 아르지닌 145의 양으로 하전된 곁사슬 사이에 이온 결합에 의해 결합된다. Zn^{2+}와 산소와의 배위 결합은 카보닐기 양이온성을 더 크게 하여 물에 의한 친핵성 공격의 반응 속도를 더 증가시킨다.

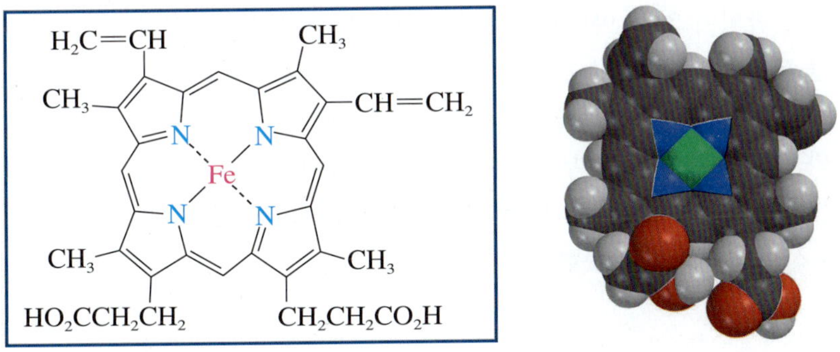

(a) (b)

그림 • 17.12
헴(heme)의 구조. (*a*) 구조식, (*b*) 공간채움 모형. 공간채움 모형은 철 주위에 작용기들을 한 평면에 배열하고 있다.

와 음으로 하전된 기질 말단 아미노산의 카복실레이트기 사이에 이온 결합은 촉매학적으로 중요한 작용기들이 위치해 있는 효소 안쪽 지역인 **활성 자리**(active site)에서 그 펩타이드를 움직이지 못하게 한다고 믿고 있다. 여기에서 그 Zn^{2+} 이온은 펩타이드 기질의 카보닐 산소에 Lewis 산으로 작용하여 물 분자에 의한 공격을 더 쉽게 만든다(그림 17.11).

생명체는 수천 가지의 다양한 효소를 가지고 있다. 우리가 알다시피 모든 효소는 구조적으로 매우 복잡하며, 모든 촉매 부위를 포괄적으로 설명할 수 있도록 일반화하는 것은 불가능하다. 카복시펩타이드분해효소 A의 경우가 반응물과의 결합 그리고 활성 자리에서 촉매적인 활성 기능과 효소 작용에 대한 하나의 형식을 설명하고 있다.

모두는 아니지만 대부분의 효소는 단백질이다. 어떤 생물학적인 RNA-촉매 과정을 확인한 Sidney Altman(Yale 대학)과 Thomas R. Cech(Colorado 대학)은 1989년 노벨 화학상을 수상하였다.

17.14 보조효소

단백질의 곁사슬이 관여하는 화학 반응의 수는 제한적인 편이다. 가장 두드러진 반응은 양성자 주개, 양성자 분리, 카보닐기로의 친핵성 첨가 반응이다. 많은 생물학적인 반응 과정에서 더 풍부하고 다양한 반응성이 요구되고, 단백질들은 종종 비단백질성 유기 분자들과 공동 협력하여 필요한 화학 반응을 수행한다. 이들 "도우미 분자(helper molecule)"를 **보조효소**(coenzyme), **보조인자**(cofactor), **보결 분자단**(prosthetic group)이라

보조효소(Coenzyme) A는 지질 광합성에 결정적인 역할을 하며, 16.11절에서 설명하고 있다.

고 하며, 필요한 화학적인 변화를 유도하기 위하여 효소와 기질이 반응한다. 예를 들어, 혼자 활동하는 효소는 효과적인 산화제와 환원제로서의 기능이 부족하다. 그러나 적당한 보조효소가 존재하면 그 효소들은 생물학적인 산화와 환원 반응을 촉매할 수 있다.

헴(heme, 그림 17.12)은 중요한 보결 분자단이고, 철(II)이 포피린(porphyrin)이라고 알려진 하나의 네고리 방향족 물질의 형태로 네 개의 질소 원자들과 배위 결합되어 있다. 근육에 들어 있는 산소 저장 단백질인 마이오글로빈을 그림 17.13에 도식적으로 나타내고 있는데, 헴 그룹이 153개의 아미노산으로 된 단백질에 둘러싸여 있는 형태로 되어 있다. 철 이온(Fe^{2+})이 사용할 수 있는 여섯 개의 배위 부위 중 네 부위는 포피린의 질소와 결합되어 있고, 한 부위는 단백질의 히스티딘 잔기 그리고 나머지 한 부위는 물 분자와 결합되어 있다. 마이오글로빈은 $Fe-O_2$ 복합체를 형성하여 혈액으로부터 얻은 산소를 저장한다. 그 산소는 철의 여섯 번째 리간드인 물 분자와 치환되어 사용될 때까지 그곳에 결합된 상태로 있다. 그 단백질은 헴을 위한 저장 용기로서 작용하고 철이 산소와 결합하는 능력이 부족한 형태인 Fe^{2+}에서 Fe^{3+}로의 산화를 방지한다. 헴과 단백질은 같이 있을 때는 산소와 잘 결합하지만 분리되어 있을 때는 헴도 단백질도 수용액에서 산소와 결합하지 못한다.

17.15 단백질의 사차 구조: 헤모글로빈

일부 단백질은 단일 폴리펩타이드 사슬로 존재하는 것보다 오히려 두 개 또는 그 이상의 폴리펩타이드 사슬로 이루어진 조립체이다. 이들 소단위들로 만들어진 조직 형태를 단백질의 **사차 구조**(quaternary structure)라고 한다.

마이오글로빈과 헤모글로빈에 관한 업적으로 John C. Kendrew와 Max F. Ferutzu는 1962년에 노벨 화학상을 수상하였다.

헤모글로빈(hemoglobin)은 혈액에서 산소를 운반하는 단백질이다. 헤모글로빈은 폐에서 산소와 결합하여 마이오글로빈에 의해 저장되는 근육으로 산소를 운반한다. 헤모글로빈은 보결 분자단으로서, 헴을 이용하여 마이오글로빈과 같은 방식으로 훨씬 더

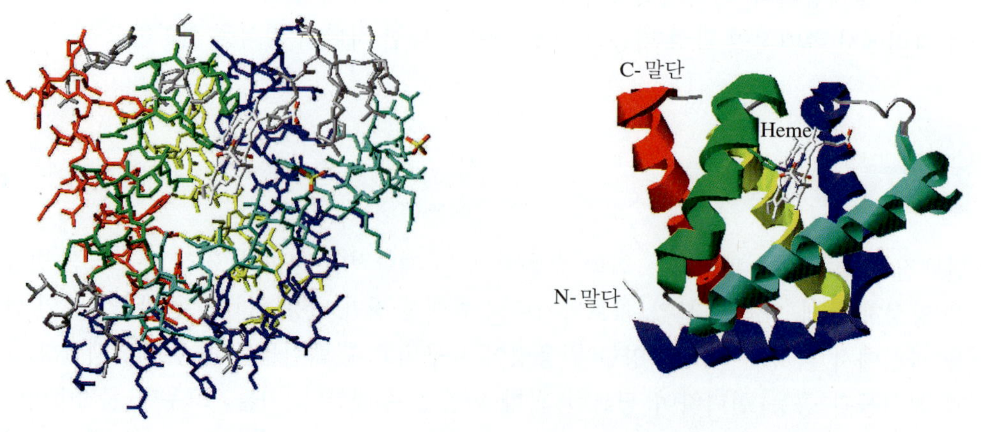

(*a*) (*b*)

그림 • 17.13
향유고래의 마이오글로빈 구조. (*a*) 튜브 모형, (*b*) 리본 도형. 튜브 모형은 사슬에서 모든 아미노산을 나타내고, 리본 도형은 사슬의 겹침을 나타낸다. 마이글로빈에서 분리된 다섯 개의 α-나선 구조 영역을 더 자세하게 설명하기 위하여 다른 색으로 나타내고 있다. 두 모형에서 모두 헴 부분이 존재하는데, 히스티딘 곁사슬이 헴의 철에 붙어 있기 때문에 리본 도형에서 그 위치가 더 쉽게 나타난다.

많은 산소와 결합한다. 그러나 하나의 헴 단위를 가지고 있는 마이오글로빈은 분자량이 17,500인 데 반하여 네 개의 헴 단위를 가지고 있는 헤모글로빈은 분자량이 64,500이다. 헤모글로빈은 네 개의 헴과 **알파 사슬**(alpha chain)이라고 알려진 두 개의 동일한 사슬과 **베타 사슬**(beta chain)이라고 알려진 두 개의 동일한 사슬, 즉 네 개의 단백질 사슬로 이루어진 조립체이다.

CO와 같은 일부 물질은 O_2를 치환할 수 있는 정도의 강한 힘으로 헴의 철과 강하게 결합한다. 일산화 탄소는 마이오글로빈에서 산소보다도 30~50배 더 효과적으로 결합하고, 헤모글로빈에서 산소보다 수백 배 더 효과적으로 결합한다. 활성 자리에서 CO와의 강한 결합은 산소를 저장하고 운반하는 생물학적인 임무를 수행하는 헴의 역할을 방해하여, 결국 죽음에 이르게 한다.

단백질의 구조에 따라서 단백질의 기능이 어떻게 달라지는지는 유전적 결함인 낫세포 빈혈증의 경우에서 볼 수 있다. 이 빈혈증은 적혈구 세포가 엉클어지면서 "낫모양(sickle-shaped)"으로 되고, 이것이 모세혈관으로의 혈액의 흐름을 방해하여 쇄약해지는 병이며, 때로는 치명적인 병이 될 수 있다. 이 조건은 환자가 비정상의 헤모글로빈을 가지고 있을 때도 나타난다. 정상 세포와 낫세포 헤모글로빈의 베타 사슬의 일차 구조는 149번째 아미노산 하나가 다르다. 즉, 정상 세포 헤모글로빈은 N-말단에서 6번째 잔기가 글루탐산인 데 반하여 낫세포는 발린을 가지고 있다. 아미노산 서열의 아주 조그만 변화가 생명을 위협할 수 있는 결과를 초래할 수 있다. 이러한 특징을 가지고 있는 사람은 말라리아에 대한 저항성이 커지기 때문에 이 변형은 유전적으로 제어되어 아마도 유전자 풀로 만들어진 것인지도 모른다.

학습목표

이 장은 아미노산과 아미노산이 만드는 천연 고분자인 펩타이드 및 단백질의 구조와 특성에 초점을 맞추었다. 이 장에서 배운 기술로 여러분은 다음과 같은 것을 할 수 있다.

- 아미노산의 구조를 쯔비터이온 구조로 나타낼 수 있다.
- 천연에 존재하는 아미노산의 구조를 입체화학적으로 자세하게 표현할 수 있다.
- pH 변화에 따라 아미노산의 이온화 과정을 나타내는 화학 평형식을 기술할 수 있다.
- 아미노산의 등전점이 무엇을 의미하는 것인지 설명할 수 있다.
- α-할로 카복실산으로부터 α-아미노산의 합성을 설명할 수 있는 화학 방정식을 기술할 수 있다.
- Strecker 방법에 의해 알데하이드로부터 α-아미노산의 합성을 설명할 수 있는 화학 방정식을 기술할 수 있다.
- 펩타이드의 화학식을 기술하고, N-말단과 C-말단 아미노산의 잔기를 확인할 수 있다.
- 펩타이드 결합을 무엇을 의미하는지 설명할 수 있다.
- 펩타이드의 일차 구조가 무엇을 의미하는지 설명할 수 있다.

- Edman 분해 반응을 이용하여 펩타이드의 N-말단 분석을 설명하는 화학 방정식을 기술할 수 있다.
- 카복시펩타이드분해효소-촉매 가수분해법을 이용하여 어떻게 펩타이드의 C-말단 아미노산을 확인하는지 설명할 수 있다.
- 선택적 가수분해에 의해 얻어진 조각들로부터 펩타이드의 아미노산 서열을 유추할 수 있다.
- 적절한 보호기를 이용하여 다이펩타이드의 합성을 설명하는 화학 방정식을 기술할 수 있다.
- 단백질의 우세한 이차 구조와 수소 결합의 역할을 설명할 수 있다.
- 단잭질의 삼차 구조와 사차 구조가 무엇을 의미하는지 설명할 수 있다.
- 보조효소가 무엇인지 예를 들어 설명할 수 있다.

17.16 요약

표 17.1에 기술한 20개의 아미노산은 단백질의 가수분해 생성물을 바르게 순서대로 나타낸 것으로, 모두 α-아미노산이다(17.1절).

글리신 이외의 모든 아미노산은 카이랄성이다. 단백질에 존재하는 모든 아미노산도 키이랄성이며, α-탄소에서 L-배열을 갖는다(17.2절).

가장 안정한 중성 아미노산의 구조는 **쯔비터이온**(zwitterion, **양쪽성 이온**)이다. 쯔비터이온의 농도가 최대일 때 수용액의 pH값을 등전점(pI)이라고 한다(17.3절).

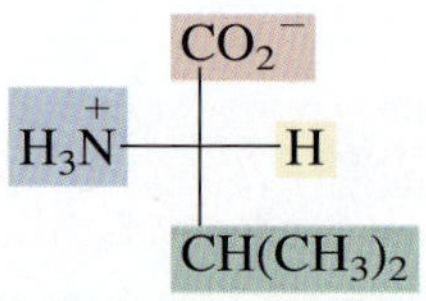

쯔비터이온 형태에서 L-valine의
Fischer 투영도

실험실에서 α-아미노산은 다음과 같이 합성될 수 있다(17.4절).

1. α-할로산과 암모니아와의 반응

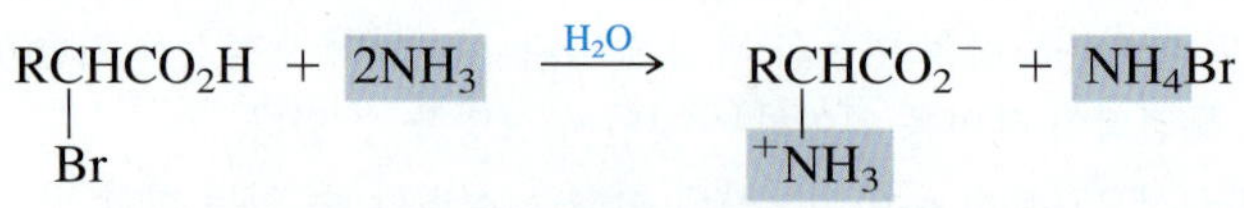

2. 중간체 α-아미노나이트릴(α-aminonitrile, Strecker 합성법)을 가수분해한 후 알데하이드와 암모니아 및 시안나이드 이온과의 반응

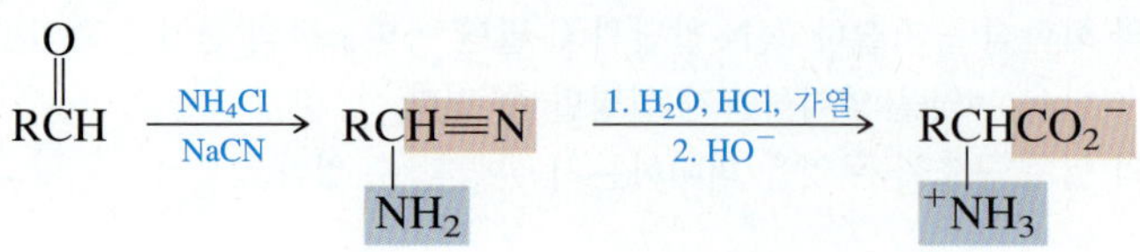

3. 두 α-아미노산 사이의 아마이드 결합을 **펩타이드 결합**(peptide bond)이라고 한다(17.5절). 펩타이드의 **일차 구조**(primary structure)는 아미노산 서열 + 두 시스테인 잔기 사이의 이황화 결합에 의해 만들어진다. 협약에 의해 펩타이드는 N-말단부터 시작해서 기술하고 이름짓는다.

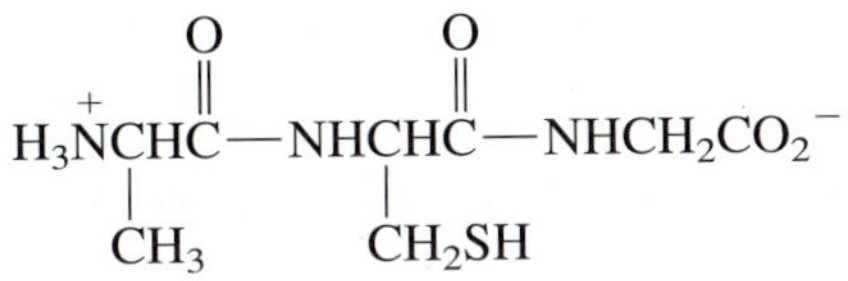

Ala-Cys-Gly

Alanylcysteinylglycine

펩타이드를 완전히 가수분해하면 아미노산의 혼합물이 만들어진다(17.6절). **아미노산 분석기**(amino acid analyzer)는 각각의 아미노산을 확인하고 몰비를 결정한다. 불완전 가수분해 반응은 효소 촉매 반응을 이용하는데, 특정 펩타이드 결합을 분리할 수 있다(17.8절). 카복시펩타이드분해효소-촉매 가수분해 반응은 C-말단 아미노산을 확인하는 데 사용된다. N-말단 아미노산은 화학적인 방법으로 확인되는데, 그중 하나가 **Edman 분해 반응**(Edman degradation)이다(17.9절).

펩타이드를 합성할 때 보호기를 이용하여 불필요한 반응이 일어나지 않도록 제한할 필요가 있다(17.10절). 아미노기는 벤질옥시카보닐(Z)기로 보호될 수 있고(17.11절), 카복시기는 벤질 에스터로 보호될 수 있다. 유리 카복시기를 갖는 보호된 아미노산과 유리 아미노기를 갖는 보호된 아미노산 사이의 펩타이드 결합은 *N*,*N′*-다이사이클로헥실카보다이이마이드(DCCI)의 도움으로 형성될 수 있다. 보호기는 수소와 팔라듐 촉매를 사용하여 펩타이드 생성물로부터 제거될 수 있다.

단백질의 두 개의 **이차 구조**(secondary structure)는 두드러진 특이점이 있다(17.12절). *β*-병풍 구조는 이웃 사슬의 N—H와 C=O기 사이에 수소 결합에 의해서 안정화된다. *α*-나선 구조는 단일 펩타이드 사슬 내에서 수소 결합에 의해 안정화된다.

펩타이드가 겹쳐 있는 구조가 **삼차 구조**(tertiary structure)이다(17.13절). 삼차 구조는 펩타이드 성질과 생물학적인 역할 수행에 지대한 영향을 미친다. 일반적으로 X-선 결정법으로 삼차 구조가 결정된다.

대부분의 구형 단백질은 효소이다. 생물계에서 효소들은 유기화학 반응의 속도를 빠르게 한다. 그러나 이곳에서 일어나는 다수의 반응은 유기화학의 기초적인 반응들이다. 이들 효소가 화학 반응을 빠르게 하는 하나의 방법은 단백질의 촉매 활성 기능하에서 반응이 서로서로 연결되도록 돕는 역할을 하는 것이다.

때로는 효소의 촉매 활성 작용이 단지 양성자 주개와 양성자 받개일 때도 있다. 대부분의 경우 하나의 단백질은 하나의 **보조효소**(coenzyme)와 협력하여 작용한다. 여기서 보조효소는 효소가 혼자로는 도저히 할 수 없는 화학적인 변화를 수행할 수 있는 적당한 기능을 갖는 작은 분자이다(17.14절).

많은 단백질은 두 개 이상의 사슬들로 이루어져 있는데, 천연 상태에서 단백질은 여러 사슬 단위들이 복합체를 이루고 있다. 이러한 구조를 단백질의 **사차 구조**(quaternary structure)라고 한다.

보충문제

아미노산: 구조, 성질, 합성

17.14 단백질에 존재하는 아미노산 중 10개는 "필수"라고 표시하고 있다. 이 말은 다른 아미노산은 단백질을 만들 때 덜 중요하다는 의미인지 설명하시오.

17.15 L-트레오닌은 탄소 원자에 하이드록시기가 붙어 있는 D-배열을 갖는다. L-트레오닌의 Fisher 투영도를 그리시오.

17.16 pH=1과 13 그리고 등전점(pI)에서 다음 각각의 아미노산이 나타내는 주요 종들의 구조식을 쓰시오.

(a) 아이소루신(Isoleucine), pI=6.02

(b) 글루탐산(Glutamic acid), pI=3.22

17.17 히스티딘 곁사슬의 이미다졸(imidazole) 고리는 효소-촉매 반응에서 양성자 받개로 작용할 때가 있다. 히스티딘 잔기의 양성자화된 모형 A와 B 중에서 어느 것이 더 안정한 것인가? 그 이유는 무엇인가?

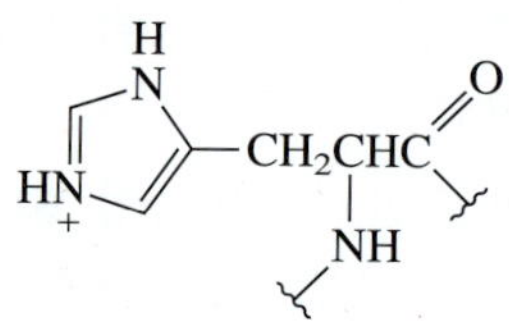
A

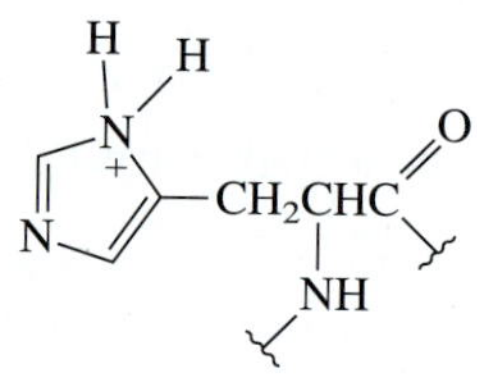
B

17.18 페닐알라닌을 합성하는 일련의 각 단계를 서술하시오.

(a) Strecker 합성법으로

(b) 2-브로모-3-페닐프로판산(2-bromo-3-phenylpropanoic acid)으로부터

17.19 항생제인 페니실린과 세팔로스포린(cephalosporin)은 아미노산 전구체로부터 합성된다. 어떤 아미노산이 6-아미노페니실란산의 구조 내로 합쳐지는가?

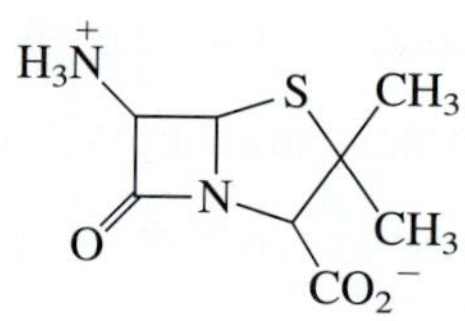
6-Aminopenicillanic acid

펩타이드의 이차 구조

17.20 L-발린 1몰과 L-알라닌 1몰로부터 만들어질 수 있는 다이펩타이드를 기준에 맞게 명명하고, 그 구조식을 쓰시오.

17.21 만일 라세미체인 발린과 알라닌으로부터 다이펩타이드 Val-Ala을 합성하려고 한다면 얼마나 많은 입체이성질체가 얻어지겠는가?

17.22 문제 17.6의 답을 α-탄소 원자에 입체화학을 나타낼 수 있는 방식으로 각 다이펩타이드의 구조식을 쓰시오.

17.23 (a) 각각의 아미노산 잔기를 세 문자 약어를 사용하여 다음 펩타이드를 명명하시오.

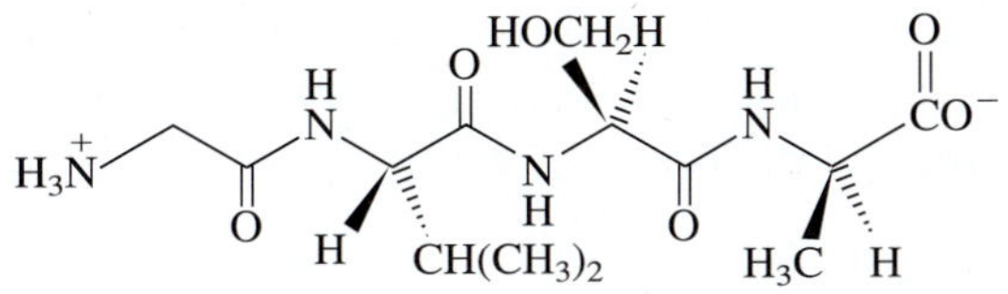

(b) 이 펩타이드에서 어떤 아미노산이 D-배열을 가지고 있는지 설명하시오.

17.24 완전 가수분해하여 같은 몰의 알라닌, 루신, 프롤린을 함유하는 용액을 얻었다. 세 문자 약어를 사용하여 이들 자료와 일치하는 가능한 모든 펩타이드 목록을 작성하시오.

17.25 카복시펩타이드분해효소로 문제 17.24의 펩타이드를 처리했을 때 프롤린이 유리된다. 그 펩타이드를 페닐 아이소싸이오사이아네이트(phenyl isothiocyanate)와 반응시키고 염산으로 처리하여 루신의 PTH 유도체를 만든다. 이 펩타이드의 구조는?

17.26. 그림 17.4에서 보여 준 루신 엔케팔린의 구조를 참고하여 다음 문제를 푸시오.
(a) Edman 분해를 4회 실시한 후에 어떤 유도체가 만들어지겠는가?
(b) 카복시펩타이드분해효소로 처리하면 어떤 아미노산이 유리되겠는가?

17.27. 효소 트립신 존재하에서 다음 펩타이드의 가수분해 생성물을 쓰시오.

Ser-Ala-Arg-Phe-Gly-Ala

17.28 테트라펩타이드를 완전 가수분해하여 같은 몰의 루신, 글리신, 페닐알라닌, 발린을 얻었다. Edman 분해를 일회 실시하여 PTH-Phe를 얻었다. 부분 가수분해하여 많은 수의 단백질 조각을 얻었는데, 그중의 하나는 발린, 글리신, 페닐알라닌(이 순서는 아니다)을 함유하는 트라이펩타이드이고, 가수분해 혼합물에 루신과 글리신으로 된 다이펩타이드도 존재한다. 테트라펩타이드의 일차 구조는 무엇인가?

17.29 소마토스타틴(somatostatin)은 시상하부에 존재하는 테트라데카펩타이드(tetradecapeptide)로, 뇌하수체 성장 호르몬의 유리를 저해하는 역할을 한다. 이 단백질의 아미노산 서열을 Edman 분해 반응과 효소 가수분해를 혼합하여 결정하였다. 다음 데이터를 기초로 하여 소마토스타틴의 일차 구조를 추정하시오.

1. Edman 분해 반응을 수행하면 PTH-Ala이 만들어진다.
2. 선택적 가수분해를 실시하면 다음과 같은 아미노산 서열을 갖는 펩타이드가 얻어진다.
   Phe-Trp
   Thr-Ser-Cys
   Lys-Thr-Phe
   Thr-Phe-Thr-Ser-Cys
   Asn-Phe-Phe-Trp-Lys
   Ala-Gly-Cys-Lys-Asn-Phe
3. 소마토스타틴은 하나의 이황화물 다리를 갖는다.

펩타이드 합성

17.30 라이신은 같은 양의 두 개의 벤질옥시카보닐 클로라이드와 반응하여 두 개의 벤질옥시카보닐기를 함유하는 하나의 유도체를 만든다. 이 화합물의 구조는 무엇인가?

17.31 벤질옥시카보닐과 벤질 에스터 보호기와 DCCI-보호된 펩타이드 결합 형성법을 이용하여 발린과 알라닌으로부터 Val-Ala의 합성에 관여하는 단계를 설명하시오.

17.32 팔라듐 존재하에서 수소와의 반응은 일반적으로 벤질옥시카보닐과 벤질 에스터 보호기를 제거하기 위하여 사용된다. 그 보호기를 제거하기 위하여 가수분해 반응을 사용한다면 어떤 어려움이 생기겠는가?

기타 문제

17.33 각각의 다음 반응의 생성물은 무엇인가? 답에는 출발 펩타이드에서 모든 아미노산 잔기를 설명해야 한다.

(a) Ile-Glu-Phe을 $C_6H_5N{=}C{=}S$로 처리한 후 염산 처리.

(b) Val-Ser-Ala을 벤질옥시카보닐 클로라이드로 반응시킴.

(c) (b)의 생성물을 DCCI 존재하에서 발린의 벤질 에스터로 반응시킴.

(d) (c) 생성물을 팔라듐 촉매하에서 수소와 반응시킴.

17.34 일반적으로 접하는 단백질의 이차 구조 형태의 차이를 설명하시오.

17.35 이황화물 다리가 산화에 의해서 형성되는 것처럼 환원에 의해서 분리될 수 있다. 소의 인슐린(그림 17.6) 이황화물 다리를 환원시켰을 때 얼마나 많은 펩타이드가 얻어지겠는가? 각각의 펩타이드 조각에서 몇 개의 설피드릴(sulfhydryl, —SH)기를 함유하는가?

17.36 글루타싸이온(glutathione)은 Glu-Cys-Gly으로 이루어진 트라이펩타이드이며, 다음과 같은 구조를 갖는다. 이 펩타이드의 뼈대에 대해서 특이한 것과 다른 것은 무엇인가?

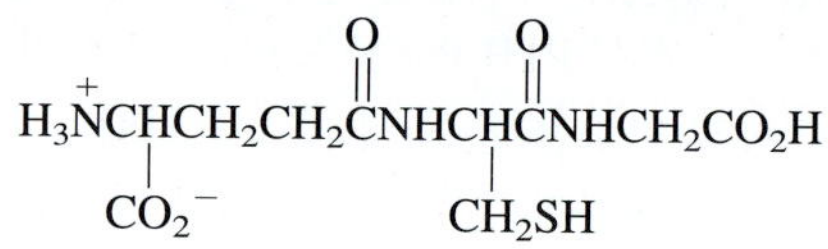

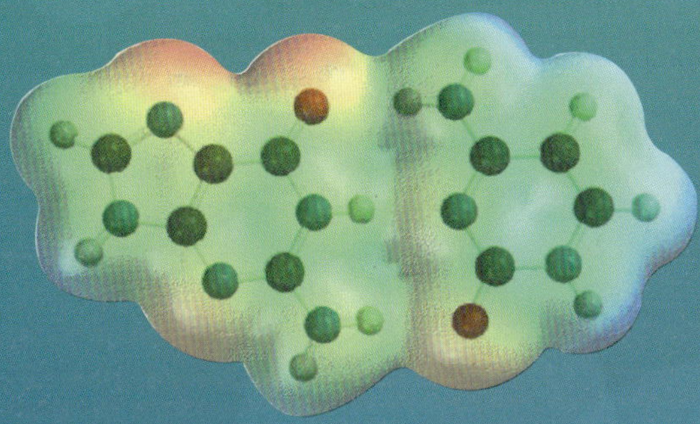

CHAPTER 18 핵산

20세기 과학적인 주요 업적 중의 하나는 분자 수준에서 유전 정보의 전이와 단백질 합성과 관련된 화학적 상호작용을 밝힌 것이다. 여기에 관여하는 물질은 **핵산**(nucleic acid)이라고 하는 생물학적인 거대분자이다. 우리는 이 장에서 이 핵산 분자들을 간략하게 다루면서 생물학적으로 중요한 유기 화합물 계열을 살펴보고자 한다.

18.1 피리미딘과 퓨린 염기

핵산은 100여 년 전에 분리되었으며, 핵산이라는 이름은 세포의 핵에 산성 물질이 존재한다는 의미로 지어졌다. 핵산은 라이보핵산(ribonucleic acid, RNA)과 데옥시라이보핵산(deoxyribonucleic acid, DNA)의 두 종류가 있다. 핵산의 복잡한 구조를 이해하기 위하여 다소 단순한 물질, 즉 **피리미딘**(pyrimidine)과 **퓨린**(purine)이라고 하는 질소-함유 방향족 헤테로고리 화합물에 대해 알 필요가 있다. 각각의 어미 화합물의 구조와 번호 매김 체계는 다음과 같다.

헤테로고리 방향족 화합물은 7.15절에서 소개하였다는 것을 상기하라.

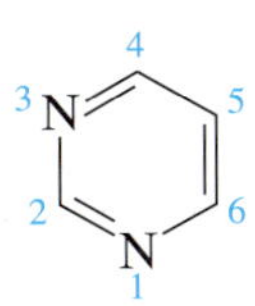
Pyrimidine

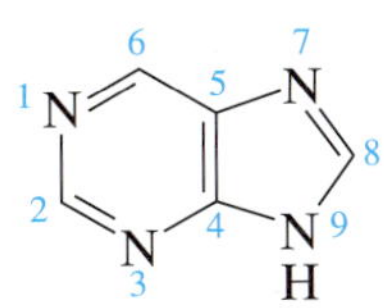
Purine

DNA에 존재하는 피리미딘은 사이토신과 타이민이다. RNA는 사이토신을 구조 단위로 하지만 타이민 대신에 유라실을 함유한다. 때때로 다른 피리미딘 유도체도 소량으로 존재한다.

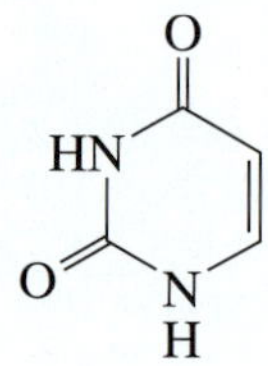

Uracil
(RNA에 존재)

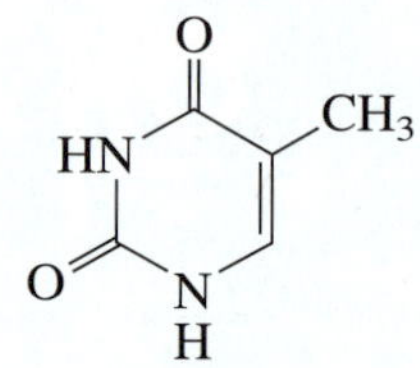

Thymine
(DNA에 존재)

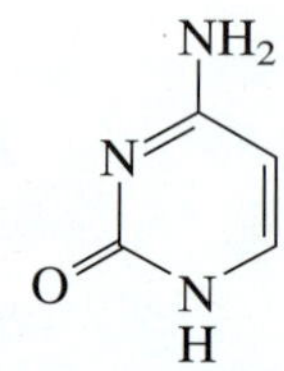

Cytosine
(RNA와 DNA 둘 다 존재)

문제 18.1 5-플루오로유라실(5-Fluorouracil, 5-FU)은 암의 화학요법에 사용되는 약이다. 그 구조는 무엇인가?

아데닌과 구아닌은 DNA와 RNA 모두 주 퓨린 염기이다.

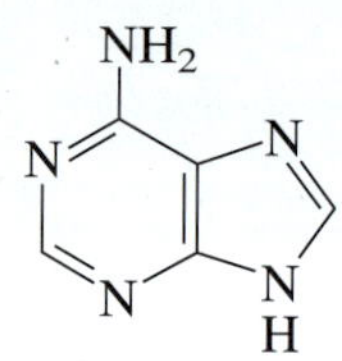

Adenine

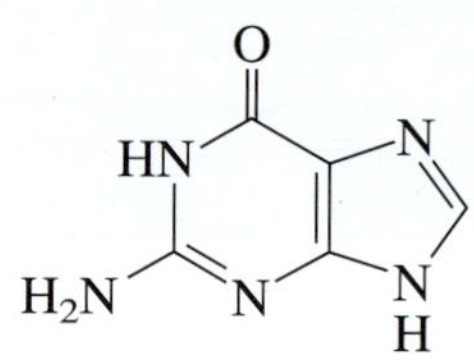

Guanine

퓨린과 피리미딘의 고리는 방향족이며, 평면이다. 핵산의 구조를 생각했을 때 이들이 평평한 모양이 왜 중요한지 알게 될 것이다.

피리미딘과 퓨린은 핵산 이외에 다른 천연 물질에서도 존재한다. 예를 들면, 커피는 카페인이 주원료이고, 홍차에는 카페인과 테오브로민이 들어 있다.

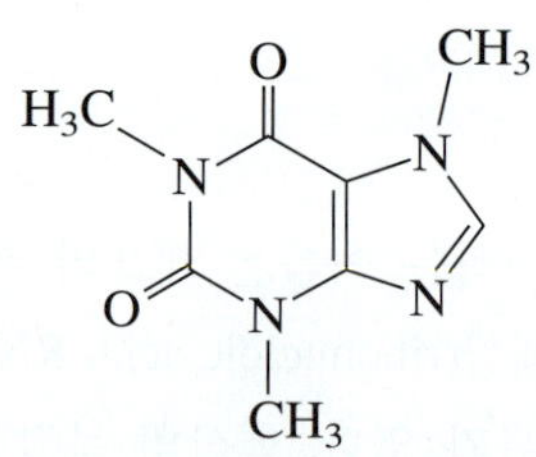

Caffeine

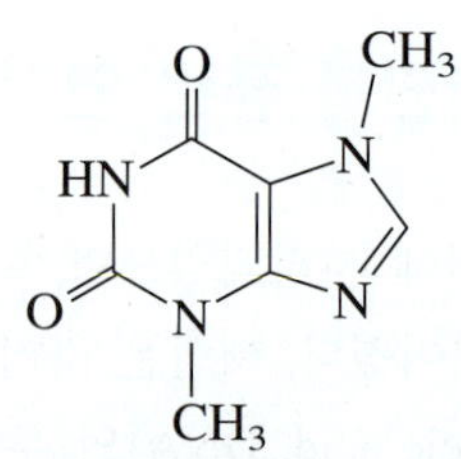

Theobromine

문제 18.2 카페인과 테오브로민이 퓨린인지 피리미딘인지 밝히시오.

18.2 뉴클레오사이드

뉴클레오사이드(nucleoside)라는 용어는 D-라이보퓨라노스(D-ribofuranose)와 2-데옥시-D-퓨라노스(2-deoxy-D-ribofuranose)의 피리미딘과 퓨린 *N*-글리코사이드(*N*-glycoside)에만 제한적으로 사용되어 왔는데, 왜냐하면 이들 물질이 핵산에 존재하기 때문이다. 지금 이 용어는 탄수화물 부문에서 더 자유롭게 사용되고 있지만, 아직도 여전히 방향족 탄소에 피리미딘과 퓨린 치환체로 국한되어 사용되고 있다. 유리딘은 대표적인 피리미딘 뉴클레오사이드이다. 즉, N-1 위치에 D-라이보퓨라노스기가 결합되어 있다. 아데노신은 대표적인 퓨린 뉴클레오사이드이다. N-9 위치에 탄수화물 단위가 붙어 있다.

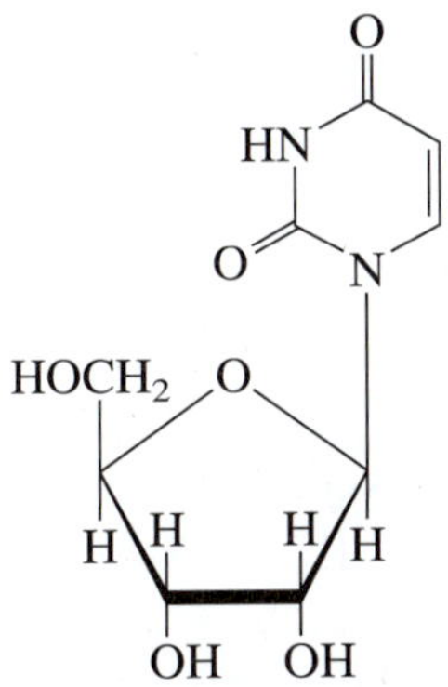

Uridine
(1-β-D-ribofuranosyluracil)

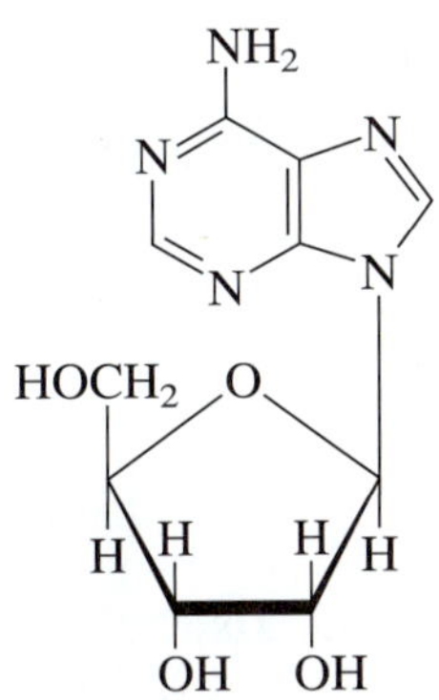

Adenosine
(9-β-D-ribofuranosyladenine)

관습적으로 뉴클레오사이드에서 탄수화물 이외의 부분을 퓨린과 피리미딘 **염기**(base)라고 부른다.

문제 18.3 RNA와 DNA로부터 얻어지는 뉴클레오사이드의 이름이 아래에 적혀 있다. 각각에 대해서 구조식을 쓰시오.

(a) 타이미딘(Thymidine, DNA에서 타이민-유도된 뉴클레오사이드)
(b) 사이티딘(Cytidine, RNA에서 사이토신-유도된 뉴클레오사이드)
(c) 구아노신(Guanosine, RNA에서 구아닌-유도된 뉴클레오사이드)

풀이 (a) 타이민은 DNA에 존재하는 피리미딘 염기이고, 탄수화물 치환체는 2-데옥시라이보퓨라노스(2-deoxyribofuranose)로서, 타이민 N-1 위치에 붙어 있다.

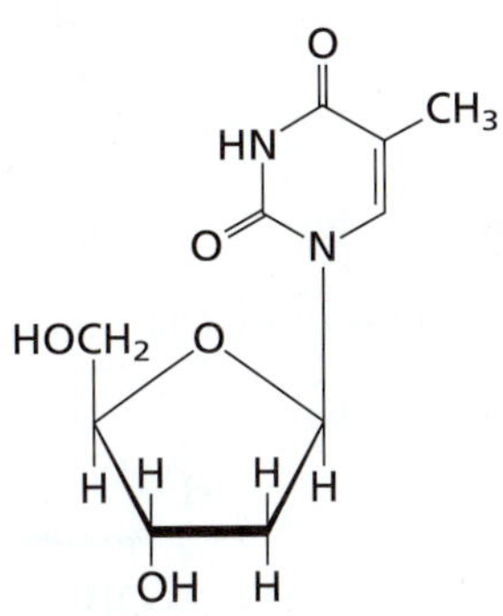

Thymidine

2-데옥시라이보스(2-deoxyribose)의 뉴클레오사이드는 같은 방법으로 명명된다. 퓨린과 피리미딘에 있는 원자와 구별하기 위해서 탄수화물에 있는 탄소는 1′, 2′, 3′, 4′, 5′으로 나타낸다. 따라서 2-데옥시라이보스의 아데닌 뉴클레오사이드를 2′-데옥시아데노신(2-deoxyadenosine) 또는 9-β-2′-데옥시라이보퓨라노실아데닌(9-β-2′-deoxyribofuranosyl-adenine)이라고 한다.

18.3 뉴클레오타이드

뉴클레오타이드(nucleotide)는 뉴클레오사이드의 인산 에스터이다. 아데노신의 5′-모노포스페이트(5′-monophosphate)는 5′-아데닐산(5′-adenylic acid) 또는 아데노신 5′-모노포스페이트(adenosine 5′-monophosphate, AMP)라고 한다.

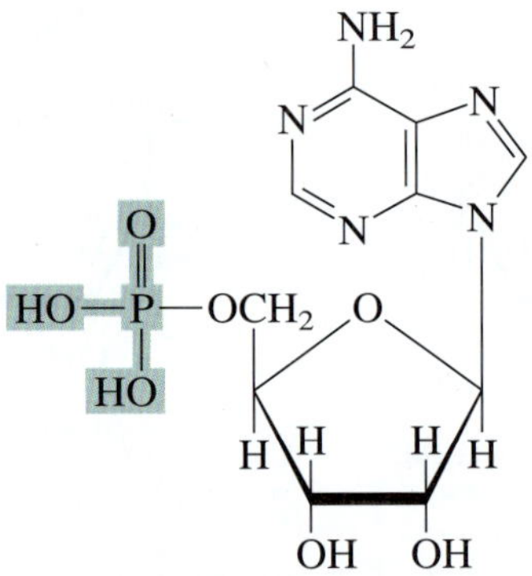

5′-Adenylic acid
(AMP)

이름에서도 알 수 있는 것처럼 5′-아데닐산은 산성 물질이며, 각각 이온화 상수 pK_a가 각각 3.8과 6.2인 이양성자산이다. pH 7 수용액에서 P(O)$(OH)_2$가 갖는 두 개의 OH는 이온화한다.

그 이외에 중요한 아데노신의 5′-뉴클레오타이드는 아데노신 다이포스페이트

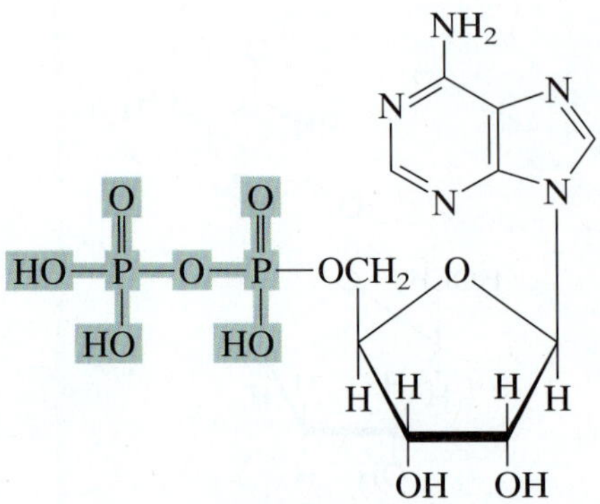

Adenosine diphosphate
(ADP)

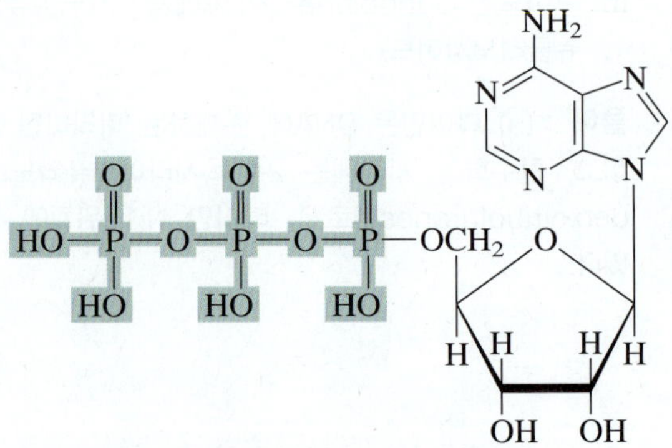

Adenosine triphosphate
(ATP)

(ADP)와 아데노신 트라이포스페이트(ATP)이다.

아래에 나타낸 각각의 인산화 과정은 흡열 반응이다.

$$\text{Adenosine} \xrightarrow[\text{효소}]{PO_4^{3-}} \text{AMP} \xrightarrow[\text{효소}]{PO_4^{3-}} \text{ADP} \xrightarrow[\text{효소}]{PO_4^{3-}} \text{ATP}$$

각 단계를 추진하는 데 필요한 에너지는 우리 몸에서 탄수화물을 분해시켜 얻어진다. 우리 몸은 저장 용기로서 탄수화물이 이산화 탄소와 물로 전환하는 동안에 유리되는 에너지 ATP를 이용한다. ATP는 종종 "고에너지 화합물"로 묘사된다. 고에너지는 인산 무수물 결합과 관련이 있다.

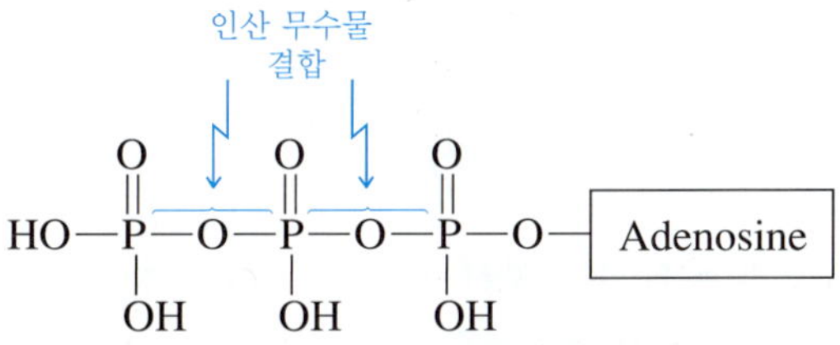

Adenosine triphosphate
(ATP)

그 에너지는 ATP의 인산 무수물 결합이 가수분해될 때 세포에 이용되게 된다. 카복실산 무수물(13.3절)에서와 같이 인산 무수물 가수분해는 발열 반응이다. 즉, ATP가 ADP와 인산으로 전환될 때 30kJ(7.3Kcal)의 에너지가 유리된다.

아데노신 3′-5′-고리형 모노포스페이트(cyclic AMP 또는 c-AMP)는 여러 생물 과정을 조절하는 중요한 인자이다. C-3′과 C-5′ 위치에 있는 하이드록시기에 인산과 아데닌이 결합하여 고리형 에스터를 형성한다.

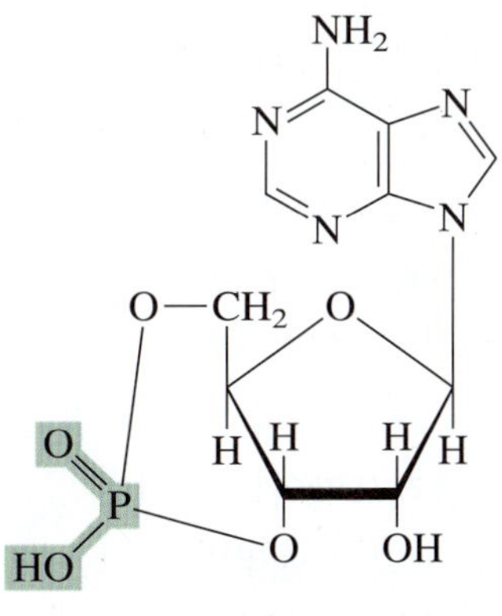
Adenosine 3′-5′-cyclic monophosphate
(cAMP)

18.4 핵산

핵산은 하나의 뉴클레오타이드의 5′번 산소와 또 다른 뉴클레오타이드의 3′번 산소 사이에 연결된 인산 에스터 단위로 이루어진 **폴리뉴클레오타이드**(polynucleotide)이다.

그림 • 18.1
폴리뉴클레오타이드 사슬의 일부분

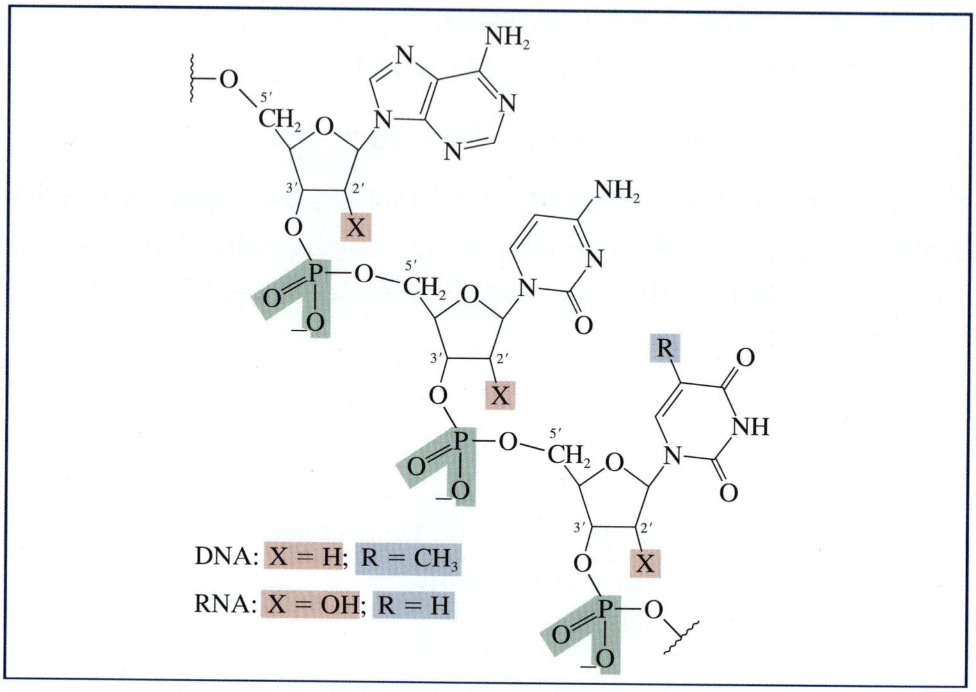

그림 18.1은 핵산의 일반 구조를 나타낸 것이다. 핵산은 결합한 탄수화물이 무엇인가에 따라서 라이보핵산(RNA)과 데옥시라이보핵산(DNA)으로 분류된다.

핵산에 관한 연구는 1940년대 유전 정보를 전이하는 역할을 한다는 것이 밝혀지기 전까지는 서서히 진행되었다. 생명체의 유전 정보는 각 세포에 존재하는 염색체 내에 있으며, 각각의 염색체는 **유전자**(gene)라고 하는 더 작은 단위로 되어 있다고 알려지고 있다. 유전자가 DNA라고 밝혀지면서 핵산에 대한 관심이 증대되었다. 일단 DNA 구조가 밝혀지면서 DNA의 역할을 실행하는 정확한 경로가 무엇인지 밝히려는 생각은 더욱 분명하게 되었다. 어떤 점에서 이러한 문제점은 단백질화학에서의 문제점과 비슷하다. DNA가 폴리뉴클레오타이드로 되어 있다는 것을 아는 것은 단백질이 폴리아마이드로 되어 있다는 것을 아는 것과 비교된다. 뉴클레오타이드 염기 서열(일차 구조)은? 폴리뉴클레오타이드 사슬(이차 구조와 삼차 구조)의 정확한 모양은? 유전 물질은 한 가닥의 DNA로 되어 있는가 또는 두 가닥 이상의 집합체로 되어 있는가? 인간의 전형적인 DNA 가닥은 거의 10^8 뉴클레오타이드로 되어 있는 것이 밝혀지면서 문제는 더 복잡하다는 것을 알 수 있다. 즉, 코일이 풀리면 길이는 수센티미터에 달할 것이며, 세포 안에서는 이들 대부분이 너무 작아 육안으로는 볼 수 없다.

2000년 여름에 사람의 유전체(genome, 게놈)의 초안(working draft)이 완성되었다고 미국에서 발표하였다. 두 개의 연구소 그룹은 유전체의 97%에 해당하는 조각들을 겹치게 하는 방법으로 확인하였고, 염기쌍의 85%의 위치와 서열이 입증되었다.

1953년 James D. Watson과 Francis H. C. Crick은 DNA 구조와 DNA 복제 메커니즘을 제안하기 위하여 분자 모형으로부터 얻은 영감과 생물학, 생화학, 화학, X-선 결정구조학으로부터 얻은 데이터를 합하여 발표하였다. 그들이 발표한 두 개의 논문은 분자 수준에서 생명의 진행 과정을 이해할 수 있는 획기적인 길을 열어 주었고, 이 분야를 지금은 분자생물학이라 부르고 있다. 1962년 Watson과 Crick은 X-선 결정학 분야에서 기여한 Maurice Wilkins와 함께 노벨 생리의학상을 받았다.

Watson과 Crick은 그들의 업적에 대한 보고서를 작성하였으며, 두 보고서는 읽을 만한 가치가 있는 논문이다. Watson의 논문 제목은 "*The Double Helix*"이고, Crick의 논문 제목은 "*What Mad Pursuit A Personal View of Scientific Discovery*"이다.

18.5 DNA의 구조와 복제: 이중 나선

Watson과 Crick은 DNA 구조를 연구할 때 여러 종류의 자원으로 얻은 DNA의 조성은 패턴이 일정하다는 것을 발견한 Erwin Chargaff(Columbia 대학교)의 연구 발표가 큰 도움이 되었다. 비록 종에 따라 염기의 분포가 크게 다르더라도 모든 DNA 샘플에서 반은 퓨린 염기였고, 나머지 반은 피리미딘 염기였다. 더구나 퓨린 염기인 아데닌과 피리미딘 염기인 타이민의 비율은 항상 1:1에 가까웠다. 또한 퓨린 염기인 구아닌과 피리미딘 염기인 사이토신의 비율도 역시 1:1에 가까웠다. 예를 들어, 사람의 DNA를 분석했을 때 다음과 같은 조성을 갖는 것으로 나타났다.

퓨린	피리미딘	염기 비율
Adenine (A) 30.3%	Thymine (T) 30.3%	A/T = 1.00
Guanine (G) 19.5%	Cytosine (C) 19.9%	G/C = 0.98
총 퓨린 49.8%	총 피리미딘 50.1%	

A/T와 G/C 비율의 일관성은 우연이 아니라는 것을 느낀 Watson과 Crick은 A와 T 그리고 G와 C 사이에 구조적으로 상보관계를 갖는다고 제안하였다. 여러 개의 수소 결합 배열을 고려했을 때 A와 T는 그림 18.2*a*에서 보여 주는 수소 결합한 **염기쌍**(base pair)을 형성할 수 있고, G와 C는 그림 18.2*b*에서 보여 주는 수소 결합한 염기쌍을 형성할 수 있다고 주장하였다. A와 T 그리고 G와 C의 특이 염기쌍은 DNA 구조의 Watson-Crick 모형의 중요한 요소이고, DNA의 복제에서도 중요한 요소이다.

수소 결합한 염기쌍은 각각 하나의 퓨린 염기와 하나의 피리미딘 염기를 함유하기 때문에 A----T와 G----C는 거의 같은 크기이다. 따라서 두 개의 핵산 사슬은 그림 18.3에 나타난 바와 같이 중앙에 염기가 있고 옆으로 나란히 배열할 수 있다. 두 사슬이

구아닌-사이토신 염기쌍의 정전기 전위 지도가 18장 첫 페이지에 묘사되어 있다.

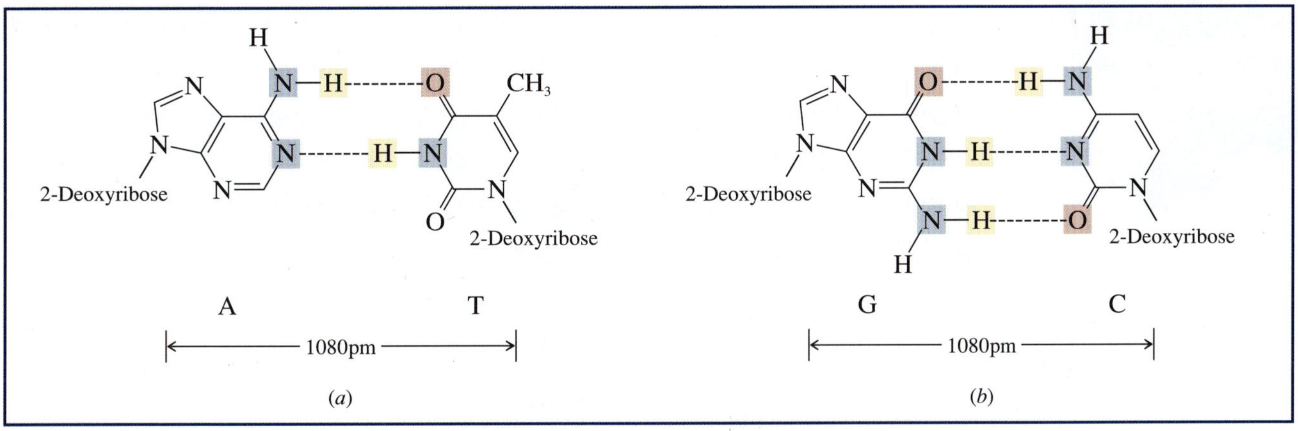

그림 • 18.2
(*a*) 아데닌과 타이민, (*b*) 구아닌과 사이토신 사이의 염기쌍

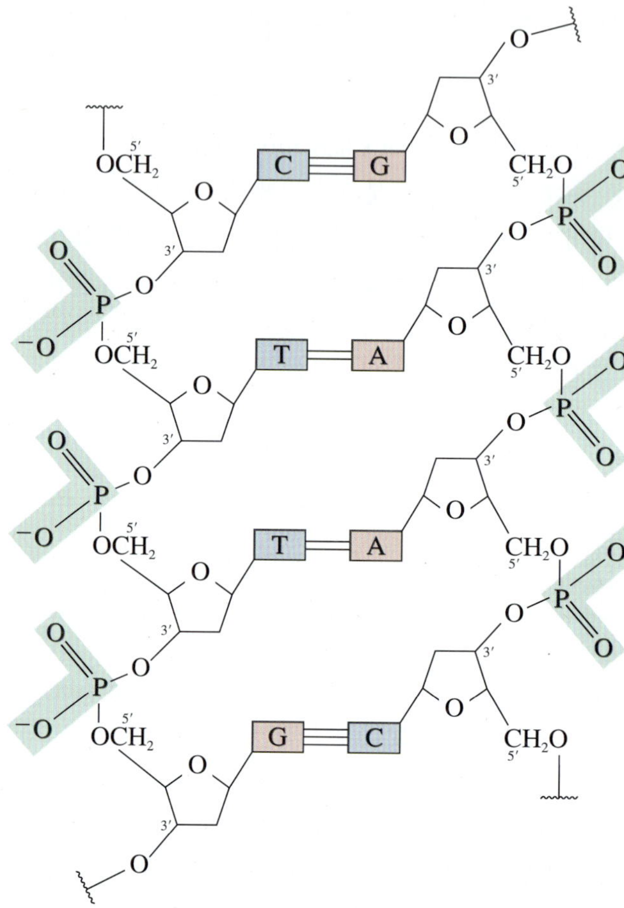

그림 • 18.3
상보적 염기들(A와 T, G와 C) 사이의 수소 결합은 두 DNA 가닥이 쌍을 이루게 한다. 이 두 가닥은 서로 반대 방향으로 평행하게 놓여 져 있으며, 왼쪽 가닥의 5′ 말단은 상부에 있고, 오른쪽 가닥의 5′ 말단은 하부에 있다.

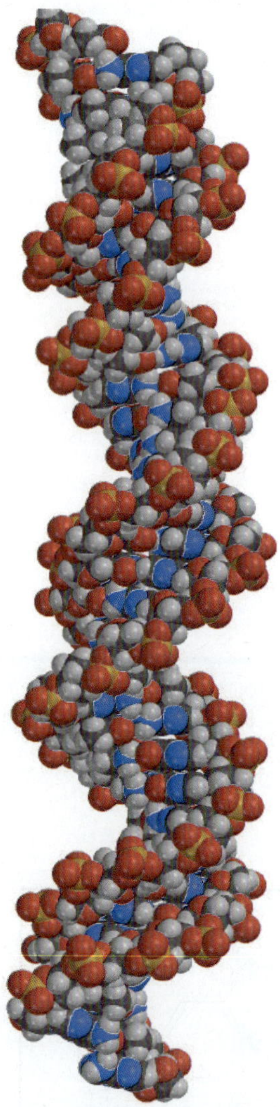

그림 • 18.4
DNA 이중 나선형의 모형. 탄수화물-인산 "뼈대"는 바깥쪽에 위치해 있고, 붉은 산소 원자들에 의해 이어져 있다. 푸른색은 퓨린과 피리미딘 염기로서, 안쪽에 놓여 있다.

A----T와 G----C 염기쌍 사이에 수소 결합망으로 연결된다. X-선 결정 구조 자료는 하나의 병풍 구조를 나타내기 때문에 Watson과 Crick은 두 가닥이 **이중 나선**(double helix, 그림 18.4)으로 서로 꼬여있다고 설명하였다.

DNA 구조에 대한 Watson-Crick 염기쌍 모형은 DNA **복제**(replication)를 이해하는 열쇠가 된다. 세포가 분열하는 동안 하나의 세포 DNA는 새로운 세포의 DNA가 원래 세포의 DNA와 같게 복제된다. 세포 분열 단계에서 DNA의 이중 나선이 풀리면서 두 사슬이 분리된다. 그림 18.5에서 묘사된 것처럼 각 가닥은 주형의 역할을 하여 새로운 나선이 만들어진다. A----T, G----C 염기쌍은 새로운 가닥이 정밀한 주형의 상보성으로 원래의 가닥과 같기 때문에 각각의 새로운 가닥은 원래 배우자와 정확히 일치한다. 이중 나선이 풀리면서 각각의 가닥은 동일한 DNA 이중 나선의 반쪽이 된다.

핵산-염기쌍의 구조적 필수 조건은 유전 정보를 활용하는 데에도 결정적인 역할을 하며, 생명체에서 이것이 단백질의 생합성을 의미한다.

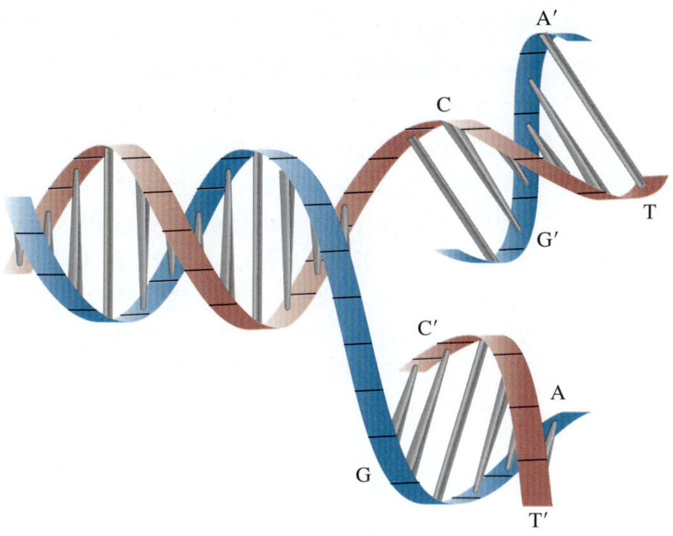

그림 • 18.5
DNA가 복제하는 동안 이중 나선은 풀려서 원래 각각의 가닥은 상보적 가닥을 합성하는 하나의 주형으로서의 역할을 담당한다.

18.6 DNA에 의한 단백질 생합성

전령 RNA(messenger RNA, **mRNA**), **전달 RNA**(transfer RNA, **tRNA**), **라이보솜 RNA**(ribosomal RNA, **rRNA**)라고 하는 여러 형태의 라이보핵산의 작용으로 DNA에 의해서 단백질 합성이 이루어진다. 단백질 합성에서 중요한 두 단계는 **전사**(transcription)와 **번역**(translation)이다.

전사 단계에서 DNA 이중 나선의 가닥 중의 하나와 상보적인 뉴클레오타이드 서열을 갖는 한 분자의 mRNA가 만들어진다. 그림 18.6에는 전사 과정을 설명하는 도형

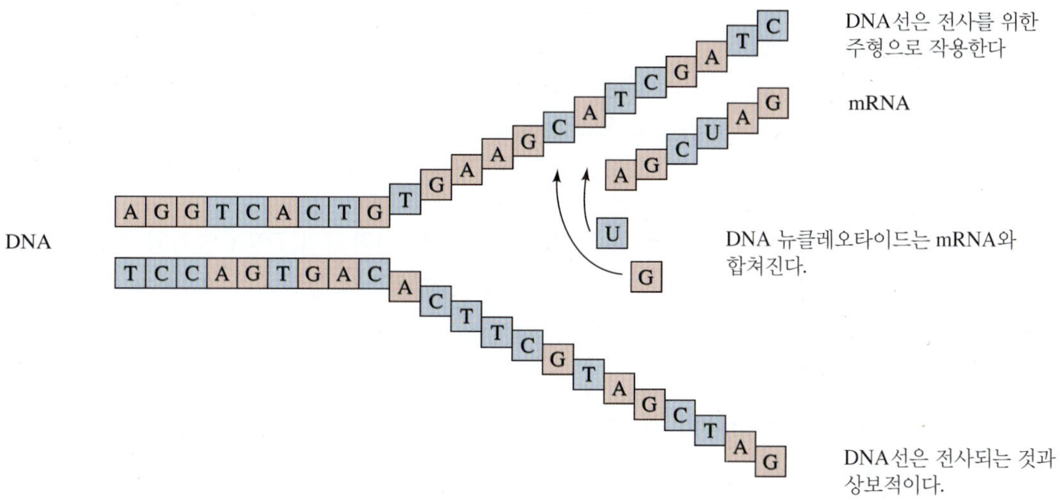

그림 • 18.6
전사 과정에서 한 분자의 mRNA는 주형으로 DNA를 사용하여 조합된다.

암의 화학요법

암과 같은 질병을 약으로 치료하는 것을 **화학요법**(chemotherapy)이라고 한다. 모든 종류의 암의 독특한 면은 세포의 성장과 재생이 조절되지 않는다는 점이다. 암을 제어하기 위해 사용하는 약들은 DNA 복제 과정을 억제함으로써 조절되지 않는 세포의 성장을 중단시키려고 시도하는 것이다.

항암제는 여러 부류 중의 하나를 선정하여 시도한다. **항대사물질**(antimetabolite)은 유기체가 정상적으로 사용하는 화합물과 구조적으로 유사한 화합물이다. 플루오린화된 유라실 유도체인 약품 5-FU(문제 18.1)는 위암 및 유방암과 같은 특정 형태를 치료하는 데 사용하는 항대사물질의 한 예이다. 5-FU의 플루오린 원자는 이 유라실 유도체를 DNA 합성에 필요한 화합물인 타이민으로의 전환을 못하게 한다.

자궁암과 몇 가지 종류의 백혈병 치료에 사용되는 두 번째 항대사물질로 메쏘트렉세이트(methotrexate)가 있다.

메쏘트렉세이트는 엽산(folic acid, 폴산)의 항대사물질이다. 영약학적으로 암세포가 빠르게 분열하기 위해서는 영양분의 필요성은 건강한 세포보다 더 크다. 그러므로 엽산이 모든 세포에게 필요하지만 암세포의 성장은 메쏘트렉세이트 치료로 크게 느려진다.

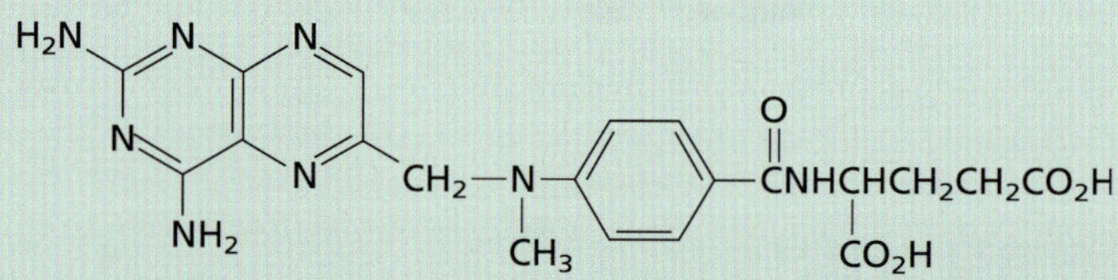

Methotrexate

암의 중요한 화학요법 치료 제제의 두 번째 부류는 **알킬화제**(alkylating agent)이다. 화학요법 치료약으로 사용된 첫 번째 알킬화제는 발암물질이라고 밝혀진 화합물(9.2절에서 *'친핵성 치환 반응과 암'*이라는 제목의 상자 속 에세이 참조)이다. 제이차세계대전 중 동물 실험 결과 질소 겨자는 림프 조직(lymphoid tissue)을 파괴하였다. 질소 겨자 유도체 중의 하나는 유방암, 난소암, 폐암은 물론 호지킨 병(Hodgkin's disease)과 같은 림프종을 치료하는 데 사용되는 사이클로포스포아마이드(cyclophosphoamide)이다.

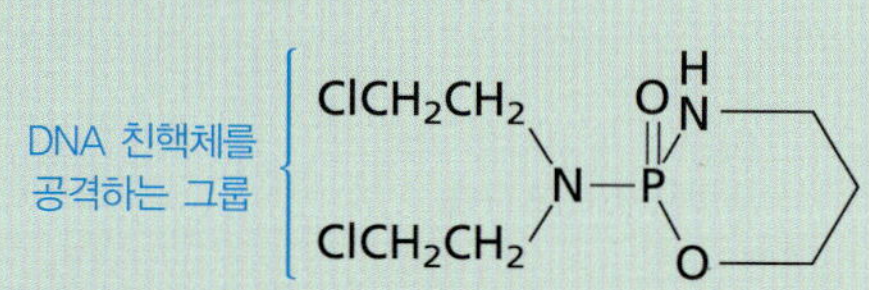

Cyclophosphamide

암세포를 죽이는 알킬화제의 효과는 DNA 복제를 어느 정도 억제하는지가 중요하다. 알킬화제는 이중 기능을 가지고 있다. 즉, 친핵체에 의해 공격받을 수 있는 두 개의 작용기가 있다. 사이클로포스포아마이드는 공유 다리에 의해 DNA의 두 가닥을 서로 연결한다. DNA의 가닥의 분리는 복제(18.5절)에서 꼭 필요한 과정이다. 그러므로 알킬화제 약은 암세포가 복제하는 것을 방해한다. 물론 빠르게 분열하는 건강 세포도 이 약에 의해 영향을 받는다. 이것이 암의 화학요법이 탈모와 위장장해와 같은 부작용과 관계가 있는 이유이다. 모낭, 위, 내장 벽의 세포는 정상적으로 빠르게 재생되는데, 이들 세포는 체내의 다른 건강한 세포보다 항암제의 영향을 더 크게 받는다.

을 보여 주고 있다. 전사는 DNA 분자의 5′ 끝에서 시작되며, DNA 염기와 상보적인 염기를 갖는 뉴클레오타이드가 RNA 중합효소의 도움으로 중합된다. RNA에는 타이민이 없다. RNA에서 아데닌과 쌍을 이루는 염기는 유라실이다. DNA와 달리 RNA는 한 가닥으로 이루어져 있다.

번역 단계에서 mRNA의 뉴클레오타이드 서열은 해독되어 아미노산 서열이 만들어진다. RNA는 네 가지 다른 염기만 가지고 있고, 해독되어야 할 아미노산은 20개이기 때문에 한 개의 뉴클레오타이드로 하나의 아미노산을 해독하거나 두 개의 뉴클레오타이드로 하나의 아미노산을 해독하는 것은 불충분하다. 그러나 세 개의 뉴클레오타이드를 한 세트로 읽으면 4가지의 mRNA 염기(A, U, C, G)는 20개의 아미노산을 해독하기에 충분한 숫자보다 더 많은 64개의 가능한 "암호"를 만들 수 있다. 실제로 **유전 암호**(genetic code)는 세 개의 인접한 뉴클레오타이드를 한 세트로 하여 만들어지며, 이를 **코돈**(codon)이라고 한다. mRNA의 64개의 가능한 코돈들 각각에 따라서 아미노산이 결정된다(표 18.1).

문제 18.4 17.15절에서 언급한 바와 같이 낫세포 헤모글로빈은 단백질 사슬 중 하나에서 글루탐산 위치에 바린을 갖고 있다. 바린과 글루탐산의 코돈을 비교하고, 그 코돈이 어떻게 다른지 설명하시오.

번역의 메커니즘은 복제와 전사에서 사용하는 것과 같은 상보적 염기쌍 원리가 이용된다. 각각의 아미노산은 특정 tRNA와 관련이 있다. 전달 RNA는 DNA와 mRNA보다 훨씬 작다. tRNA는 단일 가닥이고, "클로버 잎" 모양으로 배열되어 있으며, 70~90개의 라이보뉴클레오타이드를 함유한다(그림 18.7 참조). 어떤 부분에서는 염기쌍이 존재하고, 어떤 다른 부분에서는 염기쌍이 존재하지 않기 때문에 tRNA의 독특한 모양이 생기는 것이다. 모든 tRNA는 3′ 말단에 CCA 삼중자(triplet)를 가지며, 특정 tRNA에 하나의 아미노산이 유일하게 에스터 결합에 의해 그 분자의 3′ 말단에 연결된다. tRNA의 고리 한쪽 면에 mRNA의 코돈과 상보적인 **역코돈**(anticodon)이라고 하는 뉴클레오타이드 삼중자가 존재한다. mRNA의 코돈이 tRNA의 역코돈에 의해 밝혀지고, 적당한 아미노산들이 커가는 단백질 순서대로 전이된다.

Crick에 따르면, 소위 분자생물학의 중심 원리(central dogma)는 "DNA는 RNA를 만들고, RNA는 단백질을 만든다."

표 18.1 유전 암호(전령 RNA 코돈)*

알라닌(Alanine) GCU GCA GCC GCG	아르지닌(Arginine) CGU CGA AGA CGC CGG AGG	아스파라진(Asparagine) AAU AAC	아스파트산(Axpartic acid) GAU GAC	시스테인(Cysteine) UGU UGC
글루탐산(Glutamic acid) GAA GAG	글루타민(Glutamine) CAA CAG	글리신(Glycine) GGU GGA GGC GGG	히스티딘(Histidine) CAU CAC	아이소루신(Isoleucine) AUU AUA AUC
루신(Leucine) UUA CUU CUA UUG CUC CUG	라이신(Lysine) AAA AAG	메싸이오닌(Methionine) AUG	페닐알라닌(Phenylalanine) UUU UUC	프롤린(Proline) CCU CCA CCC CCG
세린(Serine) UCU UCA AGU UCC UCG AGC	트레오닌(Threonine) ACU ACA ACC ACG	트립토판(Tryptophan) UGG	타이로신(Tyrosine) UAU UAC	발린(Valine) GUU GUA GUC GUG

* 각 삼중자(triplet)의 첫 문자는 5′ 말단에 가까운 뉴클레오타이드에 해당하고, 마지막 문자는 3′ 말단에 가까운 뉴클레오타이드에 해당한다. 사슬 종결 코드인 UAA, UGA, UAG는 표에 포함되지 않았다.

에이즈

1980년대에 핵산화학에 관한 지식과 분자생물학에서의 핵산의 역할에 대한 폭발적인 성장은 한 세대 전에 정의하고 이해했던 사람의 건강에 대한 도전과 일치하게 되었다. 그 도전이 **후천성 면역결핍증**(acquired immune deficiency syndrome) 또는 에이즈(AIDS)이다. 에이즈는 인간의 면역 체계가 바이러스 침입에 의해 침입 생명체를 인식하고 파괴시키는 중요한 기능을 수행할 수 없을 만큼 황폐화되게 한다. 에이즈 환자는 건강한 면역 체계를 가지고 있을 경우에는 정상적으로 점검되는 질병이지만, 면역 체계가 손상되었을 때 사망할 수 있는 질병인 "기회 감염(opportunistic infection)"으로 종종 사망한다. 에이즈는 발견된 이후 짧은 시간에 전 세계적으로 2천만 명 이상의 사람을 숨지게 하였고, 감염 인구도 최근 통계 자료는 3천6백만 명 이상인 것으로 추산하고 있다.

미국에서 에이즈와 관련된 거의 모든 종류의 바이러스는 프랑스 파리에 있는 Louis Pasteur 연구소에 의해 판독되었고, **인간 면역결핍 바이러스 1**(human immunodeficiency virus 1, HIV-1)으로 알려져 있다. HIV-1은 아프리카에서 유래된 것으로 믿고 있으며, 또한 관련 바이러스 HIV-2도 Pasteur 연구소 그룹에 의해 1986년에 발견되었다. HIV-1과 HIV-2 둘 다 유전 물질이 DNA가 아니라 RNA이기 때문에 **레트로바이러스**(retrovirus)로 분류되고 있다. HIV들은 복제하기 위해서 숙주세포가 필요하며, 사람에서의 숙주는 화가 났을 때 주로 면역 체계가 반응하도록 유도하는 데 관여하는 세포인 소위 T4 림프구이다. HIV는 T4 림프구 세포벽을 침투하여 T4 세포 안에 RNA와 **역전사효소**(reverse transcriptase)라고 하는 효소를 침착시킨다. 여기서 역전사효소는 바이러스의 RNA에 상보적인 DNA 가닥의 형성을 촉진시킨다. 전사된 DNA는 그 다음 이중나선형 DNA 형성을 위한 주형의 역할을 하고, HIV 복제에 필요한 정보를 T4 세포가 가지고 있는 유전 물질 안으로 도입시킨다. 바이러스의 DNA는 바이러스 복사본을 만들 수 있도록 유도하고, 다른 T4 세포를 감염시키기 위해 숙주세포를 빠져나온다. HIV 복제 과정에서 자기 자신을 복제하기 위한 T4 림프구의 능력을 방해한다. T4 세포의 수가 감소함에 따라 감염원과 싸우는 신체의 저항력도 감소한다.

현재까지 에이즈의 치료법은 잘 알려지지 않고 있으나 병의 징후를 늦추거나 HIV에 감염된 사람의 수명을 연장하는 것은 가능하게 되었다. 에이즈 치료가 처음으로 진행된 것은 아자이도타이민(azidothymine) 혹은 AZT라고 알려진 지도뷰딘(zidovudine)과 같은 약들이 출시되면서부터이다. AZT는 역전사효소의 활동을 억제함으로써 HIV의 복제 능력을 방해한다. 다음의 구조에서 보다시피 AZT는 뉴클레오타이드이다.

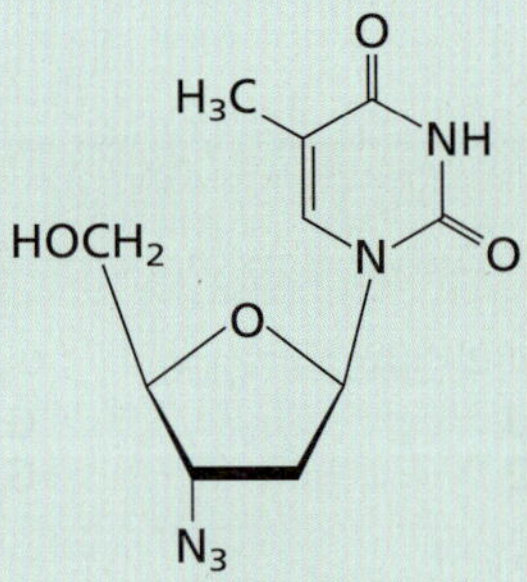

Zidovudine
(AZT)

또한 역전사효소 억제제인 다른 몇 가지 뉴클레오사이드도 때로는 '칵테일 약제(drug cocktails)'로서 AZT와 함께 넣어서 의학적으로 사용되고 있다. 복합 처방약은 단일 처방약보다 바이러스의 저항성을 더 어렵게 만든다.

가장 최근에 이루어진 진전된 결과는 제2의 단백질분해효소 억제제로, HIV를 동시에 공격하는 것이었다. 단백질분해효소는 특이한 위치에서 단백질의 가수분해를 촉매하는 효소이다. HIV가 자기 소유의 단백질을 합성하기 위하여 세포의 DNA를 이용했을 때 이들 단백질은 단백질분해효소-촉매 가수분해가 유용하도록 수정할 수 있는 모양으로 존재한다. HIV의 복제를 늦추는 작용을 하는 역전사효소 억제제와 함께 단백질 억제제는 이 수정을 못하도록 방해하여 HIV-감염 환자에 "바이러스에 대한 무거운 짐"을 극적으로 줄여준다 것이 밝혀졌다.

에이즈의 발생은 비극이었으며, 대규모 비극이 계속 이어지고 있다. 에이즈의 전파 및 보급에 대응하는 우리의 가장 좋은 무기는 치료법이 개발되거나 백신이 개발되기 전까지 에이즈의 전이가 되지 않도록 지속적으로 노력하는 것이다.

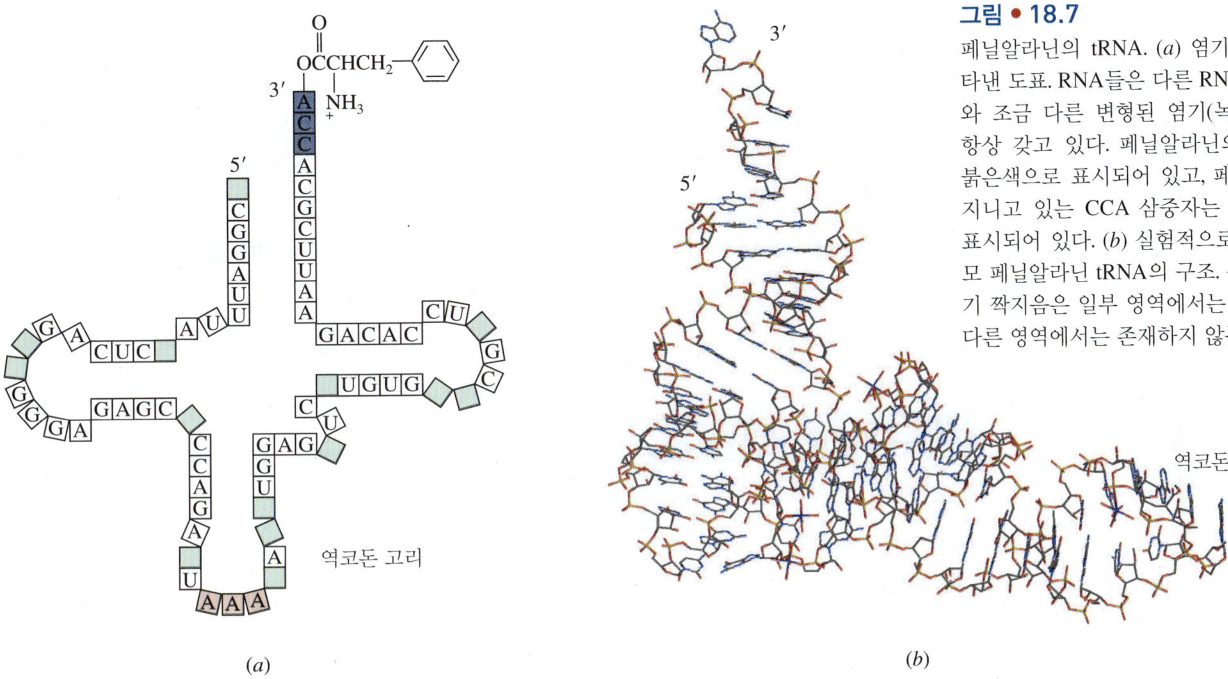

그림 • 18.7
페닐알라닌의 tRNA. (*a*) 염기 서열을 나타낸 도표. RNA들은 다른 RNA들의 염기와 조금 다른 변형된 염기(녹색 박스)를 항상 갖고 있다. 페닐알라닌의 역코돈은 붉은색으로 표시되어 있고, 페닐알라닌을 지니고 있는 CCA 삼중자는 푸른색으로 표시되어 있다. (*b*) 실험적으로 결정된 효모 페닐알라닌 tRNA의 구조. 상보적인 염기 짝지음은 일부 영역에서는 존재하지만 다른 영역에서는 존재하지 않는다.

학습목표

이 장은 단백질 생합성과 유전 정보 전이를 담당하는 거대분자인 핵산에 대하여 간단하게 다루었다. 이 장에서 배운 기술로 여러분은 다음과 같은 것을 할 수 있다.

- 퓨린 염기와 피리미딘 염기를 구별할 수 있다.
- 뉴클레오사이드, 뉴클레오타이드, 핵산의 차이점을 설명할 수 있다.
- 한 가닥의 DNA 염기 서열이 어떻게 상보적인 가닥의 염기 서열을 결정할 수 있는가 하는 방법을 서술할 수 있다.
- 단백질 합성에서 전령 RNA, 전달 RNA, 라이보솜 RNA의 역할을 설명할 수 있다.
- 코돈이라는 단어의 의미를 설명할 수 있다.

18.7 요약

핵산은 유전 정보의 복제를 담당하고 단백질 합성을 명령한다. **핵산**(nucleic acid)은 고분자성 뉴클레오타이드이고(18.4절), **뉴클레오사이드**(nucleoside)는 D-라이보스와 2-데옥시-D-라이보스의 퓨린과 피리미딘 N-글리코사이드이며(18.2절), **뉴클레오타이드**(nucleotide)는 뉴클레오사이드의 인산 에스터이다(18.3절). **데옥시라이보핵산**(Deoxyribonucleic acid, DNA)은 상보적인 염기쌍인 아데닌과 타이민 사이, 구아닌과 사이토신 사이에 수소 결합을 하여 이중 나선형의 구조를 갖는다(18.5절) 세포 분열을 하는 동안 그 이중 나선형은 풀어지게 되어 복제된다. 각 가닥은 상보적 가닥이 만들어지도록 주형 역할을 한다.

단백질 생합성의 **전사**(transcription) 단계에서(18.6절) DNA 서열에 상보적인 뉴클레오타이드 서열을 갖는 한 분자의 **전령 RNA**(messenger RNA, **mRNA**)가 만들어진다. 전사 단계 다음에 코돈이라고 하는 mRNA의 뉴클레오타이드 삼중자가 특정 아미노산에 대하여 **전달 RNA**(transfer RNA, **tRNA**)에 의해 인지되는 **번역**(translation) 단계로 이어지고, 그 아미노산은 자라는 펩타이드 사슬에 첨가된다.

보충문제

구조

18.5 뉴클레오사이드와 뉴클레오타이드 사이의 구조적 차이는 무엇인가?

18.6 네불라린(nebularine)은 버섯 종에서 분리한 독성을 갖는 뉴클레오사이드이다. 체계명은 9-β-D-라이보퓨라노실퓨린(9-β-D-ribofuranosylpurine)이다. 네블라린의 구조식을 쓰시오.

18.7 화합물 비다라빈(vidarabine)은 항바이러스제로 알려지고 있다. 그 구조는 탄수화물 성분으로서 D-라이보스 대신에 D-아라비노스(D-arabinose, 그림 15.2)를 제외하고는 아데노신(18.2절)의 구조와 같다. 이 물질에 대한 구조식을 쓰시오.

DNA 복제와 단백질 생합성

문제 18.8~18.12까지는 다음 DNA 가닥의 뉴클레오타이드의 조각을 참고로 하여 푸시오.

(a) A-A-A-G-G-T-C-C-C-G-T-A

(b) T-A-C-T-C-G-C-G-G-A-T-G

18.8 각 조각의 상보적인 DNA 가닥에 대하여 뉴클레오타이드 서열 순서를 쓰시오.

18.9 각 DNA 조각의 전사에 의해 만들어지는 mRNA 뉴클레오타이드 서열 순서를 쓰시오.

18.10 각 mRNA 조각에 존재하는 코돈들을 적으시오.

18.11 각 mRNA 뉴클레오타이드 조각으로부터 생성되는 아미노산 서열 순서를 정하시오.

18.12 문제 18.10에서 각각의 뉴클레오타이드 조각과 일치하는 역코돈은 무엇인가?

18.13 표 18.1을 이용하여 문제 18.11에서 각 아미노산 서열을 코드하는 다른 뉴클레오타이드 서열 순서를 쓰시오.

18.14 문제 18.13에서 코드들에 대해 주형으로 작용하는 DNA 뉴클레오타이드 서열 순서를 쓰시오.

18.15 펜타펩타이드인 루신 엔케팔린의 구조가 그림 17.4에 나타나 있다. 어느 세트의 mRNA 코드들이 이 물질을 만들 수 있겠는가? 한 세트의 이상의 코드로 같은 화합물을 만들 수 있겠는가?

18.16 어느 DNA 염기 서열이 문제 18.15에서 mRNA 코돈의 주형으로 작용하는 것인가?

기타 문제

18.17 발암물질이 어떻게 작용하는지에 대한 일반 이론은 DNA 복제를 방해하는 것이다. 한 부류의 발암성 화합물은 알킬화제로 작용하여 DNA 분자에 퓨린과 피리미딘 염기의 구조가 변하도록 반응한다. 한 예가 *O*-메틸구아닌이다. 이 변화가 DNA 복제에서 어떻게 염기쌍 오류로 이끄는지 설명하시오.

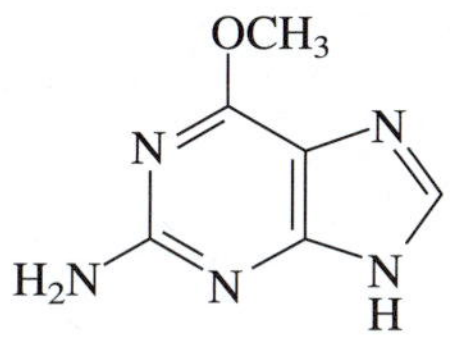

O-Methylguanine

18.18 아데노신을 아질산으로 처리하면 이노신이라고 알려진 뉴클레오타이드가 만들어진다.

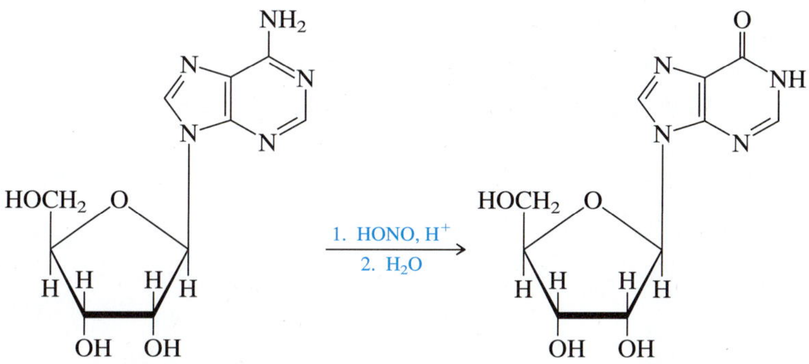

Adenosine Inosine

이 반응에 대한 합당한 메커니즘을 제시하시오. **힌트**: 아릴아민과 아질산과의 반응은 14.9절과 14.10절에 기술되어 있다.

18.19 (a) 이노신과 이노신산(inosinic acid, $C_{10}H_{13}N_4O_8P$)의 5′-뉴클레오타이드가 풍미 증진제로 식품에 첨가된다. 이노신산은 어떤 구조로 되어 있는가? (이노신의 구조는 문제 18.18에 주어져 있다)

(b) 화합물 2′,3′-다이데옥시이노신(2′,3′-dideoxyinosine, DDI)은 에이즈 치료제로 사용된다. DDI는 어떤 구조로 되어 있는가?

18.20 유전 정보를 밝히기 위하여 디자인했던 초기 실험 중의 하나는 미국국립보건원의 Marshall Nirenberg(1968년 노벨 생리의학상 수상)가 고안한 것으로, 모든 염기가 유라실로만 된 합성 mRNA를 제조하였다. 그는 단백질 생합성에 필요한 모든 물질을 함유하는 무세포계(cell-free system)에 이 poly(U)를 첨가하여 단일 아미노산으로만 이루어진 고분자를 얻었다. 이 단일 아미노산이 어떤 아미노산인가?

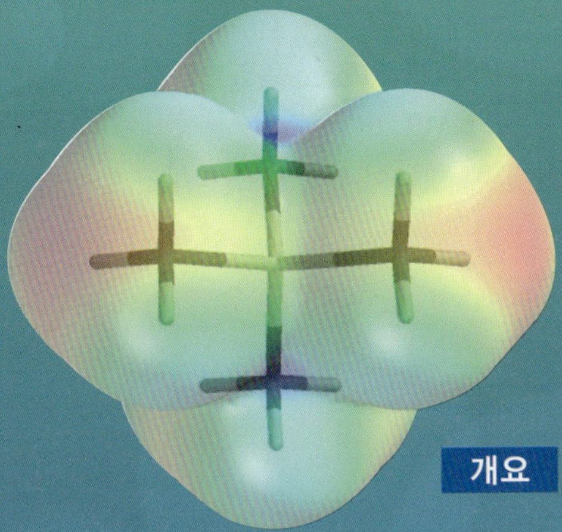

CHAPTER 19

분광학

개요

20세기 후반에 이르기까지 새롭게 발견된 천연물의 구조는 화학 반응으로부터 얻은 정보를 이용하여 결정되었다. 이 정보는 더 쉽게 확인할 수 있도록 화학 물질을 더 작은 토막으로 갈라지는 실험을 통해 얻은 결과와 함께 화학적 분석을 통해 그 작용기의 유무를 확인할 수 있다. 가능한 한 유용한 모든 화학적인 증거들을 깊이 생각한 후에 화학자들은 관찰과 일치하는 후보 구조(또는 구조)를 제안하게 된다. 그 구조 확인은 그 물질을 이미 알려진 화합물로 바꾸거나 또는 독립적으로 합성함으로써 증명이 이루어진다.

정성 분석과 화학적 분해는 상호보완적이며, 대부분 기기 분석에 의한 구조 결정법으로 바뀌었다. 다음은 가장 많이 사용하는 방법과 그들이 제공하는 구조적 실마리를 설명한다.

- **핵자기 공명 분광학**[nuclear magnetic resonance(NMR) spectroscopy]은 탄소의 골격과 그 골격에 결합한 수소의 환경에 대한 정보를 알려 준다.
- **적외선 분광학**[infrared (IR) spectroscopy]은 주요 작용기의 유무를 알려 준다.
- **자외선-가시광선 분광학**[ultraviolet-visible(UV-Vis) spectroscopy]은 전자의 분포, 특히 짝지어 있는 π 전자계를 갖는 분자를 알려 준다.
- **질량 분석법**(mass spectrometry, MS)은 분자식과 분자량을 제공한다.

이들 기술은 다양하며, 그 기술 모두 분자에 의한 에너지 흡수가 기본이고, 하나의 분자가 에너지 흡수에 어떻게 반응하는지를 측정한다. 이러한 기술을 설명하면서 강조하는 것은 구조 결정에 어떻게 적용되는가 하는 것이다. NMR, IR, UV-Vis 분광학에서 하나의 분자가 흡수하는 에너지원인 전자기 복사선(빛)에 대하여 간단히 설명하고자 한다.

19.1 분자 분광학의 원리

현대물리학은 "에너지는 양자화되어 있다."라고 하는 양자역학 발전의 토대를 마련한 Planck의 제안으로부터 시작되었다 Planck는 1918년 노벨 물리학상을 수상하였다.

가시광선이 한 예인 전자기 복사선은 입자성과 파동성의 성질을 모두 가지고 있다. 그 입자들을 **광자**(photon)라고 하며, 각각의 광자는 **양자**(quantum)라고 알려진 일정한 양의 에너지를 가지고 있다. 1990년 독일의 물리학자 Max Planck는 광자의 에너지(E)는 광자의 주파수(ν)에 비례한다고 제안하였다.

$$E = h\nu$$

주파수의 SI 단위는 시간(초, s)의 역수(s^{-1})로서 **헤르츠**(hertz)이며, 19세기 물리학자 Heinrich R. Hertz에게 경의를 표하는 의미로 상징어 Hz로 표기된다. 비례 상수 h는 **프랑크 상수**(Planck's constant)라고 한다.

전자기 복사선은 빛의 속도($c=3.0\times10^8$m/s)로 움직이며, 주파수 ν와 파장 λ의 곱과 같다.

$$c = \nu\lambda$$

광자 에너지의 영역을 **전자기 스펙트럼**(electromagnetic spectrum)이라 하며, 그림 19.1에 나타내었다. 가시광선은 전자기 스펙트럼의 아주 작은 영역에 속하며, 특정 파장 4×10^{-7}m(보라색)에서 8×10^{-7}m(빨간색)까지이다. 그림 19.1를 이해하기 위해서 다음 두 가지 관계를 마음에 새겨 기억해 두기를 바란다.

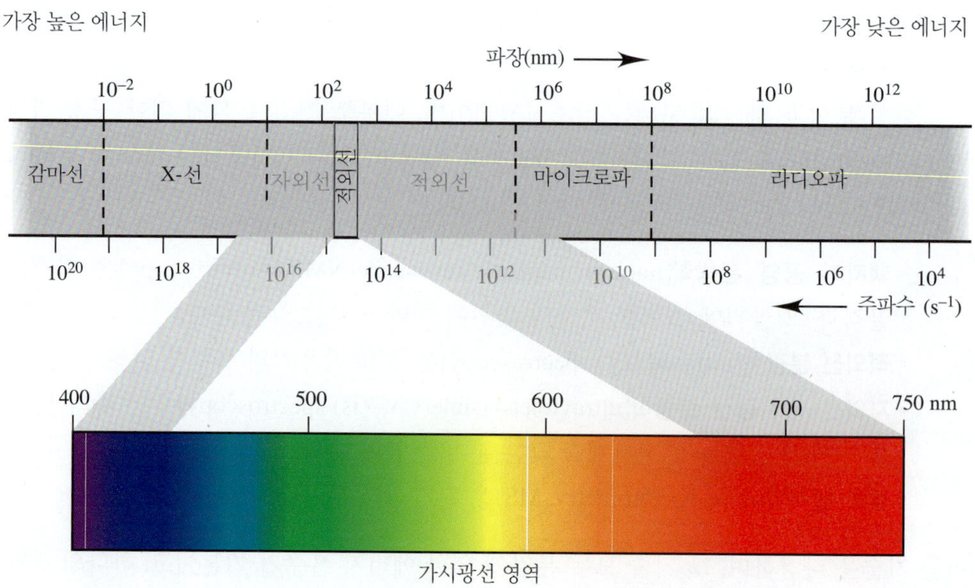

그림 • 19.1
전자기 스펙트럼
M. Silberberg로부터 허가 후 게재 (*Chemistry* 2판, WCB/McGraw-Hill, New York, 2000, p 260)

1. 주파수는 파장에 반비례하여, 주파수가 크면 클수록 파장은 더 짧아진다.
2. 에너지는 주파수에 비례하여, 전자기 복사선의 주파수가 높으면 높을수록 더 낮은 주파수를 갖는 전자기 복사선보다 더 많은 에너지를 갖는다.

문제 19.1 (a) 보라색 빛은 4×10^{-7}m 파장을 갖는다. 이 빛의 주파수를 계산하시오. (b) 빨간색 빛은 8×10^{-7}m 파장을 갖는다. 빨간색 빛의 주파수가 보라색 빛의 주파수보다 더 크겠는가, 더 작겠는가? 빨간색 빛의 주파수를 계산하시오. (c) 보라색 빛 광자와 빨간색 빛 광자 중 어느 것이 더 높은 에너지를 가지고 있는가?

풀이 (a) 복사선의 파장과 주파수의 관계를 나타내는 식을 정리하면 주파수는 다음과 같다.

$$\nu = \frac{c}{\lambda}$$

보라색 빛의 파장의 값을 대입하면

$$\nu = \frac{3.0 \times 10^8 \text{m/s}}{4 \times 10^{-7} \text{m}}$$

$$= 7.5 \times 10^{14} \text{s}^{-1}$$

보라색 빛의 주파수는 7.5×10^{14}Hz이다.

광원에 따라 하나의 광자는 거대한 양의 에너지를 가질 수 있다. 감마선과 X-선은 매우 높은 에너지 광자의 흐름이다. 라디오파는 상대적으로 낮은 에너지를 갖는다. 자외선은 가시광선의 끝에 있는 보라색 빛보다 더 높은 에너지를 가지며, 적외선은 가시광선의 빨간색 빛보다 더 낮은 에너지를 갖는다. 한 분자가 전자기 복사선에 노출되었을 때 하나의 광자를 흡수하여 그 광자와 같은 양의 큰 에너지를 가질 수 있다. 분자들은 자기들이 흡수할 수 있는 주파수의 빛만 선택적으로 흡수한다. 어떤 특정 주파수의 광자만이 분자에 의해 흡수된다. 한 분자에 의해서 흡수되는 특정 광자의 에너지는 분자 구조에 따라 다르며, **분광계**(spectrometer)라고 하는 장비로 측정할 수 있다. 이렇게 얻어진 데이터는 분자 구조의 감도가 매우 좋은 지표이며, 실제 화학 분석의 혁명적인 변화를 가져왔다.

분자 흡수 패턴을 그래프로 나타낸 것을 **스펙트럼**(spectrum)이라고 한다. 하나의 스펙트럼은 특정 주파수에서 여러 종류의 피크로 이루어져 있으며, 그것을 해석하면 샘플의 분자 구조에 대한 정보를 얻을 수 있다.

이와 같은 일반 이론을 기반으로 하여 세 가지 중요한 분광학적 방법 NMR, IR, UV-Vis 분광학에 대하여 간단히 알아보자. 각각의 방법은 상호보완적인 정보를 제공하며, 세 방법 모두는 분자 구조를 결정하는 데 매우 유용하게 사용될 수 있다. 일반적으로 유기 화학자들에게 구조 결정에 더 많은 정보를 제공하면서 IR과 UV-Vis의 두 방법보다 더 긴 파장을 갖는 NMR 분광학에 대하여 공부하기로 하자.

19.2 핵자기 공명(NMR) 분광학

유기 화학자들에게 NMR 분광학은 분자 구조를 결정하는 유용하게 사용될 수 있는 가장 가치 있는 도구 중의 하나이다. 핵자기 공명(NMR) 분광법에서 분자가 어떤 과정을 통해 구조가 결정되는지 살펴보기로 하자.

NMR 분광학의 기초는 **핵스핀 상태**(nuclear spin state) 사이의 전이이다. 어떻게 이것이 구조적인 정보를 제공할 수 있는지 이해하기 위해서 핵스핀의 개념을 간략하게 살펴보아야 한다. 일부 원자핵은 **스핀**(spin)이라고 하는 특성을 가지고 있는데, 유기 화학자들이 가장 관심이 있는 것은 이들 원자 중의 수소 동위원소(^{1}H)와 탄소-13(^{13}C)이다. 천연에 존재하는 수소 중에서 수소 동위원소(^{1}H)의 구성 비율은 99.9%이며, 천연에 존재하는 탄소 중에서 탄소-13의 구성 비율은 1% 정도이다. 그러므로 수소 NMR(^{1}H NMR) 분광학은 유기 화학자들이 가장 널리 사용되는 NMR 분광학이었다. NMR 분광학은 주로 ^{1}H NMR에 대해서만 초점을 맞추어 논의할 것이며, ^{13}C NMR 분광학은 19.8절과 19.9절에서 간단하게 설명할 것이다.

전자와 같이 양성자도 같은 에너지를 갖는 두 개의 스핀 상태($+\frac{1}{2}$과 $-\frac{1}{2}$)를 갖는다. 양성자가 강한 자기장에 놓여 있을 때는 핵의 스핀 상태가 같은 에너지를 갖지 않는다. 그림 19.2에서 보는 것처럼, 두 스핀 상태 사이의 에너지 차이는 적용한 자기장의 크기와 비례한다. 예를 들어, 지구의 자기장보다 약 100,000배 더 강한 4.7T 자기장은 ^{1}H의 두 개 스핀 상태를 8×10^{-5}kJ/mol(1.9×10^{-5}kcal/mol) 에너지 차이가 되도록 분리한다. Planck 방정식 $\Delta E = h\nu$에 적용하면 에너지 차이는 주파수 2×10^{8}Hz(200MHz) 복사선과 같은 값이며, 전자기 스펙트럼의 라디오파 영역에 해당한다(그림 19.1 참조).

자기장 크기의 SI 단위는 Edison과 같이 전기 장치를 개발했던 Thomas Edison의 동시대 사람인 Nikola Tesla의 이름을 따서 테슬라(Tesla, T)이다.

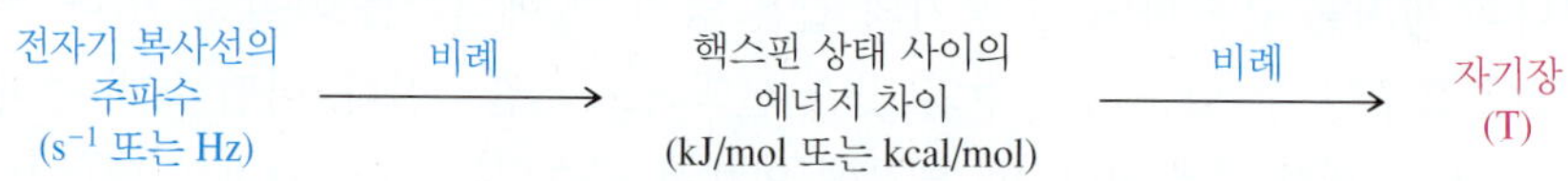

하나의 수소가 강한 자기장에 놓이면 라디오파에 해당하는 전자기 복사선을 흡수할 것이고, 핵의 스핀이 낮은 에너지 상태부터 높은 에너지 상태까지 튀게 된다.

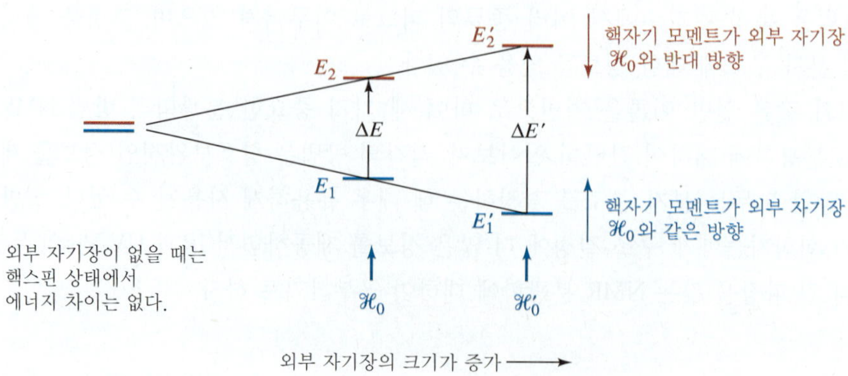

그림 • 19.2
외부 자기장을 가하면 두 개의 핵스핀 상태가 다른 에너지를 갖게 된다. 그 에너지 차이 ΔE는 적용한 자기장의 크기에 비례한다.

문제 19.2 이 교재에 수록된 대부분의 NMR 스펙트럼은 4.7T(^{1}H에 대해 200MHz)의 자기장 크기를 갖는 분광기로 측정하여 기록된 것이다. 널리 사용된 일세대 NMR 분광기는 60MHz 장비였다. 일세대 NMR 분광기의 자기장의 크기는 얼마인가?

19.3 핵의 차폐와 ^{1}H 화학적 이동

분자에서 양성자는 공유 결합에 의해 탄소, 산소, 질소와 그 이외 다른 원자와 결합되어 있다. 분자의 공유 결합에서 모든 전자들은 양성자의 자기장 환경에 영향을 미친다. 홀로 존재하는 양성자는 외부 자기장 크기에 영향을 받지만, 유기 분자 속에 있는 양성자는 외부 자기장과 분자 내의 내부 자기장에 모두 영향을 받는다. 분자에서 하나의 양성자가 받는 순수한 자기장의 크기가 항상 외부 자기장보다 가장 적게 받을 때 그 자기장은 **차폐**(shileded)되었다고 말한다. 한 분자의 모든 양성자는 전자에 의해 적용된 자기장으로부터 차폐되는데, 그러나 일부 양성자는 다른 양성자에 비해 덜 차폐되기도 한다. 종종 "차폐감소(deshielded)"라는 말은 하나의 양성자가 다른 양성자보다 차폐 정도가 감소되는 것을 설명할 때 사용된다.

양성자의 차폐가 많으면 많을수록 적용된 자기장의 크기가 크면 클수록 공명은 더 많이 일어나고, 신호의 크기는 커져야 한다. 더 차폐된 양성자는 **더 낮은 자기장 강도(downfield, 낮은장)**보다 **더 높은 자기장 강도(upfield, 높은장)**에서 rf 복사선을 흡수한다. 양성자마다 각각 다른 자기장 강도에서 신호를 만든다.

> 핵의 공명 위치는 분자에서 어떤 환경에 놓여 있는가에 따라 달라지는데, 이를 "**화학적 이동**(chemical shift)"이라고 한다.

화학적 이동은 NMR의 실제 강도에 따라 그 위치가 달라진다. 한 분자에서 각기 다른 양성자들의 화학적 이동값은 달라질 수 있으며, 구조적인 특성에 따라 독특하게 나타난다.

그림 19.3은 클로로폼(chloroform, $CHCl_3$)의 ^{1}H NMR 스펙트럼을 나타낸 것으로, 지금까지 열거한 용어들이 실제 스펙트럼에서 어떻게 사용되는지 설명하고 있다.

절대값으로 화학적 이동값을 측정하는 대신에 표준 물질인 **테트라메틸실레인**[tetramethylsilane, $(CH_3)_4Si$, 약칭 TMS]을 기준으로 화학적 이동값을 측정한다. TMS의 양성자는 대부분의 유기 화합물의 양성자보다 더 차폐되어 있어서 샘플의 모든 신호가 일반적으로 표준 물질 TMS 신호보다 더 낮은 자기장에서 나타난다. 예를 들어, 100MHz 장비를 사용하여 측정했을 때 클로로폼($CHCl_3$)에 있는 양성자의 신호는 TMS 신호보다 728Hz 낮은 자기장에서 나타난다. 그러나 주파수는 자기장 강도에 비례하기 때문에 200MHz 장비에서는 똑같은 신호가 TMS 신호보다 1456Hz 더 낮은 자기장에서 나타난다. 화학적 이동값 TMS를 0으로 하여 ppm 단위로 바꾸어서 단순화하여 나타내기도 한다. 실제로 TMS를 샘플에 넣어서 실험할 필요는 없으며, 또한 스펙트럼에

그림 • 19.3
클로로폼($CHCl_3$)의 200MHz ^{1}H-NMR 스펙트럼. 화학적 이동값은 표준 물질인 테트라메틸실레인의 값을 0으로 하고 TMS로부터 *x*-축을 따라 얼마만큼 이동했는지 ppm 단위로 측정된다.

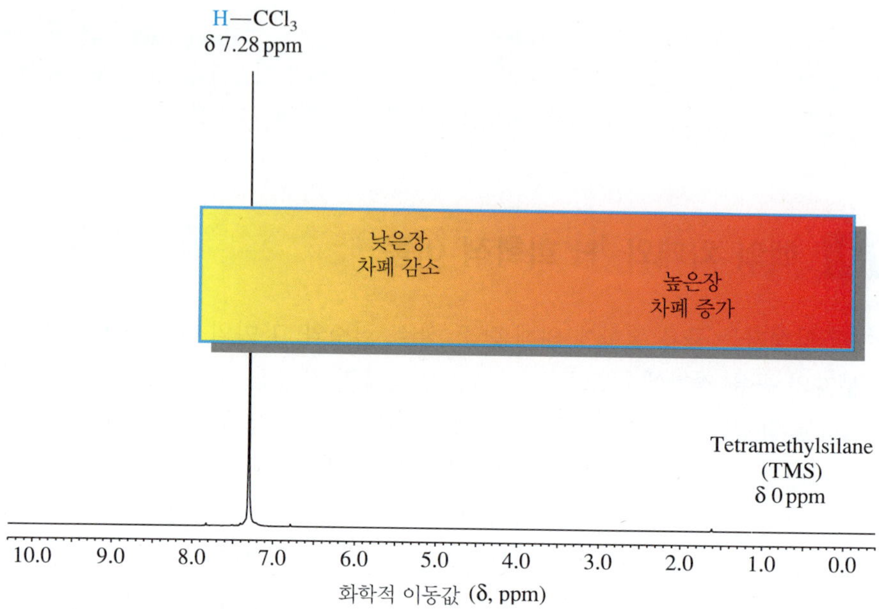

표준 물질이라고 나타낼 필요도 없다.

$$\text{화학적 이동값}(\delta) = \frac{\text{신호의 위치} - \text{TMS 피크의 위치}}{\text{분광계 주파수}} \times 10^6$$

따라서 클로로폼에서 양성자의 화학적 이동값은

$$\delta = \frac{1456\text{Hz} - 0\text{Hz}}{200 \times 10^6\text{Hz}} \times 10^6 = 7.28\,\text{ppm}$$

화학적 이동값을 이 방식으로 나타낼 때, 기호는 자기장 강도와 무관하게 δ로 표시된다.

문제 19.3 300MHZ NMR 분광기로 사용했을 때 브로모폼(bromoform, $CHBr_3$)의 ^{1}H 신호는 2065Hz에서 나타난다. (a) 이 수소의 화학적 이동값은 얼마인가? $CHBr_3$의 양성자가 $CHCl_3$의 양성자보다 덜 차폐되었는지 또는 더 차폐되었는지 밝히시오.

NMR 스펙트럼은 항상 용액 상태에서 얻어지며, 클로로폼은 대부분의 유기 화합물에 대해서 좋은 용매라 할지라도 δ 7.28ppm에서 그 자신의 신호가 샘플의 신호를 감지할 수 없을 정도로 너무 크기 때문에 거의 사용되지 않는다. 중수소(deuterium, D=^{2}H)의 자기적 특성이 ^{1}H의 자기적 특성과 다르기 때문에 $CDCl_3$는 NMR 스펙트럼에서 전혀 신호를 내지 않기 때문에 클로로폼 대신 사용된다. ^{1}H NMR 분광학에서 $CDCl_3$가 일반적으로 가장 많이 사용되고 있다. 같은 원리로 탄수화물과 같은 물에 녹는 물질에 대해서는 용매로 H_2O 대신에 D_2O가 사용된다.

19.4 분자 구조가 [1]H 화학적 이동에 미치는 영향

핵자기 공명 분광학이 구조 결정에 있어 가장 강력한 도구인 이유는

> 다른 환경에 놓여 있는 양성자는 차폐 정도가 다르며, 화학적 이동값도 다르기 때문이다.

앞 절에서 문제 19.3은 $CHCl_3$의 위치와 $CHBr_3$ 위치 사이에 화학적 이동과 차폐와의 관련성을 기본으로 한 것이다.

예를 들어, CH_3X 형태의 화합물에서 메틸 양성자의 차폐는 X의 전기음성도가 작으면 작을수록 커진다. 차폐는 전자에 따라 달라지는 만큼 화학적 이동값은 X가 메틸기로부터 전자를 잡아당기는 정도에 따라 다르다.

메틸 양성자의 차폐 증가 →
이웃 원자의 전기음성도 감소 →

	CH_3F	CH_3OCH_3	$(CH_3)_3N$	CH_3CH_3
	Methyl fluoride	Dimethyl ether	Trimethylamine	Ethane
메틸 양성자의 화학적 이동 (δ), ppm:	4.3	3.2	2.2	0.9

비슷한 경향이 메틸 할라이드에서 나타난다. CH_3F의 양성자는 가장 덜 차폐(δ 4.3ppm)되어 있고, CH_3I의 양성자는 가장 많이 차폐(δ 2.2ppm)되어 있다.

전기음성적인 치환체의 차폐 억제 효과는 메테인의 다양한 염소 치환체에 대한 화학적 이동값이 나타내는 것처럼 누적된다.

	$CHCl_3$	CH_2Cl_2	CH_3Cl
	Chloroform (trichloromethane)	Methylene chloride (dichloromethane)	Methyl chloride (chloromethane)
화학적 이동 (δ), ppm:	7.3	5.3	3.1

문제 19.4 $CHCl_3$와 CH_3CCl_3의 화학적 이동값 차이는 4.6ppm이다. CH_3CCl_3에서 양성자에 대한 화학적 이동값은 얼마인가? 그 이유를 설명하시오.

표 19.1은 여러 가지 형태의 양성자에 대한 화학적 이동값에 관한 정보를 수집하여 정리하였다. 메틸(CH_3) 양성자는 메틸렌(CH_2) 양성자에 비해 더 차폐되어 있고, 메틸렌 양성자는 메틴(methine, CH) 양성자보다 더 차폐되어 있다. 이들의 차이는 단지 약 0.7ppm 정도로 작더라도 같은 형태의 메틴 양성자와 메틸 양성자를 같이 생각하면 안 된다. 일반 유기 화합물에서 모든 양성자의 화학적 이동값은 약 12ppm 범위를 넘지 않는다. 알케인의 양성자는 가장 많이 차폐되어 있고, 반면에 카복실산의 O—H 양성자

표 19.1 대표적인 수소의 화학적 이동값

양성자 형태	화학적 이동값(δ) ppm*	양성자 형태	화학적 이동값(δ) ppm*
H—C—R	0.9–1.8	H—C—NR	2.2–2.9
H—C—C=C	1.6–2.6	H—C—Cl	3.1–4.1
H—C—C(=O)—	2.1–2.5	H—C—Br	2.7–4.1
H—C—C≡N	2.1–3	H—C—O	3.3–3.7
H—C≡C—	2.5		
H—C—Ar	2.3–2.8	H—NR	1–3†
H—C=C<	4.5–6.5	H—OR	0.5–5†
H—Ar	6.5–8.5	H—OAr	6–8†
H—C(=O)—	9–10	H—OC(=O)—	10–13†

* 테트라메틸실레인에 대한 근사값. 분자 내 다른 그룹에 의해 양성자의 신호가 범위 밖에서 나타날 수도 있다.
† 질소와 산소에 결합된 양성자의 화학적 이동값은 온도와 농도 의존적이다.

는 가장 덜 차폐되어 있다.

NMR 분광기가 화학적 이동값이 같은 신호를 분리하는 능력을 **분리능**(resolving power)이라 하며, 그 기기의 자기장 강도와 비례한다. 60MHz에서는 아주 가까이 붙어 있는 두 신호가 300MHz 기기를 사용하면 잘 분리된다(그러나 ppm으로 알려진 화학적 이동값 δ는 자기장 세기와 무관하게 일정하다는 것을 기억하기 바란다).

19.5 양성자 NMR 스펙트럼의 해석

분자 구조에 관하여 NMR 스펙트럼을 해석하는 것은 표 19.1에 나타낸 정보로부터 시작된다. 양성자의 다양한 환경에 따른 화학적 이동값의 특성을 이해하면 미지 화합물의 특이 구조 단위가 존재하는지 추측할 수 있다. NMR 스펙트럼은 그 외에도 다음과 같은 유용한 정보를 제공한다.

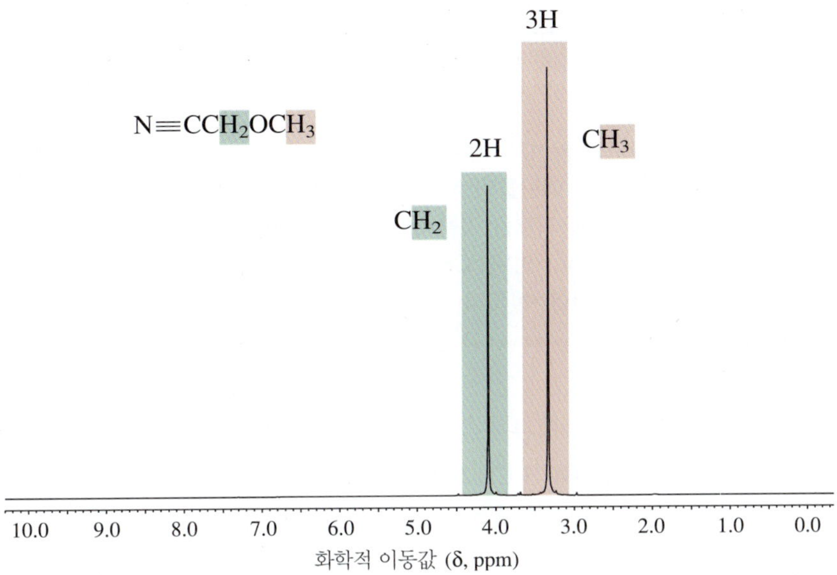

그림 • 19.4 메톡시아세토나이트릴(CH_3OCH_2CN)의 200MHz ^1H NMR

1. **신호의 수**는 얼마나 많은 종류의 양성자가 존재하는지 알려 준다.
2. 피크를 면적으로 계산하는 **신호의 강도**는 여러 종류의 양성자의 상대적인 비를 알려 준다.
3. 각 **신호의 다양성과 갈라짐**은 그 신호의 근처에 얼마나 많은 양성자가 있는지 알려 준다.

다른 화학적 이동값을 갖는 양성자를 **화학적-이동-비동등**(chemical-shift-nonequivalent) 또는 **화학적으로 비동등**(chemically nonequivalent)이라고 표현한다. 한 물질에서 화학적 이동값이 같지 않은 양성자는 NMR 스펙트럼에서 신호가 분리되어 나타난다. 그림 19.4는 다른 환경에 있는 양성자를 가진 한 분자 메톡시아세토나이트릴(methoxyacetonitrile, CH_3OCH_2CN)의 200MHz ^1H NMR 스펙트럼을 나타내고 있다. CH_3O기의 세 양성자는 한 세트이고, OCH_2CN의 두 개의 양성자는 다른 한 세트이다. 이들 두 세트의 양성자는 NMR 스펙트럼에서 두 개의 피크를 만들고 화학적 이동값을 기준으로 지명할 수 있다. OCH_2CN기에서 양성자는 전기음성도가 큰 두 개의 치환체(O와 CN)와 붙어 있는 탄소에 연결되어 있어 전기음성도가 큰 한 개의 원소(O)와 결합되어 있는 CH_3O기의 양성자보다 덜 차폐되어 있다. OCH_2CN기 양성자에 대한 신호는 δ 4.1ppm에서 나타나고, CH_3O 양성자의 신호는 δ 3.3ppm에서 나타난다.

문제 19.5 다음 화합물 각각에 대한 ^1H NMR 스펙트럼에서 기대되는 대략적인 화학적 이동값과 신호의 수를 예측하시오.

(a) 에탄올(Ethanol), CH_3CH_2OH
(b) 다이에틸 에터(Diethyl ether), $CH_3CH_2OCH_2CH_3$
(c) *tert*-뷰틸 브로마이드(*tert*-Butyl bromide), $(CH_3)_3CBr$

(d) 2-클로로프로페인(2-Chloropropane), CH_3CHCH_3 (with Cl on the central carbon)

풀이 (a) 에탄올은 메틸(CH_3)기의 양성자, 메틸렌기의 양성자(CH_2), 하이드록시 양성자의 세 가지 형태의 양성자를 갖는다. 에탄올의 NMR 스펙트럼은 세 개의 신호를 갖는다. 대략적인 화학적 이동값은 표 19.1에 기재된 것을 보고 적당히 구할 수 있다. CH_3 양성자의 화학적 이동값은 δ 0.9~1.8ppm 범위, CH_2 양성자는 δ 3.3~3.7ppm 범위, OH 양성자는 δ 0.5~5ppm 범위를 기대할 수 있다

분자 구조에 대한 정보를 알 수 있는 또 다른 방법은 피크의 강도를 비교하는 것이다. CH_3O기의 세 개의 양성자는 OCH_2CN기의 두 개의 양성자보다 더 강력한 피크를 만든다. 간단한 방법은 스펙트럼에서 피크의 높이를 단순히 비교하는 것이다. 피크의 면적을 **적분**(integration)하여 비교하는 것이 더 좋은 방법이다. 적분은 NMR 스펙트럼이 기록되는 시간에 전기적으로 자동으로 이루어지고, 적분된 면적이 스크린에 뜨거나 인쇄된다. 피크 면적은 그 신호를 만드는 양성자의 개수에 비례한다.

문제 19.6 문제 19.5에서 각각의 화합물에 대한 신호의 상대적인 크기를 예측하시오.

풀이 (a) 각각의 신호의 크기는 그 신호를 만든 양성자의 수에 의해 결정된다. 에탄올의 신호 세 개는 각각 CH_3, CH_2, OH로부터 3:2:1의 크기를 갖는다.

피크 면적의 적분은 양성자의 수에 따라 절대적이 아니라 상대적으로 계산된다는 것을 잘 기억하는 것이 중요하다. CH_3OCH_2CN의 경우처럼 양성자의 비가 3:2이므로 면적비로 3:2로 나타난다. 그러나 약간 다른 화합물에서는 3:2의 면적비가 6:4 또는 9:6의 양성자 비를 나타낼 수도 있다.

문제 19.7 1,4-다이메틸벤젠의 200MHz NMR 스펙트럼은 두 피크의 화학적 이동값 δ 2.2ppm과 δ 7.0ppm 이외에 CH_3OCH_2CN(그림 19.4)의 스펙트럼과 거의 유사하다. 두 피크 중에서 1,4-다이메틸벤젠의 양성자 수와 맞는 피크를 지목하시오.

19.6 NMR 분광학에서 스핀-스핀 갈라짐

이전 절에서 논의한 CH_3OCH_2CN(그림 19.4)의 ^1H 스펙트럼은 두 피크가 각각 단일 피크로 이루어진 **단일선**(singlet)이기 때문에 상대적으로 단순하다. 그러나 특정 양성자에 대한 피크가 단일선이 아니고 여러 개의 피크로 이루어진 경우가 많다. 신호가 두 개의 피크인 **이중선**(doublet), 세 개의 피크인 **삼중선**(triplet), 네 개의 피크인 **사중선**(quartet)

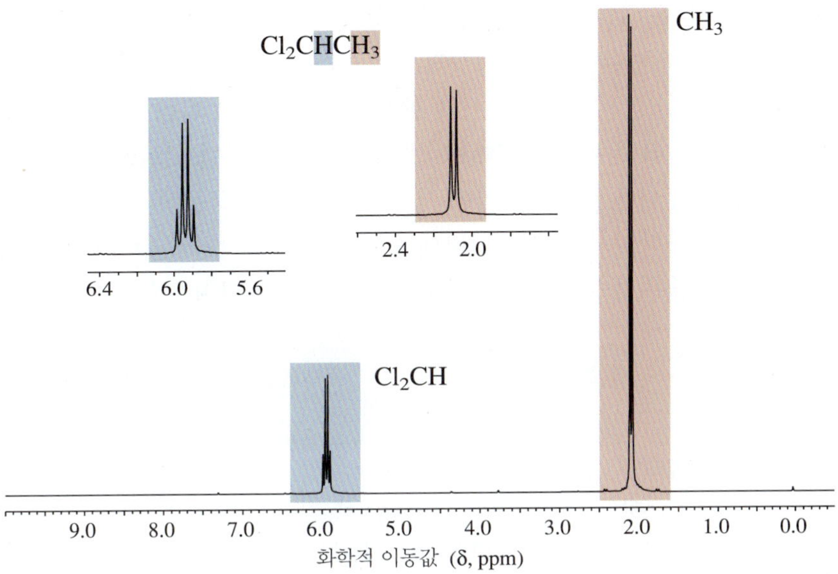

그림 • 19.5
1,1-다이클로로에테인의 200MHz ^{1}H NMR 스펙트럼. 메틴 양성자는 사중선, 메틸 양성자는 이중선을 나타낸다. 피크의 다양성은 삽입된 피크의 확대 그림에서 더 선명하게 나타난다.

또는 그 이상의 피크인 **다중선**(multiplet)으로 갈라질 수 있다. 그림 19.5는 1,1,-다이클로로에테인(1,1-dichloroethane, CH_3CHC_{l2})의 ^{1}H NMR 스펙트럼으로, 메틸기 양성자는 중심이 δ 2.1ppm인 이중선이고, 메틴의 양성자는 중심이 δ 5.9ppm인 사중선이 특징이다. 특이 양성자에 대한 신호가 갈라져서 나타나는 피크의 수를 피크의 **다중도**(multiplicity)라고 한다. 단순한 경우, ^{1}H NMR 분광학에서 갈라짐을 예측할 수 있는 법칙은 다음과 같다.

$$H_a\text{에 대한 신호의 다중도} = n + 1$$

여기서 n은 H_a와 인접한 양성자의 수와 같다. 두 개의 양성자가 이웃 원자에 결합되어 있을 때 '서로 인접해 있다' 라고 한다. H_a에 인접한 양성자는 세 개의 결합으로 H_a로부터 분리된다. 1,1-다이클로로에테인의 세 개의 메틸 양성자는 메틴 양성자와 인접해 있어 이중선으로 갈라진다. 반면에 단일 메틴 양성자는 메틸 양성자의 신호가 사중선으로 갈라진다.

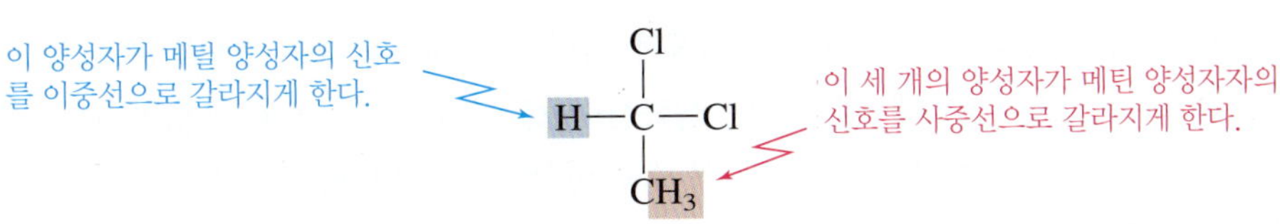

피크가 갈라지는 물리적인 기본 개념은 인접한 양성자의 핵스핀 사이에 상호작용 때문이며, 이를 **스핀-스핀 갈라짐**(spin-spin splitting)이라고 한다. 물리적인 현상에 대해서는 더 이상 논의하지 않고, 초점을 ^{1}H NMR 스펙트럼을 해석할 때 갈라짐 현상을 어떻게 이용하는지에 대하여 다룰 것이다.

전형적으로 ^{1}H 스펙트럼에서 관찰되는 피크의 갈라짐 현상은 1,1-다이클로로에테인과 같이 인접한 수소 때문에 나타난다. 세 개의 결합으로 떨어져 있는 수소, 네 개 이상의 결합으로 떨어져 있는 수소는 정상적으로 갈라짐 현상이 일어나지 않는다. 갈라짐 현상은 탄소에 붙어 있는 양성자에서만 관찰된다. 그러므로 하이드록시(O—H) 양성자와 아민 양성자(N—H)는 항상 ^{1}H NMR 스펙트럼에서 단일선으로 관찰된다.

마지막으로 서로 다른 수소들끼리만 서로 갈라진다. 예를 들어, 에테인은 ^{1}H NMR 스펙트럼에서 예리한 단일선 피크만 나타낸다. 하나의 메틸기의 양성자가 서로 인접해 있다고 하더라도 그들은 동등하기 때문에 피크가 서로 갈라지지 않는다.

문제 19.8 다음 각각의 화합물에 대한 ^{1}H-NMR 스펙트럼의 모양을 설명하시오. 예상되는 신호는 몇 개인가? 각각의 피크가 몇 개의 피크로 갈라질 것인가 예측하시오.

(a) 1,2-다이클로로에테인(1,2-Dichloroethane)
(b) 1,1,1-트라이클로로에테인(1,1,1-Trichloroethane)
(c) 1,1,2-트라이클로로에테인(1,1,2-Trichloroethane)
(d) 1,2,2-트라이클로로프로페인(1,2,2-Trichloropropane)
(e) 1,1,1,2-테트라클로로프로페인(1,1,1,2-Tetrachloropropane)

풀이 (a) 1,2-다이클로로에테인($ClCH_2CH_2Cl$)의 모든 양성자는 화학적으로 동등하며, 같은 화학적 이동값을 갖는다. 같은 화학적 이동값을 갖는 수소는 서로의 신호를 갈라지게 하지 않으며, 따라서 1,2-다이클로로에테인은 예리한 단일 피크로만 이루어진다.

19.7 스핀-스핀 갈라짐의 유형

처음 보기에도 갈라짐 현상은 NMR 스펙트럼의 해석을 복잡하게 하는 것 같지만, 사실 그것은 부수적인 정보를 제공하기 때문에 구조 결정을 더 쉽도록 한다. 얼마나 많은 양성자가 특정 신호를 만드는 양성자에 인접해 있는지 알려 준다. 실제로 우리는 갈라짐이 구조적으로 독특한 유형과 관련이 있는 독특한 피크의 유형을 선정하여 배우도록 하자. 그림 19.6에서 에틸기의 가장 일반적인 유형 중의 하나는 에틸 브로마이드(ethyl bromide)의 NMR 스펙트럼이다.

CH_3CH_2X 화합물의 형태에서 특히 X가 에틸 브로마이드에서 브로민과 같은 전기음성도가 큰 원소일 경우에 에틸기는 **삼중선-사중선**(triplet-quartet) 유형을 나타낸다. 메틸렌 양성자 신호는 메틸 양성자와 짝지음 현상이 일어나 사중선으로 갈라진다. 메틸 양성자에 대한 신호는 메틸렌의 두 개의 양성자에 인접한 짝지음 현상 때문에 삼중선이 된다.

$Br—CH_2—CH_3$

두 개의 양성자가 메틸 신호를 삼중선으로 갈라지게 한다.

세 개의 양성자가 메틸렌 신호를 사중선으로 갈라지게 한다.

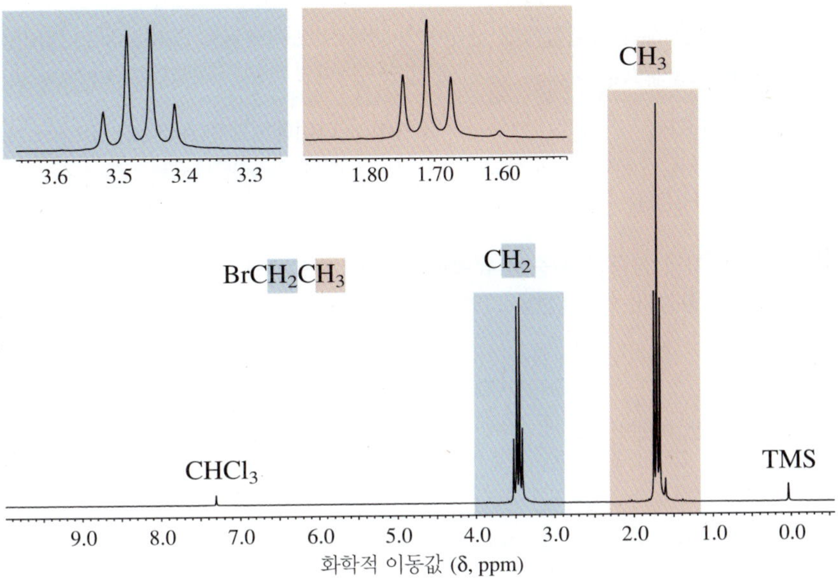

그림 • 19.6
에틸 브로마이드의 200MHz ^{1}H NMR 스펙트럼. 에틸기는 특징적인 삼중선-사중선 유형을 나타낸다.

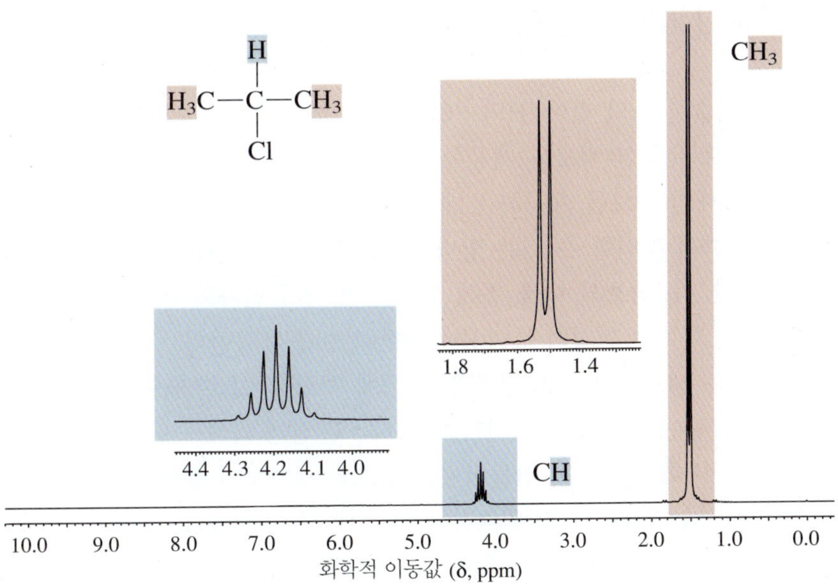

그림 • 19.7
아이소프로필 클로라이드의 200 MHz ^{1}H NMR 스펙트럼. 아이소프로필기는 이중선-칠중선 유형을 나타낸다.

아이소프로필 클로라이드의 NMR 스펙트럼(그림 19.7)은 아이소프로필기의 출현을 설명하고 있다. 동등한 성질을 갖는 메틸기의 신호는 δ 1.5ppm에서 나타나는데, H—C—Cl 양성자에 의해 이중선으로 갈라진다. 반대로 H—C—Cl 양성자는 δ 4.2ppm에서 나타나는데, 여섯 개의 메틸 양성자에 의해 칠중선(septet)으로 갈라진다. **이중선-칠중선**(doublet-septet)의 유형은 아이소프로필기의 특징이다.

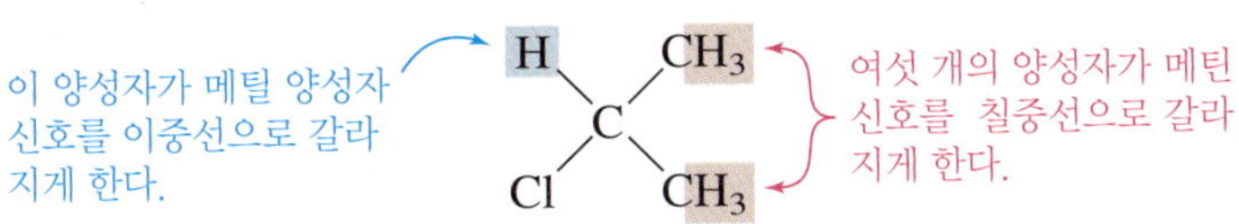

문제 19.9 다음 각각의 화합물에 대하여 ^1H NMR 스펙트럼을 설명하시오. 얼마나 많은 신호가 기대되는가? 그 신호가 몇 개로 갈라지는가?

(a) $ClCH_2OCH_2CH_3$
(b) $CH_3CH_2OCH_3$
(c) $CH_3CH_2OCH_2CH_3$
(d) *p*-다이에틸벤젠(*p*-Diethylbenzene)
(e) $ClCH_2CH_2OCH_2CH_3$

풀이 (a) 에틸기의 삼중선-사중선 유형과 함께 이 화합물의 NMR 스펙트럼은 클로로메틸기의 두 개의 양성자는 단일선을 나타낼 것이다.

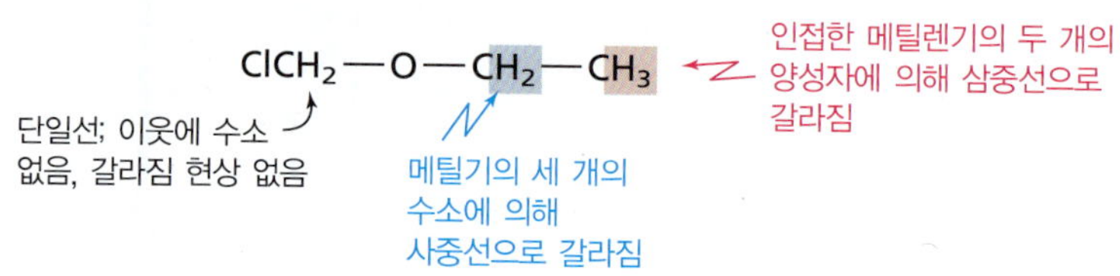

19.8 ^{13}C NMR 분광학

19.2절에서도 서술한 바와 같이 ^1H와 ^{13}C는 둘 다 핵이 스핀을 가지며, NMR을 적용했을 때 구조적으로 유용한 정보를 제공할 수 있다. ^1H NMR 스펙트럼은 우리에게 분자의 탄소 골격에 대한 정보를 제공하는 데 도움을 주지만 ^{13}C NMR 스펙트럼은 탄소 골격을 직접 면밀하게 확인할 수 있는 방법을 제공한다. ^{13}C NMR 분광학은 ^1H NMR 분광학과 유사하다. 즉, 신호의 수를 통해 탄소는 몇 종류인가의 대한 정보를 제공하고, 화학적 이동값은 화학적 환경의 특이성에 대한 정보를 제공한다.

그러나 ^1H는 샘플에서 수소 동위원소 중에 가장 많이 존재(99.9%)하는 데 반해, ^{13}C는 탄소 원자 중에 1.1%만 존재한다. 더구나 ^{13}C 핵에 의해서 만들어지는 신호의 세기는 같은 수의 ^1H 핵에 의해서 만들어지는 신호의 세기보다 훨씬 약하다. ^{13}C NMR이 구조 결정에 유용한 기술이 되기 위해서는 신호 대 잡음(signal to noise)의 비율이 크게 커질 필요가 있다. 이를 해결하기 위해서 펄스 푸리에 변환 NMR[Fourier transform NMR, (FT)-NMR] 시스템이 도입되었고, 이 시스템은 오늘날 ^{13}C NMR이 일반적인 장비가 되는 데 크게 기여하였다.

^{13}C NMR 제공하는 정보를 이해하기 위하여 1-클로로펜테인(각각 그림 19.8*a*와 19.8*b*)의 ^1H와 ^{13}C NMR 스펙트럼을 비교해 보기로 하자. ^1H NMR 스펙트럼은 CH_3와 CH_2Cl기(각각 δ 0.9와 δ 3.55ppm)의 양성자에 대하여 논리적으로 잘 정리된 심중선을 보여 주고 있다. 그러나 $CH_3CH_2CH_2CH_2CH_2Cl$ 중 C-2, C-3, C-4에서 여섯 개의 CH_2 양성자에 대한 단일선은 δ 1.4와 1.8ppm에서 분별하기 어려운 두 개의 다중선을 나타낸다.

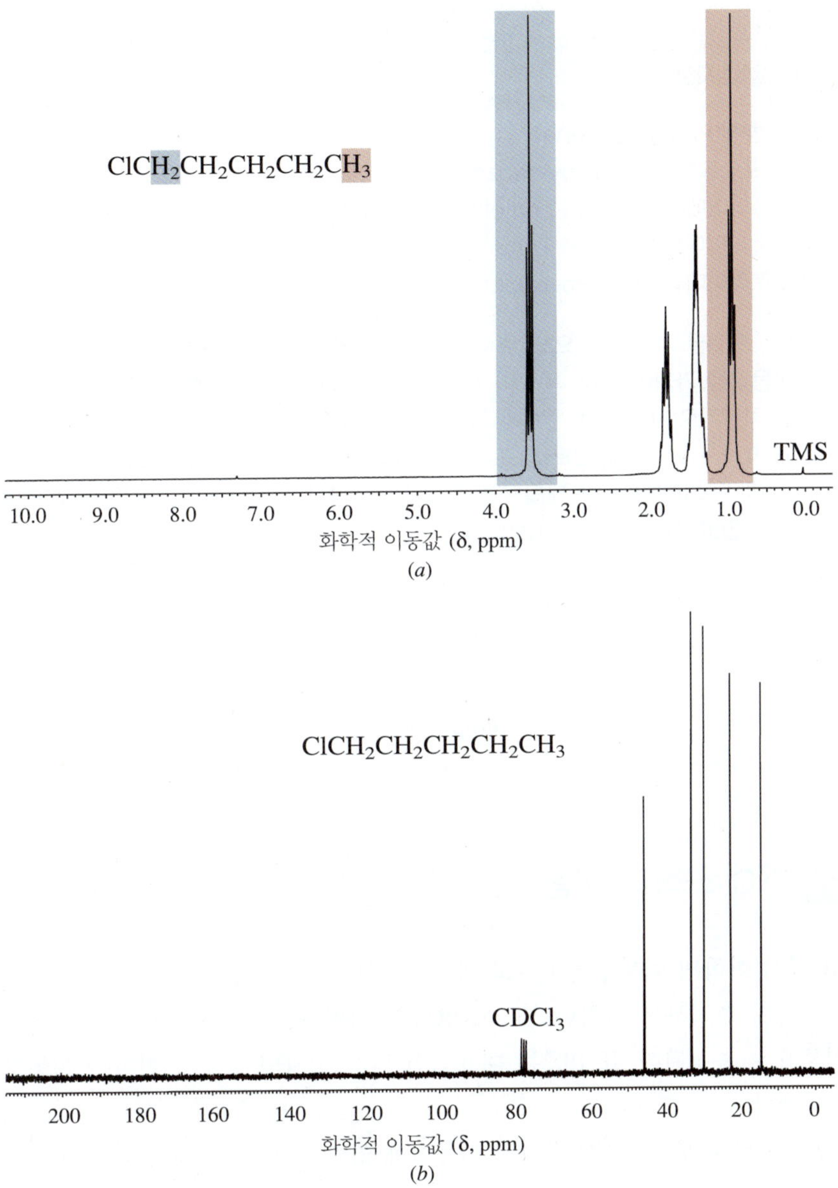

그림 • 19.8
1-클로로펜테인의 (*a*) 200MHz ^{1}H NMR 스펙트럼과 (*b*) ^{13}C NMR 스펙트럼

한편 ^{13}C NMR 스펙트럼은 매우 단순하다.

각각의 탄소에 대하여 뚜렷하게 분리된 피크가 관찰된다.

^{13}C 신호가 얼마나 잘 분리되었는지 주목하라. 똑같은 화합물의 양성자 신호는 3ppm보다도 더 적은 데 비해서 ^{13}C 신호들은 30ppm 범위 내에 있다. 일반적으로 유기 분자에서 양성자 신호는 12ppm 내에서 나타나지만 13C의 화학적 이동값은 200ppm 이상의 범위에 걸쳐 나타난다. ^{13}C 화학적 이동값이 크게 퍼지면 퍼질수록 스펙트럼의 해석은 더 쉬워진다.

문제 19.10 피리딘 존재하에서 아실 클로라이드를 사용하여 다음의 에스터를 형성하는 화학식을 쓰시오.

(a) 프로필벤젠(Propylbenzene)
(b) 아이소프로필벤젠(Isopropylbenzene)
(c) 1,2,3-트라이메틸벤젠(1,2,3-Trimethylbenzene)
(d) 1,2,4-트라이메틸벤젠(1,2,4-Trimethylbenzene)
(e) 1,3,5-트라이메틸벤젠(1,3,5-Trimethylbenzene)

풀이 (a) 프로필 치환기에 오쏘 위치에 있는 두 개의 탄소는 동일하기 때문에 동일한 화학적 이동값을 가져야 한다. 똑같이 프로필 치환기의 메타 위치에 두 개의 탄소도 서로 동일하다. 치환기로부터 파라 위치에 있는 탄소는 하나이며, 치환기가 붙어 있는 탄소도 하나이다. 따라서 *w*, *x*, *y*, *z*으로 표시한 것처럼 고리의 탄소는 네 개의 신호를 나타낼 것이다. 고리 탄소에 있는 네 개의 신호와 프로필기에 있는 세 개의 다른 탄소의 신호가 더해져서 총 일곱 개의 신호가 만들어진다.

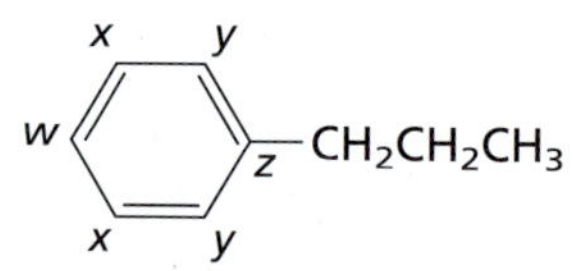

Propylbenzene

19.9 ^{13}C 화학적 이동

^1H NMR에서 화학적 이동값은 테트라메틸실레인의 양성자를 기준으로 화학적 이동값이 0으로 하여 측정하는 것처럼, ^{13}C NMR에서 화학적 이동값도 테트라메틸실레인 탄소를 기준으로 측정된다. 표 19.2는 대표적인 탄소 원자의 유형별 화학적 이동값의 범위를 나타낸다.

일반적으로 대부분의 ^{13}C 화학적 이동값에 영향을 미치는 요인은 다음과 같다.

1. 탄소의 혼성화
2. 탄소에 붙어 있는 작용기의 전기음성도

위의 두 가지 조건은 아래 화합물에서 설정한 탄소의 화학적 이동값을 비교함으로써 증명될 수 있다(숫자는 ppm 단위로, 탄소의 화학적 이동값임)

Pentane　1-Pentene　1-Butanol　Butanal

펜테인과 1-펜텐에서 C_2에 대한 화학적 이동값 그리고 1-뷰탄올과 뷰탄알에서 C_1에 대한 화학적 이동값이 설명하는 것처럼 sp^3 혼성화 탄소는 sp^2 혼성화 탄소보다 더

표 19.2 대표적인 탄소의 화학적 이동값			
탄소의 형태	화학적 이동값(δ) ppm*	탄소의 형태	화학적 이동값(δ) ppm*
탄화수소		기능이 치환된 탄소	
RCH_3	0–35	RCH_2Br	20–40
R_2CH_2	15–40	RCH_2Cl	25–50
R_3CH	25–50	RCH_2NH_2	35–50
R_4C	30–40	RCH_2OH 와 RCH_2OR	50–65
$RC{\equiv}CR$	65–90	$RC{\equiv}N$	110–125
$R_2C{=}CR_2$	100–150	$RC(=O)OH$ 와 $RC(=O)OR$	160–185
	110–175	$RC(=O)H$ 와 $RC(=O)R$	190–220

* 테트라메틸실레인을 기준으로 한 대략적인 값

차폐되어 있다. 치환기의 전기음성도 효과는 1-뷰탄올을 펜테인과 비교하고, 뷰탄알을 1-펜텐과 비교했을 때 분명해진다. 펜테인의 메틸기를 전기음성도가 큰 산소로 치환했을 때 1-뷰탄올의 탄소는 차폐가 덜 된다. 1-펜텐에 C-1을 산소로 치환하면 카보닐의 탄소는 차폐가 덜 된다.

문제 19.11 파라-메틸아니솔(*p*-methylanisole)에서 탄소 *x*, *y*, *z*를 고려해 보자. 화학적 이동값이 하나는 δ 20ppm이고, 다른 하나는 δ 55ppm이며, 세 번째는 δ 157ppm이다. 세 탄소를 알맞은 화학적 이동값과 짝지으시오.

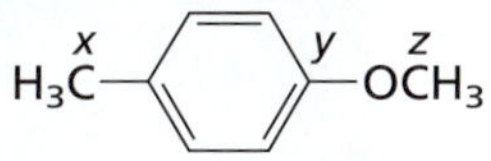

sp-혼성 탄소는 특이한 경우이다. sp^3-혼성 탄소보다는 차폐가 덜 되었지만 sp^2-혼성 탄소보다는 차폐가 더 이루어졌다.

19.10 적외선 분광학

NMR 분광학이 소개되기 전에 적외선(IR) 분광학은 유기 화합물의 구조 결정에 가장 많이 사용되는 기기 분석법이었다. IR은 분자 내에 어떤 작용기가 존재하는지 밝히는 데 매우 유용하기 때문에 아직도 화학자의 발명품 중의 중요한 위치를 차지하고 있다.

적외선 빛은 가시광선과 마이크로파 빛 사이의 전자기 복사선을 말한다. 구조 결정에 가장 많이 사용하는 IR 영역의 빛은 파장 단위로 2.5×10^{-6}m와 16×10^{-6}m 사이이다. 일반적으로 IR 분광법에서 사용하는 유도 단위는 마이크로미터와 파수이다. **1마이크로미터**(micrometer, μm)는 10^{-6}m이고, IR 스펙트럼은 2.5μm에서 16μm까지의 영역이 기록된다. **파수**(wave number)는 센티미터의 역수(cm^{-1})로서 2.5~16μm가 4000~625cm^{-1}에 해당한다. 파수를 사용하는 장점은 에너지와 비례하기 때문이다. 그러므로 에너지 범위에서 4000cm^{-1}는 큰 에너지의 끝이고, 625cm^{-1}는 낮은 에너지의 끝이다.

한 분자가 적외선 빛의 광자를 흡수했을 때 에너지는 증가하고, 그 증가한 에너지는 결합의 진동 특히 결합의 **신축**(*stretching*) 진동과 **굽힘**(*bending*) 진동과 관련이 있다. 사이안화 수소(HCN)의 진동은 그림 19.10에서 보여 주고 있다.

핵자기 공명 영상(MRI)

모든 사진에서와 같이 가슴 X-선 촬영도 삼차원 물체를 이차원적으로 투영한 것이다. 글자 뜻 그대로 사진판과 X-선 광원 사이에 있는 모든 장기와 뼈로 인해 생기는 그림자를 모은 것이다. 가슴 X-선 화상에서 가장 선명하게 나타나는 것은 폐(첫 번째 X-선 촬영을 하는 관례적 이유)가 아니라 오히려 갈비뼈와 등뼈이다. 삼차원보다도 이차원적으로 X-선 흡수를 동시에 제한할 수 있다면 바람직할 수 있다. 이것은 **CT**(또는 **CAT**) 스캔이라고 하는 형태로 정보를 생산하는 **컴퓨터 단층 촬영**(computerized axial tomography)으로 알려진 기술에 의해 해결되었다. 컴퓨터의 도움으로 CT 스캐너는 환자를 대상으로 X-선 광원과 검출기의 움직임을 조절하고, X-선 흡수 패턴을 저장하며, 조직의 얇은 한 단면의 X-선 사진과 같은 화상으로 변환시킨다. 이것은 환자의 몸에 탐침을 삽입하는 것도 아니고 외과 수술하는 것도 아닌 비파괴 진단법(noninvasive diagnostic method)이다.

CT 스캔이 매우 유용할지라도 단점이 약간 있다. 긴 시간 X-선에 노출되면 해롭기 때문에 CT 스캔은 장기가 X-선에 노출되지 않도록 조영제를 투여할 필요가 있다. 일부 환자들은 조영제에 대하여 앨러지(allergic)를 유발시키기도 한다. X-선 촬영보다도 다방면에서 안전한 대체 기술이 80년대에 개발되었다. 이 기술을 **핵자기 공명 영상**(magnetic resonance imaging) 또는 **MRI**라고 한다. MRI는 핵자기 공명 분광법을 적용한 것으로, 에너지가 더 낮은 라디오파 복사선 빛을 사람 몸 안에 조사하여 검사하게 하였다(그림 19.1 참조). 이 방법은 X-선보다 더 안전하고, 조영제를 투여할 필요가 없다. 물론 MRI는 NMR이라고 불러야 한다. 그러나 방사선 동위원소를 사용하는 핵의학과 혼돈을 피하기 위하여 이름에서 "nuclear"라는 단어를 빼고 사용한다.

비록 MRI 스캐너 기술은 다른 NMR 분광계에서 볼 수 있는 것을 볼 수 있고, 양성자를 검출하기 때문에 오히려 복잡하고 정교하다. MRI는 특히 수소가 풍부한 지질이나 물과 같은 생물에 존재하는 물질에 더 민감하다. 그림 19.9는 뇌종양을 검사하기 위하여 MRI를 사용한 예를 보여 준다. 양성자의 상대적인 농도와 환경에 따라서 각 부위마다 영상이 더 밝게 나타나거나 더 어둡게 나타난다.

MRI는 X-선 촬영의 대체품으로서 의학에 활용한 것이 첫 번째이다. 그러나 더 많은 분야에서 활용될 수 있다. 예를 들어, 만일 데이터 입수 속도가 빠르다면 정지상의 영상부터 움직이는 영상까지 촬영할 수도 있다. 단순히 기관 구조를 검사하기보다는 오히려 심장박동이나 폐의 수축 및 이완과 같은 몸 안의 움직임을 관찰할 수 있다.

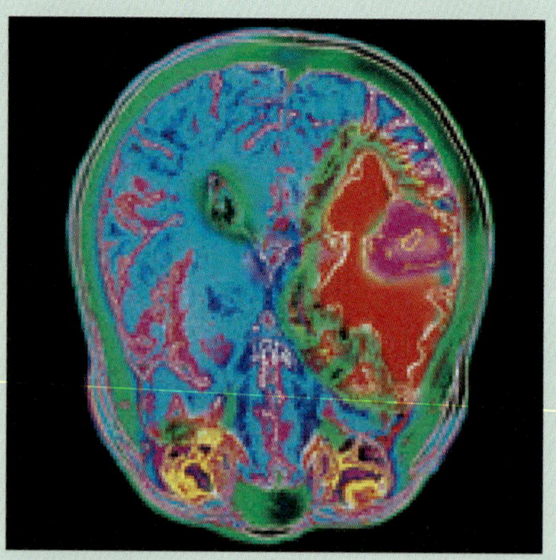

그림 • 19.9
뇌의 왼쪽에 종양이 있는 뇌 단면을 촬영한 MRI. 이 영상에서는 컴퓨터로 처리하여 종양 부분과 그 주위의 액체를 붉은색으로, 지방 조직은 녹색으로, 뇌의 정상인 부분은 푸른색으로, 눈의 동공은 노란색으로 나타나고 있다.
(Photograph courtesy of Simon Fraser Science Photo Library, Newcastle upon Tyne.)

IR 빛의 흡수가 미지의 화합물 구조에 대하여 어떤 정보를 제공하는 것인가? 일반 작용기의 대부분은 적외선 스펙트럼에서 특정 주파수의 적외선 빛 에너지를 흡수한다. 특정 주파수에 피크가 있으면 미지 분자는 어떤 작용기를 가지고 있는지를 추측할 수 있다.

C—H, O—H, C=O와 같은 대부분의 작용기의 신축 진동은 4000부터 1600cm^{-1}까지 범위의 빛을 흡수하여 나타난다. 표 19.3은 일반적으로 유기 화합물에 존재하는 몇 가지 작용기들의 특정 주파수(파수)의 적외선 빛 흡수대를 나타내고 있다.

그림 19.11은 케톤 화합물인 2-헥산온(2-hexanone)의 전형적인 IR 스펙트럼을 보이고 있다. 스펙트럼에는 여러 가지 흡수 피크들의 모양과 세기를 나타낸다. 표 19.3의 데이터에 의하면 케톤의 카보닐(>C=O) 기의 흡수는 1710에서 1750cm^{-1} 범위에서 나타난다고 되어 있으므로 스펙트럼에서 1720cm^{-1}에 강한 흡수는 이 카보닐기 때문이라고 추측할 수 있다. 카보닐기는 IR 분광학에서 가장 쉽게 존재 여부를 확인할 수 있는 작용기이다.

비록 유기 화합물의 IR 스펙트럼은 항상 여러 개 피크들이 있어도 작용기와 관련

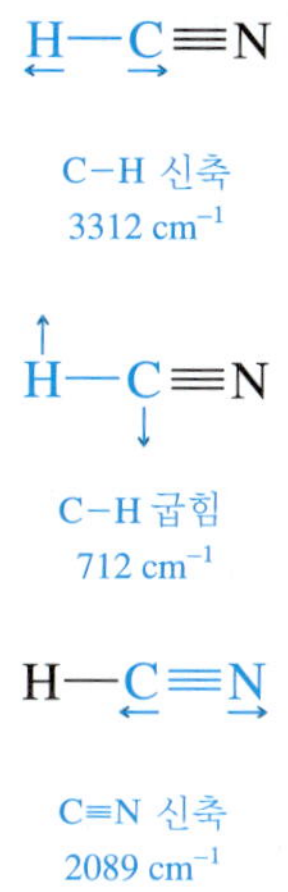

그림 • 19.10
사이안화 수소의 신축 진동과 굽힘 진동

표 19.3 일반적인 작용기들의 IR 빛 흡수 주파수

구조 단위	주파수, cm^{-1}	구조 단위	주파수, cm^{-1}
		신축 진동	
단일 결합		**이중 결합**	
—O—H (알코올)	3200–3600	>C=C<	1620–1680
—O—H (카복실산)	2500–3600	>C=O	
>N—H	3350–3500		
		알데하이드와 케톤	1710–1750
sp C—H	3310–3320	카복실산	1700–1725
sp^2 C—H	3000–3100	산 무수물	1800–1850 및 1740–1790
sp^3 C—H	2850–2950	아실 할라이드	1770–1815
sp^2 C—O	1200	에스터	1730–1750
sp^3 C—O	1025–1200	아민	1680–1700
		삼중 결합	
		—C≡C—	2100–2200
		—C≡N	2240–2280
		진단값의 굽힘 진동	
알켄 :		*벤젠의 치환된 유도체*	
RCH=CH$_2$	910, 990	단일치환된	730–770 및 690–710
R$_2$C=CH$_2$	890	오쏘-이치환된	735–770
cis-RCH=CHR′	665–730	메타-이치환된	750–810 및 680–730
trans-RCH=CHR′	960–980	파라-이치환된	790–840
R$_2$C=CHR′	790–840		

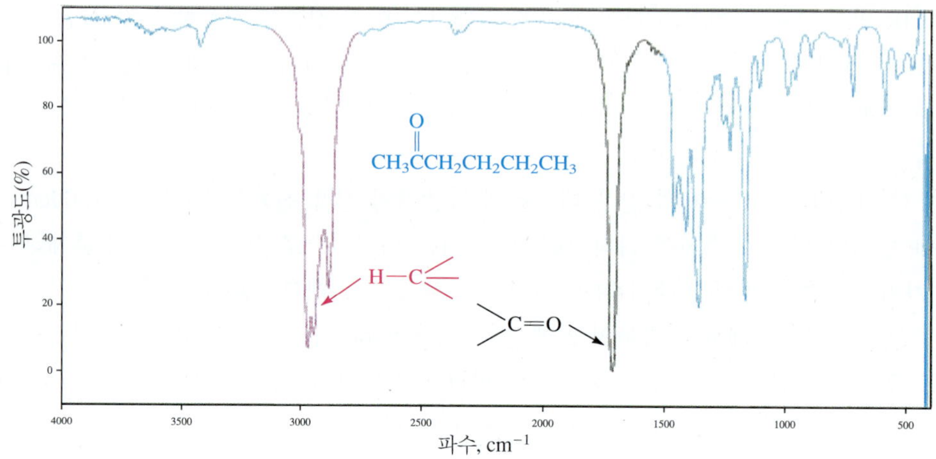

그림 • 19.11
2-헥산온의 IR 스펙트럼

된 피크만 선정하여 작용기의 유무를 추측한다. 2-헥산온의 스펙트럼에서 관심을 크게 가질 필요가 있는 곳이 또 하나 더 있다. 3000cm^{-1} 주위의 피크들은 탄소–수소 신축 진동 때문에 흡수가 일어나는 지역이므로 대부분의 유기 화합물에서 나타난다.

1400에서 625cm^{-1}까지의 IR 스펙트럼 영역은 화합물과 화합물에 따른 변이가 가장 큰 영역이다. 이 지역의 영역은 어떤 화합물이라도 두 개가 정확히 똑같은 유형의 피크를 나타내지 않으며, 사람이 똑같은 지문 유형을 갖지 않기 때문에 **지문 영역**(fingerprint region)이라고 한다. 지문 영역에서의 피크들은 어떤 작용기에 의한 것이 추측하기 어렵지만 피크의 유형은 지문을 이용하여 범인을 확인하듯이 같은 방법으로 샘플의 IR 스펙트럼과 기준 물질의 IR 스펙트럼을 비교하는 데 유용하게 이용될 수 있다.

그림 19.12는 두 번째 화합물 2-헥산올(2-hexanol)의 IR 스펙트럼이다. 이 스펙트럼에서 가장 주목해야 할 점은 하이드록시(O—H) 작용기 때문에 나타나는 3400cm^{-1} 중심 영역의 넓은 띠이다.

카복실산의 IR 스펙트럼은 이 작용기를 확인할 수 있는 독특한 흡수 유형을 나타낸다. 하이드록시기 흡수는 3500~2500cm^{-1} 영역에서 넓은 띠를 형성하며, 카보닐기는

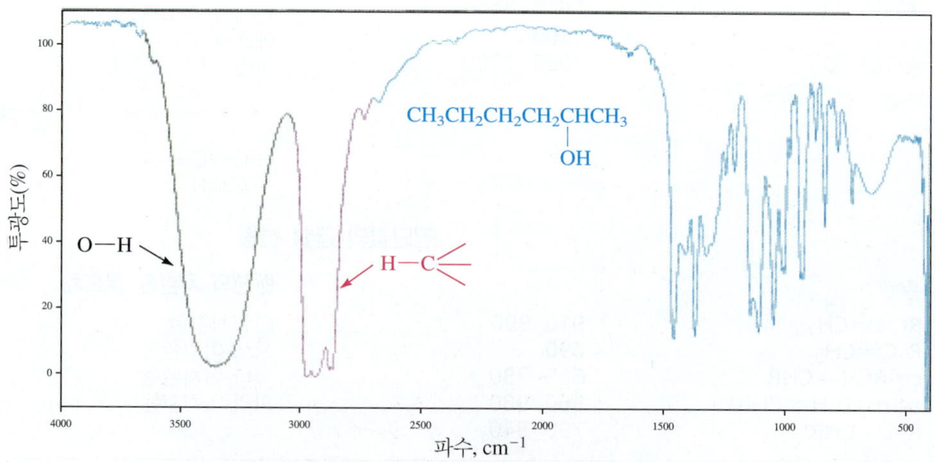

그림 • 19.12
2-헥산올의 IR 스펙트럼

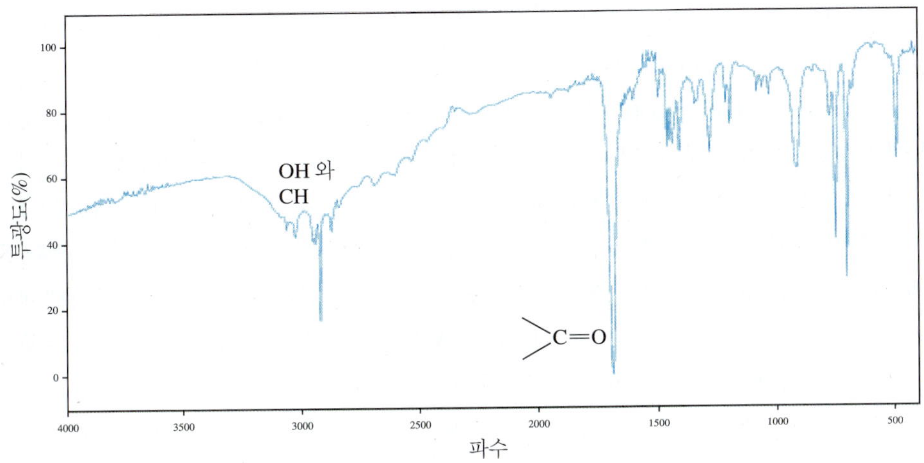

그림 • 19.13
4-페닐뷰탄산의 IR 스펙트럼

1700cm^{-1} 근처에서 강한 띠를 형성한다. 이러한 특징은 그림 19.13에서와 같이 4-페닐뷰탄산(4-phenylbutanoic acid)에서 볼 수 있다.

문제 19.12 다음 화합물 중 어느 화합물이 그림 19.14에 주어진 스펙트럼과 가장 비슷한가? 그 이유를 설명하시오.

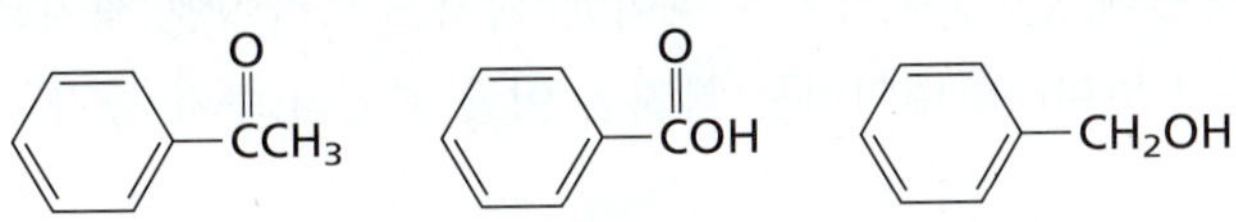

Acetophenone Benzoic acid Benzyl alcohol

19.11 자외선–가시광선(UV–Vis) 분광학

전자기 스펙트럼 부분(그림 19.1 참조)은 적외선 영역을 넘어서 가시광선 영역이다. 가시광선 주파수 영역은 12,500과 25,000cm^{-1} 사이이다. 파수는 에너지에 비례하기 때문

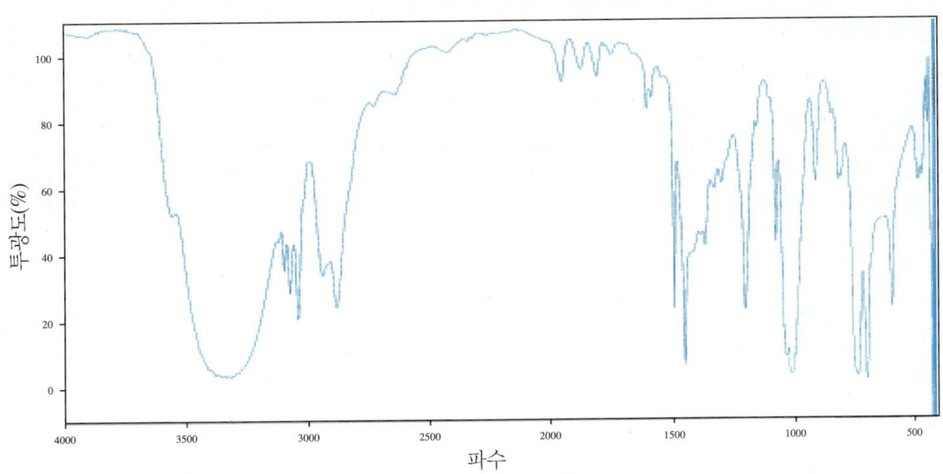

그림 • 19.14
문제 19.12에서 미지 화합물의 IR 스펙트럼

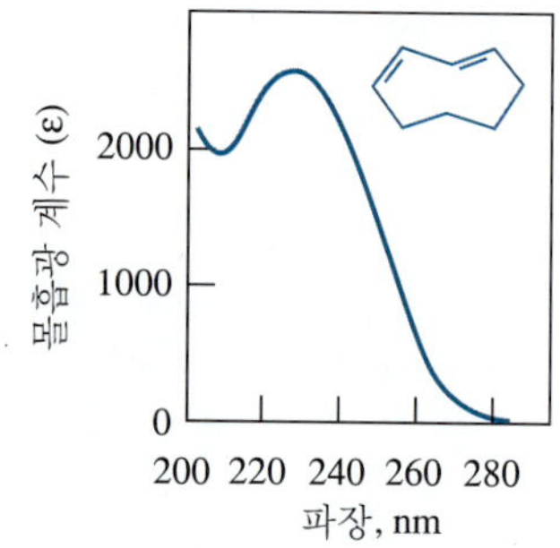

그림 • 19.15
시스,트랜스-1,3-사이클로옥타다이엔의 UV 스펙트럼

에 가시광선은 적외선보다 거의 10배 정도 에너지가 높다. 붉은색 빛은 가시광선에서 낮은 에너지 끝이고, 보라색 빛은 높은 에너지 끝이다. 자외선(UV) 복사선은 가시광선의 보라색 빛을 지나서 25,000에서 50,000cm^{-1} 영역이다. 자외선-가시광선(UV-Vis) 분광학에서 흡수 위치는 항상 **나노미터**(nanometer, nm; 1nm=10^{-9}m)의 파장으로 단위를 나타낸다. 그러므로 가시광선 영역은 800~400nm, UV 영역은 400~200nm에 해당한다.

한 분자가 가시광선이나 또는 UV 지역의 에너지를 갖는 광자를 흡수하면 **전자 들뜸**(electron excitation) 현상이 일어난다. 분자에서 하나의 전자는 가장 안정한 상태에서 가장 높은 에너지인 들뜬 상태로 전이한다. UV-Vis 분광학은 분자에서 전자의 분포를 조사하는 것이며, 짝지은 π 전자계가 존재할 때 가장 유용하게 사용된다.

그림 19.15는 짝지은 다이엔인 *시스,트랜스*-1,3-사이클로옥타다이엔(cis,trans-1,3-cyclooctadiene)의 UV 스펙트럼을 나타낸다. 이것은 적외선 스펙트럼에 비해 매우 단순하다. 피크는 짝지은 다이엔의 π 전자의 들뜸을 나타낸다. 전형적인 UV-Vis 스펙트럼에서 흡수 피크는 매우 넓다. 흡수가 최대인 파장을 λ_{max}로 나타내는데, 이 경우 λ_{max}는 230nm이다.

분자의 π 전자 골격에 대한 정보는 흡수 피크의 세기와 λ_{max}로부터 얻을 수 있다. 피크의 세기는 **몰흡광 계수**(molar absorptivity) 단위로 나타내고, 약자로 ϵ_{max}로 표시한다. 표 19.4는 에틸렌, 한 개의 짝지은 다이엔, 짝지은 트라이엔, 짝지은 폴리엔의 ϵ_{max}와 λ_{max}를 보여 주고 있다. 이 데이터는 짝지은 이중 결합의 수가 증가하면 λ_{max}는 장파장

몰흡광 계수(Molar absorptivity)를 몰흡광 계수(molar extinction coefficient)라고도 한다.

문제 19.13 가장 긴 파장의 λ_{max}를 갖는 C_5H_8 이성질체는 주어진 화합물에서 어느 화합물인가?

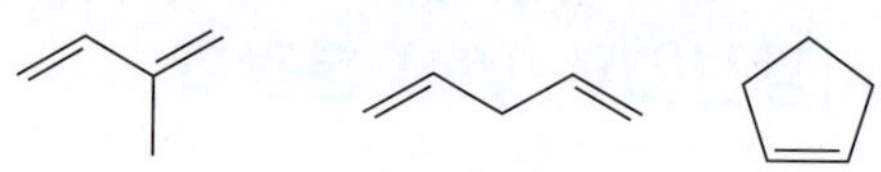

표 19.4 λ_{max}와 피크 세기(ϵ_{max})에 대한 짝지음 효과

	λ_{max}, nm	ϵ_{max}
에틸렌(Ethylene), $CH_2=CH_2$	175	15,000
1,3-뷰타다이엔(1,3-Butadiene), $CH_2=CH-CH=CH_2$	217	21,000
1,3,5-헥사트라이엔(1,3,5-Hexatriene), $CH_2=CH-CH=CH-CH=CH_2$	258	35,000
β-카로텐(β-Carotene)(11 이중 결합)	465	125,000

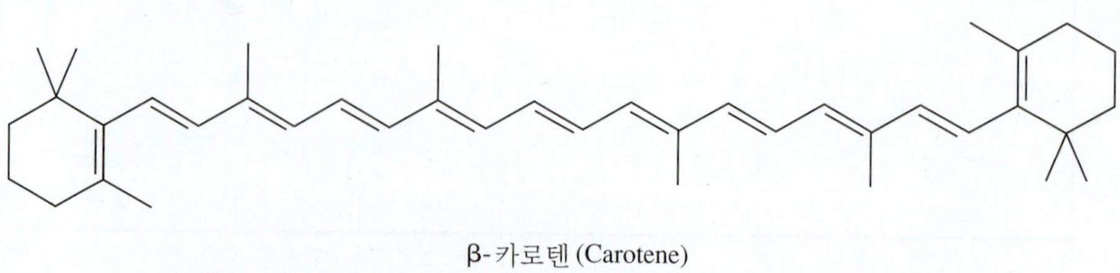

β-카로텐 (Carotene)

쪽으로 이동하고, ϵ_{max}는 커진다는 것을 보여 준다.

발색단(chromophore)은 자외선 영역이나 가시광선 영역에서 전자기 복사선을 흡수하는 짝지음 화합물의 구조적 단위이다. 어떤 화합물에 발색단이 있으면 색을 나타낸다. 예를 들어, 카로티노이드[carotenoid, 터펜(terpene) 형태, 16.10절 참조]인 라이코펜(lycopene)은 토마토와 파프리카의 붉은색을 띠는 데 관여한다. 라이코펜 발색단은 11개의 이중 결합을 갖는 짝지은 계이다. 라이코펜은 가시광선(λ_{max}=505nm)의 청록색 부분의 빛을 흡수하여 붉은색을 띤다.

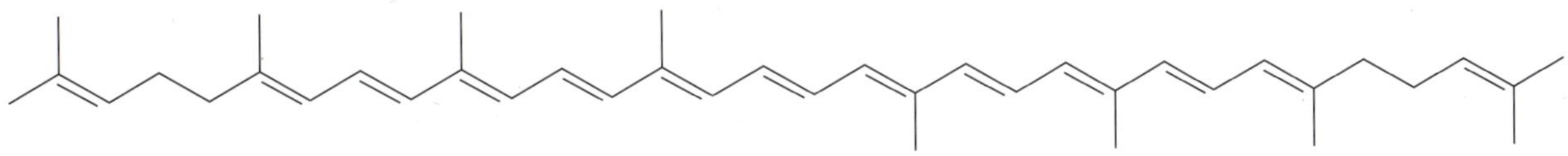

Lycopene

한편 β-카로텐(β-carotene, 표 19.4 참조)의 최대 흡수 파장은 405nm이고, 노란색을 띤다.

발색단의 개념은 염료화학에서 가장 중요하게 다룬다. 식물로부터 분리된 염료는 수천 년부터 알려져 왔다. 푸른색 염료인 인디고(indigo)는 4000년 동안 인도에서 사용되었다. 수많은 세기 동안 붉은색의 의류 염색은 알리자린(alizarin)이라는 염료로 염색되었다. 금세기에 들어와서 합성 아조 염료가 의류나 식품에 색상을 나타내기 위해 천연물 염료 대신 사용되고 있다(14.11절).

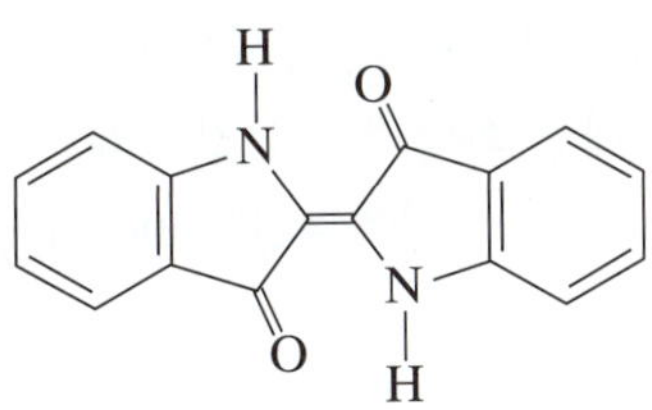

Indigo

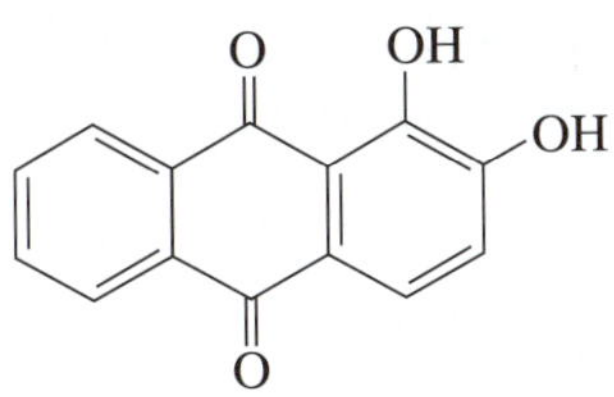

Alizarin

19.12 분광학과 구조 유형의 연관성

이제까지 논의한 분광학적 분석 방법 중 특히 IR 분광학과 NMR 분광학은 분자 구조를 결정하는 데 널리 사용되었다. 유기 분자에 존재하는 작용기들은 그 물질을 확인하는 데 도움이 되는 특이한 흡수 유형을 나타낸다. 이 절에서는 일반적인 유기 화합물별로 특징적인 분광학적인 특징을 다루고자 한다.

알코올

적외선. 앞에서(19.10절) 논의된 바와 같이 알코올의 O—H기는 IR 스펙트럼에서

3200~3650cm^{-1} 영역에 특징적인 흡수띠를 나타낸다. 또한 알코올의 C—O 흡수가 1025와 1200cm^{-1} 사이 영역에서 나타난다. 이들 띠는 2-헥산올(그림 19.12 참조)의 IR 스펙트럼에서 관찰할 수 있다.

^{1}H NMR. 알코올의 NMR 스펙트럼에서 가장 도움이 되는 신호는 하이드록시기 양성자와 일차 및 이차 알코올의 H—C—O 단위의 양성자로부터 얻어진다.

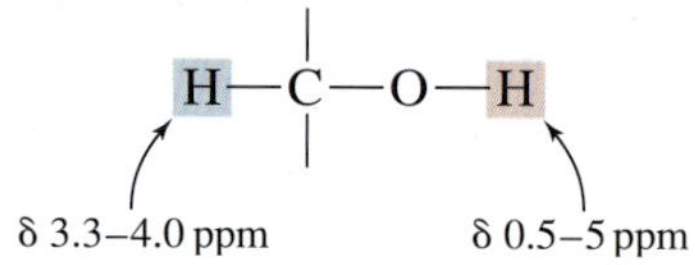

하이드록시 양성자의 화학적 이동값이 용매, 온도, 농도에 따라 변동폭이 크다. 정확한 위치는 구조 결정에서 특별히 중요하게 취급되지 않는다. 하이드록시 양성자 신호는 분자 내의 다른 양성자에 의해 보통 갈라지지 않고 오히려 넓게 퍼져 확인하기가 매우 쉽다. 예를 들어, 2-페닐에탄올(2-phenylethanol)의 ^{1}H 스펙트럼에서 하이드록시 양성자 신호는 δ 4.5ppm에서 단일선으로 나타난다. 이 스펙트럼에서 두 개의 삼중선이 나타나는데, 낮은 자기장 세기(δ 4.0ppm) 쪽 하나의 신호는 CH_2O의 양성자에 의한 것이고, 더 높은 자기장 세기를 갖는 또 다른 하나의 δ 3.1ppm 삼중선은 벤질 CH_2기에 의해 만들어진 것이다. 하이드록시 양성자의 특이 신호가 어느 것인지는 D_2O를 가하면 확인할 수 있다. 그 하이드록시 양성자는 중수소로 치환되어 ^{1}H NMR 신호는 사라진다.

^{13}C NMR. 알코올에서 전기음성도가 큰 산소는 그것과 붙어 있는 탄소의 차폐를 감소시킨다. 대부분의 알코올에서 C—OH 탄소에 대한 화학적 이동값은 60~75ppm이다. 옆에 H만 붙어 있는 것에 비해 OH가 붙어 있으면 탄소 신호는 35~50ppm 낮은장 쪽으로 이동한다.

$CH_3CH_2CH_2CH_3$	$CH_3CH_2CH_2CH_2OH$
δ 13.0 ppm	δ 61.4 ppm
Butane	1-Butanol

알데하이드와 케톤

적외선. 카보닐기는 IR 분광학에서 가장 쉽게 확인할 수 있는 작용기 중의 하나이다. 알데하이드와 케톤의 C=O 신축 진동은 그림 19.16에서 뷰탄올에 대해 설명한 것처럼 1710~1750cm^{-1} 영역의 빛을 강하게 흡수한다. C=O 신축에 대한 피크 외에도 알데하이드의 CH=O기는 2720과 2820cm^{-1}에서 두 개의 약한 C—H 신축 피크를 나타낸다.

^{1}H NMR. 알데하이드는 δ 9~10ppm에서 CH=O의 수소에 대한 신호가 존재하는지 쉽게 확인된다. 이 지역에서 다른 양성자들은 거의 나타나지 않는다. 그림 19.17은 2-메틸프로판알[2-methylpropanal, $(CH_3)_2CHCH{=}O$]의 ^{1}H NMR 스펙트럼을 나타낸 것으로, 여기에서 알데하이드 양성자와 분자의 다른 양성자 사이의 화학적 이동값이 큰 차이가

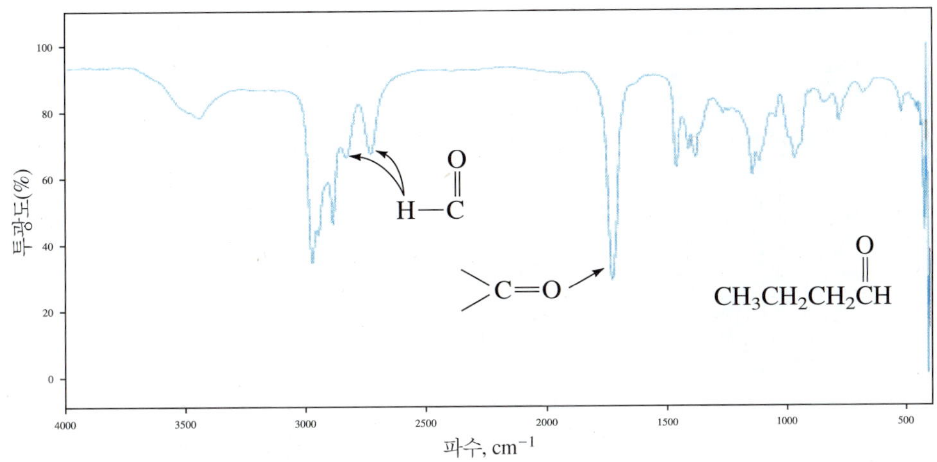

그림 • 19.16
뷰탄알(butanal)의 적외선 스펙트럼은 CH=O 단위의 독특한 피크, 즉 2720과 2820cm^{-1}에서 C—H, 1720cm^{-1}에서 C=O 피크를 보여 준다.

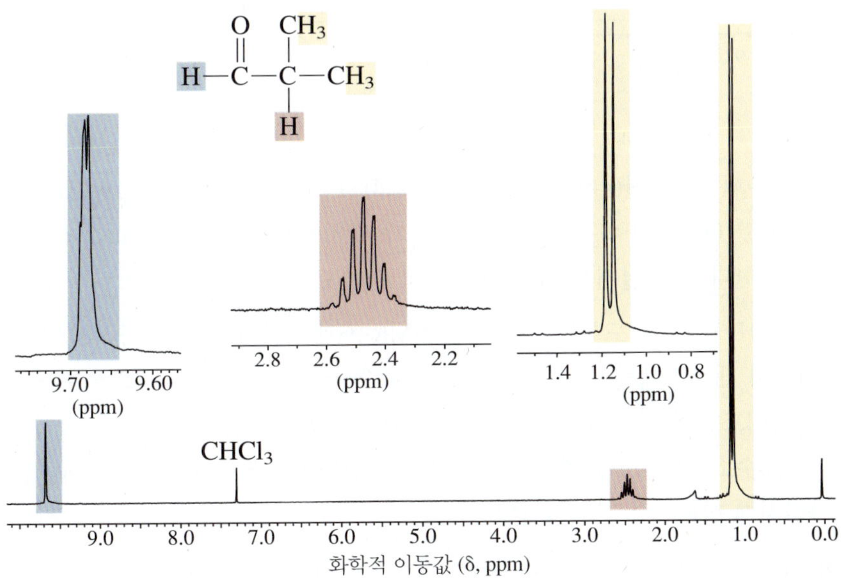

그림 • 19.17
2-메톡시프로판알(2-methylpropanal)의 200MHz ^{1}H NMR 스펙트럼. 알데하이드 양성자는 낮은 자기장 강도(9.7ppm)의 이중선을 나타낸다.

나는 것을 명확하게 확인할 수 있다. 스펙트럼을 확대해 보면 알데하이드의 양성자는 C-2 양성자에 의해서 갈라져 이중선이 된다. HC—CH=O에서 양성자 사이의 짝지음 현상은 전형적으로 나타나는 인접 짝지음보다도 매우 작으며, 알데하이드의 다중도는 확대하지 않고는 확인하기가 쉽지 않다.

그림 19.18에서 2-뷰탄온과 같은 메틸 케톤은 $CH_3C=O$의 양성자에 대해 δ 2ppm 정도에서 예리한 단일선이 특징이다. 카보닐의 차폐 감소 효과는 $CH_2C=O$의 양성자가 알케인의 CH_2기보다도 더 낮은 자기장(δ 2.4ppm)에 나타나게 하는 원인이 된다.

^{13}C NMR 알데하이드와 케톤의 C=O 탄소의 신호는 테트라메틸실레인으로부터 190~220ppm 낮은장인 매우 낮은 자기장에서 나타난다.

카복실산

적외선. 카복실산의 IR 스펙트럼에서 가장 특징적인 피크는 하이드록시기와 카보닐기

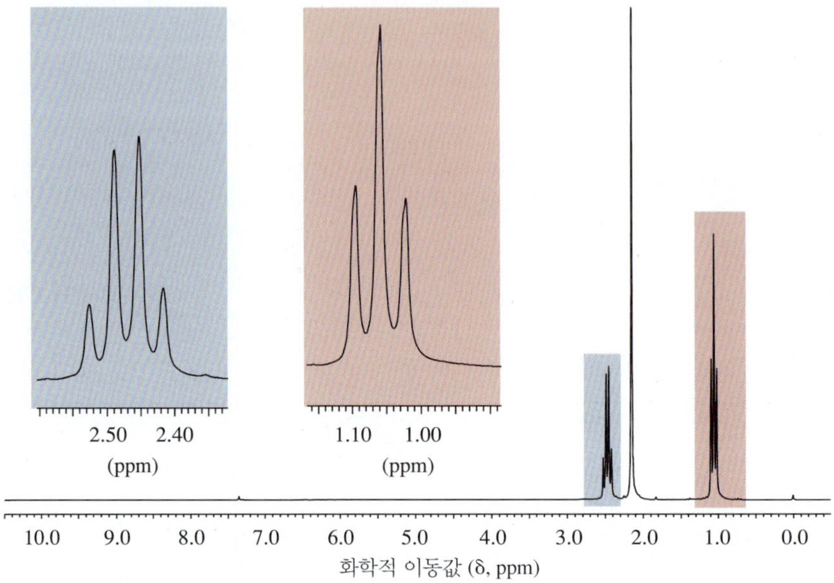

그림 • 19.18
2-뷰탄온(2-butanone)의 200MHz ^{1}H NMR 스펙트럼. 에틸기의 삼중선–사중선 유형은 확대하면 명확하게 나타난다.

의 피크이다. 4-페닐뷰탄산(4-phenylbutanoic acid)의 IR 스펙트럼(그림 19.13)에서 나타낸 바와 같이 그 O—H와 C—H 신축 주파수가 겹쳐져서 3500~2500cm^{-1}에서 폭넓은 흡수대를 형성한다. 카보닐기는 1700cm^{-1}에서 강한 C=O 신축 피크를 나타낸다.

^{1}H NMR. CO_2H기의 하이드록시 양성자는 NMR 스펙트럼에서 모든 양성자에 비해 가장 덜 차폐되어 테트라메틸실레인으로부터 10~12ppm 낮은장에서 폭넓은 피크로 나타난다. 다른 하이드록시 양성자와 같이 카복시기의 양성자는 샘플에 D_2O를 첨가하면 확인할 수 있다. 수소–중수소 교환은 $—CO_2H$를 $—CO_2D$로 바꾸어 카복시기에 해당하는 신호가 사라지게 한다.

^{13}C NMR. 다른 카보닐기와 같이 카복실산의 $—CO_2H$기의 탄소는 차폐가 강하게 감소하지만(δ 160~185ppm) 알데하이드와 케톤의 경우보다는 덜 감소된다.

카복실산 유도체

적외선. IR 분광학은 카복실산 유도체의 구조 결정에 매우 유용하게 사용될 수 있다. 카보닐 띠는 강하고, 그 위치는 카보닐기에 붙어 있는 치환체에 따라 민감하게 달라진다. 여러 가지 예로 설명한 바와 같이 다양한 산 유도체의 흡수 주파수는 독특하게 현저히 변화한다. 산 무수물은 두 카보닐기의 진동이 상호작용하여 두 개의 카보닐기를 나타낸다.

Acetyl chloride $\nu_{C=O}$ = 1822 cm^{-1}

아세트산 무수물 $\nu_{C=O}$ = 1748 cm^{-1}와 1815 cm^{-1}

Methyl acetate $\nu_{C=O}$ = 1736 cm^{-1}

Acetamide $\nu_{C=O}$ = 1694 cm^{-1}

^{1}H NMR. ^{1}H NMR 스펙트럼에서 화학적 이동값의 차이는 에스터 화합물 구조 결정에 많은 도움을 준다. 두 개의 이성질 에스터인 에틸 아세테이트(ethyl acetate)와 메틸 프로파노에이트(methyl propanoate)를 생각해 보자. 두 화합물은 에틸기에 대해 메틸 단일선과 삼중선-사중선 유형을 나타낸다. 그러나 각각의 스펙트럼에서 서로 상응하는 신호의 화학적 이동값은 의미 있는 차이를 보인다. 메틸기는 메틸 프로파노에이트(δ 3.6ppm)의 산소와 결합되어 있을 때보다도 에틸 아세테이트처럼 카보닐기(δ 2.0ppm)에 직접 결합되어 있을 때 더 차폐된다. 마찬가지로 메틸렌기는 에틸 아세테이트(δ 4.1ppm)의 산소와 결합되어 있을 때보다도 카보닐기(δ 2.3ppm)와 결합되어 있을 때 메틸 프로파노에이트에서 더 차폐된다.

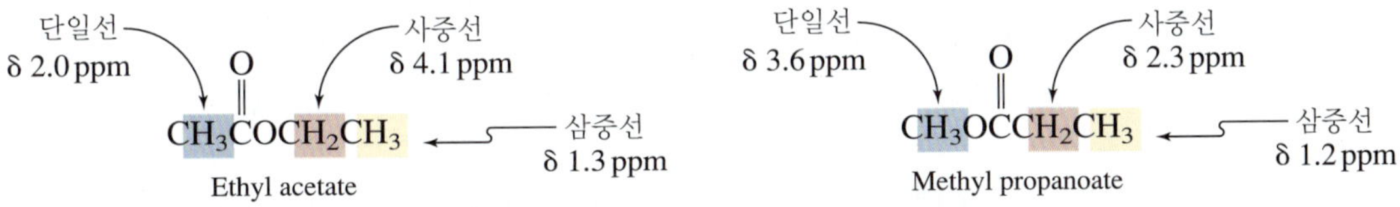

아마이드의 N—H 양성자의 화학적 이동값은 δ 5~8ppm 범위에서 나타난다. 매우 폭넓은 피크이며, 때때로 바탕선(baseline)보다 크지 않아 배경 잡음(background noise)으로 인식할 수도 있다.

^{13}C NMR. 카복실산과 같이 카복실산 유도체의 ^{13}C NMR 스펙트럼은 δ160~180ppm 범위 내에서 카보닐 탄소에 대해 낮은장 공명이 특징이다. 카보닐산 유도체의 카보닐 탄소는 알데하이드와 케톤의 탄소보다 더 차폐되어 있지만, 알켄과 아렌의 sp^2-혼성 탄소보다는 덜 차폐되어 있다.

아민

적외선. 아민의 IR 스펙트럼에서 흥미를 갖는 흡수는 N—H 진동과 관련이 있다. 일차 알킬아민과 아릴아민은 대칭과 비대칭 N—H 진동 때문에 3000~3500cm^{-1} 범위에서 두 개의 띠를 나타낸다.

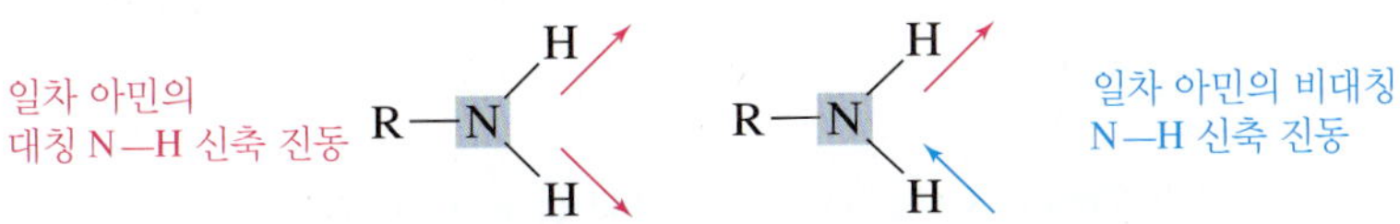

이들 두 개의 진동은 그림 19.19*a*에서 보여 주는 뷰틸아민(butylamine)의 IR 스펙트럼에서 3270과 3380cm^{-1}에서 분명하게 나타난다. 그림 19.19*b*에서 보여 주는 다이에틸아민(diethylamine)과 같은 이차 아민은 하나의 피크만 나타나는데, 이것은 3280cm^{-1}에서 N—H 신축 진동이다. 물론 삼차 아민은 N—H 결합이 없기 때문에 이 지역에서 피크가 나타나지 않는다.

^{1}H NMR. 아민의 ^{1}H NMR 스펙트럼의 특성은 4-메틸벤질아민(4-methylbenzylamine)과 4-메틸벤질 알코올(4-methylbenzyl alcohol)을 비교하면 설명될 수 있다. 질소는 산소보

그림 • 19.19
(*a*) 뷰틸아민과 (*b*) 다이에틸아민의 IR 스펙트럼의 일부. 일차 아민은 N—H 신축 진동이 두 곳에서 일어나고, 이차 아민은 하나의 피크만 나타난다.

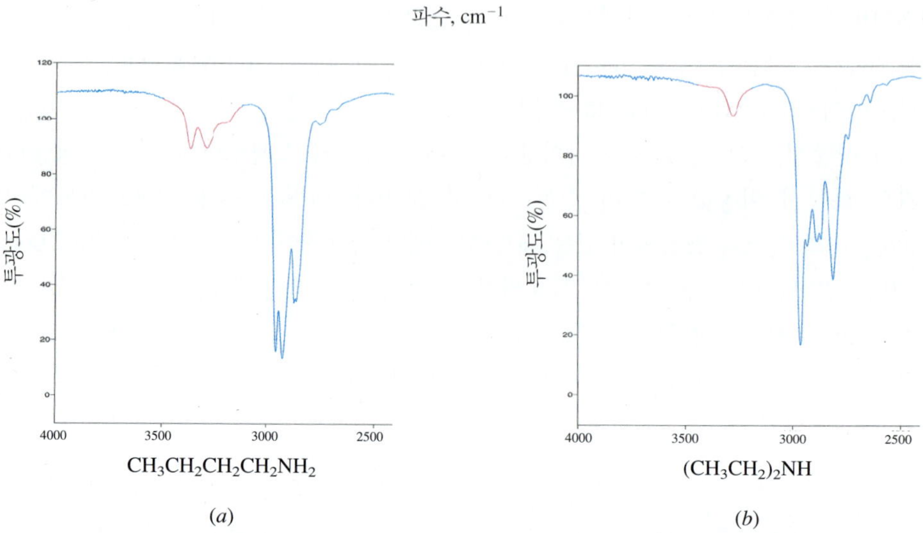

다 전기음성도가 작기 때문에 인접한 핵을 크게 차폐한다. 4-메틸벤질아민에서 질소와 결합하고 있는 벤질성 메틸렌기는 4-메틸벤질 알코올의 벤질성 메틸렌(δ 4.6ppm)보다 더 높은 자기장(δ 3.7ppm)에서 나타난다. N—H 양성자는 알코올의 O—H 양성자보다 좀 더 많이 차폐된다. 4-메틸벤질아민에서 아미노기의 양성자는 δ 1.4ppm에서 신호가 나타나고, 4-메틸벤질 알코올에서 하이드록시 양성자는 δ 1.9ppm에서 나타난다. 하이드록시 양성자의 화학적 이동값과 같이 아미노기 양성자의 화학적 이동값은 용매, 농도, 온도에 민감하다.

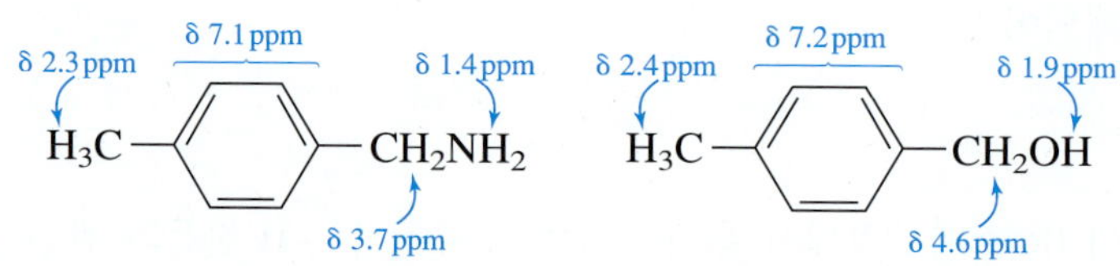

4-Methylbenzylamine　　4-Methylbenzyl alcohol

^{13}C NMR. 메틸아민과 메탄올의 화학적 이동값을 비교하면 알 수 있듯이 질소에 붙어 있는 탄소는 산소에 붙어 있는 탄소보다 더 차폐되어 있다.

δ 26.9 ppm CH_3NH_2 (Methylamine)　　δ 48.0 ppm CH_3OH (Methanol)

19.13 질량 분광학

질량 분광학은 구조 결정을 위한 기기 분석법이며, 이 장에서 다루었던 방법과는 완전히 다른 방법이다. 특정 주파수 전자기 복사선의 선택적 흡수와 관계가 없으며, 고에너지를 가진 양성자를 충돌시켜 분자에서 일어나는 변화를 조사하는 것이다. 만일 약

10전자볼트[10eV=964kJ/mol(230kcal/mol)]의 에너지를 갖는 전자가 유기 분자와 충돌하면 그 충돌에 의해 전이된 에너지가 분자 중의 전자를 충분히 방출시킬 수 있다.

$$\mathrm{A{:}B} + e^- \longrightarrow \mathrm{A\overset{+}{\cdot}B} + 2e^-$$

여기서 분자 AB는 **전자 충격**(electron impact)으로 이온화되었다고 말하며, **분자 이온**(molecular ion, M^+)이라고 하는 화학종이 만들어진다. 분자 이온은 양이온을 띠고 있으며, 잉여 전자를 하나 가지고 있어 **양이온 라디칼**(cation radical)이라고 한다.

> 전자 한 개의 질량은 무시될 정도로 작아서 전자 하나가 부족한 분자 이온은 중성 분자의 질량과 거의 같다.

약 10eV의 에너지가 필요하지만 질량 분광기의 대부분은 약 70eV의 에너지가 사용된다. 이렇게 에너지가 큰 전자는 분자를 이온화시킬 뿐만 아니라 많은 양의 에너지를 분자 이온에 전달한다. 분자 이온은 과량의 에너지를 소비하여 더 작은 분자 토막으로 갈라진다. 양이온 라디칼이 분해하면 중성 분자 토막과 양이온을 띤 분자 토막이 생성된다.

$$\mathrm{A\overset{+}{\cdot}B} \longrightarrow \mathrm{A^+} + \mathrm{B\cdot}$$

양이온 라디칼 양이온 라디칼

이온화와 토막내기는 중성 입자와 양이온을 띤 입자들의 혼합물을 생성한다. 각각 양이온으로 하전된 입자는 질량 대 전하 비(m/z)로 측정할 수 있다. 전하는 거의 항상 1이므로 m/z값은 이온의 질량과 같다. **질량 스펙트럼**(mass spectrum)은 분자 이온의 토막내기로 형성된 양이온의 분포도를 나타낸다. **토막내기 방식**(fragmentation pattern)은 각 화합물마다 다르게 나타난다.

질량 스펙트럼을 표시하기 위한 가장 일반적인 형식은 상대적인 이온 강도 대 m/z로 하여 막대 그래프로 나타낸다. 그림 19.20은 막대 그래프 형태로 벤젠의 질량 스펙트럼을 나타내고 있다. 질량 스펙트럼에서 가장 큰 피크를 **기준 피크**(base peak)라 하고, 상대적인 세기는 100으로 한다. 피크 강도는 기준 피크의 상대적인 비로 나타낸다. 벤젠의 질량 스펙트럼에서 기준 피크는 m/z=78에서의 분자 이온(M^+)이다.

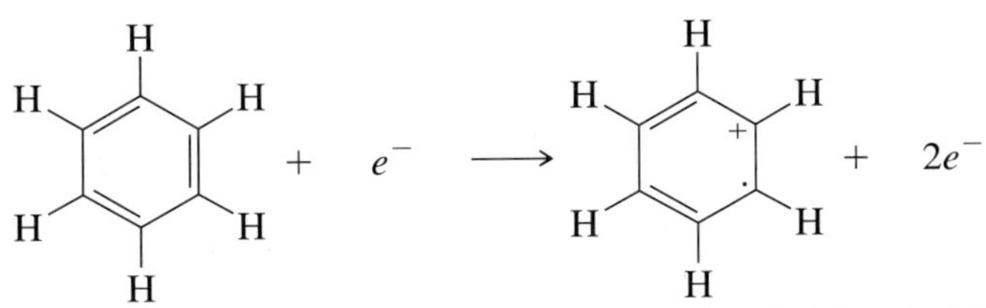

Benzene 전자 Benzene의 분자 이온 두 개의 전자

벤젠은 그렇게 많은 토막내기를 하지 않는다. 벤젠의 질량 스펙트럼에서 어떤 토막 이온도 분자 이온보다 더 많은 것은 없다.

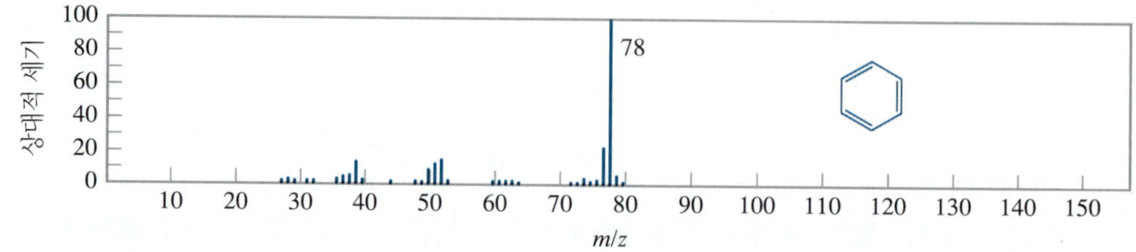

그림 • 19.20
벤젠의 질량 스펙트럼. m/z=78에서 피크는 C_6H_6 분자 이온과 일치한다.

질량 스펙트럼에서 대부분의 토막내기 과정은 안정한 탄소양이온을 만드는 방향으로 진행되며, 그 원리는 앞 장(9.9절과 7.5절)에서 논의했던 대로 이루어진다. $C_6H_5CH_2R$ 유형의 알킬벤젠은 벤질성 탄소에서 결합이 끊어져서 기준 피크는 m/z=91($C_7H_7^+$)이 생성된다. 그림 19.21의 질량 스펙트럼과 다음의 토막내기 그림은 프로필벤젠에 대해서 설명하고 있다.

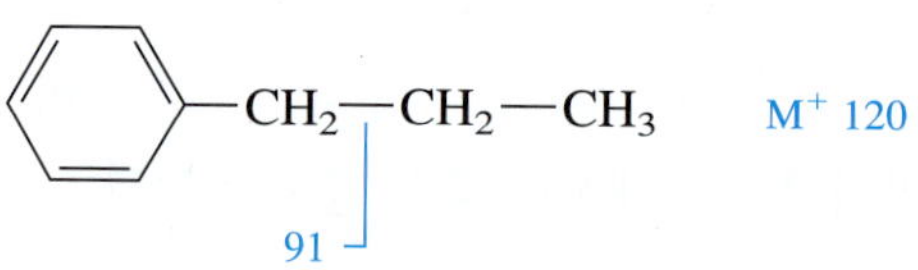

문제 19.14 다음 화합물 중의 하나는 기준 피크가 *m/z* 105에서 나타나고, 나머지 두 개는 *m/z* 119에서 나타난다. 기준 피크의 *m/z*값과 정확하게 일치하는 화합물을 고르시오.

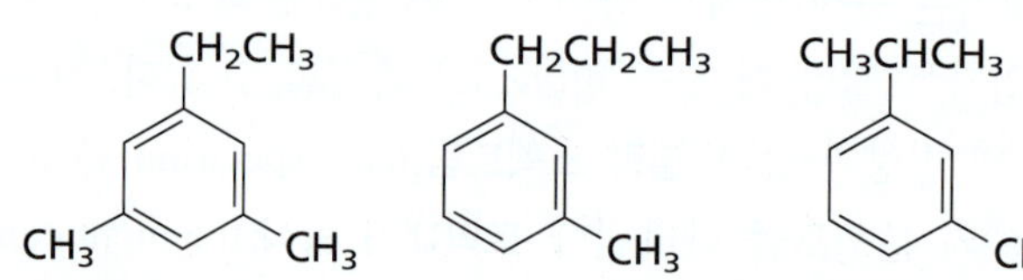

전자 충격에 의해 분자가 어떻게 토막나는지 이해하면 질량 스펙트럼을 자세히 분석할 수 있으며, 미지 화합물의 구조를 추측 가능하다. 구조를 알고 있는 수많은 화합물들이 질량 분광법으로 분석되었으며, 여러 계통별로 그 분자의 토막내기 유형에 대한 특성이 잘 정리되어 있다.

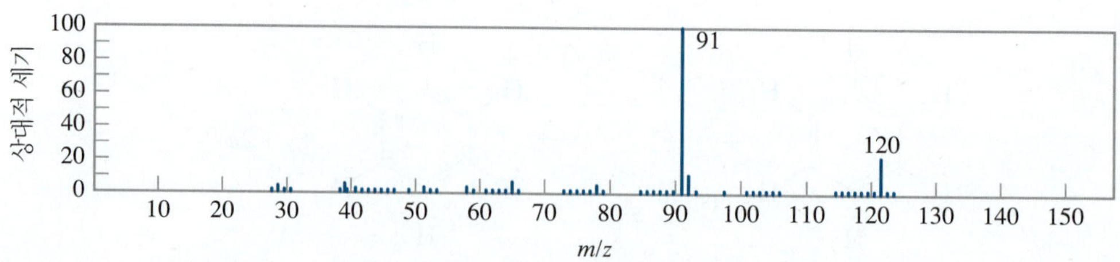

그림 • 19.21
프로필벤젠의 질량 스펙트럼. 가장 큰 피크는 $C_7H_7^+$이다.

기체 크로마토그래피, GC/MS, MS/MS

이 장에서 모든 스펙트럼(^{1}H NMR, ^{13}C NMR, IR, UV-Vis, MS)은 단일 물질을 사용하여 얻어졌다. 그러나 일반적으로 유기 화합물은 화학 반응에 의해 만들어진 생성물, 천연물로부터 분리한 화합물, 혼합 유기 화합물의 구성 성분 등 혼합물로 되어 있을 때가 더 많다. 20세기 후반기가 되면서 유기 화합물의 구조를 확인할 수 있는 혁명적인 방법이 개발되었으며, 혼합물의 분리 및 정제를 위한 방법도 크게 발전하였다.

분리 및 정제에 관한 고전적인 방법은 액체의 분별 증류와 고체의 결정법으로, 이 두 방법은 기초 유기화학실험 교과 과정에서도 다루어지기도 하였다. 이들 방법은 대규모로 작업할 수도 있기 때문에 분별 증류법이나 재결정법은 의약 산업이나 화학 산업에서 유기 물질 정제법으로 많이 이용되었다.

실험실 규모로 적은 양의 물질을 분리할 때는 실험실에서 적용할 수 있는 아주 적당한 방법도 있다. 사실, 매우 적은 양을 다룰 수 있는 수많은 방법과 다양한 형태의 **크로마토그래피**(chromatography)법이 있다. 모든 크로마토그래피법에서 첫 단계는 **고정상**(stationary phase)이라고 하는 물질에 샘플을 흡착시킨다. 그 다음 **이동상**(mobile phase)이라고 하는 물질이 고정상을 따라서 이동하면서 샘플 성분을 이동시킨다. 두 상의 특성에 따라 그리고 혼합물에 들어 있는 성분에 따라 각 성분은 이동상에 의해 고정상으로부터 빠져 나오는 속도에 따라 그 혼합물은 각각의 구성 성분으로 분리된다.

기체 크로마토그래피(gas chromatography, GC)에서 고정상은 끓는점이 높은 액체가 코팅되어 있는 구슬 모양의 비활성 고체 지지체로 되어 있으며, 이동상은 기체로서 헬륨을 많이 사용한다. 그림 19.22는 전형적인 기체 크로마토그래프의 단면을 보여 주고 있다. 주사기로 샘플이 가열되어 있는 약실(chamber)로 주입되면 이곳에서 샘플은 코일 모양의 고정상으로 채워진 칼럼 안으로 이동상 헬륨에 의해 이동한다.

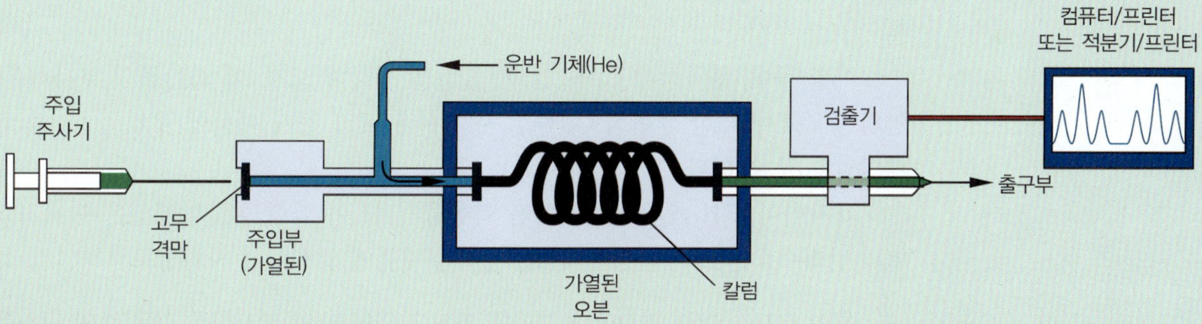

그림 • 19.22
기체 크로마토그래프의 단면도. GC/MS와 같이 질량 분광계가 연결되었을 때는 배출 기체가 칼럼을 통과한 후 두 개의 흐름으로 나누어진다.
(Reprinted, with permission, from A.M. Schoffstall, B.A. Gaddis, and M.L. Druelinger, *Microscale and Miniscale Organic Chemistry Laboratory Experiments*, McGrw-Hill, New York, 2000)

혼합물의 각 성분은 다른 속도로 칼럼을 통과한다. 칼럼을 통과한 시간을 **머무름 시간**(retention time)이라고 한다. 기체 크로마토그래피를 **기체-액체 분배 크로마토그래피**(gas-liquid partition chromatography)라고 한다. 왜냐하면, 이 기술은 (헬륨 운반 기체에 퍼져 있는) 이동상과 (구슬 모양의 고체 지지체에 코팅되어 녹아 있는) 액체상 사이에 내용 성분들의 분배비가 어떻게 다른지에 따라 좌우되기 때문이다.

기체 크로마토그래프로부터 칼럼을 통과한 기체 성분은 검출기를 통과하게 되어 이동상 기체와 다른 성분은 검출되고, 기록계에 그 신호가 기록된다. 그러므로 차트 용지 위에 피크의 수를 세어 내용 성분의 수를 결정한다. 기존 조건에서 단일 피크가 맞는지 아니면 두 가지 내용 성분이 동시에 용출되는 것은 아닌지 확인하기 위하여 이동상의 온도와 유속, 액체상을 바꾸어가면서 실험해 볼 필요가 있다. 기체 크로마토그래피는 알려져 있는 샘플 성분의 머무름 시간을 비교함으로써 혼합물의 성분을 확인하는 데 사용할 수 있다.

기체 크로마토그래피법/질량 분광법(GC/MS)에서 칼럼을 통과한 기체 성분이 질량 분석기에 도달하면 빠른 시간에 질량 스펙트럼이 만들어진다. 기체 크로마토그래피는 혼합물 분리용이고, 질량 분석기는 성분 분석용으로 사용한다. GC/MS는 매우 좋은 분석 기술이다. 눈에 보이는 응용 분야 중의 하나는 운동 선수들이 스테로이드 제제, 흥분제나 다른 운동 증진 제제

(계속)

복용 여부를 검사하는 것이다. 이들 약제들은 체내에서 **대사제**(*metabolite*)라고 하는 유도체로 바뀌어 오줌으로 배출된다. 오줌을 GC/MS로 분석했을 때 얻은 유기 화합물의 질량 스펙트럼을 컴퓨터에 저장된 알고 있는 대사제의 질량 스펙트럼과 비교함으로써 확인할 수 있다. 비슷한 과정을 이용하여, 새로 태어난 신생아의 오줌을 GC/MS로 유전적 결함이 있는지 대사제 마커들을 검사하고, 유전적 결함을 초기에 치료할 수 있다. GC/MS는 또한 음료수에서 할로젠화 탄화수소를 검출하고, 그 농도를 측정하는 데 이용되고 있다.

비록 GC/MS가 크로마토그래피에 의한 분리와 질량 분석기에 의한 확인을 조합하여 분석 방법 중에서 가장 널리 사용되고 있지만 유일한 것은 아니다. 화학자들은 혼합물 분리에 사용되는 대부분의 장비를 질량 분광기와 접목하여 사용해 왔다. 아마 마지막은 질량 분석기/질량 분석기(MS/MS)로서 한 대의 질량 분석기는 혼합물 성분의 분자 이온의 생성과 분리 그리고 또 한 대의 질량 분석기는 토막 형태를 분석한다.

19.14 구조에 대한 실마리로서 분자식

화학자들은 미지의 화합물의 구조를 확인해야 하는 문제에 직면할 때가 종종 있다. 때때로 미지의 화합물이 화학 문헌에 이미 보고된 물질일 수도 있고, 때로는 그 화합물이 어떤 사람도 전혀 접해 본 적이 없는 신물질일 수도 있다. 구조 결정 작업을 단순화할 수 있는 가장 강력한 기술이 있다. 분자식조차도 첫눈에 잠시 볼 수 있는 것보다 더 많은 정보를 준다.

예를 들어, 분자식이 C_7H_{16}인 한 물질을 생각해 보자. 이 화합물의 분자식은 알케인의 동족체에 대한 일반식 C_nH_{2n+2}, 여기서 $n=7$과 같기 때문에 우리는 이 물질은 알케인임을 알 수 있다.

분자식이 C_7H_{14}인 물질은 어떤 화합물인가? 이 화합물은 알케인은 아니고, 두 계열의 탄화수소는 일반 분자식이 C_nH_{2n}이기 때문에 알켄이나 사이클로알케인일 것이다.

> 유기 분자가 이중 결합이나 고리를 가지고 있을 때의 분자식은 같은 수의 탄소를 가진 알케인보다 수소가 두 개 적다.

수소 결핍 지수와 같은 의미의 용어는 **불포화 원소**(element of unsaturation), **불포화 자리**(site of unsaturation), **이중 결합과 고리의 합**(sum of double bonds and ring)이 있다.

분자식 사이의 관계, 다중 결합과 고리는 **수소 결핍 지수**(index of hydrogen deficiency)이며, 다음 관계식으로 나타낼 수 있다.

$$\text{수소 결핍 지수} = \tfrac{1}{2}(C_nH_{2n+2} - C_nH_x)$$

여기서 C_nH_x는 그 화합물의 분자식이다.

C_7H_{14} 분자식을 가진 분자는 수소 결핍 지수는 1을 가지고 있다.

$$\text{수소 결핍 지수} = \tfrac{1}{2}(C_7H_{16} - C_7H_{14})$$

$$\text{수소 결핍 지수} = \tfrac{1}{2}(2) = 1$$

여기서 그 화합물은 하나의 고리 또는 이중 결합을 가지고 있다. 삼중 결합은 가질 수 없다.

분자식 C_7H_{12}인 화합물은 알케인보다 네 개의 수소가 적다. 수소 결핍 지수는 2이고,

두 개의 고리나 두 개의 이중 결합, 한 개의 고리와 한 개의 이중 결합, 한 개의 삼중 결합을 가질 수 있다.

하나의 예로 1-헵탄올[1-heptanol, $CH_3(CH_2)_5CH_2OH$]은 탄화수소와는 다른 물질인가? 이 분자식은 헵테인과 같이 탄소 대 수소 비를 가지고 있지만 헵테인과 같이 이중 결합이나 고리를 가지고 있지 않다. 오른쪽에 보여 주는 사이클로프로필 아세테이트(cyclopropyl acetate, $C_5H_8O_2$)의 구조는 한 개의 고리와 한 개의 이중 결합이 있는 수소 결핍 지수가 2이다. 산소 원자는 수소 결핍 지수에 포함되지 않는다.

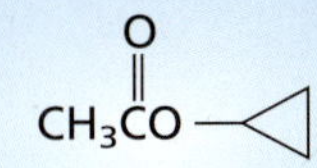

Cyclopropyl acetate
($C_5H_8O_2$)

수소와 달리 할로젠 치환체는 최외각 전자가 1이며, 분자 내에 존재할 때 계산을 위해서 수소처럼 취급한다.

고리와 이중 결합은 어떻게 구별하는가? 소비된 수소 수를 정확히 측정할 수 있는 촉매를 이용한 수소첨가 반응을 이용하여 추가적인 정보를 얻을 수 있다. 분자 내의 한 개의 이중 결합은 1몰에 해당하는 수소를 소비하지만 고리는 영향을 받지 않는다. 예를 들어, 5의 수소 결핍 지수를 갖는 물질은 수소 3몰과 두 개의 고리를 가지고 있다.

문제 19.15 다음 각각의 화합물에 존재하는 고리는 몇 개인가? 각 화합물은 촉매 수소화 반응에서 수소 2몰을 소비한다.

(a) $C_{10}H_{18}$
(b) C_8H_8
(c) $C_8H_8Cl_2$
(d) C_8H_8O
(e) $C_8H_{10}O_2$
(f) C_8H_9ClO

풀이 (a) 분자식 $C_{10}H_{18}$은 똑같은 탄소 수를 가진 알케인족 화합물($C_{10}H_{22}$)보다도 네 개의 수소가 부족하다. 그러므로 이 화합물의 수소 결핍 지수는 2이다. 촉매 수소첨가 반응에서 2몰의 수소를 소비하므로 이중 결합이 두 개 있어야 하고, 고리는 없어야 한다.

학습목표

이 장에서는 화학 구조를 결정하는 데 있어 분광학의 역할에 대하여 다루었다. 이 장에서 배운 기술로 여러분은 다음과 같은 것을 할 수 있다.

- 전자기 복사선의 파장과 주파수가 어떤 관련이 있는지 설명할 수 있다.
- 양성자 핵자기 공명(^1H) 스펙트럼에서 화학적 이동값은 어떻게 측정되는지 설명할 수 있다.
- 스핀-스핀 갈라짐 현상은 ^1H 스펙트럼 외형에 어떤 영향을 미치는지 설명한 다음 단어를 이용하여 ^1H NMR 스펙트럼에서 어떻게 해석하는지 설명할 수 있다.
  - 신호의 수
  - 각 신호에 대한 화학적 이동값
  - 각 신호의 상대적인 세기
  - 각 신호의 다중도

- 특정 화합물의 ^{13}C NMR 스펙트럼에서 신호의 수를 예측할 수 있다.
- IR 스펙트럼을 기초로 하여 분자 내에 존재하는 작용기를 확인할 수 있다.
- 짝지음 효과가 분자에 의한 자외선과 가시광선 빛의 흡수에 어떻게 영향을 미치는지 설명할 수 있다.
- 질량 스펙트럼에서 분자 이온이 어떻게 생성되는지 설명할 수 있다.
- 분자식으로부터 한 분자의 수소 결핍 지수를 계산할 수 있다.

19.15 요약

현대의 유기화학에서 구조 결정은 거의 기기 분석법에 의존한다. 가장 많이 사용하는 방법은 전자기 복사선의 흡수를 이용하는 것이다(19.1절).

유기 화학자들이 가장 일반적으로 사용하는 분광학적 방법은 다음과 같다.

^{1}H NMR 분광법(19.2절~19.7절 참조). 외부 자기장이 존재할 때 양성자의 핵스핀 상태는 약간 다른 에너지를 갖는다. 양성자는 라디오 주파수 영역의 전자선 복사선을 흡수하여 핵스핀을 낮은 에너지 상태에서 높은 에너지 상태로 뛰어오르게 한다. 그 에너지는 핵이 외부 자기장으로부터 이동한 양에 따라 달라지며, **화학적 이동**(chemical shift)값이라고 한다. 분자 내에서 다른 환경에 놓여 있는 양성자는 다른 화학적 이동값을 갖는다. ^{1}H NMR 스펙트럼에서 **신호의 수**(number of signal, 19.4절)는 분자 내에서 화학적-이동-비동등 양성자의 수를 나타낸다. **면적 적분**(integrated area) 또는 **피크 세기**(peak intensity)는 상대적인 양성자의 비를 알려 주고, 화학적 이동값은 양성자 주위에 여러 종류의 환경을 나타내며, 갈리짐 유형(19.6절과 19.7절)은 인접 탄소의 양성자 수와 관계가 있다.

^{13}C NMR 분광학(19.8절과 19.9절). 특이한 신호 증폭 기술을 이용하여 고품질 ^{13}C NMR의 스펙트럼을 얻을 수 있어 양성자 스펙트럼과 상호보완적인 정보를 제공한다. 많은 물질에서 각각의 탄소 원자에 대하여 독특한 신호를 얻을 수 있다.

IR 분광학(19.10절). 이 방법은 625~4000cm^{-1} 영역의 전자기 복사선을 이용하여 진동 에너지 수준의 전이를 조사함으로써 분자 구조를 추측한다. 특정 흡수 주파수를 기초로 하여 어떤 **작용기**(functional group)가 존재하는지 결정하는 데 유용하게 사용된다.

UV-Vis 분광학(19.11절). 200~800nm 범위에서 전자기 복사선으로 전자기 에너지 사이의 전이가 UV-Vis 분광학의 기초가 된다. 이 흡수 피크는 넓은 띠를 형성하지만, 분자 내에 **짝지은 π 전자**(conjugated π electron)계 존재 여부를 알려 주는 데 유용하게 사용된다.

질량 분석계(19.13절). 질량 분석계는 분자가 전자 충격에 의해 이온화되고, 더 작은 분자 토막으로 분해되었을 때 얻어지는 정보를 이용한다. 양이온은 분리되고, 질량 대 전하의 비로 검출된다.

보충문제

^{1}H NMR 스펙트럼

19.16 다음 각 화합물의 ^{1}H NMR 스펙트럼에서 몇 개의 신호가 예측되는가? 이 문제에서 피크 갈라짐은 무시한다.

(a) 1-부로모뷰테인(1-Bromobutane)
(b) 2,2-다이브로모뷰테인(2,2-Dibromobutane)
(c) 1,4-다이브로모뷰테인(1,4-Dibromobutane)
(d) 1,1,4-트라이브로모뷰테인(1,1,4-Tribromobutane)
(e) 1,1,1-트라이브로모뷰테인(1,1,1-Tribromobutane)

19.17 다음 각 화합물의 ^{1}H NMR 스펙트럼이 어떤 모양을 갖는지 설명하시오. 몇 개의 신호가 기대되는지 그리고 각각의 신호는 몇 개로 갈라지는지 설명하시오.

(a) $ClCH_2CH_2OCH_3$
(b) $ClCH_2C(CH_3)_2$
      |
      Cl
(c) $ClCH_2CH_2CH_2Cl$
(d) $Cl_2CHCH_2CCH_2CH_3$
      ||
      O
(e) $CH_3OCH_2CH_2OCH_3$

19.18 표 19.1의 데이터를 이용하여 문제 19.17의 화합물 양성자 각각에 대하여 예상되는 화학적 이동값이 어느 정도인지 예측하시오.

19.19 다음 각 화합물은 ^{1}H NMR 스펙트럼에서 주어진 화학적 이동값과 단일선만 갖는 특성을 가지고 있다. 각 화합물이 어떤 화합물인지 밝히시오.

(a) C_8H_{18}; δ 0.9ppm
(b) C_5H_{10}; δ 1.5ppm
(c) C_8H_8; δ 5.8ppm
(d) C_4H_9Br; δ 1.8ppm
(e) $C_2H_4Cl_2$; δ 3.7ppm
(f) $C_2H_3Cl_3$; δ 2.7ppm

19.20 다음 각 화합물은 ^{1}H NMR 스펙트럼에서 주어진 화학적 이동값과 두 개의 피크가 단일선만 갖는 특성을 가지고 있다. 각 화합물이 무슨 화합물인지 밝히시오.

(a) C_6H_8; δ 2.7ppm (4H)와 5.6ppm (4H)
(b) $C_5H_{11}Br$; δ 1.1ppm (9H)와 3.3ppm (4H)
(c) $C_6H_{12}O$; δ 1.1ppm (9H)와 2.1ppm (3H)
(d) $C_6H_{10}O_2$; δ 2.2ppm (6H)와 2.7ppm (4H)

19.21 ^{1}H NMR 스펙트럼과 분자식을 기초로 하여 다음 각 화합물의 구조를 추측하시오.

(a) C_8H_{10}; δ 1.2ppm(삼중선, 3H)
δ 2.6ppm(사중선, 2H)
δ 7.1ppm(넓은 단일선, 5H)

(b) $C_{10}H_{14}$; δ 1.3ppm(단일선, 9H)
δ 7.0-7.5ppm(다중선, 5H)

(c) C_6H_{14}; δ 0.8ppm(이중선, 12H)
δ 1.4ppm(칠중선, 2H)

(d) $C_4H_6C_{14}$; δ 3.9ppm(이중선, 4H)
δ 4.6ppm(삼중선, 2H)

(e) $C_4H_6C_{12}$; δ 2.2ppm(단일선, 3H)
δ 4.1ppm(이중선, 2H)
δ 5.7ppm(삼중선, 1H)

(f) C_3H_7ClO; δ 2.0ppm(오중선, 2H)
δ 2.8ppm(단일선, 1H)
δ 3.7ppm(삼중선, 2H)
δ 3.8ppm(삼중선, 2H)

(g) $C_{14}H_{14}$; δ 2.9ppm(단일선, 4H)
δ 7.1ppm(넓은 단일선, 10H)

19.22 분자식 C_4H_9Cl을 갖는 이성질 화합물 중에서 다음과 같은 ^1H NMR 스펙트럼을 갖는 화합물을 고르시오.

(a) 단일 피크만 나타난다.
(b) δ 3.4ppm 이중선을 포함하여 여러 개의 피크를 갖는다.
(c) δ 3.5ppm 삼중선을 포함하여 여러 개의 피크를 갖는다.
(d) 두 종류의 세 개의 양성자 신호를 포함하여 여러 개의 피크를 갖는다. 두 개의 신호 중의 하나는 δ 1.0ppm 삼중선이고, 나머지 하나는 δ 1.5ppm 이중선이다.

19.23 다음의 모든 질문은 분자식 $C_5H_{12}O$를 갖는 에터 화합물 이성질체의 ^1H NMR 스펙트럼에 관한 것이다.

(a) ^1H NMR 스펙트럼에서 단일선만 갖는 화합물은 무엇인가?
(b) 다른 신호와 함께 이 에터는 이중선-칠중선 유형을 가지고 있다. 이 유형의 양성자들은 어느 것도 분자의 다른 양성자와 상호작용하지 않는다. 이 에터는 무엇인가?
(c) ^1H NMR 스펙트럼에서 이 에터는 다른 신호와 달리 상대적으로 낮은 자기장에서 두 개의 신호를 나타낸다. 하나는 단일선이고, 하나는 이중선이다. 이 에터의 구조는 무엇인가?
(d) ^1H NMR 스펙트럼에서 이 에터는 다른 신호와는 달리 상대적으로 낮은 자기장에서 두 개의 신호를 나타낸다. 하나는 단일선이고, 하나는 이중선이다. 이 에터는 어떤 것인가?

^{13}C NMR 스펙트럼

19.24 ^{13}C NMR 스펙트럼을 기초로 하여 각각의 $C_4H_{10}O$ 이성질체가 무엇인지 밝히시오.

(a) δ 18.9ppm(CH_3) (두 개의 탄소)
δ 30.8ppm(CH) (한 개의 탄소)
δ 69.4ppm(CH_2) (한 개의 탄소)

(b) δ 10.0ppm(CH_3)
δ 22.7ppm(CH_3)
δ 32.0ppm(CH_2)
δ 69.2ppm(CH)

(c) δ 31.2ppm (CH_3) (세 개의 탄소)
δ 68.9ppm (C) (한 개의 탄소)

19.25. ^{13}C NMR 스펙트럼을 기초로 하여 C_6H_{14} 이성질체가 무엇인지 밝히시오.

(a) δ 19.1ppm(CH_3)
δ 33.9ppm(CH)

(b) δ 13.7ppm(CH_3)
δ 33.9ppm(CH)
δ 31.9ppm(CH_2)

(c) δ 11.1ppm(CH_3)
δ 18.4ppm(CH_3)
δ 29.1ppm(CH_2)
δ 36.4ppm(CH)

(d) δ 8.5ppm (CH_3)
δ 28.7ppm (CH_3)
δ 30.2ppm (C)
δ 36.5ppm (CH_2)

(e) δ 14.0ppm (CH_3)
δ 20.5ppm (CH_2)
δ 22.4ppm (CH_3)
δ 27.6ppm (CH)
δ 41.6ppm (CH_2)

IR과 UV 스펙트럼

19.26 하나의 적외선 스펙트럼은 3000과 3500cm^{-1} 영역에서 넓은 띠와 1710cm^{-1}에서 강한 피크를 나타낸다. 다음 화합물 중에서 이 데이터와 가장 알맞은 것을 고르고, 그 이유를 설명하시오.

$C_6H_5CH_2CH_2OH$ $\quad$ $C_6H_5CH_2\overset{\overset{\displaystyle O}{\|}}{C}OH$ $\quad$ $C_6H_5CH_2\overset{\overset{\displaystyle O}{\|}}{C}CH_3$

19.27 다음 화합물들의 적외선 스펙트럼에서 각자 서로 구별할 수 있는 특성을 설명하시오.

2-펜탄온(2-Pentanone) 펜탄알(Pentanal) 1-펜탄올(1-Pentanol)

19.28 다음 세 개의 아민 화합물을 구별하기 위하여 적외선 분광학을 어떻게 이용하면 되는지 설명하시오.

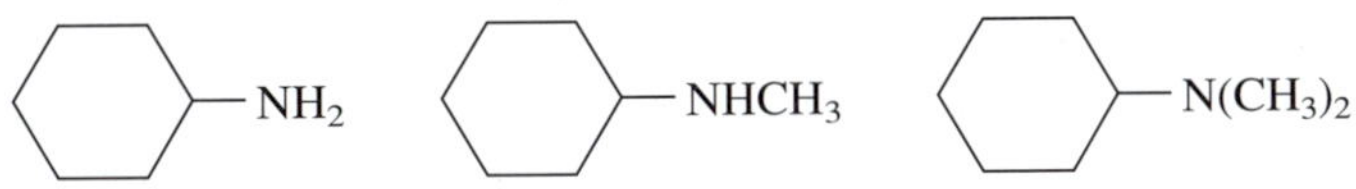

19.29 다음 화합물 중 가장 긴 파장의 자외선(λ_{max})을 흡수하는 것은 어느 것이며, 그 이유를 설명하시오.

$CH_3CH{=}CHCH_2CH_3$ $\quad$ $CH_2{=}CHCH{=}CHCH_3$

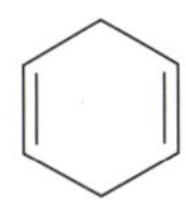

스펙트럼의 복합 문제

19.30 다음에 주어지는 적외선과 ^{1}H NMR 정보를 기초로 하여 다음 각 화합물이 무엇인지 밝히시오.

(a) $C_{10}H_{12}O$:
- IR: 1710cm^{-1}
- ^{1}H NMR: δ 1.0ppm (삼중선, 3H); δ 2.4ppm (사중선, 2H); δ 3.6ppm (단일선, 2H); δ 7.2ppm (단일선, 5H)

(b) $C_6H_{14}O_2$:
- IR: 3400cm^{-1}
- ^{1}H NMR: δ 1.2ppm (단일선, 12H); δ 2.0ppm (단일선, 2H)

(c) C_4H_7NO:
- IR: 2240cm^{-1}; 3400cm^{-1} (넓은)
- ^{1}H NMR: δ 1.65ppm (단일선, 6H); δ 3.7ppm (단일선, 1H)

19.31 분자식 $C_5H_{12}O$를 갖는 화합물 중에서 다음의 스펙트럼 정보와 가장 맞는 구조는 무엇인지 밝히시오.

IR : 1150cm^{-1}에서 강한 피크
3000과 3500cm^{-1} 사이에 피크 없음

^{1}H NMR : 3H 단일선 (δ 3.4ppm); 6H 이중선 (δ 1.0ppm); 플러스 기타 피크

^{13}C NMR : 네 개의 신호

19.32 어떤 한 화합물($C_8H_{10}O$)이 그림 19.23에서 보여 주는 적외선과 ^{1}H NMR 스펙트럼을 나타낸다면 어떤 구조를 갖겠는가?

19.33 그림 19.24에서 보여 주는 질량 스펙트럼과 ^{1}H NMR 스펙트럼을 갖는 화합물의 구조를 추론하시오.

19.34 그림 19.25는 특정 화합물에 대한 여러 형태의 분광학적 데이터(적외선, ^{1}H NMR, ^{13}C NMR, 질량 스펙트럼)를 보여 주고 있다. 이 화합물은 무엇인가?

그림 • 19.23
화합물 $C_8H_{10}O$(문제 19.32)에 대한 (*a*) IR과 (*b*) 200MHz ^{1}H NMR 스펙트럼

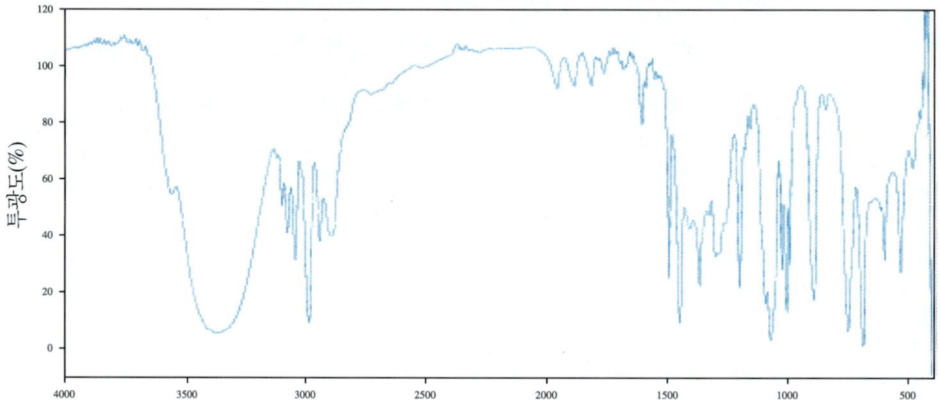

(*a*)

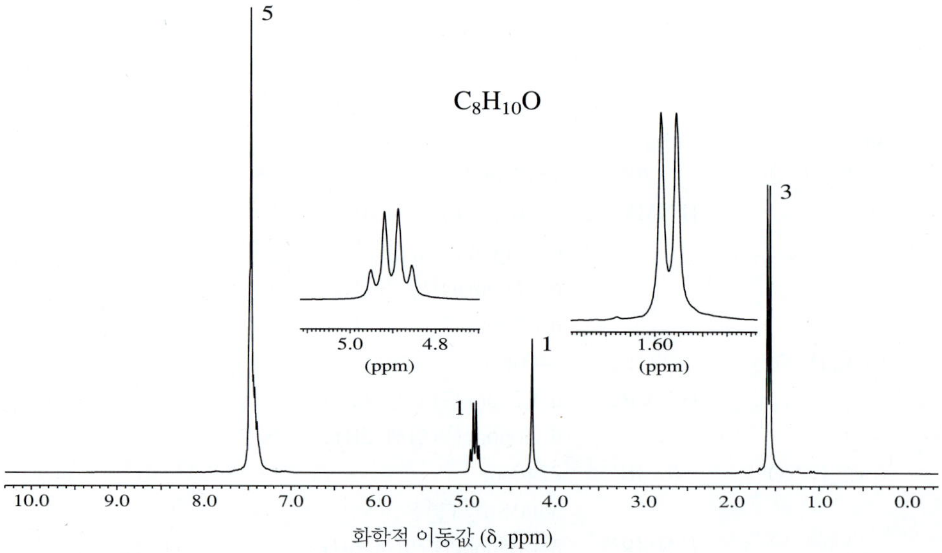

(*b*)

그림 • 19.24
미지의 화합물(문제 19.33)에 대한 (*a*) 질량 스펙트럼, (*b*) 200MHz ^{1}H NMR 스펙트럼

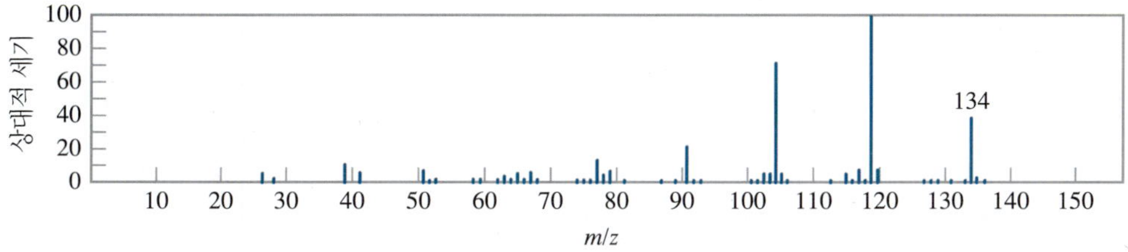

(*a*)

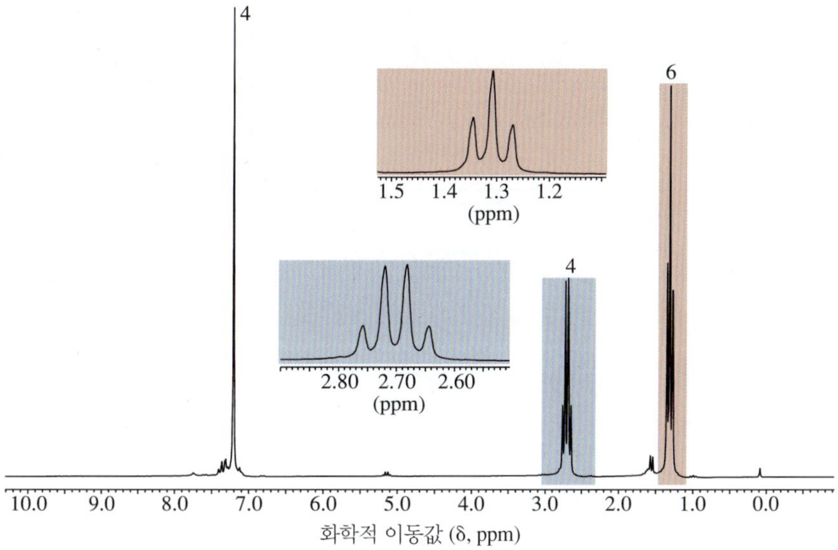

(*b*)

그림 • 19.25
문제 19.34의 화합물에 대한 (*a*) 질량, (*b*) IR, (*c*) 200MHz ^{1}H NMR, (*d*) ^{13}C NMR 스펙트럼(그림은 다음 페이지에서 계속)

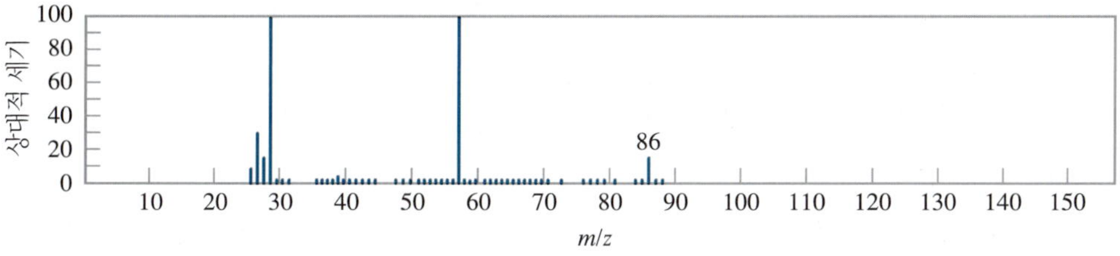

(*a*)

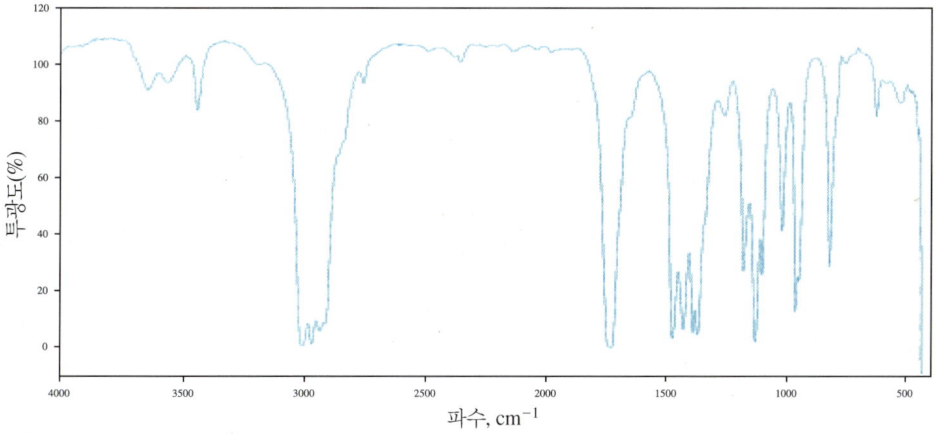

(*b*)

그림 • 19.25 (계속)

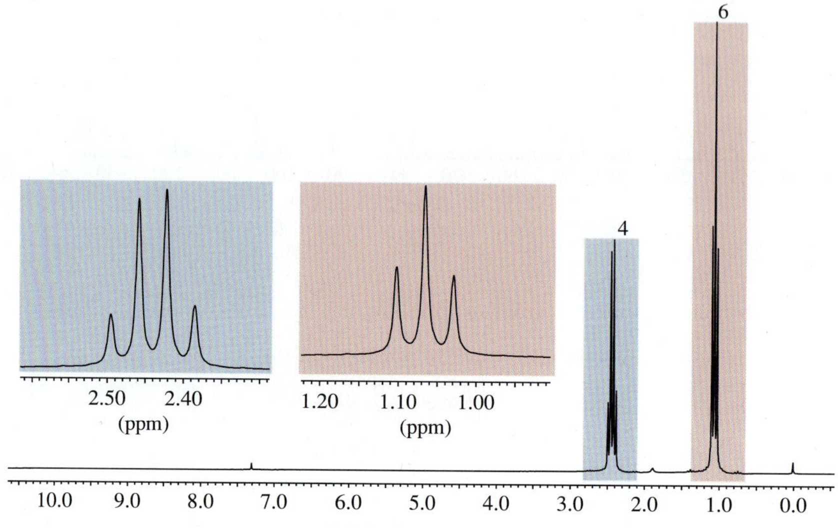
6
4
2.50
2.40
(ppm)
1.20
1.10
1.00
(ppm)
10.0 9.0 8.0 7.0 6.0 5.0 4.0 3.0 2.0 1.0 0.0
화학적 이동값 (δ, ppm)

(*c*)

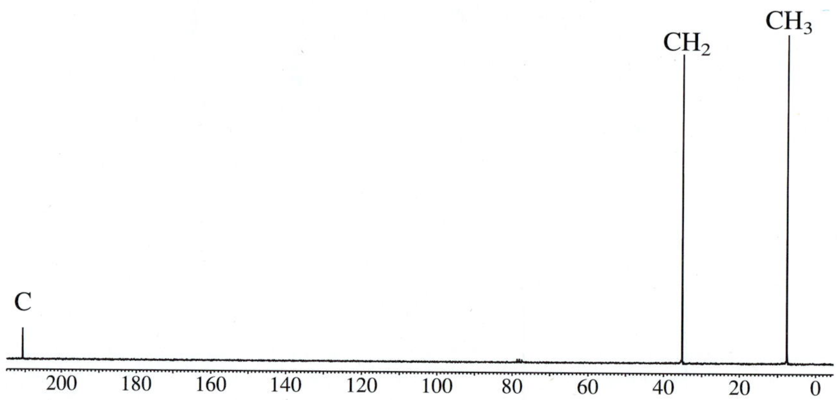
CH2
CH3
C
200 180 160 140 120 100 80 60 40 20 0
화학적 이동값 (δ, ppm)

(*d*)

교재 내 문제들에 대한 해답

교재 내 문제는 각 장의 본문에 나오는 교재 내 문제와 각 장의 마지막 부분에 나오는 보충문제의 두 종류가 있다. 이 부록에는 교재 내의 모든 문제들에 대한 답을 간단하게 서술하였다. 각 장의 끝에 있는 모든 문제에 대하여 더 자세한 문제 풀이와 교재 내 문제 풀이는 별도로 *'Student Solution Manual'* 에서 더 자세하게 다루었다. 여러 부분으로 구성된 문제 (a) 부분의 정답은 각 장에서 문제 풀이 예로 나타내었으므로 여기서는 생략하였다.

1장

1.1 4

1.2 주기율표에서 모든 3주기 원소들은 전자가 10개인 네온 원자핵($1s^22s^22p^6$)을 갖는다. 3주기 원소와 원자 수 그리고 네온 원자핵보다 더 많은 원소의 전자 배치는 다음과 같다.

Na (Z= 11) $3s^1$; Mg (Z = 12) $3s^2$; Al (Z = 13) $3s^23p_x^{\ 1}$; Si (Z = 14) $3s^23p_x^{\ 1}3p_y^{\ 1}$; P (Z = 15) $3s^23p_x^{\ 1}3p_y^{\ 1}3p_z^{\ 1}$; S ($Z$ = 16) $3s^23p_x^{\ 2}3p_y^{\ 1}3p_z^{\ 1}$; Cl ($Z$ = 17) $3s^23p_x^{\ 2}3p_y^{\ 2}3p_z^{\ 1}$; Ar ($Z$ = 18) $3s^23p_x^{\ 2}3p_y^{\ 2}3p_z^{\ 2}$.

1.3 불활성 기체의 전자 배치를 갖는 이온들은 (a) K^+, (b) H^-, (d) F^-, (e) Ca^{2+}이다.

1.4 

1.7 (b) 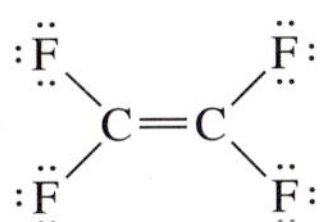 (c) 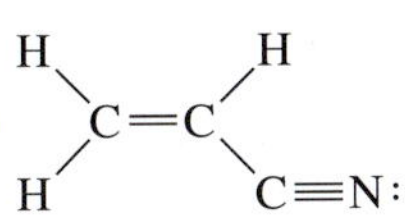

1.8 CH_3Cl에서 탄소는 부분적으로 양전하를 띤다. CH_4와 CH_3Li에서 탄소는 부분적으로 음전하를 띠지만 CH_3Li에 있는 탄소의 음전하 크기가 더 크다.

1.9 (b) H: O; C: −1; 순: −1 (c) H: 0; C: 0; 순: 0 (d) H: 0; C: +1; 순: +1 (e) N: 0; C: −1; 순: −1

1.10

(b) 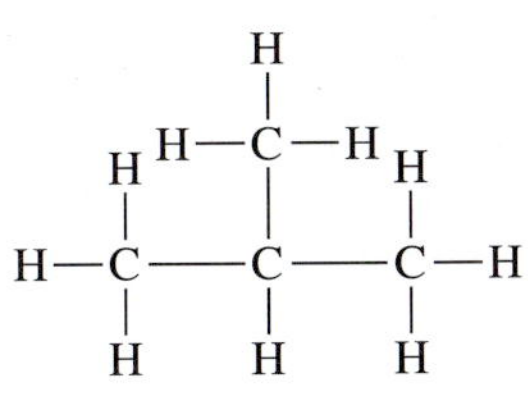 (c) 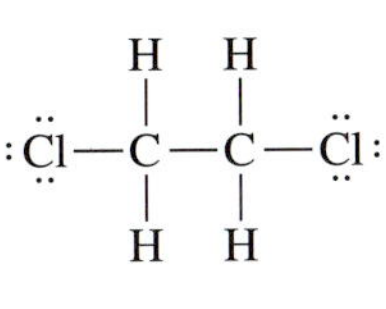 (d) 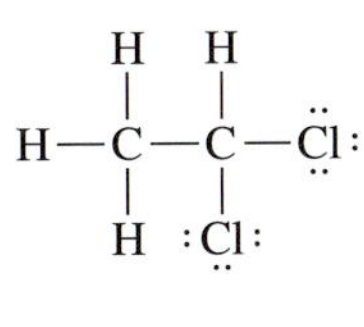

(e) 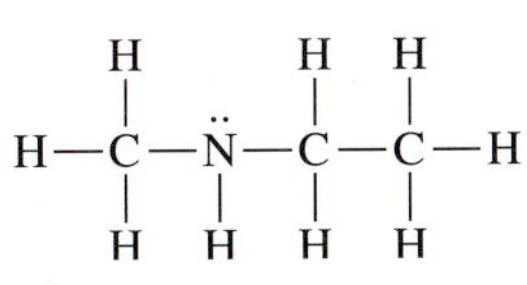 (f) 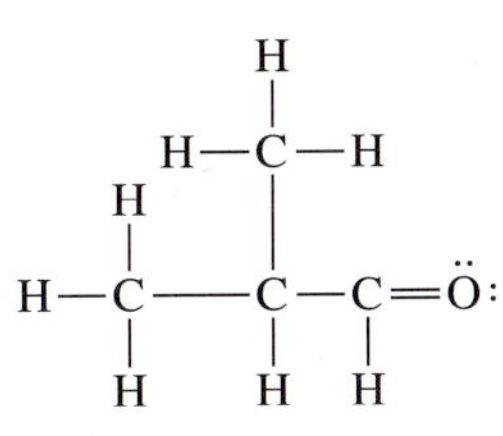

1.11 (b) $(CH_3)_2CHCH(CH_3)_2$ (c) $HOCH_2CHCH(CH_3)_2$ (with CH_3 on the second carbon) (d) 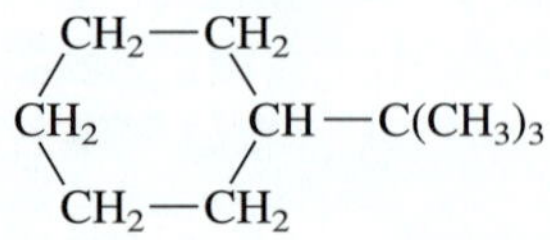

1.12 (b) $CH_3CH_2CH_2OH$, $(CH_3)_2CHOH$, $CH_3CH_2OCH_3$. (c) $C_4H_{10}O$는 일곱 개의 이성질체를 갖는다. 네 개는 —OH기를 갖는다. $CH_3CH_2CH_2CH_2OH$, $(CH_3)_2CHCH_2OH$, $(CH_3)_3COH$, 그리고 $CH_3CHCH_2CH_3$ (with OH on the second carbon). 세 개는 C—O—C 단위를 갖는다: $CH_3OCH_2CH_2CH_3$, $CH_3CH_2OCH_2CH_3$, 그리고 $(CH_3)_2CHOCH_3$

1.13

(b) 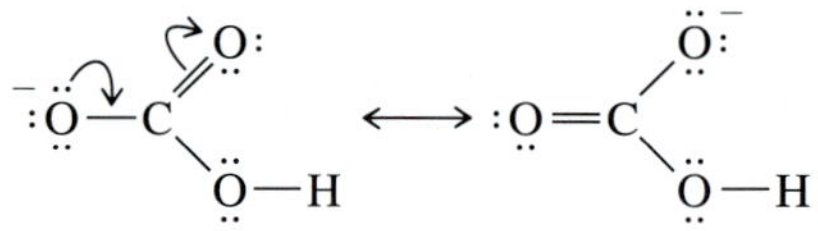

(c) 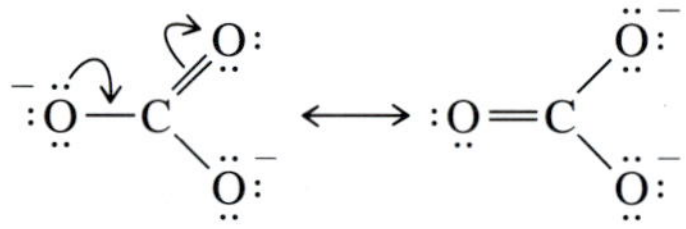

그리고

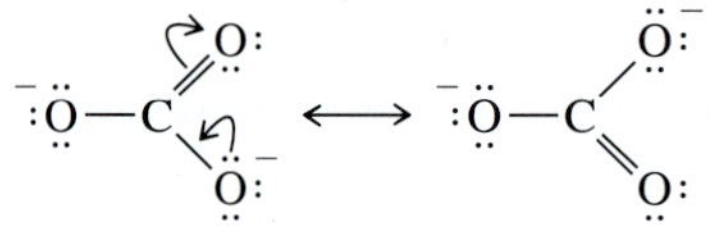

(d) 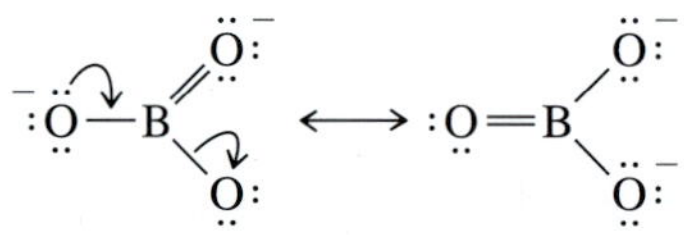

그리고

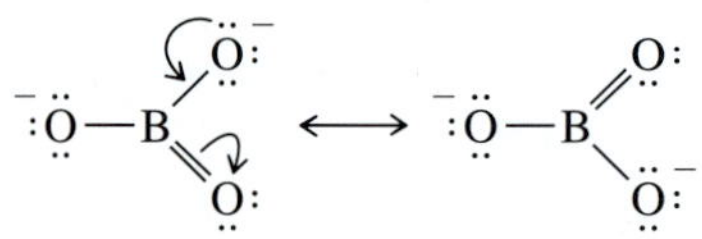

1.14 BH_4^-에서 H—B—H 결합각은 109.5° 이다(정사면체).

1.15 (b) 정사면체, (c) 직선, (d) 삼각 평면

1.16 (b) 산소는 H—O—H 각을 이등분하는 방향으로 쌍극자 모멘트 음의 말단을 나타낸다. (c) 쌍극자 모멘트 없음; (d) C—Cl 결합축 방향으로 쌍극자 모멘트, 염소는 음의 말단, 탄소와 수소는 부분적으로 양전하를 띤다; (e) 질소의 음의 말단과 선형 분자의 축방향으로 쌍극자 모멘트.

1.17 (b) sp^2; (c) CH_2기의 탄소는 sp^2, C=O의 탄소는 sp; (d) 두 개의 이중 결합 탄소는 각각 sp^2, 여기서 CH_3기의 탄소는 sp^3; (e) C=O의 탄소는 sp^2, CH_3기의 탄소는 sp^3; (f) 두 개의 이중 결합 탄소는 각각 sp^2, 질소와 결합한 탄소는 sp.

2장

2.1

$$H_3N\!: + H-Cl\!: \rightleftharpoons H_3\overset{+}{N}-H + :Cl:^-$$

염기 산 짝산 짝염기

2.2 폼산(개미산): $K_a = 1.8\times10^{-4}$; 옥살산: $K_a = 6.5\times10^{-2}$. 옥살산이 더 강한 산이다.

2.3 포메이트(formate)가 더 강한 염기이다.

2.4

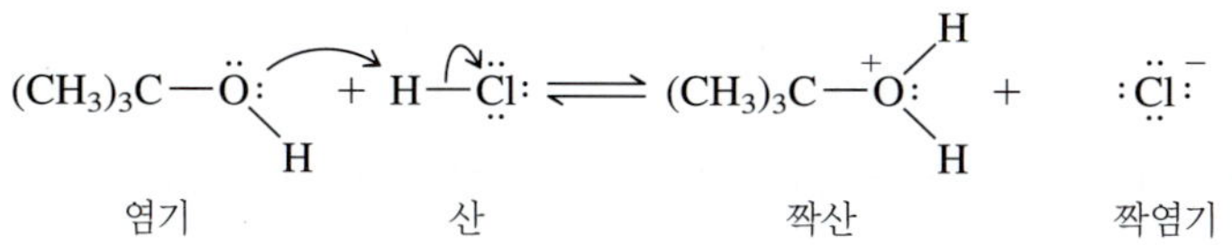

2.5

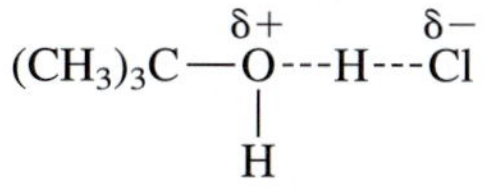

2.6 전기음성도가 더 큰 산소 방향으로 p 결합의 두 전자의 이동을 나타내는 굽은 화살표(왼쪽)가 맞다. 이 경우에 탄소 원자는 최외각 껍질에 여섯 개의 전자만 가지고 있고, 똑같은 탄소 원자에 있는 두 개의 전자 손실을 나타내는 두 번째 굽은 화살표(오른쪽)는 틀린 것이다. 대신에 탄소 원자는 안정한 팔전자 규칙 배치를 유지하기 위하여 두 개의 전자를 받아들여야만 한다. 그리고 하이드록사이드 이온은 최외각 껍질에 여덟 개의 전자가 채워졌으므로 음전하를 띠고 있고, 더 많은 전자를 받아들일 수 없다. 한편 하이드록사이드 이온은 새로운 결합을 만들기 위하여 두 개의 전자를 공유할 수 있다.

2.7 (b)

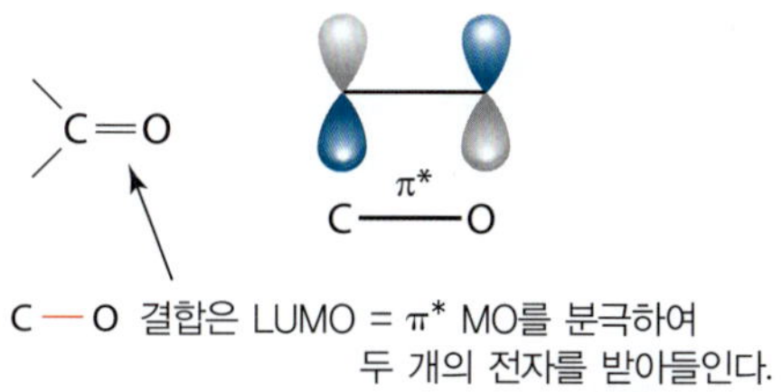

2.8 브로민은 이탈기이며, 두 개의 전자와 함께 떨어져 나갈 것이다. 브로민이 이탈한 후 친핵체는 양전하를 띤 탄소를 공격하여 새로운 결합이 만들어진다.

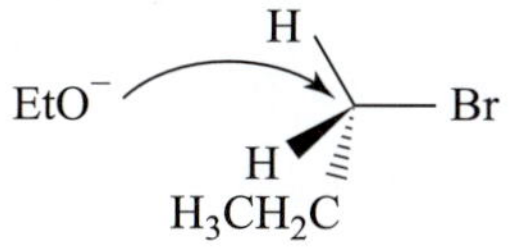

2.9 (b) 은의 첨가는 Lewis 산으로서 배위 결합으로 브로민을 활성화시키고, 따라서 브로민 옆에 있는 탄소 원자를 더 양이온화시키고 반응성을 더 크게 한다. 그러므로 메틸 아이오다이드 (MeI)는 더 강력한 친전자체로서 더 강력한 친핵체인 산소 음이온과 반응한다.

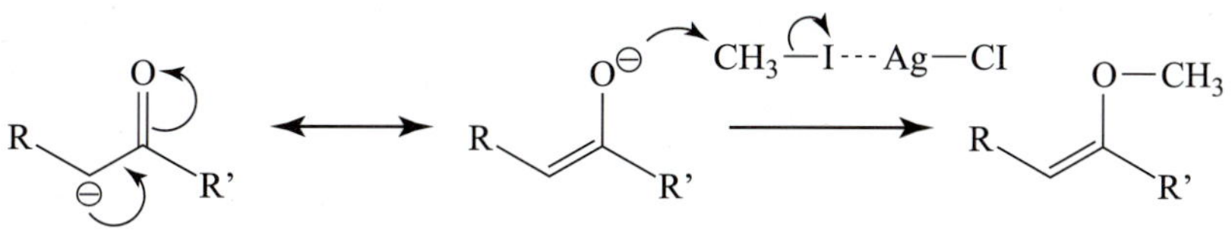

3장

3.6 *S*

3.1 (c) C-2는 입체생성 중심. (d) 입체생성 중심이 아님

3.2 $[\alpha]_D - 39^\circ$

3.3 (+)-2-뷰탄올

3.4 (b) *R*; (c) *S*; (d) *S*

3.5

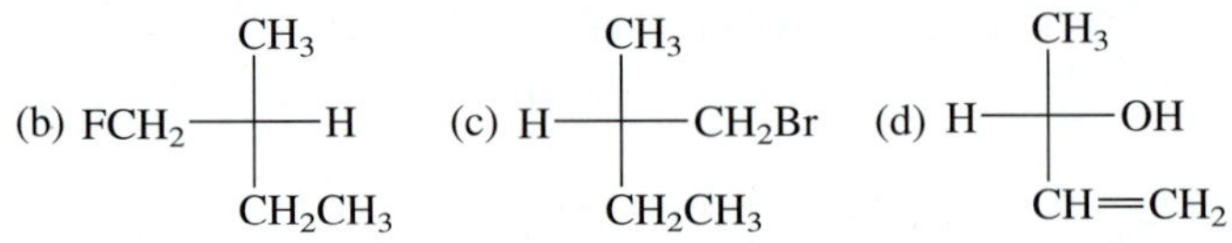

3.6 *S*

3.8

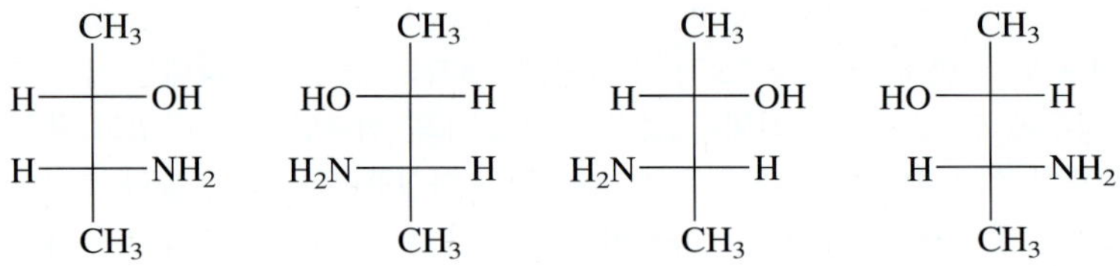

3.9 2*S*,3*R*

3.10 *RRR RRS RSR SRR SSS SSR SRS RSS*

3.11

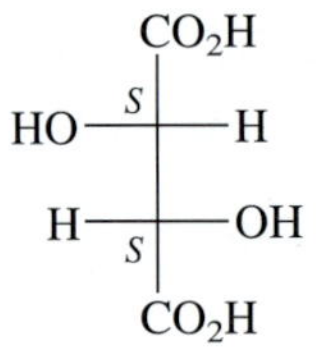

와

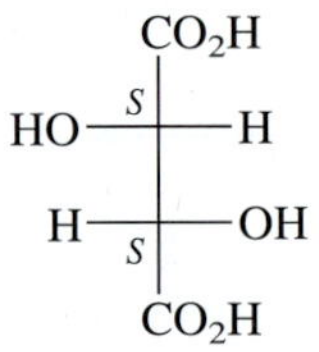

3.12 아님

4장

4.1

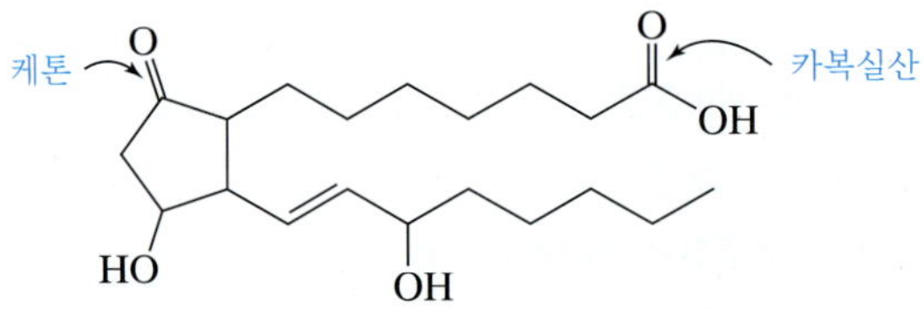

4.2 세 개의 탄소 모두; 10 σ 결합; 각 C—H σ 결합은 C sp^3—H 1*s*; 각 C—C 결합은 C sp^3—C sp^3

4.3 프로페인은 에테인에 없는 CH_3—H 반발력을 가지고 있다.

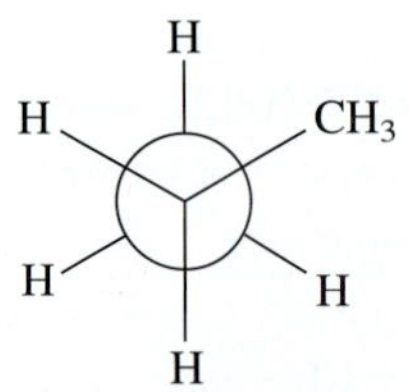

엇갈린 프로페인

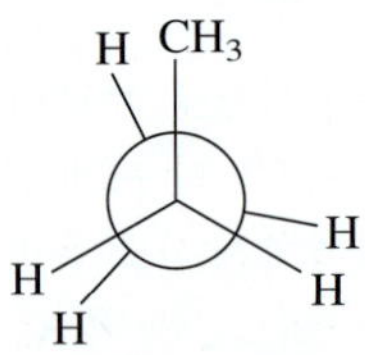

가려진 프로페인

4.4

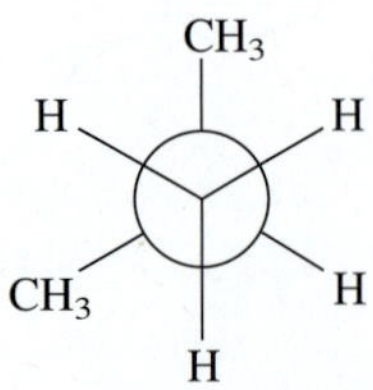

4.5 $CH_3(CH_2)_{26}CH_3$

4.6 분자식은 $C_{11}H_{24}$; 요약 분자식은 $CH_3(CH_2)_9CH_3$.

4.7 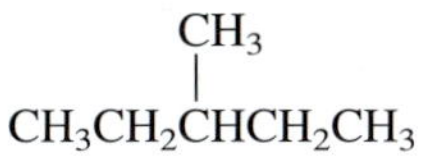 또는 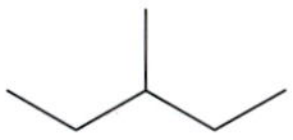

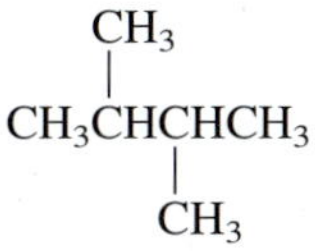 또는 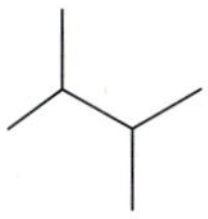 그리고 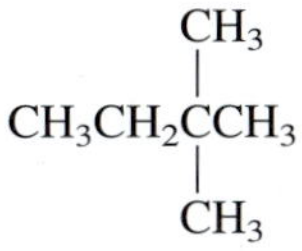 또는 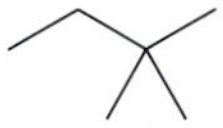

4.8 운데케인(Undecane)

4.9 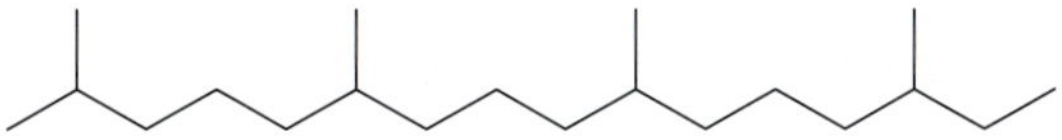

4.10 $CH_3CH_2CH_2CH_2CH_3$(펜테인, pentane), $(CH_3)_2CHCH_2CH_3$(2-메틸뷰테인, 2-methylbutane), $(CH_3)_4C$(2,2-다이메틸프로페인, 2,2-dimethylpropane); (c) 2,2,4-트라이메틸펜테인(2,2,4-trimethylpentane); (d) 2,2,3,3-테트라메틸뷰테인(2,2,3,3-tetramethylbutane)

4.11 (b) 4-에틸-2-메틸헥세인(4-ethyl-2-methylhexane);
(c) 8-에틸-4-아이소프로필-2,6-다이메틸데케인(8-ethyl-4-isopropyl-2,6-dimethyldecane)

4.12 (b) 4-아이소프로필-1,1-다이메틸사이클로데케인(4-isopropyl-1,1-dimethylcyclodecane);
(c) 사이클로헥실사이클로헥세인(cyclohexylcyclohexane)

4.13 (b) 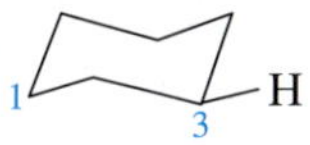 (c) 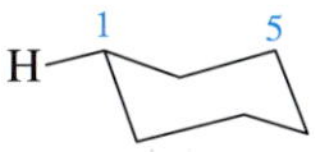 (d) 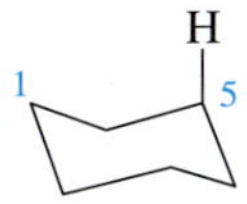

4.14 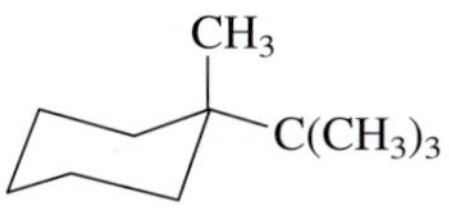

4.15 1,1-다이메틸사이클로프로페인(1,1-dimethylcyclopropane), 에틸사이클로프로페인(ethylcyclopropane), 메틸사이클로뷰테인(methylcyclobutane), 사이클로펜테인(cyclopentane)

4.16 시스: 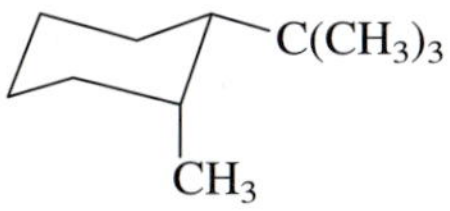 트랜스: 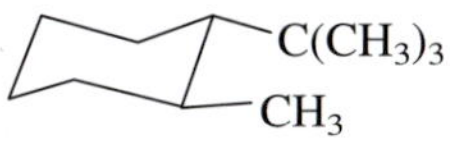

4.17 옥테인(octane, 126°C); 2-메틸헵테인(2-methylheptane, 116°C); 2,2,3,3-테트라메틸뷰테인(2,2,3,3-tetramethylbutane, 106°C)

5장

5.1 (b) 3,3-다이메틸-1-뷰텐(3,3-dimethyl-1-butene); (c) 2-메틸-2-헥센(2-methyl-2-hexene); (d) 4-클로로-1-펜텐(4-chloro-1-pentene); (e) 4-펜텐-2-올(4-penten-2-ol)

5.2

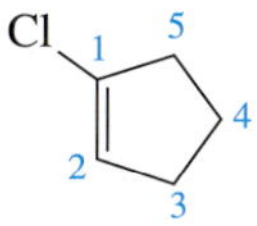

1-클로로사이클로펜텐
(1-Chlorocyclopentene)

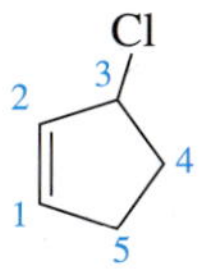

3-클로로사이클로펜텐
(3-Chlorocyclopentene)

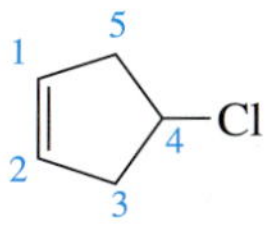

4-클로로사이클로펜텐
(4-Chlorocyclopentene)

5.3 (b) 3-에틸-3-헥센(3-ethyl-3-hexene); (c) 두 개의 탄소는 sp^2-혼성이고, 여섯 개는 sp^3-혼성이다. (d) 세 개는 sp^2-sp^3 σ 결합이고, 세 개는 sp^3-sp^3 σ 결합이다.

5.4

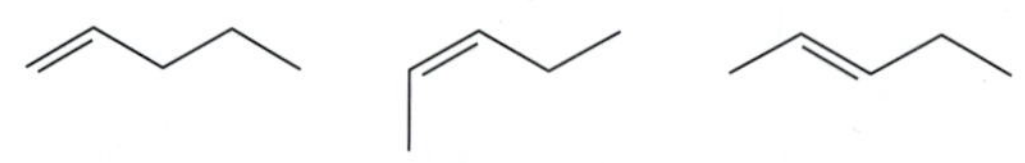

1-펜텐 (1-Pentene) | 시스-2-펜텐 (*cis*-2-Pentene) | 트랜스-2-펜텐 (*trans*-2-Pentene)

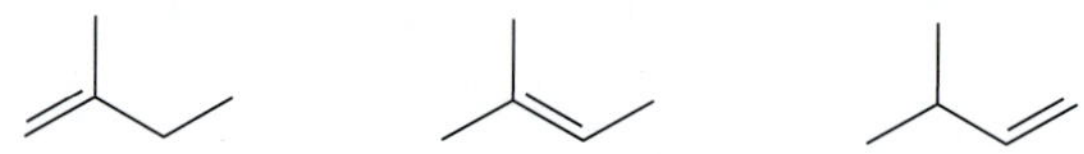

2-메틸-1-뷰텐 (2-Methyl-1-butene) | 2-메틸-2-뷰텐 (2-Methyl-2-butene) | 3-메틸-1-뷰텐 (3-Methyl-1-butene)

5.5

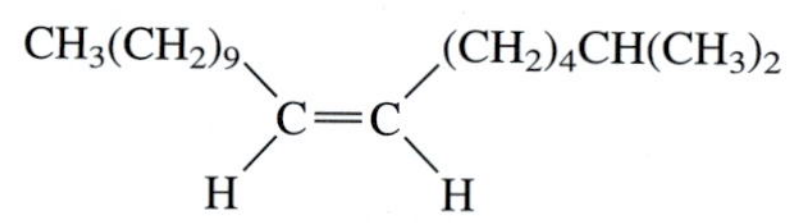

5.6 (b) *Z*; (c) *E*; (d) *E*

5.7

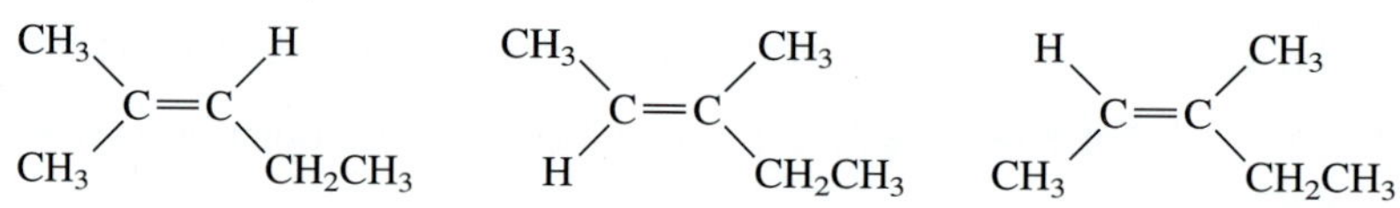

2-메틸-2-펜텐 (2-Methyl-2-pentene) | (*E*)-3-메틸-2-펜텐 [(*E*)-3-Methyl-2-pentene] | (*Z*)-3-메틸-2-펜텐 [(*Z*)-3-Methyl-2-pentene]

5.8 $(CH_3)_2C{=}C(CH_3)_2$

5.9 2-메틸-2-뷰텐 > (*E*)-2-펜텐 > (*Z*)-2-펜텐 > 1-펜텐
(가장 안정) (가장 덜 안정)

5.10 (b) 프로펜; (c) 프로펜; (d) 2,3,3-트라이메틸-1-뷰텐(2,3,3-trimethyl-1-butene)

5.11 (b)

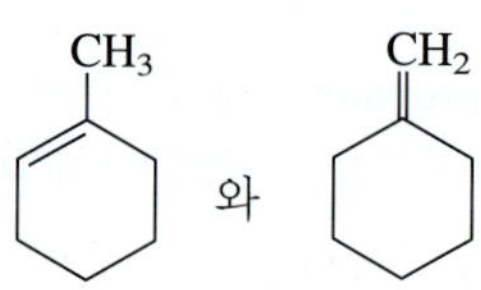

주 생성물 부 생성물

(c)

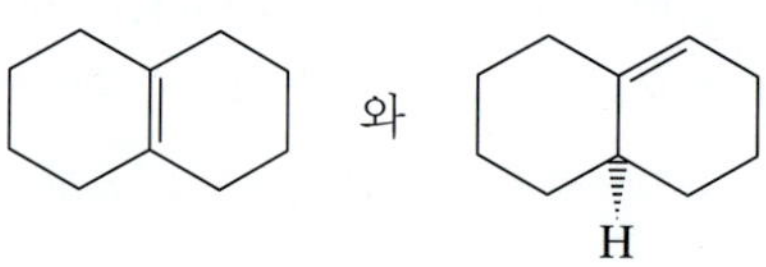

주 생성물 부 생성물

5.12 (b)

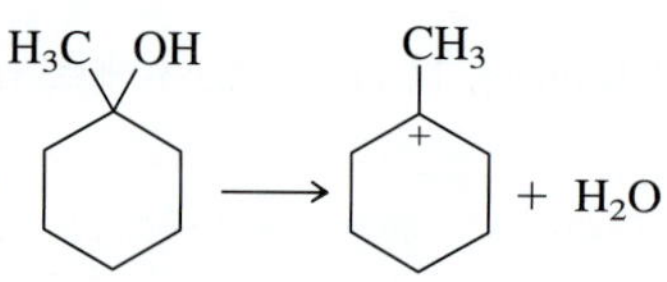

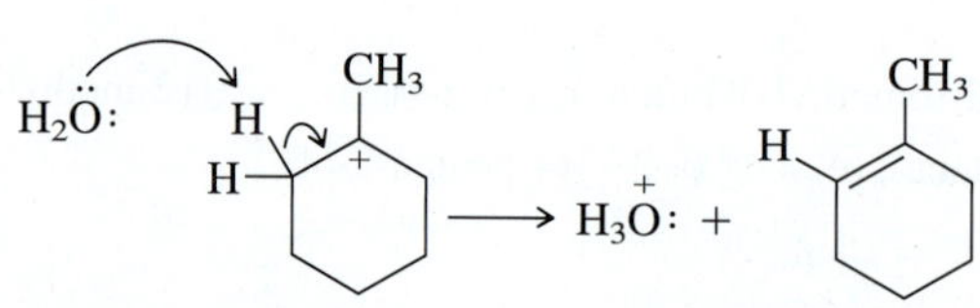

그리고

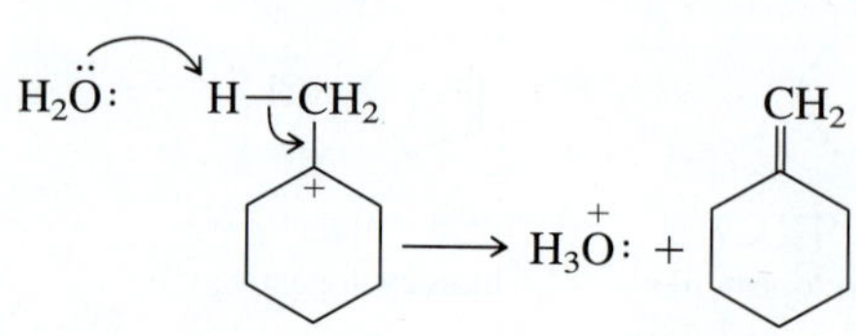

(c) 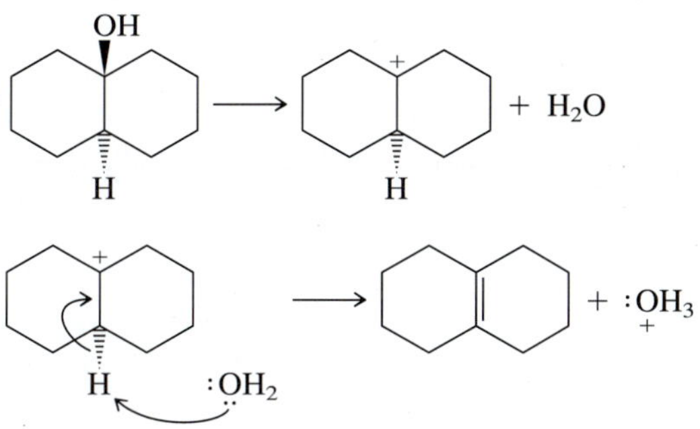

그리고

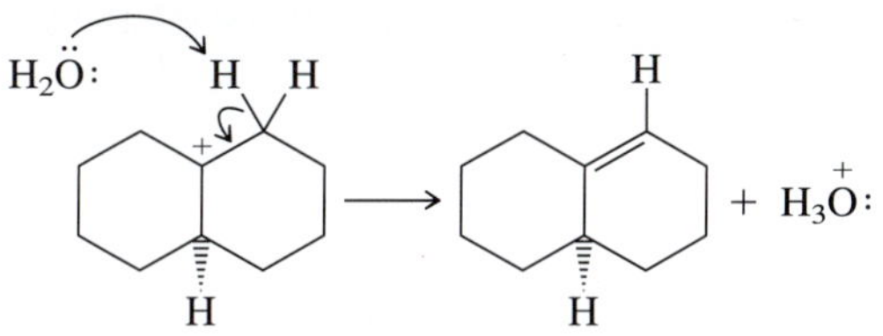

5.13 (b) $(CH_3)_2C{=}CH_2$; (c) $CH_3CH{=}C(CH_2CH_3)_2$; (d) $CH_3CH{=}C(CH_3)_2$(주 생성물) 및 $CH_2{=}CHCH(CH_3)_2$(부 생성물)

5.14 $CH_2{=}CHCH_2CH_3$, *cis*-$CH_3CH{=}CHCH_3$, *trans*-$CH_3CH{=}CHCH_3$

5.15 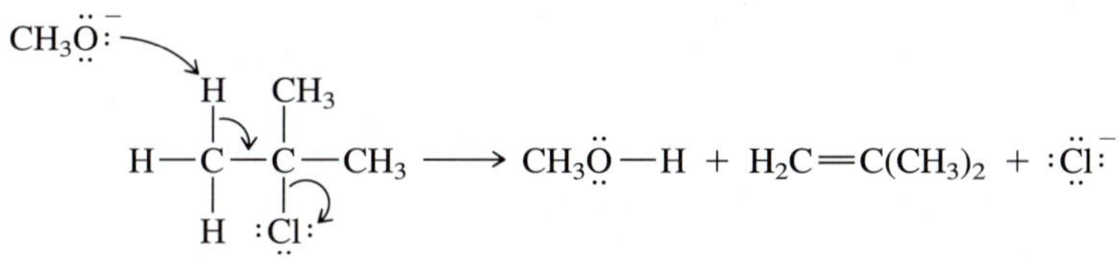

5.16 $CH_3CH_2CH_2C{\equiv}CH$(1-펜타인, 1-pentyne), $CH_3CH_2C{\equiv}CCH_3$(2-펜타인, 2-pentyne), $(CH_3)_2CHC{\equiv}CH$(3-메틸-1-뷰타인, 3-methyl-1-butyne)

5.17 $(CH_3)_3C\overset{Br}{\underset{Br}{C}}CH_3$ 또는 $(CH_3)_3CCH_2CHBr_2$ 또는 $(CH_3)_3C\underset{Br}{C}HCH_2Br$

6장

6.1 2-메틸-1-뷰텐(2-methyl-1-butene); 2-메틸-2뷰텐(2-methyl-2-butene); 3-메틸-1-뷰텐(3-methyl-1-butene)

6.2 (b) $(CH_3)_2\underset{Cl}{C}CH_2CH_3$ (c) $CH_3\underset{Cl}{C}HCH_2CH_3$ (d) 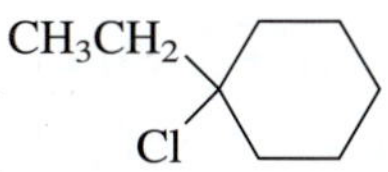

6.3 (b) $(CH_3)_2\overset{+}{C}CH_2CH_3$ (c) $CH_3\overset{+}{C}HCH_2CH_3$ (d) 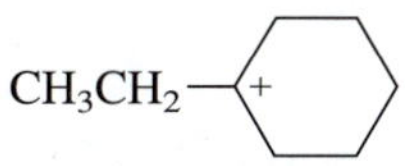

6.4 $CH_3CH_2CH_2\overset{+}{C}H_2$ (일차) $CH_3CH_2\overset{+}{C}HCH_3$ (이차) $CH_3\underset{CH_3}{C}H\overset{+}{C}H_2$ (삼차) $CH_3\overset{+}{\underset{CH_3}{C}}CH_3$ (사차)

6.5 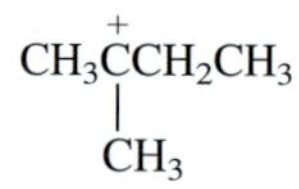

$$\mathrm{OH{\equiv}CH \xrightarrow[\text{2. } CH_3CH_2CH_2Br]{\text{1. } NaNH_2,\ NH_3} CH_3CH_2CH_2C{\equiv}CH \xrightarrow[\text{2. } CH_3CH_2Br]{\text{1. } NaNH_2,\ NH_3} CH_3CH_2CH_2C{\equiv}CCH_2CH_3}$$

6.6 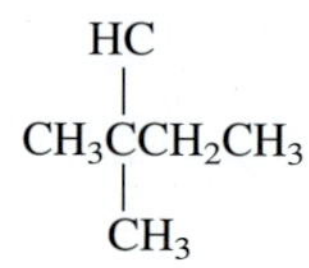

6.7 산 용액에서 하이드록사이드 이온의 농도가 너무 작아서 화학적으로 유의성이 없다.

6.8 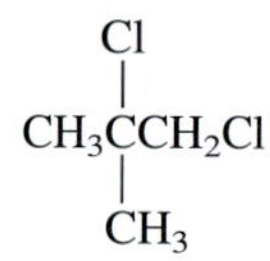

6.9 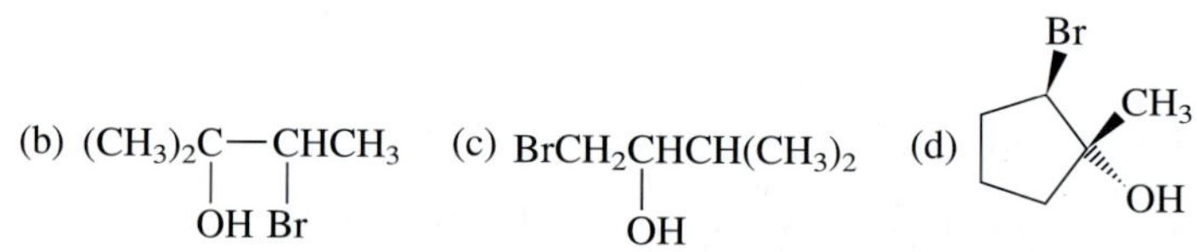

6.10 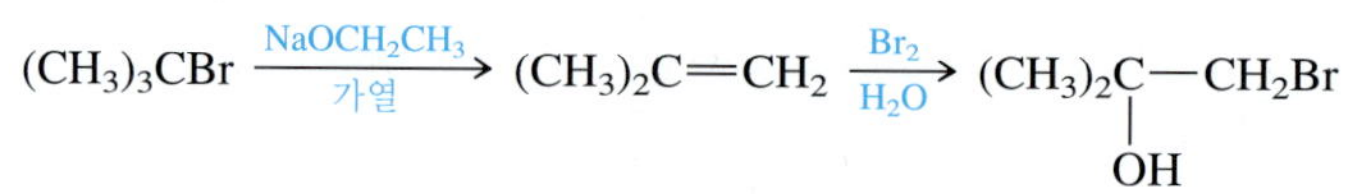

6.11 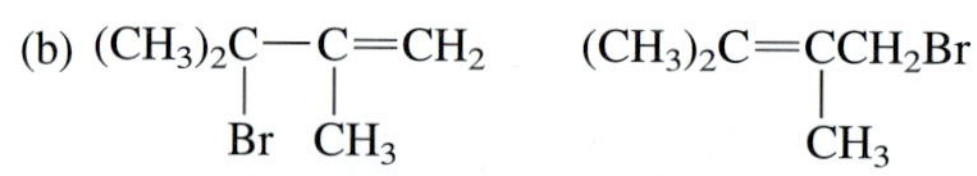

1,2-첨가 1,4-첨가

(c) 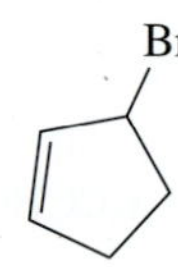

1,2-첨가와 1,4-첨가로부터
같은 생성물이 얻어진다.

6.12 세 가지 : 3,4-다이브로모-3-메틸-1-뷰텐(3,4-dibromo-3-methyl-1-butene); 3,4-다이브로모-2-메틸-1-뷰텐(3,4-dibromo-2-methyl-1-butene); 1,4-다이브로모-2-메틸-2-뷰텐(1,4-dibromo-2-methyl-2-butene)

6.13 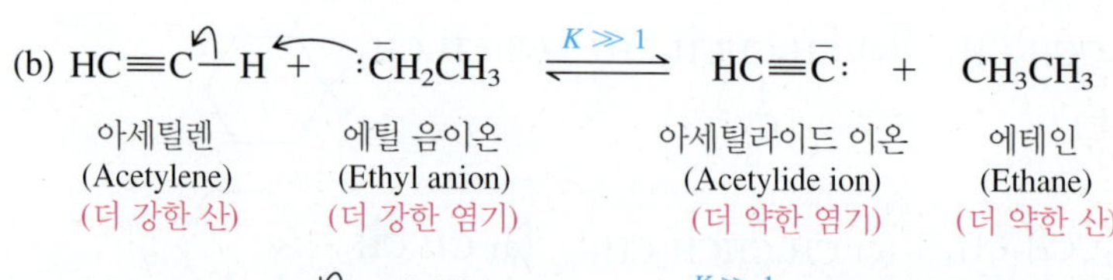

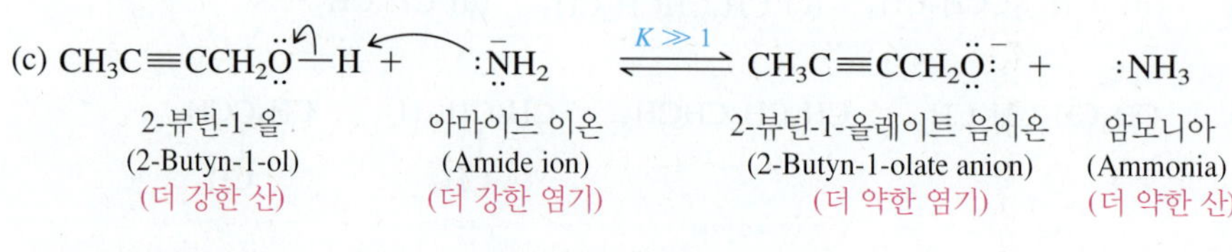

6.14 (b) $HC{\equiv}CH \xrightarrow[\text{2. } CH_3Br]{\text{1. } NaNH_2,\ NH_3} CH_3C{\equiv}CH \xrightarrow[\text{2. } CH_3CH_2CH_2CH_2Br]{\text{1. } NaNH_2,\ NH_3} CH_3C{\equiv}CCH_2CH_2CH_2CH_3$

(c)

6.15 $HC{\equiv}CCH_2CH_3 \xrightarrow[\text{2. } CH_3Br]{\text{1. } NaNH_2,\ NH_3} CH_3C{\equiv}CCH_2CH_3 \xrightarrow{H_2,\ \text{Lindlar Pd}}$

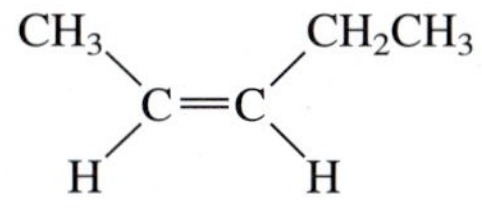

6.16 $CH_3C{\equiv}CH \xrightarrow[\text{2. } CH_3CH_2CH_2CH_2Br]{\text{1. } NaNH_2,\ NH_3}$

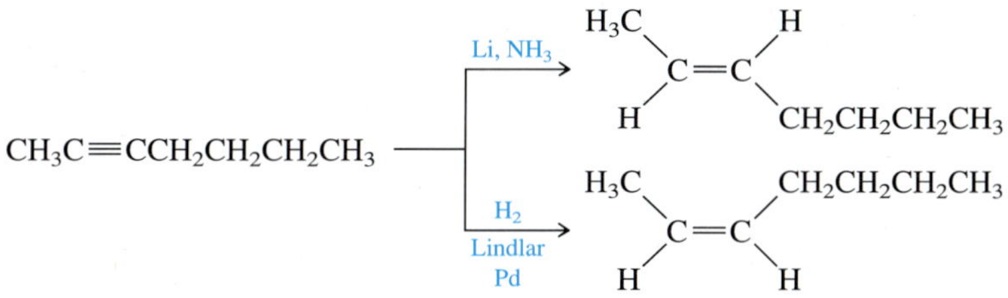

6.17 $CH_3\overset{O}{\overset{\|}{C}}CH_2CH_3$ 케톤(Ketone) $CH_3\overset{OH}{\overset{|}{C}}{=}CHCH_3$ 엔올(Enol)

6.18 $H_2C{=}\overset{OH}{\overset{|}{C}}CH_2CH_2CH_2CH_2CH_2CH_3$

7장

7.1 (a), (b)

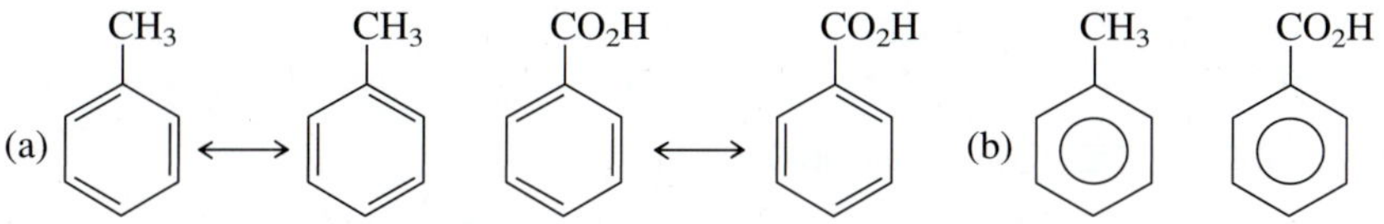

7.2 (b)

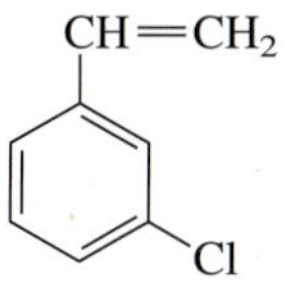

(c)

7.3 $C_6H_5\overset{CH_3}{\underset{CH_3}{C}}Cl$

7.4

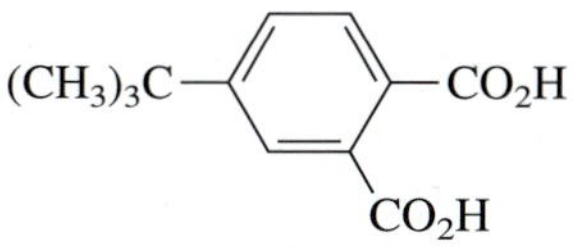

7.5

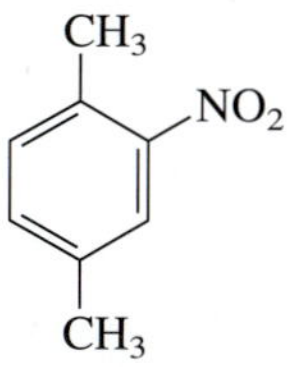

7.6 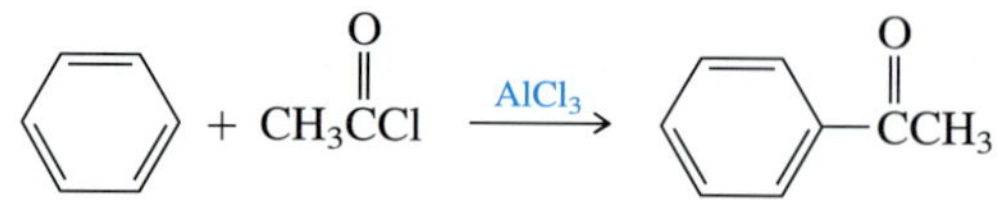

7.7 (b) 메타, 벤젠보다 더 느리다; (c) 오쏘와 파라, 벤젠보다 더 느리다.

7.8 **파라 공격**

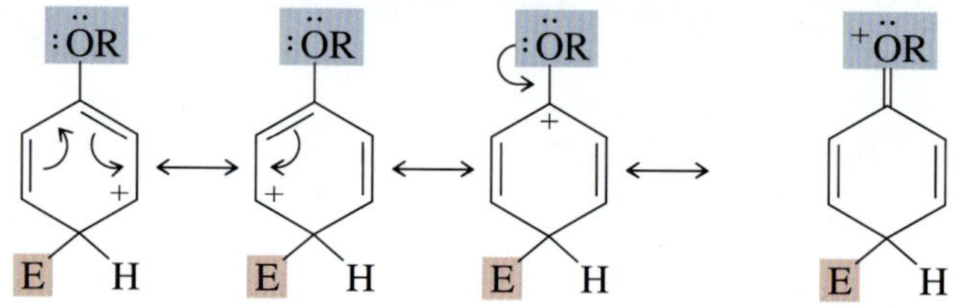

더 안정한 공명 형태:
산소와 모든 탄소는
8개의 전자를 갖는다.

7.9 (b) 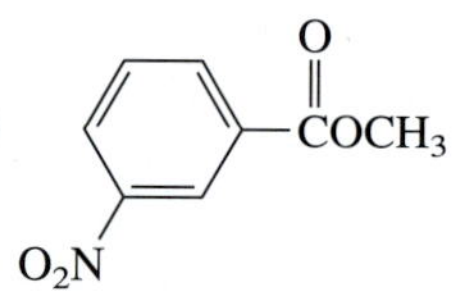 (c) 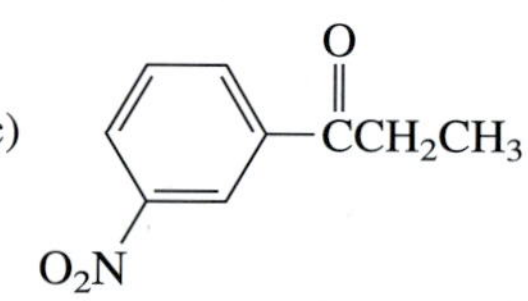

7.10 $-\overset{+}{N}(CH_3)_3$기는 강한 비활성 치환체이며, 메타-지향이다. 양으로 하전된 질소는 강력하게 전자를 끌어당기는 치환체가 된다. 나이트로기와 같은 성질을 갖는다.

7.11 ***m*-브로모나이트로벤젠(*m*-Bromonitrobenzene)**

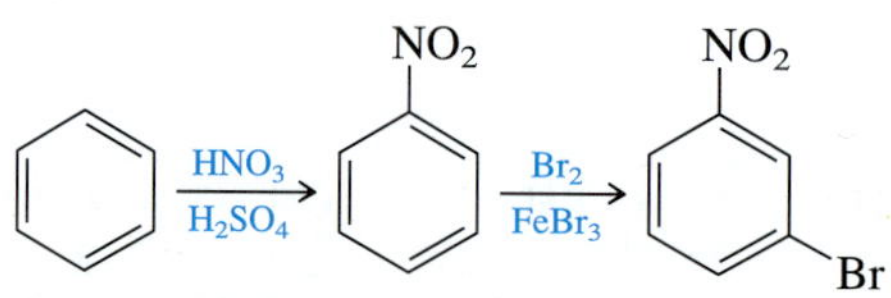

***p*-브로모나이트로벤젠(*p*-Bromonitrobenzene)**

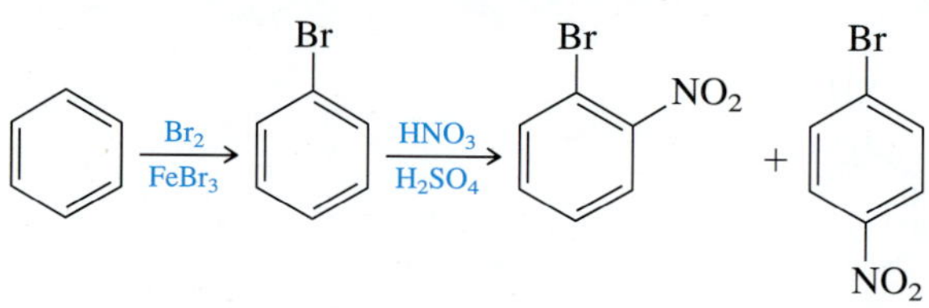

7.12 (b) 방향족(고리에 6개의 π 전자); (c) 방향족 아님(고리에 sp^3 탄소); (d) 방향족(고리에 10개의 π 전자)

8장

8.1

$CH_3CH_2CH_2CH_2Cl$

1-클로로뷰테인
n-뷰틸 클로라이드
또는 뷰틸 클로라이드

$CH_3CH(Cl)CH_2CH_3$

2-클로로뷰테인
sec-뷰틸 클로라이드
또는 1-메틸프로필 클로라이드

$(CH_3)_2CHCH_2Cl$

1-클로로-2-메틸프로페인
아이소뷰틸 클로라이드
또는 2-메틸프로필 클로라이드

$(CH_3)_3CCl$

2-클로로-2-메틸프로페인
tert-뷰틸 클로라이드
또는 1,1-다이메틸에틸 클로라이드

8.2 $CH_3CH_2CH_2CH_2OH$

1-뷰탄올
n-뷰틸 알코올
또는 뷰틸 알코올

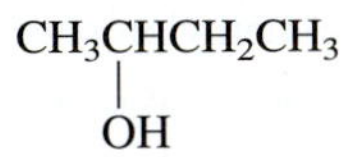

2-뷰탄올
sec-뷰틸 알코올
또는 1-메틸프로필 알코올

$(CH_3)_2CHCH_2OH$

2-메틸-1-프로판올
아이소프로필 알코올
또는 2-메틸프로필 알코올

$(CH_3)_3COH$

2-메틸-2-프로판올
tert-뷰틸 알코올
또는 1,1-다이메틸에틸 알코올

8.3 $CH_3CH_2CH_2CH_2OH$ 일차

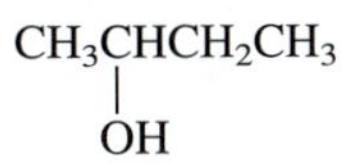 이차

$(CH_3)_2CHCH_2OH$ 일차

$(CH_3)_3COH$ 삼차

8.4 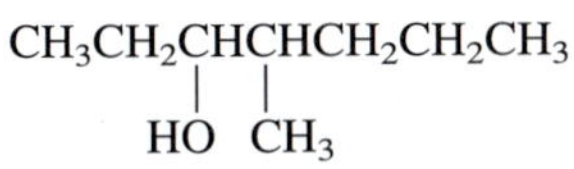

이차 알코올

8.5 에탄올(CH_3CH_2OH)의 수소 결합은 수소 결합이 없는 다이메틸 에터(CH_3OCH_3)보다 끓는점이 더 높다.

8.6 (b) $(CH_3CH_2)_3COH + HCl \longrightarrow (CH_3CH_2)_3CCl + H_2O$

(c) $CH_3(CH_2)_{12}CH_2OH + HBr \longrightarrow CH_3(CH_2)_{12}CH_2Br + H_2O$

8.7 **1-뷰탄올**

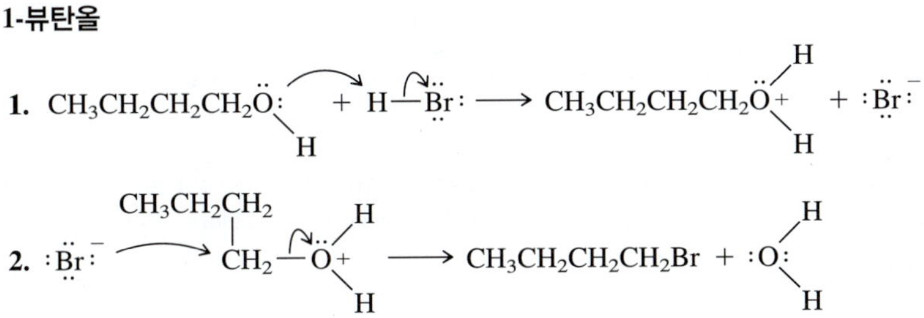

2-뷰탄올

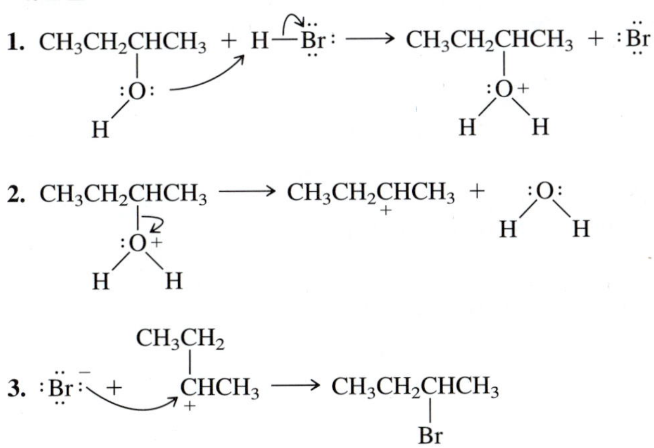

8.8 H 형식 전하: 0; C 형식 전하: 0; 순: 0

8.9 $(CH_3)_2\dot{C}CH_2CH_3$

8.10 (b) 2-메틸프로페인(2-methylpropane)은 더 안정한(이차) 라디칼을 만들기 때문에 탄소-탄소 결합 해리 에너지는 더 낮다. 프로페인은 일차 라디칼을 생성한다. (c) 2,2-다이메틸프로페인(2,2-dimethylpropane)은 역시 더 안정한 삼차 라디칼을 만들기 때문에 탄소-탄소 결합 해리 에너지는 더 낮다.

8.11 $CH_2Cl_2 + Cl_2 \longrightarrow CHCl_3 + HCl$

다이클로로메테인 (Dichloromethane) + 염소 (Chlorine) → 트라이클로로메테인 (Trichloromethane) + 염산 (Hydrogen chloride)

$CHCl_3 + Cl_2 \longrightarrow CCl_4 + HCl$

트라이클로로메테인 (Trichloromethane) + 염소 (Chlorine) → 테트라클로로메테인 (Tetrachloromethane) + 염산 (Hydrogen chloride)

8.12 **시작 단계**

$:\ddot{Cl}-\ddot{Cl}: \longrightarrow :\ddot{Cl}\cdot + \cdot\ddot{Cl}:$

염소 → 2개의 염소 원자

전파 단계

클로로메테인 (Chloromethane) + 염소 원자 (Chlorine aton) → 클로로메틸 라디칼 (Chloromethyl radical) + 염산 (Hydrogen chloride)

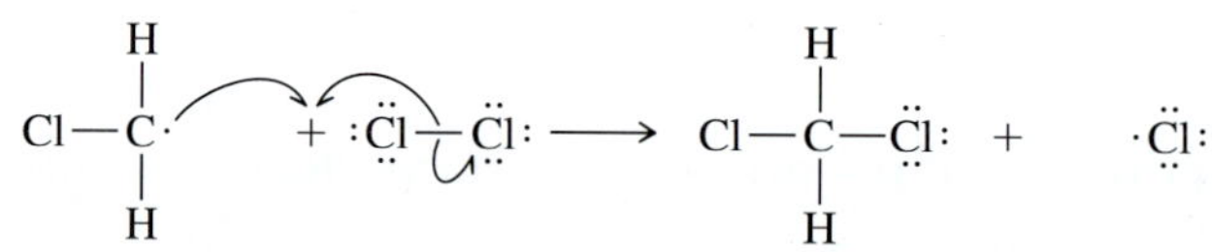

클로로메틸 라디칼 (Chloromethyl raelical) + 염소 (Chlorine) → 다이클로로메테인 (Dichloromethane) + 염소 원자 (Chlorine atom)

8.13 CH_3CHC_{l2} 그리고 $ClCH_2CH_2Cl$

8.14

(b) 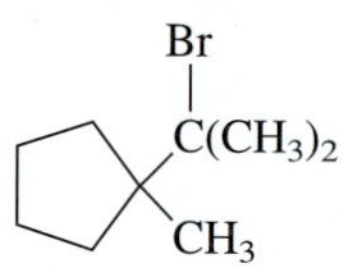

(c) 

8.15 $(CH_3)_2C{=}CHCH_3 + HBr \xrightarrow{\text{과산화물}} (CH_3)_2CHCH(Br)CH_3$

8.16 $(CH_3)_2C{=}CHCH_3 + Br\cdot \longrightarrow (CH_3)_2\dot{C}CH(Br)CH_3$

$(CH_3)_2\dot{C}CH(Br)CH_3 + HBr \longrightarrow (CH_3)_2CHCH(Br)CH_3 + Br\cdot$

9장

9.1 (b) $CH_3OCH_2CH_3$ (c) $CH_3\ddot{N}{=}\overset{+}{N}{=}\overset{-}{\ddot{N}}:$

(d) $CH_3C{\equiv}N$ (e) CH_3SH (f) CH_3I

9.2 아니오

9.3 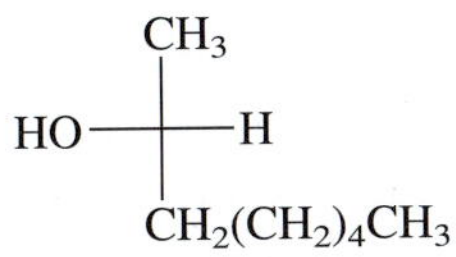

9.4 (b) 1-브로모펜테인(1-bromopentane); (c) 2-브로모-5-메틸헥세인(2-bromo-5-methylhexane); (d) 1-브로모데케인(1-bromodecane)

9.5 생성물은 $(CH_3)_3COCH_3$이다. 가용매분해의 메커니즘은 S_N1 반응이다.

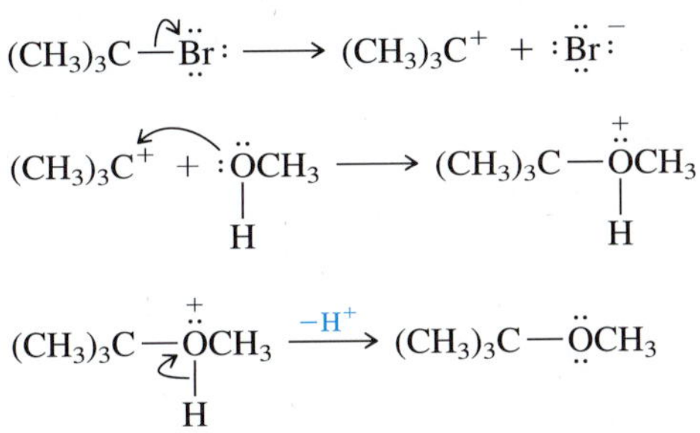

9.6 (b) 1-메틸사이클로펜틸 아이오다이드(1-methylcyclopentyl iodide); (c) 사이클로펜틸 브로마이드(cyclopentyl bromide)

9.7 $(CH_3)_2C{=}CHCH_2Cl$

9.8 (b) 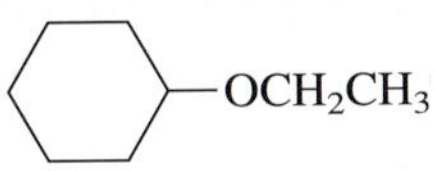 (c) 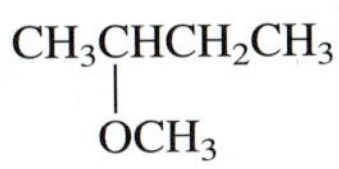

(d) *시스*-와 *트랜스*-$CH_3CH{=}CHCH_3$ 및 $CH_2{=}CHCH_2CH_3$

10장

10.1 에탄올은 산화되며, 크로뮴 시약은 환원된다.

10.2 일차 알코올인 $CH_3CH_2CH_2CH_2OH$와 $(CH_3)_2CHCH_2OH$는 알데하이드의 수소첨가 반응에 의해서 만들어진다. 이차 알코올인 $CH_3CH(OH)CH_2CH_3$는 케톤의 수소첨가 반응에 의해서 만들어 진다. 삼차 알코올인 $(CH_3)_3COH$도 수소첨가 반응에 의해서 만들어진다.

10.3 (b) $(CH_3)_2CHCH_2CH_2OH$ (c) 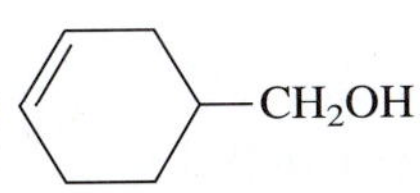 (d) 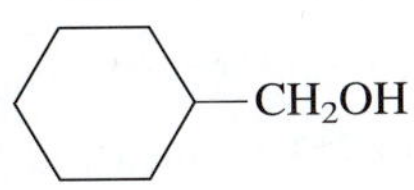

10.4 (b) $CH_3\overset{\overset{O}{\|}}{C}(CH_2)_5CH_3$ (c) $CH_3(CH_2)_5\overset{\overset{O}{\|}}{C}H$

10.5 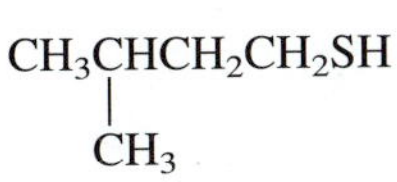 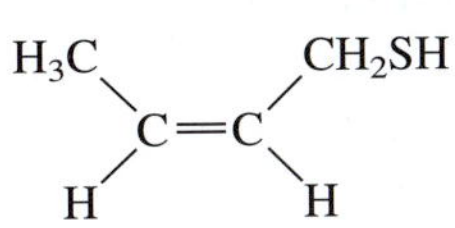 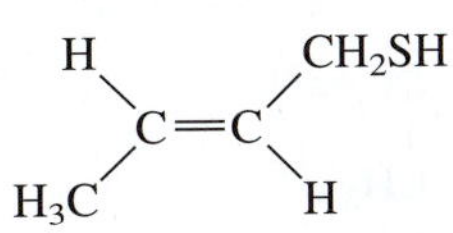

3-메틸-1-뷰테인싸이올 (3-Methyl-1-butanethiol) | *시스*-2-뷰텐-1-싸이올 (*cis*-2-Butene-1-thiol) | *트렌스*-2-뷰텐-1-싸이올 (*trans*-2-Butene-1-thiol)

10.6 (b) 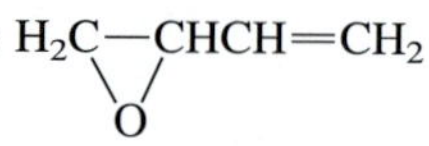

10.7 $C_6H_5CH_2ONa + CH_3CH_2Br \longrightarrow C_6H_5CH_2OCH_2CH_3 + NaBr$
그리고 $CH_2CH_2ONa + C_6H_5CH_2Br \longrightarrow C_6H_5CH_2OCH_2CH_3 + NaBr$

10.8 (b) $(CH_3)_2CHONa + CH_2{=}CHCH_2Br \longrightarrow CH_2{=}CHCH_2OCH(CH_3)_2 + NaBr$
(c) $(CH_3)_3COK + C_6H_5CH_2Br \longrightarrow (CH_3)_3COCH_2C_6H_5 + KBr$

10.9 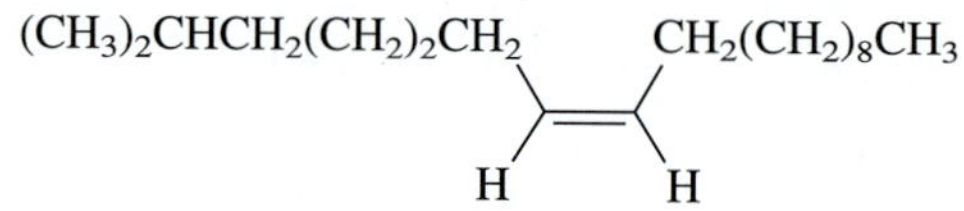

Z 배열

10.10 $CH_3CH_2CH_2CH_2OCH_2CH_2OH$

10.11 (b) 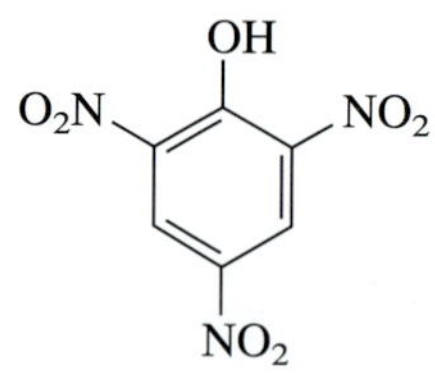 (c) 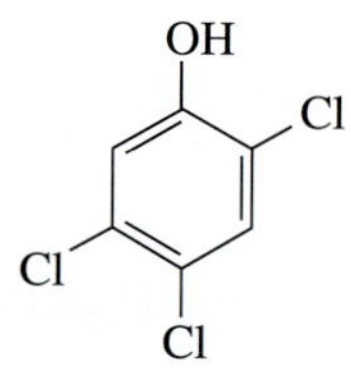

10.12 2,4,6-트라이나이트로페놀(2,4,6-trinitrophenol)은 더 강한 산이다. 세 개의 나이트로기 모두 페녹사이드 산소와 직접 콘주게이션되어 있으므로 페녹사이드 이온을 안정화시킨다.

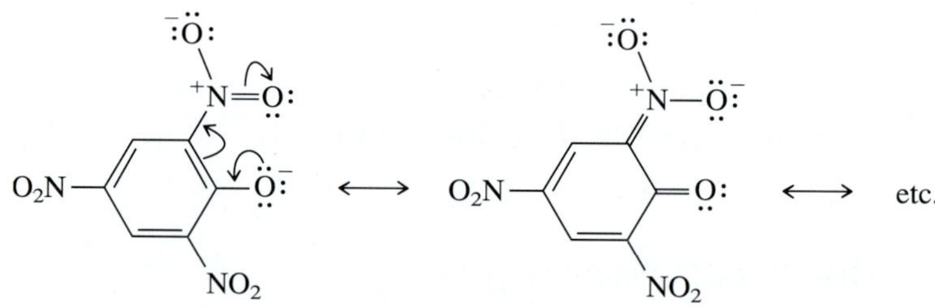

11장

11.1 (b) 트라이클로로에탄올[trichloroethanal, 또는 트라이클로로알데하이드(trichloroacetaldehyde)]; (c) 3-페닐-2-프로펜알(3-phenyl-2-propenal); (d) 4-하이드록시-3-메톡시벤즈알데하이드(4-hydroxy-3-methoxybenzaldehyde)

11.2 (b) 1-페닐에탄온[1-Phenylethanone, 메틸 페닐 케톤(methyl phenyl ketone)]; (c) 3,3-다이메틸-2-뷰탄온[3,3-dimethyl-2-butanone, *tert*-뷰틸 메틸 케톤(*tert*-butyl methyl ketone)]

11.3 $Cl_3CCH(OH)_2$

11.4 촉매는 평형에서 평형에 도달하는 속도에만 관여할 뿐 화학종의 농도를 변화시키지 않는다. 수화물의 백분율 농도도 산 또는 염기 촉매하에서 변하지 않는다.

11.5 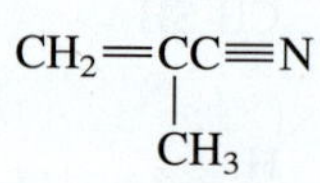

11.6 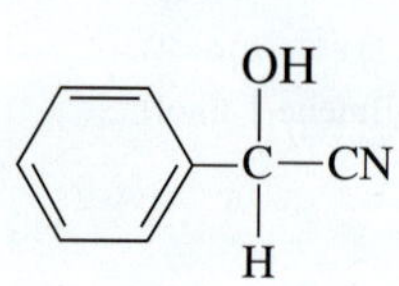

11.7 **1 단계:**

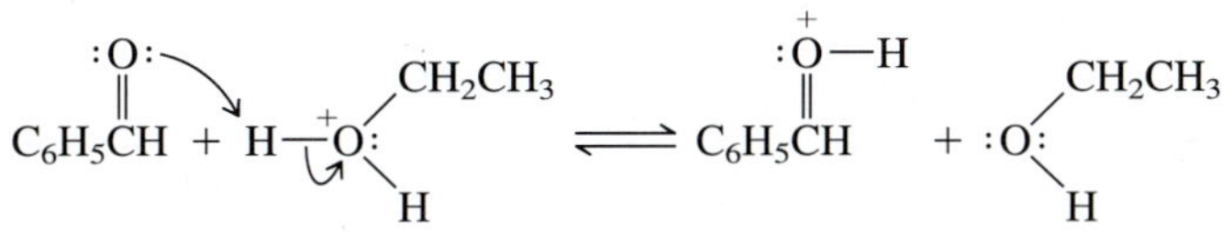

2 단계:

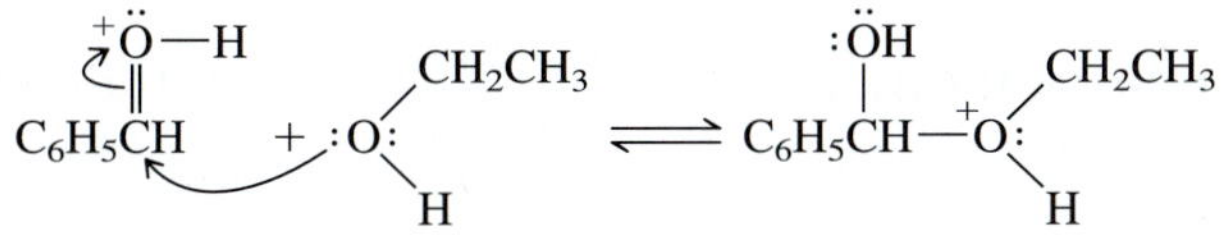

3 단계:

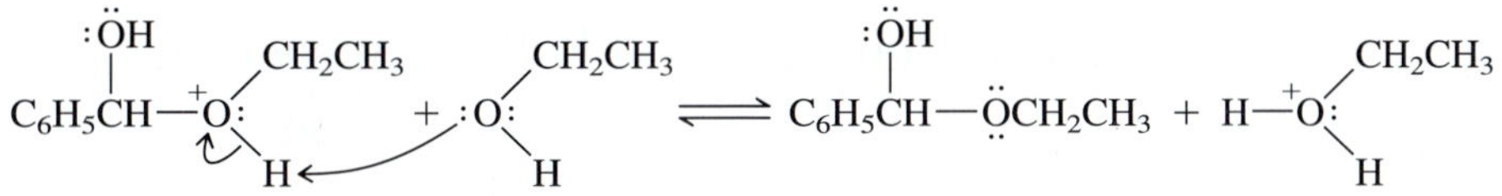

헤미아세탈이 형성된 후 물이 빠지면서 탄소양이온을 만든다.

4 단계:

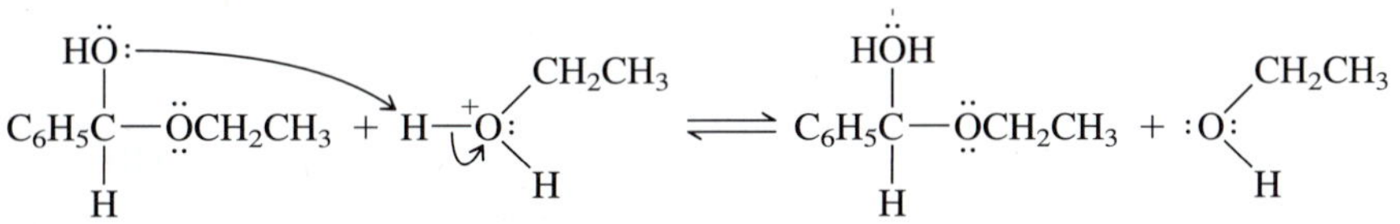

5 단계:

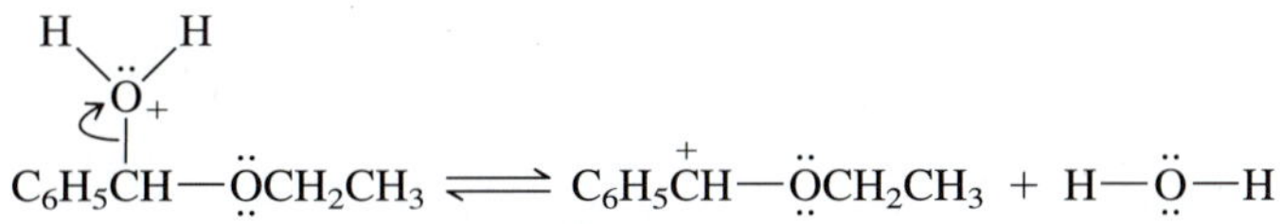

6 단계:

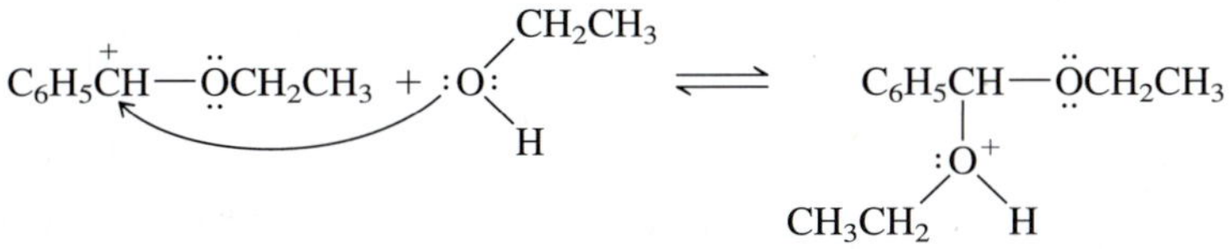

7 단계:

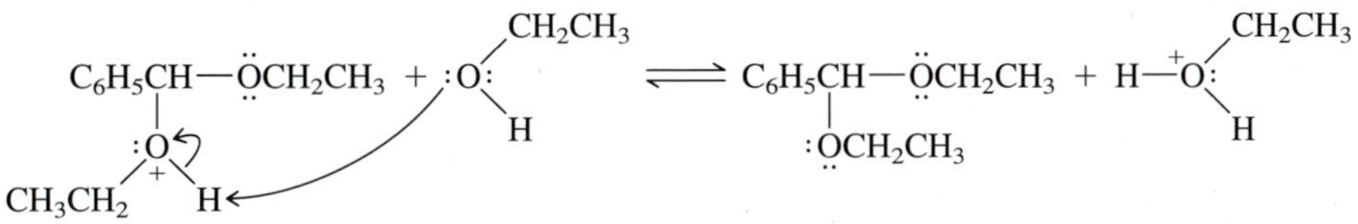

11.8 (b) 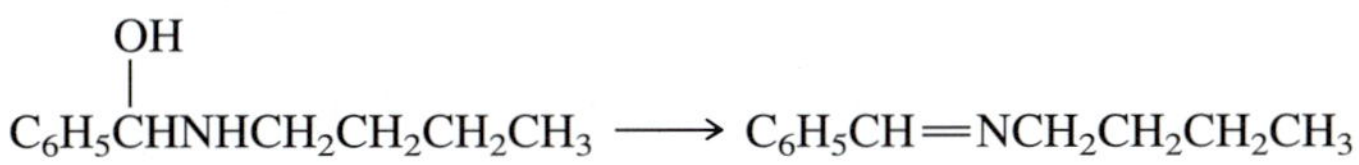

(c) 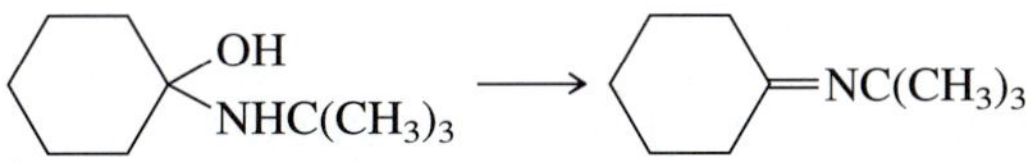

11.9 (b) $CH_2{=}CHCH_2MgCl$ (c) 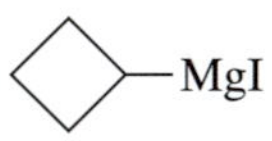 (d) 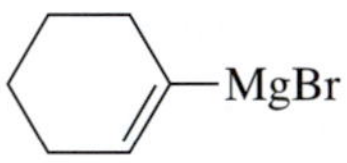

11.10 (b) 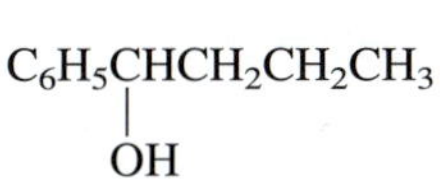 (c) 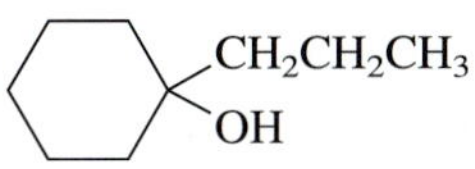 (d) 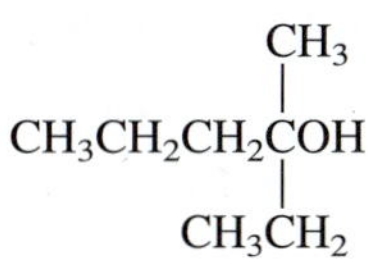

11.11 (b)

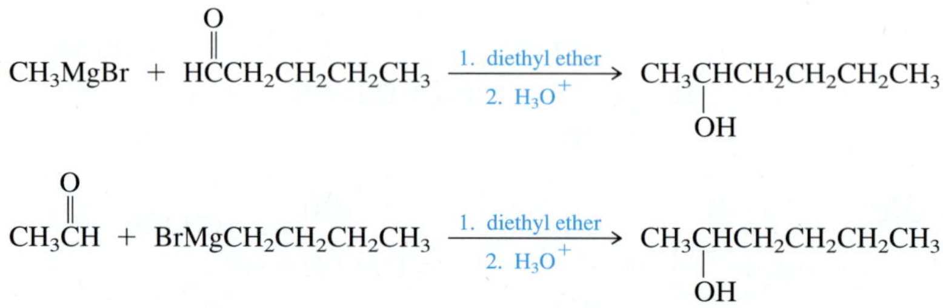

(c)

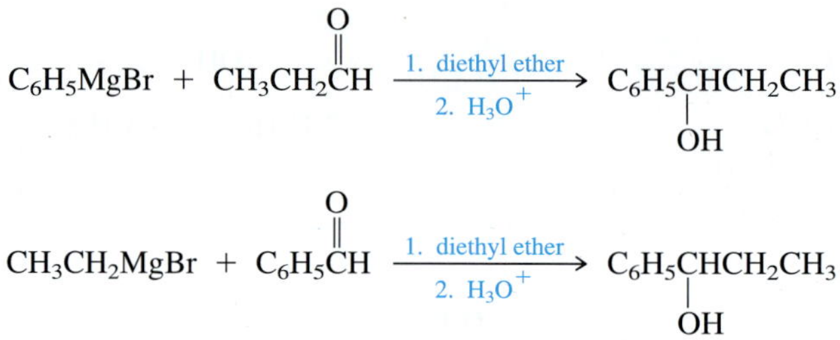

11.12

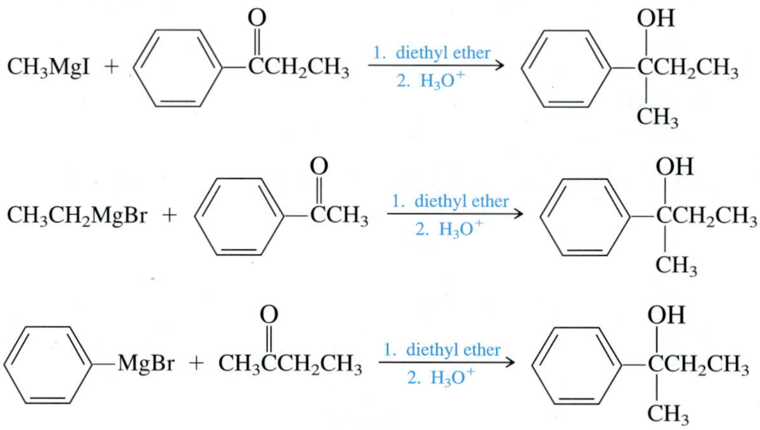

11.13 (b) 0; (c) 5; (d) 4

11.14 (b)

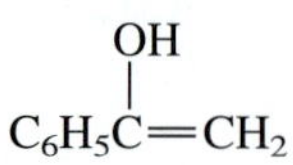

(c)

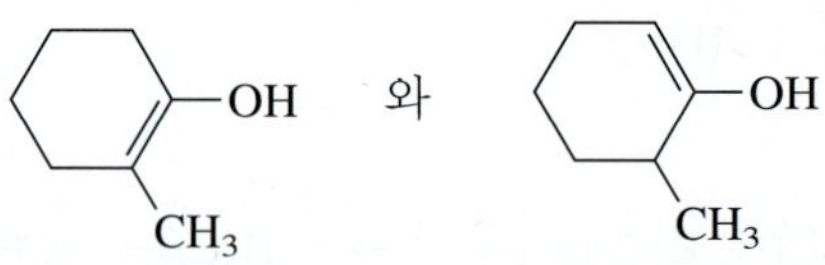

11.15 (b)

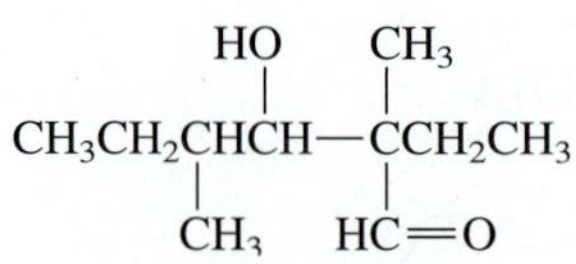

(c)

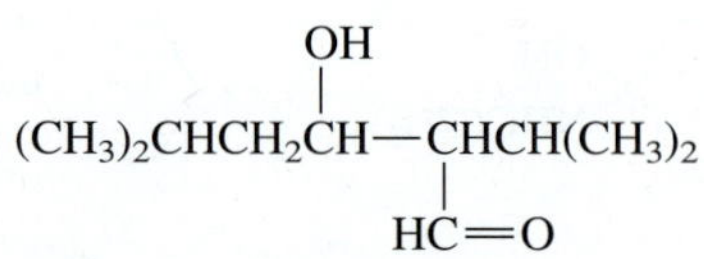

11.16 (b)

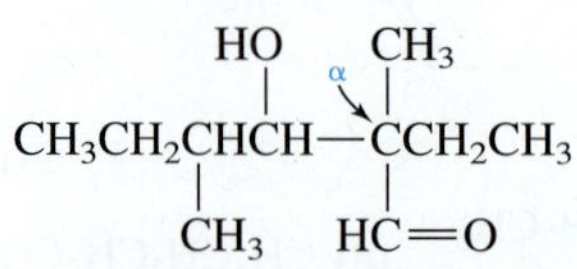

탈수되지 않음; α-탄소 원자에 양성자가 없음

(c)

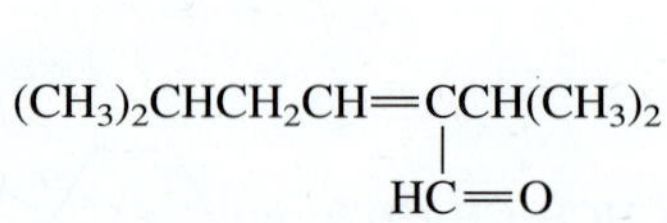

12장

12.1 (b) (E)-2-뷰텐산[(E)-2-butenoic acid]; (c) p-메틸틸벤조산(p-methylbenzoic acid) 또는 4-메틸벤조산(4-methylbenzoic acid)

12.2

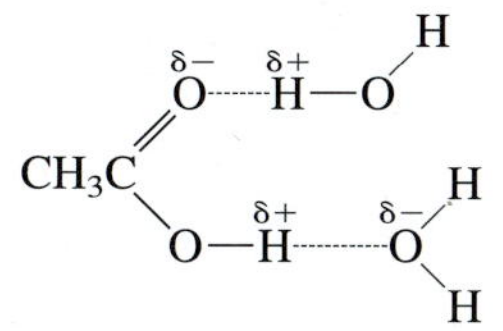

12.3 pK_a=3.48. 아세틸살리실산(acetylsalicylic acid)은 벤조산(benzoic acid)보다 더 강한 산이다.

12.4 (b) $CH_3\underset{OH}{\underset{|}{C}}HCO_2H$ (c) $CH_3\overset{O}{\overset{\|}{C}}CO_2H$

12.5 (b) $CH_3CO_2H + (CH_3)_3CO^- \rightleftharpoons CH_3CO_2^- + (CH_3)_3COH$
(평형의 방향은 오른쪽을 향한다.)

(c) $CH_3CO_2H + Br^- \rightleftharpoons CH_3CO_2^- + HBr$
(평형의 방향은 왼쪽을 향한다.)

(d) $CH_3CO_2H + HC{\equiv}C{:}^- \rightleftharpoons CH_3CO_2^- + HC{\equiv}CH$
(평형의 방향은 오른쪽을 향한다.)

(e) $CH_3CO_2H + NO_3^- \rightleftharpoons CH_3CO_2^- + HNO_3$
(평형의 방향은 왼쪽을 향한다.)

(f) $CH_3CO_2H + H_2N^- \rightleftharpoons CH_3CO_2^- + NH_3$
(평형의 방향은 오른쪽을 향한다.)

12.6 (b) $(CH_3)_2CHBr \xrightarrow[\text{2. } CO_2 \text{ 3. } H_3O^+]{\text{1. Mg, diethyl ether}} (CH_3)_2CHCO_2H$

(c)

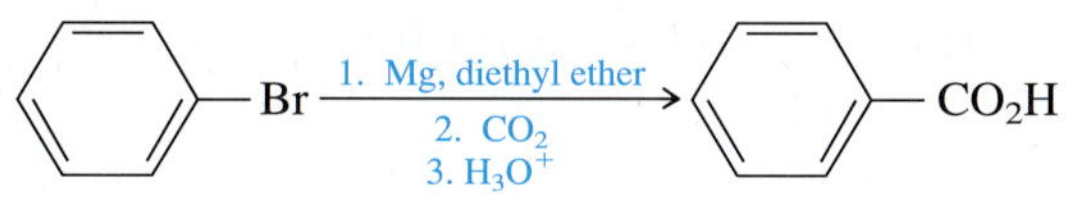

12.7 (b) $(CH_3)_2CHBr \xrightarrow{NaCN} (CH_3)_2CHCN \xrightarrow[\text{가열}]{H_2O,\ H_2SO_4} (CH_3)_2CHCO_2H$

(c) 첫 단계(브로모벤젠의 사이아나이드 이온에 의한 친핵성 치환 반응)가 반응하지 않기 때문에 이 반응은 일어나지 않는다. 반응이 일어나지 않음

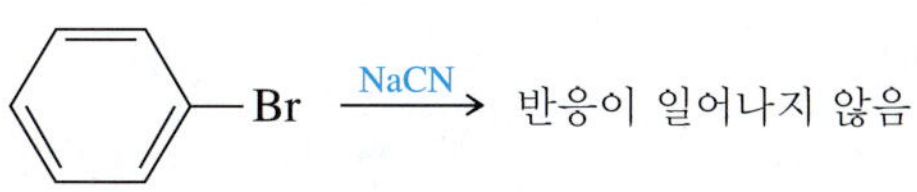

12.8 (b) $C_6H_5CH_2\overset{O}{\overset{\|}{C}}Cl$ (c) $C_6H_5CH_2CH_2OH$ (d) $C_6H_5CH_2\overset{O}{\overset{\|}{C}}OCH_2CH_3$

13장

13.1 (b) $CH_3CH_2\underset{C_6H_5}{\underset{|}{C}}H\overset{O}{\overset{\|}{C}}O\overset{O}{\overset{\|}{C}}\underset{C_6H_5}{\underset{|}{C}}HCH_2CH_3$ (c) $CH_3CH_2\underset{C_6H_5}{\underset{|}{C}}H\overset{O}{\overset{\|}{C}}OCH_2CH_2CH_2CH_3$

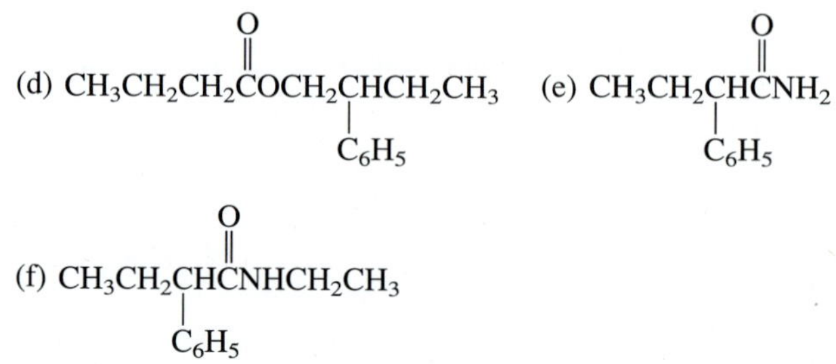

13.2 $C_6H_5COCl + H_2O \longrightarrow C_6H_5COOH + HCl$

물의 친핵성 첨가 반응은 사면체형 중간체를 만든다.

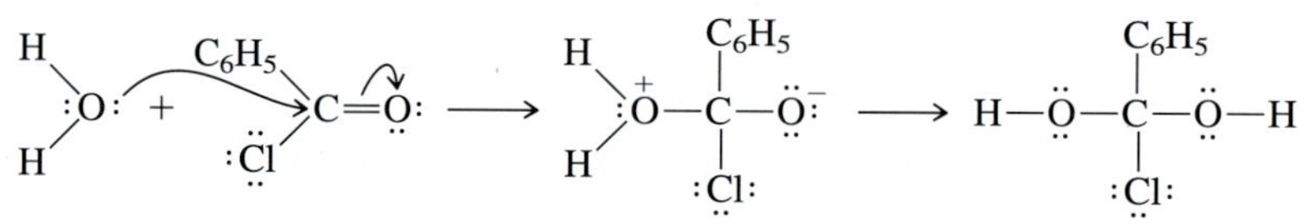

사면체형 중간체는 할로젠화수소이탈 반응에 의해 해리된다.

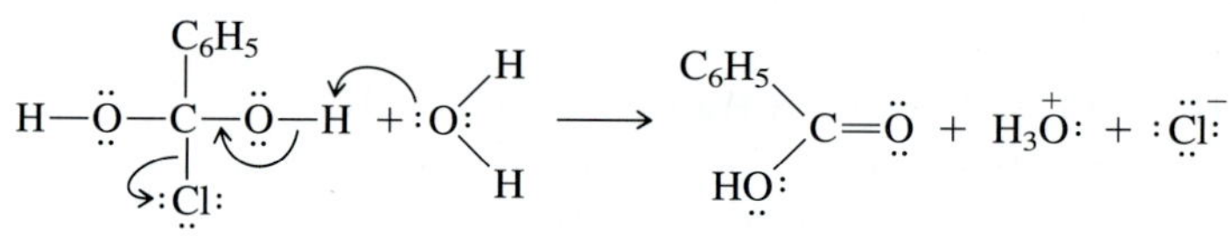

13.3 $CH_3CH_2CH_2CH_2OH + CH_3CH_2COOH \xrightarrow[\text{가열}]{H_2SO_4} CH_3CH_2COOCH_2CH_2CH_2CH_3 + H_2O$

1-뷰탄올 (1-Butanol) + 프로판산 (Propanoic acid) → 뷰틸 프로파노에이트 (Butyl propanoate) + 물

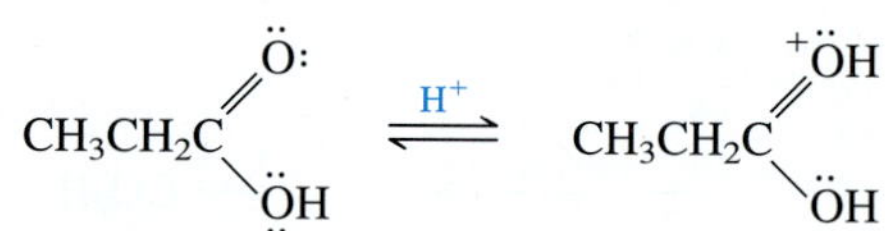

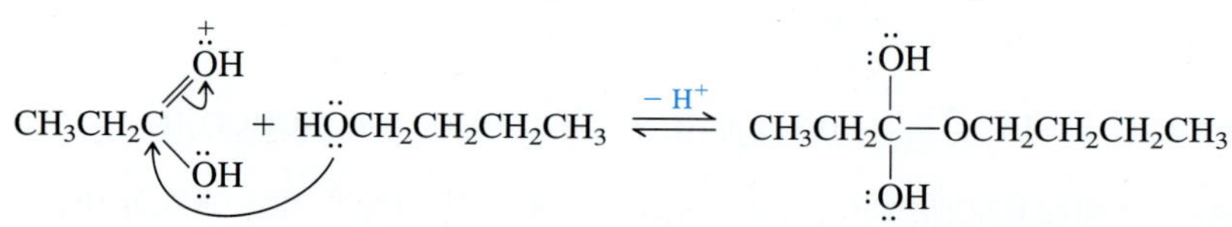

사면체형 중간체

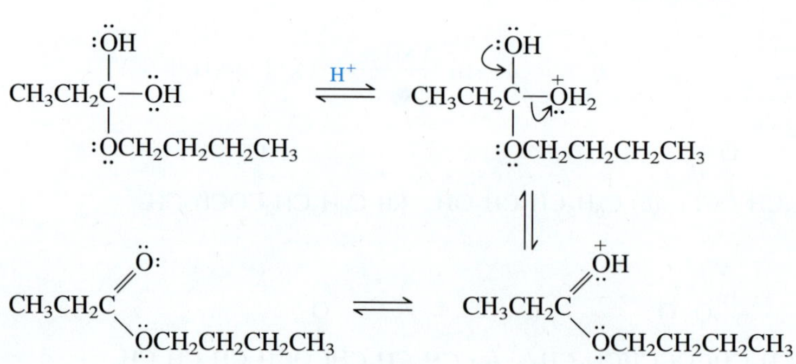

13.4 (b) $CH_3COOH \xrightarrow{SOCl_2} CH_3COCl \xrightarrow[\text{피리딘}]{C_6H_5CH_2OH} CH_3COOCH_2C_6H_5$

(c) $(CH_3)_2CHCOOH \xrightarrow{SOCl_2} (CH_3)_2CHCOCl \xrightarrow[\text{피리딘}]{(CH_3)_2CHOH} (CH_3)_2CHCOOCH(CH_3)_2$

13.5

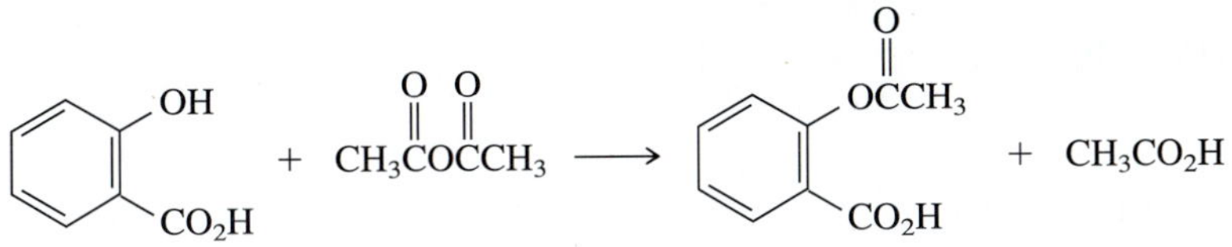

13.6

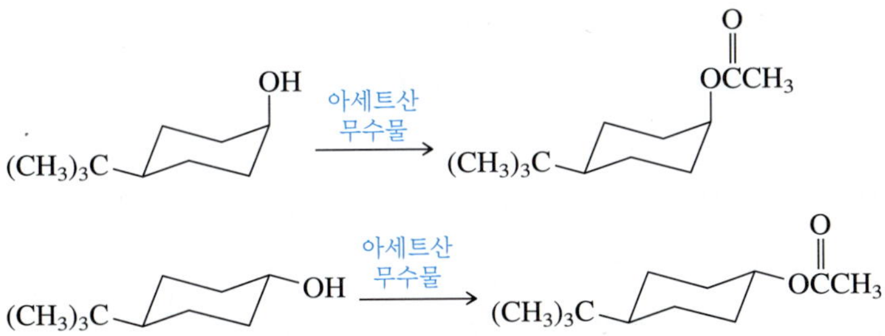

13.7 $CH_3(CH_2)_{14}COOCH_2(CH_2)_{28}CH_3 + H_2O \xrightarrow{H^+} CH_3(CH_2)_{14}COOH + HOCH_2(CH_2)_{28}CH_3$

13.8

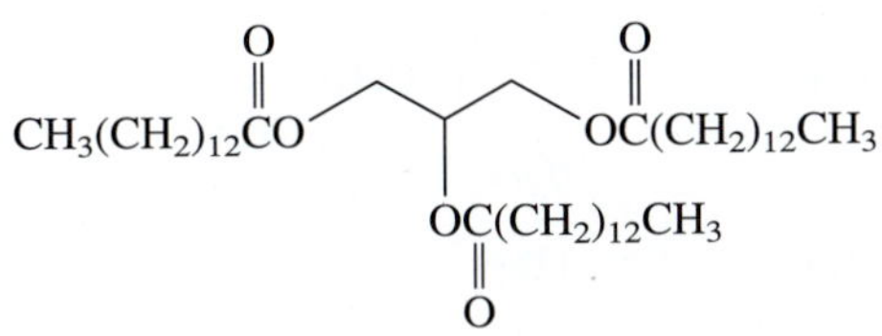

13.9 **1 단계**: 카보닐기에 하이드록사이드 이온의 친핵성 첨가 반응을 한다.

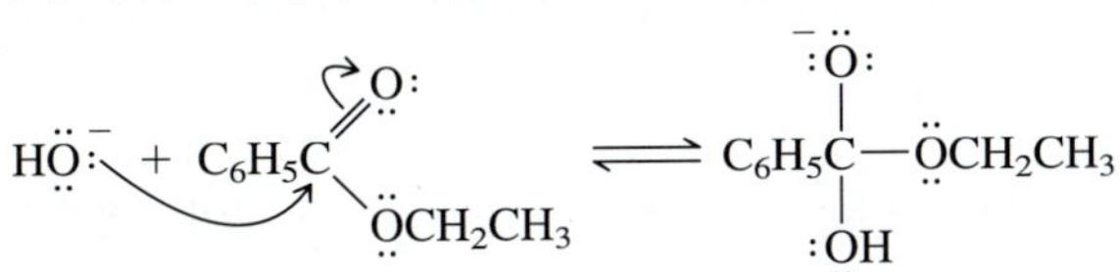

2 단계: 물로부터 양성자의 전이는 중성인 사면체형 중간체를 만든다.

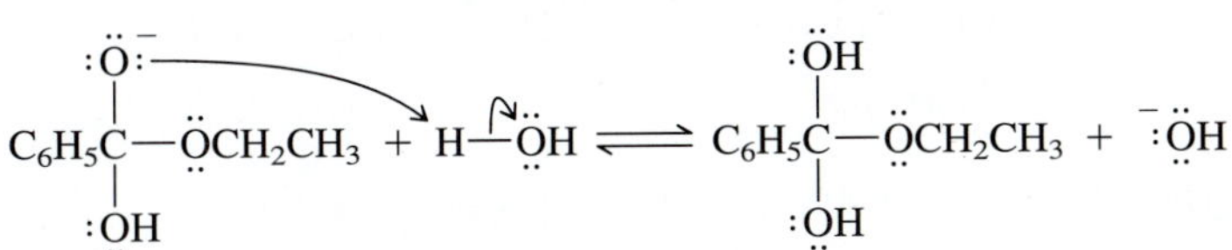

3 단계: 사면체형 중간체의 하이드록사이드 이온에 의한 해리가 촉진된다.

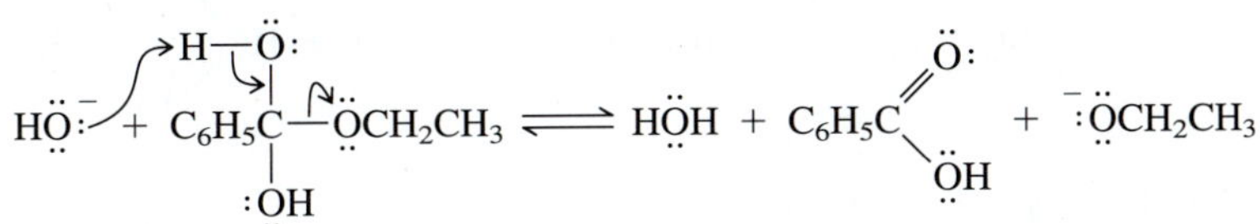

4 단계 : 벤조산에서 양성자가 제거된다.

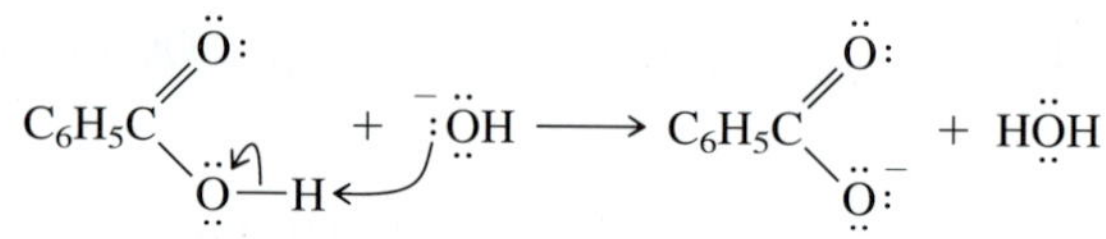

13.10 (b) $2C_6H_5MgBr$ + 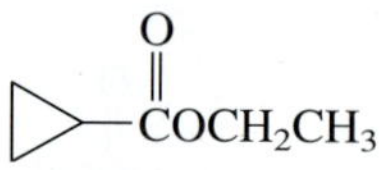

13.11 $CH_3CH_2\overset{\overset{O}{\|}}{C}OCH(CH_3)_2$

13.12 (b) $CH_3\overset{\overset{O}{\|}}{C}O\overset{\overset{O}{\|}}{C}CH_3 + 2CH_3NH_2 \longrightarrow CH_3\overset{\overset{O}{\|}}{C}NHCH_3 + CH_3\overset{\overset{O}{\|}}{C}O^- \; CH_3\overset{+}{N}H_3$

(c) $H\overset{\overset{O}{\|}}{C}OCH_3 + HN(CH_3)_2 \longrightarrow H\overset{\overset{O}{\|}}{C}N(CH_3)_2 + CH_3OH$

13.13 (b) $CH_3\overset{\overset{O}{\|}}{O}NHCH_3 + H_2O \xrightarrow{NaOH} CH_3\overset{\overset{O}{\|}}{C}ONa + CH_3NH_2$

13.14 **1 단계** : 카보닐기에 하이드록사이드 이온의 친핵성 첨가 반응을 한다.

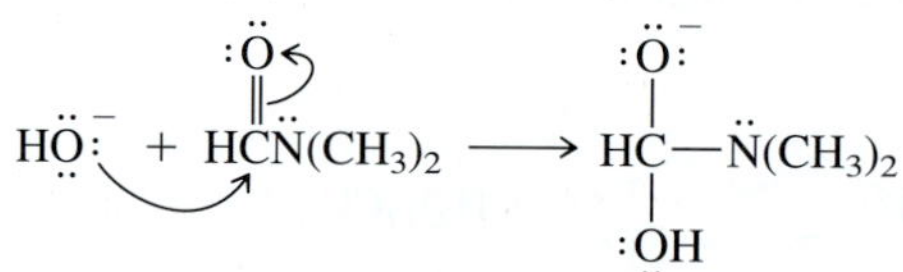

2 단계 : 양성자 전이는 중성의 사면체형 중간체를 만든다.

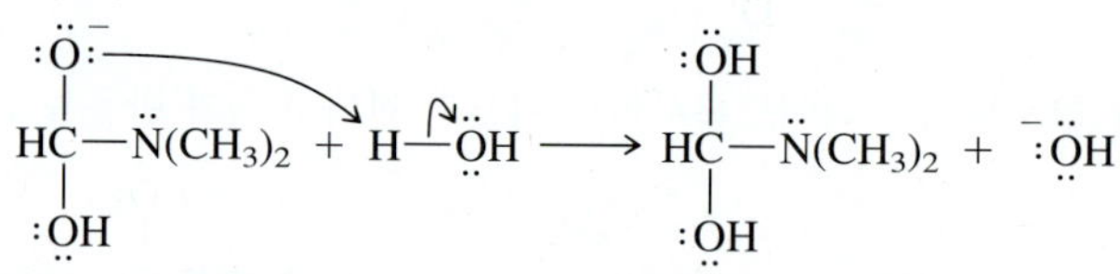

3 단계 : 물로부터 질소의 사면체형 중간체에 양성자 전이가 일어난다.

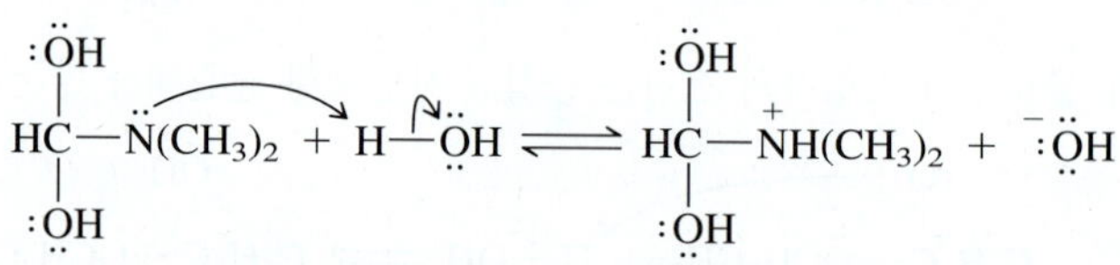

4 단계 : 사면체형 중간체의 N-양성자화된 형태가 해리된다.

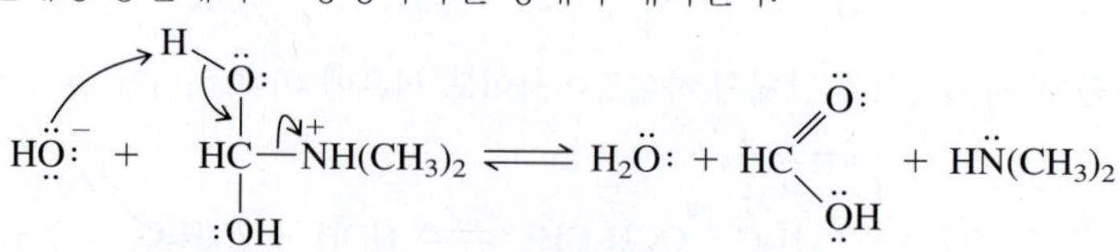

5 단계 : 포메이트 이온의 비가역적 형성이 일어난다.

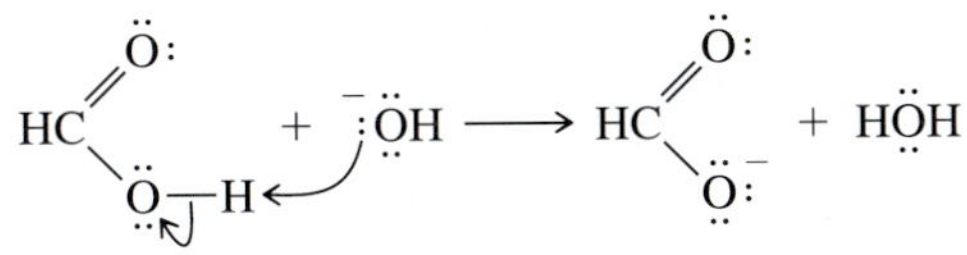

14장

14.1 (b) 1-페닐에탄아민(1-phenylethanamine) 또는 1-페닐에틸아민(1-phenylethylamine)

14.2 *N*,*N*-다이메틸사이클로헵탄아민(*N*,*N*-Dimethylcycloheptanamine)

14.3 삼차 아민; *N*-에틸-4-아이소프로필-*N*-메틸아닐린(*N*-ethyl-4-isopropyl-*N*-methylaniline)

14.4 $pK_b = 6$; 짝산의 $K_a = 1 \times 10^{-8}$; 짝산의 $pK_a = 8$

14.5 테트라하이드로아이소퀴놀린(tetrahydroisoquinoline)은 테트라하이드로퀴놀린(tetrahydroquinoline)보다 더 강한 산이다. 테트라하이드로퀴놀린의 비공유 전자쌍은 방향족 고리 내부로 비편재화되며, 이 물질의 염기도는 아닐린과 비슷하지만 반면에 테트라하이드로아이소퀴놀린은 알킬아민과 비슷하다.

14.6

$$2[CH_3(CH_2)_6CH_2]_2NH + CH_3(CH_2)_6CH_2Br \longrightarrow [CH_3(CH_2)_6CH_2]_3N + [CH_3(CH_2)_6CH_2]_2\overset{+}{N}H_2\ Br^-$$

$$[CH_3(CH_2)_6CH_2]_3N + CH_3(CH_2)_6CH_2Br \longrightarrow [CH_3(CH_2)_6CH_2]_4\overset{+}{N}\ Br^-$$

14.7 (b) *p*-아이소프로필나이트로벤젠(*p*-isopropylnitrobenzene)은 (a)와 같이 제조한다. 그 다음에 H_2, Ni(또는 Fe + HCl 또는 Sn + HCl, 염기 처리)로 처리하여 환원시킨다. (c) $Cl_2 + FeCl_3$로 벤젠을 염소화한다; 그 다음에 질산화(HNO_3, H_2SO_4)시키고 원하지 않는 오쏘 이성질체와 원하는 파라 이성질체를 분리한 다음 환원시킨다.

14.8

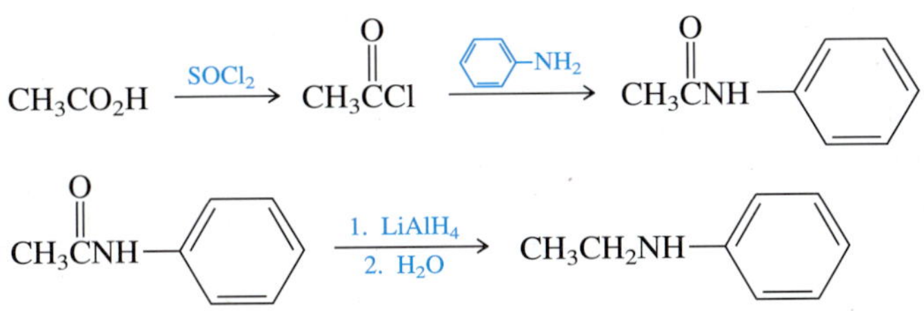

14.9 $(CH_3)_3\overset{+}{N}CH_2CH_2OH\quad HO^-$

14.10

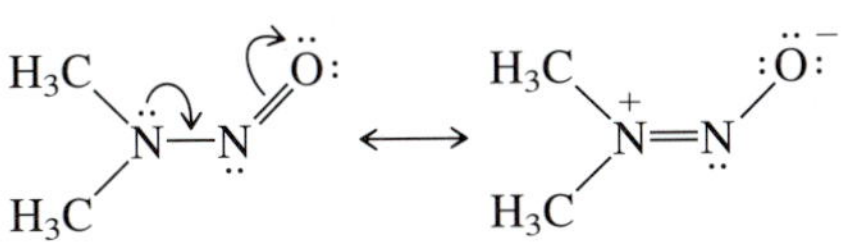

14.11 중간체: 벤젠(benzene)에서 나이트로벤젠(nitrobenzene) 그리고 *m*-브로모나이트로벤젠(*m*-bromonitrobenzene) 다음 *m*-브로모아닐린(m-bromoaniline) 다음 *m*-브로모페놀(*m*-bromophenol). 시약 : HNO_3, H_2SO_4, Br_2, $FeBr_3$, Fe, HCl, 그 다음 HO^{-1}; $NaNO_2$, H_2SO_4, H_2O 그리고 H_2O에 열.

14.12 문제 14.11처럼 *m*-브로모아닐린을 만들고 다음에 KI, $NaNO_2$, HCl, H_2O.

14.13 중간체: 벤젠(benzene)에서 에틸 페닐 케톤(ethyl phenyl ketone) 다음에 에틸 *m*-나이트로페닐 케톤(ethyl *m*-nitrophenyl ketone) 그리고 *m*-아미노페닐 에틸 케톤(*m*-aminophenyl ethyl ketone) 그 다음에 에틸 *m*-플루오로페닐 케톤(*m*-fluorophenyl ketone). 시약: 프로판오일 클로라이드(propanoyl chloride), $AlCl_3$; HNO_3, H_2SO_4; Fe, HCl, 다음 OH^-: $NaNO_2$, H_2O, HCl, 그 다음에 HBF_4, 그 다음에 열.

15장

15.1 (b) L-글리세르알데하이드(L-glyceraldehyde);
(c) D-글리세르알데하이드(D-glyceraldehyde)

15.2 L-에리트로스(L-erythrose)

15.3

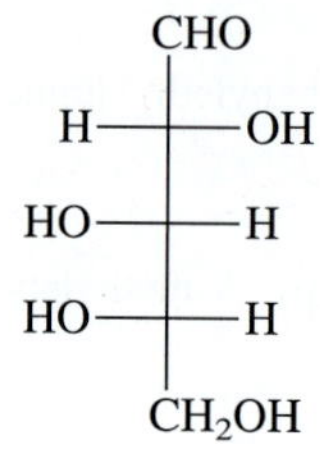

15.4 L-탈로스(L-talose)

15.5 (b)

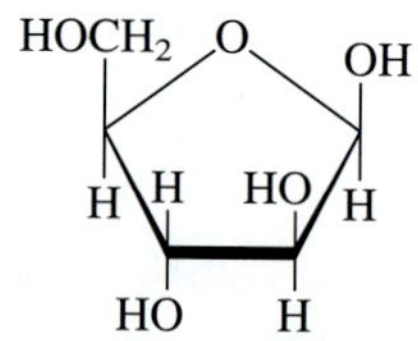

와

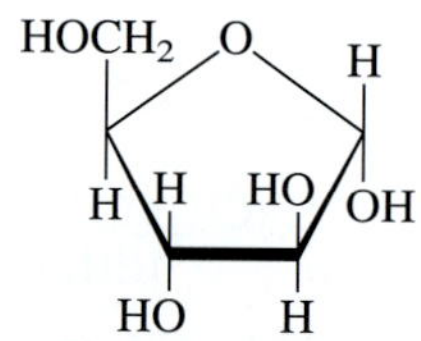

(c)

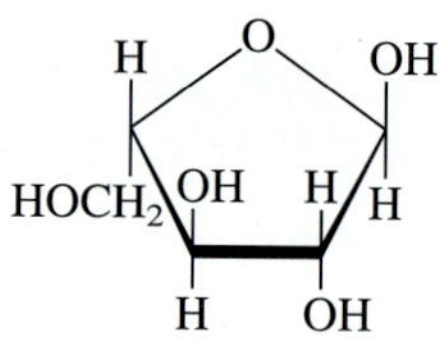

와

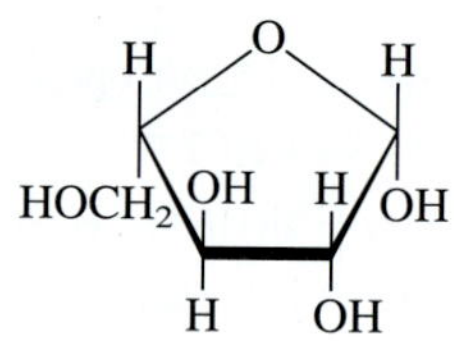

(d)

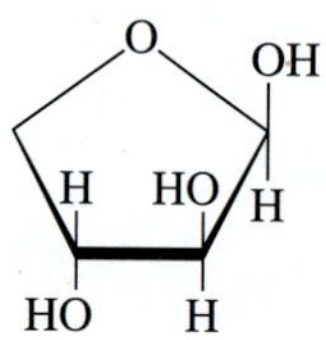

와

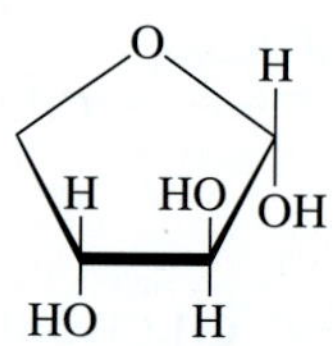

15.6

(b) 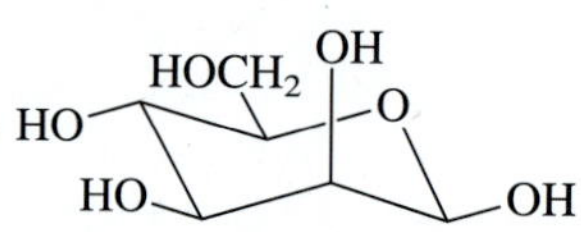

(c) 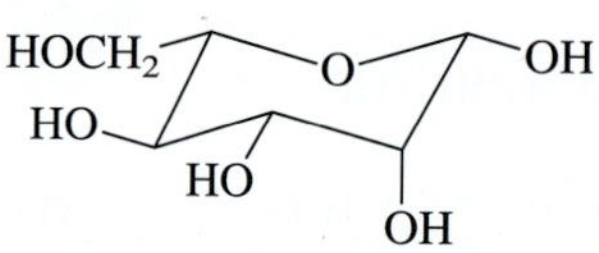

(d) 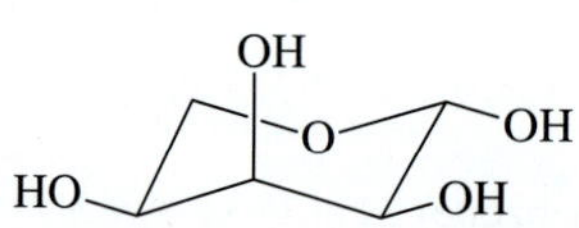

15.7

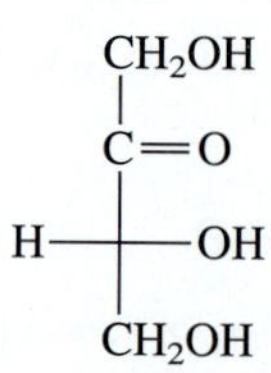

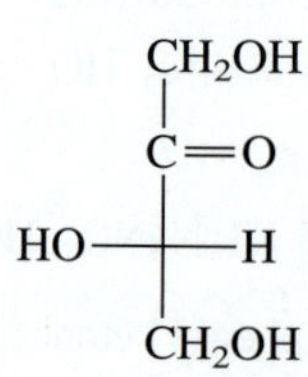

15.8

(b)

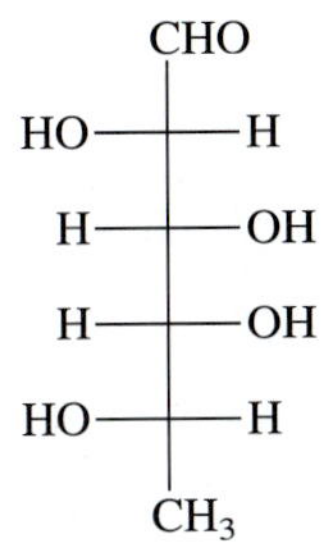

15.9 아데노신(adenosine): β-D-라이보퓨라노스(β-D-ribofuranose); 시니그린(sinigrin) : β-D-글루코파이라노스(β-D-glucopyranose)

15.10

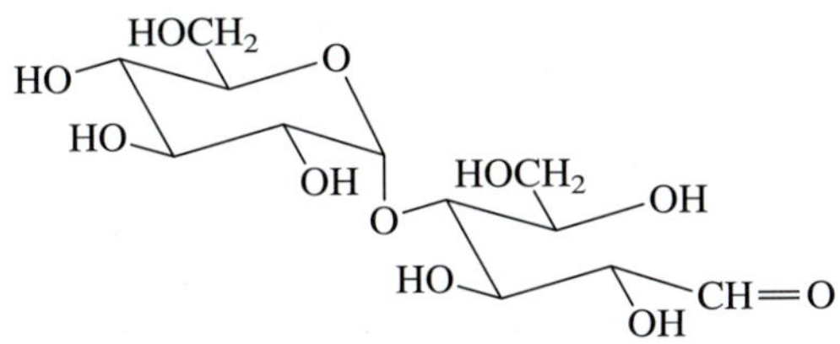

15.11 (b)에서 (f)까지 모두 양성 반응을 한다.

16장

16.1 가수분해하면 $CH_3(CH_2)_{16}CO_2H$(2몰)와 (*Z*)-$CH_3(CH_2)_7CH{=}CH(CH_2)_7CO_2H$(1몰)가 만들어진다. 1-올레일-2,3-다이스테아릴글리세롤(1-oleyl-2,3-distearylglycerol)로부터도 똑같은 혼합물이 만들어진다.

16.2 레시틴(lecithin)은 친수성과 소수성 단위를 모두 가지고 있다. 지방 형태의 분자는 레시틴의 소수성 부분과 지방 + 레시틴 복합체와 결합하여 물속에서 퍼진다.

16.3 $CH_3(CH_2)_{14}\overset{\overset{\displaystyle O}{\|}}{C}O(CH_2)_{15}CH_3$

16.4 비타민 D_2는 C-22와 C-23 사이에 이중 결합 그리고 C-24에 한 개의 메틸 치환체를 빼고는 비타민 D_3의 구조와 같다.

16.5

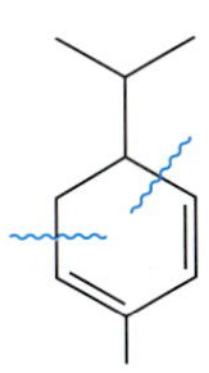

α-펠란드렌
(α-Phellandrene)

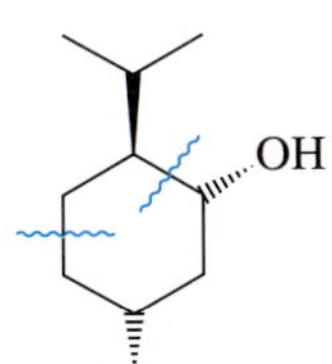

멘톨
(Menthol)

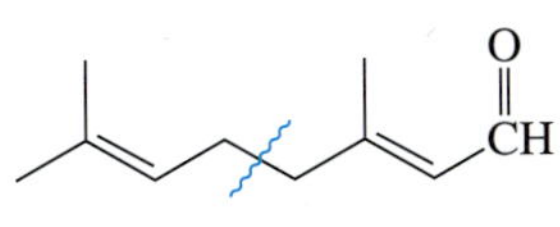

시트랄
(Citral)

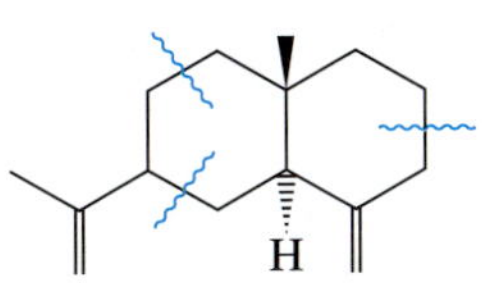

α-셀리넨
(α-Selinene)

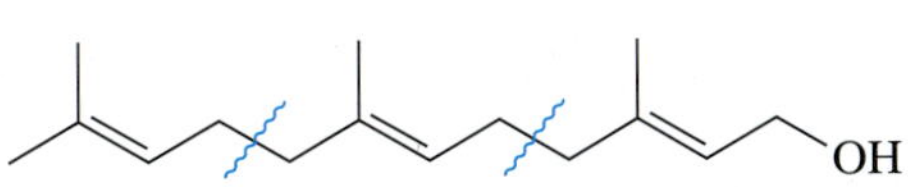

파네솔
(Farnesol)

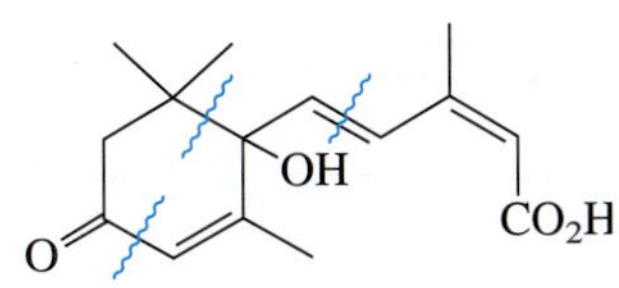

아브시스산(낙엽산)
(Abscisic acid)

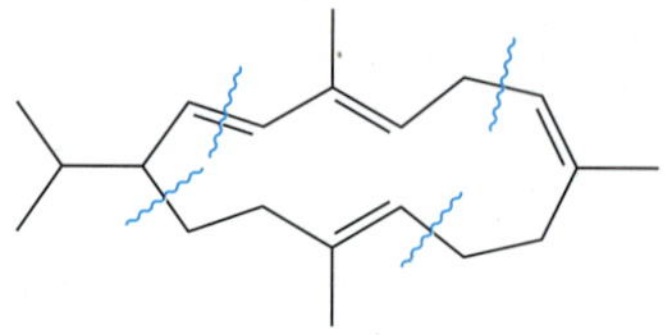

셈브렌
(Cembrene)

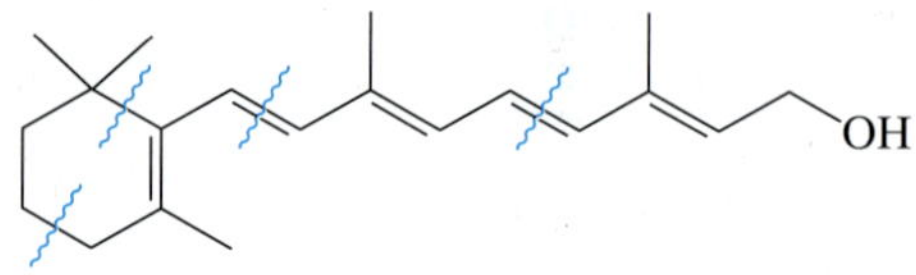

비타민 A
(Vitamin A)

16.6

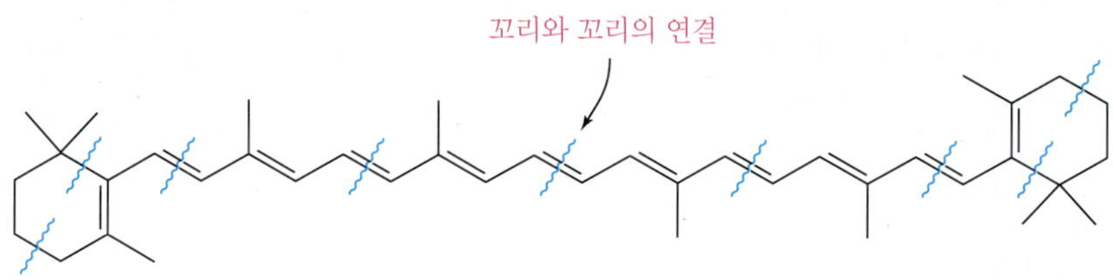

16.7

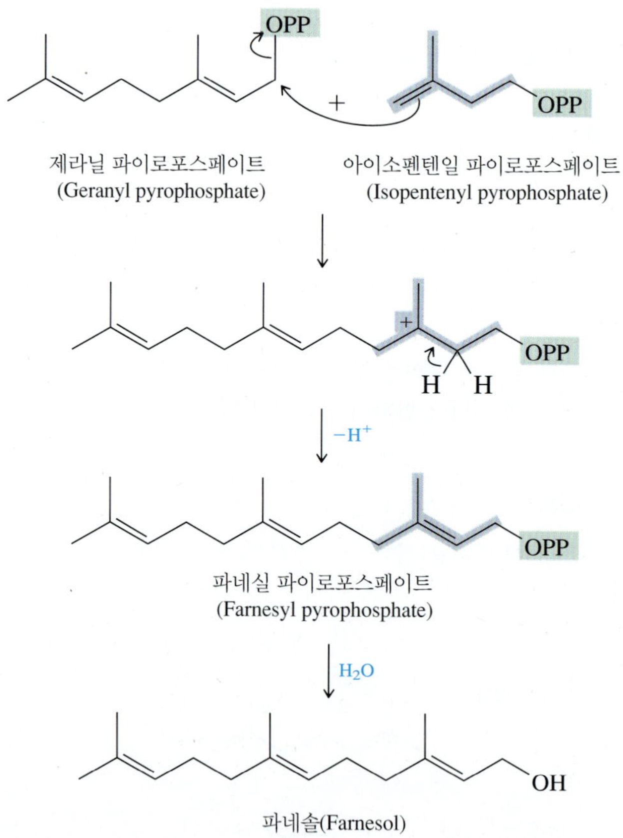

17장

17.1 (b) *R*; (c) *S*

17.2 아이소루신(isoleucine)과 트레오닌(threonine)

17.3 (b) 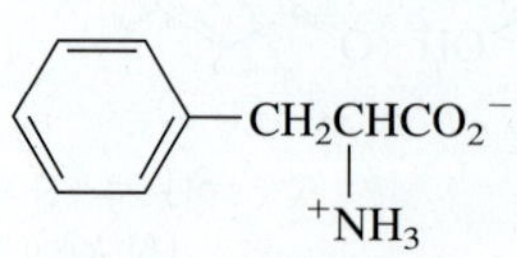

(c) 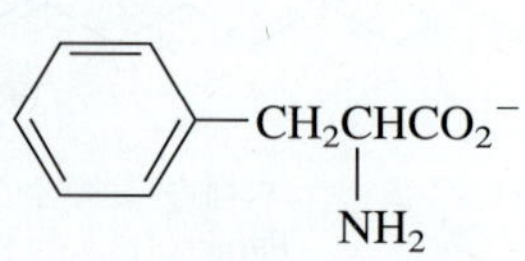

17.4 **pH 1에서:** 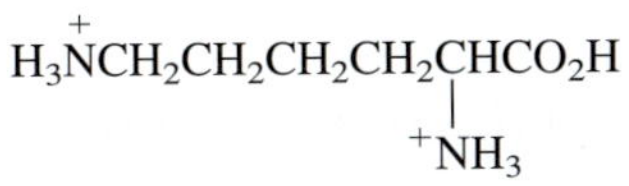 **pH 9에서:** 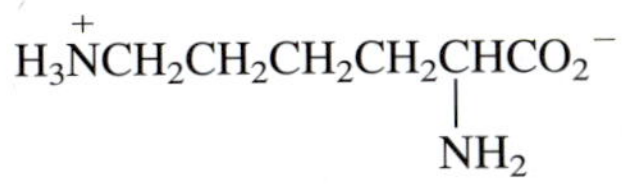

pH 13에서: 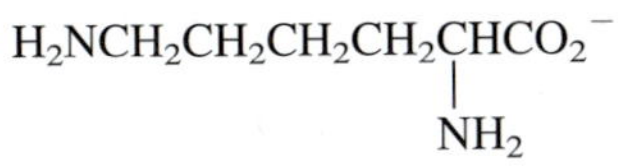

17.5 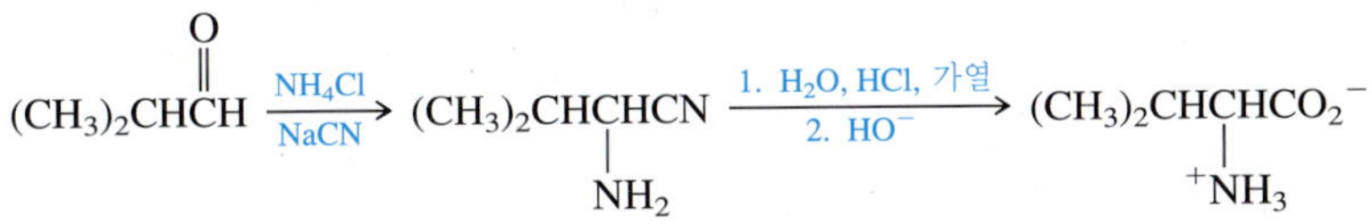

17.6 (b) 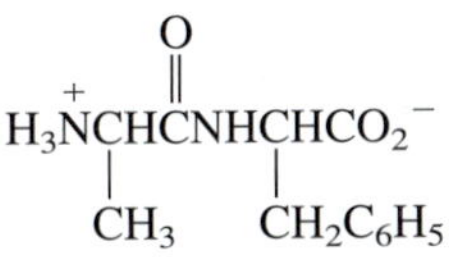 (c) 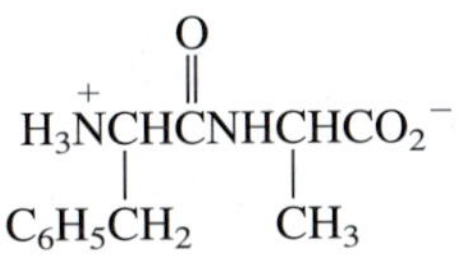

(d) 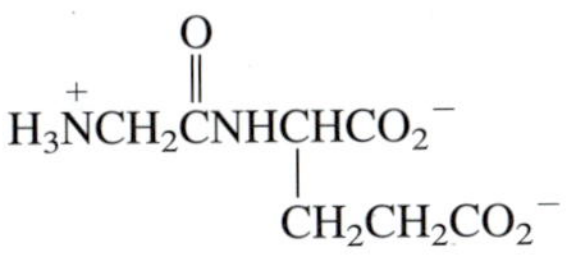 (e) 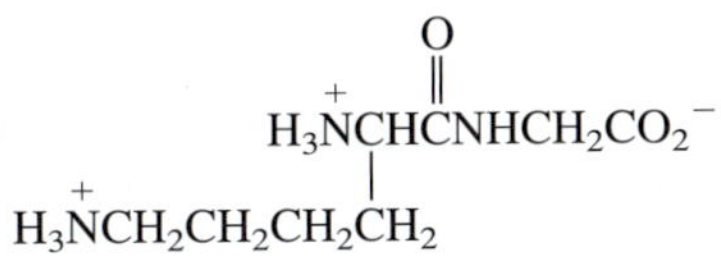

(f) 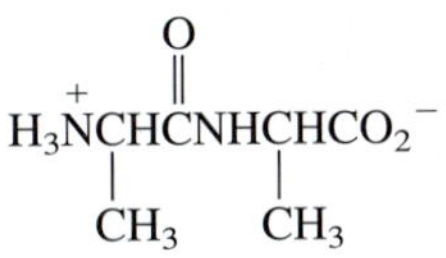

한 문자 약어 : (b) AF; (c) FA; (d) GE; (e) KG; (f) D-A-D-A

17.7 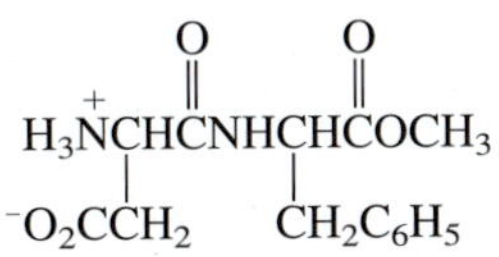

17.8 Tyr-Gly-Gly-Phe-Met; YGGFM

17.9

Ala-Gly-Phe-Val	Gly-Ala-Phe-Val	Phe-Gly-Ala-Val	Val-Gly-Phe-Ala
Ala-Gly-Val-Phe	Gly-Ala-Val-Phe	Phe-Gly-Val-Ala	Val-Gly-Ala-Phe
Ala-Phe-Gly-Val	Gly-Phe-Ala-Val	Phe-Ala-Gly-Val	Val-Phe-Gly-Ala
Ala-Phe-Val-Gly	Gly-Phe-Val-Ala	Phe-Ala-Val-Gly	Val-Phe-Ala-Gly
Ala-Val-Gly-Phe	Gly-Val-Ala-Phe	Phe-Val-Gly-Ala	Val-Ala-Gly-Phe
Ala-Val-Phe-Gly	Gly-Val-Phe-Ala	Phe-Val-Ala-Gly	Val-Ala-Phe-Gly

17.10 Val-Phe-Gly-Ala Val-Phe-Ala-Gly

17.11 Pro-Val-Leu-Phe-Pro-Ala

17.12 타이로신(tyrosine) 다음에 두 개의 아미노산은 모두 글리신(glycine)이고, 치환되지 않은 PTH를 만든다.

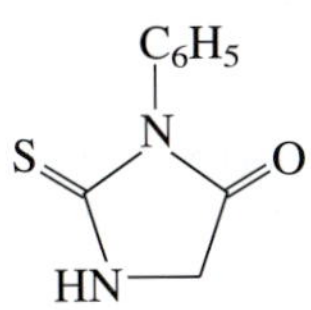

17.13

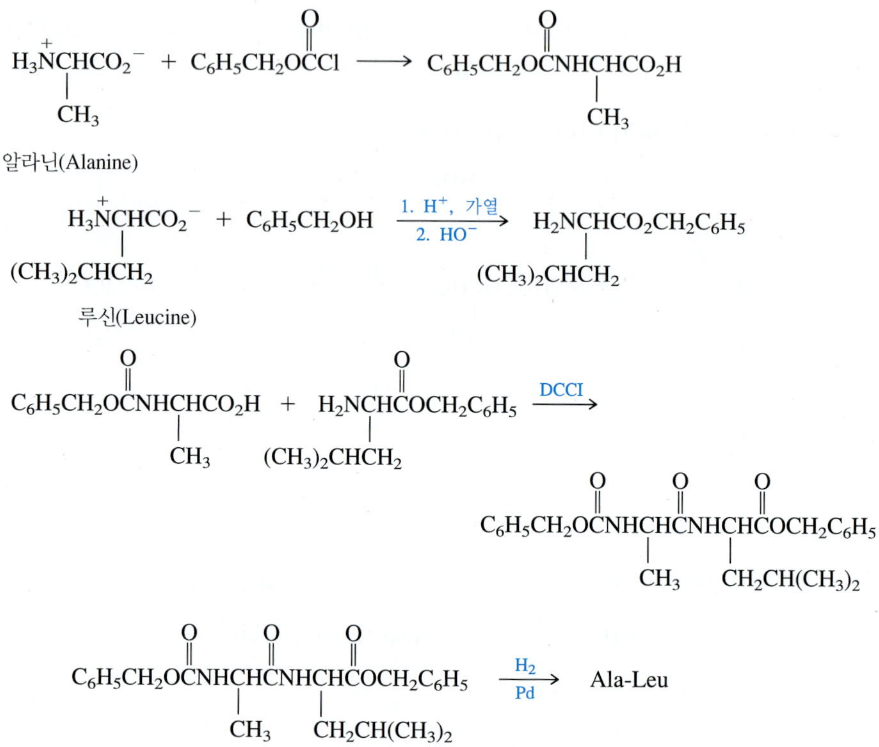

18장

18.1

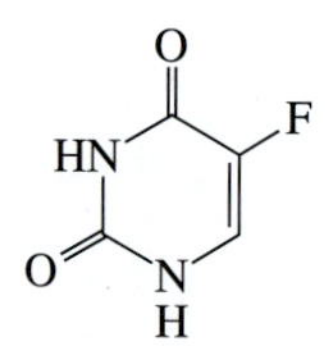

18.2 카페인(caffeine)과 테오브로민(theobromine)은 모두 퓨린 염기이다.

18.3 (b) 사이티딘(cytidine)

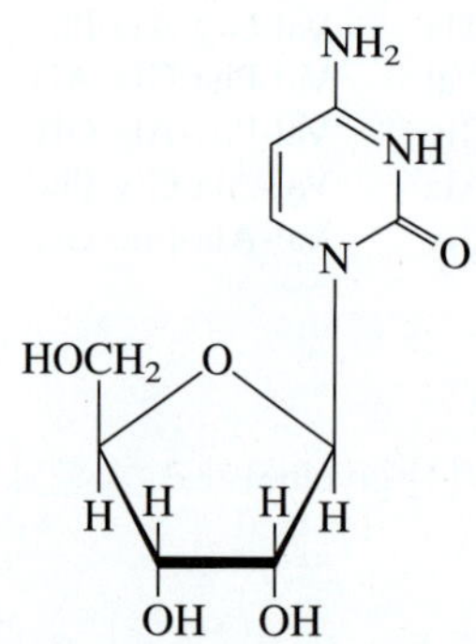

(c) 구아노신(guanosine)

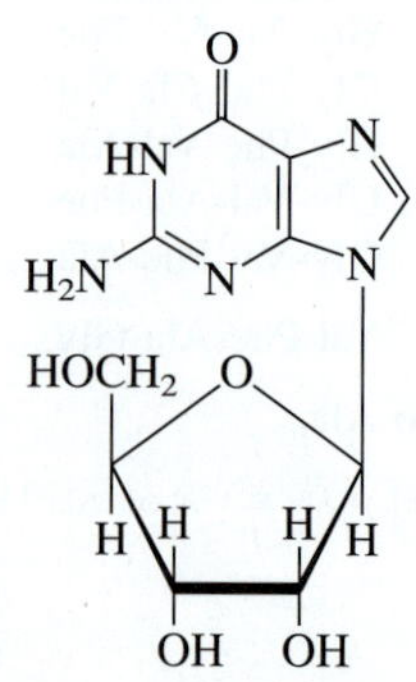

18.4 글루탐산(glutamic acid, GAA와 GAD)의 암호는 두 개의 발린 암호(GUA와 GUG)의 염기 하나만 다르다.

19장

19.1 빨간색 빛의 주파수($\nu=3.8\times10^{-14}s^{-1}$)는 보라색 빛의 주파수($\nu=7.5\times10^{14}s^{-1}$)보다 더 작다. (c) 보라색 빛 광자는 더 높은 에너지를 가지고 있다.

19.2 1.41T

19.3 (a) 6.88ppm; (b) 더 높은 자기장; 더 차폐된다

19.4 CH_3CCl_3에서의 H는 $CHCl_3$에서의 H보다 더 차폐되어 있다. $CHCl_3$에서의 H가 δ 7.28ppm에서 나타난다면 CH_3CCl_3에서의 H는 7.28ppm보다 4.6ppm 더 높은 자기장에서 나타난다. 그 H의 화학적 이동값은 2.7ppm이다.

19.5 (b) 두 개: δ 0.9~1.8ppm 범위에서 CH_3, δ 3.3~3.7ppm 범위에서 CH_2; (c) δ 0.9~1.8ppm 범위에서 하나; (d) 두 개: δ 0.9~1.8ppm 범위에서 CH_3, δ 3.1~4.1ppm 범위에서 CH.

19.6 (b) CH_3(3), CH_2(2); (c) CH_3(신호만); (d) CH_3(6), CH(1)

19.7 메틸 양성자의 화학적 이동값은 δ 2.2ppm이다. 방향족 고리에 붙어 있는 양성자의 화학적 이동값은 δ 7.0ppm이다.

19.8 (b) 하나의 신호(단일선); 두 개의 신호(이중선과 삼중선); (d) 두 개의 신호(둘 다 이중선); (e) 두 개의 신호(이중선과 삼중선).

19.9 (b) 세 개의 신호(단일선, 삼중선, 사중선); (c) 두 개의 신호(삼중선과 사중선); (d) 세 개의 신호(단일선, 삼중선, 사중선); (e) 네 개의 신호(세 개의 삼중선과 사중선)

19.10 (b) 여섯 개; (c) 여섯 개; (d) 아홉 개; (e) 세 개

19.11

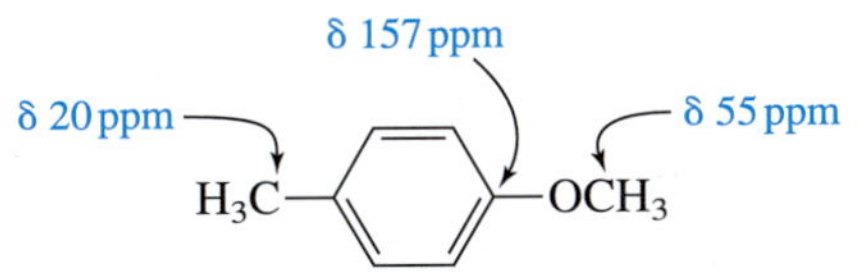

19.12 벤질 알코올(benzyl alcohol). 적외선 스펙트럼은 O—H와 sp^3 C—H에 대한 피크를 나타낸다; C=O에 대한 피크는 없다.

19.13 2-메틸-1,3-뷰타다이엔(2-Methyl-1,3-butadiene)

19.14

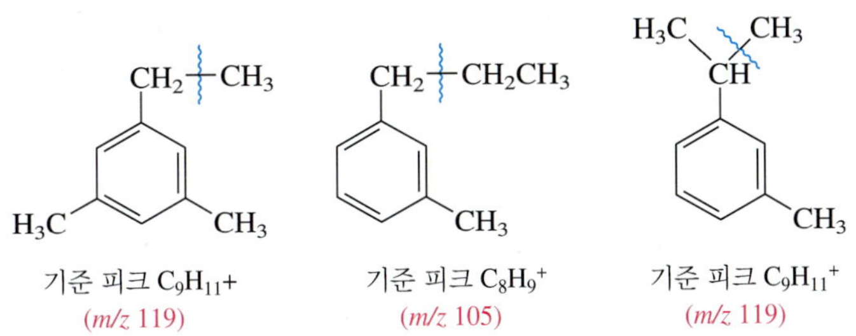

19.15 (b) 3; (c) 2; (d) 3; (e) 2; (f) 2

용어해설

^{13}**C NMR**(19.8절): 개별 탄소 원자의 환경을 질량이 13인 동위원소를 통해 분석하는 핵자기 공명 분광학.

Ar—(4.2절): 아릴기를 나타내는 부호.

Benedict 시약(Benedict's regent) (15.13절): $CuSO_4$의 시트레이트 혼합물을 함유하는 용액이다. 이 시약은 환원당의 존재를 확인하는 데 사용된다.

Brønsted 산(Brønsted acid): 산(*acid*) 참조.

Brønsted 염기(Brønsted base): 염기(*base*) 참조.

Cahn-Ingold-Prelog 표기법(Cahn-Ingold-Prelog notation) (3.6절): 원자나 기가 입체생성 중심에 결합된 순서에 근거하여 *R* 또는 *S*로 절대 위치배열을 표시하는 체계.

DNA(deoxyribonucleic acid) (18.5절): 유전 정보를 저장하고 복제하는 역할을 하는 세포핵 내에 존재하는 2′-데옥시라이보스의 폴리뉴클레오타이드. 유전자는 DNA이다.

Edman 분해(Edman degradation) (17.9절): 펩타이드나 단백질의 *N*-말단 아미노산을 결정하는 방법. *N*-말단을 페닐 아이소사이아네이트($C_6H_5N{=}C{=}S$)로 처리하고, 산으로 끊은 뒤 생성된 페닐싸이오하이단토인(PTH 유도체)을 확인하는 과정이 포함된다.

Fischer 에스터화 반응(Fischer esterification) (13.5절): 알코올과 카복실산 사이의 산-촉매 에스터 형성 반응.

$$\mathrm{RCOH} \;(\text{C=O}) + \mathrm{R'OH} \xrightarrow{\mathrm{H^+}} \mathrm{RCOR'} \;(\text{C=O}) + \mathrm{H_2O}$$

Fischer 투영도(Fischer projection) (3.7절): 입체화학적인 관계를 나타내는 방법. 입체생성 탄소에 연결된 4개의 결합을 십자로 나타낸다. 수평방향의 결합은 보는 사람을 향하는 것으로, 수직방향의 결합은 보는 사람으로부터 멀어져 가는 것으로 생각한다.

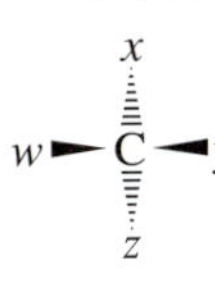 은 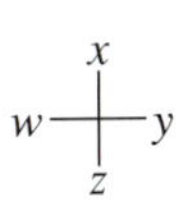 과 같이 Fischer 투영도로 표시된다

Friedel-Craft 아실화 반응(Friedel-Craft acylation) (7.6절): 방향족 화합물이 염화 알루미늄 존재하에서 아실 클로라이드나 카복실산 무수물과 반응하는 친전자성 방향족 치환 반응. 아실기는 고리에 결합된다.

$$\mathrm{Ar{-}H} + \mathrm{RC{-}Cl} \;(\text{C=O}) \xrightarrow{\mathrm{AlCl_3}} \mathrm{Ar{-}CR} \;(\text{C=O})$$

Friedel-Craft 알킬화 반응(Friedel-Craft alkylation) (7.6절): 방향족 화합물이 염화 알루미늄 존재하에서 알킬 할라이드와 반응하는 친전자성 방향족 치환 반응. 알킬기는 고리에 연결된다.

$$\mathrm{Ar{-}H} + \mathrm{R{-}X} \xrightarrow{\mathrm{AlCl_3}} \mathrm{Ar{-}R}$$

Grignard 시약(Grignard reagent) (11.11절): 마그네슘이 알킬 또는 아릴 할라이드와 반응하여 생성되는 RMgX형의 유기마그네슘 화합물.

Haworth 구조식(Haworth formula) (15.5절): 탄수화물의 퓨라노스 및 파이라노스형을 평면으로 나타낸 구조식.

Hückel 규칙(Hückel's rule) (7.14절): 완전히 접합된 평면 단일고리 탄화수소는 π 전자 수가 $4n+2$(*n*은 정수)일 때 특별한 안정도를 지닌다.

Hund 규칙(Hund's rule) (1.1절): 두 오비탈이 동일한 에너지를 가질 때 각각의 오비탈은 각각의 오비탈의 반을 먼저 채운 다음 두 전자로 채워진다.

IUPAC 명명법(IUPAC nomenclature) (4.8절): 가장 널리 사용되는 유기 화합물의 명명법. 국제순수응용화학연맹(IUPAC)에 의해 제안되고, 정기적으로 개정되는 규칙을 사용한다.

Kekulé 구조(Kekulé structure) (7.1절): 관습적인 결합의 규칙을 만족시키고 보통 단일 결합과 이중 결합이 교차하는 모양을 나타내는 방향족 화합물에 대한 구조식. 벤젠에 대한 Kekulé 구조식은 다음과 같다.

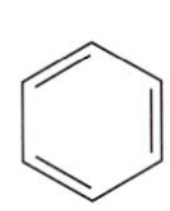 와 

하나의 Kekulé 구조는 분자 내에서의 실제 결합을 완벽하게

나타내지 못한다.

Le Châtelier 법칙(Le Châtelier's principle) (6.7절): 평형에서의 반응은 그 계에 가해진 스트레스(stress)에 대해 반응하여 스트레스를 최소화하는 방향으로 평형을 진행한다.

Lewis 구조(Lewis structure) (1.3절): 전자를 점으로 나타낸 화학식. 두 원자 사이의 두 점(또는 한 개의 선)은 Lewis 구조에서 공유 결합을 나타낸다. 비공유 전자쌍이 숨김없이 나타나며, 안정한 Lewis 구조는 팔전자 규칙을 만족하는 구조이다.

Lewis 산(Lewis acid): 산(*acid*) 참조.

Lewis 염기(Lewis base): 염기(*base*) 참조.

Lindlar 촉매(Lindlar catalyst) (6.13절): 알카인을 *시스*-알켄으로 수소첨가시키는 데 필요한 촉매. 팔라듐으로 이루어져 있으며, 탄산칼슘을 지지체로 사용하여 아세트산 납(Ⅱ)과 퀴놀린으로 "활성을 줄인 촉매"이다.

Markovnikov 규칙(Markovnikov's rule) (6.3절): 비대칭 시약이 비대칭 이중 결합에 시약의 양성 부분이 수소의 개수가 더 많은 이중 결합의 탄소에 첨가되는 방향으로 첨가된다.

Merrifield 법(Merrifield method): 고체상 펩타이드 합성(*soilid-phase peptide synthesis*) 참조.

Newman 투시법(Newman projection) (4.5절): 형태를 묘사하는 방법으로, 탄소–탄소 결합을 내려 보면서 앞의 탄소는 점으로, 뒤의 탄소는 원으로 나타낸다.

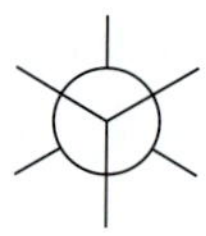

***N*-나이트로소아민**(*N*-nitroso amine) (14.9절): $R_2N-N=O$형의 화합물. R은 알킬 또는 아릴기이며, 같을 수도 있고 다를 수도 있다. *N*-나이트로소아민은 이차 아민의 나이트로소화 반응으로 형성된다.

Pauli 배타 원리(Pauli exclusion principle) (1.1절): 오비탈 내에서 어떤 두 전자도 동일한 스핀 양자수 쌍을 가질 수 없다. 이 말은 두 개의 전자만이 동일한 원자 오비탈을 채우는데, 스핀이 반대일 경우에만 일어난다.

PCC (10.5절): 피리디늄 클로로크로메이트($C_5H_5NH^+ClCrO_3^-$)의 약어. 무수 매질에 사용할 때 PCC는 일차 알코올을 알데하이드로, 이차 알코올을 케톤으로 산화시킨다.

PDC (10.5절): 피리디늄 다이크로메이트[$(C_5H_5NH)_2^{2+}Cr_2O_7^{2-}$]의 약어. 사용법과 용도는 PCC와 같다(*PCC* 참조).

p*K*a (2.1절): $-\log K_a$로 정의되는 산 세기의 정도. 강산일수록 pK_a값은 작아진다.

Planck 상수(Planck's constant) (19.1절): 방정식 $E=h\nu$의 비례 상수(h)로서, 에너지(E)는 전자기 복사선의 주파수(ν)와 관계된다.

R (4.2절): 알킬기를 나타내는 부호.

RNA(ribonucleic acid) (9.6절): 라이보스의 폴리뉴클레오타이드.

Sandmeyer 반응(Sandmeyer reaction) (14.10절): 아릴 다이아조늄 이온이 CuCl, CuBr, CuCN과 반응하여 각각 아릴 클로라이드, 아릴 브로마이드, 아릴 사이아나이드(나이트릴)를 생성.

Schiff's 염기(Schiff's base) (11.9절): 이민의 또 다른 이름. $R_2C=NR'$ 형태의 화합물.

***sp* 혼성화**(*sp* hybridization) (1.15절): 탄소(예로서 알카인에서와 같이)가 두 개의 다른 원자에 결합할 때 탄소가 취하는 혼성화 상태. *s* 오비탈과 *2p* 오비탈의 하나가 섞여 두 개의 등가 *sp*-혼성 오비탈을 형성한다. 직선의 기하구조가 *sp* 혼성화의 특징이다.

sp^2 혼성화(sp^2 hybridization) (1.14절): 세 개의 다른 원자 또는 기에 결합된 탄소의 결합을 나타내는 모형. 탄소의 *2s* 오비탈과 두 개의 *2p* 오비탈은 결합하여 33.3%의 *s* 특징과 66.7%의 *p* 특징을 나타내는 세 개의 동일한 sp^2 오비탈을 생성한다. 삼각 평면 기하구조는 sp^2 혼성화의 특징이다.

sp^3 혼성화(sp^3 hybridization) (1.13절): 네 개의 다른 원자 또는 기에 결합된 탄소의 결합을 나타내는 모형. 탄소의 *2s* 오비탈과 세 개의 *2p* 오비탈은 결합하여 25%의 *s* 특성과 75%의 *p* 특성을 나타내는 네 개의 동일한 sp^3 오비탈을 생성한다. 이들 오비탈은 정사면체의 모퉁이를 향하고 있다.

Strecker 합성(Strecker synthesis) (17.4절): 첫 단계는 알데하이드가 암모니아 및 사이안화 수소와 반응하여 아미노 나이트릴을 생성하고, 아미노 나이트릴은 다시 가수분해되어 아미노산을 제조하는 방법.

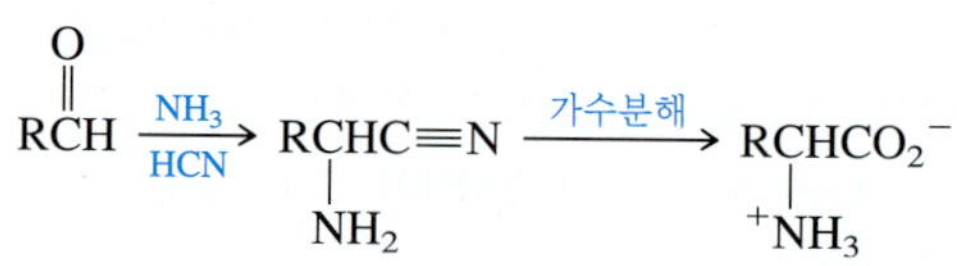

van der Waals 무리(van der Waals strain) (4.6절): 두 개의 원자 또는 기가 서로 너무 가까이 접근할 때 일어나는 불안정화. van der Waals 반발이라고도 한다.

van der Waals 힘(van der Waals force) (4.19절): 이온이 관여하지 않는 분자 사이의 힘(쌍극자–쌍극자, 쌍극자–유도 쌍극자, 유도 쌍극자–유도 쌍극자 힘).

Walden 반전(Walden inversion) (9.3절): 원래 Paul Walden이 개발한 반응 순서. 카이랄 출발 물질이 일련의 입체특이적 반응으로 그 거울상입체이성질체로 전환된다. 현재는 더 일반적으로 사용되며, 어느 이분자 친핵성 치환 반응을 하는 위치배열의 반전을 말한다.

Williamson 에터 합성(Williamson ether synthesis) (10.10절): 알콕사이드 이온과 일차 알킬 할라이드 사이의 S_N2 반응으로 에터를 제조하는 방법.

$$RONa + R'CH_2Br \longrightarrow R'CH_2OR + NaBr$$

Zaitsev 규칙(Zaitsev's rule) (5.7절): 제거 반응으로 두 개 또는 그 이상의 알켄이 형성될 수 있을 때, 더 많이 치환된 이중 결합(더 안정한 알켄)을 갖는 알켄이 주 생성물이 된다.

가려진 형태(eclipsed conformation) (4.5절): 인접한 원자에 있는 결합이 다른 결합과 나란하게 있는 형태. 예를 들어, 아래의 구조에 표시된 C—H 결합은 가려진다.

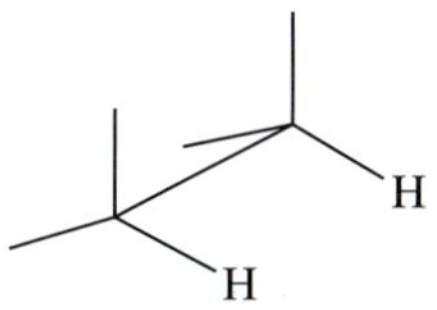

가수분해(hydrolysis) (9.5절 및 13.7절): 물에 의해 일어나는 결합의 깨짐.

가용매분해 반응(solvolysis reaction) (9.5절): 용매와 용매의 짝염기만이 유일하게 존재하는 친핵체인 매질에서 일어나는 친핵성 치환 반응.

가지-사슬 탄수화물(branched-chain carbohydrate) (15.9절): 주 탄소 사슬에 수소 또는 하이드록시기 대신 탄소 치환기를 갖는 탄수화물.

각무리(angle strain) (4.13절): 한 분자의 결합각이 정상치보다 뒤틀려 있기 때문에 어떤 분자가 갖는 무리(strein).

같은자리 다이올(geminal diol) (11.6절): $R_2C(OH)_2$와 같은 알데하이드나 케톤의 수화물.

같은자리 이할로젠화물(geminal dihalide) (5.14절): R_2CX_2형의 이할로젠화물. 두 할로젠 치환기는 같은 탄소에 위치한다.

개시 단계(initiation step) (8.11절): 반응, 보통 자유 라디칼 반응을 시작되게 해 주지만 그 자체가 생성물의 주요 공급원이 아닌 과정. 알케인의 할로젠화 반응의 개시 단계는 할로젠 분자가 두 개의 할로젠 원자로 해리되는 것이다.

개질(reforming) (4.20절): 휘발유의 옥탄가를 좋게 하기 위하여 석유에 들어 있는 방향족 탄화수소와 가지달린 사슬 탄화수소의 비율을 증가시키는 기름 정련의 단계.

거울상이성질체(enantiomer) (3.1절): 물체와 물체의 겹치지 않는 거울상과 관련된 입체이성질체.

격리된 다이엔(isolated diene) (5.1절): $C{=}C{-}(C)_x{-}C{=}C$형의 다이엔. 두 개의 이중 결합은 한 개 또는 그 이상의 sp^3-혼성 탄소에 의해 격리된다. 격리된 다이엔은 이성질체인 짝지은 다이엔보다 약간 덜 안정하다.

π 결합(π bond) (1.14절): 알켄에서 *p* 오비탈이 나란히 중첩되어 형성된 결합. π 결합은 σ 결합보다 약하다. 알켄의 탄소–탄소 이중 결합은 σ 결합과 π 결합으로 연결된 두 개의 sp^2-혼성 탄소로 구성된다.

σ 결합(σ bond) (1.12절): 전자 확률 분포가 핵간 축을 따라 회전 대칭을 갖는 두 원자 사이의 연결. 핵간 축에 수직인 단면은 원형이다.

결합-선 구조식(bond-line formula) (1.7절): 탄소 사이의 연결은 나타내지만 탄소와 수소의 개별적인 연결을 나타내지 않는 구조식. 다음 결합–선 구조식은 $(CH_3)_2CHCH_2CH_3$ 화합물을 나타낸 것이다.

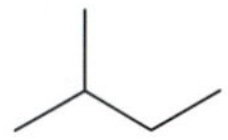

결합 해리 에너지(bond dissociation energy) (8.9절): 물질 A:B에 대해 A와 B 사이의 결합을 끊어서 A와 B 각각이 결합 내의 두 전자 중 하나를 갖도록 하는 데 필요한 에너지. 표 9.1은 몇 가지 대표적인 화합물의 결합 해리 에너지를 나타낸 것이다.

고리 반전(ring inversion) (4.15절): 사이클로헥세인의 의지 형태가 거울상 의자로 전환되는 과정. 모든 수평 치환기는 수직으로 되고, 모든 수직 치환기는 수평으로 된다. 고리 뒤집힘 또는 의자-의자 형태 간 상호변환(chair-chair interconversion)이라고도 한다.

고밀도 지질단백질(high density lipoprotein, **HDL**) (16.5절): 콜레스테롤을 조직으로부터 콜레스테롤이 대사되는 간으로 옮겨 주는 단백질. HDL은 "좋은 콜레스테롤" 이라고도 한다.

고우시(gauche) (4.6절): 인접 원자들 사이에서 두 치환기의 결합각이 60° 일 때 그 두 치환기 각각의 위치를 나타내는 용어. 다음 구조에서 원자 X와 Y는 서로 고우시이다.

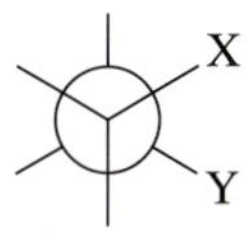

고유 광회전도(specific rotation) (3.4절): 물질의 광학 활성/단위 농도/경로 길이.

$$[\alpha] = \frac{100\alpha}{cl}$$

여기서 α는 관측 광회전도, *c*는 g/100mL으로 나타내는 농도, *l*은 데시미터로 나타낸 경로 길이이다.

고체상 펩타이드 합성(solid-phase peptide synthesis) (17.11절): C-말단 아미노산을 비활성 고체 지지체에 연결하고, 연속적으로 아미노산을 펩타이드 결합 형성을 통해 결합시키는 펩타이드 합성법. 합성이 완료되면 폴리펩타이드를 지지체로부터 제거한다.

공간채움 모형(space-filling model) (1.10절): 원자가 차지하는 부피를 나타내고자 하는 분자 모형의 형태.

공–막대 모형(ball and stick model) (1.10절): 원자를 나타내는

공이 결합을 나타내는 막대로 연결된 분자 모형.

공명(resonance) (1.9절): Lewis 구조를 사용하여 전자의 비편재화를 나타내는 방법. 분자 내의 실제 전자 분포는 어떤 분자에 대해 쓸 수 있는 여러 Lewis 구조의 혼성체로 간주한다.

공명 에너지(resonance energy) (7.1절): 물질이 전자의 비편재화에 의해 안정화되는 정도. 기질과 전자가 편재화되는 가상 모형 간의 에너지 차이.

공유 결합(covalent bond) (1.3절): 두 개의 전자를 같이 공유함으로써 생기는 두 원자 간의 화학 결합.

과산화물(peroxide) (8.14절): ROOR형의 화합물.

관용 명명법(common nomenclature) (4.8절): 종합적이고 체계적인 규칙보다는 어떤 근거에 의해 화합물에 붙여진 이름.

광자(photon) (19.1절): 전자기 복사선의 에너지, 즉 입자의 "다발" 각각을 나타내는 용어.

광학 활성(optical activity) (3.4절): 편광면을 회전시키는 물질의 능력. 광학 활성을 갖기 위해서는 화합물은 카이랄이어야만 하고, 한 거울상입체이성체는 다른 것보다 초과하여 존재해야만 한다.

구성 이성질체(constitutional isomer) (1.8절): 원자들이 연결된 순서가 다른 이성질체. 뷰테인($CH_3CH_2CH_2CH_3$)과 아이소뷰테인[$(CH_3)_3CH$]은 구성 이성질체이다.

구조(constitution) (1.7절): 특정 분자를 규정하는 원자의 연결 순서.

구조 이성질체(structural isomer) (1.8절): 구성 이성질체(*constitutional isomer*)와 동의어.

구형 단백질(globular protein) (17.13절): 물속에서 콜로이드상으로 분산되는 구형에 가까운 단백질. 대부분의 효소는 구형 단백질이다.

굽힘 진동(bending vibration) (19.10절): 원자나 작용기를 나머지 분자에 연결하는 결합의 호나 반지름을 따라 일어나는 원자나 기의 규칙적이고 반복적인 운동. 굽힘 진동은 적외선 스펙트럼에서 피크를 일으키는 분자 운동의 한 형태이다.

균일 분해(homolytic cleavage) (8.9절): 한 개의 전자가 최초에 결합된 원자의 각각에 보유되는 방법으로 두 전자 공유 결합의 해리.

극성 공유 결합(polar covalent bond) (1.5절): 결합된 원자의 한 쪽보다 다른 한쪽에 전자가 당겨져 있는 공유 전자쌍 결합.

글리코사이드(glycoside) (15.10절): 아노머 위치의 하이드록시기가 다른 기로 치환된 탄수화물 유도체. *O*-글리코사이드는 아노머 위치에 알콕시기가 있는 탄수화물의 에터이다.

글리코젠(glycogen) (15.12절): 글루코스로부터 만들어지는 동물에 존재하는 다당류. 아밀로펙틴과 구조가 유사하다.

기준 피크(base peak) (19.13절): 질량 스펙트럼에서 가장 강한 피크. 기준에 100의 상대적 강도가 부여되며, 모든 다른 피크의 강도는 기준 피크에 대한 백분율로 나타낸다.

α-나선 구조(α-helix) (17.12절): 단백질 이차 구조의 한 형태. NH와 C=O기 사이에 수소 결합이 있는 우회전성 나선 구조이며, 1회전당 약 3.6개의 아미노산이 들어 있다.

나이트로사민(nitrosamine): *N*-나이트로소아민(*nitrosoamine*) 참조.

나이트로소화 반응(nitrosation) (14.9절): 주로 아민인 어떤 물질과 아질산의 반응. 일차 아민은 다이아조늄 이온을 생성하고, 이차 아민은 *N*-나이트로소아민을 생성한다. 삼차 방향족 아민은 방향족 고리에서 나이트로소화 반응이 일어난다.

나이트로화 반응(nitration) (7.6절): $-NO_2$기에 의한 수소의 치환 반응. 이 용어는 보통 친전자성 방향족 치환 반응에 쓰인다.

$$\mathrm{Ar{-}H \xrightarrow[H_2SO_4]{HNO_3} Ar{-}NO_2}$$

나이트릴(nitrile) (12.10절): RC≡N형의 화합물. R은 알킬 또는 아릴이다. 알킬 사이아나이드 또는 아릴 사이아나이드라고도 한다.

낮은장(downfield) (19.3절): NMR 스펙트럼의 장이 낮은 영역. 서로에 대해 낮은장인 신호가 스펙트럼의 왼쪽으로 놓여 있다.

높은장(upfield) (19.3절): NMR 스펙트럼에서 높은장 영역. 높은장에 속하는 신호는 다른 것들에 비하여 오른쪽에 나타난다.

뉴클레오사이드(nucleoside) (18.2절): 퓨린 또는 피리미딘 염기와 보통 라이보스 또는 2-데옥시라이보스인 탄수화물과의 결합체.

뉴클레오타이드(nucleotide) (18.3절): 뉴클레오사이드의 인산 에스터.

다당류(polysaccharide) (15.12절): 가수분해되어 "많은" 단당류 단위를 생성하는 탄수화물.

다이아조늄 이온(diazonium ion) (14.9절): $\mathrm{R{-}\overset{+}{N}{\equiv}N{:}}$형의 이온. 아릴다이아조늄 이온은 일차 방향족 아민을 아질산으로 처리하여 생성한다. 아릴 할라이드, 페놀, 아릴 사이아나이드 제조에 매우 유용하다.

다이펩타이드(dipeptide) (17.5절): 두 개의 α-아미노산이 한 아미노산의 아미노기와 다른 아미노산의 카복시기 사이에서 아마이드 결합으로 연결된 화합물.

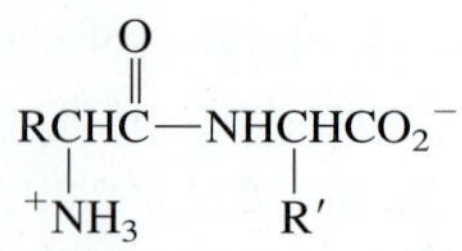

다중도(multiplicity) (19.6절): 핵자기 공명 분광학에서 한 신호

가 쪼개지는 피크의 수. 쪼개지는 수에 따라 신호를 단일선(singlet), 이중선(doublet), 삼중선(triplet) 등으로 나타낸다.

단당류(monosaccharide) (15.1절): 가수분해되어 더 간단한 탄수화물을 생성하지 못하는 탄수화물.

단백질(protein) (17장): 전형적으로 100~300개의 아미노산 잔기가 있는 천연 고분자.

단백질 데이터 은행(protein data bank) (17.15절): 생물학적 분자, 특히 단백질의 결정 좌표를 저장하는 중앙 보관소. 자료는 World-Wide Web을 통해 이용할 수 있으며, 적당한 분자 모형 소프트웨어를 사용하여 삼차원 영상으로 전환시킬 수 있다.

단위체(monomer) (8.15절): 특정 중합체를 만드는 데 사용되는 가장 안정한 분자.

단일 단계(elementary step) (2.2절): 이 단계의 반응식에 나타난 각 화학종이 동일한 전이 상태에 참여하는 반응 메커니즘에서의 단계. 단일 단계는 단일 전이 상태에 의해 특징지어진다.

단일치환 알켄(monosubstituted alkene) (5.5절): $RCH{=}CH_2$형의 알켄으로, 이중 결합의 탄소에 한 개의 탄소만이 **직접**(*directly*) 연결되어 있다.

닫힌 껍질 전자 배열(closed-shell eletron configuration) (1.1절): 원자(불활성 기체의 경우에), 이온(예: Na^+) 또는 분자(예: 벤젠)의 최저 에너지의 오비탈이 모두 채워진 안정한 전자 배열.

담즙산(bile acid) (16.7절): 지방을 유화시켜 소화를 돕는, 간에서 생합성되는 스테로이드 유도체.

대칭면(plane of symmetry) (3.3절): 분자와 같은 물체의 두 개의 거울상을 절반으로 이등분하는 면이며, 거울 평면이라고도 한다. 목적하는 어떤 원소에 선을 수직으로 그리고 나서 간격을 같게 수평방향으로 선을 확장하면 두 개의 원소는 마주치게 된다.

데옥시당(deoxy sugar) (15.9절): 하이드록시기 중의 하나가 수소로 치환된 탄수화물.

등전점(isoelectric point) (17.3절): 쯔비터이온 형태의 아미노산 농도가 최대인 pH. 등전점 이하의 pH에서 우세한 화학종은 양이온이며, 등전점보다 높은 pH에서는 음이온이 지배적이다. 아미노산은 등전점에서 전하를 띠지 않는다.

라세미 혼합물(racemic mixture) (3.4절): 같은 양의 거울상이성체가 함유된 혼합물.

라이보핵산(ribonucleic acid): *RNA* 참조.

락토스(lactose) (15.11절): 젖당. 글루코스의 4번 탄소와 갈락토스의 1번 탄소 사이에서 β-글리코사이드 결합에 의해 형성된 이당류.

마이셀(micelle) (12.7절): 친유성 말단과 친수성 말단을 함유하는 지방산의 카복실레이트염과 같은 화학종의 원형 응집체. 50~100개의 지방산의 카복실레이트염을 함유하는 마이셀이 비누이다.

C 말단(c terminus) (17.5절): 단백질이나 펩타이드 사슬의 끝부분에 있는 아미노산으로서, 카복시기가 온전한, 즉 카복시기가 펩타이드 결합에 관여하지 않은 아미노산.

N 말단(n terminus) (17.5절): 원래의 모습을 유지하고 있는 펩타이드나 단백질 사슬의 끝에 α-아미노기가 있는 아미노산이다. 즉, α-아미노기가 펩타이드 결합을 이루고 있지 않다.

말단 알카인(terminal alkyne) (5.12절): 삼중 결합이 사슬의 말단에 나타나는 $RC{\equiv}CH$형의 알카인.

말토스(maltose) (15.11절): 두 글루코스 단위가 α(1,4)-글리코사이드 결합으로 연결된 전분에서 얻을 수 있는 이당류.

머캅탄(mercaptan) (10.6절): 현재 **싸이올**(*thiol*)로 알려진 화합물의 옛 이름.

메발론산(mevalonic acid) (16.13절): 아세틸 보조효소 A로부터 스테로이드 생합성 과정 중의 중간체.

메조 입체이성질체(meso stereoisomer) (3.11절): 입체생성 중심이 있는 비카이랄 분자. 메조 화합물의 가장 흔한 형태는 두 개의 입체생성 중심과 하나의 대칭면을 갖는 분자이다.

메커니즘(mechanism) (2.2절): 화학 반응이 일어나는 과정을 나타내는 단계의 순서. 반응물이 생성물로 전환되는 동안 관여하는 중간체와 전이 상태를 나타낸다.

메타(meta) (7.3절): 벤젠 고리상의 치환기 사이가 1.3 관계임을 나타내는 용어.

메타 지향기(meta director) (7.9절): 벤젠 고리상에 존재할 때 공격하는 친전자제를 그에 대해 메타의 위치로 향하게 하는 기.

메테인생성균(methanogen) (4.4절): 메테인을 생성하는 생물.

메틴기(methine group) (4.6절): CH기.

메틸기(methyl group) (1.13절): CH_3—기.

메틸렌기(methylene group) (4.6절): —CH_2—기.

면적 적분(integrated area) (19.5절): NMR 스펙트럼에서 신호의 상대적인 면적. 면적은 그 피크를 내는 수소의 수에 비례한다.

목정(wood alcohol) (8.1절): 메탄올(CH_3OH)의 관용명.

몰흡광 계수(molar absorptivity) (19.11절): 보통 자외선-가시광선 분광학에서 피크의 세기를 나타내는 척도.

발색단(chromophore) (19.11절): 특정 주파수의 복사선을 흡수하는 데 주로 관여하는 분자의 구조 단위. 자외선-가시광선 분광학에 주로 적용되는 용어.

발열(exothermic) (6.1절): 열을 방출하는 반응 또는 과정을 나타내는 용어.

방향족성(aromaticity) (7.1절): 방향족 화합물과 관련한 특별한 안정성.

방향족 화합물(aromatic compound) (7.1절): 모든 전자가 이중 결합 내 또는 비공유 전자쌍으로 편재화된 어떤 구조보다 훨씬 더 안정한 전자가 비편재화된 화학종.

배당체(glycoside) (15.10절): 글리코사이드(*glycoside*) 참조.

번역(translation) (18.6절): 여러 tRNA에 의한 mRNA의 "읽음", 각 tRNA는 특정 아미노산에 대해 특이적이다.

번호 매김(locant) (4.9절): IUPAC 명명법에서 특정 구조 단위가 결합되어 있는 원자를 나타내는 접두어. 로칸트는 대부분 번호이며, 구조 단위는 주로 2-클로로뷰테인과 같이 결합된 치환기이다.

벤젠(benzene) (7.1절): 가장 대표적인 방향족 탄화수소.

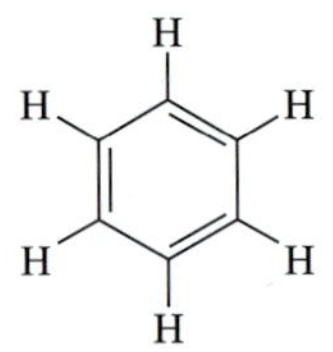

벤질성 탄소(benzylic carbon) (7.5절): 벤젠 고리에 직접 결합된 탄소. 벤질성 탄소에 결합된 수소를 벤질성 수소라고 한다. 벤질성 탄소가 양전하를 띠는 탄소양이온은 벤질성 탄소양이온이다. 벤질성 탄소가 비공유 전자쌍을 갖는 자유 라디칼은 벤질성 라디칼이다.

변광회전(mutarotation) (15.7절): 단일형의 탄수화물이 이성질 헤미아세탈 혼합물과 평형을 이룰 때 일어나는 광회전의 변화.

β-병풍 구조(pleated β-sheet) (17.12절): 인접한 평행 펩타이드 사슬의 NH와 C=O기 사이에 수소 결합을 하고 있는 단백질의 이차 구조형. 각각의 사슬은 확장된 지그재그 형태이다.

보조효소(coenzyme) (17.14절): 반응을 일으키기 위해 효소와 공동으로 작용하는 분자.

보조효소 Q(coenzyme Q) (10.17절): 세포 호흡의 화학에 관여하는 천연에 존재하는 관련 퀴논류. 유비퀴논(ubiquinone)으로도 알려졌다.

보트 형태(boat conformation) (4.1절): 사이클로헥세인의 불안정한 입체배열(형태)로서 다음과 같이 나타낸다.

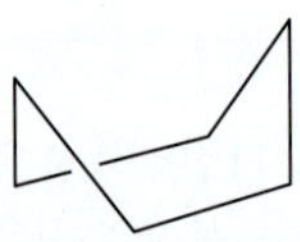

보호기(protecting group) (17.11절): 작용기의 성질을 일시적으로 변화시켜 반응이 그 분자 내의 다른 부위에서 일어나는 조건하에서 그 작용기가 반응을 하지 않게 해 주는 기. 합성에 유용하게 쓰이기 위해서 보호기는 정밀하게 규정된 반응 조건하에서 안정해야만 하고, 또 쉽게 도입되고 제거될 수 있어야 한다.

부분입체이성질체(diastereomer) (3.10절): 거울상이성질체가 아닌 입체이성질체. 서로 거울상이 아닌 입체이성질체.

분광계(spectrometer) (19.1절): 시료에 의한 전자기 복사선의 흡수 정도를 측정하는 장치.

분자 이온(molecular ion) (19.13): 질량 분석법에서 분자로부터 전자를 잃어서 생성되는 화학종.

분자간 힘(intermolecular forces) (4.19절): 별개(*separate*) 분자의 두 원가나 작용기들 사이의 인력 또는 반발력.

분자식(molecular formula) (1.7절): 아래첨자를 써서 특정 분자 내에 존재하는 각 원소의 개수를 나타낸 화학식. 유기 화합물에서 탄소를 먼저 쓰고 두 번째는 수소를 쓰며, 나머지 원소는 알파벳순으로 열거한다.

분할(resolution) (3.13절): 라세미 혼합물을 거울상이성체들로 분리.

불균일 분해(heterolytic cleavage) (8.9절): 두 전자 모두가 최초에 결합된 원자 중의 하나에 보유되는 방법으로 생기는 두 개의 전자 공유 결합의 해리.

불포화 원소(element of unsaturation): 수소 결핍 지수(*index hydrogen deficiency*) 참조.

불포화 탄화수소(unsaturated hydrocarbon) (6.1절): 첨가 반응을 받을 수 있는 탄화수소. 즉, 다중 결합을 갖는 탄화수소.

불활성 기체(noble gas) (1.1절): 주기율표의 8A족 원소(He, Ne, Ar, Kr, Xe, Rn). 희유 기체라고도 하며, 몇몇 예외를 제외하면 화학적으로 불활성이다.

***n*-뷰테인**(*n*-butane) (4.6절): 뷰테인($CH_3CH_2CH_2CH_3$)의 관용명.

***n*-뷰틸기**(*n*-butyl group) (4.10절): $CH_3CH_2CH_2CH_2-$기.

***sec*-뷰틸기**(*sec*-butyl group) (4.10절):

$$CH_3CH_2\underset{|}{C}HCH_3 \text{ 기.}$$

***tert*-뷰틸기**(*tert*-butyl group) (4.10절): $(CH_3)_3C-$기.

브로모늄 이온(bromonium ion) (6.8절): 할로젠 원소가 브로민인 할로늄 이온[할로늄 이온(*halonium ion*) 참조].

브로모하이드린(bromohydrin) (6.8절): 할로젠이 브로민인 할로하이드린[할로하이드린(*halohydrin*) 참조].

비누(soap) (12.7절): 염기 수용액 내에서 지방의 가수분해로 얻는 세척 물질. 비누는 12~18개의 탄소 원자를 갖는 가지가 없는 카복실산의 소듐 또는 포타슘염이다.

비누화(saponification) (13.7절): 염기 용액에서 에스터의 가수분해. 생성물은 알코올과 카복실레이트염이다. 이 용어는 "비누 제조"를 의미하며, 나무 재를 가열하여 동물성 지방을 비누로 전환하는 과정에서 유래되었다.

비대칭 중심(asymmetric center) (3.2절): **입체생성 중심**(*stereogenic center*)의 옛 이름.

비카이랄(achiral) (3.1절): **카이랄**(*chiral*)의 반대. 비카이랄성 물체는 거울상이 겹친다.

비틀림 무리(torsional strain) (4.5절): 결합의 가리움에서 생기는 한 분자의 안정도 감소.

비편재화(delocalization) (1.9절): 한 전자가 한 개 이상의 원자와 화합하는 것. 가장 간단한 예는 공유 전자쌍(공유) 결합이다. 비편재화는 한 전자가 여러 탄소 원자와 화합되어 있는 짝지은 π 전자계에서 중요하다.

비활성화 치환기(deactivating substituent) (7.9절 및 7.11절): 수소 치환기 대신 존재할 경우 특정 반응이 더 서서히 일어나게 해 주는 기. 이 용어는 친전자성 방향족 치환 반응 속도에 미치는 치환기의 영향에 대해서 빈번하게 적용된다.

사이아노하이드린(cyanohydrin) (11.7절):

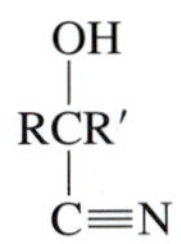

형의 화합물. 사이아노하이드린은 알데하이드나 케톤의 카보닐기에 HCN이 친핵성 참가되어 형성된다.

사이클로알케인(cycloalkane) (4.12절): 탄소 원자 고리가 존재하는 알케인.

사이클로알켄(cycloalkene) (5.1절): 두 고리 탄소 사이에 이중 결합이 있는 고리형 탄화수소.

사이클로헥사다이엔일 양이온(cyclohexadienyl cation) (7.7절): 친전자성 방향족 치환 반응의 주요 중간체로, 일반적인 구조는 다음과 같다.

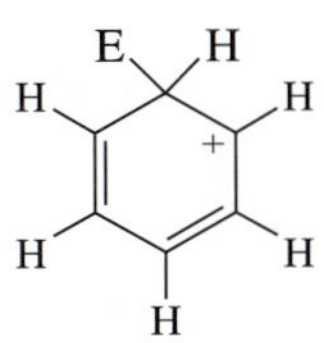

여기서 *E*는 고리를 공격하는 친전자체로부터 유래한다.

사차 구조(quaternary structure) (17.15절): 화학 결합으로 연결되지 않은 두 개 또는 그 이상의 단백질 사슬이 더 큰 단백질로 구조화되는 방식을 나타낸다.

사차 암모늄염(quaternary ammonium salt) (14.1절): $R_4N^+X^-$형의 염. 양이온은 유기 치환기(알킬기와 아릴기는 어떤 조합)가 총 4개인 질소를 가지고 있다.

사차 탄소(quaternary carbon) (4.10절): 4개의 다른 탄소에 직접 연결된 탄소.

사치환 알켄(tetrasubstituted alkene) (5.5절): $R_2C{=}CR_2$형의 알켄. 이중 결합의 탄소에 4개의 탄소가 **직접** 결합되어 있다(R기는 같을 수도 있고 다를 수도 있다).

산(acid) (2.1절): Arrhenius의 정의에 따르면 물에서 이온화되어 양성자를 생성하는 물질. Brønsted-Lowry의 정의에 따르면 다른 물질에 양성자를 제공하는 물질. Lewis의 정의에 의하면 전자쌍 받개이다.

산 무수물(acid anhydride) (4.3절 및 13.1절): 다음과 같은 형태의 화합물.

항상 그런 것은 아니지만 보통 두 개의 R기는 모두 같다.

산 해리 상수 K_a(acid dissociation constant K_a) (2.1절): 산의 해리에 대한 평형 상수.

$$K_a = \frac{[H^+][A^-]}{[HA]}$$

산화(oxidation) (10.2절): 원자와 결합한 전자 수의 감소. 유기화학에서는 탄소와 탄소보다 전기음성도가 더 작은 원자 사이에 있는 결합을 탄소보다 전기음성도가 더 큰 원소에 대한 결합으로 바뀔 때 탄소의 산화가 일어난다.

삼중 결합(triple bond) (1.4절): 두 원자 사이에 6개의 전자를 공유하여 형성되는 결합.

삼차 구조(tertiary structure) (17.13절): 단백질의 사슬이 어떻게 겹치는지에 대한 설명.

삼차 아민(tertiary amine) (14.1절): 질소에 알킬 또는 아릴 치환기가 세 개 조합되어 있는 R_3N형의 아민.

삼차 알킬기(tertiary alkyl group) (4.10절): 결합 지점이 삼차 탄소인 R_3C-형의 구조 단위.

삼차 탄소(tertiary carbon) (4.10절): 세 개의 다른 탄소에 직접 연결된 탄소.

삼치환 알켄(trisubstituted alkene) (5.5절): $R_2C{=}CHR$형의 알켄으로서, 세 개의 탄소가 이중 결합의 탄소에 **직접** 연결되어 있다(R기는 같을 수도 있고 다를 수도 있다).

상대 배열(relative configuration) (3.5절): 절대적이라기보다는 비교에 근거한 입체화학적 위치배열.

생물학적 아이소프렌 단위(biological isoprene unit) (16.13절): 터펜과 스테로이드의 생물학적 전구체인 아이소펜텐일 파이로포스페이트.

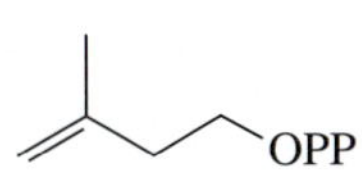

설폰화 반응(sulfonation) (7.6절): 수소가 $-SO_3H$기로 치환되는 반응. 이 용어는 보통 친전자성 방향족 치환 반응에 사용된다.

$$Ar—H \xrightarrow[H_2SO_4]{SO_3} Ar—SO_3H$$

세제(detergent) (12.7절): 마이셀 작용에 의해 세척 작용을 하는 물질. 이 용어가 보통 합성 세제를 말하지만, 비누 역시 세제이다.

셀로바이오스(cellobiose) (15.11절): 두 글루코스 단위가 β(1,4) 결합으로 연결된 이당류. 셀로바이오스는 셀룰로스(섬유소)를 가수분해시켜 얻는다.

셀룰로스(cellulose) (15.12절): 수천 개의 글루코스 단위가 β(1,4) 결합으로 연결된 다당류.

소당류(oligosaccharide) (15.1절): 가수분해되어 3~10의 단당류를 생성하는 탄수화물.

소수성(hydropholic) (12.7절): 문자상으로 "물을 싫어하는"의 뜻. 물에 용해되지 않고 비극성, 즉 탄화수소와 같은 매질에 용해되는 물질에 적용하는 용어.

속도 결정 단계(rate-determining step) (5.10절): 다단계 반응 메커니즘에서 가장 속도가 느린 단계.

속명(trivial nomenclature) (4.8절): 관용명(*common name*)의 동의어.

수소 결핍 지수(index of hydrogen deficiency) (19.14절): 특정 분자에 들어 있는 전체 이중 결합과 고리를 나타내는 척도. 다음과 같은 반응식에 따라 화합물의 분자식 C_nH_x를 동일한 탄소 수를 지니는 알케인의 분자식과 비교하여 결정한다.

$$\text{수소 결핍 지수} = \tfrac{1}{2}(C_nH_{2n+2} - C_nH_x)$$

수소 결합(hydrogen bonding) (8.4절): 한 분자의 양으로 분극된 수소가 인접한 분자의 음으로 분극된 원자에 약하게 결합되어 있는 쌍극자–쌍극자 인력의 형태. 대표적인 수소 결합은 한 —OH기의 수소와 다른 —OH기의 산소 사이에서 일어난다.

수소첨가 반응(hydrogenation) (6.1절): 다중 결합에 대한 H_2의 첨가 반응.

수화(hydration) (6.7절): 물의 원소(H, OH)를 다중 결합에 첨가하는 반응.

순위 규칙(sequence rule) (3.6절): Cahn-Ingold-Prelog계의 기초. 원자 번호에 근거하여 치환기에 번호를 매기는 과정이다.

슈크로스(sucrose) (15.11절): 두 개의 단당류(글루코스와 프럭토스)가 아노머 탄소 위치에서 결합된 이당류.

스콸렌(squalene) (16.12절): 스테로이드의 생합성에 필요한 천연 트라이터펜.

스테로이드(steroid) (16.5절): 식물과 동물 모두에 존재하는 지질로서 4개의 연결된 고리 핵이 있다(3개의 고리는 6탄소 고리이고 하나는 5탄소 고리이다). 콜레스테롤은 동물에 가장 풍부한 스테로이드이다.

스펙트럼(spectrum) (19.1절): 보통 차트 형태인 분광계의 결과물. 스펙트럼을 분석하면 분자의 구조를 알 수 있다.

스핀 양자수(Spin quantum number) (1.1절): 전자를 나타내는 네 가지 양자수 중의 하나. 전자는 두 개의 다른 스핀 양자수 $+\frac{1}{2}$ 또는 $-\frac{1}{2}$ 중에 하나를 갖는다.

스핀-스핀 갈라짐(spin-spin splitting) (19.6절): 핵 스핀의 상호작용으로 인한 NMR 신호의 갈라짐. 서로 동등하지 않은 원자핵(화학적 이동이 다른 양성자와 같은)만이 다른 신호로 쪼개질 수 있다.

스핀-스핀 짝지음(spin-spin coupling) (19.6절): 두 핵 사이의 스핀에 대한 정보 교환.

시스-(*cis-*) (4.17절 및 5.3절): 두 치환기가 고리나 이중 결합의 같은 편에 있음을 나타내는 입체화학적 접두어.

신 첨가(syn addition) (6.1절): 다중 결합에 첨가된 2분량의 시약이 같은 방향으로부터 첨가되는 첨가 반응.

신경전달물질(neurotransmitter) (14.3절): 신경 자극의 전달을 매개하는 주로 천연에 존재하는 아민 물질.

신축 진동(stretching vibration) (19.10절): 두 개의 원자나 기를 연결한 결합을 따라 두 개의 원자나 기의 규칙적이고 반복적인 운동.

싸이올(thiol) (10.6절): RSH 또는 ArSH형의 화합물.

쌍극자 모멘트(dipole moment) (1.5절): 두 반대 전하 간의 인력과 그들 사이의 거리의 곱.

쌍극자/유도-쌍극자 인력(dipole/induced dipole attraction) (8.4절): 영구 쌍극자를 갖는 화학종이 두 번째 화학종에서 상보적인 쌍극자를 유도할 때 생성되는 인력.

쌍극자–쌍극자 인력(dipole-dipole attraction) (8.4절): 반대로 분극된 원자 사이의 인력.

아나볼릭 스테로이드(anabolic steroid) (16.9절): 근육 성장을 촉진하는 스테로이드의 일종.

아노머 탄소(anomeric carbon) (15.5절): 열린 사슬형의 카보닐 탄소에서 유래하는 퓨라노스 또는 파이라노스형의 탄소 원자. 두 개의 산소 원자에 결합된 고리 탄소이다.

아레늄 이온(arenium ion) (7.7절): 친전자성 방향족 치환 반응에서 친전자체가 방향족 기질을 공격하여 형성되는 탄소양이온 중간체. 사이클로헥사다이엔일 양이온(*cyclohexadienyl cation*) 참조.

아렌(arene) (4.1절): 방향족 탄화수소. 종종 ArH로 요약됨.

아릴아민(arylamine) (14.1절): 아릴기가 아민 질소에 결합한 아민.

아마이드(amide) (4.3절 및 13.1절): $R\overset{\overset{\large O}{\|}}{C}NR'_2$ 형의 화합물.

아미노당(amino sugar) (15.9절): 하이드록시기 중의 하나가 아미노기를 치환된 탄수화물.

아미노산 잔기(amino acid residues) (17.5절): 펩타이드나 단백질을 구성하는 각각의 아미노산.

α-아미노산(α-amino acid) (17.1절): α-탄소 원자에 아미노기를 지니는 카복실산. α-아미노산은 펩타이드와 단백질을 구성하는 단위이다. α-아미노산은 보통 **쯔비터이온**(*zwitterion*)으로 존재한다.

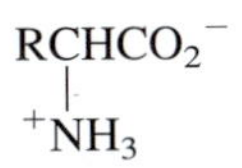

L-아미노산(L-amino acid) (17.2절): 카이랄성 아미노산의 α-탄소 원자에서의 입체화학을 나타냄. α-아미노산의 Fischer 투영도는 카복시기가 위에 있고 탄소 사슬이 수직으로 배열되었을 때 아미노기가 왼쪽에 있다.

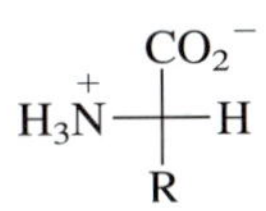

아민(amine) (14장): $-NH_2$, $-NHR$, $-NR_2$형의 질소를 함유하는 기가 알킬 또는 아릴기에 결합한 분자.

아밀로스(amylose) (15.12절): 전분의 물에 분산될 수 있는 구성 성분. α(1,4)-결합을 하고 있는 글루코스 단위의 중합체.

아밀로펙틴(amylopectin) (15.12절): 전분에 들어 있는 다당류. 아밀로펙틴은 아밀로스와 같이 α(1,4)-결합을 하고 있는 글루코스 단위의 중합체이다[아밀로스(*amylose*) 참조]. 아밀로스와는 달리 아밀로펙틴은 α(1,6)-결합으로 주사슬에 연결된 24~30개의 글루코스 단위로 된 가지를 가지고 있다.

아세탈(acetal) (11.8절): 다음 반응식에 따라 알데하이드나 케톤이 2몰의 알코올과 반응하여 형성되는 생성물.

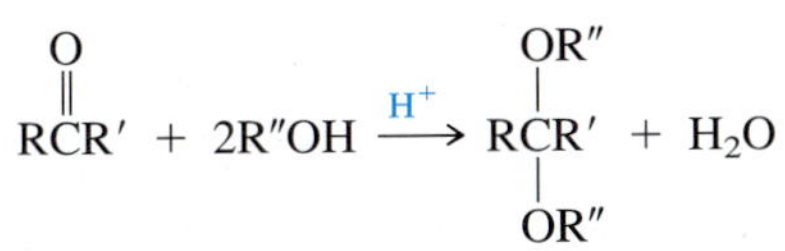

아세틸 보조효소 A(acetyl coenzyme A) (16.11절): 아세테이트가 관여하는 생합성 과정에서 아세틸기를 제공해 주는 싸이올 에스터로, 축약식은 다음과 같다.

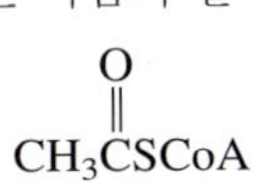

아세틸렌(acetylene) (1.15 및 5.12절): 가장 단순한 알카인, $HC{\equiv}CH$.

아실기(acyl group) (7.8절 및 13.1절): 다음과 같은 기.

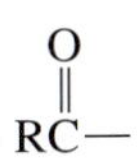

R은 알킬 또는 아릴기이다.

아실륨 이온(acylium ion) (7.8절): 양이온인 $R{-}C{\equiv}\overset{+}{O}$.

아실 전이(acyl transfer) (13.3절): 친핵성 아실 치환 반응. 한 형태의 카복실산 유도체가 다른 형태의 유도체로 전환되는 반응.

아실 클로라이드(acyl chloride) (4.3절 및 13.1절):

형태의 화합물. R은 알킬 또는 아릴기이다.

아실화 반응(acylation) (7.6절 및 13장): 아실기가 분자 내 어떤 구조 단위에 결합되는 반응. 예로는 Friedel-Craft 아실화 반응과 아민을 아마이드로 전환되는 반응이 있다.

아이소뷰테인(isobutane) (4.6절): 2-메틸프로페인[$(CH_3)_3CH$]의 관용명.

아이소뷰틸기(isobutyl group) (4.10절): $(CH_3)_2CHCH_2-$기.

아이소프렌 단위(isoprene unit) (16.13절): 터펜에서 발견되는 특이한 5-탄소 구조 단위.

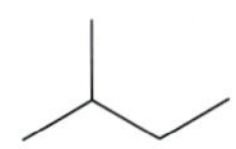

아이소프로필기(isopropyl group) (4.10절): $(CH_3)_2CH-$기.

아조 짝지음(azo coupling) (14.11절): 아릴 다이아조늄염이 아렌과 반응하여 $ArN{=}NAr'$형의 화합물을 형성하는 반응. 아렌은 친전자성 방향족 치환 반응에 대해 매우 활성화되어야 한다. 즉, $-OH$나 $-NR_2$와 같은 강력한 전자 방출하는 치환기를 가지고 있어야 한다.

안드로젠(androgen) (16.9절): 남성 호르몬의 일종.

안티(anti) (4.6절): 결합각이 180°일 때 인접 원자상에 있는 두 치환기의 상대적인 위치를 나타내는 용어. 아래 구조의 원자 X와 Y는 서로 안티이다.

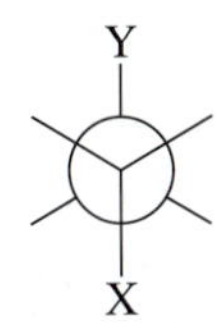

안티 첨가 반응(anti addition) (6.1절): 공격 시약 X—Y의 두 부분이 이중 결합의 반대편에 첨가되는 첨가 반응.

알데하이드(aldehyde) (4.3절 및 11.1절):

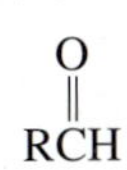 또는 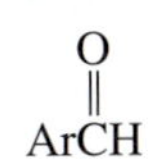

형태의 화합물.

알도스(aldose) (15.1절): 열린 사슬형 구조에 알데하이드 카보닐기를 함유하는 탄수화물.

알돌 첨가 반응(aldol addition) (11.18절): 알데하이드 또는 케톤의 엔올레이트가 알데하이드나 케톤의 카보닐기에 대한 친핵성 첨가 반응. 가장 전형적인 예는 두 분자의 알데하이드 분자가 관여하는 것이며, 보통 염기에 의해 촉매된다.

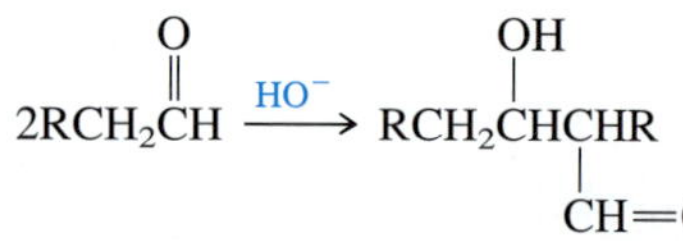

알돌 축합 반응(aldol condensation) (11.18절): 알돌 첨가 반응이 일어나 β-하이드록시 알데하이드나 케톤이 생성되는 조건 하에서 탈수소화 반응이 일어나면 생성물이 알돌 축합 반응으로 생성된다고 나타낸다.

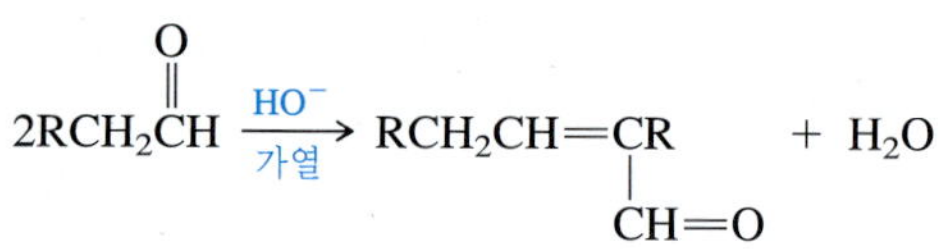

알릴 양이온(allyl cation) (6.10): 탄소양이온 $CH_2{=}CHCH_2^+$. 탄소양이온은 이중 결합의 π 전자의 비편재화에 의해 안정화되고 양전하는 두 CH_2기에 분배된다. 알릴 양이온의 치환 유사체는 **알릴성 탄소양이온**(*allylic carbocation*)이라고 한다.

알카다이엔(alkadiene) (5.1절): 두 개의 탄소-탄소 이중 결합을 지니는 탄화수소. 보통 **다이엔**(*diene*)이라고 한다.

알카인(alkyne) (4.1절): 탄소–탄소 삼중 결합을 갖는 탄화수소.

알칼로이드(alkaloid) (14.3절): 식물 속에 천연으로 존재하는 아민. 이런 화합물이 약염기라는 사실에서 유래한 이름이다.

알케인(alkane) (4.1절): 모든 결합이 단일 결합인 탄화수소. 알케인의 일반식은 C_nH_{2n+2}이다.

알켄(alkene) (4.1절): 탄소–탄소 이중 결합(C=C)을 지니는 탄화수소. 옛날 이름인 **올레핀**(*olefin*)으로도 알려져 있다.

알켄의 *E-Z* 표기법(*E-Z* notation for alkene) (5.4절): 시스-트랜스 표기법을 대체할 수 있는 이중 결합의 입체배열을 특정하는 계. 번호가 높은 치환기가 이중 결합의 같은 방향에 있으면 입체배열은 *Z*이고, 번호가 높은 치환기가 이중 결합의 반대 방향에 있으면 입체배열은 *E*이다.

알코올(alcohol) (8.1절): ROH형의 화합물.

알코올 탈수소효소(alcohol dehydrogenase) (10.5절): 알코올을 알데하이드와 케톤으로 산화시키는, 간에 있는 효소.

알콕사이드 이온(alkoxide ion) (10.10절): 알코올의 짝염기. 일련의 $R{-}\ddot{\underset{..}{O}}{:}^-$ 형임.

알킬기(alkyl group) (4.10절): 수소 중 하나가 치환되어 어떤 다른 원자나 작용기에 연결될 수 있는 알케인과 관련된 구조 단위. 알킬기를 나타내는 일반적인 부호는 R—이다.

알킬아민(alkylamine) (14.1절): 질소에 결합된 유기기가 알킬기인 아민.

알킬옥소늄 이온(alkyloxonium ion) (2.1절): ROH_2^+형의 양이온.

알킬 할라이드(alkyl halide) (8.1절): RX형의 화합물로 X는 할로젠 치환기(F, Cl, Br, I)이다.

알킬화 반응(alkylation) (6.12절): 알킬기가 분자 내의 어떤 구조 단위에 결합되는 반응.

양성자성 용매(protic solvent) (9.5절): 쉽게 교환할 수 있는 양성자를 가지는 용매를 말하며, 특히 양성자는 하이드록시기, 물, 알코올에 있는 산소-결합한 양성자이다.

양이온(cation) (1.2절): 양으로 하전된 이온.

양자(quantum) (19.1절): 광자와 관련된 에너지.

엇갈린 형태(staggered conformation) (4.5절): 인접 탄소상의 결합이 가능한 한 다른 탄소상의 결합으로부터 멀리 떨어져 있는 아래와 같은 입체배열.

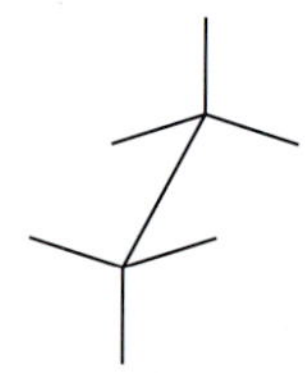

에스터(ester) (4.3절 및 13.1절):  형의 화합물.

에스트로젠(estrogen) (16.9절): 여성 호르몬의 일종.

에터(ether) (4.3절 및 10.8절): ROR′, ROAr, ArOAr와 같은 C—O—C 단위를 갖는 분자. 산소에 결합된 두 기가 같으면 대칭 에터라 하고, 다르면 혼합 에터라고 한다.

에텐(ethene) (5.1절): $CH_2{=}CH_2$의 IUPAC명. 그러나 관용명인 **에틸렌**(*ethylene*)이 훨씬 더 많이 쓰이며, IUPAC 규칙도 이를 허용한다.

에틸기(ethyl group) (4.10절): $CH_3CH_2{-}$기.

에틸렌(ethylene) (5.1절): $CH_2{=}CH_2$. 가장 단순한 알켄이며, 가장 중요한 산업용 유기 화합물이다.

에폭시화물(epoxide) (10.9절): 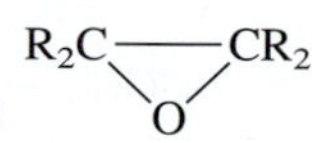 형의 화합물.

에폭시화 반응(epoxidation) (10.11절): 과산화산을 처리하여 알켄을 에폭시화물로 전환.

엔다이아인 항생제(enediyne antibiotic) (5.13절): 9- 또는 10-원자 고리의 일부로 C≡C—C=C—C≡C 단위를 갖는 항암제의 한 부류.

엔올(enol) (11.16절):

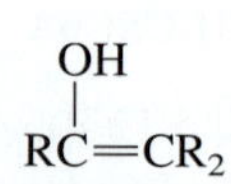

형의 화합물. 엔올류는 이성질 알데하이드나 케톤과 평형을 이루고 있지만 보통은 알데하이드나 케톤보다 훨씬 더 안정하다.

엔올레이트 이온(enolate ion) (11.17절): 엔올의 짝염기. 엔올레이트 이온은 전자의 비편재화에 의해 안정화된다.

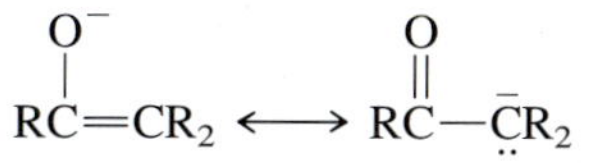

여러고리 방향족 탄화수소(polycyclic aromatic hydrocarbon) (7.4절): 둘 또는 그 이상의 벤젠 유사 고리를 갖는 방향족 탄화수소.

여러고리 탄화수소(polycyclic hydrocarbon) (4.18절): 두 개 또는 그 이상의 고리를 갖는 탄화수소.

역코돈(anticodon) (18.6절): 특정 아미노산에 대한 mRNA의 코돈에 상보적인 tRNA 분자 내의 세 염기의 서열.

역합성 분석(retrosynthetic analysis) (11.13절): 과녁 분자로부터 추론에 의거해 합성 계획을 하는 기법. ⇨형의 화살표는 역합성 단계를 나타낸다.

연결도(connectivity) (1.7절): 특정 분자의 원자가 연결된 순서. 구조(*constitution*)와 동의어.

연소(combustion) (4.20절): 산소 존재하에서 물질이 타는 현상. 모든 탄화수소는 연소될 때 이산화 탄소와 물을 생성한다.

연쇄 반응(chain reaction) (8.11절): 보통 한 단계에서 소비된 반응 중간체가 다음 단계에서 재생되기 때문에 일련의 각 단계가 여러 번에 걸쳐서 반복되는 반응 메커니즘. 알케인의 할로젠화 반응은 자유 라디칼 중간체를 거쳐서 진행되는 연쇄 반응이다.

연이은 다이엔(cumulated diene) (5.1절): 단일 탄소 원자가 다른 두 탄소와 이중 결합을 하고 있는 C=C=C형의 다이엔.

염기(base) (2.1절): Arrhenius의 정의에 따르면 물에서 이온화되어 하이드록사이드 이온을 생성하는 물질. Brønsted-Lowry의 정의에 따르면 어떤 적절한 양성자 주개로부터 양성자를 받는 물질. Lewis의 정의에 따르면 전자쌍 주개이다.

염기도 상수 K_b(basicity constant K_b) (14.4절): 염기, 특히 아민의 세기.

$$K_b = \frac{[R_3NH^+][HO^-]}{[R_3N]}$$

염기쌍(base pair) (18.5절): 뉴클레오타이드의 퓨린과 그 상보적 피리미딘을 나타내는 용어. 아데닌(A)은 타이민(T)에 대해 상보적이고, 구아닌(G)은 사이토신(C)에 대해 상보적이다.

오비탈(orbital) (1.1절): 전자를 발견할 수 있는 확률이 높은 공간 영역.

σ 오비탈(σ orbital) (1.12절): 회전 대칭의 특성을 갖는 결합 오비탈.

오쏘(ortho) (7.3절): 벤젠 고리상의 치환기 사이의 1,2 관계를 나타내는 용어.

오쏘–파라 지향성기(orotho, para director) (7.9절): 벤젠 고리상에 존재할 때 진입하는 친전자체를 그 기에 대해 오쏘와 파라의 위치로 향하게 하는 기.

옥소늄 이온(oxonium ion) (2.1절): 화학종 H_3O^+의 고유 명칭(하이드로늄 이온이라고도 함). H_3O^+와 유사한 알킬옥소늄 이온(ROH_2^+)과 같은 화학종의 관용명.

옥탄가(octane rating) (4.20절): "녹킹"에 저항하는 휘발유의 능력. 동일한 녹킹 특성을 지니는 아이소옥테인-헵테인 혼합물 내의 2,2,4-트라이메틸펜테인("아이소옥테인")의 백분율로 표시한다.

왁스(wax) (16.4절): 식물의 잎, 동물의 털, 새의 깃털 등에 보호막을 형성하는 발수성 물질들의 혼합물. 왁스의 주성분은 주로 아실기와 알킬기 모두가 긴 탄소 사슬을 이루고 있는 에스터이다.

원자 번호(atomic number) (1.1절): 특정 원자의 핵 내 양성자의 수. 원자 번호의 부호는 *Z*이며, 각 원소는 고유의 원자 번호를 갖는다.

원자가 결합 이론(valence bond theory) (1.12절): 두 원자들 간에 반쯤 채워진 원자 오비탈의 중첩에 근거한 화학 결합의 이론.

원자가 껍질 전자쌍 반발 모형(valence-shell electron pair repulsion model) (1.10절): 중심 원자를 둘러싸고 있는 전자쌍은 서로 반발한다는 개념에 근거하여 분자의 모양을 예측하는 방법. 네 개의 전자쌍은 사면체 기하구조를, 세 개의 전자쌍은 삼각 평면 기하구조를, 두 개의 전자쌍은 직선 배열을 취한다.

원자가 전자(valence electron) (1.1절): 원자의 최외각 전자. 2번째 주기 원소의 경우 2*s*와 2*p* 전자들이다.

위치 에너지(potential energy) (2.2절): 운동 에너지를 제외한 에너지계.

위치 에너지 도표(potential energy diagram) (2.2절): 위치 에너지 대비 반응이 진행되는 정도인 약간 임의 측정치(반응좌표)를 나타낸 도표. 위치 에너지의 최대점이 여기 상태이다.

위치배열의 반전(inversion of configuration) (9.3절): 네 개의 결합을 sp^3-혼성 탄소로 삼차원 배열의 반전. 다음의 표현은 LG가 이탈기이고 Nu가 친핵체인 친핵성 치환 반응에서 위치배열의 반전을 보여 주고 있다.

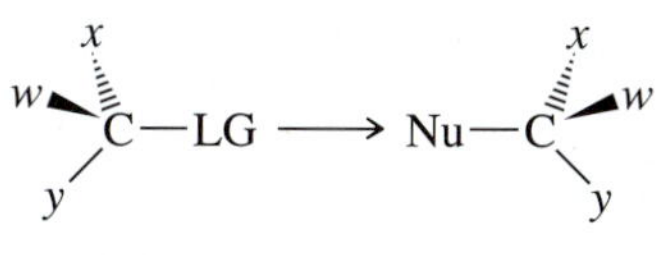

위치배열의 보존(retention of configuration) (9.7절): 새로운 결합이 같은 공간 방향을 갖는 깨진 결합으로 만들 때 관찰되는 입체화학적 과정.

위치선택성(regioselective) (5.7절): 두 개(또는 그 이상)의 구성 이성질체를 생성하지만, 그중 하나를 다른 것보다 다량 생성하는 반응을 나타내는 용어.

유기금속 화합물(organometallic compound) (11.10절): 탄소-금속 결합을 갖는 화합물.

유도 쌍극자-유도 쌍극자 인력(induced dipole/induced dipole attraction) (4.19절): 한 분자가 다른 분자에 의해 상호적이고 보족적으로 분극되어 생기는 인력.

유도 효과(inductive effect) (6.5절): 한 분자 또는 이온 내에서 σ 결합의 연속적인 분극에 의해 전달되는 전자 효과.

유전체(genome) (18.4절): 특정 유기체의 형성을 결정하는 모든 유전자의 집합체.

음이온(anion) (1.2절): 음으로 하전된 이온.

의자 형태(chair conformation) (4.14절): 사이클로헥세인의 가장 안정한 입체배열(형태).

이당류(disaccharide) (15.11절): 가수분해되어 두 개의 단당류 단위(같을 수도 있고 다를 수도 있다)를 생성하는 탄수화물.

이민(imine) (11.9절): 알데하이드나 케톤이 일차 이민($R'NH_2$)과 반응하여 형성된 $R_2C{=}NR'$형의 화합물. 이민은 간혹 *Schiff* 염기(*Schiff base*)라고도 한다.

이분자 친핵성 치환 반응(S_N2) 메커니즘[substitution nucleophilic bimolecular(S_N2) mechanism] (9.2절): 친핵체가 탄소를 결합의 반대 방향으로부터 이탈기 방향으로 공격하여 이탈기가 떨어져 나가는 것을 도와주는 친핵성 치환 반응의 협동 메커니즘.

이분자성(bimolecular) (2.2절): 동일한 초기 단계에서 두 입자가 반응하는 과정.

이분자성 제거 반응 메커니즘[elimination biomelecular(E2) mechanism] (5.10절): 할로젠화물 이탈기의 결합이 끊어짐과 동시에 공격하는 염기가 양성자를 제거하는 전이 상태를 갖는 알킬 할라이드의 제거 반응 메커니즘.

이성질체(isomer) (1.8절): 분자식이 같은 다른 화합물. 이성질체는 구성 이성질체와 입체이성질체가 있다.

이온 결합(ionic bond) (1.2절): 결합 사이의 전기적 인력에 의해 생긴 반대 전하를 띠는 입자 사이의 화학 결합.

이웃자리(vicinal) (5.14절): 인접하는 원자에 위치하는 두 치환기를 나타냄.

이웃자리 짝지음(vicinal coupling) (19.6절): 원자 X와 Y가 X—A—B—Y 형태로 인접 원자에 있는 치환기일 때 X와 Y 원자의 핵스핀의 짝지음. 이웃자리 짝지음은 ^{1}H NMR 분광학에서 스핀-스핀 갈라짐을 일으키는 가장 일반적인 원인이다.

이중 결합(double bond) (1.4절): 두 원자 사이에 4개의 전자를 공유하여 만들어진 결합.

이중 나선(double helix) (18.5절): 생명계 내에서 일반적으로 존재하는 DNA의 형태. DNA의 두 상보적 가닥은 두 염기쌍 사이의 수소 결합에 의해 서로 연결되며, 각각의 DNA 가닥은 나선형을 취한다.

이중 할로젠화수소이탈 반응(double dehydrohalogenation) (5.14절): 아마이드화 소듐과 같은 아주 센 염기로 처리할 때 같은자리 이할로젠화물이나 이웃자리 이할로젠화물이 두 개의 양성자와 두 개의 할로젠 치환기를 잃고 알카인으로 전환되는 반응.

이차 구조(secondary structure) (17.12절): 펩타이드나 단백질 내에서 가장 안정한 아미노산과 관련한 형태. α-나선 구조와 β-병풍 구조는 단백질 이차 구조의 예이다.

이차 아민(secondary amine) (14.1절): 두 개의 알킬 또는 아릴 치환체와 질소에 있는 한 개의 수소가 합쳐서 만들어진 아민. RNHR′ 또는 RNHAr 또는 ArNHAr′ 형태의 아민.

이차 알킬기(secondary alkyl group) (4.10절): 결합 부위가 이차 탄소인 R_2CH-형의 구조 단위. 결합 지점이 이차 탄소에 있다.

이차 탄소(secondary carbon) (14.1절): 두 개의 다른 탄소에 직접 연결된 탄소.

이치환 알켄(disubstituted alkene) (5.5절): $R_2C{=}CH_2$ 또는 $RCH{=}CHR$형의 알켄. R기는 같을 수도 있고 다를 수도 있으며, 길이도 다양하며, 가지가 있을 수도 있고 없을 수도 있다. 중요한 점은 두 탄소가 이중 결합의 탄소에 직접(*directly*) 결합되었다는 것이다.

1,3-이축방향 반발(1,3-diaxial repulsion) (4.16절): 사이클로헥세인 고리의 같은 방향에 있는 수직 치환체 사이의 반발력.

이탈기(leaving group) (2.7절, 5.10절 및 9.1절): 친핵성 치환 반응이나 제거 반응에서 탄소를 잃는 기를 말하며, 대개 할라이드 이온이다.

이합체(dimer) (12.3절): 두 개의 동일한 분자의 결합에 의해 생성된 분자.

이형태체(conformer) (4.5절): 단일 분자의 다른 입체배열.

이황화물 다리(disulfide bridge) (17.5절): 펩타이드나 단백질 내에 있는 두 시스테인 잔기의 황 원자 간의 S—S 결합.

인지질(phospholipid) (16.3절): 콜린-인산 "머리"를 갖는 다이아실글리세롤. 포스파티딜 콜린이라고도 한다.

일분자(unimolcular) (5.11절): 단지 한 입자가 전이 상태에서 화학적으로 변화하는 반응 메커니즘에서 어느 단계를 묘사.

일분자 친핵성 치환 반응(S_N1) 메커니즘[substitution nucleophilic unimolecular(S_N1) mechanism] (9.5절): 두 단계 반응이 특징인 친핵성 치환 반응의 메커니즘. 첫 단계는 속도 결정 단계이며, 알킬 할라이드를 탄소양이온과 할라이드 이온으로 이온화한다.

일분자성 제거 반응 메커니즘[elimination unimolecular(E1) mechanism] (5.11절): 탄소양이온 중간체가 느리게 생성된

후 이어서 탄소양이온으로부터 양성자 소실이 신속히 일어나 알켄을 형성하는 제거 반응 메커니즘.

일차 구조(primary structure) (17.6): 펩타이드 또는 단백질의 아미노산 서열.

일차 아민(primary amine) (14.1절): 단일 알킬 또는 아릴 치환기와 두 개의 수소를 갖는 아민. 즉, RNH_2(일차 알킬아민) 또는 $ArNH_2$(이차 아릴아민)형의 아민.

일차 알킬기(primary alkyl group) (4.10절): 결합 지점이 일차 탄소에 있는 RCH_2-형의 구조 단위.

일차 탄소(primary carbon) (4.10절): 단 한 개의 다른 탄소에 직접 결합되어 있는 탄소.

입체 무리(steric strain) (4.6절): van der Waals 반발, 결합 거리의 비틀림, 결합각, 비틀림각 때문에 생기는 분자의 불안전성.

입체 장애(steric hindrance) (9.4절): van der Waals 반발력에 따라 좌우되는 구조 및 반응성에 미치는 영향.

입체생성 중심(stereogenic center) (3.2절): 원자에 결합된 네 개의 전자나 기가 서로 다른 원자. 오랫동안 **비대칭 탄소**(*asymmetric carbon*) 또는 **카이랄 중심**(*chiral center*)으로 불러 왔다.

입체선택성 반응(stereoselective reaction) (5.7절): 단일 출발 물질이 두 가지 또는 그 이상의 입체이성질체를 형성할 수 있으나 그중 하나를 다른 어떤 입체이성질체보다 더 많이 형성하는 반응. "장애가 적은 쪽으로의 첨가"와 같은 용어는 입체선택성을 나타낸다.

입체이성질체(stereoisomer) (4.17절): 구조는 같지만 원자의 공간 배열이 다른 이성질체. 입체이성질체는 **거울상입체이성질체**(*enantiomer*) 또는 **부분입체이성질체**(*diastereomer*) 중에 하나이다.

입체화학(stereochemistry) (3장): 삼차원의 화학. 분자 내에서 원자의 공간 배열에 대한 물리적 성질과 화학적 성질의 관계.

자외선-가시광선 분광학[ultraviolet-visible(UV-Vis) spectroscopy] (19.11절): 분자 내 전자의 에너지 상태 간의 전이에 근거한 분석 방법. 폴리엔과 같은 짝지음계를 연구하는 데 유용하다.

자유 라디칼(free radical) (9.1절): 탄소의 원자가 껍질 내의 전자 중 하나가 홀수인 중성 화학종. 예를 들면, 메틸 라디칼(•CH_3)이 있다.

작용기(functional group) (4.2절): 주어진 조건하에서 반응성을 갖는 분자 내의 한 원자 또는 원자단.

저밀도 지질단백질(low-density lipoprotein, **LDL**) (16.5절): 콜레스테롤을 간으로부터 혈액을 통해 조직으로 수송하는 단백질. LDL 수치가 높으면 심장에 대한 위험 인자이다.

적도방향 결합(equatorial bond) (4.14절): 사이클로헥세인의 의자 형태에서 탄소가 그 분자의 적도 방향으로 향한 결합.

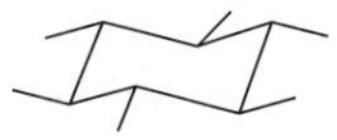

적외선 분광학(infrared spectroscopy) (19.10절): 결합이 굽힘 진동이나 신축 진동을 할 때 분자가 흡수하는 에너지에 근거한 분석 기술. 적외선 분광학은 분자 내의 작용기를 분석하는 데 적합하다.

전기영동(electrophoresis) (17.3절): 특정 pH에서 양 또는 음으로 하전된 전극으로 물질이 이동하는 경향에 근거하여 물질을 분리하는 방법.

전기음성도(electronegativity) (1.5절): 공유 결합에서 한 원자가 전자를 자기 쪽으로 끌어당기는 능력을 나타내는 척도. 플루오린은 전기음성도가 가장 큰 원소이다.

전달 RNA(transfer RNA, **tRNA**) (18.6절): 특정 아미노산의 한 쪽 끝에 결합되는 라이보스의 폴리뉴클레오타이드. 이 아미노산은 신장되는 펩타이드 사슬 내로 도입된다.

전령 RNA(messenger RNA, **mRNA**) (18.6절): DNA 내의 염기서열을 "읽고" 라이보솜 내의 tRNA와 반응하여 단백질 생합성을 촉진시키는 라이보스의 폴리뉴클레오타이드.

전사(transcription) (18.6절): DNA 주형에 상보적인 mRNA 가닥을 만드는 것.

전이 상태(transition state) (2.2절): 반응 메커니즘의 기본 단계에서 에너지가 최대인 점.

전자 충격(electron impact) (19.13절): 질량 분광법에서 분자를 고에너지의 전자와 충돌시켜 양이온을 생성하는 방법.

전자 효과(electronic effect) (5.5절): 한 분자 내에서 치환기에 의해 야기되는 전자 분포의 변화 때문에 일어나는 구조 또는 반응에 미치는 효과.

전자기 복사선(electromagnetic radiation) (19.1절): 광속으로 전파되어 나가는 여러 형태의 복사선. 복사선에는 가시광선, 적외선, 자외선, 마이크로파 복사선, 라디오파, 우주선, X-선이 있다.

전파 단계(propagation step) (8.11절): 연쇄 반응에서 계속 반복되는 기본적인 단계. 연쇄 반응의 거의 모든 생성물은 전파 단계부터 생긴다.

절대 배열(absolute configuration) (3.5절): 입체생성 중심에 결합된 원자 또는 작용기들의 삼차원 배열.

정련(refining) (4.20절): 원유를 유용한 물질, 특히 휘발유로 전환시키는 작업.

정사면체 중간체(tetrahedral intermediate) (13.3절): 친핵성 아실 치환 반응의 주된 중간체로서, 카복실산 유도체의 카보닐기에 친핵성 첨가 반응으로 형성됨.

정유(essential oil) (16.12절): 터펜, 에스터, 알코올, 기타 휘발성

유기 물질의 혼합물로 구성된 식물성의 향기 성분.

제거 반응(elimination) (5.6절): 인접 원자로부터 원자나 작용기가 소실되어 이중 또는 삼중 결합이 형성되는 반응[탈수 반응(*dehydration*), 탈수소화 반응(*dehydrogenation*), 할로젠화수소이탈 반응(*dehydrohalogenation*), 이중 할로젠화수소이탈 반응(*double dehydrohalogenation*) 참조].

종결 단계(termination step) (8.11절): 연쇄 반응을 중지시키는 반응. 자유 라디칼 연쇄 반응에서 종결 단계는 연쇄 반응을 지속시키는 새로운 라디칼을 생성하지 않고 자유 라디칼을 소비시킨다.

주기(period) (1.1절): 주기율표의 수평 줄.

주양자수(principal quantum number) (1.1절): 전자의 에너지 준위를 나타내는 한 전자의 양자수(n). $n=1$인 전자는 s 전자이고 $n=2$인 전자는 s와 p 오비탈로 사용할 수 있다.

주정(grain alcohol) (8.1절): 에탄올[$CH_3CH_2(OH)$]의 관용명.

주파수(frequency) (19.1절): 단위 시간당의 파수. 헤르츠(Hz), 즉 초당 싸이클(cycle)로 흔히 표시되지만 SI 단위는 s^{-1}이다.

중간체(intermediate) (8.6절): 화학 반응 중 생성되는 과도기적 화학종. 전형적으로 중간체는 그것이 생성되는 조건하에서 안정하지 못하므로 계속 반응하여 생성물을 형성한다. 위치 에너지 표면을 따라 최대에 해당하는 전이 상태와는 달리 중간체는 최소 위치 에너지에 놓인다.

중합 반응(polymerization) (8.15절): 중합체가 제조되는 과정. 주된 제조 과정은 자유 라디칼(*free ridical*), 양이온(*cation*), 배위(*coordination*), 축합 중합 반응(*condensation polymerization*)이다.

중합체(polymer) (8.15절): 많은 작은 분자(단위체)가 반복적으로 결합되어 형성된 거대분자. 고분자라고도 한다.

지문 영역(fingerprint region) (19.10절): 적외선 스펙트럼에서 1400~625cm^{-1}의 영역. 이 영역은 다른 것보다 작용기에 특성이 더 작지만 한 분자에서 다른 분자로 변하기 때문에 두 가지 물질이 동일한지 아닌지를 결정하는 데 이용된다.

지방과 기름(fat and oil) (16.2절): 글리세롤의 트라이에스터. 지방은 실온에서 고체이며, 기름은 액체이다.

지방산(fatty acid) (16.2절): 지방과 기름을 가수분해하여 얻는 카복실산. 지방산은 전형적으로 가지 없는 사슬을 가지며, 12~20개 범위의 짝수 개의 탄소 원자를 지닌다. 한 개 또는 그 이상의 이중 결합을 가질 수도 있다.

지방족(aliphatic) (4.1절): 구조 단위로 벤젠이나 벤젠 고리를 지니지 않는 화합물을 일컫는 용어[역사적으로 지방족(*aliphatic*)이라는 용어는 지방 또는 기름에서 유래하는 화합물을 나타내는 데 사용되었다].

지방족 고리(alicyclic) (4.12절): 지방족 고리(*aliphatic cyclic*) 구조 단위를 나타내는 용어.

지질(lipid) (16.1절): 비극성 유기 용매에 잘 녹는 성질을 갖는 생물학적으로 중요한 천연물.

지질 이중층(lipid bilayer) (16.3절): 세포막을 구성하는 두 층의 인지질의 배열. 극성 말단은 막과 물의 경계면의 내부와 외부에 위치하며, 친유성 탄화수소 꼬리는 내부에 뭉쳐진다.

질량 분석법(mass spectrometry) (19.13절): 분자를 이온화하여 여러 이온의 질량 대 전하 비율에 근거하여 조사하는 분석 방법.

짝산(conjugated acid) (2.1절): Brønsted 염기가 양성자를 받아들인 후 생성된 화학종.

짝염기(conjugate base) (2.1절): Brønsted 산이 양성자를 제공한 후 생성된 화학종.

짝지은 다이엔(conjugated diene) (5.1절): C=C—C=C형의 계로서, 두 쌍의 이중 결합된 탄소가 단일 결합에 의해 연결되어 있다. π 전자들은 4개의 연속적인 sp^2-혼성 오비탈 탄소 단위 위에 비편재화되어 있다.

짝지은 첨가 반응(conjugate addition) (6.10절): 시약이 접합계의 말단에 첨가되어 이중 결합이 이동되는 첨가 반응으로, 1,4 첨가 반응과 같다.

쯔비터이온(zwitterion) (17.3절): 중성 아미노산의 실제 존재 형태. 아미노기는 양성자화된 형으로 존재하며, 카복시기는 카복레이트로 존재한다.

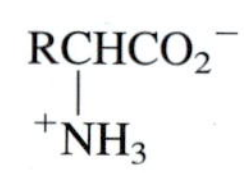

차폐(shielding) (19.3절): 양성자나 다른 핵에 의하여 영향을 받는 외부 자기장의 세기를 감소시키는 분자에 있는 전자의 영향.

첨가 반응(addition) (6.1절): 시약 X—Y가 다중 결합에 첨가되어 X가 다중 결합의 탄소 중 하나에 결합하고, Y는 나머지 다른 탄소에 결합하는 반응.

1,2 첨가 반응(1,2 addition) (6.10절): X—Y형의 시약이 짝지은 다이엔에 첨가될 때 X와 Y가 인접한 이중 결합 탄소에 첨가되는 반응.

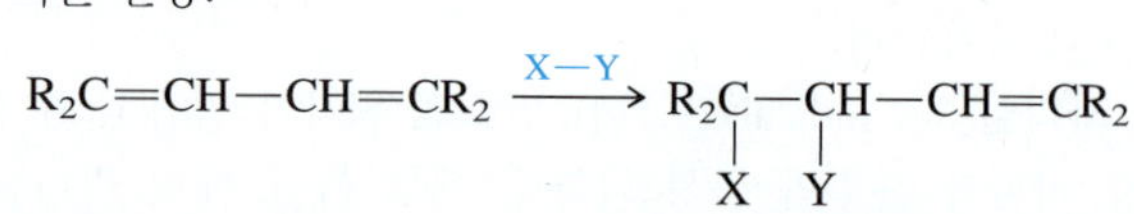

1,4 첨가 반응(1,4 addition) (6.10절): X—Y형의 시약이 짝지은 다이엔에 첨가될 때 X와 Y가 다이엔계의 말단에 첨가되는 반응.

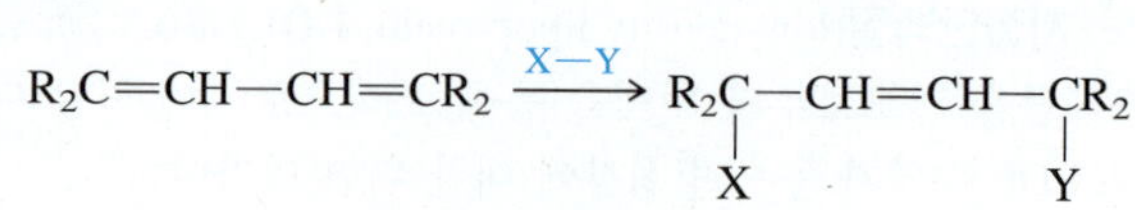

체계적 명명법(systematic nomenclature) (4.8절): 일련의 규칙에 근거하여 만들어진 화합물의 이름. “체계적 명명법”이라는 용어를 사용한 경우에는 보통 IUPAC 체계를 의미한다.

축방향 결합(axial bond) (4.14절): 다음과 같이 6개의 결합이 “위-아래” 방향으로 향한 사이클로헥세인의 의자 형태의 탄소에 대한 결합.

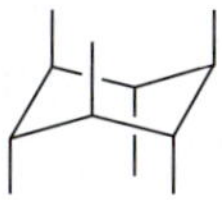

축약 구조식(condensed structural formula) (1.7절): $(CH_3)_2CHCH_2CH_3$에서와 같이 아래첨자를 사용하여 반복되는 원자나 기를 나타내는 구조식을 표시하는 표준 방법.

축합 중합체(condensation polymer) (13.12절): 단위체를 연결하는 결합이 축합 반응에 의해 형성되는 중합체. 대표적인 축합 중합체에는 폴리에스터와 폴리아마이드가 있다.

치환 반응(substitution reaction) (8.6절): 한 분자의 원자나 기가 서로 다른 원자나 기로 치환되는 화학 반응.

친수성(hydrophilic) (12.7절): 문자상으로 “물을 좋아하는”의 뜻. 보통 물과 수소 결합을 형성할 수 있기 때문에 물에 용해되는 물질에 적용하는 용어.

친유성(lipophilic) (12.7절): 글자 그대로 “지방을 좋아하는”의 뜻. 실제로 **소수성**(*hydrophobic*)과 동의어.

친전자성 방향족 치환 반응(electrophilic aromatic substitution) (7.6절): 방향족 화합물이 나타내는 기본적인 반응 형태. 친전자성 화학종(E^+)이 방향족 고리를 공격하여 수소 치환기 중 하나를 치환한다.

$$\mathrm{Ar{-}H + E{-}Y \longrightarrow Ar{-}E + H{-}Y}$$

친전자성 중심(electrophilic center) (2.6절): 더 전자가 많은 원자(일반적으로 전기음성도가 더 큼) 쪽으로 결합을 깸으로써 전자쌍(친전자체)을 받아들일 수 있는 분극된 결합에 더 많은 전자가 부족한 원자.

친전자성 첨가 반응(electrophilic addition) (6.2절): 처음 다중 결합을 공격하는 화학종이 친전자체(“전자를 찾는 화학종”)인 첨가 반응의 메커니즘.

친전자체(electrophile) (6.6절): Lewis 산, 즉 전자쌍 받개로 작용하는 화학종(이온 또는 화합물)으로서 “전자를 찾는 화학종”이다. 탄소양이온은 일종의 친전자체이다.

친핵성 아실 치환 반응(nucleophilic acyl substitution) (13.3절): 아실기의 탄소 원자에서의 친핵성 치환 반응.

친핵성 첨가 반응(nucleophilic addition) (11.6절): 알데하이드와 케톤의 특징적인 반응. 비공유 전자쌍을 지니는 원자가 C=O기의 탄소와 결합하고 몇몇 다른 화학종(보통은 수소)은 산소와 결합한다.

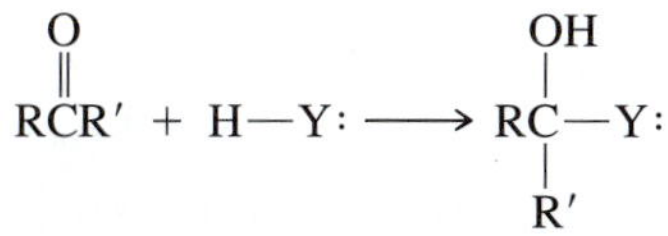

친핵성 치환 반응(nucleophilic substitution) (9장): 친핵체가 보통 할라이드 이온인 이탈기를 sp^3-혼성 탄소로부터 치환하는 반응. 친핵성 치환 반응은 S_N1 또는 S_N2 반응으로 일어난다.

친핵체(nucleophile) (6.6절): 탄소에 결합을 만들 수 있는 비공유 전자쌍이 있는 원자. Lewis 염기는 친핵체이다.

카로티노이드(carotenoid) (16.10절): 천연에 존재하는 테트라터페노이드 식물 색소.

카복시화 반응(carboxylation) (12.9절): 카복실산의 제조 시 탄소음이온과 CO_2와의 반응. 전형적인 탄소음이온 제공원은 Grignard 시약이다.

$$\mathrm{RMgX \xrightarrow[2.\ H_3O^+]{1.\ CO_2} RCO_2H}$$

카복실레이트 이온(carboxylate ion) (12.7절): 카복실산의 짝염기로서 RCO_2^-형의 이온이다.

카복실산(carboxylic acid) (4.3절 및 12.1절): $\mathrm{R\overset{\overset{O}{\|}}{C}OH}$ 형의 화합물.

카복실산 유도체(carboxylic acid derivative) (13장): 가수분해에 의해 카복실산을 생성하는 화합물. 카복실산 유도체에는 아실 클로라이드, 무수물, 에스터, 아마이드가 있다.

카비놀아민(carbinolamine) (11.9절):

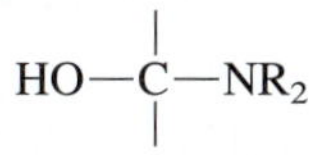

형의 화합물. 카비놀아민은 아민이 카보닐기에 친핵적으로 첨가되어 형성되며, 이민을 형성할 때 중간체이다.

카이랄(chiral) (3.1절): 거울상에서 겹치지 않는 물체를 설명하는 용어.

카이랄 중심(chiral center) (3.2절): **입체생성 중심**(*streogenic center*) 참조.

카이랄 탄소 원자(chiral carbon atom) (3.2절): 서로 다른 네 개의 기가 결합한 탄소. 비대칭 탄소 원자라고도 한다. 보다 근대적인 용어는 **입체생성 중심**(*streogenic center*)이다.

케탈(ketal) (11.8절): 케톤에서 유래하는 아세탈의 옛 이름.

케토스(ketose) (15.8절): 열린 사슬형에 케톤 카보닐기가 있는 탄수화물.

케토-엔올 토토머화(keto-enol tautomerism) (11.16절): 알데하이드나 케톤과 그 엔올형이 평형을 이루는 과정.

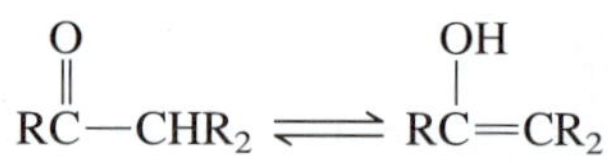

케톤(ketone) (4.3절 11.1절): 카보닐기(C=O)에 연결된 두 원자가 탄소인 많은 계열의 화합물.

코돈(codon) (18.6절): 특정 아미노산에 대해서 고유의 암호인 mRNA 내의 연속적인 세 개의 뉴클레오타이드로 된 세트이다. 단백질을 만드는 20가지 아미노산에 대한 A, T, G, C 코드의 조합으로부터 64가지의 코돈이 가능하다.

콜레스테롤(cholesterol) (16.5절): 동물에 가장 풍부한 스테로이드이며, 담즙산, 성 호르몬, 코티코스테로이드를 포함한 기타 천연에 존재하는 고리형 스테로이드의 생물학적 전구체.

퀴논(quinone) (10.17절): 오쏘 또는 파라 다이하이드록시 벤젠 유도체의 산화 생성물.

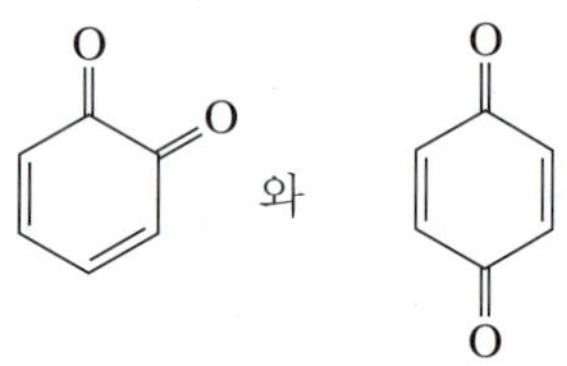

크로마토크래피(chromatograpty) (19.13절): 서로 다른 화합물이 이동상에 의해 고정상으로부터 제거되는 속도의 차이에 근거하여 혼합물을 분리하고 분석하는 방법.

클로로늄 이온(chloronium ion) (6.8절): 할로젠이 염소인 할로늄 이온[할로늄 이온(*halonium ion*) 참조].

클로로하이드린(chlorohydrin) (6.8절): 할로젠이 염소인 할로하이드린[할로하이드린(*halohydrin*) 참조].

키모트립신(chymotrypsin) (17.8절): 단백질 가수분해를 촉매하는 소화효소. 키모트립신은 페닐알라닌, 타이로신, 트립토판의 카복시기와 몇몇 다른 아미노산의 펩타이드 결합을 선택적으로 끊어주는 효소이다.

탄소양이온(carbocation) (8.6절): 탄소에 전하가 존재하는 양이온. 한 예로서 *tert*-뷰틸 양이온인 $(CH_3)_3C^+$가 있다. 탄소양이온은 보통 분리되지는 않지만 어떤 반응에서 중간체라고 생각되는 불안정한 화학종이다.

탄소음이온(carbanion) (6.11절): 음전하가 탄소에 위치하는 음이온. 아세틸라이드 이온이 예이다.

탄화수소(hydrocarbon) (4.1절): 탄수와 수소로만 구성된 화합물.

탈수 반응(dehydration) (5.7절): 인접 원자들로부터 H와 OH의 제거. 산-촉매하에서 알코올을 가열하여 알켄을 제조하는 데 가장 일반적으로 채택되는 용어이다.

탈수소화 반응(dehydrogenation) (5.1절): 인접 원자들로부터 H_2 원소를 제거. 이 용어는 에테인으로부터 에틸렌, 프로페인으로부터 프로펜, 뷰테인으로부터 1,3-뷰타다이엔, 에틸벤젠으로부터 스타이렌을 산업적으로 제조하는 데 가장 일반적으로 사용한다.

터펜(terpene) (16.12절): 아이소프렌 단위의 뭉치로 분석될 수 있는 화합물. 10개의 탄소를 지니는 터펜을 모노터펜, 15개의 탄소를 지니는 터펜을 세스퀴터펜, 20개의 탄소를 지니는 터펜을 다이테펜, 30개의 탄소를 지니는 터펜을 트라이터펜으로 분류한다.

테슬라(tesla) (19.2절): 자기장의 세기를 나타내는 SI 단위.

테트라메틸실레인(tetramethylsilane, TMS) (19.3절): 수소 또는 탄소-13 NMR의 스펙트럼을 보정하기 위하여 쓰이는 표준물질로서, 분자식은 $(CH_3)_4Si$이다.

테트로스(tetrose) (15.3절): 탄소 원자가 4개인 탄수화물(사탄당).

토막내기 방식(fragmentation pattern) (19.13절): 질량 분광학에서 분자 이온이 해리되어 만들어진 이온.

토토머화 반응(tautomerism) (11.16절): 두 개의 이성질체가 원자나 기의 이동에 의해 상호전환되는 과정. 엔올화 반응은 토토머화 반응의 한 형태이다.

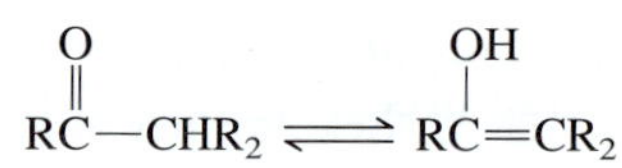

톱질대 구조식(sawhorse formula) (4.5절): 아래의 형태와 같이 분자의 결합의 삼차원 배열 표시.

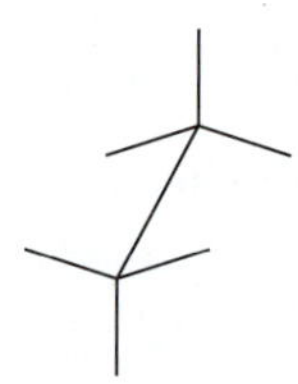

트라이아실글리세롤(triacylglycerol) (16.2절): 세 산소가 지방산에서 유래하는 아실기를 갖는 글리세롤(1,2,3-프로페인트라이올)의 유도체.

트라이펩타이드(tripeptide) (17.5절): 세 개의 α-아미노산이 펩타이드 결합으로 연결된 화합물.

트랜스-(*trans*-) (4.17절): 두 개의 치환기가 고리 또는 이중 결합의 반대편에 있음을 나타내는 입체화학적 접두어[접두어 시스-(*cis*-)와 대비됨]

트립신(trypsin) (17.8절): 단백질의 가수분해를 촉매하는 소화효소. 트립신은 라이신이나 아르지닌의 카복시기와 기타 아미노산 간의 펩타이드 결합을 끊는 것을 선택적으로 촉매한다.

파라(para) (7.3절): 벤젠 고리에 있는 치환기 사이의 1,4 관계를 나타내는 용어.

파수(wave number) (19.10절): 적외선 스펙트럼에서 진동수에 비례하는 전통적인 단위. 파수는 cm^{-1}이다.

파이라노스형(pyranose form) (15.6절): 탄수화물의 카보닐기와 하이드록시기 사이에서 고리형 헤미아세탈 형성을 거쳐 생성되는 육원자 고리.

파장(wavelength) (19.1절): 파동의 두 연속적인 최대치(봉우리) 또는 두 연속적인 최소치(골) 사이의 거리.

팔전자 규칙(octet rule) (1.3절): 화합물을 형성할 때 원자는 전자를 얻거나 잃고, 공유하여 그들의 원자가 전자의 수가 가장 가까운 불활성 기체와 같게 된다. 탄소, 질소, 산소, 할로젠 원소의 경우 이 숫자는 8이다.

페놀(phenol) (10.13절): ArOH에서와 같이 방향족 고리상의 —OH 치환기를 갖는 화합물계. 페놀은 어미 화합물 C_6H_5OH의 이름이기도 하다.

페닐기(phenyl group) (7.3절): 다음과 같은 기.

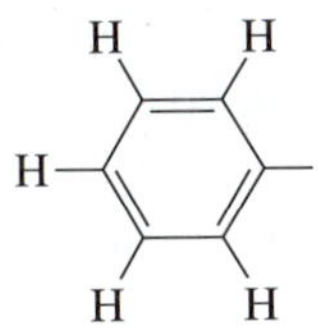

종종 C_6H_5—로 축약한다.

***n*-펜테인**(*n*-pentane) (4.7절): 펜테인($CH_3CH_2CH_2CH_2CH_3$)의 관용명.

펜토스(pentose) (15.4절): 다섯 개의 탄소 원자를 갖는 탄수화물.

펩타이드 결합(peptide bond) (17.5절): 한 α-아미노산의 카복시기와 또 다른 α-아미노산의 아미노기 사이의 아마이드 결합.

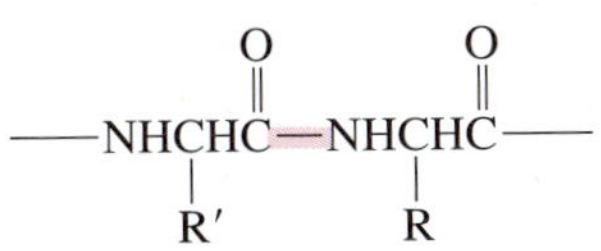

펩타이드(peptide) (17.5절): 구조적으로 펩타이드 결합으로 연결된 두 개 또는 그 이상의 α-아미노산으로 구성된 분자.

편광(polarized light) (3.4절): 전기장 벡터가 단일 평면에서 진동하는 빛. 편광은 광학 활성을 측정하는 데 사용된다.

편광계(polarimeter) (3.4절): 광학 활성을 측정하는 데 사용하는 기기.

포화 탄화수소(saturated hydrocarbon) (6.1절): 다중 결합이 없는 탄화수소.

폴리아마이드(polyamide) (13.12절): 각각의 구조 단위가 아마이드 결합으로 연결된 중합체. 나일론은 합성 폴리아마이드이며, 단백질은 천연 폴리아마이드이다.

폴리에스터(polyester) (13.12절): 각각의 구조 단위가 에스터 결합으로 연결된 중합체.

폴리에터(polyether) (10.9절): 여러 에터 결합을 갖는 분자. 폴리에터는 여러 항생물질 내에 천연적으로 존재한다.

폴리에틸렌(polyethylene) (8.15절): 에틸렌의 중합체.

폴리펩타이드(polypeptide) (17.5절): "많은"(8~10개 이상) 아미노산 잔기로 구성된 중합체.

폴리프로필렌(polypropylene) (9.8절): 프로펜의 중합체.

퓨라노스형(furanose form) (15.5절): 탄수화물 내의 카보닐기와 하이드록시기 사이의 고리형 헤미아세탈 형성을 통해 생기는 오원자 고리.

퓨린(purine) (18.1절): 헤테로고리 방향족 화합물.

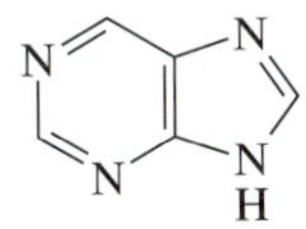

피리미딘(pyrimidine) (18.1절): 헤테로고리 방향족 화합물.

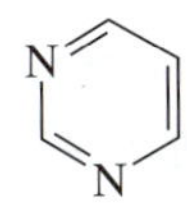

필수 아미노산(essential amino acid) (17.1절): 정상 생육과 건강 유지를 위해 음식물에 반드시 있어야 하는 아미노산.

하이드로늄 이온(hydronium ion) (2.1절): 화학종 H_3O^+.

할로늄 이온(halonium ion) (6.8절): 양전하를 띠는 할로젠 화학종. 다리놓인 할로늄 이온은 알켄의 이중 결합에 할로젠을 첨가할 때의 중간체이다.

할로젠화 반응(halogenation) (7.6절 및 8.10절): 수소를 할로젠 원소로 치환. 가장 흔한 예로는 알케인의 자유 라디칼 할로젠화 반응과 친전자성 방향족 치환 반응에 의한 아렌의 할로젠화이다.

할로젠화수소이탈 반응(dehydrohalogenation) (5.9절): 에톡시화소듐과 같은 염기로 처리할 때 한 탄소로부터 양성자가 손실되고 인접 탄소로부터는 할로젠 원소가 손실되어 할라로젠화물이 알켄으로 전환되는 반응.

할로하이드린(halohydrin) (6.8절): 할로젠 원자와 하이드록시기를 모두 가지고 있는 화합물. 이 용어는 할로젠과 하이드록시기가 인접한 원자(인접 할로하이드린)에 있는 화합물에 가장 많이 사용된다. 가장 일반적인 할로하이드린은 클로로하이드린(*chlorohydrin*)과 보로하이드린(*borohydrin*)이다.

핵산(nucleic acid) (18.4절): 세포의 핵 내에 존재하는 폴리뉴클레오타이드.

핵자기 공명(NMR) 분광학[nuclear magnetic resonance(NMR) spectroscopy] (19.2절): 분자 환경이 어떤 분자를 스핀 에너지가 낮은 상태에서 높은 에너지 상태로 끌어 올리는 데 필요한 에너지에 미치는 효과에 근거하여 구조를 결정하는 방법.

핵자기 공명 영상(magnetic resonance imaging, **MRI**) (19.9절): NMR로 조직을 검사하는 의학용 진단법.

헤미아세탈(hemiacetal) (11.8절): 알코올 한 분자가 알데하이드나 케톤에 친핵성 첨가되어 생기는 생성물. 헤미아세탈은 아래와 같은 형태의 화합물이다.

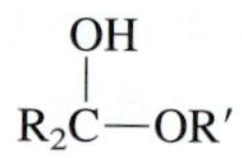

헤미케탈(hemiketal) (11.8절): 케톤으로부터 만들어지는 헤미아세탈의 옛 이름.

헤테로고리 화합물(heterocyclic compound) (7.15절): 고리에 한 개 또는 그 이상의 원자가 탄소 의외의 원소인 고리 화합물. 헤테로고리 화합물은 방향족일 수도 있고 아닐 수도 있다.

헤테로원자(heteroatom) (1.7절): 탄소도 수소도 아닌 유기 분자 내의 원소.

헥소스(hexose) (15.1절): 6개의 탄소로 구성되는 탄수화물.

협동 반응(concerted reaction) (2.2절): 단일 단계로 일어나는 반응.

형식 전하(formal charge) (1.6절): 중성 원자의 원자가 전자 수에서 비공유 전자쌍과 공유 결합 내 전자의 반을 합한 수를 빼서 계산한 어떤 원자의 양전하 또는 음전하.

형태(conformation) (4.5절): 회전배열(*Conformation*) 참조.

형태 분석(conformational analysis) (4.5절): 분자에 이용할 수 있는 입체배열, 그들 입체배열의 안정도, 그 분자의 성질을 결정하는 데 기여하는 입체배열의 역할을 연구하는 것.

혼성 오비탈(hybrid orbital) (1.12절): 원자의 *s*, *p*, *d* 등과 같은 여러 오비탈의 복합적이고 다양한 기여로 나타내는 원자의 오비탈.

화학적 이동(chemical shift) (19.3절): 특정 원자의 핵이 어느 정도 가려졌는지를 나타내는 척도. 원소의 원자핵이 다르면 화학적 이동도 달라지며, 동일 원자의 핵은 분자 환경에 예민한 화학적 이동을 한다. 양성자 및 ^{13}C NMR에서 화학적 이동의 테트라메틸실레인의 수소나 산소로부터 각각 δ 또는 ppm으로 나타낸다.

환원(reduction) (10.2절): 원자의 전자 수 증가. 유기화학에서 탄소와 탄소보다 전기음성도가 더 큰 원자 사이의 결합이 탄소보다 전기음성도가 더 작은 원자에 대한 결합으로 바뀔 때 탄소의 감소.

환원당(reducing sugar) (15.13절): Benedict 시약과 같은 물질로 산화되는 탄수화물. 일반적으로 아노머 위치에 유리 하이드록시기가 있는 탄수화물.

활성 자리(active site) (7.6절): 기질이 결합되는 효소의 자리.

활성화 에너지(energy of activation) (2.2절): 반응계가 화학적 또는 구조적 변화를 받기 위해서 가장 안정한 상태 이상 있어야만 하는 최소한의 에너지.

활성화 치환기(activating substituent) (7.9절 및 7.10절): 수소 위치에 대신 존재할 때 특정 반응이 더 빨리 일어나게 해 주는 기. 이 용어는 친전자성 방향족 치환 반응의 속도를 증가시키는 치환기에 주로 사용된다.

회전배열(conformation) (4.5절): 단일 결합의 회전에 의해 생기는 분자에 대한 서로 다른 표현.

효소(enzyme) (17.13절): 생명계에서 화학 반응을 촉매하는 단백질.

흡광 계수(extinction coefficient): 몰흡광 계수(*molar absorptivity*) 참고.

찾아보기

〈한글〉

ㄱ

ㅇ

ㅈ

〈영 문〉

〈기 타〉

SOME COMMONLY ENCOUNTERED GROUPS

Group	*Name**	*Group*	*Name**
$\mathrm{CH_3CH_2CH_2-}$	Propyl or *n*-propyl	$\mathrm{CH_3C(=O)-}$	Ethanoyl or acetyl
$\mathrm{(CH_3)_2CH-}$	1-Methylethyl or isopropyl		
$\mathrm{CH_3CH_2CH_2CH_2-}$	Butyl or *n*-butyl		
$\mathrm{CH_3\underset{\mid}{C}HCH_2CH_3}$	1-Methylpropyl or *sec*-butyl	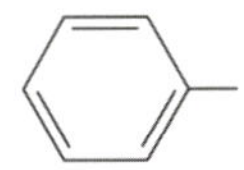	Phenyl
$\mathrm{(CH_3)_3C-}$	1,1-Dimethylethyl or *tert*-butyl		
$\mathrm{(CH_3)_2CHCH_2-}$	2-Methylpropyl or isobutyl	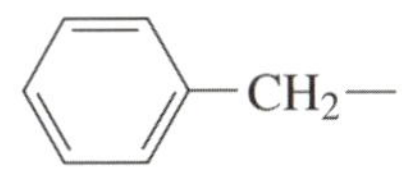	Phenylmethyl or benzyl
$\mathrm{(CH_3)_3CCH_2-}$	2,2-Dimethylpropyl or neopentyl		
$\mathrm{CH_2{=}CH-}$	Ethenyl or vinyl		
$\mathrm{CH_2{=}CHCH_2-}$	2-Propenyl or allyl	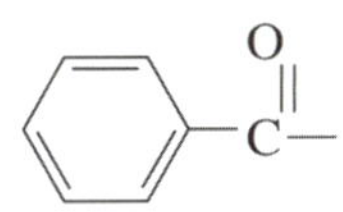	Benzenecarbonyl or benzoyl
$\mathrm{CH_2{=}\underset{\mid}{C}CH_3}$	1-Methylvinyl or isopropenyl		

*When two names are cited, either one is acceptable in IUPAC nomenclature.

COMMONLY ENCOUNTERED GROUPS LISTED IN ORDER OF INCREASING RANK IN THE CAHN-INGOLD-PRELOG SYSTEM

1. $\mathrm{H-}$
2. $\mathrm{CH_3-}$
3. $\mathrm{CH_3CH_2-}$
4. $\mathrm{CH_3CH(CH_3)CH_2-}$
5. $\mathrm{(CH_3)_3CCH_2-}$
6. $\mathrm{(CH_3)_2CH-}$
7. $\mathrm{CH_3CH(CH_2CH_3)-}$
8. $\mathrm{CH_2{=}CH-}$
9. $\mathrm{(CH_3)_3C-}$
10. $\mathrm{HOCH_2-}$
11. $\mathrm{HC(=O)-}$
12. $\mathrm{CH_3C(=O)-}$
13. $\mathrm{HOC(=O)-}$
14. $\mathrm{CH_3OC(=O)-}$
15. $\mathrm{HSCH_2-}$
16. $\mathrm{H_2N-}$
17. $\mathrm{HO-}$
18. $\mathrm{CH_3O-}$
19. $\mathrm{CH_3CH_2O-}$
20. $\mathrm{HC(=O)O-}$
21. $\mathrm{CH_3C(=O)O-}$
22. F
23. $\mathrm{HS-}$
24. Cl
25. Br
26. I